C++20 实践入门

(第6版)

[比] 艾弗·霍尔顿(Ivor Horton)　　著
彼德·范·维尔特(Peter Van Weert)

周百顺　　译

清华大学出版社

北京

北京市版权局著作权合同登记号图字：01-2021-7342

Beginning C++20: From Novice to Professional, Sixth Edition

by Ivor Horton, Peter Van Weert

Copyright © Ivor Horton, Peter Van Weert, 2020

This edition has been translated and published under licence from Apress Media, LLC, partof Springer Nature.

本书中文简体字版由Apress出版公司授权清华大学出版社出版。未经出版者书面许可，不得以任何方式复制或抄袭本书内容。

本书封面贴有清华大学出版社防伪标签，无标签者不得销售。

版权所有，侵权必究。举报：010-62782989，beiqinquan@tup.tsinghua.edu.cn。

图书在版编目(CIP)数据

C++20实践入门：第6版 / (比)艾弗·霍尔顿，(比)彼得·范·维尔特 著；周百顺译. —北京：清华大学出版社，2022.1（2023.11重印）

ISBN 978-7-302-59679-0

Ⅰ. ①C… Ⅱ. ①艾… ②彼… ③周… Ⅲ. ①C++语言—程序设计 Ⅳ. ①TP312.8

中国版本图书馆 CIP 数据核字(2021)第 270687 号

责任编辑：王 军
装帧设计：孔祥峰
责任校对：成凤进
责任印制：刘海龙

出版发行：清华大学出版社
　　　网　　　址：http://www.tup.com.cn，http://www.wqbook.com
　　　地　　　址：北京清华大学学研大厦 A 座　　　邮　　编：100084
　　　社 总 机：010-83470000　　　　　　　　　邮　　购：010-62786544
　　　投稿与读者服务：010-62776969，c-service@tup.tsinghua.edu.cn
　　　质 量 反 馈：010-62772015，zhiliang@tup.tsinghua.edu.cn
印 装 者：小森印刷霸州有限公司
经　　销：全国新华书店
开　　本：170mm×240mm　　　印　　张：42.5　　　字　　数：1199 千字
版　　次：2022 年 3 月第 1 版　　　印　　次：2023 年 11 月第 5 次印刷
定　　价：158.00 元

产品编号：091191-01

作者简介

Ivor Horton 从数学系毕业，却被信息技术领域工作量少、回报高的前景所吸引。虽然现实证明，工作量大，回报相对一般，但是他与计算机一直相伴到今天。在不同的时期，他参与过编程、系统设计、咨询以及相当复杂的项目的管理和实施工作。

Ivor 有多年工程设计和制造控制系统的设计和实施经验。他使用多种编程语言开发过在不同场景中很实用的应用程序，并教会一些科学家和工程师如何使用编程语言开发一些实用的程序。他目前已出版的图书涵盖 C、C++和 Java 等编程语言。当他没有在撰写编程图书或者为他人提供咨询服务时，他会去钓鱼或旅行，享受生活。

Peter Van Weert 是一名比利时软件工程师，主要兴趣和专长是应用软件开发、编程语言、算法和数据结构。

他在比利时鲁汶大学以最优毕业生荣誉获得计算机科学硕士学位，并得到了考试委员会的祝贺。2010 年，他在鲁汶大学的声明式编程语言和人工智能研究组完成了博士论文，主题是基于规则的编程语言的设计和高效编译。在攻读博士学位期间，他担任面向对象编程(Java)、软件分析与设计以及声明式编程的助教。

毕业后，Peter 在 Nikon Metrology 工作了 6 年多，负责 3D 激光扫描和点云检查领域的大规模工业应用软件设计。如今，Peter 担任 Medicim 的高级 C++工程师和 Scrum 团队主管，Medicim 是 Envista Holdings 的数字牙医软件研发部。在 Medicim，他与同事共同为牙医开发了一套软件，这套软件能够从各种硬件获取患者数据，还提供了高级诊断功能，并支持为种植牙和假体进行规划和设计。

在他的职业生涯中，他参与过高级桌面应用开发，掌握并重构了包含几百万行 C++代码的代码库，对 3D 数据进行过高性能的实时处理，还研究过并发性、算法和数据结构，与尖端硬件进行交互，以及领导敏捷开发团队。

在空闲时间，他与人合作撰写了两本关于 C++的图书，开发了两个获奖的 Windows 应用，并且是比利时 C++用户组的定期专家演讲人和董事会成员。

技术审校者简介

Marc Gregoire 是比利时的一名软件架构师。他毕业于比利时鲁汶大学,拥有计算机工程硕士学位。毕业后的第二年,他在鲁汶大学以优秀毕业生荣誉获得人工智能硕士学位。离开学校后,Marc 就职于一家软件咨询公司 Ordina Belgium。作为咨询顾问,他服务于 Siemens 和 Nokia Siemens Networks 公司,为电信运营商开发运行在 Solaris 系统上的关键 2G 和 3G 通信软件。Marc 具有国际化团队合作开发经验,与来自南美、美国、欧洲、中东、非洲以及亚洲的团队成员协同工作。目前,Marc 担任 Nikon Metrology (www.nikonmetrology.com)的软件架构师,Nikon Metrology 是尼康的一个分公司,也是精密光学仪器、X 光机、X 光、CT 和 3D 几何检验的计量解决方案的领先提供商。

Marc 的专长主要在于 C/C++,特别是 Microsoft VC++和 MFC 框架。他开发过在 Windows 和 Linux 平台上一周运行 7 天、一天运行 24 小时的 C++程序,例如 KNX/EIB 家居自动化软件。除了 C/C++,Marc 也喜欢 C#。

自从 2007 年 4 月以来,他所掌握的 Visual C++技能,让他每年都获得了 Microsoft MVP(Most Valuable Professional,最有价值开发专家)称号。

Marc 是比利时 C++用户组(www.becpp.org)的创始人,*Professional C++*的第 2 版、第 3 版和第 4 版(Wiley/Wrox)的作者,*C++ Standard Library Quick Reference* 的第 1 版和第 2 版(Apress)的合著者,多家出版社出版的多本图书的技术编辑,以及 CppCon C++大会的长期演讲人。

前　言

欢迎阅读本书。本书是 Ivor Horton 撰写的 *Beginning ANSI C++* 的修订更新版本。自从那本书出版以后，C++语言已经被大量扩展和改进，使得如今已经无法在一本书中详细解释完整的 C++语言。本书将介绍 C++语言和标准库特性的基本知识，足以让读者开始编写自己的 C++程序。学习完本书后，读者将有能力扩展自己的 C++技能的深度和广度。

我们假定读者没有任何编程经验。如果读者乐于学习，并且擅长逻辑思维，那么理解 C++并没有想象中那么难。通过开发 C++技能，读者将学习一种已经有数百万人使用的编程语言，而且这种语言能够用来在几乎任何环境中开发应用程序。

C++非常强大，甚至可以说，它比大部分编程语言更加强大。所以，就像任何强大工具一样，如果不经训练就开始使用，可能造成严重伤害。我们常把 C++比作瑞士军刀：由来已久，大众信任，极为灵活，但也可能令人茫然，并且到处是尖锐的东西，可能伤害自己。但是，当有人明明白白解释不同工具的用途，并讲解一些基本的用刀安全守则之后，就再也不需要寻找其他小型刀具了。

学习 C++并不像想象中的那样具有很大危险或困难。如今的 C++要比许多人想象中的更容易理解。自从 40 年前 C++语言问世之后，现在已经有了长足的改进。我们已经学会了如何以最安全有效的方式使用其强大的功能和工具。而且，可能更重要的是，C++语言及其标准库也相应地发生了演化，更便于使用。特别是，过去十年间，"现代 C++"开始崛起。现代 C++强调使用更新、更具表达力、更安全的语言特性，并结合经过实践验证的最佳实践和编码指导原则。当知道并应用一些简单的规则和技术后，C++的许多复杂性将随之消失。关键在于有人能够恰当地、循序渐进地解释C++能做什么，还能解释应该使用 C++去做什么。这正是本书的目的。

在这本最新修订版中，我们不遗余力，使内容跟上 C++编程的这个新时代。当然，与以前的版本一样，我们仍然采用轻松的、循序渐进的方式进行讲解。我们使用许多实用的编码示例和练习题，展示 C++旧有的和新增的所有功能。还不只如此：我们更加努力确保总是解释实现某种目的的最适合工具，为什么如此选择，以及如何避免造成失误。我们确保读者从一开始学习 C++，就采用安全高效的现代编程风格，而这会是未来的雇主们希望员工具备的技能。

本书讲解的 C++语言对应于最新的国际标准化组织(International Organization for Standardization, ISO)标准，常被称为 C++20。但是，我们并没有介绍 C++20 的全部内容，因为相比 C++语言之前的版本，C++20 所做的一些扩展针对的是高级应用。

如何使用本书

要通过本书学习 C++，需要有一个支持 C++20 标准的编译器和一个适合编写程序代码的文本编辑器。目前有一些编译器在一定程度上支持 C++20，其中有几个是免费的。

▉**注意：** 在撰写本书时，还没有编译器完全支持 C++20。如果过去发生的事情能够作为参考，那么我们相信编译器很快会迎头赶上。https://en.cppreference.com/w/cpp/compiler_support 对所有主流编译器支持的 C++20 特性提供了很好的概览。如果读者使用的编译器还不支持某个特性，则可能需要跳过一些示例，或者用替代方案修改那些示例。

GCC 和 Clang 编译器是免费、开源的编译器，对 C++20 提供了越来越多的支持。对于新手，安装这两个编译器，并将其与合适的编辑器关联起来并不容易。安装 GCC 和合适的编辑器有一种简单的方法，即下载一个免费的集成开发环境(IDE)，如 Code::Blocks 或 Qt Creator。这些 IDE 支持使用几种编译器进行完整的程序开发，其中包括 GCC 和 Clang。

另一种选择是使用商用的 Microsoft Visual C++ IDE，它运行在 Microsoft Windows 上。Microsoft Visual C++的 Community 版本可供个人甚至小规模专业团队免费使用，并且它对 C++20 的支持与 GCC 和 Clang 处于同等水平。Visual Studio 提供了一个功能全面、易于使用的专业编辑器和调试器，以及对其他语言(如 C#和 JavaScript)的支持。

还有其他一些编译器也支持 C++20，在网上进行搜索可了解它们。

本书内容应当按顺序阅读，所以读者应该从头读起，直到读完本书。但是，只通过读书是无法学会编程的。只有实际编写代码，才能学会如何用 C++编写程序，所以一定要自己输入所有示例(而不要简单地从下载文件中复制代码)，然后编译并执行自己输入的代码。这项工作有时候看起来会很枯燥，但是读者会惊奇地发现，仅仅输入 C++语句就对理解 C++有巨大帮助，在感觉难以理解某些思想的时候更是如此。如果某个示例不能工作，先不要急于翻阅本书来查找原因。试着从代码中分析什么地方出错。这是一种很好的练习，因为在实际开发 C++应用程序时，更多的时候需要自己分析代码。

犯错是学习过程中不可缺少的一部分，书中的练习题给了读者大量机会来犯错。自己设计一些练习题是一个好主意。如果不确定怎么解决一个问题，先自己试一试，然后再查看答案。犯错越多，对什么地方会出错的理解就越深刻。确保完成所有练习题，并且要记住，只有确定自己解决不了问题时才查看答案。大部分练习题只需要直接运用对应章节中的知识，换言之，它们只是练习而已，但是也有一些练习题需要深入思考，甚至需要一些灵感。

我们希望读者能够掌握 C++，并且最重要的是，享受使用 C++编写程序的过程。

源代码下载

读者可扫描以下的二维码(也可扫描封底二维码)下载在线提供的附录 A，其中包括所有示例和练习的源代码。

目　　录

第1章

▪▪▪▪

基 本 概 念

在本书中，我们有时会用到之前已经详细解释过的示例中的某些代码。本章将概述 C++的主要元素及其组合方式，以帮助读者理解这些元素，并探讨计算机中数字和字符表达的几个相关概念。

本章主要内容
- 现代 C++的含义
- 术语 C++11、C++14、C++17 和 C++20 的含义
- C++标准库
- C++程序的元素
- 如何注释程序代码
- C++代码如何变成可执行程序
- 面向对象编程与面向过程编程的区别
- 二进制、十六进制和八进制数字系统
- 浮点数
- 计算机如何只使用位和字节来表示数字和字母
- Unicode

1.1 现代 C++

C++编程语言最初是由丹麦计算机科学家 Bjarne Stroustrup 在 20 世纪 80 年代初发明的，是至今仍然被广泛使用的"古老"编程语言之一。虽然已有多年的历史，但 C++仍然表现强势，在最有名的编程语言受欢迎度排行榜中，稳居前 5 名。几乎任何程序都可以用 C++编写：设备驱动程序、操作系统、薪酬管理程序、游戏等。随意说出来一个主流的操作系统、浏览器、办公套件、电子邮件客户端、多媒体播放器或数据库系统，它们有很大的可能至少用 C++写了一部分功能。

最重要的是，C++可能最适合用来编写对性能有较高要求的应用程序，例如需要处理大量数据的应用程序、具有复杂图形处理的现代游戏、针对嵌入式设备或移动设备的应用程序。使用 C++编写的程序仍然比使用其他流行语言编写的程序快许多倍。而且，对于在多种多样的计算设备和环境中开发应用程序，包括个人电脑、工作站、大型计算机、平板电脑和移动电话，C++远比其他大部分语言高效得多。

虽然 C++编程语言已经不年轻，但是依然充满活力，近年来显得更加生机勃勃。在 20 世纪 80 年代，C++被发明出来并标准化以后，演化速度并不快。直到 2011 年，国际标准化组织(International Organization for Standardization, ISO)发布了 C++编程语言标准的一个新版本。该版本常被称为 C++11，

它使 C++得到复苏,将这个稍许有些过时的语言直接带入 21 世纪。C++11 深刻地现代化了 C++语言和我们使用这种语言的方式,以至于我们几乎可以将 C++11 看成一种全新的语言。

使用 C++11 及更新版本的功能进行编程称为"现代 C++"编程。本书将展示,现代 C++并不只是简单地拥抱 C++语言的新功能,如 lambda 表达式(第 19 章)、auto 类型推断(第 2 章)和基于范围的 for 循环(第 5 章)等。最重要的是,现代 C++代表现代的编程方法,是人们对良好编程风格达成的共识。它运用一套指导原则和最佳实践,使 C++编程更加简单、更难出错并且生产效率更高。C++11 是一种现代的、安全的编程风格,将传统的低级语言结构替换为容器(第 5 章和第 20 章)、智能指针(第 6 章)或其他 RAII 技术(第 16 章),并且强调了使用异常报告错误(第 16 章)、通过移动语义按值传递对象(第 18 章),以及编写算法来代替循环(第 20 章)等。当然,现在读者可能还不太理解它们是什么。但不必担心,本书将循序渐进地介绍使用现代 C++进行编程需要的全部知识!

C++标准的出现也使得 C++社区再次活跃起来, C++社区一直在努力地扩展和进一步改进这种语言。每 3 年,就会发布该标准的一个新版本。在 C++11 后发布了 C++14、C++17 以及最新的 C++20 版本。

C++14 和 C++17 版本的变化较小,只是一种增量式更新,但 C++20 的出现是一个重大的里程碑。与 10 年前的 C++11 一样,C++20 也将改变我们使用 C++编程的方式。在 C++20 中,使用模块(第 11 章) 淘汰了 C++之前编写大程序的陈旧方式(如之前使用的头文件和#include 语句);使用概念(第 21 章)帮助创建类型安全的模板和实现灵活的模板特化(第 9 章和第 17 章);使用范围(第 20 章)彻底改变了处理数据的方式。特别是对于现在开始学习 C++的人而言,C++20 的所有这些新功能可以使该语言比之前更简单、更优雅、更容易理解。

本书讲解的是 C++20 标准定义的 C++。本书提供的所有代码,在支持 C++20 标准的任何编译器上均可以工作。好消息是,大部分主流编译器都紧跟最新的 C++发展,所以如果读者使用的编译器现在还不支持某个特定的功能,很快就会得到支持。

1.2 标准库

如果每次编写程序时,都必须从头开始创建所有内容,就是一件非常枯燥的工作。许多程序都需要相同的功能,例如从键盘上读取数据、计算平方根、将数据记录按特定的顺序排列。C++附带了大量预先编写好的代码,提供了所有这些功能,因此不需要自己编写它们。这些标准代码都在标准库中定义。

C++带有一个非常大的标准库,其中包含大量例程和定义,提供了许多程序需要的功能。例如,数值计算、字符串处理、排序、搜索、数据的组织和管理、输入和输出等。本书的几乎每一章都将介绍标准库的一些主要功能,并且在第 20 章,将更详细地介绍一些关键的数据结构和算法。尽管如此,由于标准库非常大,本书仅涉及皮毛。详细描述标准库提供的所有功能,需要占用好几本书的篇幅。*Beginning STL*(Apress, 2015)是使用标准模板库的优秀指南,而标准模板库是 C++标准库中以各种方式管理和处理数据的一个子集。我们还推荐阅读 C++ *Standard Library Quick Reference*(Apress, 2019),本书提供了对 C++17 标准库的全面概览。

就 C++语言的范围和库的广度而言,初学者常觉得 C++令人生畏。将 C++的全部内容放在一本书里是不可能的,但其实不需要学会 C++的所有内容,就可以编写实用的程序。该语言可以循序渐进地学习,这并不是很难。就像学习开车,即使没有赛车所需的专业技能、知识和经验,也可以成为合格的、安全驾驶的司机。通过本书,可以学到使用 C++高效编程需要的所有知识。读完本书后,你可以自信地编写自己的应用程序,还可以开始研究 C++及其标准库的所有内容。

1.3 C++程序概念

本书后面将详细论述本节介绍的所有内容。图 1-1 展示了一个完全可以工作的完整 C++程序,并解释了该程序的各个部分。这个示例将用作讨论 C++一般内容的基础。

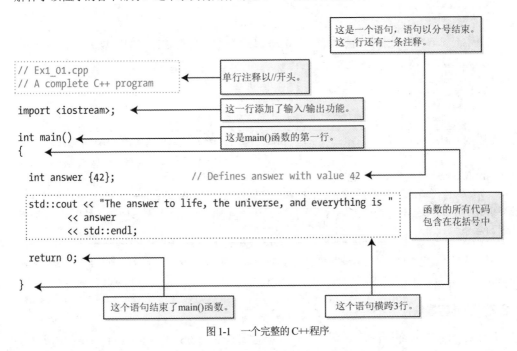

图 1-1 一个完整的 C++程序

1.3.1 源文件

图 1-1 中显示的文件 Ex1_01.cpp 包含在本书的代码下载文件中。文件扩展名.cpp 表示这是一个 C++源文件或实现文件。源文件包含函数体和程序中大部分的可执行代码。源文件的名称通常带有扩展名.cpp,不过有时候也使用其他扩展名标识 C++源文件,例如.cc、.cxx 或.c++。

前 10 章中的所有程序都很小,在一个 C++源文件中定义就足够了。但现实中的程序往往由成千上万个文件组成。要提醒的是,这些文件并非都是源文件。在大型程序中也会使用其他类型的文件,主要是为了将程序各个组成部分的接口(函数原型、类定义、模块接口等)从其相应源文件中的实现中分离出来。在第 11 章中,将学习各种用于定义 C++20 模块的文件,附录 A 中将回顾原来一些较大程序中的遗留代码会使用的头文件。

■ 注意:在线提供的附录 A 中包含了所有示例和练习的源代码。

1.3.2 注释和空白

图 1-1 中的前两行是注释。添加注释来解释程序代码,可以使他人更容易理解程序的工作方式。编译器会忽略一行代码中双斜杠后面的所有内容,所以这种注释可以跟在一行代码的后面。在上面的示例中,第一行注释指出包含代码的文件名。本书中每个工作示例的文件都以这种方式给出。

■ **注意**：在每个文件中，用注释指出文件名只是为读者提供方便。在日常编码中，没必要添加这种注释；如果添加了这种注释，只会在重命名文件时，引入不必要的维护开销。

需要把注释放在多行时，可以使用另一种注释形式。例如：

```
/* This comment is
over two lines. */
```

编译器会忽略/*和*/之间的所有内容。可以修饰这种注释，使其更加突出。例如：

```
/*********************\
* This comment is *
* over two lines. *
\*********************/
```

■ **注意**：因为阅读本书就是为了学习 C++，所以本书中甚至会经常使用代码注释来解释最基本的 C++ 代码行。当然，在实际编写 C++ 程序时不必这样做，至少不必像本书中这样大量使用代码注释。例如，在实际编程中对于 "int answer {42};" 语句的含义，我们不会像图 1-1 中那样添加注释。一旦理解了语法，所编写的代码就应该是自解释的。在代码注释中简单地重复代码内容一般被认为是一种糟糕的编程实践。通常，仅在代码的阅读者(常常是你和/或你的同事)不能立即看出来代码的作用时，才为代码添加注释。

空白是空格、制表符、换行符或换页符的任意序列。编译器一般会忽略空白，除非由于语法原因需要使用空白把元素区分开来。

1.3.3 标准库模块

图 1-1 中的第三行是一个导入声明，它将 C++标准库的<iostream>模块导入 Ex1_01.cpp 中，这样，由该模块导出的所有类型和功能都可以用于这个源文件。通过<iostream>模块可以实现从键盘输入文本并将文本输出到屏幕上。特别是，它定义了 std::cout 和 std::endl。如果在 Ex1_01.cpp 中省略了导入<iostream>模块的声明，源文件就不会编译，因为编译器不知道 std::cout 和 std::endl 是什么。

在编译之前，几乎在每个文件中都要导入一个或多个标准库模块。现在，通过包围名称的尖括号，读者可以识别标准库模板，但附录 A 中将改变这一认知。在本书的后半部分，我们也会创建和使用自己的模块，来导出自己创建的类型和函数。要导入这类模块，就不必将其名称放在一对尖括号中。

■ **注意**：<iostream>模块也兼作头文件。实际上，在成为 C++20 中的模块之前，它早就是一个头文件。C++20之前标准库的所有头文件几乎都可以导入 C++20 中，作为模块使用(但源于 C 标准库的头文件除外)。附录 A 中对头文件和模块之间的区别有更详细的介绍。

1.3.4 函数

每个C++程序都至少包含一个函数，通常会包含多个函数。函数是一个命名的代码块，执行定义好的操作，例如读取输入的数据、计算平均值或者输出结果。在程序中使用函数的名称来执行或调用函数。程序中的所有可执行代码都放在函数中。程序中必须有一个名为 main 的函数，执行总是自动从这个函数开始。main()函数通常调用其他函数，这些函数又可以调用其他函数，以此类推。函数提供了几个重要的优点：

- 程序被分解为不同的函数，更容易开发和测试。

- 一个函数可以在程序的几个不同的地方重用，与在每个需要的地方编写相同代码相比，这可以使程序更小。
- 函数常常可以在许多不同的程序中重用，节省了编码时间和精力。
- 大程序常常由一组程序员共同开发。每个组员负责编写一系列函数，这些函数是整个程序中已定义好的一个子集。没有函数结构，这是不可能实现的。

图 1-1 中的程序只包含 main() 函数。该函数的第一行是：

```
int main()
```

这称为函数头，标识了函数。其中 int 是一个类型名称，它定义了 main() 函数执行完毕时返回的值的类型为整型。整数是没有小数部分的数字。例如，23 和-2048 是整数，但 3.1415 和 1/4 不是。一般情况下，函数定义中名称后面的圆括号，包含了调用函数时要传递给函数的信息的说明。本例中的圆括号是空的，但其中可以有内容。第 8 章将学习如何指定执行函数时传递给函数的信息的类型。本书正文中总是在函数名的后面加上圆括号，例如 main()，以区分函数与其他代码。

函数的可执行代码总是放在花括号中，左花括号跟在函数头的后面。

1.3.5 语句

语句是 C++ 程序的基本单元。语句总是以分号结束。分号表示语句的结束，而不是代码行的结束。语句可以定义某个元素，例如计算或要执行的操作。程序执行的所有操作都是用语句指定的。语句按顺序执行，除非有某个语句改变了这个顺序。第 4 章将学习可以改变执行顺序的语句。图 1-1 所示的 main() 函数中有 3 个语句。第一个语句定义了一个变量，变量是一个命名的内存块，用于存储某种数据。在本例中变量的名称是 answer，可以存储整数值：

```
int answer {42}; // Defines answer with the value 42
```

类型 int 放在名称的前面，这指定了可以存储的数据类型——整数。注意 int 和 answer 之间的空格。这里的一个或多个空白字符是必需的，用于分隔类型名称和变量名称。如果没有空格，编译器会把名称看作 intanswer，这是编译器无法理解的。answer 的初始值放在变量名后面的花括号中，所以它最初存储的是 42。answer 和 {42} 之间也有一个空格，但这个空格不是必需的。下面的所有定义都是有效的：

```
int one{ 1 };
int two{2};
int three{
  3
};
```

大多数时候，编译器会忽略多余的空格。但是，应该以统一的风格使用空白，以提高代码的可读性。

在第一个语句的末尾有一个多余的注释，它解释了上述内容，这还说明，可以在语句中添加注释。// 前面的空白也不是强制的，但最好保留这些空白。

可将几个语句放在一对花括号 {} 中，此时这些语句就称为语句块。函数体就是一个语句块，如图 1-1 所示，main() 函数体中的语句就放在花括号中。语句块也称为复合语句，因为在许多情况下，可将一个语句块看作一个语句，详见第 4 章中的决策功能，以及第 5 章中的循环功能。在可以放置一个语句的任何地方，都可以放置一个包含在花括号对中的语句块。因此，语句块可以放在其他语句块内部，这个概念称为嵌套。事实上，语句块可以嵌套任意级。

1.3.6 数据的输入和输出

在 C++中，输入和输出是使用流来执行的。如果要输出消息，可以把消息写入输出流中；如果要输入数据，则从输入流读取。因此，流是数据源或数据接收器的一种抽象表示。在程序执行时，每个流都关联着某台设备，关联着数据源的流就是输入流，关联着数据目的地的流就是输出流。对数据源或数据接收器使用抽象表示的优点在于，无论流代表什么设备，编程都是相同的。例如，从磁盘文件中读取数据的方式与从键盘上读取完全相同。在 C++中，标准的输出流和输入流分别称为 cout 和 cin，默认情况下，它们对应计算机的屏幕和键盘。第 2 章将从 cin 中读取输入。

在图 1-1 中，main()函数中的下一个语句把文本输出到屏幕：

```
std::cout << "The answer to life, the universe, and everything is "
          << answer
          << std::endl;
```

把该语句放在 3 行上，只是为了说明这么做是可行的。名称 cout 和 endl 在<iostream>模块中定义。本章后面将解释 std::前缀。<<是插入运算符，用于把数据传递到流中。第 2 章会遇到提取运算符>>，它用于从流中读取数据。每个<<右边的所有内容都会传递到 cout 中。把 endl 写入 std::cout，会在流中写入一个换行符，并刷新输出缓存。刷新输出缓存可确保输出立即显示出来。该语句的执行结果如下：

```
The answer to life, the universe, and everything is 42
```

可以给每行语句添加注释。例如：

```
std::cout << "The answer to life, the universe, and everything is " // This statement
          << answer                                                 // occupies
          << std::endl;                                             // three lines
```

双斜杠不必对齐，但我们常常对齐双斜杠，使之看起来更整齐，代码更容易阅读。当然，不应该只是为了写注释而写注释。注释通常应该包含在代码中无法明显看出来的有用信息。

1.3.7 return 语句

main()函数中的最后一个语句是 return。return 语句会结束函数，把控制权返回给调用函数的地方。在本例中它会结束函数，把控制权返回给操作系统。return 语句可能返回一个值，也可能不返回值。本例的 return 语句向操作系统返回 0，表示程序正常结束。程序可以返回非 0 值，例如 1、2 等，表示不同的异常结束条件。Ex1_01.cpp 中的 return 语句是可选的，可以忽略它。这是因为如果程序执行超过了 main()函数中的最后一个语句，就等价于执行 return 0。

■ **注意**：只有在 main()函数中，忽略 return 才相当于返回 0。对于其他任何返回类型为 int 的函数，最好以一个显式的 return 语句结束，否则编译器不知道任意函数在默认情况下应该返回哪个值。

1.3.8 名称空间

大项目会同时涉及几个程序员。这可能会带来名称问题。不同的程序员可能给不同的元素使用相同的名称，这可能带来混乱，使程序出错。标准库定义了许多名称，很难全部记住。不小心使用了标准库名称也会出现问题。名称空间就是用于解决这个问题的。

名称空间类似于姓氏，置于该名称空间中声明的所有名称的前面。标准库中的名称都在 std 名称空间中定义，cout 和 endl 是标准库中的名称，所以其全名是 std::cout 和 std::endl。其中的两个冒号有一个非常奇特的名称：作用域解析运算符，详见后面的说明。这里它用于分隔名称空间的名称 std 和标准库中的名称(例如 cout 和 endl)。标准库中的几乎所有名称都有前缀 std。

名称空间的代码如下所示：

```
namespace my_space{
  // All names declared in here need to be prefixed
  // with my_space when they are referenced from outside.
  // For example, a min() function defined in here
  // would be referred to outside this namespace as my_space::min()
}
```

花括号对中的所有内容都位于 my_space 名称空间中。第 11 章将详细介绍如何定义自己的名称空间。

■ **警告**：main()函数不能定义在名称空间中，未在名称空间中定义的内容都存在于全局名称空间中，全局名称空间没有名称。

1.3.9 名称和关键字

Ex1_01.cpp 包含变量 answer 的定义，并使用在<iostream>标准库模块中定义的名称 cout 和 endl。程序中的许多元素都需要名称，定义名称的准确规则如下：
- 名称可以是包含大小写字母 A~Z 和 a~z、数字 0~9 和下画线_的任意序列。
- 名称必须以字母或下画线开头。
- 名称是区分大小写的。

C++标准允许名称有任意长度，但有的编译器对此有某种长度限制，这种限制常常比较宽松，并不严格。大多数情况下，不需要使用长度超过 12~15 个字符的名称。

下面是一些有效的 C++名称：

```
toe_count  shoeSize  Box
doohickey  Doohickey  number1  x2  y2  pValue  out_of_range
```

大小写字母是有区别的，所以 doohickey 和 Doohickey 是不同的名称。编写由两个或多个单词组成的名称时，有几个约定；可以把第二个及以后各个单词的首字母大写，或者用下画线分隔它们。

关键字是 C++中有特殊含义的保留字，不能把它们用于其他目的。例如，class、int、namespace、throw 和 catch 都是保留字。其他不应使用的名称包括：
- 以连续两个下画线开头的名称。
- 以一个下画线后跟一个大写字母开头的名称。
- 全局名称空间内所有以下画线开头的名称。

虽然使用这些名称时，编译器通常不会报错，但问题在于，这些名称可能与编译器生成的名称冲突，或者与标准库实现在内部使用的名称冲突。注意，这些保留名称都具备一个特征：以下画线开头。因此为简化起见，我们给出如下建议。

■ **提示**：不要使用以下画线开头的名称。

1.4 类和对象

类是定义数据类型的代码块。类的名称就是数据类型的名称。类类型的数据项称为对象。创建变量，以存储自定义数据类型的对象时，就要使用类类型名称。如果定义自己的数据类型，就可以根据具体问题提出解决方案。例如，如果编写一个处理学生信息的程序，就可以定义 Student 类型。Student 类型可以包含学生的所有特征，例如年龄、性别或学校记录——这些都是程序需要的。

第 12~15 章将介绍如何创建自己的类，以及如何在程序中使用对象。不过，在那之前，就会使用某些标准库类型的对象，例如第 5 章使用的向量和第 7 章使用的字符串。从技术角度看，甚至 std::cout 和 std::cin 流也是对象。但是，不必担心，使用对象是很简单的，比创建自己的类要简单得多。正因为按照现实生活中的实体来设计对象的行为，所以它们使用起来很直观(不过，也有一些对象是对更加抽象的概念进行的建模，例如输入或输出流，或者对低级 C++结构进行的建模，例如数组和字符序列)。

1.5　模板

有时程序需要几个类似的类或函数，其代码中只有所处理的数据类型有区别。编译器可以使用模板给特定的自定义类型自动生成类或函数的代码。编译器使用类模板会生成一个或多个类系列，使用函数模板会生成函数。每个模板都有名称，在想要使用编译器创建模板的实例时，就会使用该名称。标准库大量使用了模板。

第 10 章和第 17 章将介绍如何定义函数和类模板，第 21 章将介绍如何通过添加概念表达式(C++20 中新增的特性)使模板的使用更安全、更容易。但是，在之前的章节中，就将使用一些具体的标准库模板，例如第 5 章中会实例化特定的基础实用函数模板，如 std::min()和 max()，或者会实例化 std::vector<>和 array<>类模板。

1.6　代码的表示样式和编程风格

代码排列的方式对于代码的可读性有非常重要的影响。这有两种基本的方式。首先，可以使用制表符和/或空格缩进程序语句，显示出这些语句的逻辑；再以一致的方式使用定义程序块的匹配花括号，使程序块(又称代码块、语句块，或简称块)之间的关系更清晰。其次，可以把一个语句放在两行或多行上，提高程序的可读性。

代码有许多不同的表示样式。表 1-1 显示了三种常用的代码表示样式。

表 1-1　三种常用的代码表示样式

样式 1	样式 2	样式 3
| ```
namespace mine
{
 bool has_factor(int x, int y)
 {
  int factor{ hcf(x, y) };
  if (factor > 1)
  {
   return true;
  }
  else
  {
   return false;
  }
 }
}
``` | ```
namespace mine {
 bool has_factor(int x, int y)
 {
  int factor{ hcf(x,y) };
  if (factor>1) {
   return true;
  } else {
   return false;
  }
 }
}
``` | ```
namespace mine {
 bool has_factor(int x, int y) {
  int factor{ hcf(x, y) };
  if (factor > 1)
   return true;
  else
   return false;
 }
}
``` |
```

本书的示例使用样式 1。随着编程经验的增加，读者将根据自己的个人喜好或者公司的要求，形成自己的代码表示样式。建议在某个时候，选择一种适合自己的样式，然后在代码中一致地使用这种样式。一致的代码表示样式看上去美观，也会使代码更容易阅读。

对排列匹配花括号和缩进语句所形成的约定，只是编程风格的几个方面之一。其他重要的方面还包括命名变量、类型和函数的约定，以及使用(结构化)注释的约定。良好的编程风格是一个很主观的问题，不过客观来说，有一些指导原则和约定要优于其他。一般来说，采用一致风格的代码更容易阅读和理解，有助于避免引入错误。本书在引导读者形成自己的编程风格时，将不时给出建议。

■ **提示**：毫无疑问，关于良好的编程风格，我们能给出的最好的提示之一是：为所有变量、函数和类型选择清晰的描述性名称。

1.7 创建可执行文件

从 C++源代码中创建可执行的模块通常需要三个步骤。第一步是预处理器处理所有的预处理指令。一般来说，它的关键任务之一是将所有#include 头文件的完整内容复制到源文件中，但这种做法由于 C++20 中引入的模块将被淘汰。附录 A 中将讨论#include 和其他预处理指令。第二步是编译器把每个源文件转换为对象文件，其中包含了与预处理代码对应的机器码。第三步是链接程序把程序的二进制文件合并到包含完整可执行程序的文件中。

图 1-2 表明，3 个源文件经过编译后，生成了 3 个对应的对象文件(图 1-2 中没有明确显示预处理阶段)。用于标识对象文件的文件扩展名在不同的机器环境中是不同的，因此这里没有显示。组成程序的源文件可以在不同的编译器运行期间单独编译，但大多数编译器都允许在一次运行期间编译它们。无论采用哪种方式，编译器都把每个源文件看作一个独立的实体，为每个.cpp 文件生成一个对象文件。然后在链接步骤中，把程序的对象文件和必要的库函数组合到一个可执行文件中。

在本书的前半部分，程序只包含一个源文件。第 1 章介绍如何创建一个大程序，在其中包含多个模块和源文件。

■ **注意**：将源代码转换为可执行文件所需要执行的具体步骤，在各个编译器中是不同的。虽然我们的示例大部分都很小，可以使用一系列命令行指令来编译和链接，但使用集成开发环境(Integrated Development Environment, IDE)可能更方便。现代 IDE 提供对用户很友好的图形用户界面，供用户编辑、编译、链接、运行和调试程序。有关最流行的编译器和 IDE 的参考说明可以很容易地从网络获取。

实际上，编译是一个迭代的过程，因为在源代码中总是会有输入错误或其他错误。更正了每个源文件中的这些错误后，就可以进入链接步骤，但在这一步可能会发现更多错误！即使链接步骤生成了可执行模块，程序仍有可能包含逻辑错误，即程序没有生成所希望的结果。为更正这些错误，必须回头修改源代码，再进行编译。这个过程会继续下去，直到程序按照希望的那样执行为止。如果程序的执行结果不像我们宣称的那样，其他人就有可能找到我们本应发现的许多错误。一般认为，如果程序超过一定的规模，就总是包含错误，尽管这一点并不能被确切无疑地证实。在乘飞机的时候，最好不要想到这一点[1]。

1　据报道，波音 787 的整个飞行软件由 1400 万行代码组成(其中一半的代码是有关航空电子设备和在线支持系统的)。有些调查报告宣称，每千行代码中会存在几个甚至几十个缺陷。没错，我们最好别往下想了……

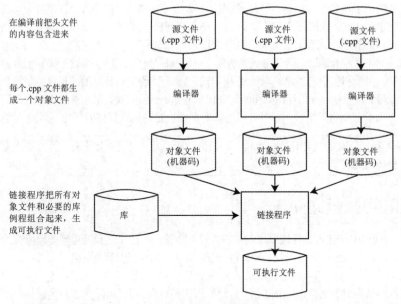

在编译前把头文件
的内容包含进来

每个.cpp 文件都生
成一个对象文件

链接程序把所有对
象文件和必要的库
例程组合起来, 生
成可执行文件

图 1-2　编译和链接过程

1.8　过程化编程和面向对象编程

历史上, 过程化编程曾是编写几乎所有程序的方式。要创建问题的过程化编程解决方案, 必须考虑程序实现的过程, 才能解决问题。一旦需求明确地确定下来, 就可以写出完成任务的大致提纲, 如下所示:

- 对程序要实现的整个过程进行清晰的说明。
- 将整个过程分为可工作的计算单元, 这些计算单元应尽可能是自包含的。它们常常对应于函数。
- 根据正处理的数据的基本类型(如数值数据、单个字符和字符串)来编写函数。

在解决相同问题时, 除了开始时对问题进行清晰的说明这一点相同之外, 面向对象编程方式在其他地方都完全不同:

- 根据问题的详细说明确定该问题所涉及的对象类型。例如, 如果程序涉及棒球运动员, 就应把 BaseballPlayer 标识为程序要处理的数据类型。如果程序是一个会计程序包, 就应定义 Account 类型和 Transaction 类型的对象。还要确定程序需要对每种对象类型执行的操作集。这将生成一组与应用程序相关的数据类型, 用于编写程序。
- 为问题需要的每种新数据类型生成一个详细的设计方案, 包括可以对每种对象类型执行的操作。
- 根据已定义的新数据类型及其允许的操作, 表达程序的逻辑。

面向对象解决方案的程序代码完全不同于过程化解决方案, 理解起来也比较容易, 维护也方便得多。面向对象解决方案所需的设计时间要比过程化解决方案长一些。但是, 面向对象程序的编码和测试阶段比较短, 问题也比较少, 所以这两种方式的整个开发时间大致相同。

下面简要论述面向对象编程方式。假定要实现一个处理各种盒子的程序。这个程序的一个合理要求是把几个小盒子装到另一个大一些的盒子中。在过程化程序中, 需要在一组变量中存储每个盒子的长度、宽度和高度。包含几个盒子的新盒子的尺寸必须根据每个被包含盒子的尺寸，按照为打包一组盒子而定义的规则进行计算。

面向对象解决方案首先需要定义 Box 数据类型，这样就可以创建变量，引用 Box 类型的对象，并创建 Box 对象。然后定义一个操作，把两个 Box 对象加在一起，生成包含前两个 Box 对象的第三个 Box 对象。使用这种操作，就可以编写如下语句：

```
bigBox = box1 + box2 + box3;
```

在这个语句中，+操作的含义远远超出简单的相加。+运算符应用于数值，会像以前那样工作，但应用于 Box 对象时，就有了特殊含义。这个语句中每个变量的类型都是 Box，上述代码会创建一个 Box 对象，其尺寸足够包含 box1、box2 和 box3。

编写这样的语句要比分别处理所有的尺寸容易得多，计算过程越复杂，面向对象编程方式的优点就越明显。但这只是一个很粗略的说明，对象的功能要比这里所描述的强大得多。介绍这个例子的目的是让读者对使用面向对象方法解决问题有大致的了解。面向对象编程基本上是根据问题涉及的实体来解决问题，而不是根据计算机喜欢使用的实体(即数字和字符)来解决问题。

1.9 表示数字

在 C++程序中，数字的表示有许多方式，所以必须理解表示数字的各种可能性。如果很熟悉二进制数、十六进制数和浮点数的表示，就可以跳过本节。

1.9.1 二进制数

首先考虑一下常见的十进制数(如 324 或 911)表示什么。显然，324 表示三百二十四，911 表示九百一十一。这是"三百"加上"二十"再加上"四"的简写形式，或是"九百"加上"一十"再加上"一"的简写形式。更明确地说，这两个数表示：

- 324 是 $3 \times 10^2 + 2 \times 10^1 + 4 \times 10^0$，也就是 $3 \times 100 + 10 \times 2 + 1 \times 4$
- 911 是 $9 \times 10^2 + 1 \times 10^1 + 1 \times 10^0$，也就是 $9 \times 100 + 10 \times 1 + 1 \times 1$

这称为十进制表示法，因为它建立在 10 的幂的基础之上。也可以说，这里的数字以 10 为基数来表示，因为每个数位都是 10 的幂。以这种方式表示数字非常方便，因为人有 10 根手指和 10 根脚趾可用来计数。但是，这对计算机就不太方便了，因为计算机主要以开关为基础，即开和关，加起来只有 2，而不是 10。这就是计算机用基数 2 而不是用基数 10 表示数字的主要原因。用基数 2 表示数字称为二进制计数系统。用基数 10 表示数字，数字可以是 0～9。一般情况下，以任意 n 为基数表示的数，每个数位的数字是从 0 到 n-1。因此，二进制数字只能是 0 或 1，二进制数 1101 就可以分解为：

- $1 \times 2^3 + 1 \times 2^2 + 0 \times 2^1 + 1 \times 2^0$，也就是 $1 \times 2 \times 2 \times 2 + 1 \times 2 \times 2 + 0 \times 2 + 1$

计算得 13(十进制系统)。在表 1-2 中，列出了用 8 位二进制值表示的对应的十进制值(二进制数字常称为位)。

表 1-2 与 8 位二进制值对应的十进制值

二进制	十进制	二进制	十进制
0000 0000	0	1000 0000	128
0000 0001	1	1000 0001	129
0000 0010	2	1000 0010	130
...	...	...	...

(续表)

二进制	十进制	二进制	十进制
0001 0000	16	1001 0000	144
0001 0001	17	1001 0001	145
…	…	…	…
0111 1100	124	1111 1100	252
0111 1101	125	1111 1101	253
0111 1110	126	1111 1110	254
0111 1111	127	1111 1111	255

使用前 7 位可以表示 0～127 的正数，一共 128 个不同的数，使用全部 8 位可以表示 256(即 2^8)个数。一般情况下，如果有 n 位，就可以表示 2^n 个整数，正值为 0～2^n-1。

在计算机中，将二进制数相加是非常容易的，因为对应数字加起来的进位只能是 0 或 1，所以处理过程会非常简单。图 1-3 中的例子演示了两个 8 位二进制数相加的过程。

图 1-3 二进制数的相加

相加操作从最右边开始，将操作数中对应的位相加。图 1-3 指出，前 6 位都向左边的下一位进 1，这是因为每个数字只能是 0 或 1。计算 1+1 时，结果不能存储在当前的位中，而需要在左边的下一位中加 1。

1.9.2 十六进制数

在处理很大的二进制数时，将存在一个小问题。例如：

```
1111 0101 1011 1001 1110 0001
```

在实际应用中，二进制表示法显得比较繁杂，如果把这个二进制数表示为十进制数，结果为 16 103 905，只需要 8 个十进制数位而已。显然，我们需要一种更高效的方式来表示这个数，但十进制并不总是合适的。有时需要能够指定从右开始算起的第 10 位和第 24 位的数字为 1。用十进制整数完成这个任务非常麻烦，而且很容易出现计算错误。比较简单的解决方案是使用十六进制表示法，即数字以 16 为基数表示。

基数为 16 的算术就方便得多，它与二进制也相得益彰。每个十六进制的数字可以是 0～15 的值(10～15 的数字用 A～F 或 a～f 表示，如表 1-3 所示)，0～15 的数值就分别对应于用 4 个二进制数字表示的值。

表1-3　将十六进制数表示为十进制数和二进制数

十六进制	十进制	二进制
0	0	0000
1	1	0001
2	2	0010
3	3	0011
4	4	0100
5	5	0101
6	6	0110
7	7	0111
8	8	1000
9	9	1001
A 或 a	10	1010
B 或 b	11	1011
C 或 c	12	1100
D 或 d	13	1101
E 或 e	14	1110
F 或 f	15	1111

因为一个十六进制数对应于 4 个二进制数，所以可以把较大的二进制数表示为一个十六进制数，方法是从右开始，把每 4 个二进制数组成一组，再用对应的十六进制数表示每个组。例如，二进制数：

```
1111 0101 1011 1001 1110 0001
```

如果依次提取每 4 个二进制数，用对应的十六进制数表示每个组，将这个数字用十六进制表示，就得到：

```
F   5   B   9   E   1
```

所得的 6 个十六进制数分别对应于 6 组 4 个二进制数。为了证明这适用于所有情况，下面用十进制表示法把这个数字直接从十六进制转换为十进制。这个十六进制数的计算如下：

$$15 \times 16^5 + 5 \times 16^4 + 11 \times 16^3 + 9 \times 16^2 + 14 \times 16^1 + 1 \times 16^0$$

最后相加的结果与把二进制数转换为十进制数的结果相同：16,103,905。

十六进制数的另一个非常方便的特点是，现代计算机把整数存储在偶数字节的字中，一般是 2、4、8 或 16 字节，一个字节是 8 位，正好是两个十六进制数，所以内存中的任意二进制整数总是精确对应于若干个十六进制数。

1.9.3　负的二进制数

对于二进制算术需要理解的另一个方面是负数。前面一直假定所有数字都是正的。乐观地看是这样，所以我们目前已对二进制数有了一半以上的认识。但实际中还会遇到负数；悲观地看，我们对二进制数的认识仅仅达到一半。在现代计算机中，是如何表示负数的？稍后将看到，这个问题看起来很简单，但是并不容易直观地给出一个答案。

既可以是正数，又可以是负数的整数称为带符号整数。自然，我们只能使用二进制数位表示数字。

计算机使用的任何语言最终都只会由位和字节组成。因为计算机的内存由 8 位字节组成，所以二进制数字要存储在多个 8 位中(通常是 2 的幂)，即有些数字是 8 位，有些数字是 16 位，有些数字是 32 位，等等。

因此，带符号整数的一种直观表示是使用固定数量的二进制数位，并指定其中一位作为符号位。在实际应用中，总是会选择最左边的位作为符号位。假设我们把左右带符号整数的大小固定为 8 位。这样一来，数字 6 可表示为 00000110，而-6 则可表示为 10000110。将+6 改为-6，只需要将符号位从 0 改为 1。这称为符号幅值表示法：每个数字都由一个符号位和给定的位数组成，其中符号位为 0 表示正数，符号位为 1 表示负数，给定的位数指定数字的幅值或绝对值，换言之，就是无符号的数值。

虽然符号幅值表示法对人来说是很容易使用的，但是有一个缺点：计算机不容易处理这种表示方法。更具体而言，这种表示方法需要大量的系统开销，需要复杂的电路来执行算术运算。例如，当两个带符号整数相加时，我们并不想让计算机检查两个数字是否为负。我们希望使用简捷的"加"电路来生成相应结果，而不考虑操作数的符号。

当把 12 和-8 的符号幅值表示简单相加时，会发生什么？可以预想到，这种相加操作不会得到正确结果，但在此我们还是进行该运算。

将 12 转换为二进制：	0000 1100
将-8 转换为二进制(读者可能认为是)：	1000 1000
如果把它们加起来，结果是：	1001 0100

答案是-20，这可不是我们希望的结果+4，它的二进制应是 0000 0100。此时读者会认为，"不能把符号简单地作为另一个位"。但是，为了加快二进制计算，恰恰想要这么做。

因此，几乎所有现代计算机都采用一种不同的方法：使用二进制负数的 2 的补码表示。使用这种表示时，通过一个可以在头脑中完成的简单过程就可以从任何正的二进制数获得其负数形式。现在，我们并不会解释为什么这种表示法有效。好比一位真正的魔术师，我们不会解释魔术。下面看看如何从正数中构建负数的 2 的补码形式，读者也可以自己证明这是有效的。现在回到前面的例子，给-8 构建 2 的补码形式。

(1) 首先把+8 转换为二进制：

```
0000 1000
```

(2) 现在反转每个二进制数字，即把 0 变成 1、把 1 变成 0，得到：

```
1111 0111
```

这称为 1 的补码形式。

(3) 如果给这个数加上 1，就得到了-8 的 2 的补码形式：

```
1111 1000
```

注意，这种方法是双向的。要将负数的 2 的补码形式转换为对应的二进制正数，只需要再次反转所有的位，然后加 1。例如，反转 1111 1000 得到 0000 0111，加 1 后得到 0000 1000，即+8。

当然，如果 2 的补码不能辅助二进制运算，就只能算是一种头脑游戏。我们来看看计算机如何使用 1111 1000：

将+12 转换为二进制形式：	0000 1100
-8 的 2 的补码形式是：	1111 1000
把这两个数加在一起，得到：	0000 0100

答案就是 4。这是正确的。左边所有的 1 都向前进位，这样该位的数字就是 0。最左边的数字应进位到第 9 位，即第 9 位应是 1，但这里不必担心这个第 9 位，因为在前面计算-8 时从前面借了一位，在此正好抵消。实际上，这里做了一个假定，符号位 1 或 0 永远放在最左边。读者可以自己试验几个例子，就会发现这种方法总是有效的。最妙的是，使用负数的 2 的补码形式使计算机上的算术运算——不只是加法——非常简单快速。这是计算机如此擅长计算数字的原因之一。

1.9.4 八进制数

八进制数是以 8 为基数表示的数。八进制的数字是 0 到 7。目前八进制数很少使用。计算机内存用 36 位字来衡量时，八进制数很有用，因为可以把 36 位的二进制值指定为 12 个八进制数字。这是很久以前的情形了，为什么还要介绍八进制？因为它可能引起潜在的混淆。在 C++中仍可以编写八进制的常量。八进制值有一个前导 0，所以 76 是十进制值，076 是八进制值，它对应十进制的 62。下面是一条黄金规则。

■ **警告**：在源代码中，不要在十进制整数的前面加上前导 0，否则会得到另一个值。

1.9.5 Big-Endian 和 Little-Endian 系统

整数在内存的一系列连续字节中存储为二进制值，通常存储为 2、4、8 或 16 个字节。字节采用什么顺序是非常重要的。

把十进制数 262657 存储为 4 字节二进制值。选择这个值是因为它的二进制值是：

```
00000000 00000100 00000010 00000001
```

对于使用 Intel 处理器的 PC，该数字就存储为如下形式。

字节地址：	00	01	02	03
数据位：	00000001	00000010	00000100	00000000

可以看出，值中最高位的 8 位是都为 0 的那些位，它们都存储在地址最高的字节中，换言之，就是最右边的字节。最低位的 8 位存储在地址最低的字节中，即最左边的字节。这种安排形式称为 Little-Endian。读者可能感到奇怪，为什么计算机要颠倒这些字节的顺序？这么设计的动机依然在于实现更高效的计算和更简单的硬件。具体细节不重要，重要的是应该知道，如今的大部分现代计算机都使用这种与直觉相反的编码方法。

但是，只是大部分计算机采用这种编码方法，也有一部分例外情况。对于使用 Motorola 处理器的机器，该数字在内存中的存储更加符合逻辑。

字节地址：	00	01	02	03
数据位：	00000000	00000100	00000010	00000001

字节现在的顺序是反的，最重要的 8 位存储在最左边的字节中，即地址最低的字节。这种安排形式称为 Big-Endian。一些处理器，例如 PowerPC 处理器以及所有近来生产的 ARM 处理器，采用的都是 Big-Endian 系统，这表示数据的字节顺序可以在 Big-Endian 和 Little-Endian 之间切换。但实际上，在应用程序启动后，操作系统在运行时是不允许切换字节顺序的。

■ **警告：** 无论字节顺序是 Big-Endian 还是 Little-Endian，在每个字节中，最高位都放在左边，最低位都放在右边。

读者也许认为 Big-Endian 还是 Little-Endian 看起来非常有趣，但跟我有什么关系？实际上在大多数情况下，即使不知道执行代码的计算机是采用 Big-Endian 还是 Little-Endian 系统，都可以编写出有效的 C++ 程序。但是，在处理来自另一台机器的二进制数据时，这就很重要了。二进制数据会写入文件或通过网络传送为一系列字节，此时必须解释它们。如果数据源所在的机器使用的字节顺序与运行代码的机器不同，就必须反转每个二进制数据的字节顺序，否则就会出错。

有些读者可能对术语 Big-Endian 和 Little-Endian 的背景信息感到好奇，这两个术语取材于 Jonathan Swift 撰写的《格列佛游记》一书。故事中讲到，小人国的国王命令他的所有国民必须从较小端打破鸡蛋，之所以颁布这道命令，是因为国王的儿子在按照传统的方法从较大端打鸡蛋时弄破了手指。从较小端打破鸡蛋的守法的小人国国民被描述为 Little Endians(小端派)。小人国中那些坚持继续从较大端打破鸡蛋的传统主义者被描述为 Big Endians(大端派)，他们中有许多人为此被处死。

■ **提示：** C++20 标准库在<bit>模块中引入的 std::endian::native，可以用来判断程序是针对 Big-Endian 平台还是 Little-Endian 平台编译。实际上，这个值总是 std::endian::little 或 std::endian::big。可以通过查阅感兴趣的标准库文档获取更多细节。

1.9.6 浮点数

所有整数都是数字，但并不是所有数字都是整数：3.1415 不是整数，0.00001 也不是。许多程序都需要在某个时候处理小数。显然，还需要有一种方式在计算机上表示小数，并且需要能够高效地对小数执行运算。几乎所有计算机都支持一种机制来处理小数，这种机制就是浮点数。

不过，浮点数并不只是代表小数，还可以处理极大的数字。例如，可以使用浮点数表示宇宙中的质子数，它需要 79 位十进制数字。诚然，这个例子有些极端，但是显然在许多情况下，要处理的数都不仅仅是 32 位二进制整数所能表达的 10 位十进制数字，甚至 64 位二进制整数所能表达的 19 位十进制数字。同样，还有许多非常小的数，例如，说服汽车销售人员接受你对一台 2001 款本田汽车(行驶里程已有 48 万英里)的报价所需的分钟数。浮点数能够相当有效地表达这两类数字。

我们首先解释使用十进制浮点数的基本原则。当然，计算机使用的是二进制表示，但是对我们来说，使用十进制时，理解概念要容易多了。所谓的"规格化"数包含两个部分：尾数(或者叫小数)以及指数。这两个部分都可以是正数或负数。数字的幅值是尾数与 10 的指数次方相乘的结果。类似于计算机使用的二进制浮点数表示，我们还将调整尾数和指数的十进制数字的位数。

演示这种表示法要比描述它更容易，所以下面看一些例子。365 写成浮点数的形式为：

```
3.650000E02
```

这里的尾数有 7 位数字，指数有两位。E 表示"指数"，其后是 10 的幂，将尾数部分 3.650000 乘以 10 的幂，就得到需要的值。即，要得到常规的十进制表示法，只需要求出下面算式的积：

```
3.650000 × 10²
```

这显然是 365。

下面看一个小的数字：

```
-3.650000E-03
```

它计算为-3.65 × 10³，即-0.00365。将它们称为浮点数，原因非常明显：小数点是浮动的，其位置取决于指数值。

现在假定有一个较大的数字 2, 134, 311, 179。使用相同的数字位数，它表示为：

```
2.134311E09
```

它们不完全相同，因为丢掉了 3 个低位数字，初始值就近似表示为 2, 134, 311, 000。这是处理如此大范围的数字所付出的代价：并不是所有数字都可以用全精度表示；浮点数一般只是精确数字的近似表示。

除了固定精度限制带来的精确度问题之外，还有一个方面要注意。对不同量级的数字执行相加或相减操作时要特别小心。这个问题可以用一个简单的例子来说明。把1.23E-4 和 3.65E+6 加起来。精确的结果当然是 3,650,000 + 0.000123，即 3,650,000.000123。但是当转换为 7 位精度的浮点数时，就得到下面的结果：

```
3.650000E+06 + 1.230000E-04 = 3.650000E+06
```

把后面这个较小的数字加到前面那个较大的数字，并没有产生效果，等同于没有执行加法运算。产生这个问题的原因在于结果只有 7 位小数精度。较大数的所有位数都不会受到较小数的影响，因为较大数的所有有效位数都离较小数的有效位数太远了。

有趣的是，当两个数几乎相等时，也必须特别小心。如果计算这两个数之差，大部分数字的效果是彼此抵消，结果可能只有一两位小数精度。这被称为"灾难性抵消"，这种情况下，很容易计算两个完全垃圾的值。

浮点数可以执行没有它们就不可能执行的计算，但要确保结果有效，就必须记住它们的限制。这意味着考虑要处理的值域及相对值。分析并最大化数学计算和算法的精度(也叫数值稳定性)的领域称为数值分析。但这是一个高级主题，不在本书讨论范围内。只需要知道这一点就够了：浮点数的精度是有限的，执行的数学运算的顺序和性质对结果的精确度有很大的影响。

当然，计算机不处理十进制数，它处理的是二进制浮点数表示，是位和字节。具体来说，如今几乎所有计算机都使用 IEEE 754 标准规定的编码和计算规则。从左至右，每个浮点数都包含一个符号位，后跟固定数量的指数位，最后是编码了尾数的另外一系列位。最常用的浮点数表示是所谓的单精度(1 个符号位，8 个指数位，23 个尾数位，总共有 32 位)和双精度(1 + 11 + 52 = 64 位)浮点数。

浮点数可表示极大的数字范围。例如，单精度浮点数已经可以表示 10^{-38}～10^{38} 的数字。当然，这种灵活性是有代价的：精度的位数是有限的。前面已经说明了这一点，这其实也是符合逻辑的；使用 32 位当然无法精确表示 10^{+38} 量级的所有数字的 38 个位。毕竟，32 位二进制整数所能够精确表示的最大带符号整数只是 $2^{31}-1$，大约是 $2 \times 10^{+9}$。浮点数的小数位的精度位数取决于为其位数分配的内存。例如，单精度浮点数能提供约 7 位小数的精度。这里说"大约"，是因为 23 位的二进制小数不会精确地对应于有 7 位小数位数的十进制小数。双精度浮点数一般对应于约 16 位小数的精度。

1.10 表示字符

计算机中的数据没有内在的含义。机器码指令只是一些数字：数字就是数字，这没有问题，但字符也是数字。每个字符都获得了一个独特的整数值，称为代码或代码点。值 42 可以是钼的原子序数，也可以是生活、宇宙和其他事务的答案，还可以是星号字符。这取决于如何解释它。在 C++中，单个字符可以放在单引号中，例如'a'、'?'、'*'，编译器会为它们生成代码值。

1.10.1 ASCII 码

20 世纪 60 年代，人们定义了美国信息交换标准码(American Standard Code for Information Interchange，ASCII)来表示字符。这是一个 7 位代码，所以共有 128 个不同的代码值。代码值 0~31 表示各种非打印控制符，例如回车符(代码值 15)和换页符(代码值 12)。代码值 65~90 对应大写字母 A~Z，代码值 97~122 对应小写字母 a~z。如果查看字母的代码值对应的二进制值，就会发现大小写字母的代码值仅在第 6 位上有区别：小写字母的第 6 位是 0，大写字母的第 6 位是 1。其他代码值表示数字 0~9、标点符号和其他字符。

7 位的 ASCII 适合于美国人或英国人，但法国人或德国人在文本中需要重音和元音变音，但它们没有包含在 7 位 ASCII 的 128 个字符中。为了克服 7 位代码的局限，人们定义了 ASCII 的扩展版本，它有 8 位代码。代码值 0~127 与 7 位 ASCII 版本表示相同的字符，代码值 128~255 是可变的。8 位 ASCII 的一种变体称为 Latin-1，它提供大多数欧洲语言中的字符，但也有其他变体用于俄语等语言中的字符。

当然，对于韩国人、日本人、中国人或阿拉伯人而言，8 位 ASCII 肯定是不够的。为了帮助理解，中文、日文和韩文(它们有共同的背景)的现代编码覆盖了大约 88 000 个字符，比 8 位代码能够得到的 256 个字符多得多！为了克服扩展 ASCII 的局限，20 世纪 90 年代出现了通用字符集(Universal Character Set，UCS)，UCS 由标准 ISO 10646 定义，其代码已达到 32 位，提供了数亿个不同的代码值。

1.10.2 UCS 和 Unicode

UCS 定义了字符和整数代码值(称为代码点)之间的映射。代码点与编码是不同的，认识到这一点很重要：代码点是一个整数，而编码则是把给定的代码点表示为一系列字节或字的方式。小于 256 的代码值非常常见，可以只用 1 个字节表示。如果以固定字节存储，就需要使用 4 字节存储只需要 1 字节的代码值，仅是因为有其他代码值需要多个字节，这是非常低效的。编码是表示代码点，从而允许更高效的存储方式。

Unicode 是一个标准，定义了一组字符及其代码点(与 UCS 相同)。Unicode 还为这些代码点定义了几个不同的编码，包括其他机制，例如处理从右向左阅读的语言(如阿拉伯语)，代码点的范围足以包含世界上所有语言的字符集，还包含其他许多图形化字符，如数学符号，甚至表情符号。大多数语言的字符串可以表示为 16 位代码的一个序列。

Unicode 中一个可能令人混淆的方面是：它提供了多个字符编码方法。最常用的编码是 UTF-8、UTF-16 和 UTF-32，它们都可以表示 Unicode 集合中的所有字符。它们之间的区别是如何表示给定字符的代码点，给定字符的代码值在这三种表示法中是相同的。下面是这些编码表示字符的方式：

- UTF-8 把字符表示为长度在 1 字节和 4 字节之间变化的序列。ASCII 字符集在 UTF-8 中表示为单字节代码，其代码值与 ASCII 相同。例如，大多数网页都使用 UTF-8 编码文本(根据最新的研究，有 95.2%的网页使用)。
- UTF-16 把字符表示为一个或两个 16 位值。最近，微软提倡在 Windows 的 API 中使用其原生的 UTF-16 编码方式。不过，现在大多数平台上推荐使用的编码方式为 UTF-8。
- UTF-32 将所有字符表示为 32 位值。在实际中应用程序内部很少使用 UTF-32。

在 C++20 中，存储 Unicode 字符有 4 种字符类型可用：wchar_t、char8_t、char16_t 和 char32_t。由于 char8_t 是 C++20 中新增的字符类型，因此之前的一些应用程序和 API 仍然会使用 char 来表示 UTF-8 编码的字符串。第 2 章将更详细地介绍不同的字符类型。

1.11   C++源字符

编写 C++语句要使用基本源字符集(basic source character set)，这些是在 C++源文件中可以显式使用的字符集。用于定义名称的字符集是上述字符集合的一个子集。当然，基本源字符集并没有限制代码中使用的字符数据。程序可以用各种方式创建没有包含在该字符集中的字符串，后面将会看到示例。基本源字符集包括下述字符：

- 大小写字母 A~Z 和 a~z
- 数字 0~9
- 空白字符，如空格、水平和垂直制表符、换页符和换行符
- 字符_{}[]#()<>%:;.?*+-/^&|~!=,\"'

这很简单、直观。一共可以使用 96 个字符，这些字符可以满足大多数要求。大多数情况下，基本源字符集足够用了，但偶尔需要使用不包含在基本源字符集中的字符。至少在理论上，可以在 C++名称中包含 Unicode 字符。具体要使用哪一种 Unicode 编码和支持 Unicode 编码的哪一个子集，则由编译器决定。字符和字符串数据都可以包含 Unicode 字符。如果想要以任何编译器都可以接受的形式在字符或字符串字面量(第 2 章将讨论)中包含 Unicode 字符，应该使用其代码点的十六进制表示。换言之，应该以\udddd 或\Udddddddd 的形式输入字符，其中 d 是一个十六进制数。注意第一种形式使用小写 u，第二种形式使用大写 U，两者都是可接受的。

转义序列

在程序中使用字符常量时，例如单个字符或字符串，某些字符是会出问题的。显然，不能直接把换行符输入为字符常量，因为它们只完成自己该做的工作：转到源代码文件中新的一行(唯一的例外是第 7 章将介绍的原字符串字面量)。通过转义序列可以把这些"问题"字符输入为字符常量。转义序列是指定字符的一种间接方式，总是以一个反斜杠\开头。最常用的转义序列如表 1-4 所示。

表 1-4   最常用的转义序列

转义序列	字符
\n	换行符
\r	回车符(Windows 系统中\r\n 换行序列的一部分)
\t	垂直制表符
\\	反斜杠
\"	字符串字面量中的双引号(")
\'	字符串字面量中的单引号(')

表 1-4 中的前 3 个转义序列表示各种换行或空白字符。后 3 个转义序列表示的字符是比较普通的字符，但有时这些字符在代码中直接表示时会出问题。显然，表示反斜杠字符本身是很困难的，因为它表示转义序列的开头。用作界定符的单引号和双引号，例如常量'A'或字符串"text"也有问题。下面的程序示例使用转义序列输出要显示在屏幕上的消息。要查看该程序的执行结果，需要输入、编译、链接和执行下面的程序。

```
// Ex1_02.cpp
// Using escape sequences
import <iostream>;
```

```
int main()
{
  std::cout << "\"Least \'said\' \\\n\t\tsoonest \'mended\'.\"" << std::endl;
}
```

在编译、链接和运行这个程序时，会显示如下结果：

```
"Least 'said' \
                soonest 'mended'."
```

所得的输出由下面语句中双引号之间的内容确定：

```
std::cout << "\"Least \'said\' \\\n\t\tsoonest \'mended\'.\"" << std::endl;
```

原则上，上述语句中外部双引号之间的所有内容都会发送给 cout。双引号之间的字符串称为字符串字面量。双引号字符是界定符，表示该字符串字面量的开始和结束；它们不是字符串的一部分。字符串字面量中的每个转义序列会被编译器转换为它表示的字符，所以该字符会发送给 cout，而不是发送转义序列。字符串字面量中的反斜杠总是表示转义序列的开始，所以发送给 cout 的第一个字符是双引号。

接下来输出的是 Least 后跟一个空格，接着是一个单引号、said 和另一个单引号。然后是一个空格和由\\指定的反斜杠。接着把对应于\n 的换行符写入流，使光标移到下一行的开头。然后用\t\t 给 cout 发送两个制表符，让光标向右移动两个制表位。之后显示字符串 soonest、一个空格和单引号之间的 mended，最后是句号和一个双引号。

■ 注意：如果不喜欢使用转义序列，第 7 章将介绍一种替代方法：原字符串字面量。

事实上，上面 Ex1_02.cpp 中使用的字符转义有些冗余。在字符串字面量中，实际上并不需要转义单引号字符，直接使用它并不会导致混淆。因此，下面的语句也会有相同的效果：

```
std::cout << "\"Least 'said' \\\n\t\tsoonest 'mended'.\"" << std::endl;
```

只有用在'\''这种形式的字符字面量中时，才真正需要转义单引号。反过来，在这种情况中，就不需要转义双引号了；编译器会接受'\"'和'"'。不过我们讲解的内容有些超前了：字符字面量应该是下一章的主题。

■ 注意：严格来说，Ex1_02 中的\t\t 转义序列也不是必需的，原则上也可以在字符串字面量中键入制表位(如"\"Least 'said' \\\n soonest 'mended'.\"")。不过，仍然建议使用\t\t；使用制表位的问题是，一般很难区分制表位" "和多个空格" "，更不必说恰当地统计制表位的数量了。另外，在保存文件时，一些文本编辑器会把制表位转换为空格。因此，风格指南要求在字符串字面量中使用\t 转义序列是十分常见的。

1.12　本章小结

本章简要介绍了 C++的一些基本概念。后面将详细讨论本章提及的内容。本章的要点如下：
- C++程序包含一个或多个函数，其中一个是 main()函数。程序的执行总是从 main()函数开始。
- 函数的可执行部分由包含在一对花括号中的语句组成。
- 一对花括号定义了一个语句块。
- 语句以分号结束。

- 关键字是 C++中有特殊含义的一组保留字。程序中的实体不能与 C++语言中的任何关键字同名。
- C++程序包含在一个或多个文件中。源文件包含大部分可执行代码。
- 定义函数的代码通常存储在扩展名为.cpp 的源文件中。
- 标准库提供了支持和扩展 C++语言的大量功能。
- 要访问标准库函数和定义，可以把标准模块导入源文件中。
- 输入和输出是利用流执行的，需要使用插入和提取运算符，即<<和>>。std::cin 是对应于键盘的标准输入流，std::cout 是把文本写入屏幕的标准输出流。它们都在<iostream>标准库模块中定义。
- 面向对象编程方式需要定义专用于某问题的新数据类型。一旦定义好需要的数据类型，就可根据这些新数据类型编写程序。
- Unicode 定义的独特整数代码值表示世界上几乎所有语言的字符，以及许多专用的字符集。代码值也称为代码点。Unicode 还定义了如何将代码点编码为字节序列。

1.13 练习

下面的练习用于巩固本章学习的知识点。如果有困难，可以回过头重新阅读本章的内容。如果仍然无法完成练习，可以从 Apress 网站(www.apress.com/book/download.html)下载答案，但只有在别无他法时才应该查看答案。

1. 创建、编译、链接、执行一个程序，在屏幕上输出文本"Hello World"。
2. 创建并执行一个程序，在一行上输出自己的姓名，在下一行上输出年龄。
3. 下面的程序有几处编译错误。请指出这些错误并更正，使程序能正确编译并运行。

```
#import <iostream>

Int main
{
  std:cout << "Hola Mundo!" << std:endl
}
```

第 2 章

■ ■ ■ ■

基本数据类型

本章将介绍每个程序都需要的、C++内置的基本数据类型。C++的面向对象功能全部建立在这些基本数据类型的基础之上，因为用户创建的所有数据类型最终都是根据计算机操作的基本数值数据定义的。学习完本章后，读者将能编写传统格式(输入-处理-输出)的简单 C++程序。

本章主要内容
- C++中的基本数据类型
- 变量的声明、初始化和重新赋值
- 如何固定变量的值
- 整型字面量及其定义方式
- 计算的过程
- 如何使用包含浮点数的变量
- 哪些基本的数学函数和常量可以随意使用
- 如何将变量从一种类型转换为另一种类型
- 将变量转换为字符串时如何控制所使用的格式
- 如何创建存储字符的变量
- auto 关键字的作用

2.1 变量、数据和数据类型

变量是用户定义的一个命名的内存段。每个变量都只存储特定类型的数据。每个变量都有一个类型，定义了可以存储的数据类别。每个基本类型都用唯一的类型名称(由一个或多个关键字组成)来标识。关键字是 C++中的保留字，不能用于其他目的。

编译器会进行大量的检查，确保在给定的上下文中使用正确的数据类型，它还确保在操作中合并不同的类型(例如将两个值相加)时，它们要么有相同的类型，要么可以把一个值转换为另一个值的类型，使它们相互兼容。编译器检测并报告试图将不兼容的数据类型组合在一起而产生的错误。

数值分为两大类：整数和浮点数(可以是小数)。在每个大类中，都有几种基本的 C++类型，每种类型都可以存储特定的数值范围。下面首先介绍整型类型。

2.1.1 定义整型变量

下面的语句定义了一个整型变量:

```
int apple_count;
```

这个语句定义了一个 int 类型的变量 apple_count,该变量包含某个随机的垃圾值。在定义该变量时,可以而且应该指定初始值,如下所示:

```
int apple_count {15};                          // Number of apples
```

apple_count 的初始值放在变量名后面的花括号中,所以其值为 15。包含初始值的花括号称为初始化列表。在本书后面,初始化列表常常包含几个值。定义变量时不必初始化它们,但最好进行初始化。确保变量一开始就有已知的值,在代码不像预期的那样工作时,将便于确定出错的位置。

类型 int 的大小一般为 4 字节,可以存储范围为-2 147 483 648~+2 147 483 647 的整数。这覆盖了大多数情形,所以 int 是最常用的整数类型。

下面是 3 个 int 类型变量的定义:

```
int apple_count {15};                          // Number of apples
int orange_count {5};                          // Number of oranges
int total_fruit {apple_count + orange_count};  // Total number of fruit
```

total_fruit 的初始值是前面定义的两个变量值之和。这说明,变量的初始值可以是表达式。在源文件中,定义上述两个变量的语句必须放在定义 total_fruit 初始值的表达式前面,否则 total_fruit 的定义不会编译。

初始化变量还有另外两种方式:函数表示法和赋值表示法,如下所示(是的,西红柿也是水果):

```
int lemon_count(4);                            // Functional notation
int tomato_count = 12;                         // Assignment notation
```

大部分情况下,这三种方式(花括号表示法、函数表示法和赋值表示法)是等效的。但当发生缩窄转换(narrowing conversion)时,初始化列表形式要稍微安全一些。缩窄转换会把值转换为一种取值范围更窄的类型,因此这种转换可能丢失信息。以下是一个示例:

```
int banana_count(7.5);                         // Typically compiles without warning
int tangerine_count = 5.3;                     // Typically compiles without warning
```

通常,为变量提供的初始值的类型与定义变量时指定的类型相同。如果不同,编译器会试着将它转换为所需的类型。在前面的示例中,我们为两个整型变量指定了两个非整型的初始值。后面将更详细地介绍浮点数到整数的转换,现在只需要相信,在定义了上面的变量后,banana_count 将包含整数值 7,tangerine_count 将包含整数值 5。这可能不是代码作者期望的结果。

虽然如此,但就 C++标准而言,前两个定义是完全合法的。它们能够编译,甚至不产生任何警告。虽然一些编译器确实会对这样公然的缩窄转换发出警告,但不是所有编译器都会这么做。但是,如果使用初始化列表形式,符合标准的编译器必须至少发出一条诊断消息。例如:

```
int papaya_count{0.3};                   // At least a compiler warning, often an error
```

如果编译该语句,papaya_count 将初始化为整数 0。但编译器至少会给出警告,提示该语句可能存在问题。一些编译器甚至会发出错误,拒绝编译这种定义。

我们认为不应该忽视无意造成的缩窄转换,这种转换经常会出问题,因此在本书中,将采用初始化列表形式。这是 C++11 引入的最新语法,专门对初始化进行了标准化。除了在进行缩窄转换时能够提供更安全的保证外,其主要优势在于能够以相同的方式初始化所有变量,因而常被称为统一初始化(uniform initialization)。

▓ **注意:** 要表示小数,通常使用浮点型变量而不是整型变量。稍后将详细介绍这方面的内容。

可以在一个语句中定义和初始化给定类型的多个变量,例如:

```
int foot_count {2}, toe_count {10}, head_count {1};
```

这是合法的,但在大多数情况下,最好在单个语句中定义每个变量。这会提高代码的可读性,还可以在注释中解释每个变量的作用。

可以把基本类型的任何变量值写入标准输出流。下面的程序演示了这一点:

```cpp
// Ex2_01.cpp
// Writing values of variables to the screen
import <iostream>; // For user input and output through std::cin / cout

int main()
{
  int apple_count {15}; // Number of apples
  int orange_count {5}; // Number of oranges
  int total_fruit {apple_count + orange_count}; // Total number of fruit

  std::cout << "The value of apple_count is " << apple_count << std::endl;
  std::cout << "The value of orange_count is " << orange_count << std::endl;
  std::cout << "The value of total_fruit is " << total_fruit << std::endl;
}
```

如果编译并执行这个程序,它会输出解释这 3 个变量含义的文本,再输出变量的值。整数值会自动转换为字符表示形式,由插入运算符<<输出。这适用于任意基本类型的值。

▓ **提示:** 当然,Ex2_01.cpp 中的 3 个变量并不是真的需要用注释解释其含义。变量名已经清晰地表达了它们的含义,而事实上也应该采用这种方式命名!与之相对,编程新手可能创建下面的变量。

```cpp
int n {15};
int m {5};
int t {n + m};
```

如果没有额外的上下文或解释,没有人能够猜出这段代码是用来统计水果数量的。因此,创建变量时,总是应该选择自我描述的名称。恰当命名的变量和函数基本上不需要用注释做额外的解释,当然这不是说不应该为声明添加注释。名称并不总是能够表达所有含义。此时,添加几个词语作为注释,甚至在必要的时候使用一小段注释,对于帮助其他人理解代码能够起到神奇的作用。编写代码时付出一点额外的努力,能够显著加快未来的开发!

1. 带符号的整数类型

表 2-1 列出了存储带符号整数(正数和负数)的所有基本类型。每种类型所占用的内存和值域随编译器的不同而不同。表 2-1 还显示了编译器为所有常用平台和计算机架构使用的大小和值域。

表 2-1 带符号的整数类型

类型名	类型的大小(字节)	值域	理论上的最小值
signed char	1	−128 ~ +127	1
short short int signed short signed short int	2	−256 ~ +255	2
int signed signed int	4	−2 147 483 648 ~ +2 147 483 647	2
long long int signed long signed long int	4 或 8	与 int 或 long long 相同	4
long long long long int signed long long singed long long int	8	−9 223 372 036 854 775 808 ~ +9 223 372 036 854 775 807	8

类型 signed char 总是占 1 字节(1 字节几乎总是 8 位),其他类型占用的字节数取决于编译器。不过,在表 2-1 中,每个类型占用的内存都至少与前一个类型一样多。

第一列出现两个类型名称时,第一个缩写名称比较常用,所以通常会看到使用 long 而不是 long int 或 signed long int。

大多数时候,signed 修饰符是可选的;如果忽略该修饰符,默认情况下类型是带符号的。char 是唯一的例外。虽然确实有不带修饰符的 char 类型,但它是否带符号,则取决于具体的编译器。下一节将进一步讨论这个问题。但是,对于 char 之外的所有整数类型,可以自由选择是否添加 signed 修饰符。个人来讲,当想要强调某个变量带有符号时,我们通常会添加 signed 修饰符。

2. 无符号的整数类型

当然,有时不需要存储负数。班级的学生数或部件中的零件数总是正整数。在带符号的整数类型前面加上 unsigned 关键字,例如 unsigned char、unsigned short 或 unsigned long long,就可以指定只存储非负值的整数类型。每个不带符号的类型都不同于带符号的类型,但占用相同的内存空间。

类型 char 是不同于 signed char 和 unsigned char 的整数类型。类型 char 仅用于存储字符码的变量,可以是带符号的类型,也可以是不带符号的类型,具体取决于编译器[1]。本章后面将详细讨论存储字符的变量。

■ 提示:不带修饰符的 char 类型的变量只应该用来存储字母字符。要存储数字,应该使用 signed char 或 unsigned char 类型。如果必须存储、引用或处理原始的二进制数据(这个高级主题本书不予讨论),应该使用 C++20 中的 std::byte 类型,该类型比传统的 char 或 unsigned char 类型更合适。

---

1 如有必要,可以通过<limits>模块中的 std::numeric_limits<char>::is_signed 常量来确定编译器使用的 char 类型是带符号的类型还是不带符号的类型。本章后面将详细介绍<limits>模块。

unsigned char(值的范围为 0~255)和 unsigned short(值的范围为 0~65 535)可能是一个例外，否则很少为了增加可表示的数字范围而添加 unsigned 修饰符。例如，最大能够表示+2 147 483 647 还是+4 294 967 295(分别是 signed int 和 unsigned int 的最大值)通常并不重要。相反，添加 unsigned 修饰符通常是为了让代码的含义更加清晰，也就是说，更便于推断给定变量将会或者应该包含什么值。

■ **注意：**也可以单独使用关键字 signed 和 unsigned。如表 2-1 所示，类型 signed 被视为 signed int 的简写形式。自然，unsigned 就是 unsigned int 的简写形式。

2.1.2 零初始化

下面的语句定义了一个初始值为 0 的整型变量：

```
int counter {0};                    // counter starts at zero
```

在这里的初始化列表中，可以省略 0，效果是相同的。因此，定义 counter 的语句也可以写成如下形式：

```
int counter {};                     // counter starts at zero
```

空花括号有些类似于数字 0，使得这种语法很容易被记住。对于任何基本类型，都可以使用零初始化(zero initialization)。例如，对于所有基本数值类型，空初始化列表总是被视为包含数字 0。

2.1.3 定义有固定值的变量

有时希望定义有固定值或值不会改变的变量。在变量的定义中使用 const 关键字，就可以定义不能修改的变量。这种变量常被称为常量。例如：

```
const unsigned toe_count {10};      // An unsigned integer with fixed value 10
```

const 关键字告诉编译器，toe_count 的值不能修改。尝试修改 toe_count 值的语句会在编译期间标记为错误。使用 const 关键字可以固定任何类型的变量值。

■ **提示：**知道哪些变量的值能够修改，哪些不能，能够提高代码的可读性。因此，建议在合适的地方添加 const 关键字。

2.2 整型字面量

任何类型的常量，例如 42、2.71828、'Z'或"Mark Twain"，都称为字面量(literal)。这些例子分别是整型字面量、浮点字面量、字符字面量和字符串字面量。每个字面量都有特定的类型。下面先介绍整型字面量，再介绍其他类型的字面量。

2.2.1 十进制整型字面量

可以用非常直接的方式编写整型字面量。下面是十进制整数的一些例子：

```
-123L   +123   123   22333   98U   -1234LL   12345ULL
```

如前所述，不带符号的整型字面量有 u 或 U 后缀。long 类型和 long long 类型的字面量分别有 L 或 LL 后缀。如果它们不带符号，就也使用 u 或 U 后缀。如果没有后缀，整型常量的类型就是 int。U、

L 或 LL 的顺序任意。也可以为 L 和 LL 后缀使用小写形式，但是不建议这么做，因为小写的 l 很容易与数字 1 混淆。

在第 2 个例子中，可以省略 "+"，因为这是默认的，但为了使该数值的含义更清晰，加上 "+" 也不会出问题。字面量+123 与 123 是相同的，其类型都是 int，因为它们没有后缀。

根据不同的地区约定，第 4 个示例数字 22333 也可能写为 22,333、22 333 或 22.333(也存在其他格式约定)。但是，在 C++整型字面量中不能使用逗号或空格，而添加句点会使数字成为一个浮点字面量(稍后讨论)。不过，从 C++14 开始，可以使用单引号字符使数值字面量更便于阅读。下面给出了一个例子：

```
22'333    -1'234LL   12'345ULL
```

下面是使用这些字面量的一些语句：

```
unsigned long age {99UL};              // 99ul or 99LU would be OK too
unsigned short price {10u};            // There is no specific literal type for short
long long distance {15'000'000LL};     // Common digit grouping of the number 15 million
```

注意，对于如何分组数字，没有规定限制。大部分西方国家将每 3 位分组到一起，但并不是每个国家都采用这种约定。例如，印度次大陆的居民通常将 1500 万的字面量写成如下形式(除了最右侧的 3 个数位分成一组，其他位置将 2 个数位分成一组)：

```
1'50'00'000LL
```

到现在为止，我们谨守着添加字面量后缀的约定：用 u 或 U 表示无符号字面量，用 L 表示 long 类型的字面量等。但在实际编程中，很少如下变量初始化列表中添加它们。原因在于，如果输入下面的声明，不会有编译器报错：

```
unsigned long age {99};
unsigned short price {10};             // There is no specific literal type for short
long long distance {15'000'000};       // Common digit grouping of the number 15 million
```

虽然从技术角度看，所有这些字面量的类型都是(signed) int，但是编译器会把它们转换为正确的类型。只要目标类型能够表示给定值，不会丢失信息，编译器就不会发出警告。

■ **注意：** 虽然字面量后缀大部分时候是可选的，但某些情况下，需要添加正确的字面量后缀，例如初始化一个 auto 类型的变量或者调用有字面量实参的重载函数(第 8 章介绍)时。

初始值必须位于变量类型的允许范围内，且类型必须匹配。下面的两个语句违反了这些限制。换句话说，它们需要进行缩窄转换：

```
unsigned char high_score { 513U };    // The valid range for unsigned char is [0,255]
unsigned int high_score { -1 };       // -1 is a literal of type signed int
```

如前所述，根据使用的编译器不同，这些初始化列表至少会导致编译器发出警告，甚至有可能报错。

2.2.2 十六进制的整型字面量

可以把整型字面量表示为十六进制数。十六进制字面量要加上 0x 或 0X 前缀。所以 0x999 是一个 int 类型的十六进制数，它有 3 个十六进制数字，而普通的数字 999 是一个 int 类型的十进制数，它有 3 个十进制数字，它们是完全不同的。下面是十六进制字面量的一些例子。

十六进制字面量:	0x1AF	0x123U	0xAL	0xcad	0xFF
十进制字面量:	431	291U	10L	3245	255

十六进制的整型字面量主要用于定义位的特定模式。因为每个十六进制位都对应二进制值的 4 位，所以很容易把位的特定模式表达为十六进制的字面量。像素颜色的红、蓝、绿成分(RGB 值) 常常表示为 32 位字的 3 个字节。白色可以指定为 0xFFFFFF，因为在白色中，上述三种颜色成分的 强度都是最大值 255，即 0xFF。红色则是 0xff0000。下面是一些例子：

```
unsigned int color {0x0ff1ce};     // Unsigned int hexadecimal constant - decimal 1,044,942
int mask {0XFF00FF00};             // Four bytes specified as FF, 00, FF, 00
unsigned long value {0xDEADlu};    // Unsigned long hexadecimal literal - decimal 57,005
```

2.2.3 八进制的整型字面量

还可以把整型字面量表示为八进制值，即以 8 为基数。把数值表示为八进制时，要给它加上一个 前导 0。下面列出了八进制值的一些例子。

八进制字面量:	0657	0443U	012L	06255	0377
十进制字面量:	431	291U	10L	3245	255

■ **警告**: 不要给十进制的整数值加上前导 0。编译器会把这种数值解释为八进制(基数为 8)，因此表 示为 065 的值就等价于十进制表示法中的 53。

2.2.4 二进制的整型字面量

二进制的整型字面量是在 C++14 标准中引入的，写为带有前缀 0b 或 0B 的一系列二进制数字(0 或 1)。二进制的整型字面量可以把 L 或 LL 作为后缀，表示其类型是 long 或 long long；若把 u 或 U 作为后缀，则表示是不带符号的字面量。下面是一些例子。

二进制字面量:	0B110101111	0b100100011U	0b1010L	0B110010101101	0b11111111
十进制字面量:	431	291U	10L	205	255

前面的代码段已经演示了如何编写前缀和后缀的各种组合，例如 0x、0X、UL、LU 或 Lu，但最 好坚持使用整型字面量的统一写法。

从编译器的角度看，它并不在意用户表示整数值时使用什么进制，该数值最终都会在计算机中存 储为一个二进制数。在表示整数时使用什么方式只取决于是否方便。应选择适合于当前环境的某种 进制。

■ **注意**: 在整型字面量中可以使用单引号作为分隔符，使字面量更容易阅读。这包括十六进制和二 进制的字面量，例如 0xFF00'00FFu 或 0b11001010'11011001。

2.3 整数的计算

首先，介绍一些术语。运算(例如相加或相乘)是由运算符定义的，例如，+用于相加，*用于相乘。 运算符操作的数值称为操作数，在表达式 2*3 中，操作数是 2 和 3。乘法运算符需要两个操作数，所以称为二元运算符。只需要一个操作数的运算符称为一元运算符。一元运算符的一个例子是表达式 –width 中的减号。减号对 width 的值取反,所以该表达式的效果是对其操作数的符号取反。表达式 width*height 中的二元乘法运算符与此相反,它作用于操作数 width 和 height。

对整数可以进行的基本算术运算如表 2-2 所示。

表 2-2　基本的算术运算

运算符	运算
+	加
–	减
*	乘
/	除
%	取模(除法运算后的余数)

表 2-2 中的运算符都是二元运算符,其工作方式与我们期望的大致相同。不过,有两个运算符需要多做一点解释:除了不太为人熟知的取模运算符,还有除法运算符。C++中的整数除法有些特殊。当用于两个整数操作数时,除法操作的结果总是整数。例如,假设进行下面的运算:

```
int numerator = 11;
int quotient = numerator / 4;
```

从数学上讲,除法运算 11/4 的结果当然是 2.75 或 2¾。但是,2.75 显然不是整数,怎么办呢?头脑清楚的数学家会建议将商四舍五入到最接近的整数,所以结果为 3。但是,计算机不是这么做的。相反,计算机直接舍弃小数部分 0.75。毫无疑问,这是因为合适的四舍五入操作需要更加复杂的电路,因而需要更长的计算时间。这意味着在 C++中,11/4 得到的结果总是整数值 2。图 2-1 说明了在我们的示例中,除法和取模运算符的效果。

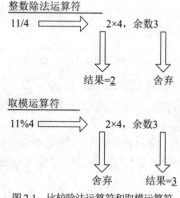

图 2-1　比较除法运算符和取模运算符

整数除法返回的是分母除以分子得到的倍数,任何余数都将被舍弃。取模运算符%是对除法运算符的补充,它提供了一种在整数除法运算后获取其余数的方式。取模运算符的定义如下:对于任意整数 x 和 y,(x/y)*y+(x%y)等于 x。使用这个公式,很容易推断出对负操作数使用取模运算符的结果。

当右操作数为 0 时,除法和取模运算符的结果都是未定义的。换句话说,运算结果取决于具体的编译器和计算机架构。

复合算术运算

如果同一个表达式中使用了多个运算符，那么乘法、除法和取模运算在加减操作之前执行。下面是其用法示例：

```
long width {4};
long length {5};
long area { width * length };            // Result is 20
long perimeter {2*width + 2*length};     // Result is 18
```

使用圆括号可以控制较复杂表达式的执行顺序。计算 perimeter 值的语句可以写作：

```
long perimeter{ (width + length) * 2 };  // Result is 18
```

圆括号中的子表达式先计算，再将结果乘以 2，最终得到与前述语句相同的值。但是，如果在这里不使用圆括号，结果不会是 18，而会成为 14：

```
long perimeter{ width + length * 2 };    // Result is 14
```

这是因为，乘法总是先于加法计算。因此，前面的语句实际上等同于：

```
long perimeter{ width + (length * 2) };
```

圆括号可以嵌套，即圆括号中的子表达式按照从最内层圆括号到最外层圆括号的顺序计算。嵌套圆括号的如下表达式示例说明了其工作方式：

```
2*(a + 3*(b + 4*(c + 5*d)))
```

表达式 5*d 先计算，再为结果加上 c，之后将结果乘以 4，接着加上 b，然后将结果乘以 3，再加上 a。最后把结果乘以 2，得到整个表达式的结果。

第 3 章将继续说明复合表达式的计算顺序。重点要记住的是，无论默认计算顺序是什么，总是可以通过添加圆括号来覆盖计算顺序。即使默认计算顺序符合要求，也可以添加额外的圆括号来更清晰地表达这个顺序，这总是没有坏处的。

```
long perimeter{ (2*width) + (2*length) }; // Result is 18
```

2.4　赋值运算

在 C++中，只有使用了 const 限定符后，变量的值才是固定的。在其他所有情况中，总是可以用新值覆盖变量原来的值：

```
long perimeter {};
// ...
perimeter = 2 * (width + length);
```

最后一行是赋值语句，=是赋值运算符。计算赋值运算符右边的算术表达式，结果存储在赋值运算符左边的变量中。严格来说，并不是必须在声明 perimeter 变量的时候就初始化该变量，只要在对该变量赋值之前没有读取它，就不会有问题。但是，始终初始化变量是一种好的做法。0 常常可以用作一个很好的初始值。

也可以在单行语句中同时为多个变量赋值，例如：

```
int a {}, b {}, c {5}, d{4};
a = b = c*c - d*d
```

上述第二个语句计算表达式 c*c–d*d 的值，并把结果存储在 b 中，所以 b 被设置为 9。接着把 b 的值存储在 a 中，所以 a 也被设置为 9，这种重复赋值可以使用任意多次。

需要重点注意，赋值运算符与代数式中的=符号不同。后者表示相等性，而前者则指定一个操作，具体来说，就是重写指定内存位置的操作。变量可被重写任意多次，每次都可以有不同的、在数学上不相等的值。考虑下面的赋值语句：

```
int y {5};
y = y + 1;
```

变量 y 被初始化为 5，所以表达式 y+1 的结果为 6。这个结果被存储回 y，所以表达式的效果是将 y 加 1。最后这行语句在数学中是不合理的：任何数学家都会告诉你，y 不会与 y + 1 相等(除非 y 等于无穷大)。但是，在 C++等编程语言中，将变量重复递增 1 实际上是极其常见的操作。在第 5 章将看到，等效的表达式在循环中是极为常用的。

下面看看示例中的算术运算符。这个程序转换从键盘上输入的距离，在这个过程中演示了如何使用算术运算符。

```cpp
// Ex2_02.cpp
// Converting distances
import <iostream>; // For user input and output through std::cin / cout

int main()
{
  unsigned int yards {}, feet {}, inches {};

  // Convert a distance in yards, feet, and inches to inches
  std::cout << "Enter a distance as yards, feet, and inches "
  << "with the three values separated by spaces: ";
  std::cin >> yards >> feet >> inches;

  const unsigned feet_per_yard {3};
  const unsigned inches_per_foot {12};

  unsigned total_inches {};
  total_inches = inches + inches_per_foot * (yards*feet_per_yard + feet);
  std::cout << "This distance corresponds to " << total_inches << " inches.\n";

  // Convert a distance in inches to yards, feet, and inches
  std::cout << "Enter a distance in inches: ";
  std::cin >> total_inches;
  feet = total_inches / inches_per_foot;
  inches = total_inches % inches_per_foot;
  yards = feet / feet_per_yard;
  feet = feet % feet_per_yard;
  std::cout << "This distance corresponds to "
            << yards << " yards "
            << feet << " feet "
            << inches << " inches." << std::endl;
}
```

这个示例的典型输出如下：

```
Enter a distance as yards, feet, and inches with the three values separated by spaces: 9 2 11
This distance corresponds to 359 inches.
Enter a distance in inches: 359
This distance corresponds to 9 yards 2 feet 11 inches.
```

main()中的第一个语句定义了 3 个整型变量，并把它们初始化为 0。它们的类型都是 unsigned int，因为在这个示例中，距离值都不可能是负的。这个示例在一条语句中定义了 3 个变量，这是可行的，因为它们是紧密相关的。

下一条语句把输入提示信息输出到 std::cout。该语句横跨 2 行，也可以写成如下两条不同的语句：

```
std::cout << "Enter a distance as yards, feet, and inches ";
std::cout << "with the three values separated by spaces: ";
```

像最初的语句那样有一系列<<运算符时，它们按从左到右的顺序执行，所以上述两条语句的输出与最初的语句相同。

下一条语句从 cin 读取值，并存储到变量 yards、feet 和 inches 中。>>运算符期望读取的值的类型由要存储该值的变量类型确定，所以需要输入不带符号的整数。>>运算符会忽略空格，值后跟的第一个空格会终止该操作。这说明，不能使用>>运算符从流中读取和存储空格，即使把空格存储在保存字符的变量中，也是如此。示例中的输入语句还可以写成如下 3 条独立的语句：

```
std::cin >> yards;
std::cin >> feet;
std::cin >> inches;
```

这些语句的结果与最初语句的结果相同。

然后定义两个变量：inches_per_foot 和 feet_per_yard，分别用于把码、英尺和英寸统一转换为英寸，以及把英寸统一转换为码、英尺和英寸。这些变量的值是固定的，所以把它们指定为 const 变量。在代码中可以使用显式值作为转换因子，但使用 const 变量更好，因为这清楚地说明了代码要做什么。const 变量也是正值，所以把它们定义为 unsigned int 类型。如果愿意，可以对整型字面量添加 U 修饰符，但是不需要这么做。要转换为英寸，用一条赋值语句即可完成：

```
total_inches = inches + inches_per_foot * (yards*feet_per_yard + feet);
```

圆括号中的表达式先计算，它把 yards 值转换为英尺，再加上 feet 值，得到总的英尺值。将这个结果乘以 inches_per_foot，会得到 yards 和 feet 的总英寸值。给它加上 inches 值，得到最终的总英寸值，再用下面的语句输出：

```
std::cout << "This distance corresponds to " << total_inches << "inches.\n";
```

将第一个字符串传递到标准输出流 std::cout，之后输出 total_inches 的值。下一个传递到输出流 cout 的字符串以\n 作为最后的字符，表示下一个输出从下一行开始。

把一个英寸值转换为码、英尺和英寸需要 4 条语句：

```
feet = total_inches / inches_per_foot;
inches = total_inches % inches_per_foot;
yards = feet / feet_per_yard;
feet = feet % feet_per_yard;
```

再次使用存储前述转换的输入的变量，以存储这个转换的结果。将 total_inches 的值除以 inches_per_foot，得到英尺值，存储在 feet 中。%运算符生成了除法运算的余数，所以以下一条语句计算所余的英寸数，并存储在 inches 中。再使用这个过程计算码数和最终的英尺数。

注意，代码中使用了空格来排列这些赋值语句。可以不使用空格，但是代码的可读性会变差：

```
feet=total_inches/inches_per_foot;
inches=total_inches%inches_per_foot;
yards=feet/feet_per_yard;
feet=feet%feet_per_yard;
```

通常在每个二元运算符之前和之后添加一个空格，以提高代码的可读性。添加额外的空格，以便用一种类似表格的形式排列相关赋值语句，也没有坏处。

最后的输出语句后面没有 return 语句，因为不需要它。执行序列超过 main()的结尾时，就等价于执行 return 0。

op=赋值运算符

在 Ex2_02.cpp 中，下面的语句有一种更简略的编写形式：

```
feet = feet % feet_per_yard;
```

这条语句可以用 op=赋值运算符来编写。之所以称为 op= 赋值运算符(也称为复合赋值运算符)，是因为它们由一个运算符和一个赋值运算符 "=" 组成。上面的语句可以写成：

```
feet %= feet_per_yard;
```

这条语句执行的操作与上一条语句完全相同。

op= 赋值语句的一般形式如下：

```
lhs op= rhs;
```

其中 lhs 代表某个变量，用于存储该运算符的执行结果。rhs 是一个表达式。这等价于语句：

```
lhs = lhs op (rhs);
```

圆括号很重要，因为可以编写这样的语句：

```
x *= y + 1;
```

这等价于：

```
x = x * (y + 1);
```

若没有隐含的圆括号，存储在 x 中的值就是 x * y + 1 的运算结果，这完全不同。

可以对许多运算符使用 op=形式的赋值。表 2-3 显示了一个完整的列表，包括第 3 章将介绍的一些运算符。

表 2-3　op=赋值运算符

操作	运算符	操作	运算符
加	+=	按位与	&=
减	-=	按位或	|=
乘	*=	按位异或	^=
除	/=	向左移位	<<=
取模	%=	向右移位	>>=

注意 op 和 "=" 之间没有空格。如果包含空格，就会出现错误。希望给变量递增某个数时，就可以使用+=。例如，下面两条语句的作用相同：

```
y = y + 1;
y += 1;
```

表 2-3 中的移位运算符<<和>>看起来与用于流的插入和提取运算符相同。编译器可以根据上下文判断出<<和>>在语句中的含义。本书后面将解释相同的运算符如何在不同的情形下表示不同的含义。

2.5 sizeof 运算符

使用 sizeof 运算符可以得到某类型、变量或表达式结果所占用的字节数。下面是其用法示例：

```
int height {74};
std::cout << "The height variable occupies " << sizeof height << " bytes." << std::endl;
std::cout << "Type \"long long\" occupies " << sizeof(long long) << " bytes." << std::endl;
std::cout << "The result of the expression height * height/2 occupies "
          << sizeof(height * height/2) << " bytes." << std::endl;
```

这些语句说明了如何输出变量、类型或表达式结果所占用的字节数。要使用 sizeof 运算符获得类型占用的内存，必须把类型名放在圆括号中。还需要给 sizeof 表达式加上圆括号。不需要给变量名加上圆括号，但加上也没有害处。因此，如果总是给 sizeof 表达式加上圆括号，就不会出错。

可以给任何基本类型、类类型或指针类型(指针的相关内容参见第 5 章)使用 sizeof。sizeof 所生成结果的类型是 size_t，这是在标准库的<cstddef>模块中定义的一个不带符号的整数。类型 size_t 的实现是已经定义好的，但如果使用了 size_t，代码就可以用于任何编译器。

现在读者应能创建自己的程序，让编译器列出基本整数类型的大小。

2.6 整数的递增和递减

前面介绍了如何使用+=运算符递增变量的值。显然，还可以使用-=运算符递减变量的值。另外两个运算符也可以执行递增和递减任务，它们分别称为递增和递减运算符，即++和--。

这两个运算符并不只是执行递增和递减的其他选项，在进一步应用 C++的过程中，可以看出它们的价值。特别是，第 5 章在使用数组和循环的时候，会经常用到这两个运算符。递增和递减运算符是一元运算符，可以应用于整型变量。下面修改 count 的 3 条语句有相同的作用：

```
int count {5};
count = count + 1;
count += 1;
++count;
```

上面的每条语句都给变量 count 递增 1。显然，使用递增运算符是最简洁的形式。这个运算符的操作不同于前面介绍的其他运算符，因为它直接修改操作数的值。表达式的结果是递增变量的值，再在表达式中使用已递增的值。例如，如果 count 的值是 5，则执行下面的语句：

```
total = ++count + 6;
```

递增和递减运算符的优先级高于表达式中的其他二元算术运算符，因此，count 的值先递增为 6，再在等号右边的表达式中使用这个值 6，所以变量 total 的值就是 12。

可以用相同的方式使用递减运算符:

```
total = --count + 6;
```

在执行这条语句之前,假定 count 的值为 6,--运算符把 count 的值减为 5,这个值再用来计算存储在 total 中的值,结果是 11。

前面都是把++和--运算符放在变量的前面,这称为前缀形式。++和--运算符也可以放在变量的后面,这称为后缀形式,其结果与前缀形式略有不同。

递增和递减运算符的后缀形式

在使用++的后缀形式时,先在表达式中使用变量的值进行计算,再递增该变量的值。例如,把前面的例子改写为:

```
total = count++ + 6;
```

count 的初始值还是 5,但 total 的值应是 11,count 再递增为 6。上面的语句等价于:

```
total = count + 6;
++count;
```

在a+++b甚至a+++b这样的表达式中,其含义并不是很明显,或者不清楚编译器会执行什么操作。这两个表达式的含义是相同的,但第二个表达式也可能意味着a + ++b,它的含义就不同了,等价于另外两个表达式加1。如下表达式更清晰:

```
total = 6 + count++;
```

另外,还可以使用圆括号:

```
total = (count++) + 6;
```

前面应用于递增运算符的规则也适用于递减运算符。例如,如果 count 的初始值是 5,则执行如下语句后:

```
total = --count + 6;
```

total 的值是 10。如果将语句改写为:

```
total = 6 + count--;
```

total 的值就是 11。

必须避免在一个表达式中对给定变量多次使用这些运算符。假定变量 count 的值是 5,对于语句:

```
total = ++count * 3 + count++ * 5;
```

由于该语句使用递增运算符多次修改了变量 count 的值,结果就是不确定的。虽然按照 C++标准,这个表达式的结果是不确定的,但这并不意味着编译器不会编译这条语句。只是说,不保证结果的一致性。

现在,考虑下面的语句:

```
k = k++ + 5;
```

这条语句在赋值运算符右边的表达式中递增赋值运算符左边的变量的值,因此在一个表达式中对变量 k 的值修改了两次。在 C++17 之前,这类语句的结果也是不确定的。在该语句之前,k 的值为 10,使用较老的编译器编译后,值可能就变成 15 或 16。

C++17 标准以非正式的方式添加了一条规则：首先完成赋值运算符(包括复合赋值、递增和递减)右边的所有意外结果，然后计算运算符左边的变量，并完成实际的赋值。这意味着在 C++17 中，上面语句中的 k 的值将从 10 变为 15。

尽管如此，即使在 C++17 中，关于表达式何时是确定的，何时是不确定的，准确的规则依然难以捉摸。另外，凭我们的经验来看，并非所有的编译器都完全遵循 C++17 的这个新计算顺序规则。所以我们的建议一如既往。

■ **提示**：一个语句只能对变量修改一次，变量以前的值只能用于确定要存储的新值。也就是说，在同一个语句中，不要试图在修改一个变量后再次读取它的值。

递增和递减运算符通常应用于整数，尤其常用于循环，详见第 5 章。本章后面还把它们应用于浮点变量。后续章节将探讨它们如何应用于某些其他数据类型，并能够得到特别且有用的结果。

2.7 定义浮点变量

当希望使用非整数值时，可以使用浮点变量。浮点变量的数据类型有 3 种，如表 2-4 所示。

表 2-4 浮点变量的数据类型

数据类型	说明
float	单精度浮点数
double	双精度浮点数
long double	扩展的双精度浮点数

■ **注意**：对于浮点类型，不能使用 unsigned 或 signed 修饰符；浮点类型总是带符号的。

如第 1 章所述，术语"精度"是指尾数中的位数。上述数据类型的精度按从上到下的顺序逐步增加，float 在尾数中的位数最少，long double 的位数最多。注意精度只确定尾数中的位数。某一类型表示的值域主要由指数的可能范围确定。

C++标准并没有描述精度和数值范围，所以这些类型的精度和数值范围就由编译器决定，也取决于计算机使用的处理器类型及其使用的浮点数表示方法。不过，C++标准要求 long double 类型提供的精度不小于 double 类型提供的精度，double 类型提供的精度不小于 float 类型提供的精度。

如今，几乎所有编译器和计算机架构都按照第 1 章介绍的 IEEE 标准的规定来使用浮点数和浮点运算。通常，float 类型提供 7 位十进制精度(尾数为 23 位)，double 类型提供几乎 16 位十进制精度(尾数为 52 位)，long double 类型提供 18 或 19 位十进制精度(尾数为 64 位)，但 double 类型和 long double 类型(尤其是在 Microsoft Visual C++中)的精度是相同的。在 Intel 处理器上，浮点类型表示的取值范围如表 2-5 所示。

表 2-5 浮点类型的取值范围

类型	精度(十进制位数)	取值范围(+或−)
float	7	$\pm 1.18 \times 10^{-38} \sim \pm 3.4 \times 10^{38}$
double	15(几乎 16)	$\pm 2.22 \times 10^{-308} \sim \pm 1.8 \times 10^{308}$
long double	18 或 19	$\pm 3.65 \times 10^{-4932} \sim \pm 1.18 \times 10^{4932}$

在表 2-5 中，数字的精度都是大约数。显然，这些类型都可以精确地表示 0，但不能表示 0 和正负范围中下限之间的值，所以这些下限是非 0 值中最小的值。

下面是一些定义浮点变量的语句：

```
float pi {3.1415926f};                    // Ratio of circle circumference to diameter
double inches_to_mm {25.4};
long double root2 {1.4142135623730950488L};// Square root of 2
```

可以看出，浮点变量的定义与整数变量的相同。大多数情况下，使用类型 double 就足够了。通常，只有当速度或数据大小非常关键时，才会使用 float。不过，如果确实使用 float，总是需要保持警惕，要确保精度上的损失对程序而言是可以接受的。

2.8 浮点字面量

从 2.7 节的代码段可以看出，为 float 字面量添加了后缀 f(或 F)，为 long double 字面量添加了后缀 L(或 l)。没有后缀的浮点字面量是 double 类型。浮点字面量包含小数点或指数，或者两者都包含；两者都没有的数是整数。

在浮点字面量中，指数是可选的，表示 10 的幂乘以该值。指数必须带有前缀 e 或 E，其后是指数值。下面是包含指数的一些浮点字面量：

```
5E3 (5000.0)   100.5E2(10050.0)   2.5e-3(0.0025)   -0.1E-3L(-0.0001L)   .345e1F(3.45F)
```

带指数的每个字面量后面，圆括号中的值相当于没有指数的字面量。需要表示非常大或非常小的值时，指数特别有用。

编译器能够使用不带 F 或 L 后缀的字面量(甚至整型字面量)来初始化浮点变量。但是，如果字面量的值超出了变量类型的可表示范围，编译器至少应该发出缩窄转换警告。

2.9 浮点数的计算

浮点数的计算与整数计算相同。例如：

```
const double pi {3.141592653589793}; // Circumference of a pizza divided by its diameter
double a {0.2};                      // Thickness of proper New York-style pizza (in inches)
double z {9};                        // Radius of large New York-style pizza (in inches)
double volume {};                    // Volume of pizza - to be calculated
volume = pi*z*z*a;
```

取模运算符%不能用于浮点操作数，但前面介绍的其他二元算术运算符，如+、−、*和/，都可以用于浮点操作数。还可以对浮点数变量应用前缀和后缀形式的递增及递减运算符(++ 和 --)，其作用与处理整数相同，变量会递增或递减 1.0。

2.9.1 数学常量

在上一个示例中，使用自定义的常量 pi 计算了纽约风味的披萨的体积：

```
const double pi {3.141592653589793}; // Circumference of a pizza divided by its diameter
```

但这个常量数字还有其他一些应用。可以使用它计算那不勒斯、加利福尼亚、芝加哥等风味的披萨的体积，但不能用于西西里或底特律风味的披萨。实际上，许多意大利风味之外的其他披萨也可以使用该常量来计算体积。该常量作为阿基米德常量被数学家们所熟知,通常用希腊字母 π 表示。

假定该常量在意大利风味披萨中的许多应用都与在其他科学计算中的应用类似,因此,开发人员就不必再重新发明这个轮子(或者更准确地说,重新计算这个轮子的周长与直径的比)。因此,在 C++20 标准库中,开发人员终于提供了一个<numbers>模块,其中定义了这个常量 π 和其他几个通用的数学常量。表 2-6 列出了一些人们所熟知的示例。完整的列表可以参阅标准库文档。

表 2-6 <numbers>模块中的数字常量示例

常量	描述	近似值
std::numbers::e	自然对数的底	2.71828…
std::numbers::pi	π	3.14159…
std::numbers::sqrt2	2 的平方根	1.41421…
std::numbers::phi	黄金比例常量 φ	1.618…

表 2-6 中的常量都为双精度浮点数(精度高达 17 为小数),其类型都为 double。如果计算中需要这些常量具有 float 或 long double 精度(尤其是后者),则应该使用 std::numbers::pi_v<float>或 std::numbers::sqrt2_v<long double>形式的表达式。也就是说,在常量名后添加_v<T>后缀,用所希望的浮点类型 2 替换 T[1]。

■ 提示:这些预定义常量的使用要优于自定义的常量。如果需要定义一些新常量,一定要确保使用合适的精度。在遗留的代码中,最经常遇到的是将 π 定义为 3.14159,这会导致不准确的结果!

2.9.2 数学函数

<cmath>标准库头文件定义了许多可以在程序中使用的三角函数和数值函数。本节只讨论最有可能经常使用的函数,但除此之外,还有许多函数。如今,<cmath>头文件中定义了各式各样的数学函数,既包含非常基本的数学函数,也包含非常高级的数学函数(例如,C++17 标准中近来添加了柱函数中的诺伊曼函数、拉盖尔多项式和黎曼 zeta 函数)。可以查阅标准库参考手册来了解完整的数学函数列表。

表 2-7 列出了这个头文件中最有用的函数。所有函数名都在 std 名称空间中定义。除非另外说明,否则<cmath>头文件中的所有函数都可接收任意浮点类型或整型参数。函数的结果总是与浮点型参数的类型相同,对于整型参数,结果为 double 类型。

表 2-7 <cmath>头文件中的数学函数

函数	说明
abs(arg)	计算 arg 的绝对值。与大部分 cmath 函数不同,当 arg 为整数时,abs()返回一个整数
ceil(arg)	计算一个浮点值,该值是大于或等于 arg 的最小整数,所以 std::ceil(2.5)返回值 3.0,std::ceil(−2.5)返回值-2.0
floor(arg)	计算一个浮点值,该值是小于或等于 arg 的最大整数,所以 std::floor(2.5)返回值 2.0,std::floor(−2.5)返回-3.0
exp(arg)	计算 e^{arg} 的值
log(arg)	计算 arg 的自然对数(底数为 e)

---

1 有一些关于这种变量模板的示例,但这种模板不常用。但其原理与第 10 章和第 17 章将介绍的函数模板和类模板是一样的。

函数	说明
log10(arg)	计算 arg 以 10 为底的对数
pow(arg1, arg2)	计算 arg1 的 arg2 次方，即 $arg1^{arg2}$。两个变量的类型都是整型或浮点类型。因此，std::pow(2,3)的结果是 8.0，std::pow(1.5f,3)的结果是 3.375f，std:pow(4,0.5)的结果是 2.0
sqrt(arg)	计算 arg 的平方根
round(arg) lround(arg) llround(arg)	将 arg 四舍五入到最接近的整数。但是，即使对于整型输入，round()的结果也是一个浮点数，而 lround() 和 llround()的结果分别是 long 和 long long 类型。中间值朝离 0 的方向舍入。换言之，std::lround(0.5)的结果是 1L，而 std::round(-1.5f)的结果是-2.0f

此外，<cmath>头文件还提供了全部的基本三角函数(std::cos()、sin()和 tan())，以及它们的反函数 (std::acos()、asin()和 atan())。角度总是用弧度表示。

下面是一些使用这些函数的例子。下面的语句可以计算出一个角度的余弦(单位是弧度):

```
double angle {1.5};                    // In radians
double cosine_value {std::cos(angle)};
```

如果角度以度为单位，就可以使用 π 值把它转换为弧度，再计算正切:

```
const double pi_degrees {180};     // Equivalent of pi radians in degrees
double angle_deg {60.0};           // Angle in degrees
double tangent {std::tan(std::numbers::pi * angle_deg / pi_degrees)};
```

如果知道教堂尖塔的高度是 100 英尺，并可以站在距离尖塔底部 50 英尺的地方，就可以计算出人站立处尖塔的仰角，单位是弧度，如下所示:

```
double height {100.0};                        // Steeple height in feet
double distance {50.0};                       // Distance from base in feet
double angle {std::atan(distance / height)};  // Result in radians
```

可以使用 angle 和 distance 的值计算当前位置到尖塔顶部的距离:

```
double toe_to_tip {distance / std::sin(angle)};
```

当然，还可以用更简单的方法获得这个结果，如下所示:

```
double toe_to_tip {std::sqrt(std::pow(distance, 2) + std::pow(height, 2))};
```

■ **提示:** std::atan(a/b)这种形式的表达式存在一个问题: 计算除法 a/b 时，会丢失关于 a 和 b 的符号的信息。在我们的例子中，这不重要，因为 distance 和 height 都是正数，但一般来说，最好调用 std::atan2(a,b)。atan2()函数也在<cmath>头文件中定义。因为 atan2()函数知道 a 和 b 的符号，所以能够在计算得到的角度中正确反映这一点。关于该函数的详细说明，可查阅标准库参考手册。

对于<cmath>头文件有一个重要的告诫，因为它源自 C 标准库，所以不能保证可将 C 头文件作为模块导入。要使其功能可用于源代码，就需要使用下面的#include 预处理器指令:

```
#include <cmath>
```

■ **警告**：与 import 声明不同，#include 指令后不能有分号。另外，不要忘了前面的数字符号#。大部分预处理器指令都以#符号开头。

可以参考在线附录 A，了解有关#include 和其他预处理器指令的更多信息。目前，读者可以通过其名称前的 "c" 来识别需要包含(而非导入)的标准库头文件。在 C++代码中仍然可以使用的其他 C 头文件包括<cassert>、<cstddef>和<cstdlib>。

下面是一个浮点示例。假定要构建一个圆形的池塘来养鱼。通过研究发现，必须保证该池塘的表面积为 2 平方英尺，才能确保每条鱼有 6 英寸长。本例需要确定池塘的直径，以确保鱼有足够的空间。下面就是实现过程：

```cpp
// Ex2_03.cpp
// Sizing a pond for happy fish
import <iostream>;
import <numbers>;                         // For the pi constant
#include <cmath>                          // For the square root function
int main()
{
  // 2 square feet pond surface for every 6 inches of fish
  const double fish_factor { 2.0/0.5 };       // Area per unit length of fish
  const double inches_per_foot { 12.0 };

  double fish_count {};                     // Number of fish
  double fish_length {};                    // Average length of fish

  std::cout << "Enter the number of fish you want to keep: ";
  std::cin >> fish_count;
  std::cout << "Enter the average fish length in inches: ";
  std::cin >> fish_length;
  fish_length /= inches_per_foot;           // Convert to feet
  std::cout << '\n';

  // Calculate the required surface area
  const double pond_area {fish_count * fish_length * fish_factor};

  // Calculate the pond diameter from the area
  const double pond_diameter {2.0 * std::sqrt(pond_area / std::numbers::pi)};

  std::cout << "Pond diameter required for " << fish_count << " fish is "
            << pond_diameter << " feet.\n";
}
```

输入鱼的数量为 20，每条鱼的平均长度为 9 英寸，这个例子的输出如下所示：

```
Enter the number of fish you want to keep: 20
Enter the average fish length in inches: 9
Pond diameter required for 20 fish is 8.74039 feet.
```

首先，在 main()中定义要在计算中使用的两个 const 变量。注意使用一个常量表达式来指定 fish_factor 的初始值。可以使用任意表达式来生成合适类型的结果，以定义变量的初始值。这里把 fish_factor 和 inches_per_foot 声明为 const 变量，因为它们的值是固定的，不应修改。

接着，定义存储用户输入的变量 fish_count 和 fish_length，它们的初始值都是 0。在输入的鱼的长度时使用英寸作为单位，所以需要把它转换为英尺，再在池塘的面积计算中使用它。使用/=运算符把初始值转换为英尺。

给池塘的面积定义一个变量，初始化为一个表达式，来计算需要的值：

```
const double pond_area {fish_count * fish_length * fish_factor};
```

fish_count 和 fish_length 的乘积给出了所有鱼的总长，把这个值与 fish_factor 相乘，就得到了需要的池塘面积(单位为平方英尺)。计算并初始化 pond_area 的值以后，这个值就不应该再发生变化，所以最好把这个变量声明为 const 变量，以清晰地表达这一点。

池塘的面积可以由公式 πr^2 得到，其中 r 是半径。所以，可以计算出池塘的半径，即面积除以 π，再开方。直径是半径的两倍，整个计算过程由下面的语句完成：

```
const double pond_diameter {2.0 * std::sqrt(pond_area / std::numbers::pi)};
```

使用<cmath>头文件中声明的 sqrt()函数可以获得平方根。

当然，使用如下一条语句就可以计算出池塘的直径：

```
const double pond_diameter
  {2.0 * std::sqrt(fish_count * fish_length * fish_factor / std::numbers::pi)};
```

这样就不需要 pond_area 变量了，程序会更简短。这是否比最初的版本更好是存有争议的，因为其计算过程不是很明显。

main()中的最后一条语句输出了结果。池塘直径的小数位比需要的多。下面看看如何修改它。

2.9.3 无效的浮点结果

根据 C++标准，除 0 的结果也是不确定的。虽然如此，在大多数计算机上，硬件的浮点操作都是根据 IEEE 754 标准(也称为 IEC 559 标准)实现的。因此，在把浮点数除以 0 的时候，编译器一般会表现出类似的行为。不同编译器在细节上可能有区别，所以应该查询相关产品文档。

IEEE 浮点标准定义了几个特殊的值,它们的二进制尾数都是 0,指数都是 1,根据其符号表示+infinity 或-infinity。将一个非 0 的正数除以 0 时，结果就是+infinity；将一个非 0 的负数除以 0 时，结果就是-infinity。

该标准定义的另一个特殊浮点值称为 Not a Number，通常缩写为 NaN，用于表示数学上没有定义的结果，例如 0 除以 0 或无穷大除以无穷大。一个或两个操作数是 NaN 时，所有后续的操作结果都是 NaN。如果程序中的一个操作得到值±infinity，就会影响该值参与的所有后续操作。表 2-8 总结了所有这些可能性。

表 2-8 NaN 和±infinity 操作数的浮点操作

操作	结果	操作	结果
±value / 0	±infinity	0 / 0	NaN
±infinity ± value	±infinity	±infinity / ±infinity	NaN
±infinity * value	±infinity	infinity−infinity	NaN
±infinity / value	±infinity	infinity * 0	NaN

表 2-8 中的 value 都是任意非 0 值。把下面的代码放在 main()中，就可以看出编译器如何表示这些值。

```
double a{ 1.5 }, b{}, c{};
double result { a / b };
std::cout << a << "/" << b << " = " << result << std::endl;
```

```
std::cout << result << " + " << a << " = " << result + a << std::endl;
result = b / c;
std::cout << b << "/" << c << " = " << result << std::endl;
```

运行这个程序，就可以从输出中看到±infinity 和 NaN。一种可能的结果是：

```
1.5/0 = inf
inf + 1.5 = inf
0/0 = -nan
```

■ 提示：要获得代表 infinity 或 NaN 的浮点数，最简单的方法是使用标准库的<limits>模块中的函数，详见本章后文。使用这种方法时，就不必记住如何通过除 0 来获得这些值的规则。要验证给定数字是 infinity 或 NaN，应该使用<cmath>头文件中的 std::isinf()和 std::isnan()函数。至于如何处理这些函数的布尔类型结果，第 4 章会进行说明。

2.9.4 缺点

应了解使用浮点数值的局限。如果不小心，结果可能不准确，甚至不正确。如第 1 章所述，下面是使用浮点数值时常见的错误原因：

- 一些小数值没有准确转换为二进制浮点数值。在计算过程中，很容易把一些小错误放大为大错误。
- 计算两个非常接近的数值之差会丧失精度。如果考虑两个浮点数值之差，而这两个数值仅在第 6 位的数字上有区别，那么其结果是只有一或两位是精确的，其他位则可能出错。在第 1 章，我们把这种现象称为灾难性抵消(catastrophic cancellation)。
- 处理范围相差几个数量级的数值会导致错误。一个简单的例子是：把两个值存储为精度为 7 位的 float 类型的浮点数，可是，其中一个值相当于另一个值的 10^8 倍，对它们执行相加操作。把较小值加到较大值上任意多次，较大值是不会有变化的。

2.10　混合的表达式和类型转换

表达式可以包含不同类型的操作数。例如，在示例 Ex2_03 中也可以定义变量来存储鱼的数量，如下：

```
unsigned int fish_count {}; // Number of fish
```

鱼的数量肯定是整数，所以这是有效的。一英尺的英寸数也是整数，所以可以定义如下变量：

```
const unsigned int inches_per_foot {12};
```

即使变量有不同的类型，计算也是可以完成的，下面是一个示例(位于 Ex2_03A)：

```
fish_length /= inches_per_foot; // Convert to feet
double pond_area{fish_count * fish_length * fish_factor};
```

从技术角度看，二元算术运算要求两个操作数的类型相同。如果它们的类型不同，编译器就必须把其中一个操作数转换为另一个操作数的类型。这称为隐式转换(implicit conversion)。其工作方式是把值域更为受限的变量转换为另一个变量的类型。第一条语句中的 fish_length 变量是 double 类型。double 类型的值域比 unsigned int 类型的大，所以编译器插入了一个转换，把 inches_per_foot 的值转换为 double 类型，这样才能执行除法运算。在第二条语句中，将 fish_count 的值转换为 double 类型，使它与 fish_length 有相同的类型，之后执行乘法运算。

在操作数类型不同的操作中，编译器选择把值域更为受限的操作数转换为另一个操作数的类型。实际上，它按如下顺序从高到低对类型进行排序：

1. long double
2. double
3. float

4. unsigned long long
5. long long
6. unsigned long

7. long
8. unsigned int
9. int

要转换的操作数是位置较低的类型。因此在处理 long long 类型和 unsigned int 类型的操作中，要把后者转换为 long long。char、signed char、unsigned char、short 或 unsigned short 类型的操作数总是至少要转换为 int 类型(要记住这一点，下一章的内容与此相关)。

隐式转换可能会产生预料不到的结果。考虑下面的语句：

```
unsigned int x {20u};
int y {30};
std::cout << x - y << std::endl;
```

本来希望的输出是-10，但其实不是。输出是 4294967286。这是因为 y 的值被转换为 unsigned int，以匹配 x 的类型，所以减法的结果是一个不带符号的整数值，而且 unsigned 类型是不能表示-10 的。对于无符号整型，结果小于 0 的值总是会被移位成可能得到的最大整数值。即，对于 32 位 unsigned int 类型，-1 变成了 $2^{32}-1$，即 4,294,967,295，-2 变成了 $2^{32}-2$，即 4,294,967,294，以此类推。这当然意味着-10 变成了 $2^{32}-10$，即 4,294,967,286。

■ **注意:** 无符号整数减法的结果被移位成极大值，这种现象有时候称为"下溢"。一般来说，应当留意是否会发生下溢(后续章节中会看到相关示例)。自然，也存在相反的现象，即"上溢"。例如，将 unsigned char 值 253 和 5 相加，结果不会是 258，因为 unsigned char 类型的变量最大只能保存 255。这个加法的结果是 2，即 258 与 256 取模的结果。

■ **警告:** 仅不带符号的整数的上溢和下溢结果是确定的。而带符号的整型变量，超出其类型能够表示的范围的结果是不确定的，取决于使用的编译器及其目标计算机架构。

等号右边的表达式生成的值的类型不同于等号左边的变量类型时，编译器也会插入隐式转换，例如：

```
int y {};
double z {5.0};
y = z;              // Requires an implicit narrowing conversion
```

最后一条语句需要转换等号右边的表达式值，以便把它存储为 int 类型。编译器会插入一个转换操作，但因为这是缩窄转换，编译器会发出可能丢失数据的警告。

编写操作数类型不同的整数操作时要小心。不要依靠隐式类型转换来生成希望的结果，除非确定可以得到该结果。如果不能确定，就需要进行显式类型转换(explicit type conversion)，也称为显式强制转换(explicit cast)。

2.11 显式类型转换

要把表达式的值显式转换为给定的类型，应编写如下格式的转换语句：

```
static_cast<type_to_convert_to>(expression)
```

关键字 static_cast 表示这个强制转换要进行静态检查,也就是说,在程序编译时进行检查。后面在介绍类的处理时,会遇到动态的强制转换,这种转换要进行动态检查,即在程序执行时进行检查。强制转换的结果是把从表达式计算的值转换为尖括号中指定的类型。表达式可以是任何内容,包括从单个变量到包含许多嵌套括号的复杂表达式等所有内容。编写如下语句,可以避免编译 2.10 节的赋值语句时出现的警告:

```
y = static_cast<int>(z); // Never a compiler warning this time
```

通过添加显式强制转换,可以告诉编译器缩窄转换是故意执行的操作。如果转换不是缩窄转换,很少添加显式强制转换。下面是使用 static_cast<>() 的另一个例子:

```
double value1 {10.9};
double value2 {15.9};
int whole_number {static_cast<int>(value1) + static_cast<int>(value2)}; // 25
```

因为变量 whole_number 的初始值是 value1 和 value2 的整数部分之和,所以 value1 和 value2 必须分别显式强制转换为 int 类型。因此,变量 whole_number 的初始值应为 25。注意,与整数除法相同,将浮点数强制转换为整数会进行截断,即丢弃浮点数的整个小数部分。

■ 提示:<cmath>头文件中的 std::round()、lround() 和 llround() 函数允许将浮点数四舍五入到最接近的整数。在许多情况下,使用这些函数比使用(隐式或显式)强制转换更合适,因为强制转换会进行截断。

前面示例中的强制转换不会影响存储在 value1 和 value2 中的值,它们仍然是 10.9 和 15.9。由强制转换得到的值 10 和 15 只是临时存储,在计算中使用后就会删除。这两个强制转换会在计算过程中丢失信息,但编译器总是假定在显式指定强制转换时,用户知道会发生什么。

当然,如果编写如下语句,whole_number 的值就会不同:

```
int whole_number {static_cast<int>(value1 + value2)}; // 26
```

value1 和 value2 相加的结果是 26.8,在转换为 int 类型时会得到 26。这与编写如下语句所得到的值也不相同:

```
int whole_number {static_cast<int>(std::round(value1 + value2))}; // 27
```

在初始化列表中,如果不使用显式类型转换,编译器要么拒绝插入隐式缩窄转换,要么对隐式缩窄转换发出警告。

一般情况下,很少需要显式强制转换,特别是在数据为基本类型时。如果必须在代码中包含大量的显式强制转换,则通常表明应为变量选择更合适的类型。但仍有一些情况需要进行强制转换。下面将介绍一个简单例子。这个例子把单位为码的长度(小数值)转换为码、英尺和英寸:

```
// Ex2_04.cpp
// Using explicit type conversions
import <iostream>;

int main()
{
  const unsigned feet_per_yard {3};
  const unsigned inches_per_foot {12};
  const unsigned inches_per_yard { feet_per_yard * inches_per_foot };
  double length {};              // Length as decimal yards
  unsigned int yards{};          // Whole yards
  unsigned int feet {};          // Whole feet
```

```
unsigned int inches {};          // Whole inches

std::cout << "Enter a length in yards as a decimal: ";
std::cin >> length;

// Get the length as yards, feet, and inches
yards = static_cast<unsigned int>(length);
feet = static_cast<unsigned int>((length - yards) * feet_per_yard);
inches = static_cast<unsigned int>(length * inches_per_yard) % inches_per_foot;

std::cout << length << " yards converts to "
          << yards << " yards "
          << feet << " feet "
          << inches << " inches." << std:: endl;
}
```

这个程序的典型输出如下：

```
Enter a length in yards as a decimal: 2.75
2.75 yards converts to 2 yards 2 feet 3 inches.
```

main()中的前 3 条语句把不带符号的整型常量转换为码、英尺和英寸。把这些变量声明为 const 变量，以防止程序不经意地修改它们。把输入转换为码、英尺和英寸，将结果存储在 unsigned int 类型的变量中，将该变量初始化为 0。

以下语句从输入值中计算整数码值：

```
yards = static_cast<unsigned int>(length);
```

强制转换会舍弃 length 值的小数部分，把整数部分存储在 yards 中。如果这里省略了显式强制转换过程，编译器就会插入需要的强制转换。但这种情况下，应总是编写一条显式强制转换语句。如果忽略了这一步，就不能表明自己清楚这个转换的必要性，以及注意到潜在的数据丢失。许多编译器会因而发出警告。

用下面的语句获得长度的英尺值：

```
feet = static_cast<unsigned int>((length - yards) * feet_per_yard);
```

从 length 中减去 yards，会把 length 中的小数码值自动转换为 double 类型。编译器会将 yards 的值转换为 double 类型，以进行减法运算。再把 feet_per_yard 的值自动转换为 double 类型，以进行乘法运算，最后对乘积进行显式的强制转换，把它从 double 类型转换为 unsigned int 类型。

最后一部分计算是获得剩余长度的英寸值：

```
inches = static_cast<unsigned int>(length * inches_per_yard) % inches_per_foot;
```

将显式的强制转换应用于 length 中的总英寸值，总英寸值是 length 和 inches_per_yard 的乘积。因为 length 是 double 类型，所以两个常量值被隐式转换为 double 类型，以计算乘积。用 length 中的整数英寸值除以每英尺的英寸数，得到剩余的英寸值。

旧式的强制转换

C++在 1998 年前后引入了 static_cast<>，在那之前，把表达式的结果显式强制转换为另一种类型的语句如下：

```
(type_to_convert_to)expression
```

expression 的结果被强制转换为括号中的类型。例如，前面例子中计算 inches 的语句可以改写为：

```
inches = (unsigned int)(length * inches_per_yard) % inches_per_foot;
```

这种类型的强制转换是 C 语言遗留下来的，因此也称为 C 风格的强制转换。目前，C++中有几种不同类型的强制转换，旧式的强制转换语法包含了这几种转换。所以，使用旧式强制转换的代码更容易出错——它们并不是很清晰，可能得不到希望的结果。另外，圆括号与复合表达式会大量混合在一起——使用 static_cast<>()运算符代码就很容易理解。

■ **提示：** 尽管旧式的强制转换目前仍在使用(它仍是语言的一部分)，但我们强烈推荐在代码只只使用新型的强制转换语法。在 C++代码中，不应该再使用 C 风格的强制转换。因此，这将是我们在本书中最后一次提到这种语法。

2.12 格式化字符串

本章前面写了一个科学性很强的程序，为你新建的鱼塘推荐最适合的直径。对于平均体长 9 英寸的 20 条鱼，Ex2_03A 得到下面的输出：

```
Pond diameter required for 20 fish is 8.74039 feet.
```

很有用吧？但是，不知道你的情况怎样，不过我们在挖鱼塘的时候，很少会把大小精确到 1 毫米的百分之一。大部分鱼都没这么多事。所以有什么必要输出这么高精度的直径呢？当然，在把数字发送给输出流之前，你可以自己把每个数字圆整为期望的小数位数(这实际上是一个不错的练习题)。但是，肯定还存在更好的方案。让我们进行探索。

输出流的格式化

可以使用流操作程序改变输出流数据的格式。要应用流操作程序，需要使用<<运算符，把流输出程序和数据一起插入输出流中。例如，使用<iomanip>模块的 setprecision()操作程序时，可以调整输出流在格式化浮点数时使用的小数位精度。下面列举一个示例：

```
std::cout << "Pond diameter required for " << fish_count << " fish is "
          << std::setprecision(2)            // Use two significant digits
          << pond_diameter << " feet.\n";     // Output value is 8.7
```

标准的<ios>和<iomanip>模块定义了许多流操作程序，包括 std::hex(生成十六进制数字)、std::scientific(为浮点数启用指数表示法)和 std::setw()(用于设置表格式数据格式)。但是，这里不详细讨论流操作程序，因为在本书中将使用 std::format()。原因在于，相比流操作程序，C++20 中提供的这个函数更加强大一些，能够得到更加简洁和可读性更好的代码，并且其执行速度通常也更快。读者可以查阅标准库参考来了解关于流操作程序的更多信息。不过，了解 std::format()之后，学习流操作程序就简单多了，因为使用操作程序进行格式化的概念基础与使用 std::format()进行格式化时相同(宽度、精度、填充字符等)。

1. 使用 std::format()格式化字符串

导入 C++20 的<format>模块后，可以把 Ex2_03A 中的输出语句替换为下面的输出语句(注意，在 Ex2_03A 中，fish_count 的类型从 double 改为 unsigned int)。

```
std::cout << std::format("Pond diameter required for {} fish is {} feet.\n",
                         fish_count, pond_diameter);
```

std::format()的第一个实参总是格式字符串。这个字符串包含任意数量的替代字段，用花括号{}括住。格式字符串后跟 0 个或更多个实参，一般每个替代字段对应一个这样的实参。在我们的示例中，有两个额外的实参：fish_count 和 pond_diameter。因此，std::format()的结果是复制格式字符串，并将每个字段替换为相应实参的文本表示。

在最初的示例中，两个替代字段都为空。这意味着 std::format()将把它们与另外两个实参(fish_count 和 pond_diameter)按从左到右的顺序匹配起来，并使用默认格式化规则把这些值转换为文本。期望的输出如下所示(完整的程序包含在 Ex2_03B.cpp 中)。

```
Pond diameter required for 20 fish is 8.740387444736633 feet.
```

这是一个不错的起点，但是，我们似乎让问题变得更糟了。现在，我们挖的池塘具有千万亿分之一米的精度，这比原子还要小大约 100 万倍。出现这种结果的原因在于，std::format()的默认精度能够确保无损失往返转换。意思是，如果将任何格式化后的数字转换为相同类型的一个值，则默认情况下，将得到与一开始的值完全相同的值。对于 double 值，这可能导致具有 16 个小数位的字符串[1]，我们的示例就是这种情况。

当然，我们可以覆盖默认格式化。这是通过在替代字段的花括号内添加格式说明符来实现的。接下来将介绍格式说明符。然后，我们将解释如何覆盖从左到右的顺序，以及如何多次输出相同的值。

2. 格式说明符

格式说明符是看起来很神秘的数字和字符序列；通过冒号引入这些序列，告诉 std::format()我们想要如何格式化对应的数据。例如，要调整浮点数精度，可以在必填的冒号后使用一个点，再跟上一个整数：

```
std::cout << std::format("Pond diameter required for {} fish is {:.2} feet.\n",
                         fish_count, pond_diameter);
```

默认情况下，这个整数指定了总有效位数(在本例中为 2)，包括小数点之前和之后的位数。因此，结果如下所示(参加 Ex2_03C.cpp)：

```
Pond diameter required for 20 fish is 8.7 feet.
```

也可以让精度指定小数点后的位数，换句话说，也就是小数位数。这是通过启用所谓的浮点数"定点"格式化实现的。这需要在格式说明符中追加字母 f。在我们的例子中，如果将{:.2}替换为{:.2f}，将得到下面的输出：

```
Pond diameter required for 20 fish is 8.74 feet.
```

■ **注意**：使用流操作程序时，通过在输出流中插入'<< std::precision(2) <<std::fixed'，可以得到相同的结果。看到'{:.2f}'多么简洁了吧？

对于基本类型和字符串类型的字段，下面列出了格式说明符的一般形式(稍微做了简化)：

```
[[fill]align][sign][#][0][width][.precision][type]
```

---

[1] 但是，并不是所有 double 值都使用 16 个小数位进行格式化。例如，double 值 1.5 的默认格式化结果会是"1.5"。

方括号仅用于演示目的，标记了可选的格式化选项。并不是所有选项都适用于所有字段类型。例如，precision 只适用于浮点数(读者已经知道这一点)和字符串(此时它定义了使用字符串的多少个字符)。

■ **警告**：如果指定不受支持的格式化选项，或者如果格式说明符中存在语法错误，std::format()将会失败。为了报告这种失败，std::format()会引发所谓的异常。如果发生了这样的异常，并且没有相应的错误处理代码，整个程序将立即终止，报告一个错误。通过把 Ex2_03C.cpp 中的格式字符串替换为下面的字符串(我们为第一个格式说明符添加了精度)，可以看到这种行为：

```
std::cout << std::format("Pond diameter required for {:.2} fish is {:.2} feet.\n",
                         fish_count, pond_diameter);
```

因为 fish_count 是一个整数，所以不能为该字段指定精度。因此，std::format()的这次调用，乃至整个程序，在执行时将会失败。

尽管我们到第 16 章才会介绍如何处理异常，但现在需要有一种方式调试失败的 std::format()语句。毕竟，在第 16 章之前，我们就会在示例和练习中使用 std::format()，而有时候找出格式说明符中存在的小错误并不容易。因此，我们给出下面的提示。

■ **提示**：要调试失败的 std::format()表达式，可以将对应的语句放到所谓的 try-catch 块中，如下所示(这段代码包含在 Ex2_03D.cpp 中)。

```
try
{
  std::cout << std::format("Pond diameter required for {:.2} fish is {:.2} feet.\n",
                           fish_count, pond_diameter);
}
catch (const std::format_error& error)
{
  std::cout << error.what(); // Outputs "precision not allowed for this argument type"
}
```

现在，程序不会再失败，而是会输出一条诊断消息，帮助我们修复存在问题的格式说明符。这个 try-catch 代码段使用了现在还没有介绍的几种语言元素(引用、异常等)，但需要的时候，读者可以从 Ex2_03D.cpp 复制这段代码。

3. 格式化表格式数据

接下来的格式化选项(加黑显示)允许控制每个字段的宽度和对齐。本书中常使用它们输出类似于表格的文本。

[[**fill**]**align**][sign][#][**0**][**width**][.precision][type]

width 是一个正整数，定义了最小字段宽度。需要时，可以在被格式化的字段中插入额外字符来达到这个最小宽度。在什么地方插入什么字符，取决于字段的类型，以及存在其他哪些格式化选项。

● 对于数字字段，如果 width 选项前面带有 0，则在该数字之前、任何符号字符(+或-)或者前缀序列(如代表十六进制数字的 0x；后面将会介绍)之后，插入额外的 0 字符。

- 否则，将插入所谓的填充字符。默认填充字符是空格，但我们可以使用 fill 格式化选项覆盖整个字符。align 选项决定了在什么地方插入填充字符。字段可以左对齐(<)、右对齐(>)或居中(^)。默认对齐方式取决于字段类型。

指定 fill 字符时，也必须指定对齐方式。还要注意，除非指定了 width，否则 fill、align 和 0 选项不起作用。

还能跟得上吗？没有感到头晕吧？我们知道，我们一下子讲了太多格式化选项。是时候用一些代码来进行演示了。建议读者花一些时间分析下面的示例(比如试着预测一下输出会是什么)，然后修改它的格式说明符，看看不同格式化选项的效果。

```cpp
// Ex2_05.cpp
// The width, alignment, fill, and 0 formatting options of std::format()
import <iostream>;
import <format>;

int main()
{
// Default alignment: right for numbers, left otherwise
std::cout << std::format("{:7}|{:7}|{:7}|{:7}|{:7}\n", 1, -.2, "str", 'c', true);
// Left and right alignment + custom fill character
std::cout << std::format("{:*<7}|{:*<7}|{:*>7}|{:*>7}|{:*>7}\n", 1,-.2,"str",'c',true);
// Centered alignment + 0 formatting option for numbers
std::cout << std::format("{:^07}|{:^07}|{:^7}|{:^7}|{:^7}\n", 1, -.2, "str", 'c', true);
}
```

因为我们为所有字段使用了相同的宽度(7)，所以结果看起来像是一个表格。更具体来说，结果如下所示：

```
      1|   -0.2|str    |c      |true
1******|-0.2***|****str|******c|***true
0000001|-0000.2| str   |   c   | true
```

从第一行可以看到，字段的默认对齐并不总是相同。默认情况下，数字字段右对齐，而字符串、字符和布尔值字段左对齐。

在第二行中，我们使用<和>对齐选项镜像了所有默认对齐方式。还将所有字段的填充字符设置为*。

第三行演示了另外两个选项：居中对齐(^)，以及用于数字字段的特殊的 0 填充选项(0 只能用于数字字段)。

4. 格式化数字

剩下的这 4 个选项主要用于数字字段：

```
[[[fill]align][sign][#][0][width][.precision][type]
```

前面已经介绍过 precision，但对于格式化数字，还有更多需要知道的地方。与上一节一样，我们先介绍许多内容，然后列举一个具体示例。

- 格式化浮点数时，定点格式化(f; 参见前面的介绍)并不是唯一得到支持的类型选项。其他选项包括科学格式化(e)、常规格式化(g)甚至十六进制格式化(a)。
- 整数字段基本上与浮点数字段相同，只是不允许使用 precision 选项。支持的类型包括二进制格式化(b)和十六进制格式化(x)。

- 添加#字符可切换到所谓的替代形式。对于整数，替代形式会添加基数前缀(0x 或 0b)；对于浮点数，会使输出总是包含小数点，即使其后没有数字。
- E、G、A、B 和 X 格式化类型与其小写形式等效，但是输出中的任何字母将显示为大写形式。这包括基数前缀(0X 或 0B)、十六进制数字(A 到 F)以及无穷大值和 NaN 值(INF 和 NAN，而不是 inf 和 nan)。
- sign 选项是一个字符，决定了在非负数前面打印什么。负数前面总是带有-字符。sign 的可能取值包括+(在非负数前面添加+)和空格字符(在非负数前面添加空格)。

下面的例子应该能够演示这些要点(基本上按照顺序演示了前面列出的内容)：

```cpp
// Ex2_06.cpp
// Formatting numeric values with std::format()
import <iostream>;
import <format>;
import <numbers>;

int main()
{
  const double pi = std::numbers::pi;
  std::cout << std::format("Default: {:.2}, fixed: {:.2f}, scientific: {:.2e}, "
                           "general: {:.2g}\n", pi, pi, pi, pi);
  std::cout << std::format("Default: {}, binary: {:b}, hex.: {:x}\n", 314, 314, 314);
  std::cout << std::format("Default: {}, decimal: {:d}, hex.: {:x}\n", 'c', 'c', 'c');
  std::cout << std::format("Alternative hex.: {:#x}, binary: {:#b}, HEX.: {:#X}\n",
                           314, 314, 314);
  std::cout << std::format("Forced sign: {:+}, space sign: {: }\n", 314, 314);
  std::cout << std::format("All together: {:*<+10.4f}, {:+#09x}\n", pi, 314);
}
```

期望的结果如下所示：

```
Default: 3.1, fixed: 3.14, scientific: 3.14e+00, general: 3.1
Default: 314, binary: 100111010, hex.: 13a
Default: c, decimal: 99, hex.: 63
Alternative hex.: 0x13a, binary: 0b100111010, HEX.: 0X13A
Forced sign: +314, space sign: 314
All together: +3.1416***, +0x00013a
```

读者应该能够理解这段代码的大部分内容，但我们可能有必要解释一下浮点数的不同格式化选项。

科学格式化(e 或 E)总是为输出添加一个指数部分，就像第 1 章在解释浮点数时做的那样。在输入浮点数字面量的时候，可以使用相同的指数表示法。指数最有用的地方是用于极小的数字(如 2.50e-11，这是氢原子的半径)或极大的数字(如 1.99e30，这是太阳的质量)。

对于普通数字，一般来说，总是添加指数部分并不理想，从我们的示例也可以看到这一点(在示例中，pi 的指数为+00)。这时，常规格式化选项(g 或 G)很方便：默认情况下，它相当于定点格式化(f 或 F)，但对于极小或者极大的数字(精确的启发过程并不重要)，它会切换到科学格式(e 或 E)，并加上指数。通过在 Ex2_06 中为 pi 赋予一个不同的值(大或小均可)，可以运行这个选项。

5. 参数索引

有洞察力且持有批判态度的读者可能在想，为什么要在每个格式说明符前面使用一个冒号？原因是，在冒号的左边，也可以添加一些内容，这就是参数索引。到现在为止，所有替代字段都与 std::format()

的参数按从左到右的顺序进行匹配。但是，通过为每个替代字段添加一个参数索引，可以覆盖这种行为。为进行演示，考虑 format()表达式的如下变体：

```
std::cout << std::format(
    "{1:.2f} feet is the diameter required for a pond with {0} fishes.\n",
    fish_count, pond_diameter
);
```

通过重新组织语句，我们调换了两个替代字段的顺序。但是，为了保持另外两个参数(fish_count 和 pond_diameter)的顺序，我们需要为两个替代字段添加一个参数索引。这个索引通过冒号与格式说明符隔开。如果不需要格式说明符，则索引后面不跟冒号。

参数索引的语句相当直观。唯一需要注意的地方是，索引从 0 开始：第一个参数 fish_count 的索引是 0，第二个参数的索引是 1，以此类推。这一开始看起来可能让人感觉奇怪，但索引在 C++中总是按照这种方式工作。第 5 章在介绍数组时，还会再次遇到这种行为。

■ 注意：当然，在这个简单示例中，并不真的需要参数索引。我们也可以简单地调换 fish_count 和 pond_diameter 参数的顺序。这么做甚至能够让代码更加清晰。但是，在真实场景中，会遇到需要乱序格式化的情况，此时开发人员不一定是提供(最终)格式字符串的那个人。相反，技术写作者可能会输入面向用户的文本(由于语法原因，顺序可能改变)，或者翻译人员可能提供翻译后的消息(不同语言间的顺序可能不同)。如果每次文本发生变化，都需要修改程序，那就太糟糕了。

除了重新排序字段，还可以使用参数索引来多次格式化相同的输入值。例如，可以像下面这样编写 Ex2_06 中的第二条输出语句(参见 Ex2_06B)：

```
std::cout << std::format("Default: {0}, binary: {0:b}, hex.: {0:x}\n", 314);
```

2.13　确定数值的上下限

前面的示例中列出了各种类型的上下限。<limits>标准库模块包含所有基本数据类型的上下限信息，所以可以访问编译器的这些信息。下面举一个例子。要显示可以存储在 double 类型的变量中的最大值，可以编写下面的语句：

```
std::cout << "Maximum value of type double is " << std::numeric_limits<double>::max();
```

表达式 std::numeric_limits<double>::max()输出了我们想要的值。把不同的类型名称放在尖括号中，就可以得到这种数据类型的最大值。还可以用 min()代替 max()来获得最小值，但整型和浮点数类型的最小值的含义是不同的。对于整型，min()会得到真正的最小值，即带符号的负整数。对于浮点数类型，min()会返回可以存储的最小正数。

■ 警告：std::numeric_limits<double>::min()通常等于 2.225e-308，这是一个极小的正数。因此，对于浮点数类型，min()并不能得到 max()对应的最小值。要得到一个类型能够表示的最小负数，应该改用 lowest()函数。例如，std::numeric_limits<double>::lowest()等于-1.798e+308，这是一个极小的负数。对于整型，min()和 lowest()总是得到相同的数字。

下面的程序显示了一些数值数据类型的最大值和最小值。

```
// Ex2_07.cpp
```

```
// Finding maximum and minimum values for data types
import <iostream>;
import <limits>;
import <format>;

int main()
{
  std::cout

    << std::format("The range for type short is from {} to {}\n",
                   std::numeric_limits<short>::min(), std::numeric_limits<short>::max())
    << std::format("The range for type unsigned int is from {} to {}\n",
                   std::numeric_limits<unsigned int>::min(),
                   std::numeric_limits<unsigned int>::max())
    << std::format("The range for type long is from {} to {}\n",
                   std::numeric_limits<long>::min(), std::numeric_limits<long>::max())
    << std::format("The positive range for type float is from {} to {}\n",
                   std::numeric_limits<float>::min(), std::numeric_limits<float>::max())
    << std::format("The full range for type float is from {} to {}\n",
                   std::numeric_limits<float>::lowest(), std::numeric_limits<float>::max())
    << std::format("The positive range for type double is from {} to {}\n",
                   std::numeric_limits<double>::min(),
                   std::numeric_limits<double>::max())
    << std::format("The positive range for type long double is from {} to {}\n",
                   std::numeric_limits<long double>::min(),
                   std::numeric_limits<long double>::max());
}
```

很容易扩展该程序，以包含其他数值类型。在我们的测试系统中，运行此程序得到的结果如下：

```
The range for type short is from -32768 to 32767
The range for type unsigned int is from 0 to 4294967295
The range for type long is from -9223372036854775808 to 9223372036854775807
The positive range for type float is from 1.17549e-38 to 3.40282e+38
The full range for type float is from -3.40282e+38 to 3.40282e+38
The positive range for type double is from 2.22507e-308 to 1.79769e+308
The positive range for type long double is from 3.3621e-4932 to 1.18973e+4932
```

▓ **注意：** 在 Ex2_07 中使用了 std::format()，尽管实际上，并不需要任何强大的文本格式化功能(例如，字段宽度、精度、对齐等)。这样做旨在演示在没有使用那些功能时，std::format()也能带来优势。可统计一下如果直接将同样的流数据输出到 std::cout:，必须输入"定界符和<<运算符的数量。

```
<< "The range for type short is from " << std::numeric_limits<short>::min()
<< " to " << std::numeric_limits<short>::max() << '\n';
```

更重要的是，像这样穿插文本和<<调用还会使代码更难以阅读。换言之：对输出文本进行重构会变得更困难，因为人眼必须浏览文本片段的整个句子。但使用 std::format()后，立即就可以明白数据的输出格式将是"The range for type short is from ... to ...\n"。

确定基本类型的其他属性

可以检索出各种类型的其他许多信息。例如，下面的表达式就返回二进制数字的位数：

```
std::numeric_limits<type_name>::digits
```

上面的 type_name 是我们感兴趣的类型。对于浮点数类型，就会获得尾数中二进制数字的位数。对于带符号的整型，就可以获得除符号位外的二进制值的位数。还可以确定浮点数的指数范围，无论这个浮点数带不带符号。都可以通过查阅标准库参考手册获得完整的列表。

在介绍后面的内容之前，还应该介绍两个 numeric_limits<> 函数。要获得 infinity 和 NaN(not-anumber)的浮点值，应该使用如下形式的表达式：

```
float positive_infinity = std::numeric_limits<float>::infinity();
double negative_infinity = -std::numeric_limits<double>::infinity();
long double not_a_number = std::numeric_limits<long double>::quiet_NaN();
```

使用整型时，上面的表达式不会编译。在另一种不太可能出现的情况中，编译器使用的浮点数类型不支持这些特殊的 infinity 和 NaN 值，此时这些表达式也不会编译。除了 quiet_NaN()，还有一个函数是 signaling_NaN()，但没有 loud_NaN()或 noisy_NaN()。这两个函数的区别不在本书讨论范围内。如果你感兴趣，可以查阅标准库参考手册。

2.14 使用字符变量

char 类型的变量主要用于存储单个字符的编码，占用 1 字节的内存。C++标准没有指定用于表示基本字符集的字符编码，所以原则上这由特定的编译器指定，但一般使用 ASCII 编码。

char 类型的变量声明与其他类型的变量声明相同，如下所示：

```
char letter;                // Uninitialized - so junk value
char yes {'Y'}, no {'N'};   // Initialized with character literals
char ch {33};               // Integer initializer equivalent to '!'
```

char 类型的变量可以用放在单引号中的字符字面量或整数进行初始化。整数初始化器必须位于 char 类型的值域内——这取决于在编译器上 char 是带符号还是不带符号的类型。当然，可以把字符指定为第 1 章介绍的某个转义序列。

还有一些转义序列可以用于指定用八进制值或十六进制值表示的字符编码。八进制字符编码的转义序列是一个反斜杠后跟 1 到 3 个八进制数。十六进制字符编码的转义序列是\x 后跟一个或多个十六进制数。在定义字符字面量时，这两种形式都放在单引号中。例如，在 ASCII 编码中，字母'A'可以写为十六进制的'\x41'。显然，可以编写不能放在一个字节中的编码，此时结果由实现方式定义。

char 类型的变量是数值。毕竟，它们存储了表示字符的整数代码，因此它们可以参与算术表达式，就像 int 或 long 类型的变量一样。例如：

```
char ch {'A'};
char letter {ch + 2};       // letter is 'C'
++ch;                       // ch is now 'B'
ch += 3;                    // ch is now 'E'
```

使用 cout 或 format()写入 char 变量时，默认会输出一个字符而不是整数。使用 cout 时，如果希望把它输出为一个数值，必须先把它强制转换为另一个整数类型；而使用 format()时，可以使用二进制(b)、十进制(d)或十六进制(x)格式来格式化该字符。例如：

```
std::cout << std::format("ch is '{0}' which is code {0:#x}\n", ch);
```

输出如下：

```
ch is 'E' which is code 0x45
```

我们使用参数索引(0)将同一个字符格式化了两次——一次是默认的格式化,另一次使用小写的十六进制格式(x)的替代形式(#)进行的格式化。

使用>>从流中把数据读入 char 类型的变量时,会存储第一个非空白字符。这意味着不能用这种方式读取空白字符,因为空白字符会被忽略。而且,不能把数值读入 char 类型的变量,如果这么做,只会存储第一个数字的字符代码。

使用 Unicode 字符

通常,ASCII 对使用拉丁字符的国家语言字符集来说足够了。但是,如果要同时使用多种语言的字符,或者要处理非英语语言的字符集,256 个字符编码就远远不够了,需要使用 Unicode 字符。第 1 章简单介绍过 Unicode 和字符编码。

类型 wchar_t 是一种基本类型,它可以存储实现方式支持的最大扩展字符集中的所有成员。这个类型名来自于宽字符(wide character),因为字符的范围比通常的单字节字符宽。而 char 类型则“比较窄”,因为可用的字符编码比较有限。

定义宽字符字面量的方式与定义 char 类型的字面量相同,但要在字面量的前面加上字母 L,例如:

```
wchar_t z {L'Z'};
```

此语句把变量 z 定义为 wchar_t 类型,并将其初始化为 Z 的宽字符表示。

键盘上可能没有表示其他国家语言字符的键,但仍可以使用十六进制表示法创建它们。例如:

```
wchar_t cc {L'\x00E7'}; // Initialized with the wide-character encoding of c-cedilla (?)
```

单引号中的值是一个转义序列,它指定了字符代码的十六进制表示。反斜杠表示转义序列的开始,反斜杠之后的 x 或 X 表示该代码是十六进制的(见第 1 章)。

wchar_t 类型存在的问题是,它的大小高度依赖于具体的实现,编译器针对宽字符字面量使用的编码方式也是如此。它们通常对应于目标平台首选的宽字符编码。因此,对于 Windows,wchar_t 类型通常是 16 位宽,使用 UTF-16 对宽字符字面量进行编码;对于其他大多数平台,wchar_t 类型通常是 32 位宽,使用 UTF-32 对宽字符字面量进行编码。虽然 wchar_t 类型非常适合与原生 Unicode API 进行交互,但使用它编写的代码不能实现跨平台移植。

除非是与基于 wchar_t 的 API 进行交互,否则则推荐使用 char8_t、char16_t 或 char32_t 类型。这些类型分别把编码的字符存储为 UTF-8、UTF-16 或 UTF-32,并且它们的大小在所有的通用平台上都相同(相信你知道它们的大小是多少)。下面的示例给出了这三种类型的一些变量:

```
char8_t yen {u8'\x00A5'}; // Initialized with UTF-8 code for the yen sign (¥)
char16_t delta {u'\x0394'}; // Initialized with UTF-16 code for Greek Delta (Δ)
char32_t ya {U'\x044f'}; // Initialized with UTF-32 code for cyrillic letter ya (я)
```

字面量的前缀 u8、u 和 U 分别表示 UTF-8、UTF-16 和 UTF-32。

如果编辑器和编译器可以处理 Unicode 字符,并且用户知道如何在键盘上输入这些字母,则不必使用转义序列(见第 1 章)就可以定义 Unicode 字符变量:

```
wchar_t cc {L'?'};
char8_t yen {u8'¥'};
char16_t delta {u16'Δ'};
char32_t ya {U'я'};
```

因为 UTF-8 和 UTF-16 是变长编码,所以并非所有字母都能用单个字符表示。例如,希腊字母 Δ 就需要两个字节的序列才能用 UTF-8 编码。

```
char8_t delta8 {u8'Δ'}; /* Error: Δ (code point U+0394) encoded as 2 UTF-8 code units */
```

■ **注意**：char8_t 类型是在 C++20 中引入的。因此，大多数老式的代码和库还是使用类型 char 表示 UTF-8 编码的字母。有时这容易导致混淆，因为为存储窄的(通常为 ASCII 编码的)字母使用的是同一个类型。所以在新代码中应该尽可能使用 char8_t。

标准库提供了标准输入流和输出流——wcin 和 wcout——来读写 wchar_t 类型的字符，但没有提供处理 char8_t、char16_t 和 char32_t 字符数据的方式。第 7 章在讨论字符串时将再次简要介绍对 Unicode 字符的处理。

2.15 auto 关键字

使用 auto 关键字可以告诉编译器应推断变量的类型。下面是一些示例：

```
auto m {10};                    // m has type int
auto n {200UL};                 // n has type unsigned long
auto p {std::numbers::pi};      // p has type double
```

编译器会根据所提供的初始值推断 m、n 和 pi 的类型。也可以使用 auto 关键字，用函数表示法或赋值表示法设置初始值：

```
auto m = 10;                    // m has type int
auto n = 200UL;                 // n has type unsigned long
auto p(std::numbers::pi);       // p has type double
```

但这不是真正为 auto 关键字设计的用法。定义基本类型的变量时，应显式指定类型，所以肯定知道变量的类型是什么。本书后面会指出 auto 关键字更适合、更有用的场合。

■ **警告**：给 auto 关键字使用初始化列表时需要非常谨慎。例如，假定编写如下代码(注意等号)：

```
auto m = {10};                  // m has type std::initializer_list<int>
```

那么为 m 推断的类型不会是 int，而是 std::initializer_list<int>。如果在花括号中使用了一个元素列表，得到的就会是这个类型：

```
auto list = {1, 2, 3};   // list has type std::initializer_list<int>
```

后面将看到，这种列表通常用于指定容器(如 std::vector<>)的初始值。更糟糕的是，在 C++17 中，类型推断的规则发生了变化。如果使用了老式编译器，在很多时候，为 auto 推断出来的类型完全不是期望的类型。下面给出了概述：

```
/* C++11 and C++14 */
auto i {10};                    // i has type std::initializer_list<int> !!!
auto pi = {3.14159};            // pi has type std::initializer_list<double>
auto list1{1, 2, 3};            // list1 has type std::initializer_list<int>
auto list2 = {4, 5, 6};         // list2 has type std::initializer_list<int>
/* C++17 and later */
auto i {10};                    // i has type int
auto pi = {3.14159};            // pi has type std::initializer_list<double>
auto list1{1, 2, 3};            // error: does not compile!
auto list2 = {4, 5, 6};         // list2 has type std::initializer_list<int>
```

总之，如果编译器正确支持 C++17，那么可以在花括号中使用单个值初始化任何变量，只要不把它与赋值语句合并起来就可以。本书就采用了这条原则。如果编译器不是最新的，就不应该对 auto 使用初始化列表，而是应该显式声明类型，或者使用赋值表示法或函数表示法。

2.16　本章小结

本章介绍了 C++ 中有关计算的基础知识，讲解了该语言提供的大多数基本数据类型，本章的要点如下：

- 任何类型的常量都称为字面量，字面量有自己的类型。
- 可以把整型字面量定义为十进制、十六进制、八进制或二进制值。
- 浮点字面量必须包含小数点或指数，或两者都包含。如果两者都不包含，它就是一个整数。
- 可以存储整数的基本类型有 short、int、long 和 long long。它们存储带符号的整数，也可以在这些类型名称的前面使用类型修饰符 unsigned，使该类型占用相同的字节数，但只存储不带符号的整数。
- 浮点数的数据类型有 float、double 和 long double。
- 未初始化的变量一般包含垃圾值。变量在声明时可以指定初始值，这是一种很好的编程习惯。初始化列表是指定初始值的首选方法。
- char 类型的变量可以存储单个字符，占用 1 字节。char 类型可以是带符号的，也可以是不带符号的，这取决于编译器。也可以使用 signed char 和 unsigned char 类型的变量存储整数。char、signed char 和 unsigned char 是不同的类型。
- 类型 wchar_t 可以存储宽字符，占用 2 字节或 4 字节，这取决于编译器。类型 char8_t、char16_t 和 char32_t 可能更适合以跨平台的方式处理 Unicode 字符。
- 可以用修饰符 const 固定变量的值。编译器会在程序源代码文件中检查是否试图修改声明为 const 的变量。
- 4 种主要的数学运算对应于二元运算符 +、-、* 和 /。对于整数，取模运算符会得到整数除法后的余数。
- ++ 和 -- 运算符是为数值变量执行加 1 或减 1 运算的特殊简写形式。两者都有前缀和后缀形式。
- 可以在一个表达式中混合不同类型的变量和常量。操作数的类型不同时，编译器会将二元操作中的一个操作数自动转换为另一个操作数的类型。
- 当等号右边的类型与等号左边的类型不同时，编译器会将表达式结果的类型自动转换为等号左边的类型。当左边的类型不能完全包含与右边的类型相同的信息时，就可能丢失信息，例如，把 double 转换为 int 或把 long 转换为 short 时。
- 使用 static_cast<>() 运算符，可以把一种类型的值显式转换为另一种类型。
- <format> 模块的 std::format() 函数为文本输出的格式化提供了大量选项。

2.17　练习

下面的练习用于巩固本章学习的知识点。如果有困难，可以回过头重新阅读本章的内容。如果仍然无法完成练习，可以从 Apress 网站(www.apress.com/book/download.html)下载答案，但只有别无他法时才应该查看答案。

1. 创建一个程序，把英寸统一转换为英尺和英寸。简单提示：1 英尺等于 12 英寸。例如，输入

77 英寸，程序就应生成 6 英尺 5 英寸的结果。提示用户输入一个单位是英寸的整数值，再进行转换，输出结果。

2. 编写一个程序，计算圆的面积。该程序应提示从键盘上输入圆的半径，使用公式 area=pi*radius*radius 计算面积，再显示结果。

3. 在生日那天，你得到一个长的卷尺和一台可以确定角度的仪器，例如，测量水平线和树高之间的夹角。如果知道自己与树之间的距离 d 以及眼睛平视量角器的高度 h，就可以用公式 h+d*tan(angle) 计算出树的高度。创建一个程序，从键盘上输入 h(单位是英寸)、d(单位是英尺和英寸)和 angle(单位是度)，输出树的高度(单位是英尺)。

提示：不必砍树就可以验证程序的准确性。在 Apress 网站上查看答案即可。

4. 身体质量指数(Body Mass Index，BMI)是体重 w(千克)除以身高 h(米)的平方(w/(h*h))。编写一个程序，输入体重(磅)和身高(英尺和英寸)来计算 BMI。1 千克=2.2 磅，1 英尺=0.3048 米。

5. BMI 的精度超过小数点后一位，并没有什么意义。对练习题 4 中的程序进行相应的调整。

6. 编写程序，重新生成表 2-6，当然，不必对数值进行硬编码或对空格进行填充。如果读者的命令行界面不支持 Unicode 字符(完全可能)，可以用 pi 替代 π，并且忽略 φ (希腊字母"phi")。

7. 在练习题 6 的表中为 sin(π/4)添加一行，结果显示为指数表示法且小数点后有 5 位小数。确保指数以大写字母 E 开头，而不是小写的 e 开头。

8. 这个练习针对喜欢疑难问题的读者。编写一个程序，提示用户输入两个不同的正整数，在输出中指出哪个较大，哪个较小。如果使用第 5 章的决策语句，解决这个问题非常简单。在此，不能使用决策语句，使得这个问题具有一定的挑战性。但是，使用本章学习的运算符，确实可以解决这个问题。

第 3 章

■ ■ ■

处理基本数据类型

本章将扩展第 2 章中讨论的类型，并解释基本类型的变量如何在复杂环境下交互。此外，还要论述 C++的一些新功能，并讨论使用这些功能的一些方式。

本章主要内容

- 如何确定表达式的执行顺序
- 位运算符的概念以及用法
- 变量作用域的概念及作用
- 变量的存储期限及其决定因素
- 如何定义新类型，并把其变量的值限定为一组固定数量的可能值
- 如何为已有的数据类型定义替代名称

3.1 运算符的优先级和相关性

如前所述，表达式中的算术运算符有特定的执行顺序。本书将介绍许多运算符，包括本章介绍的几个运算符。一般而言，表达式中运算符的执行顺序由运算符的优先级决定。赋予运算符的优先权称为其优先级。

运算符 "+" 和 "−" 等有相同的优先级，这就出现了一个问题：表达式 a+b−c+d 如何计算。表达式中包含优先级相同的几个运算符时，如果没有圆括号，执行顺序就由运算符组的相关性确定。运算符组可以具有左相关性，即运算符从左到右计算；运算符组也可以具有右相关性，即运算符从右到左计算。

几乎所有的运算符组都具有左相关性，所以大多数涉及优先级相同的运算符的表达式都从左到右计算。唯一右相关性的运算符是一元运算符、赋值运算符和条件运算符。C++中所有运算符的优先级和相关性列在表 3-1 中。本书还没有介绍其中的大多数运算符，但需要知道运算符的优先级和相关性时，应知道从哪里能找到它们。

表 3-1　C++运算符的优先级和相关性

优先级	运算符	相关性
1	::	左
2	() [] -> . 后缀++　后缀--	左

(续表)

优先级	运算符	相关性
3	! ~	右
	一元+ 一元-	
	前缀++ 前缀--	
	寻址& 间接*	
	C 风格的强制类型转换(类型)	
	sizeof	
	co_await(与协程相关,本书中不予讨论)	
	new new[] delete delete[]	
4	.* ->*(成员指针,本书中不予讨论)	左
5	* / %	左
6	二元+ 二元-	左
7	<< >>	左
8	< <= > >=	左
9	== !=	左
10	&	左
11	^	左
12	|	左
13	&&	左
14	||	左
15	?:(条件运算符)	右
	= *= /= %= += -= &= ^= |= <<= >>=	
	throw	
	co_yield(与协程相关,本书中不予讨论)	
16	,(逗号运算符)	左
17	<=>	左

表 3-1 中的每一行都是一个优先级相同的运算符组。运算符组的排列也是按从高到低的顺序。下面看一个简单的例子,说明这些运算符是如何起作用的。考虑如下表达式:

```
x*y/z - b + c - d
```

运算符 "*" 和 "/" 构成一个优先级组,其优先级要高于运算符 "+" 和 "-",所以先计算表达式 x*y/z,得到结果 r。包含运算符 "*" 和 "/" 的运算符组中的运算符是左相关的,所以表达式的计算顺序就是(x*y)/z。下一步是计算 r-b+c-d。包含运算符 "+" 和 "-" 的运算符组也是左相关的,所以计算顺序是((r-b)+c)-d。因此整个表达式的计算顺序是:

```
((((x*y)/z) - b) + c) - d
```

嵌套圆括号按从最内层到最外层的顺序执行。不可能记住每个运算符的优先级和相关性,除非花了大量时间编写 C++代码。只要不确定,总是可以添加圆括号,确保按希望的顺序计算表达式。即使确信自己知道运算符的运算顺序,添加一些额外的圆括号来让复杂的表达式更加清晰,总是没有坏处的。

3.2 位运算符

顾名思义,位运算符允许按照位来操作整型变量。可以把位运算符应用于任意带符号和不带符号的整型,包括 char 类型。但是,它们通常应用于不带符号的整型。这些运算符的一个常见应用是在整型变量中设置单个位。单个的位常常用作标记,用于描述二进制状态指示符。可以使用一个位来存储有两种状态的值:开或关、男或女、真或假。

也可以使用位运算符来处理存储在单个变量中的几个信息项。例如,颜色值常常记录为 3 个八位值,分别存储颜色中的红、绿和蓝成分。这些常常保存到四字节变量的 3 个字节中。第四个字节也不会浪费,包含表示颜色透明度的值。这个透明度的值称为颜色的 alpha 成分。这种颜色编码常用 4 个字母表示,称为 RGBA 或 ARGB。字母的顺序对应着红(R)、绿(G)、蓝(B)和 alpha(A)成分在 32 位整数中出现的顺序,每个成分存储为一个字节。显然,要处理各个颜色成分,需要从变量中分离出各个字节,通过位运算符就可以做到这一点。

再看一个例子,假定需要记录字体的信息,存储每种字体的样式和字号,以及字体是粗体还是斜体,就可以把这些信息都存储在一个两字节的整型变量中,如图 3-1 所示。

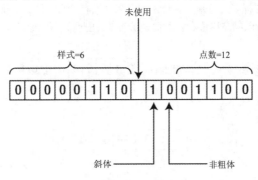

用位来存储字体数据

图 3-1 把字体数据存储在两个字节中

可以使用一位记录字体是否为斜体——1 表示斜体,0 表示正体。用另一位指定字体是否为粗体。使用一个字节可从多达 256 种不同的样式中选择一种,再用另外 5 位记录最多 31 磅的字号(如果不使用 0 磅字号,那么最多 32 磅)。因此,在一个 16 位的字中,可以记录 4 个不同的数据项。位运算符提供了访问和修改整数中单个位和一组位的便利方式,能方便地组合和分解一个 16 位的字。

3.2.1 移位运算符

移位运算符可以把整型变量中的内容向左或向右移动指定的位数。移位运算符和其他位运算符一起使用,可以获得前面描述的结果。>>运算符把位向右移动,<<运算符把位向左移动,移出变量两端的位被舍弃。

所有的按位运算都可以处理任何类型的整数,但本章的例子使用 short 类型(通常有两个字节),使例子较为简单。用下面的语句声明并初始化一个变量 number:

```
unsigned short number {16387};
```

使用下面的语句，可以对这个变量的内容进行移位：

```
auto result{ static_cast<unsigned short>(number << 2) }; // Shift left two bit positions
```

■ **警告**：如果想让 result 与 number 有相同的类型，即 unsigned short 类型，就必须使用 static_cast<>添加一个显式的类型转换，因为表达式 number << 2 的结果是一个 int 类型的值，尽管两个 number 都是 short 类型。原因在于，从技术角度看，没有数学运算符或位运算符可用于比 int 更小的整数类型。如果操作数的类型为 char 或 short，总是会首先被隐式转换为 int。转换过程中不会保留符号。

左移位运算符 << 的左操作数是要移位的值，右操作数指定要移动的位数。图 3-2 列出了该操作的过程。

从图 3-2 可以看出，把数值 16 387 向左移动两位，得到数值 12。数值的这种剧烈变化是舍弃高位数字的结果。下面的语句把数值向右移动两位：

```
result = static_cast<unsigned short>(number >> 2); // Shift right two bit positions
```

把数值 16 387 向右移动两位，得到数值 4 096。向右移动两位相当于使数值除以 4。只要没有舍弃位，向左移动 n 位就相当于把数值乘以 2 的 n 次方。换言之，就等于把数值乘以 2^n。同样，向右移动 n 位就相当于把数值除以 2 的 n 次方。但要注意，变量 number 向左移位时，如果舍弃了有效位，结果就不是我们希望的那样了。可是，这与乘法运算并没有什么不同。如果把 2 字节的数值乘以 4，就会得到相同的结果，所以向左移位和相乘仍是等价的。出现问题的原因在于相乘的结果超出了 2 字节整数的取值范围。

十进制数 16 387 的二进制表示：`0 1 0 0 0 0 0 0 0 0 0 0 0 0 1 1`

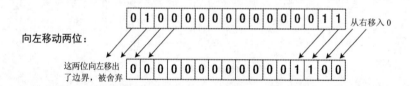

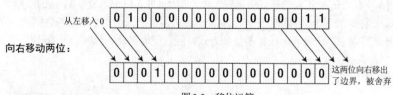

图 3-2　移位运算

使用移位运算修改变量原来的值时，可以使用 >>= 或 <<= 运算符。例如：

```
number >>= 2; // Shift right two bit positions
```

这等价于：

```
number = static_cast<unsigned short>(number >> 2); // Shift right two bit positions
```

这些移位运算符与前面用于输入和输出的插入和提取运算符不可能发生混淆。从编译器的角度看，其含义可以从上下文中判断出来。否则，编译器就会生成一条消息，但有时用户需要非常小心。例如，假定用户想要验证 number 等于 16 387 时，表达式 number << 2 的结果确实如图 3-2 所示为 12，就可能编写下面看似合理的语句：

```
std::cout << number<<2 << std::endl; // Prints 163872 ("16387" followed by "2")
```

遗憾的是，编译器会把这个移位运算符解释为流插入运算符，从而得不到想要的结果。为了解决这个问题，需要添加额外的圆括号：

```
std::cout << (number<<2) << std::endl; // Prints 65548
```

但上面的语句仍然不会输出 12，而是会输出 65 548，即 16 387 乘以 4 的结果。原因在于，在将 number 向左移动两位之前，它的类型为 unsigned short，把它隐式提升后值的类型成了(signed) int 类型。而与 unsigned short 类型不同，int 类型足够表示精确的结果 65 548。要得到 12，可以添加 static_cast<>，将 int 类型的结果显式强制转换为 unsigned short 类型：

```
std::cout << static_cast<unsigned short>(number<<2) << std::endl; // Prints 12
```

按位移动带符号的整数

可以把位移位运算符应用于带符号和不带符号的整数。从前面的章节可知，C++20 总是使用 2 的补码表示法对带符号的整数进行编码。本节将介绍位移位运算符如何使用这种编码形式处理数字。

对于负数，右移位运算符在左边空出来的位上填充 1；对于正数，则填充 0。这就是所说的符号扩充，这两种情况下，所添加的位等于符号位。扩充符号位的原因是为了保持向右移位和除法运算的一致性。可以用下面两个 signed char 类型的变量说明这一点：

```
signed char positive {+104}; // 01101000
signed char negative {-104}; // 10011000
```

记住，要得到 2 的补码二进制编码，必须先反转正数的二进制值的各个位，然后加上 1。
使用下面的操作把两个值向右移动两位：

```
positive >>= 2; // Result is 00011010, or +26, which is +104 / 4
negative >>= 2; // Result is 11100110, or -26, which is -104 / 4
```

注释中显示了结果。在这两个示例中，右边溢出了两个 0 且左边的符号位被插入了两次。结果的十进制值为±26，这正好是除以 4 的结果，与我们期望的相同。

当然，对不带符号的整数的操作，符号位不扩充，在左边空出来的位上总是填充 0。

▨ **提示**：如果我们的目标是处理二进制数据的位，就不要使用有符号的整数类型(或 char)。这可以避免扩充高阶位。另外，由于相同的原因，在处理二进制数据时，使用 std::byte 类型要胜过 unsigned char 类型(自 C++17 以来，std::byte 由<cstddef>模块定义)。

左移位操作更加简单：它们移动 2 的补码数字的方式，与移动使用相同位序列表示的、不带符号的整数时相同。不过，这会带来一点值得注意的影响。假设我们使用之前的两个变量，值也为±104，但这次是将它们的位向左(而不是向右)移动两位：

```
positive <<= 2; // Result is 10100000, or -96 (+104 * 4 = +416, or 01'10100000)
negative <<= 2; // Result is 01100000, or 96 (-104 * 4 = -416, or 10'01100000)
```

注释中显示了结果。与不带符号的整数一样，向左移位舍弃了左边的位，在右边用 0 填充。该示例说明舍弃左边的有效位后，左移位操作可能改变整数的符号。如果把数值乘以 2 的幂，得到一个不在有符号整数类型范围内的整数，就可能发生这种情况(如注释的圆括号所示)。

3.2.2 位模式下的逻辑运算

修改整数值中的位时，可以使用 4 个按位运算符，如表 3-2 所示。

表 3-2 按位运算符

运算符	说明
~	这是按位求反运算符。它是一元运算符，可以反转操作数中的位，即 1 变成 0，0 变成 1
&	这是按位与运算符，它对操作数中相应的位进行与运算。如果相应的位都是 1，结果位就是 1；否则就是 0
^	这是按位异或运算符，它对操作数中相应的位进行异或运算。如果相应的位不同，结果位就是 1；如果相应的位相同，结果位就是 0
|	这是按位或运算符，它对操作数中相应的位进行或运算。如果两个对应的位中有一个是 1，结果位就是 1；如果两个位都是 0，结果位就是 0

表 3-2 中的运算符按照其优先级排列，所以按位求反运算符的优先级最高，按位或运算符的优先级最低。移位运算符<<和>>具有相同的优先级，它们位于～运算符的下面、&运算符的上面。

1. 使用按位与运算符

按位与运算符一般用于选择整数值中特定的一个位或一组位。为说明这句话的含义，假定利用一个 16 位整数存储字体的字号、字形、是否粗体和/或斜体，如图 3-1 所示。再假定定义并初始化一个变量，指定一种 12 磅字号、斜体、样式为 6 的字体。实际上，就是图 3-1 中的字体。样式的二进制值是 0000 0110，斜体是 1，粗体位是 0，字号是 01100(二进制 12)。记住，还有一个没有使用的位，需要把 font 变量的值初始化为二进制数 0000 0110 0100 1100。由于 4 位二进制数对应一个十六进制数，因此最简洁的方法是以十六进制形式指定初始值：

```
unsigned short font {0x064C}; // Style 6, italic, 12 point
```

当然，从 C++14 开始，还可以直接使用一个二进制字面量：

```
unsigned short font {0b00000110'0'10'01100}; // Style 6, italic, 12 point
```

这里灵活使用了数字分组字符来指出字形、斜体/粗体和字号元素的边界。

要使用字号，需要从 font 变量中提取它，这可以使用按位与运算符来实现。只有当两个位都是 1 时，按位与运算符才会生成 1，所以可以定义一个值，在将定义字号的位和 font 执行按位与操作时选择该位。为此，只需要定义一个值，该值在我们感兴趣的位上包含 1，在其他位上包含 0。这种值称为掩码(mask)，可以用下面的语句定义它(这两条语句是等效的)：

```
unsigned short size_mask {0x1F}; // unsigned short size_mask {0b11111};
```

font 变量的 5 个低位表示字号，所以把这些位设置为 1，把剩余的位设置为 0，这样它们就会被舍弃(二进制数 0000 0000 0001 1111 可转换为十六进制数 1F)。

现在可以用下面的语句提取 font 中的字号了：

```
auto size {static_cast<unsigned short>( font & size_mask )};
```

在&操作中，当两个对应的位是 1 时，结果位就是 1。任何其他组合起来的位，结果位就是 0。因此组合起来的值如下：

```
font                0000 0110 0100 1100
size_mask           0000 0000 0001 1111
font & size_mask    0000 0000 0000 1100
```

把二进制值分解为 4 位一组的形式易于看出对应的十六进制数，也易于看出其中有多少位。掩码的作用是把最右边的 5 位分隔出来，这 5 位表示点数(即字号)。

可以使用同样的方法选择字形，只是还需要使用移位运算符把字形值向右移动。可以用下面的语句定义一个掩码，选择左边的 8 位，如下所示：

```
unsigned short style_mask {0xFF00}; // Mask for style is 1111 1111 0000 0000
```

可以用下面的语句获取字形值：

```
auto style {static_cast<unsigned short>( (font & style_mask) >> 8 )};
```

该语句的结果如下：

```
font                     0000 0110 0100 1100
style_mask               1111 1111 0000 0000
font & style_mask        0000 0110 0000 0000
(font & style_mask) >> 8 0000 0000 0000 0110
```

为表示斜体和粗体的位定义掩码，就很容易把它们分离出来。当然，还需要一种方式测试得到的位是 1 或 0，这部分内容详见第 4 章。

按位与运算符的另一个用途是关闭位。前面介绍的掩码中为 0 的位在结果中也将输出 0。例如，为关闭表示斜体的位，保持其他的位不变，只需要定义一个掩码，使该掩码中的斜体位为 0、其他位为 1，再对 font 变量和该掩码进行按位与操作即可。实现此操作的代码将在下面的"使用按位或运算符"小节中介绍。

2. 使用按位或运算符

可使用按位或运算符设置一个或多个位。继续操作前面的 font 变量，现在需要设置斜体和粗体位。用下面的语句可以定义掩码，选择这些位：

```
unsigned short italic {0x40};  // Seventh bit from the right
unsigned short bold {0x20};    // Sixth bit from the right
```

当然，同样可以使用二进制字面量指定这些掩码。但是，在本例中，使用左移位运算符可能最简单：

```
auto italic {static_cast<unsigned short>( 1u << 6 )}; // Seventh bit from the right
auto bold {static_cast<unsigned short>( 1u << 5 )};   // Sixth bit from the right
```

■ **警告**：一定要记住，要打开第 n 位，需要将值 1 向左移动 n-1 位！对一个较小的值进行移位，有助于理解发生的效果：移动 0 位得到第 1 个位，移动 1 位得到第 2 个位，以此类推。

这里用下面的语句设置粗体位为 1：

```
font |= bold; // Set bold
```

位的组合如下:

```
font        0000 0110 0100 1100
bold        0000 0000 0010 0000
font | bold 0000 0110 0110 1100
```

现在,font 变量指定它表示的字体是粗体和斜体。注意这个操作会设置位,而不考虑以前的状态。如果位以前的状态是开,则现在仍保持开的状态。

也可以对掩码执行按位或操作,设置多个位。下面的语句就同时设置了粗体和斜体位:

```
font |= bold | italic; // Set bold and italic
```

■ **警告**:语言很容易让人选择错误的运算符。"设置斜体和粗体"很容易让人觉得应使用&运算符,而这是错误的。对两个掩码执行按位与操作会得到一个所有位都是 0 的值,所以这不会改变字体的任何属性。

3. 使用按位求反运算符

如前所述,可以使用&运算符关闭位。也就是定义一个掩码,把其中要关闭的位设置为 0,把其他位设置为 1。但如何指定这样的掩码? 如果要显式指定它,就需要知道变量中有多少个字节要修改,如果希望程序可以用任何方式移植,这就不很方便。不过,在用于打开位的掩码上使用按位求反运算符,就可以得到这样的掩码。对打开粗体的 bold 掩码进行求反,就可以得到关闭粗体的掩码:

```
bold   0000 0000 0010 0000
~bold  1111 1111 1101 1111
```

按位求反运算符的作用是反转原有数值中的每一位,使 0 变成 1,使 1 变成 0。无论 bold 变量占用 2 字节、4 字节还是 8 字节,都会生成我们期望的结果。

■ **注意**:按位求反运算符有时称为按位 NOT 运算符,因为对于它操作的每个位,都会得到与开始时相反的值。

因此,在关闭粗体位时,只需要对掩码 bold 的反码和 font 变量执行按位与操作,可用的语句如下所示:

```
font &= ~bold; // Turn bold off
```

还可以使用&运算符把几个掩码组合起来,再对结果与要修改的变量执行按位与操作,将多个位设置为 0。例如:

```
font &= ~bold & ~italic; // Turn bold and italic off
```

这条语句把 font 变量中的斜体和粗体位设置为 0。这里不需要圆括号,因为~运算符的优先级高于&运算符。但是,如果不确定运算符的优先级,就应加上圆括号,表示希望执行的操作。这肯定是无害的,在需要圆括号时还可以正常发挥作用。注意,使用下面的语句可以得到相同的效果:

```
font &= ~(bold | italic); // Turn bold and italic off
```

这里必须使用圆括号。建议读者花一点时间,确信自己理解为什么这两条语句是等效的。如果不太理解,也不必担心。第 4 章学习布尔表达式时,有机会继续练习类似的逻辑。

4. 使用按位异或运算符

只有当对应的输入位只有一个位等于 1、另一个位等于 0 的时候，按位异或运算符(简写为 XOR 运算符)的结果才是 1。当两个输入位相等时，即使它们都是 1，结果位也会是 0。这是 XOR 运算符与 OR 运算符不同的地方。表 3-3 总结了三种按位操作的效果。

表 3-3　二进制按位运算符的真值表

x	y	x&y	x|y	x^y
0	0	0	0	0
1	0	0	1	1
0	1	0	1	1
1	1	1	1	0

XOR 运算符有一个有趣的属性：它可以用来切换或反转单个位的状态。仍然使用前面定义的 font 变量和 bold 掩码，下面的语句切换了粗体位的状态。即，如果该位原来是 0，现在将成为 1；如果原来是 1，现在将成为 0：

```
font ^= bold; // Toggles bold
```

这就实现了在典型的字处理程序中单击加粗按钮的效果。如果选定文本还不是粗体，就会变为粗体；如果选定文本已经是粗体，就会变为常规的未加粗状态。下面详细介绍其工作过程：

```
font           0000 0110 0100 1100
bold           0000 0000 0010 0000
font ^ bold    0000 0110 0010 1100
```

如果输入不加粗的字体，结果将包含 $0 \wedge 1$，即 1。反过来，如果输入的字体已经加粗，结果将包含 $1 \wedge 1$，即 0。

XOR 运算符的使用频率远低于&和|运算符，但它有一些重要的应用，例如加密、生成随机数以及计算机图形编程。某些 RAID 技术使用 XOR 运算符来备份硬盘数据。假设有三个相似的硬盘，两个包含数据，另一个用作备份。基本思想是，确保第三个硬盘在任何时候都包含对其他两个硬盘的所有内容应用 XOR 运算符后得到的位，例如：

```
Drive one          ... 1010 0111 0110 0011 ...
Drive two          ... 0110 1100 0010 1000 ...
XOR drive (backup) ... 1100 1011 0100 1011 ...
```

如果这三个硬盘中有一个硬盘损坏，则可通过对其余两个硬盘的内容应用 XOR 运算符，恢复已损坏硬盘的内容。例如，假设由于严重的硬盘故障，丢失了第二个硬盘的内容；那么通过如下运算，很容易恢复其内容：

```
硬盘 1            ... 1010 0111 0110 0011 ...
XOR 硬盘 (备份)   ... 1100 1011 0100 1011 ...
恢复的数据 (XOR)  ... 0110 1100 0010 1000 ...
```

注意，尽管这个技巧相对简单，但是能够只使用一个额外的硬盘来备份两个硬盘的内容。如果采用简单的方法，将每个硬盘的内容复制到另一个硬盘，就需要 4 个硬盘而不是 3 个。因此，XOR 方法大大节省了成本！

5. 使用按位运算符：一个示例

下面通过一个示例练习使用按位运算符。

```cpp
// Ex3_01.cpp
// Using the bitwise operators
import <iostream>;
import <format>;

int main()
{
  const unsigned int red{ 0xFF0000u };       // Color red
  const unsigned int white{ 0xFFFFFFu };     // Color white - RGB all maximum

  std::cout << "Try out bitwise complement, AND and OR operators:\n";
  std::cout << std::format("Initial value:     red = {:08X}\n", red);
  std::cout << std::format("Complement:       ~red = {:08X}\n", ~red);

  std::cout << std::format("Initial value:   white = {:08X}\n", white);
  std::cout << std::format("Complement:     ~white = {:08X}\n", ~white);

  std::cout << std::format("Bitwise          AND: red & white = {:08X}\n", red & white);
  std::cout << std::format("Bitwise          OR: red | white = {:08X}\n", red | white);
  std::cout << "\nNow try successive exclusive OR operations:\n";

  unsigned int mask{ red ^ white };
  std::cout << std::format(" mask = red ^ white = {:08X}\n", mask);
  std::cout << std::format("                    mask ^ red = {:08X}\n", mask ^ red);
  std::cout << std::format("        mask ^ white = {:08X}\n", mask ^ white);

  unsigned int flags{ 0xFF };               // Flags variable
  unsigned int bit1mask{ 0x1 };             // Selects bit 1
  unsigned int bit6mask{ 0b100000 };        // Selects bit 6
  unsigned int bit20mask{ 1u << 19 };       // Selects bit 20

  std::cout << "Use masks to select or set a particular flag bit:\n";
  std::cout << std::format("Select bit 1 from flags : {:08X}\n", flags & bit1mask);
  std::cout << std::format("Select bit 6 from flags : {:08X}\n", flags & bit6mask);
  std::cout << std::format("Switch off bit 6 in flags: {:08X}\n", flags &= ~bit6mask);
  std::cout << std::format("Switch on bit 20 in flags: {:08X}\n", flags |= bit20mask);
}
```

如果代码输入正确，则输出如下：

```
Try out bitwise complement, AND and OR operators:
Initial value:       red = 00FF0000
Complement:         ~red = FF00FFFF
Initial value:     white = 00FFFFFF
Complement:       ~white = FF000000
Bitwise AND:  red & white = 00FF0000
Bitwise OR:   red | white = 00FFFFFF

Now try successive exclusive OR operations:
mask = red ^ white = 0000FFFF
        mask ^  red = 00FFFFFF
     mask ^ white = 00FF0000
Use masks to select or set a particular flag bit:
```

```
Select bit 1 from flags   : 00000001
Select bit 6 from flags   : 00000020
Switch off bit 6 in flags: 000000DF
Switch on bit 20 in flags: 000800DF
```

本例添加了对<format>模块的 import 声明,因为代码使用 std::format()把所有值显示为十六进制。为便于比较输出值,整个程序中使用{:08X}替代字段让所有的输出值都有相同的位数和导入 0。输出值的前缀 0 将填充字符设置为'0';8 设置了字段宽度,X 后缀使用十六进制表示法格式化整数,并且使用了大写字母。如果使用 x 而不是 X,则将使用小写十六进制数字格式化整数。

要查看{:08X}替代字段中前缀 0 和后缀 X 的作用效果,可以在如下所示的"Initial value"输出语句中对{:08X}进行替换:

```
std::cout << std::format("Initial value: red = {:8x}\n", red); // {:08X} --> {:8x}
```

对于 red,格式化后的字符串将使用小写字母,且不再以前导 0 序列开头(默认的填充字符是空格字符)。

```
Initial value:  red = ff0000
Complement:     ~red = FF00FFFF
...
```

前面对字符串格式化的讲解已足够详细了,下面继续介绍按位运算符。在 Ex3_01 中,首先定义了不带符号的 red 和 white 常量,并将其初始化为十六进制格式的颜色值。接着是一些初始的输出语句。之后通过下面两个语句使用按位与和按位或运算符来合并 red 和 white:

```
std::cout << std::format("Bitwise AND: red & white = {:08X}\n", red & white);
std::cout << std::format("Bitwise OR: red | white = {:08X}\n", red | white);
```

如果查看一下输出,就会看出它和这里讨论的相同。若对两个值都为 1 的位执行按位与操作,就会得到 1,否则结果就是 0。在对两个位执行按位或操作时,除非两个位都是 0,否则结果就是 1。

然后,创建一个掩码,在通过按位异或运算符组合两个值时,该掩码用于反转 red 和 white 的值。mask 值的输出表明,在两个位的值不同时,对两个位执行异或操作的结果是 1;在两个位的值相同时,该操作的结果是 0。利用异或运算符把 mask 和两个颜色值中的一个组合起来,就会得到另一个颜色值。这意味着在选择一个合适的掩码后,重复应用异或运算符可在两种不同的颜色之间来回切换。应用掩码一次,得到一种颜色,再应用一次掩码,就恢复为原来的颜色。在使用所谓的 XOR 模式绘制或渲染计算机图形时,经常利用这种属性。

最后一组语句演示了如何使用掩码从一组标记位中选择一个位。用于选择某个位的掩码必须使该位的值为 1,使其他位的值为 0。要从 flags 中选择一个位,只需要对相应的掩码和 flags 变量执行按位与操作。要关闭一个位,需要对 flags 变量和一个掩码执行按位与操作。在该掩码中,要关闭的那个位是 0,其他位是 1。对掩码和对应的位执行按位求反操作,也可以关闭该位。bit6mask 就是这样的一个掩码。当然,如果要关闭的位已经是 0,该位就保持不变。

3.3 变量的生存期

所有变量都有有限的生存期。它们从被声明的那一刻起存在,并在某一刻消失,最迟也要在程序终止时消失。变量生存多长时间取决于其"存储持续时间"。变量拥有的存储持续时间有如下 4 种:

C++20 实践入门 (第 6 版)

在一个代码块中声明的非静态变量具有自动的存储持续时间。这种变量从声明它的那一刻起存在，到包含其声明的代码块的结尾处(即右花括号})消失。它们被称为自动变量或局部变量，具有局部作用域或块作用域。前面创建的所有变量都是自动变量。

使用 static 关键字定义的变量具有静态的存储持续时间。它们被称为静态变量。静态变量从定义的那一刻起存在，到程序结束时消失。第 8 章和第 12 章将讨论静态变量。

在运行期间分配内存的变量具有动态的存储持续时间，它们从创建的那一刻起存在，到释放内存、销毁它们时消失。第 5 章将学习如何动态地创建变量。

使用 thread_local 关键字声明的变量具有线程存储持续时间。不过，线程局部变量是一个高级主题，本书中不会进行讨论。

变量拥有的另一个属性是作用域。变量的作用域就是变量名有效的那部分程序。在变量的作用域中，可以合法地引用它，设置它的值，或在表达式中使用它。在变量的作用域之外，就不能引用它的名称，这么做会导致发出一条编译错误消息。注意，变量在其作用域之外仍可能存在，只是不能根据名称引用它。后面在学习具有静态和动态存储持续时间的变量时，将看到这种情况的例子。

注意：变量的生存期和作用域是两个不同的概念，生存期是变量存在的执行时间段，作用域是可以使用变量名的程序代码区域。不要把它们混淆。

3.4 全局变量

把变量的定义放在什么地方有非常大的灵活性。最重要的问题是要考虑变量需要什么样的作用域。一般应把定义放在靠近变量在程序中第一次使用的地方。这样，其他程序员就更容易理解该程序。本节将介绍第一个不符合这种做法的例子：所谓的全局变量。

可以在程序的所有函数外部定义变量。在所有代码块和类外部定义的变量称为全局变量，具有全局作用域(也称为全局名称空间作用域)。也就是说，在定义后，它们在源文件的所有函数中是可以访问的。如果在源文件一开始就定义变量，就可以在文件的任何位置访问它们。第 11 章将讨论如何声明在多个文件中使用的变量。

全局变量在默认情况下具有静态的存储持续时间，所以它们从程序开始执行起存在，直到程序结束时消失。全局变量的初始化在 main() 开始执行之前进行，所以它们总是可以在全局作用域内的任何代码中使用。如果没有初始化全局变量，默认情况下它就被初始化为 0。这与自动变量不同，因为自动变量在没有被初始化的时候包含的是垃圾值。

图 3-3 显示了源文件 Example.cpp 的内容，箭头表示文件中每个变量的作用域。

出现在文件开头的变量 value1 被定义为全局作用域，出现在 main()函数之后的 value4 也是这样，它们默认都被初始化为 0。记住，只有全局变量有默认的初始值，而自动变量不是这样。全局变量的生存期从程序开始执行到结束为止。全局变量的作用域是从定义它们的那一行代码到文件的结尾。即使 value4 在执行开始时就存在，也不能在 main()中引用它，因为 main()不在该变量的作用域中。为了在 main()中使用 value4，需要把它的定义移到文件的开头。

function()中的局部变量 value1 隐藏了同名的全局变量。如果在 function()函数中使用名称 value1，就会访问具有该名称的局部自动变量。要访问全局变量 value1，必须使用作用域解析运算符(::)限定它。下面输出了具有 value1 名称的局部变量和全局变量的值：

```
std::cout << "Global value1 = " << ::value1 << std::endl;
std::cout << "Local value1 = " << value1 << std::endl;
```

程序文件：Example.cpp

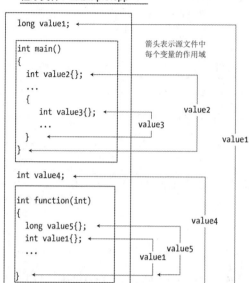

图 3-3 变量的作用域

　　只要程序在运行，全局变量就一直存在，那么为什么不把所有的变量都定义为全局变量，避免因局部变量消失而产生错误？这初听起来很吸引人，但实际上存在严重缺陷，完全抵消了使用全局变量的优势。实际应用的程序一般由大量的语句、函数和变量组成。把所有变量都声明为全局作用域，会大大增加修改变量时出错的可能性，并且很难跟踪哪部分代码修改了全局变量。也使命名变量的工作变得非常难处理。全局变量还会在程序的整个执行期间占用内存，所以程序需要的内存要多于使用局部变量以重用内存的情形。

　　把变量声明为函数或代码块的局部变量，就可以确保它们几乎不受外界的影响，得到完全的保护。局部变量只在定义它们的那一行代码到代码块结束的这一区域存在和占用内存，整个开发过程会更容易维护。

──

■ **提示**：常见的编码和设计指导原则要求避免使用全局变量，这有很好的理由。但是，全局常量，也就是使用 const 关键字声明的全局变量，是一个例外。建议所有的常量只定义一次，全局变量非常适合这种用途。

──

下面的示例说明了全局变量和自动变量的一些方面：

```cpp
// Ex3_02.cpp
// Demonstrating scope, lifetime, and global variables
import <iostream>;
long count1{999L};                     // Global count1
double count2{3.14};                   // Global count2
int count3;                            // Global count3 - default initialization

int main()
{ /* Function scope starts here */
  int count1{10};                      // Hides global count1
  int count3{50};                      // Hides global count3
  std::cout << "Value of outer count1 = " << count1 << std::endl;
```

```
    std::cout << "Value of global count1 = " << ::count1 << std::endl;
    std::cout << "Value of global count2 = " << count2 << std::endl;

    { /* New block scope starts here... */
      int count1{20};                       // This is a new variable that hides the outer count1
      int count2{30};                       // This hides global count2
      std::cout << "\nValue of inner count1 = "<< count1 << std::endl;
      std::cout << "Value of global count1 = " << ::count1 << std::endl;
      std::cout << "Value of inner count2 = " << count2 << std::endl;
      std::cout << "Value of global count2 = " << ::count2 << std::endl;

      count1 = ::count1 + 3;                // This sets inner count1 to global count1+3
      ++::count1;                           // This changes global count1
      std::cout << "\nValue of inner count1 = " << count1 << std::endl;
      std::cout << "Value of global count1 = " << ::count1 << std::endl;
      count3 += count2;                     // Increments outer count3 by inner count2;
      int count4 {};
    } /* ...and ends here. */

    // std::cout << count4 << std::endl; // count4 does not exist in this scope!

    std::cout << "\nValue of outer count1 = "<< count1 << std::endl
             << "Value of outer count3 = " << count3 << std::endl;
    std::cout << "Value of global count3 = " << ::count3 << std::endl;

    std::cout << "Value of global count2 = " << count2 << std::endl;
} /* Function scope ends here */
```

这个例子的输出如下:

```
Value of outer count1 = 10
Value of global count1 = 999
Value of global count2 = 3.14

Value of inner count1 = 20
Value of global count1 = 999
Value of inner count2 = 30
Value of global count2 = 3.14

Value of inner count1 = 1002
Value of global count1 = 1000

Value of outer count1 = 10
Value of outer count3 = 80
Value of global count3 = 0
Value of global count2 = 3.14
```

这个示例使用重复的名称演示执行过程,这不是一种良好的编程方法。在实际程序中这么做会引起混乱,也是不必要的,会使代码容易出错。

在全局作用域中定义了 3 个变量 count1、count2 和 count3,只要程序继续执行,它们就存在,但局部变量会掩盖同名的全局变量。main() 中的前两条语句定义了两个整型变量 count1 和 count3,其初始值分别是 10 和 50。这两个变量从此刻开始存在,直到 main() 末尾的右花括号。这些变量的作用域也扩展到 main() 末尾的右花括号。因为局部变量 count1 隐藏了全局变量 count1,所以必须在第一组输出语句中使用作用域解析运算符,来访问全局变量 count1。全局变量 count2 仅使用其名称即可访问。

第二个左花括号开始了一个新的代码块。在这个代码块中定义了 count1 和 count2，其初始值分别是 20 和 30。这里的 count1 不同于外部代码块中的 count1，外部代码块中的 count1 仍旧存在，但被第二个代码块中的 count1 掩盖了，不能在这里访问。全局 count1 也被掩盖了，但可以使用作用域解析运算符来访问。全局变量 count2 被局部变量 count2 掩盖了。在内部代码块中，定义 count1 后使用 count1，会引用在该代码块中定义的 count1。

第二个输出代码块中的第一行是内部作用域(即内部花括号)中定义的 count1 值。如果它是外部的 count1，其值应是 10。输出的下一行对应于全局变量 count1。下一行输出包含局部变量 count2 的值，因为仅使用了其名称。这个代码块中的最后一行使用::运算符输出了全局变量 count2。

将给 count1 赋予新值的语句应用于内部作用域中的变量，因为外部的 count1 被隐藏了。新值是全局变量 count1 的值加上 3。下一条语句递增全局变量 count1 的值，后面的两条输出语句确认了这一点。外部作用域中定义的 count3 在内部代码块中递增了，因为它没有被同名的局部变量隐藏。这说明在外部作用域中定义的变量仍可以在内部作用域中访问，只要内部作用域中没有定义同名的变量即可。

结束内部作用域的花括号后面，内部作用域中定义的 count1 和 count2 不再存在，它们的生存期结束了。局部变量 count1 和 count3 在外部作用域中仍旧存在，它们的值显示在最后一组输出的前两行中。这说明，count3 的确在内部作用域中递增了。输出的最后两行对应于全局变量 count3 和 count2 的值。

3.5 枚举数据类型

有时需要使变量具有限定的一组值，并可以通过名称来引用这些值。例如一星期的每一天或一年的各个月份。枚举就提供了这个功能。在定义枚举时，实际上是在创建一个新的类型，所以它也称为枚举数据类型。下面创建一个利用该理念的例子——该类型的变量可以假定某值对应于一星期的某一天。定义语句如下：

```
enum class Day {Monday, Tuesday, Wednesday, Thursday, Friday, Saturday, Sunday};
```

这条语句定义了枚举数据类型 Day，这个类型的变量值只能是花括号中的值。如果把 Day 类型的变量值设置为不在花括号中的值，代码就不编译。列在花括号中的符号名称称为枚举成员。

默认情况下，每个枚举成员都自动定义为一个 int 类型的固定整数值。列表中的第一个名称是 Monday，值为 0，Tuesday 的值为 1，以此类推，Sunday 的值为 6。可以用下面的语句把 today 定义为枚举类型 Day 的一个变量：

```
Day today {Day::Tuesday};
```

类型 Day 的用法和任何基本类型相似。today 的定义还把该变量的值初始化为 Day::Tuesday。引用枚举时，必须用类型名限定它。

如果输出 today 的值，就必须把它转换为数值类型，因为标准输出流不能识别 Day 类型：

```
std::cout << "Today is " << static_cast<int>(today) << std::endl;
```

这条语句会输出"Today is 1"。

默认情况下，每个枚举成员的值都比前面一个枚举成员的值大 1，第一个枚举成员的值默认是 0。赋予枚举成员的隐式值也可以从另一个整数值开始，下面的语句使 Day 枚举成员的值为 1~7：

```
enum class Day {Monday = 1, Tuesday, Wednesday, Thursday, Friday, Saturday, Sunday};
```

Monday 被显式指定为 1，后续枚举成员都比前一个枚举成员大 1。可以为枚举成员赋任何整数值，并且并不是只能对前几个枚举成员赋值。例如，下面的定义使工作日的数值为 3~7，Saturday 的值为 1，Sunday 的值为 2：

```
enum class Day {Monday = 3, Tuesday, Wednesday, Thursday, Friday, Saturday = 1, Sunday};
```

枚举成员不一定有唯一值。可以把 Monday 和 Mon 都定义为 1，例如下面的语句：

```
enum class Day {Monday = 1, Mon = 1, Tuesday, Wednesday, Thursday, Friday, Saturday, Sunday };
```

该语句允许用 Mon 或 Monday 作为一星期的第一天。然后，用下面的语句设置已声明为类型 Day 的变量 yesterday：

```
yesterday = Day::Mon;
```

还可以根据以前的枚举成员定义新的枚举成员值。把前面的所有代码都放在一个例子中，将类型 Day 声明为：

```
enum class Day { Monday,    Mon = Monday,
                 Tuesday = Monday + 2,      Tues = Tuesday,
                 Wednesday = Tuesday + 2,   Wed = Wednesday,
                 Thursday = Wednesday + 2,  Thurs = Thursday,
                 Friday = Thursday + 2,     Fri = Friday,
                 Saturday = Friday + 2,     Sat = Saturday,
                 Sunday = Saturday + 2,     Sun = Sunday
               };
```

现在，类型为 Day 的变量值可以从 Monday 到 Sunday，以及 Mon 到 Sun，它们对应于整数值 0、2、4、6、8、10 和 12。枚举成员的值必须是编译期间的常量，即编译器可以计算出来的常量表达式。这种表达式只包括字面量、以前定义的枚举成员和声明为 const 的变量。不能使用非 const 变量，即使已使用字面量进行了初始化，也不行。

枚举成员可以是包含默认类型 int 在内的任何整数类型。也可以给所有的枚举成员显式赋值。例如，可以定义下面的枚举：

```
enum class Punctuation : char {Comma = ',', Exclamation = '!', Question='?'};
```

枚举成员的类型规范放在枚举类型名的后面，用冒号隔开。可以给枚举成员指定任何整数类型。这里把 Punctuation 类型的变量的可能值定义为 char 字面量，对应于符号的码值，因此其枚举成员的值在十进制中分别是 44、33 和 63。这再次说明不一定必须以升序方式赋值。

下面的示例说明了枚举的用法：

```
// Ex3_03.cpp
// Operations with enumerations
import <iostream>;
import <format>;

int main()
{
  enum class Day { Monday, Tuesday, Wednesday, Thursday, Friday, Saturday, Sunday };
  Day yesterday{ Day::Monday }, today{ Day::Tuesday }, tomorrow{ Day::Wednesday };
  const Day poets_day{ Day::Friday };
  enum class Punctuation : char { Comma = ',', Exclamation = '!', Question = '?' };
  Punctuation ch{ Punctuation::Comma };
```

```
std::cout << std::format("yesterday's value is {}{} but poets_day's is {}{}\n",
  static_cast<int>(yesterday), static_cast<char>(ch),
  static_cast<int>(poets_day), static_cast<char>(Punctuation::Exclamation));

today = Day::Thursday;        // Assign new ...
ch = Punctuation::Question;   // ... enumerator values
tomorrow = poets_day;         // Copy enumerator value

std::cout << std::format("Is today's value({}) the same as poets_day({}){}\n",
    static_cast<int>(today), static_cast<int>(poets_day), static_cast<char>(ch));
// ch = tomorrow; /* Uncomment any of these for an error */
// tomorrow = Friday;
// today = 6;
}
```

输出如下：

```
yesterday's value is 0, but poets_day's is 4!
Is today's value(3) the same as poets_day(4)?
```

请读者自己思考输出这些内容的原因。注意 main()结尾带注释的语句，它们都是不合法的操作。应试着使用它们，看看编译器会输出什么消息。

使用 enum class 定义的枚举类型称为限定作用域的枚举(scoped enumeration)。默认情况下，如果不将类型的名称指定为作用域，就不能使用它们的枚举成员。例如，在 Ex3_03 中，不能简单地使用 Friday(注释中演示了这种用法)，而是必须添加 Day::作为其作用域。在 C++20 中，有时可以通过 using enum 或 using 声明绕过这个烦人的要求。下面的代码片段解释了这些声明的工作方式。可以将这段代码添加到 Ex3_03 的结尾部分。

```
using enum Day;        // All Day enumerators can be used without specifying 'Day::'
today = Friday;        // Compiles now (of course, Day::Friday would still work as well)

using Punctuation::Comma; // Only Comma can be used without 'Punctuation::'
ch = Comma;            // 'ch = Question;' would still result in a compile error
```

■ **注意**：作用域的枚举废弃了枚举的旧语法，旧式枚举现在被称为无作用域的枚举，因为在定义时仅使用了 enum 关键字，而没有使用额外的 class 关键字。例如，无作用域的 Day 枚举可以定义为：

```
enum Day {Monday, Tuesday, Wednesday, Thursday, Friday, Saturday, Sunday};
```

如果坚持使用作用域的枚举，代码就不容易出错。例如，旧式枚举成员在转换为整型甚至浮点类型时，不进行显式的强制转换，这很容易导致出错。

■ **提示**：现在能够使用不加限定的枚举成员，并不意味着应该在所有地方使用它们。与名称空间(接下来将介绍)一样，建议只是偶然使用它们，尽可能在局部作用域内使用它们，并且最好在作用域内重复使用类型名称会降低代码可读性的时候再使用它们。

为名称空间使用 using 指令

与限定作用域的枚举一样，有些时候，重复指定(嵌套)名称空间的名称会变得麻烦，甚至损害代码的可读性。在源文件中，通过使用 using 声明，可以避免使用名称空间限定特定名称，下面给出了一个示例：

```
using std::cout; // Make cout available without qualification
```

这告诉编译器，当遇到 cout 时，应该将其解释为 std::cout。通过在 main()函数定义的前面添加此声明，可以编写 cout 来代替 std::cout，这能够减少键入的字符数，并让代码看起来更加整洁一些。在我们到目前为止介绍的大部分示例中，都可以把下面的 3 个 using 声明放到文件开始位置，从而避免使用名称空间限定 cin、cout 和 format()：

```
using std::cin;
using std::cout;
using std::format; // No parentheses or parameters for a function
```

当然，我们仍然需要使用 std 限定 endl，不过也可以为 endl 添加一个 using 声明。可以为任何名称空间(不只是 std)的名称使用 using 声明。using 指令导入指定名称空间中的全部名称。下面的示例演示了如何在使用 std 名称空间中的任何名称时，不必使用 std 进行限定：

```
using namespace std; // Make all names in std available without qualification
```

在源文件开始位置添加此语句后，就不需要限定 std 名称空间中的任何名称。一开始看起来，这是很有吸引力的选项，但问题是，这与引入名称空间的主要原因发生了冲突。读者不大可能知道 std 中定义的全部名称，所以使用这个 using 指令时，就增加了不小心使用 std 中的名称的概率。在本书的示例中，只有当需要使用的 using 指令太多时，我们才会偶尔为 std 名称空间使用 using 指令。建议只有当有很好的理由时，才使用 using 指令。

3.6 数据类型的别名

枚举提供了定义自己的数据类型的一种方式。using 关键字允许指定类型别名，即把自己的数据类型名称指定为另一个类型的替代名称。在声明语句中使用 using 关键字，可以把类型别名 BigOnes 定义为标准类型 unsigned long long 的等价名称，如下面的语句所示：

```
using BigOnes = unsigned long long; // Defines BigOnes as a type alias
```

当然，这并没有定义新类型，只是把 BigOnes 定义为类型 unsigned long long 的替代名称。因此，下面的语句可将 mynum 变量定义为 unsigned long long 类型：

```
BigOnes mynum {}; // Define & initialize as type unsigned long long
```

这个定义和使用标准的类型名称进行的定义没有区别，仍可以使用标准类型名和别名。但是，很难给出一个需要同时使用这两种方法的原因。

给类型名定义别名有一种旧式语法：使用 typedef 关键字。例如，可采用如下方式定义类型别名 BigOnes：

```
typedef unsigned long long BigOnes; // Defines BigOnes as an alias for long long
```

新语法有许多优点[1]，其中之一是更加直观，看起来就像普通的赋值语句。使用原来的 typedef 语法时，总是要记住颠倒现有类型 unsigned long long 和新名称 BigOnes 的顺序。请相信，每次需要一个类型别名时，这个顺序会让你头疼。对我们来说就是这样的。好在，只要遵守下面这条简单的指导原

---

[1] 仅当为更高级的类型指定别名时，使用 using 语法相比使用 typedef 语法的其他优势才会展现出来。例如，使用 using 时，更容易为函数类型指定别名。第 19 章将介绍相关内容。另外，using 关键字允许指定所谓的类型别名模板或参数化类型别名，这是使用原来的 typedef 语法所不能实现的。第 19 章也将列举一个使用类型别名模板的例子。

则，就不需要承受这种苦恼。

■ **提示**：总是使用 using 关键字定义类型别名。事实上，如果不是还存在遗留代码，我们建议读者完全忘记 typedef 关键字的存在。

因为只是创建了已有类型的别名，所以它显得有点多余。实际上并不完全如此。别名的一个重要用途是简化涉及复杂类型名的代码。例如，程序可能使用了类型名 std::map<std::shared_ptr<Contact>, std::string>。本书后面将解释这个复杂类型的各个部分的含义，但现在应该可以看出，如果这么长的类型名常常重复，会使代码冗长而晦涩。定义一个类型别名可以避免代码混乱。

```
using PhoneBook = std::map<std::shared_ptr<Contact>, std::string>;
```

在代码中使用 **PhoneBook** 替代完整的类型规范，会使代码的可读性更高。类型别名的另一个用途是为可能需要在多台计算机上运行的程序所使用的数据类型提供灵活性。在代码中定义并使用类型别名时，只要修改类型别名的定义，就可以改变实际类型。

虽然如此，仍然应该有节制地使用类型别名。类型别名确实可以使代码更加简洁，但是简洁的代码并不是编程的目标。很多时候，拼写出具体的类型能够让代码更容易理解。例如：

```
using StrPtr = std::shared_ptr<std::string>;
```

虽然 **StrPtr** 很简洁，但是对阐明代码的含义没有帮助。相反，这个晦涩的、不必要的类型别名只会让代码变得更难懂。因此，一些指导原则甚至完全禁止使用类型别名。我们不会走向这种极端；在判断类型别名是有助于还是有害于代码的可读性时，运用常识就不会有问题。

3.7　本章小结

本章的要点如下：

- 不需要记住所有运算符的优先级和相关性，但在编写代码时需要考虑它们。如果不确定优先级，就总是使用圆括号。
- 使用标记——表示状态的单个位时，按位运算符是必不可少的。在处理文件输入和输出时，它们非常常见。在处理压缩到单个变量中的值时，按位运算符也很常见。类似 RGB 的编码是一个极常见的例子，在这种编码中，指定颜色的 3 或 4 个成分被打包到一个 32 位的整数值中。
- 默认情况下，在代码块中定义的变量是自动变量，也就是说，变量在定义它的那行代码处开始存在，到包含其定义的代码块的结尾处消失。块尾用右花括号表示。
- 在程序中，变量可以在所有代码块的外部定义，此时变量具有全局名称空间作用域，默认情况下具有静态的存储持续时间。在包含它们的程序文件中，具有全局作用域的变量可以在定义它之后的任何位置访问，除非存在一个与该全局变量同名的局部变量。即使如此，也仍可以使用作用域解析运算符(::)访问全局变量。
- 类型安全的枚举非常适合于表示固定的值集，尤其是有名称的值集，例如，一星期的天数或扑克牌的花色。
- using 关键字具有以下一些用途。
  - 允许引用限定作用域枚举的(特定或所有)枚举成员，而不必指定枚举的名称作为作用域。
  - 允许引用名称空间的(特定或所有)类型和函数，而不必指定名称空间的名称作为作用域。
  - 允许定义其他类型的别名。在遗留代码中，可能仍会遇到使用 typedef 定义别名的情况。

3.8 练习

下面的练习用于巩固本章学习的知识点。如果有困难，可以回过头重新阅读本章的内容。如果仍然无法完成练习，可以从 Apress 网站(www.apress.com/source-code/)下载答案，但只有别无他法时才应该查看答案。

1. 创建一个程序，提示用户输入一个整数，将整数存储为 int 类型。再对其二进制表示的所有位求反，并存储结果为 int 类型。接着，将这个取反后的值转换为 unsigned int 类型并存储结果。以二进制形式输出最初的值、取反后的 unsigned 值、取反后的 unsigned 值加 1 的结果，且放在一行上。然后，以十进制形式输出最初的值、取反后的 signed 值、取反后的 signed 值加 1 的结果，放在另一行上。对这两行的输出值进行格式化，使它们看起来像一个表格，其中同一列的值居中显示。如果愿意，也可以添加列头。所有的二进制值都应有前导 0，都显示为 32 位长(这里假定 int 类型的值是 32 位，通常也是 32 位)。

■ **注意：** 反转所有位后加 1，这让读者想起什么了吗？读者是否能够在运行该程序之前，推断出输出是什么？

2. 编写一个程序，计算矩形搁板的一层可以容纳多少个正方形盒子，且不会出现盒子悬垂的情况。从键盘上读取搁板的尺寸(单位是英尺)和表示盒子的边长(单位是英寸)，搁板的长度和深度使用 double 类型的变量，盒子的边长使用 int 类型的变量。需要定义并初始化一个整型常量，用于把英尺转换为英寸(1 英尺=12 英寸)。计算搁板的一层可以容纳多少个盒子，并输出 long 类型的结果。

3. 如果不运行下面的代码，能不能看出这些代码的输出结果？

```
auto k {430u};
auto j {(k >> 4) & ~(~0u << 3)};
std::cout << j << std::endl;
```

4. 编写一个程序，从键盘上读取 4 个字符，把它们放在一个整型变量中，把这个整型变量的值显示为十六进制。分解变量的 4 个字节，以相反的顺序输出它们，先输出低位字节。

5. 编写一个程序，定义 Color 类型的枚举，其枚举成员是 red、green、yellow、purple、blue、black 和 white。把枚举成员的类型定义为不带符号的整数，将每个枚举成员的整数值指定为所表示颜色的 RGB 值(在网上可以轻松找到任何颜色的十六进制 RGB 编码)。创建 Color 类型的变量，用枚举成员 yellow、purple 和 green 来初始化。访问枚举成员的值，提取 RGB 成分，并输出为单独的值。

6. 最后这个练习针对喜欢疑难问题的读者。编写一个程序，提示输入两个整数值，并将其存储在整型变量 a 和 b 中。交换 a 和 b 的值，但不使用第三个变量。输出 a 和 b 的值。

提示：这是一个很难解决的问题。要解决这个问题，需要使用复合赋值运算符。

第4章

■ ■ ■

决　策

做决策是任何计算机编程的基础。这是把计算机与计算器区分开的因素之一。这表示根据数据值的比较结果来改变程序中指令的执行顺序。本章将探讨如何做出选择和决策。这将允许检查程序输入的有效性，编写出根据输入数据执行相应动作的程序。程序应可以解决基于逻辑的问题。

本章主要内容
- 如何比较数据值
- 如何根据比较结果修改程序的执行顺序
- 逻辑运算符和逻辑表达式的概念以及用法
- 如何处理多个选择

4.1　比较数据值

要做出决策，需要一种比较机制，而比较有几种类型。像"如果交通信号灯是红色，就停车"这样的决策就涉及相等比较。这种情况下，需要比较信号灯的颜色和参考颜色(即红色)，如果它们相同，就停车。另一方面，像"如果车速超过限速值，就减速"这样的决策涉及另一种关系：检查车速是否大于当前的限速值。这两种类型的比较是类似的，因为它们都会得到两个值中的一个：真或假。这就是 C++中的比较过程。

使用两个新的运算符集就可以比较数据值，即关系运算符(relational operator)和相等运算符(equality operator)。表 4-1 列出了用于比较两个值的 6 个运算符。

表 4-1　关系运算符和相等运算符

运算符	说明	运算符	说明
<	小于	<=	小于或等于
>	大于	>=	大于或等于
==	等于	!=	不等于

■ **注意**：其中的"等于"运算符(==)是两个连续的等号。该运算符不同于赋值运算符(=)，赋值运算符仅由一个等号组成。初学者最容易犯的错误是进行相等比较时，只使用一个等号。对此，编译器不一定发出警告消息，因为表达式可能是有效的，只是不能得出我们希望的结果，所以需要非常小心，应避免出现这种错误。

这些运算符都是比较两个值，得到 bool(布尔)类型的值。bool 类型的值只有两个：true 和 false。true 和 false 是关键字，也是 bool 类型的字面量，有时称为布尔字面量(以布尔代数之父 George Boole 的名字命名)。

创建 bool 类型的变量的方法与其他基本类型一样，例如：

```
bool isValid {true}; // Define and initialize a logical variable to true
```

这条语句把变量 isValid 定义为布尔类型，还给它赋予初始值 true。如果使用空花括号{}实例化布尔变量，其初始值为 false：

```
bool correct {}; // Define and initialize a logical variable to false
```

虽然在这里显式使用{false}有助于提高代码的可读性，但是记住这里的要点是很有用的：使用{}时，数值变量会初始化为 0，而布尔变量会初始化为 false。

4.1.1 应用比较运算符

下面介绍几个例子，说明比较的工作原理。假定有两个整型变量 i 和 j，值分别是 10 和-5。在下面的表达式中使用它们：

```
i > j    i != j    j > -8    i <= j + 15
```

这些表达式的计算结果都是 true。注意在最后一个表达式中，相加运算 j + 15 要先执行，因为+的优先级高于<=。

可以在 bool 类型的变量中存储这些表达式的结果。例如：

```
isValid = i > j;
```

如果 i 大于 j，就在 isValid 中存储 true，否则就存储 false。也可以比较 char 类型的变量中存储的值。假定定义了下面的变量：

```
char first {'A'};
char last {'Z'};
```

现在编写使用这些变量的比较示例，如下所示：

```
first < last    'E' <= first    first != last
```

这里比较的是代码值[第 1 章介绍过，字符使用标准编码方案(如 ASCII 和 Unicode)映射到整数代码]。第一个表达式检查 first 的值'A'是否小于 last 的值'Z'。结果总是 true。第二个表达式的结果为 false，因为'E'的代码值大于 first 的代码值。最后一个表达式是 true，因为'A'肯定不等于'Z'。

输出布尔值与输出其他类型的值一样简单，下面的例子说明了它们的默认工作方式。

```
// Ex4_01.cpp
// Comparing data values
import <iostream>;

int main()
{
  char first {};   // Stores the first character
  char second {};  // Stores the second character

  std::cout << "Enter a character: ";
  std::cin >> first;
```

```
    std::cout << "Enter a second character: ";
    std::cin >> second;

    std::cout << "The value of the expression " << first << '<' << second
              << " is " << (first < second) << std::endl;
    std::cout << "The value of the expression " << first << "==" << second
              << " is " << (first == second) << std::endl;
}
```

这个程序的输出结果如下所示：

```
Enter a character: ?
Enter a second character: H
The value of the expression ?<H is 1
The value of the expression ?==H is 0
```

提示用户输入，并从键盘上读取字符的过程是前面介绍过的标准过程。注意在输出语句中，把比较表达式括起来的圆括号是必不可少的，否则编译器就不能正确解释该语句，而输出错误消息(要理解原因，需要复习第 3 章开头部分介绍的运算符优先级规则)。该表达式比较用户输入的第一个和第二个字符。从上面的输出结果可以看出，值 true 显示为 1，值 false 显示为 0。这是 true 和 false 的默认表示。使用操作程序 std::boolalpha 可以把布尔值显示为 true 和 false。只需要在 main()函数的最后四行代码的前面添加下面的语句：

```
std::cout << std::boolalpha;
```

如果再次编译并运行这个例子，布尔值就会显示为 true 或 false。要把布尔值的结果返回为默认设置，可以在流中插入操作程序 std::noboolalpha。

另外，可以使用<format>模块的功能编写输出字符串。默认情况下，对于 bool 类型，std::format()会输出 true 和 false，这摆脱了运算符优先级问题，使代码更具可读性，因为文本本身不再与流运算符混合在一起。有关使用 std::format()的示例见 Ex4_01A。

```
std::cout << std::format("The value of the expression {} < {} is {}\n",
                         first, second, first < second);
std::cout << std::format("The value of the expression {} == {} is {}\n",
                         first, second, first < second);
```

4.1.2　比较浮点数值

当然，也可以比较浮点数值。下面考虑略复杂的数值比较。首先，用下面的语句定义一些变量：

```
int i {-10};
int j {20};
double x {1.5};
double y {-0.25e-10};
```

现在看看下面的逻辑表达式：

```
-1 < y    j < (10 - i)    2.0*x >= (3 + y)
```

比较运算符的优先级总是低于算术运算符，所以严格来说不需要使用圆括号，但使用圆括号有助于使表达式更容易理解。第一个比较的结果是 true，因为 y 是一个非常小的负值(-0.000000000025)，它大于-1。第二个比较的结果是 false，因为表达式 10-i 的值是 20，与 j 相同。第三个表达式为 true，因为 3+y 略小于 3。

　　浮点数比较的一个奇特之处在于，NaN 值既不小于、大于也不等于任何其他数字，甚至也不等于另一个 NaN 值。如下定义一个 NaN 变量(有关 numeric_limits 模板的介绍见第 2 章)：

```
const double nan{ std::numeric_limits<double>::quiet_NaN() };
```

　　下面所有表达式的结果都为 false：

```
i < nan    nan > j    nan == nan
```

　　可以使用关系运算符比较任何基本类型的值。在学习类时，会看到如何将比较运算符用于自己定义的类型。现在需要一种方式来使用比较的结果，以改变程序的行为。稍后就会介绍这些内容，但在此之前要先介绍太空飞船运算符(spaceship operator)。

4.1.3　太空飞船运算符

　　C++20 新增了一种用来比较值的运算符：三向比较运算符，用<=>表示。它的非正式名称更加为人熟知：太空飞船运算符。之所以起这个名称，是因为字符序列<=>看起来有点像飞碟[1]。

　　在某种意义上，<=>的行为就像把<、==和>组合到一起。简单来说，a<=>b 用一个表达式来判断 a 是否小于、等于或大于 b。不过，通过代码更加容易解释<=>的基本工作方式。下面的示例读取一个整数，然后使用<=>把该数值与 0 进行比较：

```
// Ex4_02.cpp
// Three-way comparison of integers
import <compare>; // Required when using operator <=> (even for fundamental types)
import <format>;
import <iostream>;

int main()
{
  std::cout << "Please enter a number: ";

  int value;
  std::cin >> value;

  std::strong_ordering ordering{ value <=> 0 };

  std::cout << std::format("value < 0: {}\n", ordering == std::strong_ordering::less);
  std::cout << std::format("value > 0: {}\n", ordering == std::strong_ordering::greater);
  std::cout << std::format("value == 0: {}\n", ordering == std::strong_ordering::equal);
}
```

　　对于整数操作数，运算符<=>计算为 std::strong_ordering 类型的一个值，这个类型大部分情况下用作枚举类型(见第 3 章)，其可能取值为 less、greater 和 equal(从技术角度看，还有第四个值，不过我们稍后再进行介绍)。根据 ordering 的值，可以判断 value 相对于数字 0 的顺序。

　　现在，读者可能在想：这个运算符有什么意义呢？提出这个问题很合理。与遭遇外星人的所有情况一样，一开始遇到太空飞船运算符时，会感觉有点奇怪和困惑。毕竟，可以像下面这样以更加简洁的方式编写 Ex4_02 的最后 4 行代码(类似于 Ex4_01A)：

1　"太空飞船运算符"这个术语是 Perl 专家 Randal L. Schwartz 发明的，因为这个字符序列让他想起了 20 世纪 70 年代基于文本的策略视频游戏 Star Trek 中的太空飞船。

```
std::cout << std::format("value < 0: {}\n", value < 0);
std::cout << std::format("value > 0: {}\n", value > 0);
std::cout << std::format("value == 0: {}\n", value == 0);
```

需要键入的字符更少，但代码同样高效(其实对于整数比较，性能不是关键考虑因素)。事实上，当单独比较基本类型的变量时，使用<=>运算符并不合理。但是，比较更加复杂的类型的变量时，开销会更高。此时，只比较它们一次(如 Ex4_02)而不是两三次(如 Ex4_01)就有优势了。第 7 章在处理字符串对象时将看到其应用。而且在第 13 章中将看到，通过使用<=>运算符，为自己的对象类型添加比较功能变得简单多了。所有这些功能最终依赖于对基本类型进行<=>比较。在介绍相关内容之前，接下来还需要介绍更多基础内容。

1．比较类型

<=>并不是总会计算为 std::strong_ordering 类型的值。计算为什么类型，取决于它的操作数的类型。例如，对于浮点数 f1 和 f2，f1<=>f2 的类型是 std::partial_ordering。原因在于，从数学的角度看，浮点数不是强序(或全序，数学中更常用这种说法)；它们是偏序的。即，并非所有浮点数对都可以比较。具体来说，如前一节所示，NaN 值相对于其他数字来说是无序的。因此，如果 f1 和/或 f2 是 NaN，则 f1<=>f2 计算为 std::partial_ordering::unordered。

表 4-2 显示了三向比较中可以使用的 3 种类型。对大部分基本类型或标准库类型的两个值进行比较，会得到 strong_ordering。当值是浮点值或者包含浮点值时，结果变成了 partial_ordering。比较标准类型从不会得到 weak_ordering，但与所有比较类型一样，可以将其用于自定义的<=>运算符(参见第 13 章)。弱序的一个例子是在欧氏空间中基于点到原点的距离对点进行排序。

表 4-2　<compare>定义的比较类型

	less	greater	equal	equivalent	unordered	用于
strong_ordering	✓	✓	✓	✓		整数和指针
partial_ordering	✓	✓		✓	✓	浮点数
weak_ordering	✓	✓		✓		仅用于用户定义的运算符

<compare>模块定义了这 3 种比较类型。每当使用<=>运算符时，即使是对基本类型使用该运算符，也必须导入<compare>模块，否则将发生编译错误(可以使用 Ex4_02 进行尝试)。

注意，只有 strong_ordering 使用了 equal，而 partial_ordering 和 weak_ordering 使用了 equivalent。正式来讲，相等性(equality)意味着可替换性，而等效(equivalence)则没有这种含义。相应地，可替换性的意思大致是，如果 a == b 为 true，那么对于任何函数 f，f(a) == f(b)也必须为 true。例如，对于浮点值，尽管-0.0 == +0.0，但 signbit(-0.0) != signbit(+0.0) (signbit()是一个<cmath>函数，返回浮点数的符号位)。换句话说，-0.0 和+0.0 几乎相等，但是并不完全相等；不过，对于实际使用来说，它们是完全等效的。

▊ 注意：std::strong_ordering::equivalent 与 std::strong_ordering::equal 等效。建议在大部分情况下使用后者，因为它更好地表达了强序的语义。

strong_ordering 值可以隐式转换为 weak_ordering 或 partial_ordering 值，而 weak_ordering 值可隐式转换为 partial_ordering 值。这些转换的结果很明显。但是，partial_ordering 值不能被转换为其他两种类型。这也很合理，不然，应该如何处理无序的值？

■ **注意:** 表 4-2 中的比较类型只是在行为上类似于枚举类型, 它们实际上是类类型。因此, using enum 语句对它们不起作用, 也不能在本章稍后将介绍的 switch 语句中使用它们。

2. 命名的比较函数

可采用更简洁的方式, 像下面这样编写 Ex4_02 中的最后三行语句(参见 Ex4_02A):

```
std::cout << std::format("value < 0: {}\n", std::is_lt(ordering));  // is less than
std::cout << std::format("value > 0: {}\n", std::is_gt(ordering));  // is greater than
std::cout << std::format("value == 0: {}\n", std::is_eq(ordering)); // is equivalent
```

std::is_lt()、is_gt()和 is_eq()是所谓的命名的比较函数, 在<compare>模块中定义。还有另外 3 个这样的函数, 分别是 std::is_neq(不相等)、std::is_lteq()(小于或等于)和 std::is_gteq()(大于或等于)。最后两个函数尤其能够节省大量键入工作。例如, 要用其他方式表达 std::lteq(ordering), 需要对 ordering 进行 less 和 equal 比较, 然后使用稍后介绍的逻辑或运算符把比较结果组合起来。

对于表 4-2 中列出的 3 种比较类型, 都可以使用命名的比较函数, 它们的行为完全符合我们的预期。

4.2 if 语句

如果给定的条件是 true, 那么基本的 if 语句允许程序执行一个语句或语句块, 如图 4-1 所示。

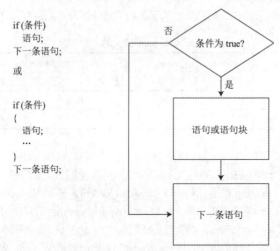

```
if(条件)
    语句;
下一条语句;

或

if(条件)
{
    语句;
    ...
}
下一条语句;
```

if 后面的语句或语句块仅在条件为 true 时才执行

图 4-1 简单 if 语句的逻辑

下面是 if 语句的一个简单例子, 它测试 char 变量 letter 的值:

```
if (letter == 'A')
  std::cout << "The first capital, alphabetically speaking.\n"; // Only if letter equals 'A'

std::cout << "This statement always executes.\n";
```

如果 letter 的值是'A', 条件就为 true, 这些语句就输出下面的结果:

```
The first capital, alphabetically speaking.
```

```
This statement always executes.
```

　　如果 letter 的值不是'A'，就只输出第二行语句。要测试的条件放在关键字 if 后面的圆括号中。我们采用的约定是在 if 和圆括号之间加上空格，以便在视觉上与函数调用做出区分，但并不是必须这么做。编译器会忽略所有空白，所以下面的语句是等效的：

```
if(letter == 'A') if( letter == 'A' )
```

　　if 之后的语句被缩进，表示只有在条件为 true 时才执行。对于程序的编译来说，语句的缩进不是必要的，但这种缩进有助于理解 if 条件和依赖它的语句之间的关系。有时，简单的 if 语句还可以写在一行上，如下所示：

```
if (letter == 'A') std::cout << "The first capital, alphabetically speaking\n.";
```

　　■ **警告**：不要在 if 语句的条件后面直接添加分号(;)。遗憾的是，这么做并不会导致编译错误(最好的情况下，编译器也只是发出警告)，但是这完全不能表达我们的意图：

```
if (letter == 'A'); // Oops...
std::cout << "The first capital, alphabetically speaking.\n";
```

　　第一行的分号会导致所谓的空语句或 null 语句。在一系列语句的几乎任何地方，都允许出现多余的分号，也就是空语句。例如，下面的语句在 C++ 中是合法的：

```
int i = 0;; i += 5;; ; std::cout << i << std::endl ;;
```

　　通常，这种空语句不会有什么影响。但是，当在 if 语句的条件的后面直接添加空语句时，就会成为当条件为 true 时执行的语句。换句话说，在 if (letter == 'A')测试的后面添加分号，效果与下面的语句相同：

```
if (letter == 'A') { /* Do nothing */ }
std::cout << "The first capital, alphabetically speaking.\n"; // Always executes!
```

　　这段代码的含义是，如果 letter 等于'A'，就什么也不做。更糟糕的是，第二行总是会无条件地执行，即使 letter 不是'A'，而这正是 if 语句想要避免的结果。因此，一定不要在条件测试的后面直接添加分号，因为这本质上会使测试毫无意义。

　　扩展这个代码片段，如果 letter 的值是'A'，就改变它的值：

```
if (letter == 'A')
{
  std::cout << "The first capital, alphabetically speaking.\n";
  letter = 'a';
}
std::cout << "This statement always executes.\n";
```

　　在 if 条件为 true 时，就执行块中的所有语句。如果没有加上花括号，则只有第一个语句是 if 块的内容，给 letter 赋予'a'的语句将总是执行。注意块中每个语句的最后都有一个分号，而在块结束的右花括号后面没有分号。在块中可以放置任意多个语句，甚至还可以嵌套块。因为 letter 的值是'A'，所以块中的两个语句都会执行，在输出与前面相同的消息后，就把它的值改为'a'。如果条件为 false，就不执行这两个语句。当然，if 块后面的语句总是会执行。

　　如果把值 true 强制转换为整数类型，结果就是 1；如果把值 false 强制转换为整数类型，结果就是 0。还可以把数值强制转换为 bool 类型。0 会转换为 false，其他非 0 值则转换为 true。如果得到了一个数值，但希望获得布尔值，编译器就会把该数值隐式转换为 bool 类型。这在做决策的代码中非常有用。

下面试用 if 语句。创建一个程序，检查从键盘上输入的一个整数值：

```cpp
// Ex4_03.cpp
// Using an if statement
import <iostream>;

int main()
{
  std::cout << "Enter an integer between 50 and 100: ";

  int value {};
  std::cin >> value;

  if (value)
    std::cout << "You have entered a value that is different from zero." << std::endl;

  if (value < 50)
    std::cout << "The value is invalid - it is less than 50." << std::endl;

  if (value > 100)
    std::cout << "The value is invalid - it is greater than 100." << std::endl;
    std::cout << "You entered " << value << std::endl;
}
```

输出取决于输入的值。对于值为 50～100 的数据，输出应如下所示：

```
Enter an integer between 50 and 100: 77
You have entered a value that is different from zero.
You entered 77
```

如果输入的值不在 50～100 的范围内，就给出一条消息，说明值是无效的，并显示该值。如果该值小于 50，输出应如下所示：

```
Enter an integer between 50 and 100: 27
You have entered a value that is different from zero.
The value is invalid - it is less than 50.
You entered 27
```

在给出提示并读取一个值后，第一个 if 语句就会检查输入的值是否不为 0：

```cpp
if (value)
  std::cout << "You have entered a value that is different from zero." << std::endl
```

除了 0 会转换为 false 之外，任何数字都会转换为 true。所以除非输入的数字是 0，否则 value 总是转换为 true。这种条件语句是非常常见的，但是如果愿意，也可以显式地检查值是否为 0：

```cpp
if (value != 0)
  std::cout << "You have entered a value that is different from zero." << std::endl;
```

然后，第二个 if 语句检查输入值是否小于 50：

```cpp
if (value < 50)
  std::cout << "The value is invalid - it is less than 50." << std::endl;
```

只有 if 条件为 true 时，也就是当 value 小于 50 时，才执行输出语句。下一个 if 语句检查上限，方式完全相同，超出上限，就输出一条消息。最后一个输出语句总是执行，即输出值。当然，当值低于下限时，检查该值是否超过上限就是多余的。可以修改程序，使得如果输入的值低于下限，让程序立即结束，如下所示：

```
if (value < 50)
{
  std::cout << "The value is invalid - it is less than 50." << std::endl;
  return 0; // Ends the program
}
```

可以对检查上限的 if 语句执行相同的操作。在函数中可以根据需要使用任意多个 return 语句。

当然，如果使用条件语句这样结束程序，两个 if 语句之后的代码都不会再执行。也就是说，如果用户输入一个无效数字，有一个 if 语句中的 return 语句执行，那么不会再到达程序的最后一行代码：

```
std::cout << "You entered " << value << std::endl;
```

本章后面将介绍另一种方式，当检测到 value 小于下限后，避免再检查上限，但那种方式不需要结束程序。

4.2.1　嵌套的 if 语句

在 if 语句中的条件为 true 时才执行的语句本身也可以是 if 语句，这种情况称为嵌套的 if 语句。只有外层 if 语句的条件为 true 时，才测试内层 if 语句的条件。嵌套在 if 语句中的 if 语句也可以包含另一个嵌套的 if 语句。嵌套 if 语句的次数可以是任意多次。下面用一个示例演示嵌套的 if 语句。该例测试输入的字符是否为字母：

```
// Ex4_04.cpp
// Using a nested if
import <iostream>;

int main()
{
  char letter {};                    // Store input here
  std::cout << "Enter a letter: ";   // Prompt for the input
  std::cin >> letter;

  if (letter >= 'A')
  {                                  // letter is 'A' or larger
    if (letter <= 'Z')
    {                                // letter is 'Z' or smaller
      std::cout << "You entered an uppercase letter." << std::endl;
      return 0;
    }
  }

  if (letter >= 'a')                 // Test for 'a' or larger
    if (letter <= 'z')
    {                                // letter is >= 'a' and <= 'z'
      std::cout << "You entered a lowercase letter." << std::endl;
      return 0;
    }
  std::cout << "You did not enter a letter." << std::endl;
}
```

本例的输出如下所示:

```
Enter a letter: H
You entered an uppercase letter.
```

在创建 char 变量 letter 并初始化为 0 后，程序提示输入一个字母。之后的 if 语句检查输入的字符是否为'A'或更大字母。如果 letter 大于或等于'A'，嵌套的 if 语句就检查输入的字符是否为'Z'或更小的字母。如果该字母是'Z'或更小的字母，就说明该字符是一个大写字母，于是显示一条消息，执行 return 语句，结束程序。

下一个 if 语句使用了与第一个 if 语句相同的机制，检查输入的字符是否为小写，然后显示一条消息并返回。注意，小写字母的测试只包含一对花括号，而大写字母的测试包含两对花括号。这里花括号中的代码块属于内层的 if 语句。实际上，这两种方式都是可行的：if(condition){…}是一个语句，不需要放在花括号中。但是，使用额外的花括号能使代码更清晰，最好使用它们。

只有在输入的字符不是字母时，才执行最后一个 if 语句块后面的输出语句，它会显示一条消息，然后执行 return 语句。嵌套的 if 语句和输出语句之间的关系更容易理解，因为每个 if 语句块都进行了缩进。缩进格式通常用于提供程序逻辑的可视化线索。

该程序演示了嵌套的 if 语句如何工作，但这并不是测试字符的好方法。使用标准库可以编写出独立于字符编码的程序。4.2.2 节将介绍其工作方式。

4.2.2　字符分类和转换

示例 Ex4_04 中嵌套的 if 语句基于下面用编码表示字母字符的三个假设:
- 第一个假设是字母 A~Z 用一组编码表示，其中'A'的编码最小，'Z'的编码最大。
- 第二个假设是大写字母的编码是连续的，在'A'编码和'Z'编码之间不存在非字母字符。
- 第三个假设是在字母表中，所有大写字母都落在 A~Z 的范围内。

对于如今使用的大部分字符编码，前两个假设一般是成立的，但是对于许多语言来说，第三个假设不一定成立。例如，希腊字母表包含大写字母 Δ、Θ 和 Π；俄文字母表包含 Ж、Ф 和 Щ；甚至基于拉丁字母的语言，如法语，常常使用 É 和 Ç 等大写字母，其编码不在'A'和'Z'之间。因此，在代码中直接采用这种假设不是一个好主意，会限制程序的可移植性。一定不要假设程序只会被讲英语的人使用。

为了避免在程序中做出这种假设，C 和 C++标准库提供了区域(locale)的概念。区域是一组参数，定义了用户的语言和地区首选项，包括国家和文化字符集，以及货币和日期的格式规则。本书不完整讨论这个主题，只会介绍<cctype>头文件提供的字符分类函数，如表 4-3 所示。

表 4-3 列出<cctype>头文件提供的许多函数，用于分类字符。对应每个函数，都需要传递一个表示要测试的字符的变量或字面量。

表 4-3　<cctype>头文件提供的字符分类函数

函数	所执行的动作
isupper(c)	测试 c 是否是大写字母，默认为'A' ~ 'Z'
islower(c)	测试 c 是否是小写字母，默认为'a' ~ 'z'
isalpha(c)	测试 c 是不是大写字母或小写字母(如果区域字母表包含其他字符，那么还要测试 c 是不是这样一个字母字符: 既不是大写字母，也不是小写字母)
isdigit(c)	测试 c 是不是数字'0' ~ '9'
isxdigit(c)	测试 c 是不是十六进制数字'0' ~ '9'、'a' ~ 'f' 或 'A' ~ 'F'

(续表)

函数	所执行的动作
isalnum(c)	测试 c 是不是字母字符，相当于 isalpha(c) ‖ isdigit(c)
isspace(c)	测试 c 是不是空白，默认情况下，空白可以是空格(' ')、换行符('\n')、回车符('\r')、换页符('\f')、水平制表符('\t')或垂直制表符('\v')
isblank(c)	测试 c 是不是空格字符，用于在一行文本中分隔多个单词，默认为空格(' ')或水平制表符('\t')
ispunct(c)	测试 c 是不是标点符号，标点符号可以是空格或以下这些字符之一：_ { } [ ] # ( ) < > % : ; . ? * + − / ^ & | ~ ! = , \ " '
isprint(c)	测试 c 是不是可打印字符，即大写或小写字母、数字、标点符号或空格
iscntrl(c)	测试 c 是不是控制符，即不是可打印字符的字符
isgraph(c)	测试 c 是不是图形字符，即除了空格之外的所有可打印字符

这些函数都返回一个 int 类型的值。如果字符的类型与要测试的类型相同，该值就为非 0(true)，否则就为 0(false)。为什么这些函数不返回布尔值？这看上去似乎更有意义。原因是这些函数来自于 C 标准库，是在 bool 类型引入 C++之前建立的。

可以使用<cctype>头文件中的字符分类函数来实现 Ex4_04，此时不必硬编码任何对字符集或字符编码的假定。标准库函数会处理不同环境中的字符代码。使用这些函数还有一个好处：代码变得更简单，更容易阅读。修改后的程序被命名为 Ex4_04A.cpp:

```
if (std::isupper(letter))
{
  std::cout << "You entered an uppercase letter." << std::endl;
  return 0;
}

if (std::islower(letter))
{
  std::cout << "You entered a lowercase letter." << std::endl;
  return 0;
}
```

因为<cctype>头文件是 C++标准库的一部分，所以在 std 名称空间中定义所有函数。因此，一般应该在函数名称前面加上 std::前缀。但是，因为<cctype>头文件来自于 C 标准库(其名称前的字母 c 说明了这一点)，所以不能保证它可用作 C++模块。在第 2 章介绍<cmath> C 头文件之前提到过这一点。要使<cctype>的函数可用，就应该使用#include <cctype>，而不是 import <cctype>。注意，#include 指令的后面没有分号。

<cctype> C 头文件还提供了两个函数，如表 4-4 所示，用于在大写字母和小写字母之间转换，返回的结果为 int 类型。如果需要把它存储为 char 类型，就需要显式地强制转换它。

表 4-4　<cctype>头文件提供的字符转换函数

函数	说明
tolower(c)	如果 c 是大写字母，就返回该字母的小写形式，否则返回 c
toupper(c)	如果 c 是小写字母，就返回该字母的大写形式，否则返回 c

■ **注意：** 所有这些字符分类和转换函数，除 isdigit()和 isxdigit()外，都按照当前区域的规则进行处理。表 4-3 中的所有示例用于默认的、所谓的 "C" 区域，即类似于讲英语的美国人使用的一套首选项。C++标准库提供了一个全面的库，可用来处理其他区域和字符集。无论用户的语言和区域约定是什么，使用这些函数开发出的应用程序都能正常工作。不过，这个主题对于本书而言有些高级。更多信息可查阅标准库参考手册。

4.3 if-else 语句

前面使用的 if 语句在指定的条件为 true 时执行一个语句或语句块。接着，程序按顺序执行下一个语句。当然，有时我们希望在条件为 true 时才执行某个语句块，在条件为 false 时执行另一个语句块，这种扩展的 if 语句称为 if-else 语句。

if-else 语句提供了两个选项供选择，其一般逻辑如图 4-2 所示。

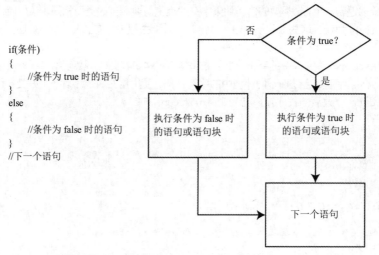

在 if-else 语句中，总是会执行其中一个语句块

图 4-2   if-else 语句的一般逻辑

图 4-2 中的流程图指出了语句的执行顺序取决于 if 条件为 true 还是 false。在可以使用语句的地方，总是可以使用一个语句块来代替。这就允许为 if-else 语句的每个选项执行任意多个语句。

可以编写一个 if-else 语句，报告存储在 char 变量 letter 中的字符是否为字母或数字。

```
if (std::isalnum(letter))
{
  std::cout << "It is a letter or a digit." << std::endl;
}
else
{
  std::cout << "It is neither a letter nor a digit." << std::endl;
}
```

这个程序使用了<cctype> C 头文件中的函数 isalnum()。如果变量 letter 包含字母或数字，函数 isalnum()就返回一个正整数。它会隐式转换为布尔值 true，所以显示第一条消息。如果变量 letter 包含的不是字母或数字，函数 isalnum()就返回 0。这会自动转换为布尔值 false，所以执行 else 之后的输出语句。这里的花括号不是必需的，因为它们包含一个语句，但包含它们会使代码更清晰。这里也采用了缩进格式，以便清晰显示各个语句之间的关系。可以清楚地看出哪个语句在得到 true 时执行，哪个语句在得到 false 时执行。在程序中，应总是缩进代码语句，显示它们的逻辑结构。

下面的例子使用 if-else 语句测试数值：

```cpp
// Ex4_05.cpp
// Using the if-else statement
import <iostream>;

int main()
{
  long number {}; // Stores input
  std::cout << "Enter an integer less than 2 billion: ";
  std::cin >> number;
  if (number % 2) // Test remainder after division by 2
  { // Here if remainder is 1
    std::cout << "Your number is odd." << std::endl;
  }
  else
  { // Here if remainder is 0
    std::cout << "Your number is even." << std::endl;
  }
}
```

这个程序的输出如下所示：

```
Enter an integer less than 2 billion: 123456
Your number is even.
```

将输入的值读入 number 后，程序就在 if 条件中测试该值，其中的表达式会得到 number 除以 2 的余数。如果 number 是奇数，余数就是 1，否则就是 0，这些值会分别被转换为布尔值 true 和 false。因此，如果余数等于 1，if 条件就是 true，执行 if 之后的语句。如果余数等于 0，则 if 条件为 false，就执行 else 后面的语句。

也可以把 if 条件指定为 number % 2 == 0 ，此时语句块的执行顺序会翻转，因为如果 number 的值是偶数，该表达式就返回 true。

4.3.1　嵌套的 if-else 语句

前面介绍了如何在 if 语句中嵌套 if 语句。显然，也可以在 if 语句中嵌套 if-else 语句，在 if-else 语句中嵌套 if 语句，在 if-else 语句中嵌套其他 if-else 语句，这样就提供了极大的灵活性(同时也很容易引起混淆)，下面就列举几个例子。先看第一种情况，在 if 语句中嵌套 if-else 语句，如下所示：

```cpp
if (coffee == 'y')
  if (donuts == 'y')
    std::cout << "We have coffee and donuts." << std::endl;
  else
    std::cout << "We have coffee, but not donuts." << std::endl;
```

最好加上花括号，但没有花括号，也很容易讲解其要点。其中，coffee 和 donuts 是 char 类型的变量，其值可以是'y'或'n'。由于对 donuts 的测试仅在 coffee 测试的结果为 true 时才进行，因此在每种情况下，消息都会反映正确的情形。else 属于 donuts 测试中的 if 语句。这很容易引起混淆。

若在编写这些代码时，缩进格式存在错误，就会推导出错误结论：

```
if (coffee == 'y')
  if (donuts == 'y')
    std::cout << "We have coffee and donuts." << std::endl;
else                                            // This is indented incorrectly...
    std::cout << "We have no coffee..." << std::endl; // ...Wrong!
```

代码的缩进让人错误地认为 if 语句嵌套在 if-else 语句中，实际上并非如此。第一条消息是正确的，但执行 else 后的结果就是错误的。这个语句仅在对 coffee 的测试为 true 时才执行，因为 else 属于 donuts 测试，不属于 coffee 测试。这个错误很容易发现，但 if 结构越大就越复杂，就越需要记住下面的规则，以便弄清楚哪个 if 拥有哪个 else。

■ **注意**：else 总是属于前面最接近的那个 if(只要另一个 else 还不属于这个 if)。潜在造成的混淆称为 else 悬挂问题。

使用花括号可以使代码更清晰。

```
if (coffee == 'y')
{
  if (donuts == 'y')
  {
    std::cout << "We have coffee and donuts." << std::endl;
  }
  else
  {
    std::cout << "We have coffee, but not donuts." << std::endl;
  }
}
```

现在代码非常清晰了，else 肯定属于测试 donuts 的 if 语句。

4.3.2 理解嵌套的 if 语句

知道了规则后，理解 if 语句嵌套在 if-else 语句中的情形就比较容易了：

```
if (coffee == 'y')
{
  if (donuts == 'y')
    std::cout << "We have coffee and donuts." << std::endl;
}
else if (tea == 'y')
{
  std::cout << "We have no coffee, but we have tea." << std::endl;
}
```

注意这里的代码格式。一个 if 语句嵌套在 else 的下面，可以把 else 和 if 写在一行上。这次，此时用于 donuts 的花括号是必不可少的。如果省略了花括号，else 就属于测试 donuts 的 if 语句了。这种情况下，很容易忘记加上花括号，生成一种很难找出的错误。有这种错误的程序也会编译，因为代码是完全正确的。有时甚至结果也是正确的。如果在这个例子中删除花括号，则只要 coffee 和 donuts 都等于'y'，就不会执行 if(tea == 'y')检查，从而得到正确结果。

一个 if-else 语句嵌套在另一个 if-else 语句中时，即使只有一层嵌套，也可能非常混乱。最好对 coffee 和 donuts 进行彻底的分析后，再开始使用这种嵌套：

```
if (coffee == 'y')
  if (donuts == 'y')
    std::cout << "We have coffee and donuts." << std::endl;
  else
    std::cout << "We have coffee, but not donuts." << std::endl;
else if (tea == 'y')
  std::cout << "We have no coffee, but we have tea, and maybe donuts..." << std::endl;
else
  std::cout << "No tea or coffee, but maybe donuts..." << std::endl;
```

即使采用正确的缩进格式，这里的逻辑看起来也不是很明显。不需要使用花括号，如前面的规则所示，但如果加上花括号，代码逻辑看起来会更清楚一些：

```
if (coffee == 'y')
{
  if (donuts == 'y')
  {
    std::cout << "We have coffee and donuts." << std::endl;
  }
  else
  {
    std::cout << "We have coffee, but not donuts." << std::endl;
  }
}
else
{
  if (tea == 'y')
  {
    std::cout << "We have no coffee, but we have tea, and maybe donuts..." << std::endl;
  }
  else
  {
    std::cout << "No tea or coffee, but maybe donuts..." << std::endl;
  }
}
```

在程序中处理这种逻辑还有更好的方式。如果把足够多的嵌套 if 语句放在一起，肯定会出错。4.4 节将简化这个过程。

4.4　逻辑运算符

如前所述，在有两个或更多个相关条件的地方使用 if 语句较为繁杂。上一个例子把精力放在寻找 coffee 和 donuts 上，但在实际中可能要检查更复杂的条件，例如搜索年龄在 21 岁和 35 岁之间、拥有学士或硕士学历、未婚、说印地语或乌尔都语的女性的个人文件。定义这样一个测试将涉及许多 if 语句。

逻辑运算符提供了一种简洁的解决方案。使用逻辑运算符，可以把一系列比较组合到一个表达式中，这样，无论条件多么复杂，都只需要一个 if。而且，逻辑运算符只有三个，如表 4-5 所示，所以不会不知道用哪一个。

表 4-5　逻辑运算符

运算符	作用
&&	逻辑与
||	逻辑或
!	逻辑非

前两个运算符&&和||是二元运算符，它组合了类型为 bool 的两个操作数，生成 bool 类型的结果。第三个运算符! 是一元运算符，它应用于一个 bool 类型的操作数，并生成布尔结果。下面首先从一般意义上介绍这些运算符的应用，接着列举一个例子。最后，我们将比较逻辑运算符和前面介绍过的按位运算符。

4.4.1　逻辑与运算符

如果当两个条件必须都是 true 时结果才是 true，就可以使用逻辑与运算符&&。例如，我们希望富有且健康。为了判断字符是否为大写字母，要测试的值就必须大于或等于'A'，且小于或等于'Z'。&&运算符只有在两个操作数都是 true 的情况下才会生成 true，如果任何一个或两个操作数是 false，结果就是 false。下面使用&&运算符测试 char 变量 letter 是否包含大写字母：

```
if (letter >= 'A' && letter <= 'Z')
{
  std::cout << "This is an uppercase letter." << std::endl;
}
```

只有用运算符&&组合在一起的两个条件都为 true 时，才执行输出语句。在表达式中，不需要使用圆括号，因为比较运算符的优先级高于&&。与往常一样，也可以加上圆括号，把语句改写为：

```
if ((letter >= 'A') && (letter <= 'Z'))
{
  std::cout << "This is an uppercase letter." << std::endl;
}
```

现在，圆括号中的比较操作肯定先执行。不过，许多经验丰富的程序员可能不会像这里这样添加额外的圆括号。

4.4.2　逻辑或运算符

如果两个条件中的一个为 true 或两个条件都是 true 时结果为 true，就可以使用逻辑或运算符||。只有在||运算符的两个操作数都是 false 时，其结果才是 false。

例如，如果收入至少是每年 10 万美元，或有 100 万美元的现金，就肯定可以从银行贷到款。这可以使用下面的语句来测试：

```
if (income >= 100'000.00 || capital >= 1'000'000.00)
{
  std::cout << "Of course, how much do you want to borrow?" << std::endl;
}
```

在一个或两个条件是 true 时就会出现响应(更好的响应是 "你这么有钱，为什么贷款？"。奇怪，为什么银行总是在客户不需要钱时给客户发放贷款)。

还要注意，我们使用了数字分隔符来增加整数字面量的可读性，相比 1000000.00，我们更容易看出 1'000'000.00 等于 100 万。如果没有数字分隔符，你能看出 100000.00 和 1000000.00 的不同吗? (如果银行在录入这两个数字时出错，你可能希望他们录入的数字对你有利)。

4.4.3　逻辑非运算符

逻辑非运算符! 接收一个布尔值，并反转该值。如果布尔变量 test 的值是 true，则!test 就是 false; 如果 test 的值是 false，则!test 就是 true。

所有逻辑运算符都可以应用于等于 true 或 false 的表达式。操作数可以是各种内容，如 bool 类型的简单变量，或比较和布尔变量的复杂组合。例如，如果 x 的值是 10，则表达式!(x > 5)就是 false，因为 x > 5 的判断结果是 true。当然，在这个特殊例子中，把表达式简单地写成 x <= 5 更方便。两种表达式的效果相同，但是因为后者不包含求反，读起来会更容易。

■ **警告**: 假设 foo、bar 和 xyzzy 为 bool 类型的变量(或任意表达式)。C++新手常常会写下面的语句。

```
if (foo == true) ...
if (bar == false) ...
if (xyzzy != true) ...
```

虽然这些语句在技术上是正确的，但是一般认为应该使用下面这些等效却更简短的 if 语句。

```
if (foo) ...
if (!bar) ...
if (!xyzzy) ...
```

4.4.4　组合逻辑运算符

可以把条件表达式和逻辑运算符组合在一起，下面的程序构建一份调查问卷，确定一个人是否有贷款风险。

```
// Ex4_06.cpp
// Combining logical operators for loan approval
import <iostream>;

int main()
{
  int age {};        // Age of the prospective borrower
  int income {};     // Income of the prospective borrower
  int balance {};    // Current bank balance

  // Get the basic data for assessing the loan
  std::cout << "Please enter your age in years: ";
  std::cin >> age;
  std::cout << "Please enter your annual income in dollars: ";
  std::cin >> income;
  std::cout << "What is your current account balance in dollars: ";
  std::cin >> balance;

  // We only lend to people who are at least 21 years of age,
  // who make over $25,000 per year,
  // or have over $100,000 in their account, or both.
  if (age >= 21 && (income > 25'000 || balance > 100'000))
  {
    // OK, you are good for the loan - but how much?
    // This will be the lesser of twice income and half balance
```

```
    int loan {};        // Stores maximum loan amount
    if (2*income < balance/2)
    {
      loan = 2*income;
    }
    else
    {
      loan = balance/2;
    }
    std::cout << "\nYou can borrow up to $" << loan << std::endl;
  }
  else // No loan for you...
  {
    std::cout << "\nUnfortunately, you don't qualify for a loan." << std::endl;
  }
}
```

这个程序的输出如下所示:

```
Please enter your age in years: 25
Please enter your annual income in dollars: 28000
What is your current account balance in dollars: 185000

You can borrow up to $56000
```

本例的要点是 if 语句用来确定是否发放贷款。if 条件是:

```
age >= 21 && (income > 25'000 || balance > 100'000)
```

该条件要求申请人的年龄至少为 21 岁,收入高于 2.5 万美元或存款高于 10 万美元。表达式(income > 25'000 || balance > 100'000)外部的圆括号是必需的,这样对收入和存款条件执行逻辑或操作的结果才会和年龄测试的结果进行逻辑与操作。没有圆括号,年龄测试就会和收入测试进行逻辑与操作,再对结果和存款测试进行逻辑或操作。这是因为&&运算符的优先级高于||运算符,详见第 3 章的表 3-1。没有圆括号,即使申请人只有 8 岁,只要他的存款超过 10 万美元,就可以获得贷款。这不是我们希望的。银行是不会给未成年人发放贷款的。

如果 if 条件是 true,就执行确定贷款额度的语句块。loan 变量在这个语句块中定义,因此在语句块的末尾释放。语句块中的 if 语句确定收入的两倍是否少于存款的一半,如果是,贷款额就是收入的两倍,否则贷款额就是当前银行存储额的一半。这确保根据规则,贷款额对应于最低额度。

■ 提示:组合逻辑运算符时,建议总是添加圆括号来提高代码的清晰度。为便于讨论,假设银行批准贷款的条件为:

```
(age < 30 && income > 25'000) || (age >= 30 && balance > 100'000)
```

这意味着对于年轻的客户,是否发放贷款完全取决于他们的收入,即使儿童也有机会获得贷款,只要他们能够提供足额收入的证明即可。另一方面,年龄较大的客户则必须有足够的存款。也可以像下面这样写条件:

```
age < 30 && income > 25'000 || age >= 30 && balance > 100'000
```

两个表达式是完全等效的,但是可以看出,带有圆括号的表达式要比没有圆括号的表达式更容易理解。因此,组合&&和||时,建议同时添加圆括号来说明逻辑表达式的含义,即使严格来说并不需要添加圆括号。

4.4.5　对整数操作数应用逻辑运算符

逻辑运算符可以并且实际上经常被用于整数操作数，而非布尔操作数。例如，在前面看到，可以使用下面的代码测试整型变量 value 是否为 0：

```
if (value)
  std::cout << "You have entered a value that is different from zero." << std::endl;
```

同样，也常常看到下面形式的测试：

```
if (!value)
  std::cout << "You have entered a value that equals zero." << std::endl;
```

这里对整数操作数(而不是布尔操作数)应用了逻辑非运算符。类似地，假设定义了两个整型变量 value1 和 value2，可以编写下面的语句：

```
if (value1 && value2)
  std::cout << "Both values are non-zero." << std::endl;
```

因为这种表达式很短，所以在 C++程序员中很受欢迎。这种模式的一个典型用例是，整数值代表某个对象集合中的元素数量。因此，理解它们的工作原理很重要：在表达式中，逻辑运算符的每个数值操作数首先按照我们熟悉的规则转换为 bool 类型，换言之，0 转换为 false，其他任何数字转换为 true。即使所有的操作数都是整数，逻辑表达式仍会得到一个布尔值。

4.4.6　对比逻辑运算符与位运算符

将逻辑运算符&&、||和!与按位运算符&、|和~区分开很重要：逻辑运算符用于可转换为 bool 类型的操作数，按位运算符用于整数操作数中的位。

4.4.5 节提到，逻辑运算符的结果总是一个 bool 类型的值，即使操作数是整数。对于按位运算符，正好相反：它们的结果总是一个整数，即使两个操作数都是 bool 类型。尽管如此，因为按位运算符的整数结果总是会转换回 bool 类型，所以看起来逻辑运算符和按位运算符似乎是可以互换使用的。例如，示例 Ex4_06 的核心部分测试是否可以发放贷款，原则上可以用下面的代码重写这个测试：

```
if (age >= 21 & (income > 25'000 | balance > 100'000))
{
  ...
}
```

这段代码可以编译，并且得到的结果与之前使用&&和||时相同。简单来说，在这里，比较操作得到的布尔值被转换为 int 类型，然后使用按位运算符逐位组合成一个整数，之后这个整数又被转换为 bool 类型供 if 语句测试。有些迷惑吗？不必担心，其实这没那么重要。bool 类型和整型之间的这种来回转换很少需要考虑。

真正重要的是逻辑运算符和按位运算符之间的一种更加根本性的区别：与按位运算符不同，二元逻辑运算符是所谓的短路运算符。

1. 短路计算

考虑下面的代码段：

```
int x = 2;
if (x < 0 && (x*x + 632*x == 1268))
{
```

```
  std::cout << "Congrats: " << x << " is the correct solution!" << std::endl;
}
```

快速想一下，x=2 是正确的答案吗？当然不是，2 不会小于 0！与 2*2 + 632*2 是否等于 1268 甚至没有关系。因此逻辑与运算符的第一个操作数已经是 false，所以最终结果也是 false。毕竟, false && true 仍然是 false；只有 true && true 时，逻辑与运算符的结果才是 true。

类似地，在下面的代码段中，能够立即看出 x=2 是正确答案：

```
int x = 2;
if (x == 2 || (x*x + 632*x == 1268))
{
  std::cout << "Congrats: " << x << " is the correct solution!" << std::endl;
}
```

为什么呢？因为第一个操作数是 true，所以可以立即知道，整个逻辑或表达式的结果也会是 true。甚至不需要计算第二个操作数。

C++编译器也知道这一点。因此，如果二元逻辑表达式的第一个操作数已经能够确定结果，编译器会确保不计算第二个操作数，从而节省一些时间。逻辑运算符&&和||的这种属性称为短路计算。另一方面，按位运算符&和|则不会短路。对于按位运算符，两个操作数都始终会被计算。

C++程序员常常利用逻辑运算符的这种短路语义：

- 如果需要测试用逻辑运算符连接起来的多个条件，那么将计算成本最低的条件放在前面。本节的两个例子已经在一定程度上说明了这一点，但是只有当某个操作数的计算开销很高时，这种技术的优势才会真正显现。
- 短路语义更常见的用法是阻止计算可能失败(例如导致崩溃)的右端操作数。具体方法是，将其他条件放在前面，使得每当右端的操作数可能失败时，就发生短路。你在本书后面将会看到，这种技术的一种常见用法是在解引用指针之前，先检查指针是否不为空。

在后续章节中，我们还会看到其他几个依赖于短路计算的逻辑表达式的例子。现在只需要记住，对于&&运算符，只有第一个操作数为 true 时，才会计算第二个操作数；而对于||，只有第一个操作数为 false 时，才会计算第二个操作数。对于&和|，两个操作数始终会被计算。

顺便提一下，对于前面的等式，正确的答案是 x = -634。

2. 逻辑异或

对于按位 XOR(异或)运算符^，没有对应的逻辑运算符。无疑，部分原因是短路这个运算符没有意义(两个操作数必须始终计算，才能知道这个运算符的正确结果；花一些时间思考这个问题)。不过，与其他按位运算符一样，可以把 XOR 运算符直接用到布尔操作数。例如，大部分年轻人和百万富翁都能通过下面的测试。但是，银行存款不多的成年人和少年百万富翁不能通过测试：

```
if ((age < 20) ^ (balance >= 1'000'000))
{
  ...
}
```

换句话说，这个测试等同于下面任何一个使用逻辑运算符组合的测试：

```
if ((age < 20 || balance >= 1'000'000) && !(age < 20 && balance >= 1'000'000))
{
  ...
}
```

```
if ((age < 20 && balance < 1'000'000) || (age >= 20 && balance >= 1'000'000))
{
  ...
}
```

作为布尔代数的一个小练习，请思考并确认上面这三个 if 语句确实具有相同的效果。

4.5 条件运算符

条件运算符有时也称为三元运算符，因为它涉及三个操作数，这是唯一的一个三元运算符。它类似于 if-else 语句，但它不是根据条件的值选择两个语句块中的一个，而是选择两个表达式的值中的一个。因此，条件运算符用于选择两个值中的一个值。这最好用一个例子说明。

假定有两个变量 a 和 b，要把这两个变量的值中较大的那个值赋予第三个变量 c。可以使用下面的语句：

```
c = a > b ? a : b; // Set c to the higher of a and b
```

条件运算符把一个逻辑表达式作为其第一个操作数，在本例中就是 a>b。如果这个表达式是 true，就把第二个操作数(在本例中是 a)选择为该操作的返回值。如果第一个操作数是 false，就把第三个操作数(在本例中是 b)选择为该操作的返回值。因此，如果 a 大于 b，条件表达式的结果就是 a，否则就是 b。这个值将被存储在 c 中。该赋值语句等价于下面的 if 语句：

```
if (a > b)
{
  c = a;
}
else
{
  c = b;
}
```

类似地，在上面的程序中，使用 if-else 语句确定贷款额，也可以使用下面的语句：

```
loan = 2*income < balance/2 ? 2*income : balance/2;
```

这会得到相同的结果。条件是 2*income < balance/2。如果条件等于 true，就计算表达式 2*income，输出该操作的结果。如果条件是 false，表达式 balance/2 的值就是该操作的结果。

不需要使用圆括号，因为条件运算符的优先级低于该语句中的其他运算符。当然，如果觉得使用圆括号会使代码更清晰，也可以加上圆括号：

```
loan = (2*income < balance/2) ? (2*income) : (balance/2);
```

条件运算符通常用?:表示，可以写为：

条件? 表达式 1 : 表达式 2

?或:前后的所有空白都是可选的，编译器会忽略它们。如果条件等于 true，结果就是表达式 1 的值；如果条件等于 false，结果就是表达式 2 的值。如果条件等于一个数值，就会把该数值隐式转换为 bool 类型。

注意只执行表达式 1 或表达式 2 中的一个。类似于短路二元逻辑操作数的计算，对于下面的表达式，这有重要的影响：

```
divisor ? (dividend / divisor) : 0;
```

假设 divisor 和 dividend 都是 int 类型的变量。在 C++中，用整数除以 0 的结果是不确定的。这意味着，在最糟的情况中，将整数除以 0 可能导致程序崩溃。但是，在上面的表达式中，如果 divisor 等于 0，则不会计算(dividend/divisor)。如果条件运算符的条件为 false，则根本不会计算第二个操作数。相反，只会计算第三个操作数。在这里，就意味着整个表达式的结果为 0。这比造成潜在的崩溃要好多了！

可以使用条件运算符，根据表达式的结果或变量的值来控制输出。可以根据条件选择要输出的文本字符串。

```cpp
// Ex4_07.cpp
// Using the conditional operator to select output.
import <iostream>;
import <format>;

int main()
{
  int mice {};         // Count of all mice
  int brown {};        // Count of brown mice
  int white {};        // Count of white mice
  std::cout << "How many brown mice do you have? ";
  std::cin >> brown;
  std::cout << "How many white mice do you have? ";
  std::cin >> white;

  mice = brown + white;

  std::cout <<
    std::format("You have {} {} in total.\n", mice, mice == 1 ? "mouse" : "mice");
}
```

这个程序的输出如下所示：

```
How many brown mice do you have? 2
How many white mice do you have? 3
You have 5 mice in total.
```

唯一有趣的地方是在输入老鼠数目后执行的输出语句。如果变量 mice 的值是 1，使用条件运算符的表达式就等于 mouse，否则就等于 mice。这样就可以使用同一个输出语句输出任意数量的老鼠，按需要选择单数或复数形式。

这种机制还可以应用于许多其他情形，例如选择 is 和 are 或选择 he 和 she 等有两个选项的情形。甚至可将两个条件运算符组合在一起，在三个选项之间进行选择。例如：

```cpp
std::cout << (a < b ? "a is less than b." :
                      (a == b ? "a is equal to b." : "a is greater than b."));
```

这条语句将根据变量 a 和 b 的值输出三条消息中的一条。第一个条件运算符的第二个选项是另一个条件运算符的结果。

4.6 switch 语句

我们常常面临多项选择的情形，这种情况下，需要根据整数变量或表达式的值，从许多选项(多于两个)中确定执行哪个语句集。switch 语句可从多个选项中选择。选项用一组固定的整数或枚举值标识，根据给定整数或枚举常量的值确定选择哪个选项。

　　switch 语句中的选项称为 case。根据号码获得奖金的彩票就是使用 switch 语句的一个例子。顾客购买了一张有号码的彩票，如果运气好，就会赢得大奖。例如，如果彩票的号码是 147，就会赢得头等奖。如果彩票的号码是 387，就会赢得二等奖。如果彩票的号码是 29，就会赢得三等奖。其他号码则不能获奖。处理这类情形的 switch 语句有 4 个 case，每个 case 对应一个获奖号码，再加上一个默认的 case，用于所有未获奖号码。下面编写一个 switch 语句，为给定的彩票号码选择消息：

```
switch (ticket_number)
{
case 147:
  std::cout << "You win first prize!";
  break;
case 387:
  std::cout << "You win second prize!";
  break;
case 29:
  std::cout << "You win third prize!";
  break;
default:
  std::cout << "Sorry, you lose.";
  break;
}
```

　　switch 语句较难以描述，但使用起来比较简单。在许多 case 中进行选择，取决于关键字 switch 后面圆括号中整数表达式的值。在本例中，它就是变量 ticket_number，它必须是整型。

　　▓ **注意**：只能对整型值(int、long、unsigned short 等)、字符值(char 等)和枚举类型值(参见第 2 章)使用 switch 语句。从技术角度看，也允许对布尔值使用 switch 语句，但这种情况下，其实应该使用 if/else 语句。但是，C++与其他一些编程语言不同，在创建 switch 语句时，不允许在条件和标签中包含其他任何类型的表达式。例如，不允许 switch 语句在不同的字符串值上进行分支(第 7 章将讨论字符串)。

　　将 switch 语句中的可能选项放在一个语句块中，每个选项用一个 case 值标识。case 值显示在 case 标签中，其形式如下所示：

```
case case_value:
```

　　之所以称为 case 标签，是因为它标注了后面的语句或语句块。如果选择表达式的值等于 case 值，就执行该 case 标签后面的语句。每个 case 值都必须是唯一的，但不必按一定的顺序，如本例所示。

　　case 值必须是整数常量表达式，即编译器可以在编译时计算的表达式，所以常常是字面量或用字面量初始化的 const 变量。显然，任何 case 标签都必须与其所在的 switch 语句的条件表达式具有相同的类型，或者可以转换为该类型。

　　default 标签标识默认的 case。如果选择表达式不对应于任何一个 case 值，就执行该默认 case 后面的语句。对于 default 标签，并不是必须把它作为最后一个标签。常常把它放到最后，但是原则上，default 标签可以放到普通 case 标签之间的任何位置。并不一定非要指定默认 case，如果没有指定，且没有选中任何 case 值，switch 语句就什么也不做。

　　从逻辑上看，每一个 case 语句后面的 break 语句绝对是必需的，它在 case 语句执行后跳出 switch 语句，使程序继续执行 switch 右花括号后面的语句。如果省略 case 后面的 break 语句，就将执行该 case 后面的所有语句。注意在最后一个 case 后面(通常是默认 case)不需要 break 语句，因为此时程序将退出 switch 语句。但加上 break 语句是一个很好的编程习惯，因为这可以避免以后由于添加另一个 case 而导致的问题。switch、case、default 和 break 都是关键字。

下面的例子演示了 switch 语句的用法：

```cpp
// Ex4_08.cpp
// Using the switch statement
import <iostream>;

int main()
{
  std::cout << "Your electronic recipe book is at your service.\n"
            << "You can choose from the following delicious dishes:\n"
            << "1. Boiled eggs\n"
            << "2. Fried eggs\n"
            << "3. Scrambled eggs\n"
            << "4. Coddled eggs\n\n"
            << "Enter your selection number: ";
  int choice {}; // Stores selection value
  std::cin >> choice;

  switch (choice)
  {
  case 1:
    std::cout << "Boil some eggs." << std::endl;
    break;
  case 2:
    std::cout << "Fry some eggs." << std::endl;
    break;
  case 3:
    std::cout << "Scramble some eggs." << std::endl;
    break;
  case 4:
    std::cout << "Coddle some eggs." << std::endl;
    break;
  default:
    std::cout << "You entered a wrong number - try raw eggs." << std::endl;
  }
}
```

在输出语句中定义选项，将选中的数字读入变量 choice 后，就执行 switch 语句，该语句在关键字 switch 的后面，把选择表达式指定为圆括号中的 choice。将 switch 语句中的可能选项放在花括号中，每个选项都用一个 case 标签来标识。如果 choice 的值对应于某个 case 值，就执行该 case 标签后面的语句。

如果 choice 的值不对应于任何 case 值，就执行 default 标签后面的语句。如果没有包括 default case，且 choice 的值不等于所有的 case 值，switch 语句就什么也不做，程序继续执行 switch 后面的下一条语句，即 return 0 语句，因为执行到 main() 的末尾了。

在本例中，每个 case 只有一个语句和 break 语句，但一般情况下，case 标签后面可以有许多语句，且不需要把它们括在花括号中。后面将讨论需要添加花括号的情况。

前面说过，每个 case 值都必须是编译时常量，且必须是唯一的。任何两个 case 值都不能相同的原因是，如果输入某个指定值，编译器就无法确定应执行哪些语句。但是，case 值不同，并不表示必须执行不同的操作。几个 case 值可以共享相同的操作，如下面的例子所示：

```cpp
// Ex4_09.cpp
// Multiple case actions
```

```
import <iostream>;
#include <cctype>

int main()
{
  char letter {};
  std::cout << "Enter a letter: ";
  std::cin >> letter;

  if (std::isalpha(letter))
  {
    switch (std::tolower(letter))
    {
    case 'a': case 'e': case 'i': case 'o': case 'u':
      std::cout << "You entered a vowel." << std::endl;
        break;
      default:
        std::cout << "You entered a consonant." << std::endl;
        break;
      }
    }
    else
  {
    std::cout << "You did not enter a letter." << std::endl;
  }
}
```

这个程序的输出如下所示：

```
Enter a letter: E
You entered a vowel.
```

　　if 条件首先使用标准库中的分类函数 std::isalpha()，检查是否输入了一个字母而不是其他字符。如果实参是字母，返回的整数就是非 0 值，并被隐式转换为 true，因此执行 switch 语句。switch 语句使用标准库的字符转换例程 tolower()函数将值转换为小写形式，再使用该结果选择一个 case。转换为小写形式可以避免同时给 case 标签是大写字母和小写字母的情形编码。标识元音的所有 case 都执行相同的语句。可将这些 case 写到一起，其后是为这些 case 执行的代码。如果输入的不是一个元音，就一定是一个辅音，此时默认 case 会处理它。

　　如果 isalpha()返回 0，它会被转换为 false，就不执行 switch 语句，而执行 else 语句，输出的消息指出，输入的字符不是字母。

　　在 Ex4_09.cpp 中，将元音值的所有 case 标签放到一行。并不是必须这么做，也可以在 case 标签之间添加换行(或任何形式的空白)，例如：

```
switch (std::tolower(letter))
{
  case 'a':
  case 'e':
  case 'i':
  case 'o':
  case 'u':
    std::cout << "You entered a vowel." << std::endl;
  break;
...
```

break 语句并不是使控制权移出 switch 语句的唯一方式。如果 case 标签后的代码中包含 return 语句，则控制权不仅立即离开 switch 语句，还将离开包含 switch 语句的函数。因此，原则上可以把 Ex4_09.cpp 中的 switch 语句重写为下面的代码：

```
switch (std::tolower(letter))
{
case 'a': case 'e': case 'i': case 'o': case 'u':
  std::cout << "You entered a vowel." << std::endl;
  return 0;                                    // Ends the program
}

// We did not exit main() in the above switch, so letter is not a vowel:
std::cout << "You entered a consonant." << std::endl;
```

在这种形式中，还可以看到，default case 是可选的。如果输入元音，输出将反映这一点，switch 语句中的 return 语句将结束程序。注意，在 return 语句的后面，不应该再使用 break 语句。如果输入辅音，则所有 case 都不适用，也没有 default case，所以 switch 语句什么也不做。因此，switch 语句之后的下一条语句将继续执行，输出消息指出输入了辅音。记住，如果输入的是元音，则 return 语句将导致程序立即结束。

这段代码被命名为 Ex4_09A.cpp。创建这段代码是为了说明一些知识点，并不一定说明这种编码代表良好的编程风格。推荐的做法是使用 default case，而不是在所有 case 都没有执行 return 语句之后，接着执行 switch 语句之后的下一条语句。

■ 提示：我们经常使用 switch 语句，根据某个枚举值(参见第 3 章)来决定采取什么操作。对枚举值使用 switch 语句时，应该避免添加 default case。一般来说，在 switch 语句中包含的 case 数应该与对应枚举类型的可能取值相同。这样一来，如果我们为枚举类型添加了一个新值，但没有在 switch 语句中添加相应的 case，那么大部分编译器会发出警告。

贯穿

每组 case 语句最后的 break 语句使得 switch 之后的语句开始执行。通过在前面的示例 Ex4_08 或 Ex4_09 中，从 switch 语句移除 break 语句，查看会发生什么情况，可以演示 break 语句的本质。可以发现，移除了某个 case 标签的 break 语句后，它下面的 case 标签的代码也会执行。这种现象被称为贯穿(fallthrough)，因为在某种意义上，我们"贯穿"到下一个 case。

很多时候，缺失 break 语句是疏忽大意的缘故，说明存在 bug。为了演示这一点，我们回到前面的彩票号码示例：

```
switch (ticket_number)
{
case 147:
  std::cout << "You win first prize!" << std::endl;
case 387:
  std::cout << "You win second prize!" << std::endl;
  break;
case 29:
  std::cout << "You win third prize!" << std::endl;
  break;
default:
  std::cout << "Sorry, you lose." << std::endl;
  break;
}
```

注意，这一次第一个 case 的 break 语句被"不小心"丢掉了。如果现在执行这个 switch 语句，使 ticket_number 等于 147，则输出如下所示：

```
You win first prize!
You win second prize!
```

因为 ticket_number 等于 147，switch 语句会跳转到对应的 case，说明顾客赢得了头等奖。但是，因为没有 break 语句，下一个 case 标签的语句也会执行，消息指出顾客也赢得了二等奖。显然，忽略这个 break 语句是疏忽的结果。事实上，大多数时候，贯穿代表存在 bug，所以如果非空的 switch case 没有跟上一个 break 语句或 return 语句，许多编译器会发出警告。空的 switch case(如示例 Ex4_09 中用来检查元音的那些 case)是很常见的，编译器不会发出警告。

但是，贯穿并不一定总是意味着存在错误。有时，故意写一个利用贯穿行为的 switch 语句会很有用。假设在彩票号码示例中，有许多号码能够赢得二等奖和三等奖(分别为两个号码和三个号码)，而赢得三等奖的某个号码会获得额外奖励。我们可以像下面这样实现该逻辑：

```
switch (ticket_number)
{
case 147:
  std::cout << "You win first prize!" << std::endl;
  break;
case 387:
case 123:
  std::cout << "You win second prize!" << std::endl;
  break;
case 929:
  std::cout << "You win a special bonus prize!" << std::endl;
case 29:
case 78:
  std::cout << "You win third prize!" << std::endl;
  break;
default:
  std::cout << "Sorry, you lose." << std::endl;
  break;
}
```

这里的思想是，如果 ticket_number 等于 929，则结果应该如下所示：

```
You win a special bonus prize!
You win third prize!
```

如果号码是 29 或 78，只会赢得三等奖。对于这种代码，令人烦恼的地方是，尽管在这里贯穿并不是错误，但是编译器还是可能发出贯穿警告。而作为有自尊心的程序员，我们希望编译的程序里没有任何警告。一种方法是重写代码，加上赢得三等奖的输出语句。但一般来说，我们应该避免重复代码。那么，还有什么办法呢？

幸运的是，C++17 中添加了一个新的语言功能，可告诉编译器和阅读代码的人，我们在某个地方故意使用了贯穿行为：在原本会编写 break 语句的地方，添加一个[[fallthrough]]语句：

```
switch (ticket_number)
{
...
case 929:
  std::cout << "You win a special bonus prize!" << std::endl;
```

```
  [[fallthrough]];
case 29:
case 78:
  std::cout << "You win third prize!" << std::endl;
  break;
...
}
```

对于空的 case，例如对应于号码 29 的 case，也可以使用[[fallthrough]]，但并不是必须这么做。对于这种情况，编译器本来就不会发出警告。

4.7　语句块和变量作用域

switch 语句一般在花括号中包含自己的语句块，其中包括 case 语句。if 语句也常在花括号中包含条件为 true 时执行的语句，其 else 部分也可以包含花括号。注意这些语句块与定义变量作用域时涉及的其他语句块没有任何区别。在语句块中声明的任何变量都会在该语句块结束时自动消失，所以不能在语句块外引用它们。

例如，考虑下面这个很随意的计算：

```
if (value > 0)
{
  int savit {value - 1};   // This only exists in this block
  value += 10;
}
else
{
  int savit {value + 1};   // This only exists in this block
  value -= 10;
}
std::cout << savit;        // This will not compile! savit does not exist
```

最后的输出语句会得到一条编译错误消息，因为此时变量 savit 未定义。在语句块中定义的任何变量都只能在该语句块中使用。如果要在语句块的外部访问语句块内的数据，就必须把存储该信息的变量定义在语句块的外部。

switch 语句块中的变量定义必须能在执行该语句块时访问，不能通过跳转到相同作用域内位于变量声明之后的 case 来绕过该定义，否则代码就不会编译。读者现在可能还不理解这句话的意义。查看一个示例就容易理解多了。以下代码演示了 switch 语句块中的非法声明：

```
int test {3};
switch (test)
{
  int i {1};                // ILLEGAL - cannot be reached

case 1:
  int j {2};                // ILLEGAL - can be reached but can be bypassed
  std::cout << test + j << std::endl;
  break;

  int k {3};                // ILLEGAL - cannot be reached

case 3:
{
```

```
  int m {4};                    // OK - can be reached and cannot be bypassed
  std::cout << test + m << std::endl;
  break;
}
default:
  int n {5};                    // OK - can be reached and cannot be bypassed
  std::cout << test + n << std::endl;
  break;
}
std::cout << j << std::endl;  // ILLEGAL - j doesn't exist here
std::cout << n << std::endl;  // ILLEGAL - n doesn't exist here
```

在这个 switch 语句中，只有两个变量定义(即 m 和 n 的定义)是合法的。首先，合法的定义必须可以在该语句块的正常执行过程中访问，而变量 i 和 k 的定义就不是这样。其次，不能绕过变量的定义进入该变量的作用域，变量 j 就是这样。如果执行跳转到 case 3 或 default case，就跳过了变量 j 的实际定义，而进入该变量的作用域。这是非法的。但变量 m 的作用域是其声明到语句块的结尾，所以这个声明不能被绕过。由于在 default case 之后没有其他 case，因此不能绕过变量 n 的声明。注意，并不是因为 n 在 default case 中声明所以才合法；即便在 default case 之后还有其他 case，n 的声明也是非法的。

初始化语句

考虑下面的代码段：

```
auto lower{ static_cast<char>(std::tolower(input)) };
if (lower >= 'a' && lower <= 'z') {
  std::cout << "You've entered the letter '" << lower << '\'' << std::endl;
}
// ... more code that does not use lower
```

我们将 input 字符转换为小写字符 lower，然后使用转换结果来检查输入是不是一个字符，如果是，就生成一些输出。这里只是为了进行演示，所以不考虑我们能够甚至原本应该使用的可移植的 std::isalpha()函数。本章已经讨论过原因。这个例子要表达的关键点是，lower 变量只在 if 语句中使用，之后的任何代码都不再使用该变量。一般来说，将变量的作用域限制到使用它们的区域，被认为是一种良好的编码风格，即使这意味着要像下面这样添加额外的作用域：

```
{
  auto lower{ static_cast<char>(std::tolower(input)) };
  if (lower >= 'a' && lower <= 'z') {
    std::cout << "You've entered the letter '" << lower << '\'' << std::endl;
  }
}
// ... more code (lower does not exist here)
```

这么做的结果是，对于剩余代码来说，似乎 lower 变量从未存在过。引入一个额外的作用域(和缩进)将局部变量绑定到 if 语句，这种模式相当常见，以至于 C++17 专门引入了一种新的语法。这种语法的一般形式如下所示：

```
if (initialization; condition) ...
```

在计算 condition 表达式(即 if 语句的布尔表达式)之前，会先执行 initialization(初始化语句)。这种初始化语句主要用于声明 if 语句的局部变量。因此，前面的示例可以重写为下面的语句：

```
if (auto lower{ static_cast<char>(std::tolower(input)) }; lower >= 'a' && lower <= 'z') {
```

C++20 实践入门 (第6版)

```
    std::cout << "You've entered the letter '" << lower << '\'' << std::endl;
  }
// ... more code (lower does not exist here)
```

在初始化语句中声明的变量可用在 if 语句的条件表达式中,以及 if 的语句或语句块中。对于 if-else 语句,还可以用在 else 的语句或语句块中。但是对于 if 或 if-else 语句之后的代码来说,这些变量好像从来没有存在过。

为了完整起见,C++还为 switch 语句添加了一种类似的语法:

```
switch (initialization; condition) { ... }
```

注意: 这些扩展的 if 和 switch 语句相对较新(这种语法在 C++17 中引入),还没有被 C++开发人员所熟知,而使用陌生的语法可能影响代码的可读性。因此,如果在一个团队中工作,则应该先与同事进行确认,然后决定是否想要在代码库中使用这种语法。另一方面,如果没有引领趋势的人使用新的语法,新语法又怎么能被人接受?

4.8 本章小结

本章给程序添加了决策功能,介绍了 C++中所有决策语句的工作原理。本章介绍的决策语句的主要元素包括:

- 可以使用比较运算符比较两个值,得到一个 bool 类型的值,它可以是 true 或 false。
- 可以把布尔值强制转换为整数类型——将 true 强制转换为 1,将 false 强制转换为 0。
- 可以把数值强制转换为 bool 类型——将 0 强制转换为 false,将非 0 值强制转换为 true。在需要布尔值的地方使用数值,例如在 if 条件中,编译器就会自动把数值隐式转换为 bool 类型。
- if 语句可以根据条件表达式的值执行一个语句或语句块。如果条件是 true,就执行语句或语句块。如果条件是 false,就不执行。
- 如果条件是 true,if-else 语句就执行一个语句或语句块。如果条件为 false,就执行另一个语句或语句块。
- if 和 if-else 语句可以嵌套。
- 逻辑运算符&&、||和!用于连接形成更复杂的逻辑表达式。这些运算符的参数必须是布尔值,或是可以转换为布尔值的值(如整型值)。
- 条件运算符?:根据布尔表达式的值,选择两个值中的一个。
- switch 语句可以根据整型或枚举类型表达式的值,从一组固定的选项中选择一个。

4.9 练习

下面的练习用于巩固本章学习的知识点。如果有困难,可以回过头重新阅读本章的内容。如果仍然无法完成练习,可以从 Apress 网站(www.apress.com/source-code/)下载答案,但只有别无他法时才应该查看答案。

1. 编写一个程序,提示用户输入两个整数,然后使用 if-else 语句输出一条消息,说明这两个整数是否相等。

2. 编写一个程序,提示用户输入两个整数,但是拒绝任何负数或0。然后,检查其中一个正数是不是另一个正数的倍数。例如,63 是 1、3、7、9、21 或 63 的倍数。注意,应该允许用户以任意顺序输入数字。即用户先输入大数还是小数并不重要，程序在两种情况下都应该正确工作！

3. 创建一个程序，提示用户输入一个介于 1 和 100 之间的数字(允许输入小数)。使用嵌套的 if 语句判断该数字是否在设定的范围之内。如果是，再判断该数字是否大于、小于或等于 50。程序应输出相应的信息。

4. 本章前面提到寻找 "年龄在 21 和 35 岁之间、拥有学士或硕士学历、未婚、说印地语或乌尔都语的女性"。编写一个程序，提示用户输入自己的情况，然后输出她们是否满足这些具体的要求。为此，需要定义一个整型变量 age，一个字符型变量 gender(用 m 代表男性，用 f 代表女性)，一个枚举类型 AcademicDegree(可能的取值包括 none、associate、bachelor、professional、master、doctor)的变量 degree，以及三个布尔变量 married、speaksHindi 和 speaksUrdu。模拟网上面试，要求申请人填写这些变量。输入无效值的那些人当然不满足条件，应当尽早排除在外(即在输入任何无效值后立即排除他们；在标准的 C++中，仍然不能在输入这些无效值之前预先排除他们)。

5. 在 Ex4_07.cpp 中，在 main()函数的末尾添加一些代码，输入一条额外消息。如果只有一只老鼠，输入这种形式的一条消息：It is a brown/white mouse。如果有多只老鼠，则编写一条语法上正确的消息，形式如下：Of these mice, N is a/are brown mouse/mice。如果没有老鼠，则不需要输出新消息。恰当地混合使用条件运算符和 if/else 语句。

6. 编写一个程序，仅使用条件运算符确定输入的整数是不是 20 或小于 20；大于 20 且不大于 30；大于 30 但不超过 100；或者大于 100。

7. 编写一个程序，提示用户输入一个字母。使用标准库函数判断它是否为元音字母，是否为小写字母，输出结果。最后，输出小写字母，再把其字符编码输出为一个二进制值。

提示：尽管 C++支持二进制整型字面量(形如 0b11001010，参见第 2 章)，但 C++流不支持用二进制格式输出整数值。除了默认的十进制格式，它们仅支持十六进制和八进制格式。例如，对于 std::cout，可以使用<ios>中定义的 std::hex 和 std::oct 输出操作程序。但是，要用二进制格式输出字符，就需要自己编写一些代码。不过，实现起来不会太难。还记得吗？一个字符通常只有 8 个位，在没有学习循环(第 5 章介绍)之前，可以用流一次输出其中的一个位。可能这些二进制整型字面量也会有帮助，不然我们为什么要在这个提示的一开始就提到它们？

8. 编写一个程序，提示用户输入介于 0 美元和 10 美元之间的钱款(允许使用小数)。其他任何数额都会被拒绝。判断输入的钱款分别包含多少个 25 美分、10 美分、5 美分和 1 美分。读者需要知道 1 美元($)等于 100 美分(c)。把该信息输出到屏幕上，并确保输出结果在语法上是正确的(例如，如果只需要 1 角，输出就应写为 1 dime，而不是 1 dimes)。

第 5 章

数组和循环

数组允许用单个名称(数组名)处理类型相同的几个数据项。这项需求很常见，例如，处理一组温度值或一组人的年龄。循环是编程中的另一个基本要素。它允许对一个或多个语句重复执行应用程序所需要的次数。对于大多数程序来说，循环都是必不可少的。例如，用计算机计算公司员工的薪水，没有循环是不可能完成的。有几种方式可用来实现循环。这些方式在应用程序中都有特定的用途。

本章主要内容
- 数组的概念和创建方法
- 如何使用 for 循环
- while 循环的工作原理
- do-while 循环的优点
- 循环中的 break 语句和 continue 语句的作用
- 如何使用嵌套的循环
- 如何创建和使用数组容器
- 如何创建和使用向量容器

5.1 数组

前面创建的所有变量都可以存储指定类型的一个数据项，例如整数、浮点值、字符、布尔值等。数组可以存储相同类型的多个数据项。可以创建整数数组或字符数组(实际上，可以创建任何数据类型的数组)，只要有可用的内存，数组就可以存储任何类型的数据。

使用数组

数组是表示一系列内存空间的变量，每个内存空间都可以存储相同类型的一个数据项。例如，假定编写了一个程序，用来计算一年温度的平均值。现在要扩展这个程序，计算比该平均值高的温度有多少个，比该平均值低的温度有多少个。此时需要保存初始的示例数据，但在一个变量中存储每个数据项，程序就会很烦琐，而且不切实可行。使用数组就可以很轻松地完成这个任务。可以在下面的数组中存储 366 个温度值：

```
double temperatures[366]; // Define an array of 366 temperatures
```

这个语句定义了一个 double 类型的数组，其名称是 temperatures，有 366 个值。把数据值称为元素，把在方括号中指定的元素个数称为数组的大小。数组元素没有在这个语句中初始化，所以它们包含垃圾值。

　　数组的大小必须用常量整数表达式来指定。编译器在编译时能够计算的任何整数表达式都可以用来指定数组的大小，不过最常用的是整数字面量，或是使用字面量进行初始化的 const 整型变量。

　　使用一个整数可以引用数组元素，把该整数称为数组的索引。数组元素的索引是指该元素与数组中第一个元素的偏移值。第一个元素的偏移值是 0，因此其索引是 0，索引值为 3 表示数组中的第 4 个元素——与第一个元素偏移 3 个元素。要引用元素，可以在数组名后面的方括号中放置其索引。要把 temperatures 数组的第 4 个元素设置为 99.0，可以使用下面的语句：

```
temperatures[3] = 99.0; // Set the fourth array element to 99
```

　　虽然包含 366 个元素的数组很好地说明了对数组的需求(想想看，要定义 366 个变量会多么麻烦)，但是要用图形演示这么多元素并不容易。因此，下面看看另一个数组。

```
unsigned int height[6]; // Define an array of six heights
```

　　在执行这个定义语句时，编译器为这 6 个 unsigned int 类型的值分配 6 个连续的存储位置。height 数组中的每个元素都包含不同的值。因为 height 数组的定义没有为数组指定初始值，所以其元素包含的是垃圾值(类似于创建一个 unsigned int 类型的变量，但不为其指定初始值)。下面的语句定义了带初始值的数组：

```
unsigned int height[6] {26, 37, 47, 55, 62, 75}; // Define & initialize array of 6 heights
```

　　初始化列表包含 6 个用逗号隔开的值。这些值可能是某个家庭中所有成员的身高，其单位是英寸。每个数组元素都按顺序被赋予列表中的一个初始值，所以元素具有如图 5-1 所示的值。图 5-1 中的每个框都表示保存数组元素的一个内存位置。该数组中有 6 个元素，其索引是 0(表示第一个元素)到 5(表示最后一个元素)。每个元素都可以通过上面的表达式来引用。

Height[0]	Height[1]	Height[2]	Height[3]	Height[4]	Height[5]
26	37	47	55	62	75

图 5-1　有 6 个元素的数组

■ **注意**：数组的类型决定了存储每个数组元素所需的内存量。数组的所有元素都存储在一个连续的内存块中。因此如果 unsigned int 类型的值在计算机上需要 4 字节，则 height 数组就要占用 24 字节。

　　初始化列表中值的个数不能超过数组的元素个数，否则该语句不会编译。初始化列表中值的个数可以少于数组的元素个数，此时没有提供初始值的元素就初始化为 0(对于 bool 元素数组则为 false)。例如：

```
unsigned int height[6] {26, 37, 47}; // Element values: 26 37 47 0 0 0
```

　　前 3 个元素具有初始化列表中指定的值。后 3 个元素的值是 0。要把所有元素初始化为 0，可以仅使用空的初始化列表：

```
unsigned int height[6] {}; // All elements 0
```

　　要定义其元素值不能被修改的数组，只需要在类型前面加上关键字 const。下面定义了一个包含 6 个 unsigned int 常量的数组：

```
const unsigned int height[6] {26, 37, 47, 55, 62, 75}
```

编译器将阻止修改这 6 个数组元素中的任何一个(无论是赋值、递增还是其他修改)。

参与算术表达式的数组元素与其他变量一样,可以用下面的语句计算 height 数组中前 3 个元素的总和:

```
unsigned int sum {};
sum = height[0] + height[1] + height[2]; // The sum of three elements
```

在表达式中,数组的每个元素可以像普通的整数变量那样操作。如前所述,数组元素可以放在赋值运算符的左边,以设置新值,所以可以在赋值语句中把一个元素的值复制给另一个元素,例如:

```
height[3] = height[2]; // Copy 3rd element value to 4th element
```

但是,不能利用赋值语句把整个数组的所有元素值复制到另一个数组的元素,只能操作数组中的各个元素。因此,要将一个数组的值复制到另一个数组中,就必须一次复制一个值。此时需要使用循环。

5.2 理解循环

循环是一种机制,它允许重复执行一个或一组语句,直到满足指定的条件为止。循环有两个基本元素:组成循环体的、要重复执行的语句或语句块,以及决定何时停止重复循环的循环条件。将循环体执行一次称为一次迭代。

循环条件有许多不同的形式,提供了控制循环的不同方式。例如,循环条件可以:

- 执行循环,次数为指定的次数。
- 循环一直执行到给定的值超过另一个值为止。
- 循环一直执行到从键盘上输入某个字符为止。
- 为一个元素集合中的每个元素执行循环。

可以设置循环条件,以适应使用循环的环境。循环有如下变体。

- for 循环:使循环体执行给定的次数,但有极大的灵活性。
- 基于范围的 for 循环:为一个元素集合中的每个元素执行一次迭代。
- while 循环:只要指定的条件为 true,while 循环就继续执行。条件在迭代开始时检查,所以如果条件开始时就是 false,就不执行循环迭代。
- do-while 循环:只要给定的条件为 true,do-while 循环就继续执行。do-while 循环与 while 循环不同,因为它在迭代结束时检查条件,所以 do-while 循环中的语句至少要执行一次。

下面先介绍 for 循环的工作原理。

5.3 for 循环

for 循环主要用于对语句或语句块执行预知的次数,但也可以用于其他方式。可以使用以分号分隔的 3 个表达式来控制 for 循环,这 3 个表达式放在关键字 for 后面的圆括号中,如图 5-2 所示。

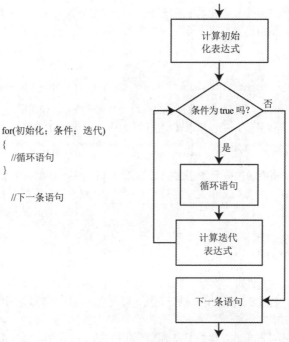

图 5-2   for 循环的逻辑

控制 for 循环的任一表达式或所有表达式都可以省略，但分号必须有。本章后面将探讨省略表达式的原因和场合。初始化表达式只在循环的开始处计算一次。接着检查循环条件，如果它是 true，就执行循环语句或语句块。如果循环条件是 false，就跳过循环语句，执行循环后面的下一条语句。每次执行了循环语句或语句块后，就计算迭代表达式，之后再次检查循环条件，看看是否继续循环。

在 for 循环的一般用法中，第一个表达式用于初始化一个计数器，第二个表达式用于检查这个计数器是否达到给定的极限，第三个表达式用于递增这个计数器。例如，下面的语句把一个数组的元素复制到另一个数组：

```
double rainfall[12] {1.1, 2.8, 3.4, 3.7, 2.1, 2.3, 1.8, 0.0, 0.3, 0.9, 0.7, 0.5};
double copy[12] {};
for (size_t i {}; i < 12; ++i) // i varies from 0 to 11
{
  copy[i] = rainfall[i]; // Copy ith element of rainfall to ith element of copy
}
```

第一个表达式把 i 定义为 size_t 类型，初始值是 0。sizeof 运算符返回 size_t 类型的值，size_t 类型是一个常用的不带符号的整数类型，一般用于计算对象的大小和计数。i 用于索引数组，所以使用 size_t 是有意义的。第二个表达式是循环条件，只要 i 小于 12，循环条件就是 true，循环在 i 小于 12 时继续执行。i 等于 12 时，该表达式是 false，所以循环结束。第三个表达式在每次循环迭代的末尾递增 i，所以 i 的值从 0 变到 11 时，就执行把 rainfall 中的第 i 个元素复制到 copy 中的循环语句块。

■ 注意：size_t 并不是内置的基本类型名称，如 int、long 或 double，而是标准库定义的一个类型别名。更具体而言，它是某个不带符号的整数类型的别名，并且足够大，能够容纳编译器支持的任何类型 (包括数组)。别名在 <cstddef> 模块以及其他一些模块中定义。但在实际应用中，大多数时候不需要显式地导入这些模块，就能使用 size_t 别名；通过导入其他更高级的模块(例如，我们的大部分示例使用的<iostream>模块)，常常已经间接定义了这个别名。

■ **警告**：编译器不会检查数组索引值是否有效。程序员需要自己确保引用的元素不会超出数组边界。如果使用超出数组有效范围的索引值来存储数据，那么可能会无意中重写内存中的数据，或者导致所谓的段错误(segmentation fault)或非法访问(access violation)。这两个术语的含义是相同的，指操作系统在检测到未授权的内存访问时引发的错误。无论是哪种情况，程序几乎一定会异常结束。

同往常一样，编译器也会忽略 for 语句中的所有空白。另外，如果循环体只包含一条语句，花括号就是可选的。因此，可以把前面的 for 循环重写为如下形式：

```
for( size_t i {} ; i<12 ; ++i ) // i varies from 0 to 11
  copy[i] = rainfall[i]; // Copy ith element of rainfall to ith element of copy
```

本书采用的约定是在 for 关键字后加上一个空格(以区分循环与函数调用)，在两个分号之前不加空格(这与其他语句一样)，并且一般会加上花括号，即使循环体中只包含一条语句(以更清晰地表示循环体)。当然，读者可以采用自己最喜欢的编码风格。

在 for 循环的初始化表达式中定义变量(例如 i)是合法的，也非常常见。此外，还有一些重要的意义。循环定义了一个作用域。循环语句或语句块，包括控制循环的任意表达式，都在循环的作用域内。在循环的作用域内声明的任何自动变量，在循环的外部都不存在。因为 i 在第一个表达式中定义，所以它是循环的局部变量，循环结束时，i 就不再存在。如果希望在循环结束后仍能访问循环控制变量，可在循环之前定义它，如下所示：

```
size_t i {};
for (i = 0; i < 12; ++i)   // i varies from 0 to 11
{
  copy[i] = rainfall[i];   // Copy ith element of rainfall to ith element of copy
}
// i still exists here...
```

接着就可以在循环后访问 i，此时其值是 12。i 在定义时被初始化为 0，所以第一个循环控制表达式就是多余的。可以忽略任意循环控制表达式，所以循环可以写作：

```
size_t i {};
for ( ; i < 12; ++i) // i varies from 0 to 11
{
  copy[i] = rainfall[i]; // Copy ith element of rainfall to ith element of copy
}
```

循环的工作情况与前面相同。本章后面将讨论省略其他循环控制表达式的情况。

■ **注意**：第 4 章结束时提到，C++17 为 if 和 switch 语句的初始化语句引入了一种新的语法。这些初始化语句参考了 for 循环的初始化语句，所以二者非常类似。唯一的区别在于，在 for 循环中省去初始化语句时，不能省去第一个分号。

5.4 避免幻数

上述代码段存在的一个小问题是数组的大小 12 涉及"幻数(magic number)"。假设有人新造出第

13 个月份 Undecimber，需要添加该月份的降雨量值。此时，很可能在增加了 rainfall 数组的大小后，忘记更新 for 循环中使用的 12。bug 就是这样出现的。

更安全的方法是给数组的大小定义一个 const 变量，用它替代显式值：

```
const size_t size {12};
double rainfall[size] {1.1, 2.8, 3.4, 3.7, 2.1, 2.3, 1.8, 0.0, 0.3, 0.9, 0.7, 0.5};
double copy[size] {};
for (size_t i {}; i < size; ++i)   // i varies from 0 to size-1
{
  copy[i] = rainfall[i];                 // Copy ith element of rainfall to ith element of copy
}
```

这不容易出错，显然，size 是指两个数组中元素的个数。

■ **注意：**如果同一个常量值分散在代码的不同地方，很容易忘记在某些地方进行更新，从而导致出错。因此，只应该定义幻数或任何常量一次。如果之后需要修改常量，只需要在一个地方进行修改。

下面在一个完整的例子中试用 for 循环：

```
// Ex5_01.cpp
// Using a for loop with an array
import <iostream>;

int main()
{
  const unsigned size {6};                    // Array size
  unsigned height[size] {26, 37, 47, 55, 62, 75};  // An array of heights

  unsigned total {};                          // Sum of heights
  for (size_t i {}; i < size; ++i)
  {
    total += height[i];
  }

  const unsigned average {total/size};        // Calculate average height
  std::cout << "The average height is " << average << std::endl;

  unsigned count {};
  for (size_t i {}; i < size; ++i)
  {
    if (height[i] < average) ++count;
  }
  std::cout << count << " people are below average height." << std::endl;
}
```

输出如下：

```
The average height is 50
3 people are below average height.
```

height 数组的定义使用 const 变量指定元素个数。size 变量也用作两个 for 循环中控制变量的上限。第一个 for 循环依次迭代每个 height 元素，把它的值加到 total 中。循环变量 i 等于 size 时，循环结束，执行循环后面的语句，该语句定义了 average 变量，其初始值是 total 除以 size 的结果。

输出平均高度后，第二个 for 循环迭代数组中的元素，比较每个值和 average。每次元素小于 average 时，就递增 count 变量，所以在循环结束时，count 变量的值小于 average。

可以用下面的语句替换循环中的 if 语句：

```
count += height[i] < average;
```

这是有效的，因为比较操作返回的布尔值会被隐式转换为整数。值 true 被转换为 1，false 被转换为 0，所以 count 仅在比较结果为 true 时递增。虽然新代码很巧妙，但是需要做解释才能明白其用途，仅这一项就决定了应该使用原始的 if 语句。首选的总是那些更容易理解的代码，而不是巧妙的代码[1]。

5.5 用初始化列表定义数组的大小

在数组的定义中提供一个或多个初始值，就可以忽略数组的大小。元素的个数就是初始值的个数。例如：

```
int values[] {2, 3, 4};
```

这条语句定义了一个数组，它包含 3 个 int 类型的元素，其初始值分别是 2、3 和 4。该语句等价于：

```
int values[3] {2, 3, 4};
```

忽略数组大小的优点是，数组的大小不会出错，编译器会自动确定它。

5.6 确定数组的大小

前面介绍了如何定义一个常量来初始化数组的大小，从而避免给数组的元素个数使用幻数。让编译器根据初始化列表确定元素个数时，也不希望给数组的大小指定幻数。在必要时，需要一种确定数组大小的验证方法。

最简单也是推荐使用的方法是使用标准库的<array>模块中提供的 std::size()函数[2]。假设定义下面的数组：

```
int values[] {2, 3, 5, 7, 11, 13, 17, 19, 23, 29};
```

然后，就可以使用 std::size(values)表达式来获得数组的大小 10。

■ 注意：std::size()函数不只用于数组，还可以用来获得标准库定义的任何元素集合的大小，包括本章后面将介绍的 std::vector<>和 std::array<>容器。

这个方便的 std::size()函数是在 C++17 中添加到标准库的，之前，人们常使用一种基于 sizeof 运算符的方法。第 2 章提到，sizeof 运算符返回变量占用的字节数，它适用于整个数组和单个数组元素。因此，sizeof 运算符提供了确定数组中元素个数的方法，只需要用数组的大小除以单个元素的大小即可。下面演示这两种方法。

---

1 有时"聪明的"C++程序员会使用这样的语句：count += height[i] < average;。原因是，他们认为这样的语句要比原来的条件语句 if (height[i] < average) ++count; 运行得更快。因为原来的语句包含所谓的分支语句。事实上，任何好的编译器都会以类似的方式重写代码。我们的建议是，将"聪明的"工作交给编译器完成，程序员首先应该编写正确的、清晰可读的代码。

2 从技术角度看，std::size()主要在<iterator>模块中定义。但这是一个非常常用的函数，所以标准库保证了在导入<array> 模块(以及其他几个模块)时，也可以使用 std::size()。因为我们主要对数组使用 std::size()，所以我们认为，记住导入<array>模块要比记住导入<iterator>模块更容易。

```
// Ex5_02.cpp
// Obtaining the number of array elements
import <iostream>;
import <array>; // for std::size()

int main()
{
  int values[] {2, 3, 5, 7, 11, 13, 17, 19, 23, 29};

  std::cout << "There are " << std::size(values) << " elements in the array.\n";

  int sum {};
  const size_t old_school_size = sizeof(values) / sizeof(values[0]);
  for (size_t i {}; i < old_school_size; ++i)
  {
    sum += values[i];
  }
  std::cout << "The sum of the array elements is " << sum << std::endl;
}
```

这个示例的输出如下:

```
There are 10 elements in the array.
The sum of the array elements is 129
```

编译器会通过数组定义中初始值的数量来确定 values 数组的元素个数。在第一个输出语句中, 使用了 std::size()函数, 这样做既清楚又简单。对于 old_school_size 变量, 使用 sizeof 运算符计算数组元素的个数, 这样做不清楚也不简单。sizeof(values)表达式会计算出整个数组占用的字节数。sizeof(values[0])表达式则计算出一个元素占用的字节数。使用哪一个元素都可以, 但一般选择第一个元素。右边的表达式 sizeof(values)/sizeof(values[0])将整个数组占用的字节数除以一个元素占用的字节数, 得到数组的元素个数。

显然, std::size()使用起来比原来的基于 sizeof 的表达式更容易理解。因此, 只要有可能, 就应该总是使用 std::size(); 当然也可坚持使用 std::array<>对象。

for 循环自身确定数组元素的和。循环控制表达式不需要具有特定的形式。前面已经看到, 可以省略第一个循环控制表达式。在本例的 for 循环中, 也可以在第三个循环控制表达式中累加元素的和。循环将如下所示(也使用所推荐的 std::size()函数):

```
int sum {};
for (size_t i {}; i < std::size(values); sum += values[i++]);
```

第三个循环控制表达式现在完成两个任务: 把索引为 i 的元素值加到 sum 中, 再递增控制变量 i。注意, 前面使用前缀++运算符递增 i, 现在则使用后缀++运算符递增 i。这是必需的, 以确保先把通过 i 选择的元素值加到 sum 中, 再递增 i。如果使用前缀形式, 元素和就会得到错误的结果, 还会使用无效的索引值访问超过数组边界的内存。

行尾的单个分号是循环体的空语句。一般来说, 应该留意这种情况, 不应该在循环体的前面加上分号。但是, 本例能够采用这种形式, 因为所有的计算都在循环控制表达式中完成。编写循环体为空的 for 循环还有一种更清晰的方式:

```
int sum {};
for (size_t i {}; i < std::size(values); sum += values[i++]) {}
```

■ **警告**: 在 for 循环的递增表达式(圆括号中的第三个部分, 也是最后一个部分)中, 执行除了递增循环索引变量之外的操作, 至少是很不寻常的。在本例中, 更常见的做法是在循环体中更新 sum 变量, 如示例 Ex5_02 那样。这里展示不同的形式, 只是为了说明原则上可以实现的功能。一般来说, 总是应该首选传统的、清晰的代码, 而不是简洁而聪明的代码。

5.7 用浮点数控制 for 循环

前面使用 for 循环的例子都是用整型变量控制循环,但通常还可以使用自己喜欢的变量控制循环。下面的代码段就使用了浮点数控制循环:

```
for (double radius {2.5}; radius <= 20.0; radius += 2.5)
{
  std::cout << std::format("radius = {:4.1f}, area = {:7.2f}\n",
                  radius, std::numbers::pi * radius * radius);
}
```

这个循环用 radius 变量控制, 其类型是 double。它的初始值是 2.5, 每次循环迭代时都会递增, 直到其值超过 20.0 为止, 此时循环结束。循环语句利用标准公式πr^2, 根据 radius 变量的当前值计算圆的面积, 其中 r 是圆的半径。使用:4.1f 和:7.2f 格式规范给每个输出值指定固定的宽度(4 和 7) 与精度 (1 和 2)。固定的宽度可以确保输出值垂直对齐(默认情况下, 值是右对齐的), 精度控制小数点后的小数位数。后缀 f 表示以定点数的形式显示浮点数, 因此不允许采用指数表示法。

在使用浮点变量控制 for 循环时应小心。小数部分的值可能不能用二进制浮点数准确地表示, 这会导致一些意想不到的负面效应, 如下面的完整例子所示。

```
// Ex5_03.cpp
// Floating-point control in a for loop
import <format>;
import <iostream>;
import <numbers>;

int main()
{
  const size_t values_per_line {3}; // Outputs per line
  size_t values_current_line {}; // Number of outputs on current line
  for (double radius {0.2}; radius <= 3.0; radius += 0.2)
  {
    const auto area = std::numbers::pi * radius * radius;
    std::cout << std::format("radius = {:4.2f}, area = {:5.2f}; ", radius, area);
    if (++values_current_line == values_per_line) // When enough values written...
    {
      std::cout << std::endl; // ...start a new line...
      values_current_line = 0; // ...and reset the line counter
    }
  }
  std::cout << std::endl;
}
```

在笔者的系统上, 该程序的输出如下所示:

```
radius = 0.20, area = 0.13; radius = 0.40, area = 0.50; radius = 0.60, area = 1.13;
radius = 0.80, area = 2.01; radius = 1.00, area = 3.14; radius = 1.20, area = 4.52;
radius = 1.40, area = 6.16; radius = 1.60, area = 8.04; radius = 1.80, area = 10.18;
```

```
radius = 2.00, area = 12.57; radius = 2.20, area = 15.21; radius = 2.40, area = 18.10;
radius = 2.60, area = 21.24; radius = 2.80, area = 24.63;
```

循环包含一个 if 语句，它在每行上输出 3 个值集。列表的最后应列出半径为 3.0 时圆的面积，毕竟，循环被指定为只要 radius 小于或等于 3.0 就继续执行，但在最后，radius 的值显示为 2.8，什么地方出问题了？

循环结束得比预期早，因为把 0.2 加到 2.8 时，结果大于 3.0。错误原因是把 0.2 表示为二进制浮点数时存在一个非常小的错误，不能把 0.2 准确地表示为二进制浮点数。错误出在精度的最后一位上，如果编译器对 double 类型支持 15 位精度，错误就出现在 10^{-15} 那一位上。通常，这是不会出错的，但这里要给 radius 连续加上 0.2，以得到准确的 3.0，而执行结果却不是这样。

修改循环，一行仅输出一个圆面积，显示 3.0 和 radius 的下一个值之差：

```cpp
for (double radius {0.2}; radius <= 3.0; radius += 0.2)
{
  std::cout << std::format("radius = {:4.2f}, area = {:5.2f}, delta to 3 = {}\n",
    radius,
    std::numbers::pi * radius * radius,
    ((radius + 0.2) - 3.0)
  );
}
```

在笔者的系统上，最后一行的输出如下所示：

```
radius = 2.80, area = 24.63, delta to 3 = 4.440892098500626e-16
```

正如所见，因为 radius + 0.2 大于 3.0，差值约为 4.44×10^{-16}，所以循环在下一次迭代之前就终止了。

■ **注意：** 任何数字，只要其分数部分的分母是奇数，就不能准确地表示为二进制浮点数。

虽然这个例子看起来有些学术性，但在实际应用中，舍入误差确实会引起类似的 bug。笔者记得自己见到的一个 for 循环的 bug 与示例 Ex5_03 中的类似。那个 bug 几乎导致一个价值超过 1 万美元的高价值硬件毁坏，原因仅仅是循环偶尔(并非总是)多运行了一次迭代。

■ **警告：** 比较浮点数很容易产生问题。当使用==、<=或>=直接比较浮点运算的结果时，应当十分小心。舍入错误几乎总是会使浮点值不能与数学上的精确值完全相等。

对于示例 Ex5_03 中的 for 循环，一个可选项是专门为控制循环引入一个整型计数器 i。另一个可选项是用一个考虑到舍入错误的条件来替换循环的条件。在本例中，使用 radius < 3.0 + 0.001 就可以起效果。并不是必须使用 0.001，使用比预期的舍入错误大，但是比循环的增量值 0.2 小的任何值都可以。该程序的更正版本保存在 Ex5_03A.cpp 中。大部分数学库和所谓的单元测试框架都提供了实用函数，以可靠的方式帮助比较浮点数。

5.8　使用更复杂的 for 循环控制表达式

在第一个 for 循环控制表达式中可以定义并初始化多个给定类型的变量。各个变量之间用逗号隔开。下面的示例使用了这种形式：

```cpp
// Ex5_04.cpp
```

```
// Multiple initializations in a loop expression
import <iostream>;
import <format>;

int main()
{
  unsigned int limit {};
  std::cout << "This program calculates n! and the sum of the integers "
            << "up to n for values 1 to limit.\n";
  std::cout << "What upper limit for n would you like? ";
  std::cin >> limit;

  // The format string for all rows of the table
  const auto table_format = "{:>8} {:>8} {:>20}\n";

  // Output column headings
  std::cout << std::format(table_format, "integer", "sum", "factorial");

  for (unsigned long long n {1}, sum {}, factorial {1}; n <= limit; ++n)
  {
    sum += n; // Accumulate sum to current n
    factorial *= n; // Calculate n! for current n
    std::cout << std::format(table_format, n, sum, factorial);
  }
}
```

这个程序计算从 1 到 n 的所有整数的总和，n 的取值为 1~limit，其中 limit 是用户输入的上限值。该程序还计算每个 n 的阶乘(整数 n 的阶乘写作 n!，就是把从 1 到 n 的所有整数乘在一起，例如 5!=1×2×3×4×5=120)。

最好不要给 limit 输入太大的值，因为阶乘会增长得非常快，很容易超出 unsigned long long 整数变量的取值范围。典型情况下，unsigned long long 能够表示的最大阶乘是 20!，即 2 432 902 008 176 640 000。注意，如果阶乘值在所分配的内存中放不下，系统也不会给出警告，只是得到的结果是错误的(读者可以测试一下 21!：该阶乘的正确结果是 51 090 942 171 709 440 000)。

这个程序的一般输出结果如下所示：

```
This program calculates n! and the sum of the integers up to n for values 1 to limit.
What upper limit for n would you like? 10
  integer      sum      factorial
        1        1              1
        2        3              2
        3        6              6
        4       10             24
        5       15            120
        6       21            720
        7       28           5040
        8       36          40320
        9       45         362880
       10       55        3628800
```

首先，显示提示后，通过键盘读取 limit 的值。给 limit 输入的值不大，所以 unsigned int 类型足够了。

接着，定义在打印表格行时使用的格式字符串。让每列的宽度都固定并强制其右对齐(使用>对齐选项)。仅对于表头，各列必须右对齐(表的其他部分也采用同样的格式字符串)：数字默认都是右对齐的，但大部分其他类型(包括字符串)默认都是左对齐的。

for 循环完成了所有工作。第一个循环控制表达式定义并初始化了 3 个 unsigned long long 类型的变量：n 是循环计数器，sum 存储从 1 加到 n 的整数和，factorial 存储 n!。

■ **注意**：if 和 switch 语句的可选初始化语句与 for 循环的初始化语句完全对应。所以在 if 和 switch 语句的初始化语句中，也可以同时定义多个同类型的变量。

逗号运算符

尽管逗号看起来像是一个分隔符，但实际上它是一个二元运算符。它可以把两个表达式组合到一个表达式中，组合后的表达式的结果就是其右操作数的结果。也就是说，只要能编写表达式，就可以编写用逗号隔开的一组表达式。例如，下面的语句：

```
int i {1};
int value1 {1};
int value2 {1};
int value3 {1};
std::cout << (value1 += ++i, value2 += ++i, value3 += ++i) << std::endl;
```

前 4 条语句把每个变量都初始化为 1。最后一条语句输出 3 个赋值表达式的结果，3 个赋值表达式用逗号运算符隔开。因为逗号运算符是左相关的，且在所有的运算符中优先级最低，所以该表达式的执行顺序为：

```
(((value1 += ++i), (value2 += ++i)), (value3 += ++i));
```

结果是，value1 递增 2，等于 3；value2 递增 3，等于 4；value3 递增 4，等于 5。复合表达式的值是该系列中最右边的表达式的值，所以输出的值应是 5。为了演示逗号运算符的效果，可以使用逗号运算符把这些计算组合到 Ex5_04.cpp 的第三个循环控制表达式中：

```
for (unsigned long long n {1}, sum {1}, factorial {1}; n <= limit;
                      ++n, sum += n, factorial *= n)
{
  std::cout << std::format(table_format, n, sum, factorial);
}
```

第三个循环控制表达式使用逗号运算符组合了 3 个表达式。第一个表达式像以前一样递增 n，第二个表达式把当前的 n 加到 sum 中，第三个表达式将 factorial 与当前的 n 相乘。先递增 n，再执行其余两个计算，在这里很重要。注意，这里还把 sum 初始化为 1，而在之前初始化为 0。原因在于，只有循环体执行完第一次以后，才会第一次执行第三个循环控制表达式。如果不做这种修改，第一次迭代将输出错误的 sum 值 0。如果用新的版本替换 Ex5_04.cpp 中的循环，然后再次运行程序，会看到其效果与前面一样(参见 Ex5_04A)。

5.9　基于范围的 for 循环

基于范围的 for 循环迭代一个值范围中的所有值。这会出现一个问题：范围是什么？数组是一个元素范围，字符串是一个字符范围。标准库提供的容器都是范围。本章后面会介绍两个标准库容器。

基于范围的 for 循环的一般形式如下：

```
for ([initialization;] range_declaration : range_expression)
  loop statement or block;
```

上面语句中的方框号仅用于引用，表示初始化部分是可选的。能够向基于范围的 for 循环添加初始化语句是 C++20 中新增的一个功能；除了初始化部分是可选的之外，它完全类似于常规的 for 循环。可以使用它初始化一个或多个变量，之后将初始化后的变量用于基于范围的 for 循环的其他部分。

range_expression 标识数据源的范围，range_declaration 标识了一个变量，它会被依次赋予范围中的每个值，在每次迭代时都会赋予一个新值。用一个例子来说明会比较清楚。考虑如下语句：

```
int values [] {2, 3, 5, 7, 11, 13, 17, 19, 23, 29};
int total {};
for (int x : values)
  total += x;
```

变量 x 在每次迭代中都会被赋予 values 数组中的一个值。它会被依次赋予 2、3、5 等。因此，循环会在 total 中累积 values 数组中所有元素的和。变量 x 是循环的局部变量，在循环的外部不存在。

初始化列表本身是一个有效的范围，所以甚至可以将前面的代码更简洁地编写为如下代码：

```
int total {};
for (int x : {2, 3, 5, 7, 11, 13, 17, 19, 23, 29})
  total += x;
```

当然，编译器知道 values 数组中元素的类型，所以可以编写如下循环，让编译器确定变量 x 的类型：

```
for (auto x : values)
  total += x;
```

使用 auto 关键字会让编译器推断出 x 的正确类型。auto 关键字在基于范围的 for 循环中很常见。这是迭代数组或其他范围中所有元素的一种非常好的方式。不需要知道元素的个数，循环机制会自动确定。

注意范围中的值被赋予范围变量 x，这表示不能通过修改 x 的值来修改 values 数组的元素。例如，下面的语句不能修改 values 数组中的元素：

```
for (auto x : values)
  x += 2;
```

这只是给局部变量 x 加 2，不是给数组元素加 2。存储在 x 中的值会在下一次迭代时被 values 数组的下一个元素值覆盖。下一章将学习如何使用一个引用变量修改基于范围的 for 循环中的值。

5.10　while 循环

while 循环使用逻辑表达式来控制循环体的执行。该循环的一般形式如图 5-3 所示。

这个流程图显示了 while 循环的逻辑。可使用任意表达式控制循环，只要该表达式计算为 bool 类型的值，或能隐式转换为 bool 类型。例如，如果循环条件表达式计算为一个数值，只要该值不是 0，循环就继续。如果该值是 0，循环就结束。

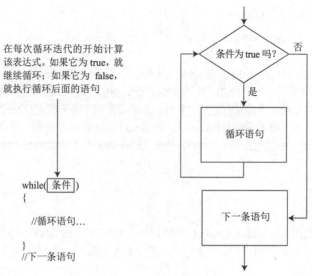

在每次循环迭代的开始计算
该表达式。如果它为 true，就
继续循环；如果它为 false，
就执行循环后面的语句

```
while( 条件 )
{
    //循环语句...

}
//下一条语句
```

图 5-3   while 循环的执行过程

可以实现使用 while 循环的 Ex5_04.cpp 版本，看看有什么区别：

```cpp
// Ex5_05.cpp
// Using a while loop to calculate the sum of integers from 1 to n and n!
import <iostream>;
import <format>;

int main()
{
  unsigned int limit {};
  std::cout << "This program calculates n! and the sum of the integers "
            << "up to n for values 1 to limit.\n";
  std::cout << "What upper limit for n would you like? ";
  std::cin >> limit;

  // The format string for all rows of the table
  const auto table_format = "{:>8} {:>8} {:>20}\n";

  // Output column headings
  std::cout << std::format(table_format, "integer", "sum", "factorial");

  unsigned int n {};
  unsigned int sum {};
  unsigned long long factorial {1ULL};

  while (++n <= limit)
  {
    sum += n;             // Accumulate sum to current n
    factorial *= n;       // Calculate n! for current n
    std::cout << std::format(table_format, n, sum, factorial);
  }
}
```

这个程序的输出与 Ex5_04.cpp 相同。变量 n、sum 和 factorial 在循环之前定义。这里变量的类型
可以不同，所以 n 和 sum 被定义为 unsigned int。可以存储在 factorial 中的最大值限制了计算，所以

factorial 的类型仍是 unsigned long long。因为计算的实现方式，所以将计数器 n 初始化为 0。将 while
循环条件递增 n，接着将新值与 limit 比较。只要条件是 true，循环就继续，所以 n 从 1 变到 limit 时，
循环都会执行。n 等于 limit +1 时，循环结束。循环体中的语句与 Ex5_04.cpp 中的相同。

■ **注意：** 任何 for 循环都可以写为等效的 while 循环，反之亦然。例如，for 循环的一般形式如下：

```
for (initialization; condition; iteration)
  body
```

通常[1]可以使用 while 循环将其重写为如下形式：

```
{
  initialization;
  while (condition)
  {
    body
    iteration;
  }
}
```

需要把 while 循环放到额外的一对花括号中，以模拟在原来的 for 循环中，initialization 代码中声
明的变量的作用域为该 for 循环。

5.11　do-while 循环

do-while 循环类似于 while 循环，只要指定的循环条件为 true，循环就继续执行下去。其区别是
在 do-while 循环中，循环条件是在循环的最后才检查，而不是在开始时就检查，所以循环语句至少要
执行一次。

do-while 循环的逻辑和一般形式如图 5-4 所示。要注意 while 语句后面的分号，这是必需的。如
果遗漏了它，程序就不会编译。

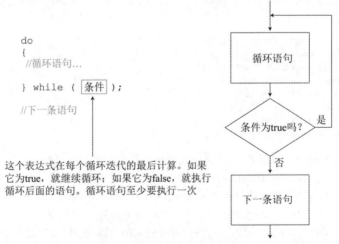

图 5-4　do-while 循环的执行过程

1　如果 for 循环的循环体包含 continue 语句(本章稍后介绍)，将 for 循环改写为 while 循环就需要做更多的工作。具体来说，需要
　确保添加每个 continue 语句之前的 iteration 代码。

如果代码块总是要执行一次，也可以执行多次，那么使用这种逻辑再合适不过。下面用一个例子说明。

这个程序要计算任意多个输入值的平均值，例如温度，但不对这些值排序。事先无法知道输入多少个值，但可以假定至少会有一个输入值，否则，程序根本不会运行。此时最好使用 do-while 循环。下面是程序代码：

```cpp
// Ex5_06.cpp
// Using a do-while loop to manage input
import <iostream>;
#include <cctype>                              // For tolower() function

int main()
{
  char reply {};                               // Stores response to prompt for input
  int count {};                                // Counts the number of input values
  double temperature {};                       // Stores an input value
  double total {};                             // Stores the sum of all input values
  do
  {
    std::cout << "Enter a temperature reading: ";   // Prompt for input
    std::cin >> temperature;                   // Read input value

    total += temperature;                      // Accumulate total of values
    ++count;                                   // Increment count

    std::cout << "Do you want to enter another? (y/n): ";
    std::cin >> reply;                         // Get response
  } while (std::tolower(reply) == 'y');

  std::cout << "The average temperature is " << total/count << std::endl;
}
```

该程序的示例会话会输出如下结果(这里输入的温度读数是华氏度而不是摄氏度)：

```
Enter a temperature reading: 53
Do you want to enter another? (y/n): y
Enter a temperature reading: 65.5
Do you want to enter another? (y/n): y
Enter a temperature reading: 74
Do you want to enter another? (y/n): Y
Enter a temperature reading: 69.5
Do you want to enter another? (y/n): n
The average temperature is 65.5
```

这个程序处理任意多个输入值，事先不知道要输入多少个值。声明语句定义了要用于输入和计算的 4 个变量后，就在 do-while 循环中读入数据值。每个循环迭代都读取一个输入值，至少要读取一个值，这是很合理的。对提示的响应存储在 reply 中，确定循环是否结束。如果 reply 是 y 或 Y，循环就继续，否则循环结束。使用<cctype>中声明的 std::tolower()函数，可确保接受大写或小写字母。

在循环条件中使用 tolower()函数的一个替代方案是给条件使用较复杂的表达式，可以把条件表示为 reply == 'y' || reply == 'Y'，这会对两个比较操作所得的布尔值执行逻辑或操作，所以输入大写或小写的 y 都会得到 true。

■ **警告**：虽然 C++语言要求在 do-while 语句后添加一个分号，但在普通的 while 循环的 while()后面，一般不应该加上分号：

```
while (condition); // You rarely want a semicolon here!!
  body
```

如果加上了分号，就相当于创建了一个循环体为空语句的 while 循环。换句话说，相当于：

```
while (condition) {} /* Do nothing until condition becomes false (if ever) */
  body
```

如果不小心添加了这样一个分号，可能出现两种情况：body 只执行一次，或者从不会执行。例如，如果在示例 Ex5_05 的 while 循环中添加一个分号，就会出现前一种情况。但一般来说，更可能出现的情况是，while 循环的循环体在一次或多次迭代后，使循环条件从 true 变为 false。对于这种情况，错误地添加分号会使 while 循环一直执行下去。

5.12 嵌套的循环

可以把一个循环放在另一个循环的内部。实际上，可以在循环中嵌套多次，直到解决问题为止。而且，嵌套的循环可以是任何类型：如有必要，可以在 while 循环中嵌套 for 循环，再把 while 循环嵌套在 do-while 循环中，最后把 do-while 循环嵌套在基于范围的 for 循环中。它们能够以任何方式混合在一起。

嵌套的循环常应用于数组，但它们也有其他用途。下面用一个例子演示嵌套的循环，该例提供了许多使用嵌套的循环的机会。乘法表是许多孩子在学校必学的功课，可以很轻松地使用嵌套的循环来生成一个乘法，如下所示：

```cpp
// Ex5_07.cpp
// Generating multiplication tables using nested loops
import <iostream>;
import <format>;
#include <cctype>

int main()
{
  size_t table {}; // Table size
  const size_t table_min {2}; // Minimum table size - at least up to the 2-times
  const size_t table_max {12}; // Maximum table size
  char reply {}; // Response to prompt

  do
  {
    std::cout <<
      std::format("What size table would you like ({} to {})? ", table_min, table_max);
    std::cin >> table; // Get the table size
    std::cout << std::endl;

    // Make sure table size is within the limits
    if (table < table_min || table > table_max)
    {
      std::cout << "Invalid table size entered. Program terminated." << std::endl;
      return 1;
    }
```

```
// Create the top line of the table
std::cout << std::format("{:>6}", '|');
for (size_t i {1}; i <= table; ++i)
{
  std::cout << std::format(" {:3} |", i);
}
std::cout << std::endl;

// Create the separator row
for (size_t i {}; i <= table; ++i)
{
  std::cout << "------";
}
std::cout << std::endl;
for (size_t i {1}; i <= table; ++i)
{ // Iterate over rows
  std::cout << std::format(" {:3} |", i); // Start the row

  // Output the values in a row
  for (size_t j {1}; j <= table; ++j)
  {
    std::cout << std::format(" {:3} |", i*j); // For each column
  }
  std::cout << std::endl; // End the row
}

// Check if another table is required
std::cout << "\nDo you want another table (y or n)? ";
std::cin >> reply;
} while (std::tolower(reply) == 'y');
}
```

这个程序的输出结果如下所示：

```
What size table would you like (2 to 12)? 4
    |  1 |  2 |  3 |  4 |
------------------------------
 1 |  1 |  2 |  3 |  4 |
 2 |  2 |  4 |  6 |  8 |
 3 |  3 |  6 |  9 | 12 |
 4 |  4 |  8 | 12 | 16 |
Do you want another table (y or n)? y
What size table would you like (2 to 12)? 10
    |  1 |  2 |  3 |  4 |  5 |  6 |  7 |  8 |  9 | 10 |
----------------------------------------------------------------
 1 |  1 |  2 |  3 |  4 |  5 |  6 |  7 |  8 |  9 | 10 |
 2 |  2 |  4 |  6 |  8 | 10 | 12 | 14 | 16 | 18 | 20 |
 3 |  3 |  6 |  9 | 12 | 15 | 18 | 21 | 24 | 27 | 30 |
 4 |  4 |  8 | 12 | 16 | 20 | 24 | 28 | 32 | 36 | 40 |
 5 |  5 | 10 | 15 | 20 | 25 | 30 | 35 | 40 | 45 | 50 |
 6 |  6 | 12 | 18 | 24 | 30 | 36 | 42 | 48 | 54 | 60 |
 7 |  7 | 14 | 21 | 28 | 35 | 42 | 49 | 56 | 63 | 70 |
 8 |  8 | 16 | 24 | 32 | 40 | 48 | 56 | 64 | 72 | 80 |
 9 |  9 | 18 | 27 | 36 | 45 | 54 | 63 | 72 | 81 | 90 |
10 | 10| 20 | 30 | 40 | 50 | 60 | 70 | 80 | 90 |100 |
Do you want another table (y or n)? n
```

本例导入了两个标准的 C++模块：<iostream>和<format>，并且包含一个 C 头文件<cctype>。其中第一个 C++模块<iostream>用于流的输入/输出，第二个 C++模块<format>用于字符串的格式化，头文件<cctype>提供了 tolower()和 toupper()字符转换函数和其他字符分类函数。

将乘法表尺寸的输入值存储在 table 中。输出的乘法表显示了从 1×1 到 table×table 的所有乘积。将输入的值与 table_min 和 table_max 做比较，进行验证。小于 table_min 的乘法表没有意义，table_max 表示让输出的乘法表看起来比较合理的最大值。如果 table 不在这个范围内，程序就结束，返回的代码值 1 表示这不是正常结束(当然，当用户输入一个错误的值后就结束程序有些过激。也许读者可以试着修改程序，提示用户再次输入一个值)。

乘法表以矩形表的形式显示，左列和顶行中的值是乘法操作中的操作数。行列交叉处的值是该行和该列的值的乘积。table 变量用作第一个 for 循环的迭代上限，第一个 for 循环创建了乘法表的顶行。垂线用于分隔各列，使用格式说明符中的字段宽度使所有列同宽。注意，所有数字默认都右对齐，但乘法表左上角单元格中的|字符必须显式地右对齐。

下一个 for 循环创建一行短横线字符，把顶行的乘数和乘法表的主体隔开。每个迭代都给行添加 6 个短横线。计数从 0 开始，而不是从 1 开始，所以输出 table + 1 个集合，其中一个用于左列的乘数，其余用于每个表列。

最后的 for 循环包含一个嵌套的 for 循环，该循环输出左列的乘数和作为表数据项的乘积。嵌套的循环输出乘法表的一整行，包括最左列中的乘数。对于外层循环的每次迭代，嵌套的循环执行一次，生成表行。

创建完整乘法表的代码在 do-while 循环中。它可根据需要输出任意多个表。如果输出一个表后，提示的响应是 y 或 Y，就执行 do-while 循环的另一次迭代，以创建另一个表。这个示例演示了 3 级嵌套——最内层是 for 循环，中间是 for 循环，最外层是 do-while 循环。

5.13　跳过循环迭代

有时需要跳过循环迭代，直接开始下一次循环。continue 语句就可以完成这一操作，其形式如下所示：

```
continue; // Go to the next iteration
```

在循环中执行到该语句时，程序会立即跳到当前迭代的末尾。只要循环控制表达式允许，程序就会继续执行下一次迭代。这最好用一个例子来说明。假定要输出一个字符表以及对应的十六进制和十进制格式的字符代码。当然，不希望输出没有符号表示的字符，例如制表符和换行符，这些字符会使结果变得混乱。所以，程序应只输出可打印的字符。代码如下所示：

```cpp
// Ex5_08.cpp
// Using the continue statement to display ASCII character codes
import <iostream>;
import <format>;
#include <cctype>

int main()
{
  const auto header_format = "{:^11}{:^11}{:^11}\n";   // 3 cols., 11 wide, centered (^)
  const auto body_format = "{0:^11}{0:^11X}{0:^11d}\n"; // Print same argument three times

  std::cout << std::format(header_format, "Character", "Hexadecimal", "Decimal");
```

```
// Output 7-bit ASCII characters and corresponding codes
char ch{};
do
{
  if (!std::isprint(ch))                      // If it's not printable...
    continue;                                 // ...skip this iteration
  std::cout << std::format(body_format, ch);
} while (ch++ < 127);
}
```

这个程序会输出所有 95 个可打印的 ASCII 字符的代码值表。回顾一下,在第 1 章中介绍的 ASCII
字符的编码都是 7 位,这说明所有的 ASCII 代码值为 0~127(包括 0 和 127)。

Character	Hexadecimal	Decimal
	20	32
!	21	33
"	22	34
#	23	35
⋮	⋮	⋮
}	7D	125
~	7E	126

main()函数顶部的格式字符串生成的表包含 3 列,每一列的宽度都为 11 且值都居中对齐(由^对齐
选项标识)。注意,即使该表有 3 列,在 do-while 循环中也仅给 std::format()表达式传递了一个参数。
在 body_format 中,使用位置参数标识符 0(冒号左侧的 0)将这个参数打印了 3 次:一次作为字母打印,
一次作为大写的十六进制数打印(由后缀 X 标识),一次作为十进制数打印(由后缀 d 标识,可以省略
这个后缀,因为默认情况下输出的是十进制数)。

当然,此处带条件的 continue 语句是非常有趣的。在此,不希望输出没有可打印符号表示的字符,
在<cctype>中声明的 isprint()函数可以提供帮助:它仅为可打印字符返回 true。所以当 ch 包含不可打
印字符的代码时,if 语句中表达式的结果是 true。此时,执行 continue 语句,跳过当前循环迭代中的
其余代码。

值得注意的是,这里不适合使用简单的 for 循环。为这个程序使用循环时,第一次我们很自然会
尝试如下这个 for 循环:

```
for (char ch {}; ch <= 127; ++ch)
{
    // Output character and code...
}
```

如果在系统上,char 是有符号类型,那么这个简单的循环不会终止。毕竟,对于有符号的 char,
最大的可能值为 127,所以 ch <= 127 总是为 true。在最初的 do-while 循环中,对于条件的检查是在执
行循环体后、递增 ch(通过后递增表达式)之前进行的。不过,对于上面 for 循环,是在循环体执行之
前、递增 ch 后进行检查的。

尽管如此,像上面那样编写 for 循环仍很有诱惑力。请相信我们,在你的编程生涯中至少会落入
该陷阱(或类似的陷阱)一次。所以,一定要小心,不要编写总是为 true 的终止条件!

对于 for 循环的控制变量使用 int 类型,在把它传递给 std::format()时,将其值强制转换为 char 类
型,就可以解决这个问题。

5.14 循环的中断

有时需要提前终止循环。当循环没有必要继续执行代码时，就可以使用 break 语句终止循环。效果与第 4 章介绍的 switch 语句中的相同。如果在循环中执行 break 语句，循环就会立即终止，程序将继续执行循环后面的语句。break 语句在无限循环(indefinite loop)中经常使用，下面就来看看无限循环。

无限循环

无限循环可以永远运行下去。例如，如果省略 for 循环中的第二个控制表达式，循环就没有停止机制了。除非在循环体中采用某种方式退出循环，否则循环会无休止地运行下去。

无限循环有几个实际应用。例如，监视某种警告指示器的程序，或在工业园中收集传感器的数据，有时就是用无限循环编写的。在事先不知道需要迭代多少次时，也可以使用无限循环，例如读取的输入数据量可变时。在这类情况下，退出循环的机制应在循环体中编写，而不应在循环控制表达式中设置。

在 for 无限循环的最常见形式中，所有的循环控制表达式都被省略了：

```
for (;;)
{
  // Statements that do something...
  // ... and include some way of ending the loop
}
```

注意，即使没有循环控制表达式，分号也要写上。终止无限循环的唯一方式是在循环体中编写终止代码。

也可以使用下面的 while 无限循环：

```
while (true)
{
  // Statements that do something...
  // ... and include some way of ending the loop
}
```

由于继续循环的条件总是 true，因此这是一个无限循环。这等价于没有循环控制表达式的 for 循环。当然，也可以有 do-while 无限循环，但它没有另外两种循环好，所以不常用。

终止无限循环的一种方式是使用 break 语句。Ex5_07.cpp 中就可以使用无限循环，多次尝试输入有效的表尺寸，而不是立即结束程序，如下面的循环所示：

```
const size_t max_tries {3}; // Max. number of times a user can try entering a table size
do
{
  for (size_t count {1}; ; ++count) // Indefinite loop
  {
    std::cout <<
      std::format("What size table would you like ({} to {})? ", table_min, table_max);
    std::cin >> table; // Get the table size

    // Make sure table size is within the limits
    if (table >= table_min && table <= table_max)
    {
      break; // Exit the input loop
    }
```

```
    else if (count < max_tries)
    {
      std::cout << "Invalid input - try again.\n";
    }
    else
    {
      std::cout << "Invalid table size entered - yet again!\nSorry, only "
                << max_tries << " allowed - program terminated." << std::endl;
      return 1;
    }
  }
  ...
```

用这个 for 无限循环替代 Ex5_07.cpp 的 do-while 循环中开始的代码，do-while 循环用于输入表尺寸。它至多允许输入有效的表尺寸 max_tries 次。有效的输入会执行 break 语句，这会终止这个循环，继续执行 do-while 循环中的下一个语句。将修改后的程序保存在 Ex5_07A.cpp 中。

下面是另一个例子，它使用 while 无限循环按升序对数组的内容进行排序：

```
// Ex5_09.cpp
// Sorting an array in ascending sequence - using an indefinite while loop
import <iostream>;
import <format>;

int main()
{
  const size_t size {1000}; // Array size
  double x[size] {}; // Stores data to be sorted
  size_t count {}; // Number of values in array

  while (true)
  {
    double input {}; // Temporary store for a value
    std::cout << "Enter a non-zero value, or 0 to end: ";
    std::cin >> input;
    if (input == 0)
      break;

    x[count] = input;

    if (++count == size)
    {
      std::cout << "Sorry, I can only store " << size << " values.\n";
      break;
    }
  }

  if (count == 0)
  {
    std::cout << "Nothing to sort..." << std::endl;
    return 0;
  }

  std::cout << "Starting sort..." << std::endl;

  while (true)
  {
```

```
    bool swapped{ false }; // Becomes true when not all values are in order
    for (size_t i {}; i < count - 1; ++i)
    {
      if (x[i] > x[i + 1]) // Out of order so swap them
      {
        const auto temp = x[i];
        x[i] = x[i+1];
        x[i + 1] = temp;
        swapped = true;
      }
    }

    if (!swapped) // If there were no swaps
      break; // ...all values are in order...
  } // ...otherwise, go round again.

  std::cout << "Your data in ascending sequence:\n";
  const size_t perline {10}; // Number output per line
  size_t n {}; // Number on current line
  for (size_t i {}; i < count; ++i)
  {
    std::cout << std::format("{:8.1f}", x[i]);
    if (++n == perline) // When perline have been written...
    {
      std::cout << std::endl; // Start a new line and...
      n = 0; // ...reset count on this line
    }
  }
  std::cout << std::endl;
}
```

这个例子的输出结果如下所示：

```
Enter a non-zero value, or 0 to end: 44
Enter a non-zero value, or 0 to end: -7.8
Enter a non-zero value, or 0 to end: 56.3
Enter a non-zero value, or 0 to end: 75.2
Enter a non-zero value, or 0 to end: -3
Enter a non-zero value, or 0 to end: -2
Enter a non-zero value, or 0 to end: 66
Enter a non-zero value, or 0 to end: 6.7
Enter a non-zero value, or 0 to end: 8.2
Enter a non-zero value, or 0 to end: -5
Enter a non-zero value, or 0 to end: 0
Starting sort.
Your data in ascending sequence:
    -7.8    -5.0    -3.0    -2.0     6.7     8.2    44.0    56.3    66.0    75.2
```

上述代码把可以输入的值的个数限制为 size，它被设置为 1000。只有具备高超键盘技巧和坚强毅力的用户才能看到整个数组。这非常浪费内存，但本章后面将学习如何在这种情况下避免浪费内存。

数据项在第一个 while 循环中得到管理。这个循环一直运行，直到输入 0 或者数组 x 被填满为止。在后一种情况下，用户会看到一条消息，指出限制值。

每个值都被读入变量 input，这就允许先测试该值是不是 0，再把它存储到数组中。将每个值存储在 x 数组中索引位置为 count 的元素中。在之后的 if 语句中会先递增 count 的值，所以在与 size 进行比较之前，count 已经增加了。这就确保了当与 size 进行比较的时候，它代表数组中元素的个数。

在下面的 while 无限循环中，元素按升序排序。对数组的元素值排序是在嵌套的 for 循环中完成的，该 for 循环迭代连续的两个元素，检查它们是否按升序排列。如果这两个元素的值不按升序排列，就交换它们的值，使它们正确排序。布尔变量 swapped 记录了在执行嵌套的 for 循环时是否需要交换元素值。如果不需要，元素就按升序排列好，于是执行 break 语句，退出 while 循环。如果需要交换任何一对元素的值，swapped 就是 true，所以执行 while 循环的另一次迭代，这会让 for 循环再次遍历元素对。

这种排序方法被称为冒泡排序(bubble sort)，因为元素逐渐"冒泡"到数组中正确的位置。这不是最高效的排序方法，但优点是很容易理解，很好地演示了无限循环的另一个用法。

■ **提示：**一般来说，应该谨慎使用无限循环甚至是 break 语句。它们有时候被认为是不良的编码风格。应尽可能将决定循环何时结束的条件放到 for 或 while 语句的圆括号内。每个 C++程序员都在这个位置寻找循环结束条件，所以这样做可以提高代码的可读性。循环体内的任何额外的 break 语句很容易被忽视，可能导致代码更难理解。

5.15　使用无符号整数控制 for 循环

示例 Ex5_09 实际上是一个很好的示例，它说明了使用无符号整数(如 size_t 类型的值)控制 for 循环的一个要点。假设在 Ex5_09.cpp 中省去下面的检查：

```
if (count == 0)
{
  std::cout << "Nothing to sort..." << std::endl;
  return 0;
}
```

那么，如果用户决定不输入任何值，会发生什么？即，如果 count 等于 0，会发生什么？当然是不好的事情。此时，执行将进入下面的 for 循环，而 count 等于 0：

```
for (size_t i {}; i < count - 1; ++i)
{
  ...
}
```

从数学上讲，如果 count 等于 0，那么 count-1 等于-1。但是，因为 count 是无符号整数，所以不能代表负数值，如-1。从 0 减去 1 将得到 numeric_limits<size_t>::max()，它是一个非常大的无符号值。在笔者的测试系统上，这个值为 18 446 744 073 709 551 615! 所以如果 count 等于 0，就相当于把循环改写为：

```
for (size_t i {}; i < 18'446'744'073'709'551'615; ++i)
{
  ...
}
```

虽然从技术上讲，这不是一个无限循环，但是即使最快的计算机，也需要不少时间来计数到这么大的一个值。不过，在我们的示例中，远在计数器 i 接近这个数字之前，程序就会崩溃。原因在于，循环计数器 i 用在 x[i]这样的表达式中，意味着循环很快就会访问并覆写其不应该访问的内存地址。

■ **警告：** 从无符号整数减去值时应当小心。任何在数学意义上为负的值将被转换为一个极大的正数。这类错误在循环控制表达式中会造成灾难性结果。

一种解决方法是在进入循环之前检查 count 是否不为 0，示例 Ex5_09 采用了这种方法。其他方法包括强制转换为带符号整数，或者重写循环使其不再使用减法：

```
// Cast to a signed integer prior to subtracting
for (int i {}; i < static_cast<int>(count) - 1; ++i)
  ...

// Rewrite to avoid subtracting from unsigned values
for (size_t i {}; i + 1 < count; ++i)
  ...
```

使用 for 循环反向遍历数组时，也存在同样的问题。假设有一个数组 my_array，想要从最后一个元素开始进行处理，然后向前一直遍历到第一个元素。第一次写代码时，可能使用如下形式的循环：

```
for (size_t i = std::size(my_array) - 1; i >= 0; --i)
  ... // process my_array[i] ...
```

假设 my_array 不是一个大小为 0 的数组。我们忽略数组大小为 0 时可能发生的糟糕的事情。即便如此，也存在严重的问题。因为索引变量 i 是不带符号的类型，所以按照定义，i 总是大于或等于 0。这就是 unsigned 的意义。换句话说，按照定义，循环的结束条件 i>=0 总是为 true，使这个反向循环成为一个无限循环。本章的练习题中将要求读者为这个问题找出一个解决方案。

5.16 字符数组

char 类型的数组有两个含义。它可以是一个字符数组，每个元素存储一个字符；它也可以表示一个字符串。在后一种情况下，字符串中的每个字符存储在一个数组元素中，字符串的结尾用一个特定的字符串终止字符'\0'表示，该字符称为空字符。空字符标记字符串的结束。

用'\0'终止的字符数组称为 C 样式的字符串，以与将在第 7 章介绍的标准库中定义的 string 类型相区别。string 类型的对象比 char 数组更灵活，更便于操作字符串。目前在数组中，一般只考虑 C 样式的字符串，第 7 章将详细介绍 string 类型。

用下面的语句可以定义并初始化字符数组：

```
char vowels[5] {'a', 'e', 'i', 'o', 'u'};
```

这不是一个字符串，而只是一个包含 5 个字符的数组。数组的每个元素都用初始化列表中的对应字符进行初始化。与数值数组一样，如果提供的初始值少于数组的元素个数，没有显式初始化值的元素就初始化为 0 的对等值，即空字符'\0'。也就是说，如果初始值不够，数组就包含一个字符串。例如：

```
char vowels[6] {'a', 'e', 'i', 'o', 'u'};
```

最后一个元素被初始化为'\0'。出现空字符表示它可以输入为一个 C 样式的字符串。当然，仍可将它看作字符数组。

还可以让编译器把数组的大小设置为初始值的个数：

```
char vowels[] {'a', 'e', 'i', 'o', 'u'}; // An array with five elements
```

这个语句还定义了一个包含 5 个字符的数组，并用初始化列表中的元音初始化这个数组。

可以声明一个 char 类型的数组，并初始化为一个字符串字面量(string literal)。例如:

```
char name[10] {"Mae West"};
```

这里创建了一个 C 样式的字符串。由于是用一个字符串字面量初始化数组，因此应在该字符串的最后一个字符后面添加空字符，这样该数组的内容如图5-5所示。

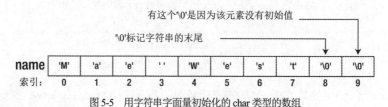

图5-5 用字符串字面量初始化的 char 类型的数组

也可以在用字符串初始化数组时，让编译器设置该数组的大小:

```
char name[] {"Mae West"};
```

这次，数组有 9 个元素；前 8 个元素存储字符串中的字符，最后一个元素存储字符串的终止字符。当然，在声明 vowels 数组时，也可以使用这种方法:

```
char vowels[] {"aeiou"}; // An array with six elements
```

这与前面定义的没有显式指定数组大小的 vowels 数组有明显的区别:这里用一个字符串字面量初始化数组。因为在字符串的最后添加了一个 '\0' 来标记字符串的结束，所以 vowels 数组包含 6 个元素。前面定义中创建的数组只包含 5 个元素，而且不能用作字符串。

使用数组名可以输出存储在该数组中的字符串。例如，用下面的语句可以把 name 数组中的字符串写入 cout:

```
std::cout << name << std::endl;
```

这将显示整个字符串，直到 '\0'，最后必须是 '\0'。如果不是，标准输出流就会继续输出后续内存空间中存储的字符(几乎一定会包含垃圾值)，直到遇到字符串的终止字符，或者出现不合法的内存访问为止。

■ **注意:** 只使用数组名不能输出数值类型的数组的内容。这种方法只适用于 char 数组。而且，即使是传送给输出流的 char 数组，也必须用空字符结束，否则程序很可能崩溃。

使用下面的例子分析一个 char 数组，确定其中使用了多少元音和辅音。

```
// Ex5_10.cpp
// Classifying the letters in a C-style string
import <iostream>;
#include <cctype>

int main()
{
  const int max_length {100};  // Array size
  char text[max_length] {};     // Array to hold input string

  std::cout << "Enter a line of text:" << std::endl;
```

```cpp
  // Read a line of characters including spaces
  std::cin.getline(text, max_length);
  std::cout << "You entered:\n" << text << std::endl;

  size_t vowels {};               // Count of vowels
  size_t consonants {};           // Count of consonants
  for (int i {}; text[i] != '\0'; i++)
  {
    if (std::isalpha(text[i]))    // If it is a letter...
    {
      switch (std::tolower(text[i]))
      {                           // ...check lowercase...
        case 'a': case 'e': case 'i': case 'o': case 'u':
          ++vowels;               // ...it is a vowel
          break;
        default:
          ++consonants;           // ...it is a consonant
      }
    }
  }
  std::cout << "Your input contained " << vowels << " vowels and "
            << consonants << " consonants." << std::endl;
}
```

下面是这个程序的输出：

```
Enter a line of text:
A rich man is nothing but a poor man with money.
You entered:
A rich man is nothing but a poor man with money.
Your input contained 14 vowels and 23 consonants.
```

char 数组 text 的元素个数由 const 变量 max_length 定义，它确定了可以存储的最大字符串长度，包括终止字符，所以最长的字符串可以包含 max_length-1 个字符。

不能使用提取运算符(>>)读取输入的内容，因为它不能读取包含空格的字符串，任何空白字符都会终止>>运算符的输入操作。在<iostream>模块中定义的、cin 流的 getline()函数可以读取一系列字符，包括空格。默认情况下，在读取换行符'\n' (即按下回车键)后输入结束。getline()函数需要两个放在圆括号中的实参。第一个实参指定存储输入的位置，在本例中，就是 text 数组。第二个实参指定要存储的最大字符数。这个计数包括字符串的终止字符'\0'，该字符会自动追加到输入字符串的末尾。

▓ **注意**: cin 对象的名称与其成员函数 getline()之间的句点称为直接成员选择运算符(direct member selection operator)。此运算符用于访问类对象的成员。从第 12 章开始将介绍类和成员函数的定义。

getline()函数还有一个可选参数，它允许指定'\n'的替代字符，以表示输入结束。例如，如果输入一个星号来表示输入字符串的结束，就可以使用下面的语句：

```cpp
std::cin.getline(text, max_length, '*');
```

这就允许输入多行文本，因为按下回车键后得到的'\n'不再终止输入操作。当然，在输入操作中，输入的总字符数仍由 max_length 限制。

程序用数组名 text 输出刚才输入的字符串。for 循环以相当直接的方式分析 text 字符串。位于当前索引位置i 的字符是空字符时，循环中的第二个控制表达式就是 false，所以循环在遇到空字符时结束。

为了确定元音和辅音的个数，只需要检查字母字符，if 语句会选择字母字符，isalpha()只对字母字符返回 true。因此只给字母执行 switch 语句。把 switch 表达式转换为小写形式，可避免同时编写大写字母和小写字母的 case。任何元音都会选择第一个 case，不是元音的字母会选择默认 case，此时一定是辅音。

另外，因为空字符'\0'是唯一会被转换为布尔值 false(类似于整数值 0)的字符，所以 Ex5_10.cpp 中的 for 循环可写为如下形式：

```
for (int i {}; text[i]; i++)
{
  ...
```

5.17 多维数组

前面声明的所有数组都只需要一个索引值即可选择元素。这种数组称为一维数组(one-dimensional array)，因为改变一个索引就可以引用所有的元素。也可以定义需要两个或更多个索引值才能访问元素的数组，这种数组一般称为多维数组(multidimensional array)。需要两个索引值来引用元素的数组称为二维数组(two-dimensional array)。需要三个索引值的数组称为三维数组(three-dimensional array)，以此类推。

假定有一名园丁，要记录在小菜园中种植的每个胡萝卜的重量。这些胡萝卜的种植方式为三行四列，为了存储每个胡萝卜的重量，可以声明一个二维数组：

```
double carrots[3][4] {};
```

这个语句定义了一个三行四列的数组，并把所有元素都初始化为 0。要引用 carrots 数组中的元素，需要两个索引值。第一个索引值指定行，取值范围为 0~2；第二个索引值指定该行中的列，取值范围为 0~3。要存储第二行第三列的胡萝卜的重量，可以使用下面的语句：

```
carrots[1][2] = 1.5;
```

这个数组在内存中的存储空间如图 5-6 所示。这些行存储在一个连续的内存块中。可以看出，该二维数组实际上是一个有 3 个元素的一维数组，每一个一维数组都有 4 个元素。于是，该二维数组就变成有 4 个 double 元素的 3 个一维数组。在图 5-6 中，可以使用数组名后跟一个放在方括号中的索引值来表示该数组中的一整行。

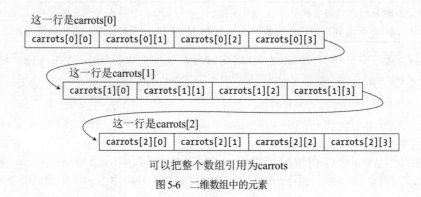

图 5-6 二维数组中的元素

在引用元素时，要使用两个索引值。第二个索引值从第一个索引值指定的行中选择元素，在内存中从一个元素遍历到下一个元素时，第二个索引值变化得较快。也可以把二维数组看作矩形数组，其中的元素从左至右排列，第一个索引值指定一行，第二个索引值指定一列。图 5-7 演示了这个概念。对于多维数组，最右边的索引值总是变化最快，最左边的索引值则变化最慢。

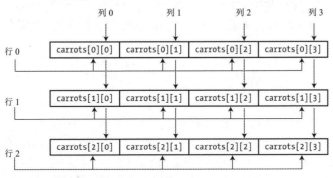

图 5-7　二维数组中的行和列

数组名本身引用整个数组。注意，对于此数组，不能利用这种符号表示法显示一整行或整个数组的内容。例如：

```
std::cout << carrots << std::endl; // Not what you may expect!
```

这条语句会输出一个十六进制值，它是数组中第一个元素的内存地址。第 6 章在讨论指针时会说明原因。char 类型的数组有点不同，相关内容如前所述。

要逐行显示整个数组的内容，可以使用下面的语句：

```
for (size_t i {}; i < std::size(carrots); ++i) // Iterate over rows
{
  for (size_t j {}; j < std::size(carrots[i]); ++j) // Iterate over elements in row i
  {
    std::cout << std::format("{:7.3}", carrots[i][j]);
  }
  std::cout << std::endl;
}
```

■ **注意**：这里也可以使用基于范围的 for 循环。但是，要将外层循环写成基于范围的 for 循环，首先需要了解引用。第 6 章将介绍引用。

要定义一个三维数组，只需要再添加一对方括号。例如，假设在一星期的七天中，每天都要记录三个温度，一年总共 52 个星期，因此可以声明下面的数组，把该数据存储为 int 类型：

```
int temperatures[52][7][3] {};
```

该数组在每一行中存储 3 个值，一星期的数据就要存储 7 行，一年就要存储 52 个这样的 7 行数据。这个数组共有 1092 个 int 类型的元素，它们都被初始化为 0。要显示第 26 个星期的第 3 天的中间温度，就可以编写下面的代码：

```
std::cout << temperatures[25][2][1] << std::endl;
```

记住，所有的索引值都从 0 开始，所以星期数是从 0 到 51，天数是从 0 到 6，一天中的温度数据是从 0 到 2。

5.17.1 初始化多维数组

如前所述，空的初始化列表把任意维数的数组初始化为 0。如果希望初始值不是 0，代码就比较复杂。为多维数组指定初始值的方法派生于二维数组是一维数组的数组这一想法。一维数组的初始值放在花括号中，用逗号分隔开。根据这种方法，用下面的语句可以声明并初始化二维数组 carrots：

```
double carrots[3][4] {
                      {2.5, 3.2, 3.7, 4.1},  // First row
                      {4.1, 3.9, 1.6, 3.5},  // Second row
                      {2.8, 2.3, 0.9, 1.1}   // Third row
                     };
```

因为每一行都是一个一维数组，所以每行的初始值就包含在一对花括号中。这 3 个初始化列表本身包含在一对花括号中，因为二维数组是一个一维数组的一维数组。可以把这个规则扩展到任意维数——每增加一维，就需要另一对花括号来包含初始值。

问题是，如果省略某些初始值，会发生什么？从过去的经验可以推断出结果。每个最内层的花括号对都包含行中元素的值。第一个列表对应于 carrots[0]，第二个列表对应于 carrots[1]，第三个列表对应于 carrots[2]。每对花括号包含的值都被赋予相应行中的元素。如果没有足够的初始值赋予一行中的所有元素，就把没有值的元素初始化为 0。

下面看一个例子：

```
double carrots[3][4] {
                      { 2.5, 3.2 },       // First row
                      { 4.1 },            // Second row
                      { 2.8, 2.3, 0.9 }   // Third row
                     };
```

第一行的前两个元素有初始值，第二行只有一个元素有初始值，第三行的三个元素都有初始值，因此将每行中没有初始值的元素初始化为 0，如图 5-8 所示。

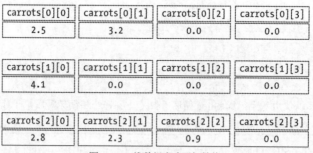

carrots[0][0]	carrots[0][1]	carrots[0][2]	carrots[0][3]
2.5	3.2	0.0	0.0

carrots[1][0]	carrots[1][1]	carrots[1][2]	carrots[1][3]
4.1	0.0	0.0	0.0

carrots[2][0]	carrots[2][1]	carrots[2][2]	carrots[2][3]
2.8	2.3	0.9	0.0

图 5-8　二维数组省略了初始值

如果没有使用足够的花括号对来初始化数组中的所有行，就把行中没有初始值的元素设置为 0。如果在初始化列表中包含几个初始值，但省略包含行中值的嵌套花括号，值就按顺序赋予元素，存储在内存中，最右边的索引变化较快。例如，定义一个数组，如下所示：

```
double carrots[3][4] {1.1, 1.2, 1.3, 1.4, 1.5, 1.6, 1.7};
```

列表中的前 4 个值初始化第 0 行的元素，列表中的后 3 个值初始化第 1 行的前 3 个元素，其余元素初始化为 0。

在默认情况下设置维数

可以让编译器根据初始值，决定数组的第一个(最左边)维度的大小。显然，编译器只能确定多维数组中第一个维度的大小。用下面的语句可以定义二维数组 carrots：

```
double carrots[][4] {
                    {2.5, 3.2 },          // First row
                    {4.1 },               // Second row
                    {2.8, 2.3, 0.9 }      // Third row
                };
```

这个数组与以前一样有三行，因为在外层的花括号对中有三组花括号对。如果只有两组花括号对，数组就只有两行。内层花括号对的数量确定了行数。

但是，无法让编译器推断第一个维度之外的其他维度。这在一定程度上是合理的。例如，如果为二维数组提供 12 个初始值，编译器就不知道数组是有三行四列、六行二列，还是 12 个元素的其他组合。但是，这意味着下面这样的数组定义也会导致编译错误：

```
double carrots[][] { /* Does not compile! */
                    {2.5, 3.2, 3.7, 4.1},    // First row
                    {4.1, 3.9, 1.6, 3.5},    // Second row
                    {2.8, 2.3, 0.9, 1.1}     // Third row
                };
```

必须总是显式指定除第一个维度外的全部数组维度。下面是一个定义三维数组的例子：

```
int numbers[][3][4] {
                    {
                      { 2, 4, 6, 8},
                      { 3, 5, 7, 9},
                      { 5, 8, 11, 14}
                    },
                    {
                      {12, 14, 16, 18},
                      {13, 15, 17, 19},
                      {15, 18, 21, 24}
                    }
                };
```

这个数组有三维，大小分别是 2、3 和 4。外层花括号对包含了两个内层花括号对，而每个内层花括号对又包含了三个花括号对，每个花括号对包含了对应行的 4 个初始值。从这个例子可以看出，初始化三维或更多维的数组变得相当复杂，在花括号中放置初始值时需要特别小心。花括号对的嵌套次数就是数组的维数。

5.17.2 多维字符数组

可以定义二维或更多维的数组来存储任意类型的数据。char 类型的二维数组非常有趣，它可以存储一组 C 样式的字符串。在用字符串字面量初始化 char 类型的二维数组时，不需要对每行字面量加上花括号——界定字面量的双引号就完成了花括号的工作。例如：

```
char stars[][80] {
                  "Robert Redford",
                  "Hopalong Cassidy",
                  "Lassie",
                  "Slim Pickens",
```

```
                    "Boris Karloff",
                    "Oliver Hardy"
                };
```

这个数组有 6 行，因为它把 6 个字符串字面量作为初始值。数组中的每一行都存储了一个字符串，其中包含一个电影明星的名字，而且为每个字符串都追加了终止字符'\0'。根据所指定的行维数，每一行都占用 80 个字符。下面通过一个例子演示这类数组：

```cpp
// Ex5_11.cpp
// Working with strings in an array
import <iostream>;
import <array>; // for std::size()

int main()
{
  const size_t max_length{80}; // Maximum string length (including \0)
  char stars[][max_length] {
                            "Fatty Arbuckle", "Clara Bow",
                            "Lassie",         "Slim Pickens",
                            "Boris Karloff",  "Mae West",
                            "Oliver Hardy",   "Greta Garbo"
                            };
  size_t choice {};e
  std::cout << "Pick a lucky star! Enter a number between 1 and "
            << std::size(stars) << ": ";
  std::cin >> choice;

  if (choice >= 1 && choice <= std::size(stars))
  {
    std::cout << "Your lucky star is " << stars[choice - 1] << std::endl;
  }
  else
  {
    std::cout << "Sorry, you haven't got a lucky star." << std::endl;
  }
}
```

这个程序的输出如下所示：

```
Pick a lucky star! Enter a number between 1 and 8: 6
Your lucky star is Mae West
```

除了内在的娱乐价值外，这个例子的主要看点是定义了数组 stars，这是一个二维 char 数组，可以存储多个字符串，每个字符串至多可以包含 max_length 个字符，包括编译器自动添加的终止字符。数组的初始化字符串放在花括号对中，用逗号分隔开。因为这里省略了第一维数组的大小，所以编译器会用容纳所有初始化字符串所需要的行数创建该数组。如前所述，只能省略第一维的大小。其他维的大小必须指定。

if 条件检查输入的整数是否超出范围，之后显示一个名字。需要引用一个字符串进行输出时，只需要指定第一个索引值。通过一个索引值可以选择某个特定的、有 80 个元素的子数组，因为这包含一个字符串，所以输出操作会显示该字符串的内容，直到终止字符为止。索引被指定为 choice-1，因为 choice 值从 1 开始，而索引值需要从 0 开始。在使用数组进行编程时，这是很常见的。

5.18　在运行期间给数组分配内存空间

C++标准不允许在运行期间指定数组的维数。也就是说，数组的维数必须是一个编译器能计算的常量表达式。但是目前的一些 C++编译器允许在运行期间指定数组的维数，因为 C 标准允许这么做，C++编译器一般也编译 C 代码。

所谓的可变长度数组是一个非常有用的功能，编译器可能支持这个功能，所以下面就用一个例子说明其工作方式。但注意，这与 C++语言标准并不严格一致。假定要计算一组人的平均身高，并将用户输入的身高都累加起来。只要用户可以输入要处理的身高个数，就可以创建一个数组来保存输入的数据，如下所示：

```
size_t count {};
std::cout << "How many heights will you enter? ";
std::cin >> count;
int height[count]; // Create the array of count elements
```

height 数组在执行代码时创建，有 count 个元素。因为数组的大小在编译期间是未知的，所以不能给数组指定任何初始值。

下面是使用它的有效示例：

```
// Ex5_12.cpp
// Allocating an array at runtime
import <iostream>;
import <format>;

int main()
{
  size_t count {};
  std::cout << "How many heights will you enter? ";
  std::cin >> count;
  int height[count];                  // Create the array of count elements

  // Read the heights
  size_t entered {};
  while (entered < count)
  {
    std::cout <<"Enter a height (in inches): ";
    std::cin >> height[entered];
    if (height[entered] > 0)          // Make sure value is positive
    {
      ++entered;
    }
    else
    {
      std::cout << "A height must be positive - try again.\n";
    }
  }

  // Calculate the sum of the heights
  unsigned int total {};
  for (size_t i {}; i < count; ++i)
  {
    total += height[i];
  }
```

```
std::cout << std::format("The average height is {:.1f}\n",
                         static_cast<float>(total) / count);
}
```

下面是输出：

```
How many heights will you enter? 6
Enter a height: 47
Enter a height: 55
Enter a height: 0
A height must be positive - try again.
Enter a height: 60
Enter a height: 78
Enter a height: 68
Enter a height: 56
The average height is 60.7
```

height 数组使用给 count 输入的值分配内存空间。身高值在 while 循环中被读入数组。在循环中，if 语句检查输入的值是否为 0。输入的值不是 0 时，就递增存储输入值个数的 entered 变量。输入的值是 0 或负数时，就输出一条消息，执行下一次迭代，而不递增 entered。因此，后面输入的值就被读入 height 数组的当前元素，覆盖上一次迭代读入的 0 值。简单的 for 循环累加所有的身高，并输出平均身高。这里也可以使用基于范围的 for 循环：

```
for (auto h : height)
{
  total += h;
}
```

也可以在 while 循环中累加身高，不使用 for 循环。这样会大大缩短程序。while 循环如下所示(此程序保存在 Ex5_12A 中)：

```
unsigned int total {};
size_t entered {};
while (entered < count)
{
  std::cout <<"Enter a height (in inches): ";
  std::cin >> height[entered];
  if (height[entered] > 0)      // Make sure value is positive
  {
    total += height[entered++];
  }
  else
  {
    std::cout << "A height must be positive - try again.\n";
  }
}
```

在给 total 加上最新的元素值时，在表达式中给 height 数组的索引使用后缀递增运算符，会确保使用 entered 的当前值访问数组元素，之后给下一个循环迭代递增 entered。

■ 注意：即使编译器不允许使用可变长度数组，也可以使用本章后面讨论的 vector 来获得相同的结果。

5.19 数组的替代品

标准库定义了容器，这是一个丰富的数据结构集合，提供了多种方式来组织和访问数据。第 20 章将详细介绍不同的容器。本节只是简要介绍两种基本的容器：std::array<>和 std::vector<>。它们可作为 C++语言内置的普通数组的直接替代品，但是使用起来更容易、更安全，并且相比低级的内置数组能提供更大的灵活性。这里的讨论并不全面，但足以像 C++语言内置的数组类型那样使用它们。更详细的信息请阅读第 20 章。

与其他容器一样，std::array<>和 std::vector<>是类模板，这是两个我们还没有介绍的概念。从第 12 章开始将介绍类，第 10 章和第 17 章将介绍模板。尽管如此，我们仍然选择在这里介绍这两个容器，因为它们非常重要，而且在后面章节的示例和练习题中，我们就可以使用这两个容器。通过清晰的解释和一些示例，我们相信读者能够成功地使用这些容器。毕竟，这些容器被专门设计为具有与内置数组类似的行为，因而几乎可以直接替换数组。

编译器使用 std::array<T,N>和 std::vector<T>模板，根据用户为模板参数 T 和 N 指定的内容创建具体类型。例如，如果定义 std::vector<int>类型的变量，则编译器生成的 vector<>容器类是针对存储和操作 int 数组定制的。模板的强大之处在于能够使用任何类型的 T。本书正文中引用这些容器类型时不添加 std 名称空间限定符以及类型参数 T 和 N，写作 array<>和 vector<>。

5.19.1　使用 array<T,N>容器

array<T,N>模板在<array>模块中定义，所以必须在源文件中导入这个模块，才能使用容器类型。array<T,N>容器是类型为 T 的 N 个元素的固定序列，所以它很像普通数组，只是类型和大小的指定略有区别。下面创建了一个 array<>容器，它包含 100 个 double 类型的元素：

```
std::array<double, 100> values;
```

上面的语句创建了一个对象，该对象包含 100 个 double 类型的元素。参数 N 必须指定为一个常量表达式，这与普通数组一样。事实上，std::array<double, 100>类型的变量在行为上与下面声明的普通数组变量相同：

```
double values[100];
```

如果创建 array<>容器，但不指定初始值，则数组也将包含垃圾值，就像普通数组一样。大部分标准库类型，包括 vector<>和其他所有容器，总是初始化其元素，通常初始化为 0。但是，array<>是特殊情况，因为它被专门设计为尽可能接近内置数组。自然，也可以在 array<>的定义中初始化其元素，就像普通数组一样：

```
std::array<double, 100> values {0.5, 1.0, 1.5, 2.0}; // 5th and subsequent elements are 0.0
```

初始化列表中的 4 个值用于初始化前 4 个元素，后面的元素是 0。如果想把所有的值初始化为 0，可以使用空的初始化语句：

```
std::array<double, 100> values {}; // Zero-initialize all 100 elements
```

从 C++17 开始，编译器可以通过给定的初始化列表(花括号内的值)来推断模板参数(尖括号内的值)。下面是一个示例：

```
std::array values {0.5, 1.0, 1.5, 2.0}; // Deduced type: std::array<double, 4>
```

当然，这里推断出数组的大小为 4，而不是前面所说的 100。

注意，values 的类型并没有变为 std::array，仍然为 std::array<double, 4>。在程序的后面只要引用这个数组对象，就必须使用这个完整的、推断的类型。只有当通过一个或多个给定的值初始化新变量时，才能在 std::array 类型时不指定模板参数列表。

要对模板参数进行推断，初始化列表就不能为空，且其中值的类型必须相同：

```
std::array oopsy {};                    // Error: cannot deduce type without values
std::array daisy {0.5, 1, 1.5, 2};      // Error: mixed types (double and int)
```

使用 array<>对象的 fill()函数也可以把所有元素设置为某个给定的值。下面是一个示例(要访问 pi 常量，必须导入<numbers>模块)：

```
values.fill(std::numbers::pi);          // Set all elements to pi
```

fill()函数属于 array<>对象。该函数是类类型 array<double,100>的对象的一个成员。所有 array<>对象都有 fill()成员和其他成员。执行这个语句会把所有元素设置为函数 fill()参数的值。显然，它必须是可以存储在容器中的一个类型。阅读第 12 章后，就能更好地理解函数 fill()和 array<>对象之间的关系了。

array<>对象的 size()函数把元素个数返回为 size_t 类型。使用与前面相同的 values 变量，下面的语句将输出 4：

```
std::cout << values.size() << std::endl;
```

size()函数相比标准数组的第一个优点是，array<>对象总是知道它有多少个元素。在第 8 章中，将学习如何向函数传递参数，到时候将能更好地理解这个优点。在第 8 章将看到，要将普通数据传递给函数，同时使其知道数组的大小，需要一些高级的、很难记住的语法。即使有多年经验的程序员也很难直接记起这种语法，而且我们相信有很多程序员甚至不知道有这种语法。另一方面，将 array<>对象传递给函数是很直观的，array<>对象总是可以通过 size()函数确定自己的大小。

1. 访问各个元素

使用索引可以访问和使用元素，其方式与标准数组相同，例如：

```
values[3] = values[2] + 2.0 * values[1];
```

将第 4 个元素设置为等号右边表达式的值。下面是另一个例子，可计算 values 对象中所有元素的和：

```
double total {};
for (size_t i {}; i < values.size(); ++i)
{
  total += values[i];
}
```

array<>对象是一个范围，所以可以使用基于范围的 for 循环计算元素之和：

```
double total {};
for (auto value : values)
{
  total += value;
}
```

使用方括号中的索引访问 array<>对象中的元素，不会检查无效的索引值。array<>对象的 at()函数会进行检查，因此会检测出索引值是否超出合法的范围。at()函数的参数是一个索引，这与使用方括号一样，所以可以编写如下 for 循环，计算元素之和：

```
double total {};
for (size_t i {}; i < values.size(); ++i)
{
  total += values.at(i);
}
```

values.at(i)表达式等价于 values[i]，但增强了安全性，会检查 i 的值。例如，下面的代码会失败：

```
double total {};
for (size_t i {}; i <= values.size(); ++i)
{
  total += values.at(i);
}
```

第二个循环条件现在使用<=运算符，允许 i 引用超过最后一个元素后面的内容。这会导致程序在运行期间中断，并输出一条消息，抛出 std::out_of_range 类型的异常。抛出异常是通知异常错误条件的一种机制。第 16 章将学习有关异常的更多知识。如果使用 values[i]编写代码，程序访问超出数组范围的元素时就不会报错，而是把其内容加到 total 中。相比于标准数组，at()函数的优势更明显一些。

array<>模板还提供了方便的函数，用来访问第一个和最后一个元素。给定一个 array<>变量 values，表达式 values.front()等同于 values[0]，values.back()等同于 values[values.size()-1]。

2. 将 array< >作为整体操作

只要容器的大小相同，存储相同类型的元素，就可以使用任意比较运算符来比较整个 array<>容器。例如：

```
std::array these {1.0, 2.0, 3.0, 4.0}; // Deduced type: std::array<double, 4>
std::array those {1.0, 2.0, 3.0, 4.0};
std::array them {1.0, 1.0, 5.0, 5.0};

if (these == those) std::cout << "these and those are equal." << std::endl;
if (those != them) std::cout << "those and them are not equal." << std::endl;
if (those > them) std::cout << "those are greater than them." << std::endl;
if (them < those) std::cout << "them are less than those." << std::endl;
```

对容器逐个元素地做比较。要得到==运算的 true 结果，所有的对应元素都必须相同。对于不等比较，至少有一对对应元素是不同的，才能得到 true 结果。对于所有其他比较，第一对不相同的元素就会得到结果。这基本上是字典中单词的排序方式，即两个单词中第一对不相同的对应字母会确定它们的顺序。代码段中的所有比较结果都是 true，所以执行代码时，会输出所有 4 条消息。

为了看到这种方法多么方便，下面用普通数组实现相同的行为：

```
double these[] {1.0, 2.0, 3.0, 4.0}; // Deduced type: double[4]
double those[] {1.0, 2.0, 3.0, 4.0};
double them[] {1.0, 1.0, 5.0, 5.0};

if (these == those) std::cout << "these and those are equal." << std::endl;
if (those != them) std::cout << "those and them are not equal." << std::endl;
if (those > them) std::cout << "those are greater than them." << std::endl;
if (them < those) std::cout << "them are less than those." << std::endl;
```

这段代码仍然可以编译。但是，在笔者的测试系统上运行时，会得到下面的结果：

```
those and them are not equal.
```

虽然 those 和 them 的确不相等，但我们希望看到前面的全部 4 条消息。读者可以运行 Ex5_13.cpp 来自己查看结果。不同编译器可能得到不同结果，但是无论使用什么编译器，不大可能会同时看到前面的全部 4 条消息。这里到底发生了什么呢？为什么比较普通数组得不到期望的结果？在第 6 章你会找到原因。现在只需要记住，对普通数组名称应用比较运算符并不是特别有用。

■ **注意:** 从 C++20 开始，已废弃了使用<、>、==或!=的 C 风格的数组类型的比较。现在，如果编写了类似前面示例的代码，编译器会发出警告，但在将来的某个时候，将完全不允许编写这样的代码。

与标准数组不同，只要两个 array<>容器存储相同数量、相同类型的元素，就可以把一个 array<>容器赋予另一个 array<>容器，例如:

```
them = those; // Copy all elements of those to them
```

另外，array<>对象可以存储在其他容器内，但是普通数组不可以。例如，下面的代码创建了一个 vector<>容器来保存作为元素的 array<>对象，每个 array<>对象则包含 3 个 int 值:

```
std::vector<std::array<int, 3>> triplets;
```

vector<>容器的相关内容将在下一节中讨论。

3. 结论与示例

前面给出了充足的理由(至少 7 个)，说明应该在代码中优先使用 array<>容器而不是标准数组。另外，使用 array<>并没有什么缺点。与标准数组相比，使用 array<>容器没有什么性能开销(这指的是使用 array<>的 at()函数而不是[]运算符的情况，at()函数会执行边界检查，所以当然会有一点很小的运行时开销)。

■ **注意:** 即使在代码中使用了 std::array<>容器，也仍然有可能调用遗留函数，而这些遗留函数接收普通数组作为输入。使用 array<>对象的 data()成员，可以访问该对象中封装的内置数组。

下面的示例演示了 array<>容器的用法:
```
// Ex5_14.cpp
// Using array<T,N> to create Body Mass Index (BMI) table
// BMI = weight/(height*height)
// weight in kilograms, height in meters

import <iostream>;
import <format>;
import <array>; // For array<T,N>

int main()
{
  const unsigned min_wt {100};         // Minimum weight in table (in pounds)
  const unsigned max_wt {250};         // Maximum weight in table
  const unsigned wt_step {10};
  const size_t wt_count {1 + (max_wt - min_wt) / wt_step};

  const unsigned min_ht {48};          // Minimum height in table (inches)
  const unsigned max_ht {84};          // Maximum height in table
  const unsigned ht_step {2};
  const size_t ht_count { 1 + (max_ht - min_ht) / ht_step };

  const double lbs_per_kg {2.2};       // Pounds per kilogram
```

```
      const double ins_per_m {39.37};        // Inches per meter
      std::array<unsigned, wt_count> weight_lbs {};
      std::array<unsigned, ht_count> height_ins {};

      // Create weights from 100lbs in steps of 10lbs
      for (unsigned i{}, w{ min_wt }; i < wt_count; w += wt_step, ++i)
      {
        weight_lbs[i] = w;
      }
      // Create heights from 48 inches in steps of 2 inches
      for (unsigned i{}, h{ min_ht }; h <= max_ht; h += ht_step)
      {
        height_ins.at(i++) = h;
      }
      // Output table headings
      std::cout << std::format("{:>8}", '|');
      for (auto w : weight_lbs)
        std::cout << std::format("{:^6}|", w);
      std::cout << std::endl;

      // Output line below headings
      for (unsigned i{1}; i < wt_count; ++i)
        std::cout << "--------";
      std::cout << std::endl;

      const unsigned int inches_per_foot {12U};
      for (auto h : height_ins)
      {
        const unsigned feet = h / inches_per_foot;
        const unsigned inches = h % inches_per_foot;
        std::cout << std::format("{:2}'{:2}\" |", feet, inches);

        const double h_m = h / ins_per_m; // Height in meter
        for (auto w : weight_lbs)
        {
          const double w_kg = w / lbs_per_kg; // Weight in kilogram
          const double bmi = w_kg / (h_m * h_m);
          std::cout << std::format(" {:2.1f} |", bmi);
        }
        std::cout << std::endl;
      }
      // Output line below table
      for (size_t i {1}; i < wt_count; ++i)
        std::cout << "--------";
      std::cout << "\nBMI from 18.5 to 24.9 is normal" << std::endl;
    }
```

请读者自己运行程序，查看输出，因为这会占用许多空间。这个程序定义了两组变量，每一组包含 4 个 const 变量，它们与 BMI 表的体重和高度范围相关。体重和高度存储在元素类型为 unsigned(这是 unsigned int 的简写形式)的 array<>容器中，因为所有的体重和高度都是整数。容器在 for 循环中用合适的值初始化。第二个初始化 height_ins 的循环使用另一种方法来设置值，以演示 at()函数。在这个循环中这是合适的，因为循环并非由容器的索引上限控制，所以可能使用容器合法范围之外的索引，产生错误。如果出现这个错误，程序就会终止，而使用方括号引用元素，就不会出现这种情形。

接下来的两个 for 循环输出表的列标题，再输出一条线，把列标题与表的其余部分隔开。表使用嵌套的基于范围的 for 循环创建。外部循环迭代身高,在最左列把身高输出为英尺和英寸。内部循环迭代体重,为当前身高输出一行 BMI 值。

5.19.2 使用 std::vector<T>容器

vector<T>容器是一个序列容器,类似于 array<T,N>容器,但是功能更加强大。不需要在编译时提前知道 vector<>将存储的元素数量。事实上,甚至在运行时也不需要提前知道 vector<>将存储的元素数量。也就是说,vector<>的大小可以自动增加,以容纳任意数量的元素。可以现在添加一些元素,以后添加另外一些元素。随着添加越来越多的元素,vector<>将增长;在需要时会自动分配额外的空间。除了受到系统可用内存大小的限制之外,没有真正意义上的最大元素数量,所以只需要提供类型参数 T 就可以。在 vector<>中,不需要提供 N。使用 vector<>容器需要在源文件中导入<vector>模块。

下面的示例创建了一个 vector<>容器,以存储 double 类型的值:

```
std::vector<double> values;
```

这没有给元素分配任何空间,所以在添加第一个数据项时,需要动态分配内存。使用容器对象的 push_back()函数可以添加元素,例如:

```
values.push_back(3.1415); // Add an element to the end of the vector
```

push_back()函数在已有元素的后面添加传递为参数的值(这里是 3.1415),作为一个新元素。因为此容器还没有任何元素,所以它是第一个元素,需要分配内存空间。

可用预定义的元素个数来初始化 vector< >,例如:

```
std::vector<double> values(20); // Vector contains 20 double values - all zero
```

与内置数组或 array<>对象不同,vector<>容器总会初始化元素。在本例中,容器最初有 20 个默认初始化为 0 的元素。如果不喜欢把 0 作为元素的默认值,可以显式指定另一个值:

```
std::vector<long> numbers(20, 99L); // Vector contains 20 long values - all 99
```

圆括号中的第二个实参指定了所有元素的初始值,所有 20 个元素都被设置为 99L。与前面看到的其他数组类型不同,指定 vector<>中元素个数的第一个实参(在本例中是 20)不需要是常量表达式。它可以是在运行期间执行的表达式的结果,或是从键盘上读取的值。当然,使用 push_back()函数,可以在容器或其他向量的末尾添加新元素。

创建 vector<>的另一个选项是使用初始化列表指定初始值:

```
std::vector<int> primes { 2, 3, 5, 7, 11, 13, 17, 19 };
```

上面创建的 primes 向量容器包含 8 个元素,其初始值放在给定的初始化列表中。

如果初始化 vector<>时至少使用了一个给定的值,C++17 编译器同样可以推断出模板类型参数,这可以省去一些键入工作。下面的两个示例演示了这一点:

```
std::vector primes { 2, 3, 5, 7, 11, 13, 17, 19 };  // Deduced type: std::vector<int>
std::vector numbers(20, 99L);                        // Deduced type: std::vector<long>
```

■ **警告**: *读者可能已经注意到,我们之前没有使用初始化列表语法来初始化 values 和 numbers vector<>对象,而是使用了圆括号:*

```
std::vector<double> values(20);       // Vector contains 20 double values - all zero
std::vector<long> numbers(20, 99L);   // Vector contains 20 long values - all 99
```

这是因为，在这里使用初始化列表有不同的效果，如下面的代码注释所述:

```cpp
std::vector<double> values{20};              // Vector contains 1 double value: 20
std::vector<long> numbers{20, 99L};          // Vector contains 2 long values: 20 and 99
```

当使用花括号来初始化 vector<>时，编译器总是把它解释为一个初始值序列。在这种不多见的情况中，所谓的统一初始化语法做不到统一。要用给定数量的相同值初始化 vector<>，而不必一再重复填写该值，就不能使用花括号。如果使用花括号，编译器会将其解释为由一个或两个初始值构成的列表。

使用放在方括号中的索引可以给已有的元素设置值，或者在表达式中使用其当前值，例如:

```cpp
values[0] = std::numbers::pi;                // Pi
values[1] = 5.0;                             // Radius of a circle
values[2] = 2.0*values[0]*values[1];         // Circumference of a circle
```

vector<>的索引值从 0 开始，与标准数组一样。使用方括号中的索引总是可以引用已有的元素，但不能用这种方式创建新元素。例如，这里就必须使用 push_back()函数。像这样给向量建立索引时，不会检查索引值。使用方括号中的索引可以访问超出向量范围的内存，在该位置存储值。vector<>对象也提供了 at()函数，就像 array<>容器对象一样，所以只要索引可能超出合法的范围，就应使用 at()函数引用元素。

不只是 at()函数，array<>容器的几乎全部优点也是 vector<>的优点:

- 每个 vector<>知道自己的大小，并且可使用 size()成员查询这个大小。
- 将 vector<>传递给函数很直观(参见第 8 章)。
- 每个 vector<>有便捷函数 front()和 back()，可帮助访问 vector<>的第一个和最后一个元素。
- 可使用<、>、<=、>=、==和!=运算符来比较两个 vector<>容器。与 array<>不同，即使两个 vector<>包含的元素数量不同，也可以进行比较。因此，其语义与按字母比较不同长度的单词时相同。我们都知道，虽然 aardvark 的字母数量比 zombie 多，但是在字典中它却出现在 zombie 的前面。同样，love 出现在 lovesickness 的前面。vector<>容器的比较是类似的。唯一的区别在于，元素并不总是字母，而可以是编译器知道使用<、>、<=、>=、==和!=运算符如何比较的任意值。这个原则被称为字典序比较(lexicographical comparison)。
- 将一个 vector<>赋值给另一个 vector<>时，会将前者的所有元素复制给后者，并覆盖后者可能已经存在的任何元素，即使新的 vector<>更短。如有必要，还会分配额外的内存来容纳更多元素。
- vector<>可存储在其他容器内，例如，可以创建整型向量的 vector<>。

但是，vector<>没有 fill()成员。相反，它提供了 assign()函数，可用来重新初始化 vector<>的内容，就像第一次初始化时那样:

```cpp
std::vector numbers(20, 99L);  // Vector contains 20 long values - all 99
numbers.assign(99, 20L);       // Vector contains 99 long values - all 20
numbers.assign({99L, 20L});    // Vector contains 2 long values - 99 and 20
```

1. 删除元素

从 C++20 开始，可以使用 std::erase()删除 vector<>中某个元素出现的所有位置。与目前为止所见的其他 vector<>操作不同，std::erase()不是一个成员函数，其调用方式如下:

```cpp
std::vector numbers{ 7, 9, 7, 2, 0, 4 };
```

```
std::erase(numbers, 7); // Erase all occurrences of 7; numbers becomes { 9, 2, 0, 4 }
```

调用向量对象的 clear()成员函数，也可以删除 vector<>中的所有元素。例如：

```
std::vector data(100, 99);      // Contains 100 integers initialized to 99
data.clear();                   // Remove all elements
```

■ **注意**：vector<>还提供了 empty()函数，有时这个函数会被误用以清空 vector<>。但 empty()成员的作用并不是清空 vector<>，这是 clear()成员的作用。empty()成员的作用是检查给定容器是否为空。也就是说，只有当容器不包含元素时，empty()才会返回布尔值 true，在这个过程中并不会修改容器。因此，下面的语句无疑是错误的：

```
data.empty(); // Remove all elements... or so I thought...
```

幸运的是，在 C++20 中，如果编写了类似上面的语句，则 empty()函数的定义会鼓励编译器发出警告。

调用 pop_back()函数，可以删除向量对象中的最后一个元素，例如：

```
std::vector numbers{ 7, 9, 7, 2, 0, 4 };
numbers.pop_back(); // Remove the last element; numbers becomes { 7, 9, 7, 2, 0 }
```

vector<>容器的用法不止如此。例如，我们只是展示了如何在 vector<>的末尾添加或删除元素，而事实上，完全可以在任意位置插入或删除元素。第 20 章将学习使用 vector<>容器的更多内容。

2. 示例和结论

现在创建 Ex5_09.cpp 的新版本，仅使用当前输入数据所需要的内存：

```
// Ex5_15.cpp
// Sorting an array in ascending sequence - using a vector<T> container
import <iostream>;
import <format>;
import <vector>;

int main()
{
  std::vector<double> x;          // Stores data to be sorted

  while (true)
  {
    double input {};              // Temporary store for a value
    std::cout << "Enter a non-zero value, or 0 to end: ";
    std::cin >> input;
    if (input == 0)
      break;
    x.push_back(input);
  }

  if (x.empty())
  {
    std::cout << "Nothing to sort..." << std::endl;
    return 0;
  }

  std::cout << "Starting sort." << std::endl;
```

```
while (true)
{
  bool swapped{ false };        // Becomes true when not all values are in order
  for (size_t i {}; i < x.size() - 1; ++i)
  {
    if (x[i] > x[i + 1])        // Out of order so swap them
    {
      const auto temp = x[i];
      x[i] = x[i+1];
      x[i + 1] = temp;
      swapped = true;
    }
  }

  if (!swapped)                 // If there were no swaps
    break;                      // ...all values are in order...
}                               // ...otherwise, go round again.

std::cout << "Your data in ascending sequence:\n";
const size_t perline {10};      // Number output per line
size_t n {};                    // Number on current line
for (size_t i {}; i < x.size(); ++i)
{
  std::cout << std::format("{:8.1f}", x[i]);
  if (++n == perline)           // When perline have been written...
  {
    std::cout << std::endl;     // Start a new line and...
    n = 0;                      // ...reset count on this line
  }
}
std::cout << std::endl;
}
```

输出与 Ex5_09.cpp 相同。因为数据存储在 vector<double> 类型的容器中,所以不再需要对用户施加 1000 个元素的最大值限制。内存以递增的方式分配,以容纳输入的数据。我们也不再需要跟踪用户输入的值的数量,vector<> 已完成这项工作。

除了做出的这些简化,函数中的其他代码与原来是相同的。这说明,可以像使用普通数组那样使用 std::vector<>。但得到的好处是,不需要使用编译时常量指定其大小。但是,这个好处有一点小代价,读者一定能够理解。好在,很少需要担心这种额外的、很小的性能开销。读者很快会发现,std::vector<> 成了自己最常用的容器。本书后面会继续详述这方面的内容,现在只需要记住如下这条简单的原则。

▓ **提示:** 如果在编译时知道元素的准确数量,就使用 std::array<>,否则使用 std::vector<>。

5.20 本章小结

第 6 章将进一步介绍容器和循环的应用,几乎所有的程序都涉及某种类型的循环。循环对编程来说是非常基本的,必须很好地掌握本章的内容。本章的要点如下:

- 数组存储给定类型的、数量固定的一组值。

- 在一维数组中，可以使用方括号中的索引值访问元素。索引值从 0 开始，所以在一维数组中，索引是相对第一个元素的偏移值。
- 数组可以有多维。每一维都需要一个独立的索引值来引用元素。访问二维或多维数组中的元素时，需要把数组的每一维的索引放在方括号中。
- 循环是重复执行一组语句的机制。
- 有 4 种循环可以使用：while 循环、do-while 循环、for 循环和基于范围的 for 循环。
- 只要指定的条件为 true，就重复执行 while 循环。
- do-while 循环至少要执行一次，只要指定的条件为 true，就继续执行循环。
- for 循环通常用于重复指定的次数，它有 3 个控制表达式。第一个是初始化表达式，仅在循环的开始执行一次。第二个是循环条件，在每次迭代之前执行，它必须为 true，循环才会继续。第三个在每次迭代结束时执行，通常用于递增循环计数器。
- 基于范围的 for 循环迭代范围中的所有元素。数组是一个元素范围，字符串是一个字符范围。数组和向量容器也定义了一个范围，所以可以使用基于范围的 for 循环迭代它们包含的元素。
- 任何类型的循环都可以嵌套在其他类型的循环中，嵌套次数不限。
- 在循环中执行 continue 语句会跳过当前迭代的剩余语句，如果循环控制条件允许，就直接开始下一次迭代。
- 在循环中执行 break 语句会立即退出循环。
- 循环定义了一个作用域，在循环中声明的变量不能在循环外部访问。特别是，在 for 循环的初始化表达式中声明的变量不能在循环外部访问。
- array<T,N>容器存储一系列类型为 T 的 N 个元素。array<>容器提供了一种极好的替代方式，来替代 C++语言内置的数组。
- vector<T>容器存储一系列类型为 T 的元素，添加元素时，该容器会根据需要动态增加其容量。不能提前确定元素数量时，vector<>容器可用于替代标准数组。

5.21 练习

下面的练习用于巩固本章学习的知识点。如果有困难，可以回过头重新阅读本章的内容。如果仍然无法完成练习，可以从 Apress 网站(www.apress.com/source-code)下载答案，但只有别无他法时才应该查看答案。

1. 编写一个程序，输出从 1 开始到用户输入的数字之间所有奇数的平方。

2. 创建一个程序，使用 while 循环累加用户输入的数字(个数随机)的整数和。在每次迭代后，询问用户是否完成数字的输入。最后输出所有数字的总和和浮点数类型的平均值。

3. 创建一个程序，使用 do-while 循环计算用户在一行上输入的非空白字符的个数。在第一次遇到输入中的#字符时，停止计数。

4. 使用 std::cin.getline(…)，让用户输入最多有 1000 个字符的 C 样式字符串。使用合适的循环统计用户输入的字符数。然后，编写另一个循环，按照相反顺序逐个输出所有字符。

5. 编写一个与第 4 题等效的程序，但有以下区别：

如果在第 4 题中使用 for 循环来统计字符数，现在使用 while 循环。如果之前使用了 while 循环，现在使用 for 循环。

在本练习题中，应该首先反转数组中的字符，然后从左至右打印出这些字符(为了多加练习，仍然可以使用一个循环来逐个打印出字符)。

6. 创建一个 vector<>容器，其元素包含从 1 开始到用户输入的任意上界的整数。输出向量中不是 7 或 13 的倍数的元素值。在每一行上输出 10 个值，各个值在列中对齐。

7. 创建一个程序，读取并存储与产品相关的任意记录序列。每个记录都包含 3 个数据项——整型的产品号、数量和单价，例如产品号是 1001、数量是 25、单价是$9.95。因为现在还没有介绍复合类型，所以只需要使用 3 个不同的、类似数组的序列来代表这些记录。程序应在单独一行上输出每个产品，包括总成本。在最后一行输出所有产品的总成本。列应对齐，输出如表 5-1 所示。

表 5-1 输出的产品记录

产品	数量	单价	成本
1001	25	$9.95	$248.75
1003	10	$15.50	$155.00
			$403.75

8. 著名的 Fibonacci 序列是一系列整数，前两个值是 1，后续的值是前两个值之和。所以，它开始于 1、1、2、3、5、8、13，等等。它不仅仅是数学方面的问题，在生物环境中也十分常见。它与贝壳以螺旋方式生长有关，许多花的花瓣数就是这个序列中的一个数。创建包含 93 个元素的 array<>容器，将 Fibonacci 序列中的前 93 个数存储在数组中，接着每行输出一个数，各个值在列中对齐。读者是否知道我们为什么要求生成 93 个 Fibonacci 数字，而不是 100 个？

第6章

■■■

指针和引用

指针和引用的概念具有相似性，所以将它们放在一章中进行介绍。指针非常重要，因为它们构成了动态内存分配的基础，在其他许多方面也可以使程序更高效、更富有活力。引用和指针都是面向对象编程的基础。

本章主要内容

- 指针的定义及定义方式
- 如何获取变量的地址
- 在执行程序时，如何为新变量创建内存
- 如何释放动态分配的内存
- 原始动态内存分配的随意性及其更安全的替代方式
- 原始指针和智能指针的区别
- 智能指针的创建和使用
- 引用的概念及其与指针的区别
- 如何在基于范围的 for 循环中使用引用

6.1 什么是指针

程序中的每个变量和函数都位于内存的某个地方，所以都有独特的地址来标识它们的存储位置。这些地址取决于运行程序时将程序加载到内存的什么地方，所以程序每次运行时，这些地址可能都不同。指针是可存储地址的变量。存储在指针中的地址可以是变量或其他数据的地址。图 6-1 说明了指针这个名称的由来：它指向内存中存储了其他值的位置。

正如所知，整数的表示方式和浮点数大相径庭，数据占用的字节数取决于数据的内容。因此，要使用存储于指针所指向地址的数据，还需要知道数据的类型。如果指针仅存储随意数据的内存地址，那么指针并不值得关注。不知道数据的类型，指针就没什么用处。因此，指针不仅仅是指向某地址的"指针"，还指向位于该地址的数据的类型。本章介绍相关细节时，这一点会比较清楚。下面看看如何定义指针。指针的定义类似于一般的变量，但类型名后跟一个星号，表示定义了一个指针而不是该类型的变量。例如，要定义指针 pnumber，它存储 long 类型变量的地址，可以使用下面的语句：

```
long* pnumber {}; // A pointer to type long
```

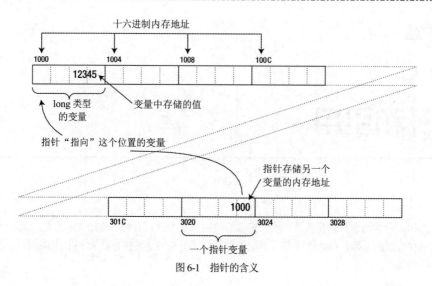

图 6-1　指针的含义

pnumber 的类型是"指向 long",写为 long*。这个指针只能存储 long 类型的变量的地址。尝试在其中存储非 long 类型的变量的地址,代码就不编译。因为初始化列表为空,所以这个语句把 pnumber 初始化为等价于 0 的指针,即不指向任何内容的地址。这种特殊的指针值写为 nullptr,可以把它显式地指定为初始值:

```
long * pnumber {nullptr}
```

在定义指针时,不一定非要初始化它,但最好不要这么做。未初始化的指针比未初始化的普通变量更危险,所以应遵循下述黄金规则。

注意:定义指针时,总是要初始化它。如果还不能为指针提供期望的值,就将其初始化为 nullptr。

在变量名称的开头使用字母 p 代表指针,是相对常见的做法,不过近来这种约定已经失宠。坚持使用匈牙利命名法——一种有些过时的变量命名方案——的人们辩称,这种约定使得很容易看出程序中的哪些变量是指针,从而使代码更容易理解。本书偶尔会使用这种命名法,尤其是当例子中混合使用了指针和普通变量时。但坦白而言,我们不认为在变量名称中添加类型特定的前缀(如 p),能够带来太大的价值。在现实的代码中,几乎总是可以从上下文中看出变量是不是指针。

在前面的例子中,指针类型在类型名的旁边加了一个星号,而这并不是声明指针的唯一方式。还可将星号加在变量名称的旁边,以声明一个指针,比如下面的语句:

```
long* pnumber {};
```

这条语句定义了与前面相同的变量。编译器接受这两种表示法,但前者比较常见,因为它对类型"指向 long"的表达更清晰一些。

但是,在同一条语句中混合使用普通变量和指针的声明时,可能会产生混淆。例如下面的语句:

```
long* pnumber {}, number {};
```

这条语句定义了两个变量:一个类型为"指向 long"的变量 pnumber,它被初始化为 nullptr;另外,还声明了类型为 long 的变量 number(不是指向 long 的指针),它被初始化为 0L。但把星号和类型名并列放置,会使第二个变量的类型是什么变得不太清晰。如果以另一种形式声明这两个变量:

```
long *pnumber {}, number {};
```

就不容易出现混淆,因为星号*现在附加在变量 pnumber 上。但是,这个问题的实际解决方案是不把指针变量和普通变量放在一个语句中声明。最好在单独的语句中分别声明指针和普通变量,以避免出现这种混淆:

```
long number {}; // Variable of type long
long* pnumber {}; // Variable of type 'pointer to long'
```

这样就不会出现混淆,还可以在声明的最后添加注释,解释它们的用途。

注意,如果确实想让 number 也成为指针,可以这样编写代码:

```
long *pnumber {}, *number {}; // Define two variables of type 'pointer to long'
```

可以把指针定义为任意类型,包括自定义类型。下面定义了几个其他类型的指针变量:

```
double* pvalue {}; // Pointer to a double value
char16_t* char_pointer {}; // Pointer to a 16-bit character
```

不过,不管指针指向什么类型或大小的数据,指针变量本身的大小始终是相同的。准确来说,在给定平台上,所有指针变量都具有相同的大小。指针变量的大小仅取决于目标平台的可寻址内存的大小。要确定这一点,可以运行下面的小程序:

```
// Ex6_01.cpp
// The size of pointers
import <iostream>;

int main()
{
  // Print out the size (in number of bytes) of some data types
  // and the corresponding pointer types:
  std::cout << sizeof(double) << " > " << sizeof(char16_t) << std::endl;
  std::cout << sizeof(double*) << " == " << sizeof(char16_t*) << std::endl;
}
```

在笔者的测试系统上,输出结果如下:

```
8 > 2
8 == 8
```

在如今几乎所有的平台上,指针变量的大小是 4 字节或 8 字节(分别对应于 32 位和 64 位计算机架构)。原则上,也可能遇到其他值,例如目标平台是专用的嵌入式系统。

6.2 地址运算符

地址运算符&是一个一元运算符,它可以获取变量的地址。下面的语句定义了一个指针 pnumber 和一个变量 number,pnumber 用 number 的地址初始化,如下所示:

```
long number {12345L};
long* pnumber {&number};
```

&number 生成了 number 的地址,所以 pnumber 把这个地址作为其初始值。pnumber 可以存储 long 类型变量的地址,所以可以进行如下赋值:

```
long height {1454L};   // The height of a building
```

```
pnumber = &height;      // Store the address of height in pnumber
```

这条语句的结果是，pnumber 包含 height 的地址。这个操作的执行结果如图 6-2 所示。

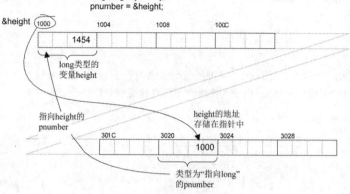

图 6-2 在指针中存储地址

&运算符可以应用于任何类型的变量，但必须在对应类型的指针中存储地址。例如，如果要存储 double 变量的地址，指针必须声明为类型 double*，即 "指向 double"。

当然，通过使用 auto 关键字，可以让编译器推断类型：

```
auto pmynumber {&height}; // deduced type: long* (pointer to long)
```

建议在这里使用 auto*，以便在声明中能够清晰看出这里涉及指针。这里通过使用 auto*，定义了由编译器推断出来的指针类型的变量：

```
auto* mynumber {&height};
```

使用 auto*声明的变量只能用指针值初始化。使用其他类型的值初始化，会导致编译错误。

提取变量的地址，并把它存储在指针中，这都很好完成，但是我们真正感兴趣的是如何使用指针。使用指针的基本操作是访问指针所指向的内存位置的数据。这可以使用间接运算符来完成。

6.3 间接运算符

将间接运算符*应用于指针，可以访问指针所指向的内存位置的数据。间接运算符这个名称来自于数据的访问是间接的这一事实。该运算符有时也称为解引用运算符(dereference operator)，访问指针所指向的内存位置的数据的过程称为 "解除指针的引用"。要访问指针 pnumber 指向的地址中的数据，可以使用表达式*pnumber。下面看看该运算符的用法。下面这个例子用于演示指针的各种用法。

```
// Ex6_02.cpp
// Dereferencing pointers
// Calculates the purchase price for a given quantity of items
import <iostream>;
import <format>;

int main()
{
  int unit_price {295}; // Item unit price in cents
  int count {}; // Number of items ordered
  int discount_threshold {25}; // Quantity threshold for discount
```

```
double discount {0.07}; // Discount for quantities over discount_threshold

int* pcount {&count}; // Pointer to count
std::cout << "Enter the number of items you want: ";
std::cin >> *pcount;
std::cout << std::format("The unit price is ${:.2f}\n", unit_price / 100.0);

// Calculate gross price
int* punit_price{ &unit_price }; // Pointer to unit_price
int price{ *pcount * *punit_price }; // Gross price via pointers
auto* pprice {&price}; // Pointer to gross price

// Calculate net price in US$
double net_price{};
double* pnet_price {nullptr};
pnet_price = &net_price;
if (*pcount > discount_threshold)
{
  std::cout <<
    std::format("You qualify for a discount of {:.0f} percent.\n", discount * 100);
  *pnet_price = price*(1 - discount) / 100;
}
else
{
  net_price = *pprice / 100;
}
std::cout << std::format("The net price for {} items is ${:.2f}\n", *pcount, net_price);
}
```

该程序的运行结果如下：

```
Enter the number of items you want: 50
The unit price is $2.95
You qualify for a discount of 7 percent.
The net price for 50 items is $137.17
```

在使用指针和使用初始变量之间的这种随意互换并不是编写这个计算的正确方式,但这个例子说明,使用解除了引用的指针和使用指针指向的变量具有相同的效果。在表达式中使用解除了引用的指针,方式与给 price 初始值的表达式使用初始变量相同。

同一个符号*有多种不同的用法,这似乎容易让人混淆。*是乘法运算符、间接运算符,还可以用于声明指针。编译器可以根据上下文区分*的含义。表达式*pcount * *punit_price 似乎令人困惑,但编译器可以确定,这是对两个解除了引用的指针进行乘法运算,这个表达式不能解释为其他含义,否则代码就不编译。若加上圆括号,可以使代码很容易理解: (*pcount) * (*punit_price)。

6.4 为什么使用指针

有一个问题常常会困扰读者:“为什么使用指针? ”毕竟, 提取已知变量的地址, 再把它存储在指针中, 以便以后解除对指针的引用, 这看起来似乎是负担, 可有可无。指针非常重要的原因有好几个。

- 如本章后面所述,可以动态地为新变量分配内存空间,即在程序执行过程中分配。这允许程序根据输入调整对内存的使用,在程序运行过程中以及需要时创建新变量。分配新内存时,内存由其地址标识,所以需要用指针记录它。

- 可以使用指针表示法操作存储在数组中的数据,这与普通数组表示法完全等效,所以可根据具体情况选择最合适的表达式。大多数时候,数组表示法对于操作数组更加方便,但是指针表示法也有其优点。
- 在第 8 章定义自己的函数时,指针的使用非常广泛,可以在函数中访问函数外部定义的大块数据。
- 指针是支持多态性起作用的基础,而多态性是面向对象编程方法提供的最重要功能。多态性的相关内容请参见第 15 章。

■ **注意:** 上述列表中的最后两项同样适用于引用。引用是 C++中的一种语言结构,在很多方面与指针类似。本章最后将讨论引用。

6.5 char 类型的指针

"指向 char"类型的变量有一个有趣的属性,它可以用字符串字面量初始化。例如,下面的语句就声明并初始化了这样一个指针:

```
char* pproverb {"A miss is as good as a mile"}; // Don't do this!
```

这条语句看起来非常类似于用字符串字面量初始化 char 数组,事实上也的确如此。这条语句利用引号中的字符串创建了一个以空字符结尾的字符串字面量(实际上是 const char 类型的数组),并把字符串字面量中第一个字符的地址存储在指针 pproverb 中,如图 6-3 所示。

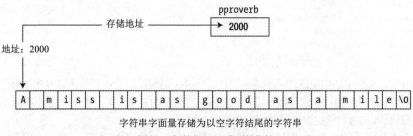

图 6-3 初始化 char*类型的指针

但是,这并不像表面那样。字符串字面量是 C 样式的 char 数组,不应改变。前面提到,const 修饰符用于不能或不可以改变的变量。换句话说,字符串字面量中字符的类型是 const,但指针并没有反映这一点。这条语句并没有创建字符串字面量的可修改副本,只是存储了第一个字符的地址。也就是说,如果尝试修改该字符串,就会出问题。下面的语句试图把第一个字符改为'X':

```
*pproverb = 'X';
```

一些编译器会编译该语句,因为它们找不出错误。指针 pproverb 没有被声明为 const,所以编译器可以编译该语句。其他一些编译器会发出警告:从类型 const char*到类型 char*的转换已废弃。在一些环境中运行程序时,程序会崩溃,在其他环境下,该语句什么也不做,这一般不是我们要求或期望的,原因是:字符串字面量仍是常量,不允许修改。

为什么编译器允许给非 const 类型的指针赋予 const 指针值,但运行代码会产生这些错误?原因是字符串字面量仅在第一个 C++标准中是常量，而且有许多以前的代码依赖于"不正确的"赋值。但这种用法已废弃，这个问题的正确解决方案按如下方法来声明指针：

```
const char* pproverb {"A miss is as good as a mile"}; // Do this instead!
```

这条语句声明 pproverb 指针指向 const char*类型，因为是 const 指针类型，所以能够与字符串字面量的类型一致。编译器也将阻止用这个指针对字符串字面量的字符进行赋值。对指针使用 const 还有许多内容，本章的后面将详细介绍这个主题。现在，在另一个例子中看看如何使用 const char*类型的变量。这是 Ex5_11.cpp 的另一个新版本，它使用指针代替数组：

```
// Ex6_03.cpp
// Initializing pointers with strings
import <iostream>;

int main()
{
  const char* pstar1 {"Fatty Arbuckle"};
  const char* pstar2 {"Clara Bow"};
  const char* pstar3 {"Lassie"};
  const char* pstar4 {"Slim Pickens"};
  const char* pstar5 {"Boris Karloff"};
  const char* pstar6 {"Mae West"};
  const char* pstar7 {"Oliver Hardy"};
  const char* pstar8 {"Greta Garbo"};
  const char* pstr {"Your lucky star is "};

  std::cout << "Pick a lucky star! Enter a number between 1 and 8: ";
  size_t choice {};
  std::cin >> choice;

  switch (choice)
  {
    case 1: std::cout << pstr << pstar1 << std::endl; break;
    case 2: std::cout << pstr << pstar2 << std::endl; break;
    case 3: std::cout << pstr << pstar3 << std::endl; break;
    case 4: std::cout << pstr << pstar4 << std::endl; break;
    case 5: std::cout << pstr << pstar5 << std::endl; break;
    case 6: std::cout << pstr << pstar6 << std::endl; break;
    case 7: std::cout << pstr << pstar7 << std::endl; break;
    case 8: std::cout << pstr << pstar8 << std::endl; break;
    default: std::cout << "Sorry, you haven't got a lucky star." << std::endl;
  }
}
```

输出与 Ex5_11.cpp 相同。

原来的例子显然优雅得多，但这里不考虑代码是否优雅。在这个修改过的版本中，数组被 8 个指针(pstar1~pstar8)代替，每个指针都用一个字符串字面量来初始化。另一个指针 pstr 用一个短语来初始化，该短语会在正常输出行的开头使用。因为所有指针都包含字符串字面量的地址，所以把它们声明为 const。

使用 switch 语句比使用 if 语句更容易选择合适的输出消息。如果输入了不正确的值，就由 switch 语句的 default 选项处理。

输出一个指针指向的字符串是很容易的，只需要指出该指针名即可。注意，cout 的插入运算符 << 根据指针指向的类型对指针进行不同的处理。在 Ex6_02.cpp 中，有如下代码：

```
std::cout << std::format("The net price for {} items is ${:.2f}\n", *pcount, net_price);
```

如果这里没有解除 pcount 的引用,就输出 pcount 包含的地址。因此,指向数值类型的指针必须解除引用,才能输出指向的值,而给未解除引用的 char 类型指针应用插入运算符,假定这种指针包含以空字符结尾的字符串的地址。如果输出已解除引用的 char 类型的指针,就将那个地址中的单个字符写入 cout,例如:

```
std::cout << *pstar5 << std::endl; // Outputs 'B'
```

指针数组

这样做在 Ex6_03.cpp 中会得到什么好处?使用指针就可节省 Ex5_11.cpp 中的数组所占用的内存空间,因为每个字符串现在都只占用容纳其所有字符所需的字节数。但是,程序看起来有点啰嗦。还有一种更好的方法,即使用指针数组。

```
// Ex6_04.cpp
// Using an array of pointers
import <iostream>;
import <array>; // for std::size()

int main()
{
  const char* pstars[] {
                         "Fatty Arbuckle", "Clara Bow", "Lassie",
                         "Slim Pickens", "Boris Karloff", "Mae West",
                         "Oliver Hardy", "Greta Garbo"
                       };
  std::cout << "Pick a lucky star! Enter a number between 1 and "
            << std::size(pstars) << ": ";
  size_t choice {};
  std::cin >> choice;

  if (choice >= 1 && choice <= std::size(pstars))
  {
    std::cout << "Your lucky star is " << pstars[choice - 1] << std::endl;
  }
  else
  {
    std::cout << "Sorry, you haven't got a lucky star." << std::endl;
  }
}
```

在这个版本中,几乎可取得最佳的效果。本例声明了一个一维指针数组,让编译器根据初始化字符串的个数计算出该数组的大小。这个语句的内存使用情况如图 6-4 所示。

对于示例 Ex5_11 中的 char 数组,每一行至少需要最长那个字符串的长度,从而导致字节浪费。图 6-4 清晰显示了通过在内存中分别分配所有字符串的空间,这在示例 Ex6_04 中已不再是个问题。当然,确实需要一些额外的内存来存储字符串的地址,通常每个字符串指针占据 4 字节或 8 字节。而且,因为在我们的示例中,字符串长度的区别不太大,所以实际上并没有获得太大好处(甚至多占用了一些内存)。

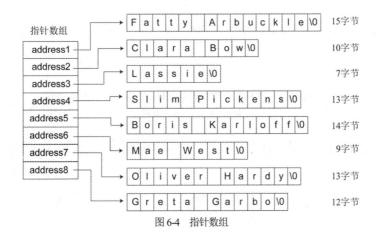

图 6-4　指针数组

但是，一般来说，相比字符串本身需要的内存，额外的指针的开销常常可被忽略。甚至对于我们的测试程序，这也不是完全不可想象的。例如，假设要添加下面的姓名作为第 9 个选项："Rodolfo Alfonso Raffaello Pierre Filibert Guglielmi di Valentina d'Antonguolla"（无声电影时代的一位明星）。

使用指针不仅可以节省内存空间，在许多情况下，还可节省时间。例如，如果要交换数组中的"Greta Garbo"与"Mae West"，一般需要对字符串按照字母顺序进行排序。而使用指针数组，则只需要彼此交换指针，字符串本身可以不变。使用 char 数组，需要进行大量的复制工作。交换字符串时，需要把字符串"Greta Garbo"复制到一个临时位置，再把"Mae West"复制到"Greta Garbo"原来的位置，之后把"Greta Garbo"复制到"Mae West"原来的位置，执行时间比交换两个指针长得多。使用指针数组的代码非常类似于使用 char 数组的代码，且以相同的方式计算数组元素的个数，以检查所输入的选项是否有效。

■ **注意**：在介绍指针数组的优势时，我们可能对使用 const char*[]数组表现得过于积极。只要编译器准确地知道字符串的数量，并且所有的字符串都是用字面量定义的，这种方法的效果就会很好。然而，在现实应用中，更可能发生的情况是从用户输入或文件中获取数量不定的字符串。此时，使用普通的字符串数组很快变得麻烦且不安全。第 7 章将介绍一种更高级的字符串类型 std::string，它比普通的 char*数组使用起来更安全，并且更适合较高级的应用程序。例如，std::string 对象被设计为与标准容器完全兼容，从而允许使用完全动态且非常安全的 std::vector<std::string>容器！

6.6　常量指针和指向常量的指针

在程序 Ex6_04.cpp 中，通过使用 const 关键字声明数组，确保任何试图修改 pstars 数组元素指向的字符串的行为都会被编译器捕捉到：

```
const char* pstars[] {
                "Fatty Arbuckle", "Clara Bow", "Lassie",
                "Slim Pickens", "Boris Karloff", "Mae West",
                "Oliver Hardy", "Greta Garbo"
             };
```

在这个声明中，把由 pstar 数组的元素指向的 char 元素指定为常量。由于编译器会阻止对该对象的直接修改，因此把下面的赋值语句标识为错误，防止在运行期间出现令人头痛的问题：

```
*pstars[0] = 'X'; // Will not compile...
```

但是，仍可以合法地编写下面的语句，把存储在等号右边的元素中的地址复制到等号左边的元素中：

```
pstars[5] = pstars[6]; // OK
```

现在，这些获得 Ms.West 的幸运儿会得到 Mr. Hardy，因为两个指针都指向同一个名字。注意，第 6 个数组元素指向的对象值并没有变化，只是存储在其中的地址发生了变化，因此没有违背 const 规范。

必须习惯这种变化，因为有些人可能料想，已老去的 Ollie 没有 Mae West 那么美丽。看看下面的语句：

```
const char* const pstars[] {
                            "Fatty Arbuckle", "Clara Bow", "Lassie",
                            "Slim Pickens", "Boris Karloff", "Mae West",
                            "Oliver Hardy", "Greta Garbo"
                          };
```

额外的 const 关键字和后面的元素类型规范把元素定义为常量，现在指针及其指向的字符串都被定义为常量。这个数组现在不能修改了。

可能这里才刚刚开始介绍指针数组，就讲得有些复杂。因为理解不同的选项很重要，所以下面使用一个基本的非数组变量再次回顾相关信息，这个变量只指向一个名人。考虑下面的定义：

```
const char* my_favorite_star{ "Lassie" };
```

这里定义了一个包含 const char 元素的数组，意味着编译器不允许将 Lassie 重命名为其他值，如 Lossie：

```
my_favorite_star[1] = 'o'; // Error: my_favorite_star[1] is const!
```

但是，my_favorite_star 的定义并不阻止改变自己喜欢的明星。这是因为 my_favorite_star 变量本身不是 const 变量。换句话说，只要使用一个指向 const char 元素的指针，就可以重写 my_favorite_star 中存储的指针值：

```
my_favorite_star = "Mae West"; // my_favorite_star now points to "Mae West"
my_favorite_star = pstars[1]; // my_favorite_star now points to "Clara Bow"
```

如果想禁止这种赋值，需要再添加一个 const 关键字来保护 my_favorite_star 变量的内容：

```
const char* const forever_my_favorite{ "Oliver Hardy" };
```

总之，对指针及其指向的内容使用 const 有以下 3 种不同的情形。

- 指向常量的指针。指针指向的内容不能修改，但可以把指针设置为指向其他内容：

```
const char* pstring {"Some text that cannot be changed"};
```

当然，这也适用于其他类型的指针。例如：

```
const int value {20};
const int* pvalue {&value};
```

value 是一个常量，不能修改。pvalue 是一个指向常量的指针，可用于存储 value 的地址。不能在非 const int 指针中存储 value 的地址(因为这意味着可以通过指针修改常量)，但可以把非 const 变量的地址赋予 pvalue。在后一种情况下，通过指针修改变量是非法的。一般情况下，总是可用这种方式加强常量的不变性，而减弱它是不允许的。

- **常量指针**。存储在指针中的地址不能修改。常量指针只能指向初始化时指定的地址。但是，地址的内容不是常量，可以修改。假定定义了一个整型变量 data 和一个常量指针 pdata：

```
int data {20};
int* const pdata {&data};
```

这条语句声明 pdata 是常量指针，只能指向 data。使它指向另一个变量的任何尝试都会让编译器生成一条错误消息。但存储在 data 中的值不是常量，可以修改：

```
*pdata = 25; // Allowed, as pdata points to a non-const int
```

如果将 data 声明为常量，就不能用&data 初始化 pdata，指针 pdata 只能指向 int 类型的非 const 变量。

- **指向常量的常量指针**。因为存储在指针中的地址和指针指向的内容都被声明为常量，所以两者都不能修改。下面是一个数值示例，它把变量 value 定义为：

```
const float value {3.1415f};
```

value 现在是一个常量，不能修改。但仍可以用 value 的地址来初始化一个指针：

```
const float* const pvalue {&value};
```

pvalue 现在是一个指向常量的常量指针，不能修改 pvalue 指向的内容，也不能修改存储于所指向地址的值。

■ **提示**：在一些少见的例子中，需要更复杂的类型，例如指向指针的指针。此时，可从右向左阅读全部类型名称。在阅读过程中，将每个星号读作"指向"。考虑上一个变量声明的变体，它同样是合法的：

```
float const * const pvalue {&value};
```

通过从右向左阅读，可知道 pvalue 确实是指向 const float 的 const 指针。这种技巧始终有效(即使用到了本章后面介绍的引用)。可以试着对本节的其他定义应用这种方法。区别是，第一个 const 通常写到元素类型的前面。

```
const float* const pvalue {&value};
```

所以在从右向左阅读时，常需要将这个 const 与元素类型对调。但这不难记住。毕竟，"指向 float const 的 const 指针"读起来会变味!

6.7 指针和数组

指针和数组名之间有很密切的关联。实际上，在许多情况下，可以把数组名用作指针。在输出语句中，数组名本身可以像指针那样操作。如果在输出数组时只使用数组名(只要不是 char 类型的数组)，就会得到数组在内存中的十六进制地址。char 类型的数组是例外，因为所有标准输出流都假定它是 C 样式的字符串。因为数组名可以解释为地址，所以也可以用于初始化指针：

```
double values[10];
double* pvalue {values};
```

上述第二条语句把数组 values 的地址存储在指针 pvalue 中。尽管数组名表示一个地址，但它不是指针。存储在指针中的地址可以修改，而数组名表示的地址是固定的。

6.7.1　指针的算术运算

可以对指针执行算术运算，修改它包含的地址。只能对指针进行加减运算，但可以比较指针，得到逻辑结果。可以给指针加上一个整数(或等于整数的表达式)，其结果是一个地址。也可以从指针中减去一个整数，其结果也是一个地址。可以从一个指针中减去另一个指针，其结果是一个整数而不是地址。其他算术运算符不能用于指针。

对指针的算术运算采用一种特殊的方式。假定使用下面的语句给指针加 1：

```
++pvalue;
```

这条语句将指针递增 1。将指针递增 1 采用什么方法并不重要，还可以使用赋值或+=运算符，结果同上面的语句是一样的：

```
pvalue += 1;
```

存储在指针中的地址并不是按一般的算术运算那样递增 1，指针的算术运算意味着，假定指针指向一个数组，给指针加 1 就表示给它递增一个所指向类型的元素。编译器知道存储一个数组元素需要的字节数，给指针加 1 就是给指针中存储的地址递增该字节数。换言之，给指针加 1 就是把指针移向数组中的下一个元素。例如，如果 pvalue 是指向 double 的指针，double 类型占用 8 字节，这样 pvalue 中的地址就递增 8，如图 6-5 所示。

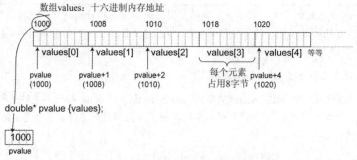

图 6-5　指针的递增

如图 6-5 所示，pvalue 开始存储的地址对应于数组的第一个元素。给 pvalue 加 1 就是对它包含的地址递增 8，结果就是下一个数组元素的地址。给指针递增 2，就是把指针移动两个元素。当然，指针 pvalue 不一定指向 values 数组的开始。下面的语句把 values 数组中第 3 个元素的地址赋予该指针：

```
pvalue = &values[2];
```

现在，表达式 pvalue+1 就等于 values[3]的地址，values[3]是 values 数组中的第 4 个元素。下面的语句可以使指针直接指向这个元素：

```
pvalue += 1;
```

一般情况下，表达式 pvalues+n(其中 n 是等于整数的任意表达式)的结果是给包含在指针 pvalue 中的地址加上 n*sizeof(double)，因为 pvalue 被声明为指向 double 的指针。

这个逻辑可用于从指针中减去一个整数。如果 pvalue 包含 values[2]的地址，则表达式 pvalue −2 就等于数组中第一个元素 values[0]的地址。换言之，递增或递减指针的操作将根据指针所指向对象的类型来执行。给指向 long 的指针递增 1，会使它的内容变成下一个 long 地址，即给地址加上 sizeof(long)

字节。从该指针中减去 1，就是给它包含的地址减去 sizeof(long)。

当然，可以对执行了算术运算的指针解除引用(否则对指针执行算术运算没有什么意义)。例如，假定 pvalue 仍指向 values[3]，则下面的语句：

```
*(pvalue + 1) = *(pvalue + 2);
```

就等价于：

```
values[4] = values[5];
```

像 pvalue+1 这样的表达式不会改变 pvalue 中的地址，这个表达式的结果与 pvalue 的类型相同；而++pvalue 和 pvalue += n 表达式会改变 pvalue。

在递增或递减指针包含的地址后，要解除对指针的引用，就需要使用圆括号，因为间接运算符的优先级高于算术运算符+和-。表达式*pvalue+1 对 pvalue 指向的地址中存储的值加 1，也就是 values[3]+1。*pvalue+1 的结果是一个数值而不是地址，若在上述赋值语句中使用它，编译器就会生成一条错误消息。

当然，如果指针包含无效的地址(例如在它指向的数组上下限之外的地址)，使用该指针存储一个值时，就会改写该地址所在的内存。这一般会导致灾难，程序将以某种方式失败。问题的原因是误用了指针，而这一原因不是很明显。

1. 计算两个指针之间的差

可以从一个指针中减去另一个指针，但这仅在指针的类型相同且指向同一个数组中的元素时才有意义。假定有一个一维数组 numbers，其类型是 long，定义语句如下：

```
long numbers[] {10, 20, 30, 40, 50, 60, 70, 80};
```

定义并初始化两个指针变量：

```
long *pnum1 {&numbers[6]}; // Points to 7th array element
long *pnum2 {&numbers[1]}; // Points to 2nd array element
```

现在计算这两个指针之间的差：

```
auto difference {pnum1 - pnum2}; // Result is 5
```

变量 difference 被设置为整数值 5，因为指针之差由元素(而不是由字节)决定。但还有一个问题：difference 的类型是什么？显然，应该是带符号整型，以便能够处理下面的语句：

```
auto difference2 {pnum2 - pnum1}; // Result is -5
```

指针变量(如 pnum1 和 pnum2)的大小由平台决定，通常是 4 字节或 8 字节。这当然意味着，存储指针偏移所需的字节数并非在所有平台上都是相同的。因此，C++语言规定，将两个指针相减，得到的值的类型为 std::ptrdiff_t，这是<cstddef>模块中定义的某个带符号整型的平台特定的类型别名。因此：

```
std::ptrdiff_t difference2 {pnum2 - pnum1}; // Result is -5
```

取决于目标平台，std::ptrdiff_t 通常是 int、long 或 long long 的别名。

2. 比较指针

使用熟悉的==、!=、<、>、<=和>=运算符，可以安全地比较相同类型的指针。比较结果与我们对指针和整数运算的认识类似。使用与之前相同的变量，表达式 pnum 2<pnum1 为 true，因为 pnum2 -

pnum1 < 0 (pnum2 - pnum1 = -5)。换句话说，如果指针指向的数组位置更深，或者所指向元素的索引更高，指针就更大。

6.7.2 使用数组名的指针表示法

可以把数组名用作指针来确定数组元素的地址。如果把一维数组定义为：

```
long data[5] {};
```

就可以使用指针表示法把元素 data[3]表示为*(data + 3)。这种表示法可以应用于一般情形，如元素 data[0]、data[1]、data[2]等，可以分别表示为*data、*(data+1)、*(data+2)等。数组名 data 本身表示数组开始时的地址，而表达式 data+2 就表示和起始位置偏离两个元素的地址。

数组名的指针表示法与方括号中索引的使用方式相同——用于表达式或等号的左边。下面的循环把 data 数组的值设置为偶数：

```
for (size_t i {}; i < std::size(data); ++i)
{
 *(data + i) = 2 * (i + 1);
}
```

表达式*(data+i)表示数组中连续的元素。上述循环把 5 个数组元素的值分别设置为 2、4、6、8、10。使用下面的语句可以累加数组元素的值：

```
long sum {};
for (size_t i {}; i < std::size(data); ++i)
{
 sum += *(data + i);
}
```

下面在一个有更多实际内容的例子中使用这种表示法。这个例子计算质数(质数是只能被 1 和它本身整除的整数)，代码如下：

```
// Ex6_05.cpp
// Calculating primes using pointer notation
import <iostream>;
import <format>;

int main()
{
 const size_t max {100}; // Number of primes required
 long primes[max] {2L}; // First prime defined
 size_t count {1}; // Count of primes found so far
 long trial {3L}; // Candidate prime
 while (count < max)
 {
  bool isprime {true}; // Indicates when a prime is found
  // Try dividing the candidate by all the primes we have
  for (size_t i {}; i < count && isprime; ++i)
  {
   isprime = trial % *(primes + i) > 0; // False for exact division
  }

  if (isprime)
  { // We got one...
   *(primes + count++) = trial; // ...so save it in primes array
```

```
  }
  trial += 2; // Next value for checking
}

// Output primes 10 to a line
std::cout << "The first " << max << " primes are:" << std::endl;
for (size_t i{}; i < max; ++i)
{
  std::cout << std::format("{:7}", *(primes + i));
  if ((i+1) % 10 == 0) // Newline after every 10th prime
  std::cout << std::endl;
}
std::cout << std::endl;
}
```

这个程序的输出如下:

```
The first 100 primes are:
      2       3       5       7      11      13      17      19      23      29
     31      37      41      43      47      53      59      61      67      71
     73      79      83      89      97     101     103     107     109     113
    127     131     137     139     149     151     157     163     167     173
    179     181     191     193     197     199     211     223     227     229
    233     239     241     251     257     263     269     271     277     281
    283     293     307     311     313     317     331     337     347     349
    353     359     367     373     379     383     389     397     401     409
    419     421     431     433     439     443     449     457     461     463
    467     479     487     491     499     503     509     521     523     541
```

利用常量 max 定义程序要生成的质数个数。存储结果的 primes 数组已在程序的开始处定义好了第 1 个质数。因为变量 count 记录质数的个数,所以把它初始化为 1。

变量 trial 存储了下一个要测试的整数,开始时将它设置为 3,并在后面的循环中递增它。布尔变量 isprime 是一个标志,用于表示 trial 的当前值是否为质数。

所有的工作都是在两个循环中完成的。外层的 while 循环提取下一个要测试的整数,如果它是一个质数,就把该整数添加到 primes 数组中。内层的循环测试整数,看看它是不是质数。填满 primes 数组后,外层的循环就停止。

检查质数的循环中的算法非常简单,它的依据是:任何不是质数的整数都可以被更小的质数整除。因为这个程序以升序的方式查找质数,所以 primes 数组总是包含比当前整数小的所有质数。如果 primes 中所有的质数都不是当前整数的除数,则该整数一定是质数。意识到这一点后,编写内层循环来检查变量 trial 是否为质数会十分直观:

```
// Try dividing the candidate by all the primes we have
for (size_t i {}; i < count && isprime; ++i)
{
  isprime = trial % *(primes + i) > 0; // False for exact division
}
```

在每次迭代中,将 isprime 设置为表达式 trial % *(primes + i) > 0 的值,确定用 trial 除以存储在 (primes+i) 地址中的质数后的余数。如果余数是正数,isprime 就是 true。如果 i 达到 count 或者 isprime 被设置为 false,该循环就结束。如果 trial 能被 primes 数组中的质数整除,trial 就不是质数,因此结束循环。如果 trial 不能被 primes 数组中的所有质数整除,isprime 就是 true,循环在 i 达到 count 时结束。

■ **注意:** 从技术角度看，只需要测试当前整数能否被小于或等于该整数的平方根的质数整除，因此本例并不是很高效。

在内层循环因为 isprime 被设置为 false 或用尽 primes 数组中的除数而结束之后，就必须确定 trial 中的值是否为质数。这由 isprime 中的值表示，该值在 if 语句中测试:

```
if (isprime)
{ // We got one...
  *(primes + count++) = trial; // ...so save it in primes array
}
```

如果 isprime 是 false，就说明 trial 可以被某个 primes 数组元素整除，因此 trial 不是质数。如果 isprime 是 true，赋值语句就把 trial 中的值存储在 primes[count] 中，再用后缀递增运算符递增 count。一旦找到 max 个质数，外层的 while 循环就结束，并在 for 循环中输出质数，一行显示 10 个质数，将字符宽度设置为 10 个字符。

6.8 动态内存分配

前面编写的大部分代码都是在编译期间给数据分配内存空间。但使用 std::vector<> 容器时是例外，它动态分配自己需要的内存来保存元素。除此之外，我们主要在源代码中指定需要的变量和数组，在执行程序时，这些内存空间已分配好，不管是否需要整个数组。在程序中使用固定的变量集合是非常受限制的，而且常常比较浪费。

动态内存分配是在运行期间分配存储数据所需要的内存空间，而不是在编译程序时分配预定义的内存空间。在执行过程中可以改变程序使用的内存量。根据定义，动态分配内存的变量不能在编译期间定义，所以它们不能在源程序中指定。在动态分配内存时，请求分配的空间由其地址标识。存储这个地址的唯一地方显然是指针。利用指针的功能和 C++ 中的动态内存管理工具，编写具有这种灵活性的程序就非常简捷了。可以在需要时给应用程序添加内存，使用完毕后释放获得的内存，因此应用程序使用的内存量可以在执行期间增加或减少。

第 3 章介绍了变量可以拥有的三种存储持续时间: 自动、静态和动态，并且讨论了如何创建自动变量和静态变量。在运行期间分配内存的变量始终具有动态的存储持续时间。

6.8.1 栈和自由存储区

自动变量在执行其定义时创建。在内存区域给自动变量分配的空间称为栈。栈有固定的大小，这由编译器确定。编译器通常允许改变栈的大小，但很少需要这么做。在定义自动变量的块尾，会释放栈上的变量所占据的内存，以供重复使用。调用函数时，传递给函数的参数和地址就存储在栈上，函数执行完毕后，就返回该地址。

操作系统或当前加载的其他程序未占用的内存称为自由存储区[1]。在运行期间，可以把自由存储区中的空间分配给任意类型的新变量。这需要使用 new 运算符，它返回所分配空间的地址，把该地址存储在一个指针中。和它对应的运算符是 delete，它可以释放以前用 new 分配的内存。new 和 delete

---

1 术语 "堆" 常用作自由存储区的同义词。事实上，"堆" 这个术语可能比 "自由存储区" 更常用。尽管如此，一些人认为，堆和自由存储区是不同的内存工具。在他们看来，C++ 的 new 和 delete 运算符操作的是自由存储区，而 C 的内存管理函数(如 malloc 和 free)操作的是堆。我们在这种技术性的术语辩论中不带倾向性，但在本书中，我们选择使用术语 "自由存储区"，因为这也是 C++ 标准中使用的术语。

都是关键字，不能用于其他目的。

可以在程序的某一部分把自由存储区中的空间分配给一些变量，在使用完这些变量后，就在程序的另一部分释放已分配的空间，把它们返回给自由存储区。这样，这些内存就可以在程序的后面由其他动态分配的变量或同时执行的其他程序重复使用了。这将允许非常高效地使用内存。程序将能处理非常大的数据，涉及的数据量要比不使用动态分配的变量多得多。

在使用 new 为变量分配内存空间时，就是在自由存储区创建该变量。在变量占用的内存没有用运算符 delete 释放前，该变量将一直存在。在使用 delete 释放为变量分配的内存之前，继续调用 new 时不能使用该变量占据的内存。无论是否记录其地址，变量都一直占据内存。如果不使用 delete 释放内存，程序执行结束时，变量会被自动释放。

6.8.2 运算符 new 和 delete

假定一个 double 类型的变量需要内存空间。可以定义一个指向 double*类型的指针，再在执行程序时，请求为该变量分配内存空间。一种方法是：

```
double* pvalue {}; // Pointer initialized with nullptr
pvalue = new double; // Request memory for a double variable
```

注意，所有指针都应初始化。使用动态分配的内存一般涉及许多浮动的指针，这些指针不应包含垃圾值，这是非常重要的。如果指针没有包含合法的地址，就应总是让它包含 nullptr。

在上述代码中，第二行中的 new 运算符会返回在自由存储区给 double 变量分配的内存地址，这个地址应存储在 pvalue 指针中。这样就可以通过前面介绍的间接运算符，使用这个指针引用该变量了。例如：

```
*pvalue = 3.14;
```

当然，在极端情况下，由于自由存储区的内存空间已经用尽，内存分配就不可行。另外，自由存储区还有可能因以前使用过而被分隔成小碎块，此时自由存储区就不能提供足够大的连续空间来容纳要获得内存空间的变量了。存储一个 double 值不可能需要这么大的空间，但在处理非常大的实体(如数组或复杂的类对象)时，就需要很大的空间。显然应考虑这种情况，但现在仅假定我们总是能得到需要的内存空间。如果出现这种情况，new 运算符会抛出一个异常，该异常默认结束程序。第 16 章在讨论异常时，将回过头来讨论这种情况。

可以初始化在自由存储区中创建的变量。再看看前面的例子：double 变量用 new 分配内存空间，其地址存储在 pvalue 指针中。为 double 变量本身(通常为 8 字节)分配的内存仍然保留之前的内容。如前所述，未初始化的变量包含垃圾值。不过，下面的语句可以把它的值初始化为 3.14：

```
pvalue = new double {3.14}; // Allocate a double and initialize it
```

也可以在自由存储区中创建并初始化变量，再在创建指针时使用该变量的地址初始化它：

```
double* pvalue {new double {3.14}}; // Pointer initialized with address in the free store
```

这条语句创建了指针 pvalue，在自由存储区中给一个 double 变量分配空间，把该变量初始化为 3.14，用该变量的地址初始化 pvalue。

下面的语句将 pvalue 指向的 double 变量初始化为 0.0：

```
double* pvalue {new double {}}; // Pointer initialized with address in the free store
                               // pvalue points to a double variable initialized with 0.0
```

但是，注意与下面语句的区别：

```
double* pvalue {}; // Pointer initialized with nullptr
```

当不再需要动态分配内存的变量时，就可以使用 delete 运算符，释放它占用的内存：

```
delete pvalue; // Release memory pointed to by pvalue
```

这将确保该内存可以在以后由另一个变量使用。如果没有使用 delete，后来又在指针 pvalue 中存储了另一个地址，就不能释放原来的内存空间，因为不能再访问该地址了。程序在结束之前，一直都可以使用该内存。当然，如果不再有该地址，也就不能使用它了。注意，delete 运算符释放了内存，但没有改变指针。运行完上面的语句后，pvalue 仍包含已分配给它的内存地址，但该内存现在已经自由了，可以立即分配给其他实体。指针现在包含一个伪造的地址，有时候称为悬挂指针。解除对悬挂指针的引用会造成严重问题，所以应总是在释放指针指向的内存时，重新设置该指针，如下所示：

```
delete pvalue;        // Release memory pointed to by pvalue
pvalue = nullptr;     // Reset the pointer
```

现在 pvalue 不再指向任何内容。该指针不能用于访问已释放的内存。使用包含 nullptr 的指针来存储或提取数据，这会立即终止程序，这要好于数据无效时程序处于无法预料的状态。

■ 提示：对包含 nullptr 值的指针变量应用 delete 是安全的。这种语句不会有任何效果。因此，没必要使用下面的 if 测试：

```
if (pvalue) // No need for this test: 'delete nullptr' is harmless!
{
delete pvalue;
pvalue = nullptr;
}
```

6.8.3 数组的动态内存分配

在运行期间为数组动态分配内存是很简单的。例如，下面的语句为包含 100 个 double 类型值的数组分配内存空间，并把它的地址存储在 data 中。

```
double* data {new double[100]}; // Allocate 100 double values
```

这个数组的内存包含未初始化的垃圾值。可以像初始化普通数组那样，初始化动态数组的元素：

```
double* data {new double[100] {}};         // All 100 values are initialized to 0.0
int* one_two_three {new int[3] {1, 2, 3}}; // 3 integers with a given initial value
float* fdata{ new float[20] { .1f, .2f }}; // All but the first 2 floats set to 0.0f
```

但是，与普通数组不同的是，无法让编译器通过给定的初始化列表推断出数组的维数(在 C++20 中可以通过 new 表达式来推断数组的大小，下面的定义在 C++的早期版本中是不合法的)：

```
int* one_two_three {new int[] {1, 2, 3}}; // 3 integers with a given initial value
```

使用完数组后，要从自由存储区删除数组，此时需要使用 delete 运算符，并在 delete 的后面加上[]：

```
delete[] data; // Release array pointed to by data
```

这里的方括号非常重要，它们表示要删除的是数组。从自由存储区中删除数组时，必须包含方括号，否则结果就是不可预料的。还要注意不能在这里指定维数，只写上[]就可以了。原则上，如果愿意，还可以在 delete 和[]之间加上空格，例如：

```
delete [] data; // Release array pointed to by data
```

当然，还应重新设置指针，因为它已不再指向原来的内存：

```
data = nullptr; // Reset the pointer
```

下面说明动态内存分配的工作方式。与示例 Ex6_05 类似，这个程序计算质数。关键区别在于，这一次没有把质数的个数硬编码到程序中。相反，要计算的质数个数，以及要分配的元素个数，是由用户在运行时输入的。

```cpp
// Ex6_06.cpp
// Calculating primes using dynamic memory allocation
import <iostream>;
import <format>;
#include <cmath>                        // For square root function (std::sqrt())

int main()
{
  size_t max {};                        // Number of primes required

  std::cout << "How many primes would you like? ";
  std::cin >> max;                      // Read number required

  if (max == 0) return 0;               // Zero primes: do nothing

  auto* primes {new unsigned[max]};     // Allocate memory for max primes

  size_t count {1};                     // Count of primes found
  primes[0] = 2;                        // Insert first seed prime

  unsigned trial {3};                   // Initial candidate prime
  while (count < max)
  {
    bool isprime {true};                // Indicates when a prime is found

    const auto limit = static_cast<unsigned>(std::sqrt(trial));
    for (size_t i {}; primes[i] <= limit && isprime; ++i)
    {
      isprime = trial % primes[i] > 0;  // False for exact division
    }

    if (isprime)                        // We got one...
      primes[count++] = trial;          // ...so save it in primes array

    trial += 2;                         // Next value for checking
  }

  // Output primes 10 to a line
  for (size_t i{}; i < max; ++i)
  {
    std::cout << std::format("{:10}", primes[i]);
    if ((i + 1) % 10 == 0)              // After every 10th prime...
      std::cout << std::endl;           // ...start a new line
  }
  std::cout << std::endl;
```

```
delete[] primes;                          // Free up memory...
primes = nullptr;                         // ... and reset the pointer
}
```

输出与该程序的前一个版本大致相同,这里不再重新显示。这个程序整体上非常类似于以前的版本,但不相同。在从键盘上读取需要的质数个数,并存储在变量 max 中后,就使用运算符 new 在自由存储区中为该大小的数组分配内存空间。new 返回的地址存储在指针 primes 中,这是 unsigned(int) 数组的 max 个元素中第一个元素的地址。

与 Ex06_05 不同,这个程序中涉及 primes 数组的所有语句和表达式都使用数组表示法。这只是因为使用数组表示法更简单;使用指针表示法可以编写拥有同样效果的语句: *primes = 2、*(primes + i)、*(primes + count++) = trial 等。

在分配 primes 数组并插入第一个质数 2 之前,验证用户没有输入数字 0。如果没有这个安全措施,程序会在超出为数组分配的边界的内存地址写入值 2,从而造成不确定的、可能灾难性的结果。

还要注意,与 Ex6_05.cpp 相比,确定某整数是不是质数的过程改进了。trial 中的整数与已有质数相除时,试过至多等于该整数平方根的质数后就停止,所以查找质数更快了。<cmath> 头文件中的 sqrt() 函数可以计算平方根。

输出所需数量的质数后,就使用 delete[] 运算符把数组从自由存储区中删除,不要忘了包含方括号(表示要删除的是一个数组)。下一个语句重置指针。在这里是不必要的,但最好养成释放指针指向的内存后总是重置指针的习惯;这样就可以在以后给程序添加代码时避免解除指针引用造成的问题。

当然,如果使用第 5 章介绍的 vector<>容器存储质数,就不需要给元素分配内存,也不需要在使用完毕后释放内存,容器会自动完成这些操作。在实际编程中,几乎总是应该使用 std::vector<>来管理动态内存。事实上,除了完成本书中关于动态内存分配的示例和练习题之外,就不应该再直接管理动态内存。在本章后面,我们还将详细说明低级动态内存分配的风险、缺点和替代方法。

多维数组

第 5 章介绍了如何创建多维静态数组。当时使用了一个三行四列的多维数组,用来保存菜园中胡萝卜的重量:

```
double carrots[3][4] {};
```

当然,园丁每年都种胡萝卜,但不一定每年都种下相同的数量,或者一直采用三行四列的形式。每年在种下胡萝卜后都重新编译源代码是很枯燥的工作,所以我们来看看如何动态分配多维数组。自然,我们一开始会想到这样编写代码:

```
size_t rows {}, columns {};
std::cout << "How many rows and columns of carrots this year?" << std::endl;
std::cin >> rows >> columns;
auto carrots{ new double[rows][columns] {} }; // Won't work!
...
delete[] carrots; // Or delete[][]? No such operator exists!
```

但是,标准 C++不支持有多个动态维数的多维数组,至少没有将其作为一种内置的语言特性提供支持。使用内置的 C++类型,最多能让第一维的值是动态的。如果满足于让胡萝卜总是排成四列,那么 C++允许编写这样的代码:

```
size_t rows {};
std::cout << "How many rows, each of four carrots, this year?" << std::endl;
std::cin >> rows;
```

```
double (*carrots)[4]{ new double[rows][4] {} };
...
delete[] carrots;
```

但是，需要用到的语法令人生畏：*carrots 必须用圆括号括住。大部分程序员都不太熟悉这种语法，但至少这是可以实现的。好消息是，从 C++11 开始，可以使用 auto 关键字来避免使用上述语法：

```
auto carrots{ new double[rows][4] {} };
```

通过多做一些努力，使用普通一维动态数组来模拟完全动态的二维数组实际上也不是太难。毕竟，二维数组也不过是一维数组的数组。对于胡萝卜示例，可以编写下面的动态二维数组：

```
double** carrots{ new double*[rows] {} };
for (size_t i = 0; i < rows; ++i)
  carrots[i] = new double[columns] {};
...
for (size_t i = 0; i < rows; ++i)
  delete[] carrots[i];
delete[] carrots;
```

carrots 数组是 double*指针的一个动态数组，每个 double*指针包含一个 double 数组的地址。后面的数组代表多维数组的行，由第一个 for 循环逐个在自由存储区中分配内存。使用完数组后，必须使用第二个 for 循环逐个解除对行分配的内存，然后删除 carrots 数组。

考虑到设置和删除这种多维数组需要的样板代码量很多，强烈建议将这种功能封装到一个可重用的类中。这个问题留作练习，当读者在后续章节中学习了如何创建自己的类后可以解决这个问题。

■ **提示**：我们在这里使用了一种简单的技术来创建动态多维数组，但这不是最高效的方法。它在自由存储区中分别分配所有行的内存，这意味着这些内存可能不是连续的。程序在连续内存上进行处理时运行速度一般快得多。因此，封装多维数组的类一般只分配一个包含 rows * columns 个元素的数组，并用公式 i * columns + j 将对行 i 和列 j 的访问映射到一个索引。

6.9 通过指针选择成员

指针可以存储类类型的对象的地址，例如 vector<T>容器。对象常包含操作它的成员函数，例如，vector<T>容器的 at()函数可以访问元素，push_back()函数可以添加元素。假定 pdata 是一个 vector<>容器的指针。下面的语句在自由存储区中分配了这个容器：

```
auto* pdata {new std::vector<int>{}};
```

但也可以是使用地址运算符获取的局部对象的地址：

```
std::vector<int> data;
auto* pdata = &data;
```

这两种情况下，编译器都能够推断出 pdata 的类型为 vector<int>*，即指向 int 元素向量的指针。对于接下来要介绍的内容，vector<>在自由存储区中创建，还是作为局部对象在栈上创建并不重要。要添加元素，应调用 vector<int>对象的 push_back()函数，前面介绍了如何使用表示向量的变量和成员函数名之间的句点。要使用指针访问向量对象，必须使用解除引用运算符，所以添加元素的语句如下：

```
(*pdata).push_back(66); // Add an element containing 66
```

这条语句要通过编译，包围*pdata 的圆括号就是必不可少的，因为•运算符的优先级高于*运算符。这是一个看起来很笨拙的表达式，但在处理对象时常要使用它，所以 C++提供了一个运算符，先解除对象指针的引用，再选择对象的成员。前面的语句可以写作：

```
pdata->push_back(66); // Add an element containing 66
```

->运算符由一个减号和一个大于号组成，称为箭头运算符或间接成员选择运算符。箭头足以表示其含义。本书后面常使用这个运算符。

6.10　动态内存分配的危险

在使用 new 动态分配内存时，可能出现许多严重的问题。本节将讨论几种常见的问题。任何使用过 new 和 delete 的开发人员都会承认，这些危险是真实存在的。C++开发人员处理的大部分比较严重的 bug 常源自对动态内存管理不当。

本节将呈现一个看起来十分阴暗的场景，以说明各种与动态内存有关的危险。但是读者不要丧失信心。我们很快就会说明如何走出这个满是危险的雷区。6.11 节将列出经过验证的一些准则和工具，很容易避免这里提到的大部分(甚至全部)问题。事实上，读者已经知道这样的一个工具：std::vector<>容器。该容器几乎总是比使用 new[]直接分配动态内存更好。后面将介绍标准库提供的其他用来更好地管理动态内存的工具。在此之前，先来了解与动态内存有关的一些风险和隐患。

6.10.1　悬挂指针和多次释放

悬挂指针指的是这样一种指针变量：在使用 delete 或 delete[]释放分配的内存后，指针变量仍然包含自由存储区中的地址。解引用悬挂指针会读取或写入已分配给程序其他部分使用的内存，导致各种无法预料的结果。当使用 delete 或 delete[]对已经释放的指针(已成为悬挂指针)再次进行释放时，会发生多次释放，导致另一种灾难性结果。

前面已经介绍了一种基本的策略来防范悬挂指针，即在释放指针指向的内存后，始终将其重置为nullptr。但在更复杂的程序中，代码的不同部分常通过访问相同的内存——一个对象或对象数组——来进行协作，这是通过相同指针的不同副本实现的。这种情况下，我们的简单策略就表现出了不足。代码的哪个部分将调用 delete/delete[]？什么时候调用？换句话说，如何确保没有其他代码仍然在使用相同的动态分配的内存？

6.10.2　分配与释放的不匹配

使用 new[]动态分配内存的数组保存在一个普通的指针变量中，而使用 new 动态分配内存的单个值也是如此：

```
int* single_int{ new int{123} };       // Pointer to a single integer, initialized with 123
int* array_of_ints{ new int[123] };     // Pointer to an array of 123 uninitialized integers
```

此后，编译器无法区分这两个指针指向的内容，当指针在程序的不同部分传递时更是如此。这意味着下面的两条语句可通过编译，编译器不会报错(在很多情况下甚至不会给出警告)：

```
delete[] single_int;  // Wrong!
delete array_of_ints;  // Wrong!
```

当分配和释放运算符不能匹配时，会发生什么完全取决于具体的编译器实现。但可以肯定，结果不会很好。

■ **警告:** 每个 new 必须对应一个 delete，每个 new[]必须对应一个 delete[]。如果不能这样对应，就会导致不确定的行为或内存泄漏(参见 6.10.3 节)。

6.10.3 内存泄漏

在使用 new 或 new[]分配内存空间时，使用完内存后没有释放，就会出现内存泄漏。例如，如果因为改写了指针中保存的地址，而丢失已分配的自由存储区内存地址，就会出现内存泄漏。这一般在循环中发生，而且比我们想象的更容易出现这类问题。结果是程序在自由存储区中消耗的内存空间越来越多，使程序越来越慢，甚至可能在分配完自由存储区中的所有空间之后，再次请求分配内存时失败。

谈到作用域时，指针和其他变量是一样的。指针变量的作用域是从代码块中定义它的地方开始，到该代码块结束为止。在该代码块之后，该指针就不存在了，因此它包含的地址也不能访问了。如果指针包含自由存储区中某个内存块的地址，在该指针超出作用域时，就不能释放该内存块了。

很容易看出，在所分配的内存附近的代码中，该内存在某个地方不再使用，但忘记使用 delete 释放内存了。程序员常犯下这样的错误，甚至是在分配和释放变量之间使用 return 语句。在复杂的程序中更难找出内存泄漏，因为内存可能是在程序的某个部分分配的，却应在另一个完全不同的部分释放。

避免内存泄漏的一个基本策略是在每次使用 new 运算符时，立即在某个适当的地方添加 delete 操作。但这种策略并不能完全保证不出问题。我们要特别强调:所有人，包括 C++程序员在内，是会犯错的。所以，每当直接操作动态内存时，程序员迟早会引入内存泄漏。即使在编写代码的时候，程序可以工作，很多时候随着程序不断演化，也会开始出现 bug。例如，添加了 return 语句，条件测试发生了变化，抛出了异常(参见第 16 章)，等等。突然之间，在一些场景中，内存得不到正确释放。

6.10.4 自由存储区的碎片

内存碎片在频繁地分配和释放内存块的程序中会出现。每次使用 new 运算符时，都会分配连续的字节块。如果创建并释放许多不同大小的内存块，所分配的内存就可能散布在小的自由内存块中，每个小的内存块都不足以容纳程序新的内存请求。自由内存的总量可能非常大，但如果每个内存块都相当小，不能满足当前的需求，内存分配请求就会失败。内存碎片化的效果如图 6-6 所示。

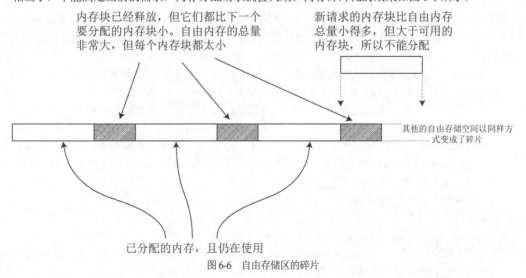

图 6-6　自由存储区的碎片

这个问题目前比较少见,因为即使在普通的计算机上,虚拟内存也提供了非常大的内存地址空间;而且 new/delete 背后的算法非常聪明,能够尽可能抵消这种现象产生的影响。如今,只有在极少见的情况下,才需要担心碎片化问题。例如,对于代码中对性能要求极高的地方,在碎片化内存上工作可能严重降低性能。避免自由存储区碎片化的方法是不要分配较小的内存块。分配较大的内存块,并自己管理内存的使用。但这是一个高级主题,不在本书讨论范围内。

6.11　内存分配的黄金准则

在用几页的篇幅介绍如何使用 new 和 delete 运算符之后,我们针对动态内存分配给出的黄金准则可能让读者感到惊讶。尽管如此,这是本书能够给出的最有价值的建议之一。

> **提示:** 在日常编码中,不要直接使用 new、new[]、delete 和 delete[]运算符。在现代 C++代码中,没有它们的立足之地。总是应该使用 std::vector<>容器(来替换动态数组)或智能指针(来动态分配对象并管理其生存期)。这些高级替代方法比低级的内存管理方法安全得多,可立即清除程序中的所有悬挂指针、多次释放、分配/释放不匹配和内存泄漏问题,为程序员提供巨大的帮助。

第 5 章已经介绍过 std::vector<>容器,6.12 节将介绍智能指针。之所以仍然讨论低级的动态内存分配技术,不是因为我们鼓励使用它们,而是因为在现有代码中仍然会遇到这些技术。遗憾的是,这意味着读者可能需要修复使用这些技术导致的 bug(提示:有效的着手点是使用更好、更加现代的内存管理工具来重写代码;很多时候,底层的问题会自己浮现)。在自己的代码中,通常应该避免直接操作动态内存。

6.12　原始指针和智能指针

前面讨论的所有指针类型都是 C++语言的一部分。这些称为原始指针,因为这些类型的变量只能包含地址。原始指针可以存储自动变量或在自由存储区中分配的变量的地址。智能指针是模拟原始指针的对象,因为它包含一个地址,在许多方面都可以用相同的方式使用它。智能指针仅用于存储在自由存储区中分配的内存的地址。智能指针做的工作比原始指针多得多。智能指针最著名的特性是不必使用 delete 或 delete[]运算符释放内存,只要不再需要智能指针,它们就会自动释放。这样就避免了多次释放、分配/释放不匹配和内存泄漏的可能性。如果坚持使用智能指针,悬挂指针也不会再成为问题。

智能指针特别适用于管理动态创建的类对象,所以从第 12 章开始,智能指针变得更重要。它们可以存储在 array<T,N>或 vector<T>容器中,这些容器对于处理类类型的对象十分有用。

智能指针类型由标准库的<memory>模块中的模板定义,所以必须在源文件中导入这个模块,才能使用智能指针。std 名称空间中定义了 3 种类型的智能指针:

- unique_ptr<T>对象类似于指向 T 类型的指针,是唯一的,这表示不能有多个 unique_ptr<>对象保存相同的地址。换句话说,从不会有两个或更多 unique_ptr<T>对象同时指向相同的地址。unique_ptr<>对象独占地拥有指向的内容。编译器通过不允许复制 unique_ptr<>来强制这种唯一性[1]。

1　第 18 章将介绍,虽然不能复制 unique_ptr<>,但是使用 std::move()函数,可以把一个 unique_ptr<>对象存储的地址移动到另一个 unique_ptr<>对象中。执行该操作后,最初的智能指针就再次变成空指针。

- shared_ptr<T>对象类似于指向 T 类型的指针，但与 unique_ptr<T>不同，可以有任意多个 shared_ptr<T>对象包含或共享相同的地址。因此，shared_ptr<>对象允许共享自由存储区中对象的所有权。在任何给定时刻，运行时知道包含给定地址的 shared_ptr<>对象的个数，称为引用计数。每次创建包含给定自由存储区地址的新 shared_ptr<>对象时，包含该地址的 shared_ptr<>的引用计数会递增；包含该地址的 shared_ptr<>对象被释放或指向另一个地址时，该引用计数会递减。没有包含给定地址的 shared_ptr<>对象时，引用计数为 0，位于该地址的对象的内存会自动释放。指向相同地址的所有 shared_ptr<>对象都可以访问引用计数。在第 12 章学习类时将讨论如何实现这种访问。

- weak_ptr<T>被链接到 shared_ptr<T>上，包含相同的地址。创建 weak_ptr<>不会递增所链接的 shared_ptr<>对象的引用计数，所以不能防止它指向的对象被释放。引用它的最后一个 shared_ptr<>对象被释放或重置为指向另一个地址时，即使链接的 weak_ptr<>对象仍存在，其内存也会释放。即使发生这种情况，weak_ptr<>也不会包含悬挂指针，至少不会包含程序员会无意访问的指针。原因在于，程序员不能直接访问 weak_ptr<T>封装的地址。编译器会强制首先从 weak_ptr<T>创建一个 shared_ptr<>对象来引用相同的地址。如果 weak_ptr<>引用的内存地址依然有效，强制创建 shared_ptr<>首先会确保引用计数再次递增，并且指针可再次被安全使用。但是，如果内存已经释放，创建的 shared_ptr<>将包含 nullptr。

weak_ptr<>对象的一种用途是避免创建 shared_ptr<>对象的引用循环。在概念上，引用循环是指对象 x 内的 shared_ptr<>指向其他某个对象 y，而 y 包含的 shared_ptr<>又指回 x。这种情况下，这两个对象都不能释放。实际上，情形会复杂得多。weak_ptr<>智能指针用于避免引用循环的问题。弱指针的另一种用途是实现对象缓存。

读者可能已经感受到，弱指针仅用于比较高级的用例。因为它们只会被偶尔使用，这里不再继续讨论它们。但是，另外两种智能指针类型非常常用，所以接下来深入介绍它们。

6.12.1 使用 unique_ptr<T>指针

unique_ptr<T>对象唯一地存储了地址，所以它指向的值由 unique_ptr<T>智能指针独占拥有。释放 unique_ptr<T>对象时，它指向的值也会释放。与其他智能指针一样，unique_ptr<>最适合用于动态分配的对象。因此，其指向的对象不应被程序的多个部分共享，或者不应用于动态对象的生存期与程序中的其他某个对象捆绑在一起的情形。unique_ptr<>的一种常见用途是保存所谓的多态指针，实际上就是指向动态分配对象的指针，允许动态分配的对象是任意数量的相关类类型。简言之，只有在通过第 12~15 章学习类对象和多态性后，才能完全理解这种智能指针类型的用途。

现在，我们的示例仅使用为基本类型动态分配的值，但这其实不是太有用。不过，从示例中已经可以看出，这些智能指针为什么比低级的分配和释放方案安全得多；也就是说，它们会避免程序员忘记或错误地匹配释放。

在以前，unique_ptr<T>对象的创建和初始化如下所示：

```
std::unique_ptr<double> pdata {new double{999.0}};
```

这条语句在自由存储区中创建了 pdata，它包含一个 double 变量的地址，该 double 变量被初始化为 999.0。虽然这种语法依然有效，但如今，推荐的方法是在创建 unique_ptr<>时使用 std::make_unique<T>()函数模板(C++14 中引入)。因此，要定义 pdata，通常应该使用下面的语句：

```
std::unique_ptr<double> pdata { std::make_unique<double>(999.0) };
```

std::make_unique<T> (...)的参数就是使用 new T{...}进行动态分配时放在初始化列表中的值。在本例中，即 double 字面量 999.0。为了少键入一些内容，可以将这种语法与 auto 关键字结合起来使用：

```
auto pdata{ std::make_unique<double>(999.0) };
```

这样一来，只需要键入 double 类型的动态变量一次。

> **提示：** 要创建一个 std::unique_ptr<T>对象来指向新分配的 T 值，总是应该使用 std::make_unique<T>()
> 函数。

pdata 的解除引用操作与普通指针相同，也可采用相同的方式使用：

```
*pdata = 8888.0;
std::cout << *pdata << std::endl; // Outputs 8888
```

主要区别是不必再担心从自由存储区中删除 double 变量。

通过调用 get()函数，可以访问智能指针包含的地址，例如：

```
std::cout << pdata.get() << std::endl;
```

这条语句把 pdata 中包含的地址值输出为十六进制值。所有智能指针都有一个 get()函数，它返回
该指针包含的地址。只应该在一种情况下访问智能指针中保存的原始指针：要将其传递给仅仅短暂使
用该指针的函数。绝不要把它传递给创建并长时间使用原始指针副本的函数或对象。如果原始指针与
智能指针指向相同的对象，则不建议保存原始指针，否则可能导致出现悬挂指针以及各种相关的问题。

也可创建指向数组的唯一指针。与以前一样，我们始终推荐使用 std::make_unique<T[]>()，如下
所示：

```
auto pvalues{ std::make_unique<double[]>(n) }; // Dynamically create array of n elements
```

pvalues 指向自由存储区中元素类型为 double 的包含 n 个元素的数组。与原始指针一样，可以使
用数组表示法和智能指针来访问指向的数组元素：

```
for (size_t i {}; i < n; ++i)
  pvalues[i] = static_cast<double>(i + 1);
```

这条语句把数组元素设置为从 1 到 n 的值。此处 static_cast 会对 size_t 到 double 类型的隐式转换
默认给出警告。元素值的输出可以使用类似的方式：

```
for (size_t i {}; i < n; ++i)
{
  std::cout << pvalues[i] << ' ';
  if ((i + 1) % 10 == 0)
    std::cout << std::endl;
}
```

这条语句在每行上输出 10 个值。因此可以使用 unique_ptr<T[]>变量包含数组的地址，就像数组
名一样。

> **提示：** 建议使用 vector<T>容器而不是 unique_ptr<T[]>，因为该容器类型比智能指针强大得多，也
> 灵活得多。可回顾第 5 章结尾对使用向量的各种优势的讨论。

> **注意：** 表达式 std::make_unique<T>()创建 T 类型的变量且变量的值已初始化。对于基本类型(如 int
> 和 double 类型)，这意味着变量被初始化为 0。类似地，std::make_unique<T[]>(n)创建的是一个数组，
> 其中包含 n 个类型为 T 且其值已初始化的元素。这种初始化并不是必需的，有时可能还会影响性能(将

内存清空会花费时间)。因此，在 C++20 中可以使用 std::make_unique_default_init<T>() 或 make_unique_default_init<T[]>(n)。这些新的创建函数使用默认初始化代替了值初始化。对于基本类型，默认初始化会导致不确定、未初始化的值(类似在栈上定义变量或数组变量时未初始化变量的值所得到的结果)。

调用 reset()函数，可以重置 unique_ptr<>中包含的指针或任意类型的智能指针:

```
pvalues.reset(); // Address is nullptr
```

pvalues 仍存在，但不再指向任何内容。这是一个 unique_ptr<double>对象，因为没有其他的唯一指针包含数组的地址，所以释放数组占用的内存。当然，通过显式地将智能指针与 nullptr 进行比较，可以检查智能指针是否包含 nullptr，但是就像原始指针那样，智能指针还可以方便地转换为布尔值(即，当且仅当智能指针包含 nullptr 时，才转换为 false):

```
if (pvalues) // Short for: if (pvalues != nullptr)
  std::cout << "The first value is " << pvalues[0] << std::endl;
```

通过使用空的花括号，或者干脆省略花括号，可创建一个包含 nullptr 的智能指针:

```
std::unique_ptr<int> my_number;       // Or: ... my_number{};
                                      // Or: ... my_number{ nullptr };
if (!my_number)
  std::cout << "my_number points to nothing yet" << std::endl;
```

如果不是因为总是可以修改智能指针指向的值,创建空的智能指针是没什么用的。通过使用reset()可以修改智能指针指向的值:

```
my_number.reset(new int{ 123 });   // my_number points to an integer value 123
my_number.reset(new int{ 42 });    // my_number points to an integer 42
```

如果在调用 reset()时不指定参数，就相当于调用 reset(nullptr)。当调用 unique_ptr<T>对象的 reset()函数时，无论是否指定参数，该智能指针之前拥有的内存都将被释放。因此，在上面的代码段中使用第二条语句后，包含整数值 123 的内存将被释放，然后智能指针将拥有包含整数值 42 的内存。

除了 get()和 reset()，unique_ptr<>对象还有一个成员函数 release()。该函数基本上用于将智能指针转换为原始指针。

```
int* raw_number = my_number.release();  // my_number points to nullptr after this
...
delete raw_number;                       // The smart pointer no longer does this for you!
```

但是要小心，当调用 release()时，程序员要自己负责调用 delete 或 delete[]。因此，只有绝对有必要时(通常在将动态分配的内存交给遗留代码使用时)，才应该使用这个函数。这种情况下，总是要绝对确保遗留代码会释放内存，否则应该调用的是 get()函数。

■ **警告:** 调用 release()时，一定要保存得到的原始指针。即，绝不要编写下面这样的语句:

```
pvalues.release();
```

为什么? 因为这可能引入内存泄漏。使用 release()后，智能指针不再负责释放内存，但是因为没有保存原始指针，程序员就无法再对其应用 delete 或 delete[]。虽然现在说起来，这一点很明显，但是在实际编程中，常常在本应该调用如下 reset()的地方，错误地调用 release():

```
pvalues.reset(); // Not the same as release()!!!
```

无疑，造成这种混淆的原因是 release()和 reset()函数的开关字母是相同的，而且这两个函数都将指针的地址置为 nullptr。虽然存在这些相似性，但二者有一个关键的区别：reset()释放 unique_ptr<> 之前拥有的任何内存，而 release()并非如此。

一般来说，只应该偶尔使用 release()函数(通常旧的 C++代码不会使用智能指针)，并且使用时要极其小心，以免引入内存泄漏。

6.12.2 使用 shared_ptr<T>指针

定义 shared_ptr<T>对象的方式与定义 unique_ptr<T>对象类似：

```
std::shared_ptr<double> pdata {new double{999.0}};
```

还可以解除它的引用，以访问它指向的内容，或者修改存储在该地址中的值：

```
std::cout << *pdata << std::endl; // Outputs 999
*pdata = 888.0;
std::cout << *pdata << std::endl; // Outputs 888
```

创建 shared_ptr<T>对象，涉及的过程比创建 unique_ptr<T>要复杂一些，一个主要原因是需要维护引用计数。pdata 的定义需要在内存中给 double 变量分配空间，还需要给智能指针对象分配空间。在自由存储区中分配内存的时间成本很高。使用<memory>模块中定义的 std::make_shared<T>()函数，创建 shared_ptr<T>类型的智能指针，可以使该过程更高效[1]：

```
auto pdata{ std::make_shared<double>(999.0) }; // Points to a double variable
```

在自由存储区中创建的变量类型在尖括号中指定。函数名后面圆括号中的实参用于初始化由它创建的 double 变量。一般而言，make_shared()函数可以有任意多个实参，具体数量取决于所创建的对象类型。使用 make_shared()在自由存储区中创建对象时，常有两个或多个用逗号分隔开的实参。auto 关键字根据 make_shared<T>() 函数返回的对象自动推断 pdata 的类型，所以该类型是 shared_ptr<double>。

定义 shared_ptr<T>时，可以用另一个 shared_ptr<T>初始化它：

```
std::shared_ptr<double> pdata2 {pdata};
```

pdata2 指向的变量与 pdata 相同。还可以把一个 shared_ptr<T>赋予另一个 shared_ptr<T>：

```
std::shared_ptr<double> pdata{ std::make_shared<double>(999.0) };
std::shared_ptr<double> pdata2;          // Pointer contains nullptr
pdata2 = pdata;                          // Copy pointer - both point to the same variable
std::cout << *pdata2 << std::endl;       // Outputs 999
```

当然，复制 pdata 会增加引用计数。两个指针都必须重置或释放，double 变量占用的内存才会释放。

6.12.1 节没有明确提到，对于 unique_ptr<>对象这两个操作都不能使用。编译器不允许创建指向相同内存位置的两个 unique_ptr<>对象[2]。这是有合理理由的，因为如果允许这种操作，两个对象最终会释放相同的内存，从而可能导致灾难性结果。

---

1 通常，std::make_shared<T>() 仅会分配一块连续的内存块，用于存储 shared_ptr 的引用计数变量和共享的 T 值。这样不仅速度更快，而且对内存的使用更加经济。
2 除非使用原指针绕过编译器的安全检查，例如使用 new 或 get()。混合使用原指针和智能指针通常是糟糕的决定。

■ **注意**：与 std::make_unique<>()一样，std::make_shared<>()也使用值初始化(对于基本类型就是 0 初始化)。这样做在大部分情况下没有问题，但在极少情况下，需要使用 C++20 的 std::make_shared_default_init<>()来提高性能。

从 C++20 开始，也可以使用 make_shared<T[]>()创建 shared_ptr<T[]>，来保存自由存储区中新建数组的地址[1]：

```
auto shared_bools{ std::make_shared<bool[]>(100) }; // A shared array of 100 Booleans
```

另一种选项是，shared_ptr<T>可以存储在自由存储区中创建的 array<T>或 vector<T>容器对象的地址。下面是一个有效的示例：

```cpp
// Ex6_07.cpp
// Using smart pointers
import <iostream>;
import <format>;
import <memory>; // For smart pointers
import <vector>; // For std::vector<> container
#include <cctype> // For std::toupper()

int main()
{
  std::vector<std::shared_ptr<std::vector<double>>> records; // Temperature records by days
  size_t day{ 1 }; // Day number

  while (true) // Collect temperatures by day
  {
    // Vector to store current day's temperatures created in the free store
    auto day_records{ std::make_shared<std::vector<double>>() };
    records.push_back(day_records); // Save pointer in records vector

    std::cout << "Enter the temperatures for day " << day++
              << " separated by spaces. Enter 1000 to end:\n";
    while (true)
    { // Get temperatures for current day
      double t{}; // A temperature
      std::cin >> t;
      if (t == 1000.0) break;

      day_records->push_back(t);
    }

    std::cout << "Enter another day's temperatures (Y or N)? ";
    char answer{};
    std::cin >> answer;
    if (std::toupper(answer) != 'Y') break;
  }

  day = 1;

  for (auto record : records)
  {
    double total{};
```

1　在 C++17 中，std::shared_ptr<>已能管理动态数组，但仍必须使用构造函数和 new[]运算符来初始化这种指针。

```
      size_t count{};

      std::cout << std::format("\nTemperatures for day {}:\n", day++);
      for (auto temp : *record)
      {
        total += temp;
        std::cout << std::format("{:6.2f}", temp);
        if (++count % 5 == 0) std::cout << std::endl;
      }
      std::cout << std::format("\nAverage temperature: {:.2f}", total / count) << std::endl;
    }
  }
```

输入任意值，输出如下：

```
23 34 29 36 1000
Enter another day's temperatures (Y or N)? y
Enter the temperatures for day 2 separated by spaces. Enter 1000 to end:
34 35 45 43 44 40 37 35 1000
Enter another day's temperatures (Y or N)? y
Enter the temperatures for day 3 separated by spaces. Enter 1000 to end:
44 56 57 45 44 32 28 1000
Enter another day's temperatures (Y or N)? n

Temperatures for day 1:
  23.00 34.00 29.00 36.00
Average temperature: 30.50

Temperatures for day 2:
  34.00 35.00 45.00 43.00 44.00
  40.00 37.00 35.00
Average temperature: 39.13

Temperatures for day 3:
  44.00 56.00 57.00 45.00 44.00
  32.00 28.00
Average temperature: 43.71
```

这个程序读取任意天数中记录的任意多个温度值，将温度记录的累计值存储在 records 向量中，其元素的类型是 shared_ptr<vector<double>>。因此，每个元素都是指向 vector<double>类型的向量的智能指针。

保存任意多天温度的容器在外层的 while 循环中创建。一天的温度记录存储在自由存储区中创建的一个向量容器中，创建语句如下：

```
auto day_records{ std::make_shared<std::vector<double>>() };
```

day_records 指针的类型由 make_shared<>()函数返回的指针类型确定。该函数在自由存储区中给 vector<double>对象和 shared_ptr<vector<double>>智能指针分配内存，shared_ptr<vector<double>>智能指针用 vector<double>对象的地址初始化。因此 day_records 是 shared_ptr<vector<double>>类型，这是指向 vector<double>对象的智能指针。将这个指针添加到 records 容器中。

为 day_records 指向的向量填充在内层 while 循环中读取的数据。每个值使用 day_records 指向的当前向量的 push_back()函数存储。这个函数使用间接成员选择运算符来调用。这个循环在输入 1000 时停止，1000 不可能是一天中任何时间的温度值，所以不会与真正的温度值混淆。当天的所有数据都输入后，内层的 while 循环就结束，并询问是否要输入另一天的温度。如果答案是肯定的，外层循环就继续，在自由存储区中创建另一个向量。外层循环结束时，records 向量就包含指向向量的智能指针，这些向量包含每天的温度。

下一个循环是基于范围的 for 循环，它迭代 records 向量中的元素。内层的基于范围的 for 循环迭代当前 records 元素指向的向量中的温度值，这个内层的 for 循环输出那一天的数据，并计算温度值的总和。这样在内层循环结束时，就可以计算当天的平均温度。尽管在自由存储区中使用智能指针的向量，智能指针又指向向量，这种数据组织方式相当复杂，但使用基于范围的 for 循环访问和处理数据是非常简单的。

这个示例说明，使用容器和智能指针是一种非常强大、灵活的组合。这个程序处理任意数量的输入集合，每个输入集合都包含任意多个值。自由存储区的内存由智能指针管理，所以不需要使用 delete 运算符，也没有内存泄漏的可能性。records 向量也可以在自由存储区中创建，这留作练习。

■ **注意：**我们在 Ex6_07.cpp 中使用共享指针，主要是为了提供一个示例。通常会使用 std::vector<std::vector<double>>类型的向量，而不是共享指针。当同一个程序的多个部分真正共享相同的对象时，才真正需要使用共享指针。因此，实际使用共享指针的情况通常涉及对象，以及比本书所能展示的多得多的代码。

6.13 理解引用

引用看起来在某些方面类似于指针，所以在这里介绍它。只有在第 8 章学习了函数的定义后，才能真正感受到引用的价值。引用在面向对象的编程环境中越来越重要。

引用是一个名称，可以用作某对象的别名。显然，在引用指向内存中的其他内容时，它必须类似于指针，但它与指针大不相同。与指针不同，不能声明引用但不初始化。因为引用是一个别名，所以在初始化引用时，必须提供另一个对象，使引用成为该对象的别名。另外，引用不能修改为另一个对象的别名。一旦将引用初始化为某个变量的别名，在引用的生存期中，就一直引用该变量。

6.13.1 定义引用

假定定义了如下变量：

```
double data {3.5};
```

就可以定义一个引用，作为变量 data 的别名：

```
double& rdata {data}; // Defines a reference to the variable data
```

类型名后面的&符号表示，所定义的变量 rdata 是对 double 型变量的引用。它表示的变量在初始化列表中指定。因此 rdata 的类型是"对 double 的引用"。可以把引用作为原始变量名的替代。例如：

```
rdata += 2.5;
```

这条语句给 data 加上 2.5。这里不需要像指针那样解除引用，只需要使用引用的名称，就好像它是一个变量一样。引用总是作为真正的别名，除此之外与原始值难以区分。例如，如果取得引用的地址，结果会是指向原始变量的一个指针。在下面的代码段中，pdata1 和 pdata2 中存储的地址是相同的：

```
double* pdata1 {&rdata}; // pdata1 == pdata2
double* pdata2 {&data};
```

下面对上述代码中的引用 rdata 与如下语句中定义的指针 pdata 进行比较,以说明引用和指针的区别:

```
double* pdata {&data}; // A pointer containing the address of data
```

这条语句定义了一个指针 pdata,并用 data 的地址初始化该指针。然后,就可以使用下面的语句递增 data:

```
*pdata += 2.5; // Increment data through a pointer
```

只有解除对指针的引用,才能访问它指向的变量。对于引用,不需要解除引用。引用在某些方面类似于已经解除引用的指针,但不能改为引用其他内容。但是,不要形成错误的观念;假设使用之前定义的 rdata 引用变量,下面的代码段是可以编译的:

```
double other_data = 5.0;  // Create a second double variable called other_data
rdata = other_data;       // Assign other_data's current value to data (through rdata)
```

关键在于,最后这条语句并没有使 rdata 引用 other_data 变量。rdata 引用变量被定义为 data 的别名,所以将一直是 data 的别名。引用一直与其引用的变量完全对等。换句话说,上面第二条语句的效果完全相当于:

```
data = other_data; // Assign the value of other_data to data (directly)
```

指针则不同。例如,使用指针 pdata,可以编写下面的语句:

```
pdata = &other_data; // Make pdata point to the other_data variable
```

因此,引用变量非常类似于 const 指针变量:

```
double* const pdata {&data}; // A const pointer containing the address of data
```

但是要注意,我们说的是 const 指针变量,而不是指向 const 变量的指针。也就是说,需要在星号后面加上 const。也存在对 const 变量的引用。使用 const 关键字可定义这样的引用变量:

```
const double& const_ref{ data };
```

这种引用类似于指向 const 变量的指针,准确来说,是指向 const 变量的 const 指针,因为它是一个别名,但是不能通过它来修改原始变量。例如,下面的语句无法通过编译:

```
const_ref *= 2; // Illegal attempt to modify data through a reference-to-const
```

你在第 8 章将看到,当定义函数来操作非基本对象类型的参数时,对 const 变量的引用扮演着特别重要的角色。

6.13.2 在基于范围的 for 循环中使用引用变量

我们知道,使用基于范围的 for 循环可以迭代数组中的所有元素:

```
double sum {};
unsigned count {};
double temperatures[] {45.5, 50.0, 48.2, 57.0, 63.8};
for (auto t : temperatures)
{
  sum += t;
  ++count;
```

```
}
```

在每次迭代时，将变量 t 初始化为当前数组元素的值，从第一个数组元素开始。t 不访问元素本身，而只是一个局部副本，具有与元素相同的值。所以不能使用 t 修改元素的值。但如果使用引用，就可以修改数组元素：

```
const double F2C {5.0/9.0}; // Fahrenheit to Celsius conversion constant
for (auto& t : temperatures) // Reference loop variable
  t = (t - 32.0) * F2C;
```

循环变量 t 现在是 double& 类型，所以它是每个数组元素的别名。在每次迭代时，循环变量都会重新定义，用当前元素初始化，所以在初始化后引用没有改变。这个循环把 temperatures 数组中的值从华氏度改为摄氏度。在能够使用原始变量或数组元素的任何地方，都可以使用别名 t。

还可以用另一种方式编写前面的循环，如下所示：

```
const double F2C {5.0/9.0}; // Fahrenheit to Celsius conversion constant
for (auto& t : temperatures) { // Reference loop variable
  t -= 32.0;
  t *= F2C;
}
```

处理对象集合时，在基于范围的 for 循环中使用引用是非常高效的。复制对象的时间成本很高，所以使用引用类型避免复制可以使代码更高效。

在基于范围的 for 循环中，在给变量使用引用类型且不需要修改值时，就可以给循环变量使用 const 引用类型：

```
for (const auto& t : temperatures)
  std::cout << std::format("{:6.2}", t);
std::cout << std::endl;
```

这样使用引用类型，仍然可以使循环尽可能高效(不会创建元素的副本)，同时避免了数组元素被这个循环无意修改。

6.14 本章小结

本章介绍了一些非常重要的概念，在实际的 C++ 程序中肯定会广泛使用指针，尤其是智能指针，在本书的其他地方会常常使用指针。

本章的要点如下：

● 指针是包含地址的变量。基本指针又称为原始指针。
● 使用地址运算符&可以获取变量的地址。
● 要引用指针指向的值，应使用间接运算符*。它也称为解除引用运算符。
● 使用间接成员选择运算符->可以通过指针或智能指针访问对象的成员。
● 可以对存储在原始指针中的地址加减整数值。其结果就像用指针引用一个数组一样，指针会按照整数值指定的数组元素的个数做修改。不能对智能指针执行算术操作。
● 运算符 new 和 new[]会分配自由存储区中的一块内存(二者分别保存一个变量和一个数组)，并返回所分配的内存地址。
● 运算符 delete 和 delete[]可以释放用运算符 new 或 new[]分配的内存块。自由存储区中的内存地址存储在智能指针中时，不需要使用这两个运算符。

- 低级动态内存管理技术可能导致各种各样的严重问题，如悬挂指针、多次释放、分配/释放不匹配和内存泄漏等。因此，我们给出的黄金准则是：绝不要直接使用低级的 new/new[]和 delete/delete[]运算符。容器(特别是 std::vector< >)和智能指针几乎总是更加明智的选择！
- 智能指针是可以像原始指针那样使用的对象。智能指针只能用于存储自由存储区中的内存地址。
- 智能指针有两种常用类型。只能有一个 unique_ptr<T>类型的指针指向类型 T 的给定对象，但可以有多个 shared_ptr<T>对象包含类型 T 的给定对象的地址。没有包含对象地址的 shared_ptr<T>对象时，该对象就会被释放。
- 引用是表示永久存储位置的变量的别名。
- 可以在基于范围的 for 循环中对循环变量使用引用类型，以修改数组元素的值。

6.15 练习

下面的练习用于巩固本章学习的知识点。如果有困难，可以回过头重新阅读本章的内容。如果仍然无法完成练习，可以从 Apress 网站(www.apress.com/source-code)下载答案，但只有别无他法时才应该查看答案。

1. 编写一个程序，声明并初始化一个数组，其中包含前 50 个奇数。使用指针表示法输出该数组中的数字，每一行显示 10 个数字。再使用指针表示法以逆序输出这些数字。

2. 修改第 1 题，在第一次输出数组的值时，不使用循环计数器访问数组值，而是使用指针递增(使用++运算符)遍历数组。之后，使用指针递减(使用--运算符)以逆序遍历数组。

3. 创建一个程序，从键盘上读取数组的大小，对这个数组动态分配内存，以存储浮点值。使用指针表示法初始化数组的所有元素，使索引位置为 n 的元素值是 $1/(n+1)^2$。使用指针表示法计算元素的总和，对总和乘以 6，输出结果的平方根。

4. 修改第 3 题，但使用在自由存储区中分配的 vector< >容器。用超过 100 000 个元素测试程序，结果有什么有趣的地方吗？

5. 修改第 3 题，但如果一开始没有使用智能数组，这一次使用智能指针存储数组，不要使用低级的内存分配技术。

6. 修改第 4 题，用智能指针替换任何原始指针。

第7章

操作字符串

本章讨论如何利用比存储在 char 元素数组中的 C 样式字符串更加高效和安全的机制来处理文本数据。

本章主要内容

- 如何创建 string 类型的变量
- string 类型的对象可用于什么操作，以及如何使用它们
- 如何将不同的字符连接成为一个字符串
- 如何在字符串中搜索特定的字符或子字符串
- 如何修改已有的字符串
- 如果将字符串(如"3.1415")转换为对应的数字
- 如何使用包含 Unicode 字符的字符串
- 原始字符串字面量的含义

7.1 更强大的 string 类

前面介绍了 char 类型的数组可以用于存储以空字符结尾的(C 样式)字符串。\<cstring\>模块提供了许多函数，用来操作 C 样式的字符串，包括连接字符串、搜索字符串和比较字符串。所有这些操作都取决于标记字符串末尾的空字符。如果空字符被省略或覆盖，这些函数就会操作字符串尾部后面的内存，直到在某个位置遇到空字符为止，或者出现故障，停止该过程。这常会导致内存被随意覆盖。使用 C 样式的字符串本质上不太安全，存在安全风险。幸好还有一种更好的方法。

C++标准库的\<string\>模块定义了 std::string 类型，该类型比以空字符结尾的字符串更易于使用。string 类型由一个类(更准确地说，是类模板)定义，所以它不是基本类型，而称为复合类型。复合类型是组合了若干个数据项的类型，这些数据项最终都是根据基本数据类型定义的。string 对象包含的字符构成了它所表示的字符串，还可以包含其他数据，例如字符串中的字符个数。因为 string 类型在\<string\>模块中定义，所以在使用 string 对象时必须导入这个模块。string 类型名称也在 std 名称空间中定义，所以需要一个 using 声明，才能以未限定的形式使用该类型名称。下面先介绍如何创建 string 对象。

7.1.1 定义 string 对象

string 类型的对象包含 char 类型的字符序列，该字符序列可以为空。用下面的语句可以定义 string 类型的变量，它包含一个空字符串：

```
std::string empty; // An empty string
```

这条语句定义了一个 string 对象，可以使用名称 empty 来引用它。在本例中，empty 是一个不包含字符的字符串，其长度为 0。

在定义 string 对象时，还可以使用字符串字面量来定义它：

```
std::string proverb {"Many a mickle makes a muckle."};
```

其中，proverb 是一个 string 对象，它包含初始化列表中字符串字面量的副本。string 对象封装的字符数组总是用空字符终止。这是为了与期望接收 C 样式字符串的众多现有函数保持兼容。

不过，所有的 std::string 函数都被特别定义，使得通常不必再担心终止空字符。例如，使用不带参数的 length() 函数，就可以获取 string 对象的字符串长度。这个长度不包含字符串的终止字符：

```
std::cout << proverb.length(); // Outputs 29
```

这条语句调用 proverb 对象的 length() 函数，给 cout 输出返回的值。对象本身会记录字符串的长度。即，要确定封装的字符串的长度，string 对象不需要遍历整个字符串来寻找终止字符。如果追加一个或多个字符，其长度会自动增加合适的值；如果去除字符，其长度也会相应自动减少。

■ **注意**：可以使用两种类似的方法，将 std::string 对象转换为 C 样式的字符串。第一种方法是调用其 c_str() 成员函数(代表 C 字符串)：

```
const char* proverb_c_str = proverb.c_str();
```

这种转换会得到一个类型为 const char* 的 C 字符串。因为是常量，所以不能使用该指针来修改 string 对象中的字符，而只能访问它们。第二种方法是使用 data() 成员函数，该函数会得到一个非 char* 指针[1]：

```
char* proverb_data = proverb.data();
```

只有当调用遗留的 C 样式的函数时，才应该转换为 C 样式的字符串。在自己的代码中，我们推荐以一致的方式使用 std::string 对象，因为它们比普通的 char 数组安全得多，也方便得多。

初始化 string 对象还可以使用其他方法。例如，可以使用字符串字面量中的初始序列：

```
std::string part_literal { "Least said soonest mended.", 5 }; // "Least"
```

列表中的第二个初始化器指定从第一个初始化器中提取多少个字符来初始化 part_literal 对象。

不能用一个括在单引号中的字符来初始化 string 对象，必须使用放在双引号中的字符串字面量，即使字符串只有一个字符也是如此。但可以用同一个字符的任意多个实例来初始化 string 对象。例如，可以用如下语句定义并初始化 string 对象 sleeping：

```
std::string sleeping(6, 'z');
```

string 对象 sleeping 包含字符串"zzzzzz"，该字符串长度是 6。如果希望 string 对象适用于浅度睡眠者，就可以使用下面的代码：

---

1 假设 proverb 本身不是 const std::string 类型；如果 proverb 是 const，使用 data() 也会得到一个 const char* 指针。第 11 章将详细说明 const 对象和成员函数之间的关系。在 C++17 之前，使用 data() 总是会得到一个 const char* 指针，即使对于像 c_str() 这样的非 const string 也是如此。

```
std::string light_sleeper(1, 'z');
```

这会用字符串字面量"z"来初始化 light_sleeper。

■ **警告**：要使用重复的字符值初始化 string 对象，不能使用如下花括号。

```
std::string sleeping{6, 'z'};
```

这种花括号语法可以编译，但是不会得到期望的结果。在本例中，字面量 6 会被解释为一个字母字符的代码，这意味着 sleeping 会被初始化为一个莫名其妙的单词，它包含两个字母，而不是我们期望的"zzzzzz"[1]。回顾一下，第 6 章在介绍 std::vector<>的时候，已经遇到过 C++中统一初始化语法的一个类似的怪异之处。

初始化 string 对象的另一个方法是使用已有的 string 对象提供初始值。假定 proverb 已定义，就可以使用下面的语句定义另一个对象：

```
std::string sentence {proverb};
```

因为 sentence 对象用 proverb 包含的字符串字面量来初始化，所以它也包含"Many a mickle makes a muckle."，其长度是 29。

使用从 0 开始的索引值可以引用 string 对象中的字符，这与数组一样。因此，可以使用一对索引值标识已有 string 对象中的一部分，用它初始化一个新的 string 对象。例如：

```
std::string phrase {proverb, 0, 13}; // Initialize with 13 characters starting at index 0
```

图 7-1 展示了这个过程。

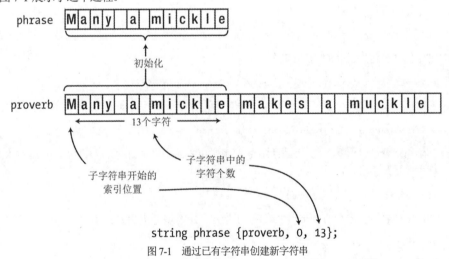

图 7-1 通过已有字符串创建新字符串

初始化列表中的第一个元素是初始化字符串的源。第二个元素是 proverb 中开始初始化子字符串的字符索引，第三个元素是子字符串中的字符个数。所以，phrase 包含"Many a mickle"。

---

1 代码为 6 的字符通常是一个不可打印的字符，具体而言，是过渡控制字符 'ACK' (acknowledge)。例如，为了更好地对输出结果进行可视化，可以输出 std::string ounce{111, 'z'};的结果，通常为字符串"oz"。

■ **警告:** {proverb, 0, 13}初始化器的第三项 13 是子字符串的长度, 不是索引, 它指出了子字符串的最后一个字符(或最后一个字符的下一个字符)。因此, 要提取子字符串"mickle", 应该使用{proverb, 7, 6}而不是{proverb, 7, 13}。这常常造成混淆, 引发 bug, 特别是新接触 C++但是之前使用过 JavaScript 或 Java 语言的开发人员更容易出错, 因为在那些语言中, 通常使用开始索引和结束索引来指定子字符串。

为了演示创建了哪个子字符串, 可以在输出流 cout 中插入 phrase 对象:

```
std::cout << phrase << std::endl; // Many a mickle
```

然后可以像 C 样式的字符串那样输出 string 对象。也可以从 cin 中提取 string 对象:

```
std::string name;
std::cout << "enter your name: ";
std::cin >> name; // Pressing Enter ends input
```

这个代码块会读取字符, 直到遇到第一个空白字符为止, 它会结束输入过程。读取的内容会存储在 string 对象 name 中。不能用这个过程输入包含空格的文本。当然, 读取带空格的完整短语是可以实现的, 只是不能使用>>。后面将解释如何实现。

前面提到了定义和初始化 string 对象的 6 个选项, 下面的注释指出了在每种情况下进行初始化的字符串。

- 没有初始化列表(或空列表{}):

```
std::string empty; // The string ""
```

- 初始化列表包含字符串字面量:

```
std::string proverb{ "Many a mickle makes a muckle." }; // The given literal
```

- 初始化列表包含已有的 string 对象:

```
std::string sentence{ proverb }; // Duplicates proverb
```

- 初始化列表包含一个字符串字面量, 后跟字面量中用于初始化 string 对象的字符序列的长度:

```
std::string part_literal{ "Least said soonest mended.", 5 }; // "Least"
```

- 初始化列表包含重复次数, 后跟要在字符串中重复的字符字面量, 以初始化 string 对象(注意使用的是圆括号!):

```
std::string open_wide(5, 'a'); // "aaaaa"
```

- 初始化列表包含已有的 string 对象, 用于指定子字符串开头的索引以及子字符串的长度:

```
std::string phrase{proverb, 5, 8}; // "a mickle"
```

第 7 个选项(详见标准库参考手册中的完整列表)通过已有的 std::string 对象和一个整数创建 string 对象。所创建的 string 对象包含从给定索引位置开始的子字符串。例如:

```
std::string string{ "Consistency is the key to success" };
std::string part_string{ string, 15 }; // "the key to success"
```

■ **警告**：虽然上面这第 7 个构造函数与本章后面将讨论的 std::string 的 substr()成员函数是一致的，但它与上面讨论的第 4 个构造函数严重不一致，后者从一个字符串字面量(而不是 string 对象)开始构造 string 对象。

```
std::string part_literal{"Consistency is the key to success", 15}; // "Consistency is "
```

7.1.2 string 对象的操作

对 string 对象可以执行许多操作，最简单的操作是赋值。可以把字符串字面量或一个 string 对象赋予另一个 string 对象。例如：

```
std::string adjective {"hornswoggling"};  // Defines adjective
std::string word {"rubbish"};             // Defines word
word = adjective;                         // Modifies word
adjective = "twotiming";                  // Modifies adjective
```

第三条语句把 adjective 的值"hornswoggling"赋给 word，替换掉"rubbish"。最后一条语句给 adjective 赋予字符串字面量"twotiming"，替换掉了初始值"hornswoggling"。这样，执行这些语句后，word 就包含"hornswoggling"，adjective 包含"twotiming"。

1. 连接字符串

使用加号运算符可以连接字符串。下面用刚才定义的对象来演示连接：

```
std::string description {adjective + " " + word + " whippersnapper"};
```

执行这条语句后，description 对象就包含字符串"twotiming hornswoggling whippersnapper"。显然，使用+运算符可以把字符串字面量和 string 对象连接在一起。这是因为对+运算符重新进行了定义，使 string 对象有了一个特殊的含义。当一个操作数是 string 对象，另一个操作数是另一个 string 对象或字符串字面量时，执行+操作的结果就是一个新的 string 对象，它把两个字符串连接为一个字符串。

注意，不能用+运算符来连接两个字符串字面量。+运算符的一个操作数必须是 string 类型的对象。例如，下面的语句就不会编译：

```
std::string description {" whippersnapper" + " " + word}; // Wrong!!
```

问题在于编译器试图把初始值计算为：

```
std::string description {(" whippersnapper" + " ") + word}; // Wrong!!
```

换句话说，它计算的第一个表达式是(" whippersnapper" + " ")，而+运算符不能操作两个字符串字面量。但是，这有至少 5 种解决方法：

- 把前两个字符串字面量写为一个字符串字面量{"whippersnapper " + word}。
- 可省略两个字面量之间的+：{"whippersnapper" " " + word}。编译器会把序列中的两个或多个字符串字面量连接为一个字面量。
- 可使用圆括号：{"whippersnapper" + (" " + word)}。圆括号中的表达式把" "和 word 连接起来，先计算这个表达式，生成一个 string 对象，再使用+运算符把它与第一个字面量连接起来。
- 可使用熟悉的初始化语法，将一个或两个字面量转换为 std::string 对象：{std::string{" whippersnapper"} + " " + word}。

- 可以在字面量的后面添加后缀 s，将一个或两个字面量转换为 std::string 对象，例如{" whippersnapper"s + " " + word}。使用这种方法之前，首先必须添加 using namespace std::string_literals;指令。可以把这条指令添加到源文件的开头或者函数的内部。当这条指令进入作用域后，在字符串字面量的后面添加字母 s 会将该字面量转换为 std::string 对象，就像对整数字面量添加 u 可创建一个无符号整数一样。

讨论完了理论，下面就该进行实践了。以下程序将从键盘上读取姓和名：

```cpp
// Ex7_01.cpp
// Concatenating strings
import <iostream>;
import <string>;

int main()
{
  std::string first;                       // Stores the first name
  std::string second;                      // Stores the second name

  std::cout << "Enter your first name: ";
  std::cin >> first;                       // Read first name

  std::cout << "Enter your second name: ";
  std::cin >> second;                      // Read second name

  std::string sentence {"Your full name is "}; // Create basic sentence
  sentence += first + " " + second + ".";  // Augment with names

  std::cout << sentence << std::endl;      // Output the sentence
  std::cout << "The string contains "      // Output its length
            << sentence.length() << " characters." << std::endl;
}
```

该程序的输出如下所示：

```
Enter your first name: Phil
Enter your second name: McCavity
Your full name is Phil McCavity.
The string contains 32 characters.
```

定义两个空的 string 对象 first 和 second 后，程序就提示输入姓名，输入操作读取字符，直至遇到第一个空白字符为止。因此，如果姓名包含多个部分，如 Van Weert，那么在这个程序中将无法输入。例如，如果为第二个姓名输入 Van Weert，>>运算符只会从流中提取 Van。本章后面将介绍如何读取包含空格的字符串。

在获取姓名后，创建另一个 string 对象，用一个字符串字面量初始化它。将对象 sentence 与一个 string 对象连接起来，该 string 对象是+=赋值运算符的右操作数：

```cpp
sentence += first + " " + second + "."; // Augment with names
```

右操作数把 first 和字面量" "连接起来，再连接 second，最后是字面量".",得到的结果再与+=运算符的左操作数连接起来。如这条语句所示，+=运算符也可用于 string 类型的对象，方式与基本类型相同。这条语句也等价于：

```cpp
sentence = sentence + (first + " " + second + "."); // Augment with names
```

最后，该程序使用流插入运算符输出 sentence 的内容及它所包含的字符串的长度。

▓ **提示**：可使用 std::string 对象的 append()函数代替+=运算符。使用该函数时，可以像下面这样编写上面的示例：

```
sentence.append(first).append(" ").append(second).append(".");
```

append()的基本形式并没有什么有趣的地方，除非程序员喜欢多敲字符或者键盘上的+键坏了。但是，这个函数当然不仅如此。append()函数比+=更灵活，允许连接子字符串或重复的字符：

```
std::string compliment("~~~ What a beautiful name... ~~~");
sentence.append(compliment, 3, 22); // Appends " What a beautiful name"
sentence.append(3, '!'); // Appends "!!!"
```

2. 连接字符串和字符

除了连接两个 string 对象，或者连接一个 string 对象和一个字符串字面量，还可以将一个 string 对象与一个字符连接起来。例如，EX7_01 中的字符串连接也可以表达为(参见 Ex7_01A.cpp)：

```
sentence += first + ' ' + second + '.';
```

为了说明所有的可选项，还可使用下面的两个语句：

```
sentence += first + ' ' + second;
sentence += '.';
```

但是，与前面一样，不能将两个字符连接起来。+运算符的一个操作数必须始终是 string 对象。为了解将字符连接起来的另一个隐患，可将 Ex7_01 中的连接替换为下面的语句：

```
sentence += second;
sentence += ',' + ' ';
sentence += first;
```

也许让读者感到奇怪的是，这段代码可以编译。但是，有可能发生这样的情况：

```
Enter your first name: Phil
Enter your second name: McCavity
Your full name is McCavityLPhil.
The string contains 31 characters.
```

注意，最后一个 sentence 的长度是如何从 32 变为了 31？输出结果的第三行解释了其原因：McCavity 和 Phil 之间的逗号和空格字符神奇地被合并成一个大写字符 L。原因在于，编译器不会连接两个字符；相反，它会把两个字符的 ASCII 码加在一起。几乎所有编译器都为基本拉丁字符使用 ASCII 码(第 1 章介绍了 ASCII 编码)。','的 ASCII 码为 44，' '的 ASCII 码为 32。因此，它们的和为 76，正好是大写字母'L'的 ASCII 码。

注意，如果像下面这样编写，这个例子就没有问题：

```
sentence += second + ',' + ' ' + first;
```

原因与之前一样，编译器会从左至右计算语句，如同存在下面的圆括号一样：

```
sentence += ((second + ',') + ' ') + first;
```

在这条语句中，两个连接操作数之一始终是 std::string。这可能让人感到困惑。但是，std::string 连接的一般规则很简单：连接从左向右计算，只要连接运算符+有一个操作数是 std::string 对象，就能正常工作。

> ■ **注意**：到现在为止，我们一直使用字面量来初始化或连接 string 对象，包括字符串字面量或字符字面量。在任何地方使用字符串字面量时，当然也可以使用其他任何形式的 C 样式字符串：char[]数组，char*变量，或者计算为这两种类型之一的任何表达式。类似地，所有涉及字符字面量的表达式也都能使用可得到 char 类型值的任何表达式。

3. 连接字符串和数字

C++的一个重要局限是，只能将 std::string 对象和字符串或字符连接起来。连接其他大部分类型，如 double，一般会导致无法编译：

```
const std::string result_string{ "The result equals: "};
double result = std::numbers::pi;
std::cout << (result_string + result) << std::endl; // Compiler error!
```

更糟的是，这种连接有时能通过编译，但得不到期望的结果，因为任何数字都将被视为字符代码，如下所示(字母'E'的 ASCII 码是 69)：

```
std::string song_title { "Summer of '" };
song_title += 69;
std::cout << song_title << std::endl; // Summer of 'E
```

这种局限一开始可能让程序员感到沮丧，对于之前使用 Java 或 C#的程序员，可能尤其如此。在那些语言中，编译器会隐式地将任何类型的值转换为字符串。但在 C++中不是这样：在 C++中，必须显式地将这些值转换为字符串。这有几种方法。对于基本数值类型的值，最容易的方法是使用<string>模块中定义的 std::to_string()函数系列：

```
const std::string result_string{ "The result equals: "};
double result = std::numbers::pi;
std::cout << (result_string + std::to_string(result)) << std::endl; // 3.141593

std::string song_title { "Summer of '" };
song_title += std::to_string(69);
std::cout << song_title << std::endl; // Summer of '69
```

但不能使用 std::to_string()来控制格式。例如，对于浮点数，std::to_string()总是会使用精度为 6 的定点输出格式。当然，如果想要对格式进行更多的控制，可以使用 std::format()(通常不会涉及字符串连接)：

```
std::cout << std::format("The result equals: {:.15f}\n", result); // 3.141592653589793
std::cout << std::format("Summer of '{:x}\n", 105); // Summer of '69 (hexadecimal for 105)
```

7.1.3 访问字符串中的字符

在方括号中使用索引值，就可以引用字符串中的某个字符，就像处理字符数组一样。string 对象中的第一个字符的索引值是 0。例如，sentence 中的第三个字符可以引用为 sentence[2]。还可以在赋值运算符的左边使用这样的表达式，在访问字符串的同时修改某些字符。下面的循环会把 sentence 中的所有字符改为大写形式：

```
for (size_t i {}; i < sentence.length(); ++i)
  sentence[i] = static_cast<char>(std::toupper(sentence[i]));
```

该循环会把 toupper() 函数依次应用于字符串中的每个字符，再把得到的结果依次存储回字符串原来的位置。在此最好添加一个 static_cast<>，将因隐式窄转换而导致的编译器警告静默(C 函数 toupper()的返回值是 int 类型，而不是所期望的 char 类型)。第一个字符的索引值是 0，最后一个字符的索引值比字符串的长度小 1，所以只要 i<sentence.length()是 true，循环就会继续。

string 对象是一个范围，所以也可以使用基于范围的 for 循环完成这个操作：

```
for (char& ch : sentence)
  ch = static_cast<char>(std::toupper(ch));
```

ch 被指定为引用类型，以允许在循环中修改字符串中的字符。这个循环和前面的循环需要包含 <cctype> C 头文件，才能编译。

可以在 Ex5_10.cpp 中练习这种数组样式的访问方法，以确定字符串中元音和辅音的个数。新版本将使用 string 对象。该例还说明，可以使用 getline()函数读取包含空格的一行文本：

```
// Ex7_02.cpp
// Accessing characters in a string
import <iostream>;
import <string>;
#include <cctype>

int main()
{
  std::string text;                  // Stores the input
  std::cout << "Enter a line of text:\n";
  std::getline(std::cin, text);      // Read a line including spaces

  unsigned vowels {};                // Count of vowels
  unsigned consonants {};            // Count of consonants
  for (size_t i {}; i < text.length(); ++i)
  {
    if (std::isalpha(text[i]))       // Check for a letter
    {
      switch (std::tolower(text[i])) // Convert to lowercase
      {
        case 'a': case 'e': case 'i': case 'o': case 'u':
          ++vowels;
          break;
        default:
          ++consonants;
          break;
      }
    }
  }
  std::cout << "Your input contained " << vowels << " vowels and "
    << consonants << " consonants." << std::endl;
}
```

该程序的输出如下所示：

```
Enter a line of text:
A nod is as good as a wink to a blind horse.
Your input contained 14 vowels and 18 consonants.
```

text 对象最初包含一个空的字符串，我们使用 getline()函数从键盘上读取一行，并存储在 text 对象中。这个版本的 getline() 在 <string> 模块中声明, 以前使用的 getline() 版本在 <iostream> 模块中声明。这个版本从第一个实参指定的流 cin 中读取字符, 直到换行符为止, 并把该行输入存储在第二个实参指定的 string 对象 text 中。这次不需要考虑输入中有多少个字符。string 对象会自动容纳输入的内容, 并记录其长度。

要修改表示输入行结尾的分隔符, 可以使用带有 3 个参数的 getline(), 第三个实参指定了表示输入行结尾的分隔符:

```
std::getline(std::cin, text, '#');
```

该行代码读取字符, 直到遇到#字符为止。此时, 换行符不表示输入的结束, 所以可以输入任意多行内容, 它们会被合并到一个字符串中。但输入的换行符仍会在字符串中显示出来。

在 for 循环中, 计算字符串中元音和辅音的字符个数, 方法与 Ex5_10.cpp 中一样。当然, 也可以使用基于范围的 for 循环:

```
for (const char ch : text)
{
  if (std::isalpha(ch))           // Check for a letter
  {
    switch (std::tolower(ch))    // Convert to lowercase
    {
      ...
```

这段代码保存在 Ex7_02A.cpp 中。代码比原来的版本更简单, 更容易理解。与 Ex5_11.cpp 相比, 这个例子使用 string 对象的主要优点是不需要考虑所输入字符串的长度。

7.1.4　访问子字符串

使用 substr() 函数可以获取 string 对象的一个子字符串。这个函数需要两个实参。第一个实参指定子字符串开始的索引位置, 第二个实参指定子字符串中的字符个数。该函数返回一个包含子字符串的 string 对象。例如:

```
std::string phrase {"The higher the fewer."};
std::string word1 {phrase.substr(4, 6)}; // "higher"
```

这两行代码从 phrase 的索引位置为 4 的地方开始, 提取 6 个字符的子字符串, 于是在执行第二行语句之后, word1 就包含 higher。如果为子字符串指定的长度超过 string 对象的结尾, substr() 函数就返回从指定位置开始直到该字符串最后的所有字符, 如下面的语句所示:

```
std::string word2 {phrase.substr(4, 100)}; // "higher the fewer."
```

当然, phrase 中没有 100 个字符, 子字符串也不会包含 100 个字符。这种情况下, 结果应是 word2 包含从索引位置 4 开始直到结束的所有子字符串, 即"higher the fewer."。省略长度实参, 只指定表示子字符串开始位置的第一个实参, 也会得到相同的结果:

```
std::string word {phrase.substr(4)}; // "higher the fewer.
```

substr() 函数的这个版本也会返回从索引位置 4 开始直到结束的所有子字符串。如果省略 substr() 函数的两个参数, 就把 phrase 的所有内容返回为子字符串。

如果为子字符串指定的起始索引位置超出要处理的 string 对象的有效边界, 就会抛出一个 std::out_of_range 类型的异常, 程序将异常终止, 除非实现了一些代码来处理异常。第 16 章将讨论异常以及如何处理它们。

■ **警告**：与之前一样，总是使用开始索引和长度来指定子字符串，而不是使用开始和结束索引。一定要记住这一点，尤其是具有其他语言(如 JavaScript 或 Java)使用经验的读者更应该牢记。

7.1.5 比较字符串

示例 Ex7_02 介绍了如何使用索引访问 string 对象中的各个字符，以进行比较。由于在使用索引值访问单个字符时，结果为 char 类型，因此可以使用比较运算符比较各个字符。也可以使用比较运算符比较整个 string 对象。可以使用的比较运算符有：

```
>      >=      <      <=      ==      !=      <=>
```

它们可用于比较 string 类型的两个对象，或者比较 string 类型的对象与字符串字面量或 C 样式字符串。当使用<=>比较 string 对象时，结果为 std::strong_ordering(见第 4 章)，相关内容将在下一节中详细介绍。

使用上面的 7 个操作符进行比较时，操作数将逐个比较其中的字符，直到找到不同的字符，或者到达一个或两个操作数的结尾。在找到不同的字符时，字符代码的数值比较将决定哪个字符串有较小的值。如果没有找到不同的字符，但字符串有不同的长度，则较短的字符串就小于较长的字符串。如果两个字符串包含相同数量的字符，且对应的字符都相同，则这两个字符串相等。由于比较的是字符代码，因此这种比较是区分大小写的。

这种字符串比较算法的技术术语是"字典序比较"，意思就是指字符串按照字典或电话号码簿中的顺序排序[1]。

可以使用 if 语句比较两个 string 对象，如下所示：

```
std::string word1 {"age"};
std::string word2 {"beauty"};
if (word1 < word2)
  std::cout << word1 << " comes before " << word2 << '.' << std::endl;
else
  std::cout << word2 << " comes before " << word1 << '.' << std::endl;
```

执行上述代码会得到如下结果：

```
age comes before beauty.
```

这说明古老的谚语一定正确。
上面的代码中使用条件运算符会更好，下面的语句会生成相同的结果：

```
std::cout << word1 << (word1 < word2 ? " comes " : " does not come ")
          << "before " << word2 << '.' << std::endl;
```

下面在一个例子中比较字符串。下面的程序将读取许多姓名，并按升序排列它们：

```
// Ex7_03.cpp
// Comparing strings
import <iostream>;                    // For stream I/O
import <format>;                      // For string formatting
import <string>;                      // For the string type
import <vector>;                      // For the vector container
```

---

1 年轻的读者可能对字典和电话号码簿之类的早期纸质品不太熟悉，其实这种排序方式就类似于在智能手机上对联系人进行排序的方式。

```
int main()
{
  std::vector<std::string> names;         // Vector of names
  std::string input_name;                 // Stores a name

  for (;;)                                // Indefinite loop (stopped using break)
  {
    std::cout << "Enter a name followed by Enter (leave blank to stop): ";
    std::getline(std::cin, input_name);   // Read a name and...
    if (input_name.empty()) break;        // ...if it's not empty...
    names.push_back(input_name);          // ...add it to the vector
  }
  // Sort the names in ascending sequence
  bool sorted {};
  do
  {
    sorted = true;                        // remains true when names are sorted
    for (size_t i {1}; i < names.size(); ++i)
    {
      if (names[i-1] > names[i])
      {                                   // Out of order - so swap names
        names[i].swap(names[i-1]);
        sorted = false;
      }
    }
  } while (!sorted);

  // Find the length of the longest name
  size_t max_length{};
  for (const auto& name : names)
    if (max_length < name.length())
      max_length = name.length();

  // Output the sorted names 5 to a line
  const size_t field_width = max_length + 2;
  size_t count {};

  std::cout << "In ascending sequence the names you entered are:\n";
  for (const auto& name : names)
  {
    std::cout << std::format("{:>{}}", name, field_width); // Right-align + dynamic width
    if (!(++count % 5)) std::cout << std::endl;
  }

  std::cout << std::endl;
}
```

这个例子的输出如下所示:

```
Enter a name followed by Enter (leave blank to stop): Zebediah
Enter a name followed by Enter (leave blank to stop): Meshach
Enter a name followed by Enter (leave blank to stop): Eshaq
Enter a name followed by Enter (leave blank to stop): Abednego
Enter a name followed by Enter (leave blank to stop): Moses
Enter a name followed by Enter (leave blank to stop): Job
Enter a name followed by Enter (leave blank to stop): Bathsheba
```

```
Enter a name followed by Enter (leave blank to stop):
In ascending sequence the names you entered are:
   Abednego Bathsheba    Eshaq     Job    Meshach
      Moses   Zebediah
```

无限循环 for 从用户的输入中收集姓名，直到读取的是一个空行。可以使用 empty()函数来检查输入是否为空行，这是 std::string 与 std::vector< >(本章后面会介绍)共有的许多函数之一。

将姓名存储在 string 元素的向量中，使用 vector< >容器意味着可以存储数量不限的姓名。容器还会获得需要的内存来存储 string 对象，在释放向量时，就会删除它。容器还会跟踪姓名的个数，所以不需要对它们计数。

▓ **注意**：std::string 可以存储在容器中，这是 string 对象相比普通的 C 样式字符串的又一大好处；普通的 char 数组不能存储到容器中。

排序过程是前面 Ex5_09 中用于数值的冒泡排序算法。因为需要比较向量中连续的元素，在需要时还要交换元素，所以 for 循环迭代向量元素的索引值，不能使用基于范围的 for 循环。for 循环中的 names[i].swap(names[i-1])语句交换两个 string 对象的内容；换句话说，它与下面的一系列赋值语句具有相同的效果：

```
auto temp = names[i]; // Out of order - so swap names
names[i] = names[i-1];
names[i-1] = temp;
```

▓ **提示**：大部分标准库类型都提供了 swap()函数。除了 std::string，还包括全部容器类型(如 std::vector< >和 std::array< >)、全部智能指针类型等。std 名称空间还定义了一个非成员函数模板，可实现相同的效果：

```
std::swap(names[i], names[i-1]);
```

这个非成员函数模板的优点在于，它也可以用于基本类型，如 int 或 double。可以在 Ex5_09 中试用这个函数模板(需要先导入<utility>模块，因为基本的 std::swap()函数模板是在该模块中定义的)。

在程序的后半部分，有两个基于范围的 for 循环。因为 vector< >容器表示一个范围，所以可以编写这样的循环。第一个基于范围的 for 循环确定最长姓名的长度，在第二个 for 循环中会用这个长度值来垂直对齐排列姓名。第二个 for 循环中的表达式按照如下格式对每个姓名进行格式化：

```
std::format("{:>{}}", name, field_width) // Right-align (>) + dynamic width ({})
```

这里涉及前面未遇到过的一个构造(construct)：动态宽度。也就是说，输出结果的宽度没有硬编码到格式字符串中，而由第二个输入实参 field_width 决定。上面的代码中使用嵌套的替代字段{}来指定动态宽度，在运行时，该字段将由 std::format()的一个实参替代。假定我们示例中 field_width 的值等于 11，那么这个格式化表达式将等价于：

```
std::format("{:>11}", name) // Right-align (>) + 11 wide
```

在嵌套的替代字段中，可以有选择性地包含实参标识符，以方便使用无序实参，但不能包含其他格式说明符。下面这个例子将 format()的第二个和第三个实参进行了互换：

```
std::format("{1:>{0}}", field_width, name) // Right-align (>) + dynamic width ({})
```

也可使用嵌套的替代字段实现动态精度。除了宽度和精度，格式说明符的其他部分都不能用嵌套的替代字段进行替代。

1. 三向比较运算符

在第 4 章中介绍过,在单个表达式中,三向比较运算符用于确定某个值是否小于、大于或等于另外一个值。对于整数、浮点数等这样的基本类型数据,三向比较运算符发挥的作用实际上很小,但对于字符串等这样的复合对象,它的强大功能得以显现。为说明这一点,请查看下面的代码行:

```cpp
std::string s1{ "Little Lily Lovelace likes licking lollipops." };
std::string s2{ "Little Lily Lovelace likes leaping lizards." };

if (s1 < s2) ...
else if (s1 > s2) ...
else ...
```

当上面的程序能够确定第一个 if 语句的条件 s1 < s2 为 false(因为 licking 中的 i 位于 leaping 中的 e 之后)时,从理论上就可以推断出 s1 > s2 为 true。不过,为了计算 s1 > s2 的值,就需要再次从字符串的开头逐个字符进行比较:"Little Lily Lovelace …"。使用三向比较函数就可以解决这种低效问题。

在 C++20 中,有两种方法可以实现 string 对象的三向比较,一种是使用新的<=>运算符,另一种是使用旧的 compare()函数。因此,可以使用<=>或 compare()函数来改进 Lovely Little Lily Lovelace 比较的性能,如下所示:

`const auto order = s1 <=> s2;`
`if (std::is_lt(order)) ...`
`else if (std::is_gt(order)) ...`
`else ...`
	`const int comp = s1.compare(s2);`
	`if (comp < 0) ...`
	`else if (comp > 0) ...`
	`else ...`

在第 4 章中,你已经了解了<=>、is_lt()和 is_gt(),所以对于上面的代码并不会感到惊奇(如前所述,order 的类型为 std::strong_ordering)。

同样,表达式 s1.compare(s2)也可以比较 string 对象 s1 的值与 compare()的实参 s2 的值。但不同于太空飞船运算符<=>,compare()成员函数将比较结果作为 int 类型的值返回。因此,如果 s1>s2,就返回一个正整数;如果 s1=s2,就返回 0;如果 s1<s2,就返回一个负整数。

以上两种方法都可以实现一个 string 对象与另一个 string 对象、字符串字面量或 C 风格的字符串的比较。但哪种方法更优越? 我们会选择 C++20 的太空飞船运算符<=>。首先且最重要的是,该运算符可以使后续的代码更易于阅读,对于那些不熟悉旧的三向比较函数(如 compare())的程序员来说更是如此。其次,对于 compare()函数还存在如下警告。

■ **警告:** 一个常见错误是将 if 语句编写为 if (s1.compare(s2))形式,假定在 s1 和 s2 相等时条件为 true。但是,结果恰恰相反。操作数相等时,compare()返回 0,而 0 会被转换为布尔值 false。要比较相等性,应该使用==运算符。

另一方面,表达式 if (s1 <=> s2)不能编译。s1 <=> s2 的类型是 std::strong_ordering,这是一个类类型,不能转换为 Boolean 类型。

2. 使用 compare()比较子字符串

与<=>运算符相比,compare()函数的一个优势在于其灵活性更强。例如,可使用该函数将 string 对象的子字符串与实参进行比较:

```cpp
std::string word1 {"A jackhammer"};
```

```
std::string word2 {"jack"};
const int result{ word1.compare(2, word2.length(), word2) };
if (result == 0)
  std::cout << word1 << " contains " << word2 << " starting at index 2" << std::endl;
```

初始化 result 的表达式比较 word1 的一个子字符串与 word2，该子字符串从原始字符串的索引位置 2 开始，包含 4 个字符，如图 7-2 所示。

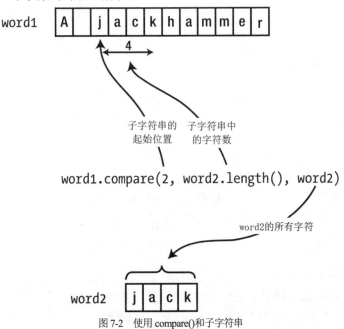

图 7-2 使用 compare()和子字符串

compare()函数的第一个实参是 word1 中子字符串的第一个字符的起始索引位置，将该子字符串与 word2 进行比较。第二个实参是子字符串的字符个数，被指定为第三个实参 word2 的长度。显然，如果指定的子字符串与第三个实参 word2 的长度不相等，按照定义，子字符串和第三个实参就是不相等的。

compare()函数可以用于搜索子字符串。例如：

```
std::string text {"Peter Piper picked a peck of pickled peppers."};
std::string word {"pick"};
for (size_t i{}; i < text.length() - word.length() + 1; ++i)
  if (text.compare(i, word.length(), word) == 0)
    std::cout << "text contains " << word << " starting at index " << i << std::endl;
```

这个循环在 text 的索引位置 12 和 29 找到 word。循环变量的上限允许比较 text 中的最后 word.length()个字符和 word。这不是最高效的搜索实现方法。找到 word 后，较高效的方法是：如果 text 仍包含 word.length()个字符，就检查 text 的下一个子字符串是否有 word.length()个字符。但对于搜索 string 对象还有更简单的方法，如后面所述。

可以利用 compare()函数比较一个 string 对象的子字符串和另一个 string 对象的子字符串，这需要传送 5 个实参，如下所示：

```
std::string text {"Peter Piper picked a peck of pickled peppers."};
std::string phrase {"Got to pick a pocket or two."};
```

```
for (size_t i{}; i < text.length() - 3; ++i)
  if (text.compare(i, 4, phrase, 7, 4) == 0)
    std::cout << "text contains " << phrase.substr(7, 4)
              << " starting at index " << i << std::endl;
```

后两个参数分别是 phrase 的子字符串的索引位置及长度。这条语句比较 text 的子字符串和 phrase 的子字符串。

不仅如此，compare()函数还可以比较 string 对象的子字符串与以空字符结尾的字符串：

```
std::string text{ "Peter Piper picked a peck of pickled peppers." };
for (size_t i{}; i < text.length() - 3; ++i)
  if (text.compare(i, 4, "pick") == 0)
    std::cout << "text contains \"pick\" starting at index " << i << std::endl;
```

结果与前面代码的相同，在索引位置 12 和 29 找到"pick"。

compare()函数的另一个用法是指定要使用的字符个数，从以空字符结尾的字符串中选择前 n 个字符。循环中的 if 语句如下：

```
if (text.compare(i, 4, "picket", 4) == 0)
  std::cout << "text contains \"pick\" starting at index " << i << std::endl;
```

compare()函数的第四个实参指定"picket"中用于比较的字符数。

注意： compare()函数可用于操作各种类型的、不同数量的实参。对于前面简单提到的 append()函数也是如此。这些是具有相同名称的不同函数，称为重载函数，第 8 章将讨论创建它们的方式和原因。

3. 使用 substr()进行比较

当然，对于 compare()函数的较复杂版本，如果觉得参数序列很难记忆，可以使用 substr()函数提取 string 对象的子字符串，再使用比较运算符。例如，要检查两个子字符串是否相等，可以编写下面的测试条件：

```
std::string text {"Peter Piper picked a peck of pickled peppers."};
std::string phrase {"Got to pick a pocket or two."};
for (size_t i{}; i < text.length() - 3; ++i)
  if (text.substr(i, 4) == phrase.substr(7, 4))
    std::cout << "text contains " << phrase.substr(7, 4)
              << " starting at index " << i << std::endl;
```

这似乎比使用 compare()函数进行的操作更容易理解一些。当然，效率上要低一些(因为创建了临时的子字符串对象)，但是在这里，代码的清晰性和可读性要比性能的些许提高重要得多。事实上，这是一条应当遵守的重要原则。总是应该选择正确的、可维护的代码，而不是易出错的、含义模糊的代码，即使后者在速度上要快几个百分点。只有当基准数据显示可获得极大的性能提升时，才应该使用更复杂的代码。

提示： 假设创建临时的子字符串对象让读者感到不舒服(不应该有这种感觉，但也许读者是 C++死忠开发人员，认为每个字节、每个时钟周期都很重要)。此时，可将前面示例中的前两行替换为如下代码：

```
std::string_view text {"Peter Piper picked a peck of pickled peppers."};
std::string_view phrase {"Got to pick a pocket or two."};
```

第 9 章将详细介绍 string_view，但简单来说，string_view 允许使用与 std::string 相同级别的函数，检查任何类型的字符序列(在这里是字符串字面量),但它还能够保证不会复制任何(子)字符串。string_view 对象只允许查看一个字符串的字符(并因此得名),而不允许修改、添加或删除字符。

4. 检查字符串的开始或结束

有时,需要检查字符串是否已以给定字符串开始或结束。当然,这可以使用 compare()或 substr()实现,如下所示:

```
std::string text {"Start with the end in mind."};
if (text.compare(0, 5, "Start") == 0)
  std::cout << "The text starts with 'Start'." << std::endl;
if (text.substr(text.length() - 3, 3) != "end")
  std::cout << "The text does not end with 'end'." << std::endl;
```

但这种方法的可读性不好,并且很容易使用错误的子字符串索引。好在,C++20 引入了两个有用的成员函数来解决这种问题:starts_with()和 ends_with():

```
std::string text {"Start with the end in mind."};
if (text.starts_with("Start"))
  std::cout << "The text starts with 'Start'." << std::endl;
if (!text.ends_with("end"))
  std::cout << "The text does not end with 'end'." << std::endl;
```

这种代码的可读性很好,并且不可能出错。除了 C 风格的字符串或 string 对象,这两个函数还能用于单个字符:

```
if (text.ends_with('.'))
  std::cout << "The text ends with a period.";
```

而且,在空字符串上使用 starts_with()和 ends_with()也总是安全的(自然,它们总是对空字符串返回 false)。对于[]、front()、back()或者 substr(),这一点不成立。

7.1.6 搜索字符串

除了 compare(),搜索 string 对象还有许多不同的方法,它们所涉及的函数都会返回所查找字符串的索引位置。首先从最简单的搜索开始。string 对象有一个函数 find(),它可以确定字符串中子字符串或给定字符的索引位置。要搜索的子字符串可以是另一个 string 对象或字符串字面量。例如:

```
// Ex7_04.cpp
// Searching within strings
import <iostream>;
import <string>;

int main()
{
  std::string sentence {"Manners maketh man"};
  std::string word {"man"};
  std::cout << sentence.find(word) << std::endl;      // Outputs 15
  std::cout << sentence.find("Ma") << std::endl;      // Outputs 0
  std::cout << sentence.find('k') << std::endl;       // Outputs 10
  std::cout << sentence.find('x') << std::endl;       // Outputs std::string::npos
}
```

在每条输出语句中调用 find()函数,从 sentence 对象的开始处搜索。该函数返回搜索到的第一个子字符串中第一个字符的索引位置。在最后一条语句中,没有在字符串中找到'x'字符,所以返回

std::string::npos 值。它是在<string>模块中定义的一个常量，表示字符串中的非法字符位置，用于说明搜索操作中出现了失败。

在笔者的计算机上，Ex7_04 程序得到如下 4 个数字：

```
15
0
10
18446744073709551615
```

从输出可以看到，std::string::npos 被定义为一个极大的数字。具体来说，是 size_t 能够表示的最大值。对于 64 位平台，这个值等于 $2^{64}-1$，量级在 10^{19}。因此，使用的字符串不可能长到让 npos 代表一个有效的索引。为了帮助读者形成一个概念，我们上次计算时，发现可以将英文版维基百科的全部字符放到一个包含 210 亿个字符的字符串中，但这仍然比 npos 小得多。

当然，可以用下面的语句和 npos 来检查搜索是否失败：

```
if (sentence.find('x') == std::string::npos)
  std::cout << "Character not found" << std::endl;
```

警告：std::string::npos 常量不会计算为 false，而是计算为 true。唯一计算为 false 的数值是 0，而 0 是一个完全有效的索引值。因此，应该注意不要编写下面的代码：

```
if (!sentence.find('x')) // Oops...
std::cout << "Character not found" << std::endl;
```

虽然读起来似乎合理，但是这个 if 语句实际上没有意义。当在索引位置 0 发现字符'x'时，即对于所有以'x'开头的 sentence，都会输出"Character not found"。

1. 在子字符串内搜索

find()函数的另一个变体允许从指定的位置开始搜索字符串的某一部分。例如，定义了 sentence 对象后，就可以编写下面的语句：

```
std::cout << sentence.find("an", 1) << std::endl; // Outputs 1
std::cout << sentence.find("an", 3) << std::endl; // Outputs 16
```

这两条语句都从第二个实参指定的索引位置开始搜索 sentence，直到该字符串的结尾。第一条语句搜索第一个"an"，而第二条语句搜索第二个"an"，因为搜索从 sentence 的索引位置 3 开始。

可以把 string 对象用作 find()函数的第一个实参，搜索 string 对象。例如：

```
std::string sentence {"Manners maketh man"};
std::string word {"an"};
int count {}; // Count of occurrences
for (size_t i {}; i <= sentence.length() - word.length(); )
{
  size_t position = sentence.find(word, i);
  if (position == std::string::npos)
   break;
  ++count;
  i = position + 1;
}
std::cout << '"' << word << "\" occurs in \"" << sentence
          << "\" " << count << " times." << std::endl; // 2 times...
```

字符串中的索引位置是 size_t 类型，所以把存储 find() 函数返回值的变量 position 声明为 size_t 类型。循环索引 i 用于定义 find() 操作的起始位置，其类型也是 size_t。显然，sentence 中的最后一个 word 必须从 sentence 尾部向前至少 word.length() 个位置开始，所以循环中 i 的最大值是 sentence.length()−word.length()。注意递增变量 i 没有循环表达式，因为变量 i 是在循环体中递增的。

如果 find() 返回 npos，就表示没有找到 word，因此执行 break 语句，结束循环。否则，就递增 count，把 i 设置为找到的 word 后面的一个位置，准备下一次迭代。如果把 i 设置为 i+ word.length()，就不允许重叠找到的 word，例如在"ananas" 字符串中查找"ana"。

还可以在 string 对象中搜索 C 样式字符串或字符串字面量。在这种情况下，find() 函数的第一个实参是以空字符结尾的字符串，第二个实参是开始搜索的索引位置，第三个实参是以空字符结尾的字符串中想要提取的、作为要查找的字符串的字符个数。例如：

```
std::cout << sentence.find("ananas", 8, 2) << std::endl; // Outputs 16
```

这个语句在 sentence 中从位置 8 开始，搜索"ananas"的前两个字符(即"an")。下面的搜索显示了改变实参后的效果：

```
std::cout << sentence.find("ananas", 0, 2) << std::endl; // Outputs 1
std::cout << sentence.find("ananas", 8, 3) << std::endl; // Outputs std::string::npos
```

第一个搜索现在从 sentence 的起始位置查找"an"，并在索引位置 1 处找到了它。第二个搜索查找"ana"，"ana"在 sentence 中不存在，所以该搜索失败了。

下面的程序搜索 string 对象中的指定子字符串，并计算出该子字符串在 string 对象中出现的次数。

```cpp
// Ex7_05.cpp
// Searching within substrings
import <iostream>;
import <string>;

int main()
{
  std::string text;            // The string to be searched
  std::string word;            // Substring to be found
  std::cout << "Enter the string to be searched and press Enter:\n";
  std::getline(std::cin, text);
  std::cout << "Enter the string to be found and press Enter:\n";

  std::getline(std::cin, word);
  size_t count{};              // Count of substring occurrences
  size_t index{};              // String index
  while ((index = text.find(word, index)) != std::string::npos)
  {
    ++count;
    index += word.length(); // Advance by full word (discards overlapping occurrences)
  }

  std::cout << "Your text contained " << count << " occurrences of \""
            << word << "\"." << std::endl;
}
```

这个程序的输出如下所示：

```
Enter the string to be searched and press Enter:
Smith, where Jones had had "had had", had had "had". "Had had" had had the examiners'
```

```
approval.
Enter the string to be found and press Enter:
had
Your text contained 10 occurrences of "had".
```

这个 string 对象中有 10 个"had"。当然，没有找到"Had"，是因为它的第一个字母是大写。程序在 text 中搜索 word 字符串，text 和 word 都使用 getline()从标准输入流中读取。输入用换行符中断，按下回车键就会生成换行符。搜索在 while 循环中进行，只要 text 的 find()函数没有返回 npos，while 循环就继续。npos 返回值表示从 text 的指定索引位置到字符串结尾没有找到搜索目标，所以搜索结束。在每次迭代时，如果返回值不是 npos，就表示在 text 中找到了 word 字符串，所以 count 递增 1，index 递增字符串的长度。这里假设不进行重叠搜索。许多操作都是在循环中进行的，为了理解这些动作，在图 7-3 中显示了过程。

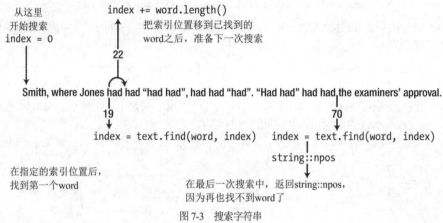

图 7-3 搜索字符串

2. 搜索任意字符集合

假定有一个字符串，如一段诗歌，希望将它分解为单个的单词，就需要查找到分隔符。这些分隔符可以是各种不同的字符，例如空格、逗号、句点、冒号等。此时需要一个函数，在字符串中查找给定的字符集合，string 对象的函数 find_first_of()可以完成这个任务：

```
std::string text {"Smith, where Jones had had \"had had\", had had \"had\"."
                  " \"Had had\" had had the examiners' approval."};
std::string separators {" ,.\""};
std::cout << text.find_first_of(separators) << std::endl; // Outputs 5
```

给 find_first_of()函数传送的 string 对象定义了要查找的字符集合。在由 separators 定义的字符集合中，text 中的第一个字符是逗号，于是最后一条语句输出 5。如有必要，还可以把分隔符集合定义为以空字符结尾的字符串。例如，如果需要查找 text 中的第一个元音，可以编写下面的语句：

```
std::cout << text.find_first_of("AaEeIiOoUu") << std::endl; // Outputs 2
```

text 中的第一个元音是 i，其索引位置是 2。

还可以使用 find_last_of()函数从 string 对象的结尾开始，进行逆向搜索，以查找给定字符集合中的字符最后一次出现的位置。例如，要查找 text 中的最后一个元音，可以编写下面的语句：

```
std::cout << text.find_last_of("AaEeIiOoUu") << std::endl; // Outputs 92
```

text 中的最后一个元音是 approval 中的第二个 a，其索引位置是 92。

在 find_first_of() 和 find_last_of() 函数中，还可以指定另一个实参，该实参指定开始搜索过程的索引位置。如果使用以空字符结尾的字符串作为第一个实参，还可以用第三个实参指定字符集中包含多少个字符。

另一个选项是查找不在字符集合中的字符，这可以使用 find_first_not_of() 和 find_last_not_of() 函数实现。例如，要查找 text 中第一个不是元音的字符的位置，可以编写下面的语句：

```
std::cout << text.find_first_not_of("AaEeIiOoUu") << std::endl; // Outputs 0
```

因为第一个字符不是元音，所以结果就是该字符，其索引位置是 0。

下面在一个实际的例子中使用这些函数。这个程序从字符串中提取单词，这将涉及 find_first_of() 和 find_first_not_of() 函数的组合使用：

```
// Ex7_06.cpp
// Searching a string for characters from a set
import <iostream>;
import <format>;
import <string>;
import <vector>;

int main()
{
  std::string text;                                         // The string to be searched
  std::cout << "Enter some text terminated by *:\n";
  std::getline(std::cin, text, '*');

  const std::string separators{ " ,;:.\"!?'\n" };           // Word delimiters
  std::vector<std::string> words;                            // Words found
  size_t start { text.find_first_not_of(separators) };       // First word start index

  while (start != std::string::npos)                         // Find the words
  {
    size_t end = text.find_first_of(separators, start + 1);  // Find end of word
    if (end == std::string::npos)                            // Found a separator?
      end = text.length();                                   // No, so set to end of text
    words.push_back(text.substr(start, end - start));        // Store the word
    start = text.find_first_not_of(separators, end + 1);     // Find first character of next word
  }

  std::cout << "Your string contains the following " << words.size() << " words:\n";
  size_t count{};                                            // Number output
  for (const auto& word : words)
  {
    std::cout << std::format("{:15}", word);
    if (!(++count % 5))
      std::cout << std::endl;
  }
  std::cout << std::endl;
}
```

这个程序的输出如下所示：

```
Enter some text terminated by *:
To be, or not to be, that is the question.
Whether tis nobler in the mind to suffer the slings and
```

```
arrows of outrageous fortune, or by opposing, end them.*
Your string contains the following 30 words:
            To              be              or            not            to
            be            that              is            the      question
       Whether             tis          nobler             in            the
          mind              to          suffer            the         slings
           and          arrows              of     outrageous        fortune
            or              by        opposing            end           them
```

string 变量 text 包含从键盘上读取的一个字符串。该字符串使用 getline()函数从 cin 中读取,把星号指定为终止符,以输入多行信息。separators 变量定义了单词分隔符集合,它被定义为 const,因为其内容不会被修改。这个例子的有趣之处在于字符串的分析。

在 start 中存储第一个单词中第一个字符的索引。只要这是一个有效的索引,即不是 npos 的值,就表示 start 包含第一个单词中第一个字符的索引。while 循环查找当前单词的结尾,把它提取为一个子字符串,存储在 words 向量中,再在 start 中记录搜索下一个单词中第一个字符的索引的结果。循环继续进行,直至找不到第一个字符,此时 start 包含 npos,终止循环。

在 while 循环中,最后一次搜索也可能失败,end 的值是 npos。如果字符串 text 以一个字母结束,或以不在 separators 集合中的字符结尾,这就会发生失败。为了处理这种情况,可以在 if 语句中检查 end 的值,如果搜索失败,就把 end 设置为 text 的长度。该长度比字符串多一个字符(因为索引从 0 开始,而不是从 1 开始),使 end 对应于单词中最后一个字符后面的位置。

3. 逆向搜索字符串

find()函数可从前向后搜索字符串,从字符串开头或指定的位置开始搜索。rfind()函数可以从字符串的末尾开始向前搜索,其名称来自于 reverse find(逆向查找)。rfind()函数具有和 find()函数相同的变体。可以在整个 string 对象中搜索定义为另一个 string 对象的子字符串,也可以搜索以空字符结尾的字符串,还可以搜索一个字符。例如:

```cpp
std::string sentence {"Manners maketh man"};
std::string word {"an"};
std::cout << sentence.rfind(word) << std::endl;        // Outputs 16
std::cout << sentence.rfind("man") << std::endl;       // Outputs 15
std::cout << sentence.rfind('e') << std::endl;         // Outputs 11
```

这些搜索语句都查找 rfind()函数中的实参最后一次出现的位置,返回找到的第一个字符的位置。图 7-4 演示了 rfind()函数的用法。

以 word 作为实参进行搜索,查找字符串中最后一个"an"出现的位置。rfind()函数返回找到的子字符串中第一个字符的索引位置。

如果没有找到子字符串,就返回 npos 值。例如,下面的语句就会返回这个值:

```cpp
std::cout << sentence.rfind("miners") << std::endl; // Outputs std::string::npos
```

由于 sentence 不包含子字符串"miners",因此这个语句会返回 npos 值,并显示出来。图 7-4 中的其他两个搜索语句与第一个搜索语句类似,也是从字符串的最后开始向前搜索实参第一次出现的位置。

与 find()函数一样,可以给 rfind()函数添加一个实参,指定从后向前搜索的起始位置。当第一个实参是 C 样式的字符串时,还可以添加第三个实参,指定从 C 样式的字符串中提取的字符个数,作为要搜索的子字符串。

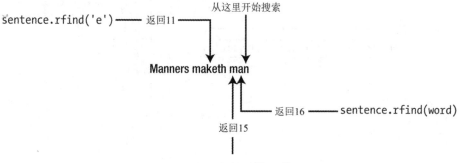

图 7-4 逆向搜索字符串

7.1.7 修改字符串

当搜索字符串，找到需要的内容后，可能还希望以某种方式修改它。前面介绍了如何使用位于方括号中的索引值，选择 string 对象中的单个字符，还可以在 string 对象的给定索引位置插入字符串，或替换已有的子字符串。用于插入字符串的函数名为 insert()，用于替换子字符串的函数名为 replace()。下面先插入一个字符串。

1. 插入字符串

最简单的插入操作是在一个 string 对象的给定位置之前插入另一个 string 对象。下面是一个说明其工作原理的例子：

```
std::string phrase {"We can insert a string."};
std::string words {"a string into "};
phrase.insert(14, words);
```

如图 7-5 所示，将 words 字符串插入 phrase 中索引位置为 14 的字符前面。执行这个操作后，phrase 就包含字符串"We can insert a string into a string."。

也可以把以空字符结尾的字符串插入 string 对象中。例如，下面的语句可以得到与上面语句相同的结果：

```
phrase.insert(14, "a string into ");
```

当然，'\0'字符在插入前被以空字符结尾的字符串舍弃。

比这更复杂的是把一个 string 对象的子字符串插入另一个 string 对象中。只需要在 insert()函数调用中提供另外两个实参，一个实参指定要插入的子字符串中第一个字符的索引位置，另一个实参指定子字符串的字符个数。例如：

```
phrase.insert(13, words, 8, 5);
```

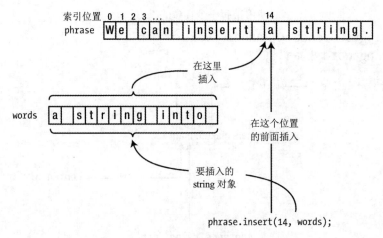

图 7-5 在一个字符串中插入另一个字符串

这条语句把 words 中从第 8 个位置开始的包含 5 个字符的子字符串插入 phrase 的第 13 个索引位置前面。假定 phrase 和 words 包含之前的字符串，则该语句就把" into"插入"We can insert a string."中，这样，phrase 就变成"We can insert into a string."。

把以空字符结尾的字符串中指定数目的字符插入 string 对象中也有类似的效果。下面的语句将生成与上面相同的结果。

```
phrase.insert(13, " into something", 5);
```

这条语句把" into something"中的前 5 个字符插入 phrase 中位于第 13 个索引位置的字符之前。下面的 insert()版本插入一系列相同的字符：

```
phrase.insert(16, 7, '*');
```

这条语句把 7 个星号插入 phrase 中位于第 16 个索引位置的字符之前。这样，phrase 就包含含义不明的句子"We can insert a *******string."。

2. 替换子字符串

可以用另一个字符串替换 string 对象的任意子字符串——即使两个字符串有不同的长度，也可以替换。如果把 text 定义为：

```
std::string text {"Smith, where Jones had had \"had had\", had had \"had\"."};
```

下面的语句可以把名字 Jones 替换为一个不常见的名字：

```
text.replace(13, 5, "Gruntfuttock");
```

第一个实参是要替换的子字符串的第一个字符在 text 中的索引，第二个实参是子字符串的长度。因此这条语句把 text 中从索引位置 13 开始的 5 个字符替换为字符串"Gruntfuttock" 。如果现在输出 text，结果就是：

```
Smith, where Gruntfuttock had had "had had", had had "had".
```

▓ **警告**：与往常一样，replace()的第二个实参是一个长度值，而不是另一个索引。

更实际的做法是先搜索要替换的子字符串。例如：

```cpp
const std::string separators {" ,;:.\"!'\n"};              // Word delimiters
size_t start {text.find("Jones")};                         // Find the substring
size_t end {text.find_first_of(separators, start + 1)};    // Find the end
text.replace(start, end - start, "Gruntfuttock");
```

这段代码查找 text 中"Jones"的第一个字符的位置，并用它初始化 start。用 find_first_of()函数搜索 separators 中的分隔符，查找"Jones"中最后一个字符后面的字符。然后在 replace()函数中使用这些索引位置。

替换字符串可以是 string 对象或以空字符结尾的字符串。对于前者，可以指定起始索引和长度，从 string 对象中选择要用作替换字符串的子字符串。例如，上述替换操作可以是：

```cpp
std::string name {"Amos Gruntfuttock"};
text.replace(start, end - start, name, 5, 12);
```

这两条语句与前面使用 replace()函数的效果相同，因为替换字符串都是从 name 的位于第 5 个索引位置的字符(即字符 G)开始，包含 12 个字符。

如果第一个实参是以空字符结尾的字符串，就可以指定要从该字符串中选择的字符个数，作为替换字符串。例如：

```cpp
text.replace(start, end - start, "Gruntfuttock, Amos", 12);
```

这次，要替换的字符串是"Gruntfuttock, Amos" 中的前 12 个字符，效果与前面的替换操作一样。

另一个选项是把替换字符串指定为由重复指定次数的指定字符组成。例如，下面的语句可以用 3 个星号替换"Jones"：

```cpp
text.replace(start, end - start, 3, '*');
```

这条语句假定 start 和 end 按以前的方式那样定义，结果是 text 将包含：

```
Smith, where *** had had "had had", had had "had".
```

下面在一个例子中使用替换操作。这个程序用另一个单词替换字符串中的指定单词：

```cpp
// Ex7_07.cpp
// Replacing words in a string
import <iostream>;
import <string>;

int main()
{
  std::string text;                                     // The string to be modified
  std::cout << "Enter a string terminated by *:\n";
  std::getline(std::cin, text, '*');

  std::string word;                                     // The word to be replaced
  std::cout << "Enter the word to be replaced: ";
  std::cin >> word;

  std::string replacement;                              // The word to be substituted
  std::cout << "Enter the string to be substituted for " << word << ": ";
  std::cin >> replacement;

  if (word == replacement)                              // Verify there's something to do
```

```
  {
    std::cout << "The word and its replacement are the same.\n"
              << "Operation aborted." << std::endl;
    return 1;
  }

  size_t start {text.find(word)};                      // Index of 1st occurrence of word
  while (start != std::string::npos)                   // Find and replace all occurrences
  {
    text.replace(start, word.length(), replacement);   // Replace word
    start = text.find(word, start + replacement.length());
  }

  std::cout << "\nThe string you entered is now:\n" << text << std::endl;
}
```

这个程序的输出如下所示:

```
Enter a string terminated by *:
A rose is a rose is a rose.*
Enter the word to be replaced: rose
Enter the string to be substituted for rose: dandelion

The string you entered is now:
A dandelion is a dandelion is a dandelion.
```

通过 getline()将包含要替换单词的字符串读入 text。把*指定为字符串的结尾字符,以允许输入多行文本。要替换的单词和用于替换的单词使用提取运算符读入,因此不能包含空格。如果要替换的单词和用于替换的单词相同,就立即结束程序。

word 第一次出现时的索引位置用于初始化 start,start 在 while 循环中使用,while 循环负责查找并替换后面出现的所有 word。每次替换后,都把 text 中 word 下次出现时的索引位置存储在 start 中,准备下一次迭代。如果 text 中再也没有 word 了,start 的值就是 npos,结束循环。接着输出 text 中已修改的字符串。

3. 删除字符串中的字符

使用 replace()函数可以删除 string 对象中的子字符串,方法是把替换字符串指定为空字符串。还可以使用另一个专用于此目的的函数 erase()。可以为要删除的子字符串指定起始索引位置和长度。例如,要删除 text 中的前 6 个字符,可以使用下面的语句:

```
text.erase(0, 6); // Remove the first 6 characters
```

通常,这个函数用于删除以前搜索出来的某个子字符串。erase()函数的一种更常见的用法如下所示:

```
std::string word {"rose"};
size_t index {text.find(word)};
if (index != std::string::npos)
  text.erase(index, word.length()); // Second argument is a length, not an index!
```

这条语句在 text 中搜索 word。在确认 word 存在后,就使用 erase()函数删除它。要删除的子字符串的字符个数可以通过调用 word 的 length()函数得到。

erase()函数也可以不带实参，或者带有一个实参，例如：

```
text.erase(5);          // Removes all but the first 5 characters
text.erase();           // Removes all characters
```

在最后这条语句执行后，text 将成为空字符串。另外一个可删除 string 对象中所有字符的函数是 clear()，如下所示：

```
text.clear();
```

> ■ **警告**：另外一个常见的错误是，为了删除位于给定索引位置 i 的单个字符，使用一个实参 i 来调用 erase(i)。但是，这个调用的效果完全不同，它会删除从索引位置 i 开始，直到字符串结尾的所有字符。要删除位于索引位置 i 的单个字符，应该使用 erase(i, 1)。

在 C++20 中，使用非成员函数 std::erase()可以很容易地删除字符串中所出现的给定字符。下面这个示例使用 std::erase()函数，从一句电影名言中取出了一个短语：

```
std::string s{ "The only verdict is vengeance; a vendetta, held as a votive not in vain."};
std::erase(s, 'v');
std::cout << s; // The only erdict is engeance; a endetta, held as a otie not in ain.
```

7.1.8 对比 std::string 与 std::vector<char>

读者可能已经注意到，std::string 与 std::vector<char>有些类似。二者都是动态的 char 元素数组，都可使用[]运算符来模拟普通的 char[]数组。但是，二者的相似性不止如此。std::string 对象支持 std::vector<char>的几乎全部成员函数。显然，这包括第 5 章已经介绍过的 vector<>函数：

- string 提供了 push_back()函数，可在字符串末尾(终止符之前)插入一个新字符。但是，这个函数不常用，因为 std::string 对象支持使用更方便的+=语法来追加字符。
- string 提供了 at()函数，该函数与[]运算符不同，可对指定索引执行边界检查。
- string 提供了 size()函数，这是 length()函数的别名。添加 length()函数，是因为"字符串的长度"是比"字符串的大小"更常见的表述。
- string 提供了 front()和 back()函数，用于访问第一个和最后一个字符(不考虑 null 终止符)。
- string 支持使用一系列 assign()函数来重新初始化。这些函数接收的实参组合类似于第一次初始化 string 对象时在初始化列表中使用的那些。例如，s.assign(3, 'X')将 s 重新初始化为"XXX"，而 s.assign("Reinitialize", 2, 4)将 string 对象 s 的内容重写为"init"。

但是，从本章的内容可知，std::string 比简单的 std::vector<char>更强大。除了 vector<char>提供的函数，它还提供了其他许多有用的函数，用于常见的字符串操作，如连接字符串、访问子字符串、搜索和替换字符串等。当然，std::string 知道用于终止 char 数组的 null 字符，并且在 size()、back()和 push_back()函数中知道要考虑这一点。

7.2 将字符串转换为数字

本章前面提到，可以使用 std::to_string()将数字转换为字符串。但是，反过来呢？如何把字符串"123"和"3.1415"转换为数字？在 C++中，这有几种实现方法，但是同样，string 头文件提供了最简单的选项。可使用 std::stoi()函数将指定字符串转换为整型：

```
std::string s{ "123" };
```

```
int i{ std::stoi(s) }; // i == 123
```

类似地，<string>模块提供了 stol()、stoll()、stoul()、stoull()、stof()、stod()和 stold()函数，它们都包含在 std 名称空间中，可分别将字符串转换为 long、long long、unsigned long、unsigned long long、float、double 和 long double 类型。

7.3 国际字符串

第 1 章提到，国际上使用的字符比标准的 ASCII 字符集定义的 128 个字符多得多。例如，法语和西班牙语常使用重音字符，如 ê、á 或 ñ。俄语、阿拉伯语、马来语或日语使用的字符与 ASCII 标准中定义的字符相去更远。8 位的 char 所能表示的 256 个不同的字符远不足以代表所有可能用到的字符。仅中文就包含几万个字符！

支持多个国家字符集是一个高级主题，所以这里仅介绍 C++提供的基本功能，不详细讨论它们的应用方式。因此本节只是使用多个国家字符集的指南。操作可能包含扩展字符集的 4 个选项是：

- 定义 std::wstring 对象，该对象包含 wchar_t 类型的字符串，wchar_t 是 C++内置的宽字符类型。
- 定义 std::u*n*string 对象，其中 *n* 等于 8、16 或 32，该对象存储 UTF-*n* 编码的字符串，其类型是 char*n*_t(通常，*n* 为每个字符的位数)。

<string>模块定义了所有这些类型。

■ 注意：<string>模块定义的 5 种字符串类型实际上只是相同类模板的特定实例的类型别名，这个类模板就是 std::basic_string<CharType>。例如，std::string 是 std::basic_string<char>的别名，std::wstring 是 std::basic_string<wchar_t>的别名。这就解释了为什么所有字符串类型都提供了相同的一套函数。第 17 章将介绍如何创建自己的类模板，读者在学习后将能更好地理解其工作方式。

7.3.1 存储 wchar_t 字符的字符串

<string>模块中定义的 std::wstring 类型存储 wchat_t 类型的字符串。使用 wstring 类型的对象的方式与使用 string 类型的对象相同。下面的语句就定义了一个 wstring 类型的对象：

```
std::wstring quote;
```

字符串字面量在双引号中包含 wchat_t 类型的字符，并添加一个前缀 L，从而把它们与包含 char 字符的字符串字面量区分开来。因此，wstring 变量的定义和初始化如下所示：

```
std::wstring saying {L"The tigers of wrath are wiser than the horses of instruction."};
```

左双引号前面的 L 指定字面量由 wchat_t 字符组成。没有前缀 L，就会得到一个 char 字符串字面量，这个语句也不会编译。

当然，要输出宽字符串，必须使用 wcout 流，例如：

```
std::wcout << saying << std::endl;
```

前面讨论的 string 对象的所有函数都可以应用于 wstring 对象，所以不再重复。其他功能，如 to_wstring()函数和 wstringstream 类，只是在名称中带有一个额外的 w，除此之外与在 string 对象中完全相同。只需要记住，在 wstring 对象的操作中，定义字符串和字符字面量时只要加上前缀 L，就不会有问题。

wstring 类型的问题在于给 wchat_t 类型应用的字符编码是由实现方式定义的，所以随编译器的不同而不同。Windows 操作系统的原生 API 一般接受使用 UTF-16 编码的字符串，所以在针对 Windows 编译程序时，wchar_t 字符串一般也由两字节 UTF-16 编码的字符组成。但是，大部分其他实现使用 4 字节 UTF-32 编码的 wchar_t 字符。如果需要支持可移植的多个国家字符集，最好使用 7.3.2 节介绍的 u8string、u16string 或 u32string 类型。

7.3.2　包含 Unicode 字符串的对象

<string>模块定义了三个存储 Unicode 字符的字符串类型：std::u8string (C++20 中新增)/std::u16string/std::u32string 类型的对象分别存储 char8_t / char16_t / char32_t 类型的字符串。它们分别用于包含使用 UTF-8、UTF-16 和 UTF-32 编码的字符序列。与 wstring 对象一样，必须使用适当类型的字面量初始化这些类型的对象。例如：

```
std::u8string quote{u8"Character is the real foundation of success."};// char8_t characters
std::u16string question {u"Whither atrophy?"}; // char16_t characters
std::u32string sentence {U"This sentence contains three errors."}; // char32_t characters
```

这些语句说明，包含 char8_t 字符的字符串字面量要加上前缀 u8，包含 char16_t 字符的字符串字面量要加上前缀 u，包含 char32_t 字符的字符串字面量要加上前缀 U。u8string、u16string 和 u32string 类型的对象有着与 string 类型相同的函数集。

理论上，可以使用本章详细讨论的 std:string 类型来存储 UTF-8 字符串。实际上，在 C++20 之前，这是存储 UTF-8 字符串的唯一方法，因为 char8_t 和 std::u8string 是在 C++20 中才引入的。问题在于，不能很容易地区分使用 UTF-8 编码的字符串与使用具体实现定义的窄字符编码的字符串(但并非总是 UTF-8 编码字符串)。

■ 提示：理想情况下，应总是将 UTF-n 编码的字符串存储在 std::unstring 对象中，而将那些不需要移植、和/或需要与操作系统的原生 API 交互的字符串存储在 std::string 和 std::wstring 中。但由于长期以来都是使用 std::string / char 来存储 UTF-8 编码的字符串，因此在使用旧的 API(还没有升级使用 std::u8string / char8_t)时还必须考虑到这些实际情况。

但是注意，string 类型并不知道 Unicode 编码。UTF-8 编码使用 1~4 个字节来编码每个字符，但是操作字符串对象的函数不能识别这一点。这意味着如果字符串包含的任何字符需要使用 2 个或 3 个字节来表示，length()函数会返回错误的长度，例如下面的代码段所示：

```
std::u8string s{u8"字符串"}; // UTF-8 encoding of the Chinese word for "string"
std::cout << s.length(); // Length: 9 code units, and not 3 Chinese characters!
```

■ 提示：在撰写本书时，标准库对操作 Unicode 字符串提供的支持是有限的，在其一些具体实现中，这一点表现得更为明显。例如，没有 std::uncout 或 std: to_unstring()，标准的正则表达式库也不支持 unstring。而且，在 C++17 中，弃用了标准库提供的大部分在各种 Unicode 编码之间进行转换的功能。如果对于程序而言，生成和操作可移植的 Unicode 编码的文本十分重要，则最好使用一个第三方库(例如，ICU 库、Boost.Locale 库，或者 Qt 的 QString)。

7.4　原始字符串字面量

普通字符串字面量不能包含换行符或制表符。要包含这类特殊字符，必须进行转义，换行符写作 \n，制表符写作\t。双引号字符也必须转义为\"，原因很明显。因为存在这些转义序列，所以还需要将反斜杠字符本身转义成为\\。

但是，有时候需要在定义的字符串字面量中包含一些(甚至许多个)这种特殊字符。连续转义字符不仅枯燥，还会使这些字面量变得难以理解，例如：

```
auto path{ "C:\\ProgramData\\MyCompany\\MySoftware\\MyFile.ext" };
auto escape{ u8"The \"\\\\\" escape sequence is a backslash character, \\." };
auto text{ L"First line.\nSecond line.\nThird line.\nThe end." };
std::regex reg{ "\\*+" }; // Regular expression that matches one or more * characters
```

最后这条语句是一个正则表达式，即定义搜索和转换文本过程的字符串。实际上，正则表达式定义了要在字符串中匹配的模式，所找到的模式会被替代或重新排序。C++通过<regex>模块支持正则表达式，但因为篇幅有限，本书不讨论它们，这里提及它们，是因为它们常常包含反斜杠字符。给每个反斜杠字符使用转义序列，会使正则表达式很难正确指定，也很难阅读。

引入原始字符串字面量(raw string literal)就是为了解决这个问题。原始字符串字面量可以包含任意字符，包括反斜杠、制表符、双引号和换行符，因此不需要转义序列。原始字符串字面量在前缀中包含一个 R，而且字面量的字符序列包含在圆括号中。因此，原始字符串字面量的基本形式是 R"(...)"。圆括号本身不是字面量的一部分。前面介绍的所有类型的字面量都可以指定为原字面量，只需要在 R 的前面加上与原来相同的前缀：L、u、U 或 u8。使用原始字符串字面量时，前面的示例可写作：

```
auto path{ R"(C:\ProgramData\MyCompany\MySoftware\MyFile.ext)" };
auto escape{ u8R"(The "\\" escape sequence is a backslash character, \.)" };
auto text
{ LR"(First line.
Second line.
Third line.
The end.)" };
std::regex reg{ R"(\*+)" }; // Regular expression that matches one or more * characters
```

在原始字符串字面量中，不需要进行转义。例如，这意味着可以直接将 Windows 路径序列复制并粘贴到原始字符串字面量中，甚至将一本完整的莎士比亚戏剧(包括引号字符和换行符)复制并粘贴到原始字符串字面量中。但是，对于后者，应该注意前导空格和所有换行符，因为它们也将与界定符中的其他所有字符一起包含到字符串字面量中。

注意，甚至连双引号也不需要，或者甚至不能转义，这就引出了一个问题：如果字符串字面量本身在某个位置包含序列)"，会发生什么？也就是说，如果字符串字面量在)字符的后面跟有一个"，会发生什么？下面给出了这样一个有问题的字符串字面量：

```
R"(The answer is "(a - b)" not "(b - a)")" // Error!
```

编译器会拒绝这个字符串字面量，因为看起来原始字符串已经在(a-b 之后终止。但是，如果不能进行转义(任何反斜杠字符都将被原样复制到原始字面量中)，如何告诉编译器字符串字面量应该包含第一个")序列，以及(c-d 后的)"序列？答案是，标记原始字符串字面量的开始和结束的界定符十分灵活。可以使用任何"char_sequence(形式的界定符来标记字面量开始，只要使用匹配的序列)char_sequence"标记字面量结束即可。例如：

```
R"*(The answer is "(a - b)" not "(b - a)")*"
```

这是一个有效的原始字符串字面量。基本上可以选择任何 char_sequence 序列，只要在开始和结束位置使用相同的序列即可：

```
R"Fa-la-la-la-la(The answer is "(a - b)" not "(b - a)")Fa-la-la-la-la"
```

除此之外，唯一的限制是，char_sequence 不能超过 16 个字符，并且不能包含圆括号、空格、控制字符和反斜杠字符。

7.5 本章小结

本章论述了如何使用标准库中定义的 string 类型。string 类型比 C 样式的字符串更简单、更安全，所以在需要处理字符串时，string 类型应是首选。

本章的要点如下：

- std::string 类型存储字符串。
- 与 std::vector<char>一样，std::string 是一个动态数组，这意味着在必要时会分配更多内存。
- std::string 对象内部管理的数组中仍然存在终止字符，但这仅是为了与遗留代码和/或 C 函数兼容。使用 std::string 时，一般不需要知道这个终止字符的存在。所有 string 功能会透明地处理这个遗留字符。
- 可将 string 对象存储在一个数组中，更好的方法是存储在一个序列容器中，比如作为一个 vector<>。
- 在 string 变量名后面的方括号中指定索引值，就可以访问和修改 string 对象中的各个字符。string 对象中字符的索引值从 0 开始。
- 使用+运算符可以把 string 对象与字符串字面量、字符或另一个 string 对象连接起来。
- 如果想连接一个基本数值类型的值，例如 int 或 double 值，就必须首先将这些数值转换为字符串。最简单的方法是使用<string>模块中定义的 std::to_string()函数，当然这种方法也是灵活性最差的方法。
- string 类型的对象可以利用函数来搜索、修改和提取子字符串。
- <string>模块提供了 std::stoi()和 std::stod()函数，分别用于将字符串转换为 int 和 double 类型的数值。
- wstring 类型的对象包含 wchar_t 类型的字符串。
- u$n$string 类型的对象包含 char$n$_t 类型的字符串，其中的 n 等于 8、16 或 32。

7.6 练习

下面的练习用于巩固本章学习的知识点。如果有困难，可以回过头重新阅读本章的内容。如果仍然无法完成练习，可以从 Apress 网站(www.apress.com/source-code)下载答案，但只有别无他法时才应该查看答案。

1. 编写一个程序，读取并存储任意多个学生的名字及其成绩。计算并输出平均成绩，在一个表格中输出所有学生的名字和成绩，每一行输出 3 个学生的名字和成绩。

2. 编写一个程序，读取包含任意行的文本字符串，查找并记录文本中所有不重复的单词，记录每个单词出现的次数。输出各单词及其出现的次数。单词及其出现的次数应在列中对齐。单词应该左对齐，次数应该右对齐。在表格的每一行中输出 3 个单词。

3. 编写一个程序，从键盘上读取长度任意的文本字符串，再提示输入要在文本字符串中查找的单词。程序应查找出现在文本字符串中的所有该单词，不考虑大小写，再用与单词中字符个数相同的星号替换该单词，然后输出新的文本字符串。注意必须替换整个单词。例如，如果用户输入了字符串"Our house is at your disposal."，要查找的单词是 our，则得到的字符串应是"*** house is at your

disposal.",而不是"*** house is at y*** disposal."。

4. 编写一个程序,提示输入两个单词,再测试它们,看看其中一个单词是否为另一个单词的回文。通过重新排列一个单词中的字母,并只使用一次原字母,就构成了原单词的回文。例如,listen 和 silent 彼此互为回文,但是 listens 和 silent 则不然。

5. 将第 4 题中的程序推而广之,使得在决定两个字符串是否互为回文时,忽略空格。在这个更广泛的定义中,认为 funeral 和 real fun 互为回文,eleven plus two 和 twelve plus one 互为回文,desperation 和 a rope ends it 互为回文。

6. 编写一个程序,从键盘上读取长度任意的文本字符串,再读取一个包含一个或多个字母的字符串。输出文本字符串中以这些字母(大小写均可)开头的单词的完整列表。

7. 创建一个程序,将用户输入的任意长度的整数序列读入一个 string 对象。该序列中的数字由空格分隔,由#字符终止。用户在输入连续两个数字的时候,可以按 Enter 键,也可以不按 Enter 键。接下来,从字符串中逐个提取所有数字。

8. tautogram 是一段文本,其中的所有单词都以相同的字母开始。在英语中,"truly tautograms triumph, trumpeting trills to trounce terrible travesties." 是 tautogram 的一个例子。要求用户输入一个字符串,然后检查该字符串是不是 tautogram(忽略大小写)。如果是,还要输出每个单词的开始字母。注意:很难写出真正的 tautogram,所以是不是可以放宽一下规则? 也许可以允许使用短单词把文本连接起来(如 "a"、"to"、"is"、"are" 等),或者只要求有一定百分比的单词使用相同字母开头? 读者可以自行尝试。

9. 扩展第 8 题的方案,删除出现 tautogram 的首字母的所有地方(忽略大小写)。可以采用简单的方式(还记得用来实现这种目的的标准库函数吗?),但也许采用困难的方法,自己编写完整的代码更加有趣。

第8章

定 义 函 数

把程序分解为易于管理的代码块是每种编程语言的基本理念。函数是 C++程序中的基本组成块。前面的每个示例都只有一个 main()函数，并且经常会利用标准库中的一些函数。本章将介绍如何定义自己的函数(用自己选择的名称)。

本章主要内容
- 函数的概念，为什么应把程序分解为函数
- 如何声明和定义函数
- 如何把数据传递给函数，函数如何返回值
- 按值传递和按引用传递的含义，以及如何在这两种机制间做出选择
- 传递字符串给函数的最佳方式
- 如何为函数参数指定默认值
- 现代 C++中返回函数输出的首选方式
- 把 const 用作参数类型的限定符，将如何影响函数的操作
- 在函数中把变量声明为 static 的影响
- 如何创建多个函数，使其具有相同的名称、不同的参数——这种机制称为函数重载
- 递归的概念，以及如何使用递归实现优雅的算法

8.1　程序的分解

前面编写的所有程序都只由一个函数 main()组成。实际的 C++程序包含许多函数，每个函数都提供了明确定义的功能。程序从 main()开始执行，main()必须在全局名称空间中定义。main()调用其他函数，其他函数还可以再调用别的函数，以此类推。main()以外的其他函数可以在自己创建的名称空间中定义。

一个函数调用另一个函数，另一个函数再调用别的函数，此时，就会有好几个函数同时执行，每个函数都有另一个还未返回的调用函数，都在等待它调用的函数返回。显然，必须跟踪在内存的哪个地方进行了函数调用，函数返回时从哪个地方继续执行。这些信息都会自动记录并保存在栈中。我们在介绍自由存储区内存时介绍了栈，在这里栈常常被称为调用栈。调用栈记录了所有函数调用的信息，以及传递给每个函数的数据的详细信息。大多数 C++开发系统的调试功能通常提供了在程序执行期间查看调用栈的方式。

8.1.1 类中的函数

类定义了一个新类型，每个类定义通常包含表示操作的函数，这些操作由类类型的对象执行。你已经广泛使用了属于类的函数。第 7 章使用了 string 类的函数，例如 length() 函数返回 string 对象中的字符数，find() 函数用于搜索字符串。标准输入流和输出流(cin 和 cout)是对象，使用流插入和提取运算符调用这些对象的函数。属于类的函数是从第 12 章开始介绍的面向对象编程的基础。

8.1.2 函数的特征

函数应执行单个已定义好的操作，而且相对较短。大多数函数都不涉及太多代码，肯定不会包含数百行。这适合于所有函数，包括在类中定义的函数。前面介绍的几个有效示例都很容易分解为函数。如果再看看 Ex7_06.cpp，就会发现程序可以自然地分为 3 个不同的操作：第一，从输入流中读取文本；第二，从文本中提取单词；第三，输出提取的单词。因此，程序可以定义为 3 个执行这些操作的函数，再加上调用它们的 main() 函数。

8.2 定义函数

函数是有特定用途的自包含代码块。函数定义一般具有与 main() 相同的基本结构。函数定义由函数头和其后的一个包含函数代码的代码块组成。函数头指定了以下 3 方面内容：

- 返回类型，即函数执行完毕时返回的值的类型。函数可以返回任意类型的数据，包括基本类型、类类型、指针类型和引用类型。还可以什么都不返回，此时将返回类型指定为 void。
- 函数名。函数根据与变量相同的规则来命名。
- 调用函数时，可以传递给函数的数据项的个数和类型。这称为参数列表，放在函数名后面的圆括号中，是一个用逗号分隔的列表。

函数的一般表示如下：

```
return_type function_name(parameter_list)
{
  // Code for the function...
}
```

图 8-1 是一个函数定义的例子。它实现了基本的数学乘幂或求指数操作，对于任何整数 n>0，此操作定义为：

$$\text{power}(x, 0) = 1$$

$$\text{power}(x, n) = x^n = \underbrace{x * x * \cdots * x}_{n\text{个}x\text{相乘}} \qquad \text{power}(x, -n) = x^{-n} = \frac{1}{\underbrace{x * x * \cdots * x}_{n\text{个}x\text{相乘}}}$$

如果调用函数时没有传递任何数据，圆括号中就什么都没有。如果参数列表中有多个数据项，就用逗号分隔它们。图 8-1 中的 power() 函数有两个参数 x 和 n。参数名在函数体中用于访问传递给函数的对应值。乘幂函数可在程序中的其他任何地方调用，例如：

```
double number {3.0};
const double result { power(number, 2) };
```

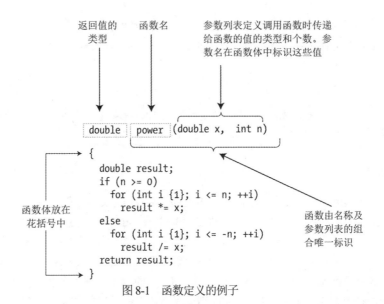

图 8-1 函数定义的例子

计算对 power() 的调用时，函数体中的代码会执行，将参数 x 和 n 分别初始化为 3.0 和 2，3.0 是 number 变量的值。术语"实参"表示在函数调用中传递给参数的值。因此，在我们的示例中，number 和 2 是实参，x 和 n 是对应的参数。函数调用中的实参顺序必须对应于函数定义中参数列表里的参数顺序。更具体来说，实参的数据类型应对应于参数列表的数据类型。如果不能准确匹配，编译器会在合适的地方进行隐式转换。例如：

```
float number {3.0f};
const double result { power(number, 2) };
```

在这里，虽然传递的第一个实参的类型是 float，但是代码段仍然能够编译；编译器会隐式地把实参转换为对应参数的类型。如果无法进行隐式转换，编译将会失败。

从 float 转换为 double 不会丢失数据，因为 double 类型可用来表示的数字的位数是 float 类型的两倍，所以才会得名 double。因此，这种转换总是安全的。但是，编译器也会执行反过来的转换。也就是说，当把 double 实参分配给 float 参数时，编译器会隐式转换 double 类型。这是缩窄转换；因为 double 类型可表示的数字精度比 float 类型大得多，所以可能在转换时丢失信息。当执行这种缩窄转换时，大部分编译器会发出警告。

函数名和参数列表的组合称为函数的签名。编译器使用签名确定在某个特定实例中应调用哪个函数。因此，同名函数的参数列表必须在某个方面有区别，以便区分它们。本章后面将会讨论，这类函数称为重载函数。

■ 提示：虽然 power() 定义的代码很简洁，在图 8-1 中看上去很好，但是从编码风格的角度看，参数名 x 和 n 的含义并不是特别明显。当然，可以辩称，在这个特定的情况中，x 和 n 是可以接受的，因为 power() 是一个为人熟知的数学函数，而 x 和 n 在数学公式中十分常见。虽然如此，一般来说，我们强烈建议使用描述性更好的参数名称。例如，不使用 x 和 n，而应该使用 base 和 exponent。事实上，总是应该选择描述性的名称，不管是用于函数名、变量名还是类名等。坚持采用这种做法，对于使代码易读和易于理解有很大的帮助。

power()函数返回 double 类型的值。但是，并不是每个函数都必须返回一个值。例如，函数可能只是在文件或数据库中写入了一些内容，或者修改了某个全局状态。void 关键字用于指定没有返回值的函数，例如：

```
void printDouble(double value) { std::cout << value << std::endl; }
```

■ **注意**: 把返回类型指定为 void 的函数没有返回值，所以不能在表达式中使用。尝试以这种方式使用此类函数时，编译器就会产生错误消息。

8.2.1 函数体

对函数进行调用时，会执行函数体中的语句，参数具有作为实参传递的值。重新查看图 8-1 中 power()函数定义，函数体的第一行定义了一个 double 变量 result，它被初始化为 1.0。result 是一个自动变量，因此它仅存在于函数体中。也就是说，变量 result 在函数执行完毕后就不存在了。

在两个 for 循环的哪一个中进行计算取决于参数 n 的值。如果 n 大于或等于 0，执行第一个 for 循环。如果 n 等于 0，就不执行循环体，因为循环条件是 false。在这种情况下，result 就等于 1.0。否则，循环变量 i 就从 1 递增到 n，result 在每个循环迭代中都与 x 相乘。如果 n 是负数，就执行第二个 for 循环，在每个循环迭代中将 result 除以 x。

在函数体中定义的变量和所有参数都是函数的局部变量。在其他函数中可以使用相同的变量名和参数名用于不同目的。在函数中定义的变量的作用域是从定义它的位置开始，到包含它的块尾。这个规则的唯一例外是定义为 static 的变量，本章后面将详细讨论。

下面把函数 power()放在一个完整的程序中。

```
// Ex8_01.cpp
// Calculating powers
import <iostream>;
import <format>;

// Function to calculate x to the power n
double power(double x, int n)
{
  double result {1.0};
  if (n >= 0)
  {
    for (int i {1}; i <= n; ++i)
      result *= x;
  }
  else // n < 0
  {
    for (int i {1}; i <= -n; ++i)
    result /= x;
  }
  return result;
}

int main()
{
  // Calculate powers of 8 from -3 to +3
  for (int i {-3}; i <= 3; ++i)
```

```
    std::cout << std::format("{:10g}", power(8.0, i));

  std::cout << std::endl;
}
```

这个程序的输出如下所示:

```
0.00195313    0.015625    0.125    1    8    64    512
```

main()中的 for 循环完成了所有的操作。power()函数被调用了 7 次。每次调用时,第一个实参都是 8.0,而第二个实参是 i 的一个连续值,从-3 到+3。输出为 7 个值,分别对应于 8^{-3}、8^{-2}、8^{-1}、8^{0}、8^{1}、8^{2} 和 8^{3}。

■ 提示:虽然编写自己的 power()函数能够加深理解,但是标准库中已经提供了这样一个函数。<cmath>模块提供了许多 std::pow(base, exponent)函数,这些函数与我们的版本类似,但是被设计为以最优的方式处理所有数值类型的参数。即,不只是 double 和 int,还包括 float 和 long,以及 long double 和 unsigned short,甚至非整型指数。总是应该优先选择<cmath>模块中预定义的数学函数;它们几乎一定比你自己能够写出来的函数高效和准确得多。

8.2.2 返回值

返回类型不是 void 的函数必须返回一个值,其类型在函数头中指定。唯一的例外是 main()函数,因为对于 main()函数,执行到右花括号相当于返回 0。通常,返回值在函数体中计算,由 return 语句返回,这个语句结束函数,继续从调用点向下执行。函数体中可以有多个 return 语句,每个 return 语句可能返回不同的值。函数只能返回一个值,这似乎是一个限制,其实并非如此。返回的单个值可以是任何内容:数组、容器(如 std::vector< >),甚至元素也是容器的容器。

return 语句的工作方式

上个程序中的 return 语句把 result 的值返回到调用函数的地方。但是,result 是函数的局部变量,在函数执行完毕后,result 已经不存在了,它是如何返回的? 答案是系统会自动复制返回的 double 值的一个副本,该副本对调用函数来说是可用的。return 语句的一般形式如下:

```
return expression;
```

其中,expression 必须是在函数头中为返回值指定的类型,或者可以转换为该类型。可以是任何表达式,只要能产生相应类型的值即可。它可以包含函数调用,甚至可以包含自己所在函数的调用,详见本章后面的内容。

如果将返回类型指定为 void,return 语句中就不应有表达式。此时该语句必须写成:

```
return;
```

如果在执行过程中到达函数体的右花括号,就等于执行没有表达式的 return 语句。当然,在返回类型不是 void 的函数中,这会产生错误,函数也不会编译。当然,main()函数是一个例外。

8.2.3 函数声明

Ex8_01.cpp 工作得很好。下面重新安排代码,在源文件中,把函数 main()的定义放在函数 power()

的定义之前。程序文件中的代码如下所示:

```
// Ex8_02.cpp
// Calculating powers - rearranged
import <iostream>;
import <format>;

int main()
{
  // Calculate powers of 8 from -3 to +3
  for (int i {-3}; i <= 3; ++i)
    std::cout << std::format("{:10}", power(8.0, i));

  std::cout << std::endl;
}

// Function to calculate x to the power n
double power(double x, int n)
{
  double result {1.0};
  if (n >= 0)
  {
    for (int i {1}; i <= n; ++i)
      result *= x;
  }
  else // n < 0
  {
    for (int i {1}; i <= -n; ++i)
      result /= x;
  }
  return result;
}
```

编译这个程序是不会成功的。编译器会有问题，因为在处理函数 main()时，在其中调用的函数 power()还没有定义。原因在于，编译器从上到下处理源文件。当然，可以转而使用最初的版本，但有时这并没有解决问题。这里有两个要考虑的重要问题:

- 如后面所述，程序可以包含多个源文件。在一个源文件中调用的函数的定义可能包含在另一个完全独立的源文件中。
- 假定函数 A()调用了函数 B()，函数 B()又调用了函数 A()。如果先定义 A()，它就不会编译，因为它调用了 B()；如果先定义 B()，也会出现同样的问题，因为 B()调用了 A()。

当然，这些困难都有解决方法。可以在使用之前声明函数，或通过函数原型的含义来定义函数。

■ 注意:彼此相互调用的函数，例如，刚才提到的函数 A()和 B()，称为递归函数。本章末尾将详细介绍递归函数。

函数原型

函数原型是一个能够充分描述函数的语句，它可以让编译器编译对该函数的调用。函数原型定义了函数名、函数的返回类型及其参数列表。函数原型有时称为函数声明，在源文件中，除非把声明放在调用之前，否则函数是不能编译的。函数的定义也是声明，这就是在 Ex8_01.cpp 中 power()不需要函数原型的原因。

可以把 power()的函数原型写为:

```
double power(double x, int n);
```

如果把函数原型放在源文件的开头,则无论函数的定义放在什么地方,编译器都能编译代码。要编译 Ex8_02.cpp,可以在 main()定义的前面插入 power()的函数原型。

上面的函数原型与函数头相同,只是最后加上了一个分号。函数原型总是由一个分号来结束,但一般情况下不必与函数头相同。函数定义中的参数可以使用不同的名称(但不能使用不同的类型)。例如:

```
double power(double value, int exponent);
```

这个函数原型也能使用。编译器只需要知道每个参数的类型,所以可以在函数原型中省略参数名,如下所示:

```
double power(double, int);
```

像这样编写函数原型没有什么好处。它提供的信息也比带有参数名的版本少得多。如果两个函数的参数有相同的类型,那么这样的函数原型根本没有提供每个参数的信息。推荐在函数原型中,最好总是包含有描述性的参数名。

应习惯于为源文件定义的每个函数编写函数原型,当然 main()例外,它根本不需要函数原型。在文件的开始位置指定函数原型,就不会因函数的位置不正确而产生编译错误了,还允许其他程序员大致了解代码的功能。

8.3　给函数传递实参

精确地理解如何给函数传递实参是非常重要的。因为这会影响到如何编写函数,最终将影响函数如何操作。要避免的陷阱很多。函数实参通常应对应于函数定义中参数的类型和顺序。虽然实参的顺序不能改变,但实参的类型还有些灵活性。如果指定的函数实参类型不对应参数类型,编译器就会把实参的类型隐式转换为参数类型。这类自动转换的规则与赋值语句中自动转换的规则相同。如果不能进行自动转换,编译器就会产生一条错误消息。如果隐式转换可能导致丢失精度,编译器一般会发出警告。这种缩窄转换的例子包括从 long 转换为 int、从 double 转换为 float 或从 int 转换为 float(参见第2 章)。

通常使用两种机制向函数传递实参:按值传递和按引用传递。下面先详细讨论按值传递机制。

8.3.1　按值传递

在按值传递机制中,指定为实参的变量值或常量值根本不会传递给函数,而是创建实参的副本,把这些副本传递给函数。下面用 power()函数来说明,如图 8-2 所示。

每次调用 power()函数时,编译器都会把实参的副本存储在调用栈的一个临时位置。在执行过程中,代码中对函数参数的所有引用都被映射到实参的这些临时副本上。执行完函数后,就废弃实参的副本。

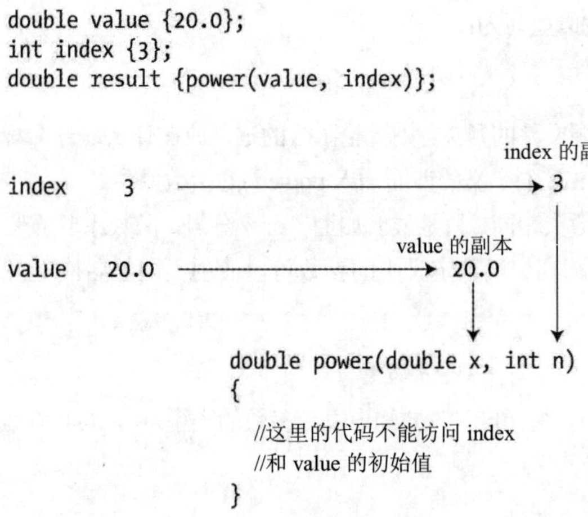

```
double value {20.0};
int index {3};
double result {power(value, index)};
```

图 8-2 函数实参的按值传递机制

下面用一个简单的例子来说明。这个例子调用一个函数，它试图修改一个实参，这肯定会失败。

```cpp
// Ex8_03.cpp
// Failing to modify the original value of a function argument
import <iostream>;

double changeIt(double value_to_be_changed); // Function prototype

int main()
{
  double it {5.0};
  double result {changeIt(it)};

  std::cout << "After function execution, it = " << it
            << "\nResult returned is " << result << std::endl;
}

// Function that attempts to modify an argument and return it
double changeIt(double it)
{
  it += 10.0; // This modifies the copy
  std::cout << "Within function, it = " << it << std::endl;
  return it;
}
```

这个例子的结果如下所示：

```
Within function, it = 15
After function execution, it = 5
Result returned is 15
```

输出显示，在函数 change_It()中给变量 it 加上 10，对 main()中的变量 it 没有任何影响。change_It() 中的变量 it 是该函数的局部变量，在调用该函数时，会引用所传递的实参值的副本。当然，在返回 change_It()的局部变量 it 的值时，会制作其当前值的副本，把该副本返回给调用程序。

按值传递是给函数传递实参的默认机制，它为调用函数增强了许多安全性，防止函数修改调用函数拥有的变量。但如果要在调用函数中修改值，有什么方法？使用指针就是一个方法。

1. 给函数传递指针

函数参数是指针类型时，按值传递机制会像以前那样运行。但是，指针包含另一个变量的地址，指针的副本包含同一个地址，因此指向相同的变量。

如果把第一个 change_It()函数的定义改为接收类型为 double*的实参，就可以把 it 的地址作为实参传递。当然，还必须修改 change_It()函数体中的代码，解除指针参数的引用。代码如下：

```cpp
// Ex8_04.cpp
// Modifying the value of a caller variable
import <iostream>;

double changeIt(double* pointer_to_it); // Function prototype

int main()
{
  double it {5.0};
  double result {changeIt(&it)}; // Now we pass the address

  std::cout << "After function execution, it = " << it
            << "\nResult returned is " << result << std::endl;
}

// Function to modify an argument and return it
double changeIt(double* pit)
{
  *pit += 10.0; // This modifies the original double
  std::cout << "Within function, *pit = " << *pit << std::endl;
  return *pit;
}
```

程序的这个版本输出的结果如下：

```
Within function, *pit = 15
After function execution, it = 15
Result returned is 15
```

其工作方式如图 8-3 所示。

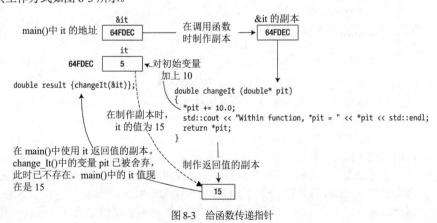

图 8-3　给函数传递指针

change_It()函数的这个版本仅说明了指针参数如何修改调用函数中的变量，但这不是编写函数的模板。由于直接修改了 it 的值，返回它的值就有点多余。

2. 给函数传递数组

因为数组名本质上是地址，所以也可以使用数组名将数组的地址传递给函数。此时，会复制数组的地址，并传递给函数，这样做有许多优点。

- 首先，给函数传递数组的地址要比传递数组更高效。按值传递数组的所有元素会很费时间，因为需要复制每个元素。实际上，数组不能作为一个实参按值传递每个元素，因为每个参数都表示一个单独的数据项。
- 其次，也是更重要的，函数不处理原始数组变量，但通过副本，函数体中的代码可以把表示数组的参数作为指针来看待，包括修改它包含的地址。这意味着在函数体中可以给数组参数使用指针表示法的强大功能。下面先介绍最简单的情况：使用数组表示法处理数组参数。

下面例子中的函数计算数组元素的平均值。

```
// Ex8_05.cpp
// Passing an array to a function
import <iostream>;
import <array>; // For std::size()

double average(double array[], size_t count); // Function prototype

int main()
{
  double values[] {1.0, 2.0, 3.0, 4.0, 5.0, 6.0, 7.0, 8.0, 9.0, 10.0};
  std::cout << "Average = " << average(values, std::size(values)) << std::endl;
}

// Function to compute an average
double average(double array[], size_t count)
{
  double sum {}; // Accumulate total in here
    for (size_t i {}; i < count; ++i)
  sum += array[i]; // Sum array elements
  return sum / count; // Return average
}
```

这个例子的输出结果非常简短：

```
Average = 5.5
```

函数 average()可用于处理包含任意数量 double 元素的数组。从函数原型中可以看出，它接收两个实参：数组地址和数组中元素的个数。第一个参数被指定为 double 类型的值的任意长度的数组。可以把 double 类型元素的任何一维数组作为实参传递给该函数，所以指定元素个数的第二个参数很重要。函数依赖调用程序提供的 count 参数的正确值，函数无法验证该值是否正确，所以如果 count 的值大于数组的长度，函数可以访问数组外部的内存地址。调用程序应确保不会发生这种情况。

另外要注意，不能通过在 average()函数中使用 sizeof 运算符或 std::size()函数来避免指定 count 参数。记住，数组参数(如 array)只是存储数组的地址，而不是数组本身。因此，表达式 sizeof(array)将返回保存数组地址的内存位置的大小，而不是整个数组的大小。使用数组参数名称调用 std::size()则不会通过编译，因为std::size()也无法确定数组的大小。没有数组的定义，编译器无法确定数组的大小。仅从数组的地址是无法确定此信息的。

在average()的函数体中，计算按照期望的方式进行。这与直接在main()中编写相同的计算没什么区别。main()在输出语句中调用average()函数。第一个实参是数组名values，第二个实参是一个表达式，其值等于数组元素的个数。

传递给average()函数的数组元素使用正常的数组表示法来访问。也可以把传递给函数的数组看成指针，使用指针表示法访问元素。此时average()函数如下所示：

```
double average(double* array, size_t count)
{
  double sum {}; // Accumulate total in here
  for (size_t i {}; i < count; ++i)
    sum += *array++; // Sum array elements
  return sum / count; // Return average
}
```

无论从哪个角度看，两种表示法都是完全等效的。事实上，第5章提到过，可以自由混合使用这两种表示法。例如，可以在数组表示法中使用指针参数：

```
double average(double* array, size_t count)
{
  double sum {}; // Accumulate total in here
  for (size_t i {}; i < count; ++i)
    sum += array[i]; // Sum array elements
  return sum / count; // Return average
}
```

计算这些函数定义的方式并没有区别。事实上，编译器认为下面的两个函数原型完全相同：

```
double average(double array[], size_t count);
double average(double* array, size_t count);
```

后面讨论函数重载时将继续说明这一点。

■ **警告**：关于向函数传递固定大小的数组，存在一个常见但可能很危险的误解。考虑average()函数的如下变体：

```
double average10(double array[10]) /* The [10] does not mean what you might expect! */
{
  double sum {}; // Accumulate total in here
  for (size_t i {}; i < 10; ++i)
    sum += array[i]; // Sum array elements
  return sum / 10; // Return average
}
```

显然，程序员写下这段代码，是为了计算刚好10个值的平均值，不多也不少。读者可以用average10()函数替换Ex8_05.cpp中的average()函数，然后在main()函数中相应地更新函数调用。得到的程序也可以编译运行。那么，有什么问题吗？问题在于，这个函数的签名虽然是完全合法的C++语法，但是催生了一种错误的期待：编译器会强制只能将刚好包含10个元素的数组作为实参传递给该函数。为了进行验证，我们修改示例程序的main()函数，只向该参数传递3个值，看看会发生什么(这个程序保存在Ex8_05A.cpp中)。

```
double values[] { 1.0, 2.0, 3.0 }; // Only three values!!!
```

```
std::cout << "Average = " << average10(values) << std::endl;
```

尽管现在使用比要求的 10 个值少得多的数组来调用 average10() 函数，但程序仍然能够编译。如果运行程序，average10() 将盲目地读取超过 values 数组边界的值。显然，这不是什么好事情。要么程序会崩溃，要么会生成垃圾输出。

问题的根源在于，C++ 语言要求编译器应该将如下形式的函数签名：

```
double average10(double array[10])
```

视为与下面两种形式完全等效：

```
double average10(double array[])
double average10(double* array)
```

因此，当按值传递数组时，绝不应该指定维数；那么做只会让人产生错误的期待。按值传递的数组总是作为指针传递，编译器不会检查其维数。后面将看到，通过使用按引用传递而不是按值传递，可以安全地将固定大小的数组传递给函数。

3. const 指针参数

average() 函数只需要访问数组元素的值，不需要修改它们。最好确保函数中的代码不会在无意中修改数组元素，这需要把参数类型指定为 const：

```
double average(const double* array, size_t count)
{
  double sum {}; // Accumulate total in here
  for (size_t i {}; i < count; ++i)
    sum += *array++; // Sum array elements
  return sum / count; // Return average
}
```

现在编译器会验证数组的元素没有在函数体中修改。因此，如果无意修改了 (*array)++ 而不是 *array++，编译会失败。当然，必须修改函数原型，以反映第一个参数的新类型。记住 const 类型的指针与非 const 类型的指针大不相同。

指定指针参数为 const 有两个结果：编译器检查函数体中的代码，确保不会试图修改指针所指向的值；它还允许用指向一个常量的实参来调用函数。

■ **注意**：在最新的 average() 定义中，也没有把函数的 count 参数指定为 const。如果按值传递基本类型 (如 int) 的参数或 size_t，则不需要将其声明为 const，至少不会出于相同的理由将其声明为 const。按值传递机制会在调用函数时复制实参，所以不能在函数中修改实参原来的值。

尽管如此，如果在函数执行期间不会或不应该改变变量的值，那么用 const 标记变量是一种很好的实践做法。这条原则适用于任何变量，包括在参数列表中声明的变量。出于这个原因，可能仍会考虑将 count 声明为 const。例如，这样会避免在程序体中无意编写 ++count，导致灾难性后果。但是应该知道，实际上是将局部副本标记为变量，并且不需要添加 const 来避免修改原始值。

4. 把多维数组传递给函数

给函数传递多维数组也是很简单的。例如，把一个二维数组定义为：

```
double beans[3][4] {};
```

编写假想函数 yield()的函数原型，如下所示：

```
double yield(double beans[][4], size_t count);
```

理论上，在第一个参数的类型规范中，可以显式指定第一个数组的维度，但最好不要这么做。就像对前面讨论过的 average10()函数一样，编译器会忽略指定的维度。但是，第二个数组维度的大小却能得到期望的效果。第二维的大小为 4 的任意二维数组都可以传递给函数 yield()，但不能传递第二维的大小为 3 或 5 的二维数组。

下面用一个具体的例子给函数传递一个二维数组。

```cpp
// Ex8_06.cpp
// Passing a two-dimensional array to a function
import <iostream>;
import <array>; // For std::size()

double yield(const double values[][4], size_t n);

int main()
{
  double beans[3][4] { { 1.0, 2.0, 3.0, 4.0},
                       { 5.0, 6.0, 7.0, 8.0},
                       { 9.0, 10.0, 11.0, 12.0} };
  std::cout << "Yield = " << yield(beans, std::size(beans))
            << std::endl;
  }

// Function to compute total yield
double yield(const double array[][4], size_t size)
{
  double sum {};
  for (size_t i {}; i < size; ++i) // Loop through rows
  {
    for (size_t j {}; j < std::size(array[i]); ++j) // Loop through elements in a row
    {
      sum += array[i][j];
    }
  }
  return sum;
}
```

这个程序的输出结果如下：

```
Yield = 78
```

函数 yield()的第一个参数被定义为 const 数组，它有任意多行，每行有 4 个 double 元素。在调用该函数时，第一个实参是数组 beans，第二个实参是数组的总长度(字节数)除以第一行的长度所得的结果。它等于数组的行数。

多维数组并不适合使用指针表示法。在指针表示法中，嵌套 for 循环中的语句应是：

```
sum += *(*(array+i)+j);
```

而该计算使用数组表示法会清楚得多。

eort8

注意： 因为编译器知道 array[i] 的大小，所以可以使用基于范围的 for 循环来替换 Ex8_06 中 yield() 函数的内层循环：

```
for (double val : array[i]) // Loop through elements in a row
{
  sum += val;
}
```

注意，不能将外层循环替换为一个基于范围的 for 循环，也不能在那里使用 std::size()。记住，编译器无法知道 double[][4] 数组的第一个维数；当按值传递数组时，只有第二维或更高维才可以是固定的。

8.3.2 按引用传递

引用只是另一个变量的别名。可以把函数参数指定为引用，此时，函数使用按引用传递机制来传递实参。在调用函数时，对应于引用参数的实参不会复制。引用参数用实参初始化，因此它是调用函数中该实参的别名。只要在函数体中使用参数名，它就会直接访问调用函数中的实参值。

要指定引用类型，只需要在类型名的后面加上 &。例如，要把参数类型指定为"引用 string"，就可以把该类型写为 string&。调用包含引用参数的函数与调用包含按值传递的实参的函数没有区别。但是，使用引用参数提高了对象(如 string 对象)的性能。按值传递机制要复制对象，而长字符串的复制很耗时，也需要占据更多内存。使用引用参数就不进行复制。

1. 对比引用与指针

在很多方面，引用与指针是相似的。为了看到这种相似性，我们修改示例 Ex8_04，创建两个函数：一个接收指针作为实参，另一个接收引用作为实参。

```cpp
// Ex8_07.cpp
// Modifying the value of a caller variable - references vs pointers
import <iostream>;

void change_it_by_pointer(double* reference_to_it); // Pass pointer (by value)
void change_it_by_reference(double& reference_to_it); // Pass by reference

int main()
{
  double it {5.0};
  change_it_by_pointer(&it); // Now we pass the address
  std::cout << "After first function execution, it = " << it << std::endl;

  change_it_by_reference(it); // Now we pass a reference, not the value!
  std::cout << "After second function execution, it = " << it << std::endl;
}

void change_it_by_pointer(double* pit)
{
  *pit += 10.0; // This modifies the original double
}
void change_it_by_reference(double& pit)
{
  pit += 10.0; // This modifies the original double as well!
}
```

结果是，main()函数中的原 it 值被更新了两次，每个函数调用更新一次：

```
After first function execution, it = 15
After second function execution, it = 25
```

最明显的区别在于，要传递指针，必须先使用地址运算符获得一个值的地址。然后，在函数内，需要解引用该指针来访问值。对于按引用接收实参的函数，不需要执行这两个操作。但是要注意，这种区别纯粹是语法上的，两种机制最终具有相同的效果。事实上，编译器会按照与编译指针相同的方式来编译引用。

既然两种机制在功能上有相同的效果，那么应该使用哪一种机制呢？要回答这个问题，我们需要考虑一些可能影响决定的方面。

指针最鲜明的特点是能够作为 nullptr，而引用必须引用某个值。因此，如果想允许实参为 null，就不能使用引用。当然，正因为指针参数可以为 null，所以在使用指针参数之前，几乎总是需要测试它是否为 nullptr。引用的优点在于不必考虑 nullptr。

如 Ex8_07 所示，调用具有引用参数的函数与调用按值传递实参的函数在语法上没有区别。一方面，因为不需要地址和解引用运算符，使用引用参数能得到更加优雅的语法。但是，因为与按值传递实参的函数不存在语法上的区别，所以引用有时候会出人意料。出人意料的代码不是好代码，因为不符合期望会导致 bug。例如，考虑下面的函数调用：

```
do_it(it);
```

如果没有 do_it()的函数原型或定义，就无法知道函数的实参是按引用还是按值传递的。因此，也无法知道上面的语句是否会修改 it 的值，当然，这里假设 it 本身不是 const。按引用传递的这个属性有时会使代码难以捉摸，如果在不期望作为实参传递的值被修改时，实参的值被修改了，就会让人感到惊讶。

■ 提示：每当变量的值在初始化后不应该再改变时，就将变量声明为 const。这样，代码的可预测性更好，从而更易于阅读，不容易出现难以捉摸的 bug。另外，甚至可能更重要的是，如果函数不会修改某个实参，则总是将对应的指针或引用参数声明为 const。首先，这方便了程序员使用函数，因为通过查看函数的签名，就能知道函数会修改什么，不会修改什么。其次，引用 const 值的参数允许使用 const 值调用函数。如下一节所述，不能将 const 值(读者现在应该已经知道，应该尽可能多使用 const 值)赋值给引用非 const 值的参数。

总之，因为指针实参和引用实参非常类似，所以对于应该选择哪一种机制，答案有时候并不是清晰的。事实上，选择使用哪种机制常常是一种个人喜好问题。下面给出了一些指导原则：

- 如果想允许 nullptr 实参，就不能使用引用。反过来，可以将按引用传递视为不允许值为 null 的一个约定。注意，除了使用可为空的指针来代表可选值，也可以考虑使用 std::optional<>。第 9 章将讨论此选项。
- 使用引用参数能够带来更优雅的语法，却使得函数可能修改值这一点不容易被人看出。如果从上下文(如函数名称)不能明显看出函数会修改实参，就绝不应修改实参的值。
- 由于存在潜在的风险，因此一些编码指导原则在任何时候都不建议使用指向非 const 值的引用参数，而是建议始终使用指向非 const 值的指针参数。从个人角度讲，我们不会那样极端。指向非 const 值的引用并没有固有的问题，只要调用方能够预测哪些实参可能会被修改就不会有问题。要提高函数行为的可预测性，选择描述性好的函数名和参数名是一个很好的起点。

- 通过指向 const 值的引用来传递实参，一般认为是比指向 const 值的指针更好的方法。因为这种用途很常见，所以以下面将给出一个更大的例子。

2. 对比输入与输出参数

前面已看到，引用参数允许函数修改调用函数内的实参。但是，调用有引用参数的函数在语法上与调用按值传递实参的函数没有区别。因此，在不修改实参的函数中使用引用 const 值的参数尤为重要。因为函数不会修改引用 const 值的参数，所以编译器允许使用 const 和非 const 实参。但是，对于引用非 const 值的参数，只能使用非 const 实参。

下面给出 Ex7_06.cpp 的一个新版本，从文本中提取单词。我们通过这个程序来了解使用引用参数的效果。

```cpp
// Ex8_08.cpp
// Using a reference parameter
import <iostream>;
import <format>;
import <string>;
import <vector>;

using std::string;
using std::vector;

void find_words(vector<string>& words, const string& str, const string& separators);
void list_words(const vector<string>& words);

int main()
{
  std::string text;                                    // The string to be searched
  std::cout << "Enter some text terminated by *:\n";
  std::getline(std::cin, text, '*');

  const std::string separators {" ,;:.\"!?'\n"};      // Word delimiters
  std::vector<std::string> words;                      // Words found

  find_words(words, text, separators);
  list_words(words);
}

void find_words(vector<string>& words, const string& text, const string& separators)
{
  size_t start {text.find_first_not_of(separators)};   // First word start index

  while (start != string::npos)                         // Find the words
  {
    size_t end = text.find_first_of(separators, start + 1); // Find end of word
    if (end == string::npos)                            // Found a separator?
      end = text.length();                              // No, so set to end of text

    words.push_back(text.substr(start, end - start));   // Store the word
    start = text.find_first_not_of(separators, end + 1); // Find 1st character of next word
  }
}

void list_words(const vector<string>& words)
```

```
{
  std::cout << "Your string contains the following " << words.size() << " words:\n";
  size_t count {};                                    // Number of outputted words
  for (const auto& word : words)
  {
    std::cout << std::format("{:>15}", word);
    if (!(++count % 5))
      std::cout << std::endl;
  }
  std::cout << std::endl;
}
```

该程序的输出与 Ex7_06.cpp 相同，例如：

```
Enter some text terminated by *:
Never judge a man until you have walked a mile in his shoes.
Then, who cares? He is a mile away and you have his shoes!*
Your string contains the following 26 words:
          Never          judge              a            man          until
            you           have         walked              a           mile
             in            his          shoes           Then            who
          cares             He             is              a           mile
           away            and            you           have            his
          shoes
```

现在程序中除了 main()，还有两个函数：find_words() 和 list_words()。注意，这两个函数的代码与 Ex7_06.cpp 中 main() 函数的代码相同。我们将程序分为三个函数，使函数更容易理解，却没有显著增加代码行数。

find_words() 函数在字符串中找出第二个实参指定的所有单词，然后把它们存储到第一个实参指定的向量中。第三个参数是一个 string 对象，它包含单词分隔符。

find_words() 的第一个参数是一个引用，用于避免复制 vector<string> 对象。但更重要的是，该引用是 vector<> 的一个非 const 引用，允许从函数内部给向量添加值。这样的参数有时也称为输出参数(output parameter)，因为它可以将函数的输出集合起来。相应地，其值纯粹用作输入的参数称为输入参数(input parameter)。

■ 提示：原则上，参数可同时作为输入和输出参数，这种参数称为输入-输出参数。以某种方式包含输入-输出参数的函数首先读取该参数，使用该参数的输入生成一些输出，然后把输出结果存储到同一个参数中。但一般来说，最好避免使用输入-输出参数，即使这意味着需要在函数中多添加一个参数。如果每个参数只负责一个用途(要么输入，要么输出，而不同时承担两个用途)，那么代码会更容易阅读。

find_words() 函数不修改传递给第二个和第三个参数的值。换句话说，二者都是输入参数，因此绝不应该使用对非 const 值的引用来传递其值。引用非 const 值的参数应该留给需要修改原始值的情况，换句话说，应该用于输出参数。对于输入参数，只有两个有力的候选者：按 const 值的引用传递，以及按值传递。因为按值传递会复制 string 对象，所以唯一符合逻辑的结论是将两个输入参数声明为 const sting&。

事实上，如果将 find_words() 的第三个参数声明为对非 const string 的引用，代码甚至不会编译。如果不相信，可以自己试一下。原因是，main() 中的函数调用的第三个实参 separators 是一个 const string 对象。不能将 const 对象作为引用非 const 值的参数的实参。也就是说，可以将非 const 实参作为引用

const 值的参数的实参，但反过来则不行。简言之，可以将 T 值传递给 T& 和 const T& 引用，但是只能将 const T 值传递给 const T& 引用。这是符合逻辑的。如果有一个允许修改的值，将其传递给一个不会修改它的函数没有害处——不修改一个可以修改的值是没有问题的。反过来则不然：如果有一个 const 值，最好不允许程序员将其传递给一个可能修改值的函数。

list_words() 的参数是对 const 值的引用，因为它也是一个输入参数。该函数仅访问实参，不会修改实参。

> ■ 提示：输入参数通常应该是对 const 值的引用。只有较小的值(主要是基本类型的值)应该按值传递。只对输出参数使用对非 const 值的引用，而且即便在这种情况下，也常常应该考虑使用返回值而不是引用。稍后将讨论如何从函数返回值。

3. 按引用传递数组

乍一看，按引用传递数组似乎没有带来什么好处。毕竟，当按值传递数组时，已经不会复制数组元素本身。相反，只是复制数组中第一个元素的指针。而且，按值传递数组已经允许修改原数组的值(当然，除非添加了 const 修饰符)。这已经涵盖了按引用传递的两个优点：不进行复制，以及能够修改原始值。不是吗？

基本上是这样的，但是，你在前面已经看到了按值传递数组的一个主要的局限：在函数签名中无法指定数组的第一维，至少不能让编译器强制只能向函数传递指定的精确大小的数组。不过，另一个少为人知的事实是，可以通过按引用传递数组实现这种目的。

为了进行说明，仍然使用 average10() 函数替换 Ex8_05.cpp 中的 average() 函数，但是这一次使用下面的变体：

```
double average10(const double (&array)[10]) /* Only arrays of length 10 can be passed! */
{
  double sum {}; // Accumulate total in here
  for (size_t i {}; i < 10; ++i)
   sum += array[i]; // Sum array elements
  return sum / 10; // Return average
}
```

可以看到，按引用传递数组的语法更复杂一些。原则上，可在参数类型中省去 const，但是这里最好添加该修饰符，因为函数体中不会修改数组的值。包围 &array 的圆括号是必需的。如果没有，编译器不会把参数类型解释为对 double 数组的引用，而是解释为对 double 值的引用的数组。因为 C++ 不允许使用引用的数组，所以这会导致编译错误：

```
double average10(const double& array[10]) // Error: array of double& is not allowed
```

使用改进后的新的 average10() 版本，编译器的行为就符合预期了。现在，试图传递不同长度的数组会导致编译错误：

```
double values[] { 1.0, 2.0, 3.0 }; // Only three values!!!
std::cout << "Average = " << average10(values) << std::endl; // Error...
```

另外要注意，如果按引用传递固定长度的数组，可以将其作为某些操作的输入，如 sizeof()、std::size() 和基于范围的 for 循环。按值传递的数组是不具备这种特性的。通过利用这种特性，可以去掉 average10() 中两次出现的 10：

```
double average10(const double (&array)[10])
 {
```

```
    double sum {}; // Accumulate total in here
    for (double val : array)
        sum += val; // Sum array elements
    return sum / std::size(array); // Return average
}
```

■ 提示：你在第 5 章已经看到了可处理固定长度数组的另一种更加现代的方法：std::array<>。通过使用这种类型的值，可以安全地按引用传递固定长度的数组，而不需要记住按引用传递固定长度数组时需要使用的棘手语法：

```
double average10(const std::array<double,10>& values)
```

第 9 章中将介绍一种更好的替代方法：std::span<double, 10>。

我们提供了这个程序的三个变体：Ex8_09A 使用按引用传递；Ex8_09B 删除了幻数；Ex8_09C 显示了如何使用 std::array<>。

4. 引用和隐式转换

程序都常常使用许多不同的类型，而编译器常常会帮助隐式地在不同类型之间进行转换。但是，是否总是应该欢迎这种隐式转换是另一个问题。另一方面，虽然下面的代码将一个 int 值赋给一个 double 变量，但大多数时候这段代码能够正常编译是很方便的：

```
int i{};          // Declare some differently typed variables
double d{};
...
d = i;            // Implicit conversion from int to double
```

对于按值传递实参的函数，自然也会发生这种转换。例如，给定相同的两个变量 i 和 d，以及函数签名 f(double)，不仅可以调用 f(d) 或 f(1.23)，还可以使用不同类型的实参进行调用，如 f(i)、f(123) 或 f(1.23f)。

因此，对于按值传递来说，隐式转换是很直观的。下面看看引用实参的情况：

```
// Ex8_10.cpp
// Implicit conversions of reference parameters
import <iostream>
void double_it(double& it) { it *= 2; }
void print_it(const double& it) { std::cout << it << std::endl; }

int main()
{
    double d{123};
    double_it(d);
    print_it(d);

    int i{456};
    // double_it(i); /* error, does not compile! */
    print_it(i);
}
```

我们首先定义两个小的函数：一个将 double 值加倍，另一个将值流输出到 std::cout。然后，main() 函数的第一个部分显示这两个函数当然可以用于 double 变量，在输出中可以看到数字 246。本例中真正有趣的地方是最后两条语句，其中前一条语句被注释掉了，因为这条语句不会通过编译。

下面考虑 print_it(i)语句，解释为什么这条语句能够工作。函数 print_it()操作的是对 const double 值的引用，而该引用应该是在其他地方定义的一个 double 值的别名。在典型的系统中，print_it()最终会读取在该引用位置找到的 8 个字节，然后以某种人类可读的格式，将在那里找到的 64 个位输出到 std::cout。但是，我们传递给函数的实参不是 double 值，而是 int 值！int 值实际上只有 4 个字节，其 32 个位的排列方式与 double 值的位完全不同。那么，为什么函数可以读取一个 double 值的别名，而程序的其他地方并没有定义该 double 值？答案在于，编译器在调用 print_it()之前，会在内存的某个位置隐式创建一个临时的 double 值，将转换后的 int 值赋给该临时的 double 值，然后把对此临时内存位置的引用传递给 print_it()。

只对引用 const 值的参数支持这种隐式转换，对于引用非 const 值的参数则不支持。纯粹为了进行讨论，假设倒数第二行的 double_it(i)语句能够编译。这样一来，编译器将类似地把 int 值 456 转换为 double 值 456.0，然后把这个临时的 double 值存储到内存中的某个位置，并对其应用 double_it()的函数体。之后，在某个位置将有一个值为 912.0 的临时 double 变量，以及一个仍然等于 456 的 int 变量 i。虽然在理论上，编译器可以把得到的临时值再转换回 int 类型，但是 C++编程语言的设计者们认为这种行为不太合适。原因是，这种反过来的转换总是意味着信息的丢失。在本例中，这会涉及从 double 转换为 int，导致至少丢失数字的小数部分。因此，对于引用非 const 值的参数，绝不允许创建临时值。因此，double_it(i)在标准 C++中是不合法的，不能成功编译。

8.4　默认实参值

在许多情况下，给一个或多个函数参数赋予默认实参值是非常有用的。这意味着，仅需要在希望参数值不同于默认值时，指定实参。例如，有一个函数用于输出标准的错误消息。在大多数情况下，使用默认的消息就足够了，但有时需要指定另一个消息。为此，可在函数原型中指定默认实参值。输出消息的函数的定义如下：

```
void show_error(std::string message)
{
  std::cout << message << std::endl;
}
```

指定默认实参值的方式如下：

```
void show_error(std::string message = "Program Error");
```

如果分别创建了函数原型和函数定义，则在函数原型中指定默认实参，而不是在函数定义中指定。原因是，当解析函数调用时，编译器需要知道是否可以接收给定数量的实参。

要输出默认消息，可以在调用这类函数时不指定对应的实参：

```
show_error(); // Outputs "Program Error"
```

要输出特定的消息，则指定实参：

```
show_error("Nothing works!");
```

在上例中，参数刚好是按值传递的。给引用参数和非引用参数指定默认值的方式完全相同。

```
void show_error(const std::string& message = "Program Error"); // Better...
```

从前面介绍的内容可知，对于引用非 const 值的参数，如果对默认值进行隐式转换需要创建临时对象(如上例所示)，那么这种默认值是非法的。因此，下面的语句不能编译：

```
void show_error(std::string& message = "Program Error"); /* Does not compile */
```

指定默认实参值会使函数更容易使用，而且不限于一个默认参数。

■ **注意：** 有关字符串字面量实参隐式转换为临时 string 对象的更多内容将在第 9 章介绍。事实证明，对 const-string 参数的引用，其性能通常不是最优的，这正是因为这类参数有时需要创建临时的 string 对象。

多个默认实参值

有默认值的所有函数参数都必须一起放在参数列表的最后。在调用函数时省略一个实参，就必须省略参数列表中所有后续的实参。因此，对于有默认值的参数，应把最不可能省略的参数放在前面，把最可能省略的放在最后。这些规则是编译器处理函数调用所需的。

下面看一个有多个默认实参值的函数例子。假定编写一个函数，显示一个或多个数据值，且允许一行显示多个数据值：

```
void show_data(const int data[], size_t count, const std::string& title,
               size_t width, size_t perLine)
{
  std::cout << title << std::endl;   // Display the title

  // Output the data values
  for (size_t i {}; i < count; ++i)
  {
    std::cout << std::format("{:{}}", data[i], width); // Display a data item
    if ((i+1) % perLine == 0)          // Newline after perLine values
      std::cout << '\n';
  }
  std::cout << std::endl;
}
```

参数 data 是要显示的值的数组，count 指明了数据值的个数。第三个参数的类型是 const std::string&，它指定输出的标题。第四个参数确定每个数据项的字段宽度，最后一个参数是每行的数据项个数。这个函数有许多参数，下面的例子为一些参数使用默认值：

```
// Ex8_11.cpp
// Using multiple default parameter values
import <iostream>;
import <format>;
import <string>;

// The function prototype including defaults for parameters
void show_data(const int data[], size_t count = 1,
               const std::string& title = "Data Values",
               size_t width = 10, size_t perLine = 5);
int main()
{
  int samples[] {1, 2, 3, 4, 5, 6, 7, 8, 9, 10, 11, 12};

  int dataItem {-99};
  show_data(&dataItem);

  dataItem = 13;
```

```
show_data(&dataItem, 1, "Unlucky for some!");

show_data(samples, std::size(samples));
show_data(samples, std::size(samples), "Samples");
show_data(samples, std::size(samples), "Samples", 6);
show_data(samples, std::size(samples), "Samples", 8, 4);
}
```

在本节前面可找到 Ex8_11.cpp 中 show_data()函数的定义。这个程序的输出结果如下：

```
Data Values
       -99
Unlucky for some!
        13
Data Values
       1        2        3        4        5
       6        7        8        9       10
      11       12
Samples
       1        2        3        4        5
       6        7        8        9       10
      11       12
Samples
       1        2        3        4        5
       6        7        8        9       10
      11       12
Samples
       1        2        3        4
       5        6        7        8
       9       10       11       12
```

show_data()的函数原型为除第一个参数外的所有参数指定了默认值。因此调用该函数有 5 种方式：指定所有 5 个参数，省略最后一个参数，省略最后两个参数，省略最后三个参数，以及省略最后四个参数。可以只提供第一个参数值，输出一个数据项，只要对剩余参数的默认值满意即可。

记住，只能省略参数列表中最后的几个参数。例如，不能省略第 2 个和第 5 个参数：

```
show_data(samples, , "Samples", 15); // Wrong!
```

8.5 main()函数的实参

可以把函数 main()定义为在运行程序时接收从命令行输入的实参。为 main()指定的参数是标准化的；可以把 main()定义为没有参数，也可以把 main()定义为如下形式：

```
int main(int argc, char* argv[])
{
  // Code for main()...
}
```

第一个参数 argc 是从命令行输入的字符串实参的个数，类型是 int，因为历史原因，类型不是大家期望使用的非负值 size_t。第二个参数 argv 是一个指针数组，指向命令行实参，包括程序名。数组类型表示所有命令行实参都接收为 C 样式的字符串。调用程序时使用的程序名总是在 argv 的第一个元素 argv[0][1]中记录。argv 中的最后一个元素(即 argv[argc])总是 nullptr,因此 argv 中元素的个数是
argc+1。下面看几个例子。假定要运行程序,在命令行中输入程序名:

```
Myprog
```

在这个例子中,argc 是 1,argv[]包含两个元素。第一个元素包含字符串"Myprog"的地址,第二个
元素是 nullptr。

如果输入下面的内容:

```
Myprog 2 3.5 "Rip Van Winkle"
```

现在,argc 是 4,argv[]包含 5 个元素。前 4 个元素是指向字符串"Myprog"、"2"、"3.5"和"Rip Van
Winkle"的指针。第 5 个元素 argv[4]是 nullptr。

如何处理命令行实参完全取决于程序员。下面的程序说明了如何访问命令行实参:

```cpp
// Ex8_12.cpp
// Program that lists its command line arguments
import <iostream>;
int main(int argc, char* argv[])
{
  for (int i {}; i < argc; ++i)
    std::cout << argv[i] << std::endl;
}
```

这段代码列出了所有的命令行实参,包括程序名。命令行实参可以是任何内容,例如文件复制程
序中的文件名,或者要在联系人文件中搜索的人名。换言之,命令行实参可以是在程序执行时输入的
任何内容。

8.6 从函数中返回值

可以从函数中返回任意类型的值。返回一个基本类型的值是很简单的,但在返回指针或引用时存
在一些陷阱。

8.6.1 返回指针

从函数中返回指针时,它必须包含 nullptr,或者调用函数中仍旧有效的地址。换言之,在指针返
回到调用函数时,指针指向的变量必须仍在其作用域中。这隐含了下面的黄金规则。

■警告:不要从函数中返回在栈上分配的自动局部变量的地址。

假定要定义一个函数,它返回两个实参值中较大者的地址。这个函数可以用在等号的左边,以改
变包含较大值的变量,语句如下:

```cpp
*larger(value1, value2) = 100; // Set the larger variable to 100
```

这种情况很容易使人误入歧途。下面的实现代码就不能运行:

```cpp
int* larger(int a, int b)
{
  if (a > b)
```

1　如果由于某种原因,操作系统不能确定用来调用程序的名称,那么 argv[0]将是空的字符串。一般不会出现这种情况。

```
    return &a; // Wrong!
  else
    return &b; // Wrong!
}
```

很容易看出其中的错误：a 和 b 是函数的局部变量。实参值会被复制到局部变量 a 和 b 中。但在返回&a 或&b 时，这些地址中的变量不再存在于调用程序中。编译上述代码时，编译器通常就会发出警告。

可以把参数指定为指针：

```
int* larger(int* a, int* b)
{
  if (*a > *b)
    return a; // OK
  else
    return b; // OK
}
```

采用这种方法时，不要忘记解引用指针。之前的条件(a > b)仍然能够编译，但比较的就不是值本身了，而是保存这些值的内存位置的地址。用下面的语句调用该函数：

```
*larger(&value1, &value2) = 100; // Set the larger variable to 100
```

返回两个值中较大者的地址的函数并不是特别有用，下面考虑比较实用的内容。假定需要一个程序，用于规范化一组 double 类型的值，使它们在 0.0～1.0 之间。为了规范化这些值，首先从中减去最小的样本值，使它们都是非负数。这需要两个辅助函数，一个查找最小值，另一个通过任意给定的量调整值。下面是第一个函数的定义：

```
const double* smallest(const double data[], size_t count)
{
  if (!count) return nullptr; // There is no smallest in an empty array

  size_t index_min {};
  for (size_t i {1}; i < count; ++i)
    if (data[index_min] > data[i])
      index_min = i;
  return &data[index_min];
}
```

若想理解这个函数的工作方式，应该不会遇到什么麻烦。最小值的索引存储在 index_min 中，index_min 被初始化为任意值，以引用第一个数组元素。在 for 循环中比较位于索引位置 index_min 的元素与数组中的其他元素。如果数组中的某个元素较小，就把它的索引记录在 index_min 中。函数返回数组中最小值的地址。返回索引可能更合理，但这里演示的是指针返回值。第一个参数是 const，因为函数不改变数组。要把这个参数设置为 const，就必须把返回类型也指定为 const。编译器不允许返回一个非 const 指针，它指向 const 数组的元素。

通过给定量调整数组元素值的函数如下所示：

```
double* shift_range(double data[], size_t count, double delta)
{
  for (size_t i {}; i < count; ++i)
    data[i] += delta;
  return data;
}
```

这个函数把第三个实参的值加到每个数组元素上。返回类型可以是 void，使它什么都不返回，但返回 data 的地址，将允许把该函数作为实参传递给接收数组的另一个函数。当然，调用该函数时，仍可以不存储或使用返回值。

这个函数可以与前一个函数组合使用，调整 samples 数组中的值，使所有元素都是非负的：

```
const size_t count {std::size(samples)}; // Element count
shift_range(samples, count, -(*smallest(samples, count))); // Subtract smallest
```

shift_range()的第三个实参调用 smallest()，返回指向最小元素的指针。表达式对值取负，所以 shift_range()从每个元素中减去最小值，得到希望的结果。data 中的元素现在取值为从 0 到某个正的上限。为将这些值映射到 0～1 范围，需要使每个元素除以最大元素。首先需要一个查找最大元素的函数：

```
const double* largest(const double data[], size_t count)
{
  if (!count) return nullptr; // There is no largest in an empty array

  size_t index_max {};
  for (size_t i {1}; i < count; ++i)
    if (data[index_max] < data[i])
      index_max = i;

  return &data[index_max];
}
```

该函数的工作方式实质上与 smallest()相同。下面的函数将数组元素除以给定值，缩放数组元素：

```
double* scale_range(double data[], size_t count, double divisor)
{
  if (!divisor) return data; // Do nothing for a zero divisor

  for (size_t i {}; i < count; ++i)
    data[i] /= divisor;
  return data;
}
```

除以 0 会导致灾难，所以第三个实参是 0 时，这个函数只返回原来的数组。将这个函数和 largest()一起使用，把 0 到某个最大值的元素缩放到 0～1 范围：

```
scale_range(samples, count, *largest(samples, count));
```

当然，用户需要的是能够规范化一组值的函数，以避免处理细节：

```
double* normalize_range(double data[], size_t count)
{
  shift_range(data, count, -(*smallest(data, count)));
  return scale_range(data, count, *largest(data, count));
}
```

下面看看该示例的实际运行情况：

```
// Ex8_13.cpp
// Returning a pointer
import <iostream>;
import <format>;
```

```
import <array>; // for std::size()
import <string>;

void show_data(const double data[], size_t count = 1,
               const std::string& title = "Data Values",
               size_t width = 10, size_t perLine = 5);
const double* largest(const double data[], size_t count);
const double* smallest(const double data[], size_t count);
double* shift_range(double data[], size_t count, double delta);
double* scale_range(double data[], size_t count, double divisor);
double* normalize_range(double data[], size_t count);

int main()
{
  double samples[] {
                    11.0, 23.0, 13.0, 4.0,
                    57.0, 36.0, 317.0, 88.0,
                    9.0, 100.0, 121.0, 12.0
                   };
  const size_t count{std::size(samples)};                // Number of samples
  show_data(samples, count, "Original Values");          // Output original values
  normalize_range(samples, count);                       // Normalize the values
  show_data(samples, count, "Normalized Values", 12);    // Output normalized values
}

// Outputs an array of double values
void show_data(const double data[], size_t count,
               const std::string& title, size_t width, size_t perLine)
{
  std::cout << title << std::endl;                        // Display the title

  // Output the data values
  for (size_t i {}; i < count; ++i)
  {
    // Display a data item (uses a dynamic field width: see Chapter 7)
    std::cout << std::format("{:{}.6g}", data[i], width);
    if ((i + 1) % perLine == 0)                           // Newline after perLine values
      std::cout << '\n';
  }
  std::cout << std::endl;
}
```

如果将前面展示的 largest()、smallest()、shift_range()、scale_range()和 normalize_range()函数的定义包含进来，然后编译并运行程序，将得到如下输出：

```
Original Values
        11        23        13         4        57
        36       317        88         9       100
       121        12
Normalized Values
  0.0223642 0.0607029  0.028754         0  0.169329
   0.102236         1  0.268371 0.0159744  0.306709
   0.373802 0.0255591
```

输出显示，结果正是我们需要的。把 normalize_range()返回的地址作为 show_data()的第一个实参传递，main()中的最后两条语句就可以压缩为一条语句：

```
show_data(normalize_range(samples, count), count, "Normalized Values", 12);
```

这会更简洁，但不一定更清晰。

8.6.2 返回引用

从函数中返回指针是有用的，但也可能出问题。指针可以为空，解除对 nullptr 指针的引用会使程序失败。解决方法就是从函数中返回引用。引用是另一个变量的别名，下面是引用的黄金规则。

■ **警告：不要从函数中返回自动局部变量的引用。**

通过返回引用，允许在赋值操作的左边使用函数调用。实际上，从函数中返回引用是在赋值操作的左边直接使用函数调用(不需要解除引用)的唯一方式。

假定 larger()函数的定义为：

```
std::string& larger(std::string& s1, std::string& s2)
{
  return s1 > s2? s1 : s2;  // Return a reference to the larger string
}
```

返回类型是"对 string 的引用"，参数是非 const 引用。想要返回对某个实参的非 const 引用，就不能把参数指定为 const。

现在可以使用该函数修改两个实参中的较大值，如下面的语句所示：

```
std::string str1 {"abcx"};
std::string str2 {"adcf"};
larger(str1, str2) = "defg";
```

参数不是 const，所以不能把字符串字面量用作实参，编译器不允许那么做。引用参数允许修改值，而编译器肯定不认可改变常量。如果把参数设置为 const，就不能把非 const 引用作为返回类型。

这里不打算介绍使用引用返回类型的扩展示例，但不久就会遇到。在使用类创建自己的数据类型时，引用返回类型是必不可少的。

8.6.3 对比返回值与输出参数

到现在我们已经看到，函数有两种方式来将得到的结果返回给调用函数：返回一个值，或者将值放到输出参数中。在 Ex8_08 中，你看到了使用第二种方式的例子：

```
void find_words(vector<string>& words, const string& str, const string& separators);
```

下面给出了另一种声明该函数的方式：

```
vector<string> find_words(const string& str, const string& separators);
```

当函数输出一个对象时，当然不希望复制该对象，尤其当复制该对象的成本很高时更是如此(例如复制一个字符串向量)。在 C++11 之前，推荐的方法主要是使用输出参数。当从函数中返回 vector<>时，这是唯一一种能够绝对确保不会复制 vector<>中全部字符串的方法。但在 C++11 中，推荐的方法有了巨大的变化。

■ **提示:** 在现代 C++中,一般应该首选返回值,而不是使用输出参数。这可以让函数签名和调用更容易阅读。实参用于输入,然后返回所有输出。这种机制是通过移动语义来支持的,第 18 章将详细讨论这种语义。简言之,move 语义确保了当返回的对象(如 vector 和 string)管理动态分配的内存时,不会再复制该块内存,所以成本较低。但是,数组或包含数组的对象(如 std::array<>)是明显的例外,对于它们来说,使用输出参数仍然是更好的方法。

8.6.4 返回类型推断

正如可让编译器根据变量的初始化来推断其类型一样,也可以让编译器根据函数的定义来推断其返回类型。例如,可以编写下面的函数:

```
auto getAnswer() { return 42; }
```

从这个定义中,编译器可推断 getAnswer()的返回类型为 int。自然,int 这样的类型名称很短,所以没必要使用 auto。事实上,使用 auto 时,相比使用 int 还需要多键入一个字母。但是,以后会看到长得多的类型名称(迭代器是一个经典例子)。对于类型名称很长的那种情况,类型推断能够节省时间。或者,程序员可能想让函数的返回类型与另外某个函数相同,而由于某种原因,程序员认为没必要去查看或键入另外那个函数的返回类型。一般来说,在使用 auto 声明变量时需要考虑的事项,在这里也适用。如果从上下文能够清晰看出类型,或者如果对于保持代码的清晰度而言,准确的类型名称没那么重要,那么可以考虑使用返回类型推断。

■ **注意:** 返回类型推断在另一种上下文中也很实用: 指定函数模板的返回类型。第 10 章将介绍相关内容。

即使函数中包含多个 return 语句,只要它们的表达式的求值结果的类型相同,编译器也能够推断出函数的返回类型。即不会执行任何隐式转换,否则编译器将无法决定在不同类型中如何做出推断。例如,考虑下面这个函数,它以另一个字符串的形式来获取某个字符串的首字母:

```
auto getFirstLetter(const std::string& text) // function to get first letter,
{ // not as a char but as another string
  if (text.empty())
    return " "; // deduced type: const char*
  else
    return text.substr(0, 1); // deduced type: std::string
}
```

这段代码无法通过编译。编译器发现,一个 return 语句返回类型为 const char*的值,另一个 return 语句返回类型为 std::string 的值。编译器无法决定为返回类型使用这两种类型中的哪一种。要使函数定义能够编译,可以选择下面的一种方法:

- 在函数中将 auto 替换为 std::string,这样编译器就能够进行必要的类型转换。
- 将第一个 return 语句替换为 return std::string {" "},这样编译器将能够推断 std::string 为返回类型。

■ **警告:** 不要将第二个 return 语句替换为'return text.substr(0,1).c_str()'。当然,代码可以通过编译。因为 c_str()函数返回 const char*指针,编译器将能够推断 getFirstLetter()函数的返回类型为 const char*。但 c_str()返回的指针会引用临时对象的内容(在 getFirstLetter()返回时会删除临时对象)。如果编写下面这个有缺陷的 return 语句,该问题就变得更为突出:

```
else {
    std::string substring = text.substr(0, 1); // Temporary (local) variable
    return substring.c_str(); /* Never return a pointer (in)to a local variable! */
}
```

注意，当使用 data()代替 c_str()时，会产生同样的问题，因为这两个成员函数是等效的。因此可将前面的建议概括如下：一定不要返回一个指向自动局部变量或临时对象的指针或引用。

如果想让返回类型是一个引用，那么在使用返回类型推断时就要特别小心。假设使用 auto 推断的返回类型来重写前面的 larger()函数：

```
auto larger(std::string& s1, std::string& s2)
{
    return s1 > s2? s1 : s2; // Return a reference to the larger string
}
```

在这里，编译器将推断 std::string 为返回类型，而不是 std::string&。换言之，将返回一个副本，而不是返回一个引用。如果想让 larger()返回一个引用，有如下选项：

- 像前面一样，显式指定 std::string&返回类型。
- 指定 auto&而不是 auto。这样，返回类型将总是一个引用。

本书不讨论 C++类型推断的所有细节和复杂之处，但好消息是，有一条简单的规则可覆盖大部分情况。

■ **警告**：auto 不会推断为一个引用类型，而总是推断为一个值类型。这意味着即使将一个引用赋值给 auto，值也会被复制。而且，值的这个副本不是 const，除非显式使用了 const auto。要让编译器推断一个引用类型，可以使用 auto&或 const auto&。

自然，这条规则并不只用于返回类型推断。对局部变量使用 auto 时，该规则也适用：

```
std::string test = "Your powers of deduction never cease to amaze me";
const std::string& ref_to_test = test;
auto auto_test = ref_to_test;
```

在上面的代码段中，auto_test 的类型为 std::string，因此包含 test 的一个副本。与 ref_to_test 不同，新副本不再是 const。

8.7 静态变量

在前面编写的所有函数中，函数体在每次执行之后都不会保留任何信息。假定要计算某个函数的调用次数，该怎么办？一种方法是在文件作用域内定义一个变量，在函数中递增它。但这种方法存在的一个潜在问题是，文件中的任何函数都可以修改该变量，这样就不能肯定它会按照希望的那样递增。

较好的解决方案是在函数体中把该变量定义为静态变量，第一次执行函数的定义时，会创建该函数中定义的静态变量。此后，它就一直存在，直到程序结束为止。这意味着，该变量可以在函数的多次调用之间传递值。为了把一个变量指定为静态变量，只需要在变量的定义中，在类型名前面加上关键字 static。考虑下面这个简单的例子：

```
unsigned int nextInteger()
{
    static unsigned int count {0};
    return ++count;
}
```

第一次执行包含 static 的语句时，会创建 count 并初始化为 0。以后再执行该语句就没有效果了。然后，函数递增静态变量 count，并返回递增后的值。第一次调用函数时，返回 1。第二次调用时，返回 2。每次调用函数时，都会显示比上一个值大 1 的值。静态变量 count 只在第一次调用函数时创建和初始化一次。以后对函数的调用都会增加 count 的值，再返回结果。只要程序在执行，count 就存在。

可以把任意类型的变量指定为静态变量，也可以对任何需要在函数的多次调用之间保留的内容使用静态变量。例如，可以存储读取最后一个文件记录的次数，或以前传递的实参的最大值。

如果不初始化静态变量，默认将初始化为 0。因此，在上例中，可以省略{0}初始化列表，结果是相同的。但要注意，对于普通的局部变量，不会进行这种初始化。如果不初始化普通的局部变量，它们将包含垃圾值。

8.8 函数重载

我们常需要用两个或多个函数完成相同的任务，但其参数的类型不同。Ex8_13.cpp 中的 largest()和 smallest()就是这样的函数。使用这些函数应能处理不同类型的数组，如 int[]、double[]、float[]甚至 string[]。在理想情况下，所有这些函数都有相同的名称 largest()或 smallest()。函数重载使其成为可能。

函数重载允许一个程序中的若干个函数使用相同的名称，只要它们有不同的参数列表即可。本章前面说过，编译器通过函数的签名来区分函数，函数的签名是函数名及其参数列表的组合。重载函数的名称相同，所以每个重载函数的签名必须有不同的参数列表。这样编译器就能根据参数列表给每个函数调用选择正确的函数。如果满足下列条件之一，两个同名函数就是不同的：

- 函数的参数个数不同。
- 至少有一对对应参数的类型不同。

注意： 函数的返回类型不是函数签名的一部分。为决定使用哪个函数重载，编译器只考虑函数的参数、实参的个数和类型。如果声明了两个同名的函数，参数列表也相同，只是返回类型不同，程序将无法编译。

下面的示例使用了 largest()函数的重载版本：

```
// Ex8_14.cpp
// Overloading a function
import <iostream>;
import <string>;
import <vector>;

// Function prototypes
double largest(const double data[], size_t count);
double largest(const std::vector<double>& data);
int largest(const std::vector<int>& data);
std::string largest(const std::vector<std::string>& words);
// int largest(const std::vector<std::string>& words);
            /* Above function overload would not compile: overloaded functions
               must differ in more than just their return type! */
int main()
{
  double array[] {1.5, 44.6, 13.7, 21.2, 6.7};
  std::vector<int> numbers {15, 44, 13, 21, 6, 8, 5, 2};
  std::vector<double> data{3.5, 5, 6, -1.2, 8.7, 6.4};
```

```cpp
  std::vector<std::string> names {"Charles Dickens", "Emily Bronte",
                                  "Jane Austen", "Henry James", "Arthur Miller"};
  std::cout << "The largest of array is " << largest(array, std::size(array))
            << std::endl;
  std::cout << "The largest of numbers is " << largest(numbers) << std::endl;
  std::cout << "The largest of data is " << largest(data) << std::endl;
  std::cout << "The largest of names is " << largest(names) << std::endl;
}

// Finds the largest of an array of double values
double largest(const double data[], size_t count)
{
  double max{ data[0] };
  for (size_t i{ 1 }; i < count; ++i)
    if (max < data[i]) max = data[i];
  return max;
}

// Finds the largest of a vector of double values
double largest(const std::vector<double>& data)
{
  double max {data[0]};
  for (auto value : data)
    if (max < value) max = value;
  return max;
}

// Finds the largest of a vector of int values
int largest(const std::vector<int>& data)
{
  int max {data[0]};
  for (auto value : data)
    if (max < value) max = value;
  return max;
}

// Finds the largest of a vector of string objects
std::string largest(const std::vector<std::string>& words)
{
  std::string max_word {words[0]};
  for (const auto& word : words)
    if (max_word < word) max_word = word;
  return max_word;
}
```

这个程序的输出结果如下所示:

```
The largest of array is 44.6
The largest of numbers is 44
The largest of data is 8.7
The largest of names is Jane Austen
```

编译器根据参数列表选择在 main() 中调用的 largest() 版本。该函数的每个版本都有唯一的签名,因为参数列表是不同的。注意接收 vector<T> 实参的参数是引用,这一点很重要。如果它们没有被指定为引用,向量对象就按值传递,因此需要复制。这对于包含大量元素的向量而言代价是很昂贵的。

数组类型的参数是不同的。此时只传递数组的地址, 所以它们不必是引用类型。

注意: Ex8_14.cpp 中的几个 largest() 函数有完全相同的实现, 只是具有不同的类型。如果读者对这种情况感到困扰, 这是个好消息。好的程序员总是应该对多次重复相同的代码持谨慎的态度, 并不只是因为程序员都很懒。后面将把这种情况称为 "代码重复", 并解释代码重复除了需要键入大量代码之外的其他一些缺点。为了避免这种类型的重复, 即多个函数为不同的参数类型执行相同的任务, 需要使用函数模板。第 10 章将介绍函数模板。

8.8.1 重载和指针参数

指向不同类型的指针是不同的, 因此下面的函数原型声明了不同的重载函数:

```
int largest(int* pValues, size_t count); // Prototype 1
int largest(float* pValues, size_t count); // Prototype 2
```

注意, int*类型的参数处理起来与 int[]的参数类型相同。下面的函数原型声明了与上述 Prototype 1 相同的函数:

```
int largest(int values[], size_t count); // Identical signature to prototype 1
```

指定这两种参数类型中的任何一种, 实参都是地址, 因此没有区别。事实上, 根据前面介绍的知识, 甚至下面的函数原型也声明了相同的函数:

```
int largest(int values[100], size_t count); // Identical signature to prototype 1
```

因为编译器会无视这种指定数组维数的方法, 所以前面提到, 这种指定数组维数的方法具有误导性, 并建议绝不要使用这种形式。如果需要指定数组维数, 建议采取的方法是使用 std::array<>或者按引用传递数组。

8.8.2 重载和引用参数

如果重载带有引用参数的函数, 就需要小心了。不能把参数类型是 data_type 的函数, 重载为参数类型是 data_type&的函数。编译器将不能根据实参确定要调用哪个函数。下面的两个函数原型说明了该问题:

```
void do_it(std::string number); // These are not distinguishable...
void do_it(std::string& number); // ...from the argument type
```

假定编写下面的语句:

```
std::string word {"egg"};

do_it(word); // Calls which???
```

第二条语句可能调用这两个函数中的任何一个。编译器无法确定应调用 do_it()函数的哪个版本, 因此不能根据一个版本的参数是给定类型, 而另一个版本的参数是该类型的引用来区分重载函数。

还要注意, 在重载函数时, 一个版本的参数是 type1, 另一个版本的参数是 type2 的引用, 即使 type1 和 type2 是不同的。调用哪个函数取决于所使用的实参类型, 但可能会得到意想不到的结果。下面举例说明。

```
// Ex8_15.cpp
// Overloading a function with reference parameters
```

```cpp
import <iostream>;
import <format>;

double larger(double a, double b);    // Non-reference parameters
long& larger(long& a, long& b);       // Reference parameters

int main()
{
  double a_double {1.5}, b_double {2.5};
  std::cout << std::format("The larger of double values {} and {} is {}\n",
                           a_double, b_double, larger(a_double, b_double));
  int a_int {15}, b_int {25};
  std::cout << std::format("The larger of int values {} and {} is {}\n",
                 a_int, b_int,
                 larger(static_cast<long>(a_int), static_cast<long>(b_int)));
}

// Returns the larger of two floating point values
double larger(double a, double b)
{
  std::cout << "double larger() called." << std::endl;
  return a > b ? a : b;
}

// Returns the larger of two long references
long& larger(long& a, long& b)
{
  std::cout << "long ref larger() called" << std::endl;
  return a > b ? a : b;
}
```

输出结果如下:

```
double larger() called.
The larger of double values 1.5 and 2.5 is 2.5
double larger() called.
The larger of int values 15 and 25 is 25.0
```

输出结果中的第三行并不是我们期望的结果,我们希望 main()中的第二条输出语句调用带有 long&参数的 larger()版本。但这条语句调用了带有 double 参数的版本,为什么?我们已经把两个实参都强制转换为 long 类型了。

这就是问题所在。实参不是 a_int 和 b_int,而是在强制转换为 long 类型后包含相同值的临时位置。前面解释过,编译器不会使用临时地址来初始化对非 const 值的引用。

该如何处理这个问题?有两个选择。如果 a_int 和 b_int 是 long 类型,编译器就会调用参数类型为 long&的 larger()版本。如果变量不是 long 类型,还可以把参数指定为 const 引用:

```cpp
long larger(const long& a, const long& b);
```

显然,还必须修改函数原型。该函数处理 const 或非 const 实参。编译器知道,函数不修改实参,所以给临时值实参调用这个版本,而不是调用带 double 参数的版本。注意现在返回了 long 类型。如果一定要返回引用,返回类型就必须是 const,因为编译器不能把 const 引用转换为非 const 引用。

8.8.3　重载和 const 参数

const 参数与非 const 参数的唯一区别是为引用定义参数，还是为指针定义参数。对于基本类型(如 int)，const int 与 int 是相同的。因此，下面的函数原型没有区别：

```
long larger(long a, long b);
long larger(const long a, const long b);
```

编译器会忽略第二个原型中参数的 const 属性。这是因为实参是按值传递的。也就是说，会把每个实参的副本传递给函数，函数不会修改实参的初始值。实参在按值传递时，在函数原型中把参数指定为 const 是没有意义的。

虽然在函数原型中这么做没有意义，但是在函数定义中，将参数变量声明为 const 可能是合理的。这样做可以避免实参在函数作用域内的副本被修改，甚至可以在之前的函数原型不包含 const 修饰符的情况下，在函数定义中包含 const 修饰符。因此，下面的代码是完全合法的，甚至是很合理的代码：

```
// Function prototype
long larger(long a, long b); // const specifiers would be pointless here

/* ... */
// Function definition for the same function we declared earlier as a prototype
long larger(const long a, const long b) // local a and b variables are constants
{
  return a > b ? a : b;
}
```

1. 重载和 const 指针参数

如果在两个重载函数中，一个函数的参数类型是 type*，而另一个函数的参数类型是 const type*，这两个函数就是不同的。参数是指向不同实体的指针，所以它们有不同的类型。例如，下面的函数原型有不同的函数签名：

```
// Prototype 1: pointer-to-long parameters
long* larger(long* a, long* b);
// Prototype 2: pointer-to-const-long parameters
const long* larger(const long* a, const long* b);
```

对指针应用 const 修饰符以禁止修改该地址中的值。而如果没有 const 修饰符，值就可以通过指针进行修改，按值传递机制不能阻止这种修改。在这个例子中，第一个函数用下面的语句调用：

```
long num1 {1L};
long num2 {2L};
long num3 {*larger(&num1, &num2)}; // Calls larger() that has non-const parameter
```

下面的代码调用带有 const 参数的 larger()版本：

```
const long num4 {1L};
const long num5 {2L};
const long num6 {*larger(&num4, &num5)}; // Calls larger() that has const parameter
```

编译器不会把 const 值传递给带非 const 指针参数的函数。通过非 const 指针传递 const 值违反了变量的 const 特性。因此这种情况下，编译器选择带 const 指针参数的 larger()版本来计算 num6。

与上面的例子相反，如果在两个重载函数中，一个函数的参数类型是"指向 type 的指针"，另一个函数的参数类型是"指向 type 的 const 指针"，这两个函数就是相同的。例如：

```
// Identical to Prototypes 1 and 2, respectively:
long* larger(long* const a, long* const b);
const long* larger(const long* const a, const long* const b);
```

原因很清楚，指针类型的星号(*)后的 const 修饰符使指针变量自身成为常量。换言之，不能给它们赋另外一个值。因为函数原型不会定义任何可能执行这种重新赋值操作的代码，所以在函数原型中的星号后面添加这些 const 修饰符没有意义，只有在函数定义中才应该考虑这么做。

2. 重载和 const 引用参数

引用参数在声明为 const 时更为简单。不允许在&符号后添加 const。引用在本质上已经是常量，因为它们总是引用相同的值。类型 T&和 const T&总是不同的，所以，类型 const int&总是与类型 int&不同。也就是说，可以用下述方式来重载函数：

```
long& larger(long& a, long& b);
long larger(const long& a, const long& b);
```

每个函数都有相同的函数体，返回两个实参中的较大者，但函数行为不同。第一个函数原型声明的函数不接收常量作为实参，但该函数可以放在等号的左边，修改引用参数。第二个函数原型声明的函数接收常量和非常量参数作为实参，但由于返回类型不是引用，不能在等号左边使用该函数。

8.8.4 重载和默认实参值

可以为函数指定默认实参值。但对于重载函数，默认实参值有时会影响编译器区分函数调用的能力。例如，假定 show_error()函数有两个版本，输出错误消息。下面是用 C 样式的字符串参数定义的 show_error()函数：

```
void show_error(const char* message)
{
std::cout << message << std::endl;
}
```

另一个版本接收 string_view 实参：

```
void show_error(const std::string& message)
{
std::cout << message << std::endl;
}
```

无法为这两个函数指定默认实参，因为这会出现不确定性。用这两个版本输出默认消息的语句如下：

```
show_error();
```

编译器不知道需要调用哪个函数。当然，这是一个很无聊的例子，根本不必为这两个函数指定默认值。其默认值可以是需要的任何内容。但是，我们会遇到不那么无聊的情况，此时就必须确保所有的函数调用都可以唯一地标识应调用的函数。

8.9 递归

函数可以调用自身。在函数包含对自身的调用时，该函数就称为递归函数(recursive function)。递归看起来是一个无限循环，如果不小心，的确是这样。避免无限循环的一个先决条件是函数必须包含停止该过程的方式。

递归函数的调用可以是间接的，例如，函数 fun1()调用另一个函数 fun2()，fun2()又调用了函数 fun1()。这种情况下，fun1()和 fun2()也称为相互递归函数。不过，我们不会介绍相互递归函数的真实示例，而只是介绍更简单、也更常见的情形：一个函数 fun()递归调用自身。

递归可以用于解决许多不同的问题。编译器有时使用递归来实现，因为语言的语法通常以递归分析的方式定义。以树状结构组织的数据是另一个递归的例子。如图 8-4 所示的树状结构，其中显示了一棵树，包含可以当成子树的结构。描述机械装配件(如汽车)的数据就常常组织为树。汽车由许多子装配件组成，如车体、引擎、传输系统和悬挂系统。这些子装配件又由其他子装配件和部件组成，最后，树的叶子是没有进一步内部结构的组件。

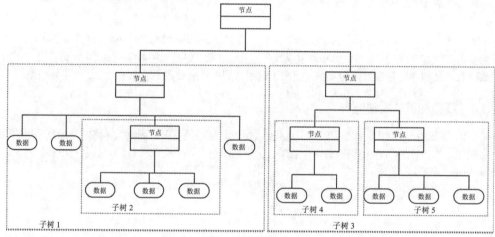

图 8-4　树结构的例子

使用递归可有效地遍历组织为树的数据。树的每个分支都可以看成子树，所以访问树中数据项的函数在遇到分支节点时，就可以调用自身。在遇到一个数据项时，函数就对它进行必要的处理，再返回调用点。因此，在函数找到树的叶子节点(即数据项)时，就提供函数停止递归调用的方式。

8.9.1　基本示例

在物理和数学中，有许多事件都涉及递归。一个简单的例子就是正整数 n 的阶乘(写作 n!)。正整数的阶乘就是 n 个事物的不同排列方式的总数。对于给定的正整数 n，其阶乘是乘积 1×2×3×...×n。如下递归函数可计算这个乘积：

```
long long factorial(int n)
{
  if (n == 1) return 1LL;

  return n * factorial(n - 1);
}
```

如果用实参 4 来调用这个函数，就执行 return 语句，用表达式中的值 3 调用该函数。这会再次用实参 2 调用该函数，最终会用实参 1 调用 factorial()函数，此时 if 表达式是 true，它会返回 1，再对 1 乘以 2，以此类推，直到第一个调用返回值 4×3×2×1 为止。这个例子常用于说明递归的操作过程，但它非常低效，使用循环肯定快很多。

■ **警告:** 考虑一下，如果使用 0 调用这个 factorial()函数会发生什么。第一个递归调用将是 factorial(-1)，下一个递归调用为 factorial(-2)，以此类推。即 n 的值将越来越小。这个过程将进行很长时间，直到程序失败。这里的经验是，必须确保递归最终能够到达停止条件，否则就可能陷入无限递归，进而导致程序崩溃。例如，factorial()的正确定义应该如下所示:

```
unsigned long long factorial(unsigned int n) // n < 0 impossible: unsigned type!
{
  if (n <= 1) return 1; // 0! is normally defined as 1 as well
  return n * factorial(n - 1);
}
```

下面的例子是另一个递归函数，这是本章开始时介绍的 power()函数的递归版本:

```
// Ex8_16.cpp
// Recursive version of function for x to the power n, n positive or negative
import <iostream>;
import <format>;

double power(double x, int n);
int main()
{
  for (int i {-3}; i <= 3; ++i) // Calculate powers of 8 from -3 to +3
    std::cout << std::format("{:10g}", power(8.0, i));
  std::cout << std::endl;
}

// Recursive function to calculate x to the power n
double power(double x, int n)
{
  if (n == 0) return 1.0;
  else if (n > 0) return x * power(x, n - 1);
  else /* n < 0 */ return 1.0 / power(x, -n);
}
```

输出如下:

```
0.00195313   0.015625   0.125   1   8   64   512
```

如果 n 是 0，power()中的第一行就返回 1.0。对于正数 n，下一行返回表达式 x*power(x,n-1)的结果。这个表达式将进一步调用函数 power()，但索引值要减 1。如果在这个递归函数的执行过程中，n 仍是正数，就继续调用 power()，但 n 要再减 1。函数的每次递归调用、实参和返回位置都在调用堆栈中记录下来。这个过程一直重复，直到 n 是 0 为止，此时返回 1，并把前面调用的结果依次释放，在每次返回后都乘以 x。对于大于 0 的给定值 n，函数会调用自身 n 次。对于负数 n，要计算 x^n，也会使用相同的过程。

相比使用循环，这个例子中的递归过程的效率比较低。每个函数调用都涉及大量例行工作。像本章前面那样，使用循环来实现 power()函数能够使其执行得更快。本质上，需要确保解决问题所需的递归深度本身不会成为问题。例如，如果函数要调用自身一百万次，存储每次调用的实参值副本和返回地址所需要的堆栈内存量就是非常可观的,甚至可能大到运行时用尽堆栈内存,因为我们为调用堆栈分配的内存量通常是固定的、有限的;超过这个限制通常会导致程序崩溃。在这种情况下,通常最好使用另一种方法(如循环)。尽管存在这些开销,但是使用递归常常可以大大简化编码,这种简化有时能抵消效率方面的损失。

8.9.2 递归算法

递归常常用于实现排序和合并操作。数据排序是一个递归过程,在这个过程中,要对原始数据中的较小子集应用同一个算法。稍后将给出一个使用递归的例子,它使用一个著名的快速排序算法对单词排序。这里选择它是因为它阐明了许多不同的编码技术,且比较复杂,足以让读者充分发挥聪明才智。这个例子包含 100 余行代码,所以下面分别讨论每个函数,可以把它们组合为一个完整的有效例子。完整的例子在下载代码 Ex8_17.cpp 中。

1. 快速排序算法

要采用快速排序算法对单词排序,首先从单词集合中任意选择一个单词,然后安排剩余单词的位置,把所有小于所选单词的单词放在所选单词的左边,把所有大于所选单词的单词放在所选单词的右边,当然,所选单词左右两边的单词不必按顺序排列。图 8-5 演示了这个过程。

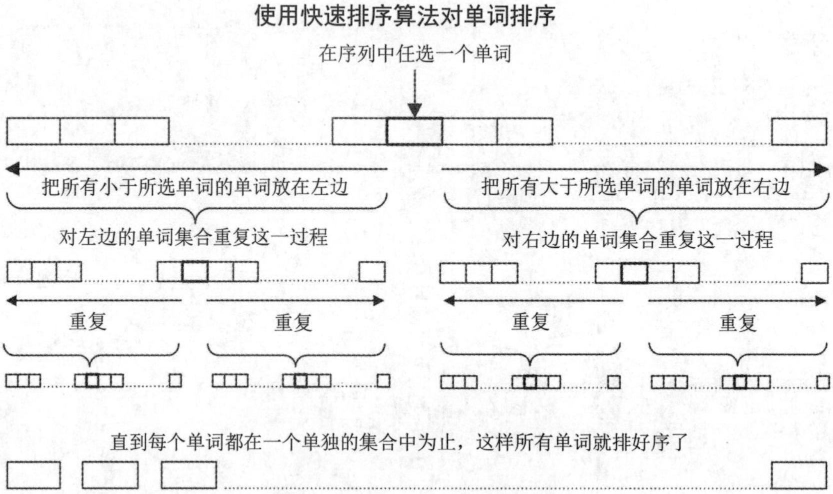

使用快速排序算法对单词排序

图 8-5　快速排序算法如何工作

对越来越小的单词集合执行相同的过程,直到每个单词都位于一个独立的集合中为止。这样所有单词就按升序排列好了。当然,应重新安排代码中的地址,而不是移动单词。将每个单词的地址都存储为 string 对象的智能指针,将这些指针存储在一个向量容器中。

string 对象的智能指针向量的类型有点复杂,对代码的可读性没有帮助。所以,使用类型别名会使代码更容易理解:

```
using Words = std::vector<std::shared_ptr<std::string>>;
```

2. main()函数

main()函数的定义很简单,因为所有的工作都在其他函数中完成。在 main()函数的定义前面,有几个 import 指令和要使用的其他函数的原型：

```
import <iostream>;
import <format>;
import <memory>;
import <string>;
import <vector>;

using Words = std::vector<std::shared_ptr<std::string>>;

void swap(Words& words, size_t first, size_t second);
void sort(Words& words);
void sort(Words& words, size_t start, size_t end);
void extract_words(Words& words, const std::string& text, const std::string& separators);
void show_words(const Words& words);
size_t max_word_length(const Words& words);
```

现在应知道为什么需要所有这些标准库模块件。<memory>模块用于智能指针模板定义，<vector>模块包含向量容器的模板。类型别名使代码不太烦琐。

有 6 个函数原型：

- swap()是辅助函数，用于交换 words 向量中位于索引位置 first 和 second 的元素。
- 包含 3 个参数的 sort()重载函数使用快速排序算法对 words 中的一系列连续元素排序，从索引位置 start 到 end，包括最后的 end。需要指定范围的索引，是因为快速排序算法涉及序列子集的排序，如前所述。
- 包含单个参数的 sort()重载函数只是调用包含 3 个参数的 sort()重载函数(稍后介绍)；添加这个重载函数是为了方便使用，允许使用一个 vector<>实参来调用 sort()函数。
- extract_words()从 text 中提取单词，把单词的智能指针存储在 words 向量中。
- show_words()输出 words 中的单词。
- max_word_length()确定 words 中最长单词的长度，使输出更整洁。

最后两个函数对 words 向量使用 const 引用参数，因为它们不需要修改该向量。其他函数使用非 const 引用参数，因为它们要修改该向量。下面是 main()函数的代码：

```
int main()
{
  Words words;
  std::string text;                        // The string to be sorted
  const auto separators{" ,.!?\"\n"};  // Word delimiters

  // Read the string to be processed from the keyboard
  std::cout << "Enter a string terminated by *:" << std::endl;
  getline(std::cin, text, '*');
  extract_words(words, text, separators);
  if (words.empty())
  {
    std::cout << "No words in text." << std::endl;
    return 0;
  }

  sort(words);                             // Sort the words
  show_words(words);                       // Output the words
}
```

　　智能指针向量使用类型别名 Words 定义。该向量按引用传递给每个函数，以避免复制向量，并允许在需要时更新它。类型参数中没有&会导致令人困惑的错误。如果用来改变 words 的函数的参数不是引用，words 就按值传递，改变会应用于调用函数时创建的 words 的副本。函数返回时会舍弃该副本，原来的向量不会发生变化。

　　main()函数的执行过程很简单。把一些文本读入字符串对象 text 后，文本就被传递给 extract_words()函数，该函数把指向单词的指针存储在 words 中。验证 words 不为空后，就调用 sort()对 words 的内容排序，最后调用 show_words()输出单词。

3. extract_words()函数

以前见过类似的函数，代码如下：

```
void extract_words(Words& words, const std::string& text, const std::string& separators)
{
  size_t start {text.find_first_not_of(separators)};            // Start index of first word

  while (start != std::string::npos)
  {
   size_t end = text.find_first_of(separators, start + 1);   // Find end of a word
   if (end == std::string::npos)                              // Found a separator?
     end = text.length();                                     // Yes, so set to end of text
   words.push_back(std::make_shared<std::string>(text.substr(start, end - start)));
   start = text.find_first_not_of(separators, end + 1);      // Find start next word
  }
}
```

　　后两个参数是 const 引用，因为该函数不改变对应它们的实参。separators 对象可以在函数中定义为静态变量，但把它作为实参传递，可以使函数更灵活。该过程与前面所述完全相同。表示单词的每个子字符串都被传递给在<memory>模块中定义的 make_shared()函数。make_shared()使用子字符串在自由存储区中创建一个 string 对象以及一个指向它的智能指针。将 make_shared()返回的智能指针传递给 words 向量的 push_back()函数，把它作为新元素追加到序列中。

4. swap()函数

我们需要交换向量中几个地方的地址，为此，最好编写一个辅助函数 swap()：

```
void swap(Words& words, size_t first, size_t second)
{
  auto temp{words[first]};
  words[first] = words[second];
  words[second] = temp;
}
```

这个函数交换 words 中 first 和 second 索引的地址。

5. sort()函数

在快速排序算法的实现代码中可以使用 swap()函数，因为它会重新安排向量中的元素。排序算法的代码如下：

```
void sort(Words& words, size_t start, size_t end)
{
  // start index must be less than end index for 2 or more elements
  if (!(start < end))
```

```
    return;

// Choose middle address to partition set
swap(words, start, (start + end) / 2);              // Swap middle address with start

// Check words against chosen word
size_t current {start};
for (size_t i {start + 1}; i <= end; i++)
{
  if (*words[i] < *words[start])                    // Is word less than chosen word?
    swap(words, ++current, i);                      // Yes, so swap to the left
}

swap(words, start, current);                        // Swap chosen and last swapped words

if (current > start) sort(words, start, current - 1); // Sort left subset if exists
if (end > current + 1) sort(words, current + 1, end); // Sort right subset if exists
}
```

函数 sort() 使用了 3 个参数：地址向量、要排序的子集中第一个和最后一个地址的索引位置。函数第一次调用时，start 是 0，end 是最后一个元素的索引。在后续的递归调用中，对一系列向量元素排序，所以在许多情况下，start 和 end 是内部索引位置。

函数 sort() 的执行步骤如下：

(1) 如果 start 不小于 end，就停止递归函数调用。如果集合中只有一个元素，递归函数就返回。每次执行 sort() 时，都在递归调用 sort() 的最后两条语句中，把当前序列分解为两个更小的序列，这样，最终得到的序列就只包含一个元素。

(2) 初次检查后，就随机选择序列中间的一个地址，作为排序的中枢元素。因为要与索引位置 start 中的地址交换，所以把它提取出来，也可以把它放在序列的最后。

(3) for 循环比较所选单词和 start 后面的地址所指向的单词。对于小于所选单词的单词，将其地址与 start 之后的地址交换：第一个地址变成 start+1，第二个地址变成 start+2，以此类推。这个过程的结果是，小于所选单词的所有单词都放在大于或等于所选单词的所有单词前面。循环结束时，current 包含最后一个找到的、小于所选单词的单词地址的索引。交换 start 位置上所选单词的地址与 current 位置上所选单词的地址，所以小于所选单词的单词的地址现在位于 current 的左边，大于或等于所选单词的单词的地址位于 current 的右边。

(4) 最后一步是对 current 两边的两个子集调用 sort() 函数，进行排序。小于所选单词的所有单词索引从 start 排到 current-1，大于所选单词的所有单词索引从 current+1 排到 end。

使用递归方法排序会使代码相对容易理解。不仅如此，如果尝试不使用递归实现快速排序算法，即只使用循环，会注意到不仅实现起来更加困难，而且需要自己跟踪一个"堆栈"。因此，对于快速排序算法来说，使用循环很难做到比使用递归更快。递归不仅能够用来创建中立的、优雅的算法，而且对于许多用途来说，它们的性能也接近最优。

这种递归的 sort() 函数也有一个小缺点：它需要 3 个实参；要排序一个向量，需要自己判断传递什么作为第二个和第三个实参。因此，我们提供了一个更加方便的 sort() 函数供调用，它只有一个参数：

```
// Sort strings in ascending sequence
void sort(Words& words)
{
  if (!words.empty())
  sort(words, 0, words.size() - 1);
}
```

这实际上是一种十分常见的模式。为使用递归,提供一个非递归的辅助函数。这种情况下,通常甚至不会将递归函数公开给用户(以后将学习如何封装或局部定义函数)。

注意函数也检查了输入是否为空。读者是否能够想到,如果不进行这种检查,当输入为空时可能会发生什么情况?从等于 0 的无符号 size_t 值减去 1 会得到一个庞大的数字(完整解释请参考第 5 章),在本例中,将导致递归函数 sort() 使用远远超出边界的索引值来访问 vector< >。这种情况几乎一定会导致程序崩溃。

6. max_word_length()函数

这个辅助函数由 show_words() 函数使用:

```
size_t max_word_length(const Words& words)
{
  size_t max {};
  for (auto& pword : words)
    if (max < pword->length()) max = pword->length();
  return max;
}
```

这个函数遍历向量元素指向的单词,找到并返回最长单词的长度。可以把这个函数体的代码直接放在 show_words() 函数中。但是,如果把它分解为定义明确的小代码块,代码会更容易理解。这个函数执行的操作是自包含的,可以使单个函数成为有意义的单元。

7. show_words()函数

这个函数输出向量元素指向的单词,这个函数很长,因为它列出了同一行上以同一字母开头的所有单词,每行至多 8 个单词。下面是代码:

```
void show_words(const Words& words)
{
  const size_t field_width {max_word_length(words) + 1};
  const size_t words_per_line {8};
  std::cout << std::format("{:{}}", *words[0], field_width);    // Output first word

  size_t words_in_line {};                    // Number of words in current line
  for (size_t i {1}; i < words.size(); ++i)
  { // Output newline when initial letter changes or after 8 per line
    if ((*words[i])[0] != (*words[i - 1])[0] || ++words_in_line == words_per_line)
    {
      words_in_line = 0;
      std::cout << std::endl;
    }
    std::cout << std::format("{:{}}", *words[i], field_width);  // Output a word
  }
  std::cout << std::endl;
}
```

field_width 变量被初始化为最长单词的字符数加 1。该变量用于每个单词的字段宽度,所以它们在列上对齐。words_per_line 表示一行上的最大单词数。在 for 循环之前输出第一个单词。这是因为,for 循环比较当前单词中的首字符与上一个单词的首字符,从而确定它是否应在新行上。单独输出第一个单词,可确保一开始就有前一个单词。剩余的单词在 for 循环中输出。在一行上输出 8 个单词后,或者当单词的首字符不同于前面的单词时,就输出一个换行符。

如果把这些函数组合为一个完整的程序,就会得到一个相当大的程序,其功能分布在几个函数中。

输出如下：

```
Enter a string terminated by *:
It was the best of times, it was the worst of times, it was the age of wisdom, it was the
age of foolishness, it was the epoch of belief, it was the epoch of incredulity, it was the
season of Light, it was the season of Darkness, it was the spring of hope, it was the winter
of despair, we had everything before us, we had nothing before us, we were all going direct
to Heaven, we were all going direct the other way—in short, the period was so far like the
present period, that some of its noisiest authorities insisted on its being received, for
good or for evil, in the superlative degree of comparison only.*
Darkness
Heaven
It
Light
age            age            all            all            authorities
before         before         being          belief         best
comparison
degree         despair        direct         direct
epoch          epoch          everything     evil
far            foolishness    for            for
going          going          good
had            had            hope
in             incredulity    insisted       it             it             it             it             it
it             it             it             it             its            its
like
noisiest       nothing
of             of             of             of             of             of             of             of
of             of             of             of             on             only           or             other
period         period         present
received
season         season         short          so             some           spring         superlative
that           the            the            the            the            the            the            the
the            the            the            the            the            the            the            times
times          to
us             us
was            was            was            was            was            was            was            was
was            was            was            way-in         we             we             we             we
were           were           winter         wisdom         worst
```

当然，以大写字母开头的单词位于以小写字母开头的单词之前。

8.10 本章小结

本章介绍了函数的编写和使用，但这并不是函数的全部内容。第 10 章将开始介绍函数模板，在从第 12 章才开始介绍的用户自定义类型中还会探讨函数。本章的要点如下：

- 函数是一个自包含的代码单元，具有已定义好的目的。一般程序总是包含大量的小函数，而不是包含几个大函数。
- 函数定义包含定义了函数名称、参数和返回类型的函数头，以及包含函数的可执行代码的函数体。
- 函数原型允许编译器处理对该函数的调用，但此时函数定义可能还没有处理。
- 由于给函数传递实参的按值传递机制传递的是原实参值的副本，因此原实参值不能在函数中访问。

- 给函数传递指针允许函数修改该指针指向的值，即使指针本身采用的是按值传递。
- 把指针参数声明为 const 可以防止修改原始值。
- 可以把数组的地址作为指针传递给函数。此时，一般还应该传递数组的长度。
- 把函数参数指定为引用，可以避免按值传递参数中的隐式复制。在函数中不应修改的引用参数都应指定为 const。
- 输入参数应该是 const 引用，除非值比较小，如基本类型的值。一般首选返回值，而不是使用输出参数。
- 为函数的参数指定默认值后，就允许有选择地省略实参。
- 从函数中返回引用，从而允许在赋值运算符的左边使用该函数。把返回类型指定为 const 引用，可以阻止这一切。
- 函数签名由函数名、参数的个数及类型来定义。
- 重载函数是名称相同但签名及参数列表不同的函数。重载函数不能通过返回类型来区分。
- 递归函数是调用自身的函数。采用递归方式实现算法有时可以得到非常简明的代码。但有时候，与实现同一算法的其他方法相比，采用递归方式常常需要更长的执行时间，但并非一定如此。

8.11 练习

下面的练习用于巩固本章学习的知识点。如果有困难，可以回过头重新阅读本章的内容。如果仍然无法完成练习，可以从 Apress 网站(www.apress.com/source-code)下载答案，但只有别无他法时才应该查看答案。

1. 编写一个函数 validate_input()，它接收两个整数实参，表示所输入整数的上下限。它接收的第三个实参是描述输入的字符串，用于提示用户进行输入。该函数会提示所输入的值应在前两个实参指定的范围内，并包含标识输入值类型的字符串。该函数应检查输入并一直提示用户输入值，直到输入的值有效为止。在程序中使用 validate_input()函数，获取用户的生日并以下面的格式输出：

```
You were born on the 21st of November, 2012
```

这个程序应使各个函数 month()、year()和 day()管理对应数字的输入，不要忘了闰年。2017 年 2 月 29 日是不允许输入的。

2. 编写一个函数，要求读取字符串或字符数组作为输入，并反转它的顺序。使用什么类型的参数最好？用 main()函数测试该函数，提示用户输入一个字符串，反转其顺序，再输出反转后的字符串。

3. 编写一个程序，它接收 2～4 个命令行实参。如果用少于 2 个或多于 4 个的实参调用该程序，就输出一条消息，告诉用户应怎么做，然后退出。如果实参的个数是正确的，就输出它们，一行输出一个参数。

4. 创建一个函数 plus()，它把两个数值加在一起，返回它们的和。提供处理 int、double 和 string 类型的重载版本，测试它们是否能处理下面的调用：

```
const int n {plus(3, 4)};
const double d {plus(3.2, 4.2)};
const string s {plus("he", "llo")};
const string s1 {"aaa"};
const string s2 {"bbb"};
const string s3 {plus(s1, s2)};
```

为什么下面的调用不工作？

```
const auto d {plus(3, 4.2)};
```

5. 定义一个函数，检查给定数字是不是质数。不要求检查质数的代码很高效；读者能够想到的任何算法都可接受。这里重新说明一下，质数是比 1 大的自然数，除了 1 和自身之外，不能被其他正数整除。编写另一个函数，使其生成一个 vector<>，该 vector<>中包含从一个数字开始，小于或等于另一个数字的所有自然数。默认情况下应该从 1 开始。创建第三个函数，它接收一个数字 vector<>作为参数，输出另一个 vector<>，其中包含在输入中找到的所有质数。使用这三个函数创建一个程序，输出小于或等于用户选择的数字的所有质数(例如，每行输出 15 个质数)。注意，原则上，要输出这些质数，并不需要任何 vector 对象；显然，添加这些函数只是为了帮助读者多加练习。

6. 编写一个程序，请求用户输入多个成绩。成绩是 0~100 之间的一个整数(包括 0 和 100 在内)。收集了所有成绩后，程序将输出以下数据：最高的 5 个成绩，最低的 5 个成绩，平均成绩，中值成绩，以及成绩的标准差和方差。当然，需要为计算每个统计数据分别编写函数。另外，代码只能输出 5 个值一次。为了进行练习，使用数组来存储 5 个极值，而不使用 vector 对象。

注意，作为一个预处理步骤，应该首先对用户输入的成绩排序；之后，编写函数来计算统计数据就简单多了。可以通过调整 Ex8_17.cpp 中的快速排序算法来处理成绩数字。一定要合理地处理用户输入的成绩数少于 5 个(甚至没有输入成绩)的情况。怎么处理都可以，只要保证程序不崩溃即可。中值是出现在排序列表中间位置的值。如果成绩的个数是偶数，显然没有单独的一个中间值。此时，将中值定义为两个中间值的平均值。计算 n 个成绩 x_i 的中值(μ)和标准差(σ)的公式如下所示：

$$\mu = \frac{1}{n}\sum_{i=0}^{n-1} x_i \quad \sigma = \sqrt{\frac{1}{n}\sum_{i=0}^{n-1}(x_i - \mu)^2}$$

方差被定义为 σ^2。标准库的<cmath>模块中定义了用于计算平方根的 std::sqrt()函数。

7. 计算机科学家和数学讲师在介绍递归时，非常喜欢使用所谓的斐波那契函数。斐波那契函数计算著名的斐波那契数列中的第 n 个值。这是一个正整数序列，其特征是前两个数字之后的每个数字都是之前的两个数字的和。对于 n≥1，该序列的定义如下：

```
1, 1, 2, 3, 5, 8, 13, 21, 34, 55, 89, 144, 233, 377, 610, 987, 1597, 2584, 4181...
```

为便于使用，计算机科学家还定义了一个额外的第 0 个斐波那契数字，其值为 0。编写一个函数来递归地计算第 n 个斐波那契数字。使用一个简单的程序来测试该函数，让用户决定要计算多少个数字，然后逐个输出每个数字，并将每个数字显示在单独的一行中。

虽然斐波那契函数的朴素递归版本很优雅，几乎与其数学定义完全对应，但是执行速度很慢。如果让计算机计算 100 个斐波那契数字，你会注意到随着 n 越来越大，计算速度越来越慢。你是否能够重写这个函数来使用循环而不是递归？现在能够正确地计算多少个数字？

注意，在循环的每次迭代中，自然会想计算下一个数字。这只需要前两个数字。因此，没有必要在一个 vector<>中记录完整的序列。

8. 如果使用更加接近数学表示的方式来编写 power()函数，那么 Ex8_01 中，特别是 Ex8_16 中编写的 power()函数本质上是为 n >0 时计算 power(x,n)，如下所示：

```
power(x,n) = x * power(x,n-1)
           = x * (x * power(x,n-2))
           = ...
           = x * (x * (x * ... (x * x)...)))
```

显然，这种方法需要 n-1 次乘法操作。读者可能感到意外的是，还有另一种更高效的方式。假设 n 是偶数，可知：

```
power(x,n) = power(x,n/2) * power(x,n/2)
```

因为这个乘法运算的两个操作数是相等的，所以只需要计算这个值一次。换言之，将 power(x,n) 的计算缩减为 power(x,n/2)，显然后者最多也只需要进行一半的乘法运算。另外，因为现在可以递归地应用这个公式，所以需要进行的乘法运算还会更少，准确来说只有 $\log_2(n)$ 次。换句话说，对于 1000 阶的数字 n，只需要 10 次乘法运算。读者能否运用这种思想，创建 power() 函数的一个更高效的递归版本？可以将 Ex8_16.cpp 中的程序作为基础。

注意，在递归算法中经常看到这种原则的应用。在每次递归调用中，都将问题的规模缩小一半。如果回过头思考一下，会发现我们在快速排序算法中也运用了相同的原则。这种解决方案非常常见，以至于有了自己的名称：分治法。

9. 修改第 8 题的解决方案，使其统计调用 power(1.5, 1000)时执行的乘法次数。将每个乘法运算替换为一个辅助函数 mult()，该函数接收两个实参，输出一条消息来说明已经执行了多少次乘法运算，然后返回两个实参的乘积。请使用至少一个静态变量。

第9章

词 汇 类 型

某些数据类型就像基本类型(如 int 或 double)一样,是 C++程序员日常词汇的一部分。它们将用在各种地方,例如,在函数签名中、在算法中、作为类的成员变量(稍后介绍)等等。我们称这样的类型为词汇类型(vocabulary type)。在现代 C++中,这些类型是编写可理解、可维护和安全代码的重要组成部分。

实际上,前面已经介绍过一些词汇类型,如 std::unique_ptr<>、std::shared_ptr<>、std::string、std::array<>、std::vector<>等。这些类型都具有一个共同点,即它们替代了核心语言中的某些不安全和不方便的类型(原始指针、const char*字符串、低级别的动态内存等)[1]。本章将介绍三种类似但存在理由略微不同的词汇类型:设计这些类型旨在让编写的代码更具有可读性、更高效和更能减少重复性。

本章主要内容:
- 如何对函数的可选输入进行最好的编码
- 如何定义根据函数的输入或应用程序的当前状态,可能返回或不返回值的函数
- 如何定义参数是不会修改的字符串的函数
- 如何定义可以操作任何顺序范围(如 C 风格的数组、向量或任何其他顺序容器)的函数

9.1 使用可选值

编写自己的函数时,常常会遇到可选的输入实参,或者只有当一切正常时才返回值的函数。考虑下面的示例:

```
int find_last(const std::string& s, char char_to_find, int start_index);
```

从这个原型中可以猜到,find_last()函数从给定的起始索引位置开始,在给定字符串中从后向前搜索给定字符,找到以后,就返回该字符最后一次出现的位置的索引。但是,如果字符串中不包含该字符,会发生什么? 如果想让算法考虑整个字符串,该怎么做? 如果为第三个实参传递-1,函数也能工作吗? 遗憾的是,没有接口文档,并且不查看实现代码,是无法准确知道这个函数的行为的。

当调用函数想让它使用默认设置,或者因为无法计算出实际的值而返回时,传统的方法是选择使用某个或某些特定的值。对于数组或字符串索引,通常会使用-1。因此,对于 find_last(),一种可能的定义方式是当给定字符串中不包含 char_to_find 时返回-1,以及当传递-1 或任何负值作为 start_index

---

[1] 其他词汇类型包括 std::variant<>和 std::any,其中前者替代了联合类型,后者替代了 void*指针。由于很少用到这些词汇类型,因此将它们的用法留作练习供读者自己学习。但不必担心:一旦掌握了 std::optional<>的用法,就能轻而易举地学习使用 std::variant<>和 std::any。

时搜索整个字符串。事实上, std::string 使用这种方式定义了自己的 find()函数, 只不过不是使用-1, 而是使用常量 std::string::npos (由于 size_t 是无符号的, 所以-1 不是一个有效值)。

问题在于, 一般而言, 很难记住每个函数如何编码 "未提供输入" 和 "未计算结果"。在不同的库之间, 甚至在同一个库内, 一般会存在不同的约定。例如, 一些函数可能在失败时返回 0, 另一些可能返回一个负值。一些函数可能接收 nullptr 作为输入, 另一些则不接收。

为了帮助使用函数的人, 通常会为可选参数提供一个有效的默认值。下面给出了一个例子:

```
int find_last(const std::string& s, char char_to_find, int start_index = -1);
```

但是, 这种技术当然不能推广到返回值。传统的方法还有一个问题: 一般来说, 甚至可能没有一种明显的编码可选值的方法。原因之一可能在于可选值的类型。例如, 思考一下, 如何编码一个可选的布尔值? 另一个原因在于具体的场景。例如, 假设需要定义一个读取配置文件的函数。对于这种情况, 可能选择为该函数采用如下形式的定义:

```
int read_int_setting(const std::string& fileName, const std::string& settingName);
```

但是, 如果配置文件中不包含给定名称的设置, 应该发生什么? 因为该函数应该是一个通用的函数, 所以不能假定某个 int 值(如 0、-1 或其他任何值)不是有效的设置值。下面给出了传统的解决方法:

```
// Return the 'default' value provided by the caller if the setting is not found
int read_int_setting(const string& file, const string& settingName, int default);

// Output setting in output parameter and return true if found; return false otherwise
bool read_int_setting(const string& file, const string& settingName, int& output);
```

虽然这两种方法都能奏效, 但是 C++标准库提供了一种更好的替代方法: std::optional<>。这个词汇类型能够让函数声明更加整洁、更加容易阅读。

■ **注意:** 词汇类型, 特别是 std::optional<>, 在本书后半部分自定义类时同样有用。例如, Car 对象就有一个 optional<SpareTire>, Person 对象为中间名使用一个 optional<string>, Boat 对象有一个 optional<Engine>。目前, 我们只是使用函数演示这种新的词汇类型的用法。

---

std::optional

从 C++17 开始, 标准库提供了 std::optional<>, 它可替代前面讨论的可选值的隐式编码。通过使用这种词汇类型, 可以使用 std::optional<>显式声明任何可选的输入或输出, 如下所示:

```
std::optional<int> find_last(const std::string& s, char c, std::optional<int> startIndex);
std::optional<int> read_int_setting(const std::string& file, const std::string& setting);
```

现在在函数原型中显式地标记出所有可选的输入和输出, 不再需要借助额外的文档或者查看代码的实现, 就能够知道什么是可选的。得到的结果是清晰的、自我描述的函数声明。代码马上变得更加容易理解和使用。

■ **注意:** 与 std::vector<>和 std::array<>一样, std::optional<>也是一个类模板, 可以使用任何类型 T 来实例化它, 生成同类型的可选版本。后面会介绍如何创建自己的类模板, 但使用这种类模板不应该再有问题。

接下来在一些实际的代码中查看 std::optional<>的基本使用：

```cpp
// Ex9_01.cpp
// Working with std::optional<>
import <optional>; // std::optional<> is defined in the <optional> module
import <iostream>;
import <string>;

std::optional<size_t> find_last(
const std::string& string, char to_find,
  std::optional<size_t> start_index = std::nullopt); // or: ... start_index = {});
  int main()
{
  const auto string = "Growing old is mandatory; growing up is optional.";

  const std::optional<size_t> found_a{ find_last(string, 'a') };
  if (found_a)
    std::cout << "Found the last a at index " << *found_a << std::endl;

  const auto found_b{ find_last(string, 'b') };
  if (found_b.has_value())
    std::cout << "Found the last b at index " << found_b.value() << std::endl;

// following line gives an error (cannot convert std::optional<size_t> to size_t)
// const size_t found_c{ find_last(string, 'c') };
  const auto found_early_i{ find_last(string, 'i', 10) };
  if (found_early_i != std::nullopt)
    std::cout << "Found an early i at index " << *found_early_i << std::endl;
}
std::optional<size_t> find_last(const std::string& string, char to_find,
                                std::optional<size_t> start_index)
{
  // code below will not work for empty strings
  if (string.empty())
    return std::nullopt;    // or: 'return std::optional<size_t>{};'
                            // or: 'return {};'
  // determine the starting index for the loop that follows:
  size_t index = start_index.value_or(string.size() - 1);

  while (true)              // never use while (index >= 0) here, as size_t is always >= 0!
  {
    if (string[index] == to_find) return index;
    if (index == 0) return std::nullopt;
    --index;
  }
}
```

程序的输出如下所示：

```
Found the last a at index 46
Found an early i at index 4
```

为了演示 std::optional<>，我们定义了前面使用过的 find_last()函数的一个变体。注意，因为 find_last()使用不带符号的 size_t 索引，而不是 int 索引，所以使用-1 作为第三个实参的默认值的含义在这里已经不那么明显。我们使用等于 std::nullopt 的默认值来替代它。std::nullopt 是标准库定义的一个特殊常量，用于初始化还没有为 T 赋值的 optional<T>值。稍后将解释，为什么说使用这个值作为函数参数的默认值很有用。

在函数原型之后是程序的 main()函数。在 main()中,调用 find_last()函数三次,以便在某个样本字符串中查找字母'a'、'b'和'i'。这些调用本身没有什么特殊之处。如果不想使用默认的起始索引,只需要为 find_last()传入一个数字,如第三个调用所示。编译器会隐式地将这个数字转换为一个 std::optional<>对象,这正符合我们的预期。如果对默认的起始索引感到满意,就可以省略相应的实参。此时默认的参数值将负责创建空的 optional<>。

在 main()函数中最值得注意的地方是:

- 如何检查 find_last()返回的 optional<>值是为空还是被实际赋值。
- 如何从 optional<>中提取这个值。

对于前者,main()显示了 3 种不同的方法:让编译器将 optional<>转换为一个布尔值,自己调用 has_value()函数,或者将 optional<>与 nullopt 进行比较。对于后者,main()提供了两种选项:使用*运算符,或者调用 value()函数。但是,不能将 optional<size_t>返回值直接赋给 size_t。编译器无法将 optional<size_t>类型的值直接转换为 size_t 类型。

对于 find_last()的函数体,除了空字符串和不带符号的索引类型带来的挑战之外,读者应该关注与 optional<>有关的另外两个方面。首先,注意返回值是很简单的。要么返回 std::nullopt,要么返回一个实际的值。之后,编译器会将它们转换为合适的 optional<>。其次,我们使用了 value_or()。如果 optional<>start_index 包含值,该函数返回的值与 value()相同;如果不包含值,value_or()将返回作为实参传入的值。因此,value_or()是一个非常受欢迎的函数,用来替代等效的 if-else 语句,或者首先调用 has_value(),然后调用 value()的条件运算符表达式。

注意: Ex9_01 涵盖了关于 std::optional<>应该知道的大部分内容。如果还想了解更多信息,可查阅标准库文档。有一点应该知道,除了*运算符,std::optional<>还支持->运算符。换言之,在下面的示例中,后两条语句是等效的:

```
std::optional<string> os{ "Falling in life is inevitable--staying down is optional." };
if (os) std::cout << (*os).size() << std::endl;
if (os) std::cout << os->size() << std::endl;
```

注意,虽然这种语法使得 optional<>对象看起来类似于指针,但是它们肯定不是指针。每个 optional<>对象包含赋给它的任何值的副本,该副本并没有在自由存储区中保存。换言之,虽然复制指针时并不会复制它所指向的值,但是复制 optional<>总是会复制它所存储的完整值。

9.2　字符串视图:新的 const string 引用

第 8 章中提到,通过对 const 值的引用来传递输入实参,而不是采用按值传递,主要动机是能够避免不必要的复制。例如,复制较大的 string 对象可能需要很长的时间,并占据较大的内存。假定有一个函数,该函数不会修改它所接受的字符串实参,这样下意识就应该将对应的参数声明为 const string&。例如,在 Ex8_08.cpp 中对于 find_words()就采用了这种声明。

```
void find_words(vector<string>& words, const string& text, const string& separators);
```

遗憾的是,const string&参数并不是十全十美的。虽然它们确实避免了复制 std::string 对象,但是也有一些缺点。为了进行说明,假设像下面这样修改 Ex8_08 中的 main()函数:

```
int main()
{
```

```
    std::string text; // The string to be searched
    std::cout << "Enter some text terminated by *:\n";
    std::getline(std::cin, text, '*');

// const std::string separators {" ,;:.\"!?'\n"};
    std::vector<std::string> words; // Words found

    find_words(words, text, " ,;:.\"!?'\n"); /* no more 'separators' constant! */
    list_words(words);
}
```

唯一的区别在于，我们不再先把分隔符保存到一个单独的 separators 常量中。相反，将它们直接作为 find_words() 函数的第三个实参传递。很容易验证，这段代码仍然可以编译，并能产生正确的结果。

这样一来，所产生的第一个问题是：为什么这段代码能够编译并工作？毕竟，find_words() 的第三个参数期望接收一个 std::string 对象的引用，但是我们传递的实参现在是一个 const char[] 类型的字符串字面量，即字符数组，因而肯定不是 std::string 对象。前一章其实已经给出了答案：编译器必须应用某种形式的隐式转换。即函数的引用实际上没有引用字面量，而是引用了某个临时的 std::string 对象，该对象是编译器在内存的某个位置隐式创建的(后续章节将解释非基本类型的转换是如何实现的)。在本例中，临时的 string 对象将用字符串字面量中全部字符的一个完整副本实例化。

细心的读者可能已经意识到，为什么通过对 const 值的引用来传递字符串仍然是有缺陷的。使用引用的动机是避免复制，但是，当传递给引用 const std::string 的参数时，字符串字面量仍然会被复制。它们会被复制到隐式转换生成的临时 std::string 对象中。

这就引出了本节的另一个也是真正的问题：如何创建不会复制输入字符串实参的函数，即使输入实参是字符串字面量或其他字符数组？我们不想使用 const char*，否则还需要单独传递字符串的长度，以避免要一直扫描代表字符串结束的空字符；并且，还将无法使用 std::string 提供的所有有用的安全函数。

std::string_view 提供了答案，这是 <string_view> 模块中定义的一个类型。此类型的值的行为非常类似于 const std::string 类型的值(注意有 const)，但有一个区别：创建 string_view 不会复制任何字符。甚至通过字符串字面量创建时也不复制。它在内部只使用字符串长度的一个副本和一个指向某个外部字符序列的指针。string_view 并不关心字符的存储位置：存储在 std::string 对象中，作为一个字符串字面量或一个普通的 C 风格的字符串。对于 string_view 和使用它的代码，这并不存在任何区别。在某种程度上，string_view 对所处理的文本数据的具体类型进行了抽象化，允许用户轻松编写可以有效处理这类输入的单一函数。

■ **提示：**总是为输入字符串参数使用 std::string_view 而不是 const std::string&。虽然使用 const std::string_view& 也没有问题，但那样还不如按值传递 std::string_view。由于不涉及复制整个字符数组，初始化或复制 string_view 的开销很低。

因为 string_view 被设计用于字符串字面量，所以它们存在一个重要的限制：不能通过 string_view 的接口修改底层字符串的字符。string_view 在本质上是常量。即使是非 const 类型的 string_view 也不允许修改底层字符串的字符。借用电影《大佬》的话说，可以查看(view)、但不能修改。但很多时候，能够查看就可以了，下节中的示例将证明这一点。

■ **注意:** 除了处理 char 字符串的 std::string_view，还存在 std::wstring_view、std::u8string_view、std::u16string_view 和 std::u32string_view，它们可用于查看宽字符或 Unicode 字符组成的字符串。由于它们都是同一个类模板(std::basic_stringview<CharType>)的实例化，所以其行为完全类似。

9.2.1 使用字符串视图函数参数

为了避免无意复制字符串字面量和其他字符序列，可能更好的方法是像下面这样声明 find_words() 函数：

```
void find_words(vector<string>& words, string_view text, string_view separators);
```

std::string_view 类型大多数时候可以直接替代 const std::string&或 const std::string。但在本例中不可以，这并不是偶然。我们选择这个示例，恰恰是因为我们能够借这个机会，解释为什么使用 string_view 代替 const std::string&可能出问题。要使得更新签名后的 find_words()函数定义能够编译，需要对其稍做修改，如下所示(完整的程序保存在 Ex9_02.cpp 中)：

```
void find_words(vector<string>& words, string_view text, string_view separators)
{
  size_t start{ text.find_first_not_of(separators) }; // First word start index
  size_t end{}; // Index for end of a word

  while (start != string_view::npos) // Find the words
  {
   end = text.find_first_of(separators, start + 1); // Find end of word
   if (end == string::npos) // Found a separator?
     end = text.length(); // No, so set to end of text
   words.push_back(std::string{text.substr(start, end - start)}); // Store the word
   start = text.find_first_not_of(separators, end + 1); // Find 1st letter of next word
  }
}
```

需要修改的是倒数第二条语句，它一开始没有包含显式的 std::string{ ... }初始化：

```
words.push_back(text.substr(start, end - start));
```

但是，编译器会拒绝将 std::string_view 对象隐式转换为 std::string 类型的值(可以自己试一试)。这种故意限制的理由是，通常使用 string_view 是为了避免昂贵的字符串复制操作，而将 string_view 转换为 std::string 总是涉及复制底层的字符数组。为了避免不小心进行这种转换，不允许编译器执行这种隐式转换。如果要进行这种转换，总是需要显式添加转换。

■ **注意:** 在另外两种情况中，string_view 也不完全等同于 const string。其一，string_view 没有提供 c_str()函数，将它转换为一个 const char*数组。好在，它与 std::string 一样提供了 data()函数，而且功能上基本上是等效的。其二，不能使用加法运算符(+)来连接 string_view。要在连接表达式中使用 string_view 值 my_view，必须首先将其转换为 std::string，例如可使用 std::string{my_view}进行转换。

9.2.2 合适的动机

字符串字面量一般不会太大，所以读者可能不明白复制它们有什么大不了的。可能确实没什么大不了。但是，std::string_view 可从 C 风格的字符数组创建，而这种字符数组可以任意大。例如，在 Ex9_02 中，虽然将 separators 参数转换为 string_view 可能不会带来太大好处，但是对于另一个参数 text，却可能产生巨大影响，如下面的代码段所示：

```
char* text = ReadHugeTextFromFile(); // last character in text is null ('\0')
find_words(words, text, " ,;:.\"!?'\n");
delete[] text;
```

这里假定 char 数组由空字符元素终止，这是 C 和 C++编程中的常见约定。如果不是这样，就必须使用下面这种形式：

```
char* text = ...;                    // again a huge amount of characters...
size_t numCharacters = ...;          // the huge amount
find_words(words, std::string_view{text, numCharacters}, " ,;:.\"!?'\n");
delete[] text;
```

对于这两种情况，关键在于，如果使用 std::string_view，将其传递给 find_words()时不会复制庞大的 text 数组；而如果使用 const std::string&，就会进行复制。

9.3 span：新的向量或数组引用

你可能已注意到，Ex8_14 中的前两个 largest()函数都可以对同类型(double 类型)的元素序列求最大值。下面回顾一下这两个函数的原型：

```
double largest(const std::vector<double>& data);
double largest(const double data[], size_t count);
```

这两个 largest()函数，一个用于处理普通数组，一个用于处理向量，除此之外，它们之间几乎没有区别。

在 Ex8_14 中，我们已经说明，使用函数模板可以避免复制函数，第 10 章将对这一点进行讲解。不过对于同类型元素序列的函数重载这种特殊情况，C++20 提供了另一种称为 span 的有趣替代方法。std::span<T>类模板允许引用任何 T 值的连续序列(std::vector<T>、std::array<T,N>或 C 风格的数组)，而不必指定具体的数组或容器类型。

下面通过一个示例详细介绍这一点。导入模块后，可以只用一个重载版本代替前面提到的 Ex8_14 中的两个 largest()重载版本，如下所示(也可参阅 Ex9_03)：

```
// double largest(const std::vector<double>& data);
// double largest(const double data[], size_t count);
double largest(std::span<double> data);
```

除了函数签名外，可以像之前实现 std::vector<double>的重载一样实现这个新函数：

```
// Finds the largest of a sequence of double values
double largest(std::span<double> data) /* Note: signature is not ideal yet: see later */
{
  double max {data[0]};
  for (auto value : data)
    if (max < value) max = value;
  return max;
}
```

换言之，通过这种方式不仅可以在基于范围的 for 循环中使用 span，还可以使用方括号操作符[]，通过索引访问单个元素。与 string_view 对象一样，也可以将 span<>按值高效地传递给函数。

■ 注意：除了提供范围支持和方括号操作符，std::span<>还提供了一些我们从 std::array<>和 std::vector<>中所熟知的函数: size()、empty()、data()、front()和 back()。但用于创建 subspan 的成员的其他一些函数则是 span<>特有的。有关这些成员的完整列表请查阅标准库文档。

若使用 largest()函数的新重载版本，需要对 Ex8_14 中的 main()函数做一个小小的改动。仅需要修改表达式 largest(array, std::size(array))，因为现在的 largest()函数期望接收单个 span 对象作为输入，而不是接受指针和大小。幸运的是，通过指针-大小对创建 span 非常简单。下面是完整的、更新后的输出语句:

```
double array[] {1.5, 44.6, 13.7, 21.2, 6.7};
// ...
std::cout << "The largest of array is "
          << largest(std::span<double>{ array, std::size(array) }) << std::endl;
```

上面的输出语句有些冗长难懂。好在可以省略实参类型，通过如下初始化列表来调用 largest() 函数:

```
std::cout << "The largest of array is " << largest({ array, std::size(array) })
<< std::endl;
```

编译器知道，在此必须创建的是一个 span 对象，因为相应的函数重载版本是使初始化列表工作的唯一版本。

在此甚至可以使用更短的表达式。因为编译器知道 array 的大小——一个 double(&)[5]类型的引用变量——size 实参是多余的。

```
std::cout << "The largest of array is " << largest(array) << std::endl;
```

创建 span<T>对象时，仅在第一个实参为 T* or const T*类型的指针变量时才需要 size 实参，因为编译器不能通过指针变量推断出 size。

9.3.1 span 与视图

在许多方面，std::span 显然类似于 std::string_view。它们都允许查看未指定的类数组源(array-like source)的元素，该源可以是一个普通的数组(C 风格的数组、字符串字面量等)，也可以是一个属于某个容器对象(std::vector<>、std::array<>、std::string<>等)的数组。在这种情况下，span 或 string_view 都不会复制底层数组的元素。那么，为什么将其称为 "std::span<>"，而不是 "std::array_view<>" ?

原因在于，span 和 view 之间有一个明显区别: 与 string_view 不同，span<>允许对底层数组的元素进行重新赋值或修改。下面的代码片段演示了这一点:

```
std::vector<double> my_vector{ 0, 2, 15, 16, 23, 42 };
std::span<double> my_span(my_vector);
my_span.front() = 4;
my_span[1] *= 4;
std::cout << my_vector[0] << ", " << my_vector[1] << std::endl; // 4, 8
```

std::span<T>的 front()、back()和 operator[]成员都返回 T&引用，用于引用底层数组的非 const 元素。这样，就可以对这些元素重新赋值或修改。回顾一下，若利用之前介绍的 string_views，则无法实现这一点。

```
std::string my_string{
  "Don't accept the limitations of other people who claim things are 'unchangeable'. "
```

```
   "If it's written in stone, bring your hammer and chisel."
};
std::string_view my_string_view{ my_string };
// my_string_view[0] = 'W'; /* Error: my_string_view[0] returns const char& */
```

> ■ **注意**：虽然 span<>允许对元素进行重新赋值或修改，但不允许添加或删除任何元素。换言之，span<>没有提供类似 push_back()、erase()或 clear()的成员。否则，对于 C 风格的数组或 std::array<>对象，就不会创建 span<>。

9.3.2 const 元素的 span

可以修改支持 span<T>的元素这一事实表明，不能从 const 容器中创建 span<T>。如果这样做了，span<>就会为修改 const 容器的元素提供后门。可以试着编译下面的代码片段(会失败)：

```
const std::vector<double> my_const_vector{ 4, 8, 15, 16, 23, 42 };
std::span<double> my_span(my_const_vector);  // Should not compile!
my_span[3] = 100;                            // Reason: this should not be possible...
```

但是，这会在 Ex9_03.cpp 中创建的 largest()函数内引入一个看起来严重的问题。应该还记得，该函数的声明如下所示：

```
// double largest(const std::vector<double>& data);
// double largest(const double data[], size_t count);
double largest(std::span<double> data);
```

由于不能通过 const vector 创建 span<double> ，因此 Ex9_03 的 largest()函数不能真正替代原来的两个函数重载版本。例如，使用本节前面定义的 my_const_vector，下面的调用就不能工作：

```
auto max = largest(my_const_vector); // Does not compile!
```

好在可以很容易地解决该问题。应该使用 span<const T>而不是 span<T>来替代 const vector<T>&。也就是说，应该使用 const 元素的 span。span<const T>的所有元素访问器函数(包括[]操作符)都返回 const T&引用，即使原来的数组或容器是非 const 的。下面的代码片段演示了这一点。

```
std::vector<double> my_vector{ 4, 8, 15, 16, 23, 42 };
std::span<const double> my_const_span(my_vector);
// my_const_span[3] = 100; // Does not compile!
```

> ■ **注意**：因此，std::string_view 最类似于 std::span<const char>。当然，关键区别在于 std::string_view 提供了额外的成员函数，它们是专门为处理字符串设计的。

因此，largest()函数的正确原型如下：

```
double largest(std::span<const double> data);
```

除了签名外，对 largest()函数的定义不需要做任何其他修改。Ex9_03A.cpp 中提供了最终的程序。

> ■ **提示**：应该使用 span<const T>替代 const vector<T>&。与此类似，应该使用 span<T>替代 vector<T>&，除非需要插入或删除元素。

9.3.3 固定大小的 span

也可以使用 span<>类模板来编写能够操作固定大小数组的通用函数。为此，需要将这个固定大小作为第二个实参添加到模板中。例如，可将 Ex8_09A、Ex8_09B 和 Ex8_09C 中不同的 average10() 函数替换为如下这函数：

```
// double average10(const double (&values)[10]);
// double average10(const std::array<double, 10>& values);
double average10(std::span<const double, 10> values);
```

该函数的定义非常简单，所以，将该定义的编写留作为练习给读者。

■ **提示**：应该使用 span<T,N> 替代 array<T,N>& 或 T(&)[N]，使用 span<const T,N>替代 const array<T,N>& 或 const T(&)[N]。

9.4 本章小结

本章篇幅较短，介绍了 C++17 和 C++20 的标准库中新增的一些词汇类型：std::optional<>、std::string_view 和 std::span<>。本章要点如下：

- 使用 std::optional<>来表示可能存在、也可能不存在的任何值。这样的示例包括函数的可选输入或可能失败的函数的结果。使用 std::optional<>可以使代码的可读性更强、更安全。
- 使用 std::string_view 替代 const std::string&可以避免无意复制字符串字面量或其他字符数组。
- 使用 std::span<const T> 替代 const std::vector<T>&参数，可以使相同的函数也可用于 C 风格数组或 std::array<>对象等。
- 类似地，应该使用 std::span<T> 替代 std::vector<T>&参数，除非需要添加或删除元素。
- 使用 std::span<(const) T,N>替代(const) std::array<T,N>&参数，使相同的函数能够用于 C 风格的数组(或者至少包含 N 个元素的其他容器)。

9.5 练习

下面的练习用于巩固本章学习的知识点。如果有困难，可以回过头重新阅读本章的内容。如果仍然无法完成练习，可以从 Apress 网站(www.apress.com/source-code)下载答案，但只有别无他法时才应该查看答案。

1. 修改 Ex9_01，在其中使用 std::string_view。
2. 修改 Ex8_11，在其中使用 std::string_view 和 std::span<>。
3. 修改 Ex8_13，在其中使用词汇类型。
4. 无论何时阅读代码或编写代码，首先要思考的一个问题是"如果……怎么办？"例如，思考一下 Ex9_03 中的 largest()函数，该函数先访问 data[0]，但如果 data 为空怎么办？针对这样的问题，有如下几种选择方案：

首先，可以添加代码注释，指明 data 不能为空。这称为设置先决条件(precondition)。调用者违反先决条件会导致不确定的行为。若违背了先决条件，那么都无法确定，正如 Ellie Goulding 的歌曲所言：一切皆可能发生(包括系统崩溃)。

其次，可以对这样的边缘用例设计合理的行为。例如，设计一些结果，使函数为空输入计算出这些结果。例如，对于空数组，让 largest()函数返回非数值？

这两种选择方案有时候都是可行的，但按照本章的精神，还可以提出第三种方案吗？

5. 为 Ex8_09A、Ex8_09B 和 Ex8_09C 编写另外一个版本，这次让 average10()函数使用本章中介绍的词汇类型。证明能够对大小固定的 C 风格数组和 std::array<>容器调用该函数，并且只能对包含10 个元素的数组调用。

6. 假定有一个 vector<>，它包含 10 个元素(或至少 10 个元素)。可以调用第 5 题中的 average10()函数来计算这 10 个元素(或前 10 个元素)的平均数吗？显然，不能直接调用，但确实可以实现调用。毕竟，向量中已给出了所有必需的数据(10 个连续的元素)。可以参阅标准库文档来寻求思路。

第 10 章

■ ■ ■

函 数 模 板

可以注意到，Ex8_15 中的一些重载函数包含的代码完全相同。它们之间的唯一区别是参数列表中出现的类型。没有必要不断编写相同的代码。最好代码只编写一次，即采用函数模板(function template)的方式。例如，标准库就大量使用了这种功能，确保函数对于任何类型都能以最优方式工作，包括程序员自定义的类型，而标准库事先当然不会知道这些自定义的类型。本章介绍如何定义自己的函数模板来操作任何类型。

本章主要内容
- 如何定义参数化函数模板来生成一系列相关函数
- 函数模板的参数通常是(但并非总是)类型
- 模板实参通常由编译器推断出来，但必要时可以显式指定它们
- 如果模板提供的泛型函数定义不适合特定的类型，如何定制并重载函数模板
- 为什么返回类型推断在与模板结合后功能特别强大
- 缩写的函数模板语法如何使基本函数模板的编写更容易、更快捷

10.1　函数模板

函数模板本身不是函数定义，而是定义一系列函数的蓝图或处方。函数模板是参数化的函数定义，函数实例通过一个或多个参数值来创建。编译器使用函数模板时，在必要时会生成函数定义。如果从不需要，就不从模板中生成代码。从函数模板中生成的函数定义称为模板的一个实例或模板的实例化。函数模板的参数通常是数据类型，例如，可以生成一个参数值是 int 类型的实例，以及生成另一个参数值是 string 类型的实例。参数不一定是类型，也可以是其他内容，如维度。下面考虑一个特定的例子。

第 8 章定义了 larger()函数的多个重载版本，分别用于不同的参数类型。larger()函数就很适合作为模板。这个函数的模板定义如图 10-1 所示。

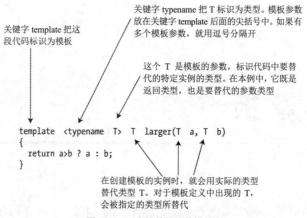

关键字 template 把这
段代码标识为模板

关键字 typename 把 T 标识为类型。模板参数
放在关键字 template 后面的尖括号中。如果有
多个模板参数，就用逗号分隔开

这个 T 是模板的参数，标识代码中要替
代的特定实例的类型。在本例中，它既是
返回类型，也是要替代的参数类型

```
template <typename T> T larger(T a, T b)
{
  return a>b ? a : b;
}
```

在创建模板的实例时，就会用实际的类型
替代类型 T。对于模板定义中出现的 T，
会被指定的类型所替代

图 10-1　一个简单的函数模板

函数模板的开头是关键字 template，表示这是一个模板。其后是一对尖括号，里面包含一个或多个模板参数的列表。在本例中只有一个参数 T。T 通常用作参数名，因为大多数参数都是类型，但参数可以使用任何名称，type、MY_TYPE 或 Comparable 这样的名称都是有效的。

typename 是一个关键字，它表示 T 是类型。因此，将 T 称为模板类型参数。这里也可以使用 class 关键字，它与 typename 关键字是等同的，但我们喜欢使用 typename，因为类型实参可以是基本类型，而不仅是类类型。

定义中的其他内容类似于普通的函数，但其中有参数 T。编译器会创建模板的实例，用指定的类型替换定义中的 T。在初始化时赋值给类型参数 T 的类型称为模板类型实参。

可以把模板放在源文件中，就像处理普通函数定义一样。也可以为函数模板指定原型，如下所示：

```
template<typename T> T larger(T a, T b); // Prototype for function template
```

在使用从模板中生成的实例之前，模板的原型或定义必须包含在源文件中。

10.2　创建函数模板的实例

编译器将通过使用函数 larger() 的语句创建模板的实例。例如：

```
std::cout << "Larger of 1.5 and 2.5 is " << larger(1.5, 2.5) << std::endl;
```

函数是按一般方式使用的，不需要为模板参数 T 指定值——编译器会从 larger() 函数调用的实参中推断出用于替代 T 的类型。这种机制称为模板实参推断。这里，因为 larger() 的实参是 double 类型的字面量，所以这个调用会让编译器搜索带有 double 参数的 larger() 的现有定义。如果没有找到，编译器就会从模板中创建这个 larger() 版本，并用类型 double 替换模板定义中的 T。

得到的函数定义接收 double 类型的实参，返回 double 值。用 double 替换 T 并插入模板后，模板实例就变成：

```
double larger(double a, double b)
{
  return a > b ? a : b;
}
```

编译器对每个模板实例只生成一次。如果后续的函数调用需要同一个实例，就会调用已有的实例。

即使同一个实例在不同的源文件中生成，程序也仅包含每个实例定义的一个副本。熟悉这些概念后，下面在程序中测试函数模板。

```
// Ex10_01.cpp
// Using a function template
import <iostream>;
import <string>;
import <format>;

template<typename T> T larger(T a, T b); // Function template prototype
int main()
{
  std::cout << "Larger of 1.5 and 2.5 is " << larger(1.5, 2.5) << std::endl;
  std::cout << "Larger of 3.5 and 4.5 is " << larger(3.5, 4.5) << std::endl;

  int big_int {17011983}, small_int {10};
  std::cout << std::format("Larger of {} and {} is {}\n",
                          big_int, small_int, larger(big_int, small_int));
  std::string a_string {"A"}, z_string {"Z"};
  std::cout << std::format(R"(Larger of "{}" and "{}" is "{}")",
                          a_string, z_string, larger(a_string, z_string)) << std::endl;
}

// Template for functions to return the larger of two values
template <typename T>
T larger(T a, T b)
{
    return a > b ? a : b;
}
```

这个程序的输出结果如下：

```
Larger of 1.5 and 26.5 is 2.5
Larger of 3.5 and 4.5 is 4.5
Larger of 17011983 and 10 is 17011983
Larger of "A" and "Z" is "Z"
```

编译器会创建接收 double 类型实参的 larger() 的定义，作为 main() 中第一条语句的结果。下一条语句也调用这个实例。第三条语句需要的 larger() 版本接收 int 类型的实参，因此创建一个新的模板实例。最后一条语句创建另一个带有 std::string 类型参数并返回 std::string 类型值的模板实例。

10.3 模板类型参数

模板类型参数的名称可用在模板的函数签名、返回类型和函数体的任何位置。由于是类型的占位符，因此可用在具体类型的任何上下文中。换言之，假设 T 是模板类型参数的名称，则可以使用 T 来构造一些派生的类型，如 T&、const T&、T*和 T[][3]。也可将 T 用作模板的实参，例如用在 std::vector<T>中。

例如，可再次思考一下 Ex10_01 中的 larger() 函数。该函数目前实例化的函数按值接收实参。如 Ex10_01 所示，也可以使用类类型(如 std::string)来实例化这个模板。第 8 章介绍过，按值传递对象会导致不必要地复制这些对象，而程序员应该尽力避免不必要地复制对象。当然，对于这种情况，标准的机制是按引用传递实参。因此，更好的方法是将模板重新定义为下面的形式：

```
template <typename T>
const T& larger(const T& a, const T& b)
{
  return a > b ? a : b;
}
```

■ **注意**：标准库的<algorithm>模块定义的 std::max()函数模板与上面的模板非常类似。它接收两个通过 const 引用传递的实参，并返回一个 const 引用，指向两个函数实参中更大的值。<algorithm>模块中还定义了 std::min()模板，用它实例化的函数能确定两个值中更小的值。

10.4 显式指定模板实参

如果给 Ex10_01.cpp 中的 main()添加如下语句，程序就不编译：

```
std::cout << std::format("Larger of {} and 19.6 is {}\n", small_int,
                         larger(small_int, 19.6));
```

larger()的实参有不同的类型，但模板中 larger()的参数类型是相同的。编译器不能创建具有不同参数类型的模板实例。显然，一个实参可以转换为另一个实参的类型，但必须显式编写这种转换，编译器不会自动生成该代码。可以定义模板，允许 larger()的参数有不同的类型，但这带来了一个复杂的问题，本章后面将会讨论：为返回类型使用两个类型中的哪一个？现在，我们只关注如何在调用函数时，显式指定模板参数的实参。这样可以控制使用哪个版本的函数。编译器不再推断用于替换 T 的类型，只是接收指定的版本。

对于使用不同类型的实参的 larger()函数，可以显式地实例化模板：

```
std::cout << std::format("Larger of {} and 19.6 is {}\n", small_int,
                         larger<double>(small_int, 19.6)); // Outputs 19.6
```

将函数模板的显式类型实参放在函数名后面的尖括号中。这会生成对应于 double 类型的带 T 的函数实例。使用显式的模板实参时，编译器完全明白代码要做什么，它会把第一个实参隐式转换为 double 类型。它提供了隐式转换，有时我们可能不希望看到这种行为。例如：

```
std::cout << std::format("Larger of {} and 19.6 is {}\n", small_int,
                         larger<int>(small_int, 19.6)); // Outputs 19
```

这就告诉编译器，使用把 T 替换为 int 类型的模板实例。这就需要把第二个实参隐式转换为 int 类型，所以结果是 19，这可能不是真正想要的结果。如果足够幸运，编译器会发出警告，指出存在这种危险的转换，但并不是所有编译器都会发出警告。

10.5 函数模板的特化

假定扩展 Ex10_01.cpp，将指针作为实参来调用 larger()：

```
std::cout << std::format("Larger of {} and {} is {}\n", big_int, small_int,
                         *larger(&big_int, &small_int)); // Output may be 10!
```

编译器会创建一个参数是类型 int*的模板实例，这个实例有如下原型：

```
int* larger(int*, int*);
```

返回值是一个地址，必须解除对它的引用，才能输出其值。但是，结果 10 是不正确的。这是因为比较的是传递为实参的地址，而不是地址中的值。编译器能够自由安排局部变量的内存地址，所以对于不同的编译器，实际结果可能不同，但是因为第二个参数是 small_int 变量，所以可以想到它的地址会更大。

▧ **注意**：如果读者的编译器给出的结果不是 10，那么可以尝试改变 big_int 和 small_int 的声明顺序。两个整数值的比较结果当然不应该依赖于它们的声明顺序，对吧？

从原则上讲，可以定义模板的特化，以包含模板实参是指针类型的情况。对于某个特定参数值(在有多个参数的模板中，就是一组参数值)，模板特化定义了不同于标准模板的行为。特化的定义必须放在原始模板的声明或定义之后。如果把特化放在前面，程序就不会编译。特化也必须先声明，才能使用。

特化的定义以关键字 template 开头，但要省略参数，所以该关键字后面的尖括号是空的。例如，int*类型的 larger()函数特化的定义如下：

```
template <>
int* larger(int* a, int* b)
{
  return *a > *b ? a : b;
}
```

对函数体的唯一改变是解除实参 a 和 b 的引用，以便比较数值而不是地址。要在 Ex10_01.cpp 中使用它，需要把 larger()函数特化放在模板原型的后面、main()的前面。

不过函数模板特化也存在一些难以察觉的缺点。就我们而言，它们与 typedef、new/new []和 delete/delete []同属于不鼓励使用的语言特性。

▧ **提示**：建议不要使用函数模板特化。要为特定类型定制函数模板，应该使用常规函数或另一个函数模板来重载该函数模板。下一节将讨论这些方法。一般来说，相对于函数模板特化，函数重载的行为更直观。

10.6 函数模板和重载

定义同名的其他函数，就可以重载函数模板。这样，就可以为特定情况定义重载，而不必使用模板特化。编译器会优先使用这些更具体的重载，而不是更通用的模板的实例。与往常一样，每个重载的函数都必须有唯一的签名。

再看看前面的情形，需要重载 larger()函数以使用指针实参。这次不使用 larger()的模板特化，而是定义一个重载函数。该重载函数的原型如下：

```
int* larger(int* a, int* b); // Function overloading the larger template
```

这里没有使用特化定义，而是使用了函数定义：

```
int* larger(int* a, int* b)
{
  return *a > *b ? a : b;
}
```

甚至可以使用为指针类型定义的另一个模板来重载原始模板：

```
template<typename T>
T* larger(T* a, T* b)
```

```
  {
    return *a > *b ? a : b;
  }
```

注意，这不是原始模板的特化，而是另外一个独立的模板，它只能用指针类型初始化。如果编译器遇到对 larger(x,y) 的调用，其中 x 和 y 是具有同类型的值的指针，就会实例化第二个函数模板；否则，仍将实例化前一个模板。

当然，也可以使用另一个模板(该模板可使用完全不同的签名生成函数)来重载现有的模板。例如，可以定义一个模板来重载 Ex10_01.cpp 中的 larger() 模板，以找到向量中的最大值。

```
template <typename T>
const T* larger(const std::vector<T>& data)
{
  const T* result {}; // The largest of an empty vector is nullptr
  for (auto& value : data)
    if (!result || value > *result) result = &value;
  return result;
}
```

参数列表能够区分从这个模板中生成的函数和从原模板中生成的函数。

可以扩展 Ex10_01.cpp 来进行演示。在源文件的末尾添加前面的模板，并在开头添加如下原型：

```
template <typename T> T* larger(T*, T*);
template <typename T> const T* larger(const std::vector<T>& data);
```

将 main() 中的代码改为：

```
int big_int {17011983}, small_int {10};
std::cout << std::format("Larger of {} and {} is {}",
            big_int, small_int, larger(big_int, small_int)) << std::endl;
std::cout << std::format("Larger of {} and {} is {}",
            big_int, small_int, *larger(&big_int, &small_int)) << std::endl;

std::vector<double> data {-1.4, 7.3, -100.0, 54.1, 16.3};
std::cout << "The largest value in data is " << *larger(data) << std::endl;

std::vector<std::string> words {"The", "higher", "the", "fewer"};
std::cout << std::format(R"(The largest word in words is "{}")", *larger(words))
        << std::endl;
```

自然，<vector> 模块也需要 import 声明。完整的示例代码在 Ex10_02.cpp 中。该程序生成了所有 3 个重载模板的实例。编译并运行该程序，结果如下：

```
Larger of 17011983 and 10 is 17011983
Larger of 17011983 and 10 is 17011983
The largest value in data is 54.1
The largest word in words is "the"
```

10.7　带有多个参数的函数模板

前面使用了带有一个参数的函数模板，也可以在函数模板中使用多个参数。回顾一下，前面在编译 larger(small_int, 9.6) 表达式时出现了问题，编译器无法推断出模板类型实参，因为两个函数实参的类型不同，分别为 int 和 double，所以。前面通过显式指定类型解决了这个问题。但是，为什么不创建一个 larger()模板，允许两个实参有不同的类型呢？这样的模板如下所示：

```
template <typename T1, typename T2>
??? larger(const T1& a, const T2& b)
{
  return a > b ? a : b;
}
```

允许每个函数实参有不同的类型很容易实现，通常也是一个好主意，可让模板尽可能通用。但在本例中，在指定返回类型时会遇到问题。换言之，在前面的伪代码中，在 3 个问号的位置应该使用什么？T1 还是 T2？一般来说，二者都不是正确的选择，因为它们都会导致不希望发生的转换。

一种可能的解决方案是添加一个额外的模板类型实参，用来控制返回类型。例如：

```
template <typename ReturnType, typename T1, typename T2>
ReturnType larger(const T1& a, const T2& b)
{
  return static_cast<ReturnType>(a > b ? a : b);
}
```

上面代码显式转换为 ReturnType，从而避免发出关于隐式转换的警告。

模板实参推断仅基于在函数实参列表中传入的实参来工作。通过这些实参，编译器可以很容易地推断 T1 和 T2，但不能推断 ReturnType。因此，必须始终自己指定 ReturnType 模板实参。不过，编译器仍然能够推断 T1 和 T。一般来说，如果指定的模板实参比模板参数的数量更少，编译器将推断其他实参的类型。因此，下面的三行代码是等效的：

```
std::cout << "Larger of 1.5 and 2 is " << larger<int>(1.5, 2) << std::endl;
std::cout << "Larger of 1.5 and 2 is " << larger<int, double>(1.5, 2) << std::endl;
std::cout << "Larger of 1.5 and 2 is " << larger<int, double, int>(1.5, 2) << std::endl;
```

显然，模板定义中的参数顺序很重要。如果将返回类型作为第二个参数，则总是需要指定函数调用中的两个参数。如果只指定一个参数，将把它解释为实参类型，导致返回类型未定义。因为在上述三条语句中，我们都将返回类型指定为 int，所以这些函数调用的结果都是 2。编译器会创建一个函数，它接收 double 和 int 类型的实参，并把结果转换为 int 类型的值。

虽然我们已经说明了如何定义多个参数，以及定义多个参数对于模板实参推断的意义，但是仍然没有找到一种让人满意的解决方案来编写下面的代码：

```
std::cout << "Larger of " << small_int << " and 9.6 is "
<< larger(small_int, 9.6) << std::endl;
```

下一节将解决这个问题。

10.8 模板的返回类型推断

第 8 章介绍了函数的自动返回类型推断。对于普通函数，返回类型推断的用途是有限的。有一个或多个类型参数的模板函数的返回类型可能依赖于用来实例化模板的类型。从下面这个例子可以看到这一点：

```
template <typename T1, typename T2>
??? larger(const T1& a, const T2& b)
{
  return a > b ? a : b;
}
```

很难指定这里应该返回哪个类型。但是，有一种简单的方法可让编译器在实例化模板后推断出返回类型：

```
template <typename T1, typename T2>
auto larger(const T1& a, const T2& b)
{
  return a > b ? a : b;
}
```

有了这个定义，下面的语句就可以编译，而不需要显式指定任何类型实参：

```
int small_int {10};
std::cout << "Larger of " << small_int << " and 9.6 is "
        << larger(small_int, 9.6) << std::endl; // deduced return type: double
std::string a_string {"A"};
std::cout << "Larger of \"" << a_string << "\" and \"Z\" is \""
        << larger(a_string, "Z") << '"' << std::endl; // deduced return type: std::string
```

Ex10_01 中 larger()函数的初始定义只有一个类型参数，如果使用该定义，这里的两个实例化都是含义模糊的，所以无法通过编译。Ex10_03.cpp 给出了一个使用两个参数的 larger()版本的程序。

decltype(auto)

使用 auto 作为函数的返回类型，意味着该返回类型总是可以推断为值类型。因此，当把 auto 用作函数模板的返回类型时，有时会不经意地引入复制问题。

为了说明该问题，再次思考一下 Ex10_01 中的 larger<>()模板。现在假定使用等效于std::vector<int>的 T1 和 T2 来实例化该模板。编译器会生成如下实例：

```
auto larger(const std::vector<int>& a, const std::vector<int>& b)
{
  return a > b ? a : b;
}
```

在下一步中，编译器可以推断出该模板的返回类型：

```
std::vector<int> larger(const std::vector<int>& a, const std::vector<int>& b)
{
  return a > b ? a : b;
}
```

由于这个模板实例的返回类型为 auto，因此编译器推断出值类型 std::vector<int>，而不是所期望的引用类型 const std::vector<int>&。这也说明 larger<std::vector<int>>()总是会对它的一个输入进行复制，这可能是任意大的向量。以非通用的方式编写该函数时，通常会写为如下形式：

```
const auto& larger(const std::vector<int>& a, const std::vector<int>& b)
{
  return a > b ? a : b;
}
```

问题在于，我们也不能使用 const auto&作为 larger<>()模板的返回类型，因为这种情况下，当 T1和 T2 不同(并且没有继承关系，第 14 章将介绍继承)时，将返回临时值的地址。也就是说，在 larger<>()模板中使用 const auto&代替 auto 会导致下面的情况：

```
const auto& larger(const double& a, const int& b)
{
```

```
return a > b ? a : b; // Warning: returning a reference to a temporary double!!!
}
```

上面的表达式 a > b ? a : b 新建了一个 double 类型(所谓的 int 和 double 的公共类型)的临时值。当然，第 8 章已经说明，不应该返回指向局部或临时变量的引用或指针。

这种情况下，auto 和 const auto& 都不合适，此时可以使用更高级的 decltype(auto) 占位符类型作为解决方案。该类型用作函数的返回类型时，会计算为 return 语句中表达式的确切类型。因此，可以对 larger< >()模板进行改进，改进后的版本如下所示(也可以参见 Ex10_03A)：

```
template <typename T1, typename T2>
decltype(auto) larger(const T1& a, const T2& b)
{
  return a > b ? a : b;
}
```

对于 larger<double, int>()，所推断的返回类型仍然为 double 类型，但 larger<std::vector<int>, std::vector<int>> 的返回类型为 const std::vector<int>&，这与期望的一致！

注意，只应该在模板中能使用 decltype(auto)。在非通用代码中，总是应该显式选择使用更具体的 auto 或(const) auto。

10.9 模板参数的默认值

可以为模板参数指定默认值。例如，对于前面介绍的模板，可以在原型中指定 double 为默认返回类型：

```
// Template with default value for the first parameter
template <typename ReturnType=double, typename T1, typename T2>
ReturnType larger(const T1&, const T2&);
```

如果不指定任何模板参数值，则返回类型将是 double。注意，给出这个示例，只是为了介绍模板参数的默认值，而并不意味着像这样定义 larger()函数是一个好主意！之所以说这不是一个很好的主意，是因为默认值 double 并不总是我们需要的类型。例如，在下面的语句中，larger()函数接收 int 类型的实参，但是返回 double 类型的结果：

```
std::cout << larger(123, 543) << std::endl;
```

但是，这个例子要表达的要点是，可以在模板实参列表的一开始指定模板实参的默认值。回顾一下，对于函数参数，只能在参数列表的最后定义默认值。在为模板参数指定默认值时，灵活性要大得多。在第一个例子中，ReturnType 是参数列表中的第一个参数。但是，也可以为参数列表中间或最后的参数指定默认值。下面这个 larger()模板演示了后一种情况：

```
// Template with a default value referring to an earlier parameter
template <typename T, typename ReturnType=T>
ReturnType larger(const T&, const T&);
```

在这个例子中，使用 T 作为 ReturnType 模板参数的默认值。要将一个模板参数的名称用在其他参数的默认值中，该名称(在本例中为 T)在参数列表中的位置必须更靠前。同样，这个例子只是用来说明能够实现的功能，而不一定代表这是一个好主意。如果 ReturnType 的默认值不适合，必须显式指定另一个类型，则还需要指定其他所有实参。虽然如此，在参数列表末尾指定模板实参的默认值仍是常见的做法。标准库大量采用这种做法，常用于非类型的模板参数。接下来就讨论非类型的模板参数。

10.10 非类型的模板参数

目前处理的所有模板参数都是类型。实际上，函数模板也可以有非类型的参数，此时就需要非类型的实参。

在定义模板时，非类型的模板参数和其他的类型参数一起放在参数列表中。假设需要一个能够执行值范围检查的函数，其中值的范围的上下限是提前确定的。可以定义如下模板来处理各种类型：

```
template <typename T, int lower, int upper>
bool is_in_range(const T& value)
{
  return (value <= upper) && (value >= lower);
}
```

该模板包含一个类型参数 T，两个非类型的参数 lower 和 upper，两者的类型都为 int。在 C++20 中，模板参数可以为任何基本类型(如 bool、float 和 int 等)、枚举类型、指针类型或引用类型。从理论上讲，类类型也可以用作模板参数的类型，但具有诸多限制，这些限制足以让用户放弃使用它。在此，只是为了说明非类型的模板参数的工作原理，所以仅介绍了一些基本示例，其中的参数为整数类型。

显然，编译器无法从 is_in_range()函数模板的使用中推断出模板参数 lower 和 upper。因此，下面的调用不能通过编译：

```
double value {100.0};
std::cout << is_in_range(value); // Won't compile - incorrect usage
```

导致编译失败的原因在于未指定 upper 和 lower。要使用这个模板，必须显式地指定模板参数的值。正确的使用方式如下：

```
std::cout << is_in_range<double, 0, 500>(value); // OK - checks 0 to 500
```

编译器需要能够在编译时计算与非类型参数对应的实参。这意味着这些模板实参将是整型字面量，或是整型编译时常量[1]。在下面的示例中，i 是一个整型编译时常量，因此 i 和 i * 100 都可用作非类型的模板实参：

```
const int i = 5; // OK - compile-time constant
std::cout << is_in_range<double, i, i * 100>(value); // OK - checks 5 to 500
```

一旦省略了 const，i 就不再是常量，代码就不能通过编译。所有的模板参数(无论是类型参数还是非类型参数)都需要在编译时计算，同时会通过模板生成具体的函数实例。

初始的 is_in_range()模板存在一个明显缺点，即它将 lower 和 upper 的类型固定为 int。如果想检查非整型的边界值，显然是不可行的。一种解决方案是将 auto 用作这些非类型模板参数的类型，让编译器在实例化时能推断出其类型。

```
template <typename T, auto lower, auto upper>
bool is_in_range(const T& value)
{
  return (value <= upper) && (value >= lower);
}
```

---

1 constexpr 和 consteval 函数也可以用于非类型的模板实参表达式中。其中 constexpr 函数可以在编译时计算，而 consteval 仅能在编译时计算。这两个函数不常用，所以本书中不对它们进行进一步的讨论。

现在，也可以使用非整型的边界值：

```
const double i = 0.5;                                   // OK - compile-time constant
std::cout << is_in_range<double, i / 2, i * 10>(value); // OK - checks 0.25 to 5.0
```

对于这个特定的实例化，lower 和 upper 变成了 double 类型的常量值。

也可将模板类型参数 T 用作其他非类型模板参数的类型，或用在其类型中。下面的示例清楚地说明了这一点：

```
template <typename T, T lower, T upper>
bool is_in_range(const T& value)
{
  return (value <= upper) && (value >= lower);
}
```

lower 和 upper 的类型现在为 T，而不是 int，这会导致产生模板的一个有趣的版本。

在另一个版本中，可以将两个非类型的模板参数置于模板类型参数的左边，如下所示：

```
template <int lower, int upper, typename T>
bool is_in_range(const T& value)
{
  return (value <= upper) && (value >= lower);
}
```

这样一来，编译器就能够推断出类型实参：

```
std::cout << is_in_range<0, 500>(value); // OK - checks 0 to 500
```

但这样做的缺点在于，不能再在 lower 和 upper 的类型中引用 T；仅可引用非类型参数左边所声明的类型参数的名称。

```
template <T lower, T upper, typename T> // Error - T has not been declared
bool is_in_range(const T& value);
...
```

总之，最佳做法是将类型参数 T 置于最后(这样可以推断出该类型)，并为 lower 和 upper 使用 auto(为了避免硬编码其类型)：

```
template <auto lower, auto upper, typename T>
bool is_in_range(const T& value)
{
  return (value <= upper) && (value >= lower);
}
```

话虽如此，但对于 is_in_range()的上下限，可能使用普通的函数参数要优于模板参数。函数参数可以灵活地传递在程序运行时计算的值，而使用模板参数则必须在编译时提供上下限。本例中使用 is_in_range()模板只是为了探索这种可能性，并不是因为它们是恰当使用非类型模板参数的例子。

要知道，虽然很少使用非类型模板参数，但它们确实有适用的场合。下一节将讨论一个具体的用例。

使用固定大小数组实参的函数模板

第 8 章在介绍按引用传递数组时，定义了下面的函数：

```
double average10(const double (&array)[10]) // Only arrays of length 10 can be passed!
```

```
{
  double sum {};                  // Accumulate total in here
  for (size_t i {}; i < 10; ++i)
    sum += array[i];              // Sum array elements
  return sum / 10;                // Return average
}
```

显然，如果创建的函数能够处理任意数组大小，而不是刚好有 10 个值的数组，那就太好了。下面将看到，使用一个含有非类型的模板实参的模板可以实现这种函数。另外，我们将进一步扩展这个模板，使其能够处理任何数值类型的数组，而不只是 double 数组：

```
template <typename T, size_t N>
T average(const T (&array)[N])
{
  T sum {};                       // Accumulate total in here
  for (size_t i {}; i < N; ++i)
    sum += array[i];              // Sum array elements
  return sum / N;                 // Return average
}
```

模板实参推断特别强大, 甚至能够从传递给这种模板的实参的类型, 推断出非类型的模板实参 N。使用一个小的测试程序就可以确认这一点：

```
// Ex10_04.cpp
// Defining templates for functions that accept fixed-size arrays
import <iostream>;

template <typename T, size_t N>
T average(const T (&array)[N]);
int main()
{
    double doubles[2] { 1.0, 2.0 };
    std::cout << average(doubles) << std::endl;

    double moreDoubles[] { 1.0, 2.0, 3.0, 4.0 };
    std::cout << average(moreDoubles) << std::endl;

    // double* pointer = doubles;
    // std::cout << average(pointer) << std::endl; /* will not compile */

    std::cout << average( { 1.0, 2.0, 3.0, 4.0 } ) << std::endl;

    int ints[] = { 1, 2, 3, 4 };
    std::cout << average(ints) << std::endl;
}
```

结果如下：

```
1.5
2.5
2.5
2
```

在 main()函数中，调用了 average() 5 次，有一次调用被注释掉了。第一次调用是最基本的情况，证明了编译器能够正确地推断出需要用 double 替换模板实例中的 T，用 2 替换 N。第二次调用显示，甚至在类型中没有显式指定数组维数时，函数也可以工作。编译器仍然知道 moreDoubles 的大小是 4。

第三次调用被注释掉，因为它无法通过编译。尽管数组和指针在很多时候是等效的，但是编译器无法从指针推断出数组大小。第四次调用显示，甚至可以直接传递花括号包含的列表作为实参来调用average()。对于第四次调用，编译器并不需要创建另一个模板实例，而是重用第二次调用生成的模板实例。第五次调用说明，如果推断出 T 为 int 类型，则结果也将是 int 类型，因此得到整数除法的结果。

至少在理论上，当用于许多大小不同的数组时，这种模板会导致代码量大大增加，但是基于这种模板定义函数重载仍然是相当常见的做法。例如，标准库就经常使用这种技术。

■ **提示**：从 C++20 起，可以使用固定大小的 span 作为 Ex10_04 中 average()函数的输入(见第 9 章)。该函数的模板原型如下所示：

```
template <typename T, size_t N> T average(std::span<const T, N> span);
```

其优势在于，这些函数也可以用于 std::array<>输入。实际上，除非 N 确实重要，否则简单地使用常用的 span<>即可：

```
template <typename T> T average(std::span<const T> span);
```

这样，average()模板就可以用于所有的顺序输入，无论是固定大小的还是非固定大小的顺序输入。

10.11 缩写的函数模板

模板的引入语法十分冗长。下面介绍一个简单的函数模板，该函数将输入进行平方：

```
template <typename T> // <-- Do we really need this?
auto sqr(T x) { return x * x; }
```

上面的语法中包含两个 8 字母的关键字：template 和 typename，用于声明一个模板类型参数 T。C++20 允许我们编写如下更紧凑的模板：

```
auto sqr(auto x) { return x * x; }
```

这种语法是对函数返回类型推断语法的自然扩展。之前，仅可以将 auto 关键字用作函数的返回类型的占位符，但现在也可以将它用作函数参数类型的占位符。当然，也可以使用其他的占位符类型，如 auto*、auto&和 const auto& 等。例如：

```
auto cube(const auto& x) { return x * x * x; }
```

即使现在 sqr() 和 cube()的定义中不再使用 template 关键字，但它们仍然是函数模板。实际上，在语义上，sqr()的第二个定义完全等效于原始定义。唯一的区别在于新语法更短些。因此这就是缩写的函数模板(abbreviated function template)的名称的由来。例如，sqr()是一个函数模板，这意味着在调用它的每个编译单元，编译器都会访问其定义(第 11 章将进一步讨论这一点)。这还意味着如有必要，可以显式地实例化它(sqr<int>(…))、特化它(template <> auto sqr(int x))，等等。

在缩写的函数模板的函数参数列表中，每个 auto 实际上都引入了一个隐式的、未命名的模板类型参数。因此，下面的两个原型是完全等效的(注意，函数返回类型中的 auto 并不会引入另一个模板参数)：

```
const auto& larger(const auto& a, const auto& b);
```

```
template <typename T1, typename T2>
const auto& larger(const T1& a, const T2& b);
```

如下面的示例所示，甚至可以混合使用这两种表示法：

```
// A function template with two template type parameters: one explicit and one implicit
template <typename T>
const T& mixAndMatch(auto* mix, const T& match1, const T& match2);
```

缩写函数模板的局限性

如果希望使用模板来实例化具有多个相同类型或相关类型的参数的函数，仍然必须使用旧语法：

```
template <typename T>
const T& larger(const T& a, const T& b);
```

类似地，如果需要在其他地方(如函数体中)引用一个参数类型名称，通常使用旧语法更容易一些。

```
// Create a vector containing consecutive values in the range [from, to)
template <typename T>
auto createConsecutiveVector(const T& from, const T& to)
{
  std::vector<T> result;
  for (T t = from; t < to; ++t)
    result.push_back(t);
  return result;
}
```

10.12 本章小结

本章介绍了如何为函数定义自己的参数化模板，以及如何实例化函数模板来创建函数。这允许为任意数量的相关类型创建能够正确、高效地工作的函数。本章的要点如下：

- 函数模板是编译器用于生成重载函数的一种参数化方法。
- 函数模板的参数可以是类型参数，也可以是非类型的参数。函数模板的实例是由编译器为每个对应于一组唯一模板参数的函数调用创建的。
- 函数模板可用其他函数或函数模板来重载。
- auto、const auto&和 auto*这样的占位符类型不仅能用于函数的返回类型推断(类型推断尤其适用于函数模板)，而且当把它们用作函数参数的类型时，还会引入所谓的缩写的函数模板。

10.13 练习

下面的练习用于巩固本章学习的知识点。如果有困难，可以回过头重新阅读本章的内容。如果仍然无法完成练习，可以从 Apress 网站(www.apress.com/source-code)下载答案，但只有别无他法时才应该查看答案。

1. 在 C++17 中，标准库的<algorithm>模块提供了方便的 std::clamp()函数模板。表达式 clamp(a, b, c)用来将值 a 夹紧到闭区间[b,c]。即，如果 a 小于 b，则表达式的结果将为 b；如果 a 大于 c，则表达式的结果将为 c；否则，如果 a 位于[b,c]区间内，clamp()将返回 a。编写自己的 my_clamp()函数模板，并用一个小的测试程序测试该函数模板。

2. 将 Ex10_01 中 main()函数的最后几行修改如下：

```
const auto a_string = "A", z_string = "Z";
std::cout << "Larger of " << a_string << " and " << z_string
          << " is " << larger(a_string, z_string) << std::endl;
```

如果现在运行程序，很可能会得到如下输出(如果输出不同，则尝试改变 a_string 和 z_string 的声明顺序：

```
Larger of 1.5 and 2.5 is 2.5
Larger of 3.5 and 4.5 is 4.5
Larger of 17011983 and 10 is 17011983
Larger of A and Z is A
```

为什么"A"比"Z"大？读者能够解释这里发生了什么问题吗？是否能够修复该问题？

注意，要比较两个字符数组，可以先把它们转换为另一种字符串表示形式。

3. 编写一个函数模板 plus()，使其可接收两个不同类型的实参，返回这两个实参的和。然后，确保可以使用 plus()将两个给定指针指向的值相加。

附加题：读者是否能够修改 plus()，使其也能够将两个字符串字面量连接起来？注意，这可能没有想象中那样简单。

4. 编写自己的 std::size()函数系列，命名为 my_size()，使其不只可以处理固定大小的数组，还可以处理 std::vector<>和 std::array<>对象。本练习不允许使用 sizeof()运算符。

5. 读者是否能够想出一种方法，验证编译器对任何给定的实参类型，只生成函数模板的一个实例？使用 Ex10_01.cpp 中的 larger()函数进行测试。

6. 第 8 章介绍了用于字符串指针的快速排序算法。扩展 Ex8_18.cpp 的实现，使其可用于任何类型的 vector(即存在<运算符的任何类型)。编写一个 main()函数，使用该算法对一些元素类型不同的 vector 进行排序，然后输出未排序的和排序后的元素列表。自然，在实现这个程序时，还应该创建一个函数模板，可将任意元素类型的 vector 流输出到 std::cout。

第 11 章

模块和名称空间

即使对于大型程序，也总是能把所有代码塞到一个源文件中，但如果把彼此相关的源代码(函数、常量、类型等)组织成为可组合起来的逻辑单元，放到各自的文件中，那么管理大型代码库就容易多了。这样一来，我们就能够使用这些相同的构造块，创建不同的应用程序。在 C++20 中，模块是首选的组合单元。

代码库增长越多，或者依赖于越多的第三方库，就越有可能有相同名称的两个函数、全局变量、类型等。可能两个独立的子系统无意间定义了自己的 log()或 validate()函数，或者定义了自己的 ErrorCode 枚举类型。因为真实的代码库很可能会有几百万行代码，其每个子系统大多由半自主的团队开发，所以除非有一致同意的分层命名方案，否则几乎无法避免发生名称冲突。在 C++中，推荐的方法是让不同的子系统在独立的名称空间中声明自己的名称。

本章主要内容：

- 如何使用模块来构建可组合的代码单元
- 如何从模块导出实体，以便能够在导入该模块的任何源文件中使用它们
- 如何把大模块拆分为更小、更容易管理的单元
- 模块分区和子模块的区别
- 关于 using 名称空间的更多信息以及如何定义和管理自己的名称空间
- 模块和名称空间的关系
- 如何在模块和名称空间级别，把组件的接口与实现分开

11.1 模块

在最低粒度级别，所有 C++程序都是由基本的可重用实体(如函数、类型和变量)组成的。对于极小的程序，比如本书到目前为止所写的程序，在代码中使用这些基本的可重用实体可能就足够了。但随着代码库增长，我们很快会注意到，需要其他某种机制在更高粒度上进一步组织代码。我们想把相关的功能放到一起，以便我们自己和其他人知道在什么地方找到这些功能。我们想把程序拆分为较大的独立子组件，每个子组件都解决特定的一类问题。这些子组件可以根据需要任意组合函数、类型和/或其他组件。子组件的用户甚至不需要知道它们在内部如何工作。在 C++20 中，首选的机制是创建相关功能的自包含的子组件，它们被称为模块。

模块可以导出任意数量的 C++实体(函数、常量、类型等)，之后，在任何导入该模块的源文件中，就可以使用这些实体。模块甚至可以导出完整的其他模块。模块导出的所有实体的组合称为模块接口。如果实体不是模块接口的一部分，那么只能在模块自身看到和使用这些实体。

我们已经知道从使用者的角度看，模块是如何工作的。例如，导入标准库的<string>模块[1]后，就可以访问 std::string 和 wstring 等类型，或者 std::getline、stoi()和 to_string()等函数。我们称<string>模块导出了这些实体，而我们作为该模块的使用者，导入了这些实体。

本章将学习如何创建自己的模块。通常，我们会为实现了某个公共用途的每个代码集合使用一个单独的模块。每个模块将代表类型和函数的一个逻辑分组，还包含任何相关的全局变量。模块也可用于包含一个发布单元，如一个库。因此，模块可能有不同的形式和大小。一些模块实际上只导出一个类型、一个模板(<vector>、<optional>、等)或一些常量(<numbers>模块)，而较大的模块可能导出相关类型和函数的一个庞大的库(标准模块<filesystem>就是较大模块的一个好例子)。在创建自己的模块时，我们可以自由选择粒度级别。

随着一些模块变得更大或更复杂，我们可能想把它们进一步拆分为更小的、更容易管理的子组件。我们将介绍如何在内部(使用模块分区)分解这种模块，以及/或者把它们拆分成为更小的、松散关联的模块(它们将被称为子模块)。在介绍如何组织较大的模块之前，需要先知道如何创建一个小模块。

警告：在撰写本书时，还没有哪个编译器完全支持模块。一些编译器已经对 C++20 的这种特性提供了试验性支持，但这种支持仍然是有限的、不可靠的。另外，如果读者的编译器还不支持模块，则应该知道，本书的代码下载部分包含了所有示例和练习题答案的不使用模块的版本。如果读者仍然必须使用非模块代码，那么在读完本章后，应该首先阅读附录 A，然后继续阅读本书剩余部分。附录 A 是在线提供的。

11.1.1 第一个模块

接下来的文件包含我们的第一个模块的定义。这个模块的名称是 math，它导出了标准库的<cmath>头文件中没有的一些特性：对数字求平方的函数的模板(<cmath>认为这个函数太简单，所以只提供了相反的函数std::sqrt())，lambda 常量(这是我们对因为新冠病毒离世的最聪明的一个人的致敬，这个人就是 John Horton Conway，一位有趣的数学天才)，以及用于确定整数的奇偶性(很简单的一个数学问题)的一个函数。

```
// math.cppm - Your first module
export module math;

export auto square(const auto& x) { return x * x; } // An abbreviated function template

export const double lambda{ 1.3035772690342963912257 }; // Conway's constant

export enum class Oddity { Even, Odd };
bool isOdd(int x) { return x % 2 != 0; } // Module-local function (not exported)
export auto getOddity(int x) { return isOdd(x) ? Oddity::Odd : Oddity::Even; }
```

---

1 因为<string>在 C++20 之前就已经存在，所以从技术角度看，它并没有被写成模块，而是被写成头文件。因此，它实际上并没有像真正的模块那样导出任何实体，至少没有显式导出。除了继承自 C 语言的那些头文件之外，如<cmath>和<cctype>(请参见第 2 章的介绍)，大部分 C++标准库文件都可以像模块那样被对待和导入。因此，这些头文件定义的所有实体使用起来就像是从模块中导出的一样。因此，从概念上讲，完全可以把<string>和其他大部分标准库头文件视为模块。关于头文件和模块的更多信息，请参阅附录 A。

■ **注意：** 在撰写本书时，对于模块文件应该使用什么文件扩展名，还没有达成一致。在一定程度上已经支持模块的每个编译器都使用自己的约定。本书为模块接口文件使用.cppm扩展名。读者可以查阅自己使用的编译器的手册，确定如何为自己的模块文件命名。

除了使用一些新的关键字[1](export 和 module)，以及没有 main()函数之外，这个模块文件看起来与我们到目前为止展示过的其他任何源文件没有区别。事实上，创建基本模块的语法十分简单，以至于几乎不需要做进一步解释。但第一行的 module 声明可能是一个例外。

在每个模块文件[2]开头的某个位置，有一个模块声明。每个模块声明都包含 module 关键字，后跟模块的名称(在本例中是 math)。如果 module 关键字的前面带有 export 关键字，则该模块文件是模块接口文件。只有模块接口文件能够导出实体，构成该模块的接口。

命名模块的规则基本上与C++中的其他实体的命名方式相同，只不过在模块名称中，允许使用点号把不同标识符连接起来。在 C++中，只有模块名称允许这么做。因此，不仅 math123 和 A_B_C 是有效的模块名称，**math.polynomials** 和 a.b.c 也是。以下是无效名称的例子：123math、.polynomials、abc.、和 a..b。稍后将会介绍如何使用带点的名称在实质上模拟分层子模块。

要从一个模块导出实体，只需要在其第一条声明的前面添加 export。在 math.cppm 中，包含导出模板、导出变量、导出枚举类型和导出函数(getOddity())的例子。我们故意没有导出另一个函数 isOdd()。只有模块接口文件能够包含 export 声明，并且 export 声明只能出现在模块声明之后。导入一个模块的文件中只能使用该模块导出的实体。

下面演示了如何导入 math.cppm 定义的 math 模块，并使用该模块导出的实体。

```cpp
// Ex11_01.cpp - Consuming your own module
import <iostream>;
import <format>;
import math;

int main()
{
  std::cout << "Lambda squared: " << square(lambda) << std::endl;

  int number;
  std::cout << "\nPlease enter an odd number: ";
  std::cin >> number;
  std::cout << std::endl;

// if (isOdd(number)) /* Error: identifier not found: 'isOdd' */
// std::cout << "Well done!" << std::endl;

  switch (getOddity(number))
  {
    using enum Oddity;
    case Odd:
      std::cout << "Well done! And remember: you have to be odd to be number one!";
    break;
```

---

1 模块是在 C++20 中才引入的。export 一直是 C++的一个关键字，但 module 和 import 不是。为了避免破坏现有代码，不能简单地把这两个关键字转换成为 export、switch 或 enum 那样的完全的关键字。即从技术角度看，我们仍然能使用 module 或 import 作为变量、函数、类型或名称空间的名称。当然，在新代码中，强烈建议不要这么做。如果需要在模块文件中使用名为 module 或 import 的遗留实体，则有时可能需要在它们的名称前面添加作用域解析运算符::(稍后会进行介绍)，以便让编译器能够接受我们的代码(即，可能必须使用::module 或::import，而不是 module 或 import)。

2 阅读有关模块的介绍时，读者可能会遇到术语"模块单元"，而不是"模块文件"。建议阅读附录 A 来了解翻译单元和源文件之间的区别。

```
    case Even:
      std::cout << std::format("Odd, {} seems to be even?", number);
    break;
  }
  std::cout << std::endl;
}
```

■ **注意:** 在编译 Ex11_01.cpp 这样的文件前，一般必须先编译它导入的所有模块的接口文件，在本例中包括 math 模块的接口文件。编译模块接口会创建其所有导出实体的一个二进制表示，供编译器在处理导出了这个模块的文件时快速参考。编译模块的方式因编译器而异。更多细节请参考相关编译器的文档。

显然，我们通过 import math;声明导入了 math 模块。但是，与标准库模块的 import 声明不同，不需要使用尖括号括住自己的模块(关于在 import 声明中如何使用尖括号的更多信息，请参阅本书的在线附录 A)。

■ **注意:** 与头文件不同(参见附录 A)，导入一个模块时使用的名称并不基于包含模块接口的文件的名称。相反，它基于 export module 声明中声明的名称。虽然一些编译器要求使用文件名来匹配模块的名称，但其他编译器允许模块接口文件具有任意名称。因此，尽管本书中总是把模块接口文件命名为接口名.cppm，但一定要记住，从技术角度看，这个文件的名称并不决定在 import 声明中应该使用的名称。

导入一个模块后，就可以使用该模块导出的所有实体。例如，Ex11_01 中的 main()函数使用了我们创建的 math 模块导出的所有实体: square<>()函数模板的实例化、lambda 常量、getOddity()函数和 Oddity 枚举类型。

但关键在于，我们只能使用这些导出的实体。例如，可以试着取消注释 Ex11_01.cpp 中调用 isOdd() 的 if 语句。编译器将报错，指出它找不到名为 isOdd()的函数。这并不奇怪: 模块接口文件中声明了 isOdd()，并不意味着它自动成为该模块的接口的一部分。要让 isOdd()在 math 模块的外部可见，必须在它的定义前面也加上 export。

此外，Ex11_01.cpp 中的 main()程序没有太多新东西，只不过这里在 switch 语句中使用了 using enum 声明。第 3 章展示了如何使用 using enum 声明，但这是我们第一次在 switch 语句(第 4 章介绍)中使用这种声明。使用了这个 using 声明后，就不必在枚举成员名称 Even 和 Odd 前面使用 Oddity::，但只能在 switch 语句的作用域内省略它。在本章后面将看到，也可以在语句、函数或名称空间的作用域内使用其他 using 声明和 using 指令。

11.1.2 导出块

在 Ex11_01 中，我们使用 4 个 export 声明，逐个导出 4 个不同的实体。通过把多个实体放到一个导出块中，也可以一次性导出多个实体。导出块由 export 关键字后跟放在花括号中的一系列声明组成。下面是 Ex11_01 中的 math 模块的另一个版本(此模块文件保存为 Ex11_01A)，这里使用了导出块，而不是 4 个 export 声明。

```
// math.cppm - Exporting multiple entities at once
export module math;

bool isOdd(int x) { return x % 2 != 0; } // Module-local function (not exported)
```

```
export
{
  auto square(const auto& x) { return x * x; }

  const double lambda{ 1.3035772690342963191257 }; // Conway's constant

  enum class Oddity { Even, Odd };
  auto getOddity(int x) { return isOdd(x) ? Oddity::Odd : Oddity::Even; }
}
```

11.1.3 将接口与实现分开

到目前为止，所有实体都是在模块接口文件中直接定义的。对于小函数和类型，例如 math 模块中的那些，这么做没问题。当然，模块局部的 isOdd() 函数已经让 math 的接口文件有一些杂乱，但还没有造成太大干扰。在真实程序中，每个函数的定义可能包含几十行代码，而且可能需要多个局部函数和类型来实现导出的接口。如果不小心，这些实现细节会让模块的接口变得模糊，让人们更难快速看出特定的模块提供了什么。这种情况下，应该考虑将模块的接口(例如，让接口只包含导出函数的原型)与其实现(定义了导出的函数以及模块局部的实体)分开。

要将模块的接口与其实现分开，第一个选项是在模块接口文件内进行拆分，如下所示：

```
// math.cppm - Exporting multiple entities at once
export module math;

export // The module's interface
{
  auto square(const auto& x);

  const double lambda = 1.3035772690342963191257; // Conway's constant

  enum class Oddity { Even, Odd };
  auto getOddity(int x);
}

// The implementation of the module's functions (+ local helpers)
auto square(const auto& x) { return x * x; }

bool isOdd(int x) { return x % 2 != 0; }
auto getOddity(int x) { return isOdd(x) ? Oddity::Odd : Oddity::Even; }
```

我们总是可以像这样，把函数定义移动到模块接口文件的底部。甚至可以首先使用 enum class Oddity;声明枚举类型 Oddity，然后把它的定义移到底部。但是，我们把 Oddity 的定义留在了导出块中，因为它需要是模块接口的一部分(使用者需要知道其枚举成员，才能使用这个模块)。常量必须立即初始化，所以不能移动 lambda 的定义。

不过，其实从之前的示例，读者已经了解到了这里的大部分内容。在前面的示例中，我们也常将所有函数原型放到源文件的上部(以方便概览可用的函数)，把函数定义放到源文件的底部(常常放到使用它们的 main() 函数的后面)。

现在，值得注意的真正的新内容是，我们不需要在底部的定义前重复使用 export 关键字。可以使用，但没必要使用。即，可以在 math.cppm 底部的 square<>() 和 getOddity() 的前面重复 export 关键字，但这完全是可选的。

但是，如果在第一次声明实体时，没有使用 export，那么就不能在后面声明该实体时添加 export。

例如，下面的声明会导致编译错误。

```
bool isOdd(int x);
// ...
export bool isOdd(int x); /* Error: isOdd() was previously declared as not exported! */
```

1. 模块实现文件

除了把所有定义放到模块接口文件的底部，通常还可以把它们移到一个单独的源文件中(稍后将介绍这种方法的一些限制)。这样一来，模块接口文件将包含所有导出函数的原型，而它们的定义以及任何模块局部的实体将被移到一个或多个模块实现文件中。这种方法强调了接口与实现的干净分离，这是我们期望任何软件组件都具有的特征。

我们离开 math 模块一会。下面给出了一个模块的简化后的接口文件，该模块提供了在无符号整数和标准罗马数字[1]之间进行转换的一些函数。

```
// roman.cppm - Interface file for a Roman numerals module
export module roman;
import <string>;
import <string_view>;

export std::string to_roman(unsigned int i);
export unsigned int from_roman(std::string_view roman);
```

本书中没有空间来展示特别大的模块，但我们相信，读者能够看出来，这个接口文件现在为 roman 模块提供了一个简洁的、清晰的概览，不受局部帮助函数或其他细节的干扰。

这个模块文件中还有一点新颖的地方：它使用了其他模块，准确来说，是标准库中的<string>和<string_view>模块。关于这一点，现在需要重点知道的是，在一个模块文件中，所有 import 声明必须出现在 module 声明之后，其他任何声明之前。因此，下面的模块文件是不正确的：

```
import <string>; /* Error: no imports allowed before the module declaration! */
export module roman;

export std::string to_roman(unsigned int i);

import <string_view>; /* Error: illegal import after declaration of to_roman()! */
export unsigned int from_roman(std::string_view roman);
```

创建了 roman.cppm 模块接口文件后，现在可以开始定义该模块的函数了。通常，对于 roman 这样的一个小模块，我们会把这两个函数定义放到一个模块实现文件中，如 roman.cpp。但是，为了演示可能性，我们将把每个函数定义放到自己的实现文件中。下面这个实现文件提供了 to_roman()函数的定义：

```
// to_roman.cpp - Implementation of the to_roman() function
module roman;

std::string to_roman(unsigned int i)
{
  if (i > 3999) return {}; // 3999, or MMMCMXCIX, is the largest standard Roman numeral
  static const std::string ms[] { "","M","MM","MMM" };
  static const std::string cds[]{ "","C","CC","CCC","CD","D","DC","DCC","DCCC","CM" };
```

---

[1] 读者如果不熟悉罗马数字，也不必担心。在本节中理解 roman 模块即可，不需要理解 to_roman()和 from_roman()函数的实现。

```
static const std::string xls[]{ "","X","XX","XXX","XL","L","LX","LXX","LXXX","XC" };
static const std::string ivs[]{ "","I","II","III","IV","V","VI","VII","VIII","IX" };
return ms[i / 1000] + cds[(i % 1000) / 100] + xls[(i % 100) / 10] + ivs[i % 10];
}
```

与所有模块文件一样，模块实现文件包含一个 module 声明。但是，与模块接口文件不同的是，模块实现文件的 module 声明不以 export 关键字开头。自然，这意味着模块实现文件不能导出任何实体。事实上，在这里，我们甚至不能在 to_roman()的定义前面重复 export 关键字。只能在模块接口文件中添加或重复 export 关键字。

to_roman()函数自身的实现包含一些巧妙的、简洁的编码，可将无符号整数转换为罗马数字。但是，读者在本书前半部分已经掌握了 C++表达式和函数，所以应该能够理解这个函数的代码。因为本节的关注点是模块，所以我们将把解读这个函数体的工作留作读者的练习。

为完整起见，下面列出 roman 模块的第二个模块实现文件。

```
// from_roman.cpp - Implementation of the from_roman() function
module roman;

unsigned int from_roman(char c)
{
  switch (c)
  {
    case 'I': return 1; case 'V': return 5; case 'X': return 10;
    case 'L': return 50; case 'C': return 100; case 'D': return 500;
    case 'M': return 1000; default: return 0;
  }
}

unsigned int from_roman(std::string_view roman)
{
  unsigned int result{};
  for (size_t i{}, n{ roman.length() }; i < n; ++i)
  {
    const auto j{ from_roman(roman[i]) }; // Integer value of the i'th roman digit
    // Look at the next digit (if there is one) to know whether to add or subtract j
    if (i + 1 == n || j >= from_roman(roman[i + 1])) result += j; else result -= j;
  }
  return result;
}
```

第二个实现文件与第一个实现文件很相似，只不过它定义了一个局部帮助函数，用来将罗马数字转换为一个整数。from_roman()的这个重载只在此源文件内可见。

因为 switch、for 和 if 语句都已经在前面讲过，所以相信读者能够理解 from_roman()函数的工作方式。我们添加了一些注释来提供帮助(当代码逻辑不十分明显时，在代码中添加注释总是一个好主意)。

下面是一个小测试程序及其输出：

```
// Ex11_02.cpp
import <iostream>;
import <string>;
import roman;

int main()
{
```

```
std::cout << "1234 in Roman numerals is " << to_roman(1234) << std::endl;
std::cout << "MMXX in Arabic numerals is " << from_roman("MMXX") << std::endl;
}
```

```
1234 in Roman numerals is MCCXXXIV
MMXX in Arabic numerals is 2020
```

注意: 对于非模块化代码(更多细节请参见在线附录 A),有另外一个可能更强的动机来避免在头文件中定义函数(头文件与模块接口文件有些类似),每次修改头文件,不管是多么小的修改(即使只是纠正代码注释中的一个拼写错误),一般都意味着需要直接或间接地重新编译使用该头文件的所有代码。在最坏情况下,由于递归的#include,这意味着在开发期间需要一遍遍重新生成几乎整个应用程序。考虑到函数实现的修改频率通常远高于其原型,以一致的方式将所有实现从头文件中移出来,放到一个单独的源文件中,是有优势的。但是,模块没有这种问题。模块在设计上是独立的构造块。只有对模块的实际接口进行修改时,模块使用者才会受到影响。函数定义故意没有被设计为模块接口[1]的一部分(下一节将会介绍)。因此,读者可以在模块接口文件中安全地修改函数定义,甚至是导出函数的定义,而不必担心需要重新编译使用该模块的代码。

2. 实现文件的限制

一般来说,导入模块的文件在使用某个导出的功能时所需要的内容,必须在模块接口文件中存在。原因在于,每当编译器处理使用了该模块的源文件时,只会考虑该模块的接口(预编译的二进制表示)。这时,不会考虑编译后的模块实现文件的输出,它只是在链接阶段需要(第 1 章简要介绍了链接)。因此,一些实体必须总是在模块接口文件中定义,而不是在模块实现文件中定义。

例如,所有导出模板的定义必须是模块接口的一部分。编译器需要这些模板定义为该模块的各个使用者实例化新的模板实例。我们实际上是在导出整个模板,即未来实例化的完整蓝图,而不是特定的一个函数原型(或类型定义;请参见第 17 章)。

另一方面,只要有函数原型,编译器就能调用一个普通的函数,因为它从函数原型知道了使用者应该提供什么实参,以及结果类型应该是什么。因此,大部分函数定义可以原封不动地直接移到模块接口文件中。使用 auto 返回类型推断的导出函数,就是不能从接口文件中简单地移动出去的函数定义的例子[2]。要使 auto 返回类型推断能够工作,编译器需要函数定义是模块接口的一部分。

因此,在 Ex11_01 的 math.cppm 接口文件中,isOdd()函数是唯一一个能够原封不动地把定义移到模块实现文件的实体。这不只是因为 isOdd()是唯一没有被导出的实体,也因为 square<>()是一个模板(这是由其 const auto&参数决定的;参见第 10 章),以及 getOddity()使用了 auto 返回类型推断。

3. 实现文件中的隐式导入

敏锐的读者注意到,我们并没有在 to_roman.cpp 中导入<string>模块,尽管 to_roman()的定义显然使用了 std::string 类型。而且,与此类似,我们没有在 from_roman.cpp 中导入<string_view>。如果没有注意到这一点,可以返回去看一看。之所以能够省略这些模块导入,有两个原因。

- 每个模块实现文件(不是分区文件;后面会介绍分区文件)会隐式导入它属于的模块。可以想象为,module roman;这样的声明在下一行隐式添加了 import roman;(顺便提一句,不允许在 module roman;后面显式添加 import roman;)。

---

[1] 除非使用 inline 关键字将该函数声明为内联函数。内联函数的定义与模板一样,是模块接口的一部分。关于内联和内联函数的更详细的讨论,请参见附录 A。

[2] 其他例子包括 inline 函数(其定义必须在调用端内联)和 constexpr 函数(静态计算中需要用到其定义)。在线附录 A 详细讨论了内联函数。

- 每当把模块的一个部分导入同一个模块的另一个部分(稍后将进行介绍)时，后者实际上能够访问前者的所有声明[1]，甚至是未被导出的声明。这不只包括模块局部的函数、类型和变量的声明，还包括导入的其他模块，例如 import <string>;和 import <string_view>;。

这两条规则结合在一起，决定了模块实现文件 to_roman.cpp 和 from_roman.cpp 都从隐式导入的 roman.cppm 模块接口文件中继承了<string>和<string_view>的 import 声明。

■ **警告**:只有 module my_module;这种形式的 module 声明才会添加隐式的 import my_module;声明(并因而阻止了显式的 import my_module;声明)。后面将会讲到，模块分区的 module 声明没有这种行为。要在分区文件中访问模块接口文件的全部声明，必须显式添加 import my_module;。

11.1.4 可达性与可见性

当把一个模块导入其他模块的文件时，不会隐式继承模块接口文件中的所有导入。这实际上就是在 Ex11_02.cpp 中，尽管导入的 roman 模块的模块接口文件中包含<string>的 import 声明，但还需要导入<string>模块的原因。如果愿意，可以从模块中显式导出 import 声明(稍后将介绍这种选项)，但默认情况下，在导入模块时，不会隐式获得对该模块所依赖的其他所有模块的完整访问。

这其实是好事。我们并不想把接口文件中的所有 import 随意导出给使用者。当模块修改了其接口的实现时，我们不希望该模块的使用者受到影响。只有对模块接口的修改才允许影响其使用者。如果随意导出和导入所有 import，那么添加或删除任何 import 声明，将递归地影响到直接或间接导入该模块的所有代码。这几乎一定会影响使用者；删除深层的 import 可能破坏依赖该 import 的其他代码，而添加 import 声明可能引入名称冲突(头文件存在这些问题；更多细节请参见在线附录 A)。

但是，如果不让使用者知道模块接口中使用的类型，他们将无法使用该接口。以 Ex11_02 中的 roman 模块接口为例。要调用 from_roman()，需要知道如何创建 std::string_view 对象；类似地，要使用 to_roman()的结果，至少需要知道 std::string 类型的信息。

C++模块提供了一种合适的折中：区分实体声明的可达性与其名称的可见性。我们将用示例来进行说明。复制 Ex11_02 中的 roman 模块的所有文件，然后创建一个新的源文件，在其中包含一个空 main()函数。在这个新的源文件中，不再像 Ex11_02.cpp 那样导入<string>模块。换句话说，新的源文件中只包含两个 import 声明。

```
// Ex11_03.cpp - Using types with reachable definitions but whose names are not visible
import <iostream>;
import roman;

int main()
{
  // You can put all code used in the remainder of this section here...
}
```

在通过局部声明或者 import 声明导入的模块接口文件(如 roman.cppm)中可达的任何声明(包括类型定义)，在导入该模块的文件中也是可达的。例如，通过导入 roman, std::string 和 std::string_view 在 Ex11_03.cpp 中也是可达的。因此，声明的可达性会隐式地、递归地传递给模块的所有直接或间接的使用者。

大部分时候，一旦类型的定义可达，我们就能够像原来那样正常使用该类型的值。例如，因为在

---

1 这种说法实际上不完全准确；内部链接的实体是不能在声明它们的文件外部使用的，即使在相同模块的其他文件中也不能使用。但是，因为在编写模块时，并不需要创建内部链接的实体(从技术角度看，让所有非导出实体具有模块链接更加简单)，所以这里不讨论那种可能性。关于不同链接类型的更多信息，请参考附录 A。

Ex11_03.cpp 中，std::string_view 的定义是可达的，所以可以用字符串字面量来调用 from_roman()，在此过程中会隐式创建 std::string_view：

```
std::cout << "MMXX in Arabic numerals is " << from_roman("MMXX") << std::endl;
```

甚至可以调用类型定义可达的对象的函数。用正式术语来表达就是，可达类定义的成员的名称是可见的。在 Ex11_03.cpp 的接下来的两行代码中，我们因而可以调用 to_roman() 返回的 std::string 对象的 c_data() 和 size() 函数，尽管我们并没有导入<string>模块：

```
std::cout << "1234 in Roman numerals is " << to_roman(1234).c_data() << std::endl;
std::cout << "This consists of " << to_roman(1234).size() << " numerals" << std::endl;
```

为了避免无意间导致名称冲突，以及避免使用者依赖于不同的内部名称，实体名称的可见性并不能任意脱离模块。因此，std::string 和 std::string_view 的名称在 Ex11_03.cpp 中不可见，因而不能在该文件中使用：

```
// std::string_view s{ "MMXX" }; /* Error: the name std::string_view is not visible */
// std::string roman{ to_roman(567) }; /* Error: the name std::string is not visible */
```

好在，不需要访问函数返回类型的名称，就能够使用它们。总是可以使用 auto 或 const auto& 作为该名称的占位符，捕获函数的结果。

```
auto roman{ to_roman(567) };
std::cout << "567 in Roman numerals is " << roman.c_data() << std::endl;
```

与类型名称(std::string、std::string_view 等)的可见性相同，函数名称的可见性也不能任意脱离模块的边界。因此，在 Ex11_03.cpp 中，不能调用 std::stoi() 和 std::to_string() 这样的函数。

```
// std::cout << "std::stoi() is not visible: " << std::stoi("1234") << std::endl;
```

这至少也在一定程度上解释了为什么在 Ex11_02.cpp 中，我们必须导入<string>模块。如果没有那条 import 声明，下面的代码行将无法工作，因为<<运算符将是不可见的。第 13 章将会讲到，这个流输出运算符实际上也是一个函数，只不过能使用不同的语法调用而已。

```
// std::cout << "1234 in Roman numerals is " << to_roman(1234) << std::endl;
```

简言之，声明的可达性隐式地传递给模块的所有使用者(可能是间接使用)，但声明的名称的可见性则不会传递。不过，好消息是，"可达"足以使我们在使用模块的接口时不必导入额外的模块；如果我们乐于使用 auto，就更是如此了。

11.1.5 导出 import 声明

与模块接口文件中的大部分声明一样，也可以在 import 声明的前面添加 export。导入一个模块的文件也会隐式继承该模块中导入的所有 import 声明。例如，假设在 Ex11_02 的 roman.cppm 中的两个 import 声明前添加了 export，如下所示：

```
// roman.cppm
export module roman;
export import <string>;
export import <string_view>;
export std::string to_roman(unsigned int i);
export unsigned int from_roman(std::string_view roman);
```

现在，就可以在 Ex11_02.cpp 中安全地删除<string>的 import 声明，因为该文件将通过导入 roman

间接地导入<string>。

不过，不应该系统地导出一个模块中使用的所有模块导入。只有当我们能够确定，模块的所有使用者都需要被导入模块的函数和/或类型名称可见时，才应该导出一个 import 声明。上一节讲到，要使用一个模块的接口，大部分情况下具有类型定义的可达性就足够了，而可达性并不需要导出对应的import。

导出 import 声明还有一个合理的理由：创建所谓的子模块。下一节将介绍这种策略。

11.1.6　管理较大的模块

模块越大，或者模块的功能越复杂，将其代码进一步拆分为更小、更容易管理的组件的需求就越大。

此时，我们的第一个选项是将模块拆分为多个更小的模块。如果模块的接口可以干净地拆分为不相关的子接口，它们的实现也彼此独立，那么这种选项的效果很好。一种特别值得注意的方法是将较大的模块拆分为几个所谓的子模块。下一节将介绍子模块。

但是，有些时候，确实想把所有内容放在一个自包含的模块中。也许拆分一个模块的功能并不合理，或者也许模块接口已经非常小，我们只是需要有许多内部实现方式来实现该接口。并不是所有代码都需要在任何时候导出整个应用程序。将代码保留在模块局部有一个优势：我们能够灵活地修改这些代码，而不必担心外部使用。C++20 为这种场景提供的答案叫做模块分区。稍后将讨论分区。

1. 模拟子模块

尽管 C++并没有正式支持嵌套子模块的概念，但模拟它们很容易。其原则最适合用示例进行解释。通过首先创建下面的 3 个模块接口文件(为简单起见，我们将忽略函数定义)，可以把 roman 模块拆分为两个更小的子模块，分别命名为 roman.from 和 roman.to。

```
// roman.cppm - Module interface file of the roman module
export module roman;
export import roman.from; // Not: 'export import .from;' (cf. partitions later)
export import roman.to;

// roman.from.cppm - Module interface file of the roman.from module
export module roman.from;
import <string_view>;
export unsigned int from_roman(std::string_view roman);

// roman.to.cppm - Module interface file of the roman.to module
export module roman.to;
import <string>;
export std::string to_roman(unsigned int i);
```

需要重点注意，就 C++而言，roman.from 和 roman.to 就是模块名称，和其他模块名称没有区别。如果我们想把这些子模块重命名为 from_roman 和 to_roman，甚至是 cattywampus 和 codswallop，也完全可以。语言本身没有规定任何分层命名方案。但是，采用一种分层的命名方案，便于我们看出模块与其子模块之间的关系，而且为了便于这种分层命名，特别允许在模块名称中使用点号。

创建这 3 个模块文件后，在应用程序的其余部分有如下选项：导入单独的子模块，或者同时导入全部子模块。如果只需要输出罗马数字，那么可以添加 import roman.to;，只获得对 to_roman()的访问。也可以添加 import roman;，同时获得对所有子模块的访问。

■ 提示: 从功能上讲, 同时导入所有子模块与仅导入实际需要的模块之间并没有区别。事实上, 从功能的角度看, 前者要方便得多。但是, 更加细粒度的子模块导入有一些潜在的优势, 包括提高编译速度(源文件之间的依赖越少, 意味着并行编译的机会越高), 以及在开发期间减少增量生成的时间(修改子模块的接口时, 只需要重新生成导入了该子模块的文件)。

2. 模块分区

如果把一个模块拆分为多个(子)模块不能满足要求, 可以考虑模块分区, 它能够为太大的单块式模块文件建立结构。

■ 注意: 子模块与分区之间的关键区别是, 应用程序的其余部分可以单独导入子模块, 而分区仅在模块内可见。对于应用程序的其余部分来说, 分区的模块是一个自包含的模块。我们甚至能够彻底地重新分区模块, 而完全不会改变应用程序其余部分。

模块实现分区

从 Ex11_02 可知, 我们能够把一个模块的实现拆分到多个模块实现文件中。但仅这么做有时候还不够; 有时, 我们想在多个这样的源文件中使用相同的模块局部实体, 最好不必在共享的模块接口文件中声明这些实现细节。此时, 可以使用模块实现分区[1]。

从 roman 模块中提取的如下分区就是这样的一个例子。它定义了之前在 from_roman.cpp 中定义的 from_roman(char)帮助函数(Ex11_04 中保存了重新分区后的 roman 模块的完整源代码)。

```
// roman-internals.cpp - Module implementation file for the
// internals partition of the roman module
module roman:internals;
unsigned int from_roman(char c)
{
  // Same switch statement as before...
}
```

模块分区文件的 module 声明与其他任何模块文件的 module 声明相似, 只不过会在模块名称的后面添加冒号, 然后跟上分区的名称。因此, 在我们的示例中, 分区的名称是 internals, 显然它是 roman 模块的一个分区。module 声明中没有 export 关键字, 说明这是一个模块实现分区, 因此不允许它导出任何实体。internals 这个名称唯一地标识了这个文件。

■ 警告: 模块分区文件不能有相同的分区名称, 即使其中一个文件包含模块接口分区, 另一个文件包含模块实现分区也不行。因此, 分区名称总是唯一标识一个文件。

要在定义了 from_roman(string_view)的模块实现文件中使用 internals 分区及其函数, 必须导入该分区, 如下所示:

```
// from_roman.cpp - Implementation of the from_roman() function
module roman;
import :internals; // Caution: never 'import roman:internals;'!

unsigned int from_roman(std::string_view roman)
{
  // Same as before... (uses from_roman(char) function from the :internals partition)
}
```

---

1 模块实现分区有时也称为内部分区。

▓ **警告:** 只能在相同模块的其他文件中导入模块分区,并且只能使用 import :partition_name;进行导入。import :partition_name;是很有吸引力的语法,但它在模块外部和模块内部都不是有效的语法。在模块外部,无法访问分区,而在模块内部,module_name 限定是冗余的。

　　自然,将模块局部功能分组到实现分区文件中后,只有当相同模块的其他多个实现文件和/或分区文件使用这些分区才有用。如果像 internals 这样的分区只被另一个文件使用,那么可能不值得进行分区。

模块接口分区

　　模块接口有时候也可能变得太大,应该被进一步拆分为多个部分。此时,可以使用模块接口分区。例如,Ex11_03 中的 roman 模块的接口包含两个函数。我们可将这个接口拆分为两个部分。

　　创建模块接口分区很简单。在下面这个例子中,我们导出并定义了 to_roman()函数(完整的源代码包含在 Ex11_05 中)。

```
// roman-to.cppm - Module interface file for the to partition of the roman module
export module roman:to;
import <string>;
export std::string to_roman(unsigned int i)
{
  // Same function body as before...
}
```

　　与其他任何模块分区文件一样,模块接口分区文件的 module 声明指定了一个唯一的分区名称(在本例中为 to)。而且与任何模块接口文件一样,这个声明以关键字 export 开头。使用 roman-to.cppm 这样的模块接口分区时,可以把模块拆分为多个部分,每个部分定义模块功能的一个逻辑子集。

　　当然,使用模块接口分区并不阻止把接口与实现分开。为了演示这一点,我们将把第二个接口分区 roman:from 中的所有定义移动到一个实现文件中。

```
// roman-from.cppm - Module interface file for the from partition of the roman module
export module roman:from;
import <string_view>;

export unsigned int from_roman(std::string_view roman);
```

　　现在只需要注意一点:我们现在不能创建以 module roman:from;开头的模块实现文件。虽然这看起来符合逻辑,但每个分区名称只能创建一个文件。因此,当我们创建了一个名为 from 的模块接口分区后,就不能再创建具有相同名称的一个模块实现分区。不过,我们能够将该分区的函数定义移动到一个普通的、未命名的模块实现文件中(或者,如果愿意,可以将其移动到一个名称不是 from 的模块实现分区中)。因为 Ex11_04 中创建了一个 internals 分区,所以也可以在实现中重用该分区。

```
// from_roman.cpp - Module implementation file for the from partition of the roman module
module roman;
import :internals;

unsigned int from_roman(std::string_view roman)
{
  // Same as before... (uses from_roman(char) from the internals partition)
}
```

　　无论如何组织模块接口分区及其实现,关键在于,最终必须在模块的主模块接口文件中导出每个接口分区。记住,对于外界来说,分区的模块仍然作为一个自包含的模块展现。因此,每个模块必须只有一个主模块接口文件,该文件导出了它的整个接口,即使该接口在内部可能被分区到多个文件中。下面是完成了示例 Ex11_05 的 roman 模块的主模块接口文件。

```
// roman.cppm - Primary module interface file for the roman module
export module roman;

export import :to;      // Not: 'export import roman:to;'
export import :from;    // Not: 'export import roman:from;'
// export import :internals; /* Error: only interface partitions can be exported */
```

我们不能导出模块实现分区(如:internals;),而只能导出模块接口分区。在模块外部,分区的模块只能作为整体导入(例如,通过 import roman;导入 roman 模块),而不能导入单独的分区(如前所述,语法 import roman:from;是无效的)。如果想在主模块的外部单独导入各个部分,则应该把它们转换为子模块。

11.1.7　全局模块片段

模块是在 C++20 中引入的,这也意味着之前 30 多年来写下的是非模块化的 C++代码。这些代码位于所谓的全局模块内,这是一个没有真正名称的隐式模块。在本章之前编写的代码都位于全局模块中。在线附录 A 解释了非模块代码是如何组织到多个文件中的(准确来说,是头文件和源文件);本节只是展示如何在模块文件中使用真正的非模块代码。

许多(甚至大部分)C++头文件是可导入的,意味着可以方便地导入它们,就像它们是模块一样。附录 A 中介绍了什么样的头文件是可以导入的,现在只需要知道,除了来自 C 标准库的哪些头文件(<cmath>、<cctype>等;它们的名称都带有字母 c 作为前缀)以外,C++标准库中的所有头文件都是可导入的。标准的 C 头文件不一定是可导入的。在第 2 章和第 4 章讲到,要使用标准 C 头文件的功能,需要使用#include 指令,而不是使用 import 声明。

一般来说,在模块文件中,应该把所有#include 指令放到所谓的全局模块片段中。下面是具有全局模块片段的一个模块文件的典型布局:

```
module; // Start of the global module fragment

#include <cmath> // Any number of #includes of nonmodular code (no semicolon!)

/*export*/ module myModule; // Start of the module purview

import <string>; // Any number of imports of modular code
import myOtherModule;

// Module code that consumes entities from <cmath>, <string>, and myOtherModule...
```

全局模块片段总是出现在模块文件的 module 声明之前。事实上,除了注释之外,只有全局模块片段能够出现在 module 声明的前面。从 module 声明开始的模块文件部分的正式名称是模块范围(module purview)。

全局模块片段自身只能包含预处理器指令,如#include 和#define,而不能包含其他内容。全局模块片段不能包含任何函数声明和任何变量定义。所有普通声明都应该放在模块范围内。关于预处理器指令的更多信息,请参阅在线附录 A。在那之前,我们只是偶尔需要使用全局模块片段来包含标准库中的一些 C 头文件。

■ **注意:** 全局模块片段开头的 module;行看起来有些多余。但之所以要求添加这行声明,是为了方便编译器和生成系统快速判断给定的文件是不是模块文件(而不必处理任何#include 指令)。

11.2 名称空间

第 1 章简要介绍了名称空间,但介绍的内容并不全面。对于大型程序,为所有实体选择唯一名称变得困难。当几个程序员同时开发一个应用程序,并且/或者当应用程序包含各种第三方 C++库的代码的时候,使用名称空间来防止名称冲突变得十分重要。

名称空间是一个块,它将一个额外的名称(即名称空间的名称)附加到这个块内声明的每个实体名称上。每个实体的完整名称是名称空间的名称,后跟作用域解析运算符::,再跟基本的实体名称。不同的名称空间可以包含同名的实体,但这些实体能够被区分开,因为它们会被不同的名称空间名称所限定。读者已经知道,标准库的名称是在 std 名称空间中声明的。本节将介绍如何定义自己的名称空间,但在那之前,我们先快速介绍一下所谓的全局名称空间。

11.2.1 全局名称空间

我们到目前为止所写的所有程序都使用了在全局名称空间中定义的名称。如果没有定义名称空间,则默认情况下会使用全局名称空间。全局名称中的所有名称就是声明时的样子,并不会附加名称空间的名称。

要显式访问全局名称空间中定义的名称,可以使用不带左操作数的作用域解析运算符,例如::power(2.0, 3)。但是,只有当有一个同名的局部声明隐藏了该全局名称时,才真的需要这么做。

■ **注意:** 名称可被完全不同种类的实体的名称隐藏。例如,在下面的函数体内,函数参数 power 的名称隐藏了全局名称空间中的 power()函数。要访问后者,需要显式添加作用域解析运算符(或者重命名函数参数)。

```
double zipADee(int power) // Compute the zip-a-dee of the given power
{
double doodah = ::power(std::numbers::pi, power);
// ...
```

对于小程序,可以在全局名称空间中定义名称,而没有遇到问题。在较大的代码库中,发生名称冲突的概率会增加,所以应该使用名称空间,将代码划分为不同的逻辑分组。这样一来,从命名的角度看,每个代码片段都是自包含的,这就避免了名称冲突。

11.2.2 定义名称空间

名称空间定义具有如下形式:

```
namespace mySpace
{
  // Code you want to have in the namespace,
  // including function definitions and declarations,
  // global variables, enum types, templates, etc.
}
```

注意,在名称空间定义中,结束花括号的后面不需要使用分号。这里的名称空间名称是 mySpace[1]。花括号括住了名称空间 mySpace 的作用域,在该名称空间作用域内声明的每个名称都会附加 mySpace 这个名称。

> **警告:**不能把 main()函数放到名称空间中。运行时环境期望 main()函数是在全局名称空间中定义的。

通过添加另一个具有相同名称的名称空间块,可以扩展一个名称空间作用域。例如,一个程序文件中可能包含下面的名称空间声明:

```
namespace mySpace
{
  // This defines namespace mySpace
  // The initial code in the namespace goes here
}
namespace network
{
  // Code in a new namespace, network
}
namespace mySpace
{
  /* This extends the mySpace namespace
     Code in here can refer to names in the previous
     mySpace namespace block without qualification */
}
```

这里有两个块被定义为名称空间 mySpace,它们中间有另外一个名称空间 network。第二个 mySpace 块将被视为第一个 mySpace 块的延续,所以在这两个 mySpace 块内声明的函数属于同一个名称空间。如果愿意,可以为同一个名称空间使用任意多的块,把它们放到任意多的源文件和模块文件中。

在同一个名称空间中引用名称不需要添加限定。例如,在名称空间 mySpace 内引用在 mySpace 中定义的名称时,不需要用名称空间的名称限定它们。

下面的示例演示了定义和使用名称空间的方式:

```
// Ex11_06.cpp
// Defining and using a namespace
import <iostream>;
import <numbers>;

namespace math
{
  const double sqrt2 { 1.414213562373095 }; // the square root of 2
  auto square(const auto& x) { return x * x; }
  auto pow4(const auto& x) { return square(square(x)); }
}

int main()
{
  std::cout << "math::sqrt2 has the value " << math::sqrt2 << std::endl;
  std::cout << "This should be 0: " << (math::sqrt2 - std::numbers::sqrt2) << std::endl;
```

---

1 不要与 MyspaceTM 混淆,后者曾经是全球最大的社交网络(MyspaceTM 最初叫做 MySpace,现在叫做 myspace;考虑到名称空间名称区分大小写,mySpace 与这两个名称是不同的。

```
std::cout << "This should be 2: " << math::square(math::sqrt2) << std::endl;
}
```

Ex11_06 中的名称空间 math 包含一个常量和两个(缩写的)函数模板。可以看到,我们完全可以在 math 名称空间中定义一个名为 sqrt2 的常量,即使在 std::numbers 名称空间中存在同名的一个变量也没问题(std::numbers 是一个嵌套名称空间;下一节将介绍嵌套名称空间)。只要使用限定名,就不存在模糊性。

注意,在从 pow4()中(两次)调用 square()时,不需要使用 math::来限定它。原因在于,pow4()与 square()在相同的名称空间中定义。即使定义 pow4()的名称空间块与 square()不同,即使该块在另外一个文件中定义,这一点也成立。但是,在 math 名称空间外部调用 square()时,例如在 Ex11_06.cpp 的 main()函数(这是全局名称空间中的一个函数)中调用时,必须用 math::来限定 square()。

这个程序的输出如下所示:

```
sqrt2 has the value 1.41421
This should be 0: -2.22045e-16
This should be 2: 2
```

第二行看起来有点奇怪,但它只是再次确认了两点。首先,math::sqtr2 和 std::numbers::sqrt2 实际上是具有相同基础名称的两个不同变量;其次,为了实现最大的精确性,应当尽可能使用<numbers>模块中预定义的常量(第 2 章也建议这么做)。相信我们,在创建这个程序时,我们并没有准备让这两个常量不同。

11.2.3 嵌套名称空间

可以在一个名称空间内定义另一个名称空间。通过具体上下文,更容易理解这种机制。例如,假设有下面的嵌套名称空间:

```
import <vector>;
namespace outer
{
  double min(const std::vector<double>& data)
  {
    // Determine the minimum value and return it...
  }

  namespace inner
  {
    void normalize(std::vector<double>& data)
    {
      const double minValue{ min(data) }; // Calls min() in outer namespace
      // ...
    }
  }
}
```

在 inner 名称空间中,normalize()函数可以调用 outer 名称空间中的 min()函数,而不必限定这个名称。这是因为,inner 名称空间中的 normalize()声明也在 outer 名称空间内。要在全局名称空间(或另外一个不相关的名称空间)中调用 min()或 normalize(),必须正常限定这两个名称。

```
outer::inner::normalize(data);
const double result{ outer::min(data) };
```

但是，要在 outer 名称空间中调用 outer::inner:normalize()，只需要用 inner::限定其名称就可以。也就是说，对于 outer 内嵌套的名称空间中的名称，可以省略 outer::限定符：

```
namespace outer
{
  auto getNormalized(const std::vector<double>& data)
  {
    auto copy{ data };
    inner::normalize(copy); // Same as outer::inner::normalize(copy);
    return copy;
  }
}
```

使用下面的简洁语法，可以直接在嵌套名称空间中添加代码：

```
namespace outer::inner
{
  double average(const std::vector<double>& data) { /* body code... */ }
}
```

这相当于显式将 inner 名称空间的块嵌套到 outer 名称空间的块中，但使用起来更方便。

```
namespace outer
{
  namespace inner
  {
    double average(const std::vector<double>& data) { /* body code... */ }
  }
}
```

11.2.4 名称空间和模块

在一个程序中，通常会为涵盖公共用途的每个代码集合单独使用一个名称空间。每个名称空间将代表类型和函数以及相关全局变量的一个逻辑分组。名称空间也可以用来包含一个发布单元，例如库。

如果上面的这段内容听起来有点熟悉，这是因为本章前面在介绍模块时也做了相同的表述。事实也确实如此。如果不考虑一些区别(模块是可组合的代码单元，存储在单独的文件中，而名称空间是名称的分层分组)，这两种语言特性都实现相同的目的：将相关代码实体进行分组，为逐渐增长的代码库提供结构、顺序和概览。

> ■ 提示：尽管没必要这么做，但使模块的名称和名称空间的名称保持一致通常是一个好主意。例如，将 Ex11_06 中的 math 名称空间的 3 个实体放到一个 math 模块中十分合理。这样一来，在使用模块及其实体时，只需要记住一个名称。

尽管我们推荐为模块和名称空间使用一致的命名，但 C++语言并没有强制要求这么做。与其他编程语言不同，名称空间和模块在 C++中是完全不相关的。在一个模块中，可以导出任意多的名称空间中的实体，而反过来，同一个名称空间中的实体可以分散到任意多的模块中。

为了演示这一点，可将 Ex11_06 中的 math 名称空间放到一个 squaring 模块中，而不是放到 math 模块中(参见 Ex11_06A)。

```
export module squaring;

namespace math
```

```
{
  export const double sqrt2 { 1.414213562373095 }; // the square root of 2
  export auto square(const auto& x) { return x * x; }
  export auto pow4(const auto& x) { return square(square(x)); }
}
```

如果一个名称空间块中的所有实体都会被导出，那么也可以把 export 关键字放到 namespace 关键字的前面。因此，下面的代码完全等效于上面的 squaring 模块(参见 Ex11_06B)。

```
export namespace math // Exports all nested declarations at once
{
  const double sqrt2 { 1.414213562373095 }; // the square root of 2
  auto square(const auto& x) { return x * x; }
  auto pow4(const auto& x) { return square(square(x)); }
}
```

无论采用哪种方法，除了必须导入 squaring 模块之外，Ex11_06 中的 main()方法不需要修改。

组织较大的名称空间和模块

在组织较大的模块和/或名称空间时，应该考虑下面的一些策略：
- 将同一个名称空间中的实体拆分到多个模块中。标准库实际上就为 std 名称空间采用了这种策略。
- 可以为一些(或全部)模块分配相应的嵌套名称空间。例如，标准库的<ranges>模块使用了 std::ranges 名称空间(第 20 章将详细介绍)。
- 也可将所有实体拆分为分层子模块。假设 math 名称空间中包含的实体比 Ex11_06 列出的实体多得多。对于 Ex11_06A 和 Ex11_06B 中的模块，math.squaring 是一个很好的名称。其他子模块则可以命名为 math.polynomials、math.geometry 等。使用前面讨论的技术，可以使得在导入 math 时，同时导入所有 math 子模块。
- 可以将分层子模块与嵌套名称空间的对应层次组合起来(即 math::squaring、math::polynomials 等)。

无论选择哪种方案，我们都建议在代码库内尽量保持一致。毕竟，我们的目标是为原本混乱的代码集合带来结构和顺序。

11.2.5 函数和名称空间

要想让函数在名称空间内存在，将函数原型添加到名称空间块中就够了。与全局名称空间内的函数一样，之后就可以在其他位置定义该函数，例如，可以在同一个文件内定义，也可以在一个模块实现文件内定义。要定义一个之前已经声明过原型的函数，有两个选项：将定义放到一个名称空间块内，或者使用该函数的限定名称来创建其定义。

通过示例更容易理解，所以我们将另一个 math 模块的模块接口文件作为起点。

```
// math.cppm - Module interface file containing declarations and template definitions
export module math;
import <span>;
export namespace math
{
  auto square(const auto& x) { return x * x; };
  namespace averages
  {
    double arithmetic_mean(const std::span<double>& data);
    double geometric_mean(const std:: span<double>& data);
```

```
double rms(const std::span<double>& data);
double median(const std::span<double>& data);
    }
}
```

如前所述，将模块的接口与其实现文件分开，有助于快速而方便地概览模块的内容。例如，这个 math 模块显然关注于计算各种类型的平均数。

要导出简写的 square<>()示例，其定义必须是模块接口的一部分，前面也解释了这一点。可将其定义移动到主接口文件的底部，或者移动到一个接口分区文件中，但不能移动到模块实现文件中。

另一方面，math::averages 名称空间中的函数的定义可移动到一个模块实现文件中，如下所示。当然，我们也可以把这些定义放到模块接口文件的底部，这么做也没有错。为简洁起见，下面的代码省略了函数体，但在 Ex11_07 中可以找到完整的代码。

```
// math.cpp - Module implementation file containing function definitions
module math; // Remember: this implicitly imports the primary module interface...
// Option 1: define in nested namespace block (compact syntax)
namespace math::averages
{
  double arithmetic_mean(const std::span<double>& data) { /* body code... */ }
}

// Option 2: define in nested namespace blocks
namespace math
{
  namespace averages
  {
    double geometric_mean(const std::span<double>& data) { /* body code... */ }
  }
}

// Option 3: define using fully qualified function name
double math::averages::rms(const std::span<double>& data) { /* body code... */ }

// Option 4: define using qualified name in outer namespace block
namespace math
{
  double averages::median(const std::span<double>& data) { /* body code... */ }
}
```

这个实现文件演示了为之前在嵌套名称空间中声明的函数定义的不同选项。前两个函数定义只是被放到一个等效的嵌套名称空间中。但是，因为在隐式导入的模块接口文件中，所有函数都已经在各自的名称空间中进行了声明，所以其实不再需要把它们的定义放到名称空间块中，而是可以通过在函数定义中使用正确的名称空间名称限定函数名称，把这些定义与函数的声明绑定到一起。math.cpp 中的第 3 个和第 4 个选项演示了这种做法。

当然，像这样混用不同的选项不是一种良好的编码风格(在一个文件中混用更加如此)。因此，应该坚持使用其中一种选项(math.cpp 中的第 1 个选项和第 3 个选项最常用)，并为所有函数定义一致地使用该风格。

11.2.6　使用指令和声明

第 3 章介绍过，通过使用一个全面覆盖式的 using 指令，可以引用一个名称空间中的任意名称，

而不需要使用该名称空间的名称进行限定:

```
using namespace std;
```

但是,这种做法违反了一开始使用名称空间的目的,并增加了不小心使用 std 名称空间中的名称,进而导致错误的概率。因此,使用限定的名称,或者只为自己引用的另一个名称空间中的名称添加 using 声明,通常是更好的做法。如第 3 章所述,using 声明允许在使用具体的名称时,不加上名称空间限定。下面给出了一些例子:

```
using std::vector;
using std::max;
```

这些声明将名称空间 std 中的名称 vector 和 max 引入到当前作用域或名称空间。一条 using 声明可能引入许多不同的实体。例如,std::max 的 using 指令使用一条 using 声明,引入了各种 std::max<>() 模板的所有可能的实例化和重载。

在一些示例中,我们已经在全局作用域内添加了一些 using 声明和指令。但也可以把它们添加到名称空间内、函数内甚至语句块内。当添加到名称空间内时,它使得一个名称空间内的名称在另一个名称空间内可用。下面是 Ex11_06B 的使用这种技术的一个变体:

```
// squaring.cppm
module; // Start of the global module fragment (for #include directives)
#include <cmath> // For std::sqrt()
export module squaring;
import <numbers>; // For std::numbers::sqrt2

export namespace math
{
  using std::numbers::sqrt2;
  using std::sqrt; // Never 'using std::sqrt();' or 'using std::sqrt(double);'!
  auto square(const auto& x) { return x * x; }
  auto pow4(const auto& x) { return square(square(x)); }
}
```

通过添加 using std::numbers::sqrt2;声明,确保了通过导入 squaring,能将 sqrt2 常量限定为 std::numbers::sqrt2 和 math::sqrt2。注意,如果还没有导出整个 math 名称空间,则必须使用 export using std::numbers::sqrt2;,确保这个别名在 squaring 模块外可见。

类似地,导出的 math 名称空间中的第二个 using 声明将 sqrt()函数的所有重载导入了此名称空间。我们无法选择把函数的哪个重载导入名称空间,而只能导入特定名称(也请参见代码中的注释)。例如,std::sqrt()有使用 double、float、long double 和各种整数参数的重载;因为我们只使用一个 using 声明,所以现在所有这些重载都可以作为 math::sqrt()访问。

如果想把<numbers>模块的所有常量(和变量模板)引入 math 名称空间,而不是像前面那样只引入 sqrt2 常量,则可以添加(并导出)下面的 using 指令。

```
namespace math
{
  export using namespace std::numbers;
}
```

当在不是名称空间的作用域内添加 using 指令或声明时,会应用类似的别名规则,但只在该作用域内应用。以下面的函数模板为例,这个函数模板生成的函数使用勾股定理,在给定两条直角边时,计算直角三角形的斜边长。因为这个 hypot()模板在全局名称空间内定义,所以它的函数体默认情况下必须使用 math::限定 sqrt 和 square 名称。

```
auto hypot(const auto& x, const auto& y)
{
using namespace math;
// Or:
// using math::square;
// using math::sqrt; /* Same as, of course: using std::sqrt; */
return sqrt(square(x) + square(y));
}
```

声明或指令会一直应用到包含它们的块的末尾。

■ **警告**：在实际应用中，不要使用这个简单的实现，而总是应该使用<cmath>中的 std::hypot()函数。原因在于，我们的简单实现常常不够精确(没有处理下溢和上溢问题)。因为创建高效的、数字上稳定的数学原语十分困难(仅针对 hypot()的算法，就有许多科学文章进行探讨)，所以总是应该首先寻求预定义的原语。

■ **提示**：这里针对 using 指令和声明所做的解释，也同样适用于类型别名和 using enum 声明(第 3 章介绍了它们)。它们也都可以从名称空间中导出或导入到名称空间，或者在函数甚至语句作用域内局部应用。在本章前面的 from_roman()帮助函数中，看到了在 switch 语句内局部使用 using enum 声明的一个例子。

从个人的角度看，我们倾向于尽量少使用 using 指令和声明，并且尽量总是局部使用它们。这样一来，不只能够避免无意间导致名称冲突，而且能够让阅读代码的人清晰知道，每个实体名称来自哪个名称空间。

11.2.7 名称空间别名

很长的名称空间名称(常常源自深层嵌套的名称空间)使用起来非常累赘。例如，将 my_excessively_very_long_namespace_name_version2::这样的名称附加到每个函数调用上，会非常烦人。为解决这种问题，可以在局部范围内为名称空间名称定义别名。要为名称空间名称定义别名，可采用的声明的一般形式如下所示：

```
namespace alias_name = original_namespace_name;
```

之后，就可以使用 alias_name 代替 original_namespace_name，访问该名称空间内的名称。例如，要为前一个段落中提到的名称空间名称定义别名，可以使用下面的代码：

```
namespace v2 = my_excessively_very_long_namespace_name_version2;
namespace MyGroup = MyCompany::MyModule::MySubmodule::MyGrouping;
```

现在，就可以使用下面这样的语句，调用原名称空间中的函数：

```
int fancyNumber{ v2::doFancyComputation(MyGroup::queryUserInput()) };
```

11.3 本章小结

本章讨论了在程序文件内和程序文件之间起作用的功能。C++程序通常由许多文件组成，程序越大，需要处理的文件就越多。为了保持代码有序、有合适的结构，理解模块和名称空间十分重要。
本章的要点如下：

- 模块允许将源代码组织成为符合逻辑的、自包含的构造块。
- 在导入一个模块的文件中，只能看到该模块导出的声明。模块接口文件中的其他声明只是可达的，但这在大部分情况中已经足以使用该模块了。只存在于模块实现文件中的声明和定义在该模块外部不可达。
- 在模块中，可以导出几乎任何声明：函数声明、变量声明、类型声明、using 声明、using 指令、模块 import 声明等。
- 只有对模块接口(所有导出实体的集合)做出修改时，才需要重新编译该模块的使用者。函数定义不是模块接口的一部分，只有它们的原型才是。
- 只有模块接口文件能够导出声明，但我们可以把函数定义和任何模块局部实体移动到模块实现文件中，以保持模块接口文件自身清晰、简单。
- 在每个模块文件的开头，有一个 module 声明。在模块接口文件中，这个声明的形式为 export module name;。在模块实现文件中，这个声明的形式为 module name;。在这些声明中，name 通常是模块的名称；只有在模块分区文件中，这个 name 才会采取如下形式：*module_name:partition_name*。
- 每个模块都只有一个主模块接口文件(以 export module module_name;开头)。每个模块接口分区必须从该模块的主接口文件中直接或间接导出。
- 在模块外部不能导入模块分区。如果希望单独导入模块的某些部分，可以把它们转换为子模块。
- 模块声明的前面可以有全局模块片段，其中包含了预处理器指令。通常主要在全局模块片段中为不能作为模块导入的头文件(如标准库中的 C 头文件)添加#include 指令。
- 名称空间是实体名称的分层分组，用于在较大的代码库中，特别是在集成多个第三方库的时候，避免发生名称冲突。虽然在 C++中，名称空间和模块完全无关，但使名称空间的名称和模块的名称保持对应是合理的做法。
- 使用 using 指令和 using 声明可能失去名称空间带来的优势，因此应该尽量少、尽可能局部地使用它们(理想情况下，甚至是在函数体或语句块的级别使用它们)。

11.4 练习

下面的练习用于巩固本章学习的知识点。如果有困难，可以回过头重新阅读本章的内容。如果仍然无法完成练习，可以从 Apress 网站(www.apress.com/source-code)下载答案，但只有别无他法时才应该查看答案。

1. 截止到现在，Ex8_18.cpp 是我们看过的一个较大程序。提取该程序的所有函数，把它们放到只有一个文件的 words 模块中，并让所有函数都包含在 words 名称空间中。该模块只应该导出与 main()函数相关的那些函数，而 main()函数基本上应该保持不变。其他函数，特别是 sort()的三参数重载，只是为支持导出的函数而存在的。

2. 对于第 1 题的解决方案，通过把所有函数定义移动到一个实现文件中，将模块的接口与实现分开。在实现文件中，不要使用名称空间块。在练习时，将所有未导出的函数从 words 名称空间中移出来，放到全局名称空间内，然后想清楚在导出的单参数 sort()函数中如何仍然能够调用三参数的 sort()函数。

319

3. 将第 2 题的 words 模块拆分为两个恰当命名的子模块：一个子模块包含所有排序功能，另一个子模块包含剩余的实用工具(程序员常用 utils 表示实用工具)。另外，将函数放到嵌套的名称空间中，其名称与子模块的名称对应。

4. 仍然将第 2 题的解决方案作为起点，将 swap()和 max_word_length()函数移动到一个 internals 模块实现分区中。

5. 回到第 1 题的解决方案，但这一次不是像第 2 题那样创建实现文件，而是创建多个接口分区文件，让每个分区文件仍然包含它们的函数定义。一个分区仍然包含所有排序功能，另一个分区仍然包含剩余的实用工具(utils)。另外，重用第 4 题的 internals 分区。

6. 仍然将第 2 题的解决方案作为起点，确保也能够使用 wrds 和 w 限定这个名称空间中的所有名称。应该使用两种不同的方法。需要注意，在生产质量的代码中，不应该使用晦涩难懂的缩写词(如 wrds)或只有一个字母的标识符(如 w)：清晰性总是比简洁性更重要。

第 12 章

定义自己的数据类型

本章将详细论述 C++程序员的工具箱中最基础的工具之一：类。还将介绍面向对象编程中的一些隐含规则，讨论如何将它们应用于实践。

本章主要内容

- 面向对象编程的基本原则
- 如何把新的数据类型定义为类，如何创建和使用类类型的对象
- 类的基本构成模块以及如何定义它们——成员变量、成员函数、构造函数、析构函数
- 默认构造函数是什么，如何编写自己的默认构造函数
- 副本构造函数是什么，如何创建自定义实现
- private 和 public 成员的区别
- this 指针的概念、使用方式和使用场合
- 友元函数以及友元类的特权
- 类中的 const 函数及其用法
- 析构函数的概念，应何时定义它
- 嵌套类的概念以及如何使用嵌套类

12.1 类和面向对象编程

定义一个类，就表示定义了一种新的数据类型。在讨论类的语言、语法和编程技巧之前，先解释一下现有的知识与面向对象编程概念之间的关系。面向对象编程(Object-Oriented Programming，通常缩写为 OOP)的本质是，根据要解决的问题范围内所涉及的对象来编写程序，因此程序开发过程的一部分是设计一组类型来满足这个要求。如果要编写一个程序来跟踪银行账户，可能就需要 Account 和 Transaction 等数据类型。对于分析篮球比分的程序来说，可能需要 Player 和 Team 等数据类型。

前面介绍的所有内容都属于过程式编程，涉及根据基本数据类型编写解决方案。基本类型的变量不能用于为真实世界中的对象(甚至想象中的对象)建立完整的模型。例如，不可能仅用 int、double 或其他基本数据类型给棒球队员建模。我们需要使用一些不同类型的值，才能对棒球队员进行有意义的表述。

类提供了一种解决方案。类类型可以组合其他类型的变量——基本类型或其他类类型。类还可以把函数作为其定义的一个组成部分。可以定义一个类类型 Box 来表示盒子，它包含的 3 个 double 类型的变量存储了盒子的长、宽、高，接着就可以定义 Box 类型的变量，就像定义基本类型的变量一样。类似地，可以定义 Box 元素的数组，就像定义基本类型的数组一样。每个变量或数组元素都是

同一个 Box 类的对象或实例。每个 Box 对象都包含自己的长、宽、高，可以在程序中根据需要创建并处理任意多个 Box 对象。

这对根据真实世界中的对象进行编程很有帮助。显然，可以把类的理念用来表示棒球队员、银行账户或其他东西。使用类可以为任何类型的对象建模，并围绕这些对象来编程。那么，这就是面向对象编程所赋予我们的全部内容吗？

当然不是。前面定义的类已向前迈出了一大步，但前面还有一段更长的路。除了用户定义的类型这个概念之外，面向对象编程还组合了许多更重要的理念；最著名的有封装(encapsulation)、数据隐藏(data hiding)、继承(inheritance)和多态性(polymorphism)。下面将以浅显而直观的方式来说明这些 OOP 概念的含义。这将为详细论述编程提供一个参考平台，也是本章和后面的 3 章将要详细论述的内容。

12.1.1 封装

一般情况下，给定类型的对象定义需要组合特定数量的不同属性，使该对象成为我们希望的那个实体。对象包含一组特定的数据值，这些数据值详细描述了该对象，以满足我们的要求。对于一个盒子，它只能有 3 个尺寸：长、宽、高。对于航空母舰，就需要用更多参数来描述。对象还包含一组函数，这些函数可以使用或改变对象的属性，或者进一步提供对象的属性，例如盒子的体积。类中的函数定义了可以应用于类对象的一组操作，即可以用对象做什么或者对对象做什么。给定类的每个对象都组合了下述内容：一组数据值，作为类的成员变量，指定对象的属性；一组操作，作为类的成员函数。把这些数据值和函数打包到一个对象中，就称为封装[1]。

图 12-1 是一个例子，其中的对象表示银行的一个贷款账户。每个 LoanAccount 对象都有用同一组成员变量定义的属性，在本例中，一个成员变量包含债务余额，另一个成员变量包含利率。每个对象还包含一组成员函数，它们定义了对象上的操作。图 12-1 中的对象有 3 个成员函数：一个用于计算利息，并将利息加到余额上，另外两个用于管理借贷项。属性和操作都被封装在 LoanAccount 类型的每个对象中。当然，选择如何建立 LoanAccount 对象是很随意的。读者也可以根据自己的需要定义完全不同的 LoanAccount 对象，但无论怎样定义 LoanAccount 类型，所指定的所有属性和操作都会被封装到该类型的每个对象中。

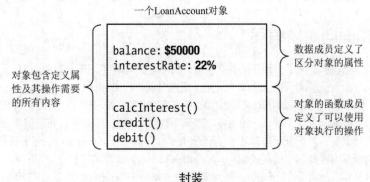

封装

图 12-1 封装的例子

---

[1] 在面向对象编程中，术语"封装"实际上常用来表示两种相关但不相同的概念。一些作者对封装给出的定义与我们的相同，即封装是将数据和操作数据的函数捆绑在一起，但另外一些作者将封装定义为一种语言机制，用来限制对对象成员的直接访问。下一节中将后面这种行为称为"数据隐藏"。关于哪种定义是正确的，已经有太多讨论，所以这里就不再多说。在阅读其他图书或者与同行讨论时，记住封装常用来指代数据隐藏。

注意前面我们曾说过,用于定义对象的数据值需要满足我们的要求,而不是满足一般情况下定义对象的要求。如果要编写一个地址簿应用程序,其中的个人信息可以被定义得非常简单,只包括姓名、地址和电话号码。但如果要把一个人定义为公司职员或医院的患者,就需要定义非常多的属性和操作。我们需要决定要在什么环境下使用对象。

数据隐藏

当然,银行不希望贷款账户的余额(或利率)在对象的外部被随意修改。允许这种修改会造成混乱。在理想情况下,LoanAccount 对象的成员变量应不直接受外界的干扰,而只能以可控的方式来修改。在一般情况下,不允许访问对象的数据值,为此,用到的技术称为数据隐藏,或称为信息隐藏。

图 12-2 展示了把数据隐藏技术应用于 LoanAccount 对象的情况。对于 LoanAccount 对象,对象的成员函数可以提供一种机制,确保对成员变量的所有修改都遵循某个规则,并且所设置的值是合适的。例如,利息不应是负值,余额一般应反映欠银行的钱,而不是反过来。

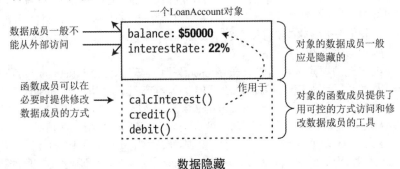

数据隐藏

图 12-2 数据隐藏的例子

数据隐藏非常重要,因为它对维护对象的完整性是必不可少的。如果对象用于表示一只鸭子,就不应该有四条腿,实现这一点的方法就是不允许访问腿的总数,即"隐藏"数据。当然,对象可以拥有多种合法的数据值,但必须控制值的范围;毕竟,一只鸭子通常不会有 300 磅重,重量也肯定不会是 0 或负值。隐藏对象中的数据,可以禁止直接访问该数据,但可以通过对象的成员函数来访问,以可控的方式来修改或获取数据。这种成员函数可以在需要时,检查对数据进行的修改是否合法,以及是否在指定的范围内。

成员变量表示对象的状态,操纵它们的成员函数则表示对象与外界的接口。使用类涉及用声明为接口的函数进行编程。使用类接口的程序仅依赖于函数名、参数类型以及为该接口指定的返回类型。这些函数的内在机制不影响程序创建和使用类的对象。也就是说,在设计阶段,正确设计类的接口非常重要,以后可以修改其实现方式,而不需要对使用类的程序进行任何修改。

例如,随着程序不断演化,可能需要修改构成对象状态的成员变量。例如,不在每个单独的 LoanAccount 对象中存储利率,而是对其进行修改,让每个 LoanAccount 对象引用新类 AccountType 的一个对象,并将利率存储在新类的对象中。图 12-3 演示了重新设计后的 LoanAccount 对象的表示。

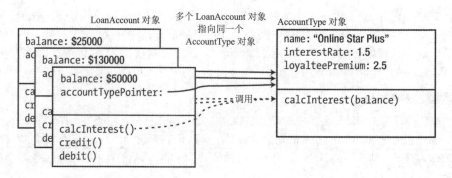

图 12-3　修改对象内部状态的表示，同时仍然保留其接口

现在，LoanAccount 对象自身不再存储利率，而是指向一个 AccountType 对象，后者存储了所有必要的成员变量，用于计算账户的利息。因此，LoanAccount 的 calcInterest()成员函数调用相关的 AccountType 来进行实际的计算；而要执行计算，后者只需要账户的当前余额。这种设计的面向对象程度更高，允许轻松地一次性修改所有指向相同 AccountType 的 LoanAccount 的利率，或者修改一个账户的类型，而不必重新创建账户。

这个例子要表达的要点是，尽管 LoanAccount 的内部表示(interestRate 成员)和工作机制(calcInterest()成员)发生了巨大变化，但提供给外界的接口没有变化。对程序的其余部分来说，好像什么都没有改变。如果外部代码直接访问 LoanAccount 中原来的(但是现在已经删除的)interestRate 成员变量，对 LoanAccount 的表示和逻辑进行这种程度的修改要困难得多。对于这种情况，我们还需要修改所有使用 LoanAccount 对象的代码。由于使用了数据隐藏技术，外部代码只能通过合理定义的接口函数来访问成员变量。因此，我们只需要重新定义这些成员函数，而不需要担心程序的其余部分。

还要注意，因为外部代码只能通过 calcInterest()接口函数获得年利息，所以我们很容易引入额外的"版税额外费用"，并在计算利息时考虑这种额外费用。同样，如果外部代码直接读取原来的 interestRate 成员来计算利息，就几乎无法实现上述功能。

在对象中隐藏数据不是必需的，但一般情况下，这是一种比较好的方法。直接访问用来定义对象的值会破坏面向对象编程的整体理念。面向对象编程是根据对象来编程，而不是根据组成对象的位来编程。这听起来很抽象，但是我们已经看到至少两个非常好的具体理由，说明了应当以一致的方式隐藏对象的数据，以及只通过其接口中的函数来访问和操作对象的数据：

- 数据隐藏有助于维护对象的完整性，能够确保对象的内部状态(及其所有成员变量的组合)在任何时候都是有效的。
- 将数据隐藏与精心设计的接口结合起来，能够在修改对象的内部表示(对象的状态)及其成员函数的实现(对象的行为)时，不必修改程序的其余部分。在面向对象的语言中，我们说数据隐藏降低了类和使用类的代码之间的耦合。当然，如果是开发一个软件库以供外部客户使用，接口的稳定性就更加关键。

仅通过接口函数访问成员变量的第三个理由是，这允许在这些函数中注入一些额外的代码。通过这种代码可以在日志文件中添加一个条目来标记访问或修改操作，可以确保数据能够被多个调用者同时安全地访问，也可以通知其他对象某个状态已被修改(例如，其他对象就可以更新应用程序的用户界面，反映 LoanAccount 余额的变化)等。如果允许外部代码直接访问成员变量，上述功能都将无法实现。

不允许直接访问数据变量的第四个也是最后一个理由是，那样做会使调试变得复杂。大部分开发环境都支持断点(breakpoint)的概念。断点是用户在调试代码时指定的点,程序的执行将在该点暂停,允许用户检查对象的状态。虽然一些环境提供了更加高级的功能,能够在特定成员变量发生变化时添加断点,但是为函数调用或者函数内的具体代码行添加断点要简单得多。

本节创建了一个额外的 AccountType 类,用来帮助处理不同类型的账户。这并不是将这些真实概念建模成类和对象的唯一方法。12.1.2 节将介绍一种更强大的方法:继承。选择哪种设计将取决于具体应用程序的需要。

12.1.2 继承

继承是根据一个类型定义另一个类型的能力。例如,假设定义了一个 BankAccount 类型,它包含的成员可以处理银行账户的许多事务。而继承允许把 LoanAccount 类型创建为 BankAccount 的一个特殊类型,即把 LoanAccount 定义为像是 BankAccount,但它还具有一些额外的属性和自己的函数。此时,LoanAccount 类型继承了 BankAccount 的所有成员,BankAccount 就被称为基类。LoanAccount 派生于 BankAccount。

每个 LoanAccount 对象都包含 BankAccount 对象的所有成员,它还可以定义自己的新成员,或重新定义继承下来的函数,使它们在自己的环境下更有意义。在派生类中重新定义基类的函数被称为重写(overriding),换言之,派生类的函数重写了基类的函数。这个功能非常强大,详见后面的内容。

扩展刚才的例子,我们再创建一个新类型 CheckingAccount,它给 BankAccount 添加了一些新特性。这个过程如图 12-4 所示。

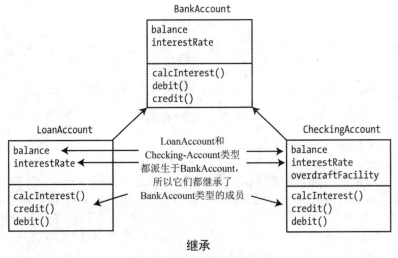

继承

图 12-4 继承的例子

LoanAccount 和 CheckingAccount 类型都声明它们派生自 BankAccount 类型,它们继承了 BankAccount 的成员变量和成员函数,并可以自由定义适合于自己类型的新特性。

在这个例子中,为 CheckingAccount 类型添加了一个成员变量 overdraftFacility,这是该类型特有的成员变量。另外,两个派生的类都可以重写从基类继承而来的成员函数。例如,它们很可能会重写 calcInterest(),因为计算和处理支票账户的利息所涉及的事务与贷款账户有所不同。

12.1.3　多态性

多态性表示在不同的时刻有不同的形式。C++中的多态性总是[1]涉及使用指针或引用来调用对象的成员函数。这种函数调用在不同的时刻有不同的效果——函数调用有多种不同的形式。这种机制仅适合于派生于公共类型的对象，例如 BankAccount 类型。多态性意味着，属于一组继承性相关的类的对象可以通过基类指针和引用来传送和操作。

在上面的例子中，LoanAccount 和 CheckingAccount 对象都可以使用 BankAccount 的指针或引用来传送，而指针或引用可以用于调用它指向的对象所继承的成员函数。下面用一个具体例子来说明这个概念。

假如在 BankAccount 类型的基础上定义了 LoanAccount 和 CheckingAccount 类型，并定义了这些类型的对象 debt 和 cash，如图 12-5 所示。由于这两个类型都基于 BankAccount 类型，因此指向 BankAccount 的指针类型的变量 (如图 12-5 中的 pAcc)就可以存储这两个对象的地址。

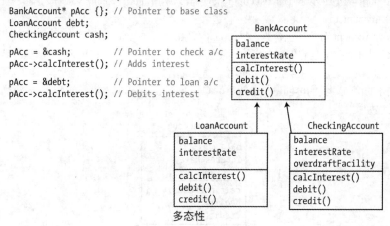

图 12-5　多态性的例子

多态性的优点是通过 pAcc->calcInterest()调用的函数会根据 pAcc 指向的对象发生变化。如果它指向 LoanAccount 对象，就调用该对象的 calcInterest()函数，利息就是从账户中借的。如果它指向 CheckingAccount 对象，结果就完全不同，因为会调用该对象的 calcInterest()函数，利息会被加到账户中。通过指针调用哪个函数并不是在编译程序时确定的，而是在程序执行时才确定。因此，同一个函数调用会根据指针指向的对象完成不同的操作。图 12-5 只显示了两个不同类型，但一般可以实现应用程序需要的任意多个不同类型的多态操作。读者需要具备相当多的 C++语言知识才能理解前面讲述的内容，本章剩余部分和后面 3 章就将探讨这些知识。

12.2　术语

下面总结一下在讨论类时要用到的术语，其中包括前面已介绍过的一些术语。

● 类是用户定义的数据类型。

1　从技术角度看，编程语言理论区分了多态性的不同形式。这里提到的"多态性"，其正式名称为子类型、子类型多态或包含多态(inclusion polymorphism)。C++支持的多态性的其他形式还包括参数多态(C++函数模板和类模板，详细内容分别见第 10 章和第 17 章)，以及特殊的多态形式(函数和运算符的重载，详细内容分别见第 8 章和第 13 章)。但在面向对象编程中，术语"多态性"通常仅指子类，因此这也是本书中采用的术语。

- 在类中定义的变量和函数称为类的成员。变量称为成员变量，函数称为成员函数。类的成员函数有时也称为方法；成员变量也称为数据成员、成员字段，或直接称为字段。
- 类类型的变量用于存储对象。对象有时称为类的实例。定义类的实例称为实例化。
- 面向对象编程是一种编程样式，基于的思想是把自己的数据类型定义为类。其中涉及刚才讨论的数据封装、数据隐藏、类的继承和多态性。

在详细论述面向对象编程时，这种编程样式看起来似乎有些复杂。温习以前的基本知识常常有助于使事情变得简单，常常翻看上述内容总是有助于理解对象的真正含义。面向对象编程就是根据针对问题的对象来编程。类的主要作用就是使这个过程尽可能完备和灵活。

12.3 定义类

类是用户定义的类型。定义类时要使用 class 关键字。类定义的基本结构如下所示：

```
class ClassName
{
  // Code that defines the members of the class...
};
```

这个类类型的名称是 ClassName。给用户定义的类使用大写名称，常常便于区分类类型和变量名。我们的示例将采用这个约定。类的成员都在花括号中指定。现在我们把所有成员函数的定义放在类定义内，但在本章后面将看到，也可以把成员函数的定义放到类定义的外部。注意，类定义的右花括号后面必须有分号。

类的所有成员都默认为私有，这表示不能在类的外部访问它们。显然，对于构成接口的成员函数，这是无法接受的。使用 public 关键字后跟一个冒号，就可以使后面所有的成员都能在类的外部访问。在关键字 private 后面指定的成员不能从类的外部访问，public 和 private 都是类成员的访问修饰符。还有一个访问修饰符 protected，后面将会介绍。下面是带有访问修饰符的类的结构：

```
class ClassName
{
private:
  // Code that specifies members that are not accessible from outside the class...
public:
  // Code that specifies members that are accessible from outside the class...
};
```

public 和 private 分别放在可以或不可以在类的外部访问的一系列成员的前面。public 和 private 将被应用到其后的所有成员上，除非有另一个访问修饰符。这里可以省略第一个 private 访问修饰符，虽然仍能获得默认状态 private，但最好显式指定该修饰符。类的 private 部分的成员只能由同一个类中的成员函数访问。需要由非成员函数访问的成员变量或成员函数必须被指定为 public。成员函数仅使用名称，就可以引用同一个类的任何其他成员，无论访问修饰符是什么。为了使这些一般性规则更清晰，下面的示例定义了一个表示盒子的类：

```
class Box
{
public:
  // Function to calculate the volume of a box
  double volume()
  {
    return m_length * m_width * m_height;
```

```
  }

private:
  double m_length {1.0};
  double m_width {1.0};
  double m_height {1.0};
};
```

m_length、m_width 和 m_height 是 Box 类的成员变量，它们都为 double 类型。此处按照惯例，在这三个成员变量名称之前都添加了前缀 m_。并不是必须这样做，例如，也可以使用 length、_width 或 mHeight 等名称，但添加 m_的优点在于很容易将成员变量与函数参数和局部变量区分开。本书中对成员变量的命名将遵循这个相对标准的约定。

这三个成员变量都是私有的，因此不能从类的外部访问。只有公共成员函数 volume()可以引用这些私有成员。每个成员变量都被初始化为 1.0。不必用这种方式初始化成员变量，设置它们的值还有其他方式，相关内容将在下一节中介绍。如果它们的值没有通过某种机制初始化，它们就会包含垃圾值。

上面的示例在类定义的结尾部分对所有成员变量进行了分组。但并不是必须这样做，也可以根据自己的需要交替使用成员变量和成员函数。同样，也可以根据需要交替使用 public 和 private 部分，并以想要的顺序交替它们的位置。当然，可以任意对类的成员进行交替使用并不意味着应该随意交替。因为在享受适度能力的同时也需要承担适度的责任。如果对类的相关成员进行一致的分组并在所有的类中进行一致的排序，就更容易阅读和维护类定义。因此，本书将对类成员按照如下方式排序：

- 将所有公共成员放在所有私有成员之前。类的使用者通常会对该类的公共接口感兴趣，而很少关注其内部工作。他们想知道使用该类能做些什么，而并不想了解该类的具体工作原理。这就是为什么要将公共接口放在最前面的理由。
- 对类的相关成员进行分组，并将函数放在变量之后。这意味着成员变量(通常是私有数据隐藏)总是出现在类定义的尾部。这样做很符合人们的预期。
- 构造函数和析构函数(本章后面会介绍)总是出现在任何其他成员函数之前。

■ 注意：在 C++中，还可以定义结构作为新类型。结构来源于 C。结构和类几乎完全等效。定义结构的方式与类完全相同，但要用关键字 struct 替代关键字 class。二者的主要区别是，与类的成员不同，结构的成员默认为公共的。以下是一个典型的示例：

```
struct Student // A structure with two (public) member variables
{
  std::string name;
  unsigned int age;
};
```

在 C++程序中使用结构是为了快速定义简单符合类型，将多个变量(可能有不同的类型)组合到一起。结构通常没有成员函数，但即使有，数量也不会多。在 C++中，结构通常用来简单地封装一些可公共访问的成员变量。虽然原则上可以为结构添加 private 部分、构造函数和成员函数，但这种做法很少见。除非是想聚合数据，否则对于其他用途，一般约定应使用类。

创建类的对象

每个 Box 对象都有自己的成员变量。这是很显然的——否则，所有的 Box 对象都相同。可以创建 Box 类型的变量，如下所示：

```
Box myBox; // A Box object with all dimensions equal to 1.0
```

myBox 变量表示一个带有默认成员变量值的 Box 对象。对该对象调用 volume()成员函数，可以计算体积：

```
std::cout << "Volume of myBox is " << myBox.volume() << std::endl; // Volume is 1
```

当然，体积是 1，因为 3 个尺寸的初始值都是 1.0。Box 类的成员变量是私有的，这意味着我们无法设置这些成员变量。把成员变量设置为公共的，就可以在类的外部显式地设置它们，如下所示：

```
myBox.m_length = 1.5;
myBox.m_width = 2.0;
myBox.m_height = 4.0;
std::cout << "Volume of myBox is " << myBox.volume() << std::endl; // Volume is 12
```

如前所述，一般不应把成员变量设置为公共的，因为这样做违反了数据隐藏原则。为此，需要通过一种不同的机制来使用给定的一组值初始化对象的私有成员变量。实现该功能的这种成员函数就称为构造函数。

12.4　构造函数

类的构造函数可以在创建新对象时初始化新对象，确保成员变量包含有效的值。它是类中的一种特殊函数，与普通的成员函数在一些重要方面有所不同。构造函数总是与包含它的类同名。另外，构造函数没有返回值，因此没有返回类型。为构造函数指定返回类型是错误的。无论何时定义类的新实例，都会调用构造函数，没有例外。类类型的对象仅可以通过构造函数来创建。

12.4.1　默认构造函数

前面创建了一个 Box 对象，并计算了体积。我们并没有定义构造函数，那么发生了什么？其实，任何类都有构造函数。如果没有给类定义构造函数，编译器就会提供默认的默认构造函数。这里的两个"默认"并不是笔误，稍后将进行解释。由于存在这个默认的默认构造函数，因此 Box 类的定义如下所示：

```
class Box
{
public:
  // The default constructor that was supplied by the compiler...
  Box()
  {
    // Empty body so it does nothing...
  }

  // Function to calculate the volume of a box
  double volume()
  {
    return m_length * m_width * m_height;
  }

private:
  double m_length {1.0};
  double m_width {1.0};
  double m_height {1.0};
};
```

在调用默认构造函数时可以不提供实参。如果不通过给定的实参显式地调用构造函数,那么会默认调用该构造参数。

```
Box myBox; // Invokes the default constructor
```

如果不为类定义任何构造函数,即没有定义默认构造函数和其他任何构造函数,那么编译器将生成默认构造函数。因此,称之为默认的默认构造函数。编译器生成的默认构造函数没有参数,其唯一的作用是创建对象。它不做其他工作,所以所有的成员变量使用默认值。如果没有给基本类型(double、int、bool …)或指针类型(int*、const Box* …)的成员变量指定初始值,它们就会包含一个任意的垃圾值。在前面的 Box 类中,已将所有成员变量的值都初始化为 1.0,因此默认的默认构造函数总是能让 Box 对象处于定义良好的初始状态。

注意用户定义构造函数(甚至是带有参数的非默认构造函数)后,编译器就不提供默认的默认构造函数了。有时我们需要没有参数的构造函数和自己定义的、带参数的构造函数,此时就必须确保类中定义了默认构造函数。

12.4.2　定义类的构造函数

下面扩展上一个例子中的 Box 类,先添加一个构造函数,再进行测试:

```cpp
// Ex12_01.cpp
// Defining a class constructor
import <iostream>;

// Class to represent a box
class Box
{
public:
  // Constructor
  Box(double length, double width, double height)
  {
    std::cout << "Box constructor called." << std::endl;
    m_length = length;
    m_width = width;
    m_height = height;
  }

  // Function to calculate the volume of a box
  double volume()
  {
    return m_length * m_width * m_height;
  }

private:
  double m_length {1.0};
  double m_width {1.0};
  double m_height {1.0};
};
int main()
{
  Box firstBox {80.0, 50.0, 40.0}; // Create a box
  double firstBoxVolume {firstBox.volume()}; // Calculate the box volume
  std::cout << "Volume of Box object is " << firstBoxVolume << std::endl;
```

```
    // Box secondBox; // Causes a compiler error message
}
```

这个例子的输出结果如下所示：

```
Box constructor called.
Volume of Box object is 160000
```

Box 类的构造函数有 3 个 double 类型的参数，它们分别对应于对象的成员变量 m_length、m_width 和 m_height 的初始值。这个构造函数没有返回类型，其名称必须与类名 Box 相同。该构造函数体中的第一个语句输出一条消息，说明何时调用了这个构造函数。但在产品程序中不允许这样做，尽管这有助于测试程序以及理解程序的执行情况。本书常使用这种方式来跟踪例子中发生的情况。构造函数体中的其他代码把传送过来的实参赋予对应的成员变量。

■ 注意：要注意 m_ 命名约定在构造函数定义中带来了怎样的优势。如果使用 length、width 和 height 作为成员变量的名称，就必须对 Box 构造函数的三个参数使用不同的名称[1]。

下面的语句声明了对象 firstBox：

```
Box firstBox {80.0, 50.0, 40.0};
```

成员变量 m_length、m_width 和 m_height 的初始值放在初始化列表中，作为实参传送给构造函数。初始化列表中有 3 个值，所以编译器查找带 3 个参数的 Box 构造函数。在调用构造函数时，会显示第一行输出信息，以证明的确调用了刚才添加到类中的构造函数。

如前所述，如果定义了构造函数，编译器就不再提供默认构造函数，至少不会默认提供。所以，下面的语句不能通过编译：

```
Box secondBox; // Causes a compiler error message
```

如果希望以这种方式定义 Box 对象，就必须添加无参构造函数的定义。相关内容将在下一节介绍。

12.4.3 使用 default 关键字

添加了任何构造函数后，编译器将不再隐式定义默认构造函数。如果仍然想对象可被默认构造，就需要自己确保类有一个默认构造函数。第一种选择当然是自己定义默认构造函数。例如，对于 Ex12_01.cpp 中的 Box 类，只需要在类的 public 部分的任何地方添加下面的构造函数定义：

```
Box() {} // Default constructor
```

因为 Box 类的成员变量在初始化时已经有一个有效值 1.0，所以我们在默认构造函数体内什么也不用做。

除了定义一个函数体为空的默认构造函数，还可以使用 default 关键字。该关键字可用于告诉编译器生成一个默认构造函数，即使类中已经有了其他用户定义的构造函数。对于 Box 类，可以像下面这样使用 default 关键字。

```
Box() = default; // Defaulted default constructor
```

---

1 也可以使用类似 this->length = length;的语句来规避这样的名称冲突 (本章后面将会讨论该指针)，但我们优先采用更紧凑的 m_ 命名约定。

等号和分号都是不可缺少的。本书源代码中的 Ex12_01A.cpp 提供了 Ex12_01.cpp 的一个修改版本，其中包含一个默认构造函数。

虽然显式包含空函数体的构造函数定义和使用 default 关键字的构造函数定义几乎是等效的，但在现代 C++代码中，优先选择使用 default 关键字。

提示： 如果在默认构造函数体(或本章稍后介绍的初始化列表)中什么也不需要做，那么总是首选=default;而不是{}。这不只是明确地表示代码与默认构造函数有关，而且还有一些微妙的技术原因，使得编译器生成的版本更好，但是具体原因不在本书讨论范围内。

12.4.4 在类的外部定义函数

如前所述，成员函数的定义可以放在类定义的外部。类的构造函数也是这样。此时，类定义本身仅包含构造函数的签名，并不包含构造函数体。例如，可以按如下方式定义 Box 类：

```cpp
// Class to represent a box
class Box
{
public:
  Box() = default;
  Box(double length, double width, double height);

  double volume(); // Function to calculate the volume of a box

private:
  double m_length {1.0};
  double m_width {1.0};
  double m_height {1.0};
};
```

在上面的代码中，将类成员的定义放在了类定义的外部，这样可以方便、快速地了解该类的公共接口。对于函数体较长的成员函数，或者包含大量成员的类而言，这样做非常有意义。

可将 Box 成员的定义放在其类定义之后。每个成员的名称都必须用类名来限定，让编译器知道它们属于哪个类：

```cpp
// Constructor definition
Box::Box(double length, double width, double height)
{
  std::cout << "Box constructor called." << std::endl;
  m_length = length;
  m_width = width;
  m_height = height;
}

// Member function definition
double Box::volume()
{
  return m_length * m_width * m_height;
}
```

Ex12_02.cpp 文件将 Box 类的定义、两个成员的定义和一个 main()函数放在一起。这个 main()函数与 Ex12_01.cpp 文件中的完全一样。

■ **注意:** 从动机和技术方面讲,类的接口和实现的这种分离完全类似于第 11 章中介绍的模块。当然,也可以将类外部的成员函数的定义移到实现文件中,仅让类的定义保留在接口文件(头文件或模块接口文件)中。相关内容将在后面进一步讨论。

12.4.5 默认构造函数的参数值

在讨论"普通"函数时,我们介绍了如何在函数原型中为参数指定默认值。也可以为类的成员函数指定参数的默认值,包括构造函数在内。构造函数和成员函数的默认实参值总是放在类中,不放在外部构造函数和成员函数中。可将前面例子中的类定义改为:

```
class Box
{
public:
  // Constructors
  Box() = default;
  Box(double length = 1.0, double width = 1.0, double height = 1.0);

  double volume(); // Function to calculate the volume of a box
private:
  // Same member variables as always...
};
```

如果对 Ex12_02 进行这些修改,会发生什么情况?编译器会生成一条错误消息!该错误消息表示定义了多个默认构造函数。产生混淆的原因是,带 3 个参数的构造函数允许省略 3 个实参,不能与调用没有参数的默认构造函数区分开。所有参数都有默认值的构造函数仍然算作默认构造函数。显然,解决方法是在这个示例中删除不接收参数的构造函数。这样,代码就能成功编译和执行了。

12.4.6 使用成员初始化列表

前面是在构造函数体中用显式的赋值语句来设置成员变量的值。还有一种更高效的技术,就是使用成员初始化列表(member initializer list)。下面用类 Box 的构造函数的另一个版本进行说明。

```
// Constructor definition using a member initializer list
Box::Box(double length, double width, double height)
  : m_length{length}, m_width{width}, m_height{height}
{
  std::cout << "Box constructor called." << std::endl;
}
```

成员变量的值在构造函数头的初始化列表中被指定为初始值。例如,成员变量 m_length 用 length 初始化。构造函数的初始化列表与参数列表用冒号分隔开,每个初始值用逗号分隔开。如果用这个版本的构造函数替换上一个例子中的构造函数,它也会正常工作(结果程序见 Ex12_03.cpp)。

这不仅仅是表示法不同。在使用构造函数体中的赋值语句初始化成员变量时,首先要创建成员变量(如果这是类的一个实例,就调用构造函数),再执行赋值语句。如果使用初始化列表,成员变量在被创建时,就用初始值对它进行初始化。效率要比在构造函数体中使用赋值语句高得多;在成员变量是一个类实例时,就更是如此。在构造函数中初始化参数的技术之所以非常重要,还有一个原因。它是为某些类型的成员变量设置值的唯一方式。

有一个地方需要注意。成员变量的初始化顺序由类定义中声明成员变量的顺序决定,因此,可能与读者预期的不同,并不是按照它们在成员初始化列表中出现的顺序进行初始化。当然,只有当使用表达式来初始化成员变量时，这一点才显得重要，因为在表达式中会涉及计算顺序。例如，当使用一个成员变量的值来初始化另一个成员变量时，或者当通过调用一个成员函数来初始化变量，但是该成员函数依赖于另一个已经初始化的成员变量时，就会出现这种情况。在产品代码中依赖这种计算顺序可能很危险。即使今天所有代码都正常工作，但是明年，其他人可能会改变声明顺序，导致类的构造函数不再正确。

■ **提示：** 一般来说，首选在构造函数的成员初始化列表中初始化所有成员变量。这样做一般更高效。为了避免产生混淆，最好按照类定义中成员变量的声明顺序，在初始化列表中列举成员变量。只有当需要更复杂的逻辑时，或者当初始化成员变量的顺序很重要时，才应该在构造函数体内初始化成员变量。

12.4.7 使用 explicit 关键字

类的构造函数只有一个参数是有问题的，因为编译器可以使用这种构造函数把参数的类型隐式转换为类类型。在某些情况下，这会产生不良的后果。下面介绍一种特殊的情形。假设定义一个类，该类定义立方体形状的盒子，即所有边长都相等的盒子：

```
class Cube
{
public:
  Cube(double side);                          // Constructor
  double volume();                            // Calculate volume of a cube
  bool hasLargerVolumeThan(Cube cube);        // Compare volume of a cube with another
private:
  double m_side;
};
```

然后，就可以将构造函数定义为：

```
Cube::Cube(double side) : m_side{side}
{
  std::cout << "Cube constructor called." << std::endl;
}
```

注意，因为所有的构造函数(此处仅有一个)都会初始化 m_side，所以在其声明中不必为该成员变量赋予初始值。

计算立方体体积的函数被定义为：

```
double Cube::volume() { return m_side * m_side * m_side; }
```

如果第一个 Cube 对象的体积大于第二个 Cube 对象，则第一个 Cube 对象大于第二个 Cube 对象。因此，hasLargerVolumeThan()成员函数被定义为：

```
bool Cube::hasLargerVolumeThan(Cube cube) { return volume() > cube.volume(); }
```

■ **注意：** 在本章的后面，将看到 hasLargerByVolumeThan()函数的 cube 参数通常是通过引用 const 传递的，而不是通过值传递的。但要让该函数能正常工作，需要先了解 const 成员函数的相关知识，所以现在还是通过值来传递 cube 参数。

构造函数只需要一个 double 类型的实参。显然，编译器可以使用构造函数把 double 值转换为 Cube

对象，但在什么情况下会出现这种问题？可以通过下面的方式来使用 Cube 类(请参见 Ex12_04.cpp)：

```
int main()
{
  Cube box1 {7.0};
  Cube box2 {3.0};
  if (box1.hasLargerVolumeThan(box2))
    std::cout << "box1 is larger than box2." << std::endl;
  else
    std::cout << "Volume of box1 is less than or equal to that of box2." << std::endl;

  std::cout << "Volume of box1 is " << box1.volume() << std::endl;
  if (box1.hasLargerVolumeThan(50.0))
    std::cout << "Volume of box1 is greater than 50"<< std::endl;
  else
    std::cout << "Volume of box1 is less than or equal to 50"<< std::endl;
}
```

输出如下：

```
Cube constructor called.
Cube constructor called.
box1 is larger than box2.
Volume of box1 is 343
Cube constructor called.
Volume of box1 is less than or equal to 50
```

输出显示，box1 的体积肯定不小于50，但最后一行的结果正好相反。代码假定，hasLargerVolumeThan()函数把当前对象的体积与50.0相比较，但实际上该函数比较了两个Cube对象。编译器知道hasLargerVolumeThan()函数的实参应是一个Cube对象，但它也会编译这段代码，因为这个构造函数可以把实参50.0转换为一个Cube对象。编译器生成的代码如下所示：

```
if (box1.hasLargerVolumeThan(Cube{50.0}))
  std::cout << "Volume of box1 is greater than 50"<< std::endl;
else
  std::cout << "Volume of box1 is less than or equal to 50"<< std::endl;
```

该函数没有把 box1 对象的体积与 50.0 相比较，而是与边长为 50.0 的 Cube 对象的体积(也就是 125 000.0)进行了比较。结果与期望的完全不同。

把构造函数声明为 explicit，就可以避免发生这种情况：

```
class Cube
{
public:
  explicit Cube(double side);                // Constructor
  double volume();                           // Calculate volume of a cube
  bool hasLargerVolumeThan(Cube cube);       // Compare volume of a cube with another
private:
  double m_side;
};
```

为 Cube 类采用这个定义后，Ex12_04.cpp 不会编译成功。编译器不会把声明为 explicit 的构造函数用于隐式类型转换，它只能在程序代码中显式地创建对象。对只有一个参数的构造函数，只要使用 explicit 关键字，就可避免把参数的类型转换为类类型。hasLargerVolumeThan()成员函数仅把一个 Cube 对象作为实参，所以用一个 double 类型的实参调用它，就不会编译成功。

■ **提示：** 隐式转换可能导致令人困惑的代码；大多数时候，如果使用显式转换，就能够更清晰地看出代码为什么能够编译，以及代码在做什么。因此，默认情况下，应该将所有包含一个实参的构造函数声明为 explicit(注意，这也包括有多个参数，但是除了第一个参数，其他参数都有默认值的构造函数)；只有当隐式类型转换是真正期望的行为时，才可以省略 explicit。

■ **注意：** 不是只有单个实参的任何构造函数也都可以声明为 explicit，但这种情况不常见。假设 processBox()函数带有单个 Box 或 const Box&类型的参数，那么在现代 C++语言中，表达式 processBox({ 1.0, 2.0, 3.0 }) 就是 processBox(Box{ 1.0, 2.0, 3.0 })的一种有效的简写形式。为了禁止使用类似的简写表示法，强制在每次创建实例时显式指定 Box 类型，可以将三元的 Box(double, double, double)构造函数声明为 explicit。

12.4.8 委托构造函数

类可以有几个构造函数，提供创建对象的不同方式。一个构造函数的代码可以在初始化列表中调用同一个类中的另一个构造函数。这将避免在几个构造函数中重复编写相同的代码。下面用 Box 类进行简单演示：

```
class Box
{
public:
  Box(double length, double width, double height);
  explicit Box(double side);    // Constructor for a cube (explicit!)
  Box() = default;              // Defaulted default constructor

  double volume();              // Function to calculate the volume of a box

private:
  double m_length{1.0};
  double m_width {1.0};
  double m_height{1.0};
};
```

第一个构造函数的实现代码如下：

```
Box::Box(double length, double width, double height)
  : m_length{length}, m_width{width}, m_height{height}
{
  std::cout << "Box constructor 1 called." << std::endl;
}
```

第二个构造函数创建所有边长均相等的 Box 对象，它的实现代码可以为：

```
Box::Box(double side) : Box{side, side, side}
{
  std::cout << "Box constructor 2 called." << std::endl;
}
```

这个构造函数仅在初始化列表中调用前一个构造函数。side 实参在初始化列表中被用作前一个构造函数的所有 3 个值。这被称为委托构造函数(delegating constructor)，因为它把构造工作委托给了另一个构造函数。委托构造函数有助于缩短、简化构造函数的代码，使类定义更容易理解。Ex12_05.cpp 文件中的如下示例演示了委托构造函数：

```
int main()
{
  Box box1 {2.0, 3.0, 4.0};        // An arbitrary box
  Box box2 {5.0};                  // A box that is a cube
  std::cout << "box1 volume = " << box1.volume() << std::endl;
  std::cout << "box2 volume = " << box2.volume() << std::endl;
}
```

输出如下：

```
Box constructor 1 called.
Box constructor 1 called.
Box constructor 2 called.
box1 volume = 24
box2 volume = 125
```

从输出可以看出，创建第一个对象仅调用了构造函数 1，创建第二个对象调用了构造函数 1 和构造函数 2。这也说明，构造函数的初始化列表在构造函数体中的代码之前执行。体积与预期的相同。

在构造函数的初始化列表中，应只调用一次同一个类的构造函数。在委托构造函数体中调用同一个类的构造函数是不同的，而且不能在委托构造函数的初始化列表中初始化成员变量，否则代码不会编译成功。可以在委托构造函数体中设置成员变量的值，但此时应考虑构造函数是否应实现为委托构造函数。

12.4.9 副本构造函数

假如在 Ex12_05.cpp 的 main()函数中添加了下面的语句：

```
Box box3 {box2};
std::cout << "box3 volume = " << box3.volume() << std::endl; // Volume = 125
```

输出显示，box3 具有 box2 的尺寸，但没有定义把 Box 类型对象作为参数的构造函数，那么 box3 是如何创建的？答案是编译器会提供一个默认的副本构造函数(copy constructor)，它通过复制已有的对象来创建对象。默认的副本构造函数会把实参对象的成员变量值复制给新对象。

这种默认行为适合于 Box 对象，但是当类的一个或多个成员变量是指针时，就会产生不良的后果。仅复制指针不会复制指针指向的内容，这样，副本构造函数在创建对象时，就会与原对象链接起来。两个对象都包含指向相同内容的成员。一个简单的例子是，对象包含指向字符串的指针。从它复制而来的对象也包含指向同一个字符串的成员，所以如果修改了其中一个对象的字符串，另一个对象也会改变。这通常不是我们所期望的。此时必须定义副本构造函数。第 13 章和第 18 章将继续讨论何时、为什么以及是否应该定义副本构造函数。现在只需要关注如何创建副本构造函数。

1. 实现副本构造函数

对象的副本构造函数必须接收同一类类型的实参，以适当的方式创建副本。现在有一个问题必须解决，如果为 Box 类定义副本构造函数，就可以更清楚地看出这个问题：

```
Box::Box(Box box) // Wrong!!
  : m_length{box.m_length}, m_width{box.m_width}, m_height{box.m_height}
{}
```

新对象的每个成员变量都用实参对象的值初始化。此时副本构造函数体不需要任何代码。这段代码初看上去很不错，但考虑一下调用构造函数时会发生什么？实参是按值传递的，但因为实参是一个

Box 对象,所以编译器要调用 Box 类的副本构造函数,制作实参的副本。当然,副本构造函数的实参也是按值传递的,于是需要再次调用副本构造函数,这样不断重复下去。简而言之,这导致副本构造函数的无限递归调用。编译器不允许这种代码通过编译。

为了避免出现该问题,副本构造函数的实参必须是引用。更具体来说,应使用一个 const 引用参数来定义,所以 Box 类的副本构造函数应如下所示:

```
Box::Box(const Box& box)
  : m_length{box.m_length}, m_width{box.m_width}, m_height{box.m_height}
{}
```

现在实参不再按值传递,也就避免了副本构造函数的无限递归调用。编译器会用传入的对象初始化参数 box。参数应是 const,因为副本构造函数仅创建副本,不应修改原对象。const 引用参数允许复制 const 对象和非 const 对象。如果参数不是 const,构造函数就不接收 const 对象作为实参,从而不允许复制 const 对象。因此,副本构造函数的参数类型总是对同一个类类型的 const 对象的引用。换言之,副本构造函数的形式对任何类都是一样的:

```
MyClass::MyClass(const MyClass& object)
  : // Initialization list to duplicate all member variables
{
  // Possibly some additional code to duplicate the object...
}
```

当然,副本构造函数也可以委托给另一个副本构造函数,甚至可以委托给另一个非副本构造函数。例如:

```
Box::Box(const Box& box) : Box{box.m_length, box.m_width, box.m_height}
{}
```

> ■ **警告**:通常,不应该自己编写这样的副本构造函数。默认情况下,编译器会自动生成一个,所以自己定义副本构造函数只会导致 bug(忘记复制某个成员变量)或维护问题(添加了成员变量后忘记更新副本构造函数)。正如所言,此处定义副本构造函数只是为了说明其定义方式。后续章节中将讨论应何时定义副本构造函数(剧透一下:我们应该尽量自己不定义副本构造函数,而把所有工作都交给编译器!)

2. 删除副本构造函数

通常,编译器会为每个类都生成一个副本构造函数,但如果不希望看到这种行为,该怎么办呢?如果 Box 对象包含的是特别贵重的货物,被国际版权法和商标法严厉禁止复制,该怎么办呢?不开玩笑了,但总可能有一些很好的理由,不想让某些对象被复制。如果是这样,通过在类定义中向其声明添加= delete;,就可以指示编译器不生成副本构造函数。对于 Box 对象而言,可以如下所示:

```
class Box
{
public:
  Box() = default;
  Box(double length, double width, double height);
  Box(const Box& box) = delete; // Prohibit copy construction

  // Rest of the class as always...
};
```

一旦删除了副本构造函数，下面这样的语句就不会再编译：

```
Box box3 {box2}; // Error: use of deleted constructor Box(const Box&)
```

注意，如果类的任何一个成员变量有一个 deleted 或 private 副本构造函数，那么该类的默认副本构造函数会自动地隐式删除。实际上，即使是显式的默认副本构造函数(可以使用= default;定义)也会被删除。

> ■ **注意**：每当删除副本构造函数时，可能也希望删除所谓的副本赋值运算符(copy assignment operator)。更多相关内容将在下一章介绍。

3. 定义模块中的类

导出类供模块外部使用，与导出函数或变量一样：只需要将其定义放入模块的接口中并在前面加上关键字 export 即可。例如，可以将 Box 类及其成员的定义从 Ex12_03.cpp 文件中移出，然后放入如下形式的新的模块接口文件中：

```
// Box.cppm - module interface file for a module exporting the Box class
export module box;
import <iostream>;

export class Box
{
  // Same class definition as before...
};
// Constructor definition
Box::Box(double length, double width, double height)
  : m_length{length}, m_width{width}, m_height{height}
{
  std::cout << "Box constructor called." << std::endl;
}

// Member function definition
double Box::volume() { return m_length * m_width * m_height; }
```

只能从模块中导出类的定义，而不能导出类的成员。实际上，在类成员的定义前添加 export 关键字是一个错误。要使用对象的成员，模块的使用者仅需要访问导出的类的定义即可。

在 box 模块外部使用 Box 对象之前，必须先导入 box 模块。下面这个小示例程序说明了这一点：

```
// Ex12_06.cpp
// Exporting a class from a module
import <iostream>;                // For use of std::cout, std::endl, etc.
import box;                       // For use of the Box class

int main()
{
  Box myBox{ 6.0, 6.0, 18.5 };    // Create a box
  std::cout << "Volume of the first Box object is " << myBox.volume() << std::endl;
}
```

因为不能导出成员函数的定义，所以它们也不必是模块接口文件的一部分。换言之，可将这些成员函数定义放入一个模块实现文件中。示例 Ex12_06 的 box 模块的实现文件如下面所示(也可参见 Ex12_06A)。也可以从模块接口文件中移除<iostream>模块的 import 声明。

```
// Box.cpp - module implementation file defining the member functions of Box
module box;
import <iostream>;

// Constructor definition
Box::Box(double length, double width, double height)
  : m_length{length}, m_width{width}, m_height{height}
{
  std::cout << "Box constructor called." << std::endl;
}

// Member function definition
double Box::volume() { return m_length * m_width * m_height; }
```

当然,也可以使用 Ex12_01.cpp 的 Box 类定义,其中的成员定义仍然发生在类中(参见 Ex12_06B)。对于在模块中定义的类,在类中或类外定义的成员在语义上完全没有区别。[1]将类的接口与类的实现分开的唯一好处在于,能够在模块接口文件获得类的接口的干净、整洁的视图。

12.5 访问私有类成员

完全禁止从外部访问类的私有成员变量的值是比较极端的做法。虽然这样做可以完全禁止对它们进行未经授权的修改,但如果不知道某个 Box 对象的尺寸,就永远都会不知道。一定要这样保密吗?

要解决这个问题,并不需要把成员变量用 public 关键字来声明,只需要添加成员函数,返回私有成员变量的值,以提供对私有成员变量的值的访问。为了从类的外部访问 Box 对象的尺寸,只需要在类定义中添加 3 个函数:

```
class Box
{
public:
  // Constructors
  Box() = default;
  Box(double length, double width, double height);

  double volume(); // Function to calculate the volume of a box
  // Functions to provide access to the values of member variables
  double getLength() { return m_length; }
  double getWidth() { return m_width; }
  double getHeight() { return m_height; }

private:
  double m_length{1.0};
  double m_width {1.0};
  double m_height{1.0};
};
```

成员变量的值在类的外部可以访问,但不能修改,这样可以保持类的完整性。提取成员变量的值的函数通常被称为访问器函数。

这些访问器函数的使用十分简单:

```
Box myBox {3.0, 4.0, 5.0};
```

---

1 但对于在头文件中定义的类,类中的成员函数定义总是隐式内联的。而对于模块中定义的类,情况并非如此:只有当显式标记时,模块中的成员函数才是内联的。有关头文件和模块之间区别的更多信息,请参考在线附录 A。

```
std::cout << "myBox dimensions are " << myBox.getLength()
          << " by " << myBox.getWidth()
          << " by " << myBox.getHeight() << std::endl;
```

任何类都可以采用这种方法。只要为每个希望从外界访问的成员变量编写一个这样的访问器函数即可。

在某些情况下，人们希望在类的外部修改成员变量。如果为此提供了一个成员函数，而不是允许直接访问成员变量，就能够对值进行完整性检查。例如，可以添加函数，以允许修改 Box 对象的尺寸：

```
class Box
{
public:
  // Constructors
  Box() = default;
  Box(double length, double width, double height);

  double volume(); // Function to calculate the volume of a box

  // Functions to provide access to the values of member variables
  double getLength() { return m_length; }
  double getWidth() { return m_width; }
  double getHeight() { return m_height; }

  // Functions to set member variable values
  void setLength(double length) { if (length > 0) m_length = length; }
  void setWidth(double width) { if (width > 0) m_width = width; }
  void setHeight(double height) { if (height > 0) m_height = height; }

private:
  double m_length{1.0};
  double m_width {1.0};
  double m_height{1.0};
};
```

每个 set 函数中的 if 语句确保仅接受新的正数值。如果为成员变量提供的新值是 0 或负数，就将忽略此操作。允许修改成员变量的成员函数常称为更改器(mutator)成员函数。这些简单的更改器成员函数使用起来同样很直观：

```
myBox.setLength(-20.0); // ignored!
myBox.setWidth(40.0);
myBox.setHeight(10.0);
std::cout << "myBox dimensions are now " << myBox.getLength() // 3 (unchanged)
          << " by " << myBox.getWidth() // by 40
          << " by " << myBox.getHeight() << std::endl; // by 10
```

在示例 Ex12_07 中可找到一个完整的测试程序。

■ **注意**：按照流行的约定，访问成员变量 m_member 的成员函数常常被命名为 getMember()，更新该成员变量的函数被命名为 setMember()。因此，这种成员函数常被简单地称为 getter 和 setter。但是，这种命名约定有一个常见的例外：bool 类型的成员变量的访问器常被命名为 isMember()。即，布尔成员变量 m_valid 的 getter 常常被命名为 isValid()而不是 getValid()。这并不意味着我们要把这种访问器称为 isser；这些布尔访问器仍然被称为 getter。

12.6 this 指针

在 Box 类中，根据类定义中未限定的类成员名编写了 volume()函数。每个 Box 类型的对象都包含这些成员，因此该函数必须有一种机制来引用调用它的那个对象的成员。换言之，volume()函数中的代码在访问 m_length 成员时，m_length 必须有一种方式来引用调用函数的对象成员，而不是引用其他对象。

在执行任何成员函数时，该成员函数都会自动包含一个隐藏的指针，称为 this 指针，该指针包含调用该成员函数的对象的地址。例如，在下面的语句中：

```
std::cout << myBox.volume() << std::endl;
```

函数 volume()中的 this 指针就包含 myBox 的地址。在为另一个 Box 对象调用该函数时，this 指针就被设置为包含该对象的地址。也就是说，在执行 volume()函数的过程中访问成员变量 m_length，该成员变量就表示为 this-> m_length，这是完全限定的对象成员的引用。编译器会把必要的指针名 this 添加到函数的成员名中。换言之，编译器把函数实现为：

```
double Box::volume()
{
  return this->m_length * this->m_width * this->m_height;
}
```

如果愿意，也可以把函数改写为显式使用 this 指针，但这不是必需的。然而，在一些情况下，需要显式地使用 this 指针。例如，在需要返回当前对象的地址时，就要使用 this 指针。

■ **注意**：本章后面将讨论类的静态成员函数，它们就不包含 this 指针。

从函数中返回 this 指针

如果把成员函数的返回类型指定为类类型的指针，就可以从函数中返回 this 指针。接着就可以使用一个成员函数返回的指针调用另一个成员函数。下面举一个例子。

假定修改 Ex12_07 中的 Box 类的更改器(mutator)函数，设置盒子的长度、宽度和高度，并让这些函数返回 this 指针：

```
export class Box
{
public:
  // ... rest of the class definition as before in Ex12_07

  // Mutator functions
  Box* setLength(double length);
  Box* setWidth(double width);
  Box* setHeight(double height);

private:
  double m_length {1.0};
  double m_width {1.0};
  double m_height {1.0};
};
```

可以按照如下方式实现这些函数：

```
Box* Box::setLength(double length)
```

```
{
  if (length > 0) m_length = length;
  return this;
}
Box* Box::setWidth(double width)
{
  if (width > 0) m_width = width;
  return this;
}
Box* Box::setHeight(double height)
{
  if (height > 0) m_height = height;
  return this;
}
```

下面就可以在一条语句中修改 Box 对象的所有尺寸:

```
Box myBox{3.0, 4.0, 5.0};                               // Create a box
myBox.setLength(-20.0)->setWidth(40.0)->setHeight(10.0); // Set all dimensions of myBox
```

因为更改器函数返回 this 指针, 所以可以使用一个函数的返回值调用另一个函数。setLength()返回的指针用于调用 setWidth(), setWidth()又返回一个指针, 可以接着用于调用 setHeight()。

当然, 除了返回指针, 还可以返回引用。例如, setLength()函数的定义将变为:

```
Box& Box::setLength(double length)
{
  if (length > 0) m_length = length;
  return *this;
}
```

如果对 setWidth()和 setHeight()做相同的修改, 得到的代码将如 Ex12_08 中的 Box 类所示。Ex12_08.cpp 中的示例程序显示, 返回*this 的引用允许将成员函数调用链接在一起, 如下所示:

```
myBox.setLength(-20.0).setWidth(40.0).setHeight(10.0); // Set all dimensions of myBox
```

这种模式被称为 "方法链"。如果目标是简化使用方法链的语句, 那么通常应使用引用。第 13 章讨论运算符重载时, 将介绍几个使用这种模式的传统例子。

■ 提示: 方法链通常不用于 setter 成员函数。在一个语句中能够设置对象的所有成员变量(而不是一个语句只设置一个变量), 虽然非常有用, 但我们已经有一种机制能够一次性初始化所有成员, 这种机制就是构造函数。如果将构造函数与下一章中介绍的赋值运算符结合起来, 就可以编写如下语句:

```
myBox = Box{-20.0, 40.0, 10.0}; // Reinitialize a Box using construction + assignment
```

甚至可以写成如下更简洁的形式(编译器会推断出在此处使用哪个构造函数):

```
Box = {-20.0, 40.0, 10.0};
```

12.7　const 对象和 const 成员函数

之前已经讲过, const 变量是不能修改其值的变量。自然, 也可以定义类类型的 const 变量。这种变量被称为 const 对象。构成 const 对象状态的任何成员变量都不能被修改。换句话说, const 对象的任何成员变量本身是一个 const 变量, 因而不能修改。

假设 Box 类的 m_length、m_width 和 m_height 成员变量是公有的。那么，下面的语句仍然无法编译：

```
const Box myBox {3.0, 4.0, 5.0};
std::cout << "The length of myBox is " << myBox.m_length << std::endl; // ok
myBox.m_length = 2.0; // Error! Assignment to a member variable of a const object...
myBox.m_width *= 3.0; // Error! Assignment to a member variable of a const object...
```

允许从 const 对象 myBox 读取成员变量，但是试图为这种成员变量赋值或以其他方式修改其值会导致编译错误。

第 8 章讲到，这种原则也适用于指向 const 变量的指针和对 const 变量的引用：

```
Box myBox {3.0, 4.0, 5.0}; // A non-const, mutable Box

const Box* boxPointer = &myBox; // A pointer-to-const-Box variable
boxPointer->m_length = 2; // Error!
boxPointer->m_width *= 3; // Error
```

在上面的代码段中，myBox 对象本身是可变的非 const Box 对象。尽管如此，如果将其地址存储在一个 const Box 对象的指针类型的变量中，就不能再使用该指针修改 myBox 对象的状态。将该指针替换为对 const 对象的引用也是同理。

当按引用或者使用指针向函数传递对象时，或者当从函数返回对象时，这一点很重要。假设 printBox()函数具有如下签名：

```
void printBox(const Box& box);
```

虽然作为实参传递的 Box 对象不是 const 对象，但是 printBox()也无法修改该对象的状态。

在本节剩余部分的例子中，我们主要使用 const 对象。但是，始终要记住，当通过 const 指针或 const 引用访问对象时，具有与直接访问 const 对象相同的限制。

12.7.1 const 成员函数

为了解成员函数如何处理 const 对象，我们继续查看 Ex12_07 中的 Box 类。在 Box 类的这个版本中，Box 对象的成员变量被恰当地隐藏起来，只能通过公共的 getter 和 setter 成员函数才能操纵这些成员变量。现在假设修改 Ex12_07 中的 main()函数，使 myBox 成为 const 对象：

```
const Box myBox {3.0, 4.0, 5.0};
std::cout << "myBox dimensions are " << myBox.getLength()
          << " by " << myBox.getWidth()
          << " by " << myBox.getHeight() << std::endl;

myBox.setLength(-20.0);
myBox.setWidth(40.0);
myBox.setHeight(10.0);
```

现在代码将无法编译！当然，编译器是拒绝编译上面代码段中的最后三行，这正是我们希望的结果。毕竟，我们不应该修改 const 对象的状态。前面已经提到，假设能够访问 const 成员变量，编译器会阻止对这种成员变量直接赋值，所以编译器不允许在成员函数内对成员变量间接赋值不也是应该的吗？如果允许调用 setter 函数，Box 对象就不再成为不可变的常量了，不是吗？

但遗憾的是，对于 const 对象，也不能调用 getter 函数，因为 getter 函数有可能改变对象。在我们的例子中，这意味着编译器不仅拒绝编译最后三行代码，也拒绝编译之前的那条语句。类似地，试图对常量 myBox 对象调用 volume()成员函数也会导致编译错误：

```
std::cout << "myBox's volume is " << myBox.volume() << std::endl; // Will not compile!
```

虽然我们知道 volume()函数不会修改对象，但是编译器不知道，至少在编译期间是不知道的。在编译这个 volume()表达式时，编译器只考虑该函数的签名。而且，即使编译器在类定义中知道了该函数的定义，就像前面的 3 个 getter 函数一样，也不会试图推断该函数是否修改对象的状态。在这种场合中，编译器只使用函数的签名。

因此，对于当前的 Box 类定义，const Box 对象没有什么用。我们不能调用它的任何成员函数，包括不会明显修改任何状态的成员函数！为解决这个问题，必须改进 Box 类的定义。需要有一种方法来告诉编译器，可调用 const 对象的哪些成员函数。为此，所采用的解决方案就是所谓的 const 成员函数。

首先，在类定义中，需要把所有不修改对象的函数指定为 const：

```
export class Box
{
public:
  // Same constructors as before...

  double volume() const; // Function to calculate the volume of a box

  // Functions to provide access to the values of member variables
  double getLength() const { return m_length; }
  double getWidth() const { return m_width; }
  double getHeight() const { return m_height; }

  // Functions to set member variable values
  void setLength(double length) { if (length > 0) m_length = length;}
  void setWidth(double width) { if (width > 0) m_width = width; }
  void setHeight(double height) { if (height > 0) m_height = height; }

private:
  // Same member variables as before...
};
```

接下来，必须对类外部的函数定义做相应的修改：

```
double Box::volume() const
{
  return m_length * m_width * m_height;
}
```

做了这些修改之后，我们期望对 const myBox 对象进行的调用都将有效。当然，仍然无法对 const myBox 对象调用 setter 函数。完整示例包含在本书源代码的 Ex12_09 中。

■ 提示：对于 const 对象，只能调用 const 成员函数。因此，应该将不修改对象的所有成员函数指定为 const。

12.7.2 const 正确性

对于 const 对象，只能调用 const 成员函数。其思想是，const 对象必须完全不可变，所以编译器只允许调用不会修改 const 对象的成员函数。当然，只有当 const 成员函数在本质上不能修改对象的

状态时，这一点才有意义。假设允许编写下面的成员函数(代码不能通过编译):

```
void setLength(double length) const { if (length > 0) m_length = length; }
void setWidth(double width) const { if (width > 0) m_width = width; }
void setHeight(double height) const { if (height > 0) m_height = height; }
```

显然，这三个函数修改了 Box 对象的状态。因此，如果允许像这样把它们声明为 const，就能够对 const Box 对象调用这些 setter 函数。这意味着将能够修改本应不可变的对象的值，这样声明 const 对象就没有意义了。好在，编译器禁止在 const 成员函数内部(无意)修改 const 对象。试图在 const 成员函数内部修改对象的成员变量会导致编译错误。

将成员函数指定为 const，实际上会使该成员函数的 this 指针成为 const 指针。例如，在前面的 3 个 setter 函数中，this 指针的类型是 const Box*，即指向 const Box 对象的指针。不能通过指向 const 对象的指针为成员变量赋值。

当然，在 const 成员函数内不能调用任何非 const 成员函数。因此，不允许在 const volume()成员函数内调用 setLength():

```
double Box::volume() const
{
  setLength(32); // Not const (may modify the object): will not compile!
  return m_length * m_width * m_height;
}
```

另一方面，允许调用 const 成员函数:

```
double Box::volume() const
{
  return getLength() * getWidth() * getHeight();
}
```

因为这 3 个 getter 函数也被声明为 const，所以在 volume()函数中调用它们是没有问题的。编译器知道它们不会修改对象。

编译器强制实施的这些限制合称为 "const 正确性"，可防止 const 对象被修改。在下一节结束时，将看到 const 正确性的最后一个方面。

12.7.3 重载 const

成员函数是否被声明为 const，是函数签名的一部分。这意味着可以用 const 版本来重载一个非 const 版本的成员函数。这种重载很有用，对于返回某个对象封装的(部分)内部数据的指针或引用的函数，常常要进行重载。假设对于 Box 对象的成员变量，没有使用传统的 getter 和 setter 函数，而是创建了如下形式的函数:

```
export class Box
{
public:
  // Rest of the class definition as before...

  double& length() { return m_length; }; // Return references to dimension variable
  double& width() { return m_width; };
  double& height() { return m_height; };

private:
  double m_length{1.0};
```

```
  double m_width{1.0};
  double m_height{1.0};
}
```

现在可以像下面这样使用这些成员函数：

```
Box box;
box.length() = 2; // References can be used to the right of an assignment
std::cout << box.length() << std::endl; // Prints 2
```

在某种程度上，这些函数实现了将 getter 和 setter 函数混合在一起的效果。这种尝试目前没有成功，因为现在不再能够访问 const Box 对象的尺寸：

```
const Box constBox;
// constBox.length() = 2;                        // Does not compile: good!
// std::cout << constBox.length() << std::endl;  // Does not compile either: bad!
```

通过专门用于 const 对象的版本来重载这些成员函数，能够解决上述问题。一般来说，这些额外的重载函数具有如下形式：

```
const double& length() const { return m_length; }; // Return references to const variables
const double& width() const { return m_width; };
const double& height() const { return m_height; };
```

但是，因为 double 是基本类型，所以在这些重载函数中，一般会选择按值而不是按引用返回它们：

```
double length() const { return m_length; }; // Return copies of dimension variables
double width() const { return m_width; };
double height() const { return m_height; };
```

无论采用哪种方式，都可以在 const 对象上调用重载的 length()、width() 和 height() 函数。具体调用每个函数的两个重载版本中的哪一个，要取决于调用成员函数的对象是不是 const。可在两个重载版本中添加输出语句来确认这一点。示例 Ex12_10 就包含这样一个小程序。

注意，在本例中，我们并不推荐使用这种形式的函数来代替前面给出的更加传统的 getter 和 setter 函数，尽管有时候确实会进行这种替换。原因之一是，如下形式的语句不符合常规做法，因而更难以阅读或编写：

```
box.length() = 2; // Less clear than 'box.setLength(2);'
```

而且，更加重要的是，添加 public 成员函数来返回对 private 成员变量的引用时，实际上就抛弃了本章前面提到的数据隐藏的大部分优势。例如，不再能够对赋给成员变量的值进行完整性检查(例如检查 Box 对象的所有尺寸是否仍然为正值)，修改对象的内部表示等。换句话说，这几乎与简单地将这些变量声明为 public 一样不好。

不过，在其他某些情形中，还是推荐重载 const。在下一章中将会看到几个例子，例如重载数组访问运算符。

■ **注意**：为了保持 const 正确性，Box 对象的 getter 函数的如下变体不能通过编译：

```
// Attempt to return non-const references to member variables from const functions
double& length() const { return m_length; }; // This must not be allowed to compile!
double& width() const { return m_width; };
double& height() const { return m_height; };
```

因为这些是 const 成员函数，它们隐含的 this 指针的类型是 Box 对象的 const 指针(const Box*)，进而使得在这些成员函数定义的作用域内，Box 成员变量的名称是对 const 的引用。因而，在 const 成员函数内，不能返回对一个对象的非 const 状态的引用或指针。这是好消息。否则，这种成员将为修改 const 对象——不可变对象——提供后门。

12.7.4 常量的强制转换

无论 const 对象是传递为实参，还是 this 指针指向的对象，使用函数来处理 const 对象的情形都非常少见，因此有必要把对象变成非常量。为此，可以使用 const_cast<>()运算符。该运算符主要采用如下两种形式之一：

```
const_cast<Type*>(expression)
const_cast<Type&>(expression)
```

对于第一种形式，expression 的类型必须是 const Type*或 Type*；对于第二种形式，可以是 const Type&、Type 或 Type&。

■ **警告**：const_cast<>()可被用来误用对象，所以几乎总是不建议使用它。任何时候都不应该使用这个运算符破坏对象的常量性。如果某个对象被声明为 const，通常意味着不应该修改它。意外修改 const 对象很可能导致产生 bug。唯一应该使用 const_cast<>()的情况是确定不会因为使用该运算符导致违反对象的 const 本质，例如在我们无法修改的代码中，某个人忘记在函数声明中加上 const。

12.7.5 使用 mutable 关键字

通常，const 对象的成员变量是不能修改的。但是，有时想允许修改 const 对象的特定类成员。这可以通过将相应的成员指定为 const 来实现。例如，在 Ex12_11 中，我们以 Ex12_09 为基础，对 Box.cppm 中的 Box 声明额外添加一个可变的成员变量，如下所示：

```
export class Box
{
public:
  // Constructors
  Box() = default;
  Box(double length, double width, double height);

  double volume() const; // Function to calculate the volume of a box
  void printVolume() const; // Function to print out the volume of a box

  // Getters and setters like before...

private:
  double m_length{1.0};
  double m_width {1.0};
  double m_height{1.0};
  mutable unsigned m_count{}; // Counts the amount of time printVolume() is called
};
```

mutable 关键字指出，即使是 const 对象，其 m_count 成员也仍可被修改。因此，我们可以在新创建的 printVolume()成员函数中，使用一些调试/日志记录代码来修改 m_count 成员，尽管 printVolume()成员函数被声明为 const：

```
void Box::printVolume() const
{
  // Count how many times printVolume() is called using a mutable member in a const function
  std::cout << "The volume of this box is " << volume() << std::endl;
  std::cout << "printVolume() has been called " << ++m_count << " time(s)" << std::endl;
}
```

若没有显式地用 mutable 来声明 m_count，则编译器不会允许在 const printVolume()函数中修改 m_count。任何成员函数(包括 const 和非 const 成员函数)总是可以修改用 mutable 声明的成员变量。

注意，应该很少需要使用 mutable 成员变量。通常，如果需要在 const 函数内修改一个对象，则很可能不应该将该函数声明为 const。mutable 成员变量的典型用途包括调试或日志记录、缓存和线程同步成员。

12.8 友元

在正常情况下，要把类的成员变量声明为私有成员，以隐藏它们。类还可以有私有的成员函数。有时还可以把某些选定的函数看作类的"荣誉成员"，允许它们访问类对象中的非公共成员。即，不想让外界访问对象的内部状态，但是允许选定的少数相关函数访问。这种函数称为类的友元函数。友元可以访问类对象的任意成员，无论这些成员的访问修饰符是什么。

■ **警告：** 声明友元破坏了面向对象编程的一个基石：数据隐藏。因此，只有在绝对有必要时，才应该使用友元，而有这种需求的场合并不多见。在第 13 章学习运算符重载时会看到需要使用友元的一种场景。虽然如此，大部分类完全不需要友元。没有朋友(friend，在类中，该词称为友元)，这听起来多么孤单，多么让人感到悲伤，但如果给 C++编程语言下一个幽默的定义，你就能够明白为什么在 C++中，需要为类谨慎地选择朋友(友元)。这个定义就是：C++是一个允许朋友访问你的私人住所的语言"。

我们将考虑两种声明类的友元的方法：把一个函数指定为类的友元(称为友元函数)，或把整个类指定为另一个类的友元(称为友元类)。对于后者，友元类的所有成员函数与原有类的一般成员有相同的访问权限。下面首先看看友元函数。

12.8.1 类的友元函数

为了把函数看作类的友元函数，必须在类定义中用关键字 friend 来声明它。类决定了它的友元，无法在类定义的外部将函数设置为类的友元函数。类的友元函数可以是一个全局函数，也可以是另一个类的成员。但是，函数不能是包含它的类的友元函数，因此，访问修饰符不能被应用于类的友元函数。

实际上，对友元函数的需求是比较有限的。当函数需要访问两个不同对象的内部时，才需要把该函数声明为这两个类的友元函数。这里将在比较简单的情形中使用它们，在这种情形中实际上并不需要使用友元函数。假定要在 Box 类中实现一个友元函数，计算 Box 对象的表面积。要使函数成为友元函数，就必须在 Box 类的定义中声明它，下面是代码：

```
export class Box
{
public:
  Box() : Box{ 1.0, 1.0, 1.0} {} // A delegating default constructor
  Box(double length, double width, double height);
```

```
      double volume() const; // Function to calculate the volume of a box

      friend double surfaceArea(const Box& box); // Friend function for the surface area

private:
      double m_length, m_width, m_height;
};
```

注意，上面的代码中使用了委托默认构造函数。因此，现在所有的构造函数都显式地对 3 个成员变量进行了初始化，所以不必再在它们的声明中提供初始值。另一方面，第二个构造函数和 volume() 成员函数的定义在前面已经多次见到过。

下面是测试友元函数的代码：

```cpp
// Ex12_12.cpp
// Using a friend function of a class
import <iostream>;
import <memory>;
import box;

int main()
{
  Box box1 {2.2, 1.1, 0.5}; // An arbitrary box
  Box box2; // A default box
  auto box3{ std::make_unique<Box>(15.0, 20.0, 8.0) }; // Dynamically allocated Box

  std::cout << "Volume of box1 = " << box1.volume() << std::endl;
  std::cout << "Surface area of box1 = " << surfaceArea(box1) << std::endl;

  std::cout << "Volume of box2 = "<< box2.volume() << std::endl;
  std::cout << "Surface area of box2 = " << surfaceArea(box2) << std::endl;

  std::cout << "Volume of box3 = " << box3->volume() << std::endl;
  std::cout << "Surface area of box3 = " << surfaceArea(*box3) << std::endl;
}

// friend function to calculate the surface area of a Box object
double surfaceArea(const Box& box)
{
  return 2.0 * (box.m_length * box.m_width
              + box.m_length * box.m_height + box.m_height * box.m_width);
}
```

程序的运行结果如下所示：

```
Box constructor called.
Box constructor called.
Box constructor called.
Volume of box1 = 1.21
Surface area of box1 = 8.14
Volume of box2 = 1
Surface area of box2 = 6
Volume of box3 = 2400
Surface area of box3 = 1160
```

main()函数创建了一个指定了尺寸的 Box 对象,还创建了一个没有指定尺寸的 Box 对象,最后动态分配了一个 Box 对象。这说明可以创建一个智能指针,使其指向在自由存储区中分配的 Box 对象,方式与 std::string 对象相同。从输出结果上看,3 个 Box 对象的创建工作都非常正常。

在 Box 类定义中,使用关键字 friend 编写函数原型,把函数 surfaceArea()声明为 Box 类的一个友元函数。该函数没有修改作为实参传递给它的 Box 对象,所以可以使用 const 引用参数指定符。把 friend 声明放在类的定义中时最好保持一致。这里选择把该声明放在类中所有公共成员的后面。这是因为友元函数是类接口的一个成员,可以访问所有类成员。

surfaceArea()函数是一个全局函数,其定义放在 main()的后面。当然,还可以把它放在 box 模块中,因为它与 Box 类相关,不过在此希望演示 C++中的友元关系可以跨模块边界。注意,如果将 surfaceArea()函数打包到 box 模块中,就必须导出它。

注意,必须在函数 surfaceArea()的定义中,把 Box 对象作为一个参数传递给该函数,从而指定访问对象的成员变量。因为友元函数不是类成员,所以成员变量不能仅通过名称来引用。它们必须用对象名来限定,方法与在一般函数中访问类的公共成员一样。友元函数与一般函数一样,但友元函数可以不受限制地访问类中的所有成员。

这个例子说明了如何编写友元函数,但该例并不是很实用。我们可以使用访问器成员函数来返回成员变量的值,因此 surfaceArea()根本不需要被声明为友元函数。最好的方法是把函数 surfaceArea()声明为类的一个公共成员函数,这样计算盒子表面积的功能就成为类接口的一部分。友元函数应该是别无他法时的选择。

12.8.2　友元类

还可以把整个类声明为另一个类的友元。友元类的所有成员函数都可以不受限制地访问原有类的成员。

例如,假设定义一个类 Carton,为了让类 Carton 的成员函数访问 Box 类的成员,只需要在 Box 类的定义中包含一个语句,把 Carton 声明为 Box 的友元类:

```
class Box
{
  // Public members of the class...
  friend class Carton;
  // Private members of the class...
};
```

友元关系并不是一种互惠的安排。类 Carton 中的函数可以访问 Box 类的所有成员,但 Box 类中的函数不能访问类 Carton 中的私有成员。类之间的友元关系是不能传递的,即类 A 是类 B 的友元,类 B 又是类 C 的友元,但类 A 不是类 C 的友元。

友元类的一种常见用法是把一个类的功能与另一个类的功能高度缠绕在一起。链表基本上涉及两个类类型:存储一个对象列表(通常称为节点)的 List 类;定义节点的 Node 类。List 类需要在每个 Node 对象中设置一个指针,使该指针指向下一个节点,从而把 Node 对象组合在一起。把 List 类声明为 Node 类的友元,可以使 List 类的成员直接访问 Node 类的成员。本章后面将讨论嵌套类,这是在类似场景中可用来替代友元类的一种选择。

12.9　类的对象数组

创建类的对象数组的方式与创建其他类型的数组完全相同。类的对象数组的每个元素都由构造函数创建，没有指定初始值，因此，编译器要为每个元素调用无参构造函数。下面用一个例子来说明。
在 Box.cppm 中，Box 类的定义如下：

```
// Box.cppm
export module box;

export class Box
{
public:
  /* Constructors */
  Box(double length, double width, double height);
  Box(double side);          // Constructor for a cube
  Box();                     // Default constructor
  Box(const Box& box);       // Copy constructor

  double volume() const { return m_length * m_width * m_height; };

private:
  double m_length {1.0};
  double m_width {1.0};
  double m_height {1.0};
};
```

Box.cpp 的内容如下：

```
module box;
import <iostream>;

Box::Box(double length, double width, double height) // Constructor definition
  : m_length{length}, m_width{width}, m_height{height}
{
  std::cout << "Box constructor 1 called." << std::endl;
}

Box::Box(double side) : Box{side, side, side} // Constructor for a cube
{
  std::cout << "Box constructor 2 called." << std::endl;
}

Box::Box() // Default constructor
{
  std::cout << "Default Box constructor called." << std::endl;
}

Box::Box(const Box& box) // Copy constructor
  : m_length{box.m_length}, m_width{box.m_width}, m_height{box.m_height}
{
  std::cout << "Box copy constructor called." << std::endl;
}
```

定义程序的 main()函数的 Ex12_13.cpp 源文件如下：

```
// Ex12_13.cpp
// Creating an array of objects
import <iostream>;
import box;
```

```
int main()
{
  const Box box1 {2.0, 3.0, 4.0}; // An arbitrary box
  Box box2 {5.0}; // A box that is a cube
  std::cout << "box1 volume = " << box1.volume() << std::endl;
  std::cout << "box2 volume = " << box2.volume() << std::endl;
  Box box3 {box2};
  std::cout << "box3 volume = " << box3.volume() << std::endl; // Volume = 125

  std::cout << std::endl;

  Box boxes[6] {box1, box2, box3, Box {2.0}};
}
```

这个例子的输出结果如下：

```
Box constructor 1 called.
Box constructor 1 called.
Box constructor 2 called.
box1 volume = 24
box2 volume = 125
Box copy constructor called.
box3 volume = 125
Box copy constructor called.
Box copy constructor called.
Box copy constructor called.
Box constructor 1 called.
Box constructor 2 called.
Default Box constructor called.
Default Box constructor called.
```

有趣的地方是最后 7 行，它们来自于 Box 对象数组的创建工作。前 3 个数组元素的初始值是已有的对象，所以编译器调用副本构造函数复制 box1、box2 和 box3。第 4 个元素用一个对象初始化，该对象由构造函数 2 在数组的初始化列表中创建，构造函数 2 在其初始化列表中调用了构造函数 1。最后两个数组元素没有指定初始值，所以编译器调用默认构造函数来创建它们。

12.10　类对象的大小

使用 sizeof 运算符可以获得类对象的大小，其方式与前面对基本数据类型使用该运算符的方式完全相同。可以把这个运算符用于特定的对象或类类型。类对象的大小一般是类中成员变量大小的总和，不过也有可能类对象的大小比类中所有成员变量的字节总和大。不必担心这个问题，但应知道原因。

在大部分计算机上，由于性能原因，两字节的变量必须放在 2 的倍数的地址中，4 字节的变量必须放在 4 的倍数的地址中，以此类推。这称为边界对齐。这样，在某些情况下，编译器就必须在存储不同值的内存之间留下一定的空隙。如果在这样的机器上，有 3 个占用两个字节的变量，其后是一个需要 4 个字节的变量，就需要留下两个字节的空隙，才能在正确的边界上放置第 4 个变量。此时，所有 4 个变量占用的空间就大于各变量实际需要的字节总和。

12.11　类的静态成员

类的成员可以声明为 static。静态成员与类本身绑定在一起，而不是绑定到单独的对象。本节中，将讨论应该在何时以及如何声明静态成员变量和静态成员函数,并将重点介绍静态成员变量的一种具体用法,即类特定的静态常量的定义。

12.11.1 静态成员变量

类的静态成员变量可以在类的范围内存储数据,这种数据独立于类类型的任何对象,但可以由这些对象访问。它们把类作为一个整体来记录类的属性,而不是记录各个对象的属性。在把类的成员变量声明为 static 时,静态成员变量就只定义一次,而且即使类没有创建对象实例,静态成员变量也依然存在。每个静态成员变量都可以在已创建的任何类对象中访问,并在已有的所有对象之间共享。对象包含普通成员变量的独立副本,但无论定义了多少个类对象,每个静态成员变量的实例总是只有一个。

可以使用静态成员变量存储类的特定常量(后面将介绍),或存储类中对象的一般信息,例如类有多少个对象等。静态成员变量的一个用途是计算有多少个类对象存在。在类定义中添加如下语句,为 Box 类添加一个静态成员变量(对于静态成员变量,有时使用 s_ prefix 代替 m_):

```
static inline size_t s_object_count {}; // Count of objects in existence
```

图 12-6 演示了这个静态成员变量存在于类的所有对象外部,但可用于所有这些对象。

```
class Box
{
  ...
 private:
   static inline size_t s_object_count {};
   double m_length;
   double m_width;
   double m_height;
}
```

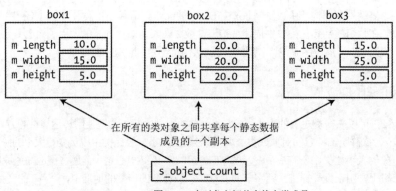

图 12-6 在对象之间共享静态类成员

静态成员 s_object_count 被声明为 private,所以在 Box 类之外不能访问 s_object_count。当然,静态成员也可以被声明为 public 或 protected。

s_object_count 变量还被声明为 inline,在过去(准确而言,是在模块出现之前),必须这样做。要记住的重点是,在类定义中定义和初始化静态成员变量时,必须添加这个额外的 inline 关键字(有关该关键字的更多信息,请查看附录 A)。

■ **注意:**从 C++17 开始支持内联变量。在 C++17 之前,只能像下面这样声明 s_object_count(当然,

这种语法现在仍然有效):

```
class Box
{
// ...
private:
  static size_t s_object_count;
// ...
};
```

但是，这么做存在一个问题。如何初始化非内联的静态成员变量？我们不想在构造函数中初始化，因为只想初始化这种静态成员变量一次，而不是每次调用构造函数时就初始化一次；而且，即使不存在对象，这个静态成员变量也存在(此时并没有调用构造函数)。这个问题的答案是在类的外部初始化每个非内联静态成员，如下所示:

```
size_t Box::s_object_count {}; // Initialize static member of Box class to 0
```

这个语句定义了 s_object_count。类定义中的该行代码只是声明: 它是类的一个非内联静态成员，是将会在其他地方定义的一个成员。注意，这种类外定义中不能包含 static 关键字。不过，需要用类名 Box 来限定该成员的名称，使编译器知道该变量是 Box 类的静态成员。否则，就会创建一个与类没有任何关系的全局变量。

显然，内联变量用起来方便得多，因为可以在类定义中初始化它们，而不必在类外单独进行定义。

下面给 Ex12_13 添加静态内联成员变量 s_object_count 和对象计数功能。在类的定义中只需要添加两个额外语句，一个语句定义新的静态成员变量，另一个语句定义提取其值的函数。

```
export class Box
{
public:
  Box(); // Default constructor
  Box(double side); // Constructor for a cube
  Box(const Box& box); // Copy constructor
  Box(double length, double width, double height);

  double volume() const { return m_length * m_width * m_height; }

  size_t getObjectCount() const { return s_object_count; }

private:
  double m_length {1.0};
  double m_width {1.0};
  double m_height {1.0};
  static inline size_t s_object_count {}; // Count of objects ever created
};
```

getObjectCount()函数被声明为 const，因为它不修改类中的任何成员变量，可以对 const 和非 const 对象调用它。

Box 类的所有构造函数都需要递增 s_object_count(当然，委托给另一个 Box 构造函数的那个构造函数不在此列；否则，计数将递增两次)。下面是一个例子:

```
// Constructor definition
Box::Box(double length, double width, double height)
  : m_length {length}, m_width {width}, m_height {height}
  {
```

```
++s_object_count;
std::cout << "Box constructor 1 called." << std::endl;
}
```

我们相信读者现在完全能够完成其他构造函数。可以修改 Ex12_13 中的 main()函数，以输出对象的个数：

```
// Ex12_14.cpp
// Using a static member variable
import <iostream>;
import box;

int main()
{
const Box box1 {2.0, 3.0, 4.0};        // An arbitrary box
Box box2 {5.0};                        // A box that is a cube
std::cout << "box1 volume = " << box1.volume() << std::endl;
std::cout << "box2 volume = " << box2.volume() << std::endl;
Box box3 {box2};
std::cout << "box3 volume = " << box3.volume() << std::endl; // Volume = 125

std::cout << std::endl;

Box boxes[6] {box1, box2, box3, Box {2.0}};

std::cout << "\nThere are now " << box1.getObjectCount() << " Box objects.\n";
}
```

这个程序的输出结果如之前一样，只是这一次最后将输出如下一行：

```
...
There are now 9 Box objects.
```

这段代码说明，的确只存在静态成员 s_object_count 的一个副本，所有构造函数都更新了它。为 box1 对象调用了函数 getObjectCount()，但可以使用数组中的任何元素得到相同的结果。当然，只记录了已创建的对象个数，输出的数字对应于这里创建的对象个数，一般无法确定对象何时释放，所以该计数不一定反映某一时刻存在的对象个数。本章后面将介绍如何计算已释放的对象个数。

注意，即使在类的定义中添加了 s_object_count，Box 对象的大小也不变。这是因为静态成员变量不是任何对象的一部分，它们属于类。由于静态成员变量不是类对象的一部分，因此 const 成员函数就可以修改非 const 静态成员变量，而不会影响函数的 const 性质。

12.11.2 访问静态成员变量

假定在某个时刻，把 s_object_count 声明为公共类成员。现在不需要使用函数 getObjectCount()访问它，而可以在 main()中输出对象的个数，语句如下：

```
std::cout << "Object count is " << box1.s_object_count << std::endl;
```

另外，即使没有创建对象，静态变量也存在。也就是说，在创建第一个 Box 对象之前，就可以获得对象的个数，但如何引用成员变量？答案是把类名 Box 用作限定符：

```
std::cout << "Object count is " << Box::s_object_count << std::endl;
```

读者可以修改上面的例子进行试验，会发现确实如此。无论是否存在对象，总是可以使用类名访问类的公共静态成员。事实上，推荐总是使用后面这种语法来访问静态成员，因为这样一来，在阅读代码时，可以一眼看出代码涉及静态成员。

12.11.3 静态常量

静态成员变量常用于定义常量。这是很合理的。显然，将常量定义为非静态成员变量没有意义，因为此时将对每个对象创建该常量的一个副本。如果将常量定义为静态成员，则只有该常量的一个实例会存在，由所有对象共享。

下面定义了代表一种新奇的圆柱形盒子的类，其中给出了一些例子：

```
export module cylindrical;

import <string>;
import <string_view>;

export class CylindricalBox
{
public:
  static inline const float s_max_radius { 35.0f };
  static inline const float s_max_height { 60.0f };
  static inline const std::string_view s_default_material { "paperboard" };
  CylindricalBox(float radius, float height,
                 std::string_view material = s_default_material);
  float volume() const;

private:
  // The value of PI used by CylindricalBox's volume() function
  static inline const float PI { 3.141592f };

  float m_radius;
  float m_height;
  std::string m_material;
};
```

这个类定义了 4 个内联静态常量：s_max_radius、s_max_height、s_default_material 和 PI。注意，与普通成员变量不同，将这些常量声明为 public 没有坏处。事实上，常常定义一些公共常量来包含函数参数的边界值(例如 s_max_radius 和 s_max_height)或建议的默认值(例如 s_default_material)。此时，类外部的代码就可以使用默认材料创建窄而高的 CylindricalBox：

```
CylindricalBox bigBox{ 1.23f,
          CylindricalBox::s_max_height, CylindricalBox::s_default_material };
```

在 CylindricalBox 类的成员函数体内，不需要用类名限定类的静态常量成员：

```
float CylindricalBox::volume() const
{
  return PI * m_radius * m_radius * m_height;
}
```

这个函数定义使用了 PI，但是没有加上 CylindricalBox::前缀(当然，自己定义 PI 常量更合适，但在此需要使用 std::numbers::pi_v<float>)。

示例 Ex12_15 中包含了一个使用这个 CylindricalBox 类的小测试程序。

■ **注意：**对关键字 static、inline 和 const 的出现顺序没有要求。对于 CylindricalBox 类的定义，我们

4 次使用相同的顺序 static inline const(保持一致总是一个好主意!),但是其他 5 种排列方式也是合法的。不过,这 3 个关键字必须出现在变量类型名称的前面。

12.11.4 类类型的静态成员变量

静态成员变量不是类对象的一部分,所以它可以与类具有相同的类型,例如 Box 类可以包含 Box 类型的静态成员变量。这看起来似乎很奇怪,但非常有用。下面就使用 Box 类来验证一下。假定需要一个标准的 "参考" 盒子,并能以各种方式对 Box 对象和标准盒子建立关联。当然,可以在类的外部定义一个标准的 Box 对象,但如果要在类的成员函数中使用它,就需要创建一个外部依赖,而最好不要存在这样的外部依赖。假设只需要在内部使用这个标准盒子,就可以像下面这样声明该常量:

```
class Box
{
  // Rest of the class as before...

private:
  const static Box s_reference_box; // Standard reference box
  // ...
};
```

由于 s_reference_box 是一个不应修改的标准 Box 对象,因此还是把它声明为 const。但仍需要在类的外部定义和初始化它。可以使用下面这行代码来定义 s_reference_box:

```
const Box Box::s_reference_box{10.0, 10.0, 10.0};
```

static 关键字仅用于类定义中的静态成员的声明,而不能用于定义静态成员。

这个语句调用 Box 类的构造函数来创建 s_reference_box。因为类的静态成员变量是在创建任何对象之前创建的,所以类中至少存在一个 Box 对象。类对象的任何静态和非静态成员函数都可以访问 s_reference_box,但不能从类的外部访问它,因为它被声明为私有成员。如果类常量在类的外部十分有用,就可以把它声明为公共成员。只要它被声明为 const,就不能被修改。

12.11.5 静态成员函数

静态成员函数独立于任何单个类对象,但如有必要,任何类对象都可以调用静态成员函数。如果静态成员函数是一个公共成员,还可以从类的外部调用。静态成员函数的一个常见用法是无论是否声明了类的对象,都可以操作静态成员变量。

■ 提示:如果某个成员函数不访问任何非静态成员变量,则是声明为静态成员函数的有力候选者。

即使没有创建类的对象,也可以调用公共的静态成员函数。声明类中的静态函数非常简单,只需要使用关键字 static 即可,就像声明成员变量 objectCount 一样。可以把前面例子中的 getObjectCount() 声明为静态函数。调用静态成员函数时,将类名用作限定符。下面调用静态函数 getObjectCount():

```
std::cout << "Object count is " << Box::getObjectCount() << std::endl;
```

当然,如果创建了类的对象,就可以通过该类的对象来调用静态成员函数,其方法与调用其他成员函数的方法相同。例如:

```
std::cout << "Object count is " << box1.getObjectCount() << std::endl;
```

虽然后面这种方法是有效的语法,但是不推荐这么做。原因在于,这种方法在没有必要的情况下混淆了调用的是静态成员函数这个事实。

静态函数不能访问调用它的对象。为了让静态成员函数访问类的对象，需要把它作为实参传递给该函数。之后，就必须使用限定的名称在静态函数中引用类对象的成员(就像一般全局函数访问公共成员变量一样)。

当然，根据访问权限，静态成员函数是类的一个具有完全访问权限的成员。如果把同一个类的对象作为实参传递给静态成员函数，它就可以访问该对象的私有成员和公共成员。这么做没有什么意义，但是为了演示这一点，在 Box 类中可以包含静态函数的定义，如下所示：

```
static double edgeLength(const Box& aBox)
{
  return 4.0 * (aBox.m_length + aBox.m_width + aBox.m_height);
}
```

即使把 Box 对象作为实参传递，也可以访问私有成员变量。当然，用一般的成员函数来访问私有成员变量更有意义。

■ **警告**：静态成员函数不能是const。因为静态成员函数与类对象无关，所以它没有 this 指针，也就不能使用 const。

12.12 析构函数

如果对类对象应用 delete 运算符，或者处在创建类对象的块末尾，就会释放类对象，就像基本类型的变量一样。释放类对象时，会执行类的一个特殊成员，称为析构函数，以完成必要的清理工作。类只能有一个析构函数。如果自己没有定义，编译器就会提供一个默认的、什么都不做的析构函数，默认析构函数的定义如下：

```
~ClassName() {}
```

类的析构函数总是与类同名，但名称前面有一个符号~。类的析构函数没有参数，也没有返回类型。Box 类的默认析构函数如下所示：

```
~Box() {}
```

当然，如果该定义位于类的外部，析构函数的名称就要加上类名作为前缀：

```
Box::~Box() {}
```

但是，如果析构函数的函数体为空，则最好使用 default 关键字：

```
Box::~Box() = default; // Have the compiler generate a default destructor
```

类的析构函数总是在释放对象时自动调用，需要显式调用析构函数的情形很少见，可以忽略不计。在不需要调用析构函数时，调用它会导致问题。

只有在释放类对象时需要执行一些操作的情况下，才需要定义类的析构函数。例如，处理物理资源(如文件或网络连接)的类需要关闭文件或网络连接。当然，如果构造函数使用 new 分配内存，就需要在析构函数中释放该内存。第 18 章将说明，应该只为少量的类定义析构函数，即专门用来管理给定资源的类。虽然如此，Ex12_14 中的 Box 类会得益于析构函数的实现，它可递减 s_object_count：

```
class Box
{
public:
```

```
  // Same constructors as before...

  ~Box(); // Destructor

  // Rest of the class as before...

  static size_t getObjectCount() { return s_object_count; }

private:
  // ...

  static inline size_t s_object_count {}; // Count of objects in existence
};
```

添加的析构函数递减 s_object_count，现在 getObjectCount() 是一个静态成员函数(没有 const 限定符)。在示例 Ex12_14 的 Box.cpp 文件中可使用以下代码来添加 Box 析构函数的实现。析构函数会在调用时输出一条消息，说明何时调用了它：

```
Box::~Box() // Destructor
{
  std::cout << "Box destructor called." << std::endl;
  --s_object_count;
}
```

下面的代码会演示析构函数的操作：

```
// Ex12_16.cpp
// Implementing a destructor
import <iostream>;
import <memory>;
import box;

int main()
{
  std::cout << "There are now " << Box::getObjectCount() << " Box objects." << std::endl;

  const Box box1 {2.0, 3.0, 4.0}; // An arbitrary box
  Box box2 {5.0}; // A box that is a cube

  std::cout << "There are now " << Box::getObjectCount() << " Box objects." << std::endl;

  for (double d {} ; d < 3.0 ; ++d)
  {
    Box box {d, d + 1.0, d + 2.0};
    std::cout << "Box volume is " << box.volume() << std::endl;
  }

  std::cout << "There are now " << Box::getObjectCount() << " Box objects." << std::endl;

  auto pBox{ std::make_unique<Box>(1.5, 2.5, 3.5) };
  std::cout << "Box volume is " << pBox->volume() << std::endl;
  std::cout << "There are now " << pBox->getObjectCount() << " Box objects." << std::endl;
}
```

这个例子的输出如下：

```
There are now 0 Box objects.
```

```
Box constructor 1 called.
Box constructor 1 called.
Box constructor 2 called.
There are now 2 Box objects.
Box constructor 1 called.
Box volume is 0
Box destructor called.
Box constructor 1 called.
Box volume is 6
Box destructor called.
Box constructor 1 called.
Box volume is 24
Box destructor called.
There are now 2 Box objects.
Box constructor 1 called.
Box volume is 13.125
There are now 3 Box objects.
Box destructor called.
Box destructor called.
Box destructor called.
```

这个例子显示了何时调用构造函数和析构函数，以及在执行的各个阶段存在多少个对象。输出的第一行显示，开始时没有 Box 对象。但 s_object_count 显然存在，因为本例使用 getObjectCount()静态成员提取了它的值。box1 和 box2 的创建方式与前面的示例相同，输出显示，的确存在两个对象。for 循环在每次迭代时都创建一个新对象，输出显示，新对象在输出体积后，在当前迭代的最后阶段释放。循环结束后，还存在最初的两个对象。最后一个对象是通过调用 make_unique<Box>()函数模板来创建的，make_unique<Box>()函数模板在<memory>模块中定义，该函数调用带 3 个参数的 Box 构造函数，在自由存储区中创建对象。使用智能指针 pBox 调用 getObjectCount()，只是为了演示可以这么做。在输出中可以看到，main()函数结束时调用了 3 次析构函数，释放剩下的 3 个 Box 对象。

现在我们知道，如果用户没有定义，编译器会给每个类添加一个默认构造函数、一个默认副本构造函数和一个析构函数。编译器还可以给类添加其他成员，相关内容参见第 13 章和第 18 章。

12.13 使用指针作为类成员

现实中的程序通常由大量彼此协作的对象构成,这些对象通过指针、智能指针和引用链接在一起。需要创建这些对象的网络，将它们链接在一起，最后再释放它们。对于最后一点，即确保及时删除所有对象，智能指针非常有帮助:

- std::unique_ptr<>确保不会意外忘记对自由存储区中分配的对象应用 delete 运算符。
- 当多个对象指向并不时地(甚至并发地)使用同一个对象，并且无法推断出什么时候全部使用完该共享对象时，std::shared_ptr<>非常有帮助。换句话说，无法推断出哪个对象应该负责删除该共享对象，因为总是可能还有其他对象需要使用该共享对象。

■ 提示：在现代 C++中，通常不再应该需要使用 new 和 delete 关键字。而总是应该使用智能指针来管理动态分配的对象。这种原则被称为 "资源获取即初始化"(Resource Acquisition Is Initialization，RAII)。内存是一种资源，要获取内存，就应该初始化一个智能指针。第 16 章将继续探讨 RAII，并给出使用 RAII 的有说服力的理由!

　　设置和管理包含许多类和对象的大程序需要用到面向对象的设计原则和技术,但是如果在这里详细介绍,会太偏离主题。本节将第一次练习编写一个较大的示例程序,在此过程中指出一些需要考虑的关键之处,例如,如何选择不同的指针类型以及 const 正确性对类设计的影响。具体来说,我们将定义一个包含指针成员变量的类,并使用该类的实例来创建对象的链表。

Truckload 示例

　　这里定义一个类来表示任意多个 Box 对象的集合。用于 Box 类定义的模块文件的内容如下:

```
// Box.cppm
export module box;
import <iostream>;
import <format>;

export class Box
{
public:
  Box() = default;
  Box(double length, double width, double height)
    : m_length{length}, m_width{width}, m_height{height} {};

  double volume() const
  {
    return m_length * m_width * m_height;
  }

  int compare(const Box& box) const
  {
    if (volume() < box.volume()) return -1;
    if (volume() == box.volume()) return 0;
    return +1;
  }

  void listBox() const
  {
    std::cout << std::format("Box({:.1f},{:.1f},{:.1f})", m_length, m_width, m_height);
  }

private:
  double m_length {1.0};
  double m_width {1.0};
  double m_height {1.0};
};
```

　　这里省略了访问器成员函数,因为这里不需要它们,但添加了 listBox()成员,以输出 Box 对象。在本示例中,Box 对象表示要运送的一个产品单元,Box 对象的集合表示一货车的盒子,所以这个类被称为 Truckload。Box 对象的集合是一个链表。链表的长短可以任意,也可以在链表的任意位置添加对象。类允许从一个 Box 对象或 Box 对象向量创建 Truckload 对象,可以添加和删除 Box 对象,提取 Truckload 对象中的所有 Box 对象。

　　Box 对象没有内置把自己与另一个 Box 对象链接在一起的功能。而修改 Box 类的定义,使之包含这个功能,会与盒子原来的理念不一致——盒子本来不需要这个功能。要把 Box 对象收集到一个组中,一种方式是定义另一个对象 Package。该对象有两个成员:指向 Box 对象的指针,以及指向另一个 Package 对象的指针。这样就可以创建 Package 对象的链表。

图 12-7 说明，每个 Package 对象都指向一个 Box 对象——SharedBox 是 std::shared_ptr<Box>的类型别名——并构成了 Package 对象的链表，这是使用指针链接在一起的。Package 对象链表的长度没有限制。只要可以访问第一个 Package 对象，就可以通过它包含的 m_next 指针访问下一个 Package 对象，以此类推，直到遍历链表中的所有对象。每个 Package 对象都可以通过其 m_box 成员访问 Box 对象。这种安排优于 Package 类中有一个 Box 类型的成员，后者需要为每个 Package 对象创建一个新的 Box 对象。Package 类只是一种把 Box 对象链接到链表中的实现方式，每个 Box 对象的存在都独立于 Package 对象。

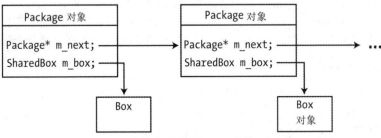

图 12-7　链接的 Package 对象

而Package对象的链表由Truckload对象创建和管理。Truckload对象表示一货车盒子的实例。在货车中可以有任意多个盒子，每个盒子都通过一个Package对象引用。Package对象提供了Truckload对象跟踪它包含的Box对象的机制。这些对象之间的关系如图12-8所示。

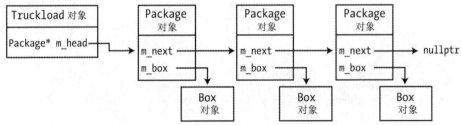

图 12-8　通过 Truckload 对象管理 3 个 Package 对象的链表

图 12-8 显示了一个 Truckload 对象，它管理着一组 Package 对象，每个 Package 对象又包含一个 Box 对象和指向下一个 Package 对象的指针。Truckload 对象只需要跟踪链表中的第一个 Package 对象，m_head 成员包含其地址。按照 Package 对象中的 m_next 指针链接，就可以找出链表中的任何对象。在这个基本的实现中，链表只能从头开始遍历。更复杂的实现可以给每个 Package 对象提供一个指向链表中前一个对象的指针，这样就可以向前和向后遍历链表。下面我们用代码实现它。

■ 注意：不需要创建自己的链表类，在<list> 和 <forward_list>标准库头模块中已经定义了非常灵活的版本。而且，第 20 章将会讲到，在大部分情况下，更好的方法是使用 std::vector<>。但是，创建自己的链表类，是非常有教学意义的。

---

1. SharedBox 类型别名

为了使本示例的其余代码不那么杂乱，我们首先为 std::shared_ptr<Box>定义了类型别名SharedBox。由于 truckload 模块的使用者也需要访问该别名，因此在其最小的模块接口部分定义ShareBox 别名。

```
// SharedBox.cppm - Minor interface partition exporting the SharedBox type alias
export module truckload:shared_box;
import <memory>;
import box;
export using SharedBox = std::shared_ptr<Box>;
```

通过为所有 Box 对象使用 shared_ptr<>指针，我们保证了至少在理论上，能够与程序的其余部分共享这些相同的 Box 对象，而不必担心它们的生存期，即不必担心哪个类应该在什么时候删除 Box 对象。因而，举几个例子，同一个 Box 对象可在 Truckload 类、卡车的货物清单、客户的网上货运跟踪系统等之间共享。如果这些 Box 对象只会被 Truckload 类引用，那么 shared_ptr<>就不是最合适的智能指针，而使用 std::unique_ptr<>更加合适一些。但是假设在本例中，Truckload 类是一个较大程序的一部分，而该程序完全围绕这些 Box 对象创建，这样使用 std::shared_ptr<>就很合适。

2. 定义 Package 类

根据上面的讨论，可以在模块实现部分定义 Package 类，如下所示：

```
// Package.cpp - Module implementation partition defining the Package class
module truckload:package;
import :shared_box;

class Package
{
public:
  Package(SharedBox box) : m_box{box}, m_next{nullptr} {} // Constructor
  ~Package() { delete m_next; } // Destructor

  // Retrieve the Box pointer
  SharedBox getBox() const { return m_box; }

  // Retrieve or update the pointer to the next Package
  Package* getNext() { return m_next; }
  void setNext(Package* package) { m_next = package; }

private:
  SharedBox m_box; // Pointer to the Box object contained in this Package
  Package* m_next; // Pointer to the next Package in the list
};
```

Package类的SharedBox成员存储Box对象的地址。每个Package对象只引用一个Box对象。注意，要使用ShareBox别名，首先必须导入相应的模块部分(因为Package.cpp也是一个部分文件，所以它不能隐式地导入Truckload模块)。

Package对象的m_next成员变量指向链表中的下一个Package对象。链表中最后一个Package对象的m_next成员将包含nullptr。构造函数允许创建的Package对象包含Box实参的地址。m_next成员默认为nullptr，但调用setNext()成员，可以把它设置为指向Package对象。setNext()函数会更新m_next，使其指向链表中的下一个Package对象。要在链表的尾部添加新的Package对象，应将其地址传递给链表中最后一个Package对象的setNext()函数。

Package对象本身不应与程序的其余部分共享，它们唯一的用途是构成Truckload对象的链表。因此，shared_ptr<>指针不适合用作m_next成员变量。通常应该考虑为该成员变量使用unique_ptr<>指针。原因在于，基本上，任何时候只会有一个对象指向一个Package对象，这个对象可能是链表中的前一个Package对象，但是对于链表的第一个元素，则是Truckload对象本身。如果释放了Truckload对象，则应该释放其所有的Package对象。但是，我们决定使用原指针，从而借助这个机会来展示非默认构造函数的一些例子。

如果删除了一个Package对象，则其析构函数也会删除链表中的下一个Package对象。这又将删除下一个Package对象，以此类推。因此，要删除Packages对象的链表，只需要删除链表中的第一个Package对象。Package对象的析构函数将逐个删除链表中的其余Package对象。

■ **注意：** 对于链表中的最后一个 Package 对象，m_next 将为 nullptr。虽然如此，在析构函数中应用 delete 之前并不需要检查 nullptr。即，不需要编写下面这样的析构函数：

```
~Package() { if (m_next) delete m_next; } // 'if (m_next)' is not required!
```

在产品代码中常常见到这种过于谨慎的检测代码，但它们完全是冗余的。delete 运算符被定义为当收到 nullptr 时，不做任何处理。另外值得注意的是，在这个析构函数中，在执行完删除操作之后，将 m_next 设为 nullptr 并没有多大价值。前面提到，一般来说，在删除指针指向的值后，将该指针重置为 null 是一个好习惯。这是为了避免继续使用该指针或者发生二次删除。但是，因为在析构函数执行完毕后，对应的 Package 对象已不再存在，也就无法再访问其 m_next 成员，所以这里重置指针没有什么意义。

3. 定义 Truckload 类

Truckload 对象封装了一个 Package 对象的链表。这个类必须提供创建、扩展、删除链表的所有功能，以及提取 Box 对象的方式。如果在链表中，把指向第一个 Package 对象的指针存储为 Truckload 对象的一个成员变量，就可以使用 Package 类的 getNext()函数，通过 m_next 指针链获取链表中的其他 Package 对象。显然，对链表中的每个 Package 对象都要调用一次 getNext()函数，所以 Truckload 对象需要跟踪最近提取出来的对象。存储最后一个 Package 对象的地址也是有用的，因为这可以使在链表的末尾添加新对象变得非常简单，如图 12-9 所示。

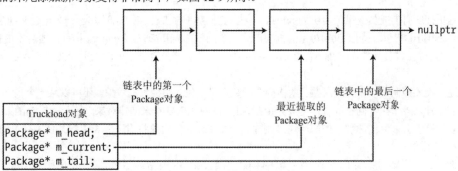

图 12-9 在 Truckload 对象中管理链表所需要的信息

下面考虑一下从 Truckload 对象中提取 Box 对象的过程。这肯定会涉及遍历链表，起点是链表中的第一个对象。因此需要在 Truckload 类中定义一个提取该对象指针的成员函数 getFirstBox()，并在 m_current 中记录包含它的 Package 对象的地址。接着实现成员函数 getNextBox()，从链表的下一个 Package 对象中提取 Box 对象的指针，并更新 m_current。另一个基本功能是在链表中添加和删除 Box 对象，所以需要对应的成员函数 addBox()和 removeBox()。用一个成员函数列出链表中的所有 Box 对象也会很方便。

根据上面的讨论，Truckload 类的定义如下所示：

```
// Truckload.cppm - Module interface of the truckload module
export module truckload;

export import :shared_box;
import :package;
import <vector>;

export class Truckload
{
public:
  Truckload() = default;                          // Default constructor - empty truckload

  Truckload(SharedBox box)                        // Constructor - one Box
  { m_head = m_tail = new Package{box}; }
  Truckload(const std::vector<SharedBox>& boxes); // Constructor - vector of Boxes
  Truckload(const Truckload& src);                // Copy constructor

  ~Truckload() { delete m_head; }                 // Destructor: clean up the list

  SharedBox getFirstBox();                        // Get the first Box
  SharedBox getNextBox();                         // Get the next Box
  void addBox(SharedBox box);                     // Add a new SharedBox
  bool removeBox(SharedBox box);                  // Remove a Box from the Truckload
  void listBoxes() const;                         // Output the Boxes

private:
  Package* m_head {};                             // First in the list
  Package* m_tail {};                             // Last in the list
  Package* m_current {};                          // Last retrieved from the list
};
```

这里把所有的成员变量都声明为 private，因为它们都不需要在类的外部访问。成员 getFirstBox() 和 getNextBox() 提供了提取 Box 对象的机制，这两个函数都需要修改 m_current 指针，所以不能把它们声明为 const 成员函数。addBox() 和 removeBox() 函数也会修改链表，所以也不能被声明为 const 成员函数。

这个类还声明了 4 个构造函数。默认构造函数定义了包含空链表的对象。还可以从一个指向 Box 对象的指针、一个指针向量或者作为另一个 Truckload 对象的副本来创建对象。该类的析构函数确保其封装的链表会被恰当清理。如前所述，删除第一个 Package 对象将引发链表中的其余所有 Package 对象都被删除。

把 Box 对象的指针向量作为参数的构造函数、副本构造函数和其他成员函数都被放在 Truckload.cpp 模块实现文件中。下面将讨论这些函数的定义。

4. 遍历 Truckload 对象中包含的 Box 对象

在讨论如何构造链表之前，先来看看能够遍历链表的一些成员函数。首先是 const 成员函数 listBoxes()，该函数输出 Truckload 对象的内容，实现方式如下所示：

```
void Truckload::listBoxes() const
{
  const size_t boxesPerLine{ 4 };
  size_t count {};
  Package* currentPackage{m_head};
```

```
while (currentPackage)
{
  std::cout << ' ';
  currentPackage->getBox()->listBox();
  if (! (++count % boxesPerLine)) std::cout << std::endl;
  currentPackage = currentPackage->getNext();
}
if (count % boxesPerLine) std::cout << std::endl;
}
```

这个循环从 m_head 开始，到遇到 nullptr 结束，遍历链表中的 Package 对象。对于每个 Package 对象，通过调用对应的 SharedBox 的 listBox()函数来输出该 Package 对象包含的 Box 对象。每行输出 4 个 Box 对象。当最后一行输出的 Box 对象少于 4 个时，该函数的最后一条语句输出一个新行。

如果愿意，还可以将这个 for 循环写为等效的 while 循环：

```
void Truckload::listBoxes() const
{
  const size_t boxesPerLine{ 4 };
  size_t count {};
  for (Package* package{m_head}; package; package = package->getNext())
  {
    std::cout << ' ';
    package->getBox()->listBox();
    if (! (++count % boxesPerLine)) std::cout << std::endl;
  }
  if (count % boxesPerLine) std::cout << std::endl;
}
```

这两个循环是完全等效的，无论使用哪一个遍历链表都可以。可能 for 循环要更好一点，因为使用 for 循环时，package 指针的初始化和递进代码(放到了循环体之前的 for(…)语句的圆括号内)与链表算法的核心逻辑(即循环体，现在已经不再杂乱地填满链表遍历代码)之间的区分更加清晰。

为了允许 Truckload 类外部的代码以类似方式遍历 Truckload 内存储的 SharedBox，该类提供了 getFirstBox()和 getNextBox()成员函数。在讨论这些成员函数的实现之前，先了解这些成员函数的用法会有所帮助。外部代码遍历 Truckload 中 Box 对象的模式类似于 listBoxes()成员函数(当然，也可以使用等效的 while 循环)：

```
Truckload truckload{ ... };
...
for (SharedBox box{truckload.getFirstBox()}; box; box = truckload.getNextBox())
{
  ...
}
```

getFirstBox()和 getNextBox()成员函数用到了 Truckload 的 m_current 成员变量，这个指针在任何时候都必须指向包含这两个函数之一的、上一次返回的 Box 对象的 Package 对象。这种断言称为类不变式(class invariant)。所谓类不变式，是指类的成员变量在任何时候都必须满足的一种属性。因此，在返回之前，所有成员函数都应该确保所有的类不变式都有效。反过来，它们也可以确信在自己开始执行时，类不变式是有效的。Truckload 类的其他类不变式包括 m_head 指向链表中的第一个 Package 对象，m_tail 指向最后一个 Package 对象(如图 12-9 所示)。知道了这些类不变式，实现 getFirstBox()和 getNextBox()实际上就没那么难：

```
SharedBox Truckload::getFirstBox()
```

```
{
  // Return m_head's box (or nullptr if the list is empty)
  m_current = m_head;
  return m_current ? m_current->getBox() : nullptr;
}

SharedBox Truckload::getNextBox()
{
  if (!m_current) // If there's no current...
    return getFirstBox(); // ...return the 1st Box

  m_current = m_current->getNext(); // Move to the next package

  return m_current ? m_current->getBox() : nullptr; // Return its box (or nullptr...)
}
```

getFirstBox()成员函数很简单，只包含两条语句。我们知道，链表中第一个 Package 对象的地址存储在 m_head 中。调用此 Package 对象的 getBox()函数将得到其 Box 对象的地址，这正是调用getFirstBox()成员函数所期望得到的结果。只有当链表为空时，m_head 才会是 nullptr。对于空的Truckload，getFirstBox()成员函数也应该返回一个空的 SharedBox。在返回之前，getFirstBox()成员函数还会在 m_current 中保存第一个 Package 对象的地址。这么做是因为类不变式指出，m_current 必须总是引用提取出的最后一个 Package 对象。

如果在 getNextBox()成员函数的开头位置，m_current 指针为 nullptr，则通过调用 getFirstBox()成员函数获取并返回链表中的第一个对象(如果有的话)。否则，getNextBox()成员函数将通过调用m_current-> getNext()，访问包含最后一次返回的 Box 对象的 Package 对象之后的下一个 Package 对象。如果这个 Package*是 nullptr，则到达链表的结尾，于是返回 nullptr。否则，返回当前 Package 对象的Box 对象。当然，getNextBox()成员函数也会正确更新 m_current 来遵守其类不变式。

5. 添加和移除 Box 对象

首先介绍剩余成员中最简单的一个：基于 vector<>的构造函数定义。这将通过指向 Box 对象的智能指针的一个向量创建一个 Package 对象的链表。

```
Truckload::Truckload(const std::vector<SharedBox>& boxes)
{
  for (const auto& box : boxes)
  {
    addBox(box);
  }
}
```

参数是引用，以避免复制实参。向量元素的类型是 SharedBox，这是 std::shared_ptr<Box>的别名。循环迭代向量元素，将每个元素传递给 Truckload 类的 addBox()成员函数，每次调用该成员函数，都将创建并添加一个 Package 对象。

副本构造函数只是简单地迭代源 Truckload 中的所有 Package 对象，并调用 addBox()，将每个 Box对象添加到新创建的 Truckload 中：

```
Truckload::Truckload(const Truckload& src)
{
  for (Package* package{src.m_head}; package; package = package->getNext())
  {
    addBox(package->getBox());
```

```
  }
}
```

由于把繁重的工作委托给了 addBox()，因此这两个构造函数很简单。AddBox()成员函数的定义如下所示：

```
void Truckload::addBox(SharedBox box)
{
  auto package{ new Package{box} };    // Create a new Package

  if (m_tail) // Check list is not empty
    m_tail->setNext(package);            // Append the new object to the tail
  else                                   // List is empty
    m_head = package;                    // so new object is the head

  m_tail = package;                      // Either way: the latest object is the (new) tail
}
```

这个函数使用 Box 指针，在自由存储区中创建了一个新的 Package 对象，并将其地址存储到局部指针 package 中。对于空链表，m_head 和 m_tail 都将为空。如果 m_tail 不为空，则链表不为空，通过将新对象的地址存储到 m_tail 指向的最后一个 Package 对象的 m_next 成员中，将该对象添加到链表的末尾。如果链表为空，则新的 Package 对象将是链表的开头。无论是哪种情况，新的 Package 对象都是链表的结尾，所以更新 m_tail 来反映这一点。

在 Truckload 的所有成员函数中，removeBox()最复杂。这个函数也必须遍历链表，找到要移除的 Box 对象。因此，该函数一开始的设计是这样的：

```
bool Truckload::removeBox(SharedBox boxToRemove)
{
  Package* current{m_head};
  while (current)
  {
    if (current->getBox() == boxToRemove)   // We found the Box!
    {
      // remove the *current Package from the linked list...

      return true;                          // Return true: we found and removed the box
    }
    current = current->getNext();           // move along to the next Package
  }

  return false;                             // boxToRemove was not found: return false
}
```

前面已经介绍了这种模式。当 current 指向需要移除的 Package 对象时，剩下要做的就是如何正确地从链表中移除这个 Package 对象。图 12-10 演示了需要做的工作。

从图 12-10 中可以清楚地看到，要想在链表中间的某个位置移除一个 Package 对象，需要更新链表中前一个 Package 对象的 m_next 指针。在图 12-10 中，就是 previous 指向的 Package 对象。但是，在 removeBox()函数现有的设计中，是做不到这一点的。因为 current 指针已经移到了需要更新的 Package 对象之后的位置，已无法返回。

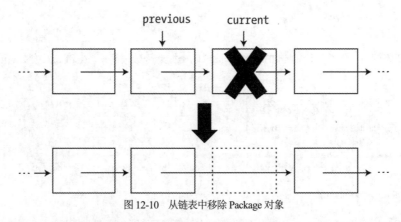

图 12-10 从链表中移除 Package 对象

标准的解决方法是在遍历链表时,同时跟踪 previous 和 current 指针,并使 previous 指向的 Package 对象在任何时候都是 current 指向的 Package 对象的前一个 Package 对象。previous 指针有时也称为拖尾指针,因为它指向的 Package 对象总是比遍历指针 current 落后一个。完整的函数定义如下所示:

```cpp
bool Truckload::removeBox(SharedBox boxToRemove)
{
  Package* previous {nullptr};        // no previous yet
  Package* current {m_head};          // initialize current to the head of the list
  while (current)
  {
    if (current->getBox() == boxToRemove) // We found the Box!
    {

      // If there is a previous Package make it point to the next one (Figure 12.10)
      if (previous) previous->setNext(current->getNext());
      // Update pointers in member variables where required:
      if (current == m_head) m_head = current->getNext();
      if (current == m_tail) m_tail = previous;
      if (current == m_current) m_current = current->getNext();

      current->setNext(nullptr);      // Disconnect the current Package from the list

      delete current;                 // and delete it
      return true;                    // Return true: we found and removed the box
    }
    // Move both pointers along (mind the order!)
    previous = current;               // - first current becomes the new previous
    current = current->getNext();     // - then move current along to the next Package
  }

  return false;                       // Return false: boxToRemove was not found
}
```

了解了拖尾指针技术后,综合运用前面介绍的内容就没那么困难了。当然,需要为移除链表的头提供特殊处理,但这并不是很难。还要注意一个地方:需要删除从链表中移除的 Package 对象。但是,在删除之前,将其 m_next 指针设为 null 十分重要。否则,Package 类的构造函数不只会删除指定的 Package 对象,还将从该 Package 对象的 m_next 开始,删除之后的整个 Package 对象链表。

6. 生成随机的 Box 对象

要给卡车装车，就需要箱子。普通卡车能装下几百个箱子。现在，我们可以自己输入大量随机的箱子尺寸，也可以让计算机生成尺寸。标准库的<random>模块提供了生成随机数的功能。下面这个小模块导出了两个生成随机箱子的函数：

```
export module box.random;
import box;
import <random>;                // For random number generation
import <functional>;            // For std::bind()
import <memory>;                // For std::make_shared<>() and std::shared_ptr<>

// Creates a pseudorandom number generator (PRNG) for random doubles between 0 and max
auto createUniformPseudoRandomNumberGenerator(double max)
{
  std::random_device seeder;    // True random number generator to obtain a seed (slow)
  std::default_random_engine generator{seeder()}; // Efficient pseudo-random generator
  std::uniform_real_distribution distribution{0.0, max}; // Generate in [0, max) interval
  return std::bind(distribution, generator); //... and in the darkness bind them!
}
export Box randomBox()
{
  const int dimLimit {100};     // Upper limit on Box dimensions
  static auto random{ createUniformPseudoRandomNumberGenerator(dimLimit) };
  return Box{ random(), random(), random() };
}
export auto randomSharedBox()
{
  return std::make_shared<Box>(randomBox()); // Uses copy constructor
}
```

我们将这个模块命名为 box.random，这说明了即使不是子模块，也可以在模块名称中包含点号(没有从 box 中导出 box.random，但如果它是一个子模块，就会被导出；请参见第 11 章的介绍)。

模块中的 createUniformPseudoRandomNumberGenerator()函数做了大部分工作。它用到了我们还没有介绍的一些概念，特别是第 13 章和第 19 章将介绍的函数对象，所以如果还不能完整理解其代码，也没有关系。现在，可以简单地复制这个函数及其使用方式。尽管如此，我们还是想简单说明一下这个函数的工作方式。虽然我们不准备介绍标准库的<random>模块的详细内容，但需要知道的是，createUniformPseudoRandomNumberGenerator()函数用到了下面的一些基本概念：

- random_device 是一个对象，能够生成真正随机的位流。也就是说，完全无法预测下一个生成的位序列，每个可能出现的位序列具有相同的出现概率。这个对象依赖于特殊硬件指令来实现这种结果。因为这些指令相当慢，所以通常不希望直接使用 random_device 生成较大的随机序列。
- 伪随机数生成器(pseudorandom number generator，PRNG)(或者按照<random>模块的术语，叫做随机数引擎)生成伪随机数。准确来说，<random>的引擎生成的是伪随机无符号整数。可以(并且总是应该)用一个初始值(叫做种子)来初始化 PRNG。然后，它将生成确定的、但是看起来随机的新数字序列。如果知道这种生成器的内部工作原理，完全可以预测出下一个将生成的数字，但对于不知情的使用者，生成的数字流确实看起来是随机的。

- 分布将给定的伪随机无符号整数(通常在 0 到某个不可表达的最大数之间)转换为某个更有趣的统计分布中的值。特别是,均匀分布生成指定的整数或浮点数区间内的值,该区间中的每个数字的生成概率相同。也存在其他分布,例如在某种分布中,生成较大数的概率高于较小数,或者更可能生成靠近区间中间的数字。

为了感受一下随机数的生成方式,假设基于下面的数学公式构建一个朴素的 PRNG: n = (n * 41 + 7) % 100。如果我们将 n 初始化为一个真正随机的数字,如 5,则该 PRNG 将生成下面的整数序列: 5, 12 (= 5 * 41 + 7 % 100 = 212 % 100), 99, 66, 13, 40, 47, 34 等。假设我们现在不想得到 0 到 100 之间的整数(上面的朴素 PRNG 会生成此区间内的数字),而是想得到 10 到 15 之间的整数。那么,可以添加一个分布,对 PRNG 的结果应用 n % 15 + 10,从而得到序列 15, 22, 19, 16, 23, 20, 12, 14 等。

在 createUniformPseudoRandomNumberGenerator()中,我们采用类似的方式,将这 3 个概念的具体的、更加高级的实例结合起来,得到我们需要的随机数。首先,创建 random_device,使用它来生成一个真正随机的种子值,用于初始化 std::default_random_engine 类型的 PRNG。然后,使用 std::uniform_real_distribution,把该 PRNG 的输出(一个无符号整数序列)转换为半开区间[0, max)中的浮点数。通过使用 std::bind()把该 PRNG 和分布绑定到一起。createUniformPseudoRandomNumberGenerator() 返回的最终结果是一个使用随机种子的 PRNG,它生成 0 到给定最大数之间的 double 值。

<random>模块还提供了更多引擎和分布,但无论选择哪种组合,总是使用与上面相同的步骤初始化和组合它们。如果对随机数有稍微不同的需求,也很容易调整 createUniformPseudoRandomNumberGenerator()的 4 行代码来满足需求。

7. 综合运用

有了 truckload 模块及其实现文件后,就可以使用下面的代码来测试 Truckload 类了:

```cpp
// Ex12_17.cpp
// Using a linked list
import box.random;
import truckload;

int main()
{
  Truckload load1;                    // Create an empty list

  // Add 12 random Box objects to the list
  const size_t boxCount {12};
  for (size_t i {} ; i < boxCount ; ++i)
    load1.addBox(randomSharedBox());

  std::cout << "The first list:\n";
  load1.listBoxes();

  // Copy the truckload
  Truckload copy{load1};
  std:cout << "The copied truckload:\n";
  copy.listBoxes();

  // Find the largest Box in the list
  SharedBox largestBox{load1.getFirstBox()};

  SharedBox nextBox{load1.getNextBox()};
  while (nextBox)
  {
```

```
    if (nextBox->compare(*largestBox) > 0)
      largestBox = nextBox;
    nextBox = load1.getNextBox();
  }

  std::cout << "\nThe largest box in the first list is ";
  largestBox->listBox();
  std::cout << std::endl;
  load1.removeBox(largestBox);
  std::cout << "\nAfter deleting the largest box, the list contains:\n";
  load1.listBoxes();

  const size_t nBoxes {20};          // Number of vector elements
  std::vector<SharedBox> boxes;      // Array of Box objects

  for (size_t i {} ; i < nBoxes ; ++i)
    boxes.push_back(randomSharedBox());
  Truckload load2{boxes};
  std::cout << "\nThe second list:\n";
  load2.listBoxes();

  auto smallestBox = load2.getFirstBox();
  for (auto box = load2.getNextBox(); box; box = load2.getNextBox())
    if (box->compare(*smallestBox) < 0)
      smallestBox = box;
  std::cout << "\nThe smallest box in the second list is ";
  smallestBox->listBox();
  std::cout << std::endl;
}
```

这个程序的输出如下：

```
The first list:
  Box(34.9,22.8,5.1) Box(29.1,18.6,2.8) Box(73.1,40.9,92.2) Box(36.6,15.7,5.9)
  Box(74.7,71.5,21.2) Box(45.7,9.5,12.9) Box(69.5,46.6,75.9) Box(49.0,23.1,84.0)
  Box(88.2,58.4,57.2) Box(14.6,66.5,43.0) Box(99.2,31.9,79.0) Box(60.3,84.9,7.9)
The copied truckload:
  Box(34.9,22.8,5.1) Box(29.1,18.6,2.8) Box(73.1,40.9,92.2) Box(36.6,15.7,5.9)
  Box(74.7,71.5,21.2) Box(45.7,9.5,12.9) Box(69.5,46.6,75.9) Box(49.0,23.1,84.0)
  Box(88.2,58.4,57.2) Box(14.6,66.5,43.0) Box(99.2,31.9,79.0) Box(60.3,84.9,7.9)

The largest box in the first list is Box(88.2,58.4,57.2)

After deleting the largest box, the list contains:
  Box(34.9,22.8,5.1) Box(29.1,18.6,2.8) Box(73.1,40.9,92.2) Box(36.6,15.7,5.9)
  Box(74.7,71.5,21.2) Box(45.7,9.5,12.9) Box(69.5,46.6,75.9) Box(49.0,23.1,84.0)
  Box(14.6,66.5,43.0) Box(99.2,31.9,79.0) Box(60.3,84.9,7.9)

The second list:
  Box(70.4,77.8,29.8) Box(23.7,58.0,47.0) Box(26.7,50.5,48.7) Box(89.1,80.9,50.1)
  Box(98.8,50.4,44.6) Box(85.5,39.6,30.0) Box(86.5,54.2,75.0) Box(66.1,8.3,11.8)
  Box(59.9,61.8,47.6) Box(14.3,34.7,76.0) Box(92.5,0.8,74.6) Box(5.2,45.9,54.3)
  Box(52.9,9.9,95.3) Box(100.0,71.0,37.2) Box(73.5,5.2,58.4) Box(72.7,69.0,75.3)

The smallest box in the second list is Box(72.7,69.0,75.3)
```

main()函数首先创建一个空的 Truckload 对象，再在 for 循环中添加了 Box 对象，并创建了该 Truckload 对象的一个副本。接着在链表中查找最大的 Box 对象并删除它。输出显示，所有这些操作都工作正常。main()函数还从 Box 对象的指针向量中创建了一个 Truckload 对象，接着找出最小的 Box 对象并输出。显然，列出 Truckload 对象内容的功能也工作正常。

12.14　嵌套类

前面设计的 Package 类是专用于 Truckload 类的，因此应确保 Package 对象只能由 Truckload 类的成员函数创建。当然，因为没有从该模块导出 Package 类，所以其他地方已经不能使用它，但一般来说，想要更进一步，采用一个机制，使 Package 对象对 Truckload 类成员来说是私有的，不能用于其他模块。为此，应使用嵌套类。

嵌套类把自己的定义放在另一个类的定义中。嵌套类的名称被限定为包含类的作用域，并受到包含类的成员访问修饰符的影响。下面把 Package 类的定义放在 Truckload 类的定义中：

```
export module truckload;
import box;
import <memory>;
import <vector>;

// We no longer need the truckload:shared_box partition (or any other partition file)
export using SharedBox = std::shared_ptr<Box>;

export class Truckload
{
public:
  // Exact same public member functions as before...

private:
  class Package
  {
  public:
    SharedBox m_box;                  // Pointer to the Box object contained in this Package
    Package* m_next;                  // Pointer to the next Package in the list

    Package(SharedBox box) : m_box{box}, m_next{nullptr} {} // Constructor
    ~Package() { delete m_next; }   // Destructor
  };

  Package* m_head {};        // First in the list
  Package* m_tail {};        // Last in the list
  Package* m_current {};     // Last retrieved from the list
};
```

Package 类现在处在 Truckload 类定义的作用域内。由于把 Package 类的定义放在 Truckload 类的私有部分，因此不能在 Truckload 类的外部创建或使用 Package 对象。由于 Package 类位于 Truckload 类的私有部分，因此可以把 Package 类的成员声明为 public。这样，Truckload 对象的成员函数就可以直接访问它们了。不再需要原 Package 类的成员函数 getBox()和 getNext()。所有的 Package 成员都能在 Truckload 类的内部直接访问，但不能在 Truckload 类的外部访问。

还需要修改 Truckload 类的成员函数的定义，以直接访问 Package 类的成员变量。修改起来很简单。只需要将 Truckload.cpp 中所有出现 getBox()、getNext()和 setNext()的地方替换为直接访问对应成员变量的代码即可。在 Truckload 类中嵌套 Package 类被应用在 Ex12_17.cpp 源文件中。完整的示例
在本书源代码文件 Ex12_18 中。

> ■ **注意**：在 Truckload 类中嵌套 Package 类只是在 Truckload 类中定义了 Package 类型。Truckload 类
> 型的对象并没有受到影响。它们的成员仍与以前一样。

嵌套类的成员函数可以直接引用包含类的静态成员，以及其他在包含类中定义的类型或枚举成
员。包含类的其他成员只能在嵌套类中以正常方式访问：通过类对象、类对象的指针或引用。当访问
外层类的成员时，嵌套类的成员函数具有的访问权限与外层类的成员函数相同；换言之，嵌套类的成
员函数能够访问外层类的对象的私有成员。

用 public 访问修饰符修饰的嵌套类

当然，还可以把 Package 类定义放在 Truckload 类的公共部分。也就是说，Package 类定义是公共
接口的一部分，因此可以在外部创建 Package 对象。由于 Package 类名在 Truckload 类的作用域中，
因此不能使用它本身，而必须用包含类的名称限定 Package 类名，例如：

```
Truckload::Package myPackage{ myBox }; // Define a Package object
```

当然，在这种情况下，把 Package 类声明为 public，要比把它设计为嵌套类更好。当然，在其他
情况下，把嵌套类声明为 public 是合理的做法。下一节中将给出一个这样的例子。

遍历 Truckload 的更好机制：迭代器

getFirstBox()和 getNextBox()成员允许遍历 Truckload 中存储的所有 Box 对象。为类添加类似的成
员并不是罕见的操作，我们在真实的代码中就至少在两个场合中遇到了这种情况，但是，这种模式存
在一些严重的缺陷。读者是否能够想到一种缺陷？

假设我们发现，Ex12_17 中的 main()函数太长，太拥挤，所以决定将其中的一部分功能拆分为可
重用的函数。作为一个很好的候选函数，可以创建一个辅助函数来找到 Truckload 中最大的 Box 对象。
该函数的一种顺理成章的编写方式如下所示：

```
SharedBox findLargestBox(const Truckload& truckload)
{
  SharedBox largestBox{ truckload.getFirstBox() };

  SharedBox nextBox{ truckload.getNextBox() };
  while (nextBox)
  {
    if (nextBox->compare(*largestBox) > 0)
      largestBox = nextBox;
    nextBox = truckload.getNextBox();
  }

  return largestBox;
}
```

但是，这个函数无法编译！读者能看出来为什么吗？问题的根本原因是，getFirstBox()和
getNextBox()都必须在 Truckload 内更新 m_current。这意味着它们都必须是非 const 成员函数，而这又
意味着不能对 truckload 调用这两个函数，因为 truckload 是引用 const 值的实参。尽管如此，在这里使
用引用 const 值的参数是常见的做法。不会有人认为，搜索最大的 Box 对象需要修改 Truckload。但是，

现在无法遍历 const Truckload 的内容，这使得 const Truckload 对象几乎毫无用处。不过，正确地使用 const Truckload& 引用是极为有用的。原则上，这种应用允许在代码中传递 Truckload，以允许代码遍历其中包含的 Box 对象，但同时不允许代码调用 addBox() 或 removeBox()。

■ **注意：** 通过对 Truckload 类的 m_current 成员变量使用 mutable 关键字，可以绕过这个问题。这将允许把 getFirstBox() 和 getNextBox() 转变为 const 成员。这可以作为一个有趣的附加练习，但是作为一种解决方案，仍然存在一些一般缺陷。首先，会对同一个集合使用嵌套循环。其次，虽然这里不讨论并发性，但是可以想到，使用 mutable 方式将不允许多个执行线程并发遍历。在这两种情况下，每次遍历将需要一个 m_current 指针，而不是每个 Truckload 对象一个。

这个问题的正确解决方案是使用所谓的"迭代器模式"。原理很简单。不将 m_current 指针存储到 Truckload 对象自身，而是放到另一个对象内，该对象是专门为帮助遍历 Truckload 而设计和创建的。这种对象被称为"迭代器"。

■ **注意：** 你在本章后面将会看到，标准库的容器和算法大量使用了迭代器。虽然迭代器的接口与我们将为 Truckload 定义的 Iterator 类有些微小区别，但是基本原则是相同的：迭代器允许外部代码遍历容器的内容，而不必知道数据结构的内部实现。

现在看看使用迭代器后的代码。我们以 Ex12_18 中的 Truckload 类为基础(此时 Package 已经是一个嵌套类)，添加另一个嵌套类，名为 Iterator。为了说明这种可能性，我们还在外部类定义的外面定义两个嵌套类。

```
export module truckload;
import box;
import <memory>;
import <vector>;
export using SharedBox = std::shared_ptr<Box>;

export class Truckload
{
public:
  // Exact same public members as before,
  // only this time without getFirstBox() and getNextBox()...

  class Iterator;           // Declaration of a public nested class, Truckload::Iterator

  Iterator getIterator() const;

private:
  class Package;            // Declaration of a private nested class, Truckload::Iterator

  Package* m_head {};       // First in the list
  Package* m_tail {};       // Last in the list
};

// Out-of-class definition of the nested Iterator class (part of the module interface)
class Truckload::Iterator
{
public:
  SharedBox getFirstBox();      // Get the first Box
  SharedBox getNextBox();       // Get the next Box
```

```
private:
  Package* m_head;              // The head of the linked list (needed for getFirstBox())
  Package* m_current;           // The package whose Box was last retrieved

  friend class Truckload;       // Only a Truckload can create an Iterator
  explicit Iterator(Package* head) : m_head{head}, m_current{nullptr} {}
};

// Out-of-class definition of the nested Package class (implementation detail)
class Truckload::Package
{
public:
  SharedBox m_box;              // Pointer to the Box object contained in this Package
  Package* m_next;              // Pointer to the next Package in the list

  Package(SharedBox box) : m_box{box}, m_next{nullptr} {}     // Constructor
  ~Package() { delete m_next; }                               // Destructor
};
```

在类的外部定义嵌套类(或成员类)与在类的外部定义其他成员类似，需要记得在成员名称(本例中为 Iterator 或 Package)之前加上类(Truckload)的名称以及后跟的两个冒号。实际上，因为仅在其他成员的定义中需要 Package，所以可以将其定义移入其他成员的定义所在的实现文件中。但是，Iterator 类的定义应该是模块接口的一部分，该模块的使用者需要使用它来遍历 Truckload 的内容。

以下是 getIterator()成员函数的定义：

```
SharedBox findLargestBox(const Truckload& truckload)
{
  auto iterator{ truckload.getIterator() }; // Type of iterator is Truckload::Iterator
  SharedBox largestBox{ iterator.getFirstBox() };

  SharedBox nextBox{ iterator.getNextBox() };
  while (nextBox)
  {
    if (nextBox->compare(*largestBox) > 0)
      largestBox = nextBox;
    nextBox = iterator.getNextBox();
  }

  return largestBox;
}
```

在此，需要注意两点。首先要注意 getIterator()函数的返回类型 Truckload::Iterator，其前缀也必须是 Truckload::。只有在函数体或参数列表中，才可以不加前缀。其次，我们在类外定义了 Iterator，所以 getIterator()成员函数的定义也必须在类外，且要放在 Iterator 定义之后。这样做的原因在于 getIterator()函数体需要通过 Iterator 类的定义来调用其构造函数。当然，迭代是从链表的头部开始的。

现在已经把 m_current、getFirstBox()和 getNextBox()成员函数从 Truckload 移到嵌套的 Iterator 类中。这两个函数的实现与之前相同，只不过它们不再更新 Truckload 本身的 m_current 成员变量。相反，它们现在操作的是 Iterator 对象的 m_current 成员，而 Iterator 对象是通过调用 getIterator()专门创建的，用于遍历这个 Truckload。对于一个 Truckload，可同时存在多个 Iterator，每个 Iterator 都有自己的 m_current 指针，所以能够实现嵌套且并发地遍历同一个 Truckload。另外，更重要的是，创建迭代器并不会修改 Truckload，所以可以将 getIterator()声明为 const 成员函数。这样，就可以通过引用 const

Truckload 参数来恰当地实现前面的 findLargestBox()函数:

```
Truckload::Iterator Truckload::getIterator() const { return Iterator{m_head}; }
```

我们将完成此例的工作留作练习(见练习题 6)。但是,在结束本章的内容之前,再来仔细看看 Truckload 及其嵌套类的定义内的访问权限。Iterator 是 Truckload 的嵌套类,所以具有与 Truckload 的成员函数相同的访问权限。这是很幸运的,否则它将无法使用嵌套的 Package 类,因为 Package 类被声明为 Truckload 类的私有成员,只能在 Truckload 类中访问。自然,Iterator 自身必须是公共的嵌套类,否则,类外的代码将无法使用它。注意,我们将 Iterator 类的主构造函数声明为私有的,因为外部代码不能(它们无法访问任何 Package 对象)也不应该以那种方式创建 Iterator。只有 getIterator()函数能够使用此构造函数创建 Iterator。但是,为了让它能够访问 Iterator 的私有构造函数,必须使用 friend 声明。在嵌套类内可以访问外层类的私有成员,但是反过来则不成立。即,对于访问内层类的成员,外层类并没有特权。对待外层类的方式,与对待其他任何外部代码相同。如果没有使用 friend 声明,将不允许 getIterator()函数访问嵌套类 Iterator 的私有构造函数。

■ **注意:** 虽然外部代码不能使用私有构造函数创建一个新的 Iterator,却能使用创建副本的方式,使用现有的 Iterator 创建一个新的 Iterator。编译器生成的默认副本构造函数仍然是公共的。

12.15　本章小结

本章介绍了定义和使用类类型的一般规则。但是,这仅是开始。想要实现可应用于类对象的操作,以及理解类的内部机制还有许多内容要学习。后续章节将以本章的内容为基础,读者将学习如何扩展类的功能,探讨使用类的更复杂方式。本章的要点如下:

- 类提供了定义自己的数据类型的一种方式。类可以反映某个问题所需要的对象类型。
- 类可以包含成员变量和成员函数。类的成员函数总是可以自由访问该类中的成员变量。
- 类的对象用构造函数来创建和初始化。在声明对象时,会自动调用构造函数。构造函数可以重载,以提供初始化对象的不同方式。
- 副本构造函数是使用一个类的现有对象来初始化该类的一个新对象的构造函数。如果没有为类定义副本构造函数,编译器将生成一个默认的副本构造函数。
- 类的成员可以被指定为 public,此时它们可以由程序中的任何函数自由访问。另外,类的成员还可以被指定为 private,此时它们只能被类的成员函数、友元函数或嵌套类的成员访问。
- 类的成员变量可被定义为 static。无论为类创建了多少个对象,类的静态成员变量都只有一个实例。
- 可以在类对象的成员函数中访问类的静态成员变量,它们不是类对象的一部分,类对象的大小不包括静态成员变量的字节数。
- 类的每个非静态成员函数都包含 this 指针,它指向调用该函数的当前对象。
- 即使没有创建类对象,也可以调用类的静态成员函数。类的静态成员函数不包含 this 指针。
- const 成员函数不能修改类对象的成员变量,除非成员变量被声明为 mutable。
- 把类对象的引用用作函数调用的实参,可避免产生把复杂对象传送给函数的系统开销。
- 析构函数是在释放类对象时调用的成员函数。如果没有定义类的析构函数,编译器就会提供一个默认析构函数。
- 嵌套类是把自己的类定义放在另一个类定义内部的类。

12.16　练习

下面的练习用于巩固本章学习的知识点。如果有困难，则回过头重新阅读本章的内容。如果仍然无法完成练习，可以从 Apress 网站(www.apress.com/source-code)下载答案，但只有别无他法时才应该查看答案。

1. 创建一个 Integer 类，它只有一个 int 类型的私有成员变量。为这个类提供构造函数，并使用它输出创建对象的消息。定义类的成员函数，获取和设置成员变量，并输出它们的值。编写一个测试程序，创建和操作至少 3 个 Integer 对象，验证不能直接给成员变量赋值。在测试程序中获取、设置和输出每个对象的成员变量值，以验证这些函数。确保创建至少一个 const Integer 对象，并验证可以对该对象执行的操作，以及不能执行的操作。

2. 修改上一题中的 Integer 类，使得不提供实参也可以创建 Integer 对象。此时，成员变量的值应该被初始化为 0。读者是否能够想出两种方法来实现此需求？另外，实现一个副本构造函数，当调用该副本构造函数时，输出一条消息。

然后，编写一个成员函数，比较当前对象和作为实参传递的 Integer 对象。如果当前对象小于实参，该函数就返回-1；如果它们相等，就返回 0；如果当前对象大于实参，就返回 1。测试 Integer 类的两个版本：第一个版本的 compare()函数的实参按值传递；第二个版本的 compare()函数的实参按引用传递。在调用时，构造函数会输出什么结果？解释出现这种结果的原因。在类中，不能同时这两个函数作为重载函数，为什么？

3. 为Integer类实现成员函数add()、subtract()和multiply()，对当前对象和Integer类型的参数值进行加法、减法和乘法运算。用main()演示类中这些函数的操作，创建几个封装了整数值的Integer对象，再使用这些对象计算$4×5^3+6×5^2+7×5+8$的值。实现这些函数，使计算和结果的输出在一条语句中完成。

4. 修改第 2 题的解决方案，把 compare()函数实现为类 Integer 的友元函数。然后，思考是否真的有必要将这个函数实现为友元函数。

5. 为第 2 题创建的 Integer 类实现一个静态函数 printCount()，使其输出存在的 Integer 对象的数量。修改 main()函数，测试这个数字是否根据情况增加或减少。

6. 完成本章结尾处创建的嵌套的 Truckload::Iterator 类。以 Ex12_18 作为基础，按照前面的示范将 Iterator 类添加到 Truckload 类的定义中，并实现其成员函数。按照示范，使用 Iterator 类实现 findLargestBox()函数(读者是否能够不看答案就实现这个函数?)，并修改 Ex12_18 的 main()函数来使用新创建的这个函数。对类似的 findSmallestBox()函数进行类似的处理。

7. 修改第 6 题的 Package 类，使其包含另外一个指针，指向链表中的前一个对象。这就创建了所谓的"双向链表"，相应地，之前使用的数据结构称为"单向链表"。修改 Package、Truckload 和 Iterator 类来使用这个新指针，包括提供反向遍历链表中 Box 对象的能力，以及以相反顺序列出 Truckload 中 Box 对象的能力。设计一个 main()函数来演示新功能。

8. 认真分析示例 Ex12_17(以及示例 Ex12_18 和前面两个练习题)中的 main()函数，会发现下面的性能缺陷：要移除最大的 Box 对象，我们需要对链表执行两次线性遍历。首先，找到最大的 Box 对象，然后在 removeBox()内找到要取消链接的 Package 对象。以第 7 题的 Iterator 类为基础，设计一种解决方案来避免第二次遍历。

提示一下，解决方案依赖于具有如下签名的成员函数：

```
bool removeBox(Iterator iterator);
```

第13章

■ ■ ■ ■

运算符重载

本章将探讨如何给类添加对运算符(如加、减运算符)的支持功能，使它们可以应用于类类型的对象，这会使自己定义的类型更像基本数据类型，以更自然的方式表示对象之间的一些操作。前面介绍了类可以包含成员函数，以操作对象的成员变量。通过运算符重载编写成员函数，可以让基本运算符操作类对象。

本章主要内容

- 运算符重载的概念
- 哪些运算符可以用于自己的数据类型
- 如何实现重载运算符的成员函数
- 如何以及何时把运算符函数实现为一般函数
- 如何为类实现定制的比较和算术运算符
- 太空飞船运算符如何大大简化了比较运算符的定义
- 如何让编译器生成比较运算符
- 如何重载<<运算符，使自定义类型的对象可流出到 std::cout 等
- 如何重载一元运算符，包括递增和递减运算符
- 如果类代表值的集合，如何重载数组下标运算符(私下里也称为方括号运算符[])
- 如何把类型转换定义为运算符函数
- 复制赋值的概念，以及如何实现自己的赋值运算符

13.1　为类实现运算符

第 12 章开发的 Box 类主要用于涉及盒子体积的应用程序。对于这样的应用程序，显然需要比较盒子的体积，确定盒子的相对尺寸。在 Ex12_17 中，有如下代码：

```
if (nextBox->compare(*largestBox) > 0)
  largestBox = nextBox;
```

下面的语句显然更好一些：

```
if (*nextBox > *largestBox)
  largestBox = nextBox;
```

使用大于运算符则更清楚、更易于理解。可能还需要用 box1+box2 这样的表达式把两个 Box 对象的体积加在一起，或者用 10*box1 这样的表达式得到一个新的 Box 对象，它可以容纳 10 个 box1

对象。下面通过为类类型的对象重载基本的运算符来实现这些操作。

13.1.1 运算符重载

运算符重载(operator overloading)允许把标准运算符(如+、−、*、<等)应用于类类型的对象。事实上，在使用标准库类型的对象时，已经使用过这样的重载运算符，可能读者并没有意识到它们被实现为重载函数。例如，前面使用<和==运算符来比较 std::string 对象，使用+来连接字符串，并使用重载的<<运算符将它们发送到 std::cout 输出流。这展示了运算符重载的优美之处。如果正确使用运算符重载，就能够得到非常自然而优雅的代码，而编写和阅读这种代码是很自然的，不需要多做思考。

要为自定义类型的对象定义运算符，需要编写函数来实现期望的行为。运算符函数的定义基本上与前面编写的其他函数的定义相同。主要区别在于函数的名称。重载给定运算符的函数名由关键字 operator 和要重载的运算符组成。理解运算符重载的工作原理的最佳方式是通过一个例子来学习，下面就为 Box 类实现小于运算符<。

13.1.2 实现重载运算符

实现为类成员的二元运算符有一个参数，我们稍后对其进行解释。在 Box 类的定义中，重载<运算符的成员函数如下所示：

```
class Box
{
public:
  bool operator<(const Box& aBox) const; // Overloaded 'less-than' operator

  // The rest of the Box class as before...
};
```

这里实现的是比较操作，返回类型为 bool。使用<比较两个 Box 对象时，会调用运算符函数 operator<()。该函数将作为对象的一个成员被调用，对象就是左操作数，实参是右操作数，所以 this 指针指向左操作数。由于该函数没有改变任何一个操作数，因此把参数和函数都指定为 const。为了查看该重载运算符的工作情况，考虑下面的语句：

```
if (box1 < box2)
  std::cout << "box1 is less than box2" << std::endl;
```

if 表达式会调用运算符函数，这等价于函数调用 box1.operator<(box2)。事实上，还可以把上述语句改写为：

```
if (box1.operator<(box2))
  std::cout << "box1 is less than box2" << std::endl;
```

上面的代码说明，重载的二元运算符基本上只是一个具有如下两个特性的函数：有一个特殊的名称，可以通过在两个操作数之间添加运算符来调用该函数。

现在知道表达式 box1<box2 中的操作数映射于函数调用，就可以很容易地重载小于运算符，如图 13-1 所示。

函数的引用参数可避免不必要的实参复制。return 表达式使用成员函数 volume()来计算 this 指针指向的 Box 对象的体积，再使用基本的<运算符将结果与 aBox 对象的体积做比较。如果 this 指针指向的 Box 对象的体积小于作为实参传递的 aBox 对象的体积，就返回 true，否则返回 false。

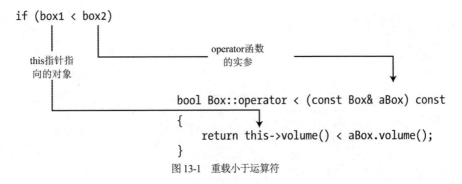

图 13-1　重载小于运算符

■ **注意**：图 13-1 中的 this 指针用于表示与第一个操作数的关系，这里不必显式使用 this。

下面看看它是否工作。Box.cppm 如下所示：

```
// Box.cppm
export module box;

export class Box
{
public:
  // Constructors
  Box() = default;
  Box(double l, double w, double h) : m_length{l}, m_width{w}, m_height{h} {}

  double volume() const { return m_length * m_width * m_height; }
  // Accessors
  double getLength() const { return m_length; }
  double getWidth() const { return m_width; }
  double getHeight() const { return m_height; }

  bool operator<(const Box& aBox) const // Less-than operator
  { return volume() < aBox.volume(); }

private:
  double m_length {1.0};
  double m_width {1.0};
  double m_height {1.0};
};
```

所有的成员函数(包括 operator 函数)都在类中定义。也可以在类的外部实现 operator 函数。在本示例中，函数声明将如图 13-1 所示。即，必须在 operator 关键字的前面使用 Box::限定符。

下面这个小程序对 Box 对象使用了小于运算符：

```
// Ex13_01.cpp
// Implementing a less-than operator
import <iostream>;
import <vector>;
import box;

int main()
{
  std::vector boxes {Box {2.0, 2.0, 3.0}, Box {1.0, 3.0, 2.0},
                     Box {1.0, 2.0, 1.0}, Box {2.0, 3.0, 3.0}};
```

```
Box smallBox {boxes[0]};
for (const auto& box : boxes)
{
  if (box < smallBox) smallBox = box;
}

std::cout << "The smallest box has dimensions "
  << smallBox.getLength() << 'x'
  << smallBox.getWidth() << 'x'
  << smallBox.getHeight() << std::endl;
}
```

运行这个程序，输出结果如下所示：

```
The smallest box has dimensions 1x2x1
```

函数 main() 首先创建一个向量，用 4 个 Box 对象初始化它。假定第一个数组元素是最小的，用它初始化 smallBox，当然，这涉及副本构造函数。基于范围的 for 循环将 boxes 的每个元素与 smallBox 进行比较，并在赋值语句中将较小元素存储在 smallBox 中。循环结束时，smallBox 就包含体积最小的 Box 对象。如果希望跟踪对 operator<() 函数的调用，就添加一个输出语句。

smallBox = box; 语句表明，赋值运算符可用于 Box 对象。这是因为编译器在类中提供了 operator=() 的默认版本，把右操作数的成员值复制到左操作数的成员中，就像处理副本构造函数那样。这并不总是令人满意，本章后面将介绍如何定义自己的赋值运算符。

13.1.3　非成员运算符函数

前面看到，可将运算符重载定义为一个成员函数。大部分运算符也可以实现为普通的非成员函数。例如，volume() 函数是 Box 类的一个公共成员，因此可以把 operator<() 实现为普通函数。此时，该函数的定义为：

```
export bool operator<(const Box& box1, const Box& box2)
{
  return box1.volume() < box2.volume();
}
```

以这种方式定义运算符后，前面的例子会以相同的方式工作。当然，不能把这个版本的运算符函数声明为 const，const 只能应用于类的成员函数。这里导出了运算符定义，所以可以在 box 模块的外部使用它。

即使运算符函数需要访问类的私有成员，也可以把它声明为类的友元函数，进而将它实现为普通函数。但一般情况下，如果函数必须访问类的私有成员，最好将它定义为类的成员。

■ 提示：总是应该将非成员运算符与它们操作的对象的类放在同一个名称空间中。因为 Box 类是全局名称空间的一部分，所以上面的 operator<() 也应该包含在全局名称空间中。

13.1.4　提供对运算符的全部支持

为类实现诸如 < 这样的运算符会产生期望，即期望可以编写 box1<box2 这样的表达式，但可以使用 box1<25.0 或 10.0<box2 这样的表达式吗？目前的运算符函数 operator<() 不能处理这样的表达式。在开始实现类的重载运算符时，需要考虑运算符是否可以在类似的情形下使用。

▇ **警告:** 还记得吗? 第 12 章建议为大部分只有一个参数的构造函数添加 explicit 关键字。如果没有这个关键字,编译器会使用这种单参数构造函数进行隐式转换,从而可能导致意外的结果及 bug。例如,假设确实为 Box 类定义了一个单参数构造函数,但是没有使用 explicit 关键字,如下所示:

```
Box(double side) : Box{side,side,side} {} // Constructor for cube-shaped Boxes
```

box1 < 25.0 这样的表达式就能够编译,因为编译器会隐式地将 double 转换为 Box。但是, box1 < 25.0 不是将 box1 的体积与 25.0 进行比较,而是将 box1 的体积与 25 × 25 × 25 的结果 15 625 进行比较。显然,与之前的结论一样,必须对这个 Box 构造函数使用 explicit 关键字! 因为在这里不能依赖隐式转换来帮助比较 Box 对象和数字,所以需要额外做一些工作来支持这种表达式。

通过添加 operator<()的重载版本,很容易比较 Box 对象。首先给<添加一个函数,其中 Box 对象是第一个操作数,第二个操作数为 double 类型。需要将下面的成员函数添加到在 Box 类定义的 public 部分:

```
bool operator<(double value) const; // Compare Box volume < double value
```

Box 对象是左操作数,在函数中通过隐式指针 this 来访问,右操作数是 Value。实现这个函数与实现第一个运算符函数一样容易,在其函数体中只有一条语句:

```
// Compare the volume of a Box object with a constant
bool Box::operator<(double value) const
{
  return volume() < value;
}
```

处理 10.0<box2 这样的表达式并不难,只是方法略有不同。成员运算符函数总是把 this 指针提供为左操作数。而在这个表达式中,左操作数是 double 类型,因此不能把运算符实现为成员函数。此时有两种选择: 把函数实现为普通运算符函数,或实现为友元函数。由于不需要访问该类的任何私有成员,因此可以把该函数实现为普通函数:

```
// Function comparing a constant with volume of a Box object
export bool operator<(double value, const Box& aBox)
{
  return value < aBox.volume();
}
```

现在,Box 对象的<运算符有 3 个重载版本,支持 3 种小于比较操作。下面举例说明。假定按上述方式修改了 Box.cppm。

下面的程序使用了 Box 对象的新的比较运算符函数:

```
// Ex13_02.cpp
// Using the overloaded 'less-than' operators for Box objects
import <iostream>;
import <vector>;
import <format>;
import box;
// Display box dimensions
void show(const Box& box)
{
  std::cout << std::format("Box {}x{}x{}",
             box.getLength(), box.getWidth(), box.getHeight()) << std::endl;
}

int main()
```

```
{
  std::vector boxes {Box {2.0, 2.0, 3.0}, Box {1.0, 3.0, 2.0},
                     Box {1.0, 2.0, 1.0}, Box {2.0, 3.0, 3.0}};
  const double minVolume{6.0};
  std::cout << "Objects with volumes less than " << minVolume << " are:\n";
  for (const auto& box : boxes)
    if (box < minVolume) show(box);

  std::cout << "Objects with volumes greater than " << minVolume << " are:\n";
  for (const auto& box : boxes)
    if (minVolume < box) show(box);
}
```

这个程序的输出结果如下所示:

```
Objects with volumes less than 6 are:
Box 1x2x1
Objects with volumes greater than 6 are:
Box 2x2x3
Box 2x3x3
```

在 main() 之前定义的函数 show() 显示了作为实参传递的 Box 对象的细节。这只是一个在 main() 中使用的辅助函数。输出显示,重载的运算符是可以工作的。另外,如果希望查看它们的调用时间,可以在每个定义中添加输出语句。当然,不需要独立的函数来比较 Box 对象和整数。当需要进行这种比较时,编译器在调用已有的函数之前,会插入从整数到 double 类型的隐式类型转换。

13.2 可以重载的运算符

大部分运算符都可被重载。虽然不是每个运算符都可以重载,但是这个限制产生的局限并不是特别强。例如,不能重载的主要运算符包括条件运算符(?:)和 sizeof。其他的几乎所有运算符都可被重载,所以这个操作范围是比较大的。表 13-1 列出了可以重载的所有运算符。

表 13-1 可以重载的运算符

运算符	符号	非成员
二元算术运算符	+ - * / %	是
一元算术运算符	+ -	是
按位运算符	~ & | ^ << >>	是
逻辑运算符	! && ||	是
赋值运算符	=	否
复合赋值运算符	+= -= *= /= %= &= |= ^= <<= >>=	是
递增/递减运算符	++ --	是
比较运算符	< > <= >= == != <=>	是
数组下标运算符	[]	否
函数调用运算符	()	否
转换为类型 T 运算符	T	否
地址和解引用运算符	& * -> ->*	是
逗号运算符	,	是

(续表)

运算符	符号	非成员
分配内存和解除内存分配运算符	new new[] delete delete[]	只能是非成员
用户定义的字面量运算符	"" _	只能是非成员

大部分运算符可作为类的成员函数或非成员函数进行重载。在表 13-1 中，将这些运算符标记为
"是"。一些只能实现为成员函数(标记为"否")，还有一些只能实现为非成员函数(标记为"只能是
非成员")。

本章将介绍何时以及如何重载除了表 13-1 中的最后 4 类运算符之外的所有运算符。地址和解引
用运算符主要用于实现类似指针的类型，如前面见过的 std::unique_ptr<>和 std::shared_ptr<>智能指针
模板。在一定程度上，因为标准库已经为这种类型提供了很好的支持，所以通常不必自己重载这些运
算符。需要重载我们不会讨论的其他三类运算符的场合将会更少。

限制和重要指导原则

虽然运算符重载很灵活、很强大，但也存在一些限制。在某种程度上，这种语言功能的名称已经
透露了这一点：运算符重载。换言之，只能重载现有的运算符。这意味着：

● 不能发明新的运算符，如?、══或<>。

● 不能修改现有运算符的操作数个数、相关性或优先级，也不能改变运算符的操作数的计算
顺序。

● 一般来说，不能重写内置的运算符，并且重载运算符的签名必须涉及至少一种类类型。第 14
章将更详细地讨论术语"重写"的含义，不过在这里，它意味着不能修改现有运算符操作基
本类型或数组类型的方式。例如，不能使整数加法执行乘法操作。虽然看看那样操作会发生
什么是很有趣的，但是相信读者一定同意，做出这样的限制是很合理的。

尽管存在这样的限制，但是运算符重载仍然有很大的灵活性。能够重载运算符，并不一定意味着
应该进行重载。对于是否应该重载运算符存在疑问时，总是应该记起下面的重要指导原则。

■ **提示**：运算符重载的主要目的是让使用自己的类的代码更容易编写和阅读，以及降低发生问题的
可能性。重载运算符能够使代码更加简洁，但这只是次要考虑因素。简洁但难以理解，甚至有误导性
的代码，对任何人都没有帮助。确保代码易于编写和理解，才是真正重要的。因此，应该全力避免让
重载运算符与对应的内置运算符具有不同的期望行为。

显然，当重载标准运算符时，应该使自己的版本与其常见用法合理地保持一致，至少在运算符的
意义和操作上应该做到直观。为类重载+运算符，但是使其执行相对于乘法的操作，这并不合理。细
节要更加令人难以捉摸。重新思考我们之前为 Box 对象定义的相等运算符：

```
bool Box::operator==(const Box& aBox) const { return volume() == aBox.volume(); }
```

当时看起来，这样写代码很合理，但是这种不合常规的定义很容易导致混淆。例如，假设创建了
下面的两个 Box 对象：

```
Box oneBox { 1, 2, 3 };
Box otherBox { 1, 1, 6 };
```

这两个对象"相等"吗？读者很可能并不会认为这两个对象相等。毕竟，它们具有明显不同的尺
寸。如果订购一个尺寸为 $1 \times 2 \times 3$ 的盒子，但是收到一个尺寸为 $1 \times 1 \times 6$ 的盒子，买家并不会高兴。

虽然如此，在我们定义的 operator==()中，表达式 oneBox == otherBox 的结果为 true。这很容易导致发生误解，进而出现 bug。

对于 Box 对象，大部分程序员会认为相等运算符的定义应该是这样的：

```
bool Box::operator==(const Box& otherBox) const
{
  return m_width == otherBox.m_width
      && m_length == otherBox.m_length
      && m_height == otherBox.m_height;
}
```

当然，使用哪种定义，要取决于应用程序以及希望如何使用 Box 对象。但在本例中，我们认为最好坚持使用 operator==()的第二种更加直观的定义。原因在于，这种定义引起的意外情况是最少的。当程序员看到==时，会想到"等于"而不是"有相同的体积"。如有必要，总是可以引入成员函数 hasSameVolumeAs()来检查体积是否相等。的确，键入 hasSameVolumeAs()比键入==的字符数更多，但这可以确保代码的可读性与可预测性，而这一点更加重要！

本章剩余部分主要介绍有关运算符重载的类似约定。只有当有很好的理由时，才可以偏离这些约定。

■ **警告**：关于运算符的上述重要指导原则，可得出如下具体的推论：绝不应该重载逻辑运算符&&或||。如果想要为自己的类对象使用逻辑运算符，一般应该选择重载&和|运算符。

原因在于，重载后的&&和||的行为将与对应的内置运算符不同。第 4 章提到过，如果内置的&&运算符的左操作数为 false，则不会计算其右操作数。类似地，对于内置的||运算符，如果左操作数为 true，则不会计算右操作数。对于重载的运算符，无法利用这种短路计算[1]。稍后将会看到，重载运算符在本质上相当于一个普通函数。这意味着重载运算符的所有操作数总是会被计算。与其他任何函数一样，总是先计算实参，然后进入函数体。对于重载的&&和||运算符，这意味着左操作数和右操作数总是会被计算。因为&&和||运算符的用户总是会期望看到熟悉的短路计算，所以重载它们很容易导致难以发现的 bug。但是，重载&和|时，则明确表明不期望进行短路计算。

13.3 运算符函数习语

本章剩余部分介绍何时以及如何实现与运算符重载有关的、已被广泛接受的模式和最佳实践。对于运算符函数，真正存在的限制很少。但是灵活性越大，责任越大。我们将说明何时以及如何重载各个运算符，还有在重载运算符时，C++程序员通常会遵守的各种约定。如果遵守这些约定，类及其运算符的行为将是可预测的，使得它们更容易使用，出现 bug 的风险因而会降低。

可以重载的所有二元运算符总是与前面介绍的运算符函数有相同的形式。在重载运算符 Op 时，左操作数是类对象，定义重载的成员函数的一般形式如下：

```
ReturnType operator Op(Type right_operand);
```

原则上，可以自由选择 ReturnType，或者为任意参数 Type 创建重载。是否将成员函数声明为 const，也完全由程序员自己选择。除了参数个数，语言对于运算符函数的签名和返回类型几乎没有施加约束。

---

1 在 C++17 之前，甚至不保证能够像内置运算符一样，先计算重载的&&或||运算符的左操作数，然后计算右操作数。换言之，允许编译器先计算右操作数，再计算左操作数。这会导致潜在的、不易发现的 bug。由于同样的原因，在 C++17 之前，一般不鼓励重载逗号(,)运算符。

388

但是，对于大部分运算符，存在一些已被广泛接受的约定，应当尽可能遵守。这些约定几乎都受到默认的内置运算符行为的启发。对于比较运算符，如<、>=和!=，ReturnType 通常为 bool 类型(不过也可以为 int)。而且，因为这些运算符通常不会修改操作数，所以通常把它们定义为 const 成员函数，并按值或按 const 引用接收实参，但不会按非 const 引用接收实参。不过，除了约定和常识，并没有实际施加限制来阻止程序员从 operator<()返回一个字符串，或者创建一个!=运算符来将 Box 对象的体积加倍。在本章其余部分将详细学习关于运算符重载的各种约定。

可以将大部分二元运算符实现为非成员函数，形式如下：

```
ReturnType operator Op(const ClassType& left_operand, Type right_operand);
```

其中 ClassType 是重载运算符的类。Type 可以是任意类型，包括 ClassType。如表 13-1 所示，唯一不允许采用这种形式的二元运算符是赋值运算符 operator=()。

如果二元运算符的左操作数是类类型，且这个类不是定义运算符函数的类，那么该函数必须实现为全局运算符函数，形式如下：

```
ReturnType operator Op(Type left_operand, const ClassType& right_operand);
```

本章后面将给出更详细的指导原则，说明如何选择运算符函数的成员形式和非成员形式。

对于运算符函数的参数个数，不存在灵活性可言，而无论运算符函数是类成员还是全局函数。运算符函数的参数个数必须是为特定运算符指定的参数个数。把一元运算符定义为类的成员函数时，一般不需要参数，但作为后缀的递增和递减运算符例外。例如，将一元运算符 Op 实现为类 ClassType 的成员，一般形式如下：

```
ClassType& operator Op();
```

当一元运算符被定义为全局运算符函数时，其唯一的参数就是操作数。假设一元运算符 Op 被定义为全局运算符函数，其原型如下：

```
ClassType& operator Op(/*const*/ ClassType& obj);
```

这里不介绍重载每个运算符的例子，因为大多数运算符都与前面介绍的运算符类似。下面详细讨论重载时有特质的运算符。首先介绍比较运算符。

在类中实现所有的比较运算符

前面为 Box 类实现了<和==运算符，但还有>、<=、>=和!=运算符。当然，可以继续在类中定义这些运算符，这没有问题。只需要再编写几个函数就可以了。不过，在 C++20 中，提供了更加吸引人的替代运算符。

如果为类重载<=>运算符，C++20 会自动完全支持所有 4 个关系运算符(<、>、<=和 >=)。如果重载==运算符，C++20 同样会确保!=运算符正确工作。因此，在 C++20 中很少需要再自定义<、>、<=、>=或 !=运算符。唯一需要重载的比较运算符包括<=>、/或 ==。下面的代码演示了如何在 Box 类中实现比较运算符的重载：

```
// Box.cppm
export module box;

import <compare>; // For std::partial_ordering (see Chapter 4)

export class Box
{
public:
```

```
// ...
// Same constructors and member functions as in Ex13_02, except no operator<.

std::partial_ordering operator<=>(const Box& otherBox) const
{
  return volume() <=> otherBox.volume();
}
std::partial_ordering operator<=>(double otherVolume) const
{
  return volume() <=> otherVolume;
}

bool operator==(const Box& otherBox) const
{
  return m_length == otherBox.m_length
    && m_width == otherBox.m_width
    && m_height == otherBox.m_height;
}

private:
  double m_length {1.0};
  double m_width {1.0};
  double m_height {1.0};
};
```

<=>运算符的重载返回<compare>模块中定义的 3 种比较类型之一：std::partial_ordering、weak_ordering 或 strong_ordering (参见第 4 章)。在此，我们选择返回的是 std::partial_ordering。

如前所述，对于两个体积相同的两个盒子，除非它们的各尺寸相同，否则我们并不认为它们是相等的。可以说这两个盒子是等效的，但它们不相等(可以参见第 4 章中有关"等效"和"相等"的区别的讨论)。这样，就排除了选择 std::strong_ordering。

这就剩下了 partial_ordering 和 weak_ordering。在第 4 章中看到，使用运算符<=>比较两个浮点数时，结果是一个 partial_ordering 类型的值。原因在于其中的一个操作数可能不是数字，或者两个操作数都不是数字。我们期望 Box 对象的各尺寸都是数字，但无法阻止操作数不能为非数字 (此时异常可以提供帮助，参见第 16 章)。至少在理论上，这意味着 Box 的 volume()函数也可以是非数字。

因此，在理论上，比较两个 Box 的结果就是 std::partial_ordering::unordered。当然，Box::operator<=>(double)的输入也可以是一个非数字。这说明 partial_ordering 不仅是最容易的，而且也是这里重载<=>运算符的最合适的选择。

定义了上面 3 个运算符函数()后，现在 Box 类可完全支持<、>、<=、>=、==、!=和 <=>这 7 个比较运算符。换言之，现在不仅可以使用这些运算符中的任何一个来比较两个 Box，还可以使用<、>、<=、>=或 <=>运算符来比较 Box 和 double 类型的值(反之亦然)。以下程序证明了这一点：

```
// Ex13_03.cpp
// Overloading <=> and == to fully support all comparison operators
import <iostream>;
import <string_view>;
import <vector>;
import <format>;
import box;

void show(const Box& box)
{
  std::cout << std::format("Box {}x{}x{}",
```

```
                    box.getLength(), box.getWidth(), box.getHeight()) << std::endl;
}
void show(const Box& box1, std::string_view relationship, const Box& box2)
{
  show(box1); std::cout << relationship; show(box2); std::cout << std::endl;
}

int main()
{
  const std::vector boxes { Box {2.0, 1.5, 3.0}, Box {1.0, 3.0, 5.0},
                            Box {1.0, 2.0, 1.0}, Box {2.0, 3.0, 2.0}};
  const Box theBox {3.0, 1.0, 4.0};

  for (const auto& box : boxes)
    if (theBox > box) show(theBox, " is greater than ", box); // > works

  std::cout << std::endl;

  for (const auto& box : boxes)
    if (theBox != box) show(theBox, " is not equal to ", box); // != works

  std::cout << std::endl;

  for (const auto& box : boxes)
    if (6.0 <= box) // Yes, even double <= Box works!!
      { std::cout << "6 is less than or equal to "; show(box); std::cout << std::endl; }
}
```

该程序的最后几行代码证明了 6.0 <= box 确实能够工作。这一点值得注意，因为我们并没有再定义任何将 double 类型第一个操作数类型的运算符。6.0 <= box 正常工作的原因在于，当 C++20 编译器找不到专用的<=运算符时，会试着将 x <= y 形式的表达式重写为 is_lteq(x <=> y) 或 is_gteq(y <=> x)[1](采用这里列出的顺序)。有关这些命名的比较函数，可参见第 4 章中的介绍。表达式 6.0 <= box 的计算结果就相当于 is_gteq(box <=> 6.0)的结果(注意交换了操作数的顺序)。

类似地，编译器也会使用<=>运算符重写所有包含<、>或>=的表达式(前提是没有找到专用的运算符)。

但编译器不会使用<=>运算符重写包含==或!=的表达式。通常，这样做会导致次优的性能[2]。幸好编译器能够使用运算符==重写包含!=的表达式，所以至少我们不必再重载!=运算符。

▓ 提示：即使编译器不使用<=>重载!=运算符，但我们自己完全可以这么做。事实上，在许多情况下，这样做是可行的。

但是，对于 Box 类，我们已经解释过为什么应该使用真正的相等运算符，而不是使用等效体积运算符。因此，我们加入了前面创建的相等运算符。在 Ex13_03 的输出中，能够看到编译器确实使用了==运算符来计算 theBox != box，而没有使用<=>运算符；否则，输出中不会包含"Box 3×1×4 is not

---

1 实际上，编译器不会使用命名的比较函数 std::is_lteq()或 std::is_gteq()。它们只是为了让代码更容易阅读。不过，生成的代码是等效的。

2 思考 std::string 的==和!=运算符。假设我们要比较"Little Lily Lovelace likes licking luscious lemon lollipops"和"Little Lily Lovelace likes lasagna"。通过简单地比较长度，==和!=运算符马上就能够判断出这两个字符串不可能相等。但是，运算符<=>要做更复杂的工作：为了排序这两个字符串，它必须比较至少 29 个字符。与==和!=不同，<=>运算符不能在比较字符串长度后就停止。"lasagna"很自然出现在"licking luscious lemon lollipops"的前面，但这不是因为它是更短的字符串。这说明为什么使用<=>重写==和!=表达式可能导致性能下降。

equal to Box 2×3×2" 这一行(两个 Box 的体积都是 12)。

■ 提示：当然，还可以创建==运算符的重载，把自己创建的类的对象与其他类型的值进行比较。同样，对于这种情况，为每种类型创建一个重载就足够了，因为在必要的时候，编译器会交换==和!=表达式中的操作数的顺序。

在本章末尾的练习题中，将要求读者完成一个相关练习。

■ 注意：标准库的<utility>模块在 std::rel_ops 名称空间中提供了一组运算符模板，使用 T 的<和==运算符，为任意类型 T 定义了<=、>、>=和!=运算符。不过，这种方案有其缺陷，不应该再使用。

默认比较运算符

与 C++的早期版本相比，最多只需要实现两个比较运算符是巨大的进步。但尽管如此，需要定义两个运算符也很快会成为令人厌倦的重复工作。更糟的是：这是一项容易出错的、烦人的重复性工作。例如，考虑在 Ex13_03 中为 Box 类写的==运算符(这里从类定义中把它移出来，以方便演示)：

```
bool Box::operator==(const Box& otherBox) const
{
  return m_length == otherBox.m_length
      && m_width == otherBox.m_width
      && m_height == otherBox.m_height;
}
```

现在，假设 Box 有十几个成员变量。或者，必须为十几个类定义相同的运算符。重复性太强，很烦人，不是吗？假设在几个月后，需要在 Box 类中新增一个成员变量。是不是很容易忘记更新这个==运算符？相信我们：我们在遗留代码中已经遇到过许多不能反映最新状态的比较运算符(以及它们导致的许多难以发现的 bug)。

因此，知道 C++20 编译器很擅长生成重复性代码，对我们来说是一个好消息。编译器并不会认为这是一项烦人的工作。我们只需要提出要求，编译器就会自动生成(更重要的是，还会一直维护)比较运算符。其语法类似于为默认构造函数使用的语法(参见第 12 章)：

```
bool Box::operator==(const Box& otherBox) const = default;
```

当然，我们可以，并且常常会直接在类中默认生成这些运算符。此时，可以省略 Box::前缀。默认的==运算符按照声明顺序比较所有成员变量，就像我们一开始为 Box 写的==运算符那样。因此，对于 Box 类，默认生成的==运算符能够很好地工作。Ex13-03A 包含使用默认生成的运算符简化后的Box 类。

■ 警告：如果在 MyClass 中，并不是所有成员变量都有可访问、未删除的==运算符，则为 MyClass默认生成==会生成一个隐式删除的==运算符。也就是说，= default 的效果相当于添加了= delete(参见第 12 章来了解这种语法)。

虽然原则上可以默认生成全部 7 种比较运算符(==、!=、<=>、<、>、<=和>=)，但通常仅默认生成<=>和/或==就足够了[1]。因此，一般不会默认生成其他 5 种运算符。我们来看看如何默认生成<=>运算符。为了进一步减小 Ex13_03A 中的 Box 类，可以像下面这样默认生成<=>运算符(当然也可以直

---

[1] 默认生成的!=以及<、>、<=或>=运算符会分别使用==和<=>进行计算。在 C++20 中，需要定义或者默认生成这些运算符的唯一理由是需要获取这些函数的地址。但在实际编程中，大部分时候会使用 C++中的函数对象(参见第 19 章)，所以几乎不需要使用用函数指针。

接放到类定义中):

```
std::partial_ordering Box::operator<=>(const Box& otherBox) const = default;
```

事实上，在这里使用 auto 作为返回类型(也请参见第 8 章)，还可以减少一些键入。编译器将基于类成员变量的<=>运算符推断返回类型。因为 Box 类的全部 3 个成员变量都是 double 类型，所以编译器能够为下面的定义推断出 std::partial_ordering：

```
auto Box::operator<=>(const Box& otherBox) const = default;
```

■ 提示：每当默认生成<=>时，编译器也将添加默认生成的==运算符。因此，如果所有比较运算符的默认行为符合要求，就只需要默认生成一个运算符函数：<=>。这太容易了。

但是，默认生成的<=>运算符到底做什么呢？自然，对于 Box 来说，默认生成的<=>运算符不会按 volume()来比较箱子。编译器能够判断出该按体积比较箱子的那一天，就是我们需要匆忙禁用 Skynet 的那一天。默认生成的<=>运算符只会执行所谓的成员词典比较。换句话说，它按照左右两侧操作数对应的成员变量的声明顺序，使用相应的<=>运算符对它们进行比较。一旦找出不等效的一对变量，就返回它们的比较结果。

下面用代码进行说明。对于 Box 类，生成的<=>函数与下面的函数等效：

```
std::partial_ordering Box::operator<=>(const Box& otherBox) const
{
  // See Chapter 4 for the 'if (initialization; condition)' syntax
  if (std::partial_ordering order = (m_length <=> otherBox.m_length); std::is_neq(order))
    return order;
  if (std::partial_ordering order = (m_width <=> otherBox.m_width); std::is_neq(order))
    return order;
  return m_height <=> otherBox.m_height; // return even if both heights are equivalent...
}
```

这些代码显然不少。如果成员词典比较符合需要，那么编译器能够生成并维护这些代码，对我们来说真的是一个好消息。但是，对于 Box 类，我们不使用默认生成的<=>运算符，而是使用基于体积的定义。原因在于，那个定义更适合我们在应用程序中使用 Box 的方式[1]。

■ 警告：如果在 MyClass 中，并不是所有成员变量都有可访问、未删除的<=>运算符，则 auto MyClass::operator<=>(const MyClass&) const = default;会生成一个删除的==运算符。接下来将会介绍，此时最好不要使用 auto 作为返回类型。

前面的警告在如今尤为重要：因为太空飞船运算符<=>是 C++20 中新增的运算符，许多类类型还不支持它。当然，所有基本类型都支持，标准库的所有相关类型也支持。但是，用户定义的类型一般还不支持<=>。

但并不是只有坏消息。好消息是，许多遗留类型确实(至少)支持<和==运算符。在比较这类遗留类型的变量时，C++20 的编译器能够使用它们的==和<运算符，合成默认的<=>运算符。此时，我们的工作只是为编译器提供帮助，告诉它应该为默认的<=>运算符使用哪种比较类型。即，如果默认的<=>运算符要使用==和<来比较遗留类型的成员变量，就不能使用 auto 作为返回类型；我们必须显式

---

1 通常，在实际编程时，不关心对象是如何精确排序的，只要它们用一种高效的、一致的方式排序即可。因此，默认生成的<=>通常完全够用。例如，如果目标只是排序一个 Box 对象集合来方便更加高效地进行处理，或者把它们用作排序关联容器(参见第 20 章)的键，则我们并不关心 Box 是按照词典顺序还是按照体积排序。事实上，考虑到性能，可能会优先选择词典强排序，而不是基于体积的弱排序。

指定 std::partial_ordering、weak_ordering 或 strong_ordering 作为返回类型。

这就是我们要为比较运算符介绍的全部内容。

> **提示：** 要允许对自己创建的类的两个对象进行任何比较，只需要定义两个运算符：<=>和==。通常把它们定义为成员函数。另外，在许多情况中，这些运算符重载能够(并且应该)被默认生成，让编译器替我们生成(并维护)它们。之前没有提到的是，每当我们默认生成<=>运算符的时候，编译器也将添加默认的==运算符，除非我们已经显式定义了一个。
>
> 所有成员变量都支持<=>的时候，甚至可以让编译器自动推断默认<=>运算符的返回类型。但是，如果有成员变量不支持，就应该显式指定 partial_ordering、weak_ordering 或 strong_ordering，以允许编译器基于该类的成员变量的<和==运算符，合成一个<=>运算符。
>
> 为了允许对自定义类的对象与其他某种类型的值进行比较，同样只需要重载<=>和/或==。而且，我们不再需要为此创建非成员函数：C++20 编译器能够在需要的时候方便地交换操作数的顺序。不过，比较不同类型的运算符不能被默认生成。至少在 Skynet 有了自我意识并且接管世界之前，不可以这么做。

是时候看看其他运算符了。首先来介绍<<运算符最常用的重载，因为很快就会在后面的示例中用到它们。

13.4 为输出流重载<<运算符

前面我们定义了具体的函数将 Box 对象输出到 std::cout。例如，本章定义了几个 show()函数，然后在如下语句中使用它们：

```
show(box);
```

或：

```
show(theBox, " is greater than ", box);
```

现在我们知道如何重载运算符，就可以给输出流重载<<运算符，使 Box 对象的输出语句看上去更加自然。这就允许我们编写下面这样的语句：

```
std::cout << box;
```

以及：

```
std::cout << theBox << " is greater than " << box;
```

但是，如何重载<<运算符？在详细讨论之前，先来修改第二条语句的工作方式。首先，添加圆括号来清晰表达<<运算符的相关性：

```
((std::cout << theBox) << " is greater than ") << box;
```

最内层的<<表达式首先计算。因此，下面的语句是等效的：

```
auto& something = (std::cout << theBox);
(something << " is greater than ") << box;
```

自然，上面的语句要想正确工作，最内层表达式的结果 something 必须是对流的引用。为了进一步阐述清楚，还可以为 operator<<()使用函数调用表示法，如下所示：

```
auto& stream1 = operator<<(std::cout, theBox);
(stream1 << " is greater than ") << box;
```

通过一些类似的重写步骤，很容易知道编译器采取怎样的步骤来计算整条语句：

```
auto& stream0 = std::cout;
auto& stream1 = operator<<(stream0, theBox);
auto& stream2 = operator<<(stream1, " is greater than ");
auto& stream3 = operator<<(stream2, box);
```

上面的语句虽然看起来冗长，却清晰地表达了我们的意思。operator<<()的这个重载版本有两个实参：对流对象(左操作数)的引用，以及输出(右操作数)的实际值。然后，返回对流对象的一个新的引用，传递给调用链中对 operator<<()的下一个调用。这是第 12 章介绍的方法链的一个例子。

理解了这一点以后，再理解为 Box 对象重载了此运算符的函数定义就直观多了：

```
std::ostream& operator<<(std::ostream& stream, const Box& box)
{
  stream << std::format("Box({:.1f}, {:.1f}, {:.1f})",
                        box.getLength(), box.getWidth(), box.getHeight());
  return stream;
}
```

第一个参数把左操作数识别为 ostream 对象，第二个参数把右操作数指定为 Box 对象。标准输出流 cout 的类型是 std::ostream，在本书后面看到的输出流也是此类型。当然，我们不能把运算符函数添加到 std::ostream 的定义中，所以必须把它定义为一个非成员函数。因为 Box 对象的尺寸是公共可用的，所以不需要使用友元函数。返回值是并且总应该是对左操作数引用的同一个流对象的引用。

▓ 注意：我们使用 std::format()来控制 Box 对象的长、宽、高的格式宽度，这是因为我们最熟悉该函数。当然，在此也可以使用 std::setw()和 std::fixed 流操作程序(参见第 2 章中相关的简要介绍)。

要说明的一个相关点是：事实上，也可以扩展<format>框架，使用 std::format("My new box, {:.1f}, is fabulous!", box)这样的表达式。换言之，这样做可以使 std::format()知道如何格式化 Box 类的对象，例如使用.1f 这样的格式化选项。由于其中会涉及类模板的特化，因此将此作为练习留给读者，可以在第 17 章的练习中研究具体的实现(不必担心，我们会给出一些提示)。

为了测试此运算符，可以将其定义添加到 Ex13_03A 文件夹的 Box 模块中(不要忘记从 Box 模块中导出该函数)。然后，在 Ex13_03A 的 main()函数中，就可以将 show(theBox, " is greater than ", box)等表达式替换为使用<<运算符的等效表达式：

```
std::cout << theBox << " is greater than " << box << std::endl;
```

将最终程序保存在 Ex13_04 中。

▓ 注意：在标准库中，流类的<<和>>运算符很好地说明了一个事实：重载运算符并不是必须等效于对应的内置运算符。回顾一下，内置的<<和>>运算符执行的是整数的移位操作！对于这一点，还有一个很好的例子：约定使用+和+=运算符来连接字符串，我们已经多次对 std::string 对象使用这些运算符。读者此前可能并没有仔细思考过这种表达式如何以及为什么能够工作，这证明了如果谨慎使用重载运算符，可编写出非常自然的代码。

13.5 重载算术运算符

下面看看如何为 Box 类重载加号运算符，以说明重载算术运算符的方式。这是一个有趣的例子，因为加号是一个二元运算符，涉及创建并返回新对象。新对象是两个 Box 对象的总和(含义由程序员指定)，而这两个 Box 对象是加号运算符的两个操作数。

两个 Box 对象的总和的含义是什么？这有许多可能性，但由于盒子的主要作用是保存物品，因此我们感兴趣的是其容量，两个盒子的总和就是一个可以保存这两个盒子中所有物品的盒子。使用这个假设，把两个 Box 对象的总和定义为一个 Box 对象，它可以容纳堆叠起来的两个盒子。这与 Box 类用于打包物品的目的一致，因为把许多 Box 对象加在一起，就会得到一个更大的可以包含所有这些 Box 对象的 Box 对象。

加号运算符可以用一种简单的方式来实现。新对象的 m_length 成员是要加在一起的 Box 对象的 m_length 成员中的较大者。m_width 成员以类似的方式确定，m_height 成员是两个操作数的 m_height 成员之和，所以得到的 Box 对象可以包含另外两个 Box 对象。修改构造函数，就可以使 Box 对象的 m_length 成员总是大于或等于 m_width 成员。

图 13-2 列出了把两个 Box 对象加在一起，得到一个新的 Box 对象的过程。因为相加的结果是一个新的 Box 对象，所以实现相加的函数必须返回一个 Box 对象。如果重载+运算符的函数是一个成员函数，那么在 Box 类的定义中，该函数的声明将如下所示:

```
Box operator+(const Box& aBox) const; // Adding two Box objects
```

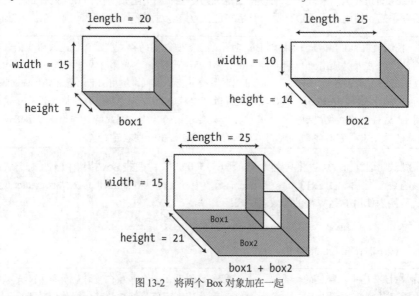

图 13-2　将两个 Box 对象加在一起

把参数 aBox 定义为 const，是因为该函数不会修改实参(即右操作数)。把它定义为 const 引用，以免对右操作数进行不必要的复制。可以把该函数声明为 const，因为它不改变左操作数。Box.cppm 中成员函数的定义如下所示:

```
// Operator function to add two Box objects
Box Box::operator+(const Box& aBox) const
{
  // New object has larger length and width, and sum of heights
```

```
  return Box{ std::max(m_length, aBox.m_length),
  std::max(m_width, aBox.m_width),
  m_height + aBox.m_height };
}
```

按照算术运算符的约定，创建一个局部 Box 对象，将其副本返回给调用程序。当然，因为这是一个新对象，绝不能按引用返回该对象。使用 std::max() 计算盒子的尺寸，该函数简单返回两个给定实参的和。它是使用<algorithm>模板中的函数模板实例化的。对于任何支持 operator<()的实参类型，该模板都能够工作。当然，也存在一个类似的 std::min()函数模板，用于计算两个表达式中较小的表达式。

下面用一个例子来说明加号运算符是如何工作的。为简单起见，我们修改示例 Ex13_04 中的 box 模块：

```
// Box.cppm
export module box;
import <iostream>;
import <format>;
import <compare>;                      // For std::partial_ordering
import <algorithm>;                    // For the min() and max() function templates

export class Box
{
public:
  Box() = default;                     // Default constructor
  Box(double length, double width, double height)
    : m_length{ std::max(length,width) }
    , m_width { std::min(length,width) }
    , m_height{ height }
  {}

  double volume() const;               // Function to calculate the volume

  // Accessors
  double getLength() const { return m_length; }
  double getWidth() const { return m_width; }
  double getHeight() const { return m_height; }

  // Functions that add full support for comparison operators
  std::partial_ordering operator<=>(const Box& aBox) const;
  std::partial_ordering operator<=>(double value) const;
  bool operator==(const Box& aBox) const = default;

  Box operator+(const Box& aBox) const; // Function to add two Box objects

private:
  double m_length {1.0};
  double m_width {1.0};
  double m_height {1.0};
};

// ... Include definitions of
//     - the operator<=>() member functions of Ex13_03A
//     - the operator<<() nonmember function of Ex13_04
//     - the new operator+() member function
```

第一个重要区别是第二个构造函数,它使用 std::min()和 max()来确保 Box 的长度总是大于其宽度。第二个重要区别是加入了 operator+()的声明。

下面是测试代码:

```cpp
// Ex13_05.cpp
// Using the addition operator for Box objects
import <iostream>;
import <format>;
import <vector>;
import <random>;                                    // For random number generation
import <functional>;                                // For std::bind()
import box;

auto createUniformPseudoRandomNumberGenerator(double max)
{
  std::random_device seeder;  // True random number generator to obtain a seed (slow)
  std::default_random_engine generator{seeder()}; // Efficient pseudo-random generator
  std::uniform_real_distribution distribution{1.0, max}; // Generate in [1, max) interval
  return std::bind(distribution, generator);       //... and in the darkness bind them!
}

int main()
{
  const double limit {99};                          // Upper limit on Box dimensions
  auto random { createUniformPseudoRandomNumberGenerator(limit) };

  const size_t boxCount {20};                        // Number of Box object to be created
  std::vector<Box> boxes;                            // Vector of Box objects

  // Create 20 Box objects
  for (size_t i {}; i < boxCount; ++i)
    boxes.push_back(Box{ random(), random(), random() });

  size_t first {};                                   // Index of first Box object of pair
  size_t second {1};                                 // Index of second Box object of pair
  double minVolume {(boxes[first] + boxes[second]).volume()};

  for (size_t i {}; i < boxCount - 1; ++i)
  {
    for (size_t j {i + 1}; j < boxCount; j++)
    {
      if (boxes[i] + boxes[j] < minVolume)
      {
        first = i;
        second = j;
        minVolume = (boxes[i] + boxes[j]).volume();
      }
    }
  }
  std::cout << "The two boxes that sum to the smallest volume are "
            << boxes[first] << " and " << boxes[second] << '\n';
  std::cout << std::format("The volume of the first box is {:.1f}\n",
                            boxes[first].volume());
  std::cout << std::format("The volume of the second box is {:.1f}\n",
                            boxes[second].volume());
  std::cout << "The sum of these boxes is " << (boxes[first] + boxes[second]) << '\n';
```

```
std::cout << std::format("The volume of the sum is {:.1f}", minVolume) << std::endl;
}
```

结果如下：

```
The two boxes that sum to the smallest volume are Box(39.8, 4.9, 17.0) and
Box(24.7, 8.8, 25.6)
The volume of the first box is 3341.7
The volume of the second box is 5586.6
The sum of these boxes is Box(39.8, 8.8, 42.6)
The volume of the sum is 14964.9
```

每次运行程序时，都会得到不同的结果。相关内容可以参阅第 12 章中有关 createUniformPseudoRandomNumberGenerator()函数的解释。

main()函数生成了一个包含 20 个 Box 对象的向量，其随机尺寸的范围是 1～99。嵌套的 for 循环测试 Box 对象的所有可能对，以找出合并后体积最小的元素对。内层循环的 if 语句使用 operator+()成员生成一个 Box 对象，它是当前元素对的和。接着隐式地使用 operator<=>()成员比较这个生成的 Box 对象和 minVolume 的值(记住：编译器会将 boxes[i] + boxes[j] < minVolume 重写为 std::is_lt(boxes[i] + boxes[j] <=> minVolume))。输出显示一切正常。建议编写运算符函数和 Box 构造函数，看看调用它们的场合和频率。

当然，重载的+运算符可以用于更复杂的表达式，把 Box 对象加起来。例如，下面的语句：

```
Box box4 {box1 + box2 + box3};
```

这个语句调用 operator+()成员两次，所创建的 Box 对象是 3 个 Box 对象之和，再把它传递给 Box 类的副本构造函数，以创建 box4。结果是 Box 对象 box4 包含其他 3 个叠加在一起的 Box 对象。

根据一个运算符实现另一个运算符

如果为一个类实现了加法操作，就可以实现+=运算符。但如果要实现这两个运算符，就应注意，根据+=来实现+是非常经济的。

首先，为 Box 类定义+=运算符函数。因为涉及赋值，所以该运算符函数需要返回一个引用。

```
// Overloaded += operator
Box& Box::operator+=(const Box& aBox)
{
  // New object has larger length and width, and sum of heights
  m_length = std::max(m_length, aBox.m_length);
  m_width = std::max(m_width, aBox.m_width);
  m_height += aBox.m_height;
  return *this;
}
```

这非常简单，只是根据 Box 对象的加法定义，给左操作数*this 加上右操作数，修改了左操作数。现在可以使用 operator+=()来实现 operator+()，operator+()函数的定义就被简化为：

```
// Function to add two Box objects
Box Box::operator+(const Box& aBox) const
{
  Box copy{*this};
  copy += aBox;
  return copy;
}
```

函数体的第一行调用副本构造函数，创建左操作数的副本，以用在加法操作中。然后调用 operator+=()函数，给新的 Box 对象加上右操作数对象 aBox，并返回新的 Box 对象。

约定在复合赋值运算符中返回对 this 指针的引用，就是因为能够实现这种语句，也就是在更大表达式中使用赋值表达式结果的语句。为帮助实现这种功能，会修改左操作数的大部分运算符，按照约定返回对 this 指针的引用；或者如果实现为非成员函数，则返回对第一个实参的引用。<<流运算符已经展示了这一点，后面在讨论递增和递减运算符时将再次看到其应用。

示例 Ex13_06 包含的 box 模块以示例 Ex13_05 的 box 模块为基础，按照本节的介绍实现了加号运算符。使用 Box 类的这个新定义，很容易修改 Ex13_05 中的 main()函数来试用新的+=运算符。例如，在 Ex13_06.cpp 中，使用了下面的代码：

```
int main()
{
  // Generate boxCount random Box objects as before in Ex13_05...
  Box sum{0, 0, 0}; // Start from an empty Box
  for (const auto& box : boxes) // And then add all randomly generated Box objects
    sum += box;

  std::cout << "The sum of {} random boxes is {:.1f}", boxCount, sum) << std::endl;
}
```

■ 提示：总是应当根据相应的算术赋值运算符 op=()来实现二元算术运算符 op()。

13.6 成员与非成员函数

Ex13_05 和 Ex13_06 都将 operator+()定义为 Box 类的成员函数。但是，将这个加号运算符实现为非成员函数也很容易。该函数的原型如下所示：

```
Box operator+(const Box& aBox, const Box& bBox);
```

因为可通过公共成员函数访问 Box 对象的尺寸，所以不需要 friend 声明。但是，即使无法访问成员变量的值，也可以把运算符声明为类的友元函数。这就提出了一个问题：哪个选项是最好的？成员函数、非成员函数还是友元函数？

在所有选项中，一般认为友元函数是最差的选项。虽然有时并没有其他合适的替代选项，但是友元声明会破坏数据隐藏，因此应该尽可能避免。

要在成员函数和非友元的非成员函数之间做出选择，就没有显而易见的答案了。运算符函数对于类的功能十分重要，所以我们大多数时候选择将运算符函数实现为类的成员。这样一来，运算符的操作就与类型整合在一起，进入封装的核心。因此，首选的做法很可能是将运算符重载定义为成员函数。但是，至少在两种情况中，应该将运算符重载实现为非成员函数。

第一种情况是，在某些场景中，除了实现为非成员函数，没有其他选择，即使这意味着要把运算符重载实现为友元函数。例如，重载的二元运算符的第一个实参是基本类型，或是与当前正在编写的类不同的类型。我们已经看到过这两种实参的例子：

```
bool operator<(double value, const Box& box); // double cannot have members
ostream& operator<<(ostream& stream, const Box& box); // cannot add ostream members
```

■ 注意：当一个运算符的某个重载需要实现为非成员函数时，为保持一致，可能会考虑将该运算符的其他所有重载也实现为非成员函数。例如，假设为 Box 类定义了一个乘法运算符(留作练习)。

```
bool operator*(double, const Box&); // Must be nonmember function
bool operator*(const Box&, double); // Symmetrical case often done for consistency
```

对于上面的两个重载函数，仅第一个必须实现为非成员函数。C++20 编译器只会尝试去交换<、>、<=、>=、==、!=和 <=>运算符的操作数顺序(详见前面的介绍)。要获得对其他二元运算符(如+、-、*、/、%、|和 &)的混合类型的支持，仍然至少需要一个非成员函数。但是将上面的第二个函数重载也实现为非成员函数，就能将这些声明在源代码中整洁地放到一起。

另一种情况是，当希望二元运算符的左操作数可被隐式转换时，可能首选将运算符重载实现为非成员函数而不是成员函数。接下来就讨论这种情况。

运算符函数和隐式转换

本章前面和第 12 章均提到，允许从 double 类型隐式转换为 Box 类型不是一个好主意。因为这种转换可能导致不符合期望的结果，所以 Box 类的只带一个实参的构造函数应该用 explicit 声明。但是，并非所有单实参构造函数都属于这种情况。例如，在第 12 章的练习题中创建的 Integer 类就是一个例子。该类的核心代码如下所示：

```
class Integer
{
public:
  Integer(int value = 0) : m_value{value} {}
  int getValue() const { return m_value; }
  void setValue(int value) { m_value = value; }
private:
  int m_value;
};
```

对于这个类，允许隐式转换没有坏处。主要原因在于，Integer 对象接近 int 的程度要远大于 Box 对象接近 double 的程度。我们已经知道了其他一些隐式转换没有坏处，反而会提供方便的例子，比如从字符串字面量转换为 std::string 对象，或者从 T 值转换为 std::optional<T>对象。

对于允许隐式转换的类，将运算符作为成员函数进行重载的一般指导原则通常会发生改变。考虑 Integer 类。自然，希望能够为 Integer 对象使用二元算术运算符，如 operator+()。而且，希望这些运算符能够用于 Integer + int 和 int + Integer 这种形式的加法。显然，仍然可以像为 Box 类定义+运算符一样，定义三个运算符函数：两个成员函数，一个非成员函数。但是，有更简单的选项。只需要像下面这样定义一个非成员运算符函数：

```
Integer operator+(const Integer& one, const Integer& other)
{
  return one.getValue() + other.getValue();
}
```

将这个函数与 Integer 类的简单定义一起放到 integer 模块中。为-、*、/和%添加类似的函数。因为 int 值会隐式转换为 Integer 对象，这 5 个运算符函数足以让下面的测试程序工作。如果不依赖隐式转换，就需要不少于 15 个函数定义来覆盖所有场景！

```
// Ex13_07.cpp
// Implicit conversions reduce the number of operator functions
import <iostream>;
import integer;
```

```
int main()
{
  const Integer i{1};
  const Integer j{2};
  const auto result = (i * 2 + 4 / j - 1) % j;
  std::cout << result.getValue() << std::endl;
}
```

之所以需要使用非成员函数来允许对两个操作数进行隐式转换，是因为编译器不会对成员函数的左操作数执行转换。换言之，如果将 operator/() 定义为成员函数，表达式 4 / j 将不能编译。

■ 提示：运算符重载大多数时候应该实现为成员函数。只有当不能使用成员函数，或者希望对第一个操作数进行隐式转换时，才使用非成员函数。

13.7 重载一元运算符

到目前为止，我们只讨论了重载二元运算符的例子。一元运算符也有不少。为了进行说明，假设对于盒子，一个常用操作是"旋转"它们，意思是将宽度和长度互换。如果这个操作确实很常用，那么可以考虑为其引入一个运算符。因为旋转只涉及一个盒子，不需要其他操作数，所以需要选择某个可用的一元运算符。可选项包括 +、-、~、!、& 和 *。operator~() 看起来是个不错的选择。与二元运算符一样，可以将一元运算符定义为成员函数或普通函数。以示例 Ex13_04 中的 Box 类为基础，定义为成员函数的方式如下：

```
class Box
{
public:
  // Constructors
  Box(double l, double w, double h) : m_length{l}, m_width{w}, m_height{h} {}

  Box operator~() const
  {
    return Box{m_width, m_length, m_height}; // Width and length are swapped
  }

  // Remainder of the Box class as before...
};
```

约定要求 operator~() 返回一个新对象，这与不修改左操作数的二元算术运算符一样。到了现在，将 Box 类的"旋转"运算符定义为非成员函数应该也很简单：

```
Box operator~(const Box& box)
{
  return Box{ box.getWidth(), box.getLength(), box.getHeight() };
}
```

有了上述任何一个运算符重载后，就可以编写下面的代码：

```
Box someBox{ 1, 2, 3 };
std::cout << ~someBox << std::endl;
```

这个例子包含在 Ex13_08 中。如果运行该程序，将得到下面的结果：

```
Box(2.0, 1.0, 3.0)
```

■ **注意：** 这个运算符重载违反了本章前面给出的重要指导原则。虽然使用这个运算符重载能够得到更简洁的代码，但不一定能够得到更自然、可读性更好的代码。如果不查看类定义，其他程序员很难猜到~someBox 这个表达式的含义。因此，除非在包装行业里，~someBox 是很常见的表示法，否则最好在这里定义普通的函数，如 rotate()或 getRotatedBox()。

13.8   重载递增和递减运算符

在为类实现++和--运算符函数时存在一个新问题，因为将它们放在操作数之前和之后的情况是不一样的。因此，每个运算符都需要两个函数：一个在运算符放在操作数之前时调用，另一个则是运算符放在操作数之后时调用。这两个运算符的前缀形式和后缀形式通过一个 int 类型的假参数来区分。这个参数仅用于区分这两种情形，不用于其他情形。对任意类 MyClass 重载++运算符的函数声明如下：

```
class MyClass
{
public:
  MyClass& operator++(); // Overloaded prefix increment operator

  const MyClass operator++(int); // Overloaded postfix increment operator

  // Rest of MyClass class definition...
};
```

前缀形式的返回类型一般需要是当前对象*this 递增后的引用。Box 类的前缀形式的实现代码如下：

```
Box& Box::operator++() // Prefix ++operator
{
  ++m_length;
  ++m_width;
  ++m_height;
  return *this;
}
```

这只是给每个尺寸加 1，然后返回当前对象。

对于运算符的后缀形式，先在修改之前创建原对象的副本，再返回执行递增后的原对象的副本。下面是 Box 类的后缀形式的实现代码：

```
const Box Box::operator++(int)  // Postfix operator++
{
  auto copy{*this};              // Create a copy of the current object
  ++(*this);                     // Increment the current object using the prefix operator...
  return copy;                   // Return the unincremented copy
}
```

事实上，上面的函数体可用于根据前缀形式实现任意后缀形式的递增运算符。后缀运算符的返回值有时被声明为 const，以阻止编译 theObject++++这样的表达式。这种表达式会与运算符的一般形式混淆，产生不一致。但是，如果不把返回类型声明为 const，这种用法就是允许的。

提示： 总是应该使用前缀形式的递增运算符 operator++()实现后缀形式的递增运算符 operator++(int)。

本书源代码的 Ex13_09 示例中包含一个小的测试程序,将前缀和后缀形式的递增和递减运算符添加到了示例 Ex13_04 的 Box 类中, 然后在下面的 main()函数中试用它们:

```
int main()
{
  Box theBox {3.0, 1.0, 3.0};

  std::cout << "Our test Box is " << theBox << std::endl;

  std::cout << "Postfix increment evaluates to the original object: "
          << theBox++ << std::endl;

  std::cout << "After postfix increment: " << theBox << std::endl;

  std::cout << "Prefix decrement evaluates to the decremented object: "
          << --theBox << std::endl;
  std::cout << "After prefix decrement: " << theBox << std::endl;
}
```

输出如下所示:

```
Our test Box is Box(3.0, 1.0, 3.0)
Postfix increment evaluates to the original object: Box(3.0, 1.0, 3.0)
After postfix increment: Box(4.0, 2.0, 4.0)
Prefix decrement evaluates to the decremented object: Box(3.0, 1.0, 3.0)
After prefix decrement: Box(3.0, 1.0, 3.0)
```

■ **注意:** 递增和递减运算符的后缀形式返回的值总应该是原对象在被递增或递减之前的一个副本;前缀形式返回的值总应该是对当前对象(已经递增或递减)的引用。原因在于, 这正是对应的内置运算符在用于基本类型时的行为。

13.9 重载下标运算符

下标运算符[]为某些类提供了非常有趣的功能。显然, 这个运算符的主要作用是从许多可解释为数组的对象中选择, 但对象可包含在任意多个不同的容器中。重载下标运算符可以访问稀疏数组(许多元素都为空的数组)、关联数组或链表中的元素。数据甚至可以存储在文件中, 使用下标运算符可以隐藏文件输入输出操作的复杂性。

前面 Ex12_17 中的 Truckload 类就支持下标运算符。每个 Truckload 对象都包含一组有序的对象,以下标运算符提供了一种通过索引值来访问这些对象的方式。索引为 0, 就返回链表中的第一个对象;索引为 1, 则返回第二个对象, 以此类推。下标运算符的内部工作机制会迭代链表, 找到需要的对象。

Truckload 类的 operator[]()函数需要一个说明链表中某位置的索引值作为参数, 返回该位置的 Box 对象指针。在 Truckload 类中, 该成员函数的声明如下所示:

```
class Truckload
{
public:
  // Rest of the class as before...
  SharedBox operator[](size_t index) const; // Overloaded subscript operator
  // ...
};
```

该函数的实现代码如下所示:

```
SharedBox Truckload::operator[](size_t index) const
{
  size_t count {}; // Package count
  for (Package* package{m_head}; package; package = package->m_next)
  {
    if (count++ == index) // Up to index yet?
      return package->m_box; // If so return the pointer to Box
  }
  return nullptr;
}
```

for 循环会遍历链表,递增 count。当 count 的值与 index 相同时,循环就找到所需要的 Package 对象,并返回该 Package 对象中对应的 Box 对象的智能指针。如果遍历了整个链表后,count 的值也不与 index 相同,index 就一定超出了范围,于是返回 nullptr。下面用另一个例子来说明下标运算符的用法。

这个示例使用包含 operator<<()的任意 Box 类,这可以使输出 Box 对象到 std::cout 更加简单。也可以删除 Truckload 的 listBoxes()成员,并添加<<运算符的一个重载,用来将 Truckload 对象输出到流中,类似于对 Box 类所做的操作。如果使用为第 12 章练习题 6 创建的 Truckload 类(该类包含嵌套的 Iterator 类),在实现此运算符时就不需要使用 friend 声明了。其定义如下所示:

```
std::ostream& operator<<(std::ostream& stream, const Truckload& load)
{
  size_t count {};
  auto iterator = load.getIterator();
  for (auto box = iterator.getFirstBox(); box; box = iterator.getNextBox())
  {
    std::cout << *box << ' ';
    if (!(++count % 4)) std::cout << std::endl;
  }
  if (count % 4) std::cout << std::endl;
  return stream;
}
```

可以使用此定义替换原来的 Truckload 类的 listBoxes()成员函数。代码与 listBoxes()类似,只是现在只使用公共函数,而不直接使用链表中的 Package 对象。此函数使用了 Box 类的 operator<<()函数。现在输出一个 Truckload 对象非常简单,只需要使用<<将该对象写入 cout 即可。

如果将下标运算符和流输出运算符添加到 Truckload 类中,就可以使用下面的程序来试用新运算符:

```
// Ex13_10.cpp
// Using the subscript operator
import <iostream>;
import <memory>;
import <random>;                  // For random number generation
import <functional>;             // For std::bind()
import truckload;

// Add the createUniformPseudoRandomNumberGenerator() function from Ex13_05 here.

int main()
{
```

```
  const double limit {99.0};    // Upper limit on Box dimensions
  auto random = createUniformPseudoRandomNumberGenerator(limit);

  Truckload load;
  const size_t boxCount {16};    // Number of Box object to be created

  // Create boxCount Box objects
  for (size_t i {}; i < boxCount; ++i)
    load.addBox(std::make_shared<Box>(random(), random(), random()));

  std::cout << "The boxes in the Truckload are:\n";
  std::cout << load;

  // Find the largest Box in the Truckload
  double maxVolume {};
  size_t maxIndex {};
  size_t i {};
  while (load[i])
  {
    if (load[i]->volume() > maxVolume)
    {
      maxIndex = i;
      maxVolume = load[i]->volume();
    }
    ++i;
  }

  std::cout << "\nThe largest box is: ";
  std::cout << *load[maxIndex] << std::endl;

  load.removeBox(load[maxIndex]);
  std::cout << "\nAfter deleting the largest box, the Truckload contains:\n";
  std::cout << load;
}
```

运行这个例子，结果如下：

```
The boxes in the Truckload are:
Box(47.7,20.3,38.5) Box(68.3,35.4,63.3) Box(10.1,81.2,4.1) Box(32.2,71.6,88.4)
Box(44.6,87.2,10.0) Box(73.3,78.2,18.7) Box(25.9,70.0,51.6) Box(42.7,49.8,71.9)
Box(35.0,82.5,74.9) Box(46.3,46.3,89.9) Box(77.0,88.5,82.1) Box(77.7,59.3,96.8)
Box(26.2,32.2,18.0) Box(58.5,75.0,21.5) Box(42.3,13.6,71.6) Box(31.3,13.6,94.4)

The largest box is: Box(77.0,88.5,82.1)
After deleting the largest box, the Truckload contains:
Box(47.7,20.3,38.5) Box(68.3,35.4,63.3) Box(10.1,81.2,4.1) Box(32.2,71.6,88.4)
Box(44.6,87.2,10.0) Box(73.3,78.2,18.7) Box(25.9,70.0,51.6) Box(42.7,49.8,71.9)
Box(35.0,82.5,74.9) Box(46.3,46.3,89.9) Box(77.7,59.3,96.8) Box(26.2,32.2,18.0)
Box(58.5,75.0,21.5) Box(42.3,13.6,71.6) Box(31.3,13.6,94.4)
```

main()函数现在使用下标运算符从 Truckload 对象中访问 Box 对象指针。从输出可以看出，下标运算符工作正常，查找并删除最大 Box 对象的结果是正确的。现在把 Truckload 和 Box 对象输出到标准输出流的工作方式与基本类型相同。

■ **警告**：对于 Truckload 对象，下标运算符掩盖了该过程效率低下的事实。很容易忘记，每次使用下标运算符都涉及从头开始遍历至少部分链表，所以在把这个运算符添加到生产代码时一定要三思。尤其是，如果 Truckload 对象包含大量 Box 对象指针，频繁使用此运算符可能导致性能严重下降。因此，标准库的作者们决定不给链表类模板 std::list<>和 std::forward_list<>提供任何下标运算符。最好只在有高效的元素检索机制的情况下，才重载下标运算符。

为了解决 Truckload 数组下标运算符的性能问题，应该避免重载下标运算符，或者使用 std::vector<SharedBox>替换 Truckload::Package 链表。我们一开始使用了链表，只是为了解释一些概念。在现实应用中，可能从来不应该使用链表。std::vector<>几乎总是更好的选择。我们在第 20 章的练习题中，才会实现这个版本的 Truckload。

修改重载下标运算符的结果

在一些情况下，需要重载下标运算符，并把返回的对象用在赋值运算符的左侧，或者调用其函数。Truckload 类有了 operator[]()的实现代码后，程序会通过编译，但如果编写如下语句，程序就不会正确工作：

```
load[0] = load[1];
load[2].reset();
```

代码会编译并运行，但不会改变链表中的对象。我们希望用链表中的第二个指针替代第一个指针，将第三个指针重置为 null，但结果并非如此。问题出在 operator[]()的返回值上。函数返回一个智能指针的临时副本，该智能指针指向链表中原指针指向的 Box 对象，但它是另一个指针。每次在赋值语句的左边使用 load[0]，会得到链表中第一个指针的另一个副本。两条语句会被执行，但仅改变链表中指针的副本，这些副本并不会存在多长时间。

因此，下标运算符通常会返回数据结构中实际值的引用，而不是这些值的副本。但是，如果为 Truckload 类这么做，就会面临严峻挑战。由于不能返回对 nullptr 的引用，在 Truckload 类的 operator[]()中就不再能够返回 nullptr。显然，这种情况下，也不能返回对局部对象的引用。需要设计另一种方式来处理无效索引。最简单的解决方案是返回一个 SharedBox 对象，使其不指向任何东西，并且永久存储在全局内存的某个位置。

在 Truckload 类的私有部分添加如下声明，可将 SharedBox 对象定义为 Truckload 类的静态成员：

```
static SharedBox nullBox {}; // Pointer to nullptr
```

现在把下标运算符的定义改为：

```
SharedBox& Truckload::operator[](size_t index)
{
  size_t count {};              // Package count
  for (Package* package{m_head}; package; package = package->m_next)
  {
    if (count++ == index)       // Up to index yet?
      return package->m_box;    // If so return the pointer to Box
  }
  return nullBox;
}
```

它现在返回一个指针引用，成员函数也不再是 const。下面扩展 Ex13_10，在赋值语句的左边使用下标运算符。简单扩展 Ex13_10 中的 main()函数，以说明仍能遍历 Truckload 链表中的元素：

```
int main()
{
  // All the code from main() in Ex13_10 here...

  load[0] = load[1]; // Copy 2nd element to the 1st
  std::cout << "\nAfter copying the 2nd element to the 1st, the list contains:\n";
  std::cout << load;

  load[1] = std::make_shared<Box>(*load[2] + *load[3]);
  std::cout << "\nAfter making the 2nd element a pointer to the 3rd plus 4th,"
                                            " the list contains:\n";
  std::cout << load;
}
```

Ex13_11.cpp 文件中给出了完整的代码。输出的第一部分类似于前面的示例，之后是：

```
After copying the 2nd element to the 1st, the list contains:
Box(85.5,33.0,56.9) Box(85.5,33.0,56.9) Box(78.3,5.4,13.9) Box(69.1,31.6,78.1)
Box(41.6,30.0,14.8) Box(23.8,22.1,97.8) Box(97.8,33.4,74.0) Box(88.4,8.3,65.7)
Box(19.8,13.7,14.6) Box(77.6,72.1,35.0) Box(87.7,51.6,15.4) Box(90.5,3.5,8.3)
Box(65.6,29.6,91.7) Box(88.8,16.5,73.7) Box(64.3,2.7,30.7) Box(69.9,51.5,85.9)
Box(29.0,20.5,76.4) Box(72.8,19.2,49.1) Box(59.9,56.3,8.9)

After making the 2nd element a pointer to the 3rd plus 4th, the list contains:
Box(85.5,33.0,56.9) Box(78.3,31.6,92.0) Box(78.3,5.4,13.9) Box(69.1,31.6,78.1)
Box(41.6,30.0,14.8) Box(23.8,22.1,97.8) Box(97.8,33.4,74.0) Box(88.4,8.3,65.7)
Box(19.8,13.7,14.6) Box(77.6,72.1,35.0) Box(87.7,51.6,15.4) Box(90.5,3.5,8.3)
Box(65.6,29.6,91.7) Box(88.8,16.5,73.7) Box(64.3,2.7,30.7) Box(69.9,51.5,85.9)
Box(29.0,20.5,76.4) Box(72.8,19.2,49.1) Box(59.9,56.3,8.9)
```

新输出的第一块显示，前两个元素指向相同的 Box 对象，所以赋值语句的执行情况与预期相同。输出的第二块来自于给 Truckload 对象中的第二个元素赋新值，新值是指向某个 Box 对象的指针，该 Box 对象是合并第 3 个和第 4 个 Box 对象后的结果。输出显示，第二个元素指向一个新对象，新对象是后面两个对象之和。为了弄清楚状况，完成该任务的语句等价于：

```
load.operator[](1).operator=(
std::make_shared<Box>(load.operator[](2)->operator+(*load.operator[](3))));
```

这就非常清楚了。

■ **警告：** 针对下标运算符的无效索引，本节采用一种迂回的方法来解决该问题，即返回对一个特殊的 "null 对象" 的引用，但这种方法存在一个严重的缺陷。也许读者已经猜到了这个缺陷是什么？提示一下，如果提供了一个无效索引，operator[]()函数将返回对 nullBox 的非 const 引用。这个引用是非 const 引用，意味着不能阻止调用者修改 nullBox。一般来说，允许用户修改通过下标运算符访问的对象，正是我们的目的。但是，对于特殊的 nullBox 对象，这暴露了一个严重的风险。粗心的调用者可能对 nullBox 指针赋非 null 值，导致下标运算符瘫痪！

下面的代码演示了这个问题：

```
Truckload load(std::make_shared<Box>(1, 2, 3));   // Create load with single box
...
load[10] = std::make_shared<Box>(6, 6, 6);        // Oops: assigning to nullBox...
...
auto secondBox = load[100];                       // Access nonexistent Box...
if (secondBox)                                    // nullBox is no longer null!
```

```
{
  std::cout << secondBox->volume() << std::endl;  // Prints 216 (6*6*6)
}
```

这个例子显示，不小心对不存在的第 11 个元素赋值，会导致意外的、不希望看到的行为。现在 Truckload 看起来在索引位置 100 处有一个尺寸为{6, 6, 6}的盒子(注意，这甚至会立即导致所有 Truckload 对象都不能正确使用下标运算符。因为 nullBox 是 Truckload 类的静态成员，所以该类的所有对象都共享此成员)。

由于存在这个危险的漏洞，因此在真实的程序中，绝不应该使用这里采用的技术。第 16 章将介绍处理无效函数实参的一种更合适的机制：异常。异常允许从函数返回，而不必捏造返回值。

13.10 函数对象

函数对象是重载函数调用运算符()的类对象，也被称为 functor。函数对象可以作为实参传递给函数，所以它提供了传递函数的另一种强大方式。第 19 章将深入介绍该主题。本节仅简要介绍如何重载函数调用运算符，并举例说明函数对象的工作方式。

假设定义了如下 ComputeVolume 类：

```
class ComputeVolume
{
  public:
    double operator()(double x, double y, double z) const { return x * y * z; }
};
```

类中的函数调用运算符 operator()()看起来像是一个印刷错误。但通过这个运算符重载，可以使用 ComputeVolume 对象来计算体积：

```
ComputeVolume computeVolume;                           // Create a functor
double roomVolume { computeVolume(16, 12, 8.5) };      // Room volume in cubic feet
```

ComputeVolume 对象代表一个函数，可使用其函数调用运算符进行调用。roomVolume 的初始化列表中的值是调用 ComputeVolume 对象的 operator()()函数的结果，所以表达式等价于 computeVolume.operator()(16, 12, 8.5)。由于函数调用运算符不常修改函数对象的任何成员变量，因此经常将它们定义为 const 成员函数。

当然，可以在类中定义 operator()()函数的多个重载：

```
class ComputeVolume
{
public:
  double operator()(double x, double y, double z) const { return x*y*z; }
  double operator()(const Box& box) const { return box.volume(); }
};
```

现在 ComputeVolume 对象可以返回 Box 对象的体积：

```
Box box{1.0, 2.0, 3.0};
std::cout << "The volume of the box is " << computeVolume(box) << std::endl;
```

当然，这个例子还不足以让读者相信函数对象的有用程度。不过，其实之前我们已经见到过一些非常有用的函数对象。还记得 createUniformPseudoRandomNumberGenerator()吗？那个函数就创建并使用了不少于 4 个不同的函数对象。random_device、伪随机数生成器、均匀分布和 std::bind()的结果都是代表函数的对象。例如，伪随机数生成器代表的函数在每次被调用时，返回一个不同的数字。为了实现这种行为，该对象在其成员变量中存储了特定的数据。一开始基于给定的种子值(理想情况下，这个种子值来自一个真正随机的源)初始化该数据，然后每次生成一个新数字时更新该数据，使其准备好生成下一个数字。使用常规函数无法实现这种行为，因为常规函数不能存储数据。常规函数最多只能使用全局变量或静态变量，但一般来说，这些变量不足以满足要求(在多线程应用程序中就更加不能满足要求了)。因此，我们需要使用函数对象！

如果还不相信把可调用函数表示为对象是强大的概念，或者仍然感觉这个概念有些抽象，可以阅读第 19 章和第 20 章。在第 19 章，我们将学习函数对象(特别是 lambda 表达式)的灵活性；在第 20 章，将看到把它们和标准库算法和容器结合起来是多么强大。

■ 注意：不同于大部分运算符，函数调用运算符必须被重载为成员函数。不能把它们定义为普通函数。函数调用运算符也是唯一不限制参数个数且能够有默认实参的运算符。

13.11 重载类型转换

运算符函数可以被定义为类成员，把类类型转换为另一种类型。要转换的类型可以是基本类型或类类型。转换任意类 MyClass 的对象的运算符函数的形式如下：

```
class MyClass
{
  public:
    operator OtherType() const; // Conversion from MyClass to OtherType
    // Rest of MyClass class definition...
};
```

其中 OtherType 是转换的目标类型。注意这里没有指定返回类型。在函数名中，目标类型总是隐式的，所以函数必须返回一个 OtherType 类型的对象。

例如，定义从 Box 类型向 double 类型的转换。根据应用程序，这个转换应得到转换过来的 Box 对象的体积。该转换的定义为：

```
class Box
{
  public:
  operator double() const { return volume(); }
  // Rest of Box class definition...
};
```

编写下面的代码来调用该运算符函数：

```
Box box {1.0, 2.0, 3.0};
double boxVolume{ box }; // Calls conversion operator
```

编译器会插入一个隐式转换。下面的语句可以显式调用该运算符函数：

```
double total { 10.0 + static_cast<double>(box) };
```

在类中把转换运算符函数指定为 explicit，就可以避免隐式调用它。在 Box 类中可以编写如下语句：

```
explicit operator double() const { return volume(); }
```

现在编译器不会使用这个成员将 Box 对象隐式转换为 double 类型。

■ **注意**：不同于大部分运算符，转换运算符必须被重载为成员函数，而不能定义为普通函数。而且，转换运算符也是仅有的没有把返回类型放到 operator 关键字前面，而是放到 operator 关键字后面的运算符。

转换的模糊性

注意在为类实现转换运算符时，可能出现模糊，导致编译错误。前面看到，构造函数也可以有效地实现转换。在类 Type2 的构造函数中包含如下声明，就可以实现从 Type1 类型到 Type2 类型的转换：

```
Type2(const Type1& theObject); // Constructor converting Type1 to Type2
```

这与类 Type1 中的转换运算符有冲突：

```
operator Type2() const; // Conversion from type Type1 to Type2
```

在需要隐式转换时，编译器不知道该使用哪个构造函数或转换运算符函数。为避免出现这种模糊性，可将其中一个成员或这两个成员都声明为 explicit。

13.12 重载赋值运算符

你在前面看到过这样的场景：通过使用赋值运算符，将一个非基本类型的对象覆盖为另一个非基本类型的对象。例如：

```
Box oneBox{1, 2, 3};
Box otherBox{4, 5, 6};
...
oneBox = otherBox;
...
std::cout << oneBox.volume() << std::endl; // Outputs 120 (= 4 x 5 x 6)
```

但这是如何实现的呢？如何为自己的类支持这种功能？

我们知道，编译器有时会提供默认构造函数、副本构造函数和析构函数。但是，编译器提供的还不止于此。类似于生成一个默认副本构造函数，编译器还会生成一个默认复制赋值运算符。对于 Box 类，这个运算符的原型如下所示：

```
class Box
{
  public:
  ...
  Box& operator=(const Box& rightHandSide);
  ...
};
```

与默认副本构造函数一样，默认复制赋值运算符简单地逐个复制类的所有成员变量(采用它们在类定义中的声明顺序)。接下来将介绍，通过提供用户定义的赋值运算符可以重写这种默认行为。

■ **注意**：不能将赋值运算符定义为普通函数。它是仅有的必须重载为类的成员函数的二元运算符。

13.12.1 实现复制赋值运算符

默认赋值运算符会把等号右边的对象成员复制到等号左边同一类型的另一个对象成员中。对于

Box 类，这种默认行为可以接受。但是，对于其他类则不一定如此。考虑一个简单的 Message 类，它把自己的消息文本存储在从自由存储区分配的一个 C 样式的字符串中。这个类的定义可能如下所示：

```
#include <cstring> // For std::strlen() and std::strcpy()
class Message
{
public:
  explicit Message(const char* text = "")
    : m_text(new char[std::strlen(text) + 1]) // Caution: include the null character!
  {
    std::strcpy(m_text, text); // Mind the order: strcpy(destination, source)!
  }
  ~Message() { delete[] m_text; }
  const char* getText() const { return m_text; }
private:
  char* m_text;
};
```

上面的构造函数使用了两个 C 标准库函数：std::strlen()和 std::strcpy()。其中 std::strlen()[1]用于获取以 null 结尾的字符串(不包括终止空字符)的长度；而 std::strcpy()将一个以 null 结尾的字符串复制到另一个以 null 结尾的字符串(包括终止空字符)。

■ **注意：** 使用 C 风格的字符串时，特别容易犯错误。例如，在成员初始化列表中，忘记给 strlen(text) 函数的返回值加 1， strcpy()会在新分配的数组的边界之外写入一个字符。一旦发生了这样的情况，任何事情都可能发生。大部分情况下，程序可以继续正常运行，偶尔也可能崩溃，或是会出现古怪的行为。这时就要进行痛苦的调试了。

是不是更加感受到 std::string 好用了呢？但是，我们无法改变事实，Message 使用的是 C 风格的字符串，而不是 std::string。

可以编写下面的语句，调用 Message 的(默认)复制赋值运算符：

```
Message message;
Message beware {"Careful"};
message = beware; // Call the assignment operator
```

这段代码能够编译并运行。现在思考一下在最后一条语句中，Message 类的默认赋值运算符到底做了什么。它将 beware Message 对象的 m_text 成员复制到 message 对象的 m_text 成员。这个成员是一个原指针变量，所以在赋值后，两个不同的 Message 对象的 m_text 指针引用了相同的内存位置。当两个 Message 对象都超出作用域后，这两个对象的析构函数会对相同的位置应用 delete[]！我们无法知道第二次应用 delete[]的结果。一般来说，会发生什么是不确定的。不过，一种可能出现的结果是程序崩溃。

显然，对于 Message 这样的类，也就是自我管理动态分配的内存的类，默认赋值运算符是不合适的。因此，没有其他选择，只能为 Message 类重新定义赋值运算符(除非改用 std::string，但我们又不能那么做)。

赋值运算符应该返回一个引用，所以在 Message 类中，它将如下所示：

```
Message& operator=(const Message& message); // Assignment operator
```

---

1 是的，C 程序员确实喜欢使用缩写的函数名称。同一个<cstring>头的其他几个典型示例包括 strspn()、strpbrk()、strrchr()和 strstr()。我们强烈反对这种做法，原因很明显：代码的编写不是要紧凑，而是要具有可读性！

参数是一个 const 引用，返回类型是非 const 引用。赋值运算符的代码把右操作数的成员数据复制给左操作数的成员，那么为什么要返回一个引用？为什么需要返回值？下面看看如何在实际中应用赋值运算符。根据赋值运算符的一般用法，可以编写下面的语句：

```
message1 = message2 = message3;
```

这是 3 个相同类型的变量，message1 和 message 2 是 message 3 的副本。由于赋值运算符是右相关的，因此上述语句等价于：

```
message1 = (message2 = message3);
```

最右边的赋值语句的结果是最左边赋值操作的右操作数，因此肯定需要有返回值。对于 operator=()，上述语句等价于：

```
message1.operator=(message2.operator=(message3));
```

前面已经见过这种形式，这叫作方法链。从 operator=()返回的内容是另一个 operator=()调用的实参。operator=()的参数是一个对象引用，因此运算符函数必须返回左操作数，即 this 指针指向的对象。而且，为了避免返回对象的不必要复制，返回类型必须是一个引用。

下面的代码是为 Message 定义这种赋值运算符的第一次合理尝试：

```
Message& operator=(const Message& message)
{
  delete[] m_text; // Delete the previous char array
  m_text = new char[std::strlen(message.m_text) + 1]; // Replace it with a new array
  std::strcpy(m_text, message.m_text); // Copy the text (mind the order!)
  return *this; // Return the left operand
}
```

this 指针包含左操作数的地址，所以返回*this 就返回对象。该函数看起来不错，而且在大多数情况下都会正常工作，但其中存在一个严重的问题。假定编写下面的代码：

```
message1 = message1;
```

显式编写上述代码的可能性非常小，但可能间接出现。在 operator=()函数中，message 和*this 引用同一个对象：message1！写出来这条语句到底做了什么会有帮助。换句话说，执行 message1 = message1，就好像执行了下面的代码：

```
delete[] message1.m_text;
message1.m_text = new char[std::strlen(message1.m_text) + 1]; // Reading reclaimed memory!
std::strcpy(message1.m_text, message1.m_text); // Copying uninitialized memory!
```

上面的语句首先对 message1 对象的 m_text 数组应用 delete[]，之后 std::strlen()试图从 m_text 数组中读取数据。m_text 现在指向已被回收的自由存储区内存，这已经有可能导致致命错误。即使我们以某种方式使该语句正常运行，而且 strlen()能够以某种方式获取正确的字符串长度(此处实际上不能判断 strlen()会产生什么)，也无法脱离困境。即使自我赋值功能仍然会导致严重的问题。在第二条语句之后，message1.m_text 现在指向一个新数组，该数组中填充着大量完全随机的、未初始化的字符。这些字符或许包含空字符，或许不包含。看到这可能对第三个语句造成什么问题了吗？

简而言之，使用这种有缺陷的赋值运算符，对 Message 对象进行自我赋值，要么会导致程序崩溃，要么使 m_text 数组中填充数量不定的随机字符。这两种结果都很不能令人满意。读者可以实践一下，看看会出现什么样的结果。

最容易和最安全的解决方案是始终先检查复制赋值运算符中的左右操作数是否相等。因此，一个

符合语言习惯的复制赋值运算符看起来应如下所示:

```
Message& operator=(const Message& message)
{
  if (&message != this)
  {
    // Do as before...
  }
  return *this; // Return the left operand
}
```

现在,如果 this 指针包含实参对象的地址,函数什么也不做,只是返回相同的对象。

■ **提示:** 用户定义的每个复制赋值运算符都应该首先检查自我赋值的情况。忘记检查自我赋值,可能会在不小心将对象赋值给自身时发生致命错误。

将上述检查添加到 Message 类定义中,下面的代码说明了这样做是可行的:

```
// Ex13_12.cpp
// Defining a copy assignment operator
import message;
int main()
{
  Message beware {"Careful"};
  Message warning;

  warning = beware; // Call assignment operator

  std::cout << "After assignment beware is: " << beware.getText() << std::endl;
  std::cout << "After assignment warning is: " << warning.getText() << std::endl;
}
```

输出说明,代码结果符合预期,并且程序没有崩溃!

■ **警告:** 对于所实现的每个定制的复制赋值运算符,可能也要实现定制的副本构造函数,反之亦然。例如,对于 Message 类,我们现在修改了复制赋值运算符,但副本构造函数仍然会导致两个消息指向同一个字符串(因而会导致程序崩溃):

```
Message warning;
warning = beware; // Safe, uses correct custom copy assignment operator
Message danger{ beware }; // Danger, danger! Use of incorrect default copy constructor!
```

因此,无论何时实现定制的复制成员(大部分情况下都不必这样做,详见第 18 章),应总是一起实现副本构造函数和复制赋值运算符。

Ex13_12A 中包含了 Ex13_12 的扩充版本,其中也添加了正确的副本构造函数。

■ **注意:** 第 17 章将给出用户定义的复制赋值运算符的一个更加现实的例子。在第 17 章,将介绍一个更大的例子:一个类似于 vector 的类,管理着一个动态分配内存的数组。以该例为基础,我们将介绍实现正确的、安全的赋值运算符的标准技术:所谓的"复制后交换"。本质上,这种 C++ 编程模式要求总是根据副本构造函数和 swap() 函数重新编写复制赋值运算符。

13.12.2 复制赋值运算符与副本构造函数

复制赋值运算符的调用场景与副本构造函数不同。下面的代码段说明了这一点:

```
Message beware {"Careful"};
Message warning;
warning = beware; // Calls the assignment operator
Message otherWarning{warning}; // Calls the copy constructor
```

第三行将一个新值赋给之前构造的对象。这意味着使用了赋值运算符。但是,在最后一行,构造了一个全新的对象,作为另一个对象的副本。这是使用副本构造函数完成的。如果不使用统一的初始化语法,那么二者的区别并非总是很明显。像下面这样重写最后一行代码也是合法的:

```
Message otherWarning = warning; // Still calls the copy constructor
```

程序员有时候会错误地认为,这种形式等价于将赋值复制给使用默认构造函数隐式构造的 **Message** 对象,但并非如此。尽管语句中包含一个等号,但编译器在这里还是会使用副本构造函数而不是赋值操作。只有当赋值给之前构造的、已经存在的对象时,才会使用赋值运算符。

删除复制赋值运算符

就像副本构造函数一样,我们可能不会总是希望过度热情的编译器为类生成赋值运算符,这涉及各种原因。例如,传统的设计模式,如单态(singleton)和享元(flyweight)模式,依赖于不能被复制的对象。可以通过一些专业资料来学习这些模式。当然,另外一个明显的原因在于,编译器生成的运算符具有一些不合适的行为,对 **Message** 类的处理就是一个例子。不复制总胜于错误的复制。可以创建其对象不能被复制的 **Message** 类,代码如下:

```
class Message
{
public:
  explicit Message(const char* text = "");
  ~Message() { delete[] m_text; }

  Message(const Message&) = delete;
  Message& operator=(const Message&) = delete;

  const char* getText() const { return *m_text; }
private:
  const char* m_text;
};
```

如果将这个新的 **Message** 类添加到 Ex13_12A 中,就会发现确实无法再复制 **Message**。当然,删除复制成员时同样适用为实现定制的版本给出的建议。

▨ **提示:** 为了阻止复制,应总是删掉这两个复制成员。仅删掉副本构造函数或仅删掉复制赋值运算符都不是好主意。

13.12.3 赋值不同类型

重载赋值运算符时,并非仅限于复制相同类型的对象。类的赋值运算符可以有几个重载版本。其他版本的参数类型可以与类类型不同,因此它们实质上是类型转换。事实上,前面已经看到过将不同类型的值赋给对象的例子:

```
std::string s{"Happiness is an inside job."};
...
s = "Don't assign anyone else that much power over your life."; // Assign a const char[]
```

关于运算符重载的内容到此结束,我们相信读者已经能够独自实现这种赋值运算符。只需要记住,按照约定,任何赋值运算符都应该返回对*this 的引用!

13.13　本章小结

在本章我们学习了如何添加函数,使自己建立的数据类型可以利用基本运算符。在类中,需要实现哪些运算符函数取决于应用程序的需要。必须确定每个类应提供的功能的性质和范围。类是用户自己定义的数据类型,是一种集成的实体,类需要反映这种实体的本质和特性。还要确保重载运算符的实现不会与标准形式的运算符发生冲突。

本章的要点如下:

- 在类中可以重载任何运算符,以提供针对该类的功能。重载运算符的目的只应该是让代码更容易读写。
- 重载运算符应该尽可能模拟对应的内置运算符的行为。但有一些常见的例外情况,如标准库流的<<和>>运算符,以及用于连接字符串的+运算符。
- 可以将运算符函数定义为类成员或全局运算符函数。应当尽可能选择实现为成员函数。只有当没有其他方法,或者希望对第一个操作数进行隐式转换时,才实现为全局运算符函数。
- 如果一元运算符被定义为类的成员函数,操作数就是类对象。如果一元运算符被定义为全局运算符函数,操作数就是函数的参数。
- 如果二元运算符被定义为类的成员函数,左操作数就是类对象,右操作数就是函数的参数。如果二元运算符被定义为全局运算符函数,第一个参数指定左操作数,第二个参数指定右操作数。
- 如果重载== 和 <=>运算符,就可得到!=、<、>、<=和>=运算符。许多情况下,甚至可以让编译器为我们生成代码。
- 实现+=运算符重载的函数可以用在+运算符函数的实现上。所有 op=运算符都是这样。
- 要重载递增或递减运算符,需要用两个函数分别提供运算符的前缀和后缀形式。实现后缀运算符的函数有一个 int 类型的额外参数,它仅用于与前缀函数相区分。
- 要支持自定义的类型转换,可以选择转换运算符,或者结合使用转换构造函数和赋值运算符。

13.14　练习

下面的练习用于巩固本章学习的知识点。如果有困难,则回过头重新阅读本章的内容。如果仍然无法完成练习,可以从 Apress 网站(www.apress.com/book/download.html)下载答案,但只有别无他法时才应该查看答案。

1. 在示例 Ex13_05 中,定义 Box 类中的一个运算符函数,允许 Box 对象与一个无符号整数 n 后乘,得到一个新对象,其高度是原对象的 n 倍。验证该运算符函数能按预期的方式工作。

2. 定义一个运算符函数,允许 Box 对象与一个无符号整数 n 前乘,得到与第 1 题相同的结果。验证该运算符函数能按预期的方式工作。

3. 查看第 2 题的答案。如果与我们的参考答案类似，那么应该包含两个二元算术运算符：一个将两个 Box 对象相加，另一个将 Box 对象与数字相乘。虽然将 Box 对象相减的效果不好，但是既然有了运算符用来把 Box 对象与一个整数相乘，难道不想将其与一个整数相除？而且，创建了每个二元算术运算符 op()后，还会希望有对应的复合赋值运算符 op=()。确保使用规范模式实现所有需要的运算符。

4. 如果允许 my_box <= 6.0 和 6.0 <= my_box，那么为什么不允许 my_box == 6.0 和 6.0 != my_box？需要使用多少个运算符函数来实现这样的重载呢？扩展 Ex13_04 中的 Box 类，试着使用最新的运算符。

5. 创建必要的运算符，允许 Box 对象用在 if 语句中，例如：

```
if (my_box) ...
if (!my_other_box) ...
```

如果 Box 对象的体积不为 0，则计算结果为 true；如果体积为 0，则计算结果为 false。创建一个小的测试程序，显示运算符能够按照预期的方式工作。

6. 练习题 5 的参考答案中使用了两个运算符：一个类型转换运算符和一个一元运算符！这不是故意为之，请相信我们。在编写该练习时，我们仍然相信那是正确的解决方案。但事实证明，只需要使用这两个运算符中的一个即可。而且，在习惯用法中，会将这个运算符声明为 explicit，以避免在不期望转换的地方隐式转换为 bool 类型，不过这一点不太明显。幸亏在 if 语句中或运算符！之后，即使转换运算符被标记为 explicit，也会隐式转换为 bool 类型。对练习题 5 中的解决方案进行简化，使对 bool 类型的转换按照预期的方式进行。

7. 实现一个类 Rational，使其代表有理数。有理数可表达为两个整数的商或小数 n/d，其中 n 为整数分子，d 为非 0 的正整数分母。不过，不必担心需要强制分母为非 0。那并不是本练习的目的。创建一个运算符，允许将有理数流输出到 std::cout。除此之外，可以自由选择添加多少个以及添加什么运算符。可以创建运算符来支持两个有理数以及一个有理数和一个整数的乘法、加法、减法、除法和比较操作。可以创建运算符来求反、递增或递减有理数。还可以将有理数转换为 float 或 double 类型。对于 Rational 类，可以定义的运算符有许多。参考代码中的 Rational 类支持超过 20 种不同的运算符，其中许多运算符对多种类型进行了重载。也许读者可以为 Rational 类想出更多合理的运算符。不要忘记创建一个程序测试运算符是否能够正确工作。

8. 创建自己的伪随机数生成器函数对象,生成 0 和 100 之间的整数值,用该函数对象替换 Ex13_06 中的 createUniformPseudoRandomIntGenerator()函数。当然，为了实现合适的伪随机性，仍然应该使用 std::random_device 函数对象为这个生成器提供种子值。提示：第 12 章中给出了一个有关生成伪随机数的简单数学公式。

9. 再看看示例 Ex13_11 中的 Truckload 类。是不是少了一个运算符？该类有两个原指针，分别是 m_head 和 m_tail。默认赋值运算符会如何处理这两个原指针？显然，处理结果不会是我们想要的，所以 Truckload 类急需一个自定义的赋值运算符。为 Truckload 类添加一个赋值运算符，并修改 main() 函数来练习新编写的赋值运算符。

第 14 章

继　　承

本章讨论面向对象编程的一个核心主题——继承(inheritance)。通过继承，可以通过重用并扩展已有的类定义来创建新类。继承也是实现多态性的基础。多态性(polymorphism)是面向对象编程的核心，详见第 14 章，所以第 14 章介绍的也是继承的组成部分。本章使用代码演示继承的工作情况，以梳理继承的微妙之处。

本章主要内容
- 继承如何应用于面向对象编程
- 基类和派生类的概念及其关系
- 如何根据已有的类定义新类
- 使用关键字 protected 作为类成员的访问修饰符
- 构造函数在派生类中如何工作，在调用构造函数时会发生什么
- 在类层次结构中，析构函数会发生什么
- 在类定义中使用 using 声明
- 多重继承的概念
- 类层次结构中类型之间的转换

14.1　类和面向对象编程

我们首先了解如何从已经学习的内容延伸到本章要讨论的主题。第 12 章介绍了类的概念。类是用户自己定义的数据类型，用于满足应用程序的需求。第 13 章学习了如何重载基本运算符，使它们用于自己的类类型对象。在使用面向对象编程方式解决问题时，第一步是定义与问题相关的实体类型，根据问题的解决方案确定每个类型的特性和操作。然后定义类及其操作，根据类的实例编写解决问题的方案。

任何类型的实体都可以用类表示，从完全抽象的实体(如复数的数学概念)到很具体的实体(如树或卡车)，都可以用类表示。类的定义应反映一组实体的特性，它们共享一组共同的属性。所以，除了数据类型之外，类还是实际对象的定义，或是近似对象的定义，可以用于解决给定的问题。

在许多真实的问题中，所涉及的实体的类型都是相关的。例如，狗是一种动物，具有动物的所有属性，还有一些自己的属性。因此，定义 Animal 和 Dog 类型的类就应以某种方式相关。因为狗是一种具体的动物，所以可以说任何 Dog 也是 Animal。类定义应以某种方式反映这一点。另一种关系可以用汽车和引擎来说明。不能说"汽车是引擎"或"引擎是汽车"，而可以说"汽车有引擎"。本章介绍"是"和"有"这两种关系如何用类来表示。

类层次结构

前面的章节使用 Box 类来描述矩形盒子。Box 对象的定义属性仅由 3 个正交尺寸组成。这个基本的定义可以应用于现实中许多不同类型的矩形盒子——硬纸盒、木箱、糖果盒和谷物箱等。这些对象都有 3 个正交尺寸，在这方面它们类似于一般的 Box 对象。另外，每个对象又都有其他属性，例如，可以装在这些对象中的物品，制作它们的材料，或者印刷在盒子上的标签。可以把它们描述为 Box 对象的特殊属性。

例如，Carton 类具有与 Box 类相同的属性，除了 3 个尺寸，另外有一个属性，即它的合成材料。再进一步，可以使用 Carton 类描述 FoodCarton 类，这是一种特殊的 Carton 类，专门用于储存食物。FoodCarton 对象具有 Carton 对象的所有属性，还有一个额外的成员，即存储指定的物品。当然，Carton 对象具有 Box 对象的属性，所以 FoodCarton 对象也有这些属性。这些类之间层次结构的关系如图 14-1 所示。

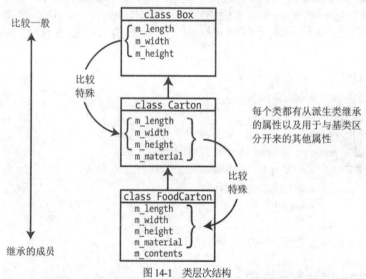

图 14-1　类层次结构

Carton 类是 Box 类的扩展——Carton 类从 Box 类派生而来。FoodCarton 类又以类似的方式从 Carton 类派生而来。我们常常用一个箭头图形化地表示这种关系，在类层次结构中，箭头从比较一般的类指向较特殊的类。UML(统一建模语言)就采用了这种表示法，UML 是面向对象软件程序的可视化设计的事实标准。图 14-1 就是一张简化的 UML 类图，里面添加了一些额外的标注来帮助理解。

根据一个类指定另一个类，可以开发出相互关联的类层次结构。在类层次结构中，一个类派生自另一个类，并添加了其他属性——换言之，就是特殊化，使新类成为较一般类的特殊版本。在图 14-1 中，每个类都有 Box 类的所有属性，这很好地演示了类的继承机制。Box、Carton 和 FoodCarton 类的定义可以是相互独立的，但把它们定义为相互关联的类会得到更好的回报。下面看看工作原理。

14.2　类的继承

首先，解释一下相关类中要使用的术语。假定有一个类 A，要创建一个新类 B，它是类 A 的一个特殊版本。类 A 就称为基类，类 B 则称为派生类。类 A 是父，类 B 就是子。基类有时称为父类，派生类称为子类。派生类自动包含基类的所有成员变量和所有成员函数(但有一些限制)。这称为派生类继承了基类的成员变量和成员函数。

如果类 B 是直接派生自类 A 的派生类，则类 A 就称为类 B 的直接基类，类 B 派生自类 A。在上面的例子中，Carton 类是 FoodCarton 类的直接基类。因为 Carton 类本身又是根据 Box 类定义的，所以 Box 类是 FoodCarton 类的间接基类。FoodCarton 类的对象继承了 Carton 类的成员，包括 Carton 类从 Box 类继承的成员。派生类从基类中继承成员的过程如图 14-2 所示。

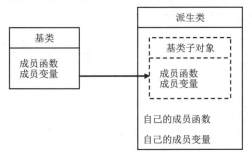

图 14-2　继承基类的派生类成员

可以看出，派生类拥有基类所有的成员变量和成员函数，还拥有自己的成员变量和成员函数。因此，每个派生类对象都包含完整的基类子对象以及自己的成员。

14.2.1　继承和聚合

类的继承不仅是把一个类的成员显示在另一个类中，支撑这个概念的还有一个重要的方面：派生类对象应代表有意义的基类对象的特殊化。为了说明这一点，下面进行一些简单的测试。首先是种类测试：任何派生类对象都是基类类型的对象。换言之，派生类应定义基类所表示对象的一个子集。前面提到，Dog 类可能派生于 Animal 类，因为狗是一种动物，或者说 Dog 对象是某种 Animal 对象的有意义表示。另一方面，Table 类不应派生于 Dog 类。尽管 Table 对象和 Dog 对象都有 4 条腿，但 Table 对象不能看成 Dog 对象的某个特殊种类，反之亦然。

种类测试是极佳的第一个检查，但这不是非常可靠。例如，假设定义一个 Bird 类，它反映了大多数鸟类都可以飞翔这一事实。而鸵鸟是一种鸟，但从 Bird 类派生 Ostrich 类是没有意义的，因为鸵鸟不会飞。因为 Bird 对象的定义很糟糕，所以才会出现这个问题。其实应定义一个不把能飞翔作为一个属性的基类。再派生两个子类，一个用于可以飞翔的鸟，另一个用于不能飞翔的鸟。如果类通过了种类测试，就应询问下面的问题，进行第二个测试：基类中是否有特性不能应用于派生类？如果有，这种派生就是不合适的。因此，Dog 类派生于 Animal 类是有意义的，但 Ostrich 类派生于刚才提到的 Bird 类就没有意义。

如果类没有通过种类测试，就不能使用类的派生机制。在这种情况下，就应进行包含测试。如果类对象包含另一个类的实例，就通过了包含测试。当第二个类的对象被包含为第一个类的成员变量时，就要进行包含测试。前面提及的 Automobile 和 Engine 类就是例子。Automobile 对象可以把 Engine 对象作为成员变量，它还可以把其他重要子部件作为成员变量，例如 Transmission 和 Differential 对象。这种关系称为聚合(aggregation)。

如果父对象中包含的子对象不能独立于父对象单独存在，则这种关系称为"组合"而不是"聚合"。假设存在两个类：House 和 Room，如果 Room 不能脱离 House 存在，则这种关系就是组合。如果删除 House，那么它包含的所有 Room 通常也会被删除。Class 与 Student 之间的关系是聚合的例子。即使课程取消，学生也仍是存在的。

当然, 在类的定义中包含什么内容取决于应用程序。有时, 类的派生机制可以用于装配一组功能, 所派生出来的类是包装了给定函数集的封包。派生类一般表示以某种方式相关的一组函数。下面看看从一个类派生另一个类的代码。

14.2.2 派生类

下面列出第 13 章中 Box 类的简化版本:

```
// Box.cppm - defines Box class
export module box;

export class Box
{
public:
  Box() = default;
  Box(double length, double width, double height)
    : m_length{length}, m_width{width}, m_height{height}
  {}
  double volume() const { return m_length * m_width * m_height; }

  // Accessors
  double getLength() const { return m_length; }
  double getWidth() const { return m_width; }
  double getHeight() const { return m_height; }

private:
  double m_length {1.0};
  double m_width {1.0};
  double m_height {1.0};
};
```

可以根据 Box 类定义 Carton 类。Carton 对象类似于 Box 对象, 但有一个额外的成员变量, 用于表示对象的合成材料。把 Carton 定义为派生类, 并把 Box 类作为其基类:

```
// Carton.cppm - defines the Carton class with the Box class as base
export module carton;

import <string>;
import <string_view>;
import box;

export class Carton : public Box
{
public:
  explicit Carton(std::string_view material = "Cardboard") // Constructor
    : m_material{material} {}

private:
  std::string m_material;
};
```

上面的代码将这个新类放到 carton 模块中。用于 box 模块的 import 声明是必需的, 因为该模块定义和导出了 Box 类, 而 Box 类是 Carton 类的基类。Carton 类定义的第一行表示 Carton 类派生于 Box 类。基类名前面的冒号把它与派生类名 Carton 分隔开。关键字 public 是基类访问修饰符, 决定了 Box

类的成员如何在 Carton 类中访问。稍后详细讨论它。

在其他方面，Carton 类定义与其他类定义相同。其中包含一个新成员 m_material，它由构造函数初始化。构造函数定义了 string 的默认值，用来描述 Carton 对象的合成材料，所以这是 Carton 类的无参构造函数。Carton 对象包含基类 Box 中的所有成员变量，还包含附加的成员变量 m_material。因为 Carton 对象继承了 Box 对象的所有特征，所以它们也是 Box 对象。Carton 类存在明显的不足，因为它没有构造函数用于设置继承成员的值，但后面将介绍这个内容。下面看看示例中这些类定义如何工作。

```cpp
// Ex14_01.cpp
// Defining and using a derived class
import <iostream>;
import box;
import carton;

int main()
{
  // Create a Box object and two Carton objects
  Box box {40.0, 30.0, 20.0};
  Carton carton;
  Carton chocolateCarton {"Solid bleached board"}; // Good old SBB
  // Check them out - sizes first of all
  std::cout << "box occupies " << sizeof box << " bytes" << std::endl;
  std::cout << "carton occupies " << sizeof carton << " bytes" << std::endl;
  std::cout << "candyCarton occupies " << sizeof chocolateCarton << " bytes" << std::endl;

  // Now volumes...
  std::cout << "box volume is " << box.volume() << std::endl;
  std::cout << "carton volume is " << carton.volume() << std::endl;
  std::cout << "chocolateCarton volume is " << chocolateCarton.volume() << std::endl;

  std::cout << "chocolateCarton length is " << chocolateCarton.getLength() << std::endl;

  // Uncomment any of the following for an error...
  // box.m_length = 10.0;
  // chocolateCarton.m_length = 10.0;
}
```

示例的运行结果如下：

```
box occupies 24 bytes
carton occupies 56 bytes
chocolateCarton occupies 56 bytes
box volume is 24000
carton volume is 1
chocolateCarton volume is 1
chocolateCarton length is 1
```

main()函数创建了一个 Box 对象和两个 Carton 对象，并输出每个对象占用的字节数。输出显示了我们期望的结果。Carton 对象占用的字节数比 Box 对象多。Box 对象有 3 个 double 类型的成员变量，这些成员变量都占用 8 个字节，所以总共占用 24 个字节。而两个 Carton 对象占用的字节数相同：56 个字节。每个 Carton 对象之所以占用的额外内存，是由于 Carton 对象多了一个成员变量 m_material，所以这是包含材料描述信息的 string 对象占用的字节数。Carton 对象的体积输出显示，类中的 volume() 函数的确是继承的，尺寸是默认值 1.0。下一个语句显示，访问器函数也是继承的，可供派生类对象调用。

如果去掉最后两个语句的注释符号，编译器就会产生错误消息。Carton 类继承的成员变量在基类中是私有的，它们在派生类 Carton 中仍是私有的，所以不能在类的外部访问。另外，把下面的函数添加到 Carton 类定义中，作为公共成员：

```
double cartonVolume() const { return m_length * m_width * m_height; }
```

这个语句不会编译，原因在于尽管 Box 类的成员变量是继承的，但它们被继承为 Box 类的私有成员。private 访问修饰符指定成员是类完全私有的，它们不能在 Box 类的外部访问，也不能在继承它们的类中访问。

访问派生类对象的继承成员，不仅取决于这些成员在基类中的访问修饰符，还取决于基类的访问修饰符和派生类中基类的访问修饰符。下面将详细说明。

14.3 把类的成员声明为 protected

基类的私有成员只能由基类的成员函数访问，但这并不是很方便。许多情况下，基类的成员也需要能在派生类中访问，但不受外界的干扰。类的成员除了可以使用 public 和 private 访问修饰符之外，还可以被声明为 protected。在类中，关键字 protected 与 private 具有相同的效果。声明为 protected 的类成员不能在类的外部访问，但可以由声明为 friend 的函数访问。但在派生类中就不一样了。声明为 protected 的基类成员可以在派生类的成员函数中访问，而基类的私有成员则不能。

把 Box 类改为包含受保护的成员变量，如下所示：

```
class Box
{
public:
  // Rest of the class as before...

protected:
  double m_length {1.0};
  double m_width {1.0};
  double m_height {1.0};
};
```

现在 Box 类的成员变量仍然不能由一般的全局函数访问，但可以在派生类的成员函数中访问。

■ 提示：一般来说，总是应该将成员变量定义为 private。上面的示例只是描述一种可能性。一般来说，protected 成员变量会引入与 public 成员变量相似的问题，只是程度更轻一些。相关详细内容将在下一节中介绍。

14.4 派生类成员的访问级别

在 Carton 类定义中，使用如下语法把 Box 基类指定为 public: class Carton : public Box。一般来说，有 3 种基类访问修饰符：public、protected 和 private。如果在类定义中省略基类访问修饰符，默认的访问修饰符是 private(在 struct 定义中，默认的访问修饰符是 public)。所以，如果省略访问修饰符，例如，在 Ex14_01 的 Carton 类定义顶部编写 class Carton:Box，就假定 Box 类的访问修饰符是 private。对于基类的成员变量，其访问修饰符也可以选择使用 public、protected 和 private 中的一个。基类访问修饰符会影响派生类中继承成员的访问状态。有 9 种不同的组合。下面将讨论所有可能的组合，但有一些组合仅在第 15 章讨论多态性时才能用得上。

首先，看看派生类如何继承基类的私有成员。无论基类的访问修饰符是什么(public、protected 和 private)，私有的基类成员对于基类来说总是私有的。如前所述，继承过来的私有成员是派生类中的私有成员，因此它们不能在派生类的外部访问。也不能由派生类的成员函数访问，因为它们对于基类来说是私有的。

现在，看看如何继承基类的公共成员和受保护成员。在所有的剩余情况下，派生类的成员函数可以访问继承的成员。继承基类的公共成员和受保护成员的规则如下：

- 当基类的访问修饰符是 public 时，继承成员的访问状态不变。因此，继承的公共成员在派生类中是公共的，继承的受保护成员是受保护的。
- 当基类的访问修饰符是 protected 时，继承的公共成员和受保护成员在派生类中就是受保护的。
- 当基类的访问修饰符是 private 时，继承的公共成员和受保护成员都是派生类的私有成员，可以由派生类的成员函数访问，但如果在另一个派生类中继承它们，它们就是不能访问的。

访问级别如图 14-3 所示。能改变派生类中继承成员的访问级别可以带来一定程度的灵活性，但是要记住，这只会收缩继承成员的访问级别，而不能放松基类中指定的访问级别。

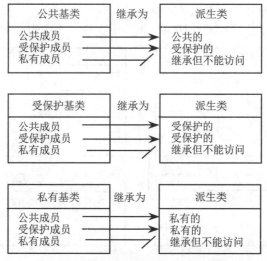

图 14-3　基类访问修饰符对继承成员的影响

14.4.1　在类层次结构中使用访问修饰符

如图14-4所示，继承成员的可访问性仅受这些成员在基类中的访问修饰符的影响。在派生类中，公共基类成员和受保护基类成员总是可以访问，私有基类成员则永远不能访问。在派生类的外部，只能访问公共基类成员——必要条件是基类被声明为public。

如果基类的访问修饰符是 public，则继承成员的访问状态保持不变；而通过使用 protected 和 private 基类访问修饰符，可以做两件事。

- 可以阻止在派生类的外部访问公共基类成员，protected 和 private 访问修饰符可以阻止这类访问。如果基类拥有公共的成员函数，这就十分关键，因为把基类的类接口从派生类的公共视图中删除了。
- 可以影响派生类的继承成员如何在另一个类(这个类把派生类作为自己的基类)中继承。

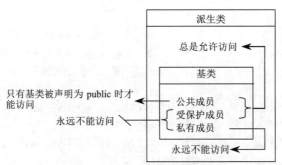

图 14-4　基类成员访问修饰符的影响

如图 14-5 所示，基类的公共成员和受保护成员在另一个派生类中成为受保护成员，而从私有基类继承的成员在以后继承的派生类中都不能访问。大多数情况下，public 基类访问修饰符是最常见的，基类成员变量被声明为 private 或 protected。这种情况下，基类子对象就是派生类对象的内部对象，因此不是派生类对象的公共接口的一部分。实际上，由于派生类对象是一种基类对象，而基类接口要在派生类中继承，因此基类必须被指定为 public。

构造函数一般不被继承，这有很好的理由，但本章后面将介绍如何在派生类中继承构造函数。

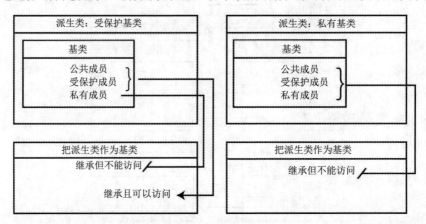

图 14-5　访问修饰符对继承成员的影响

14.4.2　在类层次结构中选择访问修饰符

在定义类层次结构时，需要考虑两个方面：类成员的访问修饰符和派生类中的基类访问修饰符。类的公共成员定义了类的外部接口，一般不应包含任何成员变量。

> ■ 提示：一般来说，类的成员变量总应该声明为 private。如果类外部的代码需要访问成员变量，就应该添加公共的或受保护的 getter 和/或 setter 函数。
> 　　这条指导原则一般不适用于结构。大部分结构不封装任何成员函数，它们保护的成员变量通常是 public 成员变量。

这条被广泛接受的指导原则受到第 12 章介绍的数据隐藏原则的启发。回忆一下，至少有 4 条很好的理由解释了为什么只应该通过一组精心定义的接口函数来访问或修改成员变量。下面简单总结了这 4 条理由：
- 数据隐藏允许保留对象状态的完整性。
- 数据隐藏降低了耦合以及对外部代码的依赖，从而有助于修改和演化类的内部表示或其接口函数的具体实现。
- 数据隐藏允许注入在每次访问和/或修改成员变量时执行的附加代码。除了有效性检查，还可能包括记录和调试代码，以及变更通知机制。
- 数据隐藏有助于进行调试，因为大部分开发环境都支持在函数调用上添加调试断点。对 getter 和 setter 函数添加断点使得跟踪哪些代码在什么时候读写成员变量变得更加简单。

因此，大部分程序员都遵守规则，在任何时候都避免使用 public 成员变量。但是，经常被遗忘的是，protected 成员变量也有 public 成员变量的许多缺点：
- 无法阻止派生类使对象的状态失效，这可能包括基类代码所依赖的类不变式，即对象状态应该在任何时候都保存的属性。
- 当派生类直接操作基类的成员变量时，要修改其内部实现，就必须修改所有的派生类。
- 如果派生类能够绕过基类的公共 getter 和 setter 函数，那么给这些函数额外添加的任何代码都变得没有意义。
- 如果派生类能够直接访问基类的成员变量，那么在成员变量被修改时中断调试会话至少会变得更加困难，而在成员变量被读取时中断调试会话则无法实现。

因此，总是应该将成员变量声明为 private，除非有特别好的理由不这么做。

■ 注意：为了保持代码示例简短，本书有时候会使用 protected 成员变量。但是在专业质量的代码中，没有这种快捷方法的立足之地。

如果类的成员函数不是公共接口的一部分，就不能在类的外部直接访问，也就是说，它们应是私有成员或受保护成员。给成员函数选择什么访问级别取决于是否允许在派生类中访问它们。如果允许，就使用 protected，否则就使用 private。

14.4.3　改变继承成员的访问修饰符

假定要使某个基类成员免受 protected 或 private 基类访问修饰符的影响。这可以通过一个例子来理解。假定从示例 Ex14_01 中的 Box 类派生 Carton 类，并把 Box 类作为私有基类。Carton 类中从 Box 类继承的所有成员都是私有的，但希望 volume() 函数在派生类中是公共成员，与基类中一样。使用 using 声明，可以把某个继承成员的访问状态恢复为基类中的 public。

这与为名称空间使用的 using 声明完全一样。使用下面的 Carton 类定义，就可以迫使 volume() 函数在派生类中是公共成员：

```
class Carton : private Box
{
public:
  explicit Carton(std::string_view mat = "Cardboard") : m_material {mat} {}
  using Box::volume; // Inherit as public
private:
  std::string m_material;
};
```

上面的语句定义了一个作用域，类定义中的 using 声明在类作用域中引入了一个名称。因为把成员访问修饰符应用于 using 声明，所以把名称 volume 引入 Carton 类的公共部分，为基类成员函数

volume() 重写 private 基类访问修饰符。该函数在 Carton 类中被继承为 public 而不是 private 成员。本书源代码中的示例 Ex14_01A 显示了这个情形。

这里有几个语法要注意。第一，在对基类的成员名应用 using 声明时，必须用基类名限定成员名，因为这指定了成员名的上下文。第二，这里不应给成员函数提供参数列表或返回类型，仅提供成员函数的限定名即可。第三，using 声明也被应用于派生类的继承成员变量。

还可以使用 using 声明重写基类中的 public 或 protected 基类访问修饰符。例如，如果 volume() 函数在 Box 基类中是受保护成员，就可以在派生类 Carton 的 public 部分使用 using 声明，使它成为公共成员。但是，不能以这种方式把 using 声明应用于基类的私有成员，因为私有成员在派生类中不能被访问。

14.5   派生类中的构造函数

如果在 Ex14_01 的 Carton 和 Box 类的构造函数中添加输出语句，重新运行示例，就会看到创建 Carton 对象时发生的情形。需要定义默认的 Box 和 Carton 类的构造函数来包含输出语句。创建每个 Carton 对象都会先调用 Box 类的默认无参构造函数，再调用 Carton 类的构造函数。

派生类对象总是以相同的方式创建，即使有好几级派生，也是如此。先调用最一般的基类构造函数，再调用派生于基类的派生类构造函数，直到调用最特殊的类的构造函数。这是很合理的。派生类对象包含一个完整的基类对象，所以在创建派生类对象的其余部分之前，需要先创建基类对象。如果这个基类派生于另一个类，应使用相同的规则。

在 Ex14_01 中，都自动调用了基类的默认构造函数，但不一定非要调用。可以在派生类的构造函数的初始化列表中指定调用某个基类构造函数，用非默认的构造函数来初始化基类的成员变量。这样可以根据提供给派生类的构造函数的数据来选择不同的基类构造函数。下面用另一个例子来说明。

Box 类的新版本如下：

```
export class Box
{
public:
  // Constructors
  Box(double l, double w, double h) : m_length{l}, m_width{w}, m_height{h}
  { std::cout << "Box(double, double, double) called.\n"; }

  explicit Box(double side) : Box{side, side, side}
  { std::cout << "Box(double) called.\n"; }

  Box() { std::cout << "Box() called.\n"; } // Default constructor

  double volume() const { return m_length * m_width * m_height; }

  // Accessors
  double getLength() const { return m_length; }
  double getWidth() const { return m_width; }
  double getHeight() const { return m_height; }

protected: // Protected to facilitate further examples
  double m_length {1.0}; // later this chapter (should normally be private)
  double m_width {1.0};
  double m_height {1.0};
};
```

现在有 3 个 Box 构造函数，它们都在调用时输出一条消息。operator<<()的定义与 Ex14_01 中的相同。

Carton 类如下所示：

```cpp
export class Carton : public Box
{
public:
  Carton() { std::cout << "Carton() called.\n"; }

  explicit Carton(std::string_view material) : m_material{material}
  { std::cout << "Carton(string_view) called.\n"; }

  Carton(double side, std::string_view material) : Box{side}, m_material{material}
  { std::cout << "Carton(double,string_view) called.\n"; }

  Carton(double l, double w, double h, std::string_view material)
    : Box{l, w, h}, m_material{material}
    { std::cout << "Carton(double,double,double,string_view) called.\n"; }

private:
  std::string m_material {"Cardboard"};
};
```

这个类有 4 个构造函数，包括一个默认构造函数。这里必须定义，因为如果定义了任何构造函数，编译器就不提供默认的默认构造函数。我们将单实参构造函数声明为 explicit，以避免不希望发生的隐式转换。

■ **注意**：调用基类构造函数的表示法与在构造函数中初始化成员变量的表示法完全相同。与这里要进行的操作完全一致，因为这里使用传送给 Carton 构造函数的实参来初始化 Carton 对象的 Box 子对象。

使用 Carton 派生类的代码如下：

```cpp
// Ex14_02.cpp
// Calling base class constructors in a derived class constructor
import <iostream>;
import carton; // For the Carton class

int main()
{
  // Create four Carton objects
  Carton carton1; std::cout << std::endl;
  Carton carton2 {"White-lined chipboard"}; std::cout << std::endl;
  Carton carton3 {4.0, 5.0, 6.0, "PET"}; std::cout << std::endl;
  Carton carton4 {2.0, "Folding boxboard"}; std::cout << std::endl;

  std::cout << "carton1 volume is " << carton1.volume() << std::endl;
  std::cout << "carton2 volume is " << carton2.volume() << std::endl;
  std::cout << "carton3 volume is " << carton3.volume() << std::endl;
  std::cout << "carton4 volume is " << carton4.volume() << std::endl;
}
```

输出结果如下：

```
Box() called.
Carton() called.

Box() called.
Carton(string_view) called.

Box(double, double, double) called.
Carton(double,double,double,string_view) called.
Box(double, double, double) called.
Box(double) called.
Carton(double,string_view) called.

carton1 volume is 1
carton2 volume is 1
carton3 volume is 120
carton4 volume is 8
```

输出显示了在 main()中创建的 4 个 Carton 对象分别调用了哪些构造函数。

- 创建第一个 Carton 对象 carton1 时，首先调用 Box 类的默认构造函数，然后调用 Carton 类的默认构造函数。
- 创建 carton2 时，首先调用 Box 类的默认构造函数，然后调用 Carton 类中带 string_view 参数的构造函数。
- 创建 carton3 时，首先调用 Box 类中带 3 个参数的构造函数，然后调用 Carton 类中带 4 个参数的构造函数。
- 创建 carton4 时，调用了两个 Box 构造函数，因为 Carton 构造函数要调用 Box 类中带 1 个 double 型参数的构造函数，而这个 Box 构造函数在其初始化列表中又调用了 Box 类中带 3 个参数的构造函数。

这完全符合从最一般类的构造函数到最特殊类的构造函数的调用顺序。每个派生类构造函数都调用一个基类构造函数。如果用户定义的派生类构造函数在它的初始化列表中没有显式地调用基类，就会调用默认构造函数。

不能在派生类的构造函数的初始化列表中初始化基类的成员变量，即使这些成员变量是受保护的或公共的，也不能初始化。例如，用下面的代码替换 Ex14_02 中的第 4 个和最后一个 Carton 类构造函数：

```
// This constructor won't compile!
Carton::Carton(double l, double w, double h, std::string_view material)
 : m_length{l}, m_width{w}, m_height{h}, m_material{material}
 { std::cout << "Carton(double,double,double,string_view) called.\n"; }
```

初看之下，会觉得这段代码可以工作，因为 m_length、m_width 和 m_height 是受保护的基类成员，在派生类中被公共继承，所以 Carton 类的构造函数应能访问它们。但是，编译器提出，m_length、m_width 和 m_height 不是 Carton 类的成员。即使把 Box 类的成员变量声明为 public，也是如此。如果要显式地初始化继承的成员变量，可以在派生类的构造函数体中进行。下面的构造函数定义可以通过编译：

```
// Constructor that will compile!
Carton::Carton(double l, double w, double h, std::string_view material)
 : m_material{material}
```

```
{
  m_length = l; // These should normally be initialized in a base class constructor...
  m_width = w;
  m_height = h;
  std::cout << "Carton(double,double,double,string_view) called.\n";
}
```

在执行Carton构造函数体时，对象的主要部分已创建。这里，Carton对象的主要部分已通过隐式调用Box类的默认构造函数创建。之后就可以引用基类中的非私有成员了。但是，如果可以，最好总是将构造函数的实参交给合适的基类构造函数，让基类初始化继承的成员。

14.5.1　派生类中的副本构造函数

前面介绍了在创建对象并用同一个类的另一个对象初始化该对象时，会调用副本构造函数。如果没有定义自己的副本构造函数，编译器就会提供默认的副本构造函数，逐个复制原对象成员，创建出新对象。下面看看如何在派生类中使用副本构造函数。为此，在Ex14_02的类定义中添加副本构造函数。首先，在类定义的公共部分插入如下代码，在基类 Box 中添加副本构造函数：

```
// Copy constructor
Box(const Box& b) : m_length{b.m_length}, m_width{b.m_width}, m_height{b.m_height}
{ std::cout << "Box copy constructor" << std::endl; }
```

▓ **注意**：第 12 章提到，必须把副本构造函数的参数指定为引用。

上面这段代码复制原来的值，初始化成员变量并生成输出，以便跟踪何时调用了 Box 副本构造函数。

下面是给 Carton 类添加副本构造函数的第一次尝试：

```
// Copy constructor
Carton(const Carton& carton) : m_material {carton.m_material}
{ std::cout << "Carton copy constructor" << std::endl; }
```

下面看看这是否能工作(不能工作！)。

```
// Ex14_03
// Using a derived class copy constructor
import <iostream>;
import carton; // For the Carton class
int main()
{
  // Declare and initialize a Carton object
  Carton carton(20.0, 30.0, 40.0, "Expanded polystyrene");
  std::cout << std::endl;

  Carton cartonCopy(carton); // Use copy constructor
  std::cout << std::endl;

  std::cout << "Volume of carton is " << carton.volume() << std::endl
            << "Volume of cartonCopy is " << cartonCopy.volume() << std::endl;
}
```

运行结果如下：

```
Box(double, double, double) called.
```

```
Carton(double,double,double,string_view) called.

Box() called.
Carton copy constructor

Volume of carton is 24000
Volume of cartonCopy is 1
```

结果不应是这样。显然，cartonCopy 的体积与 carton 的体积不同，输出还显示了其中的原因。为了复制 carton 对象，调用了 Carton 类的副本构造函数。Carton 类的副本构造函数应该复制 carton 的 Box 子对象，为此就应该调用 Box 副本构造函数。但是，输出清楚地显示，这里调用的是默认的 Box 构造函数。

Carton 类的副本构造函数没有调用 Box 副本构造函数，因为我们没有告诉它要调用。编译器知道它必须为 carton 对象创建一个 Box 子对象，但我们没有指定如何创建。编译器不可能猜测出我们的意图，于是就创建了一个默认的基类对象。

要修改这个程序，可以在 Carton 副本构造函数的初始化列表中调用 Box 副本构造函数。简单修改副本构造函数的定义，如下：

```
Carton(const Carton& carton) : Box{carton}, m_material{carton.m_material}
{ std::cout << "Carton copy constructor" << std::endl; }
```

现在，调用的就是 Box 类的副本构造函数，并把 carton 对象作为一个实参。对象 carton 的类型是 Carton，它也是一个 Box 对象。Box 副本构造函数的参数是 Box 对象的引用，所以编译器把 carton 转换为 Box& 类型，将 carton 对象中的基本部分传送给 Box 副本构造函数。如果编译并运行这个例子，输出结果将如下所示：

```
Box(double, double, double) called.
Carton(double,double,double,string_view) called.

Box copy constructor
Carton copy constructor

Volume of carton is 24000
Volume of cartonCopy is 24000
```

输出显示，构造函数以正确的顺序调用。特别是 Box 副本构造函数(用于初始化 carton 中的 Box 子对象)在 Carton 副本构造函数之前调用。检查一下就会发现，carton 和 cartonCopy 对象的体积现在是相同的。

14.5.2 派生类中的默认构造函数

如果给类定义了一个或多个构造函数，编译器就不会提供默认的默认构造函数。在任何情况下，都可以使用 default 关键字让编译器插入一个默认构造函数。下面的语句在 Ex14_02 的 Carton 类定义中替代默认构造函数的定义：

```
Carton() = default;
```

现在编译器提供了一个定义，尽管我们定义了其他构造函数。编译器为派生类提供的定义调用了基类构造函数，所以它如下所示：

```
Carton() : Box{} {};
```

如果基类中没有非私有的默认构造函数，或者其默认构造函数被删除(隐式删除或使用= deleted 显式删除)，那么派生类的默认构造函数也会被隐式删除。换言之，给派生类添加= default 的效果与添加= deleted 的效果相同。

可以通过如下步骤来说明这一点。首先，在 Ex14_02 中，使用 Carton()= default 替换 Carton 类的默认构造函数(前面提到了这一点)；其次，移除 Carton 类的带有 string_view 参数的 explicit 构造函数(它也依赖于 Box 的默认构造函数)；接着，移除 main()程序中调用后面这个构造函数的代码行，但要确保保留构造默认 Carton 的那行代码；之后，通过如下三种方式更改 Box 类的默认构造函数：移除它，或使用 Box()= delete 代替它，或使它成为私有函数。不管采用哪种方式，Carton 类和 carton 模块都能继续通过编译(即使有默认的默认构造函数)，但 main()函数中的 Carton 类的默认构造函数会导致一个编译错误。通常，该错误会提示你 Carton 的默认构造函数实际上被隐式删除了。

可以通过本书配套的网址下载本节中讨论的 Ex14_02 的不同版本，其名称分别为 Ex14_04、Ex14_04A、Ex14_04B 和 Ex14_04C。

14.5.3 继承构造函数

基类构造函数在派生类中一般不会被继承。这是因为派生类一般需要初始化额外的成员变量，基类构造函数不知道有这些成员。但是，可以在派生类中添加 using 声明，从直接基类中继承构造函数。下面 Ex14_02 中的 Carton 类版本可以继承 Box 类的构造函数：

```
class Carton : public Box
{
  using Box::Box; // Inherit Box class constructors

public:
  Carton(double length, double width, double height, std::string_view mat)
    : Box{length, width, height}, m_material{mat}
    { std::cout << "Carton(double,double,double,string_view) called.\n"; }

private:
  std::string m_material {"Cardboard"};
};
```

如果 Box 类定义与 Ex14_02.cpp 中的相同，Carton 类就继承两个构造函数：Box(double, double, double) 和 Box(double)。派生类中的构造函数如下：

```
Carton(double length, double width, double height) : Box {length, width, height} {}
explicit Carton(double side) : Box{side} {}
Carton() : Box{} {}
```

每个继承的构造函数都与基类构造函数具有相同的参数列表，在其初始化列表中调用基类构造函数。每个构造函数体都是空的。除了继承直接基类的构造函数之外，还可以给派生类添加更多构造函数，就像 Carton 类示例一样。

不同于普通的成员函数，继承(非私有)构造函数时，使用的是与基类中对应构造函数相同的访问修饰符。因此，即使把 using Box::Box 声明放到 Carton 类的隐式 private 部分，从 Box 类继承的构造函数也都是 public 构造函数。如果 Box 类有 protected 构造函数，它们在 Carton 类中也将继承为 protected 构造函数。

■ **注意**：可将构造函数的继承声明放在类定义的任何位置。事实上，为清楚起见，一般会将它们放在类定义的 public 部分。将 Carton 类的构造函数的继承声明放在其隐式的 private 部分，只是为了说明声明的位置不会影响继承构造函数的访问修饰符。

修改 Ex14_02，在 main() 中创建下面的对象：

```
Carton cart;                                            // Calls inherited default constructor
Carton cube { 4.0 };                                    // Calls inherited constructor
Carton copy { cube };                                   // Calls default copy constructor
Carton carton {1.0, 2.0, 3.0};                          // Calls inherited constructor
Carton cerealCarton (50.0, 30.0, 20.0, "Chipboard");    // Calls Carton class constructor
```

得到的程序保存在本书源代码的 Ex14_05 中。Box 构造函数中的输出语句显示，在调用继承的构造函数时的确调用了 Box 构造函数。

14.6 继承中的析构函数

要释放派生类对象，将涉及派生类的析构函数和基类的析构函数。为演示这一点，在 Box 和 Carton 类定义中添加带输出语句的析构函数。可以修改 Ex14_03 的正确版本中的类定义。在 Box 类中添加如下析构函数的定义：

```
// Destructor
~Box() { std::cout << "Box destructor" << std::endl; }
```

Carton 类的析构函数如下：

```
// Destructor
~Carton() { std::cout << "Carton destructor. Material = " << m_material << std::endl; }
```

当然，如果类分配了自由存储区中的内存，在原指针中存储地址，定义类的析构函数就是避免内存泄漏所需的。Carton 析构函数输出材料，所以可通过将不同的材料赋给每个对象，以了解哪个 Carton 对象被释放。下面看看这些类是如何工作的。

```
// Ex14_06.cpp
// Destructors in a class hierarchy
import <iostream>;
import carton;                                        // For the Carton class

int main()
{
  Carton carton;
  Carton candyCarton{50.0, 30.0, 20.0, "SBB"};       // Solid bleached board

  std::cout << "carton volume is " << carton.volume() << std::endl;
  std::cout << "candyCarton volume is " << candyCarton.volume() << std::endl;
}
```

结果如下：

```
Box() called.
Carton() called.
Box(double, double, double) called.
Carton(double,double,double,string_view) called.
carton volume is 1
```

```
candyCarton volume is 30000
Carton destructor. Material = SBB
Box destructor
Carton destructor. Material = Cardboard
Box destructor
```

这个示例的重点是看看析构函数是如何工作的。析构函数的调用结果说明了释放对象的两个方面。第一，是对某个对象调用析构函数的顺序；第二，是对象的释放顺序。输出所记录的析构函数调用对应于表 14-1 所示的操作。

表 14-1　析构函数调用对应的操作

析构函数的输出	释放的对象
Carton destructor. Material = SBB	candyCarton 对象
Box destructor	candyCarton 的 Box 子对象
Carton destructor. Material = Cardboard	carton 对象
Box destructor	carton 的 Box 子对象

从表 14-1 中可以看出，对象的释放顺序与创建它们的顺序相反。carton 对象先创建，最后释放；candyCarton 对象最后创建，但最先释放。选择这个顺序是为了避免使对象处于不合法的状态。对象只有在定义之后才能使用，也就是说，任何给定的对象都只能包含指向(引用)已创建对象的指针(或引用)。在释放给定对象指向(或引用)的对象后才释放该对象，这样才能确保析构函数的执行不会出现无效的指针或引用。

析构函数的调用顺序

对于派生类对象，析构函数的调用顺序与为该对象调用构造函数的顺序相反。派生类的析构函数先调用，再调用基类构造函数，如本例所示。三级的类层次结构如图14-6所示。

图 14-6　派生类对象的析构函数的调用顺序

对于具有好几级派生类的对象，析构函数的调用顺序与类层次结构的顺序相同，首先是派生类的析构函数，最后是最一般的基类析构函数。

14.7　重复的成员变量名

基类和派生类可能会有同名的成员变量，甚至可能在基类和间接基类中都有同名的成员变量。当然，这种情形会造成混乱，在自己的类中应避免出现这种情况。但是，有时就是会有同名的成员变量。如果基类和派生类使用了相同的成员变量名，该怎么办？

实际上，名称的重复并不会阻碍继承。下面看看如何区分名称相同的基类成员和派生类成员。假定将 Base 类定义为：

```
class Base
{
public:
  Base(int value = 10) : m_value{value} {} // Constructor

protected:
  int m_value;
};
```

其中只包含一个成员变量 m_value 和一个构造函数。从 Base 类派生一个类 Derived，如下所示：

```
class Derived : public Base
{
public:
  Derived(int value = 20) : m_value{value} {}   // Constructor
  int total() const;                            // Total value of member variables

protected:
  int m_value;
};
```

该派生类有一个成员变量 m_value，同时从基类继承了成员变量 m_value。这已经开始出现混乱了。下面编写 total()函数的定义，说明如何在派生类中区分这两个成员变量。在派生类的成员函数中，名称 m_value 本身表示在该作用域中声明的成员变量，即 m_value 是一个派生类成员。基类成员在另一个作用域中声明，要在派生类的成员函数中访问它，必须使用基类名限定成员名。因此，total()函数的实现代码如下：

```
int Derived::total() const
{
  return m_value + Base::m_value;
}
```

表达式 Base::m_value 引用基类的成员变量，名称 m_value 本身表示 Derived 类中声明的成员。

14.8　重复的成员函数名

在基类和派生类的成员函数同名时，会发生什么情况？派生类与基类的成员函数同名有两种情况。第一种情况是函数的名称相同，但参数列表不同。尽管函数的签名不同，但这并不是函数的重载。因为重载的函数必须在同一个作用域中定义，而基类和派生类定义了不同的作用域。实际上，作用域是这种情形的关键。派生类的成员函数隐藏了同名的继承成员函数。在基类和派生类的成员函数同名时，必须使用 using 声明，在派生类的作用域中引入基类的成员函数的限定名，才能使用基类的成员函数。派生类对象可以调用这两个函数，如图 14-7 所示。

```
class Base
{
public:
  void doThat(int arg);
  ...
};
```

默认情况下，派生类函数doThat()会隐藏同名的继承函数。using声明把函数名doThat从基类的作用域引入派生类的作用域中，这样函数的两个版本都可以在派生类中使用。编译器可以在派生类中区分它们，因为它们有不同的签名。

```
class Derived: public Base
{
public:
  void doThat(double arg);
  using Base::doThat;
  ...
};
```

```
Derived object;
object.doThat(2);    // Call inherited base function
object.doThat(2.5);  // Call derived function
```

图 14-7　继承与成员函数同名的函数

在第二种情况下，两个函数的签名相同。使用类名作为基类函数的限定符，就可以区分继承函数和派生类函数：

```
Derived object; // Object declaration
object.Base::doThat(3); // Call base version of the function
```

但是关于这个主题还包含许多内容，而且与多态性密切相关，第 15 章将进一步论述这个主题。

14.9　多重继承

到目前为止，派生类都派生自一个直接基类。但是我们并没有局限于这种结构——派生类可以有任意多个直接基类。这个功能称为多重继承(与单一继承相对，它只使用一个基类)。这大大提高了继承的复杂性，所以多重继承的使用要比单一继承少多了。因为过于复杂，最好尽量避免使用多重继承。这里只说明多重继承的基本工作原理。

14.9.1　多个基类

多重继承涉及使用两个或多个直接基类来派生一个新类，所以比较复杂。这种情况下，派生类是基类的一个特例，这个概念会引出另一个概念：派生类定义的对象是两个或多个不同且独立的类类型并存的特例。实际上，多重继承常常不以这种方式使用，而是使用多个基类，将这些基类的特性合在一起，形成一个包含所有基类功能的合成对象，这有时称为"混合编程"。这通常比较便于实现，而不便于反映对象之间的关系。例如，考虑某种类型的编程接口，如图形化编程接口。综合的接口可以打包到一组类中，这些类都定义了一个自包含的接口，该接口提供了特定功能，例如绘制二维图形。接着用几个类作为基类，派生出一个新类，这个新类就提供了应用程序所需的功能。

为了探讨多重继承中的一些特点，下面看看前面使用的类层次结构，其中包含 Box 和 Carton 类。假定要定义一个类，表示包含脱水物品的箱子，例如谷物箱。这可以使用单一继承来完成，即从 Carton 类派生一个新类，再添加一个成员变量来表示其内容(类似于图 14-1 中所示)。也可以使用如图 14-8 所示的类层次结构来完成。

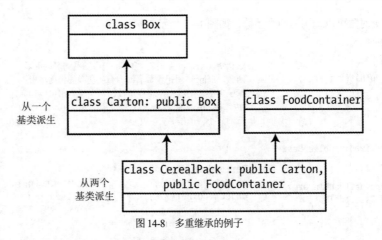

图 14-8 多重继承的例子

CerealPack 类的定义如下：

```
class CerealPack : public Carton, public FoodContainer
{
  // Details of the class...
};
```

在类的头部，每个基类都在冒号后指定，用逗号隔开。每个基类都有自己的访问修饰符。与单一继承相同，如果省略访问修饰符，就使用默认的 private。CerealPack 类继承了两个基类的所有成员，所以它包含间接基类 Box 的成员。在单一继承中，每个继承成员的访问级别由两个因素决定：基类中成员的访问修饰符和基类的访问修饰符。CerealPack 对象包含两个子对象——FoodContainer 和 Carton 子对象，Carton 子对象本身又包含 Box 类型的一个子对象。

14.9.2 继承成员的模糊性

多重继承会带来一些问题。下面用一个例子来说明其复杂性。Box 类与 Ex14_02 中的相同，但 Carton 类需要进行扩展：

```
export class Carton : public Box
{
public:
// Same 4 constructors from Ex14_02 (all containing output statements)...

  // One new constructor
  Carton(double l, double w, double h, std::string_view m, double density, double thickness)
    : Carton{l, w, h, m}
  {
    m_thickness = thickness; m_density = density;
    std::cout << "Carton(double,double,double,string_view,double,double) called.\n";
  }

  // Copy constructor
  Carton(const Carton& carton) : Box{carton}, m_material{carton.m_material},
    m_thickness{carton.m_thickness}, m_density{carton.m_density}
  {
    std::cout << "Carton copy constructor" << std::endl;
  }
```

```
  // Destructor
  ~Carton()
  {
    std::cout << "Carton destructor. Material = " << m_material << std::endl;
  }

  double getWeight() const
  {
    return 2.0 * (m_length * m_width + m_width * m_height + m_height * m_length)
               * m_thickness * m_density;
  }

private:
  std::string m_material {"Cardboard"};
  double m_thickness {0.125};          // Material thickness in inch
  double m_density {0.2};              // Material density in pounds/cubic inch
};
```

其中添加了两个新的成员变量，用于记录制造 Carton 对象的材料的厚度和密度。还添加了一个新的构造函数，以设置所有成员变量。在该类中还有一个新的成员函数 getWeight()，它计算空的 Carton 对象的重量。新的构造函数在其初始化列表中调用另一个 Carton 构造函数，所以它是一个委托构造函数，如第 12 章所述。委托构造函数不能在初始化列表中有进一步的初始化器，所以 m_density 和 m_thickness 的值必须在构造函数体中设置。

FoodContainer类描述了可放在硬纸盒中食品(例如早餐饼)的各种相关属性。FoodContainer类有 3 个成员变量：name、volume和density。下面是包含在模块food中的类定义：

```
// food.cppm - The FoodContainer class
export module food;
import <string>;
import <string_view>;
import <iostream>;

export class FoodContainer
{
public:
  FoodContainer() { std::cout << "FoodContainer() called.\n"; }

  FoodContainer(std::string_view name) : name {name}
  { std::cout << "FoodContainer(string_view) called.\n"; }

  FoodContainer(std::string_view name, double density, double volume)
    : name {name}, density {density}, volume {volume}
  { std::cout << "FoodContainer(string_view,double,double) called.\n"; }

  ~FoodContainer() { std::cout << "FoodContainer destructor" << std::endl; }

  double getWeight() const { return volume * density; }

private:
  std::string name {"cereal"};        // Food type
  double volume {};                   // Cubic inches
  double density {0.03};              // Pounds per cubic inch
};
```

除了构造函数和析构函数之外,还有一个公共的成员函数 getWeight(),它计算各种脱水产品的重量。
注意,在此故意未遵循常规约定,没有给所有成员变量名加上前缀 m_,这是为了说明一些潜在
的问题。或许读者已经注意到,FoodContainer 构造函数的两个成员初始化列表用同名的参数值初始
化了这些成员变量,这只是说明这样做是可行的,但不推荐这么做。

现在把 Carton 和 FoodContainer 类作为公共基类,定义 CerealPack 类。

```
// cereal.cppm - Class defining a carton of cereal
export module cereal;
import <iostream>;
import carton;
import food;
export class CerealPack : public Carton, public FoodContainer
{
public:
  CerealPack(double length, double width, double height, std::string_view cerealType)
    : Carton {length, width, height, "Chipboard"}, FoodContainer {cerealType}
  {
    std::cout << "CerealPack constructor" << std::endl;
    FoodContainer::volume = 0.9 * Carton::volume(); // Set food container's volume
  }

  ~CerealPack()
  {
    std::cout << "CerealPack destructor" << std::endl;
  }
};
```

这个类继承了 Carton 和 FoodContainer 类。构造函数只需要外部尺寸和谷物类型。Carton 对象的
材料在 Carton 构造函数调用的初始化列表中设置。CerealPack 对象包含两个子对象,它们分别对应于
两个基类。每个子对象都通过构造函数调用,在 CerealPack 构造函数的初始化列表中进行初始化。注
意 FoodContainer 类的 volume 成员变量默认为 0,所以在 CerealPack 类的构造函数体中,根据 Carton
类的 volume 成员来计算它的值。这里必须限定从 FoodContainer 类继承而来的 volume 成员变量的引
用,因为它与通过 Carton 类从 Box 类继承而来的函数同名。可以在这里和其他类的输出语句中跟踪
构造函数和析构函数的调用顺序。

下面创建一个 CerealPack 对象,计算它的体积和重量,程序如下:

```
// Ex14_07 - doesn't compile!
// Using multiple inheritance
import <iostream>;
import cereal; // For the CerealPack class

int main()
{
  CerealPack cornflakes {8.0, 3.0, 10.0, "Cornflakes"};

  std::cout << "cornflakes volume is " << cornflakes.volume() << std::endl
            << "cornflakes weight is " << cornflakes.getWeight() << std::endl;
}
```

可惜,这个程序不会编译。问题是基类中使用了一些不唯一的函数名。在 CerealPack 类中,名称
volume 从 Box 类继承为一个函数,而从 FoodContainer 类继承为一个成员变量;getWeight()函数从
Carton 和 FoodContainer 类继承。简言之,这是一个模糊性问题。

当然，在编写用于继承的类时，一开始就应避免重复的成员名。理想的解决方案是重新编写类。如果不能重新编写类(例如,基类是从某类库中提取出来的)，就必须限定 main()函数中的函数名。main()函数中的输出语句可以修改为：

```
std::cout << "cornflakes volume is " << cornflakes.Carton::volume() << std::endl
          << "cornflakes weight is " << cornflakes.FoodContainer::getWeight()
          << std::endl;
```

现在程序就可以编译并运行了，运行结果如下所示：

```
Box(double, double, double) called.
Carton(double,double,double,string_view) called.
FoodContainer(string_view) called.
CerealPack constructor
cornflakes volume is 240
cornflakes weight is 6.48
CerealPack destructor
FoodContainer destructor
Carton destructor. Material = Chipboard
Box destructor
```

从输出中可以看出，这个谷物箱是正确的——一个重量超过 6 磅的箱子。构造函数和析构函数的调用顺序也与单一继承的调用顺序相同——构造函数的调用顺序从最一般的基类开始到最特殊的派生类，而析构函数的调用顺序与此正好相反。CerealPack 类型的对象有其继承链上的两个子对象，这些子对象的构造函数在创建 CerealPack 对象时都调用了。

另一种使 Ex14_07 得以编译的方法是添加一个强制转换，转换为其中一个基类的引用(强制转换为引用，而不是类类型自身，以避免创建新对象)：

```
std::cout << "cornflakes volume is " << static_cast<Carton&>(cornflakes).volume()
  << std::endl
  << "cornflakes weight is " << static_cast<FoodContainer&>(cornflakes).getWeight()
  << std::endl;
```

本书源代码的 Ex14_07A 中包含类似的代码。

显然，让当前 CerealPack 类的用户总是使用这些笨拙的变通方法来区分 volume()和 getWeight()成员，并不是很方便。幸好，通常可以避免发生这种情况。这里可以通过 using 关键字明确规定，应总是使用 Carton 类的 volume()成员来计算 CerealPack 的体积，使用 FoodContainer 类的 getWeight()成员来计算它的重量。此时，可以在 CerealPack 的类定义(参见 Ex14_07B)中明确指定这种属性，如下所示：

```
export class CerealPack : public Carton, public FoodContainer
{
public:
  // Constructor and destructor as before...
  using Carton::volume;
  using FoodContainer::getWeight;
};
```

本章前面曾使用 using 关键字来继承基类的构造函数，与这里的用途相似。这里使用 using 关键字，选择继承哪个基类的成员函数。现在，CerealPack 类的用户可以编写下面的语句：

```
std::cout << "cornflakes volume is " << cornflakes.volume() << std::endl
          << "cornflakes weight is " << cornflakes.getWeight() << std::endl;
```

显然，当明确知道使用哪个基类的多继承成员时，最后这种选项是首选的方法。如果在类定义中已经清晰指定了继承，就能够避免类的用户在使用该类时遇到编译错误。

14.9.3　重复继承

在上面的例子中，演示了基类的成员名出现重复时的情形。在多重继承中，还应注意一个模糊性：派生的对象包含一个或多个基类的多个子对象版本。在使用多重继承时，不能把一个类多次用作直接基类。但是，仍旧可能出现间接基类重复的情况。假定 Ex14_07 中的 Box 和 FoodContainer 类都派生自 Common 类，图 14-9 显示了这里创建的类层次结构。

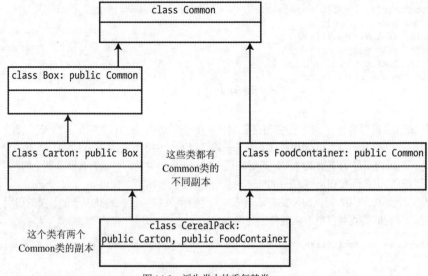

图 14-9　派生类中的重复基类

CerealPack 类继承了 FoodContainer 和 Carton 类的所有成员。Carton 类继承了 Box 类的所有成员，Box 和 FoodContainer 类继承了 Common 类的成员。因此，如图 14-9 所示，Common 类在 CerealPack 类中是重复的。这在 CerealPack 类型的对象上产生的效果是，每个 CerealPack 对象都有两个 Common 类型的子对象。这种重复继承导致的复杂性和模糊性常被称为"菱形问题"——以继承图的形状命名，如图 14-9 所示。

允许 Common 类出现重复是可行的。在这种情况下，必须限定对 Common 类成员的每个引用，这样编译器就知道要引用的是哪个继承成员。在本例中，可以使用 Carton 和 FoodContainer 类名作为限定符，因为这些类都包含 Common 类型的唯一子对象。当然，在创建 CerealPack 对象时，要调用 Common 类的构造函数，还需要用限定符来指定初始化哪个基类的对象。

但一般情况是，应避免基类的重复，下面看看如何避免。

14.9.4　虚基类

为了避免基类的重复，必须告诉编译器，在任何派生类中，基类应只出现一次。为此，可以使用关键字 virtual，把类声明为虚基类。把 FoodContainer 类定义为：

```
export class FoodContainer : public virtual Common
{
```

```
    ...
};
```

Box 类也应使用虚基类来定义：

```
export class Box : public virtual Common
{
    ...
};
```

　　现在，把 FoodContainer 和 Box 类作为(直接或间接)基类的其他类会像以往一样继承基类的其他成员，但仅继承 Common 类的一个实例。在上面的例子中，派生的 CerealPack 类仅继承 Common 基类的一个实例。由于 CerealPack 类中没有重复的 Common 成员，在派生类中引用成员时，也就不需要限定成员名。

14.10　在相关的类类型之间转换

　　每个派生类对象都至少包含一个基类对象，把派生类型转换为基类类型总是合法和自动的。下面定义了一个 Carton 对象：

```
Carton carton{40, 50, 60, "Corrugated fiberboard"};
```

　　前面看到，有两种方法可以把这个对象转换为 Box 类型的基类对象。第一种方法是使用副本构造函数：

```
Box box{carton};
```

　　第二种方法是复制赋值：

```
Box box;
box = carton;
```

　　这两种方法都可以把 carton 对象转换为 Box 类型的新对象，并在 box 中存储新对象的一个副本。使用的赋值运算符是 Box 类的默认赋值运算符。当然，只使用了 carton 中的 Box 子对象部分；Box 对象中没有空间用于保留 Carton 类特有的成员变量。这种效果称为"对象切片"，因为 Carton 类特有的部分被切掉并丢弃了。

　　■ **警告：** 一般应该提防发生对象切片的情形，因为不想让派生类对象丢掉派生成员时，却有可能发生对象切片。第 15 章将介绍一种机制，允许使用基类对象的指针或引用，同时仍然保留派生类的成员甚至行为。

　　类层次结构中向上的转换(即向基类方向的转换)只要没有模糊的成分，就是合法和自动的。当两个基类包含同一类型的子对象时，就会出现模糊性。例如，如果使用包含两个 Common 子对象的 CerealPack 类的定义，来初始化 CerealPack 类型的对象 cornflakes，就会出现模糊性，如下面的语句所示：

```
Common common{cornflakes};
```

　　编译器不能确定 cornflakes 应转换为 Carton 的 Common 子对象，还是应转换为 FoodContainer 的 Common 子对象。这里的解决方法是将 cornflakes 强制转换为 Carton&或 FoodContainer&。例如：

```
Common common{static_cast<Carton&>(cornflakes)};
```

在类层次结构中，对象不能自动实现向下的转换(即向比较特殊的类进行转换)。Box 类型的对象不包含任何派生于 Box 的类类型的信息，所以转换得不到合理的解释。

14.11　本章小结

本章介绍了如何根据一个或多个已有的类定义新类，以及类继承如何确定派生类的构成。继承是面向对象编程的基本特性，也使多态性成为可能(多态性是下一章的主题)。本章的要点如下：

- 类可以派生自一个或多个基类，此时派生类在其所有的基类中继承成员。
- 单一继承就是从一个基类中派生新类。多重继承就是从两个或多个基类中派生新类。
- 访问派生类的继承成员由两个因素控制：基类中成员的访问修饰符和派生类声明中基类的访问修饰符。
- 派生类的构造函数负责初始化类的所有成员，这通常包括调用基类的构造函数来初始化所有继承的成员。
- 创建派生类对象一般需要按顺序(从最一般的基类开始到最特殊的直接基类)调用所有直接和间接基类的构造函数，之后执行派生类的构造函数。
- 派生类的构造函数可以(并且常常应该)在初始化列表中显式调用直接基类的构造函数。如果不显式调用，就会调用基类的默认构造函数。例如，派生类的副本构造函数总是应该调用所有直接基类的副本构造函数。
- 在派生类中声明的成员名如果与继承的成员名相同，就会隐藏继承的成员。为了访问被隐藏的成员，可以使用作用域解析运算符和类名来限定成员名。
- 不只可以将 using 用于类型别名，还可将其用于继承构造函数(总是具有与基类中相同的访问修饰符)、修改其他继承成员的访问修饰符，以及继承被具有相同名称但是签名不同的派生类函数隐藏的函数。
- 如果派生类有两个或多个直接基类，就会包含同一个类的两个或多个继承子对象。此时，把重复的类声明为虚基类，就可以避免出现重复。

14.12　练习

下面的练习用于巩固本章学习的知识点。如果有困难，可以回过头重新阅读本章的内容。如果仍然无法完成练习，可以从 Apress 网站(www.apress.com/source-code)下载答案，但只有别无他法时才应该查看答案。

1. 定义一个基类Animal，它包含两个私有成员变量：一个是string成员m_name，存储动物的名称(例如"Fido"或"Yogi")；另一个是整数成员m_weight，存储动物的重量(单位是磅)。该类还包含一个公共成员函数who()，它可以显示一条消息，给出Animal对象的名称和重量。把Animal用作公共基类，派生两个类：Lion和Aardvark。再编写一个main()函数，创建Lion和Aardvark对象("Leo"，400磅；"Algernon"，50磅)。为派生类对象调用who()成员，说明who()成员在两个派生类中是继承得来的。

2. 在 Animal 类中，把 who()函数的访问修饰符改为 protected，但类的其他内容不变。现在修改派生类，使原来的main()函数仍能工作。

3. 在上一题中，把基类成员 who()的访问修饰符改为 public，但把 who()函数实现为每个派生类的成员，且在输出消息中显示类名。现在修改 main()函数，为每个派生类对象调用 who()的基类版本和派生类版本。

4. 定义一个 Person 类，它包含的成员变量分别用于存储年龄、姓名和性别。从 Person 类派生一个类Employee，在新类中添加一个成员变量，存储个人的编号。再从Employee类派生一个类Executive。每个派生类都应定义一个成员函数 who()，以显示相关的信息。仔细思考并实现合适的数据隐藏和访问修饰符。在这个程序中，由于考虑到隐私，不应该公开个人的细节，但对象的 who()成员输出的信息除外。每个类可显式决定可以公开的信息(姓名和类型是可以接受的，如"Fred Smith is an Employee")。另外，不允许个人修改姓名或性别，但允许有生日。编写一个 main()函数，生成两个向量：一个向量包含 5 个 Executive 对象，另一个向量包含 5 个普通的 Employee 对象，然后显示它们的信息。另外，调用从 Employee 类继承的成员函数，显示 Executive 对象的信息。

第 15 章

多 态 性

多态性是面向对象编程的一个强大功能,在大多数 C++ 程序中都要用到。多态性需要使用派生类,所以本章的内容主要讨论与第 14 章介绍的派生类中的继承相关的概念。

本章主要内容

- 多态性的概念,如何对类实现多态性操作
- 虚函数的概念
- 函数重写的概念,以及函数重写与函数重载的区别
- 如何使用虚函数的默认参数值
- 需要虚析构函数的场合和原因
- 如何在类层次结构中强制转换类的类型
- 纯虚函数的概念
- 抽象类的概念

15.1　理解多态性

多态性是许多面向对象语言提供的一种能力。在 C++ 中,多态性总是要在调用成员函数时使用对象的指针或引用。多态性仅用于共享一个公共基类的类层次结构。下面举一个例子来大致说明它是如何工作的,但首先需要解释基类指针的作用,因为基类指针对多态性非常重要。

15.1.1　使用基类指针

第 14 章介绍过,派生类对象包含一个基类类型的子对象。换言之,每个派生类对象也是一个基类对象。因此,总是可以使用基类指针来存储派生类对象的地址。其实,可以使用任何直接或间接基类的指针来存储派生类对象的地址。在图 15-1 中,Carton 类通过单一继承派生于 Box 基类,CerealPack 类通过多重继承派生于 Carton 和 FoodContainer 基类。图 15-1 描述了在这样的类层次结构中,基类指针如何用于存储派生类对象的地址。

但反过来就不成立了。例如,不能使用 Carton* 类型的指针存储 Box 类型对象的地址。这是符合逻辑的,因为指针类型包含了它可以指向的对象的类型。派生类对象是其基类的一个特例——它是一个基类对象,所以使用基类指针存储派生类对象的地址是合理的。但是,基类对象肯定不是派生类对象,所以派生类类型的指针不能指向基类对象。派生类对象总是包含每个基类的完整子对象,但每个基类只表示派生类对象的一部分。

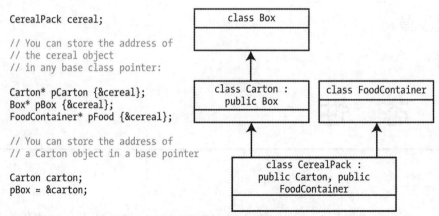

```
CerealPack cereal;

// You can store the address of
// the cereal object
// in any base class pointer:

Carton* pCarton {&cereal};
Box* pBox {&cereal};
FoodContainer* pFood {&cereal};

// You can store the address of
// a Carton object in a base pointer

Carton carton;
pBox = &carton;
```

图 15-1　在基类指针中存储派生类对象的地址

下面看一个例子。假定从 Box 类派生两个类：Carton 和 ToughPack，分别表示不同类型的容器。再假定每个派生类对象的体积的计算方法都不同。对于纸板做的 Carton 对象，考虑到材料的厚度，只需要把体积减小一些即可。而对于 ToughPack 对象，就必须减去相当大的体积数，才能获得有用的内部容积。Carton 类的定义如下所示：

```
class Carton : public Box
{
public:
  double volume() const;

  // Details of the class...
};
```

ToughPack 类有类似的定义：

```
class ToughPack : public Box
{
public:
  double volume() const;

  // Details of the class...
};
```

有了这些类定义(后面给出函数定义)后，就可以声明并初始化一个指针，如下所示：

```
Carton carton {10.0, 10.0, 5.0};
Box* box {&carton};
```

指针 box 指向 Box，它用 carton 的地址进行初始化。这是可以的，因为 Carton 类派生于 Box 类，包含一个 Box 类型的子对象。这个指针可用于存储 ToughPack 对象的地址，因为 ToughPack 类也派生于 Box 类：

```
ToughPack hardcase {12.0, 8.0, 4.0};
box = &hardcase;
```

指针 box 可以包含任何以 Box 为基类的类对象的地址。该指针的类型 Box*被称为静态类型。因为 box 是指向基类的指针，所以它也具有动态类型，它会根据指向的对象类型而变化。当 box 指向 Carton 对象时，其动态类型就是"指向 Carton 对象的指针"。当 box 指向 ToughPack 对象时，其动态类型就是"指向 ToughPack 对象的指针"。在 box 指向 Box 类型的对象时，其动态类型就与静态类型相同。这就是多态性。某些情况下，可以使用指针 box 调用基类和每个派生类中定义的函数。编译器会根据 box 的动态类型在运行期间选择调用哪个函数。看看下面的语句：

```
double volume = box->volume(); // Store volume of the object pointed to
```

如果 box 包含 Carton 对象的地址，这个语句就调用 Carton 对象的 volume()函数。如果 box 指向 ToughPack 对象，该语句就调用 ToughPack 对象的 volume()函数。只要满足上述条件，该指针也可以用于其他从 Box 类派生出来的类。因此表达式 box->volume()会根据 box 指向的对象执行不同的操作。更重要的是，编译器会在运行期间根据 box 指向的对象自动执行相应的操作。

多态性是一种极为强大的机制。我们常常不能事先确定要处理哪种类型的对象，即在设计或编译期间不能确定类型，只能在运行期间确定。而使用多态性可以轻松地解决这个问题。多态性一般用于交互式应用程序，输入的类型取决于用户一时的兴致。例如，图形化应用程序需要绘制不同的图形：圆、直线、曲线等。我们可以为每种图形类型定义一个派生类，这些类都有一个共同的基类 Shape。应用程序会在类型为 Shape*的基类指针 shape 中存储用户所创建对象的地址，再用 shape->draw()语句绘制相应的图形。该语句会根据指针所指向的对象调用对应图形的 draw()函数，因此这样一个表达式可以绘制任何类型的图形。下面深入探讨继承函数的操作。

15.1.2 调用继承的函数

在介绍多态性的特性之前，需要先详细了解一下继承的成员函数的操作。为此，修改 Box 类，使之包含一个计算 Box 对象体积的函数和另一个显示所得体积的函数。新版本的类的定义如下所示(后面将对模块的分区进行说明)：

```
// Box.cppm: module partition interface file for the box partition of the boxes module
export module boxes:box;
import <iostream>;

export class Box
{
public:
  Box() : Box{ 1.0, 1.0, 1.0 } {}
  Box(double l, double w, double h) : m_length {l}, m_width {w}, m_height {h} {}

  // Function to show the volume of an object
  void showVolume() const
  { std::cout << "Box usable volume is " << volume() << std::endl; }

  // Function to calculate the volume of a Box object
  double volume() const { return m_length * m_width * m_height; }

protected: // Should be private in production-quality code (add getters to access)
  double m_length, m_width, m_height;
};
```

调用 Box 对象的 showVolume()函数，就可以显示 Box 对象的可用体积。成员变量被指定为 protected，所以可以在任意派生类的成员函数中访问。

接着把 Box 作为基类，定义 ToughPack 类。ToughPack 对象使用包装材料来保护其中的物品，其容积仅是基本 Box 对象的 85%。因此，需要在派生类中定义另一个 volume()函数：

```
// ToughPack.cppm: partition interface file for the tough_pack partition
```

```
export module boxes:tough_pack;

import :box; // Import the box partition for use of Box as base class

export class ToughPack : public Box
{
public:
  // Inherit the Box(length, width, height) constructor
  using Box::Box;

  // Function to calculate volume of a ToughPack allowing 15% for packing
  double volume() const { return 0.85 * m_length * m_width * m_height; }
};
```

在这个派生类中还可以有其他成员,但目前为了使例子简单一些,主要讨论继承的函数如何工作。为 ToughPack 类的对象调用函数 showVolume() 时,应让继承函数 showVolume() 调用 volume() 函数的派生类版本。

到目前为止,我们一直是在每个类自己的模块中定义该类。但本章中将演示一些其他的定义方式。示例 Ex15_01 中定义了两个类:Box 和 ToughPack 类,它们都在同一个 boxes 模块中定义。在单个文件中包含这样两个巨大的类确实较笨拙(只是在开玩笑:这里只是为了演示一种有趣的可能性),因此我们将这个模块分为两个分区: boxes:box 和 boxes:tough_pack。

要将 Box 类用作 ToughPack 类的基类,必须首先将 boxes:box 分区导入 boxes:tough_pack 分区。实现该功能的 boxes 模块导入声明如下所示:

```
import :box; // Import the box partition for use of Box as base class
```

因为仅能够导入同一模块的分区,所以不必在这个声明中指定模块名称 boxes。事实上,在同一模块中或者是在任何源文件中,甚至不允许编写 "import boxes:box;" 语句。模块仅能作为整体被导入,而模块分区仅能被导入同一模块的其他文件中。

现在我们有了两个模块分区,每个模块分区都包含一个分区接口文件,但还要为 boxes 模块创建主接口文件,该文件将各个模块分区连接在一起。如第 11 章所述,每个模块都需要一个主接口文件(以 export module name; 开头的文件)。对于 boxes 模块而言,其主接口文件只是用于再次导出它的两个分区:

```
// Boxes.cppm: primary module interface file
export module boxes;

export import :box; // Export all partitions
export import :tough_pack;
```

有了这个主的模块接口文件,现在可以查看调用继承的函数 showVolume() 是否能够以预期的方式工作:

```
// Ex15_01.cpp
// Behavior of inherited functions in a derived class
import boxes;

int main()
{
  Box box {20.0, 30.0, 40.0};               // Create a box
  ToughPack hardcase {20.0, 30.0, 40.0}; // Create a tough pack - same size

  box.showVolume();         // Display volume of base box (calls volume() for box)
```

```
    hardcase.showVolume();                    // Display volume of derived box (call volume()
for hardcase)
    }
```

运行程序，结果令人失望：

```
Box usable volume is 24000
Box usable volume is 24000
```

派生类对象 hardcase 的体积应比基类对象小了 15%(因为存在填充材料)，所以程序的运行结果显然与预期的不一样。

下面看看是哪里出错了。在 main()中，showVolume()的第二次调用是为派生类 ToughPack 的对象调用的，但显然这没有考虑在内。问题是在 Box 的 showVolume()函数调用 volume()函数时，编译器仅设置了一次，且设置为调用在基类中定义的 volume()函数。无论怎样调用 showVolume()，它都永远不会调用 volume()函数的 ToughPack 版本。

在执行程序之前，函数调用以这种方式固定下来，称为函数调用的静态解析或静态绑定，也可以使用术语"早期绑定"。在本例中，Box::volume() 函数在程序的编译和链接期间被绑定到 Box::showVolume()函数的调用上。每次调用 showVolume()时，都使用这个静态绑定的 Box::volume() 函数。

如果直接调用 ToughPack 对象的 volume()函数，会如何？下面进一步演示这个过程。在 main()中添加语句，直接调用 ToughPack 对象的 volume()函数，再通过基类的指针来调用该函数：

```
std::cout << "hardcase volume is " << hardcase.volume() << std::endl;
Box* box {&hardcase};
std::cout << "hardcase volume through a Box* pointer is "
        << box->volume() << std::endl;
```

把这些语句放在 main()的末尾。运行程序，结果如下：

```
Box usable volume is 24000
Box usable volume is 24000
hardcase volume is 20400
hardcase volume through a Box* pointer is 24000
```

结果很容易看懂。派生类对象 hardcase 的 volume()函数调用了派生类的 volume()函数，这正是我们希望的。但是，通过基类指针 box 的调用被解析为 volume()的基类版本，尽管 box 包含了 hardcase 的地址。换言之，这两个调用都是静态解析的。编译器把这些调用实现为：

```
std::cout << "hardcase volume is " << hardcase.ToughPack::volume() << std::endl;
Box* box {&hardcase};
std::cout << "hardcase volume through a Box* pointer is "
        << box->Box::volume() << std::endl;
```

通过指针调用的静态函数仅取决于指针的类型，不取决于指向的对象。换言之，由静态类型而不是动态类型决定。指针 box 的静态类型是"指向 Box 对象"，因此使用 box 进行的静态调用都仅调用 Box 类的成员函数。

■ **注意**：通过静态解析的基类指针来调用函数，都会调用基类函数。这不仅适用于最新示例中的 box 指针，也适用于基类成员函数(例如，前面介绍的 Box::showVolume()函数)中的隐式 this 指针。

我们想要的结果是程序能够在运行时(不是编译时)解析使用哪个 volume()函数。我们希望这种解析基于被指向对象的动态类型，而不是基于指针的静态类型。如果用派生类对象调用 showVolume()，就应调用派生类的 volume() 函数,而不是基类的 volume() 函数。同样,如果通过基类指针来调用 volume() 函数,就应调用所指向对象的 volume() 函数。这种操作称为动态绑定或后期绑定。为了实现这个目标,必须告诉编译器,Box 基类中的 volume() 函数和派生类中的 volume() 函数是不同的,而且对它们的调用是动态解析的。此时需要把 volume() 函数在基类中指定为虚函数,这样才能使用虚函数调用。

15.1.3 虚函数

把一个函数声明为基类中的虚函数,就是告诉编译器,在派生于这个基类的任何类中,函数调用都是动态绑定的。虚函数在基类中声明时使用限定符 virtual,如图 15-2 所示。把类描述为具有多态性,意味着它是一个至少包含一个虚函数的派生类。

在基类中声明为 virtual 的函数在从基类(直接或间接)派生的所有类中都是虚函数。在派生类中,无论是否把函数指定为 virtual,它都是虚函数。为了获得多态性,每个派生类都可以实现自有的虚函数版本(但这不是强制的)。使用基类对象的指针或引用就可以调用虚函数。图 15-2 演示了通过指针调用虚函数是如何被动态解析的。基类指针用于存储派生类对象的地址。它可以指向图 15-2 中三个派生类对象中的任意一个,当然也可以指向基类对象。调用哪个 volume() 函数取决于执行调用时指针指向的对象类型。

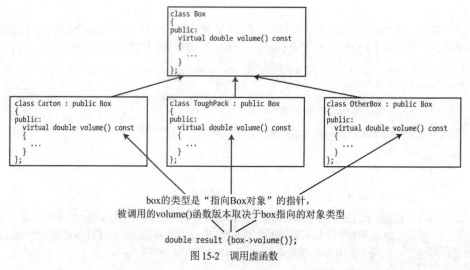

图 15-2 调用虚函数

注意使用对象调用虚函数总是进行静态解析。只有通过指针或引用调用虚函数,才会进行动态解析。在基类变量中存储派生类对象会使派生类对象出现切片现象,所以它没有派生类的特性。也就是说,虚函数只是一个工具。为使例子像希望的那样工作,需要对 Box 类做很小的改动。在 Box 类的 volume() 函数的定义之前添加关键字 virtual:

```
export class Box
{
public:
  // Rest of the class as before...
  // Function to calculate the volume of a Box object
  virtual double volume() const { return m_length * m_width * m_height; }

  // ...
};
```

▇ **注意:** 如果成员函数的定义在类定义的外部, 就不能在函数定义中添加关键字 virtual, 这会产生错误。只能在类定义内部的声明或定义中添加关键字 virtual。

为了使程序更有趣一些, 下面在一个新类 Carton 中实现 volume()函数。以下是该类的定义:

```cpp
// Carton.cppm
export module boxes:carton;

import :box; // For the Box base class
import <algorithm>; // For std::max()
import <string>;
import <string_view>;

export class Carton : public Box
{
public:
  // Constructor explicitly calling the base constructor
  Carton(double l, double w, double h, std::string_view mat = "cardboard")
    : Box{l, w, h}, m_material{mat}
  {}

  // Function to calculate the volume of a Carton object
  double volume() const
  {
    const double volume {(m_length - 0.5) * (m_width - 0.5) * (m_height - 0.5)};
    return std::max(volume, 0.0); // Or: return volume > 0.0 ? volume : 0.0;
  }
private:
  std::string m_material;
};
```

Carton 对象的 volume()函数假定材料的厚度是 0.25, 所以要在每个尺寸中减去 0.5, 以考虑纸板箱的侧边。如果因某种原因, Carton 对象在创建时尺寸小于 0.5, 体积就会是负值, 此时将 Carton 对象的体积设置为 0。

在此将使 Ex15_01 中 boxes 模块的其余部分保持不变。所以在把 Box::volume()转换成虚函数和为 Carton 类创建新的模块分区后, 只需要将 export import :carton;添加到模块的主接口文件中, 就能够试用虚函数。下面是包含 main()的源文件代码:

```cpp
// Ex15_02.cpp
// Using virtual functions
import <iostream>;
import boxes;

int main()
{
  Box box {20.0, 30.0, 40.0};
  ToughPack hardcase {20.0, 30.0, 40.0}; // A derived box - same size
  Carton carton {20.0, 30.0, 40.0, "Plastic"}; // A different derived box

  box.showVolume(); // Volume of Box
  hardcase.showVolume(); // Volume of ToughPack
  carton.showVolume(); // Volume of Carton

  // Now using a base pointer...
```

```
    Box* base {&box}; // Points to type Box
    std::cout << "\nbox volume through base pointer is " << base->volume() << std::endl;
    base ->showVolume();

    base = &hardcase; // Points to type ToughPack
    std::cout << "hardcase volume through base pointer is " << base->volume() << std::endl;
    base->showVolume();

    base = &carton; // Points to type Carton
    std::cout << "carton volume through base pointer is " << base->volume() << std::endl;
    base->showVolume();
}
```

输出如下所示：

```
Box usable volume is 24000
Box usable volume is 20400
Box usable volume is 22722.4

box volume through base pointer is 24000
Box usable volume is 24000
hardcase volume through base pointer is 20400
Box usable volume is 20400
carton volume through base pointer is 22722.4
Box usable volume is 22722.4
```

注意，我们没有在 Carton 或 ToughPack 类的 volume()函数中添加关键字 virtual。在基类定义中，用于函数 volume()的关键字 virtual 足以确定，该函数在派生类中的所有定义都是虚函数。也可以给派生类函数使用关键字 virtual，如图 15-2 所示。是否这么做，是个人喜好问题。本章后面将回过头继续讨论这种选择。

程序现在的运行结果与希望的相同。对函数 showVolume()的第一次调用用于 Box 对象 box，这个语句调用 volume()的基类版本，因为 box 的类型是 Box。对函数 showVolume()的第二次调用用于 ToughPack 对象 hardcase，这个语句调用从 Box 类继承的 showVolume()函数。但是，在 showVolume()中，对 volume()的调用被解析为 ToughPack 类中定义的版本，因为 volume()是一个虚函数，用于计算出 ToughPack 对象的体积。对函数 showVolume()的第三次调用用于 carton 对象，这个语句调用 volume()的 Carton 类版本，所以得到了该对象的正确体积。

接着，使用指针 base 直接调用 volume()函数，再通过非虚函数 showVolume()进行间接调用。指针首先包含 Box 对象 box 的地址，然后依次包含两个派生类对象的地址。每个对象的输出说明，在每种情况下，编译器都自动选择了正确的 volume()函数版本，这样就对多态性有了清晰的认识。

1. 使用虚函数时的要求

对于"虚拟"执行的函数，其在任意派生类和基类中的定义中都必须有相同的签名。如果把基类函数声明为 const，就必须把派生类函数也声明为 const。一般情况下，虚函数在派生类中的返回类型也必须与基类中的相同，但当基类中的返回类型是类类型的指针或引用时例外。这种情况下，虚函数的派生类版本可以返回更特殊类型的指针或引用。这里不深入探讨这个问题，但万一在其他地方遇到这种情形，这些返回类型使用的技术术语是"协变性"。

如果在派生类中，函数的名称和参数列表与基类中声明的虚函数相同，则返回类型也必须与虚函数一致。如果不一致，派生类函数就不会编译。另一个限制是，虚函数不能是模板函数。

用标准的面向对象编程术语讲，如果派生类中的函数重新定义了基类中的虚函数，就称函数"重写"了基类的虚函数。只有当派生类函数的名称与基类中虚函数的名称相同,并且函数签名的其余部分也完全匹配时,才重写基类的虚函数;如果不匹配,则派生类中的函数是新函数,"隐藏"了基类中的函数。第 14 章讨论的重复成员函数名就属于后面这种情况。

当然,这意味着如果我们试图为派生类中的虚函数使用不同的参数,或者使用不同的 const 限定符,则虚函数机制不会起作用。这种情况下,派生类中的函数定义了一个新的、不同的函数,这个新函数会利用在编译期间建立的、固定的静态绑定。

要测试这个规则,可以在 Carton 类中删除 volume()声明中的 const 关键字,再次运行 Ex15_02。Carton 中的 volume()函数签名不再与 Box 类中声明的虚函数匹配,所以派生类函数 volume()不是虚函数。结果是,解析是静态的,通过基类指针对 Carton 对象调用 volume()函数,甚至间接通过 showVolume()函数调用 volume()函数,都会调用基类版本。

■ **注意:** 不能对静态成员函数使用关键字 virtual。顾名思义,对静态函数的调用总是静态解析的。即使调用多态对象的静态成员函数,静态成员函数也仍然使用对象的静态类型进行解析。这给出了另一个理由来解释为什么在调用静态成员函数时,总是应该使用类名而不是对象名作为前缀。即,总是使用 MyClass::myStaticFunction(),而不是 myObject.myStaticFunction()。这明确表达了不应该期待多态性。

2. 使用 override 限定符

在派生类中指定虚函数时很容易出错。如果在派生于 Box 的类中定义 Volume()函数,它就不是虚函数,因为基类中的虚函数是 volume()。这表示,对 Volume()的调用会发生静态解析,类中的虚函数 volume()继承自基类。代码可能仍编译并运行,但并不正确。类似地,如果在派生类中定义 volume()时,忘记指定 const,该函数将重载(而不是重写)基类函数。这类错误很难发现。给派生类中的每个虚函数声明使用 override 限定符,就可以避免这个错误,如下所示:

```
class Carton : public Box
{
public:
  double volume() const override
  {
    // Function body as before...
  }

  // Details of the class as in Ex15_02...
};
```

与 virtual 限定符类似,override 限定符仅出现在类定义中,不能用于成员函数的外部定义。override 限定符告诉编译器,验证基类是否用相同的签名声明了一个虚成员。如果没有,编译器就把这里的定义标记为错误。

■ **提示:** 应总是在虚函数重写的声明中添加 override 限定符。首先,这可以保证在编写虚函数重写时,函数签名没有错误。其次,可能更重要的是,当需要修改基类函数的签名时,这可以防止自己和团队忘记修改任何已有的函数重写。

如果对每个重写基类虚函数的函数声明添加 override 限定符,一些人认为,阅读类定义的人就知道这是一个虚函数,在派生类中不需要额外应用 virtual 限定符。其他风格指南坚持总是应该添加 virtual 限定符,以便使涉及的是虚函数这一点更加明显。这里不存在正确的答案。本书将限制对基类函数使用 virtual 限定符，并且在派生类中对所有虚函数重写应用 override 限定符。但是，如果读者认为对自己有帮助，可以在函数重写中自由包含 virtual 限定符。

3. 使用 final 限定符

有时希望禁止在派生类中重写某个成员函数。例如，需要限制派生类修改类接口的行为的方式。为此，可将函数指定为 final。采用如下方式指定 final 限定符，就可以禁止 Carton 类的 volume()函数在派生于 Carton 的类中重写：

```
class Carton : public Box
{
public:
  double volume() const override final
  {
    // Function body as before...
  }

  // Details of the class as in Ex15_02...
};
```

在把 Carton 作为基类的类中重写 volume()，会导致编译错误。这就确保只有 Carton 版本能用于派生类对象。override 和 final 限定符的顺序并不重要，所以 override final 和 final override 都是正确的，但是它们必须出现在 const 关键字或函数签名的其余部分之后。

> **注意**：原则上，可将成员函数同时声明为 virtual 和 final，即使并不重写任何基类成员。不过，这样做是自我矛盾的。添加 virtual，是为了允许函数重写；而添加 final，是为了防止函数重写。但是，同时使用 override 和 final 并没有冲突。这只是说明，禁止进一步重写自己重写的函数。

也可将类指定为 final，例如：

```
class Carton final : public Box
{
public:
  double volume() const override
  {
    // Function body as before...
  }

  // Details of the class as in Ex15_02...
};
```

现在，编译器不允许把 Carton 用作基类，不能进一步从 Carton 类派生子类。注意，此时对自己没有任何基类的类使用 final 是完全合理的。但在 final 类中引入新的虚函数则是不合理的，即虚函数不重写基类函数。

> **注意**：final 和 override 都不是关键字，因为把它们用作关键字会破坏引入它们之前编写的代码。这表示可以在代码中将 final 和 override 用作变量甚至类的名称，但最好不要这么做，因为这样只会带来混乱。

4. 虚函数和类层次结构

如果要通过基类指针把函数用作虚函数，就必须在基类中把它声明为 virtual。在基类中，可以声

明任意多个虚函数，但在类层次结构中，并不是所有的虚函数都需要在最一般的基类中声明，如图
15-3 所示。

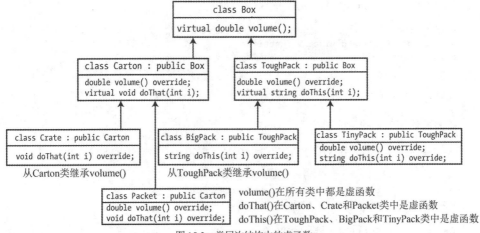

图 15-3　类层次结构中的虚函数

在一个类中把某函数声明为虚函数后，该函数在直接或间接继承该类的所有类中都是虚函数。在
图 15-3 中，所有派生于 Box 类的子类都继承了 volume()函数的虚拟特性，尽管它们并没有重复使用
virtual 关键字。通过 Box*类型的指针，可为任何类类型的对象调用 volume()函数，因为该指针可以包
含类层次结构中任何类对象的地址。

由于 Crate 类没有定义虚函数 volume()，因此 Crate 对象会调用从 Carton 类继承的 volume()版本。
该函数被继承为虚函数，因此可以进行多态调用。

Carton*类型的指针 carton 也可用于调用 volume()函数，但仅能为 Carton 类对象以及 Crate 和 Packet
派生类对象调用该函数。

Carton 类及其派生类也包含虚函数 doThat()。用 Carton*类型的指针也可以多态调用该函数。当然，
不能使用 Box*类型的指针为这些类调用 doThat()，因为 Box 类没有定义函数 doThat()。

同样，也可以用 ToughPack*类型的指针为 ToughPack、BigPack 和 TinyPack 类型的对象调用虚函
数 doThis()。当然，该指针也可以用于为这些类对象调用函数 volume()。

5. 访问修饰符和虚函数

派生类中虚函数的访问修饰符可以不同于基类中的访问修饰符。在通过基类指针调用虚函数时，
无论指针指向的对象类型是什么，基类中的访问修饰符将确定该函数是否可以在派生类中访问。如果
虚函数在基类中声明为 public，则无论它在派生类中的访问修饰符是什么，都可以通过基类指针(或引
用)为所有的派生类调用该函数。下面修改前面的例子，演示这个主题。修改 Ex15_02 中的 ToughPack
类定义，把 volume()函数改为 protected，并在它的声明中添加 override 关键字，以确保它会重写基类
中的虚函数：

```
export class ToughPack : public Box
{
public: // Optional: constructor is inherited as public regardless
  using Box::Box; // Inherit Box(length, width, height) constructor

protected:
  // Function to calculate volume of a ToughPack allowing 15% for packing
```

```
    double volume() const override { return 0.85 * m_length * m_width * m_height; }
};
```

还要略微修改一下 main()函数，添加一个被注释掉的语句：

```
// Ex15_03.cpp
// Access specifiers and virtual functions
import <iostream>;
import boxes;

int main()
{
  Box box {20.0, 30.0, 40.0};
  ToughPack hardcase {20.0, 30.0, 40.0};          // A derived box - same size
  Carton carton {20.0, 30.0, 40.0, "Plastic"};    // A different derived box

  box.showVolume();             // Volume of Box
  hardcase.showVolume();        // Volume of ToughPack
  carton.showVolume();          // Volume of Carton

// Uncomment the following statement for an error
// std::cout << "\nhardcase volume is " << hardcase.volume() << std::endl;

  // Now using a base pointer...
  Box* base {&box};             // Points to type Box
  std::cout << "\nbox volume through base pointer is " << base->volume() << std::endl;
  base->showVolume();

  base = &hardcase;             // Points to type ToughPack
  std::cout << "hardcase volume through base pointer is " << base->volume() << std::endl;
  base->showVolume();

  base = &carton;               // Points to type Carton
  std::cout << "carton volume through base pointer is " << base->volume() << std::endl;
  base->showVolume();
}
```

这段代码的运行结果与前一个例子完全相同。尽管 volume()函数在 ToughPack 类中被声明为 protected，但仍可以通过从 Box 类继承的 showVolume()函数为 hardcase 对象调用 volume()函数，也可以通过基类指针 base 直接调用它。但是，如果去掉用 hardcase 对象直接调用 volume()函数的那行代码的注释，代码就不会编译。

这里的问题在于调用是动态解析的还是静态解析的。在使用类对象时，调用将进行静态解析(由编译器解析)。如果为 ToughPack 对象调用 volume()，会调用该类中定义的函数。因为 volume()函数在 ToughPack 类中被声明为 protected，所以使用 hardcase 对象的调用不会编译。其他调用则在程序执行时解析——它们是多态性调用。这种情况下，虚函数在基类中的访问修饰符会被其所有派生类继承。它与派生类中显式的访问修饰符无关，派生类中显式的访问修饰符仅影响静态解析的调用。

因此，访问修饰符根据对象的静态类型决定了是否能够调用函数。其结果是，将函数重写的访问修饰符修改为比基类函数更加受限，其实没有效果。通过使用基类指针，很容易绕过这种访问限制。Ex15_03 中 ToughPack 类的 showVolume()函数显示了这一点。

■ 提示：函数的访问修饰符决定了是否可以调用该函数，但是不影响是否可以重写该函数。结果是，可以重写给定基类的 private virtual 函数。事实上，常常推荐将虚函数声明为私有的。

在某种意义上，私有虚函数兼得两种好处。一方面，函数是私有的，意味着在类的外部不能调用该函数。另一方面，函数是虚函数，允许派生类重写并定制其行为。换句话说，虽然有助于多态性，但仍然完全控制着什么时候、在什么地方调用这种私有的虚成员函数。这种函数可以是更复杂的算法中单独的步骤，只有当该算法之前的所有步骤都已经正确执行时才会执行此步骤。或者，可以是只有当获取特定资源后才会调用的函数，例如，在执行必要的线程同步后才调用的函数。

这里的基本思想与数据隐藏相同。对成员访问的限制性越强，越容易确保它们不会被误用。一些经典的面向对象设计模式，最明显的是所谓的模板方法模式，最好的实现方式是使用 private virtual 函数。这些模式比较高级，这里不深入讨论。只需要记住，访问修饰符和重写是正交的概念，并且总是要记住，将虚函数声明为 private 是可行的选项。

15.1.4　虚函数中的默认实参值

因为默认实参值在编译期间处理，所以在虚函数的参数中使用默认实参值会得到意想不到的结果。如果虚函数在基类的声明中带有默认实参值，则通过基类指针调用该函数时，就总是从函数的基类版本中接收默认实参值。而该函数在派生类版本中的默认实参值不起作用。下面修改前一个例子，在全部 3 个类的 volume() 函数中包含一个默认实参值，以演示这个过程。在 Box 类中修改 volume() 函数的定义，如下所示：

```
virtual double volume(int i=5) const
{
  std::cout << "(Box argument = " << i << ") ";
  return m_length * m_width * m_height;
}
```

在 Carton 类中，它被定义为：

```
double volume(int i = 50) const override
{
  std::cout << "(Carton argument = " << i << ") ";
  return std::max((m_length - 0.5) * (m_width - 0.5) * (m_height - 0.5), 0.0);
}
```

最后在 ToughPack 类中，volume() 函数的定义如下，将访问修饰符恢复为 public：

```
public:
  double volume(int i = 500) const override
  {
    std::cout << "(ToughPack argument = " << i << ") ";
    return 0.85 * m_length * m_width * m_height;
  }
```

显然，这里的参数仅用于演示如何指定默认实参值。

对类定义进行了这些修改后，就可以在前一个例子的 main() 函数中试验默认实参值了。在 main() 函数中，去掉为 hardcase 对象直接调用 volume() 成员的那行代码的注释。完整的代码在本书源代码 Ex15_04 中。输出如下所示：

```
Box usable volume is (Box argument = 5) 24000
Box usable volume is (ToughPack argument = 5) 20400
Box usable volume is (Carton argument = 5) 22722.4

hardcase volume is (ToughPack argument = 500) 20400
```

```
box volume through base pointer is (Box argument = 5) 24000
Box usable volume is (Box argument = 5) 24000
hardcase volume through base pointer is (ToughPack argument = 5) 20400
Box usable volume is (ToughPack argument = 5) 20400
carton volume through base pointer is (Carton argument = 5) 22722.4
Box usable volume is (Carton argument = 5) 22722.4
```

在调用 volume() 函数的每个实例中，默认实参值的结果都是基类函数的默认实参值，但有一个例外，就是使用 hardcase 对象直接调用 volume() 成员。这个调用是静态解析的，所以使用了 ToughPack 类的默认实参值。其他调用都是动态解析的，即使在派生类中执行函数，也使用基类的默认实参值。

15.1.5 通过引用调用虚函数

可通过引用来调用虚函数，引用参数是应用多态性的一个强大工具，当调用的函数按引用传递参数时更是如此。假定函数的一个参数是基类的引用，可以把基类对象或派生类对象传递给该函数。在函数体中，可以使用引用参数调用基类的虚函数，获得多态性行为。在该函数执行时，会自动为所传递的对象选择合适的虚函数。下面修改 Ex15_02，调用一个参数为"引用 Box"类型的函数。

```cpp
// Ex15_05.cpp
// Using a reference parameter to call virtual function
import <iostream>;
import boxes;

// Global function to display the volume of a box
void showVolume(const Box& box)
{
  std::cout << "Box usable volume is " << box.volume() << std::endl;
}
int main()
{
  Box box {20.0, 30.0, 40.0};                 // A base box
  ToughPack hardcase {20.0, 30.0, 40.0};      // A derived box - same size
  Carton carton {20.0, 30.0, 40.0, "Plastic"}; // A different derived box

  showVolume(box);                            // Display volume of base box
  showVolume(hardcase);                       // Display volume of derived box
  showVolume(carton);                         // Display volume of derived box
}
```

运行这个程序，结果如下：

```
Box usable volume is 24000
Box usable volume is 20400
Box usable volume is 22722.4
```

类定义与 Ex15_02 中的相同，但添加了一个新的全局函数，它使用其引用参数调用 volume()，以调用某对象的 volume() 成员函数。main() 定义的对象与 Ex15_02 中的相同，但给每个对象调用全局函数 showVolume()，输出对象的体积。从输出中可以看出，在每次调用时都使用了正确的 volume() 函数，证明多态性可以通过引用参数正确工作。

每次调用 showVolume() 函数时，引用参数都用传递为实参的对象进行初始化。由于参数是基类的一个引用，因此编译器会在运行期间动态绑定虚函数 volume()。

15.1.6 多态集合

当操作所谓的多态或异构对象集合时，多态性就变得特别值得关注。所谓多态或异构对象集合，其实指的是包含不同动态类型的对象的基类指针集合。集合的例子包括普通的 C 风格数组，也包括标准库提供的更加现代的、强大的 std::array<>和 std::vector<>模板。

我们使用 Ex15_03 中的 Box、Carton 和 ToughPack 类以及改进后的 main()函数来演示这个概念：

```cpp
// Ex15_06.cpp
// Polymorphic vectors of smart pointers
import <iostream>;
import <memory>; // For smart pointers
import <vector>;
import boxes;

int main()
{
  // Careful: this first attempt at a mixed collection is a bad idea (object slicing!)
  std::vector<Box> boxes;
  boxes.push_back(Box{20.0, 30.0, 40.0});
  boxes.push_back(ToughPack{20.0, 30.0, 40.0});
  boxes.push_back(Carton{20.0, 30.0, 40.0, "plastic"});

  for (const auto& box : boxes)
    box.showVolume();

  std::cout << std::endl;

  // Next, we create a proper polymorphic vector<>:
  std::vector<std::unique_ptr<Box>> polymorphicBoxes;
  polymorphicBoxes.push_back(std::make_unique<Box>(20.0, 30.0, 40.0));
  polymorphicBoxes.push_back(std::make_unique<ToughPack>(20.0, 30.0, 40.0));
  polymorphicBoxes.push_back(std::make_unique<Carton>(20.0, 30.0, 40.0, "plastic"));

  for (const auto& box : polymorphicBoxes)
    box->showVolume();
}
```

输出结果如下：

```
Box usable volume is 24000
Box usable volume is 24000
Box usable volume is 24000
Box usable volume is 24000
Box usable volume is 20400
Box usable volume is 22722.4
```

程序的第一部分显示了如何不创建一个多态集合。如果将派生类对象按值添加到基类对象的 vector<>中，就会发生对象切片。即，只会保留对应于基类的子对象。该向量没有空间用于存储完整的派生类对象。对象的动态类型被转换为基类类型。如果想要实现多态性，总是必须使用指针或引用。

程序的第二部分使用了合适的多态向量，但我们本来也可以使用普通 Box*指针的 vector<>，即 std::vector<Box*>类型的向量，并在其中存储动态分配的 Box、ToughPack 和 Carton 对象的指针。但那种方法有一个缺点：我们必须记住在程序结束时，对这些 Box 对象应用 delete。

标准库提供了智能指针来帮助处理这种情况。智能指针使我们能够安全地使用指针，而不必担心忘记删除对象。

因此，在 polymorphicBoxes 向量中，我们存储了 std::unique_ptr<Box>类型的元素，即指向 Box 对象的智能指针。这些元素能存储 Box 对象的地址，或者派生自 Box 类的任何类对象的地址，这与前面看到的原指针相同。而正如输出所示，使用智能指针时，多态性也得以保留。在自由存储区中创建对象时，智能指针能够提供多态行为，同时能避免内存泄漏。

■ **提示：** 要获得内存安全的多态对象集合，可以在标准容器(如 std::vector<>和 array<>)中存储标准智能指针(如 std::unique_ptr<>和 shared_ptr<>)。

15.1.7 通过指针释放对象

在处理派生类对象时使用基类指针是非常常见的，因为这是利用虚函数的方式。如果使用指针或智能指针指向在自由存储区中创建的对象，则释放派生类对象时存在一个问题。如果在前面的例子中为各种 Box 类添加显示一条消息的析构函数，就可以看到这个问题。使用示例 Ex15_06 中的文件，为 Box 基类添加一个析构函数，它在被调用时显示一条消息：

```
export class Box
{
public:
  Box() : Box{ 1.0, 1.0, 1.0 } {}
  Box(double l, doublc w, double h) : m_length {l}, m_width {w}, m_height {h} {}

  ~Box() { std::cout << "Box destructor called" << std::endl; }

  // Remainder of the Box class as before...
};
```

为 ToughPack 和 Carton 类添加类似的析构函数：

```
~ToughPack() { std::cout << "ToughPack destructor called" << std::endl; }
```

和：

```
~Carton() { std::cout << "Carton destructor called" << std::endl; }
```

如果文件中尚未导入<iostream>模块，则需要将其导入。不需要修改 main()函数。完整的程序包含在本书源代码下载的 Ex15_07 中。得到的输出的最后部分如下所示(在这部分之前的输出内容对应于推入第一个 vector<>并被切片的各个 Box 元素，但这不是我们这里要分析的内容)：

```
...
Box usable volume is 24000
Box usable volume is 24000
Box usable volume is 24000

Box usable volume is 24000
Box usable volume is 20400
Box usable volume is 22722.4
Box destructor called
Box destructor called
Box destructor called
Box destructor called
Box destructor called
Box destructor called
```

显然，这里有一个问题：为全部 6 个对象调用了相同的基类析构函数，尽管其中有 4 个对象是派生类对象。即使将对象存储在多态向量中，也会出现这种行为。自然，造成这种行为的原因是，与其他函数一样，析构函数是静态解析而不是动态解析的。为了确保为派生类调用正确的析构函数，需要为析构函数使用动态绑定。这需要用到虚析构函数。

■ **警告：** 读者可能认为，对于 ToughPack 或 Carton 类的对象，调用错误的析构函数没什么大问题，因为它们的析构函数基本上都是空的。这些派生类的析构函数并没有执行关键的清理任务，不调用它们也没什么坏处，对吧？事实上，C++标准库明确规定，对指向派生类对象的基类指针应用 delete 将造成不确定性的行为，除非基类有一个虚析构函数。因此，虽然调用错误的析构函数看起来没有害处，甚至在程序执行期间也是如此，但是原则上，任何事情都可能发生。如果足够幸运，可能不会发生不好的事情。但也有可能引入内存泄漏，甚至使程序崩溃。

虚析构函数

为了确保为自由存储区中创建的派生类对象调用正确的析构函数，需要使用虚析构函数。要在派生类中实现虚析构函数，只需要在基类的析构函数声明中添加关键字 virtual。这就告诉编译器，通过指针或引用参数调用的析构函数应是动态绑定的，这样析构函数就在运行期间选择。虽然派生类的析构函数有不同的名称，但是从基类派生的每个类的析构函数都是虚拟的；虚析构函数就是为这个目的专门设计的。

通过对 Ex15_07 中 Box 类的析构函数定义添加关键字 virtual，就可以看到这个效果：

```
export class Box
{
public:
  Box() : Box{ 1.0, 1.0, 1.0 } {}
  Box(double l, double w, double h) : m_length {l}, m_width {w}, m_height {h} {}

  virtual ~Box() { std::cout << "Box destructor called" << std::endl; }

  // Remainder of the Box class as before...
};
```

在声明虚基类的析构函数之后，所有派生类的析构函数就自动成为虚析构函数。再次运行这个例子，输出会确认这一点。

如果不是为了进行演示而添加了一些输出消息，构造函数的函数体会是空的{}块。不过，我们不推荐使用这种空块，而是推荐使用 default 关键字来声明析构函数。这样能够更加明显地表示出使用了默认实现。对于 Box 类，可以编写下面的代码：

```
virtual ~Box() = default;
```

对于编译器能够自动生成的所有成员，都可以使用 default 关键字。这包括析构函数，也包括构造函数和赋值运算符。需要注意，编译器生成的析构函数不是虚析构函数，除非显式把它们声明成虚析构函数。

■ **注意：** 当期望(甚至只是可能)使用多态性时，类中必须有一个虚析构函数，用来确保能够正确地释放对象。这意味着当一个类至少有一个虚成员函数时，就必须使其析构函数成为虚析构函数。当非虚析构函数被声明为 protected 或 private 时，可以不遵守此指导原则，但那种情况相当少见。

15.1.8 在指针和类对象之间转换

可以把派生类的指针隐式转换为基类指针，基类指针可以是直接基类指针，也可以是间接基类指针。例如，下面声明一个指向 Carton 对象的智能指针：

```
auto carton{ std::make_unique<Carton>(30, 40, 10) };
```

可以把这个智能指针中嵌入的指针隐式转换为 Carton 类的直接基类 Box 的指针：

```
Box* box_pointer {carton.get()};
```

结果是"指向 Box"的指针，被初始化为指向新的 Carton 对象。从示例 Ex15_05 和 Ex15_06 可知，这也适用于引用和智能指针。例如，可以像下面这样从 carton 获得 Box 对象的引用：

```
Box& box_reference {*carton};
```

■ **注意**：*一般来说，本节讨论的所有关于指针的内容也适用于引用。不过，我们不会一直明确重复指出这一点，也不是总会为引用给出类似的示例。*

还可以把派生类的指针转换为间接基类的指针。假设定义一个 CerealPack 类，它把 Carton 作为其公共基类。Box 是 Carton 的直接基类，也是 CerealPack 的间接基类。所以可以编写下面的语句：

```
CerealPack* cerealPack{ new CerealPack{ 30, 40, 10, "carton" } };
Box* box {cerealPack};
```

这个语句把 cerealPack 中的地址从"指向 CerealPack"的指针类型转换为"指向 Box"的指针类型。如果需要指定显式转换，可以使用 static_cast<>()运算符：

```
Box* box {static_cast<Box*>(cerealPack)};
```

编译器通常可以加速这个强制转换过程，因为 Box 是 CerealPack 的基类。如果 Box 类不能访问或 Box 类是虚基类，就不允许进行这种转换。

把派生类指针转换为基类指针的结果是指向目标类型的子对象的指针。在把指针强制转换为类类型时，很容易出现混乱。类类型的指针只能指向基类对象或派生类对象，反过来则不行。例如，指针 carton 可以包含 Carton 对象(它可以是 CerealPack 对象的一个子对象)或 CerealPack 对象的地址，但不能包含 Box 对象的地址。这是因为 CerealPack 对象是 Carton 的一种特殊类型，但 Box 对象不是。图 15-4 显示了 Box、Carton 和 CerealPack 对象指针之间的可能转换。

前面介绍的都是沿着类层次结构向上进行指针转换，有时还可以进行反方的强制转换。将指针沿着类层次结构向下，从基类强制转换为派生类是不同的，因为强制转换是否可行取决于基类指针指向什么对象。要把基类指针 box 静态强制转换为派生类指针 carton，基类指针必须指向 Carton 对象的 Box 子对象。否则，强制转换的结果就是未定义的。换句话说，会出现不好的事情。

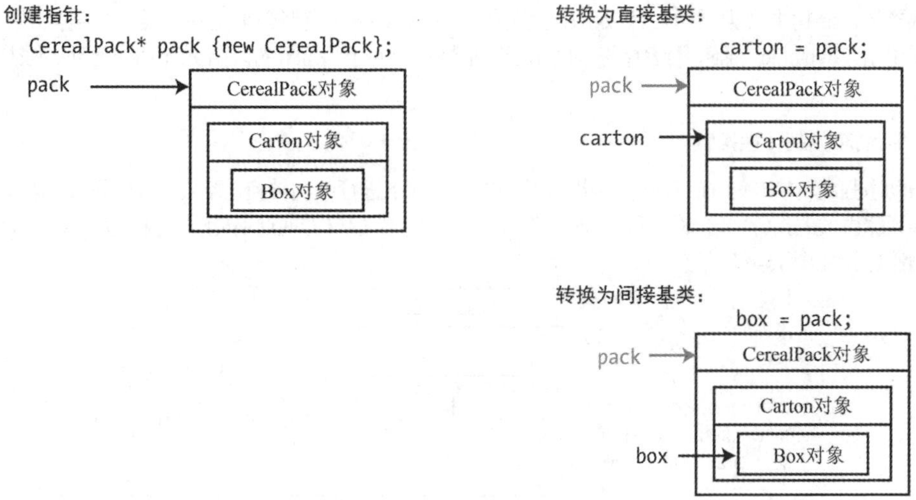

创建指针:
CerealPack* pack {new CerealPack};

转换为直接基类:
carton = pack;

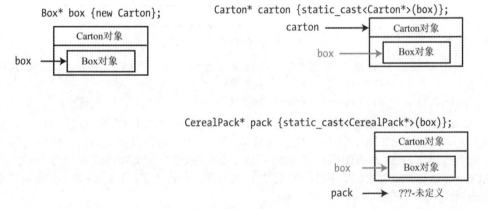

图 15-4 沿着类层次结构向上转换指针

图 15-5 显示了静态转换指针 box(它包含对象 Carton 的地址)的过程。强制转换为 Carton*类型是可行的,因为该对象的类型是 Carton。但转换为 CerealPack*类型的结果是未定义的,因为不存在这种类型的对象。

Box* box {new Carton};

Carton* carton {static_cast<Carton*>(box)};

CerealPack* pack {static_cast<CerealPack*>(box)};

pack ⟶ ???-未定义

图 15-5 沿着类层次结构向下转换指针

如果对其合法性有所怀疑,就不应使用静态强制转换。沿着类层次结构向下转换指针是否成功取决于指针是否包含目标类型的对象地址。静态强制转换不会对指针进行这种检查,如果要在不知道指针指向哪个对象的情况下进行这种静态强制转换,就可能得到未定义的结果。因此,在沿着类层次结构向下转换时,需要用另一种方式来进行,即强制转换可在运行期间检查指针。

15.1.9 动态强制转换

动态强制转换在运行期间进行。要指定动态强制转换,应使用dynamic_cast<>()运算符。这个运算符只能应用于多态类类型的指针和引用,即至少包含一个虚函数的类型。原因是只有指向多态类类型的指针才包含dynamic_cast<>()运算符检查强制转换是否有效所需的信息。这个运算符专门用于转换类层次结构中类类型的指针或引用。当然，要强制转换的类型必须是同一类层次结构中类的指针或引用。dynamic_cast<>()运算符不能用于其他情形。对于该运算符，首先介绍如何动态强制转换指针。

1. 动态强制转换指针

动态强制转换有两种：第一种是沿着类层次结构向下进行强制转换，即从直接或间接基类的指针转换为派生类的指针，这称为 downcast；第二种是跨类层次结构的强制转换，这称为 crosscast。这两种强制转换如图 15-6 所示。

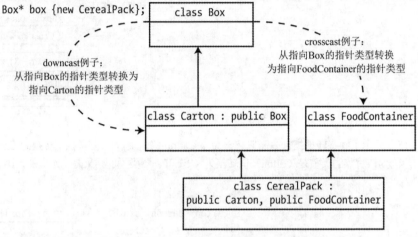

图 15-6　downcast 和 crosscast

对于 Box*类型的 box 指针，它包含 CerealPack 对象的地址，可将图 15-6 中的 downcast 写为如下语句：

```
Carton* carton {dynamic_cast<Carton*>(box)};
```

dynamic_cast<>()运算符的使用方式与static_cast<>()运算符相同。目标类型放在dynamic_cast后面的尖括号中，要强制转换为新类型的表达式放在圆括号中。要使这个强制转换合法，类Carton和Box必须包含虚函数，这些虚函数可以是声明或继承的成员。要使这个强制转换能正常工作，box必须指向Carton或CerealPack对象，因为只有这些类型的对象包含Carton子对象。如果强制转换不成功，指针carton就会设置为nullptr。

图 15-6 中的 crosscast 可以写为：

```
FoodContainer* foodContainer {dynamic_cast<FoodContainer*>(box)};
```

在上例中，FoodContainer 和 Box 类都必须是多态的，这样这个强制转换才是合法的。只有当 box 包含 CerealPack 对象的地址时，这个强制转换才会成功。因为只有 CerealPack 类型包含, FoodContainer 对象，而且可以使用 Box*类型的指针表示。另外，如果转换没有成功，foodContainer 就会设置为 nullptr。

使用 dynamic_cast<>()运算符沿着类层次结构向下进行强制转换可能会失败，但与静态强制转换不同，动态转换的结果是 nullptr，而不是"未定义"。这就提供了使用该动态转换运算符的一种方式。假定一个 Box 指针指向某个对象，现在要调用 Carton 类的一个非虚成员函数。基类指针只允许调用派生类的虚函数，而 dynamic_cast<>()运算符可以调用非虚函数。假定 surface()是 Carton 类的一个非虚成员函数，则下面的语句可以调用该函数：

```
dynamic_cast<Carton*>(box)->surface();
```

这显然是很危险的，但事实上，比使用 static_cast<>()好不了多少。仍需要确保 box 指向 Carton
对象或把 Carton 作为基类的派生类对象。否则，dynamic_cast<>()运算符就会返回 nullptr，调用的结
果就是未定义的。为了更正这个错误，可以使用 dynamic_cast<>()运算符确定要完成的工作是否有效。
例如：

```
Carton* carton {dynamic_cast<Carton*>(box)}
if (carton)
  carton->surface();
```

如果强制转换的结果不为 nullptr，就可以调用 surface()函数。注意不能用 dynamic_cast<>()去除
指针的 const 性质。如果要强制转换的指针类型是 const，则目标指针类型也必须是 const。如果要把
const 指针转换为非 const 指针，就必须先使用 const_cast<>()运算符，把 const 指针转换为同类型的非
const 指针。前面提到，很少推荐使用 const_cast<>()。大多数时候，使用 const 指针或引用有着很好
的理由，这意味着使用 const_cast<>绕开 const 性质常导致意外的或不一致的状态。

■ **警告：** 一种常见错误是过多地依赖动态强制转换，尤其是在某些场景中，使用多态性原本更加合
适。如果任何时候发现自己的代码中有类似下面的语句，就应该知道也许需要重新思考类的设计了：

```
Base* base = ...; // Start from a pointer-to-Base
// dynamic_cast to any number of derived types in a chain of if-else statements
// (See Chapter 4 for the 'if (initialization; condition)' syntax)
if (auto derived1 = dynamic_cast<Derived1*>(base); derived1 != nullptr)
  derived1->DoThis();
else if (auto derived2 = dynamic_cast<Derived2*>(base); derived2 != nullptr)
  derived2->do_this();
...
else if (auto derivedN = dynamic_cast<DerivedN*>(base); derivedN != nullptr)
  derivedN->doThat();
```

很多时候，应该使用基于多态性的解决方案替换这种代码。在我们这个虚构的例子中，可能应该
在 Base 类中创建一个 doThisOrThat()函数，然后在需要该函数的不同实现的派生类中重写该函数。这
样一来，整个代码块就可以缩减为：

```
Base* base = ...; // Start from a pointer-to-Base
base->doThisOrThat();
```

代码不只变得更短，而且当将来从 Base 类派生出另一个类 DerivedX 时，这段代码仍能工作。这
正是多态性的强大之处。无论是现在还是将来，代码都不需要知道可能存在的所有派生类，而只需要
知道基类的接口。试图使用动态强制转换模拟这种机制，只会得到低劣的仿制品。

虽然上面这个例子明显是虚构的，但在真实代码中，我们确实常常看到这种模式出现。因此，我
们建议读者特别注意这种情况。

关于误用 dynamic_cast，有一种相关但不那么常见的问题：动态强制转换 this 指针。例如，这种
不明智的代码可能如下所示：

```
void Base::DoSomething()
{
  if (dynamic_cast<Derived*>(this)) // NEVER DO THIS!
  {
    /* do something else instead... */
    return;
```

```
  }
  ...
 }
```

这里合适的解决方案是将 DoSomething()函数声明为虚函数，然后在派生类中重写。向下强制转换 this 指针无论什么时候都不是一个好主意，所以千万不要那么做！基类的代码没有理由引用派生类。这种模式的任何变体都应该替换为使用多态性。

■ 提示：一般来说，利用多态性可能需要将一个函数拆分成多个函数，然后重写其中的一些函数。这与所谓的 "模板方法" 设计模式相关。如果感兴趣，可以在网上或其他图书中找到有关设计模式的更多信息。

2. 转换引用

也可以把 dynamic_cast<>()运算符应用于函数中的引用参数，沿着类层次结构向下进行强制转换，生成另一个引用。在下面的例子中，函数 doThat()的参数是基类(Box)对象的一个引用。在 doThat()函数体中，可将参数强制转换为派生类型的引用：

```
double doThat(Box& box)
{
 ...
 Carton& carton {dynamic_cast<Carton&>(box)};
 ...
}
```

上述语句把对 Box 对象的引用强制转换为对 Carton 对象的引用。当然，当作为实参传递的对象不是 Carton 对象时，强制转换就不会成功。没有空引用的概念，所以这里的失败方式不同于指针强制转换：函数的执行会停止，并抛出 std:bad_cast 类型的异常(这个异常类在标准库的<typeinfo>模块中定义)。我们还没有讲到异常，但第 16 章会详细论述这个主题。

盲目地添加引用的动态强制转换显然是有风险的，但有一种替代方法。只需要将引用转换为指针，然后对指针应用强制转换。之后，就可以检查所得到的指针是否为 nullptr：

```
double doThat(Box& box)
{
 ...
 if (Carton* carton {dynamic_cast<Carton*>(&box)}; carton != nullptr)
 {
  ...
 }
 ...
}
```

15.1.10 调用虚函数的基类版本

通过派生类对象的指针或引用调用虚函数的派生类版本是很简单的——该调用是动态进行的。但是，如何为派生类对象调用虚函数的基类版本？

如果在派生类中重写虚基类函数，通常会发现，后者与前者稍有区别。本章一直使用的 ToughPack 类的 volume()函数就是一个很好的例子：

```
// Function to calculate volume of a ToughPack allowing 15% for packing
double volume() const override { return 0.85 * m_length * m_width * m_height; }
```

显然，上述 return 语句的 m_length * m_width * m_height 部分正是基类 Box 中用来计算 volume() 的公式。在这个例子中，需要重新键入的代码量并不多，但其他情况中则不一定如此。因此，如果能够简单地调用这个函数的基类版本，会非常方便。

在我们的例子中，一种看似可行的尝试如下所示：

```
double volume() const override { return 0.85 * volume(); } // Infinite recursion!
```

但是，如果编写这样的代码，volume()重写会调用自身，后者又会调用自身，以此类推，最终导致第 8 章提到的无限递归，使程序崩溃。解决办法是，显式告诉编译器调用函数的基类版本(包含此修改的 ToughPack.cppm 包含在示例 Ex15_07A 中)：

```
double volume() const override { return 0.85 * Box::volume(); }
```

像这样在函数重写中调用基类版本是很常见的。不过，在一些极少见的情况中，可能想在其他地方执行类似的操作。Box 类提供了一个机会来了解为什么可能需要这种调用。计算 Carton 或 ToughPack 对象的体积损失可能很有用；为此，一种方法是计算 volume()函数的基类版本和派生类版本返回的体积之差。通过使用类名进行限定，可强制静态调用基类的虚函数。假设按如下方式定义了指针 box：

```
Carton carton {40.0, 30.0, 20.0};
Box* box {&carton};
```

使用下面的语句就可计算 Carton 对象的总体积损失：

```
double difference {box->Box::volume() - box->volume()};
```

表达式 box->Box::volume()调用 volume()函数的基类版本。类名加上作用域解析运算符标识了一个特殊的 volume()函数，因此这是一个在编译时解析的静态调用。

在通过基类指针进行调用时，不能使用类名限定符来强制选择特定的派生类函数。表达式 box->Carton::volume()不会编译，因为 Carton::volume()不是 Box 类的成员。通过指针调用函数，要么调用该指针的类类型的成员函数，要么动态调用一个虚函数。

类似地，可通过派生类对象来调用虚函数的基类版本。使用下面的语句可计算 carton 对象的体积损失：

```
double difference {carton.Box::volume() - carton.volume()};
```

15.1.11 在构造函数或析构函数中调用虚函数

示例 Ex15_08 演示了在构造函数和析构函数中调用虚函数时会发生什么。我们仍然将 Box 类作为基类，在相关成员中添加必要的调试语句：

```
// Box.cppm
export module boxes:box;
import <iostream>;
export class Box
{
public:
  Box(double length, double width, double height)
    : m_length {length}, m_width {width}, m_height {height}
  {
    std::cout << "Box constructor called for a Box of volume " << volume() << std::endl;
  }
  virtual ~Box()
```

```
  {
    std::cout << "Box destructor called for a Box of volume " << volume() << std::endl;
  }

  // Function to calculate volume of a Box
  virtual double volume() const { return m_length * m_width * m_height; }

  void showVolume() const
  {
    std::cout << "The volume from inside Box::showVolume() is "
              << volume() << std::endl;
  }

private:
  double m_length, m_width, m_height;
};
```

我们还需要一个派生类，并使其重写 Box::volume()：

```
export module boxes:tough_pack;
import <iostream>;
import :box;

export class ToughPack : public Box
{
public:
  ToughPack(double length, double width, double height)
    : Box{length, width, height}
  {
    std::cout << "ToughPack constructor called for a Box of volume "
              << volume() << std::endl;
  }
  virtual ~ToughPack()
  {
    std::cout << "ToughPack destructor called for a Box of volume "
              << volume() << std::endl;
  }

  // Function to calculate volume of a ToughPack allowing 15% for packing
  double volume() const override { return 0.85 * Box::volume(); }
};
```

Boxes 模块的主要接口文件像以前一样简单：

```
export module boxes;
export import :box;
export import :tough_pack;
```

本示例中的主程序也很简单，只是创建了派生类 ToughPack 的一个实例，然后显示其体积：

```
// Ex15_08.cpp
// Calling virtual functions from constructors and destructors
import boxes;

int main()
{
  ToughPack toughPack{1.0, 2.0, 3.0};
  toughPack.showVolume(); // Should show a volume equal to 85% of 1x2x3, or 5.1
```

```
}
```

结果如下：

```
Box constructor called for a Box of volume 6
ToughPack constructor called for a Box of volume 5.1
The volume from inside Box::showVolume() is 5.1
ToughPack destructor called for a Box of volume 5.1
Box destructor called for a Box of volume 6
```

我们首先把注意力放到输出的中间一行，即 toughPack.showVolume()函数调用的结果。ToughPack 重写了 volume()，所以如果对 ToughPack 对象调用 volume()，期望使用的是 ToughPack 的版本，尽管调用来自基类函数(如 Box::showVolume())。输出明确显示，实际上正是出现了这种结果。Box::showVolume()输出的体积为 0.85 * 1 * 2 * 3，即 5.1，正符合预期。

接下来，我们看看如果不从普通的基类成员函数(如 showVolume())中调用 volume()，而是从基类构造函数中调用，会发生什么。输出的第一行显示，volume()将返回 6。显然，调用的是 Box 中的函数，而不是 ToughPack 中的重写版本。为什么？回顾一下，第 14 章讲过，当构造一个对象时，将首先构造所有的子对象，包括所有基类的子对象。当初始化这样的子对象时，例如 ToughPack 的 Box 子对象，派生类对象最多会被部分初始化。当对象的子对象还没有被完全初始化时，就调用该对象的成员函数，一般来说这是极为危险的。因此，构造函数中的所有函数调用，包括虚成员，总是静态解析的。

反过来，当析构对象时，按照与构造子对象相反的顺序来析构子对象。因此，当调用基类子对象的析构函数时，派生类已被部分析构。此时，调用派生类对象的成员同样不是一个好主意。因此，析构函数中的所有函数调用也是静态解析的。

■ **警告**：*构造函数或析构函数中的虚函数调用总是静态解析的。如果在极少见的情况中，确实需要在初始化期间进行多态调用，则应该在 init()成员函数中实现，该函数常是虚函数，在完成对象的构造后调用。这称为初始化期间的动态绑定。*

15.2　多态性引发的成本

天下没有免费的午餐，多态性也是这样。必须以两种方式为多态性买单：它需要更多的内存，虚函数调用也需要额外的系统开销。其原因在于虚函数调用的一般实现方式。幸运的是，这些成本基本上微不足道，大部分可以忽略不计。

假定两个类 A 和 B 包含相同的成员变量，但类 A 包含虚函数，而类 B 包含的函数是非虚函数。于是，A 类型的对象需要的内存就比 B 类型的对象多。

■ **注意**：*可以用这两种类对象创建一个简单的程序，使用 sizeof 运算符查看有虚函数和没有虚函数时，对象所占用内存的区别。*

内存需求增多的原因是，在创建多态类类型的对象时，要在对象中创建一个特殊的指针。这个指针用于调用对象中的虚函数。这个特殊指针指向一个为类创建的函数指针表，这个表通常称为 vtable，它为类中的每个虚函数建立一个数据项，如图 15-7 所示。

在通过基类对象的指针调用函数时，会按顺序发生下列事件：

(1) 首先，使用指向 vtable 的对象指针查找类的 vtable 的开头。

(2) 其次，在类的 vtable 中，查找被调用函数所对应的数据项，这通常使用偏移量来实现。

(3) 最后，通过 vtable 中的函数指针间接地调用函数。这个间接调用要比直接调用非虚函数慢一些，因此虚函数的每次调用都会占用额外的系统开销。

但这个系统开销相当小，不必担心。每个对象只需要几个额外的字节，函数调用的速度略慢，这与多态性提供的功能和灵活性相比，代价是比较小的。这里做出这样的解释，是为了说明为什么有虚函数的对象所占用的字节数要比没有虚函数的对象所占用的字节数要多。

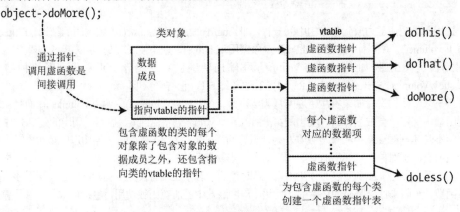

图 15-7　多态性函数调用的工作原理

> 注意：唯一需要权衡虚函数表指针的开销是否物有所值的情况，是在需要管理对应类型的数百万个对象时。假设有一个 Point3D 类，代表 3D 空间中的一个点。如果程序操作数百万个这样的点(例如，Microsoft Kinect 每秒生成 900 万个点)，那么在 Point3D 对象中不使用虚函数可节省大量内存。对于大部分对象而言，虚函数表指针所引发的成本非常小，但能带来很多好处。

15.3　确定动态类型

假设有一个针对多态类的对象的引用。前面提到，多态类是有至少一个虚函数的类。使用 typeid() 运算符可确定该对象的动态类型。这个标准运算符返回一个对 std::type_info 对象的引用，该对象封装了 typeid() 运算符的操作数的实际类型。与 sizeof 运算符的用法类似，typeid() 运算符的操作数可以是表达式或类型。具体来说，typeid() 运算符的语义大致如下：

- 如果操作数是一个类型，则 typeid() 计算为代表该类型的 type_info 对象的引用。
- 如果操作数是任何返回多态类型的引用的表达式，则计算该表达式，操作数将返回表达式的计算结果所引用的值的动态类型。
- 如果操作数是其他任何表达式，则不计算该表达式，返回的结果是该表达式的静态类型。

之所以介绍这个比较高级的运算符，是因为对于学习或调试来说，typeid() 十分有用。可以用它来轻松检查各种表达式的类型，或者观察对象的静态类型和动态类型之间的区别。

我们创建一个程序来演示这个运算符。再次使用 Ex15_06 中的 Box 和 Carton 类。当然，现在读者已经知道，任何基类都应该有一个虚析构函数，所以这里给 Box 类添加了一个默认的虚析构函数。但在本例中，这个小改动并不重要。本例使用 Box 类是为了演示将 typeid() 用于多态类时的行为。

> 注意：要使用 typeid() 运算符，必须先从标准库中导入 <typeinfo> 模块，然后才能使用 std::type_info 类，即 typeid() 运算符返回的对象的类型。注意，类型名称中有一个下画线，但模块名称中没有。

```cpp
// Ex15_09.cpp
// Using the typeid() operator
import <iostream>;
import <typeinfo>;                 // For the std::type_info class
import boxes;

// Define trivial non-polymorphic base and derived classes:
class NonPolyBase {};
class NonPolyDerived : public NonPolyBase {};

Box& getSomeBox();                 // Function returning a reference to a polymorphic type
NonPolyBase& getSomeNonPoly();     // Function returning a reference to a non-polymorphic type

int main()
{
  // Part 1: typeid() on types and == operator
  std::cout << "Type double has name " << typeid(double).name() << std::endl;
  std::cout << "1 is " << (typeid(1) == typeid(int)? "an int" : "no int") << std::endl;

  // Part 2: typeid() on polymorphic references
  Carton carton{ 1, 2, 3, "paperboard" };
  Box& boxReference = carton;

  std::cout << "Type of carton is " << typeid(carton).name() << std::endl;
  std::cout << "Type of boxReference is " << typeid(boxReference).name() << std::endl;
  std::cout << "These are " << (typeid(carton) == typeid(boxReference)? "" : "not ")
            << "equal" << std::endl;

  // Part 3: typeid() on polymorphic pointers
  Box* boxPointer = &carton;
  std::cout << "Type of &carton is " << typeid(&carton).name() << std::endl;
  std::cout << "Type of boxPointer is " << typeid(boxPointer).name() << std::endl;
  std::cout << "Type of *boxPointer is " << typeid(*boxPointer).name() << std::endl;

  // Part 4: typeid() with non-polymorphic classes
  NonPolyDerived derived;
  NonPolyBase& baseRef = derived;

  std::cout << "Type of baseRef is " << typeid(baseRef).name() << std::endl;

  // Part 5: typeid() on expressions
  const auto& type_info1 = typeid(getSomeBox());     // function call evaluated
  const auto& type_info2 = typeid(getSomeNonPoly()); // function call not evaluated
  std::cout << "Type of getSomeBox() is " << type_info1.name() << std::endl;
  std::cout << "Type of getSomeNonPoly() is " << type_info2.name() << std::endl;
}

Box& getSomeBox()
{
  std::cout << "getSomeBox() called..." << std::endl;
  static Carton carton{ 2, 3, 5, "duplex" };
  return carton;
}
NonPolyBase& getSomeNonPoly()
{
  std::cout << "getSomeNonPoly() called..." << std::endl;
```

```
static NonPolyDerived derived;
return derived;
}
```

程序的输出如下：

```
Type double has name double
1 is an int
Type of carton is class Carton
Type of boxReference is class Carton
These are equal
Type of &carton is class Carton *
Type of boxPointer is class Box *
Type of *boxPointer is class Carton
Type of baseRef is class NonPolyBase
getSomeBox() called...
Type of getSomeBox() is class Carton
Type of getSomeNonPoly() is class NonPolyBase
```

如果结果看上去不同，也不必惊慌。type_info 的 name() 成员函数返回的名称并不总是像这样具有很好的可读性。在一些编译器中，返回的类型名是所谓的"改写名称"，这是编译器内部使用的名称。如果是这种情况，结果可能更接近于如下所示：

```
Type double has name d
1 is an int
Type of carton is 6Carton
Type of boxReference is 6Carton
These are equal
Type of &carton is P6Carton
Type of boxPointer is P3Box
Type of *boxPointer is 6Carton
Type of baseRef is 11NonPolyBase
getSomeBox() called...
Type of getSomeBox() is 6Carton
Type of getSomeNonPoly() is 11NonPolyBase
```

可以查阅编译器的文档来了解如何解读这些名称，甚至还可能了解如何把它们转换为人类可读的名称。通常，改写名称本身包含的信息应该已经足以让读者跟上这里的讨论。

Ex15_09 测试程序包含 5 个部分，每个部分演示了 typeid() 运算符用法的一个特定方面。我们依次讲解它们。

在第一部分，我们对一个硬编码的类型名应用 typeid()。这本身没有什么值得关注，但是在将产生的 type_info 与对实际的值或表达式(如 main() 的第二条语句所示)应用 typeid() 得到的结果做比较时，就有些意思了。注意，编译器不会对类型名执行任何隐式转换。即，typeid(1)== int 不是合法的 C++ 语句；必须显式应用 typeid() 运算符，如 typeid(1)== typeid(int)。

程序的第二部分显示，确实可以使用 typeid() 来确定多态类型——本节的主题——的对象的动态类型。虽然 boxReference 变量的静态类型是 Box&，但是程序的输出反映，typeid() 正确地确定了该对象的动态类型：Carton。

程序的第三部分显示，将 typeid() 用于指针时，效果与用于引用时不同。虽然 boxPointer 指向一个 Carton 对象，但是 typeid(boxPointer) 的结果并不是 Carton*，而是反映了 boxPoiner 的静态类型：Box*。要确定指针指向的对象的动态类型，必须先解引用指针。typeid(*boxPointer) 的结果显示确实是这样。

程序的第四部分显示，无法确定非多态类型的对象的动态类型。为了测试这一点，我们简单定义了两个类：NonPolyBase 和 NonPolyDerived，它们都是非多态类。尽管 baseRef 是对动态类型 NonPolyDerived 的对象的引用，但 typeid(baseRef) 的计算结果是该表达式的静态类型，即 NonPolyBase。 如果将 NonPolyBase 转换为多态类，例如添加下面默认的虚析构函数，就可以看出区别：

```cpp
class NonPolyBase { public: virtual ~NonPolyBase() = default; };
```

再次运行程序，输出应该显示 typeid(baseRef) 现在解析为 NonPolyDerived 类型的 type_info 值。

■ **注意**：要确定一个对象的动态类型，typeid() 运算符需要所谓的运行时类型信息(RunTime Type Information，RTTI)，通过该对象的 vtable 通常可以获取此信息[1]。因为只有多态类型的对象包含 vtable 引用，typeid() 只能确定多态类型的对象的动态类型。顺便提一下，这也是 dynamic_cast<> 只能用于多态类型的原因。

从程序的最后一个部分可以知道，只有当传递给 typeid() 作为操作数的表达式有多态类型时，才会被计算；从程序的输出可以看到，程序调用了 getSomeBox()，但没有调用 getSomeNonPoly()。在某种意义上，这是符合逻辑的。对于前者，typeid() 需要确定动态类型，因为 getSomeBox() 被计算为对一个多态类型的引用。如果不计算该函数，编译器就无法确定结果的动态类型。另一方面，getSomeNonPoly() 函数被计算为对一个非多态类型的引用。此时，typeid() 运算符只需要静态类型，而编译器通过查看该函数的返回类型，在编译时就已经知道了这个静态类型。

■ **警告**：typeid() 的这种行为有些难以预测，有时候其操作数会被计算，有时候不会[2]。因此，我们建议不要在 typeid() 的操作数中包含函数调用。如果只对变量名或类型应用此运算符，就能够避免意外情况。

15.4 纯虚函数

有时，一个基类有大量的派生类，在每个派生类中都要重新定义虚函数，但在基类中定义虚函数却没有什么意义。例如，定义一个基类 Shape，从该类中派生一些新类，如 Circle、Ellipse、Rectangle、Hexagon 等，从而定义特定的图形。Shape 类包含一个虚函数 area()，为派生类对象调用它可以计算特定图形的面积，但 Shape 类的 area() 函数不能提供有意义的实现代码，例如，同时满足 Circle 和 Rectangle 类的需要。这种虚函数称为纯虚函数。

纯虚函数的主要作用是允许函数的派生类版本进行多态性调用。要把函数声明为纯虚函数，而不是一般的有定义的虚函数，可以使用与声明虚函数相同的语法，但在类的声明中要加上=0。

如果这些看上去难以理解，下面定义刚才描述的 Shape 类，演示如何声明纯虚函数：

```cpp
// Generic base class for shapes
class Shape
{
public:
  Shape(const Point& position) : m_position {position} {}
  virtual ~Shape() = default; // Remember: always use virtual destructors for base classes!

  virtual double area() const = 0;        // Pure virtual function to compute a shape's area
```

---

1 一些编译器默认不启用运行时类型识别，所以如果这里的代码不起作用，就需要找到对应的编译器选项来打开运行时类型识别。

2 在一些主流的编译器中，甚至可能看到 typeid() 计算其操作数两次。在我们的例子中，这意味着输出中可能两次出现"getSomeBox() called…"这一行。当然，这是一个 bug。但这更加说明了不应该对函数调用应用 typeid()。

```
virtual void scale(double factor) = 0; // Pure virtual function to scale a shape

// Regular virtual function to move a shape
virtual void move(const Point& position) { m_position = position; };

private:
  Point m_position;                        // Position of a shape
};
```

Shape 类包含一个 Point 类型(这是另一个类类型)的成员变量,它存储了图形的位置。这是一个基类成员变量,因为每个图形都必须有一个位置,Shape 构造函数会初始化它。area()和 scale()是虚函数,因为它们使用了 virtual。这两个函数还是纯虚函数,因为参数列表后面的=0 表示该函数在这个类中没有定义。

包含至少一个纯虚函数的类称为抽象类。Shape 类包含两个纯虚函数:area()和 scale(),所以它肯定是一个抽象类。下面详细论述一下抽象类的含义。

15.4.1 抽象类

虽然 Shape 类有一个成员变量和一个构造函数,甚至有一个定义了实现的成员函数,但它并没有完整地描述一个对象,因为 area()和 scale()函数没有定义。因此不允许创建 Shape 类的实例。该类存在的唯一原因是想要从中派生其他类。因为不能创建抽象类的对象,所以不能把它按值传递给一个函数;Shape 类型的参数不能编译。类似地,不能从函数中按值返回一个 Shape 对象。但抽象类的指针或引用可以用作参数或返回类型,所以 Shape*或 Shape&类型的函数参数是可用的。这是为派生类对象获得多态性行为所需的。

这就提出了一个问题:如果不能创建抽象类的实例,为什么抽象类还包含一个构造函数?抽象类的构造函数是用于初始化其成员变量的。为此,抽象类的构造函数可以在派生类的构造函数中隐式调用,或者在其初始化列表中调用。如果要在其他地方调用抽象类的构造函数,编译器就会生成一条错误消息。

因为抽象类的构造函数一般不能使用,所以最好把它声明为类的受保护成员,如 Shape 类所示。这样,在派生类的构造函数的初始化列表中就可以调用它,但不能在其他地方访问它。注意抽象类的构造函数不能调用纯虚函数,调用纯虚函数的结果是未定义的。

派生于 Shape 类的任何类都必须定义 area()和 scale()函数。如果不定义,那么派生类也会成为一个抽象类。更明确地说,如果抽象基类的纯虚函数没有在派生类中定义,纯虚函数就会原封不动地继承下来,派生类也就成为一个抽象类。

为了说明这一点,下面定义一个新类 Circle,它把 Shape 类作为基类。假定从 shape 模块中导出 Shape 类,这样就可以创建导出 Circle 类的新模块 shape.circle,如下所示:

```
export module shape.circle;
import shape; // For the Shape base class
import <numbers>; // For the constant π

// Class defining a circle
export class Circle : public Shape
{
public:
  Circle(const Point& center, double radius) : Shape{center}, m_radius{radius} {}

  double area() const override {
    return m_radius * m_radius * std::numbers::pi;
```

```
    }

    void scale(double factor) override { m_radius *= factor; }

private:
    double m_radius; // Radius of a circle
};
```

这段代码定义了 area() 和 scale() 函数, 所以这个类不是抽象类。如果没有定义这两个函数中的任何一个, Circle 类就是抽象类。该类包含一个构造函数, 它调用基类的构造函数来初始化基类的子对象。

当然, 抽象类还可以包含自己定义的虚函数和非虚函数。Shape 类的 move() 函数就是前者的例子。它还可以包含任意数量的纯虚函数。

■ **注意:** 对于本章中的所有 boxes 模块, 将每个类定义到自己的模块分区中。对于 Shape=, 我们又重新将每个类在自己独立的模块中进行定义。即, 标识符 shape.circle 是一个模块, 而不是模块分区。模块分区的标识符形式总是 module:partition (注意其中的冒号)。两者的区别在于, shape.circle 模块可以从任何源文件中导入, 而分区只能从属于同一模块的源文件中导入。使用这些模块的用户总是会一次性地获取所有的 Box 类型, 但必须分别导入不同的 Shape 类型。要想两全其美, 可以额外定义一个模块, 通过该模块一次性地轻松导入一些相关的模块。例如:

```
export module shapes;
export import shape.circle;
export import shape.rectangle;
// ... same for any other module exporting a shape class
```

将类型(和函数)打包到模块中的方式完全由用户决定。如果这些类型总是一起使用, 就可以将它们分组到同一个模块中。如果这些类型通常可以单独使用, 为它们分别创建模块则更加合理。

抽象类 Box

下面介绍一个使用抽象类的例子: 定义 Box 类的新版本, 其中把 volume() 函数声明为纯虚函数。作为一个多态基类, 它当然需要有一个虚析构函数:

```
export module boxes:box;
export class Box
{
public:
    Box(double l, double w, double h) : m_length {l}, m_width {w}, m_height {h} {}
    virtual ~Box() = default; // Virtual destructor
    virtual double volume() const = 0; // Function to calculate the volume

protected: // Should be private in production-quality code (add getters to access)
    double m_length, m_width, m_height;
};
```

Box 现在是一个抽象类, 不再能够创建该类型的对象。虽然 Box 构造函数声明为 public, 但从派生类的构造函数之外的任何地方调用它都会产生编译错误。

■ **提示:** 因为 Box 构造函数只用于派生类的构造函数, 所以也可以在 Box 类的 protected 部分声明。但这样做虽然阐明了意图, 却也会阻止构造函数被继承。记住在继承构造函数时, 总是会继承基类的访问修饰符。这与将继承声明放在派生类的哪一部分无关。因此, 一般来说, 最好在 public 部分声明抽象基类的构造函数。

本例中的 Carton 和 ToughPack 类与 Ex15_06 中的相同。它们定义了 volume()函数，所以它们不是抽象类，可以使用这两个类的对象证明虚函数 volume()仍像以前那样工作：

```cpp
// Ex15_10.cpp
// Using an abstract class
import <iostream>;
import boxes;

int main()
{
  // Box box{20.0, 30.0, 40.0};                   // Uncomment for compiler error

  ToughPack hardcase {20.0, 30.0, 40.0};         // A derived box - same size
  Carton carton {20.0, 30.0, 40.0, "plastic"};   // A different derived box

  Box* base {&hardcase};                          // Base pointer - derived address
  std::cout << "hardcase volume is " << base->volume() << std::endl;

  base = &carton;                                 // New derived address
  std::cout << "carton volume is " << base->volume() << std::endl;
}
```

运行结果如下所示：

```
hardcase volume is 20400
carton volume is 22722.4
```

volume()在 Box 类中的纯虚函数声明确保了 Carton 和 ToughPack 类中的 volume()函数也是虚函数。因此，可以通过基类的指针调用它们。该调用是动态解析的。Carton 和 ToughPack 对象的输出说明，一切都按希望的那样运行。

注意：现在，不能再像 Ex15_09 中那样实现 ToughPack 类的 volume()成员：

```cpp
double volume() const override { return 0.85 * Box::volume(); }
```

Box::volume()现在是一个纯虚函数，而我们不能使用静态绑定来调用纯虚函数(它没有函数体！)。因为基类没有提供其实现，所以这里必须再次显式写出 m_length * m_width * m_height。

15.4.2 用作接口的抽象类

有时，创建抽象类的原因仅是函数在类中的定义不合理，只能在派生类中实现。但是，使用抽象类还有另一种方式。只包含纯虚函数——没有成员变量或其他函数——的抽象类可以用于定义面向对象术语中所称的接口。它一般表示一组支持特定功能的相关函数声明，例如这组函数通过调制解调器进行通信。其他编程语言(如 Java 和 C#)对于接口有与类相似的语言构造，但在 C++中，需要使用只包含纯虚函数的抽象类来定义接口。前面说过，派生于这种抽象基类的类必须为每个虚函数定义实现代码，但每个虚函数的实现方式由实现派生类的人决定。抽象类固定了接口，但派生类中的实现代码是灵活的。

因为前面一节的抽象类 Shape 和 Box 有成员变量，所以它们并不是接口。下面的 Vessel 类是接口的一个例子，它在 Vessel.cppm 中定义。这个类指定任何 Vessel 对象都有体积，可从纯虚成员函数 volume()得出：

```cpp
// Vessel.cppm - Abstract class defining a vessel
```

```
export module vessel;

export class Vessel
{
public:
  virtual ~Vessel() = default; // As always: a virtual destructor!
  virtual double volume() const = 0;
};
```

实现 Vessel 接口的类可以有任意多个。它们都以自己的方式实现该接口的 volume()函数。自然,第一个实现 Vessel 接口的类是我们熟悉的 Box 类:

```
export module boxes:box;
import vessel;
export class Box : public Vessel
{
public:
  Box(double l, double w, double h) : m_length {l}, m_width {w}, m_height {h} {}

  double volume() const override { return m_length * m_width * m_height; }
protected: // Should be private in production-quality code (add getters to access)
  double m_length, m_width, m_height;
};
```

任何从 Box 派生的类也是有效的 Vessel。例如,可以使用 Ex15_09 中的 Carton 和 ToughPack 类(不过,因为基类函数现在已经不再是纯虚函数,所以可以并且应该在 ToughPack 的重写函数中调用 Box::volume())。

当然,还可以添加其他从 Vessel 派生的类。例如,添加一个类来定义铁罐,并把类的定义放在 Can.cppm 中:

```
// Can.cppm Class defining a cylindrical can of a given height and diameter
export module can;
import vessel;
import <numbers>;

export class Can : public Vessel
{
public:
  Can(double diameter, double height)
    : m_diameter {diameter}, m_height {height} {}
  double volume() const override
  {
    return std::numbers::pi * m_diameter * m_diameter * m_height / 4;
  }

private:
  double m_diameter, m_height;
};
```

这个类定义的Can对象表示规则的圆柱铁罐,如啤酒罐。可以看到,综合运用了上述代码的程序包含在Ex15_11.cpp中:

```
// Ex15_11.cpp
// Using an interface class and indirect base classes
import <iostream>;
import <vector>;
```

```
import vessel;
import boxes;
import can;

int main()
{
  Box box {40, 30, 20};
  Can can {10, 3};
  Carton carton {40, 30, 20, "Plastic"};
  ToughPack hardcase {40, 30, 20};
  std::vector<const Vessel*> vessels {&box, &can, &carton, &hardcase};

for (const auto* vessel : vessels)
  std::cout << "Volume is " << vessel->volume() << std::endl;
}
```

结果如下所示：

```
Volume is 24000
Volume is 235.619
Volume is 22722.4
Volume is 20400
```

这一次，我们使用 Vessel 对象的原指针向量来使用虚函数。输出显示，对 volume() 函数的所有多态调用已按照预期工作。

在这个例子中，有一个三级的类层次结构，如图 15-8 所示。

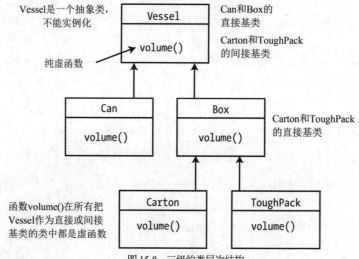

图 15-8　三级的类层次结构

如果派生类没有定义基类中声明为纯虚函数的函数，函数就会继承为纯虚函数，这会使派生类也变成抽象类。把 Can 或 Box 类中的 const 声明删除，就可以看到这个结果。这会使函数与基类中的纯虚函数不同，派生类继承函数的基类版本，并且程序不会编译。

15.5 本章小结

本章介绍了使用继承时涉及的一些规则。本章的要点如下：

- 多态性涉及通过指针或引用调用类的(虚)成员函数，而且调用是动态解析的，即在程序执行时，根据引用或指针指向的对象来确定调用哪个函数。
- 基类中的函数可以声明为 virtual。在派生于基类的所有类中，这会迫使函数总是为虚函数。
- 总是应该将用作基类的类的析构函数声明为 virtual(通常可以结合使用= default)。这确保了为动态创建的派生类对象选择正确的析构函数。对大部分基类这么做就足够了，但在其他地方这么做也没有坏处。
- 派生类的成员函数要重写基类的虚成员，应使用 override 限定符。这使编译器验证基类和派生类中的函数签名是否相同。
- 可以对虚函数重写使用 final 限定符，指出不能再进一步重写虚函数。如果将整个类指定为final，则不能从该类派生其他类。
- 虚函数中参数的默认实参值是静态赋值的，因此，如果虚函数的基类版本有默认值，那么对于动态解析的函数调用，会忽略派生类中指定的默认值。
- dynamic_cast<>运算符一般用于将多态基类的指针强制转换为派生类的指针。如果指针没有指向给定的派生类对象，dynamic_cast<>的计算结果将为 nullptr。指针类型检查是在运行时动态检查的。
- 纯虚函数没有定义。基类中的虚函数在函数声明的最后加上=0，就变成了纯虚函数。
- 包含一个或多个纯虚函数的类称为抽象类，这种类不能创建对象。在该类的任何派生类中，必须定义所继承的所有纯虚函数。否则，该派生类也是抽象类，也不能创建该类的对象。

15.6 练习

下面的练习用于巩固本章学习的知识点。如果有困难，可以回过头重新阅读本章的内容。如果仍然无法完成练习，可以从 Apress 网站(www.apress.com/source-code)下载答案，但只有别无他法时才应该查看答案。

1. 定义一个基类 Animal，它包含两个成员变量：一个是 string 成员，存储动物的名称(如"Fido")；另一个是整数成员 weight，存储动物的重量(单位是磅)。该基类还包含一个公共的成员函数 who()和一个纯虚函数 sound()：who()返回一个 string 对象，该对象包含 Animal 对象的名称和重量；sound()在派生类中应返回一个 string 对象，表示该动物发出的声音。把 Animal 类作为一个公共基类，派生至少 3 个类，即 Sheep、Dog 和 Cow，在每个类中实现 sound()函数。

定义一个类 Zoo，它可以在向量容器中存储任意多个不同类型的动物的地址。编写一个 main()函数，创建任意数量的派生类对象的随机序列，在 Zoo 对象中存储这些对象的指针。为简单起见，使用std::shared_ptr<>指针在 Zoo 中转移和存储 Animal(第 19 章将介绍移动语义，这种语义也允许为此目的使用 unique_ptr<>智能指针)。使用键盘输入对象的数量。定义并使用 Zoo 类的成员函数，输出 Zoo中每个动物的信息，以及每个动物发出的声音的文本。

2. 将第 1 题的答案作为基础。因为 Cow 特别在意自己的体重，所以 Cow 类的 who()函数的结果不能再包含重量。另一方面，Sheep 则是异想天开的动物。它们喜欢在 name 前面加上"Wooly"。也就是说，对于一个名为"Pete"的 Sheep，who()应该返回字符串"Woolly Pete"。此外，还应该反映 Sheep的真正重量，即总重量(存储在 Animal 基类对象中)减去羊毛(Sheep 自身知道)的重量。假设羊毛的重量默认为总重量的 10%。

3. 对于第 2 题的要求，如果不在 Sheep 类中重写 who()，是否还有其他方法来实现这些要求？(提示：也许 Animal::who()可以调用多态函数来获取某个动物的名称和重量)。

4. 为第 2 题或第 3 题创建的 Zoo 类添加一个函数 herd()，使其返回一个 vector<Sheep*>，后者包含的指针指向 Zoo 中的所有 Sheep。Sheep 仍然是 Zoo 的一部分。为 Sheep 定义一个函数 shear()来剪掉羊毛。在正确调整了 Sheep 对象的 weight 成员后，该函数返回羊毛的重量。修改第 2 题的程序，使其使用 herd()聚集所有 Sheep，收集这些 Sheep 的全部羊毛，然后在 Zoo 中再次输出信息。

提示：要从给定的 shared_ptr<Animal>中提取 Animal*指针，可调用 std::shared_ptr<>模板的 get()函数。

附加题：本章介绍了两种不同的语言机制，可用来使用 herd()聚集 Sheep。即，有两种技术可区分 Sheep*和其他 Animal*指针。试着使用这两种技术(注释掉其中一种)。

5. 读者可能疑惑，为什么在第 4 题的 herd()函数中，我们要求从使用 Animal shared_ptr<>改为使用 Sheep*原指针。不是应该使用 shared_ptr<Sheep>吗？主要问题是，不能简单地将 shared_ptr<Animal>强制转换为 shared_ptr<Sheep>。在编译器看来，它们是完全没有关系的类型。但是，如果能够使用 shared_ptr<Sheep>，的确会更好；而我们可能也低估了读者在这方面的能力。读者真正需要知道的是，要把 shared_ptr<Animal>强制转换为 shared_ptr<Sheep>，不能使用内置的 dynamic_cast<>和 static_cast<>运算符，而应该使用<memory>模块中定义的 std::dynamic_pointer_cast<>和 std::static_pointer_cast<>标准库函数。例如，让 shared_animal 成为 shared_ptr<Animal>。这样一来，dynamic_pointer_cast<Sheep>(shared_animal)将得到 shared_ptr<Sheep>。如果 shared_animal 指向一个 Sheep，则得到的智能指针将指向该 Sheep；否则，将包含 nullptr。修改第 4 题的答案以恰当地使用智能指针。

6. 以本章前面介绍抽象类时创建的 Shape 类和 Circle 类为基础。再从 Shape 类派生一个 Rectangle 类，它有一个 width 成员和一个 height 成员。创建一个函数 perimeter()来计算图形的周长。定义一个 main()函数，首先使用一定数量的 Shape 填充一个多态 vector<>(可以使用一个硬编码的 Shape 列表；没必要随机生成这些 Shape)。然后，输出这些 Shape 的总面积和总周长，将所有 Shape 缩放 1.5 倍，然后再次输出这些总和。当然，读者应该没有忘记本章前半部分介绍的内容，所以不要将所有的代码都放到 main()中，而应该定义合适的辅助函数。

提示：对于半径为 r 的圆形，周长(或圆周)的计算公式为 $2\pi r$。

第16章

■ ■ ■ ■

运行时错误和异常

异常是对程序中出现错误或未预料到的情况发出信号的方式。虽然也存在其他错误处理机制，但使用异常一般能得到更加简单、更加整洁的代码，并且遗漏错误的概率更小。我们将结合RAII(Resource Acquisition Is Initialization，资源获取即初始化)原则，说明异常是现代 C++中一些最有效的编程模式的基础。

本章主要内容
- 异常的概念和使用场合
- 如何使用异常警示错误
- 如何处理代码中的异常
- 不处理异常会发生什么
- RAII 代表什么，以及这种习语如何有助于编写异常安全的代码
- 何时使用 noexcept 限定符
- 在析构函数中使用异常时为什么要特别小心
- 在标准库中定义的异常类型

16.1　处理错误

错误处理是成功编程的基本要素之一。程序需要具备处理潜在错误和异常事件的能力，而对此付出的努力常常多于编写在正常情况下运行的代码。每当程序访问文件、数据库、网络位置、打印机等时，都可能发生意外情况，例如 USB 设备被拔出、网络连接丢失、出现硬件错误等。即使没有外部错误源，代码中也很可能存在 bug，而且大部分复杂的算法有时候确实会因为模糊或意外的输入而失败。错误处理代码的质量将决定程序的健壮程度，通常也是判断程序友好性的一个主要因素。它还对更正代码中的错误以及增加应用程序功能有非常重大的影响。

但并不是所有的错误都是相同的，错误的本质决定了如何在程序中处理它们。对于在程序正常运行过程中出现的错误不能使用异常。许多情况下，可以在出现错误的地方直接处理它们。例如，用户输入数据时，错误的按键会导致错误的输入，但这并不是一个严重的问题。检测这种输入错误通常比较容易，最合适的处理方法常常是舍弃输入，提示用户再次输入数据。在这种情况下，错误处理代码常常与处理整个输入过程的代码集成在一起。一般来说，如果发现错误的函数不能从错误中恢复，就应该使用异常。使用异常警示错误的主要优势在于，错误处理代码与导致错误的代码被完全隔离开。

关键在于，"异常"这个名称很合适。只有在程序的正常执行过程中发生异常条件，需要特别关注时，才应该使用异常进行警示。在程序的正常执行过程中，绝不应该使用异常，例如，使用异常从

函数中返回一个结果。而且，如果某个错误常常发生，并且大多数时候可被忽略，可以考虑返回一个错误代码而不是引发异常。但是，只有确实想让程序常常忽略某种错误条件时，才应该这么做。如果错误需要程序进一步处理，或者如果程序在发生错误后不应该继续运行，则仍然推荐使用异常作为错误处理机制。

16.2 理解异常

异常是任意类型的临时对象，用于警示错误。理论上，异常可以是基本类型的对象，如 int 或 const char*，但通常是专门为处理错误而定义的类对象。异常对象可以把错误发生的信息传送给处理错误的代码。许多情况下，涉及的信息不止一项，最好用类对象来处理。

在标识出代码中的错误时，可以通过"抛出"异常来警示错误。术语"抛出"表示发生了错误。异常对象会被传送到捕获并处理它的代码块中。如果要捕获异常，抛出异常的代码必须包含在一个特殊的代码块中，称为 try 块。如果不在 try 块中的语句抛出了异常，或者 try 块中的语句抛出了异常但未捕获，程序就会终止。本章稍后讨论这个问题。

try 块的后面是一个或多个 catch 块。每个 catch 块包含处理某种异常的代码，因此 catch 块有时称为异常处理程序。如果在发生错误时抛出异常，处理错误的所有代码就都放在 catch 块中，与未发生错误时执行的代码完全隔离开。

如图 16-1 所示，try 块是花括号中的正常代码块，前面用关键字 try 来标识。每次执行 try 块时，都有可能抛出几种不同类型的异常中的一种。所以，try 块的后面可以有几个 catch 块，每个 catch 块都可以处理一种不同类型的异常。catch 块是花括号中的正常代码块，前面用关键字 catch 来标识。catch 块处理的异常类型用圆括号中的一个参数标识，前面是 catch 关键字。

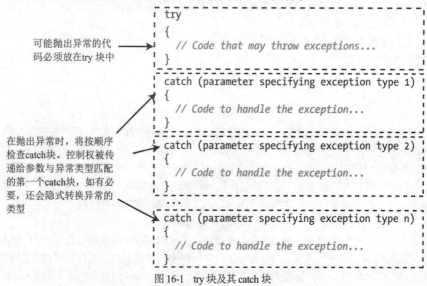

图 16-1　try 块及其 catch 块

catch 块中的代码仅在抛出匹配类型的异常时才执行。如果 try 块没有抛出异常，就不执行 try 块后面的任何 catch 块。try 块总是从左花括号后面的第一个语句开始执行。

16.2.1 抛出异常

我们接下来会抛出一个异常，看看会发生什么。尽管异常总是应使用类对象来处理(稍后讨论)，但这里先使用基本类型，因为在研究可能出现的情况时，使用基本类型会使代码非常简单。抛出异常要使用 throw 表达式，该表达式用关键字 throw 来表示。下面是一个例子：

```
try
{
  // Code that may throw exceptions must be in a try block...

  if (test > 5)
    throw "test is greater than 5"; // Throws an exception of type const char*

  // This code only executes if the exception is not thrown...
}
catch (const char* message)
{
  // Code to handle the exception...
  // ...which executes if an exception of type 'char*' or 'const char*' is thrown
  std::cout << message << std::endl;
}
```

如果 test 的值大于 5，throw 语句就抛出一个异常。在本例中，异常是字面量"test is greater than 5"。控制权会立即从 try 块传送给用于处理抛出的 const char*类型异常的第一个处理程序。这里只有一个处理程序，它正巧捕获 const char*类型的异常，所以执行该 catch 块中的语句，显示异常。

下面用一个例子来试验异常。在这个例子中，会抛出 int 和 const char*类型的异常，输出语句用于查看控制权的流动：

```
// Ex16_01.cpp
// Throwing and catching exceptions
import <iostream>;
int main()
{
  for (size_t i {}; i < 5; ++i)
  {
    try
    {
      if (i < 2)
        throw i;
      std::cout << "i not thrown - value is " << i << std::endl;

      if (i > 3)
        throw "Here is another!";
      std::cout << "End of the try block." << std::endl;
    }
    catch (size_t i) // Catch exceptions of type size_t
    {
      std::cout << "i caught - value is " << i << std::endl;
    }
    catch (const char* message) // Catch exceptions of type char*
    {
      std::cout << "message caught - value is \"" << message << '"' << std::endl;
    }
```

```
    std::cout << "End of the for loop body (after the catch blocks)"
             << " - i is " << i << std::endl;
  }
}
```

这个例子的运行结果如下所示:

```
i caught - value is 0
End of the for loop body (after the catch blocks) - i is 0
i caught - value is 1
End of the for loop body (after the catch blocks) - i is 1
i not thrown - value is 2
End of the try block.
End of the for loop body (after the catch blocks) - i is 2
i not thrown - value is 3
End of the try block.
End of the for loop body (after the catch blocks) - i is 3
i not thrown - value is 4
message caught - value is "Here is another!"
End of the for loop body (after the catch blocks) - i is 4
```

for 循环的 try 块中的代码可以抛出 size_t 类型和 const char*类型的异常:如果循环计数器 i 小于 2,就抛出 size_t 类型的异常;如果 i 大于 3,就抛出 const char*类型的异常。异常的抛出会立即把控制权从 try 块中转出,所以 try 块末尾的输出语句仅在未抛出异常的情况下才会执行。这可以从输出中看出来。当 i 的值是 2 或 3 时,才会从这个语句中获得输出。对于 i 的其他值,都会抛出异常,所以输出语句不会执行。

try 块的后面是第一个 catch 块。try 块的处理程序必须紧跟在 try 块之后。如果在 try 块和第一个 catch 块之间有其他代码,或 try 块的各个 catch 块之间有其他代码,程序就不会编译。第一个 catch 块处理 size_t 类型的异常,从输出中可以看出,当第一个 throw 语句执行时,这个 catch 块就会执行。这种情况下,不执行下一个 catch 块。在这个处理程序执行完毕后,控制权就会直接传送给循环的最后一个语句。

第二个处理程序处理 char*类型的异常。在抛出异常"Here is another!"时,控制权会从 throw 语句直接传送给这个处理程序,跳过前一个 catch 块。如果没有抛出异常,则这两个 catch 块都不会执行。可以把这个 catch 块放在前一个处理程序的前面,程序仍会正常运行。在本例中,处理程序的顺序并不重要,但并不总是这样。本章后面将举出处理程序的顺序比较重要的例子。

无论是否执行了处理程序,标记循环迭代结束的语句都会执行。抛出异常并不会结束程序,除非想结束程序——此时要在 catch 块中结束程序。如果可以在处理程序中修复导致异常的问题,程序就可以继续执行。

16.2.2 异常处理过程

在前面的例子中,抛出异常时事件发生的顺序是相当清晰的。但在后台会发生其他事件,如果考虑一下控制权如何从 try 块传递到 catch 块,就能猜出其中的一些事件。事件的 throw/catch 顺序如图 16-2 所示。

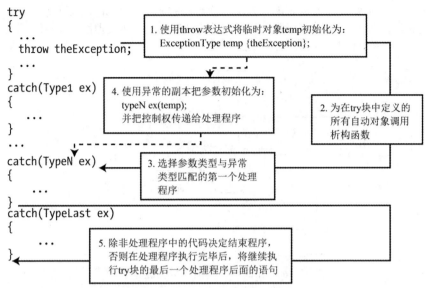

图 16-2 抛出和捕获异常背后的机制

当然，try 块是一个语句块，语句块总是定义了一个作用域。抛出异常会立即退出 try 块，此时在 try 块中(到抛出异常的地方为止)声明的所有自动对象都会被释放。在处理程序的代码执行时，这些对象都不存在了。这是非常重要的，所抛出的异常对象不能是指向 try 块的局部对象的指针。这也是在抛出过程中复制异常对象的原因。

■ **警告**：异常对象的类型必须是可以复制的。即使实际的复制操作经常被优化(使用省略复制，相关内容请参阅第 18 章)，但若类类型的对象的副本构造函数是私有的、受保护的或者已被删除，该对象通常也不能用作异常(不过，有一些编译器也能够容忍仅移动异常类型，可参阅第 18 章了解有关移动语义的原则)。

由于 throw 表达式用于初始化临时对象，因此可以抛出 try 块的局部异常对象，但该异常不能是指向本地对象的指针。接着，就使用抛出对象的副本来初始化 catch 块的参数，执行该 catch 块的处理程序。

catch 块也是一个语句块，在执行完 catch 块后，其所有的局部自动对象(包括参数)也都会释放。除非使用 return 语句把控制权传送到 catch 块的外部，否则程序会继续执行 try 块的最后一个 catch 块后面的语句。为异常选择了处理程序后，控制权就会传递给它，所抛出的异常就会被认为在这个处理程序中已处理过。即使 catch 块为空，什么也不做，也是如此。

16.2.3 导致抛出异常的代码

16.2 节开始时提到过，try 块包含可能抛出异常的代码。但这并不是说，抛出异常的代码实际上必须放在 try 块的花括号对中。这些代码只需要在逻辑上位于 try 块中即可。也就是说，如果在 try 块中调用一个函数，在该函数中抛出但未捕获的任何异常都会被该 try 块的某个 catch 块捕获。图 16-3 是一个例子。在 try 块中有两个函数调用，这两个函数是 fun1()和 fun2()。在这两个函数中抛出的 ExceptionType 类型的异常可以被该 try 块后面的 catch 块捕获。如果在函数中抛出的异常没有被该函数捕获，异常就会传递到下一级的调用函数。如果调用函数也没有捕获这个异常，这个异常就会继续向下一级传送，例如图 16-3 中 fun3()抛出的异常。fun3()由 fun1()调用。fun1()没有 try 块，所以 fun3()
抛出的异常会传递给调用 fun1()的函数。如果异常到达没有更多 catch 处理程序的一级，且仍未捕获，
通常会结束程序(稍后将详细讨论未捕获异常会发生什么)。

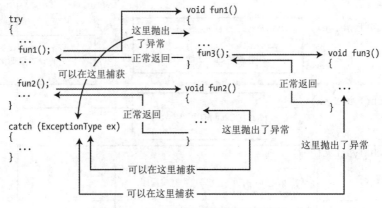

图 16-3   在 try 块中调用的函数抛出的异常

当然，如果在程序的不同位置调用了同一个函数，函数体中代码抛出的异常有可能在不同的时间
由不同的 catch 块处理，如图 16-4 所示。

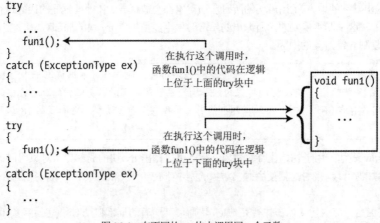

图 16-4   在不同的 try 块中调用同一个函数

在第一个 try 块中调用函数 fun1()时，fun1()函数抛出的 ExceptionType 类型的异常可以由该 try 块
的 catch 块处理。在第二个 try 块中调用函数 fun1()时，该 try 块的 catch 处理程序会处理所抛出的所有
ExceptionType 类型的异常。从图 16-4 中可以看出，应在对程序结构和操作最方便的地方处理异常。
在极端情况下，应在 main()中捕获程序的所有异常，即把 main()中的代码都放在 try 块中，其后带数
量合适的 catch 块。

16.2.4   嵌套的 try 块

在一个 try 块中可以嵌套另一个 try 块。每个 try 块都有自己的一组 catch 块来处理该 try 块中抛出
的异常。try 块的 catch 块只能处理该 try 块中抛出的异常，如图 16-5 所示。

```
try
{
    ...              // outer try block

    try
    {
        ...          // inner try block
    }
    catch (ExceptionType1 ex)  ◄─────    这个处理程序可以捕获在内层try块中
    {                                     抛出的异常ExceptionType1
        ...
    }

}
catch (ExceptionType2 ex) ◄────────      这个处理程序可以捕获在外层try块中
{                                         抛出的异常ExceptionType2，以及在内
    ...                                   层try块中未捕获的异常
}
```

图 16-5 嵌套的 try 块

如图 16-5 所示，每个 try 块都有一个处理程序，但一般情况下，每个 try 块都有好几个处理程序。catch 块可以捕获不同类型的异常，也可以捕获相同类型的异常。在内层 try 块中的代码抛出异常时，其处理程序会首先处理它。内层 try 块的每个处理程序都会检查匹配的异常类型，如果这些处理程序都不匹配，外层 try 块的处理程序就有机会捕获该异常。以这种方式嵌套 try 块，嵌套的深度可以是应用程序需要的任意深度。

在外层 try 块的代码抛出异常时，即使抛出异常的语句位于内层 try 块的前面，也由外层 try 块的处理程序处理该异常。内层 try 块的处理程序永远都不会处理外层 try 块的代码抛出的异常。一般情况下，两个 try 块的代码都可以调用函数，在执行函数时，函数体中的代码在逻辑上位于调用它的 try 块中。

16.3　用类对象作为异常

可以把任意类型的类对象作为抛出的异常。但是，异常对象的核心是与处理程序交流错误信息。因此，通常要定义一个特殊的异常类来表示某种类型的问题。每个应用程序的异常类都是该应用程序所特有的，但异常对象总是包含某种类型的消息来解释问题，也可能包含某种类型的错误代码。还可以让异常对象以合适的方式提供错误源的额外信息。

下面定义一个简单的异常类。把它放在一个模块中，该模块的名称相当普通(名为 troubles)，以后还可以在这个模块中添加新的内容。

```cpp
// troubles.cppm - Exception classes
export module troubles;
import <string>;
import <string_view>;
export class Trouble
{
public:
  explicit Trouble(std::string_view message = "There's a problem")
    : m_message {message}
  {}
  std::string_view what() const { return m_message; }
private:
  std::string m_message;
};
```

Trouble 类的对象只是存储一条消息，指出存在问题，所以最适合作为简单的异常对象。在构造函数的参数列表中定义了一条默认的消息，使用默认构造函数可以创建包含默认消息的对象。当然，是否应该使用这种默认消息完全是另外一个问题。记住，异常处理的思想通常是提供有关错误原因的信息，以帮助诊断问题。what()成员函数返回当前的消息。为了使异常处理的逻辑易于管理，需要确保异常类的成员函数不抛出异常。本章的后面将说明如何明确禁止成员函数抛出异常。

下面看看在抛出异常对象时会发生什么。与前面的例子一样，我们不产生错误，而只是抛出异常对象，看看在各种情况下会发生什么。下面通过一个简单例子来使用异常类，在一个循环中抛出一些异常对象：

```cpp
// Ex16_02.cpp
// Throw an exception object
import <iostream>;
import troubles;

void trySomething(int i);

int main()
{
  for (int i {}; i < 2; ++i)
  {
    try
    {
      trySomething(i);
    }
    catch (const Trouble& t)
    {
      // What seems to be the trouble?
      std::cout << "Exception: " << t.what() << std::endl;
    }
  }
}
void trySomething(int i)
{
  // There's always trouble when 'trying something'...
  if (i == 0)
    throw Trouble {};
  else
    throw Trouble {"Nobody knows the trouble I've seen..."};
}
```

程序的输出结果如下所示：

```
Exception: There's a problem
Exception: Nobody knows the trouble I've seen...
```

trySomething()在 for 循环中抛出了两个异常对象。抛出的第一个异常对象是由 Trouble 类的默认构造函数创建的，它包含默认的消息字符串。第二个异常对象是在 if 语句的 else 子句中抛出的，它包含作为构造函数实参传递的消息。catch 块捕获了这两个异常对象。

catch 块的参数是一个引用。异常对象总是在抛出时复制，如果在 catch 块中没有把参数指定为引用，异常对象会再次复制，这显然是不必要的。抛出异常对象的事件顺序是：先复制异常对象(创建一个临时对象)，再释放原对象，因为退出了 try 块，该对象超出了作用域。之后，把副本传送给 catch 处理程序——如果参数是一个引用，就按引用传送。如果想观察所发生的事件，只需要给 Trouble 类添加一个副本构造函数和一个析构函数，其中包含一些输出语句。

16.3.1 匹配 catch 处理程序和异常

如前所述，跟在 try 块后面的处理程序按照它们在代码中的顺序进行检查，并执行第一个参数类型与异常类型匹配的处理程序。对于基本类型(不是类类型)的异常，需要参数与异常类型完全匹配的 catch 块。而对于类类型的异常，可能要进行隐式的类型转换，以匹配异常类型和处理程序的参数类型。在匹配参数类型和抛出的异常的类型时，出现下列情形就是匹配的：

- 参数类型与异常类型完全匹配，忽略 const。
- 参数类型是异常类的直接或间接基类，或是异常类的直接或间接基类的引用，忽略 const。
- 异常和参数都是指针，异常类型可以隐式转换为参数类型，忽略 const。

这里列出了可能的类型转换，暗示了 try 块的 catch 处理程序的排序方式。如果为同一个类层次结构中的异常类型创建了几个处理程序，则最特殊的派生类类型排在第一，最一般的类类型排在最后。如果基类类型的处理程序排在派生类类型的处理程序之前，则总是选择基类类型的处理程序来处理派生类类型的异常。换言之，派生类类型的处理程序永远不会执行。

下面在包含 Trouble 类的模块中，以 Trouble 类为基类再添加两个异常类。在定义了新类后，troubles.cppm 模块文件的内容如下：

```
// troubles.cppm - Exception classes
export module troubles;
import <string>;
import <string_view>;

export class Trouble
{
public:
  explicit Trouble(std::string_view message = "There's a problem")
    : m_message {message}
  {}
  virtual ~Trouble() = default; // Base classes must have a virtual destructor!
  virtual std::string_view what() const { return m_message; }
private:
  std::string m_message;
};

// Derived exception class
export class MoreTrouble : public Trouble
{
public:
  explicit MoreTrouble(std::string_view str = "There's more trouble...")
    : Trouble {str}
  {}
};

// Derived exception class
export class BigTrouble : public MoreTrouble
{
public:
  explicit BigTrouble(std::string_view str = "Really big trouble...")
    : MoreTrouble {str}
  {}
};
```

注意 what()成员和基类的析构函数都被声明为 virtual。因此，在派生于 Trouble 的类中，what()
函数也是虚函数。在这里并不重要，但原则上这允许派生类重新定义 what()。在基类中声明虚析构函
数是很重要的。派生类除了为消息定义不同的默认字符串外，并没有给基类添加新内容。我们常用不
同的类名来区分不同类型的错误。在一种错误发生时，就抛出对应于该错误的异常类型。类的内部并
没有什么不同。使用不同的 catch 块捕获不同的类类型可以区分不同类型的错误。下面的代码抛出了
Trouble、MoreTrouble 和 BigTrouble 类型的异常，并包含捕获它们的处理程序：

```cpp
// Ex16_03.cpp
// Throwing and catching objects in a hierarchy
import <iostream>;
import troubles;
int main()
{
  for (int i {}; i < 7; ++i)
  {
    try
    {
      if (i == 3)
        throw Trouble{};
      else if (i == 5)
        throw MoreTrouble{};
      else if (i == 6)
        throw BigTrouble{};
    }
    catch (const BigTrouble& t)
    {
      std::cout << "BigTrouble object caught: " << t.what() << std::endl;
    }
    catch (const MoreTrouble& t)
    {
      std::cout << "MoreTrouble object caught: " << t.what() << std::endl;
    }
    catch (const Trouble& t)
    {
      std::cout << "Trouble object caught: " << t.what() << std::endl;
    }
    std::cout << "End of the for loop (after the catch blocks) - i is " << i << std::endl;
  }
}
```

这个示例的输出结果如下：

```
End of the for loop (after the catch blocks) - i is 0
End of the for loop (after the catch blocks) - i is 1
End of the for loop (after the catch blocks) - i is 2
Trouble object caught: There's a problem
End of the for loop (after the catch blocks) - i is 3
End of the for loop (after the catch blocks) - i is 4
MoreTrouble object caught: There's more trouble...
End of the for loop (after the catch blocks) - i is 5
BigTrouble object caught: Really big trouble...
End of the for loop (after the catch blocks) - i is 6
```

在 for 循环中，类型为 Trouble、MoreTrouble 和 BigTrouble 的对象作为异常被抛出。这些对象在

被抛出的瞬间被创建，异常通常都是这样。循环变量 i 的值决定了被抛出对象的类型。每个 catch 块都包含不同的消息，所以输出显示了抛出异常时选择了哪个 catch 处理程序。在两个派生类型的处理程序中，仍由继承而来的 what()函数返回消息。注意每个 catch 块的参数类型都是引用，与上一个例子中相同。使用引用的一个原因是避免复制异常对象。在下一个例子中，会说明在处理程序中总是使用引用参数的另一个更加关键的原因。

每个处理程序都显示包含在被抛出对象中的消息。从输出中可以看出，每个处理程序都会针对所抛出异常的类型进行调用。处理程序的顺序非常重要，因为这与异常和处理程序的匹配相关，与异常类的类型也相关。下面深入探讨这个问题。

16.3.2 用基类处理程序捕获派生类异常

因为派生类类型的异常会隐式转换为基类类型以匹配 catch 处理程序的参数，所以前一个例子用一个处理程序就可以捕获所有的异常。下面修改前一个例子，从该例的 main()中删除(或注释掉)两个派生类的处理程序：

```cpp
// Ex16_04.cpp
// Catching exceptions with a base class handler
import <iostream>;
import troubles;

int main()
{
  for (int i {}; i < 7; ++i)
  {
    try
    {
      if (i == 3)
        throw Trouble{};
      else if (i == 5)
        throw MoreTrouble{};
      else if (i == 6)
        throw BigTrouble{};
    }
    catch (const Trouble& t)
    {
      std::cout << "Trouble object caught: " << t.what() << std::endl;
    }
    std::cout << "End of the for loop (after the catch blocks) - i is " << i << std::endl;
  }
}
```

这个程序现在的输出结果如下：

```
End of the for loop (after the catch blocks) - i is 0
End of the for loop (after the catch blocks) - i is 1
End of the for loop (after the catch blocks) - i is 2
Trouble object caught: There's a problem
End of the for loop (after the catch blocks) - i is 3
End of the for loop (after the catch blocks) - i is 4
Trouble object caught: There's more trouble...
End of the for loop (after the catch blocks) - i is 5
Trouble object caught: Really big trouble...
End of the for loop (after the catch blocks) - i is 6
```

参数类型为 const Trouble&的 catch 处理程序现在捕获了 try 块中抛出的所有异常。如果 catch 块中的参数是基类的一个引用，该块就会匹配所有派生类的异常。尽管每个异常的输出都是 "Trouble object caught"，但该输出实际上对应于派生自 Trouble 的其他类的对象。

在按引用传递异常时，其动态类型保持不变。为了验证这一点，可以使用 typeid()运算符获取和显示动态类型。为此，处理程序的代码应修改为：

```
catch (const Trouble& t)
{
  std::cout << typeid(t).name() << " object caught: " << t.what() << std::endl;
}
```

记住，typeid()运算符返回 type_info 类的对象，调用其 name()成员会返回类名。对代码进行这样的修改后，输出就会显示，即使使用了基类的引用，派生类异常也仍保留其动态类型。这个版本的程序的输出应如下所示：

```
End of the for loop (after the catch blocks) - i is 0
End of the for loop (after the catch blocks) - i is 1
End of the for loop (after the catch blocks) - i is 2
class Trouble object caught: There's a problem
End of the for loop (after the catch blocks) - i is 3
End of the for loop (after the catch blocks) - i is 4
class MoreTrouble object caught: There's more trouble...
End of the for loop (after the catch blocks) - i is 5
class BigTrouble object caught: Really big trouble...
End of the for loop (after the catch blocks) - i is 6
```

■ **注意**: 如果 typeid()运算符在读者的编译器中得到的是改写名称，那么在程序的输出中，异常类的名称可能看起来不太清晰。第 15 章讨论过这个问题。为便于演示，我们总是给出未改写的、人类可读的格式。

现在可以把处理程序的参数类型改为 Trouble，这样异常就会按值被捕获，而不会按引用被捕获：

```
catch (Trouble t)
{
  std::cout << typeid(t).name() << " object caught: " << t.what() << std::endl;
}
```

运行程序的这个版本，结果如下：

```
End of the for loop (after the catch blocks) - i is 0
End of the for loop (after the catch blocks) - i is 1
End of the for loop (after the catch blocks) - i is 2
class Trouble object caught: There's a problem
End of the for loop (after the catch blocks) - i is 3
End of the for loop (after the catch blocks) - i is 4
class Trouble object caught: There's more trouble...
End of the for loop (after the catch blocks) - i is 5
class Trouble object caught: Really big trouble...
End of the for loop (after the catch blocks) - i is 6
```

对于派生类的异常对象，仍会选择 Trouble 处理程序，但动态类型不再保持不变。这是因为参数会用基类的副本构造函数进行初始化，与派生类相关的所有属性都丢失了，只保留了原派生类对象的基类子对象。这是对象切片的一个例子，其原因是基类的副本构造函数对派生类对象一无所知。如第

14 章所述,对象切片是按值传送对象时引发错误的一个常见原因。这就引出了一个结论:在 catch 块中应总是使用引用参数。

■ **提示**:关于异常的黄金规则是,总是按值抛出异常,按引用捕获异常(通常是 const 引用)。换句话说,不能抛用 new 新创建的异常(而且肯定不能抛出局部对象的指针),也不应该按值捕获异常。显然,按值捕获会导致多余的副本,但这还不是问题最大的地方。按值捕获可能导致异常对象被切片,这一点很重要,因为异常切片切去的信息,可能正是对诊断发生了什么错误,以及对为什么会发生该错误而言十分重要的信息。

16.4 重新抛出异常

在处理程序捕获一个异常时,可以重新抛出该异常,让外层 try 块的处理程序捕获它。使用如下只包含 throw 关键字的语句就可以重新抛出当前的异常:

```
throw; // Rethrow the exception
```

这个语句会重新抛出已有的异常对象,而不是复制它。如果用于捕获多个派生类类型的异常的处理程序发现异常需要传送到另一级 try 块中,就可以重新抛出异常。还可以记录下抛出异常的程序位置,然后重新抛出。或者,可能需要先清理一些资源,如释放一些内存、关闭数据库连接等,再重新抛出异常,以便在调用函数中进行处理。

注意,从内层 try 块中重新抛出异常并不能使该异常由内层 try 块的其他处理程序捕获。在执行一个处理程序时,抛出的所有异常(包括当前的异常)都需要由包含当前处理程序的 try 块捕获,如图16-6 所示。重新抛出的异常不是复制过来的,这一点非常重要,特别当异常是一个派生类对象,并且用它初始化基类引用参数时。下面用一个例子来说明。

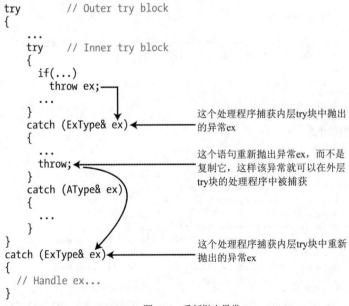

图 16-6 重新抛出异常

这个例子抛出 Trouble、MoreTrouble 和 BigTrouble 异常对象,然后重新抛出它们,以显示该机制是如何工作的。

```cpp
// Ex16_05.cpp
// Rethrowing exceptions
import <iostream>;
import <typeinfo>; // For the std::type_info type that is returned by typeid()
import troubles;

int main()
{
  for (int i {}; i < 7; ++i)
  {
    try
    {
      try
      {
        if (i == 3)
          throw Trouble{};
        else if (i == 5)
          throw MoreTrouble{};
        else if (i == 6)
          throw BigTrouble{};
      }
      catch (const Trouble& t)
      {
        if (typeid(t) == typeid(Trouble))
          std::cout << "Trouble object caught in inner block: " << t.what() << std::endl;
        else
          throw; // Rethrow current exception
      }
    }
    catch (const Trouble& t)
    {
      std::cout << typeid(t).name() << " object caught in outer block: "
                << t.what() << std::endl;
    }
    std::cout << "End of the for loop (after the catch blocks) - i is " << i << std::endl;
  }
}
```

这个例子的结果如下所示:

```
End of the for loop (after the catch blocks) - i is 0
End of the for loop (after the catch blocks) - i is 1
End of the for loop (after the catch blocks) - i is 2
Trouble object caught in inner block: There's a problem
End of the for loop (after the catch blocks) - i is 3
End of the for loop (after the catch blocks) - i is 4
class MoreTrouble object caught in outer block: There's more trouble...
End of the for loop (after the catch blocks) - i is 5
class BigTrouble object caught in outer block: Really big trouble...
End of the for loop (after the catch blocks) - i is 6
```

for 循环与前一个例子中的相同,但这次有 try 块的嵌套。异常对象的抛出顺序与前一个例子中的相同:异常对象在内层 try 块中抛出,处理程序会捕获所有的异常对象,因为参数是基类 Trouble 的一个引用。catch 块中的 if 语句测试所传递对象的类类型,如果对象类类型是Trouble,就执行输出语句。

对于其他类型的异常，会重新抛出异常，重新抛出的异常会被外层 try 块的 catch 处理程序捕获。其参数也是基类 Trouble 的一个引用，所以可以捕获所有的派生类对象。从输出中可以看出，它捕获了重新抛出的对象，结果仍与第一次抛出的情形相同。

内层 try 块的处理程序中的 throw 语句等价于下面的语句：

```
throw t; // Rethrow current exception
```

这里只是重新抛出了异常吗？不是，实际上，这有一个很大的区别。对程序代码做如下修改，并再次运行，结果如下：

```
End of the for loop (after the catch blocks) - i is 0
End of the for loop (after the catch blocks) - i is 1
End of the for loop (after the catch blocks) - i is 2
Trouble object caught in inner block: There's a problem
End of the for loop (after the catch blocks) - i is 3
End of the for loop (after the catch blocks) - i is 4
class Trouble object caught in outer block: There's more trouble...
End of the for loop (after the catch blocks) - i is 5
class Trouble object caught in outer block: Really big trouble...
End of the for loop (after the catch blocks) - i is 6
```

显式指定异常对象的语句抛出了新的异常，而不是重新抛出原来的异常。这样会利用 Trouble 类的副本构造函数复制原来的异常对象，于是又出现了对象切片问题。每个对象的派生部分都被切掉了，只剩下派生类对象中的基类子对象。从输出中可以看出，typeid()运算符把所有异常都标识为 Trouble 类型。

■ 提示：*应总是按值抛出异常，按引用捕获异常，使用 throw 语句重新抛出异常。*

16.5　未处理的异常

如果抛出的异常没有被直接或间接捕获(如前所述，异常不需要在同一个函数内被捕获)，那么程序会立即结束。结束操作发生得相当快速。例如，不会再调用静态对象的析构函数，甚至不保证会执行仍然在调用栈上分配的任何对象的析构函数。换句话说，程序实质上会立即崩溃。

■ 注意：*实际上，如果异常未被捕获，就会调用标准库函数 std::terminate()(在<exception>模块中声明)，而该函数在默认情况下会调用 std::abort()(在<cstdlib>)模块中声明)，或者终止程序。未捕获异常的事件的顺序如图 16-7 所示。*

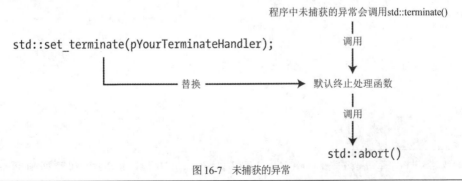

图 16-7　未捕获的异常

497

从技术角度看，通过向 std::set_terminate()传送一个函数指针，可以重写 std::terminate()的行为。但是，很少推荐这么做，应该仅用于特殊情况。在终止处理程序中，能做的也不多。可接受的用法包括确保恰当清理某些关键的资源，或者编写所谓的崩溃转储，让用户发送给自己做进一步诊断。对于本书而言，这些主题太过高级，所以不做进一步讨论。绝不要在调用了 std::terminate()之后，试图让程序继续运行! 按照定义，std::terminate()是在发生了不可恢复的错误后调用的，试图恢复将导致不确定行为。自己的终止处理程序必须总是以下面两个函数调用之一结束: std::abort()或 std::exit()[1]。这两个函数都会结束程序，而不执行任何进一步的清理工作(二者的区别是，对于 std::exit()，可以决定将什么错误代码返回给环境)。

在发生未捕获的异常后就结束程序，听起来可能有些严厉，但还有其他选择吗? 记住，通常在发生了意外的、不能恢复的错误，需要做进一步处理时，会抛出异常。如果结果发现，没有代码能够恰当地处理这个错误，还能做什么呢? 程序本身进入了意外的、错误的状态，若无其事地继续执行，一般会导致更多、可能更严重的错误。这种后发的错误诊断起来可能要困难得多。因此，唯一合理的处理方案是中断执行。

16.6　捕获所有的异常

对于 catch 块，可将省略号(...)用作参数说明，表示该块应处理所有的异常:

```
try
{
  // Code that may throw exceptions...
}
catch (...)
{
  // Code to handle any exception...
}
```

这个 catch 块可以处理任何类型的异常，像这样的处理程序必须总是放在 try 块中处理程序的最后。当然，我们对异常的类型一无所知，但至少可以防止程序因为未捕获的异常而结束。注意即使对异常一无所知，也可以重新抛出异常，如前一个例子中所示。

修改上一个例子，用省略号代替参数，捕获内层 try 块的所有异常:

```
// Ex16_06.cpp
// Catching any exception
import <iostream>;
import <typeinfo>; // For use of typeid()
import troubles;

int main()
{
  for (int i {}; i < 7; ++i)
  {
    try
    {
      try
      {
```

---

[1] 在终止处理程序中，甚至不应该调用 std::exit()，因为这也可能导致不确定行为。如果想了解各个程序终止函数的细微区别，请查阅标准库。

```
      if (i == 3)
        throw Trouble{};
      else if (i == 5)
        throw MoreTrouble{};
      else if (i == 6)
        throw BigTrouble{};
    }
    catch (const BigTrouble& bt)
    {
      std::cout << "Oh dear, big trouble. Let's handle it here and now." << std::endl;
      // Do not rethrow...
    }
    catch (...) // Catch any other exception
    {
      std::cout << "We caught something else! Let's rethrow it. " << std::endl;
      throw; // Rethrow current exception
    }
  }
  catch (const Trouble& t)
  {
    std::cout << typeid(t).name() << " object caught in outer block: "
              << t.what() << std::endl;
  }
  std::cout << "End of the for loop (after the catch blocks) - i is " << i << std::endl;
  }
}
```

这个程序的输出结果如下所示：

```
End of the for loop (after the catch blocks) - i is 0
End of the for loop (after the catch blocks) - i is 1
End of the for loop (after the catch blocks) - i is 2
We caught something else! Let's rethrow it.
class Trouble object caught in outer block: There's a problem
End of the for loop (after the catch blocks) - i is 3
End of the for loop (after the catch blocks) - i is 4
We caught something else! Let's rethrow it.
class MoreTrouble object caught in outer block: There's more trouble...
End of the for loop (after the catch blocks) - i is 5
Oh dear, big trouble. Let's handle that here and now.
End of the for loop (after the catch blocks) - i is 6
```

内层 try 块的 catch 块把省略号作为参数说明，所以由程序抛出但未被同一个 try 块的其他 catch 块捕获的所有异常都由这个 catch 块捕获。每次捕获到一个异常时，就会显示一条消息，并重新抛出该异常，让外层 try 块的 catch 块捕获它。外层 try 块的 catch 块会正确标识异常的类型，并显示其 what() 成员返回的字符串。BigTrouble 类的异常将由对应的内层 catch 块处理；由于该块没有重新抛出异常，因此它们不会到达外层的 catch 块。

■ **警告：** 如果代码会抛出不同类型的异常，程序员可能会想使用一个通用的 catch 块来一次性捕获所有异常。毕竟，相比为每种可能发生的异常类型都写一个 catch 块，这样做的工作量要小得多。类似地，如果调用了不熟悉的函数，那么快速添加一个通用的 catch 块，要比研究这些函数可能抛出的异常类型容易多了。但是，这么做通常不是最好的方法。使用通用块，可能捕获到本来需要更加具体的处理的异常，或者忽略意外的危险错误。使用通用块也无法进行深入的错误记录或诊断。尽管如此，我们也常常会在代码中遇到下面这种模式：

```
try
{
  doSomething();
}
catch (...)
{
  // Oops. Something went wrong... Let's ignore what happened and cross our fingers...
}
```

使用这种模式的动机通常是"无论什么都比未捕获的异常好"。但事实是，这种模式通常说明了程序员十分懒惰。对于交付稳定的、容错的程序，没有什么比恰当的、经过深思熟虑的错误处理代码更好。正如本章的引言部分所说，编写错误处理和恢复代码需要时间。虽然通用块是很有诱惑力的捷径，但是通常首选的方法是显式检查所调用的函数可能抛出的异常类型，然后针对每种异常类型，考虑是否应该添加一个 catch 块，并/或留给调用函数来处理异常。知道了异常类型后，通常可以从异常对象中提取更有用的信息(例如 Trouble 类中的 what()函数)，并将这些信息用于合适的错误处理和日志。还要注意，特别是在开发期间，程序崩溃通常比通用的 catch 块更好。这样一来，至少可以知道潜在的错误，而不是盲目地忽略错误，并且可以修改代码，以恰当地防止出现错误，或者从错误中恢复。

但是，不要错误地理解我们。我们的意思并不是在任何时候都不要使用通用的 catch 块，它们肯定有自己的用途。例如，在做了记录或清理后重新抛出异常的通用 catch 块，可能非常有用。这里只是警告，不应该把通用 catch 块用作更有针对性的错误处理的一种简单的次等替代。

16.7   不抛出异常的函数

原则上，任何函数都可以抛出异常，包括普通函数、成员函数、虚函数、重载函数甚至构造函数和析构函数。因此，每次调用函数时，都应该考虑可能发生的异常，以及是否应该用 try 块进行处理。当然，这并不意味着需要把每个函数调用放到一个 try 块中，只要不是在 main()中，将捕获异常的责任委托给被调用函数通常是可以接受的。

但是，有时候会明确知道自己编写的函数不会抛出异常。一些类型的函数甚至在任何时候都不应该抛出异常。本节简要讨论这些情况，以及 C++针对这些情况提供的语言工具。

16.7.1   noexcept 限定符

通过在函数头中追加 noexcept 限定符,可指定该函数不会抛出异常。例如,下面的代码指定 doThat()函数不会抛出异常：

```
void doThat(int argument) noexcept;
```

如果在函数头中看到 noexcept 限定符，就可以确信该函数不会抛出异常。编译器会确保这一点。如果 noexcept 函数确实无意中抛出了一个异常，并且没有在函数内捕获该异常，该异常就不会传播给调用函数。相反，C++程序将视其为不可恢复的错误，并调用 std::terminate()。如本章前面所述，std::terminate()总是会导致程序突然结束。

注意，这并不意味着在函数本身中不允许抛出异常，而只是说没有异常能够离开函数。即，如果在执行一个 noexcept 函数的过程中抛出了一个异常，则必须在该函数内的某个位置捕获该异常，并且不能重新抛出。例如，下面的 doThat()实现是完全合法的：

```
void doThat(int argument) noexcept
{
  try
  {
    // Code for the function...
  }
  catch (...)
  {
    // Handles all exceptions and does not rethrow...
  }
}
```

可对所有函数使用 noexcept 限定符，包括成员函数、构造函数和析构函数。本章后面将给出具体的例子。

在后面的章节中，甚至会看到应该总是声明为 noexcept 的函数类型，包括 swap()函数(第 17 章讨论)和移动成员(第 18 章讨论)。

■ **注意：** 与 Java 中不同，在 C++中不能指定非 noexcept 函数抛出的异常的类型。以前，通过在函数头中追加 throw(exception_type1, ..., exception_typeN)，可指定该函数抛出的异常的类型，但现在 C++语言已经移除了这种功能。

16.7.2 异常和析构函数

从 C++11 开始，析构函数基本上被隐式声明为 noexcept。即使在定义析构函数时没有使用 noexcept 限定符，编译器通常也会隐式添加一个。这意味着如果执行下面这个类的析构函数，异常不会离开析构函数。相反，总是会调用 std::terminate()(这符合编译器隐式添加的 noexcept 限定符)：

```
class MyClass
{
public:
  ~MyClass() { throw BigTrouble{}; }
};
```

原则上，通过显式添加 noexcept(false)，可以定义能够抛出异常的析构函数。但是，因为一般来说不应该这么做[1]，本书不讨论这种可能性。

■ **提示：** 绝对不要让异常离开析构函数。所有析构函数通常都被隐式声明为 noexcept，[2] 所以它们抛出的任何异常都将触发 std::terminate()。

16.8 异常和资源泄露

确保捕获所有异常，可避免灾难性的程序失败；而使用合理安排顺序且粒度足够低的 catch 块捕获异常，就能够恰当地处理所有错误。这样得到的程序在任何时候都能给出期望的结果，或者准确告

1　如果不小心，从 noexcept(false)析构函数中抛出异常仍然很有可能触发 std::terminate()。细节不在本书讨论范围内，但关键要知道：除非确认自己的处理没有问题，否则不要在析构函数中抛出异常！

2　具体而言，对于没有显式指定 noexcept(...)的析构函数，除非该类的某个子对象的类型有个不是 noexcept 的析构函数，否则编译器会隐式为这个析构函数生成 noexcept。

诉用户发生了什么错误。但是还不止如此。在外界看来健壮运行的程序仍可能隐藏着缺陷。例如，考虑下面的示例程序(使用了示例 Ex16_06 中的 troubles 模块):

```cpp
// Ex16_07.cpp
// Exceptions may result in resource leaks!
import <iostream>;
import troubles;
#include <cmath> // For std::sqrt()

double computeValue(size_t x); // A function to compute a single value
double* computeValues(size_t howMany); // A function to compute an array of values

int main()
{
  try
  {
    double* values{ computeValues(10'000) };
    // Unfortunately we won't be making it this far...
    delete[] values;
  }
  catch (const Trouble&)
  {
    std::cout << "No worries: I've caught it!" << std::endl;
  }
}

double* computeValues(size_t howMany)
{
  double* values{ new double[howMany]; }
  for (size_t i {}; i < howMany; ++i)
    values[i] = computeValue(i);
  return values;
}

double computeValue(size_t x)
{
  if (x < 100)
    return std::sqrt(x); // Return the square root of the input argument
  else
    throw Trouble{"The trouble with trouble is, it starts out as fun!"};
}
```

如果运行上述程序，当 computeValues() 中的循环计数器到达 100 时，就会抛出一个 Trouble 异常。因为在 main() 中捕获了这个异常，程序不会崩溃，甚至让用户认为一切正常。如果这是一个真实的程序，甚至可以告诉用户这个操作发生了什么问题，然后允许用户继续操作。但这并不意味着万事大吉。读者是否能够看到这个程序的其他问题?

computeValues() 函数在自由存储区中分配了一个包含 double 值的数组，试图填充它们，然后将数组返回给调用者。调用者(在本例中为 main())负责解分配内存。但是，因为在执行 computeValues() 的过程中抛出了异常，values 数组并没有实际返回给 main()。因此，这个数组不会被解分配内存。换句话说，我们泄露了包含 10 000 个 double 值的数组!

假设 computeValue() 本身会导致偶尔抛出 Trouble 异常，则唯一能够修复这种泄露的地方是在 computeValues() 函数中。毕竟，main() 甚至不会收到被泄露内存的指针，所以在 main() 中做不了什么。按照本章到目前介绍的内容，第一种明显的解决方案是为 computeValues() 添加一个 try 块，如下所示(此

解决方案包含在示例 Ex16_07A 中):

```
double* computeValues(size_t howMany)
{
  double* values{ new double[howMany] };
  try
  {
    for (size_t i {}; i < howMany; ++i)
      values[i] = computeValue(i);
    return values;
  }
  catch (const Trouble&)
  {
    std::cout << "I sense trouble... Freeing memory..." << std::endl;
    delete[] values;
    throw;
  }
}
```

注意，必须在 try 块的外部定义 values。否则，该变量将是 try 块的局部变量，而我们在 catch 块中不能引用它。如果像这样重新定义 computeValues()，就不需要修改程序的其余部分。得到的结果类似，但这次不会泄露 values 数组:

```
I sense trouble... Freeing memory...
No worries: I've caught it!
```

虽然添加了 try 块后，使用这个 computeValues()函数能够编写正确的程序，但这并不是推荐的方法。该函数的代码长度增加了一倍，复杂度也增加了一倍。下面将介绍一种没有这些缺陷的更好方法。

16.8.1 资源获取即初始化

RAII 是现代 C++语言的特征之一，代表"资源获取即初始化"(Resource Acquisition Is Initialization)。其前提是，每次获取资源时，都应当通过初始化一个对象来获取。自由存储区中的内存是资源，但并不是唯一的资源，其他例子包括文件句柄(持有文件句柄时，其他进程常常不能访问该文件)、互斥锁(用于并发编程中的线程同步)、网络连接等。根据 RAII，每个这样的资源都应该由一个对象管理，该对象要么在栈上分配，要么是一个成员变量。因此，避免资源泄露的技巧是，默认情况下，对象的析构函数确保资源总是会被释放。

下面创建一个简单的 RAII 类来演示其工作原理:

```
class DoubleArrayRAII final
{
public:
  DoubleArrayRAII(size_t size) : m_resource{ new double[size] } {}
  ~DoubleArrayRAII()
  {
    std::cout << "Freeing memory..." << std::endl;
    delete[] m_resource;
  }

  // Delete copy constructor and assignment operator
  DoubleArrayRAII(const DoubleArrayRAII&) = delete;
  DoubleArrayRAII& operator=(const DoubleArrayRAII&) = delete;

  // Array subscript operator
```

```
double& operator[](size_t index) noexcept { return m_resource[index]; }
const double& operator[](size_t index) const noexcept { return m_resource[index]; }

// Function to access the encapsulated resource
double* get() const noexcept { return m_resource; }

// Function to instruct the RAII object to hand over the resource.
// Once called, the RAII object shall no longer release the resource
// upon destruction anymore. Returns the resource in the process.
double* release() noexcept
{
  double* result = m_resource;
  m_resource = nullptr;
  return result;
}

private:
  double* m_resource;
};
```

资源(在本例中为保存一个 double 数组所需的内存)由 RAII 对象的构造函数获取，由其析构函数释放。对于这个 RAII 类，确保只释放资源(为数组分配的内存)一次至关重要。由于未添加自定义的副本成员，所以我们不能创建现有 DoubleArrayRAII 对象的副本；否则，将有两个 DoubleArrayRAII 对象指向相同的资源。通过删除两个副本成员可实现这一点(如第 12 章和第 13 章所述)。

RAII 对象常常通过添加合适的成员函数和运算符来模拟自己管理的资源。在我们的例子中，资源是一个数组，所以我们定义了大家熟悉的数组下标运算符。除此之外，常常会添加额外的函数来访问资源自身(get()函数)，以及使 RAII 对象不必再负责释放资源(release()函数)。

借助这个 RAII 类，可以安全地重写 computeValues()函数，如下所示：

```
double* computeValues(size_t howMany)
{
  DoubleArrayRAII values{howMany};
  for (size_t i {}; i < howMany; ++i)
    values[i] = computeValue(i);
  return values.release();
}
```

现在，如果在计算值的过程中发生错误(即，如果 computeValue(i)抛出异常)，编译器会确保调用 RAII 对象的析构函数，后者则保证恰当地释放 double 数组的内存。计算所有值后，和前面一样，将 double 数组和删除该数组的责任交给调用者。注意，如果我们在返回前没有调用 release()，那么 DoubleArrayRAII 对象的析构函数仍会删除数组。

■ **警告：** 无论是否发生异常，DoubleArrayRAII 对象的析构函数都会被调用。因此，如果在 computeValues()函数的最后一行，我们调用的是 get()而不是 release()，那么仍会删除从该函数返回的数组。在 RAII 的其他应用中，理念是，始终应该释放获取的资源，即使获取成功。例如，执行文件输入/输出(I/O)时，无论 I/O 操作成功还是失败，通常都应该在操作结束后释放文件句柄。

得到的程序包含在 Ex16_07B 中。其结果说明，尽管我们没有向 computeValues()添加任何复杂的异常处理代码，但内存仍被释放：

```
Freeing memory...
No worries: I've caught it!
```

■ **提示:** 即使程序不处理异常，也仍然推荐总是使用 RAII 来安全地管理资源。异常导致的资源泄露确实很难发现，但是在包含多个 return 语句的函数中，也很容易出现资源泄露。如果不使用 RAII，很容易忘记在每个 return 语句前释放所有资源。特别是，如果函数是其他人编写的，自己后来要给函数添加额外的 return 语句，就更容易出现这种情况。

16.8.2 用于动态内存的标准 RAII 类

前面我们创建了 DoubleArrayRAII 类来帮助说明 RAII 的工作方式。知道自己如何实现一个 RAII 类很重要。在管理应用程序特定的资源的过程中，几乎都会创建一个 RAII 类。

尽管如此，仍有一些标准库类型能够执行与 DoubleArrayRAII 相同的工作。因此，在实际应用中，不会编写一个 RAII 类来管理数组。

std::unique_ptr<T[]>就是这样的一个类型。如果包含了<memory>模块，可以像下面这样编写 computeValues()函数：

```cpp
double* computeValues(size_t howMany)
{
  auto values{ std::make_unique<double[]>(howMany) }; // type unique_ptr<double[]>
  for (size_t i {}; i < howMany; ++i)
   values[i] = computeValue(i);
  return values.release();
}
```

事实上，使用 std::unique_ptr<>时还有一种更好的选择，即像下面这样编写 computeValues()函数：

```cpp
std::unique_ptr<double[]> computeValues(size_t howMany)
{
  auto values { std::make_unique<double[]>(howMany); }
  for (size_t i {}; i < howMany; ++i)
    values[i] = computeValue(i);
  return values;
}
```

如果从 computeValues()中返回 unique_ptr<>，则需要相应地对 main()函数稍做调整。如果这么做，就会发现不再需要 delete[]运算符。这就消灭了另一个潜在的内存泄漏源。除非向遗留函数传递资源，否则很少需要从资源的 RAII 对象中释放资源。只需要传递 RAII 对象即可！

■ **注意:** 类似地，由于删除了副本构造函数，从 computeValues()中返回 DoubleArrayRAII 类型的对象不会通过编译。为了能够从一个函数中返回 DoubleArrayRAII，首先需要为该类启用移动语义(例如，前面使用的 std::unique_ptr<>)。第 18 章将对相关内容进一步进行解释。

因为这里使用的资源是动态数组，所以我们也可使用 std::vector<>：

```cpp
std::vector<double> computeValues(size_t howMany)
{
  std::vector<double> values;
  for (size_t i {}; i < howMany; ++i)
   values.push_back( computeValue(i) );
  return values;
}
```

在本例中，vector<>可能是最合适的选择。毕竟，vector<>被专门设计用于管理和操纵动态数组。

> ■ **提示：** 所有动态内存都应该由一个 RAII 对象管理。为此，标准库提供了智能指针(如 std::unique_ptr<> 和 shared_ptr<>)和动态容器(如 std::vector<>)。对于智能指针，总是应该使用 make_unique() 和 make_shared()，而不是 new/new[]运算符。因此，这些指导原则的一个重要结论是，在现代 C++程序中，new、new[]、delete 和 delete[]运算符已无立足之地。为保证安全，总是应该使用 RAII 对象。

16.9 标准库异常

标准库中定义了几个异常类型。它们都派生自 std::exception 类(该类在<exception>模块中定义)，并且都在 std 名称空间中定义。为了便于参考，标准异常类的层次结构如图 16-8 所示。

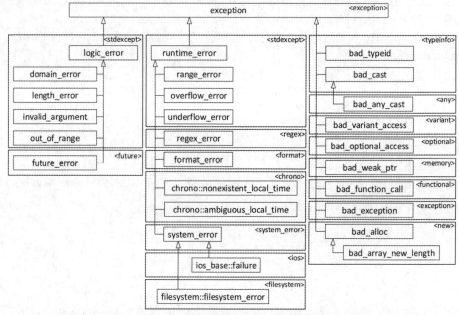

图 16-8 标准异常类以及定义它们的模块

许多标准异常类型属于两个类别，每个类别由一个派生自 exception 的基类标识。这两个基类分别是 logic_error 和 runtime_error，定义在<stdexcept>模块中。一般来说，标准库函数不会直接抛出 logic_error 或 runtime_error 对象，而是抛出它们的派生类对象。图 16-8 的前两列中列出了从这两个基类派生出的异常。将异常类型归入异常层次结构的这两个分支的规则如下：

- 将 logic_error 作为基类的类别是由程序逻辑缺陷导致的异常，至少在原则上可在程序执行前发现导致抛出这些异常的错误。抛出 logic_error 的典型场景包括使用一个或多个无效实参调用函数，或者调用对象的成员函数，但对象的状态不满足该函数的要求(或先决条件)。通过在调用函数前显式检查实参的有效性或对象的状态，能避免程序中出现这种错误。
- 另一类异常类型派生自 runtime_error，对应的错误一般依赖于数据，只能在运行时检测到。例如，从 system_error 派生的异常通常封装了调用底层操作系统导致的错误，如文件输入或输出失败。就像任何与硬件的交互一样，文件访问总是可能以无法提前预测的方式失败(磁盘故障、拔出缆线、网络失败等)。

图 16-8 列出了许多异常类型，我们不会具体讲解它们都来自什么地方。标准库文档会说明函数

什么时候抛出异常。这里只介绍我们已经熟悉的操作抛出的一些异常类型：

- 当使用无效索引(即位于有效索引范围[0, size-1]之外的索引)访问类似数组的数据结构时，会发生 std::out_of_range 异常。std::string 的多个成员函数会抛出此异常，例如，std::vector<> 和 std::array<>的 at()访问器函数也会抛出此异常。std::array<>对应的重载运算符——数组访问运算符 operator[]()——不对索引进行边界检查。向这些运算符传送无效索引会导致未定义行为。

- 当传递一个无效的格式字符串时，std::format()会抛出 std::format_error。为了调试其原因，一种十分有用的方法是，将相应的 std::format()表达式临时放入 try-catch 块中，并打印出对捕获的异常调用 what()的结果(也可参阅第 2 章)。一旦格式字符串能够正常工作，std::format()通常就不会再抛出 std::format_error，这样就可以删除调试代码，否则这些调试代码只会弄乱程序代码。

- 当对多态类型的已被解引用的指针应用 typeid()运算符时，将抛出 std::bad_typeid 异常。

- 如果不能将 expr 强制转换为 T&，dynamic_cast<T&>(expr)将抛出 std::bad_cast 异常。只有当强制转换为引用类型 T&时，才会发生异常。当强制转换为指针类型 T* 失败时，dynamic_cast<T*>(expr)的计算结果只会为 nullptr。

- 对不包含值的 std::optional<>对象调用 value()成员将抛出 bad_optional_access 异常。不过，optional<>的*和->运算符从不抛出异常。对不包含值的 optional<>对象使用这两个运算符会导致未定义行为。在实际应用中，这意味着会读取垃圾数据。

- std::bad_alloc 异常(或派生于 bad_alloc 的其他异常) 可以由运算符 new 和 new[]抛出。例如，若给运算符 new[]传递一个负值或者极大的值作为数组大小，该运算符会抛出 std::bad_array_new_length 异常。即使传递的是一个有效的输入值，这两个运算符也可能因为内存分配的失败而抛出 bad_alloc 异常。导致内存分配失败的原因可能在于自由存储区损坏，或是可用内存不足。引申一下，需要动态内存分配的任何操作也都可能抛出 bad_alloc 异常。例如，复制或者向 std::vector<>或 std::string 对象添加元素，就属于这类操作的典型示例。

16.9.1　异常类的定义

标准异常类可以用作自定义异常类的基类。所有标准异常类都以 std::exception 为基类，所以应理解这个类包括哪些成员，因为它们可以被其他异常类继承。exception 类的定义在<exception>模块中，如下所示：

```
namespace std
{
  class exception
  {
  public:
    exception() noexcept; // Default constructor
    exception(const exception&) noexcept; // Copy constructor
    exception& operator=(const exception&) noexcept; // Assignment operator
    virtual ~exception(); // Destructor
    virtual const char* what() const noexcept; // Return a message string
  };
}
```

这是对公共类接口的说明，特定的实现代码可以有其他非公共成员。其他标准异常类也可以这样。如前所述，成员函数声明中的 noexcept 表示它们不抛出异常。析构函数默认为 noexcept。注意 exception 类没有成员变量。成员 what()返回的以空字符结尾的字符串在函数定义体内定义，其内容取决于实现方式。这个函数被声明为 virtual，因此在派生自 exception 的类中也是虚函数。虚函数可以输出对应于每种异常类型的消息，提供一种记录所抛出异常的经济方式。

带有基类参数的 catch 块匹配任意派生类异常，所以使用 exception&类型的参数可以捕获任意标准异常。当然，也可以使用 logic_error&或 runtime_error&类型的参数捕获派生自这两个类的任何异常类型。给 main()函数提供一个 try 块，再给 exception 类型的异常提供一个 catch 块：

```cpp
int main()
{
  try
  {
    // Code for main...
  }
  catch (const std::exception& ex)
  {
    std::cerr << typeid(ex).name() << " caught in main: " << ex.what() << std::endl;
    return 1; // Return a nonzero value to indicate failure
  }
}
```

catch 块会捕获所有以 exception 作为基类的异常，并显示异常类型和 what()函数返回的消息。因此，这个简单的机制给出了程序中抛出的但没有捕获的异常信息。如果程序使用不是派生自 exception 的异常类，用省略号代替参数类型的 catch 块就会捕获其他异常，但此时不能访问异常对象，也得不到有关异常的信息。

把 main()函数体变成这样的一个 try 块只能作为一种最后采用的回退机制。更加局部的 try 块更好，因为在抛出异常时，它们可以直接定位到造成异常的源代码。另外，在出现意外故障后让程序崩溃不一定是坏事。例如，若将程序配置为在发生未捕获异常时写入崩溃信息转储 (也称为内核转储)，或者如果操作系统本身支持这种行为，则通常从崩溃信息转储中获得的有关错误来源的信息，要比从所捕获的异常对象中提取的信息多。当然，在记录下所获得的信息后，再从 main()中重新抛出未处理的异常也是一种可选的处理方式。

logic_error 和 runtime_error 类只在它们从 exception 继承的成员中添加了两个构造函数。例如：

```cpp
namespace std
{
  class logic_error : public exception
  {
  public:
    explicit logic_error(const string& what_arg);
    explicit logic_error(const char* what_arg);

  private:
    // ... (implementation specifics, no doubt including a std::string member variable)
  };
}
```

runtime_error 的定义与此类似，除 system_error 之外的所有子类也有接收 string 或 const char*实参的构造函数。system_error 类添加了一个 std::error_code 类型的成员变量，它记录错误代码，构造函数负责指定错误代码。更多细节请查阅标准库文档。

16.9.2　使用标准异常

之所以使用标准库中定义的异常类，有几个非常好的原因。使用标准库异常有两种方式：可以在代码中抛出标准类型的异常；也可以把标准异常类作为自己异常类的基类。

1. 直接抛出标准异常

显然，如果打算抛出标准异常，就需要在适当的情况下抛出它们。也就是说，不应抛出bad_cast异常，因为它们已经有了非常明确的目的。抛出std::exception类型的异常也不好，因为它的通用性太强，没有提供一个构造函数供传送描述性的字符串。最值得关注的标准异常类是<stdexcept>模块中定义的那些异常类，它们从logic_error或runtime_error派生。我们使用一个熟悉的例子进行说明。当给Box类的构造函数提供无效的尺寸实参时，可以抛出标准的out_of_range异常：

```
Box::Box(double length, double width, double height)
  : m_length {length}, m_width {width}, m_height {height}
{
  if (length <= 0.0 || width <= 0.0 || height <= 0.0)
    throw std::out_of_range{"Zero or negative Box dimension."};
}
```

如果任何实参为0或负数，构造函数体将抛出 out_of_range 异常。当然，源文件需要包含定义了 out_of_range 类的<stdexcept>模块。out_of_range 类型是一个 logic_error，所以非常适合这里的用途。在这里还可以使用另一个更通用的 std::invalid_argument 异常类。不过，如果预定义的异常类不能满足自己的需求，可以派生自己的异常类。

2. 派生自己的异常类

从一个标准异常类中派生自己的异常类时，一个要点是自己的异常类会成为标准异常系列中的一员。这样就可以在相同的 catch 块中捕获标准异常和自己的异常了。例如，如果异常类派生自 logic_error，则参数类型为 logic_error&的 catch 块就可以捕获该异常和标准 logic_error 异常。参数类型为 exception&的 catch 块总是捕获标准异常，包括自定义异常，只要类将 exception 作为基类即可。

让 Trouble 异常类派生自 exception 类，就可以轻松地使用它(以及派生于它的 exception 类)。具体方法是修改类定义，如下所示：

```
class Trouble : public std::exception
{
public:
  explicit Trouble(std::string_view message = "There's a problem");
  const char* what() const noexcept override;

private:
  std::string m_message;
};
```

这为基类中定义的虚成员what()提供了实现代码。因为这里重新定义了基类成员，所以对what()的声明添加了override限定符。与之前一样，这个版本会显示类对象中的消息。我们还添加了noexcept限定符，指出这个成员中不会抛出异常。事实上，我们必须这么做，因为noexcept函数的任何重写版本也都必须被声明为noexcept。还需要指出，noexcept必须总是出现在const之后、override之前。

成员函数的定义必须包含与类定义中的函数相同的异常说明。因此，what()函数现在如下所示(不能重复virtual或override)：

```
const char* Trouble::what() const noexcept { return m_message.c_str(); }
```

■ **注意:** 我们故意没有为 Trouble 类的构造函数添加 noexcept 限定符。这个构造函数必须将给定的错误消息复制到对应的 std::string 成员变量中。这又会涉及字符数组的内存分配。至少在原则上,内存分配可能会出错,抛出 std::bad_alloc 异常。

我们来看一个更具体的示例。回到前面讨论的 Box 类定义。对于前面定义的构造函数,从 std::out_of_range 中派生异常类,让 what() 返回更具体的字符串,指出导致异常抛出的问题,会更加有用。下面是代码:

```
export module dimension_error;
import <stdexcept>; // For derived exception classes such as std::out_of_range
import <string>; // For std::to_string()

export class DimensionError : public std::out_of_range
{
public:
  explicit DimensionError(double value)
    : std::out_of_range{"Zero or negative dimension: " + std::to_string(value)}
    , m_value{value} {}

  // Function to obtain the invalid dimension value
  double getValue() const noexcept { return m_value; }
private:
  double m_value;
};
```

这个构造函数提供了一个参数,指定导致抛出异常的尺寸值。它调用基类构造函数,其参数是一个新的 string 对象,该对象由一条消息和 value 合并而成。to_string() 是一个在 <string> 模块中定义的模板函数,返回其实参的字符串表示,该实参可以是任意基本数值类型的值。继承而来的 what() 函数返回创建 DimensionError 对象时传递给构造函数的字符串。这个异常类还添加了一个成员变量来存储无效值,以及用来获取该值的公共函数,例如获取该值后可用在一个 catch 块中。

下面在 Box 类定义中使用这个异常类:

```
// Box.cppm
export module box;
import <algorithm>; // For the std::min() function template
import dimension_error;
export class Box
{
public:
  Box(double l, double w, double h) : m_length {l}, m_width {w}, m_height {h}
  {
    if (l <= 0.0 || w <= 0.0 || h <= 0.0)
      throw DimensionError{ std::min({l, w, h}) };
  }

  double volume() const { return m_length * m_width * m_height; }
private:
  double m_length {1.0};
  double m_width {1.0};
  double m_height {1.0};
};
```

如果任何一个实参为 0 或负数,Box 构造函数就抛出 DimensionError 异常。该构造函数使用

<algorithm>模块中的 min()模板函数确定最小的尺寸实参，即导致异常的因素。注意，这里使用初始化列表来找出 3 个元素中的最小元素。得到的表达式：

```
std::min({l, w, h})
```

显然比如下表达式更加优雅，不是吗？

```
std::min(l, std::min(w, h))
```

演示 DimensionError 类的示例如下：

```cpp
// Ex16_09.cpp
// Using an exception class
import <iostream>;
import <exception>;
import box;

int main()
{
  try
  {
    Box box1 {1.0, 2.0, 3.0};
    std::cout << "box1 volume is " << box1.volume() << std::endl;
    Box box2 {1.0, -2.0, 3.0};
    std::cout << "box2 volume is " << box2.volume() << std::endl;
  }
  catch (const std::exception& ex)
  {
    std::cout << "Exception caught in main(): " << ex.what() << std::endl;
  }
}
```

这个示例的输出如下：

```
box1 volume is 6
Exception caught in main(): Zero or negative dimension: -2.000000
```

main()的函数体是一个 try 块，其 catch 块捕获把 std::exception 作为基类的任意异常类型。输出显示，尺寸为负数时，Box 类的构造函数抛出了 DimensionError 异常。输出还显示，DimensionError 从 out_of_range 继承的 what()函数输出了在 DimensionError 构造函数调用中构建的字符串。

注意，虽然 Ex16_09.cpp 捕获并处理了 DimensionError 异常，但它并未导入 dimension_error 模块，这是如何做到的呢？它并不是必须导入 dimension_error 模块，原因在于这里是通过 const-std::exception 引用来捕获 DimensionError 异常的，而非通过 const-DimensionError 引用捕获。另外，要使 std::exception 的虚函数 what()正常工作，编译器只需要知道<exception>模块中 std::exception 类的定义。这很合理：多态性意味着不必知道对象的具体动态类型时。因此，当然不必导入具体异常类型所属的模块。那会违反多态性的目的。所以 Box 类可以抛出任何异常对象，只要对象的类型派生于 std::exception 即可，main()程序并不需要知道派生类型是什么。

▨ 提示：当抛出异常时，总是抛出对象而不是基本类型，并且这些对象的类型总是应该直接或间接派生于 std::exception。即使自己声明了应用程序特定的异常层次结构(这常常是一个好主意)，也应该使用 std::exception 或其某个派生类作为基类。许多主流的 C++库已经遵守这条指导原则。只使用标准化的异常系列能够使捕获和处理这些异常变得更加简单。

16.10 本章小结

异常是 C++ 编程的一个组成部分。有几个运算符会抛出异常,它们大都用于标准库中,以警示错误。因此,即使不打算定义自己的异常类,掌握它们的工作原理也是非常重要的。本章的要点如下:

- 异常是用于在程序中警示错误的对象。
- 可能抛出异常的代码通常包含在 try 块中,try 块可以检测并处理程序中的异常。
- 处理 try 块中所抛出异常的代码往往放在该 try 块后面的一个或多个 catch 块中。
- try 块及其 catch 块可以嵌套在另一个 try 块中。
- 参数为基类类型的 catch 块可以捕获派生类类型的异常。
- 参数为省略号的 catch 块可以捕获任意类型的异常。
- 如果异常没有被任何 catch 块捕获,就调用 std::terminate() 函数,该函数会立即终止程序的执行。
- 每个资源,包括动态分配的内存,总是应该通过 RAII 对象来获取和释放。这意味着在现代 C++ 代码中,通常不应该再使用关键字 new 和 delete。
- 标准库提供了多种 RAII 类型,应该一贯使用它们;读者已经知道了其中的一些类型,如 std::unique_ptr< >、shared_ptr< > 和 vector< >。
- 函数的 noexcept 限定符表示,该函数不抛出异常。如果 noexcept 函数抛出了一个异常,但是自己没有捕获,就会调用 std::terminate()。
- 即使析构函数没有显式指定 noexcept 限定符,编译器也总是会生成一个。这意味着绝不能允许异常离开析构函数,否则将触发 std::terminate()。
- 标准库在 <stdexcept> 模板中定义了一组标准异常类型,它们派生自 <exception> 模块中定义的 std::exception 类。

16.11 练习

下面的练习用于巩固本章学习的知识点。如果有困难,可以回过头重新阅读本章的内容。如果仍然无法完成练习,可以从 Apress 网站(www.apress.com/source-code/)下载答案,但只有别无他法时才应该查看答案。

1. 从 std::exception 类中派生自己的异常类 CurveBall,表示一个随机错误,再编写一个函数,有大约 25% 的概率抛出这个异常。一种方式是生成一个介于 0(包含在内)和 100(不包含在内)之间的随机数,如果该数小于 25,就抛出该异常。定义函数 main(),调用这个函数 1000 次,记录并显示异常被抛出的次数。当然,如果一切顺利,这个数字应该在 250 左右浮动。

2. 定义另一个异常类 TooManyExceptions。在第 1 题中,当捕获的异常次数超过 10 次时,就从 CurveBall 异常的 catch 块中抛出这种类型的异常。观察如果没有捕获异常,会发生什么。

3. 还记得第 12 章的 Ex12_11 中的难题吗?在该例的 Truckload 类中,我们面临的一个挑战是定义一个数组下标运算符(operator[]),使其返回一个 Box& 引用。问题在于,即使提供给函数的索引越界,我们也必须返回一个 Box& 引用。当时的方法是"创造"一个特殊的 null 对象,但我们已经知道这种方法有着严重的缺陷。现在我们已经学习了异常,应该能够彻底修复这个函数了。选择一个合适的标准库异常类型,用来恰当地重新实现 Ex12_11 中的 Truckload::operator[]()。编写一个小程序来测试这个新运算符的行为。

4. 从图 16-8 中选取一些标准库异常类型,编写一个程序,依次引发这些异常(当然,不能自己抛出它们)。捕获每个异常，输出它们包含的 what()消息，然后触发下一个异常。

5. 创建一个函数 readEvenNumber()，用来从 std::cin 输入流读入一个偶数。在大约 25%的时间，readEvenNumber()中会发生一些意外情况，导致抛出 CurveBall 异常。为此，可重用第 1 题的代码。但是，这个函数一般会验证用户输入，如果用户正确输入了偶数，就返回该偶数。如果输入无效，函数会抛出下面的异常：

- 如果输入的值不是数字，就抛出 NotANumber 异常。
- 如果用户输入负数，就抛出 NegativeNumber 异常。
- 如果用户输入奇数，就抛出 OddNumber 异常。

应该从 std::domain_error 派生这些新的异常类型，这是<stdexcept>模块中定义的一个标准异常类型。新异常类型的构造函数应该创建一个字符串，其中至少包含错误输入的值，然后把该字符串传送给 std::domain_error 的构造函数。

提示：尝试从 std::cin 读入一个整数后，使用 std::cin.fail()成员函数，可以检查该整数是否解析成功。如果该成员函数返回 true，则用户输入的字符串不是数字。注意，当流进入这种失败状态后，必须调用 std::cin.clear()，否则就不能再使用流了。另外，用户输入的非数字值仍将包含在流中，提取整数失败时并不会移除该值。使用<string>模块中定义的 std::getline()函数可提取这个值。综合上面的说明，代码可能包含如下语句：

```
if (std::cin.fail())
{
  std::cin.clear(); // Reset the failure state
  std::string line; // Read the erroneous input and discard it
  std::getline(std::cin, line);
  ...
```

当 readEvenNumber()辅助函数就绪后，使用它来实现 askEvenNumber()。这个函数在 std::cout 中输出用户指令，然后调用 readEvenNumber()来处理实际的输入和输入验证。正确读入一个数字后，askEvenNumber()会礼貌性地感谢用户输入数字(消息中应该包含输入的数字)。对于 readEvenNumber()抛出的任何 std::exception 异常，askEvenNumber()至少应该向 std::cerr 输出 e.what()。任何不是 domain_error 的异常都应被重新抛出，askEvenNumber()不知道如何处理它们。但是，如果异常是 domain_error，应该重新让用户输入一个偶数，除非抛出的异常是 NotANumber。如果出现 NotANumber 异常，askEvenNumber()就不再要求输入数字，而是直接返回。

最后，编写一个 main()函数来执行 askEvenNumber()，并捕获可能发生的任何 CurveBall 异常。如果捕获到异常，应该输出 "…hit it out of the park!"。

6. Ex16_06 目录中包含一个小程序，它调用了一个虚拟数据库系统的 C 接口(这个接口实际上是 MySQL 的 C 接口的一个简化版本)。正如许多 C 接口那样，我们的数据库接口返回各种资源的 "句柄"，当使用完这些资源后，需要调用另一个接口函数来显式地释放它们。在本例中，有两种资源：数据库连接和用来存储 SQL 查询结果的内存。仔细阅读 DB.h 中的接口说明，了解如何使用该接口。因为本例是一个练习题，所以在某些条件下，这些资源可能被泄露。读者是否能够发现在什么条件下，这些资源会被泄露？因为本章的主题是异常，这些条件当然会涉及异常。

提示：为了理解错误处理有多么微妙，考虑一下 std::stoi()函数。当传递给该函数的字符串不包含数字时，会发生什么？可查阅标准库文档，或者编写一个小的测试程序，来了解会发生什么。假设一个客户的地址是 10B 或 105/5。程序中会发生什么？如果一个客户的地址为 к2，即住所的官方地址中有一个以字母开头的 "数字"，又会发生什么？类似地，如果某些客户的住所号码没有填入，换言之，数据库中存储的住所号码为空字符串，又会发生什么？

为了修复程序中的资源泄露问题，可以添加显式的资源清理语句，添加更多 try-catch 块等。但是，对于本练习题，我们希望读者创建并使用两个小的 RAII 类：一个确保活动的数据库连接总是会被断开，另一个释放为给定查询的结果分配的内存。注意，如果为 RAII 类添加强制转换运算符，将其隐式转换为它们封装的句柄类型(和/或布尔类型)，甚至可能不需要修改其余的大部分代码。

注意：使用我们为本练习题建议的方法，主程序仍然使用 C 接口，但是现在会立即将所有资源句柄存储到 RAII 对象中。这当然是一种可行的选项，我们在真实的应用程序中也会采用。不过，还有一种方法，即使用所谓的修饰器或封装器设计模式。使用这种模式时，开发一组 C++ 类来封装整个数据库及其查询功能。只有这些修饰器类能够直接调用 C 接口；程序的其余代码则使用 C++ 修饰器类的成员。这些修饰器类的接口被设计为不会导致内存泄漏；程序能够访问的所有资源总是通过 RAII 对象管理。程序的其余部分不能访问 C 资源句柄本身。编写完成这种方案会过于偏离本章的主题(异常)，但是如果需要在较大的 C++ 程序中集成 C 接口，知道这种方案会很有帮助。

第 17 章

类 模 板

C++标准库大量使用了函数模板和类模板，以提供功能强大且通用的工具、算法和数据结构。第10 章介绍了编译器用于创建函数的模板，本章将介绍编译器用于创建类的模板。类模板是自动生成新类类型的一种强大机制。

到了本章，关于如何定义自己的类的介绍就接近了尾声。因此，本章除了介绍类模板的基础知识，我们还将介绍关于编码风格的一些更加高级的话题，目的是帮助读者更加深刻地思考自己的代码，而不是只考虑功能上的正确性。我们的观念是，编写代码不只是确保代码能够计算正确的值。代码应该容易阅读和维护，应该足够健壮，能够应对意外的条件和异常，等等。当然，我们也会介绍一些标准的技术，帮助读者实现这些基本的非功能需求。

本章主要内容

- 类模板的概念和定义
- 类模板的实例是什么，如何创建
- 如何在类模板定义体的外部为类模板的成员函数定义模板
- 类的部分特化是什么，如何定义
- 类模板如何嵌套在另一个类模板中
- 为什么投入资源开发高质量的代码是物有所值的，应使代码不只是正确，而且易于维护，足够健壮，能够应对失败情况
- "复制后交换"是什么，如何使用这种技术编写异常安全的代码
- 如何使用"变为 const 又变回来"的技术避免重复重载的成员函数

17.1 理解类模板

类模板与函数模板(参见第 10 章)的理念相同。类模板是一个参数化类型(parameterized type)，可用来创建一系列类定义。类模板的定义本身并不包含与它相关的可执行代码。仅在编译器通过类模板实例化具体的类定义时，才会生成实际的代码。例如，在程序使用 std::vector<int>类型的变量之前，编译器必须通过 vector<>类模板先实例化 vector<int>类。这样做时，编译器确保了对于模板实参的每个独特集合，仅创建一个实例。因此，在同一个可执行文件中，std::vector<int>类型的所有变量都共享同一个类定义。这个过程如图 17-1 所示。

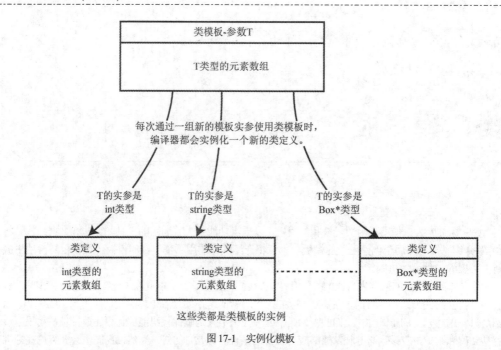

图 17-1   实例化模板

通过为每组模板实参单独创建特化的类定义，编译器能够为每种情况生成高度具体、高度优化的代码。

对于通过类模板(如第 5 章中的 vector<>和 array<>、第 6 章中的 unique_ptr<>和 shared_ptr<>、第 9 章中的 optional<>和 span<>等)实例化的类，我们已经有了丰富的使用经验。即使第 7 章中的 string 和第 9 章中的 string_view 也只不过是 basic_string<char> 和 basic_string_view<char>的类型别名。所以无论何时使用这些类型的变量，编译器都必须先通过它们各自的模板来实例化相应的类定义。

本章将学习如何定义自己的类模板。我们将从简单概念入手，学习如何创建一个基本的类模板。

17.2   定义类模板

类模板的一般形式如下所示：

```
template <template parameter list>
class ClassName /*final*/ /*: parent classes (inheritance)*/
{
  // List of access specifiers and member declarations...
};
```

与 C++1中的大多数模板一样，类模板的前面是关键字 template，后面是放在尖括号中的模板参数列表。类模板本身以关键字 class(或 struct)关键字开头，后面是类模板的名称，以及放在花括号中的类定义代码。为模板体编写代码的方式与为普通类编写代码的方式相同，只不过一些成员的声明和定义要根据尖括号中的模板参数来编写。与普通类一样，整个定义以分号结束。

与普通的类一样，通过模板实例化的类也具有继承的特性：它们可以继承一个或多个基类的成员，

---

1 缩写的函数模板(参见第 10 章)和泛型 lambda(参见第 18 章)是唯一前面不加 template 关键字的模板。类模板或者其成员的模板没有缩写的语法。

可以声明或重写虚函数，等等。它们所使用的语法与第 14 章中的相同。当然，为了不让其他类派生于模板的实例，也可以使用 final 关键字(参见第 15 章)。过了类模板参数列表之后，类模板的定义其实完全类似于普通的类定义，只是对于在实例化期间插入的任何类型的值，通常要使用模板参数名来作为占位符。

与函数模板一样，类模板的模板参数列表可以包含任意多个参数，它们分为两种：类型参数(type parameter)和非类型参数(non-type parameter)。图 17-2 列出了这两种参数的选项。对应于类型参数的实参总是类型，而对应于非类型参数的实参可以是与参数类型兼容的任何常量表达式。模板类型参数的使用要比非类型参数普遍得多，所以本章先讨论类型参数，非类型参数在本章后面介绍。

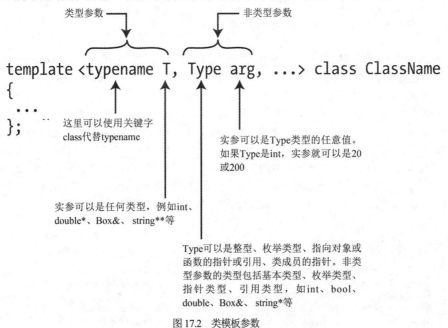

图 17.2 类模板参数

■ **注意**：从技术角度看，模板参数还有第三种类型。参数还可以是一个模板，其实参必须是类模板的一个实例。对这种类型的详细讨论于本书而言过于高级。

17.2.1 模板类型参数

与函数模板一样，模板类型参数中也可以使用关键字 typename (如图 17-2 所示)或 class。在这种上下文中，typename 和 class 是同义词。与函数模板一样，首选使用 typename，因为 class 常常表示类类型，而在大部分情况下模板类型实参可以为任何类型，不一定是类类型。如果要坚持使用 class 关键字，则是为了显式地标记那些只能把类类型作为实参的类型参数。第 21 章将介绍对这种类型约束进行显式编码的更合适的技术。

传统上，类型参数名以一个大写字母开头，以便与普通变量名区分开。T 常常用作模板类型参数名。当然，并不要求必须这么做，也可以使用自己喜欢的名称。推荐使用比 T 更具描述性的名称，当模板存在多个类型参数时，更是如此。

17.2.2 简单的类模板

下面用一个例子来说明，为动态数组定义一个类模板，对索引值进行边界检查，确保索引值是合法的。虽然标准库提供了一个 std::vector<>模板，该模板对其 at()成员进行边界检查，但建立有限的数组模板有助于理解模板的工作原理。

这个类模板的简要定义如下：

```
template <typename T>
class Array
{
  // List of access specifiers and member declarations...
};
```

Array模板只有一个类型参数T。说它是类型参数，是因为它的前面有关键字typename。在实例化模板时，为这个参数指定的类型(如int、double*、string等)确定了存储在相关类对象中的元素类型。它未必是类类型，所以我们使用了关键字typename而不是class。

模板体中的定义与类定义非常类似，其构造函数、成员变量和成员函数可以声明为public、protected或private。可以使用T或相关类型(T*、const T&或std::vector<T>等)定义成员变量，或指定成员函数的参数或返回类型。

要利用类接口，至少需要一个重载的下标运算符、一个构造函数、一个析构函数和一些副本成员(因为要为数组动态地分配/解除分配内存)。由于希望能够确定 Array<T>对象中包含的元素数(例如，在 for 循环中迭代它们)，还需要一个 getSize()访问器。所以这个类模板的最初定义如下所示：

```
template <typename T>
class Array
{
public:
  explicit Array<T>(size_t size);              // Constructor
  ~Array<T>();                                  // Destructor
  Array<T>(const Array<T>& array);              // Copy constructor
  Array<T>& operator=(const Array<T>& rhs);     // Copy assignment operator
  T& operator[](size_t index);                  // Subscript operator
  const T& operator[](size_t index) const;      // Subscript operator-const arrays
  size_t getSize() const { return m_size; }     // Accessor for m_size

private:
  T* m_elements; // Array of type T
  size_t m_size; // Number of array elements
}
```

模板体看起来类似于普通的类定义，只是在许多地方都使用了类型参数 T。例如，有一个成员变量 m_elements，其类型是 T 的指针(等价于 T 的数组)。在实例化类模板以生成类定义时，T 就会被用于实例化模板的实际类型代替。例如，如果为 double 类型创建模板的一个实例，m_elements 的类型就是 double*或 double 数组。

把第一个构造函数声明为 explicit，以防止它用于隐式转换。第二个构造函数是副本构造函数。这两个构造函数和复制赋值运算符一起，允许从其他 Array<T>对象进行深复制，这是普通数组不具备的行为。如果想要禁用该功能，应该在这些成员的声明中使用= delete，以防编译器提供默认实现(参阅第 13 章)。

将下标运算符重载为 const。将下标运算符的非 const 版本应用于非 const 数组对象，可以返回数组元素的一个非 const 引用。因此，这个版本可以放在等号的左边。将 const 版本用于 const 对象，返回元素的 const 引用。显然它不能放在等号的左边。

副本成员的参数是类型 const Array<T>&。这个类型是 Array<T>的 const 引用。在从模板中合成类时，就是指对特定类的类名的引用，例如 T 是 double 类型，const Array<T>&就是对类名的 const 引用，也就是 const Array<double>。一般来说，模板的某个实例的类名是由模板名后跟尖括号中的模板实参组成的。将模板名后跟尖括号中的参数名列表这种形式称为模板 ID。

在模板定义中，不需要使用完整的模板 ID。在 Array 模板体中，Array 本身就表示 Array<T>，所以可以把类模板的定义简化为：

```
template <typename T>
class Array
{
public:
  explicit Array(size_t size);          // Constructor
  ~Array();                             // Destructor
  Array(const Array& array);            // Copy constructor
  Array& operator=(const Array& rhs);   // Copy assignment operator

  // Other members remain the same...
};
```

17.3　定义类模板的成员函数

在模板体的外部定义成员函数时，语法与普通类的有些不同。理解该语法的线索是，类模板的成员函数的外部定义本身就是函数模板。即使成员函数不依赖类型参数 T，也是如此。所以，如果 getSize()(无论 T 的值是什么，该函数总是返回同样的 size_t 类型值)没有在类模板内部定义，它就需要一个模板定义。定义成员函数的函数模板中的参数列表必须与类模板的参数列表完全相同。也就是说，即使成员函数模板不需要的模板参数也不能省略掉。

本节将编写的所有成员函数定义都是模板，并且与类模板绑定在一起，无法解脱。它们不是函数定义，而是模板，当需要生成类模板的某个成员函数的代码时，编译器会使用这些函数模板。

■ **注意：** 成员模板的定义必须在需要实例化该模板的所有源文件中可用。因此，几乎总会将成员模板的定义放到包含相应类模板定义的同一文件中。这表明，如果从模块中导出模板，通常也应该将所有成员模板的定义放到该模块接口中。这类似于第 10 章中介绍的函数模板的定义，但又不同于普通成员的定义(同样，也不同于普通函数的定义)，因为那些定义可被自由地移到一个实现文件中。

下面为Array< >类的构造函数定义模板。

17.3.1　构造函数模板

在类模板定义的外部定义构造函数时，构造函数的名称必须用类模板名称来限定，所采用的方式与普通类的成员函数相同。但这不是函数定义，而是函数定义的模板，所以也必须表示出来。下面是构造函数模板的定义：

```
template <typename T>
Array<T>::Array(size_t size) : m_elements {new T[size] {}}, m_size {size}
{}
```

其中，第一行把这个函数标识为模板，还把模板参数指定为 T。这里把模板函数声明放在两行上，只是为了演示得更清晰；如果整个声明可以放在一行上，就不必放在两行上。在限定构造函数的名称时，模板参数是必需的，因为需要它把函数定义和类模板联系起来。注意在构造函数名的后面不必列出模板实参列表。::后面出现的 Array 将被视为代表 Array<T>。

在构造函数中，必须在自由存储区中为 m_elements 数组分配内存，该数组包含 size 个类型 T 的元素。如果 T 是类类型，就必须在类 T 中包含一个公共的默认构造函数。否则，就不会编译这个构造函数模板的实例。

要复制 Array<T>，必须创建一个大小相同的 T 元素数组，还要复制所有的 T 元素。副本构造函数的代码如下：

```
template <typename T>
Array<T>::Array(const Array& array) : Array{array.m_size}
{
  for (size_t i {}; i < m_size; ++i)
    m_elements[i] = array.m_elements[i];
}
```

上面的函数模板体假定赋值运算符可用于类型 T。

■ **注意**：当 T 为类类型时，若使用模板对 T 类型的对象执行一些操作，会在 T 类型的定义中隐含一些要求。本节中已经提到了两点要求：一是要使 Array<T>::Array(size_t)构造函数能够工作，T 类型的对象必须是默认可构造的(default constructible)；二是要使副本构造函数能够工作，它们必须是可复制赋值的(copy assignable)，第 21 章将介绍如何将这样的限制传达给模板用户。

17.3.2　析构函数模板

在许多情况下，在从模板生成的类中，默认析构函数就足够了。但这里不是这样。析构函数必须释放 m_elements 数组的内存，其定义如下所示：

```
template <typename T>
Array<T>::~Array() { delete[] m_elements; }
```

要释放给数组分配的内存，必须使用 delete 运算符的正确形式 delete[]。如果没有删除这个模板，则从该模板生成的所有类都会产生大量的内存泄漏。

17.3.3　下标运算符模板

operator[]()函数相当简单，但必须确保不使用非法的索引值。对于超出范围的索引值，可以抛出异常：

```
template <typename T>
T& Array<T>::operator[](size_t index)
{
  if (index >= m_size)
    throw std::out_of_range {"Index too large: " + std::to_string(index)};
  return m_elements[index];
}
```

如果index的值太大，则抛出out_of_range类型的异常。这里可以定义自己的异常类，但借用<stdexcept>模块中定义的out_of_range类会更容易。例如，如果用超出范围的索引值引用string、vector<>

或array<>对象，就会抛出该异常。这样用法就一致了。注意，index的值不能小于 0，因为它是size_t
类型——一个无符号的整数类型。

在我们第一次尝试的实现中，下标运算符函数模板体的 const 版本和非 const 版本大致相同：

```
template <typename T>
const T& Array<T>::operator[](size_t index) const
{
  if (index >= m_size)
    throw std::out_of_range {"Index too large: " + std::to_string(index)};
  return m_elements[index];
}
```

但是，为成员函数的 const 和非 const 重载引入这种重复的定义，并不是好的做法。这是"代码
重复"的一种表现。因为对于确保代码的可维护性，避免代码重复十分关键，所以在继续介绍类成员
模板的相关内容之前，我们花一点时间思考一下这个问题。

代码重复

多次编写相同或相似的代码从来都不是一个好主意，不仅浪费时间，而且这种重复的代码也不受
欢迎，原因有许多，最主要的是代码库的可维护性会降低。需求会变化，新的认知会形成，bug 也会
浮现。所以，当编写完代码后，很有可能会多次调整代码。如果存在重复的代码片段，就必须记住总
是需要调整这些代码出现的所有地方。相信我们，这在维护时是一个噩梦！避免代码重复的原则有
时候也称为"不要重复自己"(Don't Repeat Yourself，DRY)原则。

即使重复的代码只有几行，也值得加以思考。例如，考虑我们为 Array<>模板重复编写的operator[]()
模板。假想一下，在以后的某个时间，想要修改抛出的异常类型，或者修改传送给异常的消息。此时，
就必须修改两个地方。这不仅枯燥，而且很容易忘记修改某处重复的代码。但遗憾的是，在实际代码
中经常看到这种情况，即只对重复代码出现的某些地方进行修改或者修复 bug，而其他地方仍然包含
原来的、变得不再正确的版本。如果每条逻辑都只出现在代码库中的一个地方，就不会出现这种情况。

好消息是，读者已经知道了能够用来对抗代码重复的大部分工具。函数是可重用的计算块，模板
为任意类型实例化函数或类，基类封装了派生类所共有的功能，等等。建立这些机制，正是为了确保
不必重复自己。

要消除成员函数的 const 和非 const 重载的代码重复，传统方法是用 const 版本实现非 const 版本。
虽然这听起来很简单，但是需要的代码一开始看起来会令人气馁。所以请做好准备。例如，对于我们
的 operator[]()模板，这种技术的经典实现如下所示：

```
template <typename T>
T& Array<T>::operator[](size_t index)
{
  return const_cast<T&>(static_cast<const Array<T>&>(*this)[index]);
}
```

看起来确实很恐怖，不是吗？好消息是，C++17 引入了一个辅助模板 std::as_const()，能够让这段
代码更容易让人接受一些：

```
template <typename T>
T& Array<T>::operator[](size_t index)
{
  return const_cast<T&>(std::as_const(*this)[index]);
}
```

但是，因为这是读者第一次遇到这种技术，所以我们首先将不容易看懂的 return 语句重写为几个

较小的步骤。这有助于我们解释代码：

```
template <typename T>
T& Array<T>::operator[](size_t index)
{
  Array<T>& nonConstRef = *this;                      // Start from a non-const ref
  const Array<T>& constRef = std::as_const(nonConstRef); // Convert to const ref
  const T& constResult = constRef[index];             // Obtain the const result
  return const_cast<T&>(constResult);                 // Convert to non-const result
}
```

因为这个模板生成非 const 成员函数，所以 this 指针的类型为非 const 指针。因此，在本例中，解引用 this 指针将得到 Array<T>&类型的引用。我们首先需要为这个类型添加 const。从 C++17 开始，这可以使用标准库的<utility>模板中定义的 std::as_const()函数模板完成。给定 T&类型的值，这个函数模板的实例计算为 const T&类型的值。

有了 const 引用后，我们使用相同的实参，再次调用相同的重载函数，在本例中为带有一个 size_t 实参 index 的[]运算符函数。唯一的区别在于，这一次我们对 const 引用变量调用了重载函数，这意味着会调用函数的 const 重载，即 operator[](size_T) const。如果没有先对*this 的类型添加 const，就会再次调用相同的函数，进而触发无限递归。

因为我们现在对 const 对象调用函数，这也意味着它通常会返回一个 const 元素的引用。如果没有返回，就会破坏 const 正确性。但是，我们需要的是对非 const 元素的引用。因此，在最后的步骤中，我们必须在从函数返回结果之前，去掉结果的 const 性质。我们知道，在 C++中去掉 const 性质的唯一方法是使用 const_cast<>(参见第 12 章)。

我们建议把这种模式称为"变为 const 又变回来"。首先从非 const 变为 const(使用了 std::as_const)，然后重新变回非 const(使用了 const_cast<>)。注意，这是极少数实际上推荐使用 const_cast<>的情况之一。一般来说，认为去掉 const 性质是不好的做法。但是，使用"变为 const 又变回来"技术消除代码重复，是这种规则的一种被广泛接受的例外情况。

提示： 建议使用"变为 const 又变回来"技术，以避免成员函数的 const 和非 const 重载之间出现的代码重复。一般来说，这需要使用下面的模式，用成员函数的 const 版本来实现非 const 重载：

```
ReturnType MyClass::myFunction(Arguments)
{
  return const_cast<ReturnType>(std::as_const(*this).myFunction(Arguments));
}
```

17.3.4　赋值运算符模板

赋值运算符的工作方式有多种可能性。左右操作数的类型必须有相同的 Array<T>，T 也是相同的，但左右操作数的 m_size 成员可以有不同的值。可以实现赋值运算符，使左操作数的 m_elements 成员值保持不变。如果左操作数的成员数多于右操作数，就复制右操作数的足够元素，以填充左操作数的数组。然后，可让多出来的元素使用初始值，或者把它们设置为默认 T 构造函数生成的值。

但为了简单起见，我们让左操作数总是分配一个新的 m_elements 数组，即使之前的数组大到能够容纳右操作数的数组。为此，赋值运算符函数必须释放在目标对象中分配的内存，再执行副本构造函数的操作。为了确保赋值运算符不会对自己的内存执行 delete[]操作，必须首先检查对象是不同的(参见第 13 章)。下面是定义：

```
template <typename T>
```

```
Array<T>& Array<T>::operator=(const Array& rhs)
{
  if (&rhs != this)            // If lhs != rhs...
  { // ...do the assignment...
    delete[] m_elements;       // Release any free store memory

    m_size = rhs.m_size;       // Copy the members of rhs into lhs
    m_elements = new T[m_size];
    for (size_t i {}; i < m_size; ++i)
      m_elements[i] = rhs.m_elements[i];
  }
  return *this;                // ... return lhs
}
```

记住，检查左操作数与右操作数是否相同是必不可少的，否则就为 this 指向的对象释放其 m_elements 成员占用的内存，然后在它已不存在的情况下复制它。这种形式的每个赋值运算符都必须首先进行类似的安全性检查。如果操作数不同，就释放左操作数占用的自由存储区内存，之后创建右操作数的副本。

■ **注意：** 注意到了吗？我们这里是在重复。如果没有注意到，就再看看赋值运算符模板。该模板首先重复了析构函数模板的逻辑，然后重复了副本构造函数模板的逻辑。显然，这里违反了 DRY 原则。但这还不是这个模板唯一的问题，请参见接下来的边栏。不过，好消息是，通过使用所谓的"复制后交换"习语，可以一次性解决这两个问题。

异常安全性与复制后交换

在这个小例子中，Array<>类模板的赋值运算符能够正确工作。但是，如果出现了问题，应该怎么办？如果在程序执行过程中发生了错误，导致抛出异常，应该怎么办？读者是否能够在函数模板的代码中，找到两个可能发生错误的地方？试着找一找，然后继续阅读下文。

在下面的代码段中，标记出了函数模板体中的两个潜在的异常来源：

```
template <typename T>
Array<T>& Array<T>::operator=(const Array& rhs)
{
  if (&rhs != this)
  {
    delete[] m_elements;

    m_size = rhs.m_size;
    m_elements = new T[m_size] // may throw std::bad_alloc
    for (size_t i {}; i < m_size; ++i)
      m_elements[i] = rhs.m_elements[i]; // may throw any exception (depends on T)
  }
  return *this;
}
```

第一个潜在的异常来源是 new[]运算符。第 16 章讲到，如果由于某种原因，不能分配自由存储区中的内存，这个运算符就会抛出 std::bad_alloc 异常。虽然在如今的计算机上，出现这种情形的可能性不大，但可能性依然存在。例如， rhs 可能是特别大的数组，在可用的内存中不能存储两次。

■ **注意**：如今，由于物理内存很大，虚拟内存也很大，因此需要分配自由存储区内存的情况很少见。大部分代码不再检查 bad_alloc。尽管如此，考虑到在本例中，我们实现的类模板的唯一责任是管理元素数组，所以恰当地处理内存分配失败在这里很合适。

第二个潜在的异常来源是 m_elements[i] = rhs.m_elements[i] 赋值表达式。因为 Array<T>模板可用于任何类型 T，所以在实例化时，类型 T 的赋值运算符可能在赋值失败时抛出异常。例如，可能会抛出 std::bad_alloc 异常。通过我们自己的赋值运算符模板可看到，赋值常常涉及内存分配。但是一般来说，抛出的异常可能是任何类型，具体依赖于类型 T 的赋值运算符的定义。

■ **提示**：一般来说，应该假定自己调用的任何函数或运算符都可能抛出异常，并相应地考虑，当发生异常时，自己的代码应该如何反应。这条规则也有例外，比如第 16 章中使用 noexcept 限定符标注的函数，以及大部分析构函数(它们一般会被隐式声明为 noexcept)。

当识别了所有潜在的异常来源后，就必须进行分析，如果在那些地方确实抛出了异常，会发生什么。建议读者现在就进行分析，然后继续阅读。询问自己这个问题：如果在上述两个地方发生异常，Array<>对象会发生什么？

如果在我们的例子中，new[]运算符分配新内存时失败，Array<>对象的 m_elements 指针就成为所谓的"悬挂指针"，这种指针指向的内存已被回收。原因在于，在发生失败的 new[]运算符之前，已经对 m_elements 应用了 delete[]运算符。这意味着即使调用者捕获了 bad_alloc 异常，Array<>对象也不再可用。实际上，更糟的是，它的析构函数几乎一定会导致程序崩溃，因为它将对悬挂指针 m_elements 再次应用 delete[]运算符。

注意，第 6 章中推荐的做法是在应用 delete[]后，将 m_elements 赋值为 nullptr，但在这里，这种做法只是打了一个小补丁。因为 Array<>的其他成员函数(如 operator[])不检查 m_elements 是否为 nullptr，程序迟早仍会崩溃。

如果 for 循环中的某个赋值操作失败，情况只是稍好一点。假设最终捕获了导致问题的异常，此时的 Array<>对象中，只有最初的几个 m_elements 元素被赋予正确的新值，其他部分仍然使用默认初始化的值。而我们无法知道，到底有多少个元素被成功赋值。

当调用一个修改对象状态的成员函数时，通常希望发生两件事情之一。当然，理想情况下，函数完全成功，使对象进入期望的新状态。但是，一旦发生某种错误，阻止函数完全成功，我们不希望对象进入某种无法预测的中间状态。函数操作中途停止，大部分时候意味着对象变得不可用。因此，一旦发生问题，就会希望对象保留或恢复其初始状态。这种"要么全部成功，要么全部失败"的函数被正式称为强异常安全(strong exception safety)。

要想让赋值运算符是强异常安全的赋值运算符，必须确保在赋值操作没能成功地分配或复制所有元素时，Array<>对象仍然(或再次)指向在尝试赋值操作之前指向的 m_elements 数组，m_size 也保持不变。

如第 16 章所述，编写正确的代码只是完成了一半工作。确保代码在遇到意外错误时能够可靠、健壮地工作，至少同样困难。当然，恰当的错误处理总是始于谨慎的态度。即总是关注潜在的错误源，确保自己理解这些错误可能导致的后果。好在当定位到并分析了问题区域后(这种能力会随着经验的增加而增强)，有一些标准的技术可使代码在发生错误后正确做出反应。下面看看如何对我们的示例应用这种技术。

要确保我们的赋值运算符具有"要么全部成功，要么全部失败"的行为，可使用的编程模式称为"复制后交换"。其理念很简单。如果必须修改一个或多个对象的状态，而其中的任何步骤都可能失败和/或抛出异常，那么应该采用下面的简单模式：

(1) 创建对象的一个副本。

(2) 修改这个副本而不是原对象。原对象仍然保持不变。

(3) 如果全部修改成功，则用副本替换(或者叫交换)原对象。

但是，如果在复制或后续的修改步骤中出现问题，则丢弃复制的、部分修改的对象，让整个操作失败。原对象则保持原来的状态。

虽然可以对几乎任何代码应用此技术，但它常常用在成员函数中。对于赋值运算符，此技术的使用方法如下所示：

```
template <typename T>
Array<T>& Array<T>::operator=(const Array& rhs)
{
  Array<T> copy{rhs};      // Copy... (could go wrong and throw an exception)
  swap(copy);              // ... and swap! (noexcept)
  return *this;
}
```

我们使用副本构造函数重新编写了赋值运算符。在"复制后交换"赋值运算符中不再严格需要检查自我赋值(用对象的副本来交换对象是相当安全的)，不过加上也没有坏处。

在某种意义上，这实际上是"复制后交换"技术的退化实例。一般来说，在该技术的复制阶段和交换阶段之间，可能需要对复制对象的状态做任意次数的修改。当然，这些修改总是应用到副本对象(在本例中为 copy)，而不是直接应用到原对象(在本例中为*this)。如果复制步骤或其后发生的任何修改步骤抛出异常，将自动回收在栈上分配的副本对象(copy)，原对象(*this)则保持不变。

更新完 copy 后，将其成员变量与原对象的成员变量进行交换。"复制后交换"依赖于如下假定：最后的交换步骤没有抛出异常的风险。即，不能出现异常，导致一些成员被交换，另一些没有被交换。好在，实现一个 noexcept 交换函数几乎总是很简单。

按照约定，用来交换两个对象的内容的函数被命名为 swap()，并在这两个对象的类所在的名称空间中实现为一个非成员函数。我们知道，在 operator=()模板中，我们将 swap()用作一个成员函数。但不必着急，我们很快就解释原因。标准库的<utility>模块提供了 std::swap<>()模板，可用来交换任何可复制数据类型的值或对象。现在，可以认为该函数模板的实现如下所示[1]：

```
template <typename T>
void swap(T& one, T& other) noexcept
{
  T copy(one);
  one = other;
  other = copy;
}
```

对 Array<>对象应用这个模板的效率并不是特别高。被交换对象的所有元素会被多次复制。而且，在我们的复制赋值运算符中，不能使用它来交换*this 和 copy，读者知道这是为什么吗[2]？因此，我们将为 Array<>对象创建自己的更高效的 swap()函数。对于许多标准库类型，存在 std::swap<>()的类似特化版本。

因为 Array<>的成员变量是私有的，所以一种选择是将 swap()定义为友元函数。这里将采用一种

---

[1] 实际的 swap<>()模板在两个方面不同。首先，它在条件允许时使用移动语义来移动对象。第 18 章将介绍移动语义。其次，它只在某些条件下被声明为 noexcept。具体来说，如果在移动它的实参时不会发生异常，它就被声明为 noexcept。有条件的 noexcept 限定符是一种更高级的语言特性，本书中不做讨论。

[2] 之所以不能在复制赋值运算符中使用 std::swap()函数，是因为 std::swap()函数又会使用复制赋值运算符。换句话说，这里调用 std::swap()会导致无限递归。

稍微不同的方法，这也是标准容器模板(如 std::vector< >)采用的方法。其思想是，首先向 Array< >添加一个额外的成员函数 swap()，如下所示：

```
template <typename T>
void Array<T>::swap(Array& other) noexcept
{
  std::swap(m_elements, other.m_elements);   // Swap two pointers
  std::swap(m_size, other.m_size);           // Swap the sizes
}
```

然后使用该 swap()成员函数版本实现传统的非成员函数 swap()：

```
template <typename T>
void swap(Array<T>& one, Array<T>& other) noexcept
{
  one.swap(other);          // Forward to public member function
}
```

改进后的 Array< >模板的完整源代码包含在 Ex17_01 中。

■ **提示：** 应总是使用副本构造函数和一个 noexcept swap()函数来实现赋值运算符。"复制后交换"技术的这个基本实例可确保赋值运算符获得期望的"要么全部成功，要么全部失败"行为。虽然可将 swap()添加为一个成员函数，但是在使对象可被交换时，传统做法是定义一个非成员的 swap()函数。遵照此约定，也可确保标准库的多种算法使用 swap()函数。

无论是在其他成员函数中，还是在任何代码中间，使用"复制后交换"技术可使任何重要的状态修改成为异常安全的。它有许多变体，但思想是相同的。首先复制想要修改的对象，然后对副本执行任何数量的(0 个或多个)有风险的步骤，只有当这些步骤全部成功后，才交换副本和实际目标对象的状态，使修改最终生效。

17.4 创建类模板的实例

定义一个对象，其类型是根据模板创建的，其结果是用编译器实例化类模板。例如：

```
Array<int> data {40};
```

当编译这条语句时，在模板中用 int 替代 T，就会创建 Array<int>类的定义。但这里有一个微妙的问题。编译器只编译程序使用的成员函数，不会编译从模板参数的一次替代中生成的整个类。在定义对象 data 后，实例化后的 Array<int>类等价于：

```
class Array<int>
{
public:
  explicit Array(size_t size);   // Constructor
  ~Array();                      // Destructor

private:
  int* m_elements;               // Array of type int
  size_t m_size;                 // Number of array elements
};
```

可以看到，其中仅有的两个成员函数是构造函数和析构函数。编译器不会生成创建或析构对象时不需要的成员实例，也不包含程序中不需要的模板部分。

当然，对象 data 的声明语句还调用了构造函数 Array<int>::Array(size_t)，因此在实例化类定义之后，编译器还会使用对应的成员模板，实例化 Array<int>类的构造函数的定义：

```
Array<int>::Array(size_t size) : m_elements {new int[size]}, m_size {size}
{}
```

类似地，当对象 data 超出作用域后，编译器会实例化 Array<int>类的析构函数。

■ **注意**：这就是所谓成员函数模板的延迟实例化(lazy instantiation)特性，这种特性意味着，只要不使用副本构造函数或复制赋值运算符，就可以对其对象不能复制的 T 类型(例如，Array<std::unique_ptr>)创建和使用 Array<T>对象。这也意味着可能直到初次使用类成员模板时，才能发现其中的编码错误。下一节中，将介绍一些可快速检测到这类错误的提示。

如果类模板的实例化是声明对象的一个副产品，那么就被称为模板的隐式实例化。这个术语也把它与模板的显式实例化区分开来，下一节中将介绍模板的显式实例化，其行为稍有不同。

模板的显式实例化

第 10 章中介绍了如何显式地实例化函数模板。也可以显式地实例化类模板，而不必定义该模板类型的对象。显式实例化类模板时，编译器会用指定的参数值来创建实例。要实例化类模板，只需要在 template 关键字后面加上模板类的名称以及放在尖括号内的模板实参。

```
template class Array<double>;
```

显式地实例化类模板不仅会生成完整的类类型定义，还会从类的模板中实例化该类的所有成员函数。无论是否调用成员函数，都会实例化它们，因此，可执行文件中可能包含从不会使用的代码。

■ **提示**：对于给定的类型，通过显式的实例化可以快速测试一个类模板及其所有的成员模板是否能够成功实例化。这避免了编写代码来创建对应实例的对象，然后逐个调用该对象的所有成员函数。一旦确信所有模板都能成功实例化和编译后，就可以删除这种显式的类模板实例化。

17.5 测试数组类模板

现在在下面的示例中试用 Array<>模板。首先将类模板和类成员函数的模板一起放在模板接口文件 Array.cppm 中。

```
// Array.cppm - Array class template definition
export module array;
import <stdexcept>; // For standard exception types
import <string>; // For std::to_string()
import <utility>; // For std::as_const()

export template <typename T>
class Array
{
  // Definition of the Array<T> template...
};

// Definitions of the templates for member functions of Array<T>...

// (Optional: (exported) template for non-member swap(Array<T>&, Array<T>&) functions)
```

注意 export 关键字位于 template 关键字之前，而非 class 关键字之前。这说明我们实际上正在导出模板，而不是在为导出的类定义模板(不允许这样做)。

与普通的类外成员定义一样，Array<T>的成员模板是不能导出的，仅类模板本身可以导出。但因为成员模板也是模板，所以不能将它们移到模块实现文件中。编译器需要这些模板位于模块接口中，以便当模块的使用者为类型函数 T 提供新值时，编译器能够实例化它们。

完成 array 模块后，现在编写一个程序，用模板声明一些数组，并试验它们。为了重温本书前面的例子，本例会创建 Box 对象的 Array<>。这里可以使用 box 模块：

```
export module box;

export class Box
{
public:
  Box() : Box{ 1.0, 1.0, 1.0 } {};
  Box(double l, double w, double h) : m_length {l}, m_width {w}, m_height {h} {}

  double volume() const { return m_length * m_width * m_height; }
private:
  double m_length, m_width, m_height;
};
```

还要试验一些超出范围的索引值，看看会发生什么情形：

```
// Ex17_01.cpp - Using a class template
import array;
import box;
import <iostream>;
import <format>;

int main()
{
 try
 {
   const size_t numValues {20};
   Array<double> values {numValues};

   for (unsigned i {}; i < numValues; ++i)
    values[i] = i + 1;

   std::cout << "Sums of pairs of elements:";
   size_t lines {};
   for (size_t i {numValues - 1}; i >= 0; --i)
   {
    std::cout << (lines++ % 5 == 0 ? "\n" : "")
             << std::format("{:5g}", values[i] + values[i-1]);
   }
 }
 catch (const std::out_of_range& ex)
 {
  std::cerr << "\nout_of_range exception object caught! " << ex.what() << std::endl;
 }
 try
 {
  const size_t numBoxes {5};
  Array<Box> boxes {numBoxes};
```

```
    for (size_t i {} ; i <= numBoxes ; ++i)
      std::cout << "Box volume is " << boxes[i].volume() << std::endl;
  }
  catch (const std::out_of_range& ex)
  {
    std::cerr << "\nout_of_range exception object caught! " << ex.what() << std::endl;
  }
}
```

这个例子的输出结果如下所示：

```
Sums of pairs of elements:
    39   37   35   33   31
    29   27   25   23   21
    19   17   15   13   11
     9    7    5    3
out_of_range exception object caught! Index too large: 18446744073709551615
Box volume is 1
Box volume is 1
Box volume is 1
Box volume is 1
Box volume is 1
Box volume is
out_of_range exception object caught! Index too large: 5
```

　　main()函数创建 Array<double>类型的对象，这将使用 double 类型实参隐式创建类模板的实例。数组中的元素个数由构造函数的实参 numValues 指定。编译器还给构造函数的定义创建了模板的一个模板实例。

　　接下来，在第一个 for 循环中，用 1 到 numValues 的值初始化 values 对象的元素。表达式values[i]会创建下标运算符函数的一个实例。这个实例由该表达式隐式地调用为 values.operator[](i)。因为 values 不是 const，所以调用的是运算符函数的非 const 版本。如果使用"变为 const 又变回来"技术，这将调用该运算符的 const 版本。

　　在 try 块中使用第二个 for 循环输出连续元素对的和，从数组的最后一个元素开始。这个循环中的代码也调用下标运算符函数，但因为函数模板的实例也已创建，所以不会生成新实例。

　　显然，在 i 等于 0 时，表达式 values[i-1]的索引值并不合法，这会让 operator[]()函数抛出一个异常。catch 块会捕获这个异常，给标准错误流输出一条消息。从输出中可以看出，索引值非常大，实际上，该索引值应该通过减去一个无符号的 0 值而得到。在下标运算符函数抛出异常时，控制权会立即传送给 catch 块，这样就不会使用非法的元素引用了。当然，for 循环也会在此立即结束[1]。

　　下一个 try 块定义了一个可以存储 Box 对象的 Array<>对象。这次，编译器生成了类模板的一个实例 Array<Box>，因为以前没有为 Box 对象实例化模板。这个语句还调用构造函数来对象 boxes，因此会为构造函数创建函数模板的一个实例。在自由存储区中创建 Box 类的 m_elements 成员时，Array<Box>类的构造函数会调用 Box 类的默认构造函数。当然，m_elements 数组中所有 Box 对象的默认尺寸都是 1×1×1。

　　在一个 for 循环中显示 boxes 中每个 Box 对象的体积。表达式 boxes[i]调用了重载的下标运算符，因此编译器再次使用函数模板的实例生成该函数的定义。当 i 等于 numBoxes 时，下标运算符函数会抛出一个异常，因为索引值 numBoxes 超出了 m_elements 数组的边界。try 块后面的 catch 块捕获该异

[1] 从某种程度上讲，这样做很合适，因为那些向 array[i-1]传递无效索引的粗心开发人员也会错误地编写一个无限 for 循环。这是为什么呢？

常。由于退出了 try 块，因此局部声明的所有对象都释放了，包括 boxes 对象。

17.6　非类型的类模板参数

非类型参数看起来像函数参数，也是类型名后跟参数名。下面是一个示例：

```
template <typename T, size_t size>
class ClassName
{
  // Definition using T and size...
};
```

这个模板有一个类型参数 T 和一个非类型参数 size。其定义根据这两个参数和模板名来设置。不能给非类型模板参数使用任意类型。特别是大部分类类型都不允许这样做[1]。也就是说，非类型模板参数不允许使用 Box 或 std::string 等类型。非类型模板参数只能是基本类型(如(size_t、long、bool、char、float 等，但不能是 void)、枚举类型、指针类型或引用类型(包括函数的指针和引用)。

如有必要，也可以把类型参数的名称用作非类型参数的类型。例如：

```
template <typename T,        // T is the name of the type parameter
T value>                     // T is also the type of this non-type parameter
class ClassName
{
  // Definition using T and value...
};
```

参数 T 必须放在使用它的参数列表的前面，因此 value 不能放在类型参数 T 的前面。当然，将类型参数用作非类型参数会隐式地将 T 的实参限制为非类型实参允许使用的类型。

为了说明如何使用非类型参数，给 Ex17_01 中的 Array 模板添加一个非类型参数，从而为数组的索引增加一些灵活性：

```
template <typename T, int startIndex>
class Array
{
public:
  explicit Array(size_t size);              // Constructor
  ~Array();                                 // Destructor
  Array(const Array& array);                // Copy constructor
  Array& operator=(const Array& rhs);       // Assignment operator
  void swap(Array& other) noexcept;         // noexcept swap() function
  T& operator[](int index);                 // Subscript operator
  const T& operator[](int index) const;     // Subscript operator-const arrays
  size_t getSize() const { return m_size; } // Accessor for size

private:
  T* m_elements;                            // Array of type T
  size_t m_size;                            // Number of array elements
};
```

1　自 C++20 起，原则上可以使用某些类类型(准确地说，就是所谓的字面量类的特定子集)，但对这些类类型的限制有些苛刻，所以本书中不讨论这种可能性。

这段代码添加了一个 int 类型的非类型参数 startIndex。这样，就可以指定使用给定范围的索引值。例如，C++中的数组索引从 0 开始，而不是从 1 开始。如果不喜欢这一点，可以在实例化 Array<>类时，使 startIndex 等于 1。甚至可以创建索引值为-10～+10 的 Array<>对象，可以使非类型参数的值为-10，使传送给构造函数的实参为 21，从而声明一个数组，因为这个数组需要 21 个元素。

索引值现在可以为负，所以下标运算符函数的参数可以改为 int 类型。注意，数组的大小仍然会是一个正数，所以 m_size 成员的类型可以保留为 size_t。

类模板现在有两个参数，定义类模板中成员函数的函数模板必须也有两个参数。即使一些函数不会使用非类型参数，也必须指定两个参数。参数是类模板标识的一部分，要匹配类模板，它们必须有相同的参数列表。接下来完成 Array 类的这个版本所需要的函数模板集。

17.6.1 带有非类型参数的成员函数的模板

由于前面在类模板的定义中添加了一个非类型参数，因此所有成员函数的模板代码也需要修改。成员函数的模板需要两个与类模板相同的参数，即使它们不需要使用新的非类型参数。参数是类模板标识的一部分，所以为了与模板相匹配，它们必须具有相同的参数列表。例如，主 Array<>构造函数的模板必须更新为：

```
template <typename T, int startIndex>
Array<T, startIndex>::Array(size_t size) : m_elements{new T[size] {}}, m_size{size}
{}
```

模板 ID 现在是 Array<T, startIndex>，用于限定构造函数名。除了在模板中添加新的模板参数，这是原始定义唯一需要修改的地方。

其他大部分成员模板只需要对模板参数列表和模板 ID 做相同的更新。在此并未一一列出，可以在 Ex17_02 中找到更新后的定义。

唯一需要进行重大修改的模块(也是使用非类型模板参数 startIndex 的唯一模板)是 const 下标运算符函数的模板。

```
template <typename T, int startIndex>
const T& Array<T, startIndex>::operator[](int index) const
{
  if (index < startIndex)
    throw std::out_of_range {"Index too small: " + std::to_string(index)};

  if (index > startIndex + static_cast<int>(m_size) - 1)
    throw std::out_of_range {"Index too large: " + std::to_string(index)};

  return m_elements[index - startIndex];
}
```

如前所述，index 参数现在是 int 类型，允许使用负值。对 index 值的有效性检查现在被用于验证该值是否在范围 startIndex ~ startIndex + m_size -1 内。小心：因为 size_t 是无符号的整数类型，所以需要显式将 m_size 强制转换为 int，否则表达式中的其他值就会被隐式转换为 size_t。如果 startIndex 为负，就会产生错误的结果。用于异常的消息也改变了。

如果没有使用 Ex17_01 中的"变为 const 又变回来"技术，就需要为下标运算符的非 const 重载版本的模板做同样的修改。但在对模板参数和模板 ID 进行强制更新后，就只需要将 index 参数的类型修改为 int 类型。这显示了不重复自己能带来多大好处！

```cpp
template <typename T, int startIndex>
T& Array<T, startIndex>::operator[](int index)
{
  return const_cast<T&>(std::as_const(*this)[index]);
}
```

下面的示例练习最新版本的 Array<>类模板的新功能。要生成这个示例，需要把更新后的所有模板定义放到一个新的 array 模块中，并使用 Ex17_01 中的 box 模块。

```cpp
// Ex17_02.cpp
// Using a class template with a non-type parameter
import array;
import box;
import <iostream>;
import <format>;
import <typeinfo>;                // For use of typeid()

int main()
{
  try
  {
    try
    {
      const size_t size {21};     // Number of array elements
      const int start {-10};      // Index for first element
      const int end {start + static_cast<int>(size) - 1}; // Index for last element
      Array<double, start> values {size}; // Define array of double values

      for (int i {start}; i <= end; ++i) // Initialize the elements
        values[i] = i - start + 1;

      std::cout << "Sums of pairs of elements: ";
      size_t lines {};
      for (int i {end}; i >= start; --i)
      {
        std::cout << (lines++ % 5 == 0 ? "\n" : "")
                  << std::format("{:5g}", values[i] + values[i-1]);
      }
    }
    catch (const std::out_of_range& ex)
    {
      std::cerr << "\nout_of_range exception object caught! " << ex.what() << std::endl;
    }

    // Create array of Box objects
    const int numBoxes {9};
    Array<Box, -numBoxes / 2> boxes { static_cast<size_t>(numBoxes) };

    for (int i { -numBoxes / 2 }; i <= numBoxes/2 + numBoxes%2; ++i)
      std::cout << std::format("Volume of Box[{}] is {}\n", i, boxes[i].volume());
  }
  catch (const std::exception& ex)
  {
    std::cerr << typeid(ex).name() << " exception caught in main()! "
              << ex.what() << std::endl;
  }
}
```

该示例的输出如下：

```
Sums of pairs of elements:
   41   39   37   35   33
   31   29   27   25   23
   21   19   17   15   13
   11    9    7    5    3
out_of_range exception object caught! Index too small: -11
Volume of Box[-4] is 1.0
Volume of Box[-3] is 1.0
Volume of Box[-2] is 1.0
Volume of Box[-1] is 1.0
Volume of Box[0] is 1.0
Volume of Box[1] is 1.0
Volume of Box[2] is 1.0
Volume of Box[3] is 1.0
Volume of Box[4] is 1.0
class std::out_of_range exception caught in main()! Index too large: 5
```

嵌套的 try 块首先定义常量，指定索引值的范围和数组的大小。size 和 start 变量用于创建 Array 模板的一个实例，以存储 21 个 double 类型的值。第二个模板实参对应于非类型参数，指定数组索引值的下限。数组的大小由构造函数实参指定。

其后的 for 循环给 values 对象的元素赋值。循环索引 i 的范围是从下限 start(其值是-10)到上限 end(其值是+10)。在循环中，将数组元素的值设置为1～21。

接着第二个 for 循环输出连续元素对的和，从最后一个数组元素开始，反向计数。lines 变量用于将连续元素对的和每行输出 5 个。与前面的示例 Ex17_01 一样，索引值的过度控制使 values[i-1]表达式抛出一个 out_of_range 异常。嵌套 try 块的处理程序会捕获它，并在输出中显示一条消息。

创建数组以存储 Box 对象的语句位于 main()函数的外层 try 块中。boxes 的类型是 Array<Box, -numBoxes / 2>，这说明在模板实例化中，这个表达式可以作为非类型参数的实参值。这种类型的表达式必须与参数的类型相匹配，或者能通过隐式转换把结果转换为适当的类型。

如果该表达式包含>字符，就要特别小心。下面是一个例子：

```
Array<Box, numBoxes > 5 ? numBoxes : 5> boxes{42}; // Will not compile!
```

第二个实参的表达式使用条件运算符的目的是，提供最小为 5 的值，但这个语句不能编译。表达式中的 >与左尖括号配对，结束了参数列表。必须添加圆括号才能使该语句有效：

```
Array<Box, (numBoxes > 5 ? numBoxes : 5)> boxes{42}; // OK
```

如果非类型参数的表达式涉及箭头运算符(->)或右移位运算符(>>)，也需要添加圆括号。

最后一个 for 循环抛出另一个异常，这次是因为索引超过了上限。该异常由 main()函数体的 catch 块捕获。输出显示异常被识别为 std::out_of_range 类型。这再次证实了在通过基类引用捕获异常时，不会发生对象切片现象(参见第 16 章)。

代码可读性

我们继续讨论代码质量。在 Ex17_02 中，我们为 Array<>类模板的 operator[]()模板使用了如下实现方式：

```
template <typename T, int startIndex>
const T& Array<T, startIndex>::operator[](int index) const
```

```
{
  if (index < startIndex)
    throw std::out_of_range {"Index too small: " + std::to_string(index)};

  if (index > startIndex + static_cast<int>(m_size) - 1)
    throw std::out_of_range {"Index too large: " + std::to_string(index)};

  return m_elements[index - startIndex];
}
```

这段代码的功能并没有问题,但是可能需要思考很长时间,才能确认 if 语句的条件是正确的,特别是第二个 if 语句。如果是这种情况,可能会发现下面的版本更容易理解:

```
template <typename T, int startIndex>
const T& Array<T, startIndex>::operator[](int index) const
{
  // Subtract startIndex to obtain the actual index into the m_elements array.
  // If startIndex is 0, conventional 0-based array indexing is used.
  const int actualIndex = index - startIndex;

  if (actualIndex < 0)
    throw std::out_of_range {"Index too small: " + std::to_string(index)};

  if (actualIndex >= m_size)
    throw std::out_of_range {"Index too large: " + std::to_string(index)};

  return m_elements[actualIndex];
}
```

通过首先计算出 actualIndex,我们大大简化了两个 if 条件的逻辑。剩下的只是比较 actualIndex 和 m_elements 数组的实际边界。换言之,剩下的就是检查 actualIndex 是否在半开区间[0, m_size)中,C++程序员更习惯于使用这种概念而不是 startIndex。因此,现在更容易看出条件是正确的。

我们还故意添加了"If startIndex is 0..."这行注释,旨在让代码的阅读者更加确信自己对 actualIndex 的计算是否正确。一般来说,当验证这类计算时,替换边缘用例(如 0)会有帮助。

虽然这可能还不是最有说服力的例子,但是我们要表达的是,专业级编码并不只是编写出正确的代码。编写可读性强、易于理解的代码至少同样重要。事实上,这么做对于避免 bug 和保持代码库的可维护性有很大的帮助。

■ 提示:编写出一段代码后,无论代码量是大是小,都应该抽出身来,让自己转换一种角色,从以后必须阅读和理解这段代码的人的角度来审视代码。这个人可能是需要修复 bug 或者做小规模修改的同事,也可能是一两年后的自己(相信我们,一两年后,读者可能不会记得自己写过那样的代码)。问自己两个问题:能不能重写代码来提高代码的可读性,使其更容易理解?是不是应该添加更多代码注释来更清晰地说明代码的用途?一开始,读者可能认为这项工作很困难,很耗费时间,甚至不明白为什么要这么做。但是相信我们,在坚持这么做一段时间后,会养成一种习惯,到了一定程度后,读者将能够从一开始就编写高质量的代码。

17.6.2 非类型参数的实参

非类型参数的实参必须是在编译期间编译的常量表达式。也就是说,不能把包含非 const 整型变量的表达式用作实参，这有一点缺陷，但编译器可以验证实参的有效性，从而弥补这个缺陷。例如，下面的语句就不会编译：

```
int start {-10};
Array<double, start> values{ 21 }; // Won't compile because start is not const
```

编译器会因为第二个实参无效而生成一条消息。这两个语句的正确版本如下：

```
const int start {-10};
Array<double, start> values{ 21 }; // OK
```

start 现在被声明为 const，编译器可以依赖其值，两个模板实参也是合法的。如果实参需要与参数类型相匹配，则编译器还提供了实参的标准转换。例如，如果非类型参数被声明为 size_t 类型，编译器就可以把整数字面量(如 10)转换为需要的实参类型。

不能对任何成员函数模板中的参数值进行修改。非类型模板实参的值是被静态写入实例化的类型，因此可以将其视为常量。所以，非类型参数不能用在赋值运算符的左边，也不能进行递增或递减运算。

17.6.3 对比非类型模板实参与构造函数实参

除了模板实参必须是编译时常量以外，我们在本节使用的 Array<>类模板的定义还有其他一些严重的缺陷：

```
template <typename T, int startIndex>
class Array;
```

类模板中的非类型模板实参是模板实例类型的一部分。模板实参的每个唯一组合都会生成另外一个类类型。这意味着从 0 开始的 double 值数组与从 1 开始的 double 值数组是不同的类型。这至少会产生两个不期望看到的结果。首先，程序中编译出的代码量可能大大超出预期(称为代码膨胀)；其次，更加严重的是，不能在表达式中混合使用这两种类型的元素。例如，下面的代码无法编译：

```
Array<double, 0> indexedFromZero{10};
Array<double, 1> indexedFromOne{10};
indexedFromOne = indexedFromZero;
```

■ **注意**：原则上，可以采用一些高级技术，例如向 Array<>类模板添加成员函数模板，以帮助混合使用 Array<>类模板的相关实例。成员函数模板在类的两个现有模板参数的基础上，添加了额外的模板参数，如不同的起始索引。不过，本书是入门级图书，详细介绍这些技术超出了本书的范围，尤其考虑到存在更简单的解决方案，所以这里不讨论这些高级技术。

通过向构造函数添加参数，而不是使用非类型模板参数，能使索引值的范围变得更灵活。实现方式如下：

```
template <typename T>
class Array
{
public:
  explicit Array(size_t size, int startIndex=0); // Constructor
  // Other member functions as before...
private:
  T* m_elements; // Array of type T
  size_t m_size; // Number of array elements
```

```
    int m_start_index; // Starting index value
};
```

额外添加的成员变量 m_start_index 用于存储第二个构造函数实参指定的数组起始索引。startIndex
参数的默认值为 0，所以以默认情况下将采用正常索引。当然，还需要更新副本构造函数和 swap()方法，
以使用这个额外的成员。

17.7　模板参数的默认值

可以为类模板中的类型参数和非类型参数提供默认实参值，其方式与给函数参数提供默认值一
样——如果某个给定的参数有默认值，则参数列表中的所有后续参数也都必须指定默认值。如果省略
了类模板参数的实参值，而类模板参数有指定的默认值，就使用默认值，就像函数中的默认实参值一
样。同样，如果省略了参数列表中给定参数的实参，则后续的所有实参也必须都省略。

给类模板参数指定默认值的方式和函数参数一样，也是在参数名的后面加上一个等号(=)。下面
为带有非类型参数的 Array 模板提供默认实参值。例如：

```
template <typename T = int, int startIndex = 0>
class Array
{
  // Template definition as before...
};
```

如果类模板的所有参数都有默认值，在源文件中，就只在模板的第一个声明(通常，这是类模板
的定义)中指定它们。不需要在成员函数的模板中指定默认值，编译器会使用实参值来实例化类模板。

声明一个从 0 开始的 int 类型数组时，可以省略所有的模板实参。

```
Array<> numbers {101};
```

合法的索引值是从 0 开始到 100，这是由非类型模板参数的默认值和构造函数的实参确定的。这
种情况下，即使不需要任何实参，也必须写上尖括号。另一种可能的情形是省略第二个实参或提供所
有实参。例如：

```
Array<std::string, -100> messages {200}; // Array of 200 string objects indexed from -100
Array<Box> boxes {101}; // Array of 101 Box objects indexed from 0
```

17.8　类模板实参推断

第 10 章讲到，对于函数模板，大部分时候不需要指定任何模板实参，甚至对于没有默认值的模
板参数也不需要。大部分情况下，编译器能从函数实参推断出所有函数模板实参。例如，在 Ex10_01
中看到了函数模板实参推断的应用：

```
template<typename T> T larger(T a, T b); // Function template prototype
int main()
{
  std::cout << "Larger of 1.5 and 2.5 is " << larger(1.5, 2.5) << std::endl;
  ...
```

我们并不需要使用 larger<double>(1.5, 2.5)指定模板类型实参。通过把两个函数实参的类型 double
与模板的函数参数列表中出现 T 的两个位置对应起来，编译器很方便地推断出类型实参 double。

在很长一段时间，无法推断类模板实参。在那段时间，我们总是必须显式指定没有默认值的所有实参(即使像前一节所示的那样是零实参)。当然，并不是始终有另一个选择。例如，考虑 Ex17_01 中遇到的变量定义：

```
const size_t numValues {50};
Array<double> values {numValues};
```

可以试着像下面这样在该变量的类型中省略<double>：

```
const size_t numValues {50};
Array values {numValues}; // Will not compile (cannot deduce value for T)
```

但这会导致编译错误。从这个构造函数调用中，编译器无法推断出模板类型参数的值。它能够参考的只有 numValues，这是传递给 size_t 构造函数参数的一个 size_t 实参。模板参数 T 和类型 double 甚至都没有出现，编译器又怎么能够推断出来呢？因此，这种情况下，必须自己指定模板实参 double，这是很合理的。

但是，假设我们为 Array<>模板添加了所谓的初始化列表构造函数。这个构造函数的模板如下所示(必须导入<initializer_list>模块才能工作)：

```
template <typename T>
Array<T>::Array(std::initializer_list<T> elements)
 : m_elements {new T[elements.size()]}, m_size {elements.size()}
{
 // std::initializer_list<> has no operator[], but can be used in range-based for loop.
 // The possibility to add variable initializations such as "size_t i {};"
 // to a range-based for loop is new in C++20.
 for (size_t i {}; const T& element : elements)
   m_elements[i++] = element;
}
```

第 2 章结束时，简单看到了 std::initializer_list<>类模板。简单来说，std::initializer_list<T>类型的对象能够从包含类型 T 的值的初始化列表自动创建。例如，当调用初始化列表构造函数时，就会发生这种情况(在第 2 章可看到更多示例)。但是，调用初始化列表构造函数对我们来说已经没有秘密，我们已经多次对 std::vector<>中使用初始化列表构造函数。下面列举一个示例：

```
std::vector<float> floats{ 1.0f, 2.0f, 3.0f, 4.0f };
```

我们知道，这会创建一个向量，并使用包含 4 个给定浮点值的动态数组初始化该向量。如果为 Ex17_01 中的 Array<>模板添加前面显示的初始化列表构造函数，则可以像下面这样创建 Array<>对象(也请参见 Ex17_03.cpp)：

```
Array<int> integers{ 1, 2, 3, 4, 5 };
Array<double> doubles{ 1.0, 2.0, 3.0, 4.0, 5.0 };
```

只不过，这一次可以省略模板实参列表，如下所示：

```
Array integers{ 1, 2, 3, 4, 5 }; // Deduced type: Array<int>
Array doubles{ 1.0, 2.0, 3.0, 4.0, 5.0 }; // Deduced type: Array<double>
```

编译器可从这些构造函数调用推断出模板类型实参(分别是 int 和 double)。之所以能够推断，是因为这一次，模板类型参数 T 是构造函数签名的一部分。通过把构造函数的 elements 参数的类型(initializer_list<T>)匹配到实参的类型(分别是 initializer_list<int>和 initializer_list<double>)，编译器很容易推断出 T 的正确类型实参。[1]

当构造自己的泛型类型的值，或者任意标准库类型(如 std::pair、std::tuple、std::vector 等)的值时，类模板实参推断能够减少输入的字符数。不过，始终要记住：类模板实参推断只适用于构造函数调用；当使用类模板实例作为函数参数或成员变量的类型，或者作为函数的返回类型时，总是需要指定完整的模板 ID。

注意：对于流行的智能指针类型 std::unique_ptr<>和 shared_ptr<>，故意没有启用类模板实参推断。即不能编写下面的代码：

```
std::unique_ptr smartBox{ new Box{1.0, 2.0, 3.0} }; // Will not compile!
```

原因在于，一般来说，编译器无法推断 Box*类型的值指向单个 Box 还是 Box 的数组。回忆一下，指针和数组有密切关系，大部分情况下可以互换使用。因此，当使用 Box*时，编译器无法知道应该推断 unique_ptr<Box>还是 unique_ptr<Box[]>。要初始化智能指针变量，推荐的方法仍然是使用 std::make_unique<>()和 std::make_shared<>()。下面是一个示例：

```
auto smartBox{ std::make_unique<Box>(1.0, 2.0, 3.0) };
```

警告：如果使用 Ex17_03 中的 Array<>模板(即，带有初始化列表构造函数的模板)编译并运行 Ex17_01 程序，会发现 Ex17_01 的输出发生了变化。原因在于，Ex17_01 中的 main()函数的如下语句开始做完全不同的操作：

```
Array<double> values{ numValues }; // Now uses the initializer list constructor!
```

之前，它创建的 Array<>包含 20 个 double 值 0.0(numValues 等于 20)，但现在，它创建的 Array<>只包含一个 double 值 20.0。当使用初始化列表语法调用构造函数时，如果有可能，编译器总是会选择使用初始化列表构造函数。第 5 章已经对 std::vector<>的类似行为给出了警告。回忆一下，针对这个问题的解决方案是使用圆括号：

```
Array<double> values( numValues ); // Uses Array(size_t) constructor as before
```

17.9 类模板特化

在许多情况下，类模板定义不能适用于所有的实参类型。例如，可以使用重载的比较运算符比较 string 对象，但不能对以空字符结尾的字符串进行这类比较。如果类模板使用比较运算符比较对象，则比较运算符可用于比较 string 类型，但不能比较 char*类型。要比较 char*类型的对象，需要使用<cstring>模块中声明的比较函数。对于处理这种情况，一种选择是定义类模板特化(class template specialization)。类模板特化提供的类定义专门针对模板参数的给定实参集。

17.9.1 定义类模板特化

假定要为 const char*类型创建 Array<>类模板的第一个版本的特化。这可能是因为想要用包含空字符串的指针("")而不是 null 指针来初始化数组元素。类模板定义的特化如下所示：

```
template <>
```

---

1 这里只是做简要介绍，所以如果详细解释内置的模板实参推断规则，或者解释如何使用所谓的用户定义的推断指导来覆盖或增强这些规则，会让我们离题太远。不过，好消息是，内置规则大部分情况下都能够很好地工作。

```
class Array<const char*>
{
  // Definition of a class to suit type const char*...
};
```

const char*类型的 Array<>类模板特化的这个定义必须放在原有类模板定义的后面，或放在原有类模板声明的后面。

因为指定了所有的参数，所以称为模板的完整特化，这也是 template 关键字后面的尖括号为空的原因。完整的类模板特化是类定义而不是类模板。编译器为 const char*从模板中生成类时，不是使用类模板，而是使用为该类型定义的特化。因此，类模板特化允许预定义类模板的实例，让编译器使用该实例来处理类模板参数的特定实参集。

类模板特化的成员不必与原模板的成员相同：特化的类可以更改、添加或省略成员，没有任何限制。例如，原则上，可为 double 数组定义如下特化：

```
template <>
class Array<double>
{
public:
  // Constructor, destructor, copy members, ...

  double& operator[](size_t index);              // Subscript operator
  double operator[](size_t index) const;         // Subscript operator-const arrays

  double sum() const;
  double average() const { return sum() / m_num_values; }
  size_t count() const { return m_num_values; }

private:
  size_t m_num_values;
  double* m_values;
};
```

这个类的 const 下标运算符按值而不是按 const 引用返回为泛型 Array<>模板。该类还包含额外的 sum() 和 average()成员，并且它为 getSize()、m_size 和 m_elements 成员使用了不同的名称。不过，像这样通过不一致的接口来创建特化实在不是个好主意。

■ **注意**：第 10 章中已给出警示，千万不要去特化函数模板，而应该使用函数重载。但与之不同，类模板的特化是相当安全的。

17.9.2 部分模板特化

如果特化 Ex17_02 中带有两个参数的模板版本，就只需要为特化指定类型参数，不能指定非类型参数。这是用 Array<>类模板的部分特化完成的，其定义如下所示：

```
template <int startIndex>                        // Because there is a parameter...
class Array<const char*, startIndex>             // This is a partial specialization...
{
  // Definition to suit type const char*...
};
```

原有类模板的这个特化也是一个模板。template 关键字后面的参数列表必须包含需要为这个模板特化的实例指定的参数，在本例中只需要指定一个参数。第一个参数被省略了，因为它现在是固定的。

模板名后面的尖括号指定原有类模板定义中的参数如何特化。该参数列表必须与原来未特化的类模板有相同的参数个数。这个特化的第一个参数是 const char*。另一个参数被指定为这个模板中的对应参数名。

除了对于使用 const char*作为类型参数所生成的模板实例有特别的考虑之外，指针一般也是一个特化子集，需要采用与对象和引用不同的方式来处理。例如，在使用指针类型实例化模板时，为了比较对象，需要解除对指针的引用，否则就只比较地址，而没有比较存储在这些地址中的对象或值。

对于这种情况，可以定义模板的另一个部分特化。这种情况下，参数不完全固定，但它必须匹配模板名后面的参数列表中指定的特定模式。例如，Array 模板为指针指定的部分特化如下所示：

```
template <typename T, int startIndex>
class Array<T*, startIndex>
{
  // Definition to suit pointer types other than const char*...
};
```

第一个参数仍旧是 T，但模板名后面的尖括号中的 T*表示，这个定义用于将 T 指定为指针类型的实例。其他两个参数仍旧可变，所以这个特化可应用于第一个模板实参为指针的实例。

17.10　带有嵌套类的类模板

类可以在其定义中包含另一个嵌套类。类模板定义也可以包含嵌套的类或嵌套的类模板。嵌套的类模板进行独立的参数化，这样在另一个类模板中就可以生成二维的类。这种情形超出了本书的讨论范围，这里仅探讨带有嵌套类的类模板。

下面举一个例子。假定要实现一个栈，它采用"后进先出"的存储机制，如图 17-3 所示。其工作原理类似于自助餐馆中的一堆盘子。它有两个基本操作："推"操作把数据项存储在栈的顶部，而"拉"操作则从栈中提取出顶部的数据项。理想情况下，栈的实现应可以存储任意给定类型的对象，这就是模板的本质。

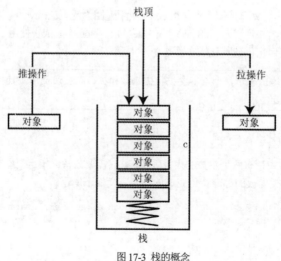

图 17-3　栈的概念

Stack 模板的参数是一个类型参数，它指定了栈中的对象类型。于是，最初的模板定义如下所示：

```
template <typename T>
class Stack
{
  // Detail of the Stack definition...
};
```

如果希望栈的容量自动增加，就不能为栈中的对象使用固定的存储空间。如果在对象进入或离开栈时，要自动增减栈的存储空间，一种方法是把栈实现为链表。链表中的节点可在自由存储区中创建，栈只需要记住顶部的节点即可，如图 17-4 所示。

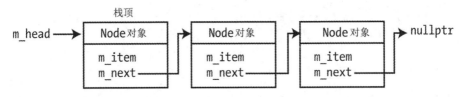

图 17-4　栈实现为链表

在创建空栈时，链表顶部的指针为 nullptr。所以，如果栈没有包含任何 Node 对象，就表示该栈为空。当然，只有 Stack 对象需要访问栈中的 Node 对象。Node 对象只是封装栈中存储的对象的内部对象，所以 Stack 类的外部对象不需要知道 Node 对象的类型。

在 Stack 模板的每个实例中，都需要一个嵌套类来定义链表中的节点，而且节点必须包含 T 类型的对象，其中 T 是 Stack 模板参数类型，所以可以把它定义为嵌套类。在 Stack 模板的初始定义中添加这个嵌套类：

```
template <typename T>
class Stack
{
  // Rest of the Stack class definition...
private:
  // Nested class
  class Node
  {
  public:
    Node(const T& item) : m_item {item} {} // Create a node from an object

    T m_item; // The object stored in this node
    Node* m_next {}; // Pointer to next node
  };
};
```

因为 Node 类被声明为 private，所以可以把它的所有成员都声明为 public，可以由 Stack 模板的成员函数直接访问。Node 对象按值存储 T 类型的对象。把对象压入栈时，要使用构造函数。构造函数的参数是对 T 类型对象的 const 引用，将这个对象的副本存储在新的 Node 对象的 m_item 成员中。现在编写 Stack 类模板的其他内容，以支持图 17-4 中 Node 对象的链表：

```
template <typename T>
class Stack
{
public:
  Stack() = default; // Default constructor
  ~Stack(); // Destructor

  Stack(const Stack& stack); // Copy constructor
  Stack& operator=(const Stack& rhs); // Copy assignment operator
  void swap(Stack& other) noexcept; // noexcept swap() function

  void push(const T& item); // Push an object onto the stack
  T pop(); // Pop an object off the stack
  bool isEmpty() const; // Empty test

private:
  // Nested Node class definition as before...

  Node* m_head {}; // Points to the top of the stack
};
```

如前所述，Stack<>对象只需要"记住"顶部的节点，因此只有一个 Node* 类型的成员变量 m_head。Stack<>类模板有默认的构造函数、析构函数、副本构造函数和复制赋值运算符函数。析构函数和副本成员是必须有的，因为节点是使用 new 和存储在原指针中的地址动态创建的。它的 push()和 pop()成员用于在栈中来回传送对象。最后，Stack<>类模板还有一个 isEmpty()函数，如果 Stack<>对象为空，则返回 true。下面将讨论 Stack<>对象的所有成员函数模板的定义。

栈成员的函数模板

本节首先介绍构造函数。默认构造函数在类模板中是默认提供的，所以如有必要，编译器将生成一个。副本构造函数必须复制 Stack<T>对象，这可以通过遍历节点并逐个复制节点来实现，如下所示：

```
template <typename T>
Stack<T>::Stack(const Stack& stack)
{
  if (stack.m_head)
  {
    m_head = new Node {*stack.m_head}; // Copy the top node of the original
    Node* oldNode {stack.m_head}; // Points to the top node of the original
    Node* newNode {m_head}; // Points to the node in the new stack

    while (oldNode = oldNode->m_next) // If m_next was nullptr, the last node was copied
    {
      newNode->m_next = new Node{*oldNode}; // Duplicate it
      newNode = newNode->m_next; // Move to the node just created
    }
  }
}
```

这将把 stack 输入实参所代表的栈复制到当前的 Stack 对象中，该对象一开始为空(m_head 成员变量最初被初始化为 nullptr)。具体实现方法是，复制实参对象的 m_head，然后遍历 Node 对象序列并逐个复制。当复制了 m_next 成员为 null 的 Node 对象后，这个过程就会结束。

isEmpty()函数只是检查 m_head 成员是指向实际的节点还是为 nullptr：

```
template <typename T>
bool Stack<T>::isEmpty() const { return m_head == nullptr; }
```

swap()函数模板的实现如下：

```
template <typename T>
void Stack<T>::swap(Stack& other) noexcept
{
std::swap(m_head, other.m_head);
}
```

为完整起见，也可以为非成员函数 swap(Stack<T>&, Stack<T>&)添加一个常规模板。在此并未显示出来，具体代码可参见 Ex17_04。

之后，赋值运算符模板使用这个 swap()函数来实现本章前面介绍过的"复制后交换"技术：

```
template <typename T>
Stack<T>& Stack<T>::operator=(const Stack& stack)
{
  auto copy{rhs}; // Copy... (could go wrong and throw an exception)
  swap(copy);     // ... and swap! (noexcept)
  return *this;
}
```

用于 push()操作的模板也十分简单：

```
template <typename T>
void Stack<T>::push(const T& item)
{
  Node* node{new Node(item)};     // Create the new node
  node->m_next = m_head;          // Point to the old top node
  m_head = node;                  // Make the new node the top
}
```

要创建封装 m_item 的 Node 对象，需要将其引用传送给 Node 构造函数。新节点的 m_next 成员需要指向顶部原来的节点。然后使新的 Node 对象成为栈的顶部节点，使其地址存储在 m_head 中。

pop()操作涉及事项略多。需要回答的第一个问题是，如果在空栈上调用 pop()，应该发生什么？因为该函数按值返回一个 T 对象，所以不能简单地通过返回值发出错误。这种情况下，一个显而易见的方案是抛出异常，如下所示。我们将采用这种方法。

处理完这种边缘用例后，函数至少需要执行下面的 3 个操作：

(1) 返回当前 m_head 中存储的 T 数据项。

(2) 使 m_head 指向链表中的下一个节点。

(3) 删除现在已不需要的 m_head 节点。

确定按什么顺序执行这些操作可能需要费点心思。如果不小心，可能导致程序崩溃。不过，下面的代码是可以工作的：

```
template <typename T>
T Stack<T>::pop()
{
  if (isEmpty())                    // If it's empty pop() is not valid so throw exception
    throw std::logic_error {"Stack empty"};
  auto* next {m_head->m_next};      // Save pointer to the next node
  T item {m_head->m_item};          // Save the T value to return later
```

```
  delete m_head;                    // Delete the current head
  m_head = next;                    // Make head point to the next node
  return item;                      // Return the top object
}
```

关键在于，在删除旧的 m_head 之前，必须先从中提取出仍然需要的信息，在这里就是其 m_next 指针(它将成为新的 m_head)和 T 数据项(必须从 pop()函数返回的值)。认识到这一点以后，代码逻辑就清晰了。

在析构函数中，面临着类似的问题(记住这一点，后面会用到)。显然，析构函数需要释放属于当前 Stack 对象的所有动态分配的 Node 对象。在 pop()模板中，我们知道必须先复制出自己需要的内容，然后删除节点：

```
template <typename T>
Stack<T>::~Stack()
{
  while (m_head)
  {                                       // While current pointer is not null
    auto* next = m_head->m_next;          // Get the pointer to the next node
    delete m_head;                        // Delete the current head
    m_head = next;                        // Make m_head point to the next node
  }
}
```

如果不使用临时指针 next 来保存 m_head ->m_next 中存储的地址，就无法将 m_head 移到链表中的下一个 Node 对象上。在 while 循环结束后，属于当前 Stack 对象的所有 Node 对象都将被删除，m_head 将成为 nullptr。

这就是定义栈需要用到的全部模板。如果将所有模板放到一个模块接口文件 Stack.cppm 中，就可以使用下面的代码来试用栈：

```
// Ex17_04.cpp
// Using a stack defined by nested class templates
import stack;
import <iostream>;
import <string>;

int main()
{
  std::string words[] {"The", "quick", "brown", "fox", "jumps"};
  Stack<std::string> wordStack;                  // A stack of strings
  for (const auto& word : words)
    wordStack.push(word);

  Stack<std::string> newStack{wordStack};        // Create a copy of the stack

  // Display the words in reverse order
  while(!newStack.isEmpty())
    std::cout << newStack.pop() << ' ';
  std::cout << std::endl;

  // Reverse wordStack onto newStack
  while (!wordStack.isEmpty())
    newStack.push(wordStack.pop());

  // Display the words in original order
```

```
    while (!newStack.isEmpty())
      std::cout << newStack.pop() << ' ';
    std::cout << std::endl;

    std::cout << std::endl << "Enter a line of text:" << std::endl;
    std::string text;
    std::getline(std::cin, text);                // Read a line into the string object

    Stack<const char> characters;                // A stack for characters

    for (size_t i {}; i < text.length(); ++i)
      characters.push(text[i]);                  // Push the string characters onto the stack

    std::cout << std::endl;
    while (!characters.isEmpty())
      std::cout << characters.pop();             // Pop the characters off the stack

    std::cout << std::endl;
}
```

该示例的输出结果如下：

```
jumps fox brown quick The
The quick brown fox jumps
Enter a line of text:
A whole stack of memories never equal one little hope.
.epoh elttil eno lauqe reven seiromem fo kcats elohw A
```

示例中首先定义一个数组，它包含 5 个对象，这些对象都是字符串，用一些单词初始化它们。接着声明一个空的 Stack 对象，用于存储 string 对象。然后 for 循环把数组元素推入栈。在 wordStack 栈的底部存储了数组的第一个单词，最后一个单词则存储在这个栈的顶部。接着把 wordStack 栈的一个副本创建为 newStack，以练习副本构造函数。

在下一个 while 循环中，把单词拉出 newStack 栈，以逆序方式显示它们。只要 isEmpty()成员函数不返回 false，循环就继续执行。使用 isEmpty()成员函数来获取栈中的所有内容是比较安全的。在循环的最后，newStack 为空，但 wordStack 仍包含最初的内容。

下一个 while 循环从 wordStack 中提取单词，并把它们推入 newStack。将拉出和推入操作组合到一个语句中，把 wordStack 的 pop()函数返回的对象用作 newStack 的 push()函数的实参。在这个循环的最后，wordStack 为空，而 newStack 包含 5 个单词，且顺序不变，即第一个单词在栈的顶部。接着把单词从 newStack 中拉出，并输出它们，所以在这个循环的最后，两个栈都为空。

main()的下一部分使用 getline()函数把一行文本读入一个 string 对象中，接着创建一个栈以存储字符：

```
Stack<const char> characters; // A stack for characters
```

这个语句创建了 Stack 模板的一个新实例 Stack<const char>，以及这类栈的构造函数的新实例。在接下来的 for 循环中，从 text 中提取字符，把它们推入新栈。text 对象的 length()函数用于确定循环何时结束。最后从栈中拉出字符，以逆序方式显示输入的字符串。从运行结果中可以看出，输入的内容有点回文的意味，读者可以试试输入"Ned, I am a maiden"或"Are we not drawn onward, we few, drawn onward to new era"。

更好的栈

本章已经多次说明,读者不应该满足于仅编写正确的代码。前面建议读者应避免代码重复,关注抛出异常的代码,以及总是尽力提高代码的可读性。按照这些建议,我们重新审视本节编写的 Stack<> 类模板,考虑是否可以进行改进。

当然,对于 m_head 和 m_next 成员变量而言,最明显的一个改进是使用 std::unique_ptr<Node> 代替原来的 Node* 指针,第 16 章中推荐这种做法。使用这种方法时,就不可能再忘记应用 delete。我们将这个改进留给读者自己练习,但建议在阅读完第 18 章后再完成练习。

更具体来说,我们接下来审视析构函数的实现。读者是否觉得有些地方没有做到最优?

前面已经指出了析构函数和 pop() 的相似性。二者都需要留出一个临时的 next 指针,删除 m_head,然后使下一个节点成为 m_head。这也是代码重复!使用析构函数的如下实现可消除这种代码重复,该实现使用了现有的 isEmpty() 和 pop() 成员函数,而不是直接操纵指针自身:

```
template <typename T>
Stack<T>::~Stack()
{
  while (!isEmpty()) pop();
}
```

这个实现的可读性好了一些,出错的概率也就小了,所以应该选择这种实现。不必担心性能问题,因为如今能够进行代码优化的编译器很可能会为两个版本生成相同的代码。当内联了 isEmpty() 和 pop() 成员函数调用后,编译器很容易将这里的代码改为与原版本完全相同。这里的实现包含在 Ex17_04A 中。

我们理解,像这样改进代码在一开始并不总是很容易。而且,在一开始,进行这种代码改进看起来会占用很多时间。但遗憾的是,我们无法给出一套固定的规则来说明什么代码好,什么代码不好,什么代码足够好。但是,当有了丰富的经验后,判断代码的优劣就变得越来越容易。长久来看,运用在这里学到的原则能够显著提高程序员的生产率。程序员将能够稳定地编写出优雅的、可读性高的代码,这种代码包含的 bug 少,维护和调整起来也更加容易。

本章关于如何编写高质量代码的介绍到此结束,我们决定以最喜欢的一句话作为结尾。计算机科学的先驱者之一 Donald E. Knuth 如是说:

计算机编程是一种艺术……因为计算机编程需要技艺和创造力,更因为计算机编程能够产生美好的东西。在潜意识中将自己视为一名艺术家的程序员会享受自己的工作,并做到更好。

17.11 依赖名称的麻烦问题

当编译器遇到模板时,应该立即执行特定的检查。因此,被实例化之前的模板(甚至模板可能一直不被实例化)可能会引发编译错误。因为在不知道模板实参值时,编译器显然无法检查所有的东西,所以一些检查只会在实例化模板后进行。这被称为两阶段编译或两阶段(名称)查找。

为了看到这种行为,可以把如下形式的函数模板添加到任意源文件中,然后试着编译该文件:

```
template <typename T>
void someFunction() { T::GOs6xM2D(); kfTz3e7l(); }
```

编译器应该解析此模板定义并检查其中是否存在编程错误。我们选择了无意义的名称 GOs6xM2D 和 kfTz3e7l,因为对于编译器来说,在能够把名称匹配到实体(如函数、变量或类型)的声明之前,所有名称看起来都是这样的。

GOs6xM2D 被称为依赖名称，因为编译器要解析它，需要知道模板类型参数 T 的值。换句话说，GOs6xM2D 依赖于 T。它是静态函数的名称吗？还是函数指针的名称、函数对象的名称或者嵌套类型的名称？也有可能 GOs6xM2D 只是输入错误，实际上应该是 G0s6xN2B？仅仅通过查看模板定义，编译器不能做出决定。事实上，虽然不大可能，但对于 T 的不同值，GOs6xM2D 也有可能指代完全不同种类的实体。因此，编译器将假定这条语句是有效的，并等到实例化该模板后再执行进一步检查。

另一方面，kfTz3e7l 显然不是一个依赖名称。因此，编译器应该在实例化之前解析名称 kfTz3e7l，判断 kfTz3e7l() 是不是有效的语句。因此，除非代码中刚好存在一个名为 kfTz3e7l 的类似函数的实体，否则编译器应该会直接拒绝这个模板，即使该模板还没有被实例化。

■ **注意**：并不是所有编译器都(完整)实现了两阶段查找，把更多(甚至大部分)检查推迟到实例化模板之后。因此，在前面的示例中，有可能在真正使用该模板之前，编译器并没有注意到未声明的 kfTz3e7l 名称。如果是这种情况，则可能不需要使用接下来两节中讨论的方法。

当然，编译器提早还是在实例化时拒绝无效模板并不重要。但是，这里要解决的问题是，编译器有时候会在实例化之前拒绝看起来有效的模板，尽管当使用实际类型替换所有类型参数名称的时候，这种模板可以生成完全有效的代码。这是 C++ 最令人困惑的怪异处之一：在我们看来，模板完全正确，但编译器会给出许多令人费解的错误消息。

之所以有时候会发生这种问题，原因可以归结为相同的一点：编译器试图理解未实例化的模板，但因为某种原因错误地解释了依赖名称。为了纠正这个问题，需要知道一些简单但并非显而易见的语法方案。接下来将介绍两种编译器可能出现问题的常见场景，然后介绍使用什么办法来让编译器正确解析模板。

依赖的类型名称

假设有如下形式的类模板(类似于之前的 Stack<>模板)：

```
template <typename T>
class Outer
{
  public:
  class Nested { /* ... */ }; // Or a type alias of form 'using Nested = ...;'
  // ...
};
```

■ **注意**：嵌套的类型和类型别名成员实际上在标准库中很常见，例如 vector<>::iterator、optional<>::value_type 和 shared_ptr<>::weak_type。

现在，试着定义如下所示的函数模板(参见 Ex17_05A.cpp)：

```
template <typename T>
void someFunction() { Outer<T>::Nested* nested; /* ... */ }
```

在一个编译器中，此定义会导致下面的错误(但没有更进一步的信息)：

```
error: 'nested' was not declared in this scope
17 | void someFunction() { Outer<T>::Nested* nested; /* ... */ }
   | ^~~~~~
```

编译器很傻，nested 在那里当然还没有声明；编译器拒绝的正是 nested 的声明语句。那么，到底发生了什么呢？为什么编译器在这里糊涂了？

问题在于，在模板体内，编译器一般不会把依赖名称(如 T::name 或 MyClass<T>::name)解释为类型名称。在我们的示例中，编译器因而会把模板体的开始语句解释为两个变量(Outer<T>::Nested 和 nested)的相乘运算。因此，在编译器看来，nested 一定是非依赖名称，就像前面示例中的 kfTz3e7l 一样。这样一来，编译器在外层作用域内当然找不到 nested 的声明，也因而会给出令人困惑的错误消息。

为了让编译器把 Nested 这样的依赖名称解释为类型名称，必须使用 typename 关键字来显式标记它们。例如，可以像下面这样修改 Ex17_05A 中的模板：

```
template <typename T>
void someFunction() { typename Outer<T>::Nested* nested; /* ... */ }
```

现在，编译器正确地解析了开始语句，认为它声明了 Outer<T>::Nested 指针类型的变量 nested。

这是不是意味着必须总是在依赖类型名称的前面添加 typename 呢？并非如此。有些时候，编译器在默认情况下确实能够把依赖名称识别为类型名称。例如，当通过 new 或者在强制转换表达式内使用依赖名称时，编译器显然已经知道该名称只能指代类型。下面列举一个示例(也可以参见 Ex17_05B)。

```
template <typename T> // T assumed to define nested Base and Derived types / aliases
void someOtherFunction()
{
  typename T::Base* b = new T::Derived{}; // Or: auto* b = ...
  const typename T::Derived& d = static_cast<T::Derived&>(*b); // Or: const auto& d = ...
  /* ... */
}
```

在这里，仍然需要使用 typename 来清晰地表明赋值运算符左侧的名称。不过，正如注释所说，占位类型(如 auto、auto*或 auto&)在很多时候是更加简洁的选项。

在函数模板体外部，依赖类型名称的规则更加奇怪。例如，在 C++20 中，在类模板的成员声明中，不再需要清晰标明依赖类型名称(也可以参见 Ex17_05C)：

```
template <typename T>
class MyClass
{
public:
  Outer<T>::Nested memberFunction(const Outer<T>::Nested& nested);
private:
  T::Nested m_member_variable;
};
```

实际上，对于函数模板的返回类型，不再需要使用 typename。但是，由于某种原因，在函数和成员函数模板的参数列表内，仍然需要在依赖名称的前面添加 typename：

```
template<class T>
T::Nested nonMemberFunction(const typename T::Nested* nested);
template<typename T>
Outer<T>::Nested MyClass<T>::memberFunction(const typename Outer<T>::Nested& nested)
{
  return nested;
}
```

知道什么时候 typename 是可选的，什么时候必须在依赖类型名称前面使用 typename，其实并不重要。坦白说，我们也不知道完整的规则集。本节的要点是能够识别不正确地解释依赖类型名称所造成的错误，并知道通过添加 typename 来解决这种问题。在实践中，这意味着我们有如下选项：为安全起见，在所有(或大部分)依赖类型名称前面添加 typename；或者尽可能少地添加 typename，让编译器告诉我们什么时候缺少了 typename。理解了问题后，这两种实用的方法都可收到很好的效果。

依赖的基类

当把模板和继承结合起来时，也会发生依赖名称的麻烦问题。具体来说，当把依赖类型用作基类时，会发生这种问题。最常见的形式是，当定义如下所示的类模板时，会发生依赖名称问题(此模板保存在 Ex17_06.cpp 中)：

```
template <typename T>
class Base
{
public:
  void baseFun() { /* ... */ }
protected:
  int m_base_var;
};

template <typename T>
class Derived : public Base<T>
{
public:
  void derivedFun();
};
```

这个设置并没有特殊之处：Derived<T>类继承了 Base<T>类，它们都有一些基础的、非常现实的成员。

现在，假设像下面这样定义了派生类的成员函数的模板：

```
template <typename T>
void Derived<T>::derivedFun()
{
  baseFun();
  std::cout << m_base_var << std::endl;
}
```

虽然一些编译器可能接受这种定义，但它们其实不应该接受。我们测试的编译器之一给出了下面的错误：

```
<source>:22:3: error: use of undeclared identifier 'baseFun'
  baseFun();
  ^
<source>:23:16: error: use of undeclared identifier 'm_base_var'
  std::cout << m_base_var << std::endl;
```

很傻的编译器。显然 Base<>类模板中定义了这些标识符，不是吗？那么，这一次又发生了什么？

Derived<T>的基类 Base<T>显然依赖于 T。因此，在实例化之前，编译器无法可靠地检查名称 baseFun()和 m_base_var。毕竟，Base<>的主模板不一定会用于 Derived<>的每次实例化。例如，在为 MyType 类型实例化 Derived<>的地方，可能会定义一个没有 baseFun()和 m_base_var 成员的类模板特化 Base<MyType>。因此，在概念上，应该把 baseFun 和 m_base_var 视为依赖名称，但是错误清晰地表明，编译器把它们当成非依赖名称。

问题在于，如果我们拓展这种思路，编译器可能不会检查模板内的任何非依赖名称，例如

Derived<T>::derivedFun()。毕竟，Base<>的类模板特化可能引入它想要的任何成员名称。因此，C++标准规定要检查 Derived<T>的所有成员模板中的名称，而不考虑这些名称可能是由 Base<T>定义的(可能是 Base<>主模板，也可能是类模板特化)。

至少有 3 种方法可以解决这个问题。下面演示其中的两种：

```
template <typename T>
void Derived<T>::derivedFun()
{
  this->baseFun(); // Or Base<T>::baseFun();
  std::cout << this->m_base_var << std::endl; // Or Base<T>::m_base_var
}
```

通过在 baseFun()和 m_base_var 的前面添加 this->，告诉编译器把 baseFun 和 m_base_var 解释为成员的名称。因为编译器在 Derived<T>自身的定义中没有找到这些成员，标准规定编译器应该假定 baseFun 和 m_base_var 指的是 Base<T>中的成员。这实际上把 baseFun 和 m_base_var 转换为依赖名称，告诉编译器推迟进一步的检查。

另一种把 baseFun 和 m_base_var 转换成为依赖名称的方法更加明显：在它们的前面添加 Base<T>::。这两种方法都能够工作，在实践中都有人采用。

如果必须在所有成员访问前面添加 this->或 Base<T>::这一点让你感觉烦恼，还可以选择第三种方法：通过向类模板定义自身添加 using 声明，告诉编译器哪些成员总是来自 Base<T>。对于我们的示例，这种方法如下所示：

```
template <typename T>
class Derived : public Base<T>
{
public:
  using Base<T>::baseFun(); // Note: <T> is not optional for base class ids
  void derivedFun(); // (Only Derived is taken to mean Derived<T>)
protected:
  using Base<T>::m_base_var;
};
```

虽然这种方法可能仍然很单调，但它的优势在于，只需要在类模板级别添加这些 using 声明一次。之后，就可以在所有成员函数模板中使用这些基类成员，而不需要特别关注它们(在我们的示例中，只有一个成员函数，但一般来说可能有很多个)。

17.12 本章小结

如果理解了如何定义和使用类模板，就很容易理解和应用标准模板库的功能，定义类模板同时也是对定义类的基本语言特性的强大补充。本章讨论的要点如下：

- 类模板定义了一系列类类型。
- 类模板的实例是编译器根据代码中给定的模板实参集从类模板中生成的类定义。
- 声明类模板类型的对象会对类模板进行隐式实例化。
- 类模板的显式实例化根据类模板参数的给定实参集定义一个类。
- 对应于类模板中类型参数的实参可以是基本类型、类类型、指针类型或引用类型。
- 非类型参数的类型可以是任何基本类型、枚举类型、指针类型或引用类型。
- 如果修改某个对象涉及多个步骤，并且有个步骤可能抛出异常，那么有可能让该对象处于不可用的、部分修改的状态。使用"复制后交换"技术可以回避这个问题：简单复制对象，修改该对象的副本，然后在成功修改后，使用 swap() 将实际对象与它的副本相交换。交换能够高效完成，并且不存在抛出异常的风险。

- 应总是根据副本构造函数和(noexcept) swap() 函数，使用"复制后交换"技术来实现复制赋值运算符。
- 为了避免代码重复，应根据同一成员函数的 const 重载，使用"变为 const 又变回来"技术来实现非 const 重载。这样做遵循了 DRY(Don't Repeat Yourself) 原则，避免了代码重复。
- 类模板的完全特化可以根据原有类模板的所有实参定义一个新模板。
- 类模板的部分特化可以根据原有类模板中实参的一组限定子集定义一个新模板。
- 定义模板时，常常必须在依赖类型名称之前添加 typename 关键字，以使编译器将它视为依赖类型名称来解析。
- 从派生类的成员定义中引用依赖基类的成员时，必须强制编译器将这些成员名称视为依赖名称对待。

17.13 练习

下面的练习用于巩固本章学习的知识点。如果有困难，可以回过头重新阅读本章的内容。如果仍然无法完成练习，可以从 Apress 网站(www.apress.com/source-code)下载答案，但只有别无他法时才应该查看答案。

1. Ex17_01 的 Array<> 类模板在很多方面类似于 std::vector<>。一个明显缺点是，Array<T> 的大小必须在构造时固定下来。我们改变这一点，并添加一个 push_back() 成员函数，以便在所有现有元素(即使它们是默认构造的)的后面添加一个类型为 T 的元素。为了保持简单，我们的 push_back() 版本可以分配一个新的、较大的数组，每次可保存 size + 1 个元素。另外，确保添加一个默认构造函数来创建一个空的 Array<> 对象。编写一个小程序来练习新功能。

附加题：让 push_back() 具有"要么全部成功，要么全部失败"这种行为并不困难。如果在执行 push_back() 期间，有操作失败且抛出异常，则确保不会有内存泄漏，并且原有 Array<> 对象保持不变，丢弃新元素。

2. 定义一个类模板，使类能够代表(可能为)不同类型的值对。其中的值可能通过公共成员变量 first 和 second 访问。因此，可以像下面这样创建并使用包含一个 int 整数和一个 std::string 字符串的值对：

```
auto my_pair = Pair<int, std::string>(122, "abc");
++my_pair.first;
std::cout << "my_pair equals (" << my_pair.first
          << ", " << my_pair.second << ')' << std::endl;1
```

虽然我们通常反对使用公共成员变量，但是在本例中不反对这种做法，因为标准的 std::pair<> 模板也使用了这种公共成员。

另外，定义一个默认构造函数，并确保可根据所谓的词典比较法(lexicographical comparison)使用 ==、< 和 >= 等运算符来比较值对。即，应该按照对包含两个字母的单词进行排序的逻辑，排列值对的顺序，只不过现在单词不包含两个字母，而是包含两个不同的值。假设有下面的 3 个值对：

```
auto pair1 = Pair<int, std::string>( 0, "def");
auto pair2 = Pair<int, std::string>(123, "abc");
auto pair3 = Pair<int, std::string>(123, "def");
```

这里，表达式 pair1 < pair2 和 pair2 < pair3 的结果都为 true。第一个表达式的结果为 true，因为 0 < 123；第二个表达式的结果为 true，因为 "abc" < "def"。只有当值对的第一个值使用 == 的比较结果为相

等时，才会比较值对的第二个值。

创建一个小程序，确保 Pair<>模板的行为符合要求。例如，可以使用我们在本练习题中提供的代码段。

类模板实参推断对 Pair<>模板有效吗？

3. 创建<<运算符模板，将第 2 题的 Pair 对象输出到输出流。修改测试程序来使用此运算符。

4. 定义一个用于一维稀疏数组的模板，存储任意类型的对象，而且只有存储在数组中的元素才会占用内存。元素的个数可以由模板的一个实例存储，对个数没有限制。该模板可以用于定义一个稀疏数组，该数组包含 double 类型的元素指针，语句如下：

```
std::format("My new box, Box({:.2},{:.2},{:.2}), is fabulous!",
                box.getLength(), box.getWidth(), box.getHeight());
```

为模板定义下标运算符，以便像普通数组那样获取和设置元素值。如果在某个索引位置不存在元素，下标运算符就应在稀疏数组的给定索引位置添加由默认构造函数创建的对象，并返回新创建对象的引用。因为这个下标运算符会修改对象，所以不能有 const 重载。与标准库容器类似，还应该定义 at(size_t)成员函数的 const 重载，使它在给定索引位置不存在值时，不添加默认函数构造的值，而是抛出合适的异常。因为提前知道给定索引位置是否有元素是很好的，所以还应该添加 elementExistsAt()成员函数来进行检查。

有许多方法可表示稀疏数组，其中一些比另外一些更高效。但是，因为这并不是本练习题的要点，所以我们建议以简单为上。现在还不必担心性能，后续章节中会介绍标准库提供的更高效的数据结构和算法，甚至包括与我们的 SparseArray<>几乎等效的容器类型，即 std::map<>和 std::unordered_map<>。现在，我们建议将稀疏数组简单地表示为未排序的索引-值对 vector<>。对于各个值对，可以使前面练习题中定义的 Pair<>类模板(当然，如果愿意，也可以使用<utility>模块中提供的类似的 std::pair<>)。

在 main()函数中使用 SparseArray 模板，在一个稀疏数组的随机位置上存储 20 个 int 类型的随机元素值。随机数的范围是 32~212，索引值的范围是 0~499，输出非 0 的元素值及其索引位置。

5. 为链表类型定义一个模板，允许双向遍历链表，既可从链表的最后开始向前遍历链表，也可以从链表的开始向后遍历链表。自然，应该使用第 12 章介绍的迭代器设计模式来实现这种链表(参见第 12 章的练习题 6 和 7)。为简单起见，在遍历链表时不能修改链表中存储的元素。使用push_front()和push_back()(这两个名称类似于标准库容器使用的名称)来添加元素。另外，添加clear()、empty()和size()函数，作用与标准容器中的对应成员相同(参见第 5 章和第 20 章)。在一个程序中使用该模板，把某篇散文或诗歌中的单词作为std::string对象存储到一个链表中，再以逆序方式显示它们，一行显示 5 个单词。

6. 使用链表和稀疏数组模板创建一个程序，在至多有 26 个链表的稀疏数组中存储散文或诗歌中的单词，每个链表都包含首字母相同的单词。输出这些单词，每一行的单词分组应有相同的首字母。

7. 第 13 章提到，可以让 std::format()处理自定义类类型的对象。在本练习中，我们将实现这种行为，让 std::format("My new box, {:.2}, is fabulous!", box)的效果等同于 std::format("My new box, Box({:.2},{:.2},{:.2}), is fabulous!", box.getLength(), box.getWidth(), box.getHeight());。

与大部分标准库函数一样，<format>的格式化框架也是用模板定义的。默认情况下，只能为基本类型和标准字符串类型实例化作为 std::format()基础的模板。不过，我们可以添加特化，允许为自己的类型实例化它们。

因为函数模板特化存在缺陷(参见第 10 章)，所以为自定义 std::format()选择的机制当然是类模板特化。对于 std::format()必须格式化的每个 T 类型的实参，它会创建 std::formatter<T>类型的一个对象，然后调用该对象的两个成员函数：parse()和 format()。parse()的工作是从格式说明符(如":.2")提取信息，然后把该信息(例如：字段宽度 2)存储到一些成员变量中。之后在调用 format()时，将使用这些成员变量来得到期望的输出字符串。

为 std::formatter<>创建完全特化是很大的工作量(需要解析更复杂的格式说明符时更加如此)，所以我们建议在这里采用一种快捷方式，利用现有的 std::formatter<double>类型。如果 std::formatter<Box>继承了该类，就可以让继承的 parse()成员来解析格式说明符，让继承的 format()成员来格式化 Box 的长度、宽度和高度。

这个 format()成员必须接收两个输入：显然需要接收 Box，还需要接收所谓的格式化上下文。格式化上下文的具体类型相当长，所以我们建议使用 auto 作为占位符(这实际上会为此成员添加一个额外的模板类型参数，参见第 10 章的介绍)。format()的输出需要写入所谓的输出迭代器(从 context.out()获得)，并且 format()会返回剩余输出的输出迭代器。因为这是对类模板的练习，而我们在第 20 章才会介绍输出迭代器，所以下面给出 format()成员的一个初始轮廓(可能会编译、也可能无法编译)：

```
auto format(const Box& box, auto& context)
{
  auto iter = format(box.getLength(), context);
  context.advance(iter);
  out = format(box.getWidth(), context);
  context.advance(iter);
  return format(box.getHeight(), context);
}
```

使用此 format()来完成 std::formatter<Box>类模板的特化，并编写一个简单的测试程序，证明该特化能够工作。在在线答案中，还可以找到实现 std::formatter<Box>的另一种方法，它不需要继承 std::formatter<double>。

第 18 章

移 动 语 义

本章补充并完善本书中间部分讨论的一些关键主题。例如，第 12 章和第 13 章介绍过复制对象背后的机制，即副本构造函数和赋值运算符。第 8 章介绍过应该首选按引用传递，而不是按值传递，以避免不必要的参数复制。在很长一段时间内，只需要知道这些就够了。C++提供了复制对象的工具，如果想避免高开销的复制，可以使用引用或指针。不过，从 C++11 开始，有了另一种更强大的新方法。现在不只是能够复制对象，还可以移动对象。

本章将介绍移动语义，它允许高效地将资源从一个对象传输到另一个对象，不必进行深层复制。另外，本章将完成对特殊类成员的介绍；关于特殊类成员，前面已经介绍了默认构造函数、析构函数、副本构造函数和复制赋值运算符。

本章主要内容：

- lvalue 和 rvalue 的区别
- 存在另一种引用类型：rvalue 引用
- 移动对象意味着什么
- 如何为自定义类型的对象提供所谓的移动语义
- 对象何时被隐式移动，以及如何显式移动对象
- 移动语义如何带来优雅、高效的代码
- 定义自己的函数和类型时，移动语义对各种最佳实践的影响
- "5 的规则"和"0 的规则"

18.1 lvalue 和 rvalue

每个表达式都会得到 lvalue 或 rvalue(有时也写为 l-value 和 r-value)。lvalue 被计算为一个持久存在的值，其内存地址可用来持续存储值；rvalue 被计算为一个暂时存储的结果。之所以称为 lvalue，是因为得到 lvalue 的表达式通常出现在赋值运算符的左边，而 rvalue 只能出现在赋值运算符的右边。表达式的结果不是 lvalue，就是 rvalue[1]。包含一个变量名称的表达式总是 lvalue。

注意： 虽然名称中带有 value，但是 lvalue 和 rvalue 是表达式分类，而不是值分类。

考虑下面的语句(std::abs()和 std::pow()都定义在<cmath>中)：

1　实际上，C++标准还定义了另外 3 种表达式，称为 glvalue、prvalue 和 xvalue。正式来讲，lvalue 和 rvalues 是根据这些表达式类别定义的。但是，读者并不需要知道这些细节。这里所做的简单、不正式的讨论已经能够满足读者的需要。

```
int a {}, b {1}, c {-2};
a = b + c;
double r = std::abs(a * c);
auto p = std::pow(r, std::abs(c));
```

第一条语句把 a、b 和 c 定义为 int 类型,分别将它们初始化为 0、1 和-2。之后,名称 a、b 和 c 都是 lvalue。

在第二条语句中,至少在原则上,会临时存储 b+c 的计算结果,并且复制到变量 a 中。执行完该语句后,就舍弃保存 b+c 结果的内存。因此,b+c 是 rvalue。

涉及函数时,存在临时值这一点就更加明显了。例如,在第三条语句中,a*c 被首先计算,作为临时值存储在内存中的某个位置。然后,这个临时结果作为实参被传递给 std::abs()函数。这使得 a*c 成为 rvalue。std::abs()自己返回的 int 值也是临时的。它只是存在一小段时间,直到被隐式转换为一个 double 值。对于第四条语句的两个函数调用,也是同样的道理:例如,std::abs()返回的值显然只临时存在,以用作 std::pow()的实参。

■ **注意:**大部分函数调用表达式都是 rvalue。只有返回引用的函数调用是 lvalue。返回引用的函数调用可出现在内置赋值运算符的左侧,说明它们是 lvalue,典型容器的下标运算符(operator[]())和 at()函数是很好的例子。例如,如果 v 是 vector<int>,那么 v[1]=-5;和 v.at(2)=132;都是完全有效的语句。显然,v[1]和 v.at(2)是 lvalue。

存在疑问时,可以采用下面这条指导原则来帮助判断给定表达式是 lvalue 还是 rvalue:如果表达式计算得到的值能够长久存在,则可在以后获取并使用其地址,那么这个值是 lvalue。例如(其中的 a、b 和 c 与之前一样是 int 类型,v 是 vector<int>):

```
int* x = &(b + c);           // Error!
int* y = &std::abs(a * c);   // Error!
int* z = &123;               // Error!
int* w = &a;                 // Ok!
int* u = &v.at(2);           // Ok! (u contains the address of the third value in v)
```

当周围语句执行完毕后,存储表达式 b+c 和 std::abs()的结果的内存将被立即回收。如果允许它们存在,指针 x 和 y 将成为悬挂指针,没有人能够查看它们。这意味着这些表达式是 rvalue。本例还说明,所有数值字面量是 rvalue。编译器不允许获取数值字面量的地址。

当然,对于基本类型的表达式,lvalue 和 rvalue 的区别一般不重要。只有对于类类型的表达式,这种区别才重要;而且即使是类类型的表达式,也只有在某些情况下才重要,例如当把表达式传递给函数,且函数有专门定义为接收 rvalue 表达式结果的重载时,或者当在容器中存储对象时。读者要真正理解这里讲解的意义,就需要继续阅读 18.2 节。但在那之前,还需要了解一个概念。

rvalue 引用

引用是一个名称,可用作其他某个事物的别名。这一点在第 6 章已经提过。但是,实际上有两种类型的引用:lvalue 引用和 rvalue 引用。

到目前为止所使用的引用都是 lvalue 引用。通常,lvalue 引用是另一个变量的别名;之所以叫作 lvalue 引用,是因为它通常引用一个持久的数据存储位置,可以出现在赋值运算符的左边。之所以说"通常",是因为 C++确实允许将引用 const 值的 lvalue 引用(如 const T&类型的变量)绑定到临时的 rvalue。第 8 章介绍过相关内容。

rvalue 引用也可以是变量的别名，这一点与 lvalue 引用相同，但与 lvalue 引用不同，rvalue 引用能够引用一个 rvalue 表达式的结果，即使这个值一般来说是临时的。绑定到 rvalue 引用，就延长了这种临时值的生存期。只要 rvalue 引用还在作用域内，用于临时值的内存就不会被丢弃。要指定 rvalue 引用类型，需要在类型名的后面使用两个&符号，例如：

```
int count {5};
int&& rtemp {count + 3};          // rvalue reference
std::cout << rtemp << std::endl;  // Output value of expression
int& rcount {count};              // lvalue reference
```

这段代码会编译并运行，但肯定不是使用 rvalue 引用的正确方式，不应这样编码。这段代码仅演示了 rvalue 引用的含义。rvalue 引用被初始化为 rvalue 表达式 count+3 的结果的别名。下一条语句的输出是 8。不能这样操作 lvalue 引用，除非添加了一个 const 限定符。它有用吗？在这个例子中没用，其实根本不建议这么做；但在另一个环境下，它非常有用。接下来就介绍这种用途，并解释原因。

18.2 移动对象

在贯穿本章的例子中，我们将使用与 Ex17_01A 类似的 Array<>类模板。与 std::vector<>类似，这个类模板用来封装并管理动态分配的内存。这个 Array<>类模板的定义如下：

```
template <typename T>
class Array
{
public:
  explicit Array(size_t size); // Constructor
  ~Array(); // Destructor
  Array(const Array& array); // Copy constructor
  Array& operator=(const Array& rhs); // Copy assignment operator
  T& operator[](size_t index); // Subscript operator
  const T& operator[](size_t index) const; // Subscript operator-const arrays
  size_t getSize() const noexcept { return m_size; } // Accessor for size
  void swap(Array& other) noexcept; // noexcept swap function

private:
  T* m_elements; // Array of type T
  size_t m_size; // Number of array elements
};
```

所有成员的实现可以保持与 Ex17_01A 中的相同。现在，我们只是在副本构造函数中添加了一条额外的调试输出语句，用来跟踪何时复制 Array<>对象：

```
// Copy constructor
template <typename T>
inline Array<T>::Array(const Array& array)
  : Array{array.m_size}
{
  std::cout << "Array of " << size << " elements copied" << std::endl;
  for (size_t i {}; i < m_size; ++i)
    m_elements[i] = array.m_elements[i];
}
```

因为 Ex17_01A 中的 Array<>类模板使用了"复制后交换"技术,所以这条输出语句也覆盖了通过复制赋值运算符复制给定 Array<>对象的情况。下面是"复制后交换"赋值运算符模板的一种可能的定义。它使用副本构造函数和一个 noexcept swap()函数重写了复制赋值运算符:

```
// Copy assignment operator
template <typename T>
inline Array<T>& Array<T>::operator=(const Array& rhs)
{
  Array<T> copy(rhs);    // Copy ... (could go wrong and throw an exception)
  swap(copy);            // ... and swap! (noexcept)
  return *this;          // Return lhs
}
```

现在使用这个 Array<>类模板,编写第一个示例来说明复制的开销:

```
// Ex18_01.cpp - Copying objects into a vector
import array;
import <string>;
import <vector>;

// Construct an Array<> of a given size, filled with some arbitrary string data
Array<std::string> buildStringArray(const size_t size)
{
  Array<std::string> result{ size };
  for (size_t i {}; i < size; ++i)
    result[i] = "You should learn from your competitor, but never copy. Copy and you die.";
  return result;
}

int main()
{
  const size_t numArrays{ 10 }; // Fill 10 Arrays with 1,000 strings each
  const size_t numStringsPerArray{ 1000 };

  std::vector<Array<std::string>> vectorOfArrays;
  vectorOfArrays.reserve(numArrays); // Inform the vector<> how many Arrays we'll be adding

  for (size_t i {}; i < numArrays; ++i)
  {
    vectorOfArrays.push_back(buildStringArray(numStringsPerArray));
  }
}
```

■ **注意:** 这个例子使用了 std::vector<>的成员函数 reserve(size_t)。前面没有讲过这个函数,它本质上就是告诉 vector<>对象分配足够的动态内存来保存给定数量的元素。这些元素将通过 push_back()等函数添加到 vector<>中。

Ex18_01.cpp 中的程序构造了包含 10 个 Array 对象的 vector<>,每个 Array 对象包含 1000 个字符串。运行该程序一次,得到的输出一般如下所示:

```
Array of 1000 elements copied
Array of 1000 elements copied
Array of 1000 elements copied
... (10 times in total)
```

■ **注意**: 读者的输出可能显示 Array<>被复制了 20 次以上。原因在于, 在每次执行 buildStringArray()
时, 编译器可能首先创建该函数体内局部定义的变量 result, 然后把 Array<>第一次复制到该函数返
回的对象内。之后, 将临时的返回值复制到 vector<>分配的 Array<>中。不过, 大部分有优化能力的
编译器都实现了所谓的返回值优化, 可消除前一次复制。本章后面将进一步讨论这种优化。

■ **提示**: 如果示例 Ex18_01 确实执行了 20 次复制, 最可能的原因是编译器被设置为使用不进行优化
的调试配置(Debug configuration)。如果是这种情况, 切换到完全优化的发布配置(Release configuration)
应该会解决问题。更多相关信息请查阅编译器文档。

main()函数的 for 循环调用了 buildStringArray() 10 次。每次调用都返回一个 Array<string>对象,
其中填充了 1000 个 string 对象。显然, buildStringArray()是一个 rvalue, 因为它返回的对象是临时存
在的。换言之, 编译器会使该对象被临时存储(几乎一定存储到栈上), 然后传递给 vectorOfArrays 的
push_back()成员。在内部, 这个 vector<>的 push_back()成员会使用 Array<string>副本构造函数, 将这
个 rvalue 复制给该 vector<>管理的动态内存中的 Array<string>对象。在这个过程中, 也会复制
Array<string>所存储的 1000 个 std::string 对象。也就是说, 在将该临时 Array<>复制到 vectorOfArrays
的 10 次操作中, 每一次都会发生下面的过程:

(1) Array<>副本构造函数会分配一块新的动态内存, 用来保存 1000 个 std::string 对象。

(2) 对于这个副本构造函数所要复制的 1000 个字符串对象, 每一个都需要调用 std::string 复制赋
值运算符。每次赋值都需要分配另一块动态内存, 以便从原有字符串复制全部 73 个字符。

换言之, 计算机需要执行 10*1001 次动态内存分配操作, 以及大量字符复制操作。这本身还不是
一场灾难, 但肯定给人的感觉是可以避免这种复制。毕竟, 当 push_back()返回后, buildStringArray()
返回的临时 Array<>会被删除, 其原本包含的所有字符串也会被删除。这意味着我们总共复制了不少
于 10 个 Array 对象, 以及 10 000 个字符串对象和 730 000 个字符, 但很短的时间过后, 就会丢弃原
来的对象。

假想一下, 自己需要手抄一本包含 10 000 个句子的图书, 如较厚的一本小说, 却看到自己抄完
以后, 有人马上烧掉了原书。这大大浪费了付出的工作量。如果不再需要原对象, 为什么一开始不直
接重用原对象, 而要创建一个副本? 对于刚才的比喻, 为什么不给原书一个新的封面, 假装自己抄写
了全部内容?

换言之, 我们需要一种方式来将临时 Array<>中的原有字符串 "移动" 到 vector<>保存的新创建
的 Array<>对象中。这种 "移动" 操作不会进行过度复制。如果在这个过程中需要销毁原有 Array<>
对象, 也没有关系。我们知道它是一个临时对象, 最终会被销毁。

定义移动成员

好消息是, 现代 C++提供了我们想要的功能。C++11 的移动语义允许以自然、直观的风格来编写
程序, 同时能避免任何不必要的、高开销的复制操作。甚至不需要修改 Ex18_01.cpp 中的代码。相反,
可扩展 Array<>类模板, 确保编译器知道如何将临时的 Array<>对象立即移到另一个 Array<>中, 而
不复制其元素。

为此, 我们将回到最早的示例 Ex18_01.cpp。该例中使用了下面的语句:

```
vectorOfArrays.push_back(buildStringArray(numStringsPerArray));
```

对于这样的语句, 任何 C++11 编译器都知道, 复制 buildStringArray()的结果不是聪明的做法。毕

竟，编译器知道这是一个临时对象，要被传递给 push_back()，然后就会被删除。因此，编译器知道程序员不希望复制推入的 Array<>对象。显然这不是问题所在。相反，问题是，编译器没有其他选择，只能复制这个对象。毕竟，它能够使用的只有副本构造函数。编译器无法神奇地将临时 Array<>对象移动到新的 Array<>对象，必须要告诉它如何实现这种移动。

构造对象副本的代码是在对象所属类型的副本构造函数中定义的(参见第 12 章)，自然，从移动的对象构造新对象的代码也应该由构造函数——移动构造函数(move constructor)定义。接下来将讨论如何定义这样的构造函数。

■ 注意：在条件合适时，编译器将会生成我们将介绍的移动成员，不过肯定不是为 Array<>类模板生成的。对于 Array<>类模板，需要自己显式地定义移动成员。本章后面将解释原因。

1. 移动构造函数

我们最后一次给出熟悉的 Array<>副本构造函数的模板：

```
// Copy constructor
template <typename T>
inline Array<T>::Array(const Array& array)
  : Array{array.m_size}
{
  std::cout << "Array of " << m_size << " elements copied" << std::endl;
  for (size_t i {}; i < m_size; ++i)
  m_elements[i] = array.m_elements[i];
}
```

在 Ex18_01 中，push_back()函数使用了这个构造函数模板的一个实例，所以每次计算下面这个语句时，都会涉及 1001 次动态内存分配和大量的字符串复制：

```
vectorOfArrays.push_back(buildStringArray(numStringsPerArray));
```

我们的目标是编写相同的一行代码，但是让 push_back()使用不同的构造函数，这个构造函数不会复制 Array<>对象及其 std::string 元素。相反，这个构造函数应该以某种方式把这些字符串"移动"到新对象中，而不会实际复制它们。这种构造函数称为"移动构造函数"。对于 Array<>类模板，我们可以这样声明一个移动构造函数：

```
template <typename T>
class Array
{
public:
  explicit Array(size_t arraySize);  // Constructor
  Array(const Array& array);         // Copy constructor
  Array(Array&& array);              // Move constructor

  // ... other members like before
};
```

移动构造函数的参数类型 Array&&是一个 rvalue 引用。这很合理，毕竟，我们希望这个参数与临时的 rvalue 结果绑定在一起，普通的 lvalue 引用做不到这一点。lvalue const 引用参数能够实现这种行为，但是其 const 性质阻止了从参数中移出元素。在重载函数和构造函数之间做出选择时，编译器总是选择将 rvalue 实参绑定到 rvalue 引用参数。因此，每当使用 Array<> rvalue 作为唯一的实参来构造一个 Array<>对象时(例如 buildStringArray()调用)，编译器都将调用移动构造函数而不是副本构造函数。

现在，我们实际实现移动构造函数。对于 Array< >，可使用下面的模板来实现：

```
// Move constructor
template <typename T>
Array<T>::Array(Array&& moved)
  : m_size{moved.m_size}, m_elements{moved.m_elements}
{
  std::cout << "Array of " << m_size << " elements moved" << std::endl;
  moved.m_elements = nullptr; // Otherwise destructor of moved would delete[] m_elements!
}
```

当调用此构造函数时，moved 将被绑定到 rvalue 的结果，换言之，这个值通常即将被删除。无论如何，调用代码不再需要 moved 对象的内容。因为其他地方也不再需要该对象，所以将 moved 对象的 m_elements 数组取出来，重用于新构造的 Array< >对象，这并没有坏处。这样一来，程序员和计算机都不需要复制全部 T 值。

因此，首先复制成员初始化列表中的 m_size 和 m_elements 成员。这里的关键在于认识到，m_elements 只不过是类型 T*的指针。也就是说，这个变量包含一个动态分配的 T 元素数组的地址。复制这种指针不同于复制整个数组及其全部元素。复制一个指针的开销当然比复制整个 T 元素数组小多了。

■ **注意**：这就是所谓的"浅复制"和"深复制"的区别。浅复制只是逐个复制对象的全部成员，即使这些成员是指向动态内存的指针。深复制则复制指针成员指向的所有动态内存。

对于移动构造函数，简单地对 moved 对象执行逐个成员的浅复制是不够的。对于 Array< >对象，读者可能已经猜到了原因。让两个对象指向同一块动态分配的内存并不好，这一点第 6 章已经解释过。因此，Array< >移动构造函数体中的如下赋值语句特别重要：

```
moved.m_elements = nullptr; // Otherwise destructor of moved would delete[] elements!
```

如果不将 moved.m_elements 设为 nullptr，就会有两个不同的对象指向相同的 m_elements 数组。这显然包括新构造的对象，但是临时的 Array< >对象 moved 也仍将指向该数组。这将使我们进入第 6 章警告过的高危雷区，周围满是悬挂指针和多次解分配。通过将 moved 对象的 m_elements 指针设为 null，绑定到 moved 的临时对象的析构函数将执行 delete[] nullptr，而这是没有害处的。排雷成功，可以舒口气了。

应该将这个移动构造函数放到 Ex18_01 的 Array< >类模板中，然后再次运行程序(得到的程序包含在 Ex18_02 中)。输出一般如下所示(如果输出结果不同，请确保编译器进行了足够的优化)：

```
Array of 1000 elements moved
Array of 1000 elements moved
Array of 1000 elements moved
... (10 times in total)
```

现在只复制了 10 个指针和 10 个 size_t 值，而不是 10 000 个 string 对象和 70 多万个字符。从性能改进的角度看，做得很不错！虽然需要多定义几行代码，但肯定是值得的，不是吗？

2. 移动赋值运算符

正如副本构造函数通常伴随着复制赋值运算符一样(参见第 13 章)，用户定义的移动构造函数通常伴随有用户定义的移动赋值运算符。为 Array< >定义一个移动赋值运算符是很简单的：

```
// Move assignment operator
template <typename T>
Array<T>& Array<T>::operator=(Array&& rhs)
{
  std::cout << "Array of " << rhs.m_size << " elements moved (assignment)" << std::endl;

  if (&rhs != this) // prevent trouble with self-assignments
  {
    delete[] m_elements; // delete[] all existing elements

    m_elements = rhs.m_elements; // copy the elements pointer and the size
    m_size = rhs.m_size;

    rhs.m_elements = nullptr; // make sure rhs does not delete[] m_elements
  }
  return *this; // return lhs
}
```

这里唯一的新内容是 rvalue 引用参数 rhs，用&&符号加以标识。运算符的主体本身只是混合了前面已经见过的元素，要么在第 13 章的复制赋值运算符中见过，要么在 Array<>的移动构造函数中见过。

如果存在移动赋值运算符，则每当移动赋值运算符右边的对象是临时的 Array<>对象时，编译器将使用该赋值运算符而不是复制赋值运算符。例如，下面的代码段就属于这种情况：

```
Array<std::string> strings { 123 };
strings = buildStringArray(1'000); // Assign an rvalue
```

buildStringArray()返回的 Array<std::string>对象显然是一个临时对象，所以编译器认识到我们不希望复制该对象，因而会选择移动赋值运算符而不是复制赋值运算符。如果将移动赋值运算符添加到 Ex18_02 的 Array<>类模板中，然后使用下面的程序，就可以看到移动赋值运算符的用法：

```
// Ex18_03.cpp - Defining and using a move assignment operator
import array;
import <string>;

// Construct an Array<> of a given size, filled with some arbitrary string data
Array<std::string> buildStringArray(const size_t size);

int main()
{
  Array<std::string> strings { 123 };
  strings = buildStringArray(1'000);  // Assign an rvalue to strings

  Array<std::string> more_strings{ 2'000 };
  strings = more_strings;             // Assign an lvalue to strings
}
```

可以使用 Ex18_01 和 Ex18_02 中 buildStringArray()函数的定义。此程序的输出应该显示，将一个 rvalue 赋值给 string 变量，确实会调用移动赋值运算符；而将 lvalue more_strings 赋值给相同的变量，则会调用复制赋值运算符：

```
Array of 1000 elements moved (assignment)
Array of 2000 elements copied
```

18.3　显式移动对象

Ex18_03.cpp 中的 main()函数以下面的两条语句结尾：

```
...
Array<std::string> more_strings{ 2'000 };
strings = more_strings; // Assign an lvalue to strings
}
```

运行 Ex18_03，显示最后这条赋值语句导致 more_strings Array<>被复制。原因在于，more_strings 是一个 lvalue。变量名总是 lvalue，记住这一点很重要。但在这里，我们不希望 more_strings 被复制。最终导致复制操作的是函数的最后一条赋值语句，显然我们不需要让 more_strings 持续存在。即使 main()函数在这条赋值语句的后面还需要执行其他语句，这条赋值语句也仍然很有可能是最后一条引用 more_strings 的语句。事实上，命名变量(如这里的 more_strings)的内容被传送给另一个对象或某个函数后，常常就不再需要原来的命名变量了。如果只是因为给变量起了一个名称(如 more_strings)，就只能通过复制操作来传送该变量的内容，就太令人遗憾了。

C++11 为这种情形预见了一种解决方案：通过使用 C++11 中最重要的标准库函数之一 std::move()[1]，可将任何 lvalue 转变为一个 rvalue 引用。要看到其效果，应该首先使用下面的语句替换 Ex18_03.cpp 中 main()函数的最后两条语句，然后再次运行程序(此版本包含在 Ex18_04 中)：

```
...
Array<std::string> more_strings{ 2'000 };
strings = std::move(more_strings); // Move more_strings into strings
}
```

运行修改后的程序会发现，more_strings 的确不再被复制：

```
Array of 1000 elements moved (assignment)
Array of 2000 elements moved (assignment)
```

18.3.1　只能移动的类型

要讨论 std::move()，就必须讨论 std::unique_ptr<>，在现代 C++编程中，移动最多的无疑是这种类型的变量。如第 6 章所述，任何时候都不能有两个 unique_ptr<>智能指针指向相同的内存地址。否则，二者会对相同的原指针执行两次 delete(或 delete[])操作，导致程序失败。因此，下面代码段中被注释掉的两行代码都不能编译，这对我们来说是一个好消息：

```
// other = one; /* Error: copy assignment operator is deleted! */
// std::unique_ptr<int> yet_another{ other }; /* Error: copy constructor is deleted! */
```

但是，下面的两行代码能够编译：

```
other = std::move(one); // Move assignment operator is defined
std::unique_ptr<int> yet_another{ std::move(other) }; // Move constructor is defined
```

也就是说，虽然 std::unique_ptr<>的两个副本成员都被删除(如第 12 章和第 13 章所述)，但是其移动赋值运算符及移动构造函数都还存在。下面显示了一般如何实现这一点：

1　从技术角度看，std::move()是在<utility>模块中定义的。但在实际编程中，很少需要显式地导入该模块来使用 std::move()。

```
namespace std
{
  template <typename T>
  class unique_ptr
  {
    ...
    // Prevent copying:
    unique_ptr(const unique_ptr&) = delete;
    unique_ptr& operator=(const unique_ptr&) = delete;

    // Allow moving:
    unique_ptr(unique_ptr&& source);
    unique_ptr& operator=(unique_ptr&& rhs);
    ...
  };
}
```

为定义只能移动的类型，需要首先删除其两个副本成员(如第 13 章所述)。这也将隐式删除移动成员(稍后详细解释)，所以要允许移动不可复制的对象，必须显式定义移动成员。通常，使用=default 是以定义两个移动成员(但 unique_ptr<>不属于这种情况)，并让编译器生成它们。

18.3.2 移动对象的继续使用

按照定义，lvalue 表达式会计算得到一个持久值，当执行完 lvalue 的父语句后，仍可获取这个值的地址。因此，编译器通常选择复制 lvalue 表达式的值。但是，刚才说明了如何用 std::move()覆盖这种行为。也就是说，可以强制编译器向移动构造函数或移动赋值运算符传递任何对象，即使这个对象不是临时对象。这就提出了一个问题：如果在移动对象后继续使用该对象，会发生什么？下面列举了一个例子(可以使用 Ex18_04 进行测试)：

```
  ...
  Array<std::string> more_strings{ 2'000 };
  strings = std::move(more_strings); // Move more_strings into strings

  std::cout << more_strings[101] << std::endl; // ???
}
```

对于这个例子，读者当然已经知道会发生什么。毕竟，我们已经自己为 Array<>的移动赋值运算符编写了代码。移动后，Array<>对象将包含一个设置为 nullptr 的 m_elements 指针。因此，进一步使用移动后的 Array<>将导致解引用空指针，进而使程序崩溃。因此，本例强调了下述指导原则的基本原理。

■ **警告：** 一般来说，只有绝对确信在移动完对象后就不再需要该对象时，才应该移动对象。除非另有说明，否则不应该继续使用移动后的对象。默认情况下，继续使用移动后的对象将导致未定义行为(换言之，将导致程序崩溃)。

这条指导原则也适用于标准库类型的对象。例如，与 Array<>类似，绝不能继续使用移动后的 std::vector<>。这么做很可能也会导致程序崩溃。读者可能认为移动后的 vector<>相当于一个空的 vector<>。对于某些实现，可能确实如此，但是一般来说，C++标准并没有指定移动后的 vector<>应该处于什么状态。不过，许多开发人员并不知道，(隐式)允许以下提示中提到的操作。

■ 提示：如有必要，可以调用 vector<>的 clear()成员，安全地使移动后的 vector<>重新可用。调用 clear()后，vector<>就相当于一个空的 vector<>，所以可以再次安全地使用。

在极少数确实希望重用移动后的标准库对象的情况下，总是应该检查其移动成员的规范。例如，当移动包含 T 值的 std::optional<T>对象后，它仍将包含 T 值，只不过现在这个 T 值已被移动(第 9 章介绍了 std::optional<>)。类似于 vector<>，在调用了 reset()成员后，可安全地重用 optional<>。智能指针是一种特殊的例外情况。

■ 提示：标准库规范明确规定，把原指针移动出去后，仍可以继续使用 std::unique_ptr<>和 std::shared_ptr<>类型的智能指针，而并不需要先调用 reset()。对于这两种类型，移动操作必须总是将封装的原指针设置为 nullptr。

18.4 看似矛盾的情况

许多人一开始认为移动语义很令人困惑，这是可以理解的。我们希望本节能够清楚地阐释移动语义的一些常常引发困惑的地方。

18.4.1 std::move()并不移动任何东西

需要理解的是，std::move()并不移动任何东西。这个函数只是将给定的 lvalue 转换为 rvalue 引用。std::move()实质上只是做类型转换，类似于内置的强制转换运算符 static_cast<>()和 dynamic_cast<>()。事实上，几乎可像下面这样实现自己的 move()函数(这里做了简化)：

```
template <typename T>
T&& move(T& x) noexcept { return static_cast<T&&>(x); }
```

显然，这里什么也没有移动，而是使持久存在的 lvalue 能够绑定到移动构造函数或赋值运算符的 rvalue 引用参数。这些成员函数负责将原 lvalue 的成员移到另一个 lvalue。std::move()只是进行强制类型转换，使编译器能够选择正确的函数重载。

如果没有函数或构造函数重载拥有 rvalue 引用参数，则 rvalue 将与一个 lvalue 引用绑定在一起。也就是说，可对任何对象应用 move()，但如果没有函数重载能够接收得到的 rvalue，移动就没有意义。为演示这一点，我们再次使用 Ex18_04.cpp。这个版本的程序最后使用了下面的语句：

```
  ...
  Array<std::string> more_strings{ 2'000 };
  strings = std::move(more_strings); // Move more_strings into strings
}
```

显然，最后这条语句的目的是将 2000 个 more_strings 字符串移到 strings 中。在 Ex18_04 中，这两条语句能够正常工作。但是，现在我们从 Array<>类模板中删除移动赋值运算符的声明和定义，看看会发生什么。不做其他修改，再次运行 Ex18_04.cpp 的 main()函数，最后一行输出如下：

```
  ...
  Array of 2000 elements copied
```

虽然仍然在 main()函数体中调用了 std::move()，但是并没有得到我们想要的结果。如果 Array<>中没有移动赋值运算符来接收 rvalue，将使用复制赋值运算符。因此，总是应该记住，如果函数或构造函数没有能够接收 rvalue 引用参数的重载，那么添加 std::move()是没有用的。

18.4.2　rvalue 引用是一个 lvalue

准确来说，rvalue 引用类型的命名变量的名称是一个 lvalue。接下来就解释这句话的含义，因为我们发现许多人都很难理解 C++的这种特性。这里继续使用 Ex18_04 (但是要确保代码中仍然包含原来的 Array<>类模板，即仍然定义了移动赋值运算符的模板)，并将程序的最后两行改为如下所示：

```
...
Array<std::string> more_strings{ 2'000 };
Array<std::string>&& rvalue_ref{ std::move(more_strings) };
strings = rvalue_ref;
}
```

虽然 rvalue_ref 变量的类型是 rvalue 引用类型，但是程序的输出显示复制了对应的对象：

```
Array of 1000 elements moved (assignment)
Array of 2000 elements copied
```

每个变量名称表达式都是一个 lvalue，即使该变量是 rvalue 引用类型。因此，要移动命名变量的内容，必须总是添加 std::move()：

```
strings = std::move(rvalue_ref);
```

虽然通常不会在一块代码的中间创建一个 rvalue 引用，如最新示例中的 rvalue_ref，但是如果定义了 rvalue 引用类型的函数参数，类似的情况确实会经常出现。稍后将列举一个例子。

18.5　继续探讨函数定义

本节将介绍移动语义如何影响定义新函数时可采用的最佳实践，作为对第 8 章内容的补充。我们将回答这样的问题：移动语义如何影响按值传递和按引用传递的选择？或者，要按值返回对象，但是不复制对象，是否应该使用 std::move()？本节将给出这两个问题的答案。首先讨论如何以及何时按 rvalue 引用向普通函数传递实参，也就是向不是移动构造函数或移动赋值运算符的函数传递实参。

18.5.1　按 rvalue 引用传递

在第 16 章的练习题 1 中，要求为 Array<>定义一个 push_back()成员函数模板。如果一切正常，应该采用的是"复制后交换"技术且创建的函数应该如下所示：

```
template <typename T>
void Array<T>::push_back(const T& element)
{
 Array<T> newArray(m_size + 1); // Allocate a larger Array<>
 for (size_t i {}; i < m_size; ++i) // Copy all existing elements...
  newArray[i] = m_elements[i];

 newArray[m_size] = element; // Copy the new one...

 swap(newArray); // ... and swap!
}
```

虽然这不是实现 push_back()的唯一方式，但肯定是最整洁、最优雅的方式。更重要的是，在面对异常时，这种实现方式是完全健壮且安全的。事实上，如果这个练习题是针对第 17 章的内容而出的考试题之一，我们的评分点将是：

(1) 为了避免对传递给 push_back()的实参进行冗余复制，使用 const 引用参数来定义模板，如第 8 章所述。

(2) 在函数体中使用"复制后交换"技术，确保即使函数体抛出异常(如 std::bad_alloc，或者 T 的复制赋值运算符可能抛出的其他任何异常)，push_back()成员的行为也符合预期。关于"复制后交换"技术的详细讨论，可参阅第 17 章。

在这里需要注意该函数执行的大量复制。首先，所有现有元素都被复制到新的、更大的 Array<> 中，然后复制新添加的元素。如果对第 17 章的内容进行考试，这么做可以解释，但在第 18 章内容的考试中，这种不必要的复制成为减分项。在这里，不是因为在考试中"复制"是作弊行为，而是因为我们显然至少应该试着移动所有元素！

修改复制所有现有元素的循环看起来很简单。只需要使用 std::move()，将 lvalue m_elements[i]转换为 rvalue 即可，对吧？这么做显然会避免所有复制，当然前提是模板实参类型 T 要具有合适的移动赋值运算符：

```
for (size_t i {}; i < m_size; ++i) // Move all existing elements...
  newArray[i] = std::move(m_elements[i]);
```

警告： 然而，表象可能带有欺骗性。的确，像上面这样添加 std::move()在普通的例子中能够神奇地起到作用。但是这并非盖棺定论。一般来说，这种实现存在小小的缺陷。本章后面将揭示这种小缺陷。现在，这种初始版本能够很好地实现我们的目的，可以对冗余复制说再见了。

现在已经移动了所有现有元素，我们把注意力放到新创建的元素上。略去所有无关部分后，我们将考虑的代码如下所示：

```
template <typename T>
void Array<T>::push_back(const T& element)
{
...
  newArray[m_size] = element; // Copy the new element...
...
}
```

读者的第一直觉可能是简单地对 element 使用另一个 std::move()，如下所示：

```
template <typename T>
void Array<T>::push_back(const T& element)
{
...
  newArray[m_size] = std::move(element); // Move the new element... (???)
...
}
```

但这是不可行的。element 是对 const T 的引用，这意味着函数的调用者不期望实参会被修改。因此，将其内容移到另一个对象中是完全不能考虑的。也正因为如此，std::move()类型转换函数从不会将 const T 或 const T&类型强制转换为 T&&。相反，std::move()会将其转换为相当没有意义的类型 const T&&，也就是对一个不允许修改的临时值的引用。换言之，因为 element 的类型是 const T&，所以 std::move(element)的类型为 const T&&，这意味着虽然使用了 std::move()，但进行赋值时仍然会使用复制赋值运算符。

当然，我们仍想处理调用者不再需要 element 实参，即使用 rvalue 调用 push_back() 的情况。好消息是，并非只能对移动构造函数和移动赋值运算符使用 rvalue 引用参数，而是可以对任何函数使用它们。因此，很容易为 push_back() 添加一个接收 rvalue 实参的重载：

```
template <typename T>
void Array<T>::push_back(T&& element)
{
...
  newArray[m_size] = std::move(element); // Move the new element...
...
  }
```

■**警告：** 当按 rvalue 引用传递实参(如 element)时，不要忘记在函数体内，表达式 element 仍然是一个 lvalue。记住，任何命名变量都是 lvalue，即使变量本身具有 rvalue 引用类型！在我们的 push_back() 示例中，这意味着函数体内的 std::move() 必须存在，以迫使编译器选择 T 的移动赋值运算符而不是复制赋值运算符。

18.5.2　按值传递

移动语义的引入，在应该如何定义某些函数的参数方面引起了变化。在 C++11 之前，做出决定很容易。为了避免复制，总是按引用传递对象，如第 8 章所述。现在对移动语义的支持已经很普及，按 lvalue 引用传递已经不再总是最佳选择。事实上，至少在一些特定的情况中，按值传递实参的选项已被重新考虑采用。为了解释具体的场合和原因，我们仍然以 push_back() 函数为例。

在前面的内容中，为 push_back() 创建了两个独立的重载，一个用于 const T& 引用，另一个用于 T&& 引用。为了方便读者，我们把这个版本放到 Ex18_05A 中。虽然使用两个重载肯定是可行的选项，但是确实要进行一些麻烦的代码重复。避免这种代码重复的一种方法，是使用 T&& 重载来重新定义 const T& 重载，如下所示：

```
template <typename T>
void Array<T>::push_back(const T& element)
{
  push_back(T{ element }); // Create a temporary, transient copy and push that
  }
```

但还有一种更好、更简单的方式，只需要一个函数定义。可能有些令人奇怪的是，这个 push_back() 定义将使用按值传递。读者也许不会想到要使用一个按值传递的函数定义，替换两个按引用传递的函数重载，但是看到了这个函数的使用后，肯定会欣赏这种方法的优雅。如果再次略去无关部分，新的 push_back() 函数将如下所示：

```
template <typename T>
void Array<T>::push_back(T element) // Pass by value (copied lvalue, or moved rvalue!)
{
...
  newArray[m_size] = std::move(element); // Move the new element...
...
  }
```

如果只使用支持移动语义的类型(如标准库类型)，这个函数就总能实现我们想要的行为。传递什么类型的实参无关紧要：lvalue 实参将被复制一次，rvalue 实参将被移动。因为函数参数的类型是值类型 T，所以每当调用 push_back() 时，会创建类型 T 的一个新对象。这种方法的优点在于，要构造这个新的 T 对象，编译器将根据实参的类型使用不同的构造函数。如果函数的实参是 lvalue，将使用 T 的副本构造函数构造 element 实参；如果是 rvalue，将使用 T 的移动构造函数构造 element。

■ **警告**：对于泛型容器，如 Array<>，可能需要考虑类型 T 没有提供移动构造函数或移动赋值运算符的情况。对于这种类型，按值接收 T 的版本实际上会复制给定实参两次。记住，除非 T 有移动赋值运算符，否则 std::move() 不会移动实参。如果 T 没有移动赋值运算符，则编译器将回归使用复制赋值运算符来计算 newArray[m_size] = std::move(element)。因而，在现实应用中，Array<> 这样的容器大多仍有 push_back() 的两个重载版本，一个用于 lvalue，另一个用于 rvalue。

在这里使用按值传递值得关注的唯一原因是，push_back() 总是不可避免地复制给定的 lvalue。因为副本是不可避免的，所以不如在构造输入实参的时候就创建这个副本。当然，不需要复制的函数实参仍应该通过 const 引用传递。

但是，对于本身会复制任何 lvalue 输入的非模板函数，使用一个按值传递参数的函数是很简洁的替代方案。例如，带有 setNumbers(std::vector<double> values) 或 add(BigObject bigboy) 签名的函数就是这种函数的例子。传统方法是使用按 const 引用传递，但是通过按值传递实参，能够做到一石二鸟。采用这种定义，同一个函数能够以接近最优的性能处理 lvalue 和 rvalue。

为了演示这种方法确实有效，将下面的 push_back(T) 函数添加到 Ex18_04 的 Array<> 类模板中。现在 Array<> 就支持 push_back()，为其构造函数的 size 参数提供一个默认值 0 是很合理的：

```
export template <typename T>
class Array
{
public:
  explicit Array(size_t size = 0); // Constructor
// ...
  void push_back(T element); // Add a new element (either copied or moved)
// ...
};
```

其他所有成员可与 Ex18_04 中的保持相同。然后，可以编写下面的示例程序(buildStringArray() 的定义也取自 Ex18_04)：

```
// Ex18_05B.cpp - Use of a pass-by-value parameter to pass by either lvalue or rvalue
import array;
import <string>;

// Construct an Array<> of a given size, filled with some arbitrary string data
Array<std::string> buildStringArray(const size_t size);

int main()
{
  Array<Array<std::string>> array_of_arrays;

  Array<std::string> array{ buildStringArray(1'000) };
  array_of_arrays.push_back(array); // Push an lvalue
  array.push_back("One more for good measure");
  std::cout << std::endl;

  array_of_arrays.push_back(std::move(array)); // Push an rvalue
}
```

在 main()中，我们创建一个包含 string Array 的 Array，命名为 array_of_arrays。首先在这个容器中插入包含 1000 个 string 对象的 Array<>。这个 Array<>元素被命名为 array，显然它是作为 lvalue 添加的，所以我们预期它会被复制。这一点很好：程序的剩余部分仍然需要它的内容。在程序结束时，我们再次添加 array，但是这一次，通过对变量名使用 std::move()，首先将其转换为一个 rvalue。这么做是希望 Array<>及其 string 数组现在会被移动而不是复制。运行 Ex18_05B 可确认这一点，array 总共只被复制了一次[1]。

```
Array of 1000 elements copied

Array of 1000 elements moved (assignment)
Array of 1001 elements moved (assignment)
```

各种移动赋值发生在 push_back()函数体内。在将 array 作为 lvalue 添加，以及第二次将其作为 rvalue 添加之间，我们加入了额外的一个字符串，以便在输出中区分两个 Array<>元素。注意，在添加这个额外字符串的过程中，array 中已有的 1000 个 string 元素并没有被复制，而是通过 std::string 的移动赋值运算符被移到一个更大的 string Array<>中。

在下面的提示中，我们总结了本书(主要是第 8 章和本章)中关于函数参数声明的各种指导原则。

提示： 对于基本类型和指针，可以简单地使用按值传递。对于复制开销更大的对象，通常应该使用 const T&参数。这可以避免 lvalue 实参被复制，而 rvalue 实参能很好地绑定到 const T&参数。如果函数本身会复制 T 实参，则应该按值传递，即使涉及大对象。当把 lvalue 实参传递给函数时，会复制该 lvalue 实参；而当把 rvalue 实参传递给函数时，则会移动该 rvalue 实参。这条指导原则假定参数类型支持移动语义，而如今所有类型都应当支持移动语义。对于参数类型没有合适的移动成员这种不太可能出现的情况，应该坚持使用按引用传递。不过，如今越来越多的类型支持移动语义，包括所有标准库类型，所以按值传递肯定是值得考虑的！

18.5.3 按值返回

对于从函数中返回对象，即使是 vector<>这样的大对象，推荐的方法一直是按值返回。稍后将介绍，编译器很擅长优化掉从函数返回的对象的冗余副本。因此，引入移动语义并没有改变这里的最佳实践。不过，对于返回值，存在许多误解，所以有必要介绍一下有关函数定义这方面的内容。

本章的许多示例程序的构建都基于下面这个函数：

```
Array<std::string> buildStringArray(const size_t size)
{
  Array<std::string> result{ size };
  for (size_t i {}; i < size; ++i)
    result[i] = "You should learn from your competitor, but never copy. Copy and you die.";
  return result;
}
```

这个函数按值返回一个 Array<>。其最后一行是一条 return 语句，返回 lvalue 表达式 result，这是在栈上分配的一个自动变量。对性能很敏感的开发人员在看到这种语句时常常感到担忧。编译器会不会使用 Array<>的副本构造函数，将 result 复制到返回的对象中？但是，至少在本例中，不必担忧。

---

1 如果使用调试生成或者未经充分优化的编译器运行该示例，可能会看到 Array<>的移动成员打印出来一些额外输出。但即使这样，也应该仅复制一个数组，这才是重要之处。

下面看看现代 C++编译器如何处理按值返回(当然，这里稍微做了简化):

- 对于 return name;这种形式的 return 语句，如果 name 是局部定义的自动变量，或是函数参数，则要求编译器必须将 name 视为一个 rvalue 表达式。
- 对于 return name;这种形式的 return 语句，如果 name 是局部定义的自动变量，则允许编译器应用所谓的"命名返回值优化"(Named Return Value Optimization，NRVO)。如果 name 是函数参数，则不允许这么做。

对于我们的例子，NRVO 会使编译器将 result 对象直接存储到为保存函数的返回值而指定的内存地址。也就是说，应用了 NRVO 后，不会再为一个名为 result 的独立自动变量留出内存。

第一个项目符号说明，在我们的示例中，使用 std::move(result)至少是一种冗余。即使没有 std::move()，编译器也会将 result 视为 rvalue。第二个项目符号说明，return std::move(result)将阻止 NRVO 优化。NRVO 只用于 return result;这种形式的语句。添加 std::move()后，将强制编译器寻找移动构造函数。这将引入两个潜在的问题，第一个问题实际上可能很严重:

- 如果返回对象的类型没有移动构造函数，那么添加 std::move()会使编译器回到使用副本构造函数！没错，添加 move()可能导致复制，而不添加 move()，编译器很可能会应用 NRVO。
- 即使返回的对象可被移动，添加 std::move()也只会让情况变得更糟，而不是更好。原因在于，NRVO 得到的代码一般比移动构造更加高效(移动构造一般仍会涉及一些浅复制，以及/或者其他语句，NRVO 则不会)。

因此，添加 std::move()在最好的情况下只会使代码运行得更慢一点，在最坏的情况下则会使编译器在原本不会复制的情况下复制返回值。

■ 提示:如果 value 是局部变量(有自动存储生存期)或函数参数，则不应该编写 return std::move(value);，而总是应该编写 return value;。

注意，对于 return MyClass{...};、return value + 1; 或 return buildStringArray(100);这样的 return 语句，也从不需要担心添加 std::move()。在这些情况中，已经是在返回 rvalue，所以添加 std::move()也是冗余的。实际上，对于这些返回的 rvalue 没有名称的情况，甚至不再允许编译器复制或移动对象。相反，它必须应用所谓的返回值优化(Return Value Optimization，RVO)。

■ 注意:从函数中返回值时，对象既不会被复制也不会被移动，这个过程通常也称为省略复制(copy elision)。它包括了 RVO(返回值优化)和 NRVO(命名返回值优化)。复制省略支持零开销按值传递语义。

这是否意味着在返回值时，从不应该使用 std::move()? 当然不是。使用 C++编程时，很少会有这样简单的选择。大多数情况下，按值返回时不应该使用 std::move()，但是肯定有一些例外情况:

- 如果 return value;中的变量 value 具有静态或线程局部的存储生存期(参见第 11 章)，那么当希望移动变量时，需要添加 std::move()。不过，这种情况很罕见。
- 当返回一个对象的成员变量时，如 return m_member_variable;，如果不希望复制该成员变量，那么也需要使用 std::move()。
- 如果除了变量名，return 语句还包含其他任何 lvalue 表达式，那么 NRVO 不适用，编译器在寻找构造函数时，也不会把这个 lvalue 视作 rvalue。

对于后面这种情况，常见的例子包括以下这种形式的 return 语句: return condition? var1:var2;。虽然不容易明显看出，但是 condition? var1:var2 这样的条件表达式实际上是一个 lvalue。因为这显然不是一个变量名，所以编译器会放弃 NRVO，并且不会隐式地将其视为一个 rvalue。换言之，编译器将寻找一个副本构造函数来创建返回对象(var1 或 var2)。为避免这种情况，至少有 3 种选择。下面任何一

条 return 语句至少会尝试移动返回的值:

```
return std::move(condition ? var1 : var2);

return condition ? std::move(var1) : std::move(var2);

if (condition)
  return var1;
else
  return var2;
```

在这 3 种选择中,推荐最后一种。原因同样在于,它允许聪明的编译器应用 NRVO,而前面的两种形式做不到这一点。

18.6   继续讨论定义移动成员

现在,你已成为一名移动语义专家,我们再给出一些建议,说明如何合理地应用自己的移动构造函数和移动赋值运算符。第一条指导原则特别重要:总是将移动成员声明为 noexcept。如果没有 noexcept,移动成员就没那么有效(第 16 章介绍了 noexcept 限定符)。

18.6.1   总是添加 noexcept

假定所有移动成员都不抛出异常,为它们添加 noexcept 限定符将十分重要,不过在现实应用中,移动成员很少带有 noexcept 限定符。添加 noexcept 非常重要,所以我们会详细解释原因。我们坚信,理解指导原则存在的意义有助于更好地记住它们!

我们接着 Ex18_05B 进行讲解。在这个例子中,为 Array<>定义了下面的 push_back()函数:

```
template <typename T>
void Array<T>::push_back(T element)          // Pass by value (copy of lvalue, or moved rvalue!)
{
  Array<T> newArray(m_size + 1);             // Allocate a larger Array<>
  for (size_t i {}; i < m_size; ++i)         // Move all existing elements...
    newArray[i] = std::move(m_elements[i]);

  newArray[m_size] = std::move(element);     // Move the new one...

  swap(newArray);                            // ... and swap!
}
```

看起来不错,不是吗?运行 Ex18_05B 也可确认,所有冗余副本都消失了。那么,这个定义还有什么问题吗?在第 17 章,我们指出不能被表面上的正确性所迷惑。当时,我们建议读者始终考虑在出现异常时会发生什么。读者能够想到 push_back()可能有什么问题吗?思考这个问题片刻后可能会有帮助。

答案在于,T 的移动赋值运算符在原则上可能抛出一个异常,尽管可能性很小。因为 Array<>类模板应该可用于任何类型 T,所以在这里这一点就很重要。现在考虑一下,如果在函数的 for 循环的执行过程中,甚至在移动新的元素的过程中,出现了异常,会发生什么?

在某种意义上,在 for 循环中添加 std::move()破坏了"复制后交换"技术的工作方式。对于该技术,所修改的对象(对于成员函数,通常是*this)在最后的 swap()操作之前保持不变是至关重要的。发生异常时,在执行 swap()操作前做出的修改不会被撤销。因此,如果在移动 elements 数组的某个对象的过程中，push_back()函数内发生了异常，就无法恢复已被移到newArray的对象。

事实上，无论怎么做，如果移成员可能在任何时候抛出异常，那么不进行复制，一般没有其他办法能够安全地将现有元素移动到新数组中。如果有一种方法能够知道给定的移动成员从不会抛出任何异常就好了。毕竟，如果移动成员从不抛出异常，就能安全地将现有元素移到一个更大的数组中。读者其实已经知道了这样一种方法：第16章介绍的noexcept限定符。如果函数带有noexcept限定符，就可以指定它在任何时候都不会抛出异常。换言之，我们想在push_back()中实现下面的行为：

```
template <typename T>
void Array<T>::push_back(T element)   // Pass by value (copy of lvalue, or moved rvalue!)
{
  Array<T> newArray(m_size + 1);       // Allocate a larger Array<>
  for (size_t i {}; i < m_size; ++i)   // Move existing elements (copy if not noexcept)...
    newArray[i] = move_assign_if_noexcept(m_elements[i]);

  newArray[m_size] = move_assign_if_noexcept(element); // Move (or copy) the new one...

  swap(newArray);                      // ... and swap!
}
```

这里需要move_assign_if_noexcept()函数来实现高效且安全的push_back()模板，只有当T的移动赋值运算符被指定为noexcept时，它才应该起到std::move()的作用。否则，move_assign_if_noexcept()函数应该将其实参转换为lvalue引用，从而使用T的复制赋值运算符。

■ **警告**：标准库的<utility>模块确实提供了std::move_if_noexcept()，但是阅读标准库文档可知，该函数用于根据条件，即移动构造函数是否被指定为noexcept，来决定是调用移动构造函数还是副本构造函数。标准库并没有为根据条件调用移动赋值运算符提供等效的函数。

这种move_assign_if_noexcept()函数肯定是可以实现的，但是，需要用到的技术对于入门图书来说非常高级；具体来说，需要用到模板元编程。在介绍这种技术之前，我们先给出如下重要的结论。

■ **警告**：从Array<>::push_back()函数至少应该知道，不要受到诱惑而实现自己的容器类，除非绝对有必要实现自己的容器类(但这种情形很罕见)。让自己的容器类做到百分百正确非常困难。总是应该使用标准库容器(或者其他经过实际验证的库的容器)。即使添加了move_assign_if_noexcept()函数，Array<>类也不能说是最优的。还需要使用一种相当高级的内存管理技术来修改该类，才能稍稍接近完全优化的std::vector<>。

下面简单解释如何为异常安全的push_back()成员实现move_assign_if_noexcept()函数(结果包含在示例Ex18_06中)。这涉及模板元编程，模板元编程是比较高级的技术。如果读者不感兴趣，可以直接跳过。后面将演示在标准库容器中使用自己的类型时，向移动成员添加noexcept的效果。

实现move_assign_if_noexcept()

模板元编程通常涉及根据模板实参(通常是类型名)做出决定，以控制编译器在实例化模板时生成的代码。换言之，涉及编写在编译时，每当编译器生成对应模板的具体实例时计算的代码。对于move_assign_if_noexcept()，我们需要编写的代码在本质上等价于C++的if-else语句，对该函数的返回类型应用如下逻辑："如果可以赋值T&&类型的rvalue，而不抛出异常，则返回类型应为rvalue引用(即T&&)；否则，返回类型应为lvalue引用(const T&)。"

这里的T是move_assign_if_noexcept()的模板类型参数。话不多说，下面说明如何使用一些模板元编程基本要素来实现此逻辑，这些基本要素即所谓的类型特性，由<type_traits>标准库模块提供：

```
std::conditional_t<std::is_nothrow_move_assignable_v<T>, T&&, const T&>
```

熟悉模板元编程的开发人员可看出该语句实现了上述逻辑。熟悉这种语法需要多加练习，但是我们现在没有篇幅提供更多练习。因此，不再过多介绍此主题。毕竟，我们的目的只是让读者快速感受到模板元编程的用途。

有了前面的元表达式，编写一个可完全工作的 move_assign_if_noexcept() 函数实际上不再很难：

```
template<class T>
std::conditional_t<std::is_nothrow_move_assignable_v<T>, T&&, const T&>
move_assign_if_noexcept(T& x) noexcept
{
  return std::move(x);
}
```

函数体中没有什么内容；模板元编程的核心是这个函数的返回类型。取决于类型 T 的属性，更具体来说，取决于是否可以赋予 T&&值，而不抛出异常，返回类型将是 T&&或 const T&。注意，对于后者，函数体中的 std::move()仍然返回一个 rvalue 引用并没有什么影响。如果对于类型 T，模板实例化的返回类型为 const T&，则从函数体返回的 rvalue 引用将被立即转换为 lvalue 引用。

2. 在标准库容器内移动

自然，标准库的所有容器类型都经过了优化，会尽可能移动对象，如同我们为 Array<>容器模板所做的那样。这意味着任何 std::vector<>实现都面临着 push_back()所面临的问题。即当把现有元素移动到新分配的更大数组中时，如何在发生异常时保证内部完整性？如何保证期望的"要么全部成功，要么全部失败"行为？这是 C++标准要求所有容器操作通常应该具备的行为。

使用 Ex18_05B 的如下变体，我们可以理解标准库的实现人员如何应对这些挑战：

```
// Ex18_07.cpp - the effect of not adding noexcept to move members
import array;
import <string>;
import <vector>;
import <iostream>;

// Construct an Array<> of a given size, filled with some arbitrary string data
Array<std::string> buildStringArray(const size_t size);

int main()
{
  std::vector<Array<std::string>> v;

  v.push_back(buildStringArray(1'000));

  std::cout << std::endl;

  v.push_back(buildStringArray(2'000));
}
```

我们没有把 Array<>添加到另一个 Array<>中，而是把它们添加到一个 std::vector<>中。具体来说，将两个 Array<>&&类型的 rvalue 添加到一个 vector<>中(buildStringArray()的实现保持不变)。下面列出了一种可能发生的事件序列(前提是使用的 Array<>类模板的移动成员没有指定必要的

noexcept 限定符):

```
Array of 1000 elements moved

Array of 2000 elements moved
Array of 1000 elements copied
```

从输出中可明显看到[1],当添加第二个元素(包含 2000 个元素的 Array<>)时,std::vector<>会复制第一个元素(包含 1000 个字符串的 Array<>)。其 push_back()成员在将所有现有元素转移到一个较大的动态数组的过程中执行此操作,类似于前面的 Array::push_back()。

注意: 标准库规范并没有明确规定在添加更多元素时,vector<>应当在什么时候,以什么方式分配更大的动态数组。因此,对于 Ex18_07,原则上有可能还不会看到包含 1000 个元素的 Array<>被复制。如果是这种情况,只需要添加更多 push_back()语句来添加额外的 Array<>&&元素。因为标准库要求 vector<>在一个连续的动态数组中存储所有元素,最终 vector<>不可避免地需要分配一个更大的数组,并将所有现有元素转移到这个大数组中。

Array<>被复制而不是被移动,是因为编译器认为移动是不安全的操作。也就是说,编译器不能推断出,在移动过程中不会抛出异常。自然,如果现在向 Array<>移动构造函数模板添加 noexcept 限定符,并再次运行 Ex18_07,将发现 Array<>及其 1000 个字符串没有再被复制:

```
Array of 1000 elements moved

Array of 2000 elements moved
Array of 1000 elements moved
```

提示: 通常,只有当使用 noexcept 声明对应的移动成员时,标准库容器和函数才会使用移动语义。因此,只要有可能(几乎总是有可能),就使用 noexcept 声明所有移动构造函数和移动赋值运算符,这十分关键。

18.6.2 "移动后交换"技术

在进入本章 18.7 节之前,我们回顾一下 Array<>移动赋值运算符的实现。前面定义该运算符时(在本章开头附近),还没有了解足够的信息,从而以一种整洁、优雅的方式实现它。回过头来看该运算符的定义,有没有发现一些地方并没有做到最优?我们首先添加 noexcept 限定符,如下所示:

```
// Move assignment operator
template <typename T>
Array<T>& Array<T>::operator=(Array&& rhs) noexcept
{
  std::cout << "Array of " << rhs.m_size << " elements moved (assignment)" << std::endl;

  if (&rhs != this)              // prevent trouble with self-assignments
  {
    delete[] m_elements;         // delete[] all existing elements
```

---

1 对于不同的编译器,或者不同的编译器配置,输出可能稍有变化。不过,包含 1000 个元素的数组总会被复制,这是这里的要点。

```
 m_elements = rhs.m_elements;   // copy the elements pointer and the size
 m_size = rhs.m_size;

 rhs.m_elements = nullptr;       // make sure rhs does not delete[] m_elements
}

 return *this;                   // return lhs
}
```

读者可能发现，这里存在代码重复问题。

仔细观察会发现，这个函数包含两处重复：

- 首先，函数包含清理现有成员的逻辑，这与析构函数相同。在本例中，清理逻辑只是一条 delete[] 语句，但一般来说，可能需要任意多个步骤。
- 其次，函数包含与移动构造函数相同的逻辑，复制所有成员，并将移动对象的 m_elements 成员设为 nullptr。

第 17 章讲过，在合理的情况下，尽可能避免代码重复是一种很好的做法。任何重复，即使只是一两行代码重复，都可能在现在或将来引入 bug。设想一下，将来某天为 Array<>添加了一个新成员；到时候很容易忘记更新所有复制 Array<>的地方。需要更新的位置越少越好。

对于复制赋值运算符，读者已经熟悉了解决类似问题的标准技术："复制后交换"。好消息是，对于移动赋值运算符，也可以使用类似的模式：

```
// Move assignment operator
template <typename T>
Array<T>& Array<T>::operator=(Array&& rhs) noexcept
{
 Array<T> moved(std::move(rhs));   // move... (noexcept)
 swap(moved);                      // ... and swap (noexcept)
 return *this;                     // return lhs
}
```

这种"移动后交换"技术能消除上述两处重复。自动变量 moved 的析构函数将删除任何现有元素，复制成员以及赋值 nullptr 的责任则委托给移动构造函数。关键在于不要忘记在函数体中对 rhs 显式地应用 std::move()。一定要记住，变量名始终是 lvalue，即使 rvalue 引用类型的变量的名称也是如此。

需要注意，不能过度消除重复。看到前面的指导原则后，读者可能倾向于更加努力地降低代码重复，将复制赋值运算符和移动赋值运算符合并成如下形式的单个赋值运算符：

```
// Assignment operator
template <typename T>
Array<T>& Array<T>::operator=(Array rhs)   // Copy or move...
{
 swap(rhs);                                // ... and swap!
 return *this;                             // Return lhs
}
```

乍看上去，这似乎是一种很优雅的改进。每当赋值运算符的右边是一个临时对象时，将使用移动构造函数构造并初始化赋值运算符的 rhs 值实参。否则，使用副本构造函数。但问题是，这样做违反了另一个指导原则：移动赋值运算符总应该被指定为 noexcept。否则，只有当使用了 noexcept 限定符时才会移动的容器和其他标准库模板仍有使用复制赋值的风险。

下面的指导原则总结了我们对于定义赋值运算符的建议。

▓ 提示：如果定义了复制赋值运算符和移动赋值运算符，则总是应该分开定义它们。应将移动赋值
运算符指定为 noexcept，但是复制赋值运算符通常不指定为 noexcept(复制操作至少可能抛出 bad_alloc
异常)。为避免额外的重复，复制赋值运算符应该使用传统的"复制后交换"技术，而移动赋值运算
符应该使用这里介绍的类似的"移动后交换"技术。

最后，复制赋值运算符总是应该使用按 const 引用传递，而不是按值传递。否则，可能由于所谓
的二义性赋值，出现编译错误。

18.7 特殊成员函数

所谓的特殊成员函数有 6 种，前面已经全部介绍过：
- 默认构造函数(第 12 章)
- 析构函数(第 12 章)
- 副本构造函数(第 12 章)
- 复制赋值运算符(第 13 章)
- 移动构造函数(第 18 章)
- 移动赋值运算符(第 18 章)

之所以说它们特殊，是因为在情况合适时，编译器会自动生成它们。编译器为一个简单的类可以
生成哪些成员，很值得注意。下面这个类只有一个数据成员。

```
class Data
{
  int m_value {1};
};
```

编译器可能提供如下内容：

```
class Data
{
public:
  Data() : m_value{1} {} // Default constructor
  Data(const Data& data) : m_value{data.m_value} {} // Copy constructor
  Data(Data&& data) noexcept : m_value{std::move(data.m_value)} {} // Move constructor

  ~Data() {} // Destructor (implicitly noexcept)

  Data& operator=(const Data& data) // Copy assignment operator
  {
    m_value = data.m_value;
    return *this;
  }
  Data& operator=(Data&& data) noexcept // Move assignment operator
  {
    m_value = std::move(data.m_value);
    return *this;
  }
private:
  int m_value;
};
```

我们还没有讨论过默认生成的移动成员，接下来就将介绍这方面的内容。然后，本节剩余部分将

讨论在什么时候应该自己定义这些特殊函数。

18.7.1 默认移动成员

与两个默认副本成员类似(参见第 12 章和第 13 章),编译器生成的移动成员按照类定义中声明成员变量的顺序,逐个移动所有非静态成员变量。如果该类有基类,则首先按照声明基类的顺序,调用基类的移动构造函数或移动赋值运算符。最后,只要对于所有基类和非静态成员变量,对应的成员函数被指定为 noexcept,隐式定义的移动成员就总是也被指定为 noexcept。

这里没有什么好奇怪的。如果移动成员由编译器定义,则其行为完全符合预期。我们仍需要回答的主要问题是:编译器具体什么时候生成这些默认移动成员?为什么对于我们的 Array<>类模板,编译器没有生成这些默认移动成员?答案如下。

> **提示:** 只要定义了 4 个副本或移动成员中的任何一个,或者定义了一个析构函数,编译器就不再生成任何缺失的移动成员。

虽然一开始看起来,这条规则可能限制性太强,但其实做这种限制很合理。考虑我们最初的 Array<>类模板。编译器观察到,我们显式定义了析构函数、副本构造函数和复制赋值运算符。我们提供这种显式的定义,唯一合理的理由当然是因为编译器生成的默认版本不正确。因此,编译器只能得到如下合理的结论:如果编译器生成默认移动成员,也几乎一定是不正确的(注意,对于 Array<>,这种推理非常合理)。存在疑问时,不生成默认移动成员,显然总是比生成不正确的移动成员更好。毕竟,对于没有移动成员的对象,最糟的情况不过是它不断被复制;相比对象有不正确的移动成员,这种情况无疑要好多了。

18.7.2 5 的规则

自然,每当定义一个移动构造函数时,还应该定义其同伴,即移动赋值运算符,反之亦然。从第 13 章可知,定义副本成员时也存在相同的规则。将这种规则推而广之,就得到了所谓的"5 的规则"。这种最佳实践指导原则涉及如下 5 种特殊成员函数:副本构造函数、复制赋值运算符、移动构造函数、移动赋值运算符和析构函数。换言之,它适用于除了默认构造函数以外的所有特殊成员函数。该规则具体如下。

> **5 的规则:** 只要声明了除默认构造函数外的 5 种特殊成员函数中的任何一种,通常就应该声明全部 5 种特殊成员函数。

动机与前面类似。一旦需要重写 5 种特殊成员函数中任何一种的默认行为,就几乎一定需要重写其他 4 种特殊成员函数的默认行为。例如,如果需要在析构函数中使用 delete 或 delete[]删除一个成员变量占用的内存,那么认为浅复制对应的成员变量极为危险是很合理的结论。反过来的结论并不明显,但同样成立。

注意,"5 的规则"并没有说必须为全部 5 种特殊成员函数声明实际提供显式的定义。有些时候,完全可以使用=delete;(例如当创建不可复制的类型时),甚至使用=default;(通常也会结合一些=delete定义)。

18.7.3　0 的规则

"5 的规则"管理着当声明自己的特殊成员函数时，应该怎么做。但是，并没有规定什么时候应该声明自己的特殊成员函数。这时就需要考虑"0 的规则"了：

■ **0 的规则**：尽可能避免实现任何特殊成员函数。

在某种意义上，从数学的角度讲，"0 的规则"是"5 的规则"的一个推论(推论是已经证明的命题的逻辑结论)。毕竟，"5 的规则"规定，定义任何一种特殊成员函数，也就意味着需要定义全部 5 种特殊成员函数，可能还包括 swap() 函数。即使采用了"复制后交换"和"移动后交换"技术，定义这 5 种特殊成员函数也需要编写大量代码，而大量代码意味着有出现大量 bug 的机会，以及大量的维护开销。

关于动机，一个常见例子是考虑在向某个现有类添加一个新的成员变量后需要做些什么。需要在多少个位置添加一行代码？是否需要在副本构造函数的成员初始化列表中多添加一行代码？在移动构造函数中也多添加一行代码？对了，我们还差点忘了需要在 swap() 中多添加一行代码！无论需要在多少个地方添加额外的代码，都不如在任何地方都不添加额外的代码。也就是说，在理想情况下，要添加一个新的成员变量，只需要在类定义中添加对应的声明即可。

好在，遵守"0 的规则"并没有一开始看起来那样困难。事实上，一般来说，需要做的就是遵守我们在前面章节中介绍的关于容器和资源管理的各种指导原则：

- 所有动态分配的对象都应该由智能指针管理(参见第 4 章)。
- 所有动态数组都应该由 std::vector<>管理(参见第 5 章)。
- 一般来说，对象集合应由容器对象管理，如标准库提供的容器对象(参见第 20 章)。
- 其他任何需要清理的资源(如网络连接、文件句柄等)应由专门的 RAII 对象管理(参见第 16 章)。

如果对类的所有成员变量应用这些原则，那么这些变量不应该再包含所谓的原始资源。这通常意味着"5 的规则"所涉及的 5 种特殊成员函数不再需要显式定义。

遵守"0 的规则"的一个结果是，几乎只有当自定义 RAII 类型，或当自定义容器类型(这种情况更罕见)时，才定义"5 的规则"涉及的成员函数。然后，当有了这些自定义 RAII 类型或容器类型后，可编写更高级的对象，它们一般不需要自己的、显式的副本构造函数、移动构造函数或析构函数声明。

前面的指导原则没有涉及另一个特殊的成员函数，"5 的规则"也没有涉及这个特殊成员函数：默认构造函数。通过在类定义中初始化所有成员变量，通常可以避免定义默认构造函数。例如，我们在本节的开头就对 Data 类做了这种操作：

```
class Data
{
  int m_value {1};
};
```

需要注意，如第 12 章所述，一旦声明了任何构造函数，即使一个不是特殊成员函数的构造函数，编译器也将不再生成默认构造函数。因此，"0 的规则"几乎肯定不阻止使用 default 创建默认构造函数，如下所示：

```
class Data
{
 public:
    Data() = default;
    Data(int val);
```

```
private:
  int m_value {1};
};
```

18.8 本章小结

在本章中，从多方面将第 12 章和第 13 章的内容进行了归结。讲解了移动语义的概念，以及移动语义如何实现自然的、优雅的、高效的代码。我们讲解了如何为自己的类型实现移动操作。移动操作的思想是，因为实参是临时的，所以函数不一定需要复制数据成员，而是可以从实参对象中获取数据。例如，如果实参对象的成员是指针，则可以转移指针，而不必复制它们指向的对象，这是因为实参对象将被销毁，所以不需要它们。

本章的要点如下：

- rvalue 是一个表达式，其结果通常是一个临时值；lvalue 得到的值则能长久存在。
- 可以使用 std::move() 将 lvalue(如命名变量)转换为 rvalue。但是，执行此操作时要小心。移动一个对象后，通常不应该再使用该对象。
- 使用&&声明 rvalue 引用类型。
- 移动构造函数和移动赋值运算符有 rvalue 引用参数，所以当实参是临时值(或其他任何 rvalue)时，将调用它们。
- 如果函数本身会复制其某个输入，则优先选择按值传递该实参，即使实参是类类型的对象。这样做，就可以用一个函数定义处理 lvalue 输入和 rvalue 输入这两种情况。
- 应当按值返回自动变量和函数参数，并且不对 return 语句添加 std::move()。
- 移动成员一般应该被指定为 noexcept；否则，标准库容器和其他模板有可能不会调用它们。
- "5 的规则"指出，要么声明全部副本成员、移动成员和析构函数，要么全都不声明。"0 的规则"建议尽量全都不声明。这意味着要遵守"0 的规则"，就必须总是使用智能指针、容器和其他 RAII 技术来管理动态内存和其他资源。

18.9 练习

下面的练习用于巩固本章学习的知识点。如果有困难，可以回过头重新阅读本章的内容。如果仍然无法完成练习，可以从 Apress 网站(www.apress.com/book/download.html)下载答案，但只有别无他法时才应该查看答案。

1. 为 Truckload 类定义移动运算符(上次看到该类是在第 16 章的练习题 3 中)，并编写一个小的测试程序，证明移动运算符有效。

2. 第 17 章的练习题 5 中定义的 LinkedList<>模板也需要升级到具备移动能力。除了两个特殊移动成员，还可对它多做一些更新。读者是否能够想到，对于现代的 LinkedList<>类型，还需要什么？编写一个小的测试程序来演示新添加的移动能力。

3. 既然我们在深入研究前面创建的代码，下面就来看看第 16 章的练习题 6。该练习题在封装虚拟数据库管理系统的 C 风格的 API 时，创建了两个 RAII 类型。回顾一下，一个 RAII 类型管理数据库连接，确保该连接及时断开；而另一个 RAII 类型封装了数据库查询结果的指针，当用户查看完这个结果后，就应该释放其内存。显然，我们不希望复制这些对象(为什么呢？)。添加合适的预防措施，避免对象被复制。

4. 与任何 RAII 类型一样(例如，考虑 std::unique_ptr<>)，上一题的两个类型肯定可以从移动成员受益。相应修改上一题的答案，在 main()函数中包含额外的几行代码，以证明自己的修改能够工作。现在还需要第 3 题所做的修改吗？另外，第 16 章的练习题 6 使用了 Customer 类。这个类需要移动成员吗？

5. 实现移动成员时，使用类似 swap()的 std::exchange() 函数通常非常方便。查询标准库参考资料，可了解这个有用工具的相关信息，试着对上面练习题 4 中的 RAII 类的移动成员使用该函数。

第 19 章

头 等 函 数

在 C++中，有经济函数(economy-class functions)、商务函数(business-class function)和头等函数 (first-class function)，每种函数提供不同级别的舒适度、空间和机载服务……开个玩笑，头等函数当然 并不是这个意思[1]。我们来重新表达一下：

在计算机科学中，如果编程语言允许将函数当作其他任何变量，则称该语言提供了头等函数。例 如，在这种语言中，可以将函数作为一个值赋给变量，就像赋值整数或字符串给变量一样。可以将一 个函数作为实参传递给其他函数，或者从一个函数中返回另一个函数作为结果。一开始，可能很难想 到这种语言构造的适用性，但是它们极为强大、有用。

本章介绍 C++这个领域提供的功能，包括基本的头等函数，即函数指针，以及通过 lambda 表达 式定义的匿名函数和闭包(不必担心，本章后面会详细介绍这些术语的含义)。C++11 中引入的 lambda 表达式重塑了 C++。它将 C++语言的表达力提升到全新高度。在很大程度上，这是因为标准库中大量 使用了头等函数参数。标准库的泛型算法库中的函数模板(这是第 20 章的主题)是 lambda 表达式的主 要用例。

本章主要内容：

- 函数指针的定义及用途
- 函数指针的局限，以及如何使用标准的面向对象技术和运算符重载克服这些局限
- lambda 表达式的定义
- 如何定义 lambda 表达式
- lambda 闭包的定义，它比匿名函数更强大的原因
- capture 子句的定义及用法
- 如何将头等函数作为实参传递给另一个函数
- std::function<>如何允许将头等函数表示为变量

19.1 函数指针

读者已经熟悉了数据指针的概念，这是存储内存区域地址的变量，所指向的内存区域则包含其他 变量、数组或动态分配内存的值。但是，计算机程序并不仅由数据构成。分配给计算机程序的内存的 另一个关键部分保存可执行代码，即已经编译的 C++语句块。自然，属于给定函数的所有编译代码一

---

1 该术语确实有着有点类似的起源。在 20 世纪 60 年代，Christopher Strachey (最先正式提出 lvalue 和 rvalue 概念的计算机语言的 先驱)创造了这个术语，他将编程语言 ALGOL 中的过程(函数)称为二等公民(second-class citizen)时："它们总是必须自己出现， 而不能由变量或表达式来表示……"

般也分组在一起。

函数指针是一个变量，可存储函数的地址，在程序执行的不同时间可指向不同的函数。函数指针用来调用其包含的地址所对应的函数。但是，仅使用地址不足以调用一个函数。要正确工作，函数指针还必须存储每个参数的类型以及返回类型。显然，定义函数指针所需要的信息将限制该指针能够指向的函数的范围。它只能存储函数的地址，该函数具有指定类型、指定个数的参数以及指定的返回类型。这与存储数据项地址的指针类似。类型为 int 的指针只能指向包含 int 值的位置。

19.1.1 定义函数指针

下面定义了一个函数指针，它可以存储参数类型为 long* 和 int、返回类型为 long 的函数的地址：

```
long (*fun_ptr)(long*, int); // Variable fun_ptr (pointer to function that returns long)
```

圆括号让这个定义一开始看起来有点奇怪。指针变量的名称是 fun_ptr。由于没有初始化该指针变量，因此它没有指向任何函数。理想情况下，将用 nullptr 或某个函数的地址来初始化该指针变量。包围指针名称和星号的圆括号不可缺少。如果不包含该圆括号，上述语句将声明一个函数而不是定义一个指针变量，因为*将被绑定到类型 long：

```
long *fun_ptr(long*, int); // Prototype for a function fun_ptr() that returns long*
```

函数指针定义的一般形式如下：

```
return_type (*pointer_name)(parameter_types);
```

指针指向的函数必须具有与其定义中相同的 return_type 和 parameter_types。

当然，在声明指针的时候总是应该进行初始化。可以将函数指针初始化为 nullptr 或者某个函数的名称。假设函数具有如下原型：

```
long findMaximum(const long* array, size_t size); // Returns the maximum element
```

可以使用下面的语句定义并初始化上述函数指针：

```
long (*fun_ptr)(const long*, size_t) { findMaximum };
```

使用 auto 可使得定义该函数的指针更加简单：

```
auto fun_ptr = findMaximum;
```

还可以使用 auto*，以强调 fun_ptr 是指针这个事实：

```
auto* fun_ptr = findMaximum;
```

这将把 fun_ptr 定义为一个函数指针，可指向参数列表及返回类型与 findMaximum()相同的任何函数，并使用 findMaximum()的地址初始化该指针。可使用赋值语句，存储具有相同参数列表和返回类型的任何函数的地址。如果 findMinimum()的参数列表和返回类型与 findMaximum()相同，则可以使 fun_ptr 指向 findMinimum()，如下所示：

```
fun_ptr = findMinimum;
```

注意：尽管函数名称已被计算为函数指针类型的一个值，但也可使用地址运算符&显式获取其地址。换言之，下面的语句与前面的语句有相同的效果：

```
auto* fun_ptr = &findMaximum;
```

```
fun_ptr = &findMinimum;
```

一些人推荐始终添加地址运算符，因为这样做能够更加明显地看出我们在创建函数指针。

要使用 fun_ptr 调用 findMinimum()，只需要像使用函数名称一样使用指针名称。例如：

```
long data[] {23, 34, 22, 56, 87, 12, 57, 76};
std::cout << "Value of minimum is " << fun_ptr(data, std::size(data));
```

这将输出 data 数组中的最小值。与变量指针相同，在使用函数指针调用函数之前，应该确保函数指针包含函数的地址。如果不进行初始化，程序几乎一定会发生灾难性崩溃。

为了感受这种新鲜的函数指针及其应用，我们试着编写一个程序来使用函数指针：

```cpp
// Ex19_01.cpp
// Exercising pointers to functions
import <iostream>;

long sum(long a, long b); // Function prototype
long product(long a, long b); // Function prototype

int main()
{
  long(*fun_ptr)(long, long) {}; // Pointer to function

  fun_ptr = product;
  std::cout << "3 * 5 = " << fun_ptr(3, 5) << std::endl; // Call product() thru fun_ptr
  fun_ptr = sum; // Reassign pointer to sum()
  std::cout << "3 * (4+5) + 6 = " // Call sum() thru fun_ptr twice
    << fun_ptr(product(3, fun_ptr(4, 5)), 6) << std::endl;
}

// Function to multiply two values
long product(long a, long b) { return a * b; }

// Function to add two values
long sum(long a, long b) { return a + b; }
```

该示例的输出结果如下：

```
3 * 5 = 15
3 * (4+5) + 6 = 33
```

这个程序并没有什么实际用途，但确实能展示如何定义一个函数指针，为其赋值，然后使用它来调用函数。定义并初始化函数指针 fun_ptr，它可以以指向 sum() 或 product()。

fun_ptr 被初始化为 nullptr，因此在使用它之前，将函数 product() 的地址存储到 fun_ptr 中。然后，在输出语句中通过指针 fun_ptr 间接调用 product()。像使用函数名称一样使用指针名称，把函数实参放到指针名称后面的圆括号中。如果像下面这样定义并初始化函数指针，就能省去不少编译工作：

```cpp
auto* fun_ptr = product;
```

为演示能够使函数指针指向不同的函数，接着让 fun_ptr 指向 sum()。然后在一个非常复杂的表达式中使用它来做一些简单的算法运算。这表明，可像使用函数指针指向的函数那样使用函数指针。图 19-1 说明发生了什么。

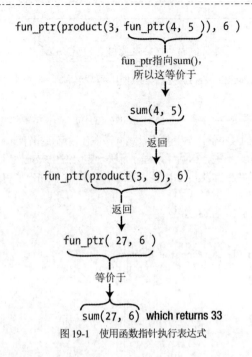

图 19-1 使用函数指针执行表达式

19.1.2 高阶函数的回调函数

函数指针是一种完全合理的类型，这意味着函数也可以有这种类型的参数。然后，当调用该函数时，它可以使用其函数指针参数，调用实参指向的函数。可以指定函数名称作为函数指针类型的参数的实参。作为实参传递给另一个函数的函数称为"回调函数"(callback function)；接收另一个函数作为实参的函数称为"高阶函数"(higher-order function)。考虑下面的示例：

```
// Optimum.cppm - a function template to determine the optimum element in a given vector
export module optimum;
import <vector>;

export template <typename T>
const T* findOptimum(const std::vector<T>& values, bool (*compare)(const T&, const T&))
{
  if (values.empty()) return nullptr;
  const T* optimum = &values[0];
  for (size_t i {1}; i < values.size(); ++i)
  {
    if (compare(values[i], *optimum))
      optimum = &values[i];
  }
  return optimum;
}
```

用这个高阶函数模板泛化了前面提到的 findMaximum() 和 findMinimum()函数。传递给 compare 参数的函数指针决定函数返回的"最优值"。compare 的类型要求传递一个函数指针，且该函数接收两个 T 值作为输入，并返回一个布尔值。该函数应当比较其收到的两个 T 值，然后判断第二个 T 值是否在某种程度上比第一个 T 值"更好"。高阶函数 findOptimum()通过其 compare 参数调用给定的比较函数,并使用该函数判断其向量实参的所有 T 值中哪个值最优。

关键在于,当调用 findOptimum()时,应当确定一个 T 值比另一个 T 值更优意味着什么。如果得到的是最小元素,则传递一个相当于小于运算符<的比较函数;如果想要得到的是最大元素,则 compare 回调函数的行为应该与大于运算符>相同。下面看看具体应用:

```cpp
// Ex19_02.cpp
// Exercising the use of function pointers as callback functions
import <iostream>;
import <string>;
import optimum;

// Comparison function prototypes:
bool less(const int&, const int&);
template <typename T> bool greater(const T&, const T&);
bool longer(const std::string&, const std::string&);

int main()
{
  std::vector<int> numbers{ 91, 18, 92, 22, 13, 43 };
  std::cout << "Minimum element: " << *findOptimum(numbers, less) << std::endl;
  std::cout << "Maximum element: " << *findOptimum(numbers, greater<int>) << std::endl;

  std::vector<std::string> names{ "Moe", "Larry", "Shemp", "Curly", "Joe", "Curly Joe" };
  std::cout << "Alphabetically last name: "
            << *findOptimum(names, greater<std::string>) << std::endl;
  std::cout << "Longest name: " << *findOptimum(names, longer) << std::endl;
}

bool less(const int& one, const int& other) { return one < other; }

template <typename T>
bool greater(const T& one, const T& other) { return one > other; }
bool longer(const std::string& one, const std::string& other)
{
  return one.length() > other.length();
}
```

该程序的输出结果如下:

```
Minimum element: 13
Maximum element: 92
Alphabetically last name: Shemp
Longest name: Curly Joe
```

对 findOptimum()的前两次调用说明,该函数确实可用来找到给定向量中的最小数和最大数。另外,我们还演示了函数指针也可以指向函数模板(如 greater< >())的实例。只需要在<和>之间指定所有模板实参来显式实例化模板即可。

上述示例的第二部分可能更加值得关注。我们知道,std::string 的默认比较运算符按字母顺序比较字符串。例如在电话本中,Shemp 将总是出现在最后。但是,有些时候,会希望以不同的方式来比较字符串。对 findOptimum()函数添加回调参数有助于实现这种目的。在 Ex19_02.cpp 中,通过给 findOptimum()函数传递 longer()函数的指针来寻找最长的字符串,从而演示了这种能力。

本例展示了在与代码重复无休止的战斗中,高阶函数和回调函数的巨大价值。如果没有头等函数,就不得不编写至少 3 个不同的 findOptimum()函数,才能使 Ex19_02 工作:findMinimum()、 findMaximum()和 findLongest()。这三个函数将包含相同的循环,用来从给定向量中提取对应的最优值。虽然对于初学者,至少编写几次这种循环会是很好的练习,但是很快就变得无聊,而且在专业软件开发中肯定没有其存在的位置。好在,标准库提供了大量类似于 findOptimum()的泛型算法供重用,它们接收类似的回调函数,可以加以调整来满足自己的需要。第 20 章将详细介绍这方面的内容。

■ **注意:** 除了作为高阶函数的实参,头等回调函数还有其他许多用途。在日常的面向对象编程中,也会经常用到回调函数。对象常常在其成员变量中存储回调函数。调用这种回调函数可实现多种用途。它们可作为对象的某个成员函数实现的逻辑中可由用户配置的步骤,也可以用来告诉其他对象发生了某个事件。各种形式的回调成员可辅助各种标准的面向对象技术和模式,最显著的可能是经典 Observer 模式的变体。面向对象设计不在本书讨论范围内,有一些很优秀的图书专门介绍了该主题。在本章最后的练习题中,有一个有关回调成员变量的基本示例。

19.1.3 函数指针的类型别名

相信读者会同意,定义函数指针变量所需的语法很可怕。能够越少键入这种语法越好。使用 auto 关键字会有所帮助,但有些时候,确实想显式指定函数指针的类型,例如,当函数指针用作函数参数或者对象的成员变量时。因为函数指针是一种类型,与其他任何类型一样,所以可以使用 using 关键字为其定义类型别名(参见第 3 章)。

考虑 Ex19_02 的 findOptimum()函数模板中回调参数的定义:

```
bool (*compare)(const T&, const T&)
```

这个类型包含模板类型参数 T,使得问题更加复杂。我们先稍做简化,使用该类型模板的一个具体实例:

```
bool (*string_compare)(const std::string&, const std::string&)
```

通过复制完整的变量定义并丢弃变量名称 string_compare 来得到变量的类型:

```
bool (*)(const std::string&, const std::string&)
```

类型比较复杂,所以有必要创建一个别名。使用基于 using 关键字的现代语法,为该类型定义别名十分直观,如下所示:

```
using StringComparison = bool (*)(const std::string&, const std::string&);
```

这个类似于赋值语句的声明的右侧匹配类型名称,左侧则是我们自己选择的名称。有了这个类型别名,声明 string_compare 这样的参数就变得简单多了,可读性也好多了:

```
StringComparison string_compare
```

使用 using 语法定义类型别名的优点之一是可以扩展到模板类型。要为 Ex19_02 中的 compare 回调参数的类型定义别名,只需要以最自然的方式泛化 StringComparison 定义;只需要在其前面加上 template 关键字,然后在尖括号中添加模板参数列表:

```
template <typename T>
using Comparison = bool (*)(const T&, const T&);
```

这定义了一个别名模板,就可以生成类型别名的模板。在 optimum 模块中,可以使用此模板简化 findOptimum()的签名:

```
export template <typename T>
using Comparison = bool (*)(const T&, const T&);
export template <typename T>
const T* findOptimum(const std::vector<T>& values, Comparison<T> compare);
```

当然，一定不要忘记从 optimum 模块中导出别名模板。

导出别名模板后，还可以使用该别名模板和一个具体类型来定义变量：

```
Comparison<std::string> string_compare{ longer };
```

■ **注意**：作为历史回顾，下面说明了如何使用原来的 typedef 语法定义 StringComparison(参见第 3 章)：

```
typedef bool (*StringComparison)(const std::string&, const std::string&);
```

别名出现在中间并没有必要，反而变得比使用 using 关键字的语法复杂得多。而且，使用 typedef 无法定义别名模板。因此，第 3 章的结论依然有效，且更有说服力。要定义类型别名，总是应该使用 using 关键字；typedef 在现代 C++中已没有立足之地。

19.2 函数对象

与指向数据值的指针相似，函数指针是低级语言构造，是 C++从 C 编程语言继承而来的。与原指针相似，函数指针存在其局限性，可通过使用一种面向对象的方法来克服。第 6 章讲到，智能指针是面向对象技术对本质上不安全的原指针给出的答案。本节将介绍一种类似的技术，将对象用作一种比 C 风格的函数指针更强大的方法。将这些对象称为"函数对象"。与函数指针相似，函数对象的行为完全类似于函数；但是与原函数指针不同的是，函数对象是完整的类类型对象，具有自己的成员变量，可能还有其他成员函数。我们将展示，函数对象的功能和表达力要比 C 风格的函数指针强大得多。

19.2.1 基本的函数对象

函数对象就是可以像调用函数那样调用的对象。创建函数对象的关键在于重载函数调用运算符，这在第 13 章已简单介绍过。为了演示具体方法，我们将定义一个函数对象类，使其封装下面这个简单的函数：

```
bool less(int one, int other) { return one < other; }
```

快速总结第 13 章的内容，下面展示了如何通过一个重载的函数调用运算定义类：

```
// Less.cppm - A basic class of functor objects
export module less;
export class Less
{
public:
  bool operator()(int a, int b) const { return a < b; }
};
```

这个基本的函数对象类只有一个成员：一个函数调用运算符。这里需要记住，函数调用运算符用 operator()表示，并且实参列表在一对空圆括号后面的圆括号内指定。除此之外，与其他任何运算符函数相同。

使用这个类定义，可创建自己的第一个函数对象，并像调用实际函数那样调用它：

```
Less less;                          // Create a 'less than' functor...
const bool is_less = less(5, 6);   // ... and 'call' it
std::cout << (is_less? "5 is less than 6" : "Huh?") << std::endl;
```

当然，调用的并不是对象本身，而是其函数调用运算符函数。如果喜欢给自己制造点麻烦，想让代码的含义变得模糊不清，也可以将 less(5,6) 写作 less.operator()(5,6)。

当然，创建函数对象后就立即进行调用并不是十分有用。如果将函数对象用作回调函数，情况就变得更有趣了。为了演示这一点，首先需要泛化 Ex19_02 中的 findOptimum() 模板，因为它现在只接收函数指针作为回调实参。当然，专门为 Less 类型创建一个额外的重载，完全有悖于一开始创建高阶函数和回调函数的目的。也没有哪个类型能够涵盖所有函数对象类类型。因此，泛化 findOptimum() 这类函数最常用的方法是声明另一个模板类型参数，然后将其用作 compare 参数的类型：

```
// Optimum.cppm - a function template to determine the optimum element in a given vector
export module optimum;
import <vector>;

export template <typename T, typename Comparison>
const T* findOptimum(const std::vector<T>& values, Comparison compare)
{
  if (values.empty()) return nullptr;

  const T* optimum = &values[0];
  for (size_t i {1}; i < values.size(); ++i)
  {
    if (compare(values[i], *optimum))
      optimum = &values[i];
  }
  return optimum;
}
```

因为 Comparison 是模板类型参数，所以现在可以使用任意类型的 compare 实参调用 findOptimum()。自然，只有当 compare 实参是一个类似函数的值，能够用两个 T& 实参调用时，模板实例才能编译。我们已经知道，有两种类别的实参可能满足此要求：

● bool (*)(const T&, const T&) 类型的函数指针(或者相似的类型，如 bool (*)(T,T))。因此，如果将 findOptimum<>() 的这个新定义添加到 Ex19_02 中，则该例的效果将与之前完全相同。

● 函数对象的类型(如 Less)有对应的函数调用运算符。

下面这个例子展示了这两种选择：

```
// Ex19_03.cpp
// Exercising the use of a functor as callback functions
import <iostream>;
import optimum;
import less;

template <typename T>
bool greater(const T& one, const T& other) { return one > other; }

int main()
{
  Less less; // Create a 'less than' functor

  std::vector numbers{ 91, 18, 92, 22, 13, 43 };
```

```
    std::cout << "Minimum element: " << *findOptimum(numbers, less) << std::endl;
    std::cout << "Maximum element: " << *findOptimum(numbers, greater<int>) << std::endl;
}
```

19.2.2　标准函数对象

　　通过提供头等函数，类似于我们在示例 Ex19_02 和 Ex19_03 中对 findOptimum<>() 所做的那样，可以自定义标准库的许多模板。对于普通函数，大部分情况下可以使用一个函数指针，但是对于内置运算符，则不能这么做。我们无法创建内置运算符的指针。当然，我们可以快速定义一个函数(如示例 Ex19_02)或函数对象类(如示例 Ex19_03 中的 Less)来模拟运算符的行为，但是一直要为每个运算符做这些操作很快就变得令人厌烦。

　　当然，标准库的设计者并没有忽视这一点。标准库的<functional>模块定义了一系列函数对象类模板，分别对应于可能想要传递给其他模板的每个内置运算符。例如，类模板 std::less<> 在本质上类似于示例 Ex19_03 中的 Less 模板。当为<functional>模块添加 import 后，可以用下面的语句替换示例 Ex19_03 中 less 变量的定义：

```
std::less<int> less; // Create a 'less than' functor
```

■ **提示**：从 C++14 开始，使用<functional>模块中的函数对象类型的推荐方法是省略类型实参，例如：

```
std::less<> less; // Create a 'less than' functor
```

　　<functional>模块定义的模板采用了比较高级的模板编程技术，确保在定义时没有显式指定类型实参的函数对象的行为一般与采用传统方式定义的函数对象完全相同。在涉及隐式转换的情况中，使用 std::less<> 类型的函数对象得到的代码可能比使用 std::less<int> 类型的函数对象得到的代码更加高效(或者使用一个更加常用的例子，比使用 std::less<std::string> 类型的函数对象得到的代码更加高效)。详细解释原因会偏离本章的主题，但是读者可以确信，只要省略类型实参，编译器就能够保证在所有情况下生成最优的代码。而且，这么做也可以省去一点键入工作，显然是双赢的选择!

　　表 19-1 列出了完整的模板集合。这些类型在 std 名称空间中定义。

表 19-1　<functional>模块提供的函数对象类模板

比较运算	less<>、greater<>、less_equal<>、greater_equal<>、equal_to<>、not_equal_to<>
算术运算	plus<>、minus<>、multiplies<>、divides<>、modulus<>、negate<>
逻辑运算	logical_and<>、logical_or<>、logical_not<>
按位运算	bit_and<>、bit_or<>、bit_xor<>、bit_not<>

　　我们也可以使用 std::greater<> 替换 Ex19_03 中的 greater<> 函数模板。这很好，不是吗？

```
std::vector numbers{ 91, 18, 92, 22, 13, 43 };
std::cout << "Minimum element: " << *findOptimum(numbers, std::less<>{}) << std::endl;
std::cout << "Maximum element: " << *findOptimum(numbers, std::greater<>{}) << std::endl;
```

　　这一次，我们直接在函数调用表达式内，将 std::less<> 和 std::greater<> 函数对象创建为临时对象，而不是先把它们存储到一个命名变量中。程序的这个版本包含在 Ex19_03A 中。

19.2.3　参数化函数对象

可能读者已经注意到，到目前为止，我们创建的函数对象都不比普通的函数指针更加强大。定义普通的函数要简单得多，那为什么还要费力地定义类，然后在类中包含函数调用运算符？函数对象的作用一定不止如此吧！

的确如此。只有当在函数对象中添加更多成员(变量或函数)时，函数对象才真正变得有趣起来。以前面的 findOptimum()函数为例，假设要寻找的不是最小或最大数字，而是最接近用户提供的某个值的数字。使用函数和函数指针时，没有整洁的方法能够做到这一点。思考一下，回调的函数体怎么能够访问用户输入的值？如果只使用指针，就没有整洁的方法能够将这个值传送给函数。但是，如果使用类似于函数的对象，则可以将需要传递的信息存储到对象的成员变量中，然后传递信息。用一个具体示例进行展示最简单不过：

```
// Nearer.cppm
// A class of function objects that compare two values based on how close they are
// to some third value that was provided to the functor at construction time.
module;          // Global module fragment to include legacy / C headers (see Chapter 11)
#include <cmath> // For std::abs()
export module nearer;

export class Nearer
{
public:
  Nearer(int value) : m_value(value) {}
  bool operator()(int x, int y) const
  {
    return std::abs(x - m_value) < std::abs(y - m_value);
  }
private:
  int m_value;
};
```

每个 Nearer 类型的函数对象都有一个成员变量 m_value，在其中存储了要比较的值。这个值是通过其构造函数传入的，所以可以是用户之前输入的数字。当然，对象的函数调用运算符也可以访问这个数字，这是使用函数指针作为回调时所不能实现的。下面的程序演示了如何使用这个函数对象类：

```
// Ex19_04.cpp
// Exercising a function object with a member variable
import <iostream>;
import <format>;
import optimum;
import nearer;

int main()
{
  std::vector numbers{ 91, 18, 92, 22, 13, 43 };

  int number_to_search_for {};
  std::cout << "Please enter a number: ";
  std::cin >> number_to_search_for;

  std::cout << std::format("The number nearest to {} is {}",
                  number_to_search_for,
```

```
                  *findOptimum(numbers, Nearer{ number_to_search_for })) << std::endl;
}
```

结果如下：

```
Please enter a number: 50
The number nearest to 50 is 43
```

■ **注意**: 第 13 章解释了一个真实使用的函数对象的示例，它比 Ex19_04 中介绍的 Nearer 类更加深入。这些函数对象就是<random>模块中的伪随机数生成器。它们不只是能够存储一些不可变的成员变量，甚至能够在每次调用其函数调用运算符时更改数据，这样它们每次都可以返回一个不同的看似随机的数字。这一点恰好说明了函数对象比函数指针强大很多。

19.3 lambda 表达式

示例 Ex19_04 清晰地演示了两点。首先，展现了传递函数对象作为回调的潜力。因为函数对象可包含任意数量的成员，所以当然比普通的函数指针强大得多。但是，示例 Ex19_04 教给我们的并不只是这一点。事实上，示例 Ex19_04 还清晰表明了另一点：为函数对象定义类需要编写不少代码。即使像 Nearer 这样只有一个成员变量的简单回调类，也需要编写近 10 行代码。

这时就可以使用 lambda 表达式。lambda 表达式提供了一种便捷、简洁的语法来快速定义回调函数或函数对象。而且，不仅语法简洁，lambda 表达式还允许在使用回调的地方定义回调的逻辑。这通常比在某个类定义的函数调用运算符的某个地方定义这种逻辑要好得多。因此，使用 lambda 表达式一般能够得到极具表达力且可读性仍然很好的代码。

lambda 表达式与函数定义有许多相似之处。最基本的 lambda 表达式提供了一种定义没有名称的函数(即匿名函数)的方法。但是，lambda 表达式的功能要比这强大得多。一般来说，lambda 表达式实质上定义了一个完整的函数对象，能够包含任意数量的成员变量。其优点在于，不再需要显式定义这个对象的类型；编译器将自动生成该类型。

在实际应用时，会发现 lambda 表达式与普通函数不同，因为 lambda 表达式可以访问自己定义的作用域内存储的变量。例如，在示例 Ex19_04 中，使用 lambda 表达式将能够访问 number_to_search_for，即用户输入的数字。但是，在讨论 lambda 表达式为何能够访问局部变量之前，先来解释如何使用 lambda 表达式定义基本的匿名函数。

19.3.1 定义 lambda 表达式

考虑下面的基本 lambda 表达式：

```
[] (int x, int y) { return x < y; }
```

可以看到，lambda 表达式的定义看上去确实非常类似于函数的定义。主要区别在于，lambda 表达式不指定返回类型和函数名称，并且始终以方括号开头。左边的方括号称为 lambda 引导(lambda introducer)，它们标记了 lambda 表达式的开头。lambda 引导的内容比这里介绍的多——方括号并不总是空的，本章后面会深入讨论。lambda 引导后跟圆括号中的 lambda 参数列表。这与普通函数的参数列表相同(从 C++14 开始，甚至允许有默认形参值)。这里有两个 int 参数，分别是 x 和 y。

提示: 对于没有参数的 lambda 表达式,可以省略空的参数列表()。即可以将形式为[]( ){...}的 lambda 表达式进一步缩减为[]{...}。空的 lambda 引导[]不能省略,需要用它来标记 lambda 表达式的开始。

花括号中的 lambda 表达式体跟在参数列表的后面,与普通函数相同。这个 lambda 表达式体只包含一条 return 语句,该语句还计算了返回的值。lambda 表达式体一般可以包含任意数量的语句。返回类型默认为返回值的类型。如果没有返回值,返回类型就是 void。

对 lambda 表达式的编译方式有基本的了解很有教育意义。这有助于后面理解更高级的 lambda 表达式的行为。每当编译器遇到一个 lambda 表达式时,就会在内部生成一个新的类类型。对于我们的例子,生成的类将类似于我们在 Ex19_03 中定义的 LessThan 类。在稍做简化后,生成的类可能如下所示:

```
class __Lambda8C1
{
 public:
 auto operator()(int x, int y) const { return x < y; }
};
```

首先能够注意到的区别是,隐式的类定义有一个独特的、由编译器生成的名称。这里选择了__Lambda8C1,但是读者的编译器可能使用其他名称。至少在编译时,无法判断这个名称是什么,也不保证在下一次编译同一个程序时,编译器会生成相同的名称。这在一定程度上限制了这些函数对象的使用方式,但是限制程度并不深,后面将给出示例。

另外需要注意,至少在默认情况下,lambda 表达式将得到返回类型等于 auto 的函数调用运算符()。你在第 8 章第一次见到过使用 auto 作为返回类型。当时给出了解释,也就是当使用 auto 作为返回类型时,编译器将根据函数体中的 return 语句推断出实际的返回类型。但是,存在一些限制:auto 返回类型推断要求函数的所有 return 语句返回相同类型的值。编译器不会进行任何隐式转换,如果需要进行任何转换,就必须显式添加。因此,这种限制也适用于 lambda 表达式体。

可以选择显式指定 lambda 函数的返回类型。显式指定返回类型可让编译器对返回语句进行隐式转换,或者使代码的含义更加清晰。虽然这里没有必要,但可以为前面的 lambda 表达式提供返回类型,如下所示:

```
[] (int x, int y) -> bool { return x < y; }
```

在参数列表后面的->运算符之后可指定返回类型,在这里为 bool 类型。

19.3.2 命名 lambda 闭包

我们知道,lambda 表达式的计算结果是一个函数对象。该函数对象的正式名称是"lambda 闭包",但是很多人也称之为"lambda 函数"或"lambda"。我们无法根据现有信息推断出 lambda 闭包的类型,只有编译器可以。因此,要在变量中存储 lambda 对象,唯一的方法是让编译器自动推断类型:

```
auto less{ [] (int x, int y) { return x < y; } };
```

auto 关键字告诉编译器从赋值操作的右边(在这里是一个 lambda 表达式)推断出变量 less 的类型。假设编译器为这个 lambda 表达式生成的类型的名称为__Lambda8C1(如前所示),则上面的语句实质上将编译为:

```
__Lambda8C1 less;
```

19.3.3　向函数模板传递 lambda 表达式

可以像 Ex19_03 中的函数对象那样使用 less：

```
auto less{ [] (int x, int y) { return x < y; } };
std::cout << "Minimum element: " << *findOptimum(numbers, less) << std::endl;
```

这段代码能够工作，因为示例 Ex19_03 中的 findOptimum()函数模板的回调参数被声明为带有一个模板类型参数，而编译器可使用为 lambda 闭包生成的类型所使用的任何名称来代替该模板类型参数：

```
template <typename T, typename Comparison>
const T* findOptimum(const std::vector<T>& values, Comparison compare);
```

相比首先把 lambda 闭包存储到一个命名变量中，像下面这样直接使用 lambda 表达式作为回调实参至少是同样常见的做法：

```
std::cout << "Minimum element: "
          << *findOptimum(numbers, [] (int x, int y) { return x < y; }) << std::endl;
```

提示：示例 Ex19_02 中的 findOptimum()函数模板的回调实参必须是函数指针(具体来说，该版本的 findOptimum()中对应参数的类型仍然是 bool (*)(int,int))，但是对于该函数模板，上面的语句也能够编译。原因在于，编译器会确保，没有捕获任何变量的 lambda 闭包总是会有一个非显式的类型转换运算符，可将其转换为等效的函数指针类型。一旦 lambda 闭包需要成员变量，就不能再强制转换为函数指针。本章稍后将解释 lambda 闭包如何以及何时将变量捕获到成员变量中。

示例 Ex19_05 是示例 Ex19_02 和 Ex19_03 的另一个版本，只是这一次使用 lambda 表达式来定义所有回调函数：

```
// Ex19_05.cpp
// Exercising the use of lambda expressions as callback functions
import <iostream>;
import <string>;
import <string_view>;
import optimum;

int main()
{
  std::vector numbers{ 91, 18, 92, 22, 13, 43 };
  std::cout << "Minimum element: "
            << *findOptimum(numbers, [](int x, int y) { return x < y; }) << std::endl;
  std::cout << "Maximum element: "
            << *findOptimum(numbers, [](int x, int y) { return x > y; }) << std::endl;
  // Define two anonymous comparison functions for strings:
  auto alpha = [](std::string_view x, std::string_view y) { return x > y; };
  auto longer = [](std::string_view x, std::string_view y) { return x.size() > y.size(); };

  std::vector<std::string> names{ "Moe", "Larry", "Shemp", "Curly", "Joe", "Curly Joe" };
  std::cout << "Alphabetically last name: " << *findOptimum(names, alpha) << std::endl;
  std::cout << "Longest name: " << *findOptimum(names, longer) << std::endl;
}
```

结果与之前相同。显然，如果只需要按长度排序字符串一次，则使用 lambda 表达式要比定义一个单独的 longer()函数方便得多，也比定义 Longer 函数对象类有趣得多。

■ 提示：如果<functional>模块定义了合适的函数对象类型，则使用该类型通常比使用 lambda 表达式简洁得多，可读性也强得多。例如，在 Ex19_05.cpp 中，可方便地使用 std::less<>和 std::greater<>替换前 3 个 lambda 表达式(也可参见示例 Ex19_05A)。

19.3.4 泛型 lambda

所谓泛型 lambda，是指其参数类型至少有一个占位符类型(如 auto、auto&或 const auto&等)的 lambda 表达式。这实际上把所生成类的函数调用运算符转换成模板，就好像对这个成员函数使用了缩写的函数模板语法(参见第 10 章)。例如，在 Ex19_05 中，可以用下面的语法来替代 alpha 和 longer 变量的定义(在此最好不要将 auto 用作占位符，否则在排序时会导致不必要的字符串复制)：

```
auto alpha = [](const auto& x, const auto& y) { return x > y; };
auto longer = [](const auto& x, const auto& y) { return x.length() > y.length(); };
```

上面的代码生成两个未命名的函子类，每个类都带有一个实例化函数调用运算符的成员函数模板。在 findOptimum()内部，通过为两个参数类型使用 const string&来实例化这些运算符模板。为了进一步证实这些 lambda 是泛型 lambda，可以将下面的代码行添加到 Ex19_05 中：

```
std::cout << alpha(1, 2) << ' ' << alpha(3.0, 4.0) << ' ' << alpha(5, 6.0);
```

上面的代码又将泛型闭包 alpha 的函数调用运算符模板实例化了 3 次：一次是比较两个 int 类型的值，一次是比较两个 double 类型的值，还有一次是将一个 int 类型的值与一个 double 类型的值相比较。

自 C++20 起，甚至可以使用非缩写的语法来定义泛型 lambda。换言之，可以在函数参数列表的前面显式地列出和命名模板参数。下面是一个示例：

```
auto alpha = []<typename T>(const T& x, const T& y) { return x > y; };
```

使用这种新的定义方式，表达式 alpha(5, 6.0)在编译时会失败，因为编译器不能明确地推断出模板类型参数 T 的正确类型。

19.3.5 捕获子句

如前所述，lambda 引导[]不一定是空的，它可以包含捕获子句，以指定封闭作用域中的变量如何在 lambda 表达式体中访问。如果方括号为空，则 lambda 表达式体只能使用 lambda 表达式中局部定义的实参和变量。没有捕获子句的 lambda 表达式称为无状态的 lambda 表达式，因为它不能访问其封闭作用域中的任何内容。

如果独立使用，就把默认捕获子句应用于封闭 lambda 表达式定义的作用域中的所有变量。默认捕获子句有两种：=和&。接下来将分别讨论它们。捕获子句只能包含一种默认捕获子句，不能同时包含二者。

1. 按值捕获

如果在方括号中包含=，lambda 表达式体就可以按值访问封闭作用域中的所有自动变量，即这些变量的值可以在 lambda 表达式中使用，但不能修改存储在原始变量中的值。下面这个例子以示例 Ex19_04 为基础：

```
// Ex19_06.cpp
// Using a default capture-by-value clause to access a local variable
// from within the body of a lambda expression.
import <iostream>;
import optimum;

int main()
{
  std::vector numbers{ 91, 18, 92, 22, 13, 43 };

  int number_to_search_for {};
  std::cout << "Please enter a number: ";
  std::cin >> number_to_search_for;
  auto nearer { [=](int x, int y) {
    return std::abs(x - number_to_search_for) < std::abs(y - number_to_search_for);
  }};
  std::cout << "The number nearest to " << number_to_search_for << " is "
            << *findOptimum(numbers, nearer) << std::endl;
}
```

=捕获子句允许在 lambda 表达式体中按值访问 lambda 表达式定义所在作用域中的所有变量。在示例 Ex19_06 中，这意味着至少在原则上，lambda 表达式体能够访问 main()的两个局部变量: numbers 和 number_to_search_for。按值捕获局部变量的效果与按值传递实参大不相同。为了正确理解捕获的工作方式，研究编译器可能为示例 Ex19_06 中的 lambda 表达式生成的类很有帮助:

```
class __Lambda9d5
{
public:
  __Lambda9d5(const int& arg1) : number_to_search_for(arg1) {}

  auto operator()(int x, int y) const
  {
    return std::abs(x - number_to_search_for) < std::abs(y - number_to_search_for);
  }

private:
  int number_to_search_for;
};
```

lambda 表达式本身被编译为:

```
__Lambda9d5 nearer{ number_to_search_for };
```

这个类与我们在示例 Ex19_04 中定义的 Nearer 类完全等效，这一点应该并不奇怪。具体来说，对于 lambda 表达式体内用到的封闭作用域内的每个局部变量，闭包对象都有一个成员。我们称 lambda 捕获了这些变量。至少在概念上，所生成类的成员变量的名称与捕获到的变量的名称相同。这样一来，lambda 表达式体看起来访问的是封闭作用域中的变量，但实际上访问的是 lambda 闭包内存储的对应成员变量。

■ **注意:** lambda 表达式体中没有使用的变量，如示例 Ex19_06 中的 numbers 向量，从来不会被默认捕获子句(如=)捕获。

=子句表示所有变量将按值捕获，因此 number_to_search_for 成员变量具有值类型，在本例中就是 int 类型。换言之，number_to_search_for 成员变量包含同名的原局部变量的一个副本。虽然这意味着在某种意义上，原始的 number_to_search_for 变量的值在函数执行期间也是可用的，但是并不能更新它的值。即使允许更新这个成员，也只会更新副本。因此，为了避免产生混淆，在默认情况下，编译器不允许在 lambda 表达式体内更新 number_to_search_for，甚至不允许更新闭包的成员变量中存储的副本。编译器通过将函数调用运算符 operator()声明为 const 实现了这种限制。第 12 章讲过，不能在 const 成员函数内修改对象的任何成员变量。

> **提示**：虽然不太可能发生，但是当确实要修改按值捕获的变量时，可以在参数列表的后面，给 lambda 表达式的定义加上关键字 mutable。这将使编译器在生成类的函数调用运算符中不添加 const 关键字。但要记住，这么做仍然只是在更新原变量的副本。如果想要更新局部变量本身，就应该按引用捕获它。接下来就介绍按引用捕获变量。

2. 按引用捕获

如果在方括号中放置&，封闭作用域中的所有变量就可以按引用访问，所以它们的值可以由 lambda 表达式体中的代码修改。例如，为了统计 findOptimum()执行的比较次数，可以使用下面的 lambda 表达式：

```
unsigned count {};
auto counter{ [&](int x, int y) { ++count; return x < y; } };
findOptimum(numbers, counter);
```

外层作用域内的所有变量都可按引用访问，所以 lambda 可以使用和修改它们的值。例如，如果将这个代码段放到 Ex19_06 中，那么在调用 findOptimum<>()后，count 的值将为 5。

下面给出的类与编译器为这个 lambda 表达式生成的类相似：

```
class __Lambda6c5
{
public:
  __Lambda6c5(unsigned& arg1) : count(arg1) {}
  auto operator()(int x, int y) const { ++count; return x < y; }
private:
  unsigned& count;
};
```

注意，这次捕获到的变量 count 按引用保存在闭包的成员变量中。因此，尽管 operator()成员函数被声明为 const，但是其函数体中的++count 递增能够通过编译。对引用进行任何修改并不会修改函数对象本身，被修改的是 count 引用的变量。因此，在这种情况下，并不需要使用 mutable 关键字。

> **提示**：虽然&捕获子句是合法的，但是在外层作用域按引用捕获所有变量并不是一种好的做法，因为这将使得变量有可能被无意中修改。类似地，使用=默认捕获子句则可能引入高开销的复制操作。因此，更安全的做法是显式地指定如何捕获自己需要的每个变量。接下来就介绍这方面的内容。

3. 捕获特定的变量

通过在捕获子句中逐个列举，可以指定想要访问的封闭作用域中的特定变量。对于每个变量，可以选择按值还是按引用捕获。在变量名前面加上&，就可以按引用捕获特定的变量。可以把前面的语句重写为：

```
auto counter{ [&count](int x, int y) { ++count; return x < y; } };
```

这里，count 是封闭作用域中可以在 lambda 表达式体中访问的唯一变量，&count 规范使之可以

按引用访问。没有&，外层作用域中的 count 变量就按值访问，不能更新。换言之，可以把 Ex19_06
中的 lambda 表达式重写成如下形式：

```
auto nearer { [number_to_search_for](int x, int y) {
  return std::abs(x - number_to_search_for) < std::abs(y - number_to_search_for);
}};
```

■ **警告**：想要按值捕获变量时，不能在变量名前面加上=作为前缀。例如，捕获子句
[=number_to_search_for]是无效的；唯一正确的语法是[number_to_search_for]。

在捕获子句中放置几个变量时，就用逗号分开它们。可以自由混合按值捕获的变量和按引用捕获
的变量。还可以在捕获子句中，同时包含默认捕获子句和要捕获的特定变量的名称。例如，捕获子句
[=,&counter]允许按引用访问 counter，按值访问封闭作用域中的其他变量。类似地，可以把捕获子句
写作[&,number_to_search_for]，按值捕获 number_to_search_for，按引用捕获其他变量。如果指定默认捕
获子句(=或&)，则它必须是捕获列表中的第一项。

■ **警告**：如果使用默认捕获子句，则它必须是捕获列表中的第一项。因此[&counter, =] 或
[number_to_search_for, &]捕获子句是不允许使用的。

如果使用=默认捕获子句，则不能再按值捕获任何特定变量；类似地，如果使用&，则不能再按
引用捕获特定变量。因此，[&,&counter]或[=,&counter,number_to_search_for]捕获子句将引发编译错误。

4. 捕获 this 指针

在介绍有关捕获变量的最后一小节中，我们将讨论如何在类的成员函数中使用 lambda 表达式。
再次使用 findOptimum<>()示例，假设定义了下面这个类：

```
// Finder.cppm - Small class that uses a lambda expression in a member function
module; // Global module fragment to include legacy / C headers (see Chapter 11)
#include <cmath> // For std::abs()
export module finder;
import <vector>;
import <optional>;

export class Finder
{
public:
  double getNumberToSearchFor() const;
  void setNumberToSearchFor(double n);

  std::optional<double> findNearest(const std::vector<double>& values) const;
private:
  double m_number_to_search_for {};
};
```

这个 Finder 示例的完整实现保存在 Ex19_07 中。getter 和 setter 成员函数的定义并不值得特别关
注，而要定义 findNearest()，则可以重用前面定义的 findOptimum<>()模板。因此，对定义这个函数
的第一次合理尝试如下所示：

```
std::optional<double> Finder::findNearest(const std::vector<double>& values) const
{
  if (values.empty())
    return std::nullopt;
```

```
    else
      return *findOptimum(values, [m_number_to_search_for](double x, double y) {
        return std::abs(x - m_number_to_search_for) < std::abs(y - m_number_to_search_for);
      });
  }
```

但遗憾的是，编译器并不满意这样的代码。问题在于，这一次 m_number_to_search_for 是成员变量的名称，而不是局部变量的名称。成员变量不能按值或按引用捕获；只有局部变量和函数实参才能被捕获。为使 lambda 表达式能够访问当前对象的成员，应该对捕获子句添加关键字 this，如下所示：

```
return *findOptimum(values, [this](double x, double y) {
  return std::abs(x - m_number_to_search_for) < std::abs(y - m_number_to_search_for);
});
```

通过捕获 this 指针，实际上就使得 lambda 表达式能够访问包含它的成员函数所能访问的所有成员。也就是说，尽管 lambda 闭包不是 Finder 对象，但其函数调用运算符仍然能够访问 Finder 对象的所有 protected 和 private 成员，包括成员变量 m_number_to_search_for，它通常是 Finder 对象的私有成员。因此，除了成员变量，lambda 表达式还能够访问所有成员函数，无论它们被声明为 public、protected 还是 private。下面给出了另一种编写示例 lambda 的方式：

```
return *findOptimum(values, [this](double x, double y) {
  return std::abs(x - getNumberToSearchFor()) < std::abs(y - getNumberToSearchFor());
});
```

■ **注意：** 正如在成员函数中一样，访问成员时不需要添加 this ->。编译器会完成这项工作。

结合 this 指针，还可以捕获其他变量。可以将 this 指针与&或=默认捕获子句结合使用，按引用捕获局部变量，也可以将其与任意序列的命名变量的捕获结合使用。这样的捕获示例如[=, this]、[this, &counter]和 [x, this, &counter]。

■ **警告：** 从技术角度看，=默认捕获子句仍然暗示着捕获 this 指针，但这种行为在 C++20 中被弃用，不应该再依赖这种行为。换言之，在旧代码中，仍然可能会碰到下面这样的表达式：

```
return *findOptimum(values, [=](double x, double y) {// Also captures this (deprecated)
  return std::abs(x - m_number_to_search_for) < std::abs(y - m_number_to_search_for);
});
```

在 C++20 中，应该总是显式地捕获 this 指针，不能通过使用=默认捕获子句隐式捕获。如果不这样做，编译器很可能会发出警告。

19.4 std::function<>模板

函数指针的类型与函数对象或 lambda 闭包的类型完全不同。前者是指针，后者是类。因此，一开始看上去，要编写能够用于任何可想到的回调(可以是函数指针、函数对象或 lambda 闭包)的代码，似乎只能使用 auto 或模板类型参数。前面的示例中，我们对 findOptimum<>()模板就采用了这种方法。在第 20 章将看到，标准库中大量使用了相同的技术。

使用模板也有开销。这种方法可能会导致模板代码膨胀，因为编译器需要为所有不同类型的回调生成专门的代码，即使由于性能原因不需要这么做。这种方法也有局限：如果我们需要回调函数的一个 vector<>，而这个 vector<>中可能混合包含函数指针、函数对象和 lambda 闭包，该怎么办？

为了应对这类场景，<functional>模板定义了 std::function<>模板。使用 std::function<>类型的对象，可以存储、复制、移动和调用任何类似函数的实体，无论是函数指针、函数对象还是 lambda 闭包。下面的示例演示了这一点：

```cpp
// Ex19_08.cpp
// Using the std::function<> template
import <iostream>;
import <functional>;
#include <cmath> // for std::abs()

// A global less() function
bool less(int x, int y) { return x < y; }

int main()
{
  int a{ 18 }, b{ 8 };
  std::cout << std::boolalpha; // Print true/false rather than 1/0

  std::function<bool(int,int)> compare;

  compare = less; // Store a function pointer into compare
  std::cout << a << " < " << b << ": " << compare(a, b) << std::endl;

  compare = std::greater<>{}; // Store a function object into compare
  std::cout << a << " > " << b << ": " << compare(a, b) << std::endl;

  int n{ 10 }; // Store a lambda closure into compare
  compare = [n](int x, int y) { return std::abs(x - n) < std::abs(y - n); };
  std::cout << a << " nearer to " << n << " than " << b << ": " << compare(a, b);

  // Check whether a function<> object is tied to an actual function
  std::function<void(const int&)> empty;
  if (empty) // Or, equivalently: 'if (empty != nullptr)'
  {
    std::cout << "Calling a default-constructed std::function<>?" << std::endl;
    empty(a);
  }
}
```

结果如下：

```
18 < 8: false
18 > 8: true
18 nearer to 10 than 8: false
```

在程序的第一部分，我们定义了 std::function<>变量 compare，并依次为其赋值 3 种不同类型的头等函数：首先是函数指针，然后是函数对象，最后是 lambda 闭包。期间，调用了 3 个头等函数。更准确地说，通过 compare 变量的函数调用运算符间接调用了它们。换言之，std::function<>本身是一个函数对象，它可以封装其他任何类型的头等函数。

对于可赋值给指定 std::function<>的类似函数的实体，只有一种限制：它们必须有匹配的返回类型和参数类型。这些类型要求在 std::function<>类型模板的尖括号中指定。例如，在示例 Ex19_08 中，compare 的类型为 std::function<bool(int,int)>。这说明，compare 只能接收这样的头等函数：可使用两个 int 实参进行调用，并且返回的值可转换为 bool 类型。

> ■ **提示**：std::function<bool(int,int)>类型的变量不仅能存储签名刚好为(int,int)的头等函数，也可以存储任何能够用两个 int 实参调用的函数。它们之间存在一个细微的区别。后者意味着签名为(const int&,const int&)、(long,long)甚至(double,double)的函数也是可以接受的。类似地，返回类型并非必须是 bool，只要返回值能够转换为布尔值即可。因此，返回 int、double*甚至 std::unique_ptr<std::string>的函数也可以接受。通过修改 Ex19_08.cpp 中的 less()函数的签名和返回类型，可以看到这一点。

实例化 std::function<>类型模板的一般形式如下：

```
std::function<ReturnType(ParamType1, ..., ParamTypeN)>
```

ReturnType 不是可选的，所以要表示不返回值的函数，应该为 ReturnType 指定 void。类似地，对于没有参数的函数，仍然必须包含空的参数类型列表。对于任何 ParamType 以及 ReturnType，可以使用引用类型和 const 限定符。总的来说，这是指定函数类型要求最自然的方式，不是吗？

默认构造的 std::function<>对象还不包含任何可调用的头等函数，此时调用其函数调用运算符将导致 std::bad_function_call 异常。在程序的最后 5 行，我们展示了如何验证 function<>是否可调用。如本例所示，有两种方法可进行验证：function<>(通过隐式的强制转换运算符)被隐式转换为布尔值，也可将其与 nullptr 做比较(虽然一般来说，function<>不需要包含指针)。

std::function<>模板是可替代 auto 或模板类型参数的强大选项。相比另外两种方法，std::function<>的主要优势在于允许指定头等函数变量的类型。能够指定这种类型，便于在更广泛的用例中使用支持 lambda 的回调函数，而不只是将其用在高阶函数模板中。例如，std::function<>可用于函数参数和成员变量(而不必使用模板)，或在容器中存储头等函数。可能性是无限的。本章后面的练习题中将给出这种用途的一个基本示例。

19.5 本章小结

本章介绍了各种形式的头等函数，从 C 风格的函数指针到面向对象的函数对象，再到完全成熟的闭包。lambda 表达式提供了一种特别灵活、特别有表达力的语法，不只能够定义匿名函数，还能创建 lambda 闭包，从环境中捕获任意数量的变量。与函数对象相似，lambda 表达式比函数指针强大得多；但与函数对象不同，lambda 表达式不要求指定完整的类，编译器会完成这项枯燥的工作。当与 C++标准库中的算法库结合使用时，lambda 表达式才能真正发挥其潜力。在 C++标准库的算法库中，许多高阶模板函数都有可使用 lambda 表达式作为实参的参数。第 20 章将介绍相关信息。

本章的要点如下：

- 函数指针存储函数的地址。函数指针可存储任何函数的地址，但要求函数具有指定的返回类型，以及指定类型和个数的参数。
- 可以使用函数指针来调用与其包含的地址所对应的函数。还可以将函数指针作为函数实参。
- 函数对象是对象，通过重载函数调用运算符，获得与函数相同的行为。
- 在函数对象中可添加任意数量的成员变量或成员函数，这使得它们比函数指针灵活得多。
- 函数对象十分强大，但是需要不少编码工作。这时候 lambda 表达式就可发挥作用。使用 lambda 表达式时，就不必为需要用到的每个函数对象定义类。
- lambda 表达式定义了匿名函数或函数对象。lambda 表达式通常用来将一个函数作为实参传递给另一个函数。
- lambda 表达式总是以 lambda 引导开头，lambda 引导包含一对可能为空的方括号。

- lambda 引导可以包含捕获子句，指定封闭作用域中的变量是否能在 lambda 表达式体中访问。变量可以按值或按引用捕获。
- 有两个默认捕获子句：=指定封闭作用域中的所有变量都按值捕获，&指定封闭作用域中的所有变量都按引用捕获。
- 捕获子句可以指定特定的变量是按值还是按引用捕获。
- C++会为按值捕获的变量创建一个局部副本。该副本默认不能修改。在参数列表的后面添加 mutable 关键字，就允许修改按值捕获的变量副本。
- 使用拖尾返回类型语法可以指定 lambda 表达式的返回类型。如果没有指定返回类型，编译器会根据 lambda 表达式体的第一个 return 语句推断出返回类型。
- 可以使用<functional>模块中定义的 std::function<>模板类型，指定接收任何头等函数(包括 lambda 表达式)作为实参的函数参数的类型。事实上，它允许为可保存 lambda 闭包的变量(无论是函数参数、成员变量还是自动变量)指定命名类型。这个类型的名称只有编译器才知道，所以这种本领是其他方法很难具备的。

19.6　练习

下面的练习用于巩固本章学习的知识点。如果有困难，可以回过头重新阅读本章的内容。如果仍然无法完成练习，可以从 Apress 网站(www.apress.com/book/download.html)下载答案，但只有别无他法时才应该查看答案。

1. 定义并测试一个 lambda 表达式，返回以给定字母开头的 vector<string>容器中的元素个数。

2. 在本书中，我们定义了多种排序函数，但总是按升序排序元素，并按照<运算符的计算确定顺序。显然，比较回调能够对真正通用的排序函数提供帮助，就像本章使用的 findOptimum<>()模板那样。使用第 10 章的练习题 6 的答案作为基础，相应地一般化 sort<>()模板。然后，使用新模板降序排列一组整数(从大到小排列)；按字母顺序排列一组字符，忽略大小写('a'必须排在'B'的前面，尽管'B'<'a')；按升序排列一组浮点值，但忽略符号(因此，5.5 应该排在-55.2 的前面，但是排在-3.14 的后面)。

3. 本练习将比较两个排序算法的性能。给定一组 n 个元素，快速排序算法理论上需要 $n\log_2 n$ 次比较，冒泡排序则需要 n^2 次比较。我们来看看是否能够在实际程序中重现理论上的结果。首先重用第 2 题的快速排序模板(也许可以将其重命名为 quicksort())。然后，从第 5 章的练习题 9 取出冒泡排序算法并进行一般化，使其可使用任何元素类型和比较回调。接下来，定义一个整数比较函数对象，使其统计自己被调用的次数(它可按照用户选择的任何方式进行排序)。使用该函数对象统计通过这两种算法进行排序时需要执行的比较次数，例如可使两种算法排序 1~100 之间的 500 个、1000 个、2000 个和 4000 个随机数。得到的数字是否多少与理论期望相符？

4. 创建一个泛型函数，使其收集某个 vector<T>中满足给定一元回调函数的所有元素。该回调函数接收 T 值作为参数，返回一个布尔值，指出元素是否应该包含在函数的输出中。最终得到的元素将保存到另一个向量中并返回。使用这个高阶函数来收集一组整数中比用户提供的值更大的所有数字，收集一组字符中的全部大写字母，以及一组字符串中的全部回文。回文是正反读都相同的字符串，例如 racecar、noon 或 kayak。

5. 如前所述，除了用作高阶函数的实参，回调函数还有许多有趣的用法。在高级的面向对象设计中也常常用到它们。为相互通信的对象创建一个完全成熟的复杂系统有些过于偏激，用一个基本示例说明其工作方式可帮助读者理解其用途。首先重用第 18 章练习题 1 中的 Truckload 类。创建一个 DeliveryTruck 类来封装一个 Truckload 对象。添加 DeliveryTruck::deliverBox()，它不只对 Truckload 应用 removeBox()，还会通知感兴趣的一方已经投递了指定的 Box。当然，这是通过调用回调函数实现的。事实上，应当使 DeliveryTruck 可拥有任意数量的回调函数，在投递 Box 的时候调用它们(需要把新投递的 Box 作为实参传送给这些回调)。例如，可在 std::vector<>成员中存储这些回调。通过 DeliveryTruck::registerOnDelivered()成员添加新的回调。我们留给读者选择合适的类型，但是期望能够支持所有已知的头等函数类型(函数指针、函数对象和 lambda 闭包)。在现实应用中，货运公司可使用这种回调来累加关于投递次数的统计数据，给客户发送电子邮件，告知已投递 Box 等。在本例中，编写一个小的测试程序就足够了。它应该包含至少以下这些回调函数：一个全局的 logDelivery()函数，用来将投递的 Box 流输出到 std::cout；以及一个 lambda 表达式，用来统计任何 Box 被投递的次数。

注意，本练习题要实现的是常用的 Observer 设计模式的变体。按照这种经典的面向对象设计模式中的术语，DeliveryTruck 被称为"被观察目标(observable)"，通过回调通知的实体被称为"观察者(observer)"。这种模式的优点在于，被观察目标不需要知道观察者的具体类型，这意味着可完全独立地开发和编译二者。

第 20 章

容器与算法

标准库提供了海量的类型和函数，随着每个新版 C++标准的发布，这个数量只会增加。本书不可能介绍标准库的全部内容。如果想了解这个不断增长的、庞大的标准库的所有细节及其可以实现的功能，强烈建议阅读 Peter Van Weert 和 Marc Gregoire 合著的 *C++17 Standard Library Quick Reference* 一书，从现代 C++的角度学习标准库。也有一些网上的参考资源很不错，但是仅通过这些网上资源很难快速感受到标准库提供的每种功能。

但是，一本介绍 C++的图书，不简要讨论容器和算法，以及将容器和算法联合起来的迭代器，将是不完整的。用 C++编写的程序几乎都会用到这些概念。毫无疑问，C++20 的<ranges>模块中的视图和范围适配器很快也会如此。因此，本章的目的是使读者能够从较高的层面快速概览标准库的容器和算法库。我们将关注底层的原理和理念，而不是列举并展示每个函数和功能。我们的目标不是提供全面的参考；上面提到的参考书已经做到了这一点。相反，我们的目标是让读者具备足够的知识，能够阅读、理解并在参考书中找到需要的内容。

本章主要内容：

- 除了 std::vector<>和 std::array<>以外，标准库还提供了哪些容器
- 各种容器类型之间的区别，它们的优缺点，以及如何在不同的容器类型中做出选择
- 如何使用迭代器遍历容器的元素
- 标准库算法的概念，以及如何有效地使用标准库算法
- 范围和视图之间的区别
- 基于范围的算法和范围适配器如何以更简洁和优雅的方式执行复杂的算法操作

20.1 容器

第 5 章已经介绍了两种最常用的容器：std::array<T,N>和 std::vector<T>。当然，并非所有容器都在数组中存储元素。还有其他许多种方式来组织数据，每种方法都经过专门设计，使某种操作更加高效。对于线性遍历元素，数组是很好的选择，但是数组不一定适合用来快速找到特定的元素。用比喻的方式讲，如果要在干草堆中找一根针，那么线性遍历所有干草很可能不是最快的方法。如果在组织数据时采取一种方式，让所有的针自动分组到一个公共区域，那么找到这根针就容易多了。这就要用到集合和映射(统称为关联容器)。但在介绍这些内容之前，先简要介绍一下顺序容器。

20.1.1　顺序容器

顺序容器(sequence container)按顺序存储元素，采用某种线性组织方式，逐个存储元素。元素的存储顺序完全由容器的使用者决定。std::array<>和 std::vector<>都是顺序容器，除了它们之外，标准库还定义了另外 3 种顺序容器。因此，标准库总共提供了 5 种顺序容器，每种容器由一种不同的数据结构支持。本节将依次简要讨论每种顺序容器类型。

1. 数组

std::array<T,N>和 std::vector<T>都由一个内置的 T 元素数组支持，也就是我们在第 5 章学习使用的数组类型。使用容器的优势在于，它们让使用数组变得更加简单，并且几乎不会误用。

std::array<>和 std::vector<>的主要区别在于，支持 std::array<>的是一个静态大小的数组，支持 std::vector<>的则是在自由存储区中分配的一个动态数组。因此，对于 array<>，总是需要在编译时指定元素个数，这在一定程度上限制了这种容器的用例。另一方面，vector<>能够随着添加更多元素而动态增长数组。其实现这种功能的方式与我们在第 18 章为 Array<>模板实现的 push_back()函数类似，只不过使用了效率高得多的技术。

通过第 5 章的学习，读者应该已经很熟悉这两个顺序容器。这里要讨论的主要一点是如何在 vector<>的中间添加或删除元素(使用 insert()或 erase())，而不只是在一端添加或删除(push_back()或 pop_back())。不过，只有在介绍迭代器后，才能介绍这方面的内容。

2. 链表

除了数组之外，在使用的所有数据结构中，最简单的无疑是链表。读者在本书中至少已经见过链表两次，一次是在第 12 章使用 Truckload 类的时候，另一次是在第 17 章实现 Stack<>模板的时候。回顾一下，Truckload 类实际上是 Box 对象的一个容器。在内部，它将每个 Box 对象存储到嵌套类 Package 的一个对象中。除了 Box 对象，每个 Package 对象还包含一个指针，指向链表中的下一个 Package 对象，从而将一长串小 Package 对象链接起来。更多细节请参阅第 12 章。第 17 章的 Stack<>类本质上是类似的，只不过使用了更通用的术语 Node 作为嵌套类的名称，而不是使用 Package。

标准库的<forward_list>和<list>提供了两种以类似方式实现的容器类型：

- std::forward_list<T>在所谓的单向链表中存储 T 值。术语"单向"指的是链表中的每个节点只有一个链接指向另一个节点，即链表中的下一个节点。这种数据结构与我们的 Truckload 和 Stack<>类型非常类似。回顾一下，Truckload 类本来也可以使用 std::forward_list <std::shared_ptr<Box>>，而使用 std::forward_list<T>创建 Stack<T>模板要简单得多。
- std::list<T>在双向链表中存储 T 值，其中每个节点不只有指向链表中下一个节点的指针，还有指向前一个节点的指针。在第 12 章的练习题 7 中，创建了一个 Truckload 类，其背后就有类似的数据结构提供支持。

理论上，相比其他顺序容器，这些链表容器的关键优势在于，它们使得在序列的中间插入和删除元素变得更加简单。如果要在 vector<>的中间插入元素(后面将介绍怎么做)，显然 vector<>首先需要将插入点之后的所有元素向右移动一个位置。而且，如果分配的数组没有大到可以容纳更多元素，则必须分配一个新的、更大的数组，然后将所有元素移到这个新数组中。另一方面，对于链表，在中间插入元素则几乎没有开销。我们只需要创建一个新节点，并重写下一个和/或前一个指针即可。

但是，链表的主要缺点在于缺少随机访问能力。array<>和 vector<>都是随机访问容器(random-access container)，可立即跳转到给定索引对应的任何元素。这种能力是通过 array<>和 vector<>数组下标运算符 operator[](及其 at()函数提供的。但是，对于链表，要访问链表中的任何元素，则必须先遍历包含其他元素的整个节点链(对于 forward_list<>，总是必须从链表的第一个节点开始；对于 list<>，可从任何一端开始)。如果需要先线性遍历一半链表才能到达链表的中间，那么能够在链表的中间高效插入并没有太大意义。

另一个缺点是，链表占用的内存位置通常不好。链表的节点通常散布在自由存储区中内存的不同位置，使计算机更难快速地逐个获取所有元素。因此，相比线性遍历 array<>或 vector<>，线性遍历链表要慢得多。

由于这些缺点，我们得出了以下结论。

▨▨ **提示：** 虽然对于练习指针和动态内存，链表是很好的选择，但是在生产代码中，很少需要使用链表。vector<>几乎总是更好的选择。即使有时需要在中间插入或删除元素，vector<>通常也是更高效的选择(如今的计算机很擅长移动大块内存)。

在我们这么多年使用 C++进行编程的实践中，还没有在实际代码中使用过链表，所以不再继续讨论这个主题。

3. 双向队列

最后一个顺序容器是 std::deque<>。术语队列(deque)是双向队列(double-ended queue)的简称，且发音为/dɛk/，类似于 a deck of cards (一副扑克牌)中单词 deck 的发音。它是一种混合数据结构，具有如下优点：

- 与 array<>和 vector<>一样，deque<>是一个随机访问容器，意味着它有常量时间的 operator[]和 at()操作。
- 与 list<>一样，deque<>允许在序列的前端和后端在常量时间内添加元素。vector<>只支持从序列的后端在常量时间内添加元素(在前端添加元素，至少需要将其他所有元素右移一个位置)。
- 与 vector<>不同，在序列的前端或后端添加或删除元素时，deque<>的元素不会被移到另一个更大的数组中。这意味着指向容器内存储的元素的 T*指针保持有效(前提是，没有使用本章后面介绍的函数在序列的中间插入或删除元素)。

根据我们的经验，第二种优势使得 deque<>有时在这样一些复杂的场景中很有用：其他数据结构存储的指针指向 deque<>中存储的数据(对在序列两端插入元素的需求极少)。因此，对于基本用途(这涵盖超过 95%的用例)，主要使用的顺序容器仍应该是 std::vector<>。

下面的示例演示了 deque<>的基本用法：

```cpp
// Ex20_01.cpp - Working with std::deque<>
import <iostream>;
import <deque>;

int main()
{
  std::deque<int> my_deque;        // A deque<> allows efficient insertions
  my_deque.push_back(2);           // to both ends of the sequence
  my_deque.push_back(4);
  my_deque.push_front(1);

  my_deque[2] = 3;                 // A deque<> is a random-access sequence container

  std::cout << "There are " << my_deque.size() << " elements in my_deque: ";
```

```
for (int element : my_deque)   // A deque<>, like all containers, is a range
  std::cout << element << ' ';
std::cout << std::endl;
}
```

对于上面的代码，不必过多解释，输出如下：

```
There are 3 elements in my_deque: 1 2 3
```

4. 关键操作

所有标准容器——不只是顺序容器——提供了一组类似的函数，并且它们具有类似的名称和行为。所有容器都有 empty()、clear() 和 swap() 函数，并且几乎所有容器都有一个 size() 函数(唯一的例外是 std::forward_list<>)。所有容器都可使用= =和!=进行比较，并且所有容器(除了无序的关联容器)还可通过<、>、<=、>=和<=>进行比较。但是，如本章引言部分所述，我们的目的不是提供详尽的、完善的参考。针对想查阅完整参考的读者，我们给出了一些建议。在这里，我们只是想概述各种顺序容器的关键的、与众不同的操作。

除了固定大小的 std::array<>以外，可在序列的前端、后端或中间的任意位置添加或删除任意数量的元素。表 20-1 显示了 5 个顺序容器 vector<>(V)、array<>(A)、forward_list<>(F)、list<>(L)和 deque<>(D)为插入、删除或访问元素而提供的最重要的一些操作。实心方块表示对应的容器支持该操作。

表 20-1　顺序容器提供的操作

操作	V A L F D	描述
push_front() pop_front()	□ □ ■ ■ ■	在序列的前端添加或删除元素
push_back() pop_back()	■ □ ■ □ ■	在序列的后端添加或删除元素
insert() erase()	■ □ ■ ■ ■	在序列的任意位置插入或删除一个或多个元素。本章后面将会介绍，需要使用迭代器指定插入或删除元素的位置；注意：forward_list<>的对应成员为 insert_after() 和 erase_after()
front()	■ ■ ■ ■ ■	返回对序列中第一个元素的引用
back()	■ ■ ■ □ ■	返回对序列中最后一个元素的引用
operator[] at()	■ ■ □ □ ■	返回对给定索引位置的元素的引用
data()	■ ■ □ □ □	返回底层数组开始位置的指针。将这个指针传递给遗留函数或 C 库很有用。注意，在较老的代码中，常常看到等效的&myContainer[0]

20.1.2　栈和队列

本节介绍 3 种相关的类模板：std::stack<>、std::queue<>和 std::priority_queue<>。它们被称为容器适配器，因为从技术角度看，它们本身并不是容器。相反，它们封装 5 种顺序容器之一(默认情况下为 vector<>或 deque<>)，然后使用该容器实现一组特定的、非常有限的成员函数。例如，虽然 stack<>通常由一个 deque<>来支持，但是这个 deque<>是严格私有的。stack<>并不允许在其封装的 deque<>的前端添加或删除元素，也不允许按索引访问其元素。换言之，容器适配器采用第 12 章介绍的数据隐藏原则，强制我们以特定方式使用封装的容器。因此，对于序列数据的这种特定但很常见的用例，使用适配器比直接使用容器本身更加安全、更不容易出错。

1. LIFO 与 FIFO 语义

std::stack<T>代表具有"后进先出"(Last-In First-Out，LIFO)语义的容器，即最后添加的元素将是最先取出的元素。可以将其比作自助餐厅中的一叠盘子。盘子将被放到顶部，使原来处于顶部的盘子被推到下方。顾客从最上面拿盘子，也就是最后添加的盘子。前面在第 17 章你已经创建过自己的 Stack<>模板。

std::queue<>类似于 stack<>，但是具有"先进先出"(First-In First-Out，FIFO)语义。可以将其比成在夜店排队。先来的人能够先进夜店(当然，现实中可能有人贿赂保安先进去，但是没人能够贿赂 queue<>)。

下例明确展示了这两种容器适配器的区别：

```cpp
// Ex20_02.cpp - Working with stacks and queues
import <iostream>;
import <stack>;
import <queue>;
int main()
{
  std::stack<int> stack;
  for (int i {}; i < 10; ++i)
    stack.push(i);

  std::cout << "The elements coming off the top of the stack: ";
  while (!stack.empty())
  {
    std::cout << stack.top() << ' ';
    stack.pop(); // pop() is a void function!
  }
  std::cout << std::endl;

  std::queue<int> queue;
  for (int i {}; i < 10; ++i)
    queue.push(i);

  std::cout << "The elements coming from the front of the queue: ";
  while (!queue.empty())
  {
    std::cout << queue.front() << ' ';
    queue.pop(); // pop() is a void function!
  }
  std::cout << std::endl;
}
```

此程序显示了两种容器适配器的规范用法：首先是栈，然后是队列。虽然按照相同的顺序添加了相同的 10 个元素，但是输出显示，它们按相反的顺序被取出：

```
The elements coming off the top of the stack:    9 8 7 6 5 4 3 2 1 0
The elements coming from the front of the queue: 0 1 2 3 4 5 6 7 8 9
```

注意，pop()函数不返回任何元素。因此，通常必须先使用 top()或 front()访问这些元素，具体使用哪个函数，决于使用的适配器(对于各种顺序容器的 pop_front()和 pop_back()成员，这一点也适用)。

除了示例中使用的成员函数，std::stack<>和 queue<>只提供了很少的其他函数。二者都有传统的 size()、empty()和 swap()函数，但是基本上也就是这些。如前所述，这些适配器的接口是为特定的一种用途定制的，并仅适合于该用途。

■ 提示：容器适配器通常用于管理这样的一些元素：它们代表需要在某种环境中执行的任务，但执行环境决定了不可能同时执行所有任务。如果调度独立或连续的任务，那么 queue<>常常是最适合使用的数据结构。此时将按照请求任务的顺序执行任务。如果任务代表调度或挂起的其他任务的子任务，那么通常想让所有的子任务先完成，再启动或恢复它们的父任务。此时，stack<>是最简单的方法(注意，这也是 C++执行函数的方式，即使用调用栈)。

因此，对于大部分简单的任务调度应用场景，FIFO 和 LIFO 十分有用；但是，对于更加复杂的场景，可能需要使用基于优先级的调度。std::priority_queue<>提供了这种功能，接下来就简要介绍这种容器适配器。

2. 优先队列

最后要讨论的容器适配器是 std::priority_queue<>，它与 queue<>在相同的<queue>模块中定义。可以将优先队列比作真实的夜店排队，即特定的一群客人会比其他客人优先进入夜店。优先级更高的客人，包括 VIP、漂亮的女士甚至夜店老板的外甥，比优先级低的客人优先进入。另一个比喻是在超市或公交站排队，伤残人士或孕妇可以插队。

与其他适配器类似，通过 push()在 priority_queue<>中添加元素，通过 pop()取出元素。要访问队列中的下一个元素，需要使用 top()。元素离开 priority_queue<T>的顺序由一个比较函数对象决定。默认情况下，使用 std::less<T>函数对象(参见第 19 章)。可以使用自己的函数对象重写该比较函数对象。关于如何使用优先队列的更多细节，可阅读标准库文档。

■ 警告：用日常用语讲，通常具有最高优先级的元素被优先处理。但是，在 priority_queue<>中，队列的前端(或者说 top())在默认情况下是使用<比较时最小的元素。如果想让具有最高优先级的元素先到达 top()，则可以使用 std::greater<>重写默认的比较函数对象。为此，应实例化如下模板：std::priority_queue<T, std::vector<T>, std::greater< >>(第一个可选的模板类型参数决定底层的顺序容器)。

20.1.3 关联容器

C++标准库提供了两种关联容器：集合与映射。下面依次讨论它们。

1. 集合

集合是一个容器，每个元素最多只能在其中出现一次。将集合中已经存储的任何元素再添加一次不会有效果。用一个例子进行展示最容易说明这个概念：

```
// Ex20_03.cpp - Working with sets
import <iostream>;
import <set>; // For the std::set<> container template

void printSet(const std::set<int>& my_set); // Print the contents of a set to std::cout

int main()
{
```

```
        std::set<int> my_set;
        // Insert elements 1 through 4 in arbitrary order:
        my_set.insert(1);
        my_set.insert(4);
        my_set.insert(3);
        my_set.insert(3); // Elements 3 and 1 are added twice
        my_set.insert(1);
        my_set.insert(2);

        printSet(my_set);

        std::cout << "The element 1 occurs " << my_set.count(1) << " time(s)" << std::endl;

        my_set.erase(1); // Remove the element 1 once
        printSet(my_set);

        my_set.clear(); // Remove all elements
        printSet(my_set);
    }

    void printSet(const std::set<int>& my_set)
    {
        std::cout << "There are " << my_set.size() << " elements in my_set: ";
        for (int element : my_set) // A set, like all containers, is a range
          std::cout << element << ' ';
        std::cout << std::endl;
    }
```

执行上面的代码，输出如下：

```
There are 4 elements in my_set: 1 2 3 4
The element 1 occurs 1 time(s)
There are 3 elements in my_set: 2 3 4
There are 0 elements in my_set:
```

  集合容器没有"推入"或"弹出"成员。相反，总是通过 insert() 添加元素，通过 erase() 删除元素。可以按照任何顺序，在集合中添加任意数量的元素。但是，示例 Ex20_03 清楚地展示，第二次添加同一个元素没有效果。在示例中，将值 1 和 3 添加到 my_set 两次，但是输出明确显示，这两个元素在容器中只存储了一次。

  常常使用集合容器来管理或收集没有重复元素的元素集合。此外，它们的主要优势在于，集合非常擅长快速检查自己是否包含给定元素。这要比普通的无序 vector<>好得多。考虑到集合需要检查元素是否存在，才能去除所有重复元素，这一点并不奇怪。要自己检查集合中是否包含给定元素，可使用集合的 count()、contains() 和 find() 成员，其中 count() 成员的返回值总是为 0 或 1，见示例 Ex20_03；contains() 成员的返回值是一个布尔值，它是 C++20 中新增的一个成员；find() 成员会返回一个迭代器。后面在详细介绍迭代器后，会继续讨论 find() 成员。

  标准库提供了两个通用集合容器：std::set<>和 unordered_set<>。本质上，这两个集合容器提供了相同的功能。例如，在 Ex20_03 中，可用 std::unordered_set<>替换 std::set<>，效果(几乎)相同。这两种容器在实现上有巨大区别。它们使用不同的数据结构来组织数据，虽然都是为了实现相同的目标：快速判断是否需要插入新元素，以及在什么地方插入新元素。下面详细介绍这两种集合：有序集合与无序集合。

■ **提示**：除了 set<>和 unordered_set<>这两种通用集合容器外，标准库还提供了 std::multiset<>和 std::unordered_multiset<>多重集合容器。与集合容器不同，多重集合容器(也称为 bag 或 mset)可以包含同一个元素一次以上(对于这类容器，count()的返回值可能大于 1)。多重集合容器的主要功能在于可以快速确定某个给定的元素是否存储在容器中，以及存储在容器的什么位置。

有序集合

名称 unordered_set<>已经透露，普通的 set<>在组织元素时，总是确保它们是排好序的。从 Ex20_03 可明显看出这一点。尽管我们随意添加了元素 1 到 4，但是输出说明该容器按排列好的顺序存储它们。在排好序的数据集合中对某个给定的元素进行搜索，速度会快得多。想象一下，如果英语词典中的单词顺序被随意打乱，那么找到单词 capricious 的定义将需要多长时间！

■ **注意**：如果了解数据结构，就能够理解这一点：std::set<>通常由一种平衡树数据结构(通常是红黑树)提供支持。除了知道这样能够获得对数级别的 insert()、erase()、find()和 count()操作，一般不需要知道具体实现细节。

默认情况下，set<>使用<运算符对所有元素排序。要在 std::set<T>中存储 T 类类型的元素，应该重载<运算符或<=>运算符(见第 13 章)。之所以说"默认情况下"，是因为除了重载<运算符，还可以通过指定使用哪个函数对象，重写 set<>排序元素的方式。例如，如果使用下面的语句替换 Ex20_03 中 my_set 的定义，那么其元素将按照最高到最低的顺序排列。要输出集合中的元素，需要相应更新 printSet()的签名；而且，要使用 std::greater<>，还必须首先导入<functional>模块：

```
std::set<int, std::greater<>> my_set;
```

std::set<>类模板的第二个类型实参是可选的(默认情况下为 std::less<T>)。可以为第二个实参指定任何函数对象类型前提是：其二元函数调用运算符比较两个 T 元素，传递给第一个参数的元素在传递给第二个参数的元素的前面，并且该函数调用运算符返回 true。通常，set<>默认构造对应类型的函数对象，但如有需要，可自己传递给 set<>的构造函数。

无序集合

自然，unordered_set<>不排序元素，至少不会以任何对该容器的使用者有用的预定义顺序进行排序。相反，无序集合由所谓的哈希表(hash table)或哈希映射(hash map)支持。因此，unordered_set<>的所有操作通常在常量时间内运行，这使得它们可能比普通的 set<>更快。对于最常用的变量类型，包括所有基本类型、指针、字符串和智能指针，可使用 unordered_set<>直接替换 std::set<>。但是，在将类类型的对象存储到无序的关联容器前，必须首先定义一个所谓的哈希函数(hash function)。相关内容可查阅标准库文档。

■ **提示**：但是，要想真正确定对于自己的应用场景，到底是 set<>还是 unordered_set<>的运行速度更快，唯一的方法是在真实的、有代表性的输入数据上测量它们的性能。不过，对于几乎所有应用场景来说，这并没有关系，因为二者的速度都非常快。

2. 映射

映射或关联数组容器最适合被想象为字典或电话本的一般化。给定特定的键(一个单词或者一个人的姓名)，我们想存储或快速检索特定的值(单词的定义或人的电话号码)。映射中的键必须唯一，但值不一定唯一(字典中允许有同义词，电话本原则上允许家庭成员共用同一个电话号码)。

与 set<T>和 unordered_set<T>类似，标准库提供了两种不同的映射容器：std::map<Key,Value> 和

std::unordered_map<Key, Value>。不同于大部分容器，映射容器需要至少两个模板类型实参，一个用于决定键的类型，另一个用于决定值的类型。下面用一个例子进行说明：

```cpp
// Ex20_04.cpp - Basic use of std::map<>
import <map>;
import <iostream>;
import <string>;

int main()
{
  std::map<std::string, unsigned long long> phone_book;
  phone_book["Donald"] = 202'456'1111;
  phone_book["Melania"] = 202'456'1111;
  phone_book["Francis"] = 39'06'6982;
  phone_book["Elizabeth"] = 44'020'7930'4832;

  std::cout << "The pope's number is " << phone_book["Francis"] << std::endl;

  for (const auto& [name, number] : phone_book)
    std::cout << name << " can be reached at " << number << std::endl;
}
```

结果如下：

```
The pope's number is 39066982
Donald can be reached at 2024561111
Elizabeth can be reached at 4402079304832
Francis can be reached at 39066982
Melania can be reached at 2024561111
```

在示例 Ex20_04 中，phone_book 被定义为一个 map<>，其键的类型为 std::string，值的类型为 unsigned long long(电话号码不会是负数)。因此，它将字符串与数字唯一地关联起来。任何两个键都不能相同。不过，上述示例也确认，对于值则不存在这种限制。同一个电话号码可被多次插入。

map<>和 unordered_map<>容器提供完全类似的功能。其使用方式通常与数组或随机访问顺序容器相同，通过数组下标运算符[]来使用。只是在映射中，不一定使用连续整数(通常称为索引)来访问值；原则上，可使用任何类型的键。

对 std::set<>的大部分要求也适用于 std::map<>。这两种容器都对其元素进行排序，因为它们由相似的数据结构(平衡树)支持；都允许通过可选的模板类型参数来设置元素的排序顺序；并且都有在功能上基本等同、但没有顺序的容器，即 std::unordered_map<>(标准的哈希表或哈希映射)。在此不会详细介绍这些属性，而会重点讨论有关映射的主题：首先会详细说明如何迭代映射中的元素，然后讲解一个较大一些的示例，进一步介绍它们的[]运算符的特殊行为。

提示：当然，也存在 std::multimap<>和 std::unordered_multimap<>容器。这两种映射容器允许多个值与同一个键相关联。例如，相对于 multimap<K, vector<V>>而言，multimap<K, V>是一种更简洁、更高效的替代。

映射的元素

为遍历 phone_book 容器的元素，示例 Ex20_04 使用了一种前面没有介绍过的语法：

```cpp
for (const auto& [name, number] : phone_book)
  std::cout << name << " can be reached at " << number << std::endl;
```

这是 C++17 引入的语法。看看使用熟悉的 C++11 语法如何实现这个循环会有指导意义：

```
for (const auto& element : phone_book)
  std::cout << element.first << " can be reached at " << element.second << std::endl;
```

事实上，写出 element 的冗长的类型名称在这里会更有指导意义：

```
for (const std::pair<const std::string, unsigned long long>& element : phone_book)
  std::cout << element.first << " can be reached at " << element.second << std::endl;
```

也就是说，std::map<K,V>或 unordered_map<K,V>中包含的元素的类型是 std::pair<const K,V>。在第 17 章的练习题中，曾短暂看到过 std::pair<>类型。这是一个基本的类模板(在<utility>模块中定义)，其每个对象都代表一对值，值的类型可能不同。可通过公共成员变量 first 和 second 来访问这两个值。不过，从 C++17 开始，有了一种更加简洁的方式。

例如，考虑下面的 C++17 代码段：

```
std::pair my_pair{ false, 77.50 }; // Deduced type: std::pair<bool, double>
auto [my_bool, my_number] = my_pair;
```

在 C++17 之前，总是需要以更加冗长的方式来编写这种代码(第 17 章讲到，C++17 也为调用构造函数引入了类模板实参推断)：

```
std::pair<bool, double> my_pair{ false, 77.50 };
bool my_bool = my_pair.first;
double my_number = my_pair.second;
```

示例 Ex20_04 中的循环显示，当遍历映射容器的元素时，C++17 的这种语法也很方便。另外还显示，可将 auto[]语法与 const 和&结合使用。在接下来要介绍的更大的例子中，还将使用这种语法。

统计单词

前面给出的都是较小的例子。接下来将用一个较大的例子来演示 std::map<>的用法。映射的一种可能用例是统计字符串中不同单词的个数。我们以示例 Ex8_17 为基础编写一个示例程序，演示如何实现这种功能。我们将使用下面的类型别名和函数原型：

```
// Type aliases
using Words = std::vector<std::string_view>;
using WordCounts = std::map<std::string_view, size_t>;


// Function prototypes
Words extractWords(std::string_view text, std::string_view separators = " ,.!?\"\n");
WordCounts countWords(const Words& words);
void showWordCounts(const WordCounts& wordCounts);
size_t maxWordLength(const WordCounts& wordCounts);
```

extractWords()函数只是对示例 Ex8_17 中的同名函数稍微做了修改；因此，你应该能够自己定义这个函数。该函数从给定文本中提取出各个单词。"单词"被定义为与给定分隔符不同的任意字符序列。

这里主要关注的是 countWords()函数。你可能已经猜到，该函数统计单词在输入 vector<>中出现的次数。为统计所有独特单词，该函数使用了 std::map<std::string_view, size_t>。在该函数返回的映射中，单词是键，与每个键关联的值是对应单词在 vector words 中出现的次数。因此，每次遇到一个新单词时，该函数需要在映射中插入一个新的键/值对。每当多次遇到同一个单词时，需要递增相同的计数器。这两个操作可使用一行代码实现：

```
WordCounts countWords(const Words& words)
{
  WordCounts result;
  for (auto& word : words)
    ++result[word];
  return result;
}
```

下面的一行代码可完成上述操作:

```
++result[word];
```

为了更好地理解这行代码的作用,我们需要解释映射容器的数组索引运算符 operator[]的工作机制:

- 如果某个值已经关联给定的键,该运算符只返回对该值的引用。对这个引用使用++运算符,只是将映射中已经存储的值递增为 2 或更高的值。
- 如果还没有值关联给定的键,该运算符首先将在映射中插入一个新的键/值对。这个新元素的值将用 0 初始化(或者如果是类类型的对象,将被默认构造)。插入新元素后,该运算符返回对这个初始值的引用。然后,在 countWords()中,我们立即将得到的 size_t 值递增为 1。

还需要稍微修改示例 Ex8_18 中的 maxWordLength()函数,因为我们想让它使用映射中存储的单词。为简洁起见,我们将只显示在输出中出现次数超过一次的单词,所以这里也可忽略它们:

```
size_t maxWordLength(const WordCounts& wordCounts)
{
  size_t max{};
  for (const auto& [word, count] : wordCounts)
    if (count >= 2 && max < word.length()) max = word.length();
  return max;
}
```

最后,使用 showWordCounts()函数输出至少出现了两次的所有单词:

```
void showWordCounts(const WordCounts& wordCounts)
{
  const size_t field_width{maxWordLength(wordCounts) + 1};
  const size_t words_per_line{5};

  size_t words_in_line{}; // Number of words in the current line
  char previous_initial{};
  for (const auto& [word, count] : wordCounts)
  {
    if (count < 2) continue; // Skip words that appear only once

    // Output newline when initial letter changes or after 5 per line
    if ( (previous_initial && word[0] != previous_initial)
        || words_in_line++ == words_per_line))
    {
      words_in_line = 0;
      std::cout << std::endl;
    }
    // Output "word (count)", where word has a dynamic field width
    std::cout << std::format("{:>{}} ({:2})", word, field_width, count);
    previous_initial = word[0];
  }
  std::cout << std::endl;
}
```

由于使用了 map<>，因此所有单词将自动按照字母顺序排列，这也方便了按照字母顺序输出它们。特别是，showWordCounts()将以相同字母开头的单词分组到同一行。除此之外，对于 showWordCounts()中的其他处理，我们以前在类似的输出函数中已经多次见到过。因此，我们不再过多解释，而是直接给出一个完整示例：

```cpp
// Ex20_05.cpp - Working with maps
import <iostream>;
import <format>;
import <map>;
import <string>;
import <string_view>;
import <vector>;

// Type aliases
using Words = std::vector<std::string_view>;
using WordCounts = std::map<std::string_view, size_t>;

// Function prototypes
Words extractWords(std::string_view text, std::string_view separators = " ,.!?\"\n");
WordCounts countWords(const Words& words);
void showWordCounts(const WordCounts& wordCounts);
size_t maxWordLength(const WordCounts& wordCounts);

int main()
{
  std::string text; // The string to count words in

  // Read a string from the keyboard
  std::cout << "Enter a string terminated by *:" << std::endl;
  getline(std::cin, text, '*');

  Words words = extractWords(text);
  if (words.empty())
  {
    std::cout << "No words in text." << std::endl;
    return 0;
  }

  WordCounts wordCounts = countWords(words);
  showWordCounts(wordCounts);
}

// The implementations of the extractWords(), countWords(), showWordCounts(),
// and maxWordLength() functions as discussed earlier.
```

如果编译并运行此程序，可能得到如下结果：

```
Enter a string terminated by *:
Nobody expects the Spanish Inquisition! Our chief weapon is surprise! Surprise and fear.
Fear and surprise. Our two weapons are fear and surprise - and ruthless efficiency! Our
three weapons are fear, and surprise, and ruthless efficiency, and an almost fanatical
devotion to the Pope. Our four, no, among our weapons are such elements as fear, surpr-
I'll come in again.*
        Our ( 4)
        and ( 7)      are ( 3)
```

```
efficiency ( 2)
      fear ( 4)
  ruthless ( 2)
  surprise ( 4)
       the ( 2)
   weapons ( 3)
```

20.2　迭代器

我们第一次提到迭代器的概念是在第 12 章。在那里，我们使用一个迭代器，以优雅的方式遍历给定 Truckload 容器中的所有 Box。为实现该目的，我们让 Truckload 对象给出一个 Iterator 对象，然后在一个直观的循环中使用该迭代器的 getFirstBox()和 getNextBox()成员检索所有 Box：

```
auto iterator{ my_truckload.getIterator() };
for (auto box { iterator.getFirstBox() }; box != nullptr; box = iterator.getNextBox())
{
  std::cout << *box << std::endl;
}
```

迭代器的概念实际上是一种经典的、被广泛采用的面向对象设计模式。在本章可以看到，标准库也大量采用了这种设计模式。但是在介绍相关内容之前，我们先思考一下为什么迭代器是一种很有吸引力的设计模式。

20.2.1　迭代器设计模式

迭代器允许以一种有效、统一的方式，遍历任何类似于容器的对象中存储的元素集合。接下来将讨论这种方法的一些优点。

前面的 Truckload 示例可作为一个很好的起点。回忆一下，Truckload 对象在内部使用所谓的单向链表来存储 Box。具体来说，Truckload 在自己的嵌套类 Package 的实例中存储每个 Box。除了 Box，每个 Package 还包含一个指针，指向链表中的下一个 Package。如果不记得这些内容，可翻看第 12 章。更好的做法是，不要重新阅读第 12 章。这里要表达的要点是，不需要知道 Truckload 的内部机制，就可以迭代它的所有 Box。要使用 Truckload 类，只需要知道其 Iterator 类的直观的公共接口。

库的作者通常为所有容器类型定义具有类似接口的 Iterator。例如，稍后将会讨论，标准库的所有容器就属于这种情况。有了这种方法，就能够以相同的方式遍历不同的容器，无论这个容器是数组、链表还是其他更加复杂的数据结构。我们不需要知道特定容器的内部工作机制，就能够查看其元素。这至少能够让得到的代码具有如下特点：

- 易于编写和理解。
- bug 少，代码健壮。相比遍历可能很复杂的数据结构内的指针，使用迭代器时出错的可能性低得多。
- 高效。例如，如本章前面所述，链表数据结构的一个重要局限是不能跳转到给定索引位置的任意元素，而只能先遍历该元素之前的其他所有元素。例如，在 Truckload 中，只能从链表头部，沿着一系列 next 指针才能到达自己需要的 Box。这意味着如下形式的循环特别低效：

```
for (size_t i {}; i < my_truckload.getNumBoxes(); ++i)
{
  std::cout << my_truckload[i] << std::endl;
}
```

在这种循环中，每次调用数组下标运算符[]都需要遍历迭代器的链表，从第一个 Package(链表的头部)开始，

一直到第 i 个 Package。也就是说，在 for 循环的一次次迭代中，获取对第 i 个 Box 的引用需要越来越长的时间。Iterator 的 getNextBox()函数则不存在这个问题，因为它总是包含当前 Package 的指针，从当前 Package 移到下一个 Package 可以在常量时间内完成。

- 灵活，可维护性好。可以方便地修改容器的内部表示，而不必担心会破坏任何遍历该容器元素的外部代码。例如，在读完本章后，很容易用 vector<>而不是自定义链表重新实现 Truckload 类，同时仍然为类本身及其 Iterator 类保留相同的公共函数。
- 易于调试。可以为迭代器的成员函数添加额外的调试语句和断言。越界检查是典型的例子。大部分时候，库的作者会根据条件添加这种检查，以便能够为便于调试、但是效率较低的生成配置启用这些检查。如果外部代码直接操纵内部指针或数组，就不可能做到这一点。

■ **注意:** 迭代器与第 12 章介绍的数据隐藏有许多相同的优点，这一点应该并不奇怪。迭代器和其他面向对象设计模式实现了数据隐藏。它们通过提供易用的公共接口，向对象的用户隐藏了实现细节。

统一迭代器的另一个明显优点是，它们方便了创建能够用于任何容器类型的迭代器的函数模板。也就是说，函数能够操作任意范围的元素，无论这些元素包含在向量、链表还是集合中。因为所有迭代器都有类似的接口，所以这些函数模板不需要知道容器的内部工作机制。这种理念，再加上头等函数(参见第 19 章)，驱动着标准库中算法库的高阶函数。本章最后一部分将讨论标准库中的算法库。

20.2.2 标准库容器的迭代器

标准库的所有容器类型，以及几乎任何第三方 C++库的容器类型，都提供完全类似的迭代器。无论使用什么容器，总是可以用相同的方式遍历它们存储的元素。我们通过同名的成员函数创建新的迭代器对象，按照相同的方式访问迭代器当前引用的元素，并且按照相同的方式移到下一个元素。这些迭代器的公共接口与前面讨论的 Truckload Iterator 的公共接口稍有区别，但基本思想是相同的。

1. 创建和使用标准迭代器

要为给定容器创建迭代器，最常见的方式是调用其 begin()成员函数。每个标准容器都提供了这个函数。例如：

```
std::vector letters{ 'a', 'b', 'c', 'd', 'e' }; // Deduced type: std::vector<char>
auto my_iter{ letters.begin() };
```

ContainerType 类型的容器的迭代器类型总是 ContainerType::iterator，它要么是一个具体类型，要么是一个类型别名。因此，my_iter 变量的完整定义如下所示：

```
std::vector<char>::iterator my_iter{ letters.begin() };
```

容器迭代器类型是一个典型例子，说明了 C++11 的 auto 类型推断确实让程序员的工作变得简单多了。

通过神奇的运算符重载(参见第 13 章)，标准库容器提供的每个迭代器都模拟了指针。例如，要访问 my_iter 迭代器当前引用的元素，可应用其解引用运算符：

```
std::cout << *my_iter << std::endl; // a
```

因为 begin()总是返回一个迭代器，指向容器中的第一个元素，所以该语句将输出字符'a'。

与指针一样，解引用迭代器将得到对容器内实际存储的元素的引用。因此，在我们的例子中，*my_iter 将得到对类型 char&的引用。这个表达式显然是一个 lvalue 引用，所以可以把它用在赋值操作的左边：

```
*my_iter = 'x';
std::cout << letters[0] << std::endl; // x
```

当然，除了访问容器的第一个元素，还可以使用迭代器执行其他操作。第 6 章讲到，指针支持算术运算符++、--、+、-、+=和-=，可使用这些运算符从数组中的一个元素移到下一个(或前一个)元素。可按相同的方式使用 vector<>迭代器，例如：

```
++my_iter;                                  // Move my_iter to the next element
std::cout << *my_iter << std::endl;         // b

my_iter += 2;                               // Move my_iter two elements further
std::cout << *my_iter-- << std::endl;       // d
std::cout << *my_iter << std::endl;         // c (iterator altered using the post-decrement
                                            // operator in the previous statement)

auto copy{ my_iter };                       // Create a copy of my_iter (pointing at c)
my_iter += 2;                               // Move my_iter two elements further
std::cout << *copy << std::endl;            // c (copy not affected by moving my_iter)
std::cout << *my_iter << std::endl;         // e
std::cout << my_iter - copy << std::endl;   // 2
```

完整的代码保存在 Ex20_06 中。到现在，这段代码的含义应该很清晰，因为这与使用指针完全类似。甚至示例中的最后一行代码也适用，尽管这行代码的含义没有其他代码那样清晰。这行代码将两个 vector<>迭代器相减，得到一个有符号整型值，它反映了两个迭代器之间的距离。

■ **提示：** 迭代器还提供了成员访问运算符(也称为箭头运算符) ->，用来访问它们引用的元素的成员变量或函数。即假设 string_iter 是一个迭代器，引用类型 std::string 的元素，那么 string_iter->length()是(*string_iter).length()的简写形式，这与指针一样。本章后面将列举更多具体示例。

2. 迭代器的不同类型

前面示例中使用的迭代器是所谓的随机访问迭代器。在所有迭代器类别中，随机访问迭代器提供了最丰富的操作集合。标准容器返回的所有迭代器都支持运算符++、*和->，以及==和!=。但除这些运算符之外，就有了一些区别。通过各种容器背后的数据结构的性质，很容易解释各种限制：

● std::forward_list<>的迭代器不支持--、-=或-运算符。原因在于，迭代器没有高效的方式来返回前一个元素。单向链表中的每个节点只有一个指向链表中下一个元素的指针。将这种迭代器称为前向迭代器(forward iterator)。其他只能支持前向迭代器的容器是一些无序关联容器。

● 另一方面，std::list<>的迭代器支持前缀和后缀形式的--递减运算符。在双向链表中，回到前一个节点很容易。但是，仍然无法高效地完成一次跳过多个元素的操作。为了阻止这种用法，std::list<>迭代器不支持+=、-=、+或-运算符。有序关联容器的迭代器也存在相同的限制，因为遍历底层树数据结构的节点类似于遍历双向链表的节点。将这种类别的迭代器称为双向迭代器(bidirectional iterator)——原因显而易见。

● 只有一种迭代器类别支持+=、-=、+和-运算符，以及比较运算符<、<=、>、>=和<=>，这就是随机访问迭代器。唯一必须提供随机访问迭代器的容器是随机访问顺序容器(或 std::vector<>、array<>和 deque<>)。

■ **提示**：只有当查阅标准库文档时，特别是其中关于泛型算法库(本章稍后讨论)的部分时，知道和理解这些术语才变得重要。每个算法模板的参考部分会指定其接收哪种类型的迭代器作为输入，可能是前向迭代器、双向迭代器或随机访问迭代器。

注意，这 3 种迭代器形成了一个层次结构。即每个随机访问迭代器也是有效的双向迭代器，每个双向迭代器也是前向迭代器。因此，对于需要前向迭代器的一个算法来说，也可以为其传递随机访问迭代器。在这种上下文中，标准库文档还可能使用术语"输入迭代器"和"输出迭代器"。这是更加偏理论的概念，指的是比前向迭代器要求更少的迭代器。因此，在实践中，标准容器创建的每个迭代器总会是有效的输入或输出迭代器。

■ **注意**：这 3 种容器适配器(std::stack< >、queue< >和 priority_queue< >)完全不提供迭代器，甚至不提供前向迭代器。只能通过 top()、front()或 back()函数访问它们的元素(具体取决于哪个函数适用)。

3. 遍历容器的元素

第 6 章介绍了如何使用指针和指针运算来遍历数组。例如，要输出一个数组中的所有元素，可以使用下面的循环：

```
int numbers[] { 1, 2, 3, 4, 5 };
for (int* pnumber {numbers}; pnumber < numbers + std::size(numbers); ++pnumber)
{
  std::cout << *pnumber << ' ';
}
std::cout << std::endl;
```

可以用相同的方式遍历一个向量的所有元素：

```
std::vector numbers{ 1, 2, 3, 4, 5 }; // Deduced type: std::vector<int>
for (auto iter {numbers.begin()}; iter < numbers.begin() + numbers.size(); ++iter)
{
  std::cout << *iter << ' ';
}
std::cout << std::endl;
```

这个循环存在的问题在于使用了两个随机访问迭代器独有的操作：<和+。因此，如果 numbers 是 std::list<int>或 std::set<int>类型，这个循环将无法编译。下面用更加传统的方式来表达相同的循环：

```
for (auto iter {numbers.begin()}; iter != numbers.end(); ++iter)
{
  std::cout << *iter << ' ';
}
```

这个新循环与以前使用的循环等效，只是这一次它可用于任何标准容器。从概念上讲，容器的 end()成员返回的迭代器指向最后一个元素的后面。当迭代器被递增到等于容器的 end()迭代器，也就是当迭代器被递增到超出容器的最后一个元素时，就应该终止循环。当迭代器指向的位置超出实际容器的边界时，虽然 C++标准没有定义解引用该迭代器会发生什么，但肯定不会是好事情。

■ **提示**：在 C++中，通常使用 iter != numbers.end()这种形式的表达式，而不是 iter<numbers.end()，因为不要求前向和双向迭代器支持比较运算符<。通常也会使用++iter，而不是 iter++，因为前缀递增运算符的效率更高一些(回忆一下，第 13 章中介绍到，后缀递增运算符一般在移动到下一个元素前，必须创建和返回迭代器的副本)。

下面的示例使用这样的循环来遍历一个 list<> 中包含的所有元素:

```
// Ex20_07.cpp
// Iterating over the elements of a list<>
import <iostream>;
import <list>;

int main()
{
  std::cout << "Enter a sequence of positive numbers, terminated by -1: ";

  std::list<unsigned> numbers;

  while (true)
  {
    signed number{-1};
    std::cin >> number;
    if (number == -1) break;
    numbers.push_back(static_cast<unsigned>(number));
  }
  std::cout << "You entered the following numbers: ";
  for (auto iter {numbers.begin()}; iter != numbers.end(); ++iter)
  {
    std::cout << *iter << ' ';
  }
  std::cout << std::endl;
}
```

下面给出了一种可能得到的结果:

```
Enter a sequence of positive numbers, terminated by -1: 4 8 15 16 23 42 -1
You entered the following numbers: 4 8 15 16 23 42
```

当然,每个容器也都是一个范围,而范围可以在基于范围的 for 循环中使用(参见第 5 章)。例如,Ex20_07 中的 for 循环可被替换为下面这个简单得多的基于范围的 for 循环:

```
for (auto number : numbers)
{
  std::cout << number << ' ';
}
```

▓ 提示:要迭代容器中的所有元素,总是应该使用基于范围的 for 循环。只有当循环体中明确需要访问迭代器来进行更高级的处理,或者当只想迭代容器元素的子范围时,才应该使用更加冗长而复杂的基于迭代器的循环。

后面将给出在循环体中需要访问迭代器的示例。

4. 常量迭代器

我们到目前为止使用的所有迭代器都是所谓的可变(或非常量)迭代器。通过解引用可变迭代器,或者对于类类型的元素,使用其成员访问运算符->,就可以修改可变迭代器引用的元素。例如:

```
// Ex20_08.cpp
// Altering elements through a mutable iterator
import <iostream>;
```

```
import <vector>;
import box; // From Ex11_04

int main()
{
  std::vector boxes{ Box{ 1.0, 2.0, 3.0 } }; // A std::vector<Box> containing 1 Box

  auto iter{ boxes.begin() };
  std::cout << iter->volume() << std::endl; // 6 == 1.0 * 2.0 * 3.0
  *iter = Box{ 2.0, 3.0, 4.0 };
  std::cout << iter->volume() << std::endl; // 24 == 2.0 * 3.0 * 4.0

  iter->setHeight(7.0);
  std::cout << iter->volume() << std::endl; // 42 == 2.0 * 3.0 * 7.0
}
```

这个示例中还没有新的或出人意料的内容。该示例要表达的是，除了 ContainerType::iterator 类型的可变迭代器(参见前面的内容)，每个容器还提供了 ContainerType::const_iterator 类型的常量迭代器。解引用常量迭代器会得到对 const 元素的引用(在本例中是 const Box&)，其->运算符只允许访问作为 const 的成员变量，或者调用 const 成员函数。

通常有两种方式可以获取 const 迭代器：

- 通过调用 cbegin()或 cend()，而不是 begin()或 end()。这些成员函数名中的 c 当然代表 const。在 Ex20_08 中，可将 begin 改为 cbegin()来进行尝试。
- 通过调用 const 容器的 begin()或 end()。如果容器是 const，那么这些函数将返回一个 const 迭代器；只有当容器自身可变时，结果才会是可变的迭代器(第 12 章介绍了如何通过函数重载实现这种效果，即同一个函数的一个重载是 const 函数，而另一个不是)。在 Ex20_08 中，通过在 vector<>盒子声明的前面加上关键字 const，也可以试试这种方式。

如果使用上述两种方式之一，使 Ex20_08 中的 iter 成为 const 迭代器，则包含语句*iter = Box{ 2.0, 3.0, 4.0 };和 iter->setHeight(7.0) ;的代码行将无法编译，因为无法通过 const 迭代器修改元素。

提示： 正如只要有可能，就应该对变量声明添加 const，只要能够使用 const 迭代器，就应该使用 const 迭代器。这可以防止自己或他人在不希望修改元素的上下文中无意间修改元素。

例如，Ex20_07 中的 for 循环简单输出容器中的全部元素。这些元素当然不应该被修改。因此，应该像下面这样编写该循环：

```
for (auto iter{ numbers.cbegin() }; iter != numbers.cend(); ++iter)
{
  std::cout << *iter << ' ';
}
```

注意： 集合和映射容器均只提供 const 迭代器。对于这些类型，即使对非 const 容器调用 begin()和 end()，它们也总是返回 const 迭代器。同样，很容易通过这些容器的性质来解释这种限制。例如，我们知道，std::set<>总是会对其元素进行排序。如果允许用户在遍历过程中通过迭代器修改元素的值，就无法维护这种不变式。这也解释了为什么映射容器的迭代器指向 pair<const Key, Value>元素：一旦将元素插入映射容器中，就不应该再更改键。

---

5. 在顺序容器中插入和删除元素

第 5 章已经介绍过 push_back()和 pop_back()函数,可以分别使用这些函数在大部分顺序容器中添加或删除元素。只有一个限制:这些函数只允许操纵序列中的最后一个元素。本章前面还介绍了 push_front()函数,这是一些顺序容器提供的一个类似函数,用于在序列的前面添加元素。这些函数很有用,但是如果需要在序列的中间插入或删除元素,应该怎么办?这不也应该是容器支持的操作吗?

答案是,当然可以在序列的中间插入元素,也可以删除任何元素。前面已经介绍了迭代器,所以我们已经准备好介绍如何实现这种功能。要指定在什么地方插入元素,以及要删除哪些元素,需要提供迭代器。除了 std::array<>以外,所有顺序容器都提供了各种 insert()和 erase()函数,它们接收迭代器或迭代器范围来实现此目的。

首先从一个简单的例子开始,在一个向量的开头位置添加一个元素:

```
std::vector numbers{ 2, 4, 5 }; // Deduced type: std::vector<int>
numbers.insert(numbers.begin(), 1); // Add single element to the beginning of the sequence
printVector(numbers); // 1 2 4 5
```

我们为 insert()提供两个实参,第一个实参是一个迭代器,第二个实参是一个元素,该元素将被插入该迭代器引用的位置的前方。因此,假如 printVector()函数的作用是输出向量的内容,那么这段代码的输出将是“1 2 4 5”。

当然,可以使用 insert()在任意位置插入新元素。例如,下面的代码在 numbers 序列的中间添加数字 3:

```
numbers.insert(numbers.begin() + numbers.size() / 2, 3); // Add in the middle
printVector(numbers); // 1 2 3 4 5
```

另外,insert()有一些重载版本,允许一次添加多个元素。这种重载函数的一种常见用途是将一个 vector<>追加到另一个 vector<>:

```
std::vector more_numbers{ 6, 7, 8 };
numbers.insert(numbers.end(), more_numbers.begin(), more_numbers.end());
printVector(numbers); // 1 2 3 4 5 6 7 8
```

与 insert()的所有重载版本一样,第一个实参指定了一个位置,新元素将被添加到这个位置的后面。在本例中,我们选择使用 end()迭代器,这意味着我们在原来的最后一个元素的后面插入新元素。传递给函数的第二个和第三个参数的两个迭代器指出了要插入的元素范围。在本例中,这个范围对应于整个 more_numbers 序列。

■ **注意:** 在标准 C++中,总是使用半开区间来指定元素的范围。在第 7 章已经看到,std::string 的许多成员函数都接受通过 size_t 索引指定的半开字符区间。容器成员,如 insert()和 erase()(稍后将讨论),类似地使用由迭代器指定的半开区间。如果提供了两个迭代器 from 和 to,那么这个范围涵盖半开区间[from,to)中的所有元素。也就是说,该范围包含 from 迭代器的元素,但不包含 to 迭代器的元素。这也意味着对于 to 迭代器可以安全地使用 end()迭代器,因为这些超出末端一位的迭代器不指向任何元素,因此不应该被解引用。实际上,<algorithm> 和 <numeric>模块(本章后面将讨论)的所有算法模板都有接受半开迭代器范围的重载版本。

---

erase()的作用与 insert()相反。下面的语句逐个删除前面使用 insert()插入的元素:

```
numbers.erase(numbers.end() - 3, numbers.end());        // Erase last 3 elements
numbers.erase(numbers.begin() + numbers.size() / 2);    // Erase the middle element
numbers.erase(numbers.begin());                         // Erase the first element
```

```
printVector(numbers);                                    // 2 4 5
```

带有两个参数的 erase()重载删除一个范围内的元素；带有一个参数的重载只删除一个元素(记住
这种区别，这一点在本章后面会很重要)。

此处所使用示例的完整源代码包含在 Ex20_09 中。

■ 注意：大部分容器都提供了类似的 insert()和 erase()函数(std::array<>是唯一的例外)。自然，集合和
映射容器不允许指定在什么地方使用 insert()插入元素(只有顺序容器支持这种功能)，但它们允许使用
erase()删除对应于某个迭代器或迭代器范围的元素。更多细节请查阅标准库文档。

6. 在迭代过程中修改容器

在前面，我们展示了如何迭代容器中的元素，以及如何使用 insert()和 erase()插入及删除元素。下
一个问题自然会是，如果在迭代容器的过程中使用 insert()插入元素，或者使用 erase()删除元素，会发
生什么？

除非另有指定(具体细节请查阅标准库文档)，对容器做出的任何修改都将使之前为容器创建的所
有迭代器失效。继续使用失效的迭代器将导致未定义行为，可能是无法预测的结果，比如程序崩溃。
考虑下面的函数模板(回忆一下，第 10 章中介绍过，将 auto&占位符用作参数类型，使这个模板成为
缩写函数模板)。

```
void removeEvenNumbers(auto& numbers)
{
  auto from{ numbers.begin() }, to{ numbers.end() };
  for (auto iter {from}; iter != to; ++iter) /* Wrong!! */
  {
    if (*iter % 2 == 0)
      numbers.erase(iter);
  }
}
```

上述代码的目的是编写一个模板，从各种类型的容器中删除所有偶数，例如容器类型可能是
vector<int>、deque<unsigned>、list<long>、set<short>或 unordered_set<unsigned>。

问题在于，这个模板包含两个严重的但却很现实的 bug，这两个 bug 都是由循环体中的 erase()引
发的。一旦修改一个序列，例如对序列使用 erase()，一般来说就应该停止使用任何现有的迭代器。但
是，removeEvenNumbers()中的循环忽视了这一点。相反，该循环继续使用 to 和 iter 迭代器，即使已
经对这两个迭代器引用的容器调用了 erase()。因此，如果执行这段代码，将无法确定可能会发生什么，
但是几乎可以肯定，结果不会是预期的那样。

更具体来说，第一次调用 erase()后，to 迭代器不再指向"最后一个元素之后的一个元素位置"，
而是(至少在原则上)指向"最后一个元素之后的两个元素位置"。这意味着循环很可能解引用实际的
end()迭代器，导致灾难性后果。通过在 for 循环的每次迭代后请求一个新的 end()迭代器，很容易解决
这个问题，如下所示：

```
for (auto iter {numbers.begin()}; iter != numbers.end(); ++iter) /* Still wrong!! */
{
  if (*iter % 2 == 0)
  numbers.erase(iter);
}
```

这个新的循环仍然存在严重的问题，因为它在调用 erase()后仍继续使用 iter 迭代器。一般来说，
这也会导致灾难性后果。例如，对于链表，erase()很可能会解分配 iter 引用的节点，这意味着接下来

的++iter 会做什么是高度不可预测的。对于 std::set<>，erase()很可能重新调整整个树，使其元素重新
变得有序。这样一来，进一步的迭代也变得有风险了。

这是否意味着要从容器中删除多个元素，必须每一次都从 begin()重新开始？好在，答案是否定的，
因为那样做的效率特别低。这只是意味着，我们必须遵守下面的模式：

```
void removeEvenNumbers(auto& numbers) /* Correct! */
{
  for (auto iter {numbers.begin()}; iter != numbers.end(); )
  {
    if (*iter % 2 == 0)
      iter = numbers.erase(iter);
    else
      ++iter;
  }
}
```

大部分 erase()和 insert()函数都返回一个迭代器，可用来继续进行迭代。这个迭代器引用的是刚刚
插入或删除的元素之后的那个元素(如果删除了容器中的最后一个元素，这个迭代器就等于 end())。

■ **警告**：不要偏离我们刚刚给出的标准模式。例如，不应该再递增 erase()或 insert()返回的迭代器，
所以我们将 for 循环中经典的++iter 语句移到循环体的 else 分支中。

■ **提示**：这种模式相对容易出错，而且对于顺序容器也非常低效。本章后面将介绍"删除-擦除"技
术和新的非成员函数 erase() / erase_if()，只要有可能，就应该使用这些技术，而不是这里的循环。但
是，要在迭代序列的过程中使用 insert()插入元素，仍然需要自己显式编写循环。

下面的例子试用了我们刚才开发的 removeEvenNumbers()模板。尽管这里使用的是 vector<int>容
器，但是也可以使用前面提到的任何类型的容器：

```
// Ex20_10.cpp
// Removing all elements that satisfy a certain condition
// while iterating over a container
import <vector>;
import <string_view>;
import <iostream>;

std::vector<int> fillVector_1toN(size_t N); // Fill a vector with 1, 2, ..., N
void printVector(std::string_view message, const std::vector<int>& numbers);
void removeEvenNumbers(auto& numbers);

int main()
{
  const size_t num_numbers{20};

  auto numbers{ fillVector_1toN(num_numbers) };

  printVector("The original set of numbers", numbers);

  removeEvenNumbers(numbers);

  printVector("The numbers that were kept", numbers);
}
```

```
std::vector<int> fillVector_1toN(size_t N)
{
  std::vector<int> numbers;
  for (int i {1}; i <= N; ++i)
    numbers.push_back(i);
  return numbers;
}

void printVector(std::string_view message, const std::vector<int>& numbers)
{
  std::cout << message << ": ";
  for (int number : numbers) std::cout << number << ' ';
  std::cout << std::endl;
}
```

程序的运行结果如下所示:

```
The original set of numbers: 1 2 3 4 5 6 7 8 9 10 11 12 13 14 15 16 17 18 19 20
The numbers that were kept: 1 3 5 7 9 11 13 15 17 19
```

20.2.3 数组的迭代器

迭代器的行为与指针相同,以至于任何指针也是有效的迭代器。准确来说,任何原指针都可用作随机访问迭代器。这个结论允许下一节中将讨论的泛型算法模板能够以类似的方式迭代数组和容器。事实上,在使用迭代器的任何上下文中,也可以使用数组指针。回顾示例 Ex20_09 中的如下语句:

```
std::vector more_numbers{ 6, 7, 8 };
numbers.insert(numbers.end(), more_numbers.begin(), more_numbers.end());
```

现在,假设 more_numbers 变量被定义为内置数组。此时,追加这些数字的一种方式是利用数组-指针二元性,以及第 5 章介绍的指针运算和 std::size()函数:

```
int more_numbers[] { 6, 7, 8 };
numbers.insert(numbers.end(), more_numbers, more_numbers + std::size(more_numbers));
```

这是一种很合理的方式,但是还有更好、更一致的方式,即使用标准库的<iterator>模块中定义的std::begin()和 std::end()函数模板:

```
int more_numbers[] { 6, 7, 8 };
numbers.insert(numbers.end(), std::begin(more_numbers), std::end(more_numbers));
```

这些函数模板不只用于数组,还可用于任何容器:

```
std::vector more_numbers{ 6, 7, 8 };
numbers.insert(std::end(numbers), std::begin(more_numbers), std::end(more_numbers));
```

用于容器时,由于 C++中非成员函数的名称解析方式,甚至不需要显式地指定 std::名称空间:

```
std::vector more_numbers{ 6, 7, 8 };
numbers.insert(end(numbers), begin(more_numbers), end(more_numbers));
```

不用奇怪,也存在 cbegin()和 cend()非成员函数,它们为数组或容器创建对应的 const 迭代器:

```
std::vector more_numbers{ 6, 7, 8 };
int even_more_numbers[]{ 9, 10 };
```

```
numbers.insert(end(numbers), cbegin(more_numbers), cend(more_numbers));
numbers.insert(end(numbers), std::cbegin(even_more_numbers), std::cend(even_more_numbers));
```

这种语法简洁而且统一，所以在本章剩余部分，我们在指定范围时首选这种方法。许多人对于容器继续使用(c)begin()和(c)end()成员函数，而这并没有问题。

20.3 算法

标准库的泛型算法结合了本书前面讨论的各种概念的长处，例如函数模板(参见第 10 章)、头等函数和高阶函数(参见第 19 章)以及本章前面介绍的迭代器。读者将会发现，当与 C++11 的 lambda 表达式(参见第 19 章)结合使用时，这些算法的功能特别强大，表达力特别强。

■ **注意**：将标准库的<algorithm>和<numeric>模块结合起来，可以提供 100 多个算法，这里无法全部介绍。我们将在这里和本章末尾的练习题中重点介绍一些最常用的算法，以及在许多算法中会反复出现的常用模式。一旦掌握了这些算法，其他算法使用起来很类似。建议在学习完本章后浏览标准库文档，以大概了解有哪些算法可用。

■ **注意**：本节首先介绍传统的基于迭代器对的算法。我们预期，从 C++20 开始，这些算法会逐渐被淘汰，被本章最后一节中介绍的功能相同的、基于范围的算法所替代。但在未来一段时间内，基于迭代器的算法仍会普遍存在于遗留的代码中。

20.3.1 第一个示例

第 19 章定义的一些高阶函数实际上已经很接近一些标准算法，还记得 findOptimum()模板吗？它的定义如下所示：

```
template <typename T, typename Comparison>
const T* findOptimum(const std::vector<T>& values, Comparison compare)
{
  if (values.empty()) return nullptr;

  const T* optimum = &values[0];
  for (size_t i {1}; i < values.size(); ++i)
  {
    if (compare(values[i], *optimum))
    {
      optimum = &values[i];
    }
  }
  return optimum;
}
```

虽然这个模板的泛型程度已经很高，但是仍然有两个缺陷：

- 只能用于 vector<>类型的容器中的元素。
- 只有在考虑给定集合的所有元素时才能使用。除非先把元素复制到一个新容器中，否则现在还不支持只考虑全部元素的一个子集的情况。

通过使用迭代器使这个模板进一步泛化，很容易解决这两个缺陷：

```
template <typename Iterator, typename Comparison>
```

```
Iterator findOptimum(Iterator begin, Iterator end, Comparison compare)
{
  if (begin == end) return end;

  Iterator optimum = begin;
  for (Iterator iter = ++begin; iter != end; ++iter)
  {
    if (compare(*iter, *optimum))
    {
      optimum = iter;
    }
  }
  return optimum;
}
```

新的版本不存在前面提到的两个缺陷。毕竟：

- 迭代器能够以相同的方式遍历所有容器和数组类型的元素。
- 通过只传递完整的[begin(), end())迭代器范围的一部分，新模板能够处理子范围。

<algorithms>模块实际上提供了一个以这种方式实现的算法，只是名称不是 findOptimum()，而是 std::max_element()。有 max_element()，当然就有 min_element()。下面通过调整第 19 章的一些示例来演示这两种算法的用法：

```
// Ex20_11.cpp
// Your first algorithms: std::min_element() and max_element()
#include <cmath> // For std::abs()
import <iostream>;
import <algorithm>;
import <vector>;

int main()
{
  std::vector numbers{ 91, 18, 92, 22, 13, 43 };
  std::cout << "Minimum element: "
            << *std::min_element(begin(numbers), end(numbers)) << std::endl;
  std::cout << "Maximum element: "
            << *std::max_element(begin(numbers), end(numbers)) << std::endl;

  int number_to_search_for {};
  std::cout << "Please enter a number: ";
  std::cin >> number_to_search_for;

  auto nearer { [=](int x, int y) {
    return std::abs(x - number_to_search_for) < std::abs(y - number_to_search_for);
  }};
  std::cout << "The number nearest to " << number_to_search_for << " is "
            << *std::min_element(begin(numbers), end(numbers), nearer) << std::endl;
  std::cout << "The number furthest from " << number_to_search_for << " is "
            << *std::max_element(begin(numbers), end(numbers), nearer) << std::endl;
}
```

在上述示例中首先会注意到，对于 min_element()和 max_element()，比较回调函数是可选的。二者都提供了没有第三个参数的重载，此时它们都使用小于运算符<来比较元素。除此之外，这些标准算法的行为正好符合预期：

```
Minimum element: 13
Maximum element: 92
Please enter a number: 42
The number nearest to 42 is 43
The number furthest from 42 is 92
```

■ 提示：<algorithm>模块还提供了 std::minmax_element()，可用于同时获得给定范围内的最小和最大元素。该算法返回迭代器的一个 pair<>，它具有期望的语义。因此，可将 Ex20_11 中的最后两个语句替换为下面的语句：

```
const auto [nearest, furthest] =
  std::minmax_element(begin(numbers), end(numbers), nearer);
std::cout << "The number nearest to " << number_to_search_for << " is "
        << *nearest << std::endl;
std::cout << "The number furthest from " << number_to_search_for << " is "
        << *furthest << std::endl;
```

本章前面介绍了 pair<>模板和 auto[]语法。

20.3.2 寻找元素

标准库提供了多个算法，用来在一个元素范围内寻找元素。20.3.1 节已经介绍了 min_element()、max_element()和 minmax_element()。可能最常用到的两个相关算法是 std::find()和 find_if()。std::find()用来在一个范围内寻找等于给定值的元素(它使用= =运算符比较值)，而 find_if()则接收一个头等回调函数作为实参。它使用这个回调函数来确定任何给定元素是否满足期望的特征。

为了试用这两个函数，我们继续使用 Box 类。因为 std::find()需要比较两个 Box，所以我们需要 Box 的一个变体，使其提供重载的 operator==()。例如，Ex13_03 中的 box 模块就可以满足要求：

```
// Ex20_12.cpp - Finding boxes.
import <iostream>;
import <vector>;
import <algorithm>;
import box; // From Ex13_03

int main()
{
  std::vector boxes{ Box{1,2,3}, Box{5,2,3}, Box{9,2,1}, Box{3,2,1} };

  // Define a lambda functor to print the result of find() or find_if():
  auto print_result = [&boxes] (auto result)
  {
    if (result == end(boxes))
      std::cout << "No box found." << std::endl;
    else
      std::cout << "Found matching box at position "
              << (result - begin(boxes)) << std::endl;
  };

  // Find an exact box
  Box box_to_find{ 3,2,1 };
  auto result{ std::find(begin(boxes), end(boxes), box_to_find) };
  print_result(result);
```

```
    // Find a box with a volume larger than that of box_to_find
    const auto required_volume = box_to_find.volume();
    result = std::find_if(begin(boxes), end(boxes),
                [required_volume](const Box& box) { return box > required_volume; });
    print_result(result);
}
```

结果如下:

```
Found matching box at position 3
Found matching box at position 1
```

如果找到匹配搜索条件的元素,find()和 find_if()就返回所找到元素的迭代器,否则返回给定范围的尾迭代器。

警告:如果没有找到元素,就返回搜索范围的尾迭代器,而不是容器的尾迭代器。尽管在很多时候,这二者是相同的(在 Ex20_12 中就是如此),但并非总是如此。

C++标准提供了许多变体。下面列出其中的一部分。更多细节请查阅标准库文档。

- find_if_not()类似于 find_if(),只是它寻找的是使给定回调函数返回 false(而不是 true)的第一个元素。
- find_first_of()寻找给定元素范围中与另一个给定元素范围中的任意元素匹配的第一个元素。
- adjacent_find()寻找相等或者满足给定谓词的两个连续的元素。
- search()/find_end()在一个元素范围内寻找另一个元素范围。前者返回第一个匹配,后者返回最后一个匹配。
- binary_search()检查排序范围内是否包含给定元素。通过利用输入范围内的元素已被排序这个事实,它能比 find()更快速地找到期望的元素。此函数使用<运算符或用户提供的比较回调函数来比较元素。

警告:本章前面解释过,集合和映射容器本身已经很擅长找到元素。因为它们知道自己数据的内部结构,所以能比任何泛型算法更快地找到元素。因此,对于这些容器,总是应该使用它们提供的 find()成员函数,而不是使用泛型算法 std::find()。一般来说,每当容器提供的成员函数在功能上与算法相同时,就总是应该使用成员函数。更多细节请查阅标准库文档。

20.3.3 处理多个输出值

算法 find()、find_if()和 find_if_not()都寻找满足特定要求的第一个元素。但是,如果想找到满足条件的所有元素,应该怎么办?如果查看标准库提供的所有算法,会发现没有哪个算法的名称类似于 find_all()。幸好,至少有 3 个算法可用来获取给定范围中满足给定条件的所有元素:

- std::remove_if()可用于删除所有不满足条件的元素。20.3.4 节将讨论这个算法。
- std::partition()重新排列范围中的元素,将满足回调条件的元素移到范围的前部,将不满足回调条件的元素移到范围的后部。本章的练习题中将用到这个算法。
- std::copy_if()可用于将所有需要的元素复制到某个输出范围。

```
// Ex20_13.cpp - Extracting all odd numbers.
import <iostream>;
import <set>;
```

```
import <vector>;
import <algorithm>;

std::set<int> fillSet_1toN(size_t N); // Fill a set with 1, 2, ..., N
void printVector(const std::vector<int>& v); // Print the contents of a vector to std::cout

int main()
{
  const size_t num_numbers{20};

  const auto numbers = fillSet_1toN(num_numbers);

  std::vector<int> odd_numbers( numbers.size() ); // Caution: not { numbers.size() } here!

  auto end_odd_numbers = std::copy_if(begin(numbers), end(numbers), begin(odd_numbers),
                                      [](int n) { return n % 2 == 1; });
  odd_numbers.erase(end_odd_numbers, end(odd_numbers));

  printVector(odd_numbers);
}
```

在这里可以重用 Ex20_09 中的 printVector() 函数，fillSet_1toN() 则类似于 Ex20_10 中的 fillVector_1toN() 函数。

我们将注意力放到程序中最重要的三行代码上：将 numbers 中的所有奇数都复制到 odd_numbers 中。std::copy_if() 的前两个实参就是所谓的输入迭代器(input iterator)，它们决定了需要复制的元素范围；第四个实参中的回调函数决定了哪些元素被复制。不过，copy_if() 的第三个实参更值得注意，它是我们遇到的第一个输出迭代器的示例，该迭代器决定了算法写入输出结果的位置，其工作方式最好通过一些代码来解释。在内联了所有函数调用(包括 lambda 表达式)后，Ex20_13 中的 copy_if() 语句如下所示：

```
auto output_iter = begin(odd_numbers);
for (auto input_iter = begin(numbers); input_iter != end(numbers); ++input_iter)
  if (*input_iter % 2 == 1)
     *output_iter++ = *input_iter; // <-- working of an output iterator
// return output_iterator;
auto end_odd_numbers = output_iter;
```

std::copy_if() 算法输出的每个元素都被分配到输出迭代器在那时所指向的位置。记住，解引用迭代器后会生成一个 lvalue 引用。在我们的示例中，这意味着表达式 *output_iter 的类型为 int&。每次赋值后，输出迭代器都会递增，准备接收下一个输出。

如果使用的是一个普通的输出迭代器，目标范围(在 Ex20_13 中就是 vector<> odd_numbers)必须要大到能够保存该算法将输出的所有元素，这一点十分关键。因为一般来说，无法提前知道会有多少个元素，所以可能不得不分配一个比实际需要更大的内存缓冲区。Ex20_13 就是这么做的：用 numbers.size() 元素(都是 0)的一个动态数组来初始化 odd_numbers，这肯定足够保存所有奇数。当然，结果表明，分配的内存比实际需要的内存大一倍。std::copy_if() 算法返回的迭代器指向复制的最后一个元素之后的那个元素位置。通常，可以使用这个迭代器来删除目标容器中所有多余的元素，示例 Ex20_13 就采用了这种方法。

■ **警告**：不要忘记 erase() 调用的第二个实参！它必须是容器的尾迭代器。如果忘记了这个实参，erase() 将只删除第一个实参传入的迭代器指向的那个元素。换言之，在示例 Ex20_13 中，只会从 odd_numbers

中删除原有的一个 0!

除了 std::copy_if(), 还有许多算法会类似地复制或移动输出到目标范围中, 如 std::copy()、move()、replace_copy()、replace_copy_if()、remove_copy() 等。因此, 原则上它们都可以使用相同的技术。也就是说, 可以保守地分配过大的目标范围, 然后使用算法返回的迭代器缩减范围。

虽然这种模式在有的时候仍然有用, 但显然很麻烦, 很容易出错。好在还有一种更好的方式。对于示例 Ex20_13, 可以转而使用下面的两条语句(参见示例 Ex20_13A):

```
std::vector<int> odd_numbers;
std::copy_if(begin(numbers), end(numbers), back_inserter(odd_numbers),
             [](int n) { return n % 2 == 1; });
```

使用这种方法时, 不需要过度分配内存, 所以也不需要在之后使用 erase() 删除任何多余的元素。相反, 我们使用 std::back_inserter() 函数创建了一个非常特殊的"假"迭代器。在我们的例子中, copy_if() 通过这个特殊的输出迭代器所分配的每个元素, 实际上将被转发给 odd_numbers 的 push_back() 函数, 这里的 odd_numbers 是创建迭代器时传递给 back_inserter() 的容器对象。因此, 最终结果是相同的(所有奇数都被添加到 odd_numbers 中), 但是这一次使用的代码更少, 而且更重要的是, 代码更加清晰, 出错的可能性也更低。

■ 提示: <iterator> 模块定义了 back_inserter()、front_inserter() 和 inserter() 函数, 它们可创建"假"迭代器对象, 每当在解引用后给这些迭代器赋值时, 就会相应地触发 push_back()、push_front() 和 insert() 函数。每当算法需要将值输出到某个容器中时, 就应该使用这些函数。

20.3.4 删除-擦除技术

常常需要从容器中删除满足特定条件的所有元素。在本章前面的示例 Ex20_10 的 removeEvenNumbers() 函数中, 显示了如何使用一个相当复杂的 for 循环来实现这种功能, 该 for 循环迭代容器的所有元素, 检查元素是否满足条件, 并调用容器的 erase() 来删除满足条件的元素。但是, 这种实现方式低效而且容易出错。以一个 vector<> 为例。如果从 vector<> 的中间删除一个元素, 那么所有后续元素都需要移动, 以填补被删除元素占用的空间。而且, 在迭代容器的过程中删除同一个容器的元素时, 需要特别小心, 确保正确处理迭代器, 前面讨论了这方面的内容。这很容易导致错误出现。因此, 下一小节将讨论删除容器中元素的更高效的方法: 删除-擦除技术和更高级别的辅助函数。

顾名思义, 删除-擦除技术通常涉及在调用 remove() 或 remove_if() 算法后, 调用容器的成员函数 erase()。

■ 警告: remove() 和 remove_if() 算法并不会真的从容器中删除元素; 它们做不到这一点, 因为它们只能访问迭代器。无法访问容器或其成员函数, 算法就不可能调用 erase() 函数擦除任何元素。相反, 这些算法的工作方法是将所有不应该被删除的元素移到输入范围的前部。

在将 remove() 和 remove_if() 这样的算法应用于顺序容器的整个范围时, 需要删除的所有元素留在容器的末尾部分。为此, remove() 和 remove_if() 返回一个迭代器, 指向要删除的第一个元素。可以将这个迭代器用作容器的 erase() 方法的第一个实参, 以删除多余的元素。因为首先需要调用 remove(), 然后调用 erase(), 所以该技术被命名为删除-擦除技术。

下面用一些实际代码来看看删除-擦除技术的工作方式。可以使用示例 Ex20_10 中的程序, 只是这一次将 removeEvenNumbers() 替换为如下版本：

```
void removeEvenNumbers(std::vector<int>& numbers)
{
  // Use the remove_if() algorithm to remove all even numbers
  auto first_to_erase{ std::remove_if(begin(numbers), end(numbers),
                     [](int number) { return number % 2 == 0; }) };
  // Erase all elements including and beyond first_to_erase
  numbers.erase(first_to_erase, end(numbers));
}
```

程序(示例 Ex20_14)的输出应该是相同的：

```
The original set of numbers: 1 2 3 4 5 6 7 8 9 10 11 12 13 14 15 16 17 18 19 20
The numbers that were kept: 1 3 5 7 9 11 13 15 17 19
```

如果从 removeEvenNumbers() 中删除调用 numbers.erase() 的那行代码，输出结果可能更加具有指导性。此时，输出结果如下：

```
The original set of numbers: 1 2 3 4 5 6 7 8 9 10 11 12 13 14 15 16 17 18 19 20
The numbers that were kept: 1 3 5 7 9 11 13 15 17 19 11 12 13 14 15 16 17 18 19 20
```

可以看到，remove_if() 只是将所有应该保留的元素(奇数 1 到 19)移到了范围的前部，而使范围的后部元素较为混乱。换言之，该算法并没有将所有的偶数都移到范围的后部。这样做只是在浪费时间。范围的后部是要被删除的，所以那里有奇数也没有关系[1]。在使用 remove() 和 remove_if() 这样的算法后，应总是调用 erase()。如果也希望将偶数移到范围的后部，可以使用 std::partition()。

■ **警告**：再次强调，不要忘记 erase() 调用的第二个实参！它必须是容器的尾迭代器。如果忘记了这个实参，erase() 将只删除第一个实参传入的迭代器指向的那个元素。例如，在示例 Ex20_14 中，只会删除数字 11。

擦除函数

相比于递增迭代器或将 erase() 的结果赋值给迭代器(如 Ex20_10 的 removeEvenNumbers() 函数中所示)的循环，基于算法的删除-擦除技术已经前进了一大步。但该技术仍然有点容易出错(特别容易忘记 erase() 的第二个实参！)，且相当冗长(删除元素需要进行两次函数调用)。因此，C++20 为大部分容器模块(除了 <array>)添加了非成员函数模板 std::erase(Container, Value) 和/或 std::erase_if(Container, Function)。例如，可以使用 std::erase_if() 将 Ex20_14 中的 removeEvenNumbers() 简化为：

```
void removeEvenNumbers(std::vector<int>& numbers)
{
  std::erase_if(numbers, [](int number) { return number % 2 == 0; });
}
```

上面的代码很简洁，对吗？结果程序包含在 Ex20_14A 中。

■ **提示**：对于集合或映射容器，不存在 std::erase() 非成员函数，仅有 std::erase_if() 函数。应该使用这些容器的 erase() 成员函数。

1　通常，会使用 std::move() 将元素移到范围的前部。如果容器中包含的是类类型的对象，remove() 和 remove_if() 这样的算法会让所移动的元素位于范围的后部。从第 18 章可知，这些元素通常不再被使用，所以要尽快使用 erase() 将它们擦除。

■ 注意：并不是因为引入了 std::erase() 和 std::erase_if()，就不再需要知道删除-擦除技术。当然，这些函数将取代该技术(换言之，就是在调用 remove()或 remove_if()后接着调用 erase())的应用，但 remove()和 remove_if()并不是适用这种技术的唯一算法。本章后面的练习题 8 就是这样一个示例。

20.3.5 排序

对于数组和顺序容器，排序其元素是另外一个关键操作。你可能需要向用户呈现排序后的元素，但排序元素常常也是对元素进行进一步算法处理(如使用 std::binary_search()、std::merge()、std::set_intersection()等算法)的先决条件。

<algorithm>模块中定义了 std::sort()算法，可用于排序一个元素范围。该算法的前两个实参是要排序的范围的首尾迭代器。第三个实参是可选的比较器。如果没有指定比较器，就按升序排列元素。也就是说，如果对一个字符串范围应用该算法，字符串将按字典顺序排序。下面的示例对一个字符串范围进行了两次排序，第一次按字典顺序排序，第二次按照每个字符串的长度排序：

```cpp
// Ex20_15.cpp - Sorting strings
import <iostream>;
import <string>;
import <vector>;
import <algorithm>;
int main()
{
  std::vector<std::string> names{"Frodo Baggins", "Gandalf the Gray",
    "Aragon", "Samwise Gamgee", "Peregrin Took", "Meriadoc Brandybuck",
    "Gimli", "Legolas Greenleaf", "Boromir"};

  // Sort the names lexicographically
  std::sort(begin(names), end(names));
  std::cout << "Names sorted lexicographically:" << std::endl;
  for (const auto& name : names) std::cout << name << ", ";
  std::cout << std::endl << std::endl;

  // Sort the names by length
  std::sort(begin(names), end(names),
    [](const auto& left, const auto& right) { return left.length() < right.length(); });
  std::cout << "Names sorted by length:" << std::endl;
  for (const auto& name : names) std::cout << name << ", ";
  std::cout << std::endl;
}
```

输出如下：

```
Names sorted lexicographically:
Aragon, Boromir, Frodo Baggins, Gandalf the Gray, Gimli, Legolas Greenleaf, Meriadoc
Brandybuck, Peregrin Took, Samwise Gamgee,

Names sorted by length:
Gimli, Aragon, Boromir, Peregrin Took, Frodo Baggins, Samwise Gamgee, Gandalf the Gray,
Legolas Greenleaf, Meriadoc Brandybuck,
```

20.3.6 并行算法

C++17 标准库中最引人注目的地方是新增了大部分泛型算法的并行版本。如今几乎每台计算机都是多核计算机。即使普通的手机也有多个处理器核心。但是，默认情况下，调用任何标准算法时只会使用其中一个核心。其他所有核心将会闲置，等待有人给它们发布任务。这真是太可惜了。当处理大量数据时，如果能够将工作分配给所有可用核心，那么算法的速度会提高许多。在 C++17 中，很容易实现这一点。例如，要并行排序示例 Ex20_15 中的姓名，只需要告诉算法使用所谓的并行执行策略 (parallel execution policy)，例如：

```
std::sort(std::execution::par, begin(names), end(names));
```

std::execution::par 常量在<execution>模块中定义，所以必须先导入该模块。该模块还定义了其他执行策略，但是这里不做讨论。

当然，由于例子中只有 9 个元素，因此不大可能注意到执行速度的区别。不过，如果要对士兵的姓名进行排序，使用并行执行策略就合理多了。

几乎每个算法都可以用这种方式并行化。程序员不需要做什么操作，但收益却是巨大的。因此，每当处理较大的数据集时，都应该记得考虑采用这种并行算法。

■ **提示：**<algorithm>模块还定义了 for_each()算法，可以用来并行化许多常规的、基于范围的 for 循环。但是要小心，要确保循环的每次迭代可以独立执行，否则可能发生数据竞争。数据竞争和并发编程的其他方面不在本书的讨论范围内。

■ **注意：**基于范围的算法(在下一节中讨论)没有并行化的重载版本。因此，要并行化算法的执行，还需要借助于在此讨论的传统的、基于迭代器对的算法。

20.3.7 范围与视图

回顾一下，迭代器模式的优点在于：简单、健壮、高效、灵活、可维护、可调试。或许读者注意到，此处并未提及 "可使代码简洁、优雅"。确实如此，任何 C++开发人员都可以证实，使用迭代器对可能会导致代码冗长且笨拙。虽然这要好过直接处理底层数据结构，但仍然无法实现我们想要的简洁、优雅的代码。C++20 引入的范围和视图解决了该问题。它们在迭代器上方添加了额外一个强大的抽象层，这样相比于以前，能够更舒适和优雅地处理数据范围。

下面开始介绍 C++20 中新增的基于范围的算法的基础知识，这类算法是传统的基于迭代器对的算法的替代。

1. 基于范围的算法

到现在为止，读者写了多少次 begin(container), end(container)呢？可能不像我们那么多，所以还没有烦透了它，但应该也足以体会到这一点：它们真的太乏味了！例如，考虑示例 Ex20_15 中的这行代码：

```
std::sort(begin(names), end(names));
```

直观上，我们想对 names 排序。换句话说，我们想对一个容器排序，也就是对一个范围内的值排序。每次都需要在这种意图和一对迭代器之间进行转换，这很快就让人感到厌倦，并且会导致冗长且笨拙的代码。迭代器对的功能非常强大，但它们过于具体化，太低级了。

因此，在 C++20 中，std 名称空间中的大部分算法在 std::ranges 名称空间中都有对应的模板，这样就可以直接使用范围来代替迭代器对。使用范围，以下面这种更优雅的方式重写上面的 std::sort() 语句：

```
std::ranges::sort(names);
```

有效的范围包括容器、静态大小的数组、字符串、字符串视图、std::span<>(见第 9 章)等，基本上是任何支持 begin() 和 end() 的东西。基于范围的算法在内部使用的仍然是迭代器，但作为标准库的用户，不会再直接处理迭代器。也正应该如此：一个好的、易用的 API 应该隐藏了实现细节(例如迭代器)。

在 Ex20_11A、Ex20_12A、Ex20_13B、Ex20_14A 和 Ex20_15A 中，可以找到之前的算法示例，但这一次使用基于范围的算法，而不是基于迭代器对的算法。

坦白说，就算这是 C++20 中的范围提供的所有功能，我们也已经感到万分高兴了。但范围还有更多的功能：<ranges> 模块提供了一种全新且强大的范围，即视图(view)。但在介绍视图前，先简单讲解一下许多基于范围的算法的一个额外功能——投影(projection)。

> **注意**：与迭代器(见前面的介绍)一样，可以有多种范围：前向范围、双向范围、随机访问范围，等等。这些类别通常镜像了底层迭代器。但仅在阅读基于范围的算法的规范时，这种区别才显得重要。例如，std::ranges::sort() 仅用于随机访问范围。因此不能将这个基于范围的算法应用于 std::list<>[1]。

2. 投影

与 std 名称空间中相对应的算法不同，一些(如果不是大部分的话) std::ranges 算法支持一种额外的功能：投影。假定我们想要对一个 Box 序列排序，并且想按照它们的高度而不是体积进行排序。在 C++17 中，可以通过如下语句完成：

```
std::sort(begin(boxes), end(boxes),
  [](const Box& one, const Box& other) { return one.getHeight() < other.getHeight(); });
```

而在 C++20 中，可以用下面的语句：

```
std::ranges::sort(boxes, std::less<>{}, [](const Box& box) { return box.getHeight(); });
```

在把元素传递给比较函数之前，先将其传递给投影函数进行。在本示例中，在将 Box 传递给泛型 std::less<>{}函子前，投影函数会将所有的 Box 转换为对应的高度值。换言之，std::less<>{}函子总是会接收两个 double 类型的值，它并不知道我们实际上是在对 Box 进行排序，而不是对 double 类型的值进行排序。

可选的投影参数甚至可以是指向(无参数)成员函数的指针，或者是指向(公共)成员变量的指针。这种纯粹优雅的方式最好用一个示例来演示：

```
std::ranges::sort(boxes, std::less<>{}, &Box::getHeight);
// Or std::ranges::sort(boxes, std::less<>{}, &Box::m_height); should m_height be public
```

当调用每个对象的成员函数，或者从每个对象读取给定成员变量的值时，就会用到投影功能。

3. 视图

代码冗长不是传统的基于迭代器对的算法的唯一缺点。它们也不能很好地组合。假定我们有一个名为 boxes 的 Box 容器，想要获得 boxes 中大到能够容纳指定体积 required_volumn 的所有 Box 的指

---

[1] 链表容器确实提供了 sort()成员函数可供使用。

针。因为输出应该由 Box*指针组成，而不是 Box 的副本，所以不能像 Ex20_13 那样使用 copy_if()。查阅标准库文档后得知，std::transform()算法可将某类型的元素(Box)的一个范围转换为另一类型元素(Box*)的一个范围。但令人惊讶的是，并不存在仅转换元素子集的 transform_if()。因此，在 C++17 中，完成这样一个任务至少需要两个步骤。如下所示：

```
std::vector<Box*> box_pointers;
std::transform(begin(boxes), end(boxes), back_inserter(box_pointers),
               [](Box& box) { return &box; });
std::vector<Box*> large_boxes;
std::copy_if(begin(box_pointers), end(box_pointers), back_inserter(large_boxes),
             [=](const Box* box) { return *box >= required_volume; });
```

- 首先要将 boxes 转换成 Box*指针，然后仅复制那些指向足够大的 Box 的指针。显然，这里为完成这个简单的任务编写了太多代码。而且，这些代码的性能达不到期望：如果大部分 Box 不能容纳 required_volume，那么将所有的 Box*指针首先放到一个临时的向量中显然是一种浪费。
- 即使获取 Box 的存储地址仍然没有太大开销，但一般情况下，转换函数可能有很大开销。将其应用于所有元素可能较低效。

为了解决这些问题，我们首先可能想要过滤出不相关的对象，之后仅转换符合条件的一些 Box。在 C++17 中，为了使用算法完成该任务，必须借助于更高级的中介容器，如 std::vector<std::reference_wrapper<Box>>。在此，我们不会介绍这类容器，但要明确的一点是：将算法组合起来很快就会变得冗长和笨拙。

这些需要将几个算法步骤组合起来的问题会经常出现。使用 C++20 中的基于范围的算法，可以有效地解决这些问题，甚至可采用多种方法解决它们。这要归功于一个强大的新概念：视图。

■ **警告：** 在介绍视图前，值得说明的是，与读者最初所想的相反(至少与我们最初所想的相反)，并不能使用 std::ranges::copy_if()的投影功能轻而易举地解决"收集所有指向足够大 Box 的指针"的问题。下面的表达式看起来完全合理，但它不能编译：

```
std::ranges::copy_if(
  boxes, // Input range
  back_inserter(large_boxes), // Output iterator
  [=](const Box* box) { return *box >= required_volume; }, // Condition for copy_if()
  [](Box& box) { return &box; } // Projection functor
);
```

问题在于，copy_if()的投影函数(在本示例中该函数将 Box&引用转换为 Box* 指针) 仅在将元素传递给条件函数(该函数测试 Box 是否足够大)之前应用，而不是在写出到 copy_if()的输出迭代器之前应用。因此，在上面那个错误的表达式中，copy_if() 实际上试图将 Box 值塞入 Box* 指针的向量中，这显然是行不通的。

20.4 视图与范围

视图与范围是两个类似的概念。实际上，每个视图就是一个范围，但并非所有的范围都是视图。比较正式的一种说法是，视图是一个范围，但在该范围内移动、析构和复制(如果可以复制)元素的开销与其中元素的数量无关，因此这个开销几乎可以忽略不计。例如，容器是一个范围，但它不是视图：容器中的元素越多，复制和销毁元素的开销就越高。另一方面，第 9 章中介绍的 string_view 和 span<>

类就是视图概念的实现。创建和复制这些类型的对象几乎是没有开销的,不管底层范围有多大。但是,视图仍然相当直观:它们只是以相同的顺序重复与底层范围相同的元素,完全不做修改。

<ranges>模块提供的视图要强大得多。它们允许修改看待底层范围的方式。可以把它们想象成通过玫瑰色眼镜看世界。例如,当通过一个 transform_view 查看一个 Box 范围时,可能会看到一个高度、体积、Box*指针的范围。当通过 filter_view 查看一个 Box 范围时,则看到的 Box 可能一下子少了很多,可能只会看到大 Box、立方形 Box 或者带黄点的粉色 Box。视图允许改变后续算法步骤看待给定范围的方式、看到这个范围的哪些部分以及/或者查看这些部分的顺序。

例如,下面的语句分别创建了 transform_view 和 filter_view:

```
auto volumes_view = std::ranges::transform_view{ boxes,
                        [](const Box& box) { return box.volume(); } };
auto big_box_view = std::ranges::filter_view{ boxes,
                        [=](const Box& box) { return box >= required_volume; } };
```

与任何范围一样,我们可以通过迭代器遍历视图的元素,既可以调用 begin() 和 end() 来显式遍历,也可以通过基于范围的 for 循环隐式遍历。

```
for (auto iter{ volumes_view.begin() }; iter != volumes_view.end(); ++iter) { /* ... */ }
for (const Box& box : big_box_view) { /* ... */ }
```

这里的要点是,创建这些视图是几乎没有开销的(时间或空间开销),这与有多少个 Box 无关。创建 transform_view 不会转换任何元素;只有当解引用该视图的迭代器时才会进行转换。类似地,创建 filter_view 并不会进行任何过滤;只有当递增视图的迭代器时才会进行过滤。用技术术语来说,视图及其元素通常是延迟(或按需)生成的。

1. 范围适配器

在实践中,通常不会像前一节那样,使用构造函数直接创建这些视图。相反,我们大部分时候会结合使用 std::ranges::views 名称空间中的范围适配器与重载的按位或运算符|。一般来说,下面的两个表达式是等效的:

```
std::ranges::xxx_view{ range, args } /* View constructor */
range | std::ranges::views::xxx(args) /* Range adaptor + overloaded | operator */
```

因为 std::ranges::views 读起来不大容易,所以我们预计相应的 using namespace 指令会很受欢迎。使用范围适配器时,可以像下面这样创建前面的两个视图:

```
using namespace std::ranges::views;
auto volumes_view = boxes | transform([](const Box& box) { return box.volume(); });
auto big_box_view = boxes | filter([=](const Box& box) { return box >= required_volume; });
```

这种表示法的好处是,可以将|运算符链接起来,组成多个视图。例如,通过使用范围适配器,很容易解决 "收集所有指向足够大 Box 的指针" 的问题(从现在开始,我们假定添加了 using namespace std::ranges::views 指令):

```
std::ranges::copy(
  boxes  | filter([=](const Box& box) { return box >= required_volume; })
         | transform([](Box& box) { return &box; }),
  back_inserter(large_boxes)
);
```

注意现在在转换前进行过滤多么容易了吗? 当然,如果选择首先执行转换步骤,则可以简单地交换 filter()和 transform()适配器的顺序。此时,需要修改 filter()适配器,使其处理 Box*指针,而不是 Box&
引用。建议读者试着实现这种处理方式(Ex20_16 包含首先使用 filter()适配 boxes 的解决方案,读者可
以把该解决方案作为这个练习的起点)。

■ **注意**:适配器链被称为管道,在此上下文中,|常被称为管道字符或管道运算符。这里的|表示法类
似于大部分 Unix shell 中的用法,在那些 shell 中,使用|将一个进程的输出与下一个进程的输入连接起
来,

为完整起见,下面展示了使用基于范围的算法和视图适配器解决之前的问题的另外两种方式:

```
std::ranges::copy_if( /* Transform using adaptor before filtering in copy_if() */
  boxes | transform([](Box& box) { return &box; }), // Input view of boxes
  back_inserter(large_boxes), // Output iterator
  [=](const Box* box) { return *box >= required_volume; } // Condition for copy_if()
);

std::ranges::transform( /* Filter using adaptor before transforming using algorithm */
  boxes | filter([=](const Box& box) { return box >= required_volume; }),
  back_inserter(large_boxes), // Output iterator
  [](Box& box) { return &box; } // Transform functor of transform()
);
```

■ **提示**:类似于基于范围的算法中的投影参数,transform()和 filter()这样的范围适配器也接收成员指
针作为输入。假设 Box::isCube()是一个返回布尔值的成员函数,Box::m_height 是一个公共成员变量(正
常情况下不应该是公共的),那么下面的管道将生成一个 Box 范围内所有立方体的高度的视图:

```
boxes | filter(&Box::isCube) | transform(&Box::m_height)
```

2. 将范围转换为容器

对于前面小节中的例子,读者可能认为下面注释掉的语句能够工作:

```
auto range = boxes  | filter([=](const Box& box) { return box >= required_volume; })
                    | transform([](Box& box) { return &box; });
std::vector<Box*> large_boxes;
// large_boxes = range;
// large_boxes.assign(range);

// std::set<Box*> large_box_set{ range };
```

但它们其实不能工作。标准库并没有提供特别优雅的语法将范围转换为容器。希望他们在 C++23
中解决这个问题,但就现在而言,我们将需要依赖于容器的基于迭代器对的 API,首先对范围应用
begin()和 end()。

```
large_boxes.assign(begin(range), end(range));

std::set<Box*> large_box_set{ range.begin(), range.end() };
```

3. 范围工厂

除了范围适配器,<ranges>模块还提供了所谓的范围工厂。顾名思义,范围工厂不是适配给定的
范围,而是生成一个新的范围。下面的示例演示了这样一个范围工厂的应用,并将它与几个视图适配

器结合起来(其中一些适配器是之前没有介绍过的):

```cpp
// Ex20_17.cpp - Range factories and range adaptors
import <iostream>;
import <ranges>; // For views, range factories, and range adaptors

using namespace std::ranges::views;

bool isEven(int i) { return i % 2 == 0; }
int squared(int i) { return i * i; }

int main()
{
  for (int i : iota(1, 10)) // Lazily generate range [1,10)
    std::cout << i << ' ';
  std::cout << std::endl;

  for (int i : iota(1, 1000) | filter(isEven) | transform(squared)
                             | drop(2) | take(5) | reverse)
    std::cout << i << ' ';
  std::cout << std::endl;
}
```

这段代码将生成如下输出:

```
1 2 3 4 5 6 7 8 9
196 144 100 64 36
```

两个循环都调用名称很奇怪的范围工厂 std::ranges::views::iota() (接下来的 "注意" 部分将解释这个名称)。就像管道运算符|在给定范围适配器时所做的那样,调用 iota(from, to)工厂函数会构造一个 iota_view,就好像是由 std::ranges::iota_view{from, to}构造的。这个视图代表一个范围,该范围在概念上包含从 from(包含在内)到 to(不包含)的数字。与前面一样,创建 iota_view 是没有开销的。即,它并不会实际分配或填充任何范围。相反,在迭代视图的时候,才会延迟生成数字。

■ 注意: 名称 iota 指的是希腊字母 iota,写作ι。这是对经典编程语言 APL 的致敬,API 是图灵奖获得者 Kenneth E Iverson 在 20 世纪 60 年代,他撰写的很有影响力的图书 *A Programming Language* 中开发的(APL 这个缩写就来自这个书名)。APL 编程语言使用数学符号来命名数字函数,其中一个就是ι。例如,在 APL 中,ι3 将得到数组{1 2 3}。

第一个循环只是简单地打印出一个小 iota()范围的内容,而在第二个循环中,我们决定炫技,首先通过一个相当长的适配器管道,输出一个更大的 iota()范围。前面已经介绍过 filter()和 transform()适配器; drop(n)生成一个 drop_view,它删除一个范围内的前 n 个元素(在 Ex20_17 中,drop(2)将删除元素 4 和 16,前两个偶数的平方数); take(n)生成一个 take_view,它保存给定范围的前 n 个元素,丢弃剩余的元素(在 Ex20_17 中,take(5)将丢弃 256 及更大的平方数); reverse 生成的视图将翻转给定范围。建议读者试着修改 Ex20_17,看看不同适配器的效果,以及如果修改它们的顺序会发生什么等。

■ 注意: 与大部分适配器不同,std::ranges::views::reverse 是一个变量,不是一个函数。

与前面一样,可以查阅标准库文档,了解<ranges>模块提供的所有可用视图、范围适配器和范围工厂的更多信息。但是,加上本章末尾的练习题中给出的范围适配器,我们相信已经介绍了最常用的那些适配器。

4. 通过视图写入

只要视图(或者任何范围)基于非 const 迭代器，解引用其迭代器就将得到 lvalue 引用。例如，在下面的程序中，我们使用 filter_view，对给定范围内的所有偶数求平方:

```
// Ex20_18.cpp - Writing through a view
import <iostream>;
import <vector>;
import <ranges>; // For views, range factories, and range adaptors

bool isEven(int i) { return i % 2 == 0; }

int main()
{
  std::vector numbers { 1, 2, 3, 4, 5, 6, 7, 8, 9, 10 };

  for (int& i : numbers | std::ranges::views::filter(isEven))
    i *= i;

  for (int i : numbers) std::cout << i << ' ';
  std::cout << std::endl;
}
```

结果如下所示:

```
1 4 3 16 5 36 7 64 9 100
```

如果在 Ex20_18 的 numbers 变量的定义前加上 const，for 循环中的复合赋值将无法通过编译。如果将 numbers 替换为 std::ranges::views::iota(1, 11)，也将无法编译，因为 std::ranges::views::iota(1, 11)是一个只读的视图(这个视图的元素是动态生成的，然后将被丢弃，所以写入该视图没有意义)。

20.5 本章小结

本章简要介绍了标准库的 3 种最重要、最常用的特性:容器、迭代器和算法。容器使用多种数据结构组织数据，每种数据结构都有其优缺点。典型的容器，特别是顺序容器，除了提供添加、删除和遍历元素的操作以外，并没有提供太多功能。操纵容器内存储的数据的更高级操作则是通过庞大的一组泛型高阶函数模板(称为算法)提供的。

我们的目标并不是让读者通过阅读本章，就成为各种容器和算法模板的专家。那需要大量的篇幅。因此，要真正开始使用本章学到的特性，需要不时查阅标准库文档。这种标准库文档应当列出了各种容器的所有成员函数，以及现有的许多算法模板(总数超过 100 个)，并且说明这种强大功能的语义。即使最有经验的 C++开发人员，也常常需要求助于好的参考书或网站。

因此，本章的目的是从全局角度出发，关注一般原则、最佳实践和需要留意的常见陷阱，并给出一些指导原则，帮助在标准库提供的丰富特性集合和典型用例之间做出选择。简言之，本章的内容是无法在典型参考资料中很快总结出来的。

本章的要点如下:

- 顺序容器用一种直观的、由用户决定的线性顺序逐个元素地存储数据。
- 主要使用的顺序容器应该是 std::vector<>。其他顺序容器的实际使用非常有限,特别是 list<>、forward_list<>和 deque<>。

- 3 种容器适配器(std::stack<>、queue<>和 priority_queue<>)都封装了一种顺序容器，并使用封装的容器实现有限的操作集合，允许插入并在以后取出元素。它们的区别主要在于取出元素的顺序。
- 集合是没有重复元素的容器，很擅长确定自己是否包含给定元素。
- 映射将键与值唯一地关联起来，并能够在给定键时快速获取对应的值。
- 集合和映射都有两种类型：有序的和无序的。如果需要得到数据的排序后的视图，前者特别有用；后者能够做到更加高效，但是其复杂性在于需要首先定义一个有效的哈希函数(本书没有讨论哈希函数，不过读者可以在标准库文档中了解相关信息)。
- 程序员——当然也包括标准算法——能够使用迭代器枚举任何给定容器的元素，而不必知道数据的实际物理组织方式。
- C++中的迭代器通常大量使用运算符重载，以便看起来和使用起来接近指针。
- 标准库提供了超过 100 种不同的算法，大部分都包含在 algorithm 头文件中。我们确保在正文或练习题中讲到了最有可能使用的那些算法。
- 所有算法都处理半开的迭代器范围，并且许多接收头等回调函数作为实参。很多时候，如果算法的默认行为不适合自己，可以使用 lambda 表达式来调用算法。
- 从一个范围内获取单个元素的算法(find()、find_if()、min_element()、max_element()等)通过返回一个迭代器实现这种行为。范围的尾迭代器总是用来表示"未找到"。
- 得到多个输出元素的算法(copy()、copy_if()等)通常总是应该与 iterator 头文件提供的 std::back_inserter()、front_inserter()和 inserter()函数结合使用。
- 要从序列容器中删除多个元素，应该使用删除-擦除技术。
- 通过向大多数算法传送 std::execution:par 执行策略作为第一个实参，可以利用当前硬件强大的多进程能力。

20.6 练习

下面的练习用于巩固本章学习的知识点。如果有困难，则回过头重新阅读本章的内容。如果仍然无法完成练习，可以从 Apress 网站(www.apress.com/source-code)下载答案，但只有别无他法时才应该查看答案。

1. 在实践中，我们绝不会建议读者实现自己的链表数据结构，在 Truckload 中存储 Box。在当时，实现链表很合理，能够练习嵌套类以及使用指针；但是通常应该采纳我们在本章前面给出的建议，选择使用 vector<>(更准确来说，使用多态的 vector<>，具体参见第 14 章)。如果需要顺序容器，vector<>几乎总是最佳选择！按照这条指导原则，在第 17 章练习题 1 中的 Truckload 类中去掉链表。注意，现在也可以遵守"0 的规则"了(参见第 18 章)。

2. 用 std::stack<>的实例替换 Ex16_04A 中自己定义的 Stack<>的两个实例。

3. 修改第 16 章练习题 6 的答案，用标准容器替换自己的 SparseArray<>和链表模板类型的全部实例。仔细思考哪种容器类型最合适。

注意：如果想多做练习，可以对第 16 章的练习题 4 和练习题 5 做相同的修改。

4. 研究 std::partition()算法，用它重新实现示例 Ex20_10 或 Ex20_14 中的 removeEvenNumbers()函数。

5. 并非全部标准库算法都在 algorithm 头文件中定义。numeric 头文件也定义了一些算法。accumulate()就是这样一个例子。研究这个算法，用它实现一个类似算法的函数模板，计算给定迭代器范围的平均值。用一个小的测试程序练习新实现的模板。

6. iota()是 numeric 头文件定义的另一个算法，可用来使用 M、M+1、M+2 等值填充给定范围。使用该算法修改示例 Ex20_10 中的 fillVector_1_to_N()函数。

7. 对于 Ex20_10，可不使用数字 1~N 填充向量，而改用一个适当的视图。另外，可以不从向量删除元素，而使用另一个视图，修改 Ex20_10，从而使用视图。

8. 删除-擦除技术并非只适用于 erase()和 erase_if()算法。另一个例子是 std::unique()，它用于从预先排好序的元素范围中删除重复元素。编写一个小程序，使用 0~RAND_MAX 之间的大量随机整数填充一个 vector<>，然后将这个序列排序，删除重复数字，最后输出剩余元素的个数。

9. 并行化第 8 题编写的程序。

10. 在靠近 Ex20_15A 末尾处的位置，按照长度排序字符串范围。用两种不同方法来重写算法调用。不允许直接使用<运算符，也不能使用<=>，或连续使用>和 reverse()。

11. 编写一个函数，确定给定整数是否为素数。可参阅 Ex6_05 中的素数测试。现在使用这个函数以相反的顺序打印出前 100 个素数。不要使用任何容器。

提示：前面使用过 iota(from,to)范围工厂，但 iota(from)也是有效的。后一个工厂调用生成一个视图，从概念上讲，该视图包含无限数量的连续值，连续值从 from 开始。由于只以延迟方式生成视图的元素，因此可拥有一个概念上无限大的视图。不要试图读取此视图的所有元素，那样将需要耗费很长时间。

12. 研究 take_while()和 drop_while()范围适配器，使用这两个函数改编上题，从而输出小于 1000 的素数。

13. 使用适当的算法，替换 Ex20_05 中的 maxWordLength()函数中的循环，试着想出一些替代解法。

14. 最后这道题难度较大。要求用户输入一系列数字，输入每个数字后按下 Enter 键。如果是素数，则在输入后打印"是，这是一个质数！"如果不是素数，则不打印任何内容。数字用户输入负数后，可立即停止程序。不允许使用任何容器、if 语句或循环，也不能确定一个数是否为素数。你必须使用算法、视图适配器和视图工厂完成所有工作。

提示：或许可考虑使用 std::ranges::istream_view<int>(std::cin)？如果不想使用 for_each()算法，或许可考虑使用特殊输出迭代器 std::ostream_iterator？

第 21 章

■ ■ ■

受约束的模板和概念

模板定义了参数化的一系列 C++实体，包括函数(第 10 章)或类类型(第 17 章)。在实践中，模板大多基于看起来任意的类型参数化。但对于大部分模板，并不能真的对任意类型实例化，否则可能导致错误。例如，有两个参数的 std::max<>()函数模板只能对支持<运算符的类型实例化；对于引用类型、void 或数组类型，不能实例化 std::vector<>和 std::optional<>类模板。尽管有时候可能没意识到，但我们创建的大部分模板也有类似的限制。

所有这些模板有着相同的一点：对模板类型实参的限制是隐含的，并且这些限制来自对依赖类型的值的使用方式(通常在模板代码的深层使用它们)。并不存在哪种机制显式阻止我们对没有<运算符的值调用 max<>()，或者试图创建 vector<int[]>或 optional<int&>类型的对象，但这么做常常会导致许多难以理解的模板实例化错误。如果在模板的头部没有说明，我们如何知道哪些参数能够使用、哪些不能使用？如果不仔细分析模板的代码，就只好查看代码注释或在线 API 文档，但我们知道，很多代码在注释或文档方面有所欠缺。

本章主要内容：

- 什么是概念，良好设计的概念有哪些性质
- 如何定义自己的概念
- 如何使用标准库提供的概念
- 如何使用约束来显式编码对模板类型参数的限制，以及为什么这么做能够让代码更容易使用
- 什么是基于约束的模板特化，以及这种特化如何为选定的类型系列特化算法或数据结构
- 可以在模板上下文以外使用概念来约束占位符类型，例如 auto、auto*或 const auto&。

本章所介绍的所有语言特性和库特性都是 C++20 中新增的。

21.1 无约束模板

到目前为止所定义的所有模板，以及 C++20 之前的标准库模板，都是所谓的无约束模板。尽管这类模板对其模板实参几乎总是有隐含的要求，但它们的定义并没有显式指出这些要求是什么。这就很难确定如何使用这些模板，以及是否应该使用它们。更严重的是，每当我们不小心通过一个类型不合适的实参使用模板时，编译器通常会给出大量难以理解的错误。作为一个(极端的)示例，读者可以试着编译下面看起来无害的程序。

```
// Ex21_01.cpp - Class template instantiation errors
import <set>;
import <list>;
import <vector>;
```

```
import <algorithm>;

class MyClass { /* just a dummy class */ };

int main()
{
  std::vector<int&> v;

  MyClass one, other;
  auto biggest = std::max(one, other);

  std::set<MyClass> objects;
  objects.insert(MyClass{});

  std::list numbers{ 4, 1, 3, 2 };
  std::sort(begin(numbers), end(numbers));
}
```

我们使用了几个编译器来编译这个程序，其中一个生成了几乎 2000 行错误消息，紧跟其后的编译器产生的错误消息虽然少一些，但也接近 500 行。在这堆错误的深处，可能会有间接的指示说明了错误的根源在什么地方，但是如果新接触模板，这无异于大海捞针。

当然，读者并不是新接触这些模板，所以在继续阅读之前，可以试着找出在这 4 种情况中，什么地方出错了。

如本章引言中所述，不能为引用类型实例化 vector<>(就像不能使用 new int&[...]创建动态引用数组一样)，并且 std::max()的两个参数的重载只能用于支持<运算符的对象。我们刚刚讲完第 20 章的内容，所以读者当然也知道，不应该把不支持<的对象插入有序集合中。

Ex21_01 中的最后一种情况可能不那么显而易见。对一个整数列表进行排序有什么问题？为了确定这一点，我们来看看库代码中的 std::sort()声明:

```
template<typename RandomAccessIterator>
void sort(RandomAccessIterator first, RandomAccessIterator last);
```

我们很幸运: 编写标准库的这个实现的人没有使用 T 作为此模板类型参数的名称。从这个名称可知，std::sort()期望收到一个随机访问迭代器(参见第 20 章)。但第 20 章讲到，std::list<>只提供了双向迭代器。对于 std::list<>，无法直接跳到链表中的特定点(总是必须线性遍历节点链)，这就是链表迭代器不支持+、-、+=、-=或[]运算符的原因，但 std::sort()的实现要用到其中一些运算符，所以不能对链表使用 std::list<>。

████ 提示: 应该使用列表容器的 sort()成员函数来排序它们的元素。

21.2 受约束的模板

在编译 Ex21_01.cpp 这样的代码时，之所以会收到大量错误，是因为编译器会首先完全实例化所有相关模板，以及这些模板使用的所有模板，以此类推。这常常会导致生成大量代码，其中散布了无效的声明和/或语句。当编译这种代码时，编译器当然会遇到许多不同的问题。不仅如此，编译器产生的错误消息大多都指向模糊的、与特定上下文有关的症状，其根源则隐藏在模板内部机制的深处。从这些错误消息回溯到根本原因(无效的模板实参)有时候十分困难。

对比一下调用一个普通函数的情形，例如下面这个 getLength()函数:

```
size_t getLength(const std::string& s) { return s.length(); }
```

举个例子，当调用 getLength(1.23f)时，编译器并不会造成干扰，指出 1.23f 没有 length()成员，而是会告诉我们，不能使用实参 1.23f 调用 getLength()，因为不能把 float 转换为 std::string。很清晰，很到位。事实上，在这里，编译器甚至不会查看函数体：函数签名已经提供了它需要的全部信息。当然，我们也可方便地查看这些信息。

通过为模板的参数添加所谓的"约束"，可以为模板实现相同的性质，即：

- 从模板头部立即可以看出允许使用哪些模板实参，不允许使用哪些模板实参。
- 只有当模板实参满足所有约束时，才会实例化模板。因此，不正确地实例化模板时，不会再看到无数个含义模糊的错误。其目的是，一旦满足了模板的所有约束，实例化的代码就总是能够编译，不会产生错误。
- 反过来，一旦违反了模板的约束，就会生成错误消息，这种消息更加接近于问题的根本原因，即我们试图通过不合适的模板实参来使用模板。

例如，std::ranges 名称空间中的所有算法都是受约束的函数模板。这不只包括第 20 章讨论的基于范围的算法，还包括 std 名称空间中基于迭代器对的遗留算法的受约束版本。例如，当我们把 Ex21_01.cpp 中的最后一条语句替换为 std::ranges::sort(begin(numbers), end(numbers))时，将得到比使用无约束算法时清晰得多[1]的错误消息：

```
error: use of function 'void std::ranges::sort(Iter, Iter) [with Iter = std::_List_
iterator<int>]' with unsatisfied constraints
    | std::ranges::sort(numbers.begin(), numbers.end());
[...]
constraints not satisfied in instantiation of 'void std::ranges::sort(Iter, Iter)':
[...]
  required for the satisfaction of 'std::random_access_iterator<Iter>'
[...]
  the required expression '(i - n)' is invalid [...]
  the required expression '(i + n)' is invalid [...]
  the required expression '(i += n)' is invalid [...]
  the required expression '(i -= n)' is invalid [...]
  the required expression 'i[n]' is invalid [...]
  the required expression '(i < j)' is invalid
[...]
```

■ 提示：总是应该优先使用 std::ranges 名称空间中的算法，而不是 std 名称空间中的算法，即使在处理迭代器对时也是如此。std::ranges 名称空间中的算法的模板参数上使用了约束，所以在我们犯错时，它们会给出更好的错误消息。此外，还有一个优势：许多 std::ranges 算法接收一个可选的投影函数参数(参见第 20 章)。

在介绍如何为自己的模板添加约束前，必须首先介绍在表达模板要求时首选的语言特性：概念。

---

1 坦白说，只有当基于本章后面开发的随机访问概念，使用我们自己的受约束版本的 std::sort()时，才会得到如此清晰的错误。使用标准库算法时，生成的错误并没有这么清晰。但是，至少提供更明确的错误消息的潜力是存在的，我们预期编译器开发者和库设计者会在将来努力工作，为受约束的模板提供越来越好的诊断信息。

21.3　概念

从概念上讲，概念是命名的一组要求。我们区分三类要求：

- 语法要求。例如，要想让 i 是随机访问迭代器，对于整数 n，表达式 i + n、i -=n 和 i[n] 都必须有效。
- 语义要求。并不是因为某个对象提供了必要的运算符，让 i + n、i -=n 和 i[n] 能够通过编译，它们的实现就匹配了我们期望随机访问迭代器应有的实现。例如，i[n]应该相当于*(i + n)，i -= n 应该相当于 i += -n，i += n 相当于 n 乘以++i(这里 n 为正数)。在++i 之后使用--i，应该会回到一开始的位置，而&(i += n)应该等于&i 等。通常，语义要求会远多于语法要求。
- 复杂性要求。对于随机访问迭代器 i，i + n 和 i -=n 这样的表达式的计算应该是常量时间，与 n 的大小无关。因此，不允许使用运算符++或--来实现这些运算符。

但是，只有语法要求是我们能够添加到实际代码中的要求。它们也是编译器能够强制施加的唯一一种要求(自动验证语义要求或复杂性要求在最佳场景中也非常难以实现，而在一般场景中，已经被证明无法实现)。但是，这并不意味着其他要求不重要，恰恰相反，概念的语义和复杂性要求通常比语法要求重要得多。

▨ **提示：** 应该在代码注释和/或其他代码文档中，显式指定概念的所有不能明显看出的语义和复杂性要求。

▨ **警告：** 避免让概念只具有语义要求，如"具有+运算符"。随机访问迭代器、数字、字符串等都有+运算符，但它们显然建模完全不同的概念。概念的首要目的是建模一种具有语义要求("行为类似于内置指针"或"遵守算术属性，如交换性、传递性或关联性")的语义观念(如"迭代器""数字""范围"或"全序")。虽然我们仅能通过编码和实施概念的语法方面来近似处理这种需求，但概念的目的并不会因此改变。

21.3.1　概念定义和表达式

概念定义是命名的一组约束的模板，其中的每个约束为一个或多个模板参数规定了一个或多个要求。一般来说，模板定义的格式如下所示：

```
template <parameter list>
concept name = constraints;
```

与其他模板类似，概念的参数列表指定了一个或多个模板参数。同样，这些参数大部分都是类型参数，但从技术上讲，也允许使用非类型模板参数(具有常见的限制)。与其他模板不同的是，编译器从不会实例化概念，所以它们不会产生可执行的代码。相反，应该把概念视为编译器在编译时计算的函数，用于判断一组实参是否满足了给定约束。

概念定义体内的约束是逻辑表达式，由一个或多个 bool 类型(必须是 bool 类型；不允许进行类型转换)的常量表达式通过合取(&&)和/或析取(||)构成。常量表达式是编译器能够在编译时计算的任意表达式。下面是一个直观的示例：

```
template <typename T>
concept Small = sizeof(T) <= sizeof(int);
```

如果类型 T 满足一个概念的约束表达式，就称 T 建模了该概念。因此，如果类型 T 的对象的物理大小不大于 int，则类型 T 建模了 Small<>。

要验证给定类型是否建模了一个概念，需要使用概念表达式。概念表达式包含一个概念的名称，其后是放在尖括号内的模板实参列表。例如，Small<char>和 Small<short>这样的表达式计算为 true，而 Small<double>和 Small<std::string>则一般计算为 false。

通常完全或者至少部分使用其他概念的概念表达式来定义一个概念。下面给出了一些示例：

```
template <typename I>
concept Integer = SignedInteger<I> || UnsignedInteger<I>;
template <typename Iter>
concept RandomAccessIterator = BidirectionalIterator<Iter>
&& /* Additional syntactical requirements for random-access iterators... */;
```

如果类型 I 建模了 SignedInteger<>或 UnsignedInteger<>(二者都是假设的概念)，那么 I 就建模了 Integer<>。而一个类型要建模 RandomAccessIterator<>，就必须首先也建模了 BidirectionalIterator<> 概念。当然，最终不能只使用概念表达式。我们最终需要表达概念的实际语法要求，例如之前提到的 RandomAccessIterator<>特有的要求。为此，通常需要使用 requires 表达式。

21.3.2 requires 表达式

requires 表达式有以下两种形式：

```
requires { requirements }
requires (parameter list) { requirements }
```

它的可选参数列表与函数定义中的可选参数列表类似，不过不允许有默认实参值。我们使用这个参数列表，在 requires 表达式体内引入局部类型变量(requires 表达式体内不允许声明普通变量)。然后，在表达式体内，使用这些参数名称创建表达式。需要注意的是，requires 表达式的参数并不会绑定到实际的实参，表达式体内的表达式也不会被执行。编译器使用这些表达式只是为了检查它们是否构成有效的 C++代码。在看到接下来介绍的示例后，这些内容就很容易理解了。

requires 表达式体包含一系列要求。每个要求以分号结束，可以是简单要求、复合要求、类型要求或嵌套要求。接下来将逐个介绍这些要求类型。

1. 简单要求

简单要求由任意一条 C++表达式语句构成，如果当该表达式是真实的可执行代码的一部分时，能够成功编译，而不产生错误，则该简单要求就得到满足。下面的示例显示了之前的 RandomAccessIterator<>概念定义的更加完整的版本：

```
template <typename Iter>
concept RandomAccessIterator = BidirectionalIterator<Iter>
  && requires (Iter i, Iter j, int n)
    {
      i + n; i - n; n + i; i += n; i -= n; i[n];
      i < j; i > j; i <= j; i >= j;
    };
```

这个 requires 表达式包含 10 个简单要求。如果所有对应的表达式都有效，它就计算为 true。在本例中，所有表达式都对两个参数名称应用某个运算符，但我们其实可以使用任何形式的表达式，包括字面量、函数调用、构造函数调用、类型转换、类成员访问等。在这些表达式中使用的所有变量要么是全局变量，要么是参数列表中引入的变量。也就是说，不能像平常那样声明局部变量，如下所示：

```
requires (Iter i, Iter j)
{
  int n; /* Error: not an expression statement */
  i + n; i - n; n + i; i += n; i -= n; i[n]; /* Error: undeclared identifier n */
  i < j; i > j; i <= j; i >= j;
}
```

■ 提示: 为了更好地表达实际要求, 对于 requires 表达式中的参数, 如果没有把它们用在要求它们是非 const 的表达式中, 就应该为参数类型添加 const 限定符。需要的时候, 可以引入相同类型的 const 和非 const 变量。下面是按照这种思想优化后的 RandomAccessIterator< >:

```
template <typename Iter>
concept RandomAccessIterator = BidirectionalIterator<Iter>
  && requires (const Iter i, const Iter j, Iter k, const int n)
    {
      i + n; i - n; n + i; i[n];      // Required to work on const operands
      k += n; k -= n;                 // Only these (left) operands must be non-const
      i < j; i > j; i <= j; i >= j;   // Required to work on const operands
    };
```

2. 复合要求

复合要求与简单要求类似, 只不过除了断言给定表达式必须有效, 复合要求还可以阻止此表达式抛出异常, 以及/或者约束它计算结果的类型。复合要求可以采取下面的形式。

```
{ expr };                            // expr is a valid expression (same as expr;)
{ expr } noexcept;                   // expr is valid and never throws an exception
{ expr } -> type-constraint;         // expr is valid and its type satisfies type-constraint
{ expr } noexcept -> type-constraint;
```

第 1 种形式{ expr };与对应的简单要求完全等效。但是, noexcept 关键字添加了一个要求: 已知 expr 不会抛出异常。换句话说, 要想满足 noexcept 要求, expr 调用的任何函数都必须(显式或隐式地)是 noexcept(参见第 16 章)。作为这种复合要求的一个示例, 下面是一个类型的概念, 该类型的析构函数不能抛出异常:

```
template <typename T>
concept NoExceptDestructible = requires (T& value) { { value.~T() } noexcept; };
```

因为析构函数大多隐式的是 noexcept(参见第 16 章), 所以几乎所有类型都建模了 NoExceptDestructible< >。注意, 甚至基本类型, 如 int 或 double, 在行为上也好像它们有一个公共析构函数, 这正是为了方便使用类似这样的泛型表达式。

■ 警告: 在复合要求的花括号内, 表达式的后面没有分号。但是, 与之前一样, 在完整的复合要求后面有一个分号。不要忘记包围表达式的花括号(特别是因为->也可以是有效的运算符)。

复合要求最常见的用法是约束表达式可以计算成为的类型。例如, 在 RandomAccessIterator< >示例中, 迭代器仅仅支持 10 种必要的运算符还不够; 我们还期望 i + n 的结果是一个新的迭代器, i < j 可被转换为 bool, 等等。知道这一点后, 我们将其定义更新如下:

```
template<class Iter>
concept RandomAccessIterator = BidirectionalIterator<Iter>
    && requires(const Iter i, const Iter j, Iter k, const int n)
```

```
{
  { i - n } -> std::same_as<Iter>;
  { i + n } -> std::same_as<Iter>; { n + i } -> std::same_as<Iter>;
  { k += n }-> std::same_as<Iter&>; { k -= n }-> std::same_as<Iter&>;
  { i[n] } -> std::same_as<decltype(*i)>;
  { i < j } -> std::convertible_to<bool>;
  // ... same for i > j, i <= j, and i >= j
};
```

在<concepts>标准库模块中，std::same_as<>和 std::convertible_to<>是最常用的概念，从它们的名称很容易看出它们的用途。

现在，RandomAccessIterator<>的复合要求断言，i-n、i+n 和 n+i 都会得到一个 Iter 类型的新迭代器(+和-运算符操作 const Iter，保留 i 不变)，k+=n 和 k-=n 得到的值的类型为 Iter 引用(例如，对于类类型的迭代器，这些运算符应该返回*this)，i[n]的类型应该与*i 相同。decltype()是一个特殊的运算符，得到的结果是给定表达式的类型。最后，4 个比较运算符得到的类型必须能隐式或显式地转换为 bool。

■ **警告：** 复合要求中的->必须总是后跟一个类型约束(稍后将给出其定义)，而不能后跟一个类型。因此，虽然我们可能很想使用下面的语法，但这么做是不允许的：

```
requires(const Iter i, const Iter j, Iter k, const int n)
{
  { i - n } -> Iter; /* Error: Iter is a type, not a type constraint! */
  // ...
};
```

类型约束与概念表达式一样，也是概念名称后跟 0 个或更多个放在尖括号内的模板实参。但是，类型约束有一个特殊的地方：指定的模板实参总是比概念定义中的模板参数少一个。因此，对于单参数概念，类型约束中的模板实参列表将为空。这种空实参列表<>可以、并且通常会被省略。例如，下面的代码可以作为随机访问容器的概念的开始部分：

```
template<class Container>
concept RandomAccessContainer = requires (Container c)
{
  { c.begin() } -> RandomAccessIterator; // Short for RandomAccessIterator<>
  // ...
};
```

尽管我们的 RandomAccessIterator<>概念有一个类型参数，但用在类型约束中时，它不接收实参。类似地，标准的 std::same_as<> 或 std::convertible_to<>概念有两个模板参数，但在前面的 RandomAccessIterator<>的概念定义中，我们总是只指定一个实参。

这种行为的工作原理是，->左侧的表达式类型将被插入到类型约束中已经指定的任何实参的前面。因此，对于{ expr } -> concept<Args...>;形式的复合要求，实际上计算的概念表达式是 concept<decltype(expr), Args...>。

3. 类型要求和嵌套要求

最后，类型要求和嵌套要求具有如下形式：

```
typename name; // name is a valid type name
requires constraints; // same as in 'template <params> concept = constraints;'
```

这二者相对来说都很直观。下面给出一个 String<>概念的示例，它使用了类型要求和嵌套要求。std::ranges::range<>和 std::integral<>这两个概念分别在<ranges>和<concepts>模块中定义，它们的用途很明显。

```
template <typename S>
concept String = std::ranges::range<S> && requires(S& s, const S& cs)
{
  typename S::value_type;
  requires Character<typename S::value_type>;
  { cs.length() } -> std::integral;
  { s[0] } -> std::same_as<typename S::value_type&>;
  { cs[0] } -> std::convertible_to<typename S::value_type>;
  { s.data() } -> std::same_as<typename S::value_type*>;
  { cs.data() } -> std::same_as<const typename S::value_type*>;
  // ...
};
```

注意：除了 String<>概念定义中第一次出现的 typename 关键字，其他 typename 关键字都必须存在，才能让编译器正确解析模板。原因在于，S::value_type 是一个依赖类型名称(参见第 17 章)。还要注意，我们并没有像在RandomAccessIterator<>中那样定义一个额外的整数变量，而是采取了一种快捷方式，在 s[0]和 cs[0]表达式中简单地使用了整数字面量 0。

在 String<>的 requires 表达式中，第一个要求是一个类型要求。如果 S::value_type 命名了一个嵌套类、一个枚举类型或者一个类型别名，则该类型要求得到满足。

第二个要求是一个嵌套要求，它包含一个约束，该约束要求(依赖)类型 S::value_type 建模 Character<>。因为这个约束只是引用了模板类型参数 S，所以也可以把它从 requires 表达式中提出来。只有当嵌套的约束引用了外层 requires 表达式的参数列表中引入的变量时，才真的需要使用嵌套要求。

提示：类型要求的另一种常见用途是检查是否能够为给定类型(显式)实例化一个给定的类模板。这种类型要求具有如下形式：

```
typename MyClassTemplate<Args...>; // MyClassTemplate can be instantiated with Args...
```

为完整起见，可以像下面这样定义 String<>中使用的 Character<>概念：

```
template <typename C>
concept Character = std::same_as<std::remove_cv_t<C>, char>
         || std::same_as<std::remove_cv_t<C>, char8_t>
         || std::same_as<std::remove_cv_t<C>, char16_t>
         || std::same_as<std::remove_cv_t<C>, char32_t>
         || std::same_as<std::remove_cv_t<C>, wchar_t>;
```

为了与标准概念保持一致，如 std::integral<>(另外提一句，所有字符类型也都建模了 std::integral<>)，我们希望 Character<C>和 Character<const C>对所有字符类型 C 都为 true。为此，我们使用类型特征 std::remove_cv_t<>(来自<type_traits>模块)，从类型 C 删除所有限定符，如 const。可以把类型特征想象为操作类型的编译时函数。在这里，std::remove_cv_t<>将一个类型转换为另一个类型。例如，remove_cv_t<char>和 remove_cv_t<const char>都计算为类型 char。注意，Character<>的定义再次证明，std::same_as<>实际上是一个二元概念。

21.3.3 断言类型建模了一个概念

在定义自己的类类型时，我们希望验证它们建模了特定的概念。反过来，当定义新的概念时，我们想验证它们被特定的类型建模。通过静态断言，可以实现这两种验证。一般来说，static_assert(expr);是一种特殊的声明，如果常量表达式 expr 计算为 false，将导致编译错误。因为概念表达式就是常量表达式，所以也可以在静态断言中使用它们。下面这个示例应用了这种思想，确认了前面的概念定义确实能够工作。

```cpp
// Ex21_02.cpp - Asserting that a type models a concept
import <concepts>;              // For the std::same_as<> and std::convertible_to<> concepts
import <ranges>;                // For std::ranges::range<> concept
import <type_traits>;           // For the std::remove_cv<> type trait
import <list>;
import <vector>;
import <string>;

template <typename Iter>
BidirectionalIterator = true; // Feel free to further work out all requirements...

// Include here these (sometimes partial) concept definitions from before:
// NoExceptDestructible<>, String<>, Character<>, and RandomAccessIterator<>.

static_assert(NoExceptDestructible<std::string>);
static_assert(NoExceptDestructible<int>);
static_assert(String<std::string>);
static_assert(!String<std::vector<char>>);
static_assert(Character<char>);
static_assert(Character<const char>);
static_assert(RandomAccessIterator<std::vector<int>::iterator>);
static_assert(!RandomAccessIterator<std::list<int>::iterator>);
static_assert(RandomAccessIterator<int*>);
```

21.3.4 标准概念

标准库当然也提供了丰富的概念集合。例如，前面定义的大部分概念在标准库中都有对应的概念：NoExceptDestructible<>相当于<concepts>模块中的 std::destructible<>（包括 noexcept 要求），RandomAccessIterator<> 与 <iterator> 模块中的 std::random_access_iterator<> 几乎相同，而RandomAccessContainer<>被泛化为<ranges>模块中的 std::random_access_range<>（并不是所有范围都是容器）。

实质上，这些标准概念的构造方式与我们的概念类似。例如，std::random_access_iterator<>是使用 std::bidirectional_iterator<>和 std::totally_ordered<>定义的，而后者又将对类型的<、>、<=、>=、!=和==运算符的所有典型要求组合了起来。但总的来看，标准库中的概念比我们到目前为止创建的概念更好/更加优化。它们在被标准化时经过了仔细审查，而且在多次迭代过程中，通过从真实程序使用早期原型的方式进行学习，不断得到完善。

■ **提示**：只要有可能，就使用标准库或其他著名的库中已经定义好的概念。这不只是为了实现一致性和互操作性，也是因为编写有用的概念十分困难，可能需要多次迭代才能收到理想的效果。

按照我们的统计，C++20 标准库提供了大约 100 个概念。本书中无法全部介绍这些概念，所以我们在本节最后，概述一些最重要的概念分类，并说明它们包含在哪些模块中。在本章剩余部分及练习题中，我们会努力为每种最常用的分类提供至少一个示例。但是，有关全部概念的完整列表以及它们的详细规范，应该参考标准库文档。

<concepts>模块提供了核心的语言概念(same_as<>、derived_from<>、convertible_to<>等)、算术概念(integral<>、floating_point<>等)、常用对象操作的概念(copyable<>、assignable_from<>、default_initializable<>等)、比较概念(totally_ordered<>、equality_comparable<>等)和类似函数的实体的概念(invocable<>、predicate<>、equivalence_relation<>等)。如果不是要专门处理迭代器或范围，那么<concepts>是开始探索合适概念的最佳起点。

<iterator>模块提供了广泛的迭代器概念(input_or_output_iterator<>、forward_iterator<>、random_access_iterator<>等)、<concepts>中的一些概念的间接变体(indirectly_copyable<>、indirectly_binary_predicate<>等)，以及基于迭代器的算法的其他常见要求(swappable<>、sortable<>等)。一般来说，indirect_concept<Iter>相当于 concept<iter_value_t<Iter>>，其中 iter_value_t<Iter>会得到 Iter 类型的迭代器指向的值的类型。<iterator>模块提供了其他一些在定义迭代器要求时有用的类型特征，包括 projected<>和 iter_difference_t<>。

最后，<ranges>模块提供了 range<>和 view<>概念，以及这些概念的各种优化形式。range<>的许多优化形式类似于相关的迭代器概念：input_range<>、bidirectional_range<>等。

■ 注意：我们的 String<>概念在标准库中没有直接对应的概念，这无疑是因为大部分字符串算法很容易被泛化，从而能够接受各种范围，而不只是字符范围。例如，标准库泛化了典型的 Boyer-Moore 字符串搜索算法和其他一些算法，使它们在理论上能够操作任何范围(参见 std::search()和 std::boyer_moore_searcher<>)。

21.4　requires 子句

通过在模板参数列表和模板体之间添加 requires 子句，可以约束模板类型参数。模板的参数列表和可选的 requires 子句结合起来，就构成了模板头部。因此，受约束模板的一般形式变为如下所示：

```
template <parameter list> requires constraints
template body;
```

模板的 requires 子句中的 constraints 部分完全类似于概念定义的约束部分(或 requires 表达式中的嵌套要求的约束部分)。换句话说，它是一个或多个 bool 类型的常量表达式的合取或析取。

作为第一个基本示例，我们来约束第 10 章的 larger<>()模板。

```
template <typename T> requires constraints
const T& larger(const T& a, const T& b) { return a > b ? a : b; }
```

我们总是首先分析模板的要求。从语法上讲，larger<T>()只要求两件事：可以使用>运算符比较 T 类型的两个值，并且比较结果可被隐式转换为 bool。第一个(一般不好的)选项是将这些要求作为所谓的专用约束，直接编码到模板的 requires 子句中：

```
template <typename T> requires requires (T x) { {x > x} -> std::convertible_to<bool>; }
const T& larger(const T& a, const T& b) { return a > b ? a : b; }
```

在这里，关键字 requires 连续出现了两次，因为我们在模板的 requires 子句内使用了一个 requires 表达式(它就是一个 bool 类型的常量表达式)。

但是，这个专用约束是纯粹的语法约束，与语义概念没有关系。因此，当确定了最小要求集合后，通常更好的做法是找出能够规定这些要求(通常还包括其他相关的要求)的合适概念。例如，要约束为具有比较运算符的类型，通常使用标准概念 std::totally_ordered<>(它包含在<concepts>模块中)：

```
template <typename T> requires std::totally_ordered<T>
const T& larger(const T& a, const T& b) { return a > b ? a : b; }
```

这个概念表达式添加的要求超出了我们严格需要的要求：std::totally_ordered<T>要求 T 的所有比较运算符和相等性运算符(<、>、<=、>=、==和!=)的行为符合预期，而不只是要求>运算符。但从语义上(数学上)讲，全序正是我们希望 larger<>()具有的行为：如果 T 类型的值只是偏序的，那么两个值中可能并不存在更大的值。

■ **注意**：提到偏序，应该知道的是，float、double 和 long double 也都建模了 std::totally_ordered<>，尽管存在不可比较的非数字值(参见第 4 章和第 13 章)。据我们所知，totally_ordered<>隐式添加了所谓的先决条件，避免将非数字值传递给被实例化的函数的对应实参。换句话说，如果 T 受 totally_ordered<>约束，则至少在理论上，使用非数字 T 值的行为是未定义的。顺便说一下，对于我们的 larger<>()模板，这完全是可以接受的：当涉及到非数字值的时候，"更大"的概念就失去了意义。

先决条件的其他示例包括："不要使用导致溢出的数字"、"不要使用 nullptr"、"first <= last"、"不要使用带圈的图"等。概念约束类型，而先决条件则约束值。尽管先决条件大多与类型和概念无关(并不是使用相同类型的所有操作都具有相同的先决条件)，但 totally_ordered<>说明，概念的语义含义也可为实例化的模板带来先决条件。

一般来说，施加比严格需要的要求更多的要求，就像我们对 larger<T>()要求 std::totally_ordered<T>那样，可创建出具有可预测的、一致的操作集合的类型，我们在介绍运算符重载的章节也推荐这种做法。提出比现在需要的操作更多的要求，还确保了在演化模板实现时，不需要担心使用的操作是模板头部过于狭窄的要求所没有覆盖的操作。一般来说，应该避免在事后为模板头部添加要求，因为这可能破坏现有代码。

■ **提示**：总是应该指定有意义的语义要求。要约束类型参数，概念是首选的工具。合理设计的概念能够带来干净的语义概念，从而为完整的、一致的操作集合施加要求。

有时候，要求涉及到多个模板参数。例如，下面是第 10 章的一个 larger<>()模板的受约束版本：

```
template <typename T1, typename T2> requires std::totally_ordered_with<T1, T2>
auto&& larger(const T1& a, const T2& b) { return a > b ? a : b; }
```

要让类型 T1 和 T2 建模 std::totally_ordered_with<>，对于其中任何一种类型(或者混合这两种类型)的操作数，<、>、>=、>=、==和!=的行为应该符合预期。注意，这种要求意味着 T1 和 T2 都必须建模 std::totally_ordered<>。

■ **提示**：尽量约束所有模板参数。无约束的参数应该是例外情况。

21.5 简写表示法

到现在为止，我们一直使用 typename 关键字(或 class 关键字)来引入每个模板类型参数。在 C++20 中，也可以使用类型约束来引入类型参数，如下所示：

```
template <std::totally_ordered T>
const T& larger(const T& a, const T& b) { return a > b ? a : b; }
```

在复合要求的->箭头后,我们已经遇到过类型约束,所以下面这一点并不奇怪:concept<args...> T 形式的模板参数相当于在模板的 requires 子句中添加了 concept<T, args...>约束的普通类型参数 typename T。对于一元概念,如 std::totally_ordered<>,一般会在类型约束中省略空尖括号<>。

> ■ 提示:对于只有一个约束的类型参数,使用简写表示法。这会让模板头部更加简洁,可读性更强。如果要求由约束的合取构成,则有时候也可以使用一种干净的、有意义的方式,将一个合取项提取为类型约束(后面的 Ex21_04 给出了一个示例),但并不总是能这么做。有些时候,将所有约束都分组到 requires 子句中更加清晰。

对于有多个实参的概念,也可以使用简写表示法。适合使用简写表示法的概念包括 std::convertible_to<>和 std::derived_from<>(它们都包含在<concepts>模块中)。但是,如果约束覆盖了多个模板参数,简写表示法有时候不够优雅,如下面的示例所示。

```
template <typename T1, std::totally_ordered_with<T1> T2>
auto&& larger(const T1& a, const T2& b) { return a > b ? a : b; }
```

21.6 受约束的函数模板

为了进一步练习约束函数模板,我们来看看基于迭代器的 find_optimum<>()模板,第 20 章使用了该模板进行演示。它的定义如下所示:

```
template <typename Iter, typename Comparison>
Iterator find_optimum(Iterator begin, Iterator end, Comparison compare)
{
  if (begin == end) return end;

  Iter optimum{ begin };
  for (Iter iter{ ++begin }; iter != end; ++iter)
  {
    if (compare(*iter, *optimum)) optimum = iter;
  }
  return optimum;
}
```

同样,第一步是为这个模板的两个参数建立最小要求。读者可以花一点时间思考一下。

即使对于这个简单的模板,也已经存在不少的要求。显然,Iterator 类型的值应该是某种迭代器。具体来说,它们应该支持前缀递增(++)、相等性比较(==和!=)、解引用(使用一元的*运算符)、副本构造和复制赋值(以初始化和更新 optimum)。其次,Comparison 类型的值应该是接受两个值的头等函数。不过,它们的函数实参的类型不是 Iterator,而是这些迭代器引用的元素类型(即*iter 和*optimum 的类型)。

确定了要求后,应该试着把它们映射到现有的概念。因为我们在使用迭代器,所以显然应该从 <iterator>模块入手。读者是否能够为我们的模板找到合适的概念?(这需要借助标准库文档)。

因为 find_optimum<Iterator>()会从 *iter 和*optimum 读取,所以 Iterator 必须至少建模 std::input_iterator<>。但仅这样还不够,这有几个原因。首先,input_iterator<>不要求迭代器可以使用 ==或!=进行比较,也不要求它们可被复制。其次,输入迭代器可以是一过性(one-pass)迭代器。对于一过性迭代器，只能迭代(涵摄的)元素序列一次，并且只有在没有推进迭代器的时候，才能访问当前元素。在我们的示例中，如果 Iterator 迭代器是(可复制的)一过性迭代器，就不能确保在递增 iter 后，我们仍然能够解引用 optimum。范围及其元素可能已经不存在了。对于受约束的迭代器，forward_iterator<>比 input_iterator<>更加优化。这个概念增加了对相等性比较、可复制性和多过性的保证，所以非常适合约束 Iterator 参数(所有双向迭代器、随机访问迭代器和相邻迭代器也都是前向迭代器)。

对于约束 Comparison，更难找出最合适的概念。我们需要使用的是 std::indirect_strict_weak_order<>。因此，模板的完整声明变为如下所示：

```
template <std::forward_iterator Iterator,
          std::indirect_strict_weak_order<Iterator> Comparison>
Iterator find_optimum(Iterator begin, Iterator end, Comparison compare);
```

在 indirect_strict_weak_order 中，strict 指的是对于相等的元素，Comparison 关系应该计算为false(例如，<和>是严格关系，而<=和>=不是)，weak 使关系处于偏序和强序之间，而如前所述，indirect 则表示 Comparison 函数不比较 Iterator 值，而是比较这些迭代器引用的值。也可以使用<concepts>中的"直接的"strict_weak_order<>概念来编写这个约束，但此时必须首先使用<iterator>模块中的 iter_value_t<>或 iter_reference_t<>来自己转换 Iterator 类型。相关代码如下所示：

```
template <std::forward_iterator Iterator,
          std::strict_weak_order<std::iter_reference_t<Iterator>> Comparison>
Iterator find_optimum(Iterator begin, Iterator end, Comparison compare);
```

■ 注意：对于函数模板，也可以添加所谓的尾随 requires 子句，这是出现在函数参数列表之后的 requires 子句。还可以将尾随 requires 子句与常规 requires 子句，以及/或者使用简写表示法指定的约束组合起来使用。因此，下面对 find_optimum<>函数的模板的声明具有相同的效果：

```
// All constraints moved to a trailing requires clause
template <typename Iter, typename Comp>
Iter find_optimum(Iter begin, Iter end, Comp compare)
  requires std::forward_iterator<Iter>, std::indirect_strict_weak_order<Comp, Iter>;
// Combination of regular and trailing requires clauses
template <typename Iter, typename Comp> requires std::forward_iterator<Iter>
Iter find_optimum(Iter begin, Iter end, Comp compare)
requires std::indirect_strict_weak_order<Iter, Comp>;
// A trailing return type constraining an abbreviated template's parameter type
template <std::forward_iterator Iter>
Iter find_optimum(Iter begin, Iter end, auto compare)
  requires std::indirect_strict_weak_order<decltype(compare), Iter>;
```

21.7 受约束的类模板

约束类模板与约束函数模板完全类似。因为大部分类模板，即使是最基础的类模板，都不能简单地为任意类型实例化，所以约束大部分类模板参数是合适的做法。

在第 17 章中，我们开发了一个简单的 Array<>模板。回忆一下，在开发过程中，我们实际上已经提到了它的类型参数的大部分要求。现在只需要把这些要求转换为约束，最好是转换为概念表达式。下面是一个受约束的 Array<>模板的概览：

```
template <typename T> requires std::default_initializable<T> && std::destructible<T>
```

```
class Array
{
public:
explicit Array(size_t size);
~Array();
// ...
};
```

要使用 new[]运算符创建类型 T 的一个动态数组,该类型必须是可默认初始化的。这就排除了没有可访问的默认构造函数的类型,以及引用类型和 void 这样的类型。要想能够在以后使用 delete[]删除这个数组,该类型的析构函数必须是公共的、未删除的(如前所述,std::destructible<>还要求这个析构函数是 noexcept,但我们对此完全没有意见)。

下面是 Array<>的两个成员的模板,它们各依赖于其中的一个约束:

```
template <typename T> requires std::default_initializable<T> && std::destructible<T>
Array<T>::Array(size_t size) : m_elements {new T[size]}, m_size {size}
{}

template <typename T> requires std::default_initializable<T> && std::destructible<T>
Array<T>::~Array() { delete m_elements; }
```

在这里要重点注意,在受约束类模板成员的模板定义中,必须重复受约束的类模板的 requires 子句(尽管有至少一个主流编译器允许省略该子句,但 C++标准要求重复完整的模板头部)。

受约束的类成员

有些时候,一些成员的要求比其他成员更多。Array<>模板就是如此。例如,Array<T>的副本成员要求类型 T 有一个公共的、未删除的复制赋值运算符。在类模板中,这意味着要为特定成员使用额外的 requires 子句。因此,完全约束的 Array<>模板可能如下所示:

```
template <typename T> requires std::default_initializable<T> && std::destructible<T>
class Array
{
public:
  explicit Array(size_t size = 0);
  ~Array();
  Array(const Array& array) requires std::copyable<T>;
  Array& operator=(const Array& rhs) requires std::copyable<T>;
  Array(Array&& array) noexcept requires std::movable<T>;
  Array& operator=(Array&& rhs) noexcept requires std::movable<T>;
  void push_back(T value) requires std::movable<T>;
  // ...
};
```

要定义受约束的类成员的模板,必须重复模板类的头部(如果存在)的 requires 子句,以及针对该成员的额外的 requires 子句。不过,只有前者可以是成员模板头部的一部分;应该把后者指定为尾随 requires 子句。例如,对于 Array<T>的副本构造函数的模板,必须像下面这样指定它的两个 requires 子句:

```
template <typename T> requires std::default_initializable<T> && std::destructible<T>
Array<T>::Array(const Array& array) requires std::copyable<T>
  : Array{ array.m_size }
{
  std::ranges::copy_n(array.m_elements, m_size, m_elements);
```

}

还要注意，我们把第 17 章使用的 for 循环替换为 copy_n() 调用。在复制数组时，标准复制算法通常比朴素的 for 循环更快。

当然，约束这些成员，并不会阻止我们为不可复制的和/或不可移动的类型使用 Array<>对象。只要编译器不需要实例化任何违反约束的成员(也请参见第 17 章)，这么做完全可以。在下面的示例中，通过创建并移动一些 Array<std::unique_ptr<int>>变量来演示这一点。但是，如果取消注释试图复制这种 Array<>的代码行，将会违反约束。

```cpp
// Ex21_03.cpp - Violating constraints of uninstantiated class members
import array;
import <memory>; // For std::unique_ptr<>

// Assert that Array<std::unique_ptr<int>> is a valid type
static_assert(requires { typename Array<std::unique_ptr<int>>; })
int main()
{
  Array<std::unique_ptr<int>> tenSmartPointers(10);
  Array<std::unique_ptr<int>> target;
  // target = tenSmartPointers; /* Constraint not satisfied: copyable<unique_ptr> */
  target = std::move(tenSmartPointers);
  target.push_back(std::make_unique(123));
}
```

■ **注意：**因为目前的 Array<>实现在副本构造函数和移动构造函数中(间接地)使用了复制赋值和移动赋值(在这两种赋值运算符的"复制后交换"技术中也使用了它们)，所以从技术角度看，分别要求 assignable_from<T&, const T>和 assignable_from<T&, T>，而不是 copyable<T>和 movable<T>，就足够了。但是，这样做将阻止我们在以后使用某种形式的构造来优化构造函数(我们现在的做法是首先默认初始化所有对象，然后立即重写它们，但这种做法的效率并不高)。而且，要求语义上一致的操作集合总没有坏处。

21.8 基于约束的特化

有时候，取决于操作的值的类型，可以或者应该以不同的方式实现相同的功能、算法或数据结构。函数重载是一种处理方法，但有些时候，多种类型需要类似的处理。模板特化是另外一个选项(参见第 17 章)，但它也不是在所有时候都适用。随着 C++20 中引入了 requires 子句，我们终于能够以一种相当通用，同时又很简单、可读性很强的方式来实现这种需求了[1]。我们只需定义相同模板的多个版本，让它们具有不同的约束。编译器将基于模板实参满足的约束，实例化最合适的模板。

作为一个示例，我们将实现自己版本的 std::distance<>()，它是<iterator>模块中的一个函数模板，用于确定任意两个迭代器之间的距离。

```cpp
// Ex21_04.cpp - Constraint based specialization
import <concepts>; // For the std::equality_comparable<> concept
import <iterator>; // The iterator concepts and the iter_difference_t<>() trait
import <vector>;
import <list>;
```

---

[1] 在 C++17 之前，总是需要使用更加高级的模板元编程技术来实现这种需求，如 SFINAE。在 C++17 中，已经通过引入 constexpr if 语句做了简化。当基于约束的模板特化不能满足需要的时候，那种技术有时候仍然有用。

```
import <iostream>;
// Precondition: incrementing first eventually leads to last
template <std::input_or_output_iterator Iter> requires std::equality_comparable<Iter>
auto distanceBetween(Iter first, Iter last)
{
  std::cout << "Distance determined by linear traversal: ";
  std::iter_difference_t<Iter> result {};
  while (first != last) { ++first; ++result; }
  return result;
}

template <std::random_access_iterator Iter>
auto distanceBetween(Iter first, Iter last)
{
  std::cout << "Distance determined in constant time: ";
  return last - first;
}

int main()
{
  std::list l{ 'a', 'b', 'c' };
  std::vector v{ 1, 2, 3, 4, 5 };
  float a[] = { 1.2f, 3.4f, 4.5f };

  std::cout << distanceBetween(cbegin(l), cend(l)) << std::endl;
  std::cout << distanceBetween(begin(v), end(v)) << std::endl;
  std::cout << distanceBetween(a, a + std::size(a)) << std::endl;
}
```

在 Ex21_04.cpp 中，我们为两种风格的 distanceBetween() 函数定义了模板：一个适用于任何迭代器类型的低效版本，以及一个只能用于随机访问迭代器的高效版本。这些模板的头部的唯一区别在于 Iter 参数的约束。

第一个模板使用了 std::input_or_output_iterator<>，这是最通用的迭代器概念。所有迭代器类型都建模了 std::input_or_output_iterator<>。因为这个概念不要求迭代器可使用==或!=来进行比较，所以还必须单独添加该要求。这个模板也很好地说明，我们也可以在 requires 子句中使用一些额外的约束来补充简写表示法(参数列表中的 input_or_output_iterator 类型约束)。

第二个模板使用了 std::random_access_iterator<>。我们知道，随机访问迭代器是唯一支持减法运算符的迭代器类型。这允许我们使用一个表达式，立即计算两个随机访问迭代器之间的距离。考虑到 std::random_access_iterator<>的复杂性要求，这个表达式应该在常量时间内完成计算，所以要比第一个模板的 while 循环快得多。

这两个模板都用于接受相同类型的两个实参的函数，所以对于 Ex21_04 的 main() 函数中的 3 个 distanceBetween<>()调用，编译器会同时考虑这两个模板。

当只满足一个模板的约束时，编译器只会实例化该模板。这一点很清楚。对于 Ex21_04 中的第一个 distanceBetween<>()调用，就发生了这种行为：因为 std::list<>的迭代器不是随机访问迭代器，所以它们的类型只满足第一个模板的约束。程序的输出确认了这种行为：

```
Distance determined by linear traversal: 3
Distance determined in constant time: 5
Distance determined in constant time: 3
```

输出也清楚地表明，编译器为另外两个调用实例化了第二个模板(原指针也是有效的随机访问迭代器)。原因是什么? 毕竟, 所有随机访问迭代器也都是输入迭代器, 也都支持相等性比较。因此, 对于最后两个调用, 两个模板的约束都得到了满足。这就产生了一个问题: 在 std::random_access_iterator<Iter> 约束得到满足的模板和 std::input_or_output_iterator<Iter> && std::equality_comparable<Iter>约束得到满足的模板之间, 编译器如何做出选择?

在约束得到满足的所有模板中, 编译器会选择具有最具体的约束的那个模板; 用更正式的表达来说, 就是其约束涵摄(或者蕴含)其他模板的约束的那个模板。如果没有找到这样的模板, 则编译将会失败, 给出多义性错误。

为了判断一个约束表达式是否涵摄另一个约束表达式, 将首先归一化这两个表达式。这基本上意味着递归地展开所有概念表达式, 最终得到两个庞大的逻辑表达式, 它们包含常量 bool 表达式的合取和析取。如果能够证明其中一个表达式蕴含另一个表达式, 就认为它涵摄另一个表达式。

例如, random_access_iterator<Iter>首先展开为 bidirectional_iterator<Iter> && totally_ordered<Iter> && ..., 后者又展开为 forward_iterator<I> && ... && equality_comparable<Iter> && ..., 以此类推。对 Ex21_04 中的两个模板的约束将应用这个过程, 一直到不再剩下概念表达式为止。完成后, 编译器很容易判断, 第一个模板的约束的合取是第二个模板的约束的合取的子集。换句话说, 后者涵摄前者, 所以更加具体。

> ■ **警告**: 编译器的约束涵摄求解器只会在语法上比较原子表达式, 而不会从语义的角度分析它们。例如, sizeof(T) > 4 不会涵摄 sizeof(T) >= 4, 即便从语义的角度看, 它更加具体。类似地, 类型特征表达式 is_integral_v<T>或 is_floating_point_v<T>不会涵摄 is_fundamental_v<T>。约束归一化只会展开概念表达式, 不会展开类型特征表达式。因此, 总是应该使用概念表达式(如 std::integral<T>), 而不是看起来与之等效的类型特征表达式(如 std::is_integral_v<T>)。

编译器的约束涵摄求解器只会分析逻辑合取(&&)和析取(||), 而不会分析逻辑否定(!)。它也从不会展开!*concept expression* 形式的表达式。例如, 这也意味着它不会推断出!integral<T>涵摄!signed_integral<T>。

> ■ **提示**: 对于其他类型的模板, 例如类模板和受约束的类成员模板, 也可以使用基于约束的特化。原则是相同的: 在具有不同约束集合、但这些约束都得到满足的几个模板中, 编译器将实例化其约束在逻辑上涵摄其他约束的那个模板。

21.9 约束 auto

类型约束也可用于约束占位符类型, 如 auto、auto*和 auto&。基本上, 在使用 auto 的任何地方, 都可以使用 type-constraint auto: 定义局部变量、引入函数返回类型推断、用于简写模板语法、用在泛型 lambda 表达式中等。每当为受约束的占位符类型推断出的类型不能满足其类型约束时, 编译器将给出错误。下面是一个例子:

```
template <typename T>
concept Numeric = std::integral<T> || std::floating_point<T>;

Numeric auto pow4(const Numeric auto& x)
{
  const Numeric auto squared{ x * x };
  return squared * squared;
}
```

由于简写的模板语法，pow4()在技术角度看当然仍然是一个模板。不过，在模板以外，约束占位符类型也是有用的。下面是一个小例子：

```
bool isProperlySized(const Box& box)
{
  const Numeric auto volume{ box.volume() };
  return volume > 1 && volume < 100;
}
```

通过使用受约束的占位符类型 Numeric auto，我们实际上表达的是，就这个函数体而言，volume 的精确类型是什么并不重要；唯一的要求是它建模了 Numeric<>。与无约束的 auto 一样，即使把 Box::volume()从返回 float 改为返回 double 或 int，这个定义仍然能够成功编译，即不会导致错误，也不会发生无意间的类型转换。但是，与无约束的占位符类型相比，类型约束让代码的含义更加清晰，并且在违反约束的时候，通常会给出更加有用的错误消息。毕竟，这些错误会指向变量的定义，而不是对该变量执行了不支持的操作的地方。

当然，在这里，类型约束也可以接收实参，如下面这个示例所示：

```
bool isProperlySized(const Box& box)
{
const std::totally_ordered_with<int> auto volume = box.volume();
return volume > 1 && volume < 100;
}
```

21.10 本章小结

本章介绍了约束和要求，概念定义和概念表达式，requires 表达式和 requires 子句，以及如何把这些概念应用到受约束的模板、基于约束的特化和受约束的占位符类型。本章遇到的几乎所有语言特性都是 C++20 中新引入的。本章的要点如下：

- 一般来说，应该使用类型约束和/或 requires 子句来约束所有模板参数。这能够让代码的含义更加清晰，并且当无意间对受约束模板使用了无效实参时，这会大大改进收到的错误消息。
- 概念是命名的要求集合，通常使用概念表达式和 requires 表达式来定义概念。
- 定义好的概念总是对应于一个合适的语义概念，并且总是在完整的、语义上一致的操作集合上，不只规定语法要求，还规定语义和复杂性要求。
- 基于约束的模板特化允许我们轻松地为不同的类型集合定义不同的模板。当多个模板的约束得到满足时，编译器将实例化有着最具体的约束的那个模板。
- 通过在 auto 关键字的前面添加类型约束，可以优化占位符类型，如 auto、auto*或 const auto&。这么做的动机与使用受约束的模板相同：含义清晰的代码和更好的错误消息。

21.11 练习

下面的练习用于巩固本章学习的知识点。如果有困难，可以回过头重新阅读本章的内容。如果仍然无法完成练习，可以从 Apress 网站(www.apress.com/source-code)下载答案，但只有别无他法时才应该查看答案。

1. 复合要求只不过是一种语法糖，允许我们使用一种方便的语法，把多个要求组合成一个要求。使用等效的简单要求和嵌套要求，重写 Ex21_02 中的 RandomAccessIterator<>概念定义的复合要求。

可选附加练习：noexcept 实际上也是一个运算符，可以用在 noexcept(*expr*)形式的常量表达式中。如果已知给定表达式不会抛出异常，那么这种 noexcept 表达式将计算为 true。知道这一点后，很容易重写 Ex21_02 中的 NoExceptDestructible<>概念，使其不再使用复合要求。

2. 与 std 名称空间中的算法不同，std::ranges 名称空间中的算法允许迭代器对的第二个迭代器的类型与第一个迭代器的类型不同。在标准库中，称第二个迭代器为"哨兵"。如前所述，这些算法还支持一个可选的投影参数。相应地扩展本章前面给出的 find_optimum<>()。不要忘记约束模板类型参数(参见下面的提示)。同样，<iterator>模块是一个很好的起点。

提示：std::projected<>(包含在<iterator>模块中)是一种类型特征。实质上，使用它时，std::projected<Iter, ProjectionFunction>会返回对 Iter 类型的解引用迭代器应用 ProjectionFunction 类型的函数所得到的结果类型。使用 std::projected<>还约束了 ProjectionFunction，这就是为什么一开始看上去，std::ranges 中的大部分算法似乎没有约束对应的类型。

3. 虽然不常见，但也可以使用概念来约束非类型模板参数。创建一个 medianOfSorted<>()模板来计算任意固定大小的 span<>(参见第 9 章)的中值。对于奇数 span 大小，中值就是中间元素；对于偶数 span 大小，中值是中间两个元素的平均数。另外，确保不会为空 span 实例化模板。

4. 扩展第 3 题的答案，使得 medianOfSorted()能够以类似的方式用于任意固定大小的范围(而不只是固定大小的 span，要求 span 引用在内存中连续存储的元素)。找到合适的概念来约束这些模板(相信读者知道在哪个模块中进行寻找)。然后，如果查看这个概念的规范/定义，就会知道应该使用什么常量表达式来判断任意固定大小的范围的大小。

5. std::advance<>()是<iterator>模块中的一个函数模板，在给定一个迭代器和一个偏移值时，它会得到一个新的、偏移后的迭代器。因此，表达式 std::advance(iter, 5)将计算得到在迭代顺序上比 iter 远 5 个位置的迭代器，而对于支持负数偏移值的迭代器，std::advance(iter, -1)将得到比 iter 早一个位置的迭代器。由于 std::advance<>()是一个非常老的模板，所以是无约束的。为该模板创建一个受约束的版本，使其不只能够用于各种迭代器，而且在所有情况下时间复杂度都是最优的。为了提高挑战性，不允许使用 std::advance<>()。

6. 在第 18 章中，我们使用一些基本的模板元编程技术创建了 move_assign_if_noexcept<>()。通常，概念允许以更容易理解的方式实现相同的效果。定义一个合适的概念，然后使用该概念，为 move_assign_if_noexcept<>()创建一个不使用任何类型特征的版本。